DER JUGEND BROCKHAUS

NATUR UND TECHNIK

DER JUGEND BROCKHAUS

NATUR UND TECHNIK

Bearbeitet von Marcus Würmli

F.A. BROCKHAUS
Mannheim · Leipzig

Die Deutsche Bibliothek – CIP Einheitsaufnahme
Der Jugend Brockhaus Natur und Technik / bearb. von Marcus Würmli. – Mannheim, Leipzig: Brockhaus, 1993
Einheitssacht.: Kingfisher science encyclopedia <dt.>
ISBN 3-7653-1851-5
NE: Würmli, Marcus [Bearb.]; EST

Titel der Originalausgabe: Kingfisher Science Encyclopedia

Satz: Blank Satzstudio GmbH, München
Druck und Bindearbeit: Neue Stalling GmbH, Oldenburg
Printed in Germany
ISBN 3-7653-1851-5

Richtlinien für Versuche

Die Versuche in diesem Buch sind harmlos. Man kann aber nie vorsichtig genug sein: Bitte einen Erwachsenen um Hilfe, wenn es um Schneidearbeiten oder um das Hantieren mit offenem Feuer, mit Wärme oder chemischen Stoffen geht. Gute Wissenschaftler vermeiden Zwischenfälle.

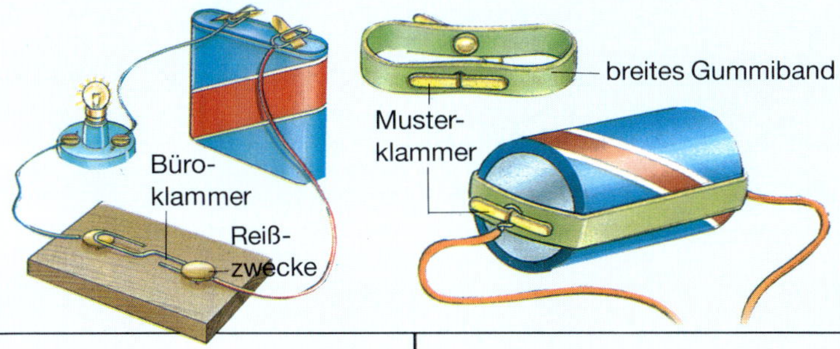

Elektrizität

- Verwende niemals das Stromnetz im Haus mit seinen Steckdosen für Versuche.
- Nimm immer Batterien, wenn du Strom brauchst. Verwende sie sparsam. Gib verbrauchte Batterien an den Sammelstellen ab. Nie in den Hausmüll!

Erwärmen

- Binde deine Haare zurück und ziehe eine Schürze an.
- Erhitze nur kleine Mengen auf einmal.
- Ein Erwachsener sollte immer in der unmittelbaren Nähe sein.
- Erhitze nie ein verschlossenes Gefäß.
- Verwende stets einen Halter, zum Beispiel für Reagenzgläser.
- Was du auch erwärmst, halte es nie gegen dich oder andere Personen.

Sichere Wärmequellen

- Eine gute Wärmequelle ist warmes Wasser aus einem Kochtopf oder vom Hahn.
- Auch mit einem Haartrockner kann man Dinge erwärmen. Nie bei offenem Wasser anwenden!
- Zum direkten Erwärmen nehmen wir Teelichter oder dicke Kerzen in einer Metallschale mit Sand.

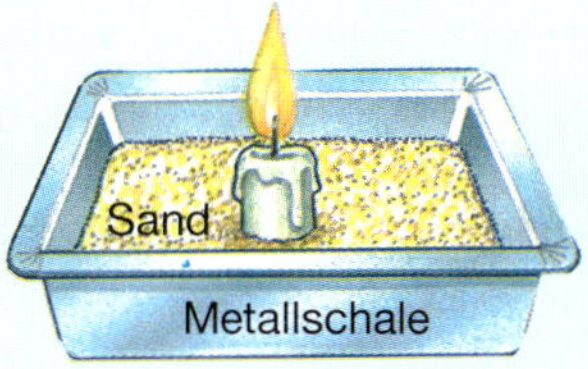

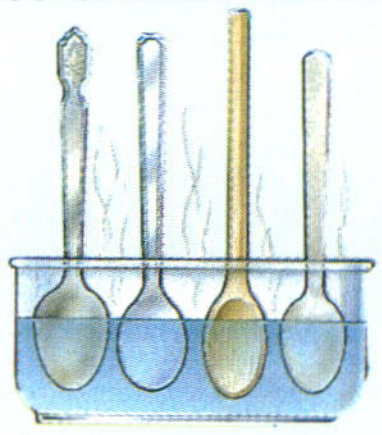

Chemische Stoffe

- Nimm immer nur kleine Mengen, selbst wenn es sich um Salz oder Essig handelt.
- Iß oder koste niemals chemische Stoffe.
- Wasche immer die Hände nach dem Versuch.
- Entferne verschüttete chemische Stoffe sofort, besonders wenn es sich um Spritzer auf der Haut handelt.
- Setze immer eine Schutzbrille auf.
- Frage immer einen Erwachsenen: Chemische Stoffe im Haushalt sind oft gefährlich und aggressiv.
- Wenn du einen Geruch überprüfen willst, dann immer nur mit größter Vorsicht.
- Fasse nie chemische Stoffe mit bloßen Händen an. Verwende einen alten Löffel und spüle ihn gut danach.
- Beschrifte alle Flaschen.

Sonne

- Blicke nie direkt in die Sonne, vor allem nicht mit einem Fernglas oder Teleskop!

Pflanzen und Tiere

- Pflücke nie wilde Blumen.
- Beachte die Bestimmungen zum Naturschutz.
- Entlasse gefangene Insekten wieder unbeschädigt in die Freiheit.

Sichere Behälter

- Verwende Kunststoffgefäße, wenn die Stoffe nicht erwärmt werden müssen.
- Nimm zum Erwärmen Gefäße aus Metall oder wärmefestem Glas.
- Achtung bei Gefäßen aus normalem Glas, weil sie leicht brechen.

Schneiden

- Verwende lieber Scheren als Messer.
- Wenn du mit dem Messer schneidest, mußt du darauf achten, daß die Finger nicht über die Schnittlinie ragen.
- Verwende beim Schneiden mit dem Messer eine dicke, rutschfeste Unterlage.

Wie du dein Lexikon benutzt

Beim Lesen der Lexikontexte wirst du schnell auf Verweispfeile aufmerksam werden: →. Diese Pfeile sagen dir, daß das Wort hinter dem Pfeil einen eigenen Lexikonartikel in diesem Buch bekommen hat. Wenn du beispielsweise etwas über chemische Formeln nachlesen möchtest, begegnest du in diesem Beitrag den Verweispfeilen →chemische Verbindungen, →chemische Zeichen, →Atom und so weiter. Im Artikel „Atom“ tauchen Verweise auf →Proton, →Neutron und →Elektron auf. Wenn du diesen Verweisen folgst, findest du nach und nach Antworten auf deine Fragen.
Die Verweise gelten in diesem Buch sinngemäß: Wenn wir beispielsweise schreiben „... Wassertröpfchen →kondensieren“, so deutet der Pfeil auf einen Artikel, der „Kondensation“ heißt.
Übrigens sind Verweispfeile nur in den Lexikontexten, nicht aber in den Bildlegenden und Kastentexten zu finden – das hätte zu weit geführt und hätte häßlich ausgesehen.
Alle Fachbegriffe, die in diesem Lexikon auftauchen, sind an einer oder mehreren Stellen in Wort oder Bild erklärt. Viele Fachbegriffe haben aber keinen eigenen Lexikonartikel – sonst wäre aus diesem ohnehin schon dicken Buch eine Buchreihe geworden. Du kannst alle Fachbegriffe im Register am Ende des Buches nachschlagen. Dort sind alle Stellen aufgeführt, die den gesuchten Begriff erklären oder abbilden.
Wie du das Register benutzt, steht auf Seite 609. Manche Wörter sind schwierig auszusprechen, besonders wenn sie aus einer anderen Sprache kommen. Wir haben die richtige Aussprache in Klammern hinter das Wort geschrieben, zum Beispiel „ASCII (sprich: aski)“.
Wie die Lexikonseiten gestaltet sind, und was du darin alles findest, kannst du auf dieser Seite sehen.
Und nun viel Spaß!

Tabellen und Übersichten
beantworten die Fragen: Wer? Wann? Wie groß? Wie lang? Und so weiter!

Der große Buchstabe
und sein „kleiner Bruder“ am Seitenanfang bedeuten: Hier beginnen die Artikel zu diesem Buchstaben.

Bildlegenden
Die Bildlegenden erklären nicht nur das Bild, sondern auch den Zusammenhang zwischen Bild und Lexikontext.

Die Lexikontexte
wurden möglichst einfach geschrieben. Manche Sachverhalte sind aber nicht leicht zu verstehen. Die Bilder und die Bildlegenden machen die Zusammenhänge verständlicher. Die Verweispfeile führen zu weiteren Artikeln.

Zusatzinformationen
In den Kästen auf gelbem Grund findest du zusätzliche Informationen: Ernsthaftes und Komisches, Unglaubliches und Rekorde.

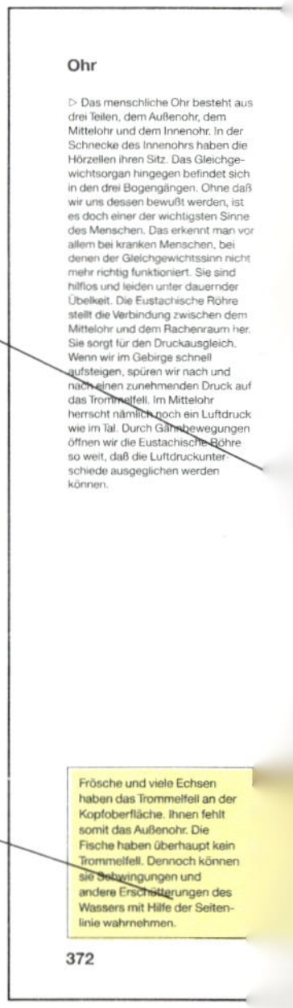
Ohr

▷ Das menschliche Ohr besteht aus drei Teilen, dem Außenohr, dem Mittelohr und dem Innenohr. In der Schnecke des Innenohrs haben die Hörzellen ihren Sitz. Das Gleichgewichtsorgan hingegen befindet sich in den drei Bogengängen. Ohne daß wir uns dessen bewußt werden, ist es doch einer der wichtigsten Sinne des Menschen. Das erkennt man vor allem bei kranken Menschen, bei denen der Gleichgewichtssinn nicht mehr richtig funktioniert. Sie sind hilflos und leiden unter dauernder Übelkeit. Die Eustachische Röhre stellt die Verbindung zwischen dem Mittelohr und dem Rachenraum her. Sie sorgt für den Druckausgleich. Wenn wir im Gebirge schnell aufsteigen, spüren wir nach und nach einen zunehmenden Druck auf das Trommelfell. Im Mittelohr herrscht nämlich noch ein Luftdruck wie im Tal. Durch Gähnbewegungen öffnen wir die Eustachische Röhre so weit, daß die Luftdruckunterschiede ausgeglichen werden können.

Frösche und viele Echsen haben das Trommelfell an der Kopfoberfläche. Ihnen fehlt somit das Außenohr. Die Fische haben überhaupt kein Trommelfell. Dennoch können sie Schwingungen und andere Erschütterungen des Wassers mit Hilfe der Seitenlinie wahrnehmen.

372

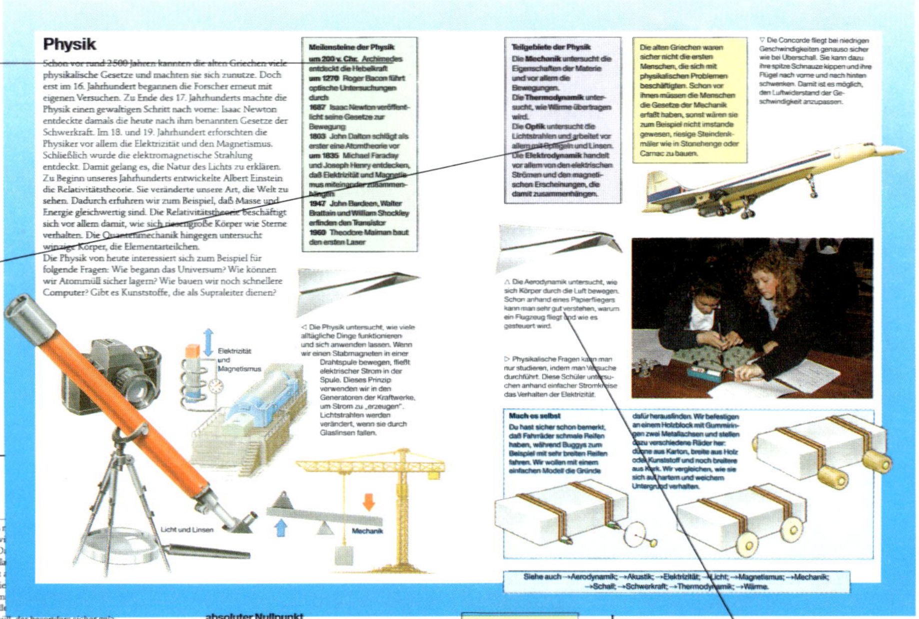

Fachbegriffe
Fachbegriffe, die im Text auftauchen, werden in diesen Kästen auf violettem Grund erklärt.

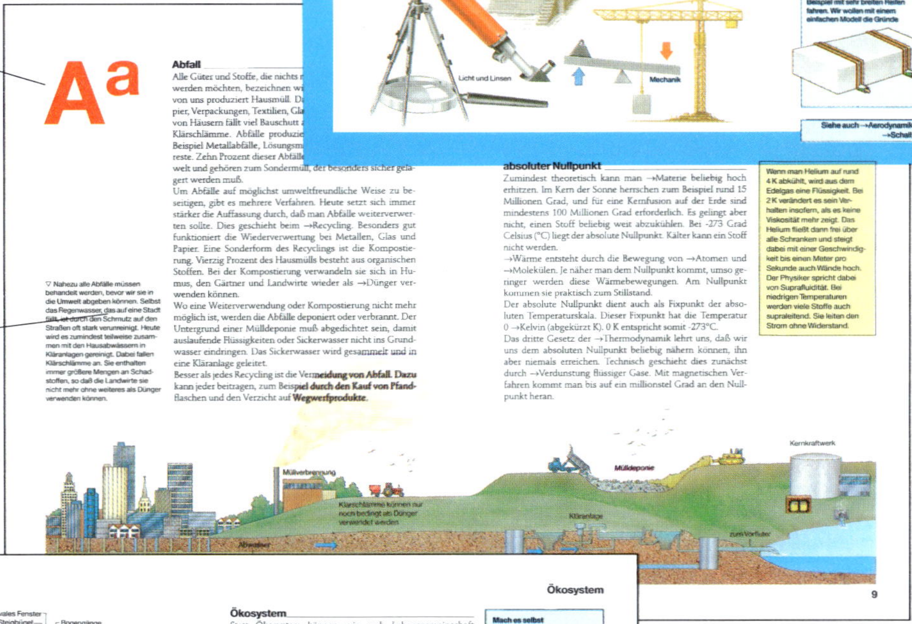

Themen-Doppelseiten
bringen ausführliche Informationen und Bilder zu einem wichtigen Thema. Eine Liste dieser besonderen Stichwörter findest du am Ende des Buches.

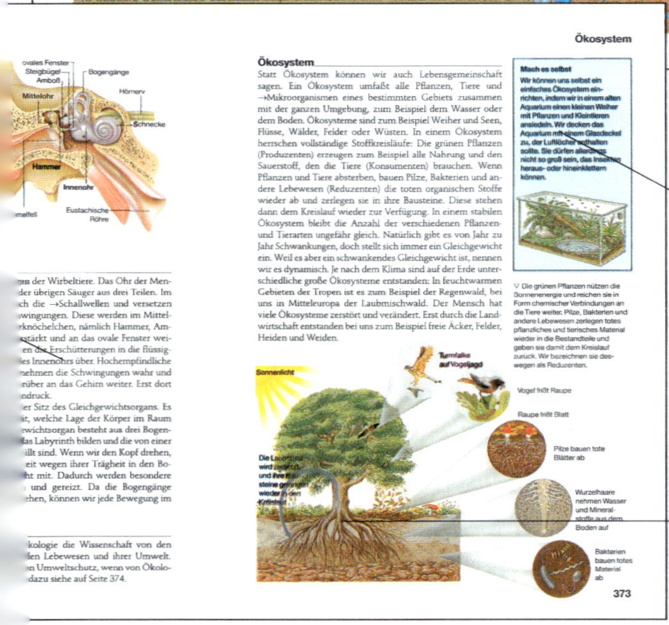

Mach-es-selbst-Kästen
auf blauem Grund enthalten Versuche und Experimente. Sie helfen dir, den Inhalt der Lexikontexte besser zu verstehen und führen dich in die Arbeit eines Forschers ein. Die Versuche sind einfach und gefahrlos durchzuführen. Lies dazu die Richtlinien zur Sicherheit auf Seite 5.

Etwa 2000 Bilder,
Fotos und Grafiken findest du in diesem Lexikon, dazu Karten, einfache Diagramme und Schnittbilder, wie sie Techniker und Naturwissenschaftler verwenden.

Aa

Abfall

Alle Güter und Stoffe, die nichts mehr nützen und die wir loswerden möchten, bezeichnen wir als Abfall oder Müll. Jeder von uns produziert Hausmüll. Darunter sind Speisereste, Papier, Verpackungen, Textilien, Glas und Kunststoffe. Beim Bau von Häusern fällt viel Bauschutt an. In Kläranlagen entstehen Klärschlämme. Abfälle produziert auch die Industrie, zum Beispiel Metallabfälle, Lösungsmittel, Lacke oder Kunststoffreste. Zehn Prozent dieser Abfälle sind gefährlich für die Umwelt und gehören zum Sondermüll, der besonders sicher gelagert werden muß.

Um Abfälle auf möglichst umweltfreundliche Weise zu beseitigen, gibt es mehrere Verfahren. Heute setzt sich immer stärker die Auffassung durch, daß man Abfälle weiterverwerten sollte. Dies geschieht beim →Recycling. Besonders gut funktioniert die Wiederverwertung bei Metallen, Glas und Papier. Eine Sonderform des Recyclings ist die Kompostierung. Vierzig Prozent des Hausmülls bestehen aus organischen Stoffen. Bei der Kompostierung verwandeln sie sich in Humus, den Gärtner und Landwirte wieder als →Dünger verwenden können.

Wo eine Weiterverwendung oder Kompostierung nicht mehr möglich ist, werden die Abfälle deponiert oder verbrannt. Der Untergrund einer Mülldeponie muß abgedichtet sein, damit auslaufende Flüssigkeiten oder Sickerwasser nicht ins Grundwasser eindringen. Das Sickerwasser wird gesammelt und in eine Kläranlage geleitet.

Besser als jedes Recycling ist die Vermeidung von Abfall. Dazu kann jeder beitragen, zum Beispiel durch den Kauf von Pfandflaschen und den Verzicht auf Wegwerfprodukte.

▽ Nahezu alle Abfälle müssen behandelt werden, bevor wir sie in die Umwelt abgeben können. Selbst das Regenwasser, das auf eine Stadt fällt, ist durch den Schmutz auf den Straßen oft stark verunreinigt. Heute wird es zumindest teilweise zusammen mit den Hausabwässern in Kläranlagen gereinigt. Dabei fallen Klärschlämme an. Sie enthalten immer größere Mengen an Schadstoffen, so daß die Landwirte sie nicht mehr ohne weiteres als Dünger verwenden können.

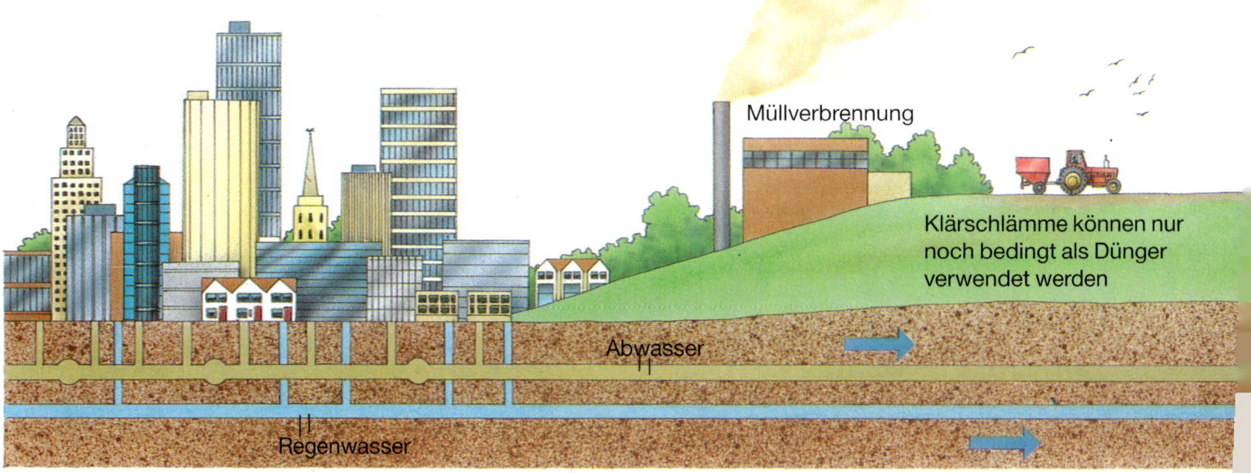

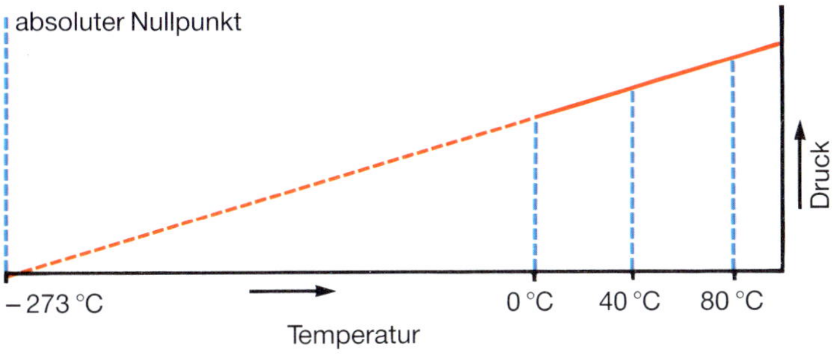

◁ Auf der absoluten Temperaturskala wird die Temperatur in Kelvin (K) angegeben. Die Bezeichnung für diese Maßeinheit geht auf den englischen Lord Kelvin zurück, einen der führenden Physiker des vorigen Jahrhunderts.

absoluter Nullpunkt

Zumindest theoretisch kann man →Materie beliebig hoch erhitzen. Im Kern der Sonne herrschen zum Beispiel rund 15 Millionen Grad, und für eine Kernfusion auf der Erde sind mindestens 100 Millionen Grad erforderlich. Es gelingt aber nicht, einen Stoff beliebig weit abzukühlen. Bei –273 Grad Celsius (°C) liegt der absolute Nullpunkt. Kälter kann ein Stoff nicht werden.

→Wärme entsteht durch die Bewegung von →Atomen und →Molekülen. Je näher man dem Nullpunkt kommt, desto geringer werden diese Wärmebewegungen. Am Nullpunkt kommen sie praktisch zum Stillstand.

Der absolute Nullpunkt dient auch als Fixpunkt der absoluten Temperaturskala. Dieser Fixpunkt hat die Temperatur 0 →Kelvin (abgekürzt K). 0 K entspricht somit –273 °C.

Das dritte Gesetz der →Thermodynamik lehrt uns, daß wir uns dem absoluten Nullpunkt beliebig nähern können, ihn aber niemals erreichen. Technisch geschieht dies zunächst durch →Verdunstung flüssiger Gase. Mit magnetischen Verfahren kommt man bis auf ein millionstel Grad an den Nullpunkt heran.

Wenn man Helium auf rund 4 K abkühlt, wird aus dem Edelgas eine Flüssigkeit. Bei 2 K verändert es sein Verhalten insofern, als es keine Viskosität mehr zeigt. Das Helium fließt dann frei über alle Schranken und steigt dabei mit einer Geschwindigkeit bis einen Meter pro Sekunde auch Wände hoch. Der Physiker spricht dabei von Suprafluidität. Bei niedrigen Temperaturen werden viele Stoffe auch supraleitend. Sie leiten den Strom ohne Widerstand.

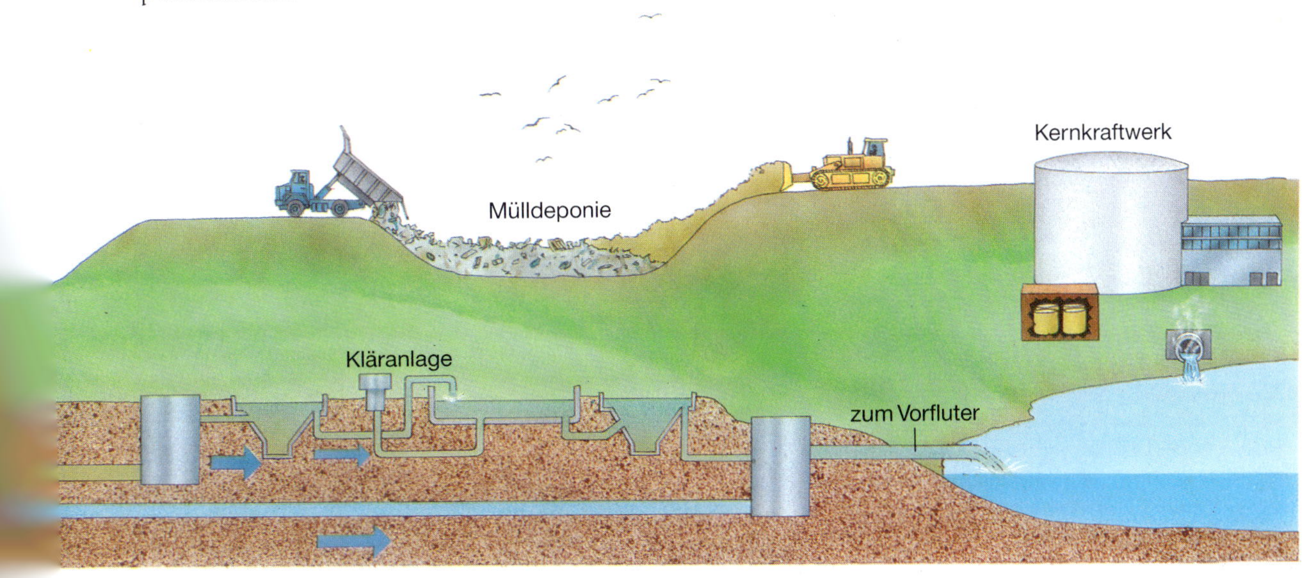

> **Mach es selbst**
>
> Wir füllen ein Gefäß mit Wasser. Die Öffnung verschließen wir luftdicht mit einer Folie und stecken sorgfältig eine Pflanze hindurch. Nach ein paar Tagen wird der Wasserspiegel gesunken sein. Die Pflanze absorbiert nämlich mit ihren Wurzeln Wasser und gibt es über ihre Blätter wieder an die Luft ab (Transpiration).
>
> 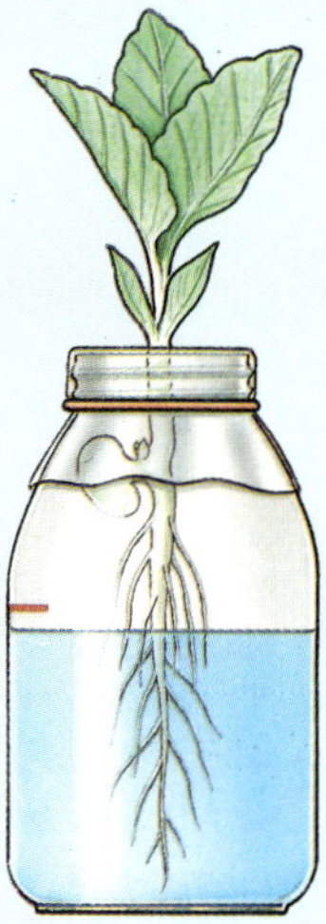

Absorption

Immer wenn ein Stoff einen anderen Stoff oder Strahlung in sich aufnimmt, sprechen wir von Absorption. Pflanzenwurzeln absorbieren Wasser und darin gelöste Salze aus dem Boden. Das →Blut nimmt in unseren →Lungen Sauerstoff aus der Luft durch Absorption auf. Tier und Mensch bauen in ihrem →Darm Nahrung ab und zerlegen sie in kleinere Bestandteile. Diese dringen durch die Darmwand hindurch und werden anschließend vom Blut absorbiert.

Auch →Wärme, →Licht und →Schall werden absorbiert. Dunkle Gegenstände nehmen mehr Licht und Wärme auf als helle. Menschen in heißen Ländern streichen ihre Häuser deswegen außen weiß an, damit sie den größten Teil des Lichts und der Wärme zurückstrahlen. Das Innere solcher Häuser ist dann angenehm kühl. Hecken und Wälder absorbieren Schallwellen und dienen an vielbefahrenen Straßen deshalb als Lärmschutz.

Aerodynamik

Die Wissenschaft der Aerodynamik untersucht, wie sich strömende Luft verhält, wenn sie auf einen Widerstand trifft. Wie fliegt zum Beispiel ein Drachen? Wie kann sich ein Drachenflieger in der Luft halten, obwohl er von keinem Motor angetrieben wird? Wie kann sich ein Jumbojet in die Luft erheben, obwohl er über 350 000 Kilogramm wiegt? Die Antworten auf diese Fragen liefert uns die Aerodynamik.

Die Oberfläche eines Flugzeugflügels ist stärker gekrümmt als die Unterfläche. Hinter diesem Flügelprofil verbirgt sich das Geheimnis des Fliegens: Gleitet ein solcher Flügel durch die

▷ Im Windkanal untersuchen Ingenieure die Stromlinienform neuer Karosserien. Sie ermitteln dabei unter anderem die Luftwiderstandszahl. Ein stromlinienförmiges Auto fährt schneller und verbraucht weniger Kraftstoff, weil es einen geringeren Luftwiderstand zu überwinden hat.

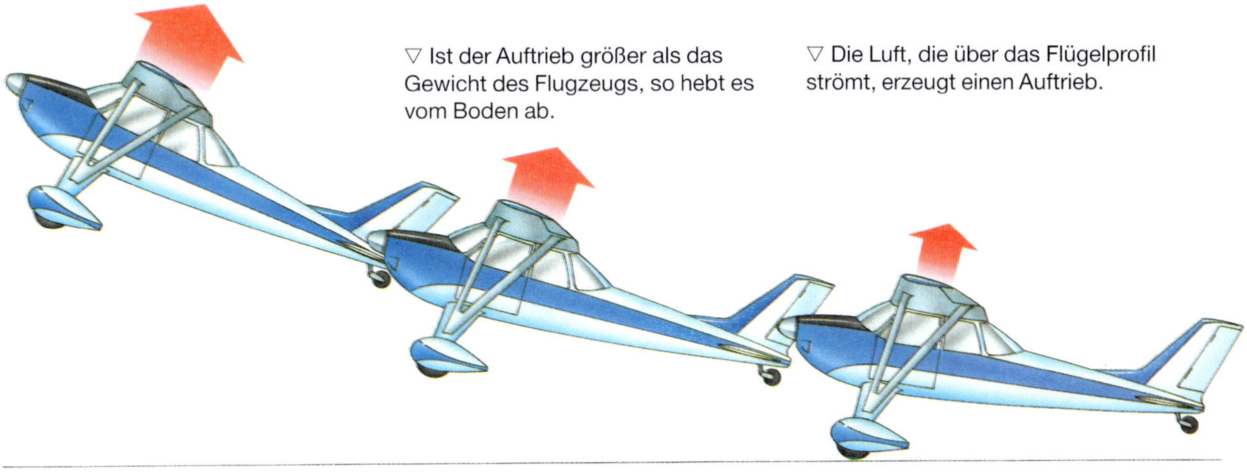

▽ Ist der Auftrieb größer als das Gewicht des Flugzeugs, so hebt es vom Boden ab.

▽ Die Luft, die über das Flügelprofil strömt, erzeugt einen Auftrieb.

Luft, so muß die Luft, die über die Oberseite des Flügels fließt, eine größere Strecke zurücklegen als die Luft auf der Unterseite. Die Luft auf der Oberseite muß also schneller strömen. Der →Luftdruck nimmt ab, wenn die strömende Luft ihre Geschwindigkeit erhöht. Der Luftdruck auf der Oberseite des Flugzeugflügels ist also geringer als auf der Unterseite. Aus diesem Grund wird der Flügel nach oben gedrückt. Die entsprechende Kraft nennen wir →Auftrieb. Er wächst mit zunehmender Geschwindigkeit des Flugzeugs. Deswegen können Flugzeuge erst von einer bestimmten Geschwindigkeit an abheben.

Im Flug muß das Flugzeug den Luftwiderstand überwinden. Je höher die Geschwindigkeit, um so höher auch der Luftwiderstand. Bei Flugzeugen, die hohe Geschwindigkeiten erreichen, wird der Luftwiderstand zu einem besonderen Problem, weil er schneller wächst als die Geschwindigkeit des Flugzeugs. Um den Luftwiderstand zu verringern, müssen alle Teile des Flugzeugs, die der Luft ausgesetzt sind, →Stromlinienform aufweisen. Dadurch strömt die Luft ungehindert über die Oberflächen, trifft auf wenig Widerstand und wird nicht verwirbelt. Solche Verwirbelungen oder Turbulenzen sind für den Bewegungswiderstand verantwortlich.

Daniel Bernoulli (1700–1782)

Daniel Bernoulli war Arzt, Physiker und Mathematiker. Er lebte in Basel. Bernoulli bewies, daß der Druck in einer Flüssigkeit abnimmt, wenn sich ihre Strömungsgeschwindigkeit erhöht. Entsprechendes gilt auch bei Gasen. Luft strömt über die Oberseite eines Flugzeugflügels schneller als über die Unterseite. Das führt dazu, daß der Luftdruck auf der Oberseite des Flügels geringer ist als auf der Unterseite. Dadurch entsteht ein Auftrieb.

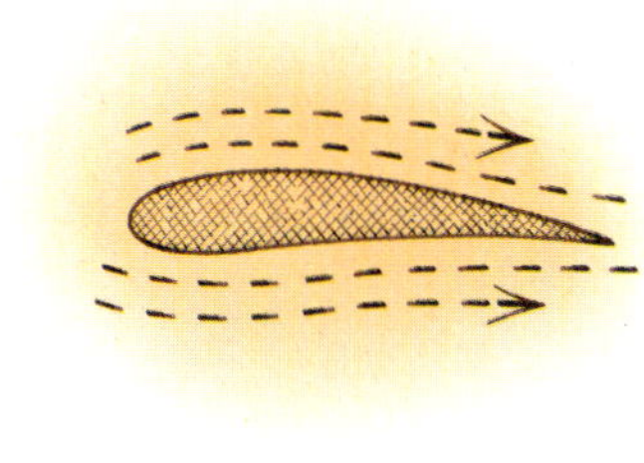

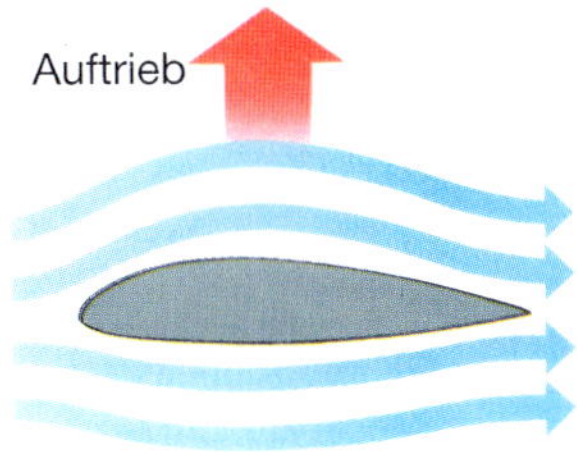

△ Flügelprofile sind stromlinienförmig, um möglichst wenig Luftwiderstand zu erzeugen.

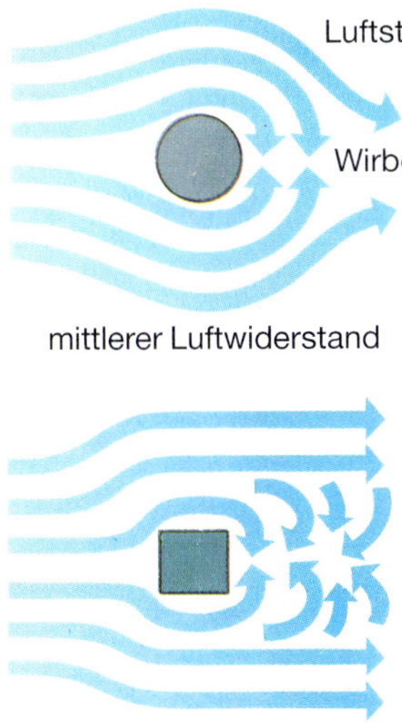

△ Wenn Luft über scharfe Kanten strömt, entstehen Wirbel, die den Luftwiderstand erheblich vergrößern. Um dem entgegenzuwirken, haben moderne Lastwagen besondere Bleche über der Kabine, die die Luftströmung verbessern.

Flugzeuge, Autos und Züge sind heute durchweg stromlinienförmig gestaltet. Wir sagen auch: Sie weisen eine niedrige Luftwiderstandszahl auf. Diese Zahl wird in Versuchen im →Windkanal ermittelt. Dazu bläst man einen Luftstrom über die Fahrzeuge und nimmt entsprechende Messungen vor.

Aerosol

Von einem Aerosol sprechen wir dann, wenn winzige Teilchen in einem Gas fein verteilt sind. Die Teilchen oder Partikel können fest oder flüssig sein. Beispiele für Aerosole in der Natur sind Rauch (feste Teilchen) oder Wolken und Nebel (flüssige Teilchen aus Wasser).

Aerosole erzeugen wir vor allem mit Spraydosen. Beim Versprühen wird eine Flüssigkeit im Treibgas fein verteilt, zum Beispiel ein Lack oder ein Haarfestiger. Das Treibgas in der Dose steht unter Druck. Wenn wir oben auf den Knopf drükken, wird ein Ventil geöffnet, und der Inhalt tritt in Form eines Sprays durch den Zerstäuber aus.

Früher wurden als Treibgase meistens →FCKW verwendet. Seitdem wir aber wissen, daß diese die →Ozonschicht schädigen, wurden sie durch andere, harmlose Treibgase ersetzt.

Aggregatzustände

Wasser unter 0°C bildet festes Eis. Von 0°C bis 100°C ist Wasser flüssig, bei Temperaturen darüber gasförmig. Diese drei Zustandsformen oder Aggregatzustände des Wassers finden wir auch bei den meisten anderen Stoffen. Eisen zum Beispiel ist bis 1535°C fest und wird erst bei rund 3070°C gasförmig. →Festkörper haben einen bestimmten Rauminhalt und eine bestimmte Gestalt mit einem Aufbau wie in einem →Kristall: Ihre →Atome oder →Moleküle sind regelmäßig wie in einem

Mach es selbst

Blase einen gleichmäßigen Luftstrom über ein Stück Papier. Dadurch verringert sich der Luftdruck auf der Oberseite des Papiers. Der Luftdruck auf der Unterseite ist damit größer und hebt das Blatt Papier an.

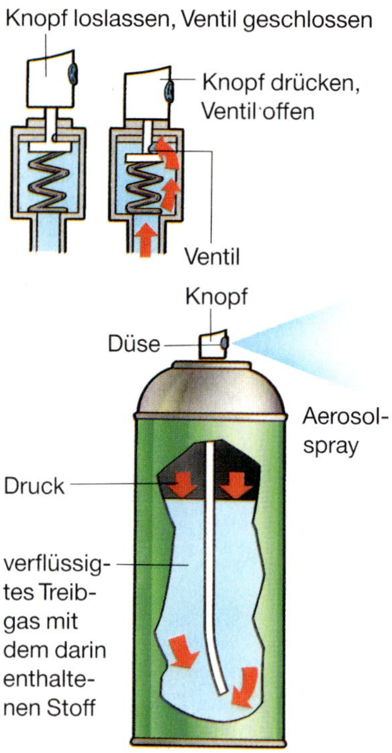

△ Wenn wir den Knopf einer Spraydose drücken, wird im Inneren ein Ventil geöffnet. Nun kann ein Teil des Treibgases durch die Düse austreten. Gleichzeitig wird der darin enthaltene Stoff fein zerstäubt. Spraydosen stehen unter Druck und dürfen niemals geöffnet werden.

▷ In welcher Form ein Stoff vorliegt, hängt vom Abstand der Atome oder Moleküle ab. Bei einem Festkörper liegen sie dicht gepackt. In einer Flüssigkeit können sie sich schon frei bewegen und in einem Gas fliegen sie in alle Richtungen durcheinander.

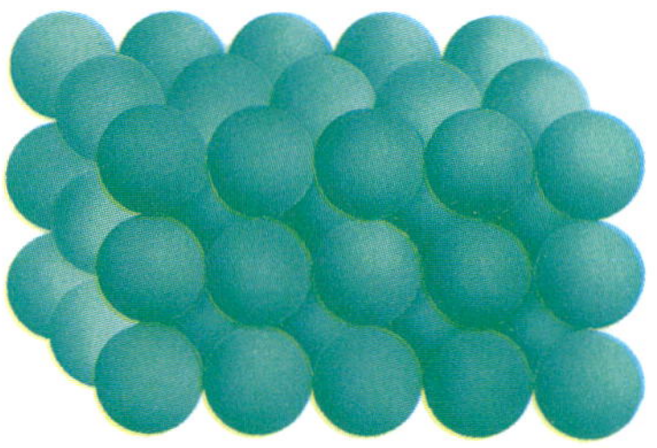

fest

gasförmig

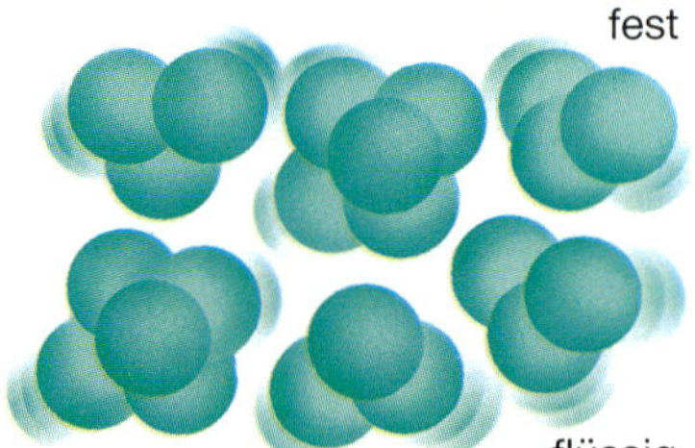

flüssig

Gitter angeordnet. →Flüssigkeiten haben einen bestimmten Rauminhalt, aber keine feste Gestalt mehr, denn sie nehmen die Form des umgebenden Gefäßes an. →Gase wiederum haben weder einen bestimmten Rauminhalt noch eine feste Gestalt.
Der Physiker unterscheidet noch einen weiteren vierten Aggregatzustand, den er Plasma nennt. Es handelt sich um ein hocherhitztes Gas, in dem sich die →Elektronen von den Atomkernen trennen. Materie im Zustand eines Plasmas finden wir zum Beispiel in Flammen oder in großen Höhen der Erdatmosphäre.

Mach es selbst

Wasser kann zur selben Zeit in allen drei Aggregatzuständen existieren. Wir legen in eine erhitzte Pfanne mit einem Löffel einen Eiswürfel hinein. Nun schalten wir die Platte aus. Das feste Eis schmilzt zu Wasser, und dieses Wasser beginnt bald zu kochen und wird gasförmig. Wir erkennen dies an den Dampfwolken.

Aids

Das Wort Aids (sprich: ehds) setzt sich zusammen aus den Anfangsbuchstaben des englischen Begriffs „Acquired immune deficiency syndrome". Übersetzt heißt das soviel wie „erworbene Immunschwäche". Die Krankheit Aids wird von HIV-Viren ausgelöst. HIV-Viren greifen bestimmte weiße Blutkörperchen an, die Lymphozyten. Diese bilden einen wichtigen Teil des →Immunsystems des Körpers. Wenn sie nun von HIV-Viren lahmgelegt werden, können sie andere Krankheitserreger, mit denen ein gesundes Immunsystem fertig wird, nicht mehr bekämpfen. Der Aids-Patient leidet deswegen im Verlauf seiner Krankheit immer stärker unter verschiedenen →Infektionskrankheiten.
Die Krankheit Aids bricht meistens ein halbes bis drei Jahre nach der Infektion aus. Die meisten Patienten sterben spätestens fünf Jahre nach dem Auftreten der Symptome. Die Ärzte können mit einem Test schon nach drei Monaten nachweisen, ob sich ein Mensch mit dem HIV-Virus infiziert hat. Dabei werden →Antikörper gegen das HIV-Virus aufgespürt.

HIV-Virus Aids-Virus, Abkürzung für „Human Immunodeficiency Virus", also „menschliches Immunschwächevirus"
Symptom Krankheitszeichen
Syndrom Eine Gruppe von Symptomen, die oft zusammen auftreten. Für die meisten Krankheiten gibt es solche Syndrome.

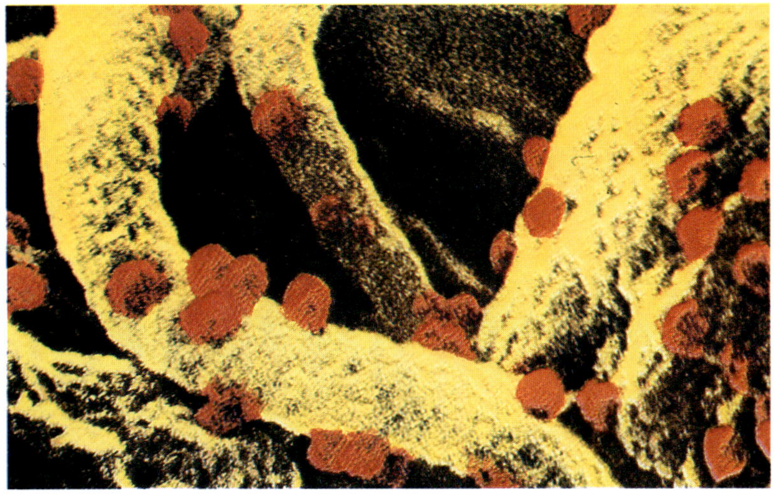

◁ Das HIV-Virus, das die Krankheit Aids auslöst, lebt im Blut und befällt gewisse weiße Blutkörperchen, die Lymphozyten. Das Virus dringt in diese Zellen ein und zwingt sie, viele neue Viren (rote Punkte) herzustellen. Die Lymphozyten brechen dann auf und entlassen die Viren ins Blut, wo sie neue weiße Blutkörperchen befallen. Weil diese andere Krankheitserreger nicht mehr abwehren können, wird das Immunsystem allmählich geschwächt.

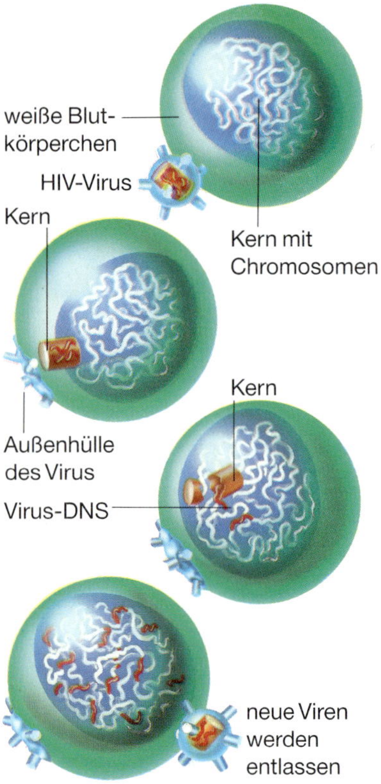

△ Wenn das HIV-Virus ein weißes Blutkörperchen befällt, spritzt es sein Erbmaterial (DNS) in die Zelle ein. Diese wird nun gezwungen, eine große Zahl neuer Viren herzustellen. Das weiße Blutkörperchen stirbt danach ab und entläßt die Viren nach außen.

▽ In Konzertsälen werden die Schallwellen von den Wänden und Decken teilweise zurückgeworfen. Manchmal ist auch der Einbau von Schallreflektoren notwendig, damit die Musik in allen Sitzreihen gleich gut zu hören ist.

Die Übertragung der Krankheit Aids von Mensch zu Mensch erfolgt hauptsächlich auf zwei Wegen: durch intime geschlechtliche Kontakte und durch Übertragung von Blut. Bei Bluttransfusionen im Krankenhaus besteht heute praktisch keine Ansteckungsgefahr mehr. Gefährdet sind jedoch Drogensüchtige, die gemeinsam dieselbe Spritze verwenden. Früher glaubte man, im wesentlichen seien nur homosexuelle Männer von Aids betroffen. Das stimmt sicher nicht. Es erkranken nämlich immer mehr heterosexuelle Personen. Vor Aids kann man sich schützen: durch Treue in der Partnerschaft und durch die Verwendung von Kondomen (Präservativen). Es gibt noch einen dritten Weg der Aidsinfektion: Offensichtlich kann das Virus im Körper der Frau auf das noch ungeborene Kind übergehen.
Beim normalen, täglichen Umgang mit Aids-Patienten besteht keine Infektionsgefahr. Diese ist nur bei sexuellen Kontakten gegeben. Es besteht also kein Grund, Aidskranke auszugrenzen und an den Rand der Gesellschaft zu drängen.
Aids wurde erstmals 1981 beschrieben. Seit jener Zeit hat die Krankheit die ganze Welt erfaßt und ist zu einer weltweiten Seuche geworden.

Akustik

Die Akustik untersucht, wie →Schallwellen erzeugt werden und sich ausbreiten. Diese Wissenschaft ist somit ein Teilgebiet der →Physik. Schallwellen pflanzen sich geradlinig fort. Sie werden wie →Lichtwellen von Hindernissen zurückgeworfen oder verschluckt und absorbiert.
Musiker sagen gelegentlich, dieser oder jener Konzertsaal habe eine gute Akustik. Sie meinen damit, daß man die Musik darin besonders gut hört. Man kann auch von einer Klangcharakteristik dieses Raumes sprechen. In einem großen Saal werden die Schallwellen von den Wänden und der Decke mehrfach zurückgeworfen. Es sind also →Echos der ursprüng-

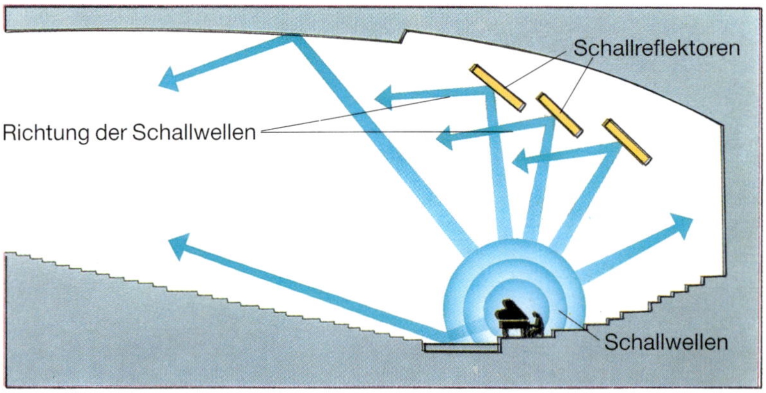

◁ Ingenieure untersuchen in schalltoten Räumen (links) die Geräuschentwicklung von Fahrzeugen. Die Verkleidungen an den Wänden und der Decke absorbieren alle Schallwellen. Diese werden auf Monitoren aufgezeichnet (oben).

lichen Töne zu hören. Sie können einige Sekunden anhalten, bis sie völlig verschwinden. Der Zuhörer nimmt die direkt eintreffenden Schallwellen zuerst wahr; darauf hört er die verschiedenen Echos der Wände und der Decke. Wir bezeichnen sie insgesamt als Nachhall. Wenn ein Saal gute akustische Eigenschaften aufweisen soll, muß auch ein gewisser Nachhall vorhanden sein. Orchestermusik braucht einen längeren Nachhall, gesprochene Sprache wie bei einer Predigt nur einen kurzen. Schallwellen können nicht nur zurückgeworfen, sondern auch von Wänden, der Decke, den Vorhängen und vor allem auch den darin befindlichen Menschen absorbiert werden. Ein Konzert klingt ganz anders, je nachdem ob es vor leeren Sitzreihen oder vor Publikum gespielt wird.

Algebra

Die Algebra ist ein Zweig der →Mathematik. Ihren Namen erhielt sie vom Titel eines arabischen Buches, das ungefähr um 825 nach Christus erschien. Die Algebra beschäftigt sich hauptsächlich mit Gleichungen. Sie rechnet dabei nicht nur mit Zahlen, sondern auch mit Buchstaben, die als Symbole für Zahlen stehen. Wir wissen zum Beispiel, daß die Gleichung $2+5=7$ richtig ist. Ebenso richtig ist die Gleichung $5+2=7$. Wenn wir die beiden Gleichungen kombinieren, erhalten wir: $2+5=5+2$. Es gilt auch die Gleichung $3+1=1+3$ oder $4+7=7+4$. Diese Aussage können wir nun verallgemeinern: Wir können zwei Zahlen auf die eine wie die andere Weise zusammenzählen und erhalten immer dasselbe Ergebnis. Die Algebra drückt dies mit Hilfe von Buchstaben aus. Für die eine

▽ Gleichungen kann man sich wie Waagen vorstellen. Die beiden Seiten müssen stets im Gleichgewicht stehen. Kannst du anhand dieser Grafik den Wert für x herausfinden, der in der Abbildung durch einen roten Zylinder dargestellt wird? Die Auflösung dieser Aufgabe findest du auf Seite 17.

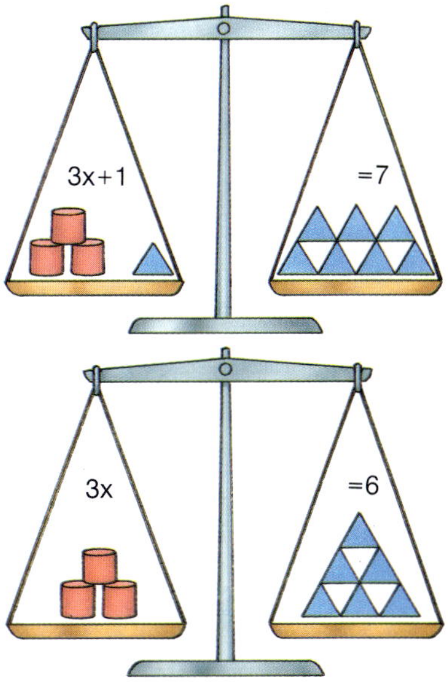

Die wichtigsten Alkohole:
Methanol oder **Methylalkohol**. Er wird technisch verwendet und ist sehr giftig.
Ethanol oder **Ethylalkohol**, auch Trinkalkohol oder Weingeist genannt. Er entsteht vor allem durch Gärung zucker- oder stärkehaltiger Ausgangsstoffe.
Propanol oder **Propylalkohol**, vorwiegend ein Lösungsmittel. Zur Wundreinigung verwendet der Arzt eine besondere Form, das Isopropanol.
Ethandiol oder **Ethylenglykol**, ein schwach giftiger Stoff, der vor allem als Gefrierschutzmittel in der Kühlerflüssigkeit verwendet wird.

Zahl verwendet sie zum Beispiel das Buchstabensymbol a und für die andere Zahl den Buchstaben b. Wir können dann schreiben: $a + b = b + a$. Das ist eine algebraische Gleichung. Ein weiteres Beispiel ist $a \cdot b = b \cdot a$ (abgekürzt geschrieben $ab = ba$). Die Gleichung $a : b = b : a$ gilt im Gegensatz dazu aber längst nicht für alle Zahlen, sondern nur für ganz bestimmte Fälle. Welche sind das? Die Auflösung findest du auf Seite 17.
In algebraischen Gleichungen treten oft die Buchstabensymbole x und y auf. Sie stehen für unbekannte Werte. x und y müssen dann durch Umformung der Gleichungen bestimmt werden.

Alkohole

Alle Alkohole setzen sich aus →Kohlenstoff, →Wasserstoff und →Sauerstoff zusammen. Insbesondere sind sie durch die Hydroxylgruppe gekennzeichnet, die an einem Kohlenstoffatom sitzt. Diese Hydroxylgruppe besteht aus einem Sauerstoff- und einem Wasserstoffatom (-OH).
Alle Alkohole sind bei Zimmertemperatur flüssig. Bei der allgemeinen Bezeichnung „Alkohol“ denken wir zunächst an den Stoff, der in Bier, in Wein und im Schnaps enthalten ist und in größeren Mengen betrunken macht. Dieser Alkohol heißt Ethanol oder Ethylalkohol und ist nur einer unter vielen verschiedenen Alkoholen. Die meisten Alkohole sind wichtig für die chemische Industrie und dienen zum Beispiel als →Lösungsmittel. Das Methanol ist der einfachste Alkohol und leitet sich vom →Methan ab. Es wird bei der Herstellung von Kunststoffen, Farben und Lacken verwendet.
Der natürliche Alkohol oder Ethanol entsteht durch →Gärung zuckerhaltiger Säfte. →Hefen verwandeln den Zucker in Ethanol und Kohlendioxid. Alkoholhaltige Getränke bezeich-

▽ Alle diese modernen Produkte enthalten einen oder mehrere Alkohole als Bestandteile.

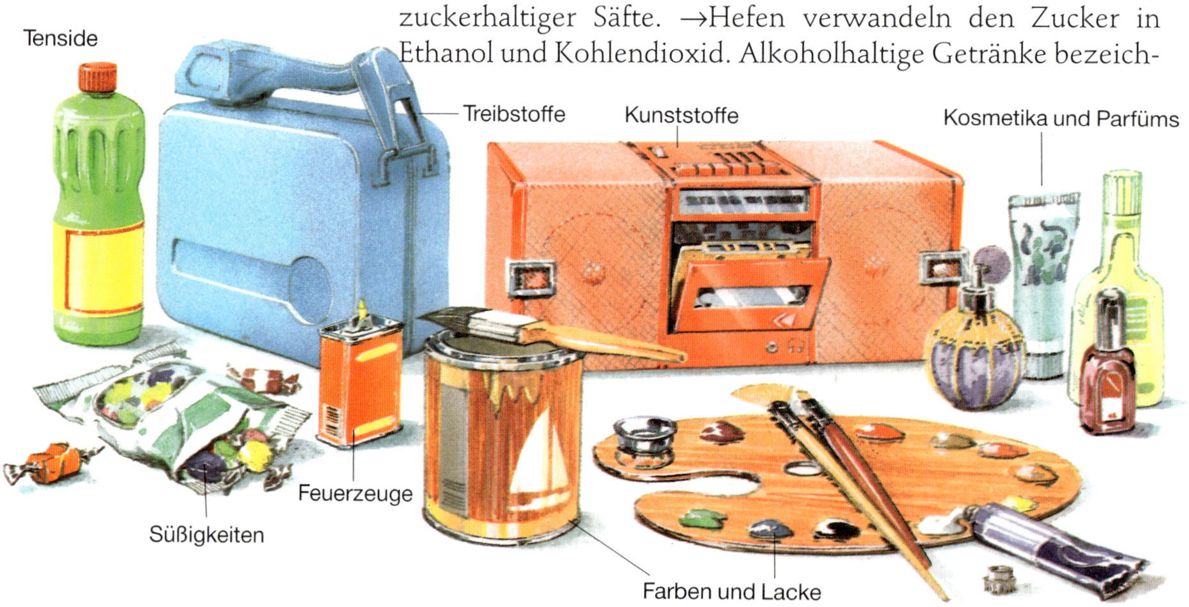

nen wir auch als Alkoholika. Das Ethanol ist ebenfalls eine wichtige Ausgangsverbindung zur Herstellung chemischer Stoffe. Es wird in größeren Mengen auch Treibstoffen zugefügt, um deren →Oktanzahl zu erhöhen.

Allergie

Eine Allergie liegt dann vor, wenn der Körper überempfindlich auf Stoffe reagiert, die eigentlich harmlos sind. Allergien zeigen sich dann, wenn der Körper mehrere Male diesem Stoff ausgesetzt wurde. Schon beim ersten Mal entwickelt der Körper Antikörper gegen diesen Stoff. Bei jedem weiteren Kontakt mit diesem Stoff, den wir →Antigen oder Allergen nennen, kommt es zur allergischen Reaktion: Der Körper versucht, diesen Stoff zu bekämpfen und zu vernichten. Er produziert dazu chemische Stoffe, darunter auch Histamine, die

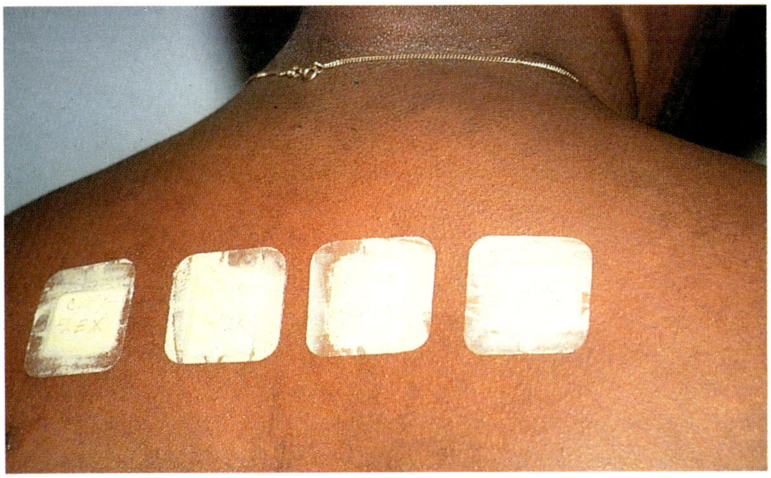

◁ Mit Hauttests versucht der Arzt herauszubekommen, welche Stoffe eine Allergie erzeugen. Er spritzt kleine Mengen von Allergenen knapp unter die Haut. Liegt eine Allergie vor, so wird sich die Haut an der betreffenden Stelle deutlich röten.

dann für die allergische Reaktion verantwortlich sind, zum Beispiel den Heuschnupfen. Bei der Behandlung von Allergien will der Arzt oft mit besonderen Heilmitteln, den Antihistaminika, die Produktion der Histamine verhindern.

Der Heuschnupfen ist die häufigste Form der Allergie. Er entsteht durch Einatmen von Pollen, die Bäume, Gräser und andere Pflanzen an die Luft abgeben. Den meisten Menschen macht dieser Pollenflug nichts aus; bei anderen hingegen jukken die Schleimhäute der Augen, und ihre Nase läuft.

Wir können Allergien auf die unterschiedlichsten Dinge entwickeln. Einige Menschen sind allergisch auf Erdbeeren oder Milch. Sie bekommen davon Hautausschläge und Ekzeme. Diese Reaktion kann sich auch einstellen, wenn die Haut mit einem Material in Berührung kommt, das ein Antigen enthält. Viele Menschen sind zum Beispiel allergisch auf das →Nickel, das in Druckknöpfen und Scheren enthalten ist.

Allergien können von den unterschiedlichsten Stoffen ausgelöst werden. Staub, Pollen, Sporen von Schimmelpilzen, Tierhaare, Hausstaub und die darin enthaltenen Milben und Zigarettenrauch können zu allergischen Reaktionen der Atemorgane und zu Asthma, Heuschnupfen und zu dauerndem Schnupfen führen. Manche Menschen bekommen nach dem Genuß von Schokolade und Käse allergische Kopfschmerzen. Muscheln und Fische können Magenschmerzen und schwere Erkrankungen hervorrufen.

Auflösung der Aufgabe auf Seite 15:

Die ursprüngliche Gleichung lautet $3x + 1 = 7$. Wenn wir auf beiden Seiten der Gleichung 1 abziehen, erhalten wir die Gleichung $3x = 6$. Dies ist in der zweiten Abbildung dargestellt. Wenn wir nun jede Seite der Gleichung durch 3 teilen, erhalten wir die Auflösung: $x = 2$.

Auflösung der Aufgabe auf Seite 16:

Die Gleichung $a:b = b:a$ ist nur dann richtig, wenn $a = b$. Nehmen wir dazu ein Beispiel: $7:7 = 7:7$.

▷ Vier Generationen kamen bei diesem Familientreffen zusammen. Die Menschen stehen alle in verschiedenen Phasen des Alterungsprozesses.

△ Die langlebigsten Organismen auf der Welt sind Bäume. Die abgebildete Borstenkiefer kann bis 5000 Jahre alt werden. Heute noch lebende Exemplare keimten zu Zeiten von Moses!

altern

Wir Menschen altern langsamer als die meisten Tiere. Die Menschen in Industrieländern werden im Durchschnitt siebzig Jahre alt, wobei die Frauen einige Jahre länger leben. In den Entwicklungsländern liegt die mittlere Lebenserwartung deutlich niedriger, in Indien zum Beispiel bei 57 Jahren.

Kaum sind wir richtig erwachsen, beginnen auch schon die Vorgänge des Alterns. Zuerst sind sie kaum wahrzunehmen. Deutlich treten sie erst nach dem 50. bis 65. Lebensjahr hervor: Die Haut wird runzlig und weniger elastisch, die Haare färben sich grau oder weiß. Die inneren Organe arbeiten nicht mehr so gut. Zum Lesen brauchen wir dann meistens eine Brille. Wir hören schlechter, werden vergeßlich und haben Schwierigkeiten, uns neuen Situationen anzupassen.

In den letzten hundert Jahren ist die mittlere Lebenserwartung dank der besseren medizinischen Betreuung deutlich gestiegen. Das bedeutet, daß die Zahl der alten Menschen in der Bevölkerung immer größer wird.

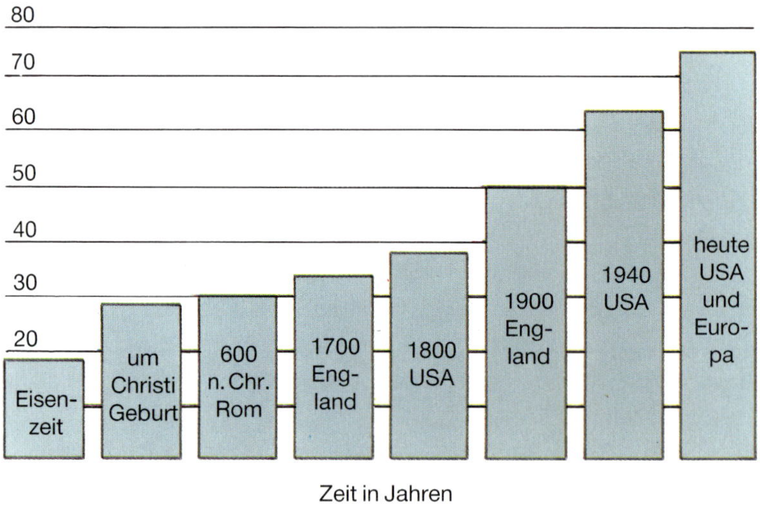

▷ Bessere Lebensbedingungen und die Fortschritte der Medizin haben im Lauf der Jahrhunderte zu einer Erhöhung der mittleren Lebenserwartung geführt.

Aluminium

Das Aluminium ist ein leichtes silbriges →Metall und ein →chemisches Element. Reines Aluminium reagiert sofort mit dem →Sauerstoff in der Luft und bildet an der Oberfläche einen Überzug aus Aluminiumoxid. Im Gegensatz zum Rost des →Eisens ist dieser Überzug luftdicht und verhindert eine weitere →Korrosion.

Das Aluminium ist das häufigste Metall in der Erdkruste, doch kommt es nirgendwo gediegen, also rein, sondern nur in Form aluminiumhaltiger Mineralien vor. Deswegen wurde es erst um 1827 entdeckt. Heute gewinnt man Aluminium überwiegend aus dem Mineral Bauxit.

Das Aluminium läßt sich leicht verformen, walzen, pressen, ziehen, stanzen und auch gießen. Es leitet den elektrischen Strom sehr gut und bildet zusammen mit anderen Metallen →Legierungen, die beinahe so fest werden wie Stahl. Aus Aluminium stellt man die unterschiedlichsten Dinge her, zum Beispiel Flugzeuge, Motoren, Haushaltsgeräte, Getränkedosen und Haushaltsfolie. Weil die Herstellung von Aluminium viel Energie verbraucht und die Umwelt verschmutzt, sollten wir Aluminiumverpackungen möglichst vermeiden und Alt-Aluminium auf jeden Fall zum →Recycling bringen.

△ Aluminium wäre ein idealer Stoff für Getränkedosen, wenn seine Herstellung der Umwelt nicht so sehr schaden würde.

▽ Reines Aluminium gewinnt man heute aus dem Erz Bauxit in Öfen durch sogenannte Schmelzfluß-elektrolyse.

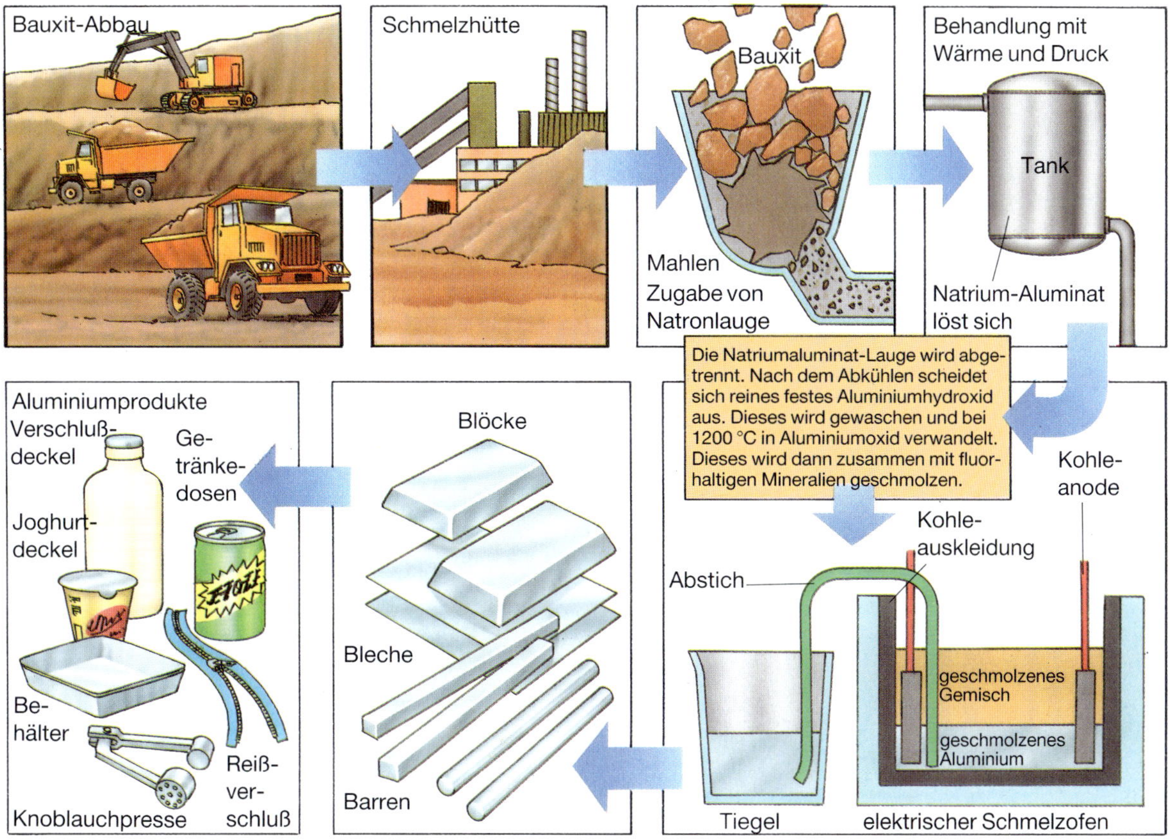

NH_3

△ Ein Molekül Ammoniak besteht aus einem Stickstoffatom (N) und drei Wasserstoffatomen (H). Dadurch ergibt sich die chemische Formel NH_3.

Ammoniak

Ammoniak ist ein farbloses Gas, das stechend riecht und zu Tränen reizt. Es handelt sich um eine →chemische Verbindung zwischen einem →Stickstoffatom und drei →Wasserstoffatomen. Ammoniak ist leichter als Luft und verbrennt in reinem Sauerstoff mit einer dunkelgelben Flamme. In normaler Luft kann es nicht brennen.

Ammoniak ist bis – 33 °C flüssig. Oberhalb dieser Temperatur siedet es und wird gasförmig. Dabei nimmt es große Wärmemengen aus der Umgebung auf. Deswegen wurde das Ammoniak früher häufig in →Kühlschränken und Kältemaschinen verwendet. Heute ersetzt man es zum größten Teil durch andere Gase.

Reines Ammoniak tritt in der Natur nur selten auf; es entsteht bei der Zersetzung von Eiweiß oder ist in Vulkangasen enthalten. Dennoch ist das Ammoniak eine der wichtigsten Chemikalien: →Salpetersäure, →Nitrate als →Düngemittel, Sprengstoffe, Harnstoffe, Soda (Natriumkarbonat), sowie Kunststoffe werden daraus hergestellt. In Wasser verdünntes Ammoniak löst Fett und Schmutz. Deshalb ist es auch Bestandteil von Reinigungs- und Putzmitteln. Eine ungefähr zehnprozentige Ammoniaklösung nennen wir Salmiakgeist.

Weil es in der Natur kaum Ammoniak gibt, muß es synthetisch hergestellt werden. Dies geschieht im Haber-Bosch-Verfahren. Bei ungefähr 450 °C und einem Druck von 200 bar verbinden sich die beiden Gase Stickstoff und Wasserstoff zu Ammoniak. Für diese Reaktion ist allerdings ein →Katalysator aus Eisen erforderlich.

▽ In Großanlagen wird das Ammoniak nach dem Haber-Bosch-Verfahren hergestellt. Ein Katalysator aus Eisen beschleunigt die Reaktion zwischen Stickstoff und Wasserstoff, ohne selbst daran teilzunehmen oder verbraucht zu werden. Gase, die nicht miteinander reagiert haben, werden wieder zurückgeführt.

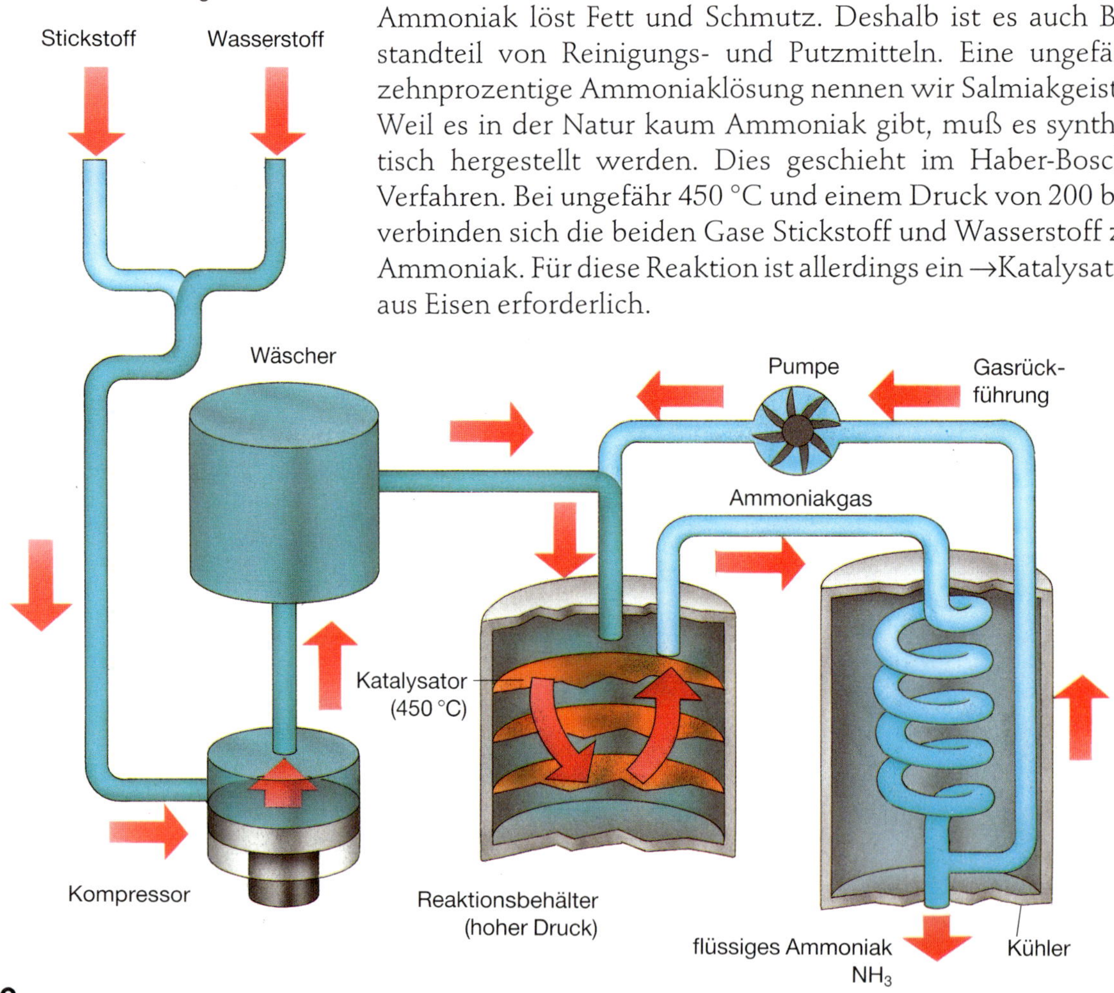

Ampere

Das Ampere, abgekürzt A, ist die Maßeinheit für die Stärke des elektrischen Stroms. Es zählt zu den grundlegenden →SI-Einheiten. Die Definition des Amperes ist nur für Physiker zu verstehen. Jedenfalls beträgt die Stromstärke beim Betrieb einer gewöhnlichen 60-Watt-Birne ungefähr ein viertel Ampere. Steigt die Stromstärke in einem Leiter zum Beispiel durch einen Kurzschluß stark an, so unterbricht eine →Sicherung den →Stromkreis.
Zur Messung elektrischer Stromstärken verwenden wir Amperemeter. Die meisten Geräte nutzen dabei die Tatsache, daß elektrische Ströme auch magnetische Auswirkungen haben. Diese bringen einen Zeiger zum Ausschlag.

Dem französischen Mathematiker und Physiker André Ampère (1775–1836) gelangen zahlreiche Entdeckungen auf dem Gebiet der Elektrizität und des Magnetismus. Er fand zum Beispiel heraus, daß eine Spule wie ein Magnet wirkt, wenn ein Strom durch sie fließt. Die SI-Einheit für die Stromstärke wurde ihm zu Ehren Ampere genannt.

analog

Wenn zwei Vorgänge oder Systeme sich gleichwertig zueinander verhalten, bezeichnen wir sie als analog. Der Quecksilberfaden des →Thermometers steigt und fällt mit der Temperatur, weil sich das Quecksilber entsprechend der Temperatur ausdehnt oder zusammenzieht. Wir lesen die Temperatur auf einer Skala nach der Höhe des Quecksilberfadens ab. Eine solche Anzeige nennen wir analog. Erfolgt die Anzeige hingegen direkt mit Zahlen, so nennt man sie →digital.
Auch der Biologe gebraucht das Wort „analog“. Analog sind Organe mit ähnlichen Aufgaben. Die Flügel des Vogels und des Schmetterlings sind zum Beispiel analog. Sie haben dieselbe Funktion, sind aber sonst nicht miteinander verwandt und haben auch einen ganz anderen Aufbau. Als homolog bezeichnen wir hingegen Organe, die von ihrer →Evolution her gesehen miteinander verwandt sind, obwohl sie vielleicht ganz unterschiedliche Aufgaben erfüllen. Homolog sind zum Beispiel unsere Arme und die Vogelflügel. Beide Organe sind nämlich aus Vorderbeinen hervorgegangen.

△ Dieser altmodische Wecker hat Zeiger und damit eine analoge Anzeige.

▽ Diese anatomische Zeichnung aus dem 16. Jahrhundert zeigt die Lage der Muskeln und Nerven im menschlichen Körper. Erst zu jener Zeit begannen die Ärzte, den Menschen zu sezieren.

Anatomie

Die Anatomie untersucht den Aufbau der Lebewesen. Erst wenn wir wissen, wie sie gebaut sind, können wir verstehen, wie sie funktionieren. Besonders wichtig ist die Anatomie in der →Medizin. Die Ärzte müssen wissen, wie das →Skelett, die →Muskeln, die Blutgefäße und die →Nerven aufgebaut sind und wo sie verlaufen. Aus Veränderungen im Körperinnern können sie oft auf Krankheiten schließen. Ein Herzinfarkt zum Beispiel entsteht , wenn Blutgefäße, die den Herzmuskel versorgen, verengt sind. Zoologen und Tiermediziner untersuchen die Anatomie der Tiere und ziehen daraus ihre Schlüsse. Es gibt auch eine Anatomie der Pflanzen.

anorganische Chemie

Die anorganische Chemie beschäftigt sich mit Reaktionen und Eigenschaften von Stoffen, die keinen Kohlenstoff enthalten. Mit dem Wort „anorganisch“ will man andeuten, daß diese Stoffe eben nicht der belebten, der organischen Natur entstammen. Die anorganische Chemie befaßt sich mit den chemischen Elementen und all den einfacheren Verbindungen wie den Oxiden, den Säuren (Salpetersäure, Salzsäure, Schwefelsäure), den Basen und Salzen. Zur anorganischen Chemie zählen auch die Untersuchungen über die Metalle und ihre Erze. Eine scharfe Grenzlinie zur organischen Chemie existiert allerdings nicht. Die einfachen Kohlenstoffverbindungen wie das Kohlendioxid und die Salze der Kohlensäure, die Karbonate, gehören deshalb gleichermaßen zur anorganischen wie zur organischen Chemie. Eine Brücke zwischen den beiden Disziplinen schlagen zum Beispiel auch die Silikone, also kettenförmige Siliziumverbindungen, sowie organische Stoffe, die Metalle enthalten.
Die Geschichte der Chemie ist bis zum Jahr 1828 in Wirklichkeit die Geschichte der anorganischen Chemie. Erst in jenem Jahr stellte Friedrich Wöhler den ersten organischen Stoff aus einer rein anorganischen Verbindung her. Es war der Harnstoff.

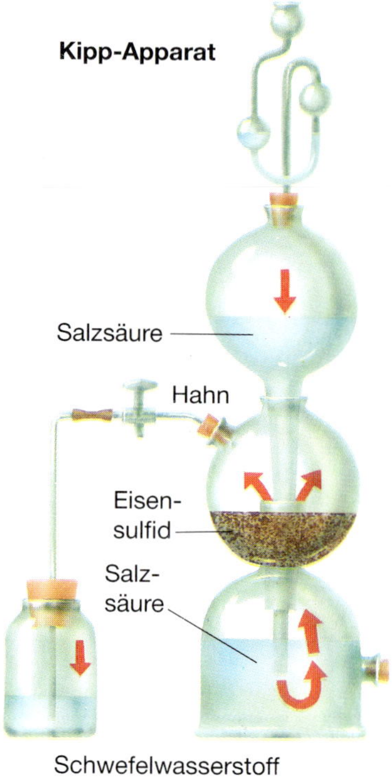

△ Mit dem Kipp-Apparat gewinnt man Gase. Dabei reagieren feste Stoffe mit einer Flüssigkeit. Bei der Reaktion von Salzsäure mit Eisensulfid entsteht das Gas Schwefelwasserstoff. Durch das Schließen des Hahns kann man die Reaktion steuern. Dabei wird der Kontakt zwischen festem Stoff und Flüssigkeit unterbrochen, und die Reaktion kommt zum Stillstand.

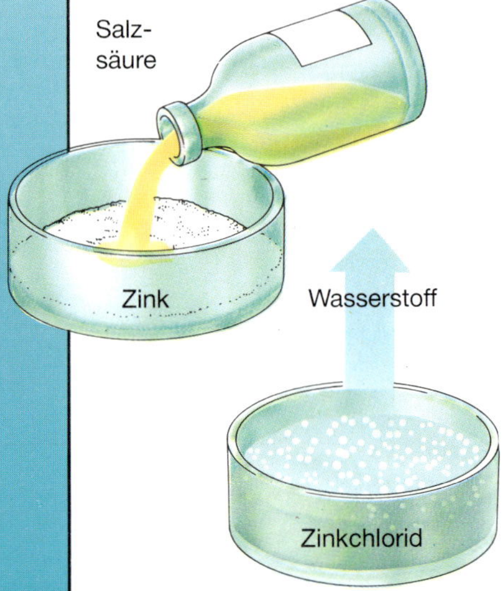

△ Die anorganische Chemie beschäftigt sich mit grundlegenden chemischen Reaktionen: Wenn man zum Beispiel Zink mit Salzsäure in Verbindung bringt, entstehen Zinkchlorid und Wasserstoffgas.

Meilensteine der anorganischen Chemie

1774/75 J. Priestley isoliert mehrere Gase.
1869 D.I. Mendelejew und J.L. Meyer entwickeln unabhängig voneinander das Periodensystem der chemischen Elemente.
1910 F. Haber und C. Bosch entwickeln das nach ihnen benannte Verfahren zur Synthese des Ammoniaks.

▷ Der Springbrunnenversuch zeigt die hohe Löslichkeit von Ammoniak in Wasser. Wenn sich das Ammoniak löst, entsteht im oberen Rundkolben ein teilweises Vakuum, so daß das Wasser springbrunnenartig hineinstürzt. Durch Zugabe des Indikators Phenolphthalein kann man auch eine Verfärbung beobachten.

Siehe auch →Atom; →chemische Bindung; →chemische Elemente; →chemische Verbindungen; →Laboratorium; →organische Chemie; →Periodensystem.

Anpassung

Wenn ein Biologe von Anpassung spricht, so meint er damit, daß sich Lebewesen oder Organe auf bestimmte Umweltbedingungen einstellen. Wir sagen etwa, Eisbären seien gut an ihre Umgebung angepaßt, weil sie eine Fettschicht unter der Haut und ein dichtes Fell haben, das sie warm und trocken hält. Beide Merkmale sind Anpassungen an das strenge Klima in ihrem arktischen Lebensraum. Kakteen wachsen in amerikanischen Wüsten und können längere Trockenperioden überstehen. Sie sind an das Wüstenklima angepaßt. Ein Meister der Anpassung ist der Fuchs. Wenn seine Hauptnahrung, die Kaninchen, nicht zur Verfügung stehen, so stellt er sich auf Tauben, Insekten oder Beeren um.
Keine zwei Lebewesen sind genau identisch; selbst eineiige Zwillinge zeigen Unterschiede. Oft fallen diese Unterschiede nicht ins Auge, können aber gelegentlich wichtig werden, weil sie die Überlebenschance eines Tieres vergrößern. Ein solches Tier kann länger leben und mehr Nachkommen zeugen. Nach vielen Generationen bleiben nur noch Tiere mit diesem Unterscheidungsmerkmal übrig. Giraffen mit längeren Hälsen konnten zum Beispiel auch höher gelegene Blätter abweiden. In Hungerzeiten überlebten sie, während Giraffen mit kürzeren Hälsen nicht mehr genügend Nahrung fanden und starben. Wir sagen auch: Der besser Angepaßte überlebt. Die weniger gut angepaßten Tiere fallen der Auslese zum Opfer. Auslese und Anpassung führen zur →Evolution.
Auch einzelne Zellen oder Organe können sich anpassen. Das bedeutet meistens eine kurzfristige Umstellung auf andere Umweltbedingungen. Wenn sich eine Löwenzahnblüte bei Regen schließt, paßt sie sich der Witterung an. Auch die Größe der Pupille in unserem Auge paßt sich blitzschnell der Lichtmenge an. Der Biologe spricht hier von Adaptation.

Turmfalke

Papageitaucher

Brachvogel

Kolibri

▷ Die Schnabelform ist an die Ernährungsweise angepaßt. Greifvögel wie der Turmfalke haben Hakenschnäbel zum Zerteilen des Fleisches. Der Papageitaucher kann mehrere Fische gleichzeitig im Schnabel tragen. Brachvögel und Kolibris haben oft lange Schnäbel, die einen, um im Schlamm zu stochern, die anderen, um Nektar aus Blüten zu saugen.

◁ Als Anpassung an arktische Verhältnisse haben Eskimos (Inuit) eine feste Fettschicht unter der Haut.

Anstrichfarben

▷ Der Techniker fügt dem Gemisch aus Bindemittel und Lösungsmittel ein gelbes Pigment hinzu. Hier ist es ein Salz des Schwermetalls Chrom.

Tips für umweltfreundliches Malen und Lackieren

- Wir verwenden möglichst lösungsmittelarme Lacke und Farben.
- Immer gut lüften.
- Während des Streichens nichts essen, um nicht zufällig Farbreste zu schlucken.
- Die Reste von Farben, Lacken und Lösungsmitteln niemals ins WC kippen, denn sie gehören in den Sondermüll. Das gilt auch für eingetrocknete Pinsel.

Anstrichfarben

Anstrichfarben gibt es schon seit mehr als 20 000 Jahren. Die frühesten Beispiele sind die Naturfarben, mit denen Steinzeitmenschen ihre Höhlenwände bemalten. Diese ersten Farben setzten sich wie heutige Anstrichfarben hauptsächlich aus drei Bestandteilen zusammen, nämlich dem Farbträger oder →Pigment, dem Bindemittel und dem →Lösungsmittel. Nach dem Auftragen der Farbe verdunstet das Lösungsmittel. Während des Trocknens verbinden sich die →Moleküle des Bindemittels untereinander und bilden eine feste Schicht, die auch das Pigment festhält. Die Pigmente bestehen aus feingemahlenen Farbstoffen, zum Beispiel Metallsalzen. Als Bindemittel verwendete man in Europa seit dem 13. Jahrhundert Leinöl, weil es gut trocknet. Heute nimmt man überwiegend Kunstharze. Bis vor kurzem war die Farbenindustrie die größte Abnehmerin organischer Lösungsmittel. Nachdem man aber erkannt hat, daß sie in der Umwelt viel Schaden anrichten, werden Farben auf Wasserbasis immer beliebter. Viele Pigmente verteilen sich aber in Wasser weniger gut als in Lösungsmittel. Deswegen muß man besondere Dispergiermittel (→Emulsion) hinzufügen.

▽ Bei der Farbherstellung werden erst Binde- und Lösungsmittel miteinander gemischt. Statt Lösungsmittel kann man auch Verdünner sagen. Erst später wird das Pigment hinzugegeben. Eine Kugelmühle sorgt für die gründliche Durchmischung aller Bestandteile.

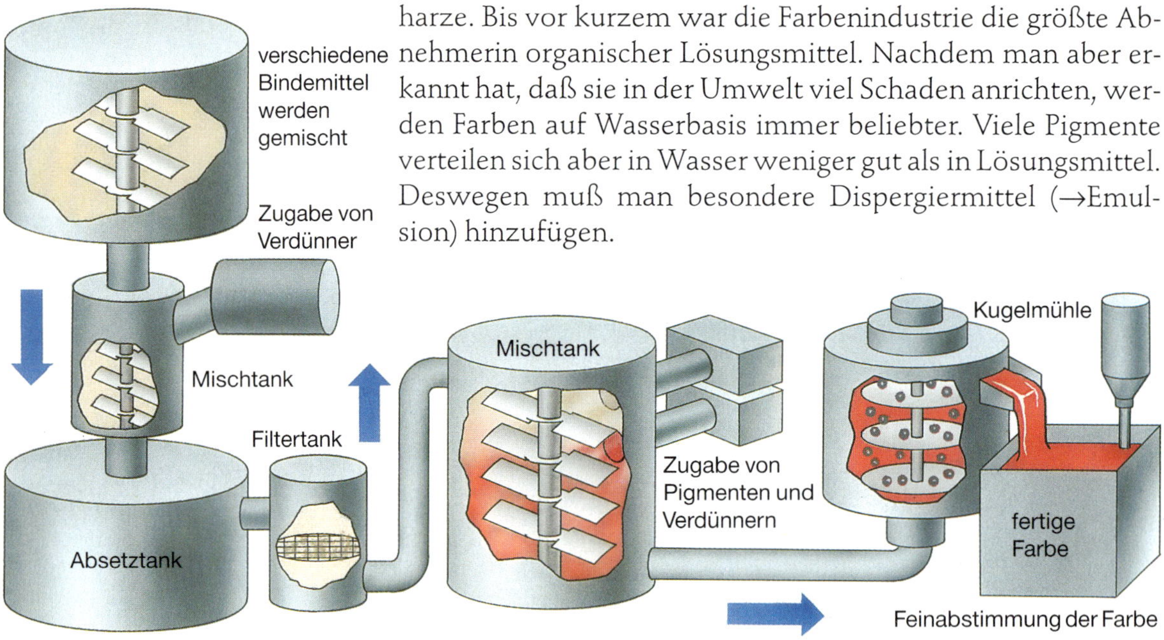

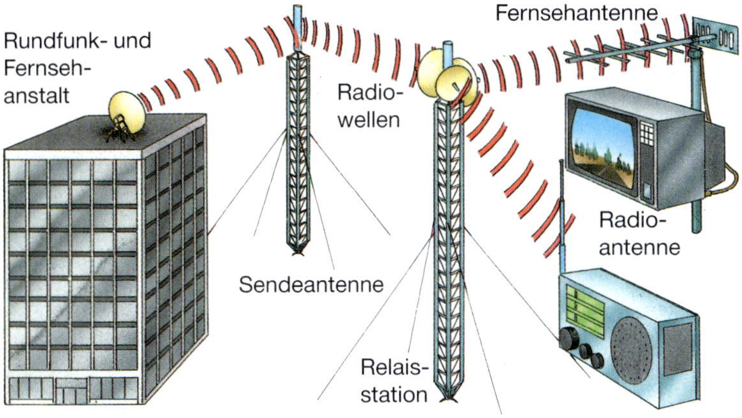

◁ Antennen strahlen Radiowellen ab und empfangen sie. Sendeantennen sind oft sehr hohe Gittermasten mit Halteseilen.

▽ Der Kopf dieser Kriebelmücke wurde mit einem Rasterelektronenmikroskop vergrößert. Vorne am Kopf erkennen wir die geringelten Fühler. Sie heißen ebenfalls Antennen.

Antenne

Antennen senden →elektromagnetische Wellen aus und empfangen sie. Antennen brauchen wir vor allem für Radiowellen. Sendeantennen verwandeln elektrische Signale in Radiowellen und strahlen diese ab. Bei den Empfangsantennen geschieht das Umgekehrte: Sie verwandeln die eintreffenden Radiowellen in elektrische Signale und leiten sie an den Empfänger weiter. Die einfachsten Antennen bestehen nur aus einem Metallstab. Mit ihnen kann man Kurz-, Mittel- und Langwellen empfangen. Für kürzere Wellenlängen brauchen wir kompliziertere Antennenformen. Die normale Antenne für den Fernsehempfang, die wie ein Rechen aussieht, heißt Yagi-Antenne. Die schüsselförmigen Fernsehantennen auf dem Dach heißen auch Parabolantennen. Sie müssen genau ausgerichtet werden (Richtstrahler) und empfangen sehr schwache Signale. Die Wände der Schüssel sind wie Spiegel: Sie reflektieren die Radiowellen und sammeln sie an einem Punkt, dem Brennpunkt, an dem sich eine kleine Antenne befindet. Diese nimmt die Signale auf und gibt sie weiter.

Antibiotika

Mit Antibiotika behandelt der Arzt viele →Infektionskrankheiten. Diese Heilmittel greifen krankheitserregende →Mikroorganismen wie Bakterien an, die zum Beispiel eine Lungenentzündung auslösen. Gegen →Viren nützen Antibiotika nichts. Es hat also keinen Sinn, bei einer Virusgrippe Antibiotika zu schlucken.

Antibiotika hindern die schädlichen Bakterien an der Vermehrung, schädigen aber menschliche Zellen im allgemeinen nicht. Bakterien haben eine feste Zellwand, die sie eigentlich vor Angriffen von außen schützt. Sie vermehren sich aber durch Teilung; dabei muß die Zellwand teilweise neu aufge-

Die Wissenschaftler haben bisher 6000 Antibiotika gefunden. Doch nur rund sechzig kommen für medizinische Zwecke in Frage. Das altbekannte Penicillin wird heute noch verwendet. Verwandte Stoffe haben alle die Endsilbe -cillin, zum Beispiel Amoxicillin. Die Namen anderer Antibiotika endigen auf -mycin, zum Beispiel Streptomycin und Neomycin. Weil vor allem in früheren Jahren Antibiotika leichtfertig verschrieben wurden, sind viele Bakterien dagegen unempfindlich geworden. Wir sagen: Sie sind resistent.

Im Jahr 1941 wurde ein englischer Polizist als erster Mensch mit dem Antibiotikum Penicillin behandelt. Der Patient litt an einer Blutvergiftung. Nach einer ersten Penicillingabe begann er sich zu erholen. Trotzdem starb er, weil damals noch nicht genügend Penicillin zur Verfügung stand, um alle Krankheitserreger abzutöten.

baut werden. Die meisten Antibiotika stören nun diesen Vorgang und setzen damit einer Infektion ein schnelles Ende. 1928 entdeckte Alexander Fleming durch einen Zufall das erste Antibiotikum. Aber erst um 1945 gab es das erste Heilmittel dieser Art zu kaufen, das Penicillin. Antibiotika gewinnt man heute noch aus Schimmelpilzen. Ähnlich wie die Antibiotika wirken auch die Sulfonamide, die ganz synthetisch hergestellt werden und die Bakterien an der Vermehrung hindern. Dann kann das körpereigene →Immunsystem leichter mit ihnen fertig werden.

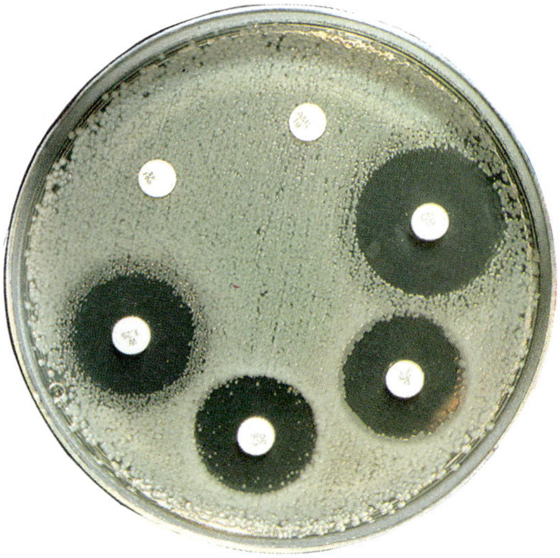

▷ Auf dem Nährboden dieser Petrischale wachsen zahlreiche Bakterienkolonien. Die weißen Kreise enthalten verschiedene Antibiotika. Vier davon töteten die Bakterien in der nächsten Umgebung ab. Zwei andere waren nicht wirksam.

▽ Die Abwehr von Krankheitserregern erfolgt in mehreren Schritten: 1. Bakterien dringen ins Blut ein und produzieren Giftstoffe (Toxine). 2. Als Antwort darauf produzieren weiße Blutkörperchen Antikörper, welche die Antigene erkennen. 3. Die Antikörper greifen die Antigene an und heften sich an deren Oberfläche. Dadurch werden sie blockiert. 4. Spezialisierte Killerzellen nehmen den Antigen-Antikörper-Komplex in sich auf und bauen ihn ab.

Antigene und Antikörper

Es kommt jeden Tag des öfteren vor, daß fremde Stoffe, vor allem →Proteine von Bakterien und Viren, in unseren Körper eindringen und in die Blutbahn gelangen. Unser →Immunsystem hat die Aufgabe, solche körperfremden Stoffe, die wir Antigene (sprich: antigehne) nennen, aufzuspüren und unschädlich zu machen. Bestimmte weiße Blutkörperchen entwickeln gegen diese Antigene körpereigene Antikörper. Es handelt sich dabei ebenfalls um Proteine. Die Antikörper erkennen das Antigen, also den körperfremden Stoff, anhand bestimmter typischer Stellen auf dessen Außenhülle. Die An-

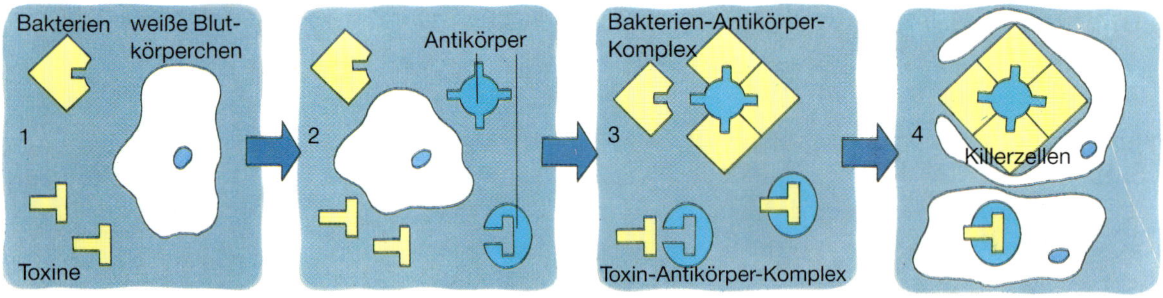

tikörper selbst sind so geformt, daß sie genau in diese Erkennungsstellen passen, wie ein Schlüssel ins Schloß. Am Antigen heften sich nun zahlreiche Antikörper an und blockieren es. Spezialisierte Killerzellen fressen dann diesen Antigen-Antikörper-Komplex auf. So funktioniert unsere Körperabwehr.
Hat der Körper einmal gelernt, welche Antikörper er gegen bestimmte Antigene produzieren muß, so kann ein Antigen, wenn es neuerlich in den Körper eindringt, sehr viel schneller bekämpft werden. Der Arzt sagt: Wir sind immun geworden gegen die betreffende →Infektionskrankheit.
Siehe auch →Allergie; →Blut; →Impfung.

Es gibt einige Hinweise darauf, daß das menschliche Immunsystem auch Krebszellen erkennen und teilweise abwehren kann. Dafür sprechen zum Beispiel Beobachtungen, daß Menschen mit starkem Immunsystem seltener an Krebs erkranken. Die medizinische Forschung versucht heute, das Immunsystem so anzuregen, daß es auch körpereigene Krebserkrankungen bekämpft.

Antimaterie

Die Antimaterie ist eine Form der →Materie. Sie besteht aus denselben →Elementarteilchen wie die normale Materie mit dem einzigen Unterschied, daß die Ladungen entgegengesetzt sind. Solche Elementarteilchen heißen auch Antiteilchen. Das →Elektron beispielsweise ist ein normales Elementarteilchen mit negativer Ladung. Sein Antiteilchen heißt →Positron. Es ist in jeder Hinsicht dem Elektron gleich bis auf die positive Ladung. Trifft ein Positron auf ein Elektron, so vernichten sie sich gegenseitig: Ihre gesamte Masse verwandelt sich in →elektromagnetische Strahlung.
Die Antimaterie wurde erstmals im Jahr 1930 beschrieben. Ob es sie aber tatsächlich gibt, wissen wir immer noch nicht sicher. Immerhin werden heute einzelne Antiteilchen in →Teilchenbeschleunigern erzeugt.

Aräometer

Das Aräometer heißt auch Senkwaage oder Senkspindel. Man mißt mit ihm die →Dichte von Flüssigkeiten, zum Beispiel der Schwefelsäure in Autobatterien oder der →Frostschutzflüssigkeit im Kühler. Am häufigsten verwendet der Winzer das Aräometer, der damit den Alkoholgehalt seiner Weine bestimmt. Der griechische Naturforscher Archimedes (um 287–212 vor Christus) fand heraus, daß ein schwimmender Körper so tief eintaucht, bis das Gewicht der verdrängten Flüssigkeit gleich dem Eigengewicht ist (Archimedisches Prinzip). Je nach der Dichte der Flüssigkeit taucht ein schwimmender Körper somit unterschiedlich tief ein. Im Wasser kann ein Stück Eichenholz schon ziemlich tief liegen, während es in Quecksilber noch fast obenauf schwimmt. Nach diesem Prinzip funktioniert das Aräometer. Es besteht aus einer Glasspindel, die unten mit Bleikügelchen beschwert ist. In der Spindel liegt eine Skala. Aus der Eintauchtiefe kann man direkt die Dichte der betreffenden Flüssigkeit ablesen.

▽ Das Aräometer arbeitet nach dem Archimedischen Prinzip. Es hat eine konstante Masse. Je größer die Dichte der Flüssigkeit, desto weniger tief taucht das Aräometer ein.

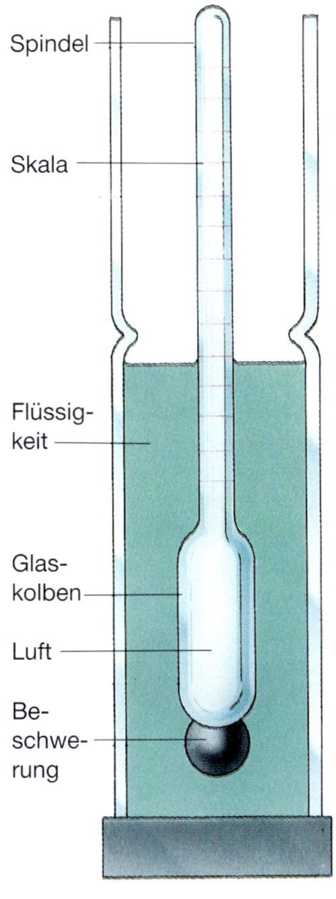

△ Arbeit im Sinn der Physik wird dann geleistet, wenn eine Kraft einen Körper in Richtung dieser Kraft bewegt. Das trifft zum Beispiel für das Schieben eines Automobils zu. Im strengen physikalischen Sinne keine Arbeit leisten wir, wenn wir nur ein schweres Buch festhalten, weil dabei kein Weg zurückgelegt wird.

Arbeit

Das Wort „Arbeit" bedeutet in der Umgangssprache vor allem eines: Anstrengung. Der Physiker sieht diese Dinge viel nüchterner. Er spricht von „Arbeit", wenn ein Körper in Richtung einer auf ihn wirkenden Kraft verschoben wird. Ein paar Beispiele mögen das anschaulich machen: Wenn wir ein Auto von hinten schieben und sich dieses nach vorne bewegt, so leisten wir auch im physikalischen Sinne Arbeit. Wenn wir jedoch stillstehen und ein schweres Buch in der Hand halten, leisten wir keine physikalische Arbeit, weil sich das Buch nicht bewegt. Selbst wenn wir das Auto seitwärts zu verschieben versuchen, während es vorwärts rollt, leisten wir keine Arbeit, weil sich das Auto nicht in die Richtung fortbewegt, in die die angewendete Kraft zeigt.

Bei der Arbeit wird eine →Energieform in die andere umgewandelt. Arbeit und Energie haben auch dieselbe Maßeinheit, nämlich das →Joule, das einem Newtonmeter entspricht. Die Arbeit wird nämlich definiert als Kraft mal zurückgelegtem Weg. Wenn wir ein Auto schieben, so verwandelt sich chemische Energie unseres Körpers in kinetische Energie, das heißt Bewegungsenergie. Wenn das Auto ausrollt oder bremst, wird die Bewegungsenergie durch →Reibung in Wärmeenergie umgewandelt. Arbeit und Energie sind somit dasselbe. Arbeit kann wie Energie niemals verlorengehen.

Maschinen nutzen die eingesetzte Arbeit oder Energie möglichst gut aus. Wir sagen: Sie haben einen hohen →Wirkungsgrad. Um diesen zu erreichen, müssen die Reibung verringert und die Wärmeverluste möglichst niedrig gehalten werden.

▽ Bei einer Dampflokomotive verrichtet der Dampfdruck die Arbeit. Er treibt die Kolben an. Die Wärmeenergie des Wasserdampfes wird in Bewegungsenergie des Kolbens verwandelt. Ein größerer Teil der Arbeit geht dabei allerdings als Wärmeverlust „verloren", weil die Reibung überwunden werden muß.

▷ Die Arbeit, die beim Anziehen einer Schraube verrichtet wird, läßt sich dadurch berechnen, daß man die Kraft, die auf den Schraubenschlüssel einwirkt, mit dem zurückgelegten Weg multipliziert.

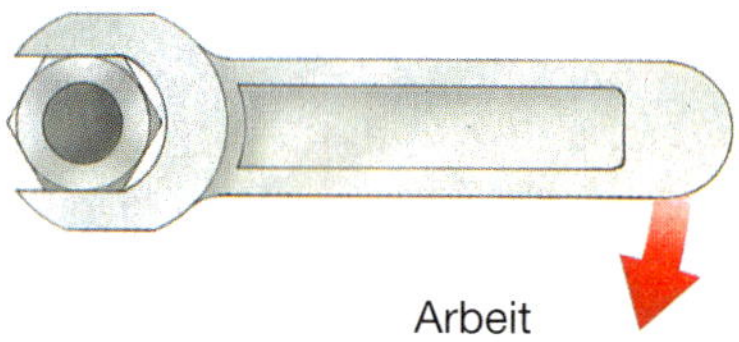

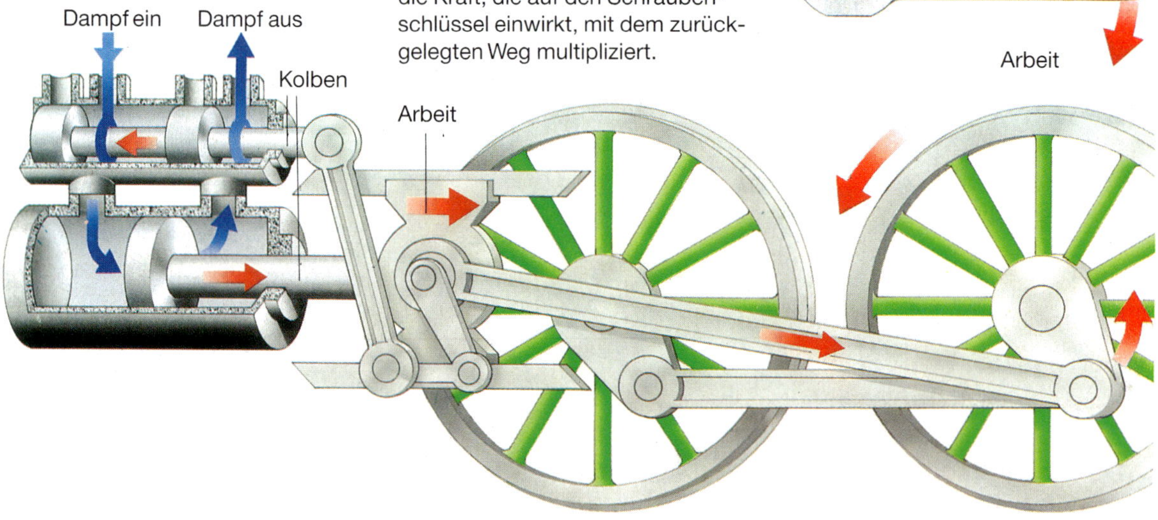

Arithmetik

Die Arithmetik ist ein Zweig der →Mathematik. Wir können ihn auch als Zahlenrechnen bezeichnen. Die Arithmetik hilft uns, mit Hilfe von Zahlen praktische Probleme zu lösen. Sie lehrt uns zum Beispiel, wie wir die Fläche eines Feldes oder den Inhalt eines Würfels berechnen können. Die vier wichtigsten Rechenarten der Arithmetik sind Addition, Subtraktion, Multiplikation und Division. Daneben gibt es aber noch das Potenzieren und das Wurzelziehen. Beim Potenzieren wird dieselbe Zahl mehrmals mit sich selbst malgenommen. $5 \cdot 5$ schreiben wir zum Beispiel 5^2 (sprich: 5 hoch 2 oder 5 Quadrat). Es gilt: $5^2 = 25$. $6^3 = 6 \cdot 6 \cdot 6 = 216$. Das Wurzelziehen ist der umgekehrte Vorgang des Potenzierens. Wenn wir die Quadratwurzel aus der Zahl 25 ziehen, so suchen wir jene Zahl, die mit sich selbst multipliziert 25 ergibt. Das ist 5 und auch -5, denn $-5 \cdot -5 = 25$. Dazu schreiben wir $\sqrt{25} = \pm 5$. Die dritte Wurzel aus 216, geschrieben $\sqrt[3]{216}$, hat nur die Lösung 6. Zur Arithmetik gehört die Arbeit mit Zahlen, Brüchen und Prozenten. Wir verwenden dazu das →Dezimalsystem.

Reiskörner

Wir legen auf das erste Feld eines Schachbrettes ein Reiskorn. Auf das zweite Feld legen wir zwei Reiskörner, auf das dritte vier, auf das vierte acht usw. Wie viele Reiskörner liegen auf dem elften Feld? Die Auflösung der Aufgabe findest du auf Seite 32.

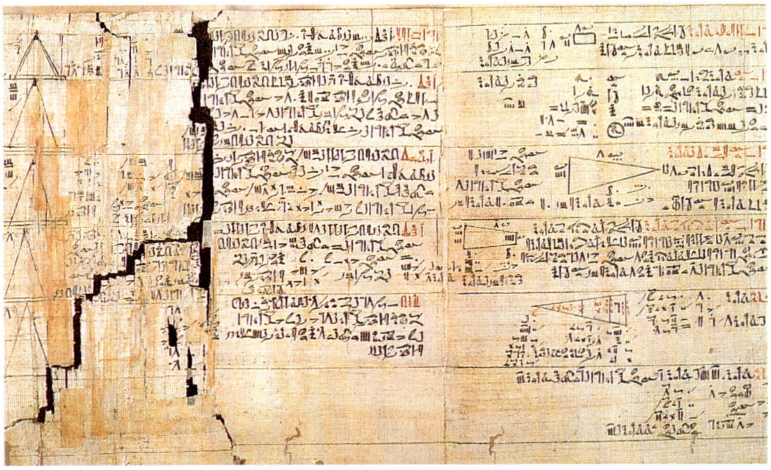

◁ Seit vielen Jahrtausenden lösen die Menschen mathematische Probleme mit Hilfe von Zahlen. Dieser ägyptische Papyrus geht auf die Zeit um 1650 vor Christus zurück. Er wurde von einem noch älteren Papyrus kopiert, der zwischen 1849 und 1801 vor Christus geschrieben wurde. Auf dem Papyrus stehen Rechenaufgaben, so wie sie Schüler heute noch zu lösen haben.

Arsen

Das Arsen ist ein →chemisches Element. Es zählt wie das →Silizium zu den Halbmetallen, weil es metallische und nichtmetallische Eigenschaften zeigt. Das Arsen tritt vor allem in zwei Formen (Modifikationen) auf, nämlich als metallisches oder graues Arsen und als gelbes Arsen. Reines Arsen gibt es in der Natur nicht. Man muß es aus arsenhaltigen Erzen gewinnen.

Viele Arsenverbindungen sind hochgiftig. Dennoch ist das Arsen in Spuren überall in der Nahrung, im Boden und im Wasser anzutreffen. Es kann krebsauslösend wirken. Das meiste Arsen wird in →Legierungen mit anderen Metallen verwendet.

▽ Das Mineral Auripigment enthält Arsen – und nicht Gold, wie man früher wegen der Farbe dachte, denn das lateinische Wort „aurum“ heißt Gold.

Foxterrier

Cockerspaniel

△ Alle Hunderassen gehören zur selben Art, dem Wolf. Alle Hunderassen paaren sich nämlich fruchtbar miteinander.

▽ Die Silbermöwe und die Heringsmöwe sind zwei deutlich getrennte Arten. Beide kommen in Großbritannien nebeneinander vor, vermischen sich aber nicht. Sie sind untereinander jedoch durch eine Reihe von Formen verbunden, die der Zoologe als Unterarten oder geographische Rassen bezeichnet. Das Aussehen verändert sich von Rasse zu Rasse. Jede Unterart vermischt sich mit den beiden benachbarten Unterarten. Wo aber die beiden Extreme wieder aufeinandertreffen, in Nordeuropa, ist eine Paarung zwischen den beiden extremen Formen nicht mehr möglich.

Art

Zu einer Art zählen alle Lebewesen, die sich miteinander paaren und die fruchtbare Nachkommen zeugen. Solche Arten sind zum Beispiel das Reh, der Schwalbenschwanz, die Rotbuche oder das Gänseblümchen. Es sind mindestens eine Million verschiedene Tierarten und 350 000 verschiedene Pflanzenarten bekannt. Manche Forscher behaupten, in Wirklichkeit gebe es zehnmal soviele Arten. Die meisten Arten lassen sich anhand ihres Aussehens erkennen, auch wenn der Biologe gelegentlich das Mikroskop zu Hilfe nehmen muß. Die Angehörigen verwandter Arten paaren sich nicht untereinander, weil jede Art ein ganz eigenes Fortpflanzungsverhalten zeigt. Kommt es dennoch einmal zur Paarung wie zwischen Pferd und Esel, so gehen daraus in der Regel keine fruchtbaren Nachkommen hervor, weil die →Chromosomen und →Gene der beiden Arten nicht zueinander passen.

Die Arten von Pflanzen und Tieren können sich im Lauf der Zeit verändern. Nehmen wir einmal an, daß eine große Halbinsel abgeschnürt und zu einer Insel wird. Die Eidechsenvölker, die früher auf dem Festland und der Halbinsel vorkamen, sind nun plötzlich durch das Meer getrennt. Sie können sich nicht mehr miteinander vermischen. Auf der Insel verändern sich auch die Umweltbedingungen, und die Inseleidechsen passen sich ihnen an. Die Eidechsenvölker entwickeln nach langer Zeit neue Merkmale und werden zu eigenen Arten. Dies zeigt sich viele tausend Jahre später. Wenn die Insel wieder zu einer Halbinsel wird, treffen die Eidechsenvölker wieder aufeinander, vermischen sich aber nicht mehr. Aus einer Art sind zwei geworden. Die Isolierung wie auf einer Insel ist ein wichtiger Faktor der →Evolution.

Siehe auch →Fortpflanzung; →Mutation; →Systematik.

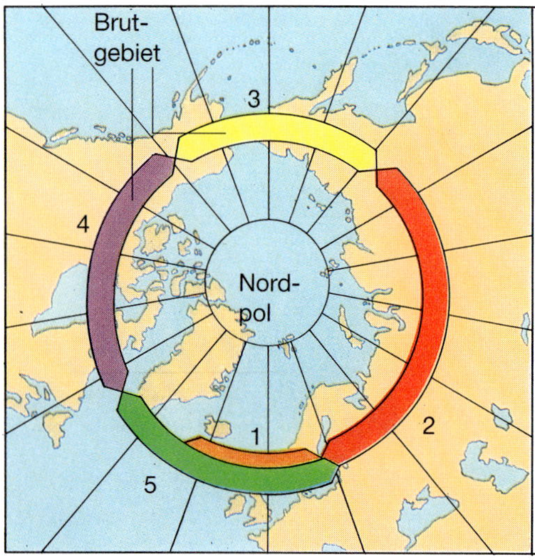

◁ Die Rafflesie ist eine parasitische Pflanze und ist nur noch selten in Regenwaldgebieten Malaysias und Borneos anzutreffen. Sie bringt bis einen Meter große Blüten hervor.

Artenschutz

Tausende von Pflanzen- und Tierarten sind heute vom →Aussterben bedroht. Ihre Völker sind so klein geworden, daß sie durch eine weitere Störung für alle Zeiten von der Erde verschwinden. Die Hauptgefahr für diese Lebewesen liegt in der Vernichtung ihrer Lebensräume. Überall auf der Erde, besonders aber in den Tropen, wird der Wald abgeholzt, denn die immer noch weiter wachsende Menschheit braucht mehr Akkerland und Nahrung. Weitere Gefahren für Pflanzen und Tiere gehen von der allgegenwärtigen Verschmutzung von Luft, Wasser und Boden, sowie von der Jagd aus.
Tiere und Pflanzen, die bei uns in ihrem Bestand gefährdet sind, kommen auf die Rote Liste. Sie genießen damit gesetzlichen Schutz und dürfen nicht gefangen, gepflückt oder ausgegraben werden. Genauso wichtig ist aber der Schutz ihrer Lebensräume oder Biotope. Der Biotopschutz gehört deswegen untrennbar zum Artenschutz, denn was nützt es, eine Art zu schützen, wenn nicht auch deren Lebensraum erhalten bleibt? Glücklicherweise gibt es heute auch internationale Vereinbarungen zum Artenschutz. Das Washingtoner Artenschutzabkommen listet alle Pflanzen- und Tierarten auf, die internationalen Schutz genießen und mit denen kein Handel mehr getrieben werden darf.
Um den Schutz bedrohter Tierarten hat sich vor allem der Worldwide Fund for Nature (WWF) verdient gemacht. Diese Organisation hat festgestellt, daß das Spitzmaulnashorn zur Zeit die am stärksten gefährdete Großwildart der Erde ist. Es wurde vor allem durch die Jagd dezimiert. Einer der seltensten Großvögel ist der Philippinenadler, weil der Regenwald in seiner Heimat schon praktisch zerstört ist. Vom Aussterben bedroht ist zum Beispiel auch eine Palmenart, die erst 1982 auf Madagaskar entdeckt wurde.

Weißkopf-Seeadler

Mississippi-Alligator

Mönchsrobbe

Tiger

△ Abgebildet sind einige gefährdete Tierarten. Beim Tiger ist die Lage uneinheitlich: Der Indische Tiger konnte durch Artenschutzmaßnahmen gerettet werden, während der Sibirische Tiger kurz vor dem Aussterben steht und der Balitiger schon längst verschwunden ist.

▽ Wasser sammelt sich in porösen Gesteinsschichten und kann durch artesische Brunnen gewonnen werden.

artesischer Brunnen

Artesische Brunnen arbeiten nach dem Prinzip der →kommunizierenden Röhren. Die wasserführende Gesteinsschicht ist nämlich von wasserundurchlässigen Schichten umgeben, zum Beispiel aus Ton oder Mergel. Bohrt man nun die →Grundwasserschicht an, so steigt das Wasser von selbst im Bohrloch nach oben – und zwar so hoch, wie es in der grundwasserführenden Schicht steht. Man darf artesischen Brunnen allerdings nicht mehr Wasser entziehen, als durch Niederschläge hinzukommt, sonst sinkt der Wasserspiegel.

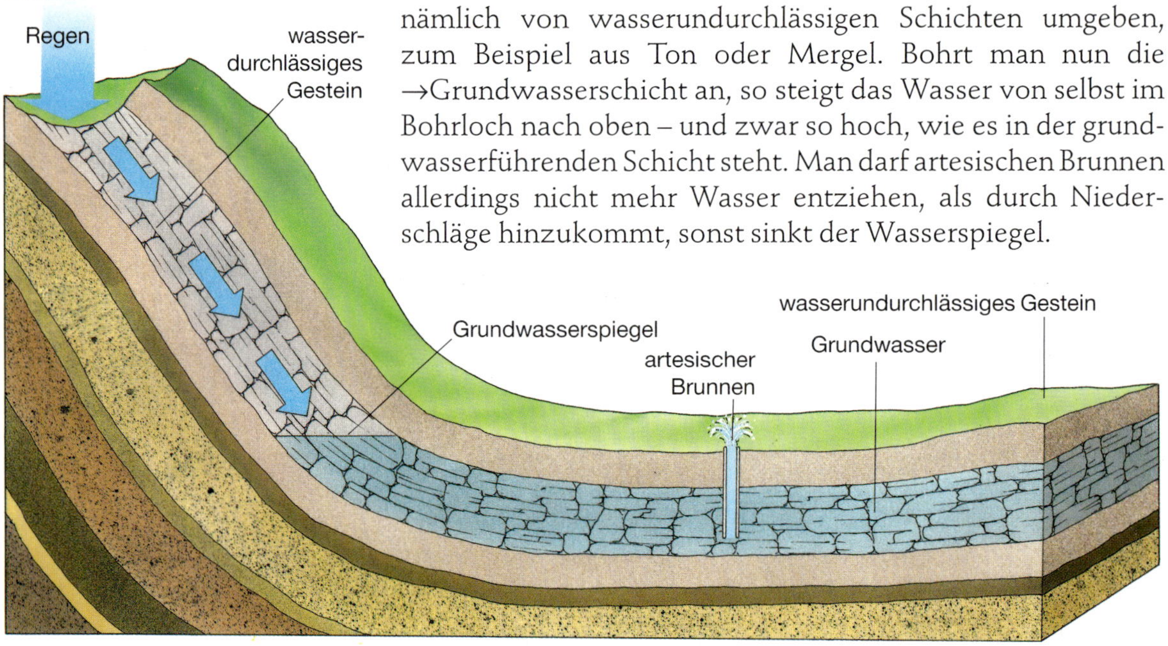

Auflösung der Aufgabe auf Seite 29:

Auf dem elften Feld müßten 1024 Reiskörner liegen – mehr als darauf Platz finden. Auf dem 21. Feld wären es bereits über eine Million, nämlich $2^{20} = 1\,048\,576$.

Asbest

Der Asbest ist ein faseriges, meist graues Mineral. Weil es nicht brennt und hervorragend isoliert, wurde es früher für viele Zwecke verwendet, zum Beispiel für feuerfeste Anzüge, für Wärmedämmplatten, Dachdeckungen und Wasserrohre. Heute ist die Verwendung stark eingeschränkt, denn der Asbest ist im höchsten Maße gesundheitsgefährdend. Die eingeatmeten freien Fasern lösen Lungenkrebs aus.
Wenn in Schulen und anderen Gebäuden Asbest entdeckt wird, müssen sie geschlossen und saniert werden.

▽ Die meisten Straßendecken bestehen aus Asphalt. Er dämpft die Fahrgeräusche, ist wetterfest und wird von Salzen und Säuren nicht angegriffen.

Asphalt

Asphalt besteht zu einem Teil aus mineralischen Bestandteilen wie Splitt und zu einem Teil aus Bitumen. Das Bitumen wiederum gewinnt man durch →Destillation des →Erdöls. Am Ende der Destillation bleiben hochsiedende gelbe bis schwarze, bei Zimmertemperatur ziemlich feste Produkte zurück. Der Asphalt ist für die Bauindustrie sehr wichtig. Man verwendet ihn vor allem für Fahrbahndecken. Auch überall dort, wo keine Feuchtigkeit eindringen soll, wird mit Asphalt abgedichtet. Der Dachdecker nimmt dazu die Dachpappe. Asphalt kommt an manchen Stellen der Erde auch natürlich vor. Auf der amerikanischen Insel Trinidad gibt es einen See aus zähflüssigem Asphalt.

Astronaut

Am 12. April 1961 umrundete der Russe Juri Gagarin als erster Mensch die Erde in einer Raumkapsel. Das war der Beginn der bemannten →Raumfahrt und auch eines neuen Berufs, des Astronauten oder Kosmonauten, wie er auf russisch heißt.
Astronauten müssen körperlich ganz fit sein. Während des Starts einer Raumfähre sind sie Kräften ausgesetzt, die das Achtfache der Erdanziehung erreichen. Untrainierte Menschen verlieren bei solchen →Beschleunigungen das Bewußtsein. Astronauten trainieren jahrelang für einen einzigen Raumflug, bei dem sie sich vielleicht zehn Tage im All aufhalten. Sie müssen sich bereits spezialisieren: Die einen beschäftigen sich nur mit der Steuerung des Raumschiffs, während die anderen wissenschaftliche Versuche durchführen.
Während des Raumflugs sind alle Dinge fast schwerelos. Auf Dauer macht dieser Zustand (Mikrogravitation) dem menschlichen Körper sehr zu schaffen. Die Muskeln müssen nämlich nicht mehr gegen die Schwerkraft ankämpfen und bilden sich zurück, sofern sie nicht dauernd trainiert werden. Mit solchen Problemen beschäftigt sich die →Raumfahrtmedizin. Auch Essen und Trinken macht ungeahnte Probleme. Die Astronauten können nicht einfach ein Butterbrot essen und sich ein Glas Milch eingießen. Die Milch würde sich sofort in viele winzige Tröpfchen auflösen, die im Raum schweben. Am einfachsten ist das Essen, wenn die Astronauten ihre Nahrung aus Tüten in den Mund pressen.

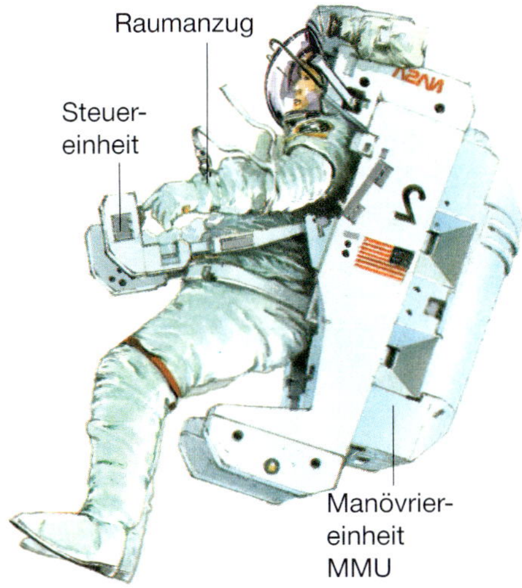

△ Für die Arbeit außerhalb des Raumschiffs verwenden die Astronauten die Manövriereinheit MMU (Manned Manoeuvring Unit). Dazu tragen sie auch einen besonderen Raumanzug.

Einige berühmte Astronauten:

12. April 1961 Juri Gagarin umrundet die Erde.
16. Juni 1963 Walentina Tereschkowa als erste Frau im Weltraum.
21. Juli 1969 Neil Armstrong und Edwin Aldrin betreten als erste den Mond.
12. April 1981 John Young und Robert Crippen unternehmen den ersten Flug mit dem Spaceshuttle.

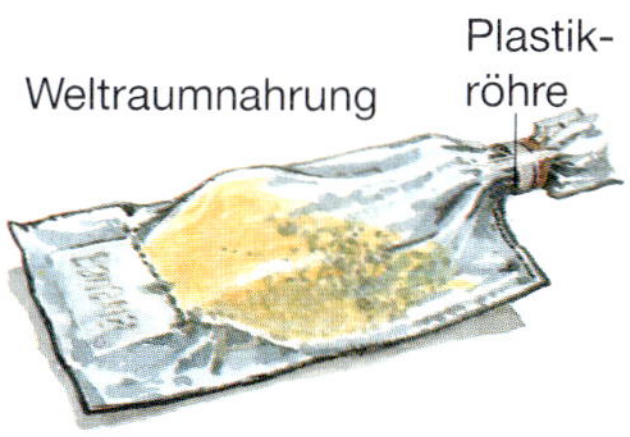

△ Die Astronautennahrung muß leicht zu essen und zu lagern sein und genügend Nährstoffe enthalten. Ein großer Teil der Nahrung wird gefriergetrocknet mitgenommen und an Bord mit Wasser zubereitet.

Unter dem Raumanzug

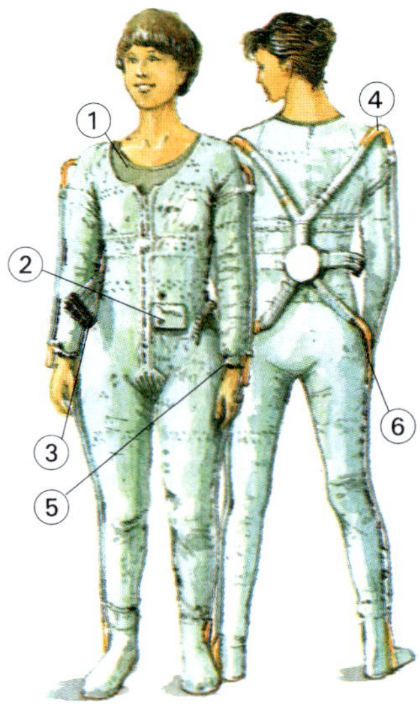

1. Unterwäsche
2. Tasche mit einem Meßgerät für Strahlung
3. Röhren zur Verbindung mit dem nächsten Teilanzug
4. Kreislaufsystem mit Kühlflüssigkeit
5. Röhre zur Gewinnung des Urins aus einer Art Weltraumwindel
6. wassergefüllte Röhren

▽ So sehen Astronauten die Erde von ihrem Raumschiff aus. Hier wird verständlich, warum die Erde auch „blauer Planet" genannt wird.

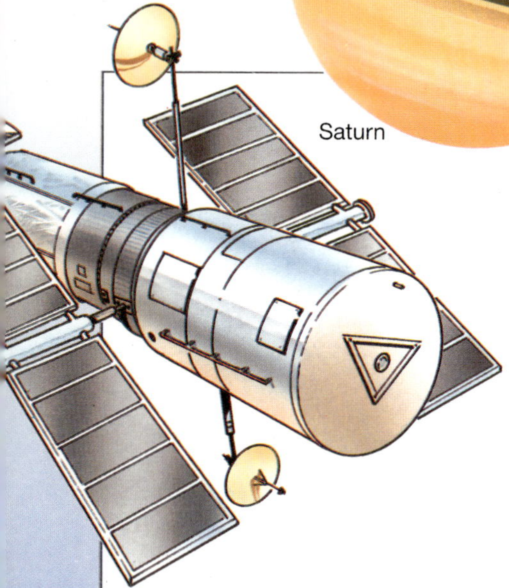

△ Das Weltraumteleskop könnte uns ganz scharfe ungestörte Bilder von Himmelskörpern übermitteln. Leider hat es jedoch einen Konstruktionsfehler.

△ Ein Radioteleskop fängt Radiowellen ein, die von fernen Himmelskörpern ausgesandt werden.

Astronomie

Die Erde ist wie ein Staubkorn im Weltraum. Wenn wir uns vorstellen, daß sie nur einen Millimeter groß wäre, so befände sich der der Sonne nächstliegende Stern (Proxima Centauri) in einer Entfernung von 3000 Kilometern. Manche sichtbaren Galaxien sind so weit weg, daß das Licht, das sie aussenden, 10 Milliarden Jahre braucht, um zu uns zu gelangen, obwohl das Licht in einer Sekunde 300 000 Kilometer zurücklegt.
In unserer Galaxie, der Milchstraße, gibt es 100 000 Millionen Sterne. Einige darunter, die Zwerge, scheinen längst nicht so hell wie die Sonne, während die Riesen viel heller sind. Viele Sterne treten in Haufen von 50 bis 100 000 Mitgliedern auf. Es gibt auch umfangreiche Nebel aus Gas und Staub, in denen langsam neue Sterne entstehen. Am Himmel kann man Millionen weiterer Galaxien entdecken. Sie bewegen sich alle mit großer Geschwindigkeit voneinander fort wie Bruchstücke nach einer Explosion. Das läßt vermuten, daß das Universum mit einem Urknall begann.

Meilensteine der Astronomie

270 v. Chr. Aristarch von Samos lehrt, daß sich die Erde um die Sonne dreht.
um 1512 N. Kopernikus behauptet entgegen der herrschenden Lehre, die Erde drehe sich um die Sonne.
1609 J. Kepler behauptet, die Planetenbahnen seien Ellipsen.
1687 I. Newton veröffentlicht seine Theorie von der Schwerkraft.
1838 F.W. Bessel mißt die Entfernung eines Sterns.
1920 Die Astronomen entdecken, daß weit entfernte Galaxien sich mit großer Geschwindigkeit von uns entfernen.
1929 E. Hubble zeigt, daß sich das Universum ausdehnt.

Mach es selbst

Mit einem Fernglas kannst du nachts eigene astronomische Beobachtungen anstellen. Blicke damit aber niemals in die Sonne! Schreib auf, was du jeden Abend zur selben Zeit siehst. Das elektrische Licht solltest du ausmachen, damit sich deine Augen möglichst gut an die Dunkelheit gewöhnen. Verwende beim Schreiben eine schwache Taschenlampe.

▷ Seit vielen Jahrhunderten untersuchen die Menschen die Sterne. Die besten Astronomen des Mittelalters waren die Araber.

Siehe auch →Galaxie; →Komet; → Nebel; →Planeten; →Planetoiden; →Schwarzes Loch; →Sonnensystem; →Sterne; →Urknall; →Weltall.

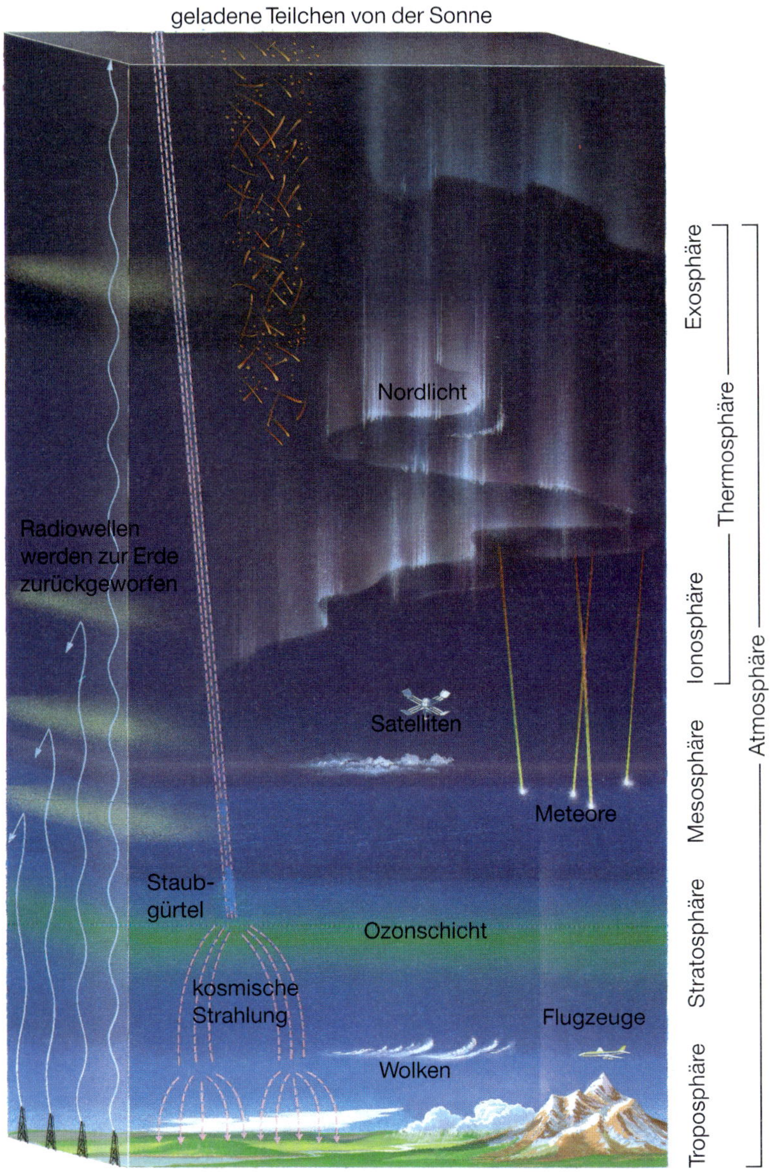

◁ Die Erde hält ihre Atmosphäre durch die Schwerkraft fest. Wir unterteilen die Atmosphäre in mehrere Schichten. Die Troposphäre, in der wir leben, enthält über 75 Prozent der gesamten Atmosphäre und reicht bis in 12 Kilometer Höhe. Fast alle Wettererscheinungen wie Wolkenbildung und Regen spielen sich in dieser Schicht ab. Die Stratosphäre reicht bis in 48 Kilometer Höhe. Wolken sind hier nur noch selten. Flugzeuge fliegen im allgemeinen an der Untergrenze der Stratosphäre, um Wetterstörungen zu entkommen. Die Ozonschicht liegt nahe der Obergrenze der Stratosphäre. Die Mesosphäre erstreckt sich bis in eine Höhe von 80 Kilometern. Weiter oben schließt sich die Thermosphäre an. Dort ist die Luft nur noch sehr dünn. Über 99,99 Prozent der Atmosphäre liegen unterhalb dieser Schicht. Die untere Schicht der Thermosphäre, die wir auch Ionosphäre nennen, wirft Radiowellen zur Erde zurück, so daß Signale rund um die ganze Welt gesandt werden können. Die Exosphäre beginnt in rund 480 Kilometern Höhe und bildet den Übergang zum Weltraum.

Atmosphäre

Als Atmosphäre bezeichnen wir die gesamte Lufthülle der Erde. Sie reicht von der Erdoberfläche bis in den Weltraum hinaus. Die →Luft besteht aus ungefähr 78 Prozent Stickstoff, 21 Prozent Sauerstoff und 1 Prozent anderen Gasen.

Die Atmosphäre übt einen bestimmten →Druck aus. Dieser →Luftdruck wird von der Luftsäule über uns bestimmt. Auf Meereshöhe erzeugt sie einen Druck von rund einem Kilogramm pro Quadratzentimeter (1000 Hektopascal). Wir spüren von diesem Druck nichts, weil wir an ihn gewöhnt sind.

Die Atmosphäre wird mit zunehmender Höhe dünner. Der Luftdruck sinkt, wenn wir im Gebirge aufsteigen, weil die

Rund 4 Milliarden Jahre vergingen, bis sich die heutige Gasmischung in der Atmosphäre eingestellt hatte. Ungefähr 99 Prozent davon bestehen aus Stickstoff und Sauerstoff. Das restliche eine Prozent wird gebildet von Argon, Kohlendioxid sowie winzigen Mengen von Wasserstoff, Ozon, Methan, Kohlenmonoxid, Helium, Neon, Krypton und Xenon. Obwohl diese Gase mengenmäßig kaum ins Gewicht fallen, spielen viele darunter als Treibhausgase eine große Rolle. Die Menge des Wasserdampfs in der Atmosphäre hängt direkt von der Lufttemperatur ab.

Luftsäule über uns nicht mehr so hoch ist. Die Atmosphäre wird mit zunehmender Höhe nicht nur dünner, sondern auch kälter. In 10 Kilometer Höhe liegt die Temperatur bei –50 °C. Flugzeuge, die in dieser Höhe fliegen, müssen deswegen luftdicht und gut gegen Kälte isoliert sein und einen eigenen Sauerstoffvorrat mit sich führen.

Die Atmosphäre schützt uns vor gefährlicher →Strahlung von der Sonne und aus dem Weltraum. Die →Ozonschicht hält zum Beispiel →ultraviolette Strahlung ab, die unsere Haut sonst verbrennen würde.

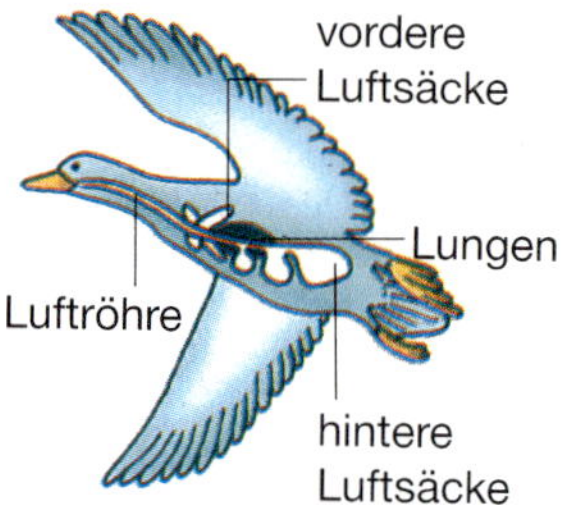

△ Die Vögel atmen viel besser als wir, weil sie der Luft mehr Sauerstoff entnehmen können. Sie haben zusätzliche Luftsäcke, die ziemlich viel Luft aufnehmen.

Atmung

Alle Tiere brauchen →Sauerstoff und müssen ihn in ihren Körper aufnehmen. Landbewohnende Wirbeltiere haben dazu →Lungen. Diese werden durch Muskelbewegungen mit Luft gefüllt und wieder entleert. Die Fische atmen mit →Kiemen. Die Insekten nehmen den benötigten Sauerstoff über winzige Öffnungen an den Körperseiten auf, die mit feinen Röhren, den Tracheen, in Verbindung stehen.

Der Sauerstoff aus der Luft geht bei vielen Tieren in das Blut über und wird dort gelöst. Die Wirbeltiere verwenden dazu rote Blutkörperchen, die den Sauerstoff zu den einzelnen Zellen transportieren. Dort findet dann die innere Atmung oder Zellatmung statt: Die Nährstoffe reagieren mit dem Sauerstoff und werden „verbrannt“ (→Oxidation). Dabei wird die notwendige Energie für alle Vorgänge des Lebens frei. Bei der Zellatmung fallen auch Abfallprodukte an, nämlich Wasser und →Kohlendioxid. Da dieses Gas giftig wirkt, muß es aus dem Körper entfernt werden. Diese Aufgabe übernimmt ebenfalls das Blut: Es gibt das Kohlendioxid in der Lunge an die Atemluft ab und nimmt gleichzeitig Sauerstoff auf.

Mach es selbst

Stecke einen Ballon in den Hals einer Plastikflasche. Schneide den Boden der Flasche ab und klebe ein Stück Ballonhaut darüber. Ziehe diese Ballonhaut nach unten. Jetzt sinkt der Druck in der Flasche, und der Ballon füllt sich mit Luft. So funktioniert unsere Atmung.

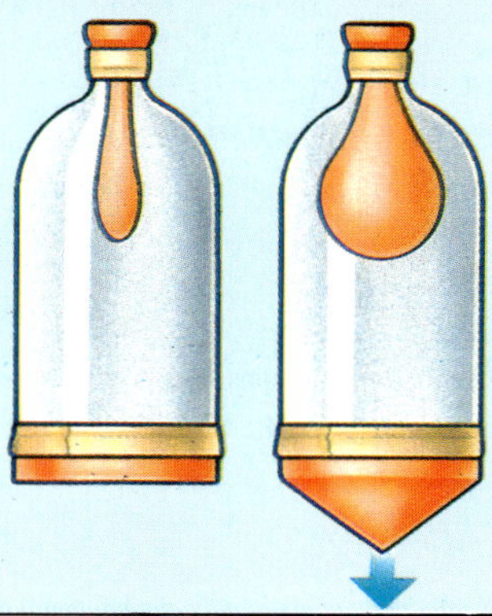

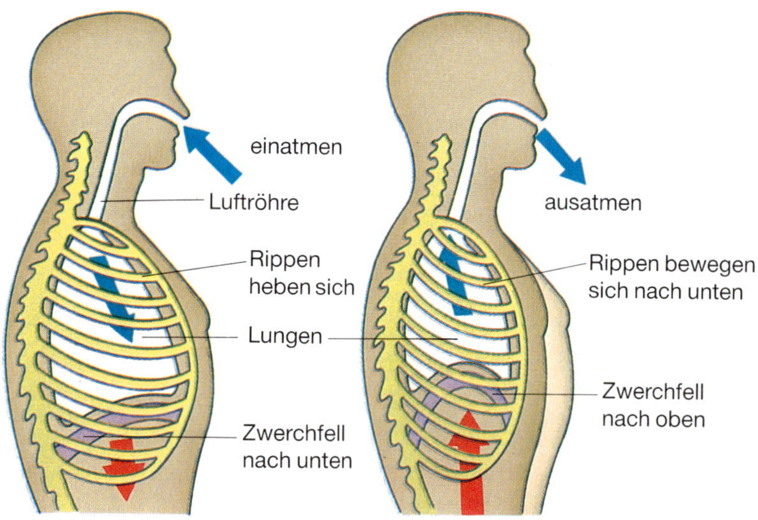

▷ Wir Menschen atmen vor allem mit Hilfe des Zwerchfells. Wenn es sich zusammenzieht und nach unten bewegt, atmen wir ein. Wenn sich das Zwerchfell entspannt, atmen wir aus.

Auch Pflanzen brauchen übrigens Sauerstoff für ihre Atmung. Doch geben sie mehr Sauerstoff ab, als sie aufnehmen. Für manche Bakterien ist Sauerstoff Gift. Wir bezeichnen sie als anaerob. Aerob heißen hingegen alle Lebewesen, die auf Sauerstoff angewiesen sind.

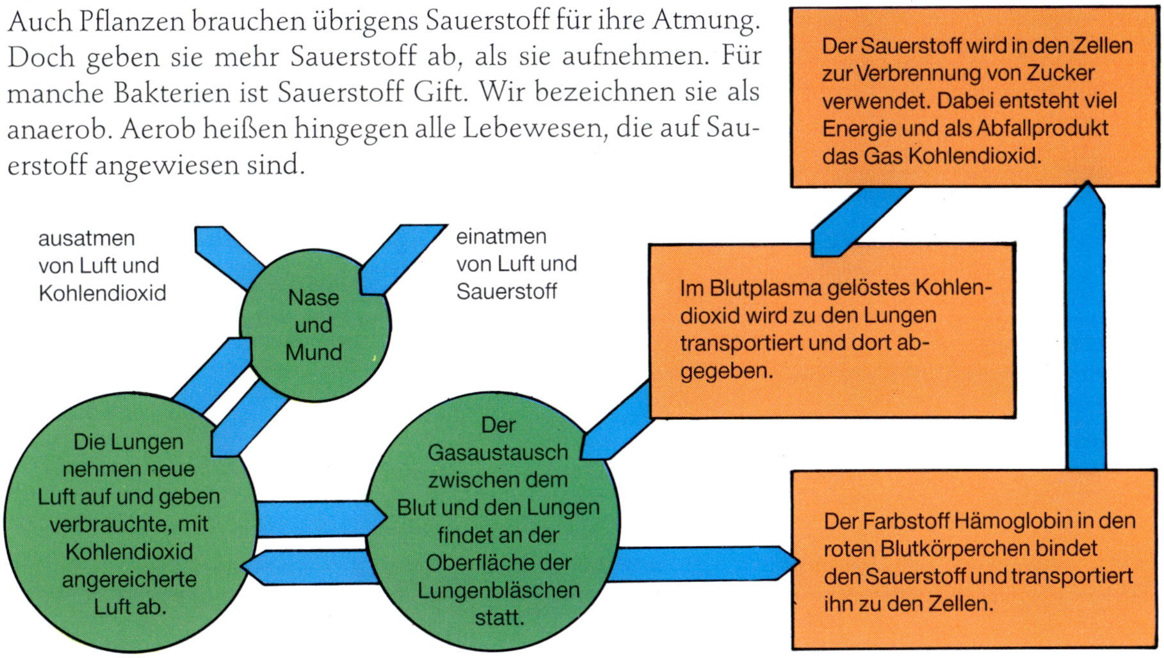

△ Der Gasaustausch findet bei den höheren Wirbeltieren in der Lunge statt. Das Blut nimmt Sauerstoff auf und gibt gleichzeitig Kohlendioxid ab. Dieses Gas ist ein Abfallprodukt der inneren Atmung oder Zellatmung. Sie findet im Inneren der Zellen statt. Der Sauerstoff verbrennt dabei Nährstoffe, wobei viel Energie für alle Vorgänge des Lebens frei wird.

Atom und Atommasse

Atome sind winzige Teilchen oder Einheiten der →Materie. Alle Dinge um uns herum bestehen aus Atomen. Die Atome selbst bestehen wiederum aus →Protonen, →Neutronen und →Elektronen. Die unterschiedliche Anordung dieser Elementarteilchen entscheidet darüber, zu welchem →chemischen Element das betreffende Atom gehört. Man kann auch sagen: Atome sind die kleinsten, chemisch nicht weiter zerlegbaren Teilchen eines chemischen Elements. Weiteres dazu auf den Seiten 38 und 39.

Atome sind so winzig, daß allein der Punkt am Ende dieses Satzes viele Milliarden von ihnen enthält. Ein Wasserstoffatom wiegt $1.67 \cdot 10^{-27}$ Kilogramm. Wir bezeichnen dies als die absolute Atommasse. Doch mit solchen Zahlen ist schlecht rechnen. Die Chemiker verwenden stattdessen lieber die relative Atommasse, auch Atomgewicht genannt. Als Maß für den Vergleich nehmen sie den Kohlenstoff mit der relativen Atommasse 12. Die relative Atommasse eines Elements gibt dann an, um wieviel schwerer das betreffende Atom ist im Vergleich zu $^1/_{12}$ Kohlenstoffatom.

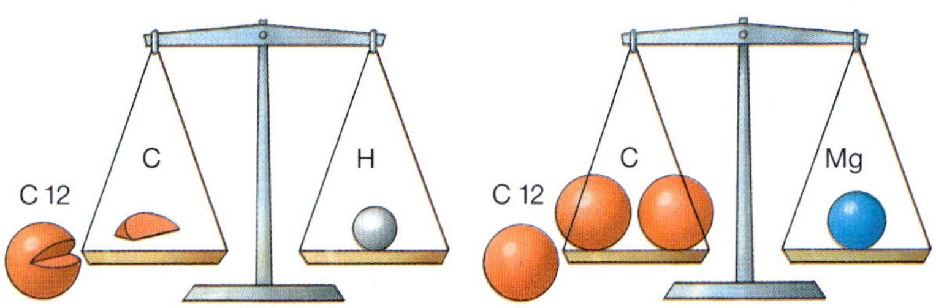

◁ Das Vergleichselement Kohlenstoff hat eine relative Atommasse von 12. Ein Wasserstoffatom wiegt nur 1/12 eines Kohlenstoffatoms (C 12) und hat somit die relative Atommasse 1. Ein Magnesiumatom (Mg) wiegt doppelt soviel wie ein Kohlenstoffatom und hat somit eine relative Atommasse von 24.

Atom

Vor über 2000 Jahren dachten die Griechen bereits über den Aufbau der Materie nach. Eine Gruppe von Philosophen, die Atomisten, glaubten, man könne Materie in zunehmend kleinere Teile spalten und gelange am Ende zu einem winzigen Teilchen, das sich nicht mehr spalten ließe. Das griechische Wort „atomos" bedeutet in der Tat „unteilbar". Diese Atomtheorie nahm John Dalton wieder auf und verhalf ihr zum Durchbruch. Durch die Entdeckung des Elektrons im Jahr 1897 stellte sich dann heraus, daß Atome nicht unteilbar sind.

Atome bestehen ihrerseits wieder aus kleineren Teilchen. Der Atomkern enthält Protonen und Neutronen. Um den Kern herum kreisen die Elektronen. Ein Proton hat eine positive elektrische Ladung, ein Elektron eine negative. Neutronen hingegen sind elektrisch ungeladen. Atome weisen dieselbe Zahl von Protonen und Elektronen auf und sind damit ungeladen. Die Anzahl der Protonen und der Elektronen bestimmt darüber, zu welchem chemischen Element das betreffende Atom gehört.

Atome bestehen zum größten Teil aus leerem Raum. Doch die Elektronen bewegen sich mit derart hoher Geschwindigkeit in Wolken und Schalen um den Atomkern, daß sich das Atom wie ein fester Körper verhält. Als Vergleich dazu könnte man sich einen Propeller vorstellen, der sich schnell dreht und dadurch auch wie ein Festkörper erscheint. Einzelne Atome gleicher oder verschiedener chemischer Elemente können sich zu Molekülen chemischer Verbindungen zusammentun.

Niels Bohr (1885–1962)

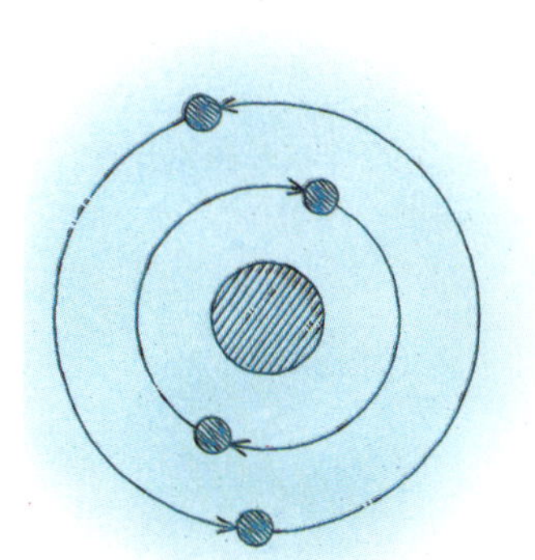

Das Atommodell von Bohr

Der dänische Physiker Niels Bohr trug Wesentliches zur Entwicklung der modernen Kernphysik bei. Er entwickelte ein Atommodell und bekam dafür 1922 den Nobelpreis für Physik. Auch der Sohn von Niels Bohr, Aage Bohr, beschäftigte sich mit der Struktur des Atomkerns und erhielt für seine Arbeiten den Nobelpreis.

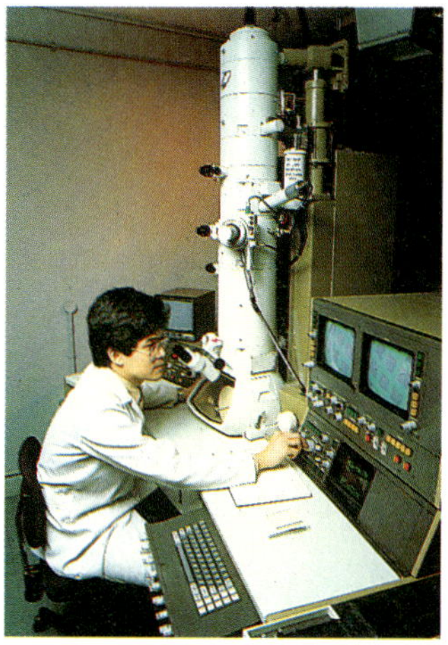

◁ Atome sind so klein, daß man sie erst mit riesenhafter Vergrößerung sehen kann. Die ersten Bilder einzelner Atome wurden 1970 mit einem Elektronenmikroskop aufgenommen.

Ein winziges Staubkorn, das wir gerade noch mit bloßem Auge sehen können, enthält ungefähr 1000 Billionen Atome.

Meilensteine in der Erforschung des Atoms

Um 400 v. Chr. Der griechische Philosoph Demokrit verwendet als erster den Begriff „Atom".

1750 Der kroatische Naturforscher R. Boscovich vertritt die Ansicht, Atome bestünden aus noch kleineren Teilchen.

1803 J. Dalton behauptet, jedes chemische Element bestünde aus einem bestimmten Atomtyp.

1911 E. Rutherford entwickelt ein Atommodell: Der größte Teil der Masse liegt im Atomkern konzentriert, der aus Protonen besteht. Um ihn herum fliegen mit großer Geschwindigkeit die Elektronen.

1932 Der englische Forscher J. Chadwick entdeckt, daß der Atomkern auch Neutronen enthält.

1938 Erste Kernspaltung

1971 Entdeckung der Quarks. Es wird nachgewiesen, daß sie kleiner sind als Protonen und Neutronen.

Neon-Atom

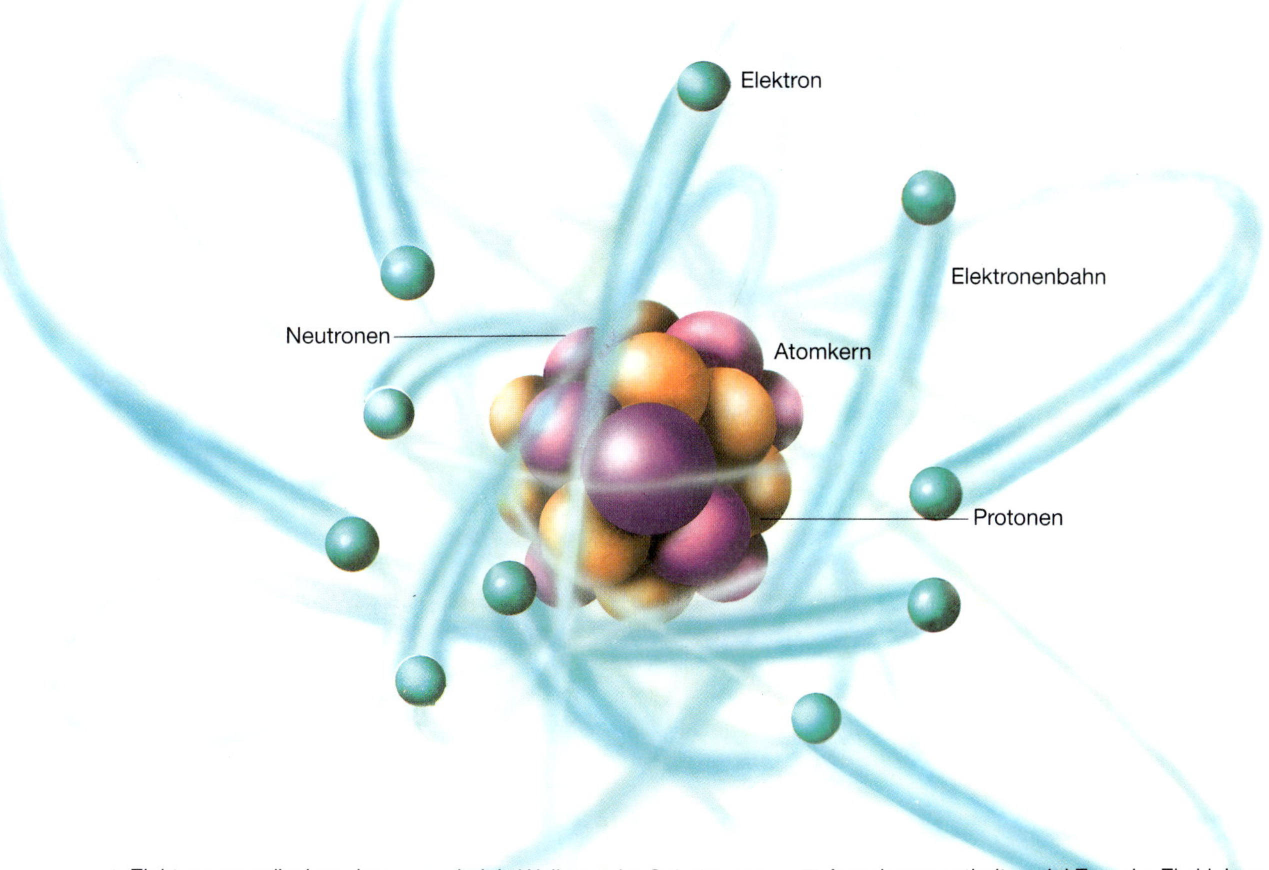

△ Elektronen verändern dauernd ihre Lage, weil sie sich mit unvorstellbarer Geschwindigkeit in Wolken oder Schalen um den Atomkern herum bewegen.

▽ Atomkerne enthalten viel Energie. Ein kleiner Teil davon wird in Kernkraftwerken nutzbar gemacht. Die blaue Strahlung in Reaktorkernen geht auf schnelle Teilchen zurück.

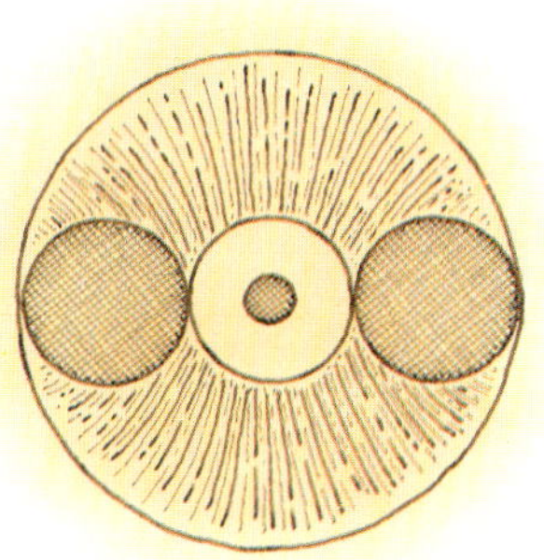

Das Atommodell von Dalton

John Dalton (1766–1844)

Der englische Chemiker John Dalton ist für seine Atomtheorie berühmt geworden. Er wollte damit den Aufbau der Materie erklären. Seine Theorie wurde zu einem der Grundsteine der modernen Chemie. John Dalton berechnete als erster die absoluten und relativen Atommassen einiger Elemente, erreichte dabei aber nicht die genauen Werte.

Siehe auch →Antimaterie; → chemische Elemente; →chemische Verbindungen; →Elektron; →Elementarteilchen; →Ionen; →Moleküle; →Neutron; →Proton.

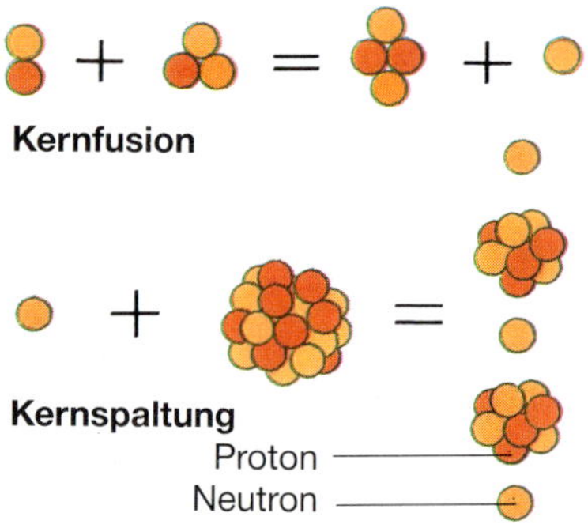

△ Die Energie der Wasserstoffbombe oder thermonuklearen Bombe stammt aus der Kernverschmelzung (Fusion). Dabei vereinigen sich je ein Kern des schweren Wasserstoffs (Deuterium) mit einem Kern des überschweren Wasserstoffs (Tritium) zu einem Heliumkern. Bei der Kernspaltung (Fission) zerfällt ein Urankern in zwei kleinere Atomkerne und gibt zwei bis drei Neutronen frei.

Atombombe

Die Atombombe gilt zu Recht als die Waffe, welche die größten Zerstörungen anrichten kann. Die beiden Bomben, die US-Streitkräfte 1945 auf die japanischen Städte Hiroshima und Nagasaki warfen, hatten eine Sprengkraft von 13 500 bzw. 22 000 Tonnen des herkömmlichen Sprengstoffs Trinitrotoluol (→TNT). Ihre ungeheure Energie gewannen die Atombomben durch Spaltung von Uranatomkernen wie im →Kernreaktor. Die Reaktion verläuft in der Atombombe aber unkontrolliert und ganz schnell. Durch den Zerfall von Uranatomkernen entstehen →Neutronen. Diese dringen in andere Uranatome ein und bringen sie zur Spaltung, worauf wiederum Neutronen frei werden. Wenn in einer Atombombe

△ Eine Wasserstoffbombe bei einer Testzündung auf dem heute verseuchten Bikini-Atoll in der Südsee. Es entwickelt sich dabei der typische Atompilz. Die Lichterscheinung ist heller als die Sonne.

▷ Die Wasserstoffbombe oder thermonukleare Bombe braucht eine Spaltungsbombe als Zünder. Dadurch entsteht die hohe Temperatur, die erforderlich ist, damit schwerer und überschwerer Wasserstoff zu Helium verschmelzen. Erst in diesem Augenblick setzt die thermonukleare Reaktion ein. Die gesamte Explosion geschieht jedoch innerhalb des Bruchteils einer Sekunde.

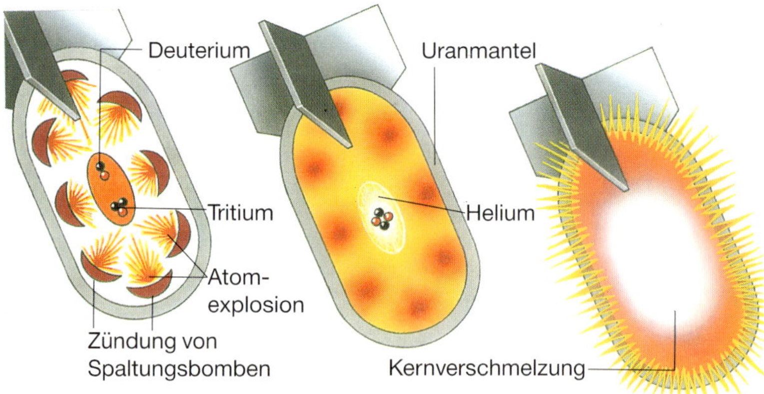

zwei Uranmassen durch eine herkömmliche Sprengung einander stark genähert werden, so kommt es innerhalb einer halben millionstel Sekunde zu einer explosionsartigen Kettenreaktion mit einem atomaren Feuerball. Die Energie zeigt sich vor allem in Form von Hitze, Druck und tödlicher Strahlung. Daneben entstehen viele radioaktive Abfälle.
Kurz nach dem zweiten Weltkrieg erkannten die Wissenschaftler, daß bei einer Verschmelzung zweier leichter Atomkerne zu einem schwereren Atomkern noch viel mehr Energie frei wird. Deswegen bauten sie die Wasserstoffbombe. Als Zünder braucht man dazu allerdings eine kleine herkömmliche Atombombe. Wasserstoffbomben oder thermonukleare Bomben (H-Bomben) erreichen eine Sprengkraft von mehreren hunderttausend Tonnen TNT und Temperaturen von rund 50 Millionen °C.

Andrej Sacharow (1921–1989)

Andrej Sacharow spielte eine maßgebliche Rolle bei der Entwicklung der sowjetischen Wasserstoffbombe. Später setzte er sich für die Abrüstung ein und galt den sowjetischen Behörden daher als Dissident, als Staatsfeind. Deswegen erhielt er Hausarrest. 1975 wurde er mit dem Friedensnobelpreis geehrt. Seit 1989, als die Politik der Sowjetunion nachgiebiger geworden war, konnte Sacharow sich wieder frei bewegen, doch starb er kurz danach in Moskau.

Atommüll

Bei der friedlichen Nutzung der Kernenergie in →Kernreaktoren und Forschungsinstituten fallen äußerst giftige →radioaktive Stoffe an. Wir bezeichnen sie als Atommüll. Dazu gehören zum Beispiel abgebrannte Brennstäbe oder verseuchte Arbeitskleidung. Wie gefährlich der Atommüll ist, hängt unter anderem von der →Halbwertszeit der radioaktiven Stoffe ab. Liegt diese hoch, so kann der Atommüll viele Jahrtausende brauchen, bis er in nichtradioaktive Stoffe zerfallen ist. Während dieser Zeit gibt der Atommüll dauernd Strahlen ab. Sie gefährden das Leben und das Erbgut aller Lebewesen.
Mit Atommüll muß man deswegen sehr sorgfältig umgehen. Atommüll muß unter Umständen jahrtausendelang geschützt aufbewahrt werden. Leicht radioaktive Abfälle werden in Stahlfässer gefüllt und zum Beispiel in aufgelassenen Bergwerken gelagert. Früher warf man solche Fässer einfach ins Meer – für uns ist das heute ein gedankenloser Leichtsinn.

Wie bei normalem Müll kann man auch einen Teil des Atommülls wiederverwenden, zum Beispiel Plutonium und Uran. Diese beiden Bestandteile müssen dann aus den Brennstäben geholt werden. Man bezeichnet dies als Wiederaufbereitung. Es handelt sich aber um ein äußerst gefährliches Verfahren, weil dabei radioaktive Stoffe frei werden und in die Umwelt gelangen. Es gibt deswegen in Deutschland keine Wiederaufbereitungsanlagen (WAA), obwohl einmal eine im bayrischen Wackersdorf geplant war.

◁ In Frankreich und in England gibt es Wiederaufbereitungsanlagen. Sie gewinnen aus abgebrannten Brennstäben Uran und Plutonium zurück. Im Bild werden solche Brennstäbe in ein Wasserbecken zur Lagerung versenkt. Wiederaufbereitungsanlagen können viele radioaktive Stoffe an die Umwelt abgeben.

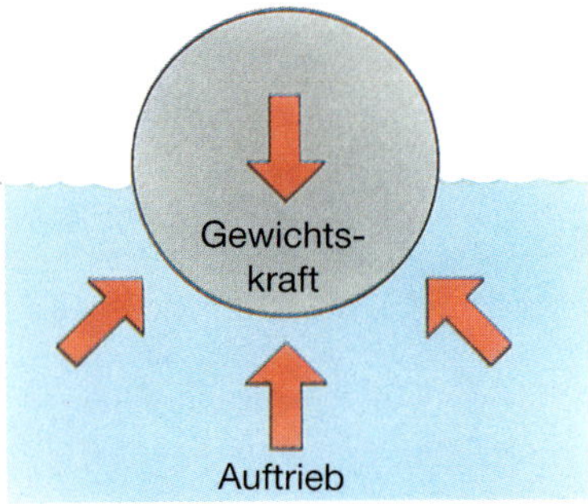

△ Diese Kugel schwimmt auf dem Wasser, weil ihre Dichte geringer ist als die des Wassers.

Auftrieb

Ein schwimmender Körper taucht bis zu einer ganz bestimmten Tiefe ins Wasser ein. Er verdrängt durch den untertauchenden Teil Wasser, und zwar genauso viel, wie seinem Gewicht entspricht (Archimedisches Prinzip). Ein solcher schwimmender Körper erfährt also eine Kraft, die der →Schwerkraft entgegengesetzt ist. Diese nach oben gerichtete Kraft nennen wir Auftrieb. Einen solchen Auftrieb beobachten wir auch in einem Gas, zum Beispiel in der Luft. Es ist dieser Auftrieb, der Luftballons aufsteigen läßt, weil sie insgesamt leichter sind als die von ihnen verdrängte Luft.
Einer ganz anderen Art des Auftriebs begegnen wir bei der →Aerodynamik. Durch die besondere Form des Flugzeugflügels entsteht bei strömender Luft eine nach oben gerichtete Kraft, die das Flugzeug in der Luft hält, obwohl es viel schwerer ist als die von ihm verdrängte Luft.

Die Augenheilkunde heißt mit einem Fremdwort Ophthalmologie. Der Optiker befaßt sich mit dem Bau optischer Geräte, vor allem von Brillen und Kontaktlinsen. Alles, was mit dem Sehen zusammenhängt, nennt man entweder „optisch" oder „visuell". Dieses Wort ist wiederum mit „Video" verwandt, und beide gehen auf das lateinische Wort „videre" zurück, das „sehen" bedeutet.

Auge

Das Auge des Menschen zeigt eine rundliche Form („Augapfel") und liegt gut geschützt in der knöchernen Augenhöhle. Wir können den Augapfel durch sechs Augenmuskeln bewegen. Diese arbeiten sehr genau, denn wir müssen die Augen auf einen bestimmten Punkt ausrichten können. Wenn diese →Koordination der Augenmuskeln nicht exakt erfolgt, weil zum Beispiel einer der Muskeln gelähmt ist, so kommt es zum Schielen.
Das Auge ist mit einer gallertigen wasserhellen Flüssigkeit gefüllt, dem Glaskörper. Vorne hat es ein durchsichtiges Fenster, die Hornhaut. Dort wird das Licht gebrochen und gelangt durch die Pupille ins Augeninnere. Eine weitere Brechung der Lichtstrahlen erfolgt an der Linse. Sie hat die Aufgabe, ein scharfes Bild auf der Netzhaut (Retina) zu erzeugen. In der Netzhaut liegen viele Millionen lichtempfindlicher Zellen, die Zapfen und die Stäbchen. Mit den Zapfen sehen wir Farben,

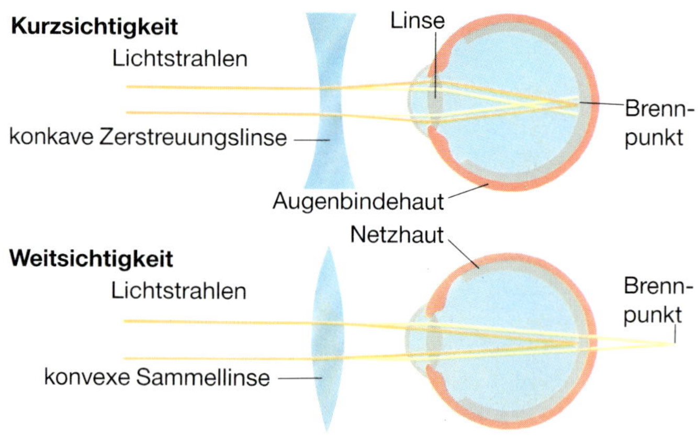

▷ Kurzsichtige Menschen sehen weit entfernte Gegenstände nicht scharf. Ihre Augenlinse kann die Lichtstrahlen nicht so brechen, daß sie ihren Brennpunkt auf der Netzhaut haben. Die Korrektur erfolgt mit konkaven Zerstreuungslinsen. Weitsichtige Menschen sehen nahe Gegenstände nicht scharf. Diesen Sehfehler behebt man mit konvexen Sammellinsen. Mit zunehmendem Alter, etwa ab dem 50. Lebensjahr, läßt die Elastizität der Augenlinse nach. Da die Augenlinse für nah gelegene Gegenstände am stärksten verformt werden muß, reicht das Sehvermögen dann zum Lesen oft nicht mehr aus. Der Arzt spricht dann von Altersweitsichtigkeit. Zur Korrektur ist eine Lesebrille erforderlich.

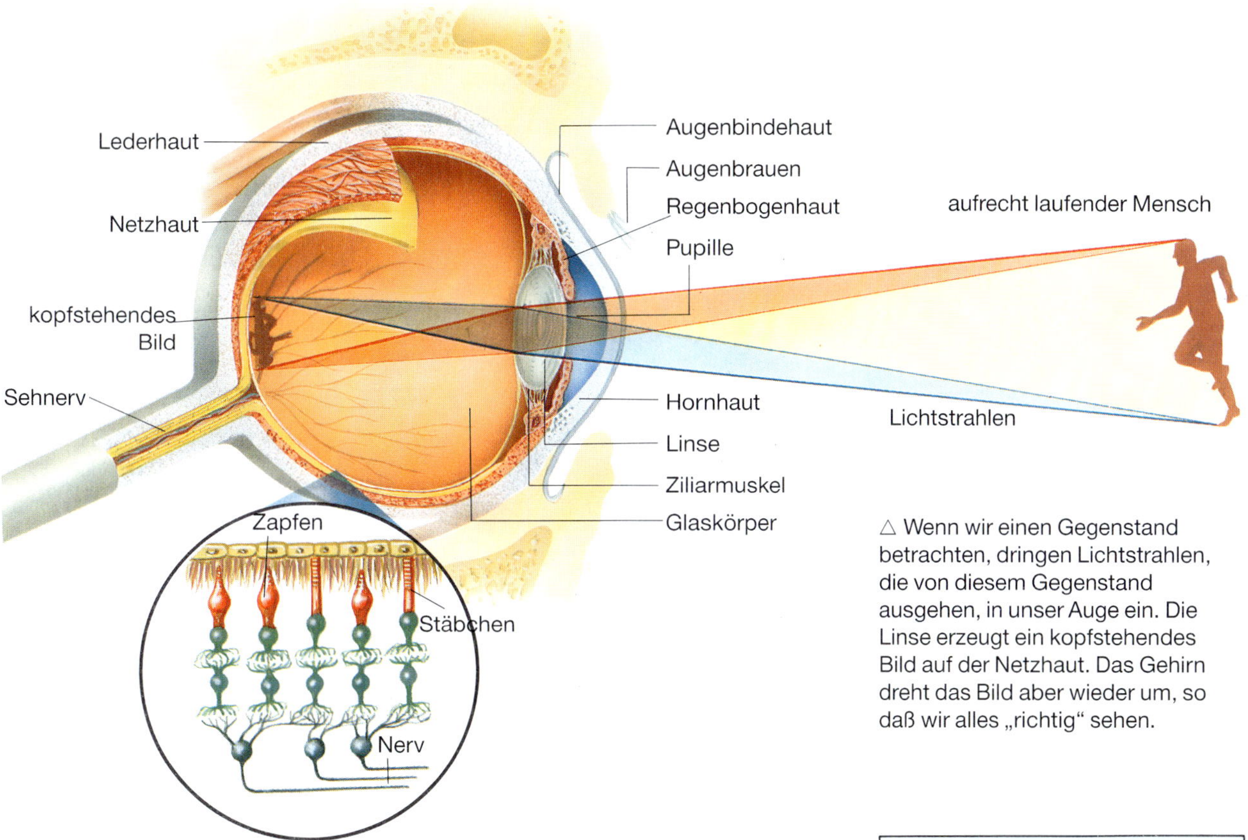

△ Wenn wir einen Gegenstand betrachten, dringen Lichtstrahlen, die von diesem Gegenstand ausgehen, in unser Auge ein. Die Linse erzeugt ein kopfstehendes Bild auf der Netzhaut. Das Gehirn dreht das Bild aber wieder um, so daß wir alles „richtig" sehen.

allerdings nur bei viel Licht. Bei wenig Licht arbeiten nur die schwarzweiß-empfindlichen Stäbchen. Aus diesem Grund sehen wir in der Dämmerung keine Farben mehr. Die Zapfen und die Stäbchen werden von den einfallenden Lichtstrahlen gereizt und senden Informationen darüber an das Gehirn. Die Übermittlung geschieht über den Sehnerv. Das Gehirn verarbeitet die Informationen, und erst dort entsteht der Seh-Eindruck.

Zuviel Licht kann die Netzhaut schädigen. Deswegen sollten wir niemals direkt in die Sonne sehen. Den Lichteinfall regelt bis zu einem gewissen Grad die Pupille, also die Öffnung in der Regenbogenhaut (Iris). Die Pupille öffnet sich automatisch bei wenig Licht und verkleinert sich in hellem Sonnenlicht.

Der Ziliarmuskel im Augeninneren kann die Form der Linse verändern. Dies ist notwendig, um nahe und weit entfernte Gegenstände scharf auf der Netzhaut abzubilden. Manche Menschen sehen nicht scharf, weil sich der Brennpunkt der gebrochenen Lichtstrahlen entweder vor oder hinter der Netzhaut befindet. Solche Sehfehler werden mit Brillen oder Kontaktlinsen behoben.

Hochentwickelte Augen mit Linsen haben nur die Wirbeltiere und die Tintenfische.

Mach es selbst

Schaue mit dem rechten Auge durch eine Kartonröhre und halte deine linke Hand neben diese Röhre; die Handfläche sollte gegen das Auge gerichtet sein. Das rechte Auge sieht nur das Innere der Röhre und das linke die offene Hand. Das Gehirn kombiniert die beiden Bilder, und es kommt dir vor, als hättest du ein Loch in der linken Hand.

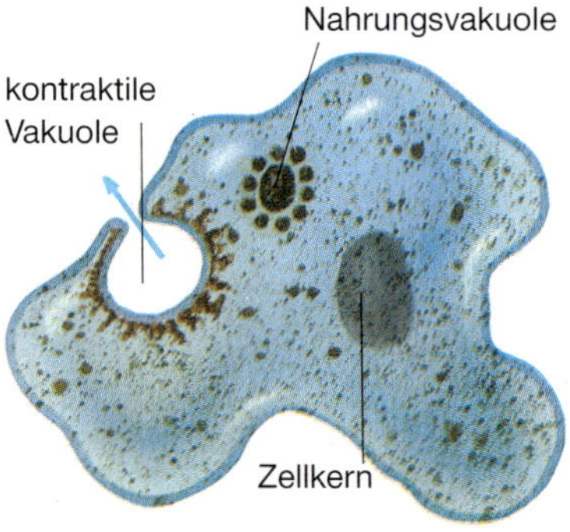

△ Einzellige Lebewesen sammeln überschüssiges Wasser in winzigen Bläschen, den kontraktilen Vakuolen. Wenn sie voll sind, öffnen sie sich nach außen und entleeren das Wasser.

Ausscheidung

Alle Lebewesen nehmen Stoffe auf und verwandeln sie in ihrem Körper durch chemische Reaktionen. Dabei entstehen immer unerwünschte Abfallprodukte, die aus dem Körper entfernt oder ausgeschieden werden müssen. Alle Säugetiere und auch der Mensch haben ein besonderes Ausscheidungssystem entwickelt. Die wichtigsten Ausscheidungsprodukte sind Wasser, →Kohlendioxid und Harnstoff, der beim Abbau von →Proteinen entsteht. Diese Abfallstoffe gelangen ins →Blut. Das Kohlendioxid wird aus den →Lungen ausgeatmet, alle übrigen flüssigen Abfallstoffe filtern die →Nieren aus dem Blut heraus. Dies geschieht in winzigen Nierenkanälchen, die pro Niere eine Gesamtlänge von ungefähr 10 Kilometern erreichen. In 24 Stunden fließen etwa 1500 Liter Blut durch die Nieren, das heißt, unser gesamtes Blut wird über dreihundertmal gefiltert. Die ausgefilterte Flüssigkeit heißt Harn oder Urin. Der Urin wird in der Harnblase gesammelt und von Zeit zu Zeit nach außen entleert. Dabei geht verhältnismäßig viel Wasser verloren. Wüstentiere können sich dies nicht erlauben und müssen ihren Harn viel stärker konzentrieren. Er enthält bei ihnen weniger Wasser. Auch die Vögel brauchen geringe Wassermengen zur Ausscheidung.

▽ Süßwasserfische würden richtig aufgedunsen vor Wasser, wenn ihre Nieren nicht dauernd Wasser aus dem Körper entfernen würden. Meeresfische haben das umgekehrte Problem: Sie laufen Gefahr auszutrocknen.

Süßwasserfisch

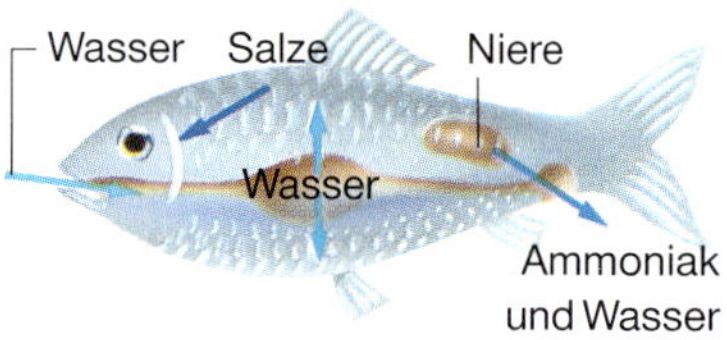

Meeresfisch

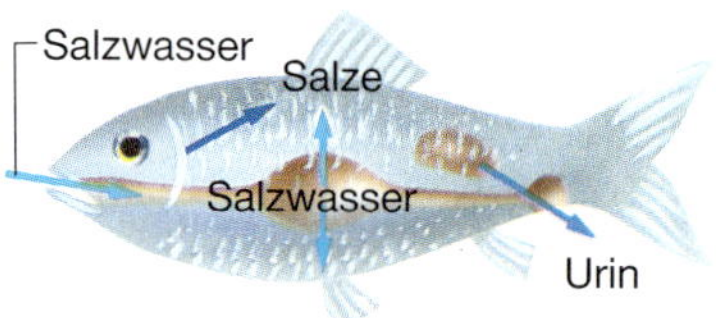

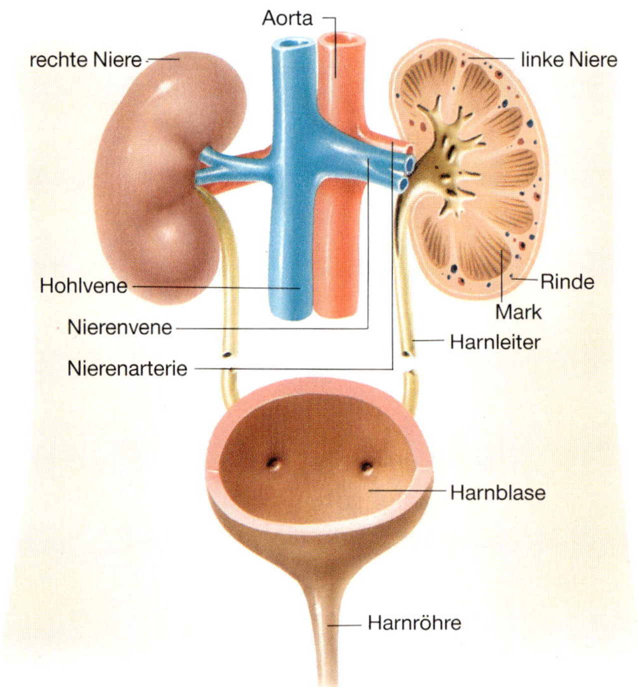

△ Das Ausscheidungssystem filtert giftige Stoffe sowie überschüssiges Wasser und Salze aus dem Blut heraus. Dadurch bleibt die Zusammensetzung des Blutes immer dieselbe. Die Nieren produzieren pro Tag ungefähr 1,4 Liter Harn. Wasser und Salze, aber nicht Harnstoff, können auch über die Haut abgegeben werden.

Aussterben

Sedimentgesteine auf der ganzen Welt enthalten die Reste (→Fossilien) vieler tausend Pflanzen- und Tierarten, die heute nicht mehr leben. Diese Funde sind der Beweis dafür, daß Lebewesen während der ganzen Erdgeschichte immer wieder ausstarben und durch neue verdrängt wurden. Die meisten dieser Arten gingen wahrscheinlich unter, weil sie mit Klimaänderungen nicht zurechtkamen oder weil sie im Konkurrenzkampf mit neuentwickelten, besser angepaßten Formen unterlagen. Zur →Evolution gehören also zwangsläufig auch der Tod und das Aussterben.

Es gab allerdings bestimmte Abschnitte der Erdgeschichte, in denen besonders viele Tierarten ungefähr zur selben Zeit

In den vergangenen 200 Jahren sind über 50 Vogelarten und über 75 Säugerarten ausgestorben, doch diese Zahlen sind nichts im Vergleich zum Massenaussterben, das in der heutigen Zeit stattfindet. Schätzungen zufolge stirbt heute alle paar Minuten eine Tier- oder Pflanzenart aus.

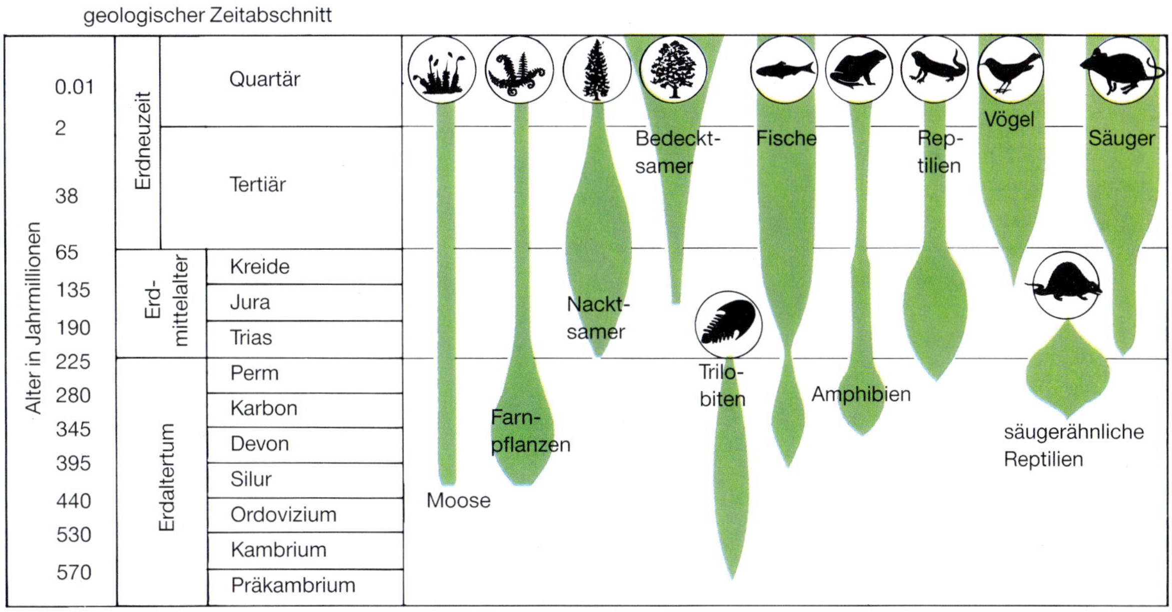

ausstarben. Das größte Ereignis unter diesen Massenaussterben fand zu Ende des Erdaltertums (Paläozoikum) vor ungefähr 225 Millionen Jahren statt. Die →Paläontologen meinen, 90 Prozent aller Arten seien damals ausgestorben. Jahrmillionen mußten vergehen, bis sich die Tierwelt von dieser Katastrophe erholt hatte.

Zu einem weiteren Massenaussterben kam es vor 75 Millionen Jahren am Übergang von der Kreide zum Tertiär. Damals starben die Dinosaurier, die schneckenartigen Ammoniten und viele andere Meerestiere aus. Warum dies geschah, wissen wir nicht. Einige Forscher meinen, ein großer →Planetoid oder Komet sei auf die Erde eingeschlagen und habe das Klima für lange Zeit völlig verändert. Es habe danach auf der Erde mehrere Jahre lang Winter geherrscht.

△ Dieser Tabelle können wir entnehmen, zu welcher Zeit der Erdgeschichte bestimmte Pflanzen- und Tiergruppen die meisten Arten besaßen und somit am stärksten vertreten waren. Links ist die Zeitachse mit den verschiedenen geologischen Zeitabschnitten angegeben. Die Breite der grünen Streifen rechts gibt die Artenvielfalt an. Die Moose beispielsweise besaßen seit ihrem Auftreten im Silur immer ungefähr gleich viele Arten. Anders die Farnpflanzen, die ihre Blütezeit zwischen dem Devon und dem Karbon hatten. Die Vögel und die Säuger hingegen sind heute am stärksten vertreten. Einige Tiergruppen sind völlig ausgestorben.

Bb

Die ballistische Kurve ist zu Beginn der idealen Wurfparabel sehr ähnlich. Sie erreicht aber früher ihre Gipfelhöhe und ist dann auf dem absteigenden Ast nach der Gipfelhöhe deutlich stärker gekrümmt als die Parabelbahn. Damit verkürzt sich die Schußweite erheblich. Bremsend wirkt sich vor allem der Luftwiderstand aus. Eine ziemlich genaue Parabelbahn ergäbe sich bei einem Schuß im Vakuum.

Ballistik

Die Ballistik beschäftigt sich damit, wie Geschosse und →Raketen fliegen. Die innere Ballistik untersucht, was im Inneren des Gewehres oder des Geschützrohres geschieht, wenn die Treibladung zündet. Die Gase, die sich dabei innerhalb kürzester Zeit entwickeln, treiben das Geschoß aus dem Lauf. Meistens bekommt es dabei einen Drall, also eine Drehbewegung um die Längsachse, die seinen weiteren Flug stabilisiert. Mit der Flugbahn beschäftigt sich vor allem die äußere Ballistik. Sie berechnet zum Beispiel den Auftreffpunkt voraus. Gerade bei weiten Schüssen spielen der Luftwiderstand, die Form des Geschosses und sogar die Drehung und Krümmung der Erde eine große Rolle. Diese Kräfte bewirken, daß die Flugbahn sich immer stärker von der idealen Form einer Parabel entfernt und schließlich eine ballistische Kurve ergibt.

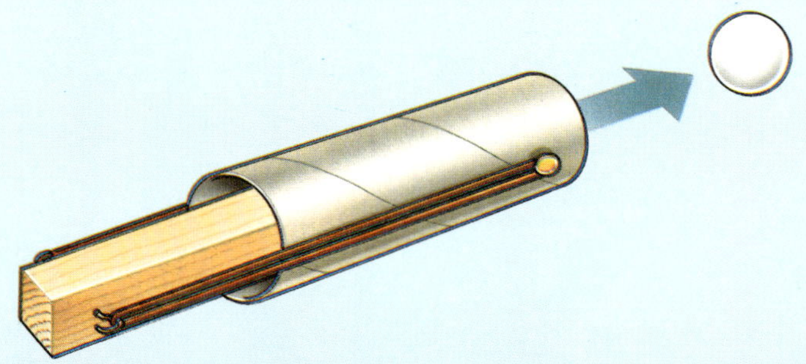

Mach es selbst

Wir stecken zwei Reißzwecken durch eine Kartonrolle in zwei sehr dünne Korkstücke auf der Innenseite der Rolle. Dann befestigen wir zwei gleich lange Gummiringe an zwei Haken zu beiden Seiten eines Holzstücks. Die anderen Enden der Gummiringe befestigen wir an den Reißzwecken. Wir können nun einen Pingpongball wegschießen.

▽ Im Jahr 1783 unternahmen zwei Franzosen in einem Heißluftballon der Gebrüder Montgolfier den ersten Flug der Geschichte. Sie flogen 12 Kilometer weit, kamen bis auf eine Höhe von 1000 Metern und landeten wohlbehalten.

Ballon

Ballons steigen hoch, weil sie insgesamt leichter sind als die Luft. Der Physiker sagt etwas genauer: Ihre →Dichte ist geringer als die der umgebenden Luft. Deswegen erfahren sie einen →Auftrieb, also eine der →Schwerkraft entgegengesetzte Kraft. Das Füllgas von Ballons kann das extrem leichte →Helium sein. Auch der noch leichtere →Wasserstoff kommt in Frage, kann aber leicht brennen. Am häufigsten sind heute die Heißluftballons: Mit der Gasflamme eines Brenners wird normale Luft im Innern des Ballons erhitzt. Heiße Luft hat aber eine geringere Dichte als kalte, und deswegen steigt der Ballon auf. Die Passagiere befinden sich im Ballonkorb. Die Flugrichtung von Ballons läßt sich nicht steuern, nur die Höhe durch Gasablassen (Sinken) oder Ballastabwurf (Steigen).

Barium

Das Barium ist ein weiches, schweres, silberweißes Metall, ein →chemisches Element, das ähnlich wie das →Kalzium bereitwillig mit anderen Elementen reagiert. In der Natur tritt es vor allem in Form des Minerals Baryt oder Schwerspat auf. Chemisch gesehen handelt es sich um das →Sulfat des Bariums. Es löst sich nicht in Wasser, ist ungiftig und wird in der Medizin verwendet. Wenn ein Arzt den Darm eines Patienten röntgen will, muß dieser ein Kontrastmittel schlucken, das meist aus Bariumsulfat und Wasser besteht (→Röntgenstrahlung).

Barometer

Mit dem Barometer messen wir Schwankungen des →Luftdrucks. Auf uns allen lastet nämlich ein bestimmter →Druck. Er stammt von der Luftsäule der →Atmosphäre, die über uns steht. Der Luftdruck an einem bestimmten Ort ist nicht immer gleich, sondern schwankt in Zusammenhang mit dem →Wetter. Barometer messen diese Luftdruckschwankungen und liefern somit Daten für die Wettervorhersage.

Wetterstationen verwenden Quecksilberbarometer. Sie bestehen aus einer U-förmigen Glasröhre mit ungleich langen Schenkeln. Der kürzere Schenkel ist oben offen und enthält Quecksilber. Der längere Schenkel ist oben geschlossen, enthält ebenfalls eine Quecksilbersäule und darüber ein →Vakuum. Der Höhenunterschied der Quecksilbersäulen in den beiden Schenkeln gibt den Luftdruck an. Auf Meereshöhe beträgt er etwa 760 Millimeter. Luftdruckänderungen bewirken, daß die Quecksilbersäule steigt oder fällt.

Mach es selbst

Wir befestigen ein Lineal mit Modelliermasse senkrecht in einer Schüssel. Die Schüssel füllen wir zur Hälfte, eine Flasche zu drei Viertel mit Wasser. Wir verschließen die Flasche mit der Hand und stellen sie auf den Kopf. Dann halten wir den Flaschenhals unter den Wasserspiegel in der Schüssel und nehmen die Hand weg. Nun binden wir die Flasche am Lineal fest. Wenn sich nun der Luftdruck ändert, hebt oder senkt sich auch der Wasserspiegel in der Flasche.

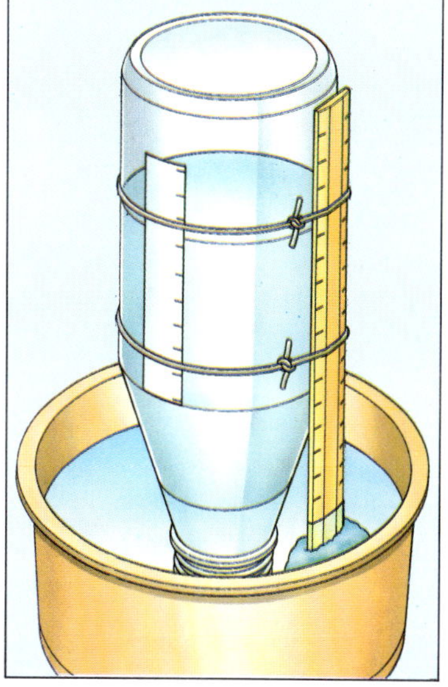

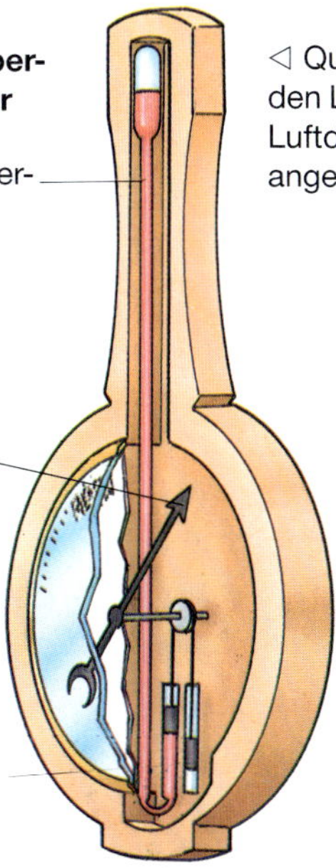

◁ Quecksilberbarometer messen den Luftdruck am genauesten. Der Luftdruck wird heute in Hektopascal angegeben.

▽ Die Vakuumdose im Inneren eines Aneroidbarometers dehnt sich aus oder zieht sich zusammen, wenn sich der Luftdruck ändert. Dabei wird ein Zeiger bewegt.

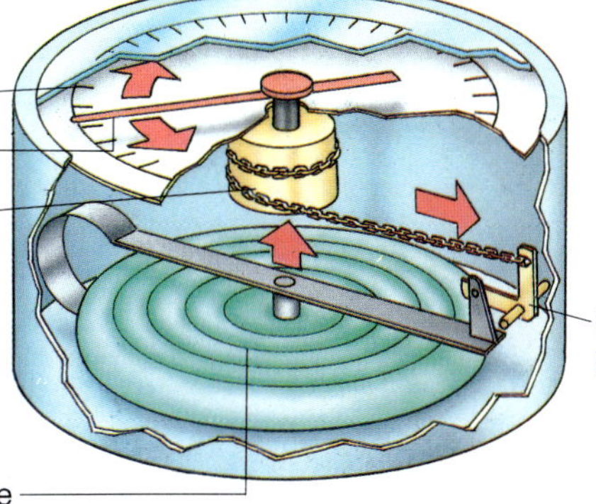

Batterie

▽ ▷ Die Autobatterie (rechts) und die Trockenbatterie (unten) sind die beiden wichtigsten Batterietypen. Die Autobatterie ist ein Akkumulator, weil sie dauernd wieder aufgeladen werden kann. Sie enthält verdünnte Schwefelsäure, die Trockenbatterie hingegen eine verdickte chemische Paste.

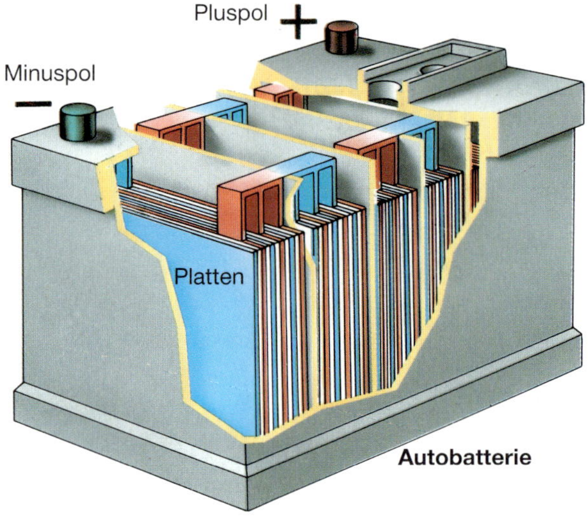

Autobatterie

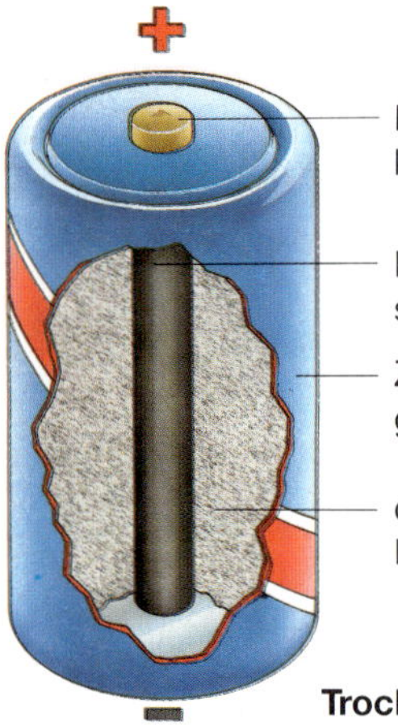

Trockenbatterie

Batterie

Batterien speichern elektrische Energie in chemischer Form. Im Einsatz findet in der Batterie eine →chemische Reaktion statt, die Gleichstrom liefert. Es gibt zwei Typen von Batterien: Die Akkumulatoren oder Sekundärzellen können immer wieder geladen werden, während die eigentlichen Batterien oder Primärzellen nach Gebrauch leergebrannt sind. Die Autobatterie ist demzufolge ein Akkumulator, weil sie während des Fahrens von der Lichtmaschine immer wieder aufgeladen wird. Eine Zelle der Autobatterie enthält eine Platte aus Blei und eine aus Bleidioxid. Dazwischen befindet sich verdünnte →Schwefelsäure. Sechs solcher Zellen ergeben im Normalfall eine Autobatterie. Die Bleiplatten sind mit dem Minuspol verbunden, die Bleidioxidplatten mit dem Pluspol. Wird der Batterie elektrische Energie entzogen, so werden das Blei, das Bleidioxid und die Schwefelsäure in Bleisulfat und Wasser umgesetzt. Beim Laden entsteht wieder Schwefelsäure. →Elektromobile brauchen sehr viele solcher Akkumulatoren. Mit Bleibatterien werden diese Autos aber zu schwer. Deswegen hat man leichtere Akkumulatoren für Autos entwickelt, zum Beispiel eine Schwefel-Natrium-Batterie, die erst bei über 300°C funktioniert.

Die Batterien in Taschenlampen heißen auch Trockenelemente. Sie enthalten zum Beispiel das Salz Ammoniumchlorid in Pastenform. Als Plus- und Minuspol (Elektroden) dienen ein Kohlestab und das Zinkgehäuse. Man spricht deswegen auch von Zink-Kohle-Batterien. Alkali-Mangan-Batterien sind leistungsfähiger, weil die Zinkelektroden mit etwas Quecksilber versetzt sind. Rund 25 Prozent Quecksilber enthalten die Quecksilberoxid-Batterien oder Knopfzellen.

Mach es selbst

Schneide eine Zitrone an zwei Stellen ein und füge eine Kupfermünze (Pluspol) und ein Stück Alufolie (Minuspol) in je einen Schnitt. Verbinde diese beiden Pole mit je einem kurzen Stück Draht. Wenn du eine 1,5-Volt-Birne anschließt, sollte sie aufleuchten.

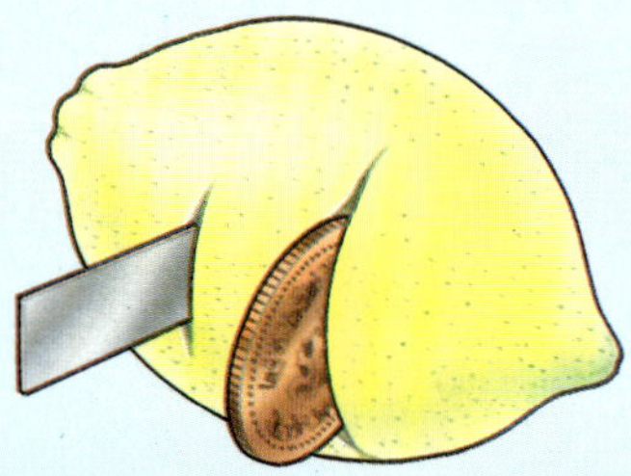

Batterien verwandeln ihre chemische Energie zwar mit einem erstaunlichen →Wirkungsgrad von 90 Prozent in Strom, doch umweltfreundlich sind sie leider nicht. Alle enthalten nämlich einen oder mehrere umweltgefährdende Stoffe wie Quecksilber, Zink, Cadmium oder Nickel. Verbrauchte Batterien müssen deswegen stets als Sondermüll behandelt werden.

Bauchspeicheldrüse

Die Bauchspeicheldrüse (Pankreas) übernimmt eine wichtige Aufgabe bei der →Verdauung. Die Drüse ist langgestreckt und liegt in einer Schleife des Zwölffingerdarms. Unter dem Einfluß des →Hormons Sekretin gibt sie den Bauchspeichel ab, der zahlreiche →Enzyme zur Verdauung enthält, vor allem zur Aufspaltung der Fette. Der Bauchspeichel ist alkalisch, um den sauren Magensaft zu neutralisieren.
Die Bauchspeicheldrüse hat noch eine andere Aufgabe, die nicht direkt mit der Verdauung in Verbindung steht. Eingestreute Gruppen von Zellen, die sogenannten Langerhans-Inseln, bilden die Hormone Insulin und Glukagon. Beide regeln den Zuckerspiegel im Blut. Das Insulin senkt den Blutzuckerspiegel, das Glukagon erhöht ihn. Wenn die Langerhans-Inseln nicht richtig funktionieren, entsteht die Zuckerkrankheit.

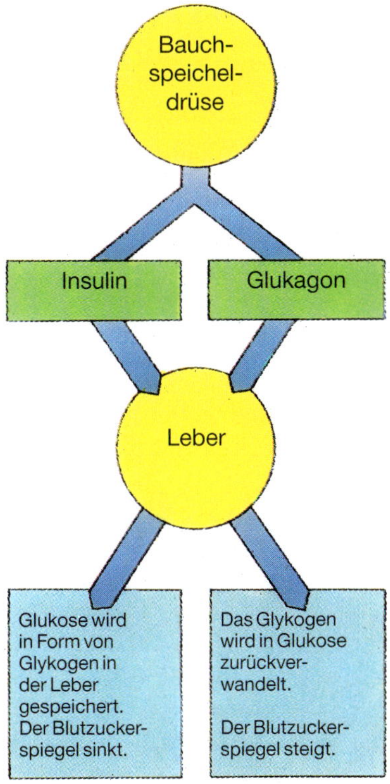

△ So regeln die beiden Hormone Insulin und Glukagon aus der Bauchspeicheldrüse den Blutzuckerspiegel.

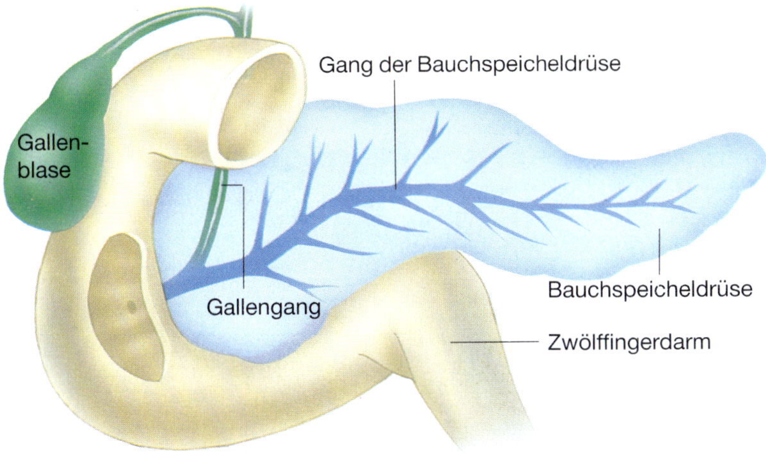

◁ Die Bauchspeicheldrüse liegt hinter dem Magen. Sie produziert Verdauungssäfte sowie zwei Hormone, die den Blutzuckerspiegel regeln, nämlich Insulin und Glukagon.

Bautechnik

Mit der Bautechnik verändert der Mensch seine Umwelt in immer stärkerem Maße. Ingenieure bauen Straßen, Brücken, Tunnels, Staudämme, Wolkenkratzer und Kraftwerke. Die häufigsten Baustoffe sind heute →Beton und →Stahl.
Bauwerke müssen Kräften von außen Widerstand leisten. Werden sie erschüttert, so schwingen sie mit einer ganz bestimmten Eigenfrequenz hin und her. Einsturzgefahr droht erst, wenn das Gebäude wiederholt von außen erschüttert

△ Durch neue Werkstoffe und Konstruktionsverfahren wurde der Bau leichter und doch widerstandsfähiger Häuser möglich.

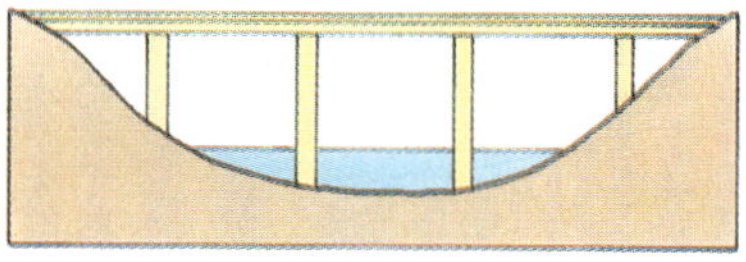

Balkenbrücke

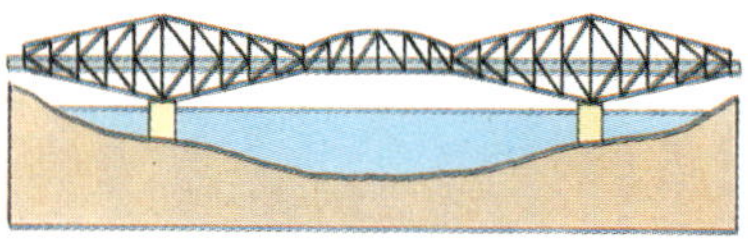

Balkenbrücke mit Stahlfachwerk

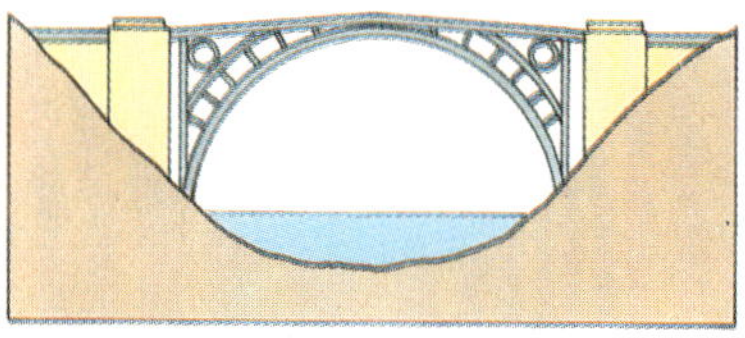

Bogenbrücke

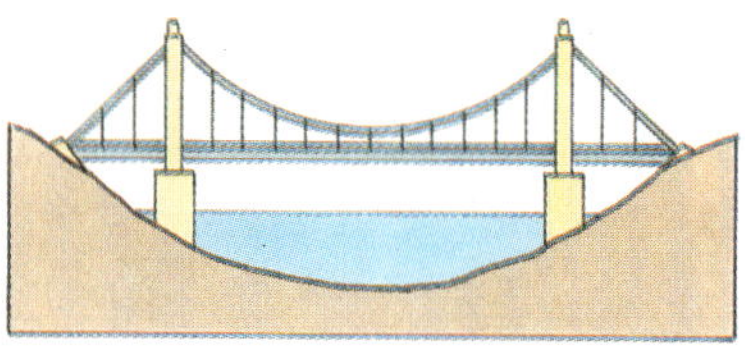

Hängebrücke

△ Beispiele für einige der häufigsten Brückentypen.

wird, zum Beispiel durch Windstöße oder Erdbeben, und wenn dies im gleichen Rhythmus geschieht wie die Eigenschwingung. Dann addieren sich die Schwingungen und können am Ende dazu führen, daß das Bauwerk durch →Resonanz zerstört wird. So sind schon Hängebrücken eingestürzt, weil Soldaten im Gleichschritt darübergingen.
Einige Bauelemente sind ganz besonders widerstandsfähig gegen Belastungen, vor allem Röhren und Dreiecke. Brücken und Strommasten bestehen deswegen oft aus dreieckigen Stahlelementen, die miteinander vernietet werden. Angreifende Kräfte werden so gleichmäßig auf das ganze Bauwerk verteilt. Tunnel und die Beine von Bohrinseln sind meistens röhrenförmig, weil diese Form den größten Widerstand gegen Abknicken gewährleistet.

Befruchtung

Das Leben der meisten Pflanzen und Tiere nimmt mit der Befruchtung seinen Anfang. Dabei verschmilzt eine männliche Samenzelle (Spermazelle) mit einer weiblichen →Eizelle. Aus diesen beiden Keimzellen entsteht die befruchtete Eizelle oder Zygote. Der Befruchtung geht bei den meisten Tieren die Begattung oder Paarung voraus: Bei der Balz kommen sich ein fortpflanzungswilliges Männchen und ein Weibchen so nahe, daß die Übertragung des Samens (Sperma) auf die Eier möglich ist. Die Männchen der Reptilien, Vögel und Säuger übertragen dabei den Samen in den Körper des Weibchens, und die Befruchtung erfolgt in dessen Innerem. Fische und Amphibien hingegen haben eine äußere Befruchtung: Das Männchen gießt seine Samenflüssigkeit über die Eier, die das Weibchen

▽ Bei der Fortpflanzung legt das Lachsweibchen bis 10 000 Eier ab. Nach der Balz besamt sie das Männchen mit seiner Samenflüssigkeit. Die Samenzellen schwimmen anschließend zu den Eizellen. Dort angekommen, bohren sie sich ein Loch in die Zellmembran. Schließlich verschmelzen die Kerne der Samenzelle und der Eizelle miteinander.

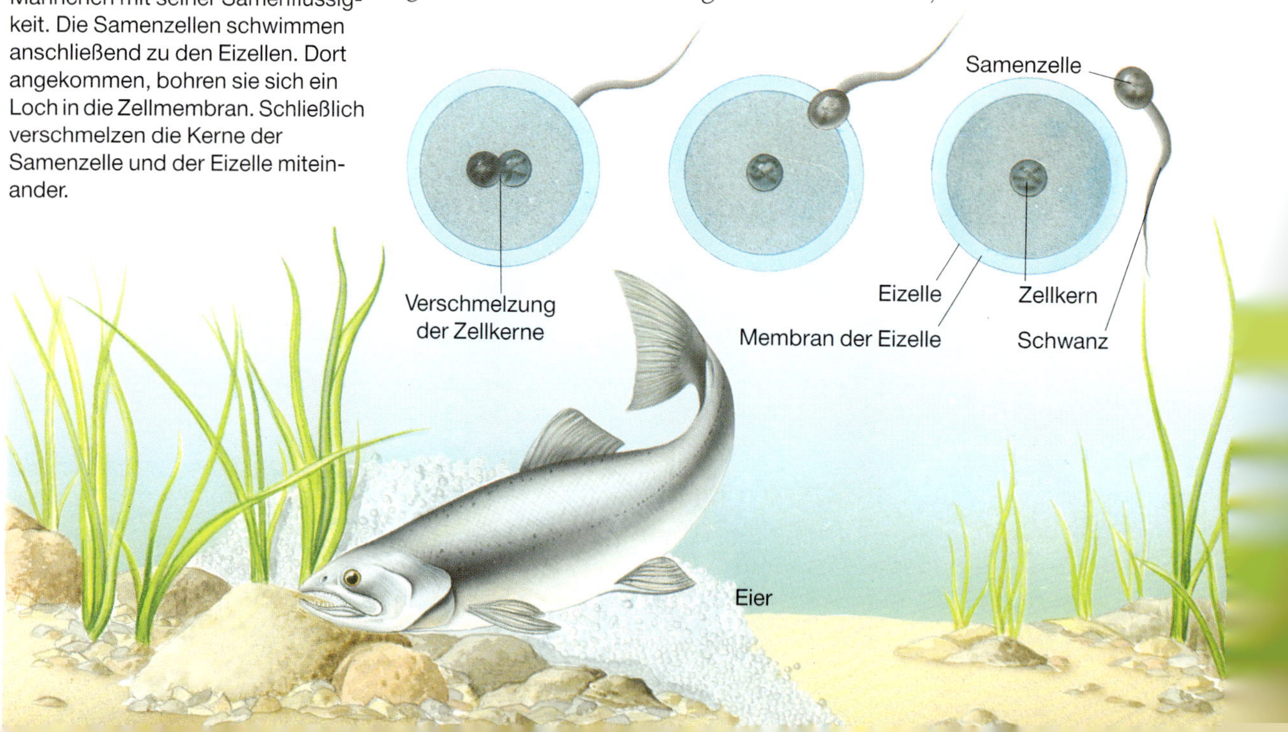

bereits ins Wasser abgelegt hat. Die Befruchtung ist ein ziemlich komplizierter Vorgang: Kaum ist die Samenzelle in die äußerste Schicht der Eizelle eingedrungen, so bildet diese eine Befruchtungsmembran aus. Diese Haut verhindert, daß weitere Samenzellen eindringen. Später verschmelzen die Kerne der Samenzelle und der Eizelle miteinander. Jede dieser beiden Keimzellen enthält nur einen einfachen →Chromosomensatz. Nach der Befruchtung weist die Eizelle somit einen doppelten Chromosomensatz auf, wie er für alle anderen Zellen typisch ist. Durch Zellteilungen entwickelt sich die Eizelle anschließend zum →Embryo und zum neuen Lebewesen.
Der Befruchtung geht bei den Blütenpflanzen die →Bestäubung voraus, also die Übertragung von →Pollen auf die weibliche Narbe. Das Pollenkorn keimt dort aus und bildet den Pollenschlauch, der bis in den Fruchtknoten vordringt. Einer der Spermakerne des Pollenschlauchs verschmilzt dann mit der Eizelle und löst die Entwicklung des Embryos aus.
Siehe auch →Fortpflanzung.

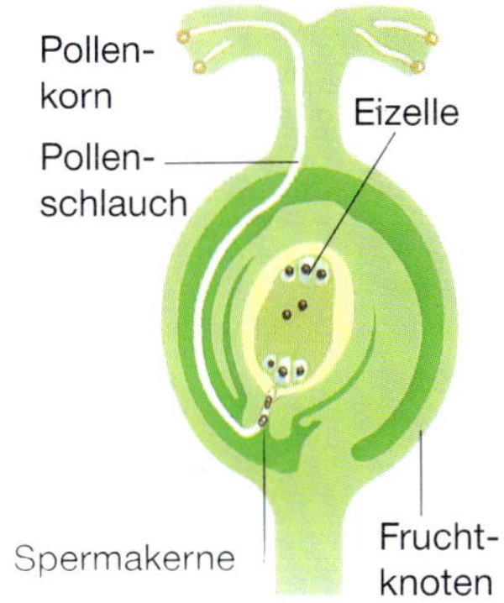

△ Bei der Bestäubung landet ein Pollenkorn auf der weiblichen Narbe. Das Pollenkorn keimt anschließend aus und entwickelt einen langen Pollenschlauch, der bis ins Innere des Fruchtknotens reicht. Dort entläßt er Spermakerne, von denen einer mit der Eizelle verschmilzt. Diesen Vorgang nennen wir Befruchtung. Die befruchtete Eizelle entwickelt sich dann zum Embryo.

Belichtungsmesser

Belichtungsmesser werden vor allem beim →Fotografieren verwendet. Sie ermitteln die vorhandene Lichtmenge und damit die notwendige Belichtungszeit. Belichtungsmesser arbeiten nach demselben Prinzip wie die →Fotozellen. Wenn Licht auf lichtempfindliches Material fällt, ändern sich dessen elektrische Eigenschaften. Das wird registriert. Ein Zeiger gibt die Lichtmenge beziehungsweise die erforderlichen Belichtungszeiten an. Diese stellt der Fotograf schließlich in seiner Kamera ein. Je mehr Licht vorhanden ist, um so kürzer muß der Film belichtet werden.
Die weitaus meisten heutigen Kameras brauchen keinen zusätzlichen Belichtungsmesser mehr, weil er bereits eingebaut ist. Der Fotograf muß sich dann nicht mehr um die Einstellung der Belichtungszeit und der Blende kümmern, denn dies alles erledigt der Fotoapparat automatisch.

▽ Dieser etwas altmodische Belichtungsmesser verfügt über eine Fotozelle, die das lichtempfindliche chemische Element Selen enthält. Fällt Licht auf das Selen, so nimmt dessen elektrischer Widerstand ab, weil die Elektronen Lichtenergie aufnehmen. Der Stromfluß von der Batterie durch die Fotozelle erfolgt dann leichter. Diese Veränderungen werden von einem Galvanometer angezeigt.

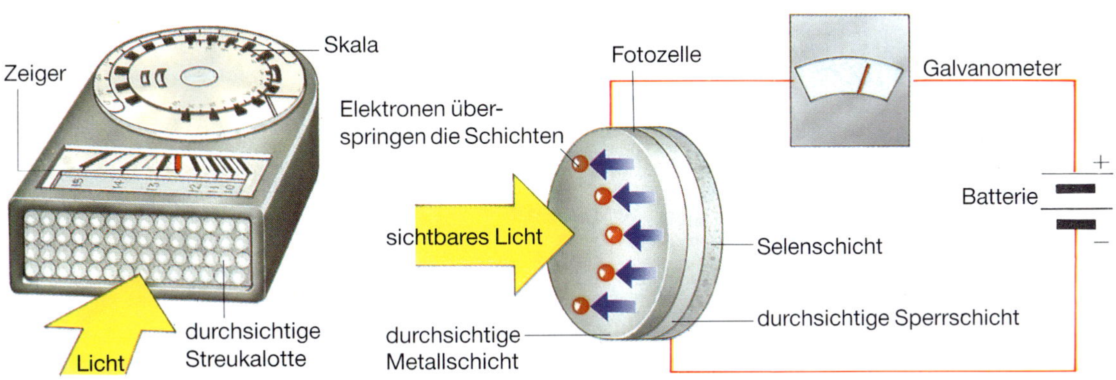

4*

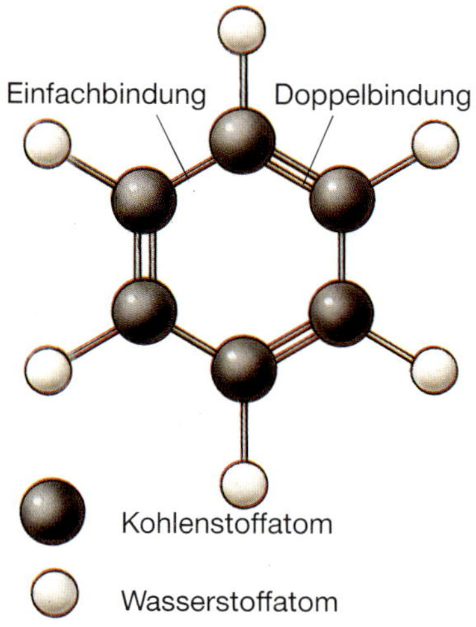

△ Der Benzolring enthält drei Doppelbindungen zwischen den sechs Kohlenstoffatomen. Chemische Verbindungen, die einen solchen Benzolring enthalten, nennen wie Aromaten.

Benzol

Benzol ist eine charakteristisch riechende, farblose Flüssigkeit. Die Chemiker stellen daraus zahlreiche Verbindungen her, zum Beispiel Arzneimittel, Farbstoffe und Kunststoffe wie das Nylon. Das Benzol gehört zu den →Kohlenwasserstoffen. Jedes Molekül besteht aus sechs Kohlenstoff- und sechs Wasserstoffatomen (C_6H_6). Dieses Zahlenverhältnis ist nur möglich, wenn die sechs Kohlenstoffatome einen Ring bilden. Er heißt Benzolring und tritt bei unzähligen weiteren Verbindungen auf, die wir auch als aromatisch bezeichnen.
Das Benzol ist sehr giftig und gilt als eindeutig krebserregend. Eine allgemeine Umweltbelastung ergibt sich dadurch, daß Benzol dem Treibstoff hinzugefügt wird, um dessen →Oktanzahl zu erhöhen.

Bergbau

Der Bergbau umfaßt alle Verfahren zur Gewinnung von Bodenschätzen. Pumpen befördern zum Beispiel Wasser und →Erdöl an die Oberfläche. Auch Salzlagerstätten können auf ähnliche Weise ausgebeutet werden: Man preßt Wasser durch ein Bohrloch in den Salzstock ein und wartet so lange, bis sich genügend Steinsalz gelöst hat. Dann pumpt man die Salzlösung (Sole) wieder nach oben.
Die meisten Bodenschätze sind feste →Mineralien oder →Erze. Befinden sich die Lagerstätten knapp unter der Erdoberfläche, so können sie im Tagebau gewonnen werden: Die obersten Erdschichten werden so weit abgetragen, bis das Mineral zum Vorschein kommt. Steinkohle hingegen wird im Untertagebau gefördert. Zunächst werden senkrechte Schächte abgeteuft. Dann erfolgt der Abbau der mehr oder minder waagrechten kohlehaltigen Flöze. Der Bergmann arbeitet hier schon lange nicht mehr mit der Spitzhacke, sondern

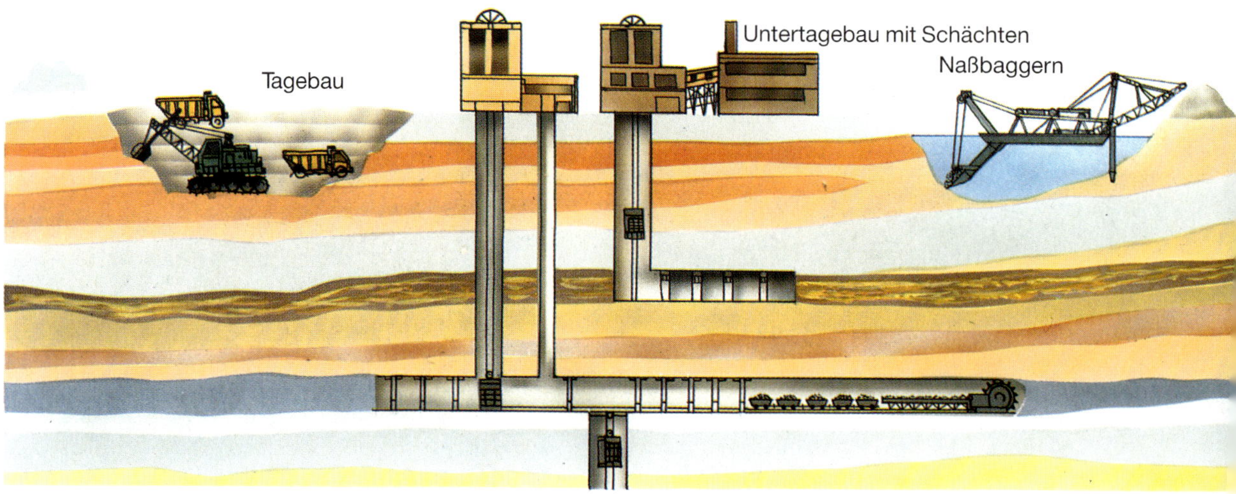

er beaufsichtigt große Schrämmaschinen, die mit zahnbewehrten Walzen die Steinkohle losbrechen. Geblieben ist für die Bergleute die Schlagwettergefahr: In der Steinkohle kann →Methan in Nestern eingeschlossen sein. Durch den Abbau wird das Gas frei und kann durch einen Funken entzündet werden. Gute Belüftung (Bewetterung) muß dafür sorgen, daß der Methangehalt in der Luft nie ein Prozent übersteigt.

Beschleunigung

Wenn ein Auto beschleunigt, so nimmt seine →Geschwindigkeit zu. Nehmen wir an, ein Auto fahre mit einer Geschwindigkeit von 10 Metern pro Sekunde (m/s), was umgerechnet 36 km/h entspricht. Der Fahrer will nun auf 20 m/s, also 72 km/h beschleunigen. Dies gelingt ihm innerhalb von 4 Sekunden. Die Beschleunigung errechnet sich dann nach der Geschwindigkeitsänderung geteilt durch die dazu benötigte Zeit, also 10 m/s : 4s = 2,5 m/s^2. Die Geschwindigkeit dieses Autos änderte sich also jede Sekunde um 2,5 m/s. Die Dimension m/s^2 (Meter pro Sekundenquadrat) ist nicht anschaulich, weil wir uns die Zeit im Quadrat nicht vorstellen können. Sie ergibt sich aber dadurch, daß die Geschwindigkeitsänderung (m/s) noch einmal durch die Zeit (s) geteilt wird.
Wenn ein Gegenstand frei fällt, beträgt die Beschleunigung 9,8 m/s^2. Nach einer Sekunde hat er eine Geschwindigkeit von 9,8 m/s. Nach zwei Sekunden liegt die Geschwindigkeit schon bei 19,6 m/s. Bei höheren Geschwindigkeiten bremst der Luftwiderstand immer stärker ab. Schneller als 45 m/s kann deshalb ein Fallschirmspringer im freien Fall nicht werden.
Eine Beschleunigung ist nur dann möglich, wenn eine Kraft auf den Körper einwirkt. Beim Auto ist es der Motor, der die Kraft liefert, beim fallenden Körper die →Schwerkraft und bei der Gewehrkugel die Treibladung. Es gibt auch eine negative Beschleunigung. Im normalen Sprachgebrauch heißt sie Verzögerung. Diese tritt zum Beispiel auf, wenn ein Auto bremst und an Geschwindigkeit verliert.

△ Das merkwürdige Gefühl im Magen, das wir auf der Achterbahn erleben, hat mit der Fallbeschleunigung und mit der Richtungsänderung zu tun, die ebenfalls eine Art der Beschleunigung ist.

▽ Je nach der Art der Lagerstätten und ihrer Tiefe gibt es ganz unterschiedliche Verfahren im Bergbau. Mineralien, die an oder nahe der Erdoberfläche liegen, werden in Steinbrüchen oder im Tagebau gewonnen. Ablagerungen am Boden von Seen oder Meeren fördert man mit Baggern. Für den Untertagebau muß man Stollen oder tiefe Schächte graben. Öl- und Erdgaslagerstätten werden angebohrt, die Bodenschätze dann hochgepumpt. Ebenfalls mit Pumpen arbeitet man beim Abbau des wasserlöslichen Steinsalzes.

Mach es selbst

Größere Blüten können wir künstlich bestäuben. Wir entfernen ein reifes Staubblatt von einer Blüte und bestreichen damit die Narbe einer anderen Blüte, so daß Pollen hängen bleibt. Pflanzenzüchter verwenden dazu einen Pinsel. Mit Beuteln verhindern sie eine weitere unkontrollierte natürliche Bestäubung.

△ Die meisten Blüten werden von Insekten bestäubt, wobei Bienen und Hummeln eine besondere Rolle spielen. Für ihre Bestäuberdienste erhalten die Tiere auch einen Lohn, nämlich den süßen Nektar, den sie am Grund der Blüten finden. Beim Nektarsaugen bepudern sie sich mit Pollen und übertragen ihn auf die Blüte der nächsten Pflanze.

Bestäubung

Die Bestäubung ist der erste Schritt zur →Fortpflanzung der Blütenpflanzen. Als Bestäubung bezeichnen wir die Übertragung von männlichen →Pollen einer Pflanzenart auf die weibliche Narbe einer →Blüte derselben Pflanzenart. Bestäubt sich eine Blüte selbst, so nennen wir das Selbstbestäubung. Findet die Bestäubung aber zwischen zwei verschiedenen Blüten statt, so handelt es sich um Fremdbestäubung. Sie ist die Regel, denn sie fördert die Überlebensfähigkeit der Nachkommen. Deswegen verhindern viele Pflanzen eine Selbstbestäubung, zum Beispiel indem der Pollen und die Narbe derselben Blüte zu unterschiedlichen Zeiten reif werden. Gräser und viele Baumarten lassen sich vom Wind bestäuben. Sie produzieren viel Pollen, der vom geringsten Lufthauch auf die weiblichen Blüten verfrachtet wird. Die meisten Pflanzen lassen sich jedoch von Insekten bestäuben.

▽ Viele Länder wie Israel und Holland bestrahlen Früchte und Gemüse, um sie länger haltbar zu machen. Dabei werden Bakterien und Pilze abgetötet. In Deutschland ist dieses Verfahren noch verboten. Es besteht nämlich die Gefahr, daß dabei schädliche chemische Verbindungen entstehen, unter anderem reaktionsfähige Ionen.

Bestrahlung

Es gibt ganz unterschiedliche Gründe für eine Bestrahlung. Der Arzt verwendet zum Beispiel →Röntgenstrahlen, um ein Bild vom Körperinneren aufzunehmen. Die Röntgenstrahlen dienen damit der Diagnose. Strahlen werden in der Medizin aber auch in der Therapie eingesetzt. Mit Kurzwellen oder

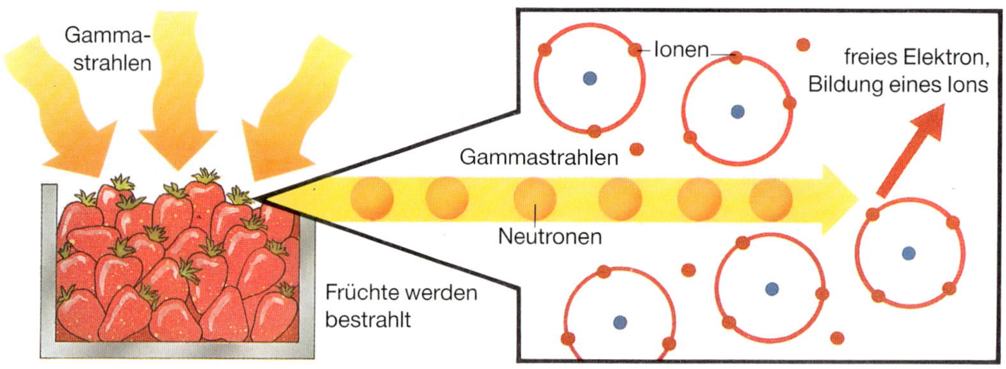

Dezimeterwellen gelingt es zum Beispiel, schmerzende Muskeln zu wärmen und ihnen damit Linderung zu verschaffen. Neugeborene werden in den ersten Tagen ihres Lebens künstlichem ultraviolettem Licht ausgesetzt, wenn sich ihre Haut vorübergehend gelb gefärbt hat. →Krebsgeschwülste bestrahlt der Arzt mit →radioaktiven Strahlen. Damit kann er verhindern, daß sich die Krebszellen weiter teilen. Möglicherweise bilden sie sich nach der Bestrahlung sogar zurück. Bei jeder Bestrahlung muß der Arzt jedoch aufpassen, daß die gesunden Zellen nicht zuviel Strahlung abbekommen und geschädigt werden. Radioaktive Strahlen, besonders die Gammastrahlen, töten auch →Mikroorganismen ab. Durch Bestrahlung kann man deswegen die Haltbarkeit von Lebensmitteln deutlich verlängern, vor allem von Gewürzen, Gemüse und Früchten.

Diagnose Erkennung und Bestimmung einer Krankheit. Unter der Diagnostik verstehen wir alle Untersuchungen, die zum Erkennen einer Krankheit führen. Wir sagen auch: Der Arzt diagnostiziert eine Krankheit.
Therapie Ist die Diagnose gestellt, so kann der Arzt eine sinnvolle Therapie, ein Heilverfahren, festlegen.

Beton

Aus Beton werden heute die meisten Bauwerke errichtet. Dazu vermischt man Zement, Wasser und Sand oder Kies und erhält einen Brei, den man in verschalte Formen gießt. Dort bindet der Beton ab und wird hart. Dabei bilden sich Kristalle (Silikate), welche die Festigkeit des Betons bewirken.
Beton hält Druck sehr gut aus, reißt aber leicht bei Zugbelastung. Deshalb verstärkt man Beton meistens durch eingelegte zugfeste Stahlstäbe (Stahlbeton). Beton und Stahl tragen die Last zunächst gemeinsam. Wird die Zugfestigkeit des

▽ Zur Herstellung von Zement werden zunächst die Bestandteile Kalk und Ton fein gemahlen und gründlich miteinander vermischt. Dann gelangt das Rohmaterial in einen sehr langen Drehofen mit einem Innendurchmesser von mehreren Metern. Der Ofen ist geneigt, so daß die Masse selbständig zum unteren Ende wandert. Sie rutscht durch unterschiedliche Wärmezonen, wird zuerst gebrannt und schließlich bei Temperaturen bis 1500 °C gesintert. In zwei Zentimeter großen Klinkerstücken verläßt der Zement den Ofen, wird abgekühlt, mit etwas Gips gemischt und schließlich fein gemahlen.

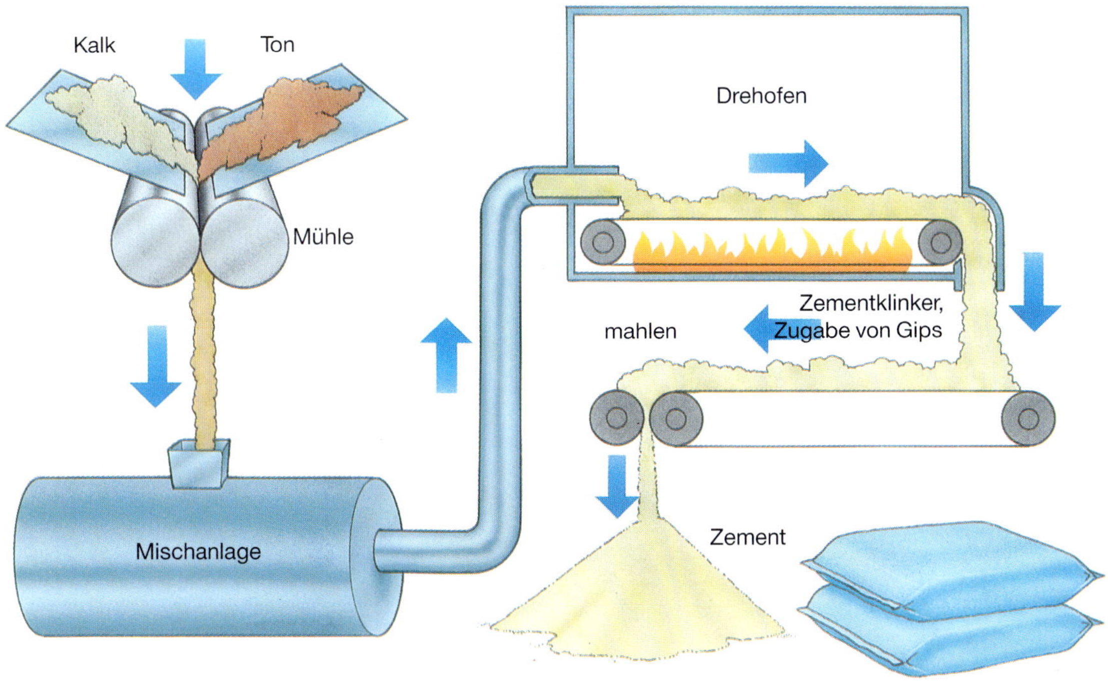

Interferenzen

Wenn zwei Wellen aufeinandertreffen, so überlagern sie sich.

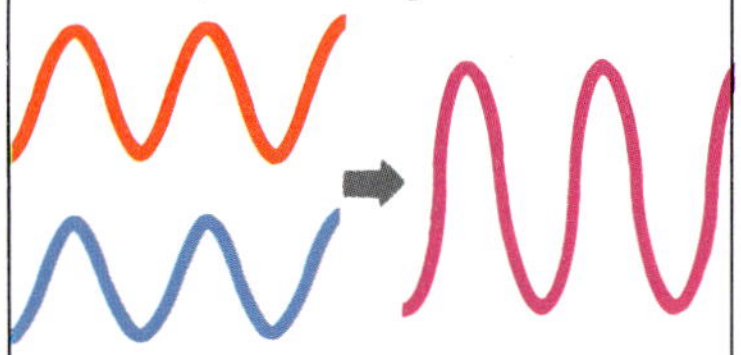

Wenn sich die Wellenberge überlagern, so ergibt sich eine größere Schwingungsweite.

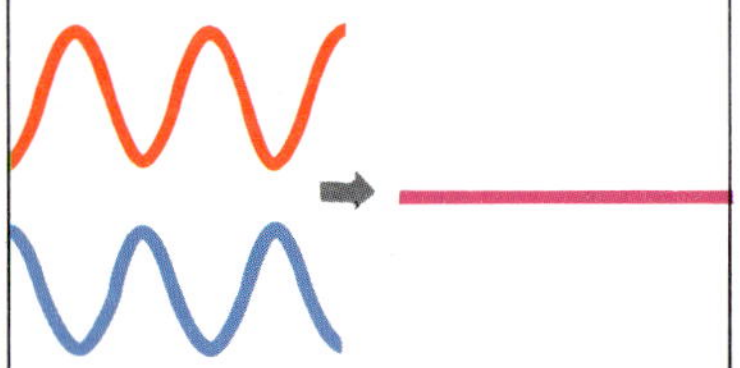

Wenn zwei Wellen so aufeinander treffen, daß Wellental und Wellenberg einander gegenüberstehen, löschen sich die beiden Wellen gegenseitig aus.

Betons überschritten, so bilden sich Haarrisse aus. Werden sie größer, so kann Wasser eindringen, und der tragende Stahl beginnt zu rosten. Am meisten Zug hält der Spannbeton aus: Er wird nachträglich durch Stahlstäbe oder Stahlseile zusammengedrückt. Der Ingenieur sagt: Der Beton wird vorgespannt. Ein solcher Spannbeton trägt dann mehr Gewicht, als die Vorspannung ausmacht. Besonders gefährlich sind auch hier Haarrisse im Beton, weil dann die Zugstähle rosten.
Der wichtigste Bestandteil des Betons ist der Zement. Man gewinnt ihn aus Kalksteinen und Tonen (Silikaten) durch Brennen und Sintern in Drehöfen.

Beugung

Wenn ein Lichtstrahl auf ein Hindernis trifft, breitet er sich nicht mehr geradlinig aus, sondern wird gebeugt. Je kleiner das Hindernis ist, desto größer erscheint die Beugung. Am deutlichsten wird dies bei einem Spalt, der ungefähr so groß ist wie die →Wellenlänge des Lichtstrahls. Nehmen wir an, daß die →Wellen senkrecht auf den Spalt auftreffen. Sie wandern nun nicht einfach geradlinig weiter, sondern breiten sich hinter dem Spalt kreisförmig aus. Jeder Punkt des Spaltes stellt dabei ein neues Wellenzentrum dar, von dem Kreiswellen ausgehen. Diese Wellen überlagern sich; wir sprechen von Interferenzen. Durch die Interferenz kommt es zu einer gegenseitigen Verstärkung oder Abschwächung der Wellen. So ergibt sich im Falle des Lichts auf einem Schirm hinter dem Spalt eine Beugungsfigur mit hellen Streifen (gegenseitige Verstärkung) und dunklen Streifen (gegenseitige Abschwächung).
Beugungserscheinungen beobachten wir besonders bei →Licht- und →Schallwellen: Wer im Konzertsaal hinter einer dicken Säule sitzt, hört trotzdem die Musik. Die Schallwellen werden nämlich gebeugt und kriechen sozusagen um das Hindernis herum.

▽ Ein Beugungsmuster ergibt sich, wenn die Wellen durch schmale Spalte wandern. Hinter dem Spalt breiten sie sich kreisförmig aus und bilden Interferenzen, das heißt, sie verstärken sich gegenseitig oder löschen einander aus.

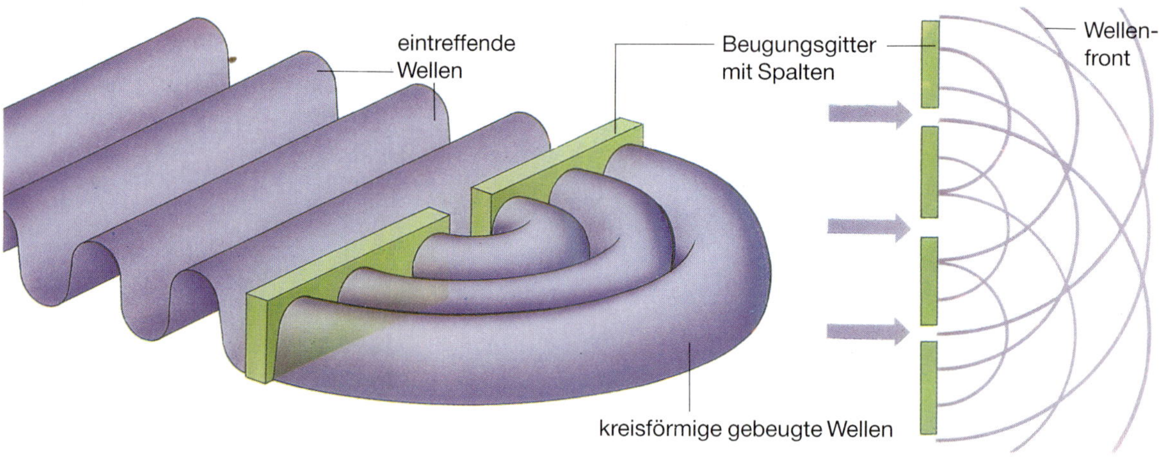

Bimetallstreifen

Wie schon der Name verrät, besteht ein Bimetallstreifen aus zwei („bi-“) miteinander fest verbundenen Streifen unterschiedlicher Metalle. Wird dieser Streifen erwärmt, so dehnt sich jedes Metall unterschiedlich aus (→Wärmeausdehnung), Zink zum Beispiel mehr als Kupfer oder Platin. Das hat zur Folge, daß sich der Bimetallstreifen zu der Seite hin biegt, auf der das Metall mit der geringeren Wärmeausdehnung liegt. Je größer die Temperaturänderung, um so stärker verbiegt sich der Bimetallstreifen (→Thermometer).

Bimetallstreifen setzt man zum Beispiel in →Thermostaten ein. Man kann mit ihnen auch ein Blinklicht erzeugen: Der elektrische Strom bringt die Lampe zum Brennen und heizt gleichzeitig den Bimetallstreifen auf. Dieser biegt sich vom Kontakt weg und unterbricht damit den →Stromkreis. Dadurch wird die Lampe ausgeschaltet. Der Bimetallstreifen kühlt ab, streckt sich und stellt den Stromkreis wieder her.

binäre Zahlen

Das binäre Zahlensystem verwendet nur zwei Ziffern oder Zahlzeichen: 0 und 1. Bei einer mehrstelligen binären Zahl hat die erste Stelle rechts außen den Wert 1. Die zweite Stelle links davon ist doppelt so groß und hat somit den Wert 2. Die

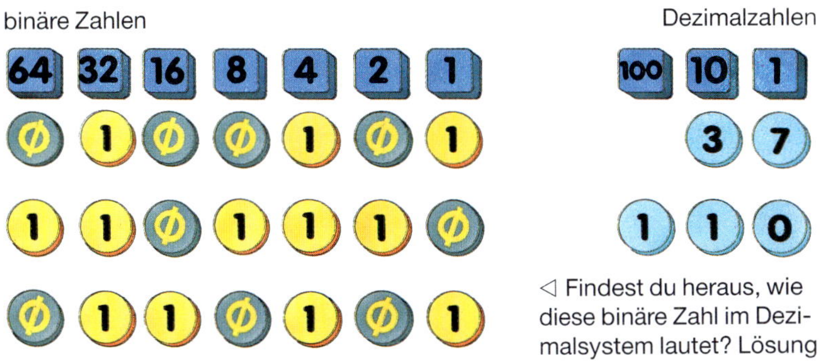

◁ Findest du heraus, wie diese binäre Zahl im Dezimalsystem lautet? Lösung auf Seite 58.

nächste Stelle weiter links ist wiederum doppelt so groß und hat den Wert 4. Das gilt auch für alle weiteren Stellen: Diesem System zufolge bedeutet die binäre Zahl 101 eine 4, keine 2 und eine 1. Zusammen ergibt das im →Dezimalsystem die Zahl 5. Im binären Zahlensystem braucht man zwei- bis dreimal so viele Stellen wie im Dezimalsystem. Der →Computer rechnet mit dem binären Zahlensystem. Seine gesamten Informationen werden binär verschlüsselt, denn letztlich kann der Computer nur unterscheiden zwischen Strom aus (0) und Strom an (1), dies allerdings mit rasender Geschwindigkeit.

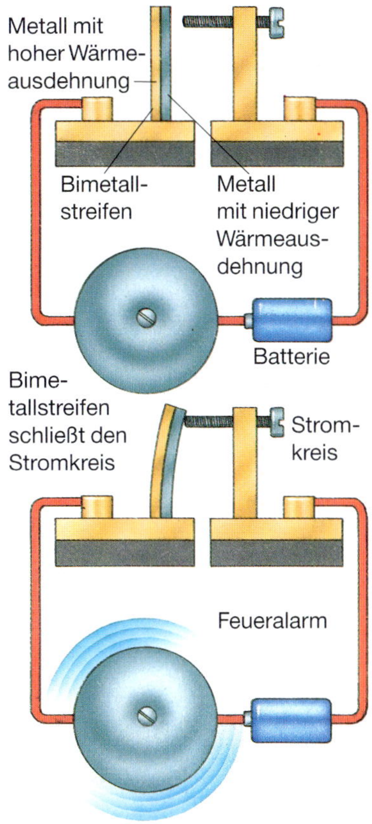

△ Dieses Feueralarmsystem verwendet einen Bimetallstreifen. Bei Erwärmung biegt er sich durch und schließt den Stromkreis, so daß die Glocke zu läuten beginnt.

▽ Das binäre System zeigt sich auch bei der Zellteilung. Befruchtete Eizellen teilen sich in regelmäßigen Abständen, bis ein brombeerartiger Keim entstanden ist. Beim Froschlaich können wir dies schon mit einem Vergrößerungsglas erkennen.

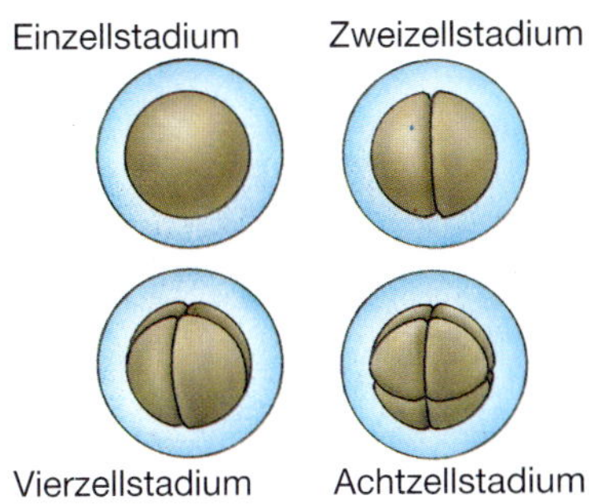

Die Molekularbiologie ist ein Sondergebiet der Biochemie. Sie untersucht die Form und die Struktur der biologisch bedeutsamen Moleküle und schließt daraus auf deren Aufgabe und Funktion.

Auflösung der Aufgabe von Seite 57:
Die binäre Zahl 110101 entspricht im Dezimalsystem der Zahl 53: Eine 32, eine 16, eine 4 und eine 1 ergeben zusammen 53.

Biochemie

Die Biochemie untersucht die chemischen Reaktionen, die in Lebewesen vor sich gehen. Es handelt sich um eine sehr wichtige und auch sehr komplizierte Wissenschaft. Alle Pflanzen und Tiere bestehen aus →chemischen Verbindungen. Es ist die Aufgabe des Biochemikers herauszufinden, wie diese Verbindungen aussehen und welche Rolle sie im Leben der Pflanzen und Tiere spielen. →Kohlenhydrate, →Proteine und →Fette sowie →Nukleinsäuren sind zum Beispiel wesentliche Bestandteile jeder Zelle. Doch jede Zelle enthält noch Tausende weiterer chemischer Verbindungen. Die Biochemie ist von größter Bedeutung für die Medizin. Biochemiker untersuchen zum Beispiel, welche chemischen Vorgänge bei Krankheiten gestört sind. Erst wenn sie das wissen, können sie auch wirksame Heilmittel entwickeln. Biochemiker versuchen auch herauszufinden, wie die →Photosynthese genau abläuft, um sie vielleicht im Reagenzglas ohne Beteiligung von grünen Pflanzen wiederholen zu können.

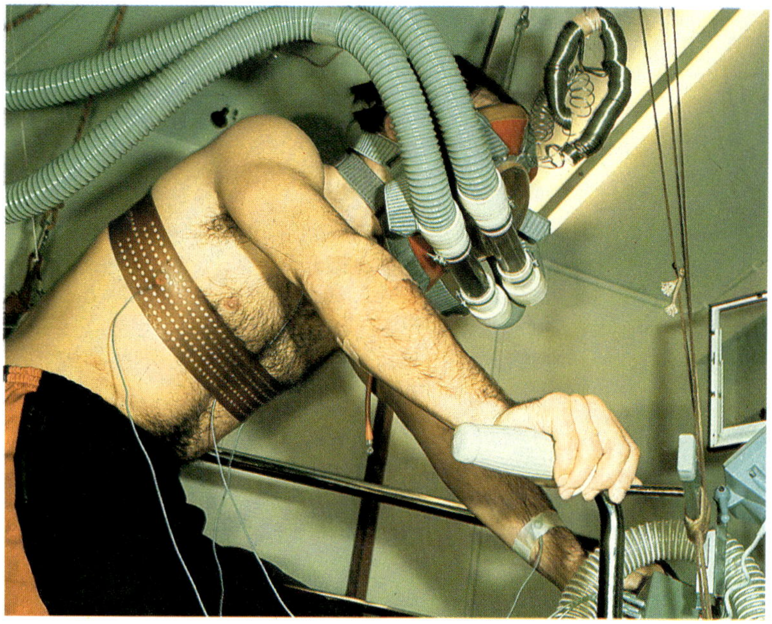

▷ Bei diesem biochemischen Experiment geht es vor allem um den Herzschlag und die Atmung von Sportlern. Die Biochemiker untersuchen, welche chemischen Veränderungen in den Atemgasen bei großer Belastung stattfinden.

Mach es selbst
Suche im Garten einen kleinen Ast, der von grünen Blattläusen bedeckt ist. Setze ein Marienkäferchen mitten unter die Blattläuse dieses Zweiges. Nach einiger Zeit wirst du sehen, daß das Marienkäferchen die Blattläuse aufzufressen beginnt.

Biologie

Die Biologie ist die Wissenschaft von den Lebewesen. Es gibt wahrscheinlich über zwei Millionen Arten von Pflanzen und Tieren, und ein Biologe kann natürlich unmöglich alle diese Arten untersuchen. Aus diesem Grund gibt es viele Spezialwissenschaften in der Biologie. Sie beschäftigen sich zum Beispiel mit bestimmten Gruppen von Lebewesen oder mit besonderen Aufgaben der Pflanzen und Tiere. Weiteres siehe auf den Seiten 60 und 61.

biologische Schädlingsbekämpfung

Die biologische Schädlingsbekämpfung versucht, Schädlinge nicht mit giftigen →Pestiziden, sondern mit Hilfe der natürlichen Feinde dieser Schädlinge zu bekämpfen. Man züchtet zum Beispiel in Labors Millionen von Schlupfwespen. Zur rechten Zeit entläßt man sie ins Freie. Dort suchen die Weibchen der Schlupfwespen Raupen schädlicher Schmetterlinge auf, stechen sie an und legen ihre Eier in deren Körper. Die Larven der Schlupfwespen fressen dann die Schädlinge auf. Gegen Stechmücken und andere Insekten setzt man auch Bakterien und Pilze ein.

Die biologische Schädlingsbekämpfung kann aber auch zu Störungen in der Natur führen. Besonders gefährlich ist die Einfuhr ausländischer Tiere und Pflanzen zur Bekämpfung von Schädlingen. So wurde der Mungo zur Schlangenbekämpfung in die Karibik eingeführt. Dort vermehrte er sich aber so stark, daß er schließlich einheimische Wildtiere völlig ausrottete.

△ Die afrikanische Tsetsefliege ist ein gefürchteter Schädling, weil sie mehrere Krankheiten überträgt, darunter die Schlafkrankheit und die Rinderseuche Nagana.

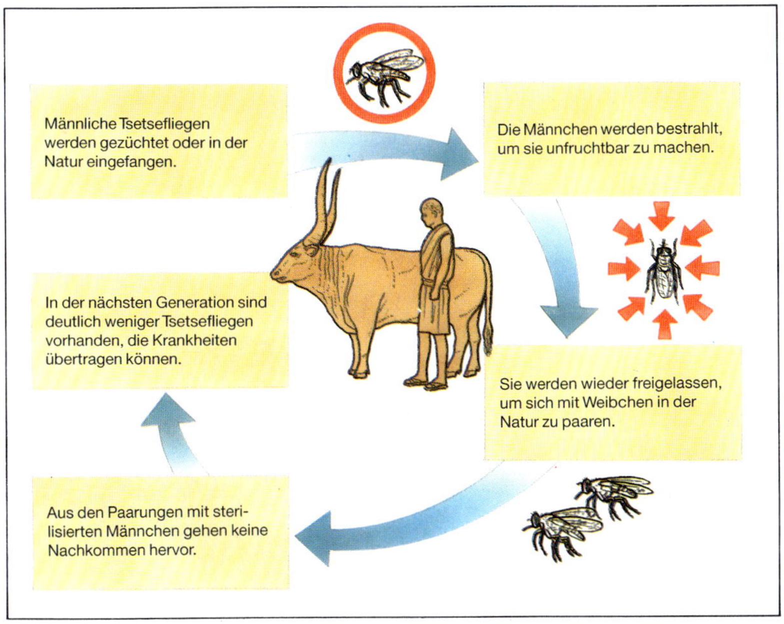

◁ Ein Verfahren der biologischen Schädlingsbekämpfung verwendet künstlich unfruchtbar gemachte (sterilisierte) Männchen. Einige Erfolge hatte man damit bei der Bekämpfung der Tsetsefliege.

Biolumineszenz

Glühwürmchen, Bakterien, manche Pilze sowie viele Tiefseefische können Licht erzeugen. Diese Eigenschaft bezeichnet man als Biolumineszenz. Das Licht entsteht durch chemische Reaktionen. Im Fall des Glühwürmchens verbindet sich dabei Sauerstoff mit dem sogenannten Luziferin. Diese Reaktion setzt Energie frei, die in Form von Licht abgegeben wird. Im Gegensatz zu unseren →Glühlampen entsteht dabei praktisch keine Wärme. Deswegen sprechen wir von kaltem Licht.

▽ Fische, die in den lichtlosen Tiefen der Meere wohnen, haben sehr oft Leuchtorgane. Dieser Anglerfisch will mit seinem Licht Beutetiere anlocken, um sie anschließend aufzufressen. Leuchtorgane sind auch notwendig, um Geschlechtspartner zu finden.

Biologie

Das Wort "Biologie" geht auf das Griechische zurück und bedeutet "Lehre vom Leben". Zu Beginn wollten die Biologen möglichst alle Lebensformen kennenlernen und untersuchten vor allem deren Aufbau und Anatomie. So entdeckten die Forscher nach und nach die gegenseitige Verwandtschaft der Tier- und Pflanzengruppen. Anatomische Untersuchungen an Tieren und Menschen führten auch bald zur Entwicklung der medizinischen Wissenschaften und der Chirurgie. Die Biologen sind heute mehr daran interessiert zu wissen, wie sich Lebewesen verhalten und wie sie funktionieren. Die Zellbiologie untersucht zum Beispiel alle Vorgänge im Inneren der Zelle. Daraus kann man viel lernen für die Bekämpfung bestimmter Krankheiten. Die Gentechnologen können heute bereits die Gene in den Zellkernen verändern. Diese Gene regeln das ganze Wachstum und alle Vorgänge des Lebens. Es gelang auf diese Weise, widerstandsfähigere Sorten von Nutzpflanzen zu züchten.

▷ Amöben sind Einzeller. Sie können ihre Gestalt verändern, weil sie nur von einer sehr dünnen elastischen Membran oder Haut umgeben sind. Deswegen heißen sie auf deutsch auch Wechseltierchen.

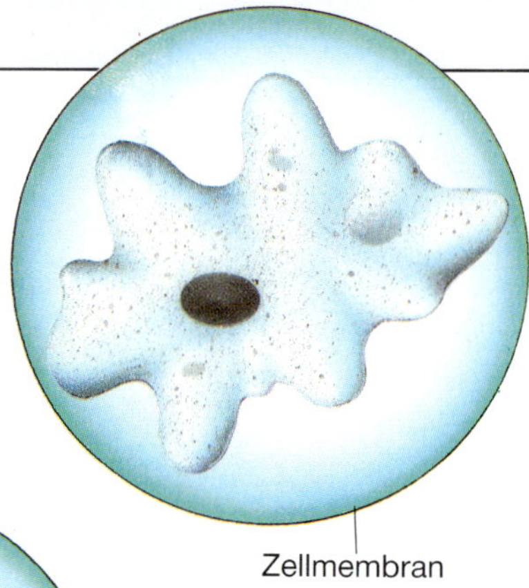

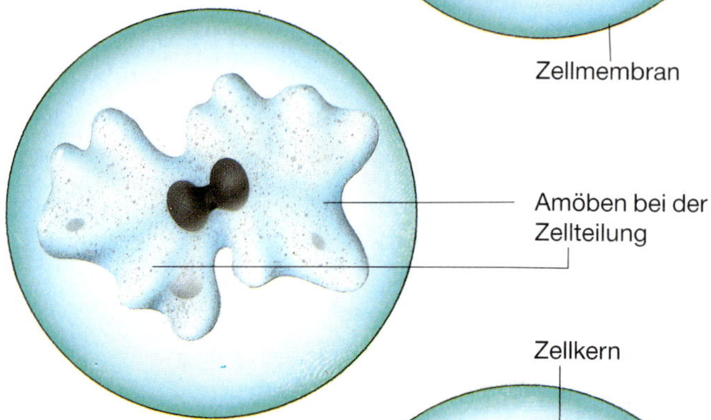

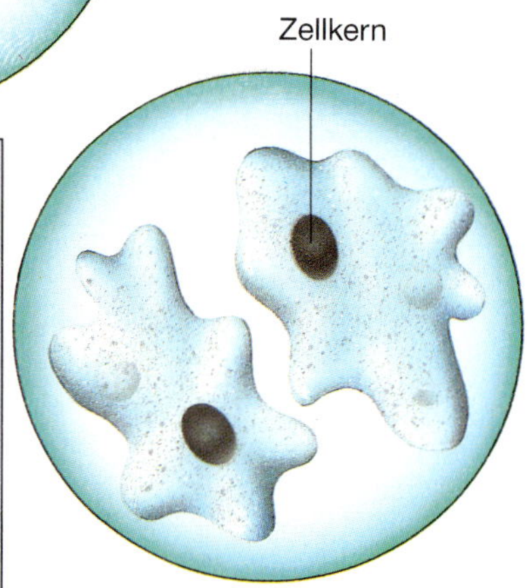

Spezialgebiete

Anatomie Wissenschaft vom inneren Aufbau der Lebewesen
Botanik Pflanzenkunde
Genetik Wissenschaft von der Vererbung und den Genen
Physiologie Wissenschaft von den Körperfunktionen der Lebewesen
Zoologie Tierkunde

△ Die Biologen können auf künstlichen Nährböden aus einzelnen Zellen neue Pflanzen heranwachsen lassen. Solche Nährböden enthalten Salze, Vitamine und wachstumsfördernde Stoffe.

Mach es selbst

Wir beobachten Regenwürmer und brauchen dazu einen schmalen Kasten mit zwei Seiten aus Glas. Oben bringen wir Luftlöcher an. Zu drei Vierteln füllen wir den Kasten mit unterschiedlichen Sand- und Erdschichten. Auf die Oberfläche legen wir Blätter und geben nun drei bis vier Regenwürmer hinzu. Nach ein paar Tagen haben sie schon zahlreiche Gänge gegraben.

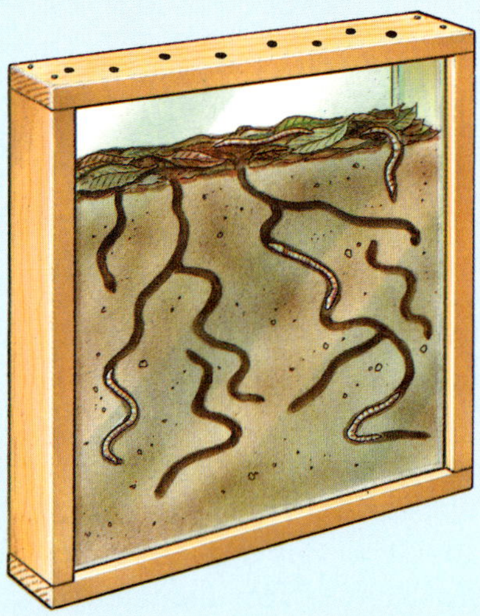

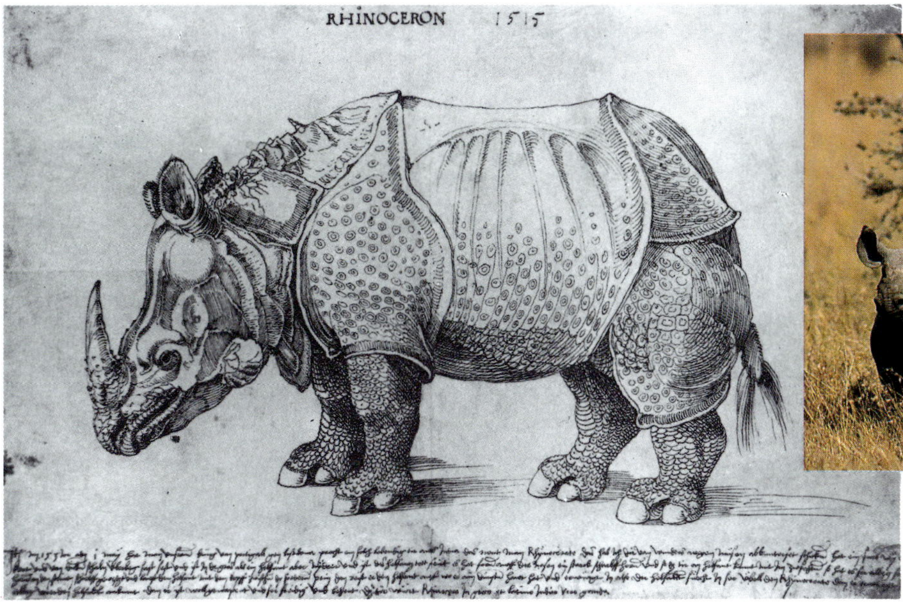

△ Vergleiche die Fotografie des Nashorns (rechts) mit der Zeichnung, die Albrecht Dürer um 1525 anfertigte.

Meilensteine der Biologie

1735 Carl von Linné unterteilt erstmals das Tier- und Pflanzenreich nach anatomischen Prinzipien. Er führt auch die lateinische Benennung der Arten ein.
um 1830 Mathias Schleiden und Theodor Schwann zeigen, daß die Zelle die grundlegende Einheit der Lebewesen ist.
1859 Charles Darwin veröffentlicht sein Buch „Die Entstehung der Arten" und begründet darin die Lehre von der Auslese und die Evolutionstheorie.
1953 James Watson und Francis Crick finden die Struktur der DNS heraus.

▷ Als man 1796 mit Kuhpockenimpfungen begann, um die eigentlichen Pocken zu bekämpfen, fürchteten einige Menschen, sie würden sich nun in Kühe verwandeln. Der Karikaturist Cruikshank machte sich darüber lustig.

Mach es selbst

Wir sammeln und bestimmen verschiedene Schnecken- und Muschelschalen. Für die Bestimmung holen wir uns ein Buch aus der Bibliothek. Durch Vergleich mit den Abbildungen und Beschreibungen dürfte eine Identifikation nicht allzu schwer fallen. Wir legen zu jeder Muschelschale einen Zettel, auf dem der Fundort und die Fundumstände sowie der deutsche und der wissenschaftliche Name angegeben sind.

Siehe auch →Anatomie; →Biochemie; →Biophysik; →Biotechnologie; →Botanik; →DNS; →Genetik; →Medizin; →Mikrobiologie; →Ökologie; →Physiologie; →Systematik; →Zoologie.

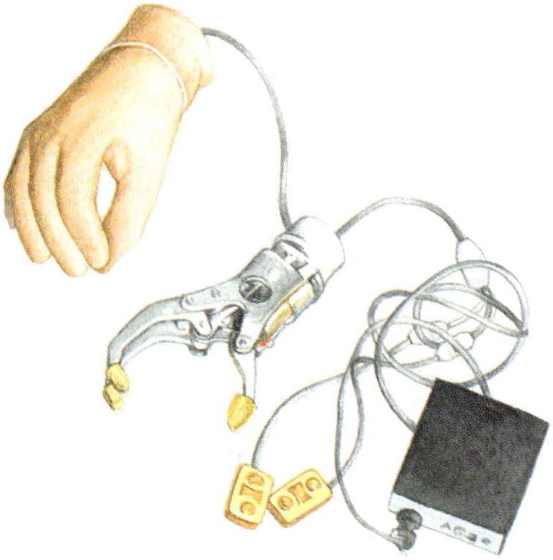

△ Die Biophysik untersucht die physikalischen Gesetzmäßigkeiten im Leben von Pflanzen und Tieren. Sie erforscht zum Beispiel, wie Muskeln arbeiten und wie Informationen in Nerven weitergeleitet werden. Diese Arbeiten führen zur Entwicklung künstlicher Gliedmaßen.

Biophysik

Die Biophysik untersucht die Lebewesen mit den Methoden der →Physik. Selbstverständlich gelten die Gesetze der Physik auch bei den Lebewesen. Biophysiker untersuchen zum Beispiel, wie der Körper des Menschen funktioniert. Sie finden heraus, wie das Blut in den Adern fließt, wie das →Herz als Pumpe arbeitet und welchen Druck dabei die Blutgefäße aushalten müssen. Mit dem physikalischen Vorgang der →Diffusion erklären sie den Gasaustausch in der Lunge: Das Blut gibt dort das Gas →Kohlendioxid ab und nimmt dafür →Sauerstoff auf.

Biotechnologie

Die Biotechnologie untersucht, ob und wie man biologische Vorgänge technisch nutzen kann. Die Biotechnologie als Wissenschaft entstand erst in unserem Jahrhundert, doch biotechnologische Verfahren werden schon seit Jahrtausenden genutzt, zum Beispiel bei der Herstellung von Brot, Bier und Joghurt. Milchsäurebakterien lassen die Milch dick und sauer werden. Mit ihrer Hilfe stellt man Joghurt, Dickmilch, Buttermilch und saure Sahne her. Sauerkraut entsteht durch Milchsäuregärung von zerkleinertem Weißkohl. Die Landwirte konservieren das Grünfutter für die Rinder heute vor allem durch Silierung: Auch dieses Silofutter macht eine Milchsäuregärung durch. Danach schmeckt es leicht säuerlich wie Sauerkraut.

Viele →Mikroorganismen, vor allem Bakterien, wandeln Stoffe auf viel wirksamere Weise um, als dies mit den Verfahren der Industrie möglich ist. Bestimmte Bakterien können zum Beispiel energiereiche Brennstoffe herstellen. Sie leben von Haushaltsabfällen oder Kuhmist und erzeugen dabei das Gas →Methan, das anschließend zur Heizung oder Energieerzeugung verbrannt werden kann. Die meisten →Antibio-

Mach es selbst

Wir geben zwei Eßlöffel lebendigen, nicht pasteurisierten Joghurt zu einem Liter Milch und mischen gut durch. Anschließend erwärmen wir die Milch auf ungefähr 30° C und belassen sie ungefähr 10 Stunden bei dieser Temperatur. In dieser Zeit wird aus der Milch Joghurt. Die Joghurtbakterien verwandeln nämlich den Milchzucker (Laktose) in Milchsäure, und diese bewirkt, daß die Milch dick wird.

tika werden noch immer mit Hilfe von Schimmelpilzen gewonnen. Bakterien helfen sogar beim Bergbau mit. Aus mageren →Erzen, deren Verhüttung sich nicht lohnen würde, laugen sie wertvolle Metalle heraus, zum Beispiel Kupfer oder Uran. Einen besonderen Aufschwung erlebte die Biotechnologie vor allem durch die Verfahren der →Gentechnologie, mit denen man ganz „neue" Lebewesen züchten kann. Es ist zum Beispiel gelungen, das Gen, das im Menschen für die Herstellung des →Hormons Insulin verantwortlich ist, in Bakterien einzuschleusen; diese produzieren nun das Insulin.

Mach es selbst

Wir sammeln Blätter der unterschiedlichsten Pflanzen. Wir schauen uns die Blattform und die Blattfärbung genau an und achten auch darauf, wie die Blätter am Stengel angeordnet sind. Mit etwas Übung gelingt es, Pflanzen anhand ihrer Blätter zu erkennen.

Bit und Byte

Ein Bit ist die kleinste Einheit der Information, die ein Computer verarbeiten kann. Das Byte ist eine zusammengehörige Folge von acht Bits.

Die Bezeichnung „Bit" ist eine Abkürzung von „binary digit", was „binäre Ziffer" bedeutet. Ein Bit kann nur einen von zwei Werten annehmen, entweder 0 oder 1. Der Computer kann nur mit solchen Bits rechnen. Selbst die Buchstaben und Befehle auf den Tasten des Computers werden von jeweils acht Bit, also einem Byte, dargestellt. Der Buchstabe A entspricht zum Beispiel 01000001, die Dezimalzahl 8 der Ziffernfolge 00111000. Wenn der Drucker den Befehl erhält, einen bestimmten Buchstaben zu drucken, so geschieht dies immer in Form eines Bytes. Die Verschlüsselung geschieht nach einem amerikanischen, aber heute weltweit verbreiteten Verfahren mit der Bezeichnung ASCII (sprich: aski).

Siehe auch →binäre Zahlen.

Blatt

Das Blatt ist ein typisches Organ der Blütenpflanzen. Oft wird es auch als Nahrungsfabrik bezeichnet, weil im Blattinneren die →Photosynthese stattfindet. Am besten verstehen wir, was im Blatt vorgeht, wenn wir einen vergrößerten Blattquerschnitt betrachten: Langgestreckte Zellen in der oberen Hälfte

▽ Mit bloßem Auge betrachtet, sieht ein Blatt ziemlich uninteressant aus. Erst ein Blick durchs Mikroskop zeigt den komplizierten inneren Aufbau von Laubblättern.

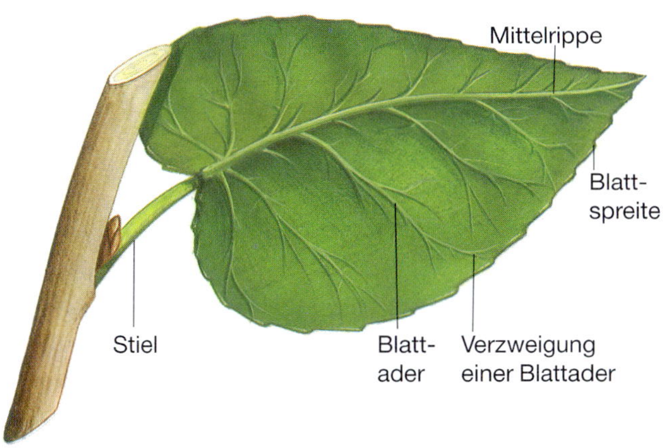

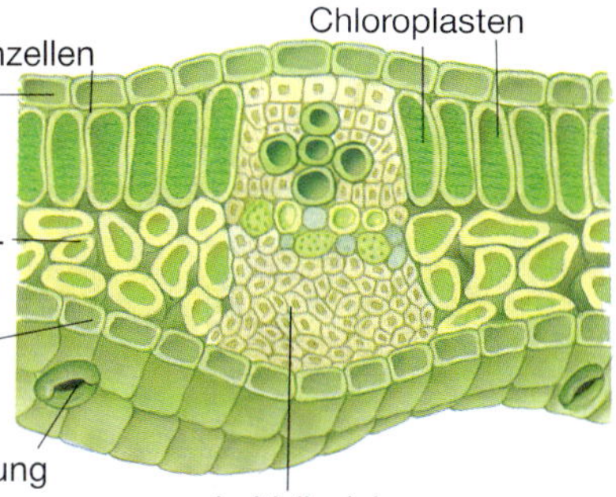

▷ Blätter können ganz unterschiedliche Formen annehmen. Bei der Bestimmung von Pflanzen spielen sie eine große Rolle.

Manche Pflanzen haben Organe, denen man nicht auf den ersten Blick ansieht, daß sie aus Laubblättern entstanden sind. Die Zwiebel beispielsweise setzt sich aus fleischig verdickten Blättern zusammen. Viele Kletterpflanzen wie Kürbis und Erbse haben zu Ranken umgebildete Blätter. Blätter können auch zu Dornen umgewandelt sein wie bei der Berberitze. Sukkulente Pflanzen, die in Trockengebieten vorkommen, haben verdickte fleischige Blätter, die als Wasserspeicher dienen.

des Blattes sind angefüllt mit rundlichen Körnern, den Chloroplasten. Sie enthalten den grünen Farbstoff →Chlorophyll, das Blattgrün. Das Wasser, das für die Photosynthese benötigt wird, transportieren die Leitbündel in den Blattnerven oder Blattadern heran. Sie besorgen auch den Abtransport des hergestellten Zuckers. Mikroskopisch kleine Spaltöffnungen auf der Blattunterseite übernehmen den Gasaustausch: Sie nehmen Kohlendioxid und Sauerstoff auf und geben Wasserdampf ab. Aus Kohlendioxid und Wasser stellen die Pflanzen bei der Photosynthese Zucker und Stärke her.
Blätter leben nicht mehr als ein paar Jahre, weil das Chlorophyll mit der Zeit abgebaut wird. Selbst immergrüne Bäume wie die Fichte müssen deswegen ihre Blätter erneuern. Doch tun sie dies nach und nach, so daß sie immer ein Blätterkleid behalten. Die sommergrünen Bäume hingegen werfen im Herbst am Ende der Vegetationsperiode alle ihre Blätter auf einmal ab und stehen dann kahl da.

▽ Der größte Teil des industriell verwendeten Bleis kommt aus Australien und Rußland. Gediegenes – reines – Blei gibt es in der Natur kaum. Das meiste Blei kommt als Bleiglanz (Bild) vor, eine Verbindung von Blei und Schwefel.

Blei

Das Blei ist ein weiches, blaugraues Schwermetall, ein →chemisches Element. Man kann Blei leicht hämmern, formen und schneiden. Früher wurden damit Dächer gedeckt und Wasserleitungen hergestellt. Heute verwendet man Blei vor allem für Autobatterien und für die Herstellung von Farben und Chemikalien. Früher erhielt das gesamte Benzin zur Erhöhung der →Oktanzahl einen Bleizusatz. Durch die Abgase der Autos gelangte es in die Umwelt und in die →Nahrungsketten. Deswegen enthalten heute fast alle Nahrungsmittel Blei. Besonders Kinder reagieren auf dieses giftige Schwermetall jedoch sehr empfindlich. Blei beeinträchtigt die Blutbildung und wirkt auf das Nervensystem ein. Zuerst stört es das allgemeine Befinden; dann führt es zu feindseligem Verhalten und in großer Menge schließlich zu Hirnschäden.

bleichen

Durch Bleichen will man Farbe entfernen. Das Sonnenlicht ist ein gutes Bleichmittel. Das wußten schon die alten Ägypter, die ihre Kleider zum Bleichen der Sonne aussetzten. Noch heute werden Stoffe gebleicht, sei es, um sie anschließend zu färben oder um Farbstoffe herauszulösen. Man nimmt dazu meistens recht aggressive chemische Stoffe, zum Beispiel Wasserstoffperoxid oder Chlorverbindungen, die für die Umwelt schädlich sind. Wenn Stoffe weißer sind als weiß, sind sie nicht außergewöhnlich gut gebleicht, sondern mit optischen Aufhellern behandelt. Das sind chemische Stoffe, die →ultraviolette Strahlen in sichtbares blaues Licht verwandeln. Dieses Blau täuscht ein strahlendes Weiß vor.

Im 17. Jahrhundert verwendete man zum Bleichen der Haare Schwefelsäure. Damit machten sich die Menschen natürlich die Haare kaputt. Heute verwenden wir zum Aufhellen der Haare eine verdünnte Lösung des Bleichmittels Wasserstoffperoxid. Es gibt bei der Behandlung Sauerstoff ab, der Farben kräftig bleicht.

Mach es selbst

Wir nehmen ein altes farbiges T-Shirt, rollen es zu einer Wurst zusammen und binden diese an vier oder fünf Stellen fest mit einer Schnur ab. Mit Gummihandschuhen stellen wir nach den Angaben in der Gebrauchsanweisung eine Bleichlauge her und legen das T-Shirt dreißig Minuten lang hinein. Dann nehmen wir es aus der Lauge und spülen reichlich mit kaltem Wasser. Wir lösen die Schnüre und spülen noch einmal. Das Bleichmittel entfernt die Farben nur an den nicht abgebundenen Stellen.

Blitz

Jede Sekunde schlagen auf der Erde rund 100 Blitze ein. Am leichtesten können wir sie bei Gewittern beobachten. Dabei steigt Warmluft auf, und kalte Luft sinkt ab. Durch die →Reibung zwischen den Luftteilchen bauen sich hohe elektrische Spannungen auf, die sich schließlich durch Blitze entladen müssen. Die Spannungen, die zum Blitz führen, können bis 100 Millionen →Volt betragen. Es entstehen Ströme bis 100 000 →Ampere, doch insgesamt bleibt die elektrische Energie eines Blitzes mit einigen 100 →Kilowattstunden eher gering. Durch die elektrische Entladung, die auf die Erde zu-

Ein Blitz bringt durch seine Wärmeentwicklung ohne weiteres einen sechs Millimeter dicken Eisenstab zum Schmelzen. Auch wenn Blitze in Sandböden einschlagen, hinterlassen sie deutliche Spuren. Längs des Blitzkanals erhitzt sich nämlich der Sand so sehr, daß er schmilzt. Sofort danach erstarrt er aber wieder, und es bleibt ein oft meterlanges, verzweigtes, glasiges Gebilde mit einer Dicke von höchstens ein paar Zentimetern übrig. Die Geologen bezeichnen ein solches Glas als Fulgurit.

▷ Bei einem Gewitter kann der ganze Himmel von verästelten Blitzen erhellt sein.

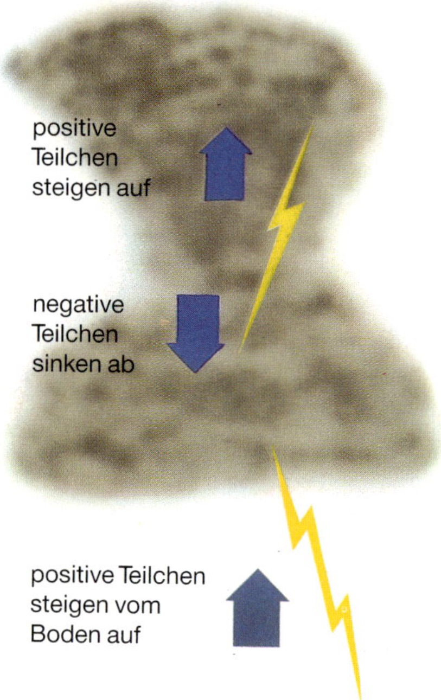

△ Vor dem Gewitter laden sich Teilchen im Inneren einer Wolke elektrisch auf. Positiv geladene Teilchen steigen in die Höhe, während negativ geladene absinken. So baut sich im Inneren einer Wolke eine Spannung auf. Wenn es zur Entladung kommt, sehen wir einen Blitz und hören den Donner.

▽ Ein Versuchsblitzableiter auf einem Hügel.

rast, wird ein Luftkanal innerhalb kürzester Zeit auf über 30 000°C erhitzt. Diese Luft dehnt sich schlagartig aus, und dabei entsteht ein gewaltiges Geräusch, der →Donner.
Jeder vierte Mensch, der von einem Blitz getroffen wird, kommt ums Leben. Blitzschläge richten auch hohe wirtschaftliche Schäden an. Vor allem legen sie elektronische Geräte lahm. Schlägt der Blitz in einen Baum ein, so kommt durch die Hitze das Wasser auf der Rinde und im Holz sofort zum Sieden, so daß der Stamm richtiggehend explodiert. Schäden an Gebäuden durch einschlagende Blitze kann man mit →Blitzableitern verhindern. Zur Vorbeugung gibt es heute einen Blitz-Informationsdienst (Blids). Zwölf Stationen sammeln Meßdaten über die →elektromagnetischen Wellen, die von Blitzen erzeugt werden. Aus diesen Daten kann man Gewitter verfolgen, gefährdete Anlagen warnen und Blitzeinschläge auf wenige hundert Meter genau orten.
Wenn die Blitzentladungen oberhalb der Wolkendecke stattfinden, sehen wir die Blitze nur als Wetterleuchten. Es ist oft so weit entfernt, daß wir keinen Donner mehr hören.

Blitzableiter

Ein Blitzableiter besteht aus einem Metallstab, der an der höchsten Stelle eines Gebäudes befestigt ist und an dessen Seite bis in den Boden reicht. →Blitze schlagen meistens in den höchsten Punkt ein. Der Blitzableiter verhindert also, daß der Blitz in das Gebäude selbst einschlägt, was zu einer Feuersbrunst und schweren Rissen in der Mauer führen könnte. Der Blitzableiter zieht den Blitz auf sich und leitet ihn in die Erde ab. Schutz vor Blitzen gewähren auch Faraday-Käfige, die aus einem Metallkasten oder einem Drahtnetzkäfig bestehen. Elektrische Felder können in den Käfig nicht eindringen. Auch das Auto ist ein solcher Faraday-Käfig.

Blut

Das Blut der Wirbeltiere und der Menschen erfüllt viele lebenswichtige Aufgaben. Es transportiert Wärme, Nährstoffe, Sauerstoff und Abfallstoffe. Das Blut wird vom Herzen durch den ganzen Körper gepumpt und fließt durch Arterien, Kapillaren und Venen. Die Nieren regeln den Wassergehalt des Blutes und entziehen ihm nicht mehr benötigte oder sogar giftige Stoffwechselprodukte. Als Urin oder Harn verlassen diese den Körper.
Beim Menschen bestehen ungefähr 20 Prozent des Körpergewichts aus Blut und anderen Flüssigkeiten außerhalb der Zellen. Der Grundbestandteil des Blutes ist das strohgelbe Blutplasma, in dem Nährstoffe, Abfallprodukte, Hormone usw. gelöst sind. Im Plasma schwimmen Billionen von Blutzellen. Die rote Farbe des Blutes geht auf die flachen roten Blutkörperchen (Erythrozyten) zurück. Sie enthalten den Farbstoff Hämoglobin, der den Sauerstoff in den Lungen einfängt und in den Geweben wieder freigibt. Die weißen Blutkörperchen (Leukozyten) wehren Krankheitserreger ab. Die winzigen Blutplättchen spielen bei der Blutgerinnung eine Rolle.
Jeder Mensch gehört zu einer der vier Blutgruppen: A, B, AB oder 0 (sprich: Null). Diese Buchstaben deuten auf das Vorhandensein oder Fehlen bestimmter Stoffe im Blut hin.

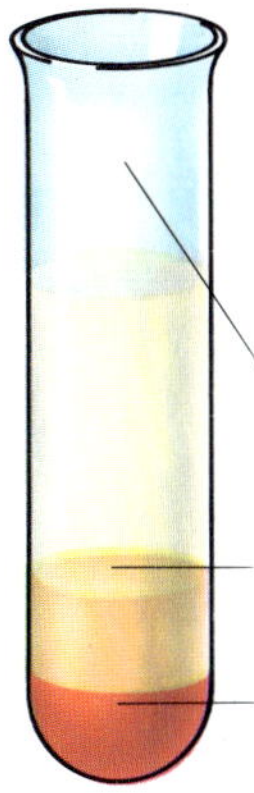

◁ Dieses Reagenzröhrchen zeigt die verschiedenen Blutbestandteile, wie sie mittels einer Zentrifuge getrennt werden.

△ Pigmente im Blut übernehmen den Sauerstofftransport. Bei den Wirbeltieren ist es das Hämoglobin (1). Das Hämerythrin (2) findet sich bei Sternwürmern, das Hämozyanin (3) vor allem bei Krebsen. Das grüne Chlorocruorin (4) haben einige Borstenwürmer.

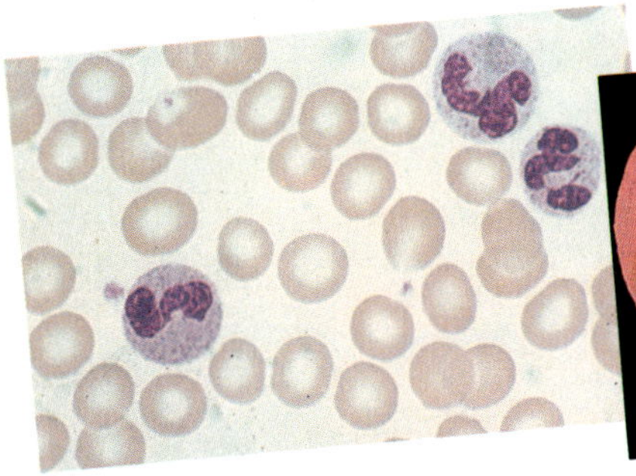

△ Die weißen Blutkörperchen haben im Gegensatz zu den roten einen Zellkern. Auf diesem Bild wurde er purpurn gefärbt, um ihn besser sichtbar zu machen.

◁ Die drei Arten von Blutkörperchen beim Menschen. Die roten Blutkörperchen sind ovale Scheiben mit verdicktem Rand. Die weißen Blutkörperchen haben eine unbestimmte Gestalt mit hellen Fortsätzen, während wir die Blutplättchen als ganz flache Scheiben erkennen.

▽ Bei einer Blutübertragung (Transfusion) muß der Patient Blut der richtigen Blutgruppe bekommen. Die Tabelle zeigt, welche Blutgruppen man mischen kann.

	Blutgruppe	Antigene auf den roten Blutkörperchen	Antikörper im Blutplasma	mögliches Spenderblut
	A	A	B	A und 0
	B	B	A	B und 0
Universalempfänger	AB	A und B	keine	A, B, AB, 0
Universalspender	0	keine	A und B	0

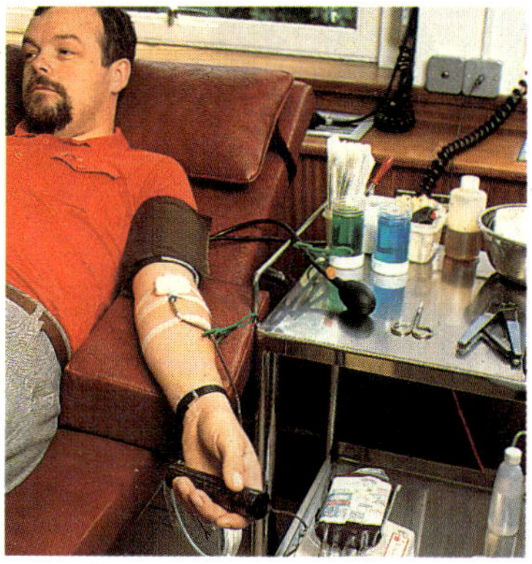

△ Spenderblut für Transfusionen wird in Blutbanken gelagert.

Siehe auch →Aids; →Antigene und Antikörper; →Blutkreislauf; →Herz; →Sauerstoff.

Blüte

Die meisten Pflanzen entwickeln Blüten. Sie gehören deswegen zu den Blütenpflanzen. Die Blüten enthalten die Fortpflanzungsorgane. Meist schützen grüne Kelchblätter die Blütenknospe; sie können abfallen, wenn sich die Blüte geöffnet hat. Die Kronblätter sind meist bunt gefärbt und locken Insekten an.
Im Inneren der Blüte erkennen wir längliche Staubgefäße. Es handelt sich um die männlichen Organe der Blüten, sie produzieren Pollen. In der Mitte der Blüte befinden sich eines oder mehrere Fruchtblätter, die oft miteinander verwachsen sind. Sie stellen die weiblichen Organe der Blüte dar, den Fruchtknoten, und enthalten im Inneren die Eizellen, aus denen schließlich nach der Bestäubung die Samen hervorgehen. Nicht alle Blüten enthalten gleichzeitig männliche Staubgefäße und weibliche Fruchtknoten, sind also zwittrig.

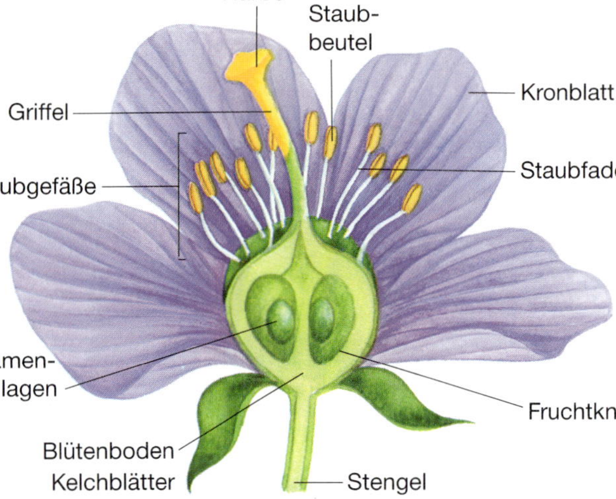

△ Sehr viele Blüten sind zwittrig und enthalten Staubgefäße und Fruchtknoten, also männliche und weibliche Teile. In den Staubbeuteln bildet sich der Pollen. Er gelangt auf die Narbe einer anderen Pflanze.

◁ Der Frauenschuh ist eine unserer seltensten Orchideenarten. Seine Blüte ist sehr auffällig; sie wird von Bienen bestäubt.

Mach es selbst

Zerlege eine Rose oder eine andere Blüte sorgfältig in ihre Bestandteile. Es wird dir sicher gelingen, die Kronblätter, die Staubgefäße, die Kelchblätter, den Fruchtknoten und die Griffel mit der Narbe zu erkennen.

zweiseitig symmetrische Blüte

Körbchenblüte

röhrenförmige Blüte

△ Zweiseitig (bilateral) symmetrische Blüten sind nicht kreisrund, sondern längs einer Mittellinie spiegelbildlich angeordnet. Die Körbchenblüte, etwa von Dahlien, ist in Wirklichkeit ein Blütenstand aus zahlreichen kreisförmig angeordneten kleinen Blüten.

Kaktusblüte

Siehe auch →Befruchtung; →Bestäubung; →Botanik; →Ei; →Farbe; →Fortpflanzung; →Frucht; →Pollen; →Samen.

Blutkreislauf

Einen Blutkreislauf haben alle Tiere mit einem →Herzen, insbesondere die Wirbeltiere und wir Menschen. Das Herz sorgt mit seiner Pumptätigkeit dafür, daß das Blut dauernd in Bewegung bleibt. Das Blut transportiert dabei →Sauerstoff und Nährstoffe, ferner Abfallprodukte des →Stoffwechsels sowie auch →Hormone, die wie ein Schalter gewisse Körperfunktionen in Gang bringen. Wir Menschen haben einen doppelten Kreislauf: Von der rechten Herzkammer wird das Blut in die →Lungen gepumpt. Dort gibt es →Kohlendioxid ab und nimmt Sauerstoff auf. Dieses sauerstoffreiche Blut kehrt dann in die linke Herzkammer zurück (kleiner Kreislauf, Lungenkreislauf). Diese pumpt das Blut anschließend durch die Arterien in den ganzen Körper. Die Arterien verzweigen sich immer stärker, bis das Blut in den Haargefäßen oder Kapillaren seinen Sauerstoff und die Nährstoffe abgibt und Kohlendioxid aufnimmt. Die Kapillaren vereinigen sich danach wieder zu größeren Gefäßen, den Venen. Durch diese Venen fließt das Blut in die rechte Herzkammer zurück (großer Kreislauf, Körperkreislauf).

Erst der englische Arzt William Harvey (1578–1657) entdeckte, daß das Blut im menschlichen Körper kreist, immer wieder zum Herzen zurückkehrt und von diesem wieder in den Körper gepumpt wird. Vor Harvey glaubten viele Ärzte, das Blut würde im Körper hin- und herwogen ähnlich wie die Wellen des Meeres.

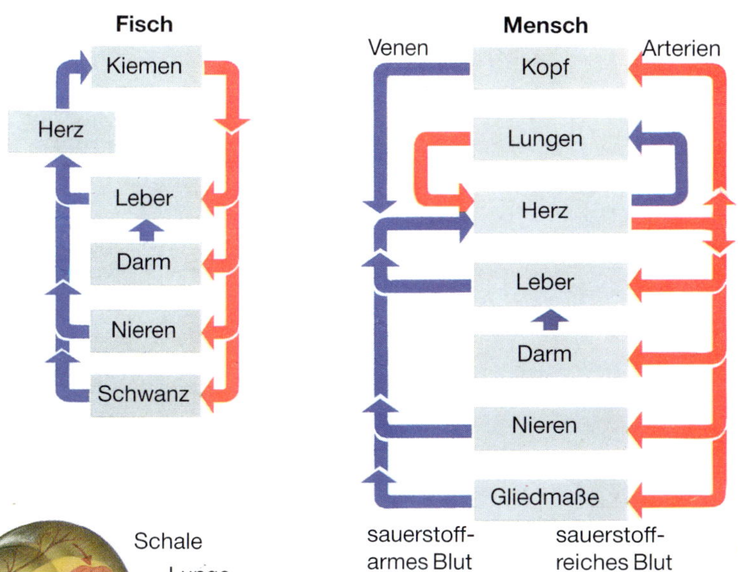

△ Die Pfeile geben die Fließrichtung des Blutes beim Fisch und beim Menschen an.

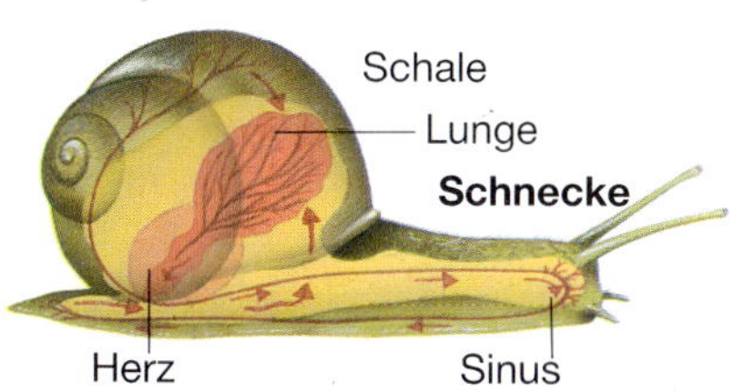

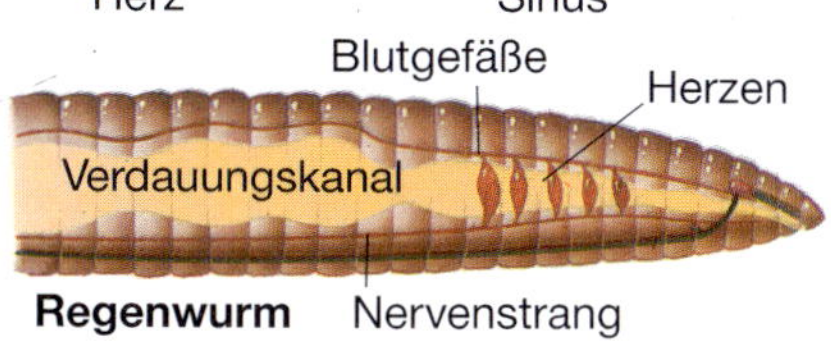

◁ Der Regenwurm hat fünf Herzen und einen geschlossenen Kreislauf, das heißt, sein Blut fließt immer in Gefäßen. Bei Schnecken hingegen fließt das Blut in offenen Räumen zwischen den Organen.

▽ Das Herz pumpt das Blut in die Arterien. Es verteilt sich auf den ganzen Körper und fließt dann in den Venen zurück zum Herzen.

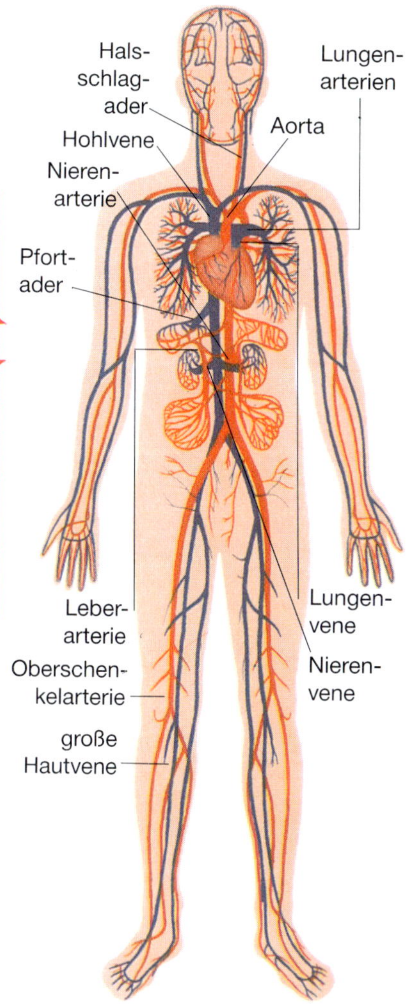

Boden

Boden entsteht durch die Tätigkeit vieler Hunderter von Pflanzen- und Tierarten und dient diesen Lebewesen auch als Lebensraum. Pflanzen wurzeln im Boden. Mäuse und andere Bodensäuger, größere Würmer und zahlreiche andere wirbellose Tiere bohren sich darin Gänge. Kleinere Tiere leben in den Spalten zwischen den Bodenkrümeln. Einzeller und Algen bewohnen die Wasserschicht, welche die Krümel umgibt, und überall wachsen Bakterien und Pilze. Alle diese Lebewesen bilden den Boden durch Verwitterung von Gesteinen. Jeder Boden enthält Humus. Er entsteht durch den Abbau toter Pflanzen. Humus enthält viel Feuchtigkeit und Mineralstoffe für das Wachstum neuer Pflanzen. Boden ist somit ein äußerst kompliziertes Gebilde und stellt viel mehr dar als nur zerkleinertes Gestein. Man kann ihn mit einem Organismus vergleichen. Ein gesunder Boden ist gut durchlüftet und bietet Lebensraum für viele Bakterien, Pflanzen und Tiere.

△ Im Oberboden wurzeln die Pflanzen; er ist deswegen gut durchlüftet. Darunter liegt der Unterboden, der schon zahlreiche Bruchstücke des Gesteins aufweist. Die oberflächennahen Schichten enthalten besonders viel Humus, der durch den Abbau von Pflanzen entsteht.

Mach es selbst

Wir können selbst herausfinden, welche Bestandteile der Boden enthält. Wir füllen ein Gefäß zur Hälfte mit Boden und gießen mit Wasser auf. Wir verschließen das Gefäß, schütteln alles kräftig und stellen es weg. Nach einigen Stunden haben sich verschiedene Schichten abgelagert.

sandiger Boden

toniger Boden

lehmiger Boden

△ Man kann Böden nach der Größe ihrer Teilchen einteilen. Sandböden setzen sich aus verhältnismäßig großen Teilchen (bis 2 mm) zusammen und enthalten deswegen eine Menge Luft; Wasser kann in Sandböden gut abfließen. Tonige Böden setzen sich aus winzigen Teilchen in der Größenordnung von tausendstel oder hundertstel Millimeter zusammen. Sie können wenig Luft aufnehmen, und Wasser fließt schlecht ab. Lehmige Böden enthalten größere und kleinere Bestandteile und sind für die meisten Nutzpflanzen am besten geeignet.

Siehe auch →Erosion; →Gesteine; →Klima; →Luft; →Mineralien; →Nahrungskette; →Ökosystem; →Verwitterung und Abtragung; →Wasser; →Wurzel.

Botanik

Die Botanik ist die Wissenschaft von den Pflanzen. Botaniker untersuchen heute vor allem die Lebensvorgänge in den Pflanzen, besonders natürlich die →Photosynthese. Immer wichtiger wird die Botanik auch als Zweig der →Ökologie. Weiteres siehe auf den Seiten 72 und 73.

Brechung

Wenn ein →Lichtstrahl auf eine Wasserfläche trifft, so wird ein Teil des Lichts zurückgeworfen (→Reflexion). Der andere Teil tritt ins Wasser ein, allerdings nicht geradlinig, sondern der Lichtstrahl ändert seine Richtung. Diese Erscheinung, die wir überall beobachten können, bezeichnen wir als Brechung. Die Brechung kommt dadurch zustande, daß sich das Licht in Luft und Wasser unterschiedlich schnell ausbreitet. Lichtbrechung können wir bei allen Stoffen beobachten, am deutlichsten jedoch beim Glas: Die Brechung bildet die Grundlage für die Linsen und damit für alle optischen Geräte wie Fotoapparate oder Mikroskope. Die farbigen Bestandteile des weißen Lichts werden übrigens unterschiedlich stark gebrochen. Wenn Licht durch ein →Prisma fällt, sehen wir deshalb die Farben des →Spektrums.

Mach es selbst

Stelle zwei Trinkhalme in ein Glas Wasser. Durch die Lichtbrechung erscheinen sie an der Grenzfläche zwischen Luft und Wasser geknickt.

Brennstoffe

Wenn Brennstoffe verbrannt werden, geben sie viel Wärme und damit viel →Energie ab. Offensichtlich enthalten sie ihre Energie in chemischer Form. Wir können auch sagen: Brennstoffe enthalten gespeicherte Sonnenenergie. Die weitaus meisten Brennstoffe wie Kohle, Erdöl und Erdgas entstanden nämlich aus Pflanzenmaterial, das durch Gesteinsschichten zugedeckt wurde. Deswegen sprechen wir auch von →fossilen Brennstoffen. Auch das →Uran in den →Kernreaktoren wird als Brennstoff bezeichnet, obwohl es nicht verbrannt, sondern gespalten wird.

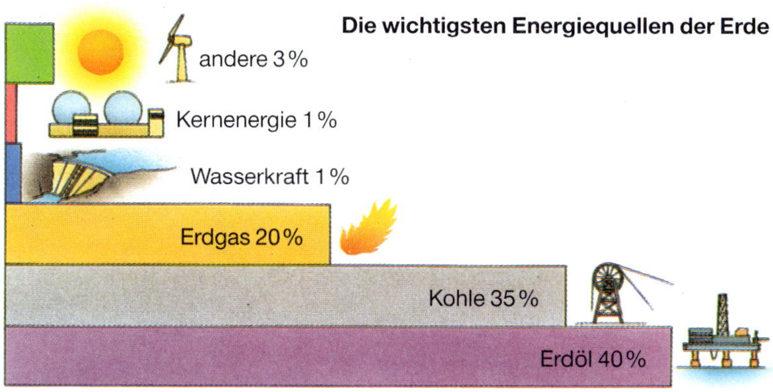

◁ Wir sollten mit fossilen Brennstoffen sehr sparsam umgehen. Wenn wir sie nämlich verbrennen, entsteht Kohlendioxid, und dieses Gas verstärkt den Treibhauseffekt der Erde. Heute versucht man, in stärkerem Maße die erneuerbaren Energiequellen zu nutzen, also Sonnenenergie, Windenergie und auch wieder Wasserenergie. Es handelt sich um saubere Energieformen, bei deren Nutzung keine Abgase entstehen.

Botanik

Die Botanik ist ein Teilgebiet der Biologie; sie untersucht die Pflanzen. Nur grüne Pflanzen sind imstande, aus einfachen Stoffen wie Wasser und Kohlendioxid mit Hilfe des Sonnenlichts Nahrung herzustellen. Deswegen beginnt jede Nahrungskette mit grünen Pflanzen. Alle Tiere auf der Erde, auch alle Menschen, hängen direkt oder indirekt von den Pflanzen ab. Die Pflanzen sind ein wichtiges Glied im Kreislauf der Stoffe: Sie nehmen das Kohlendioxid auf, das wir ausatmen, und geben uns dafür den lebensnotwendigen Sauerstoff. Viele unserer Stoffe und Arzneimittel gewinnen wir aus Pflanzen. Die Bäume versorgen uns mit Holz, das wir für den Bau von Häusern und Möbeln und für die Herstellung von Papier brauchen. Im Jahr 1735 veröffentlichte der schwedische Naturforscher Carl von Linné ein Buch, in dem er alle bis dahin bekannten Pflanzen aufführte und beschrieb. Er gab allen Pflanzen einen zweiteiligen lateinischen Namen. Dieses System haben wir beibehalten, doch kennen wir heute über hundertmal so viele Pflanzenarten wie Linné, nämlich mehr als 300 000.

△ Einige Pflanzen vermehren sich mit Sporen (oben). Bei den Farnen (unten) liegen die Sporenbehälter auf der Unterseite der Wedel.

Mach es selbst

Wir fertigen Zeichnungen verschiedener Pflanzen an. Dazu kopieren wir die Umrisse von Blütenblättern und Laubblättern. Auf jeder Zeichnung vermerken wir den Namen und den Fundort der Pflanze. Die Namen von Pflanzen, die in der Natur vorkommen, finden wir leicht in Bestimmungsbüchern. Versuche auch, die wichtigsten Teile der Pflanzen zu benennen. Dabei hilft dir zum Beispiel der Artikel „Blüte“ in diesem Buch.

▽ Der Seequirl und der Blasentang gehören zu den Braunalgen. Der Meersalat hingegen ist eine Grünalge. Er zeigt verschmutztes Wasser an.

▽ Moose und Farne gehören zu den Sporenpflanzen.

Mach es selbst

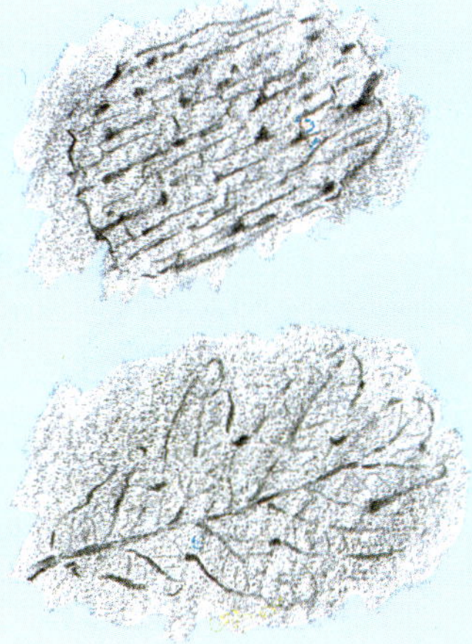

Wir suchen uns Rindenstücke und Laubblätter verschiedener Bäume. Dann legen wir ein Blatt Papier darüber und machen mit Bleistift oder Wachsmalkreide eine Abreibung.

▽ Die Blütenpflanzen machen mehr als die Hälfte aller Pflanzenarten auf der Erde aus. Wir unterscheiden dabei die Nacktsamer, zu denen vor allem die Nadelhölzer gehören, und die Bedecktsamer, die alle anderen Blütenpflanzen umfassen. Die kleinste Art ist eine Wasserlinse (0,5 mm), die größte wahrscheinlich ein Eukalyptusbaum (über 100 m).

Draußen in der Natur reißen wir nicht einfach Blumen aus, weder zum Spaß noch für einen Strauß. Wenn wir eine Blüte zur Untersuchung brauchen, so nehmen wir immer nur häufigere Arten, zum Beispiel Löwenzahn. Niemals sollten wir Wildfrüchte und Pilze essen, die wir nicht genau kennen.

▽ Zwei der über 10 000 Gräserarten, die es gibt. Die Gräser zählen zu den einkeimblättrigen Pflanzen, weil ihre Keimlinge nur ein Keimblatt aufweisen. Die Gräser spielen für unsere Ernährung eine große Rolle, denn zu ihnen gehören auch die Getreidearten.

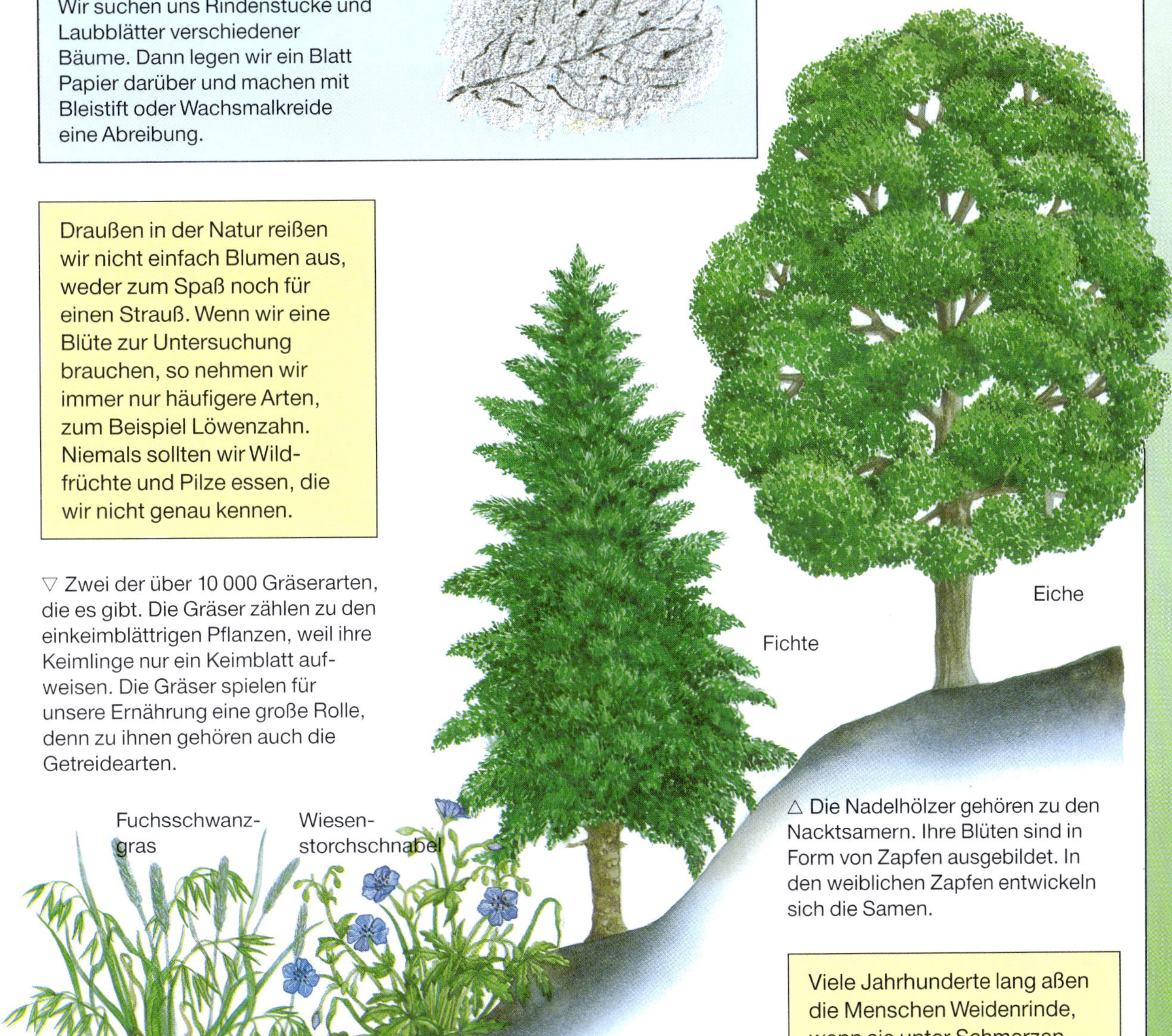

△ Die Nadelhölzer gehören zu den Nacktsamern. Ihre Blüten sind in Form von Zapfen ausgebildet. In den weiblichen Zapfen entwickeln sich die Samen.

△ Die zweite Gruppe der Bedecktsamer sind die zweikeimblättrigen Pflanzen. Ihre Keimlinge haben zwei Keimblätter.

Viele Jahrhunderte lang aßen die Menschen Weidenrinde, wenn sie unter Schmerzen litten oder Fieber hatten. Weidenrinde enthält Salicylsäure, die auch in den gängigsten Schmerztabletten verwendet wird.

Siehe auch →Art; →Biologie; →Chlorophyll; →Keimung; →Landwirtschaft; →Mikroskop; →Ökologie; →Organismus; →Zoologie; →Zytologie.

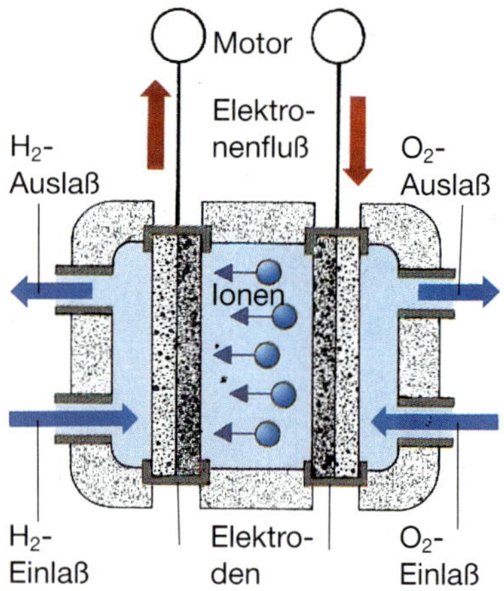

△ Wasserstoff (H_2) und Sauerstoff (O_2) werden in die Zelle gepumpt und reagieren dort an den Elektroden. Als Katalysatoren müssen Platin oder Palladium anwesend sein. Bei der chemischen Reaktion entsteht elektrischer Strom sowie Abwärme. Heute gibt es bereits Versuchskraftwerke mit Brennstoffzellen. Sie nutzen die Brennstoffe doppelt so gut aus wie herkömmliche Kraftwerke.

▽ Ist das Luftloch ganz offen, so tritt genügend Luft in den Bunsenbrenner ein, um das Gas vollständig zu verbrennen. Der Außenkegel der Flamme wird dann bis 1500°C heiß.

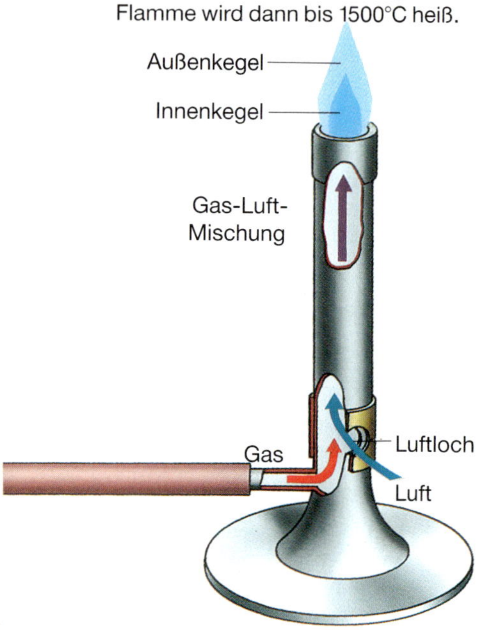

Brennstoffzelle

Brennstoffzellen sind eine Art →Batterie, denn sie verwandeln chemische →Energie direkt in elektrische Energie. Anders als bei einer Batterie werden die Stoffe, die miteinander reagieren, jedoch ständig zugeführt. Am bekanntesten ist die Sauerstoff-Wasserstoff-Zelle. Die beiden Gase reagieren zu Wasser und produzieren dabei elektrischen Strom. Solche Brennstoffzellen versorgen zum Beispiel Raumschiffe. Für die Verwendung auf der Erde waren sie bisher zu teuer, weil für die Reaktion ein →Katalysator aus Platin notwendig ist. Da die Brennstoffzelle chemische Energie direkt in elektrische Energie umwandelt, arbeitet sie mit einem hohen →Wirkungsgrad von 80 Prozent. Brennstoffzellen können auch mit herkömmlichen Treibstoffen betrieben werden und nutzen diese doppelt so gut aus wie der →Verbrennungsmotor.

Brownsche Bewegung

Staub, Rauch und Gerüche verteilen sich in einem Zimmer, selbst wenn keine Luftströmungen zu erkennen sind. Der Grund liegt in der Brownschen Bewegung. Sie ist nach dem schottischen Botaniker Robert Brown (1773–1858) benannt. Er hatte 1827 als erster beschrieben, daß winzige Teilchen wie Pollenkörner in einem Gas oder einer Flüssigkeit ständig eine zitternde Bewegung vollführen. Sie kommt nie zum Stillstand, und es sieht so aus, als würden die Teilchen dauernd angestoßen. Und genau das trifft auch zu: Die →Moleküle der Flüssigkeit oder des Gases bewegen sich unaufhörlich und stoßen dabei auch an die winzigen Teilchen. Je wärmer die Flüssigkeit oder das Gas ist, desto stärker wird die Brownsche Bewegung, weil auch die Moleküle sich schneller bewegen.
Die Brownsche Bewegung erfolgt regellos in alle Richtungen, und das ist der Grund, warum sich winzige Teilchen in einer Flüssigkeit oder einem Gas mit der Zeit ausbreiten.

Bunsenbrenner

Der Bunsenbrenner verbrennt in einem aufrecht stehenden Rohr →Methan- oder →Propangas. Man kann die Größe der Flamme und ihre Temperatur regeln: Ist das Luftloch ganz offen, so wird viel Luft angesaugt. Die Flamme zeigt dann einen dunkleren Innenkegel und einen bläulichen Außenkegel. Im Innenkegel findet eine Reduktion statt; dort liegen die Temperaturen bei 300°C. Im Außenkegel hingegen erfährt das Gas bei ungefähr 1500°C eine →Oxidation und wird damit verbrannt. Läßt man wenig Luft hinzutreten, so ergibt sich eine helle, gelbe Flamme, die längst nicht so heiß wird und die überdies stark rußt.

Chemie

Die Chemie untersucht die Eigenschaften der Stoffe, aus denen unsere Welt besteht. Sie beschäftigt sich besonders mit den →chemischen Elementen und den →chemischen Verbindungen. Dabei interessieren sich die Chemiker besonders für zwei Fragen: Wie sind die Stoffe aufgebaut? Wie reagieren sie miteinander? Weiteres siehe auf den Seiten 76 und 77.

chemische Analyse

Bei der chemischen Analyse einer Wasserprobe geht es zum Beispiel darum herauszufinden, welche Stoffe darin enthalten sind und in welchen Mengen. Es gibt zunächst zwei Arten der chemischen Analyse. Bei der qualitativen Analyse ermittelt der Forscher, welche →chemischen Elemente oder →chemischen Verbindungen überhaupt in der Probe vertreten sind. Die Wasserprobe könnte zum Beispiel verschiedene Metallsalze enthalten. Will man diese bestimmen, so muß man komplizierte Trennungsgänge durchführen. Dabei werden Metalle, die ähnlich reagieren, durch bestimmte chemische Stoffe, die Reagenzien, abgetrennt. Die Bestimmung der einzelnen →Ionen erfolgt dann durch Nachweisreaktionen.

Mit der quantitativen Analyse will man anschließend herausfinden, welche Mengen der betreffenden Elemente oder Verbindungen enthalten sind. Auf Mineralwasserflaschen ist in tausendstel Gramm (Milligramm) pro Liter (mg/l) angegeben, welche Mengen von Ionen in diesem Wasser gelöst sind.

Die chemische Analyse hat in den letzten 30 Jahren eine außerordentlich große Bedeutung erlangt. Sie untersucht zum Beispiel die Reinheit von Medikamenten oder entwickelt Tests für den Nachweis von Stoffen in der Umwelt.

Siehe auch →Chromatographie; →Spektroskopie.

Umweltforscher geben die Mengen von Schadstoffen oft in ppm an. Diese Abkürzung bedeutet „parts per million", also einen Teil auf eine Million Teile. Ein ppm entspricht einem Milligramm pro Kilogramm (mg/kg). ppb bedeutet „parts per billion". Da das englische „billion" im Deutschen die Milliarde ist, bezieht sich diese Konzentrationsangabe auf eine Milliarde Teile. ppt heißt „parts per trillion", meint aber einen Teil auf eine Billion Teile.

Flammenfärbung

Eines der vielen Verfahren der qualitativen chemischen Analyse ist die Flammenfärbung. Wenn wir bestimmte Stoffe mit einem ausgeglühten Magnesiastäbchen in die Flamme eines Bunsenbrenners halten, so färbt sich diese auf charakteristische Weise. Ist in der Probe zum Beispiel Kalzium enthalten, so tritt eine hellrote Färbung auf. Diese Flammenfarben können wir auch bei künstlichem Feuerwerk beobachten.

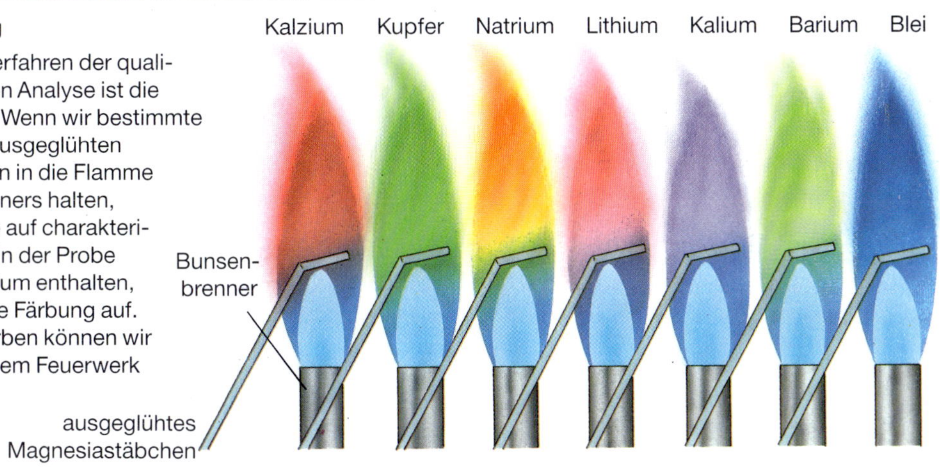

Chemie

Die ersten Chemiker waren die Alchimisten des Mittelalters. Ihr Ziel war es eigentlich, edle Metalle wie Gold aus unedlen herzustellen. Heute wissen wir, daß dies mit chemischen Verfahren nicht möglich ist. Dennoch wußten die Alchimisten sehr viel über chemische Reaktionen, und aus ihrem Wissen entstand im 16. und 17. Jahrhundert die moderne Chemie. Im Lauf der Zeit entdeckten die Chemiker, daß es Stoffe gibt, die sich auf chemischem Wege nicht weiter zerlegen lassen. Seit dem Ende des 18. Jahrhunderts bezeichnen wir sie als chemische Elemente. Im Jahr 1828 machte der deutsche Chemiker Friedrich Wöhler eine bahnbrechende Entdeckung: Er stellte Harnstoff aus Ammoniumzyanat her. Damit war bewiesen, daß sich organische Stoffe auch aus anorganischen herstellen lassen. Einen besonderen Aufschwung nahm die Chemie, nachdem sich die Atomtheorie durchgesetzt hatte.

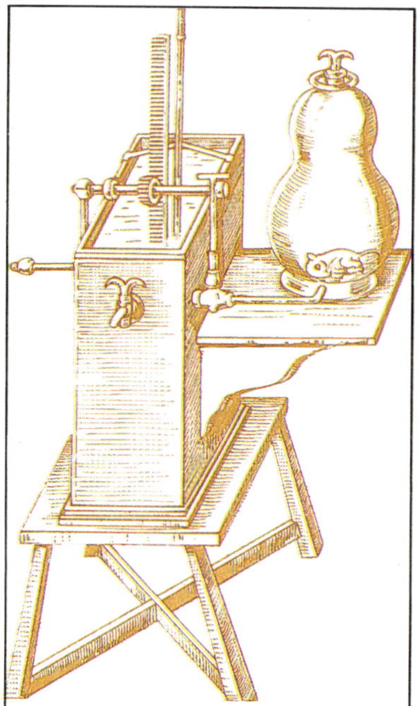

Robert Boyle (1627–1691)

Robert Boyle war ein irischer Naturwissenschaftler. Er begründete die Chemie als eigene Wissenschaft. Es ging ihm darum, „die Kenntnisse über die Natur durch Experimente zu vergrößern". Er ist vor allem für seine Versuche mit Gasen bekannt. Boyle war der erste Chemiker, der ein Gas isolierte und sammelte. Boyle zeigte auch, daß bei der Verbrennung Luft aufgenommen wird und daß nur ein Teil davon, der Sauerstoff, für die Atmung notwendig ist.

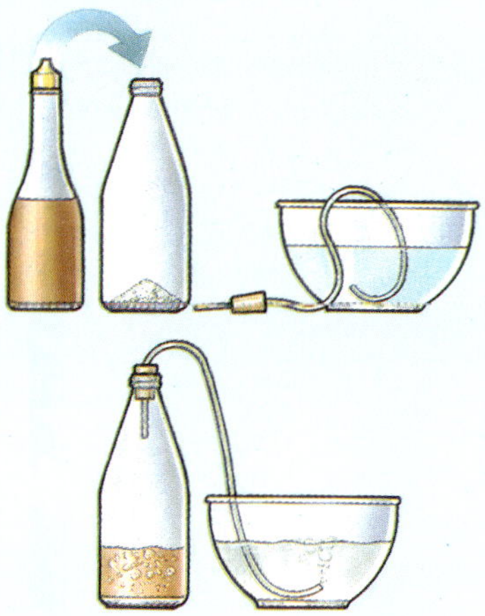

Mach es selbst

Wir bohren ein Loch in einen Korken und stecken einen dünnen Kunststoffschlauch hindurch. Wir geben in eine Flasche etwas Natron oder Natriumhydrogenkarbonat ($NaHCO_3$, Apotheke) und etwas Essig, also eine schwache Säure. Wir verkorken die Flasche schnell und legen das freie Ende des Schlauches in ein mit Wasser gefülltes Gefäß. Es findet eine heftige chemische Reaktion statt, die zu aufsteigenden Blasen von Kohlendioxidgas führt.

In der chemischen Industrie der ganzen Welt sind die Forscher auf der Suche nach neuen chemischen Verbindungen. Bisher sind rund 7 Millionen chemische Verbindungen bekannt. Die weitaus meisten enthalten Kohlenstoff und gehören damit zur organischen Chemie. Jede Woche kommen rund 10000 neue chemische Verbindungen dazu.

Antoine Lavoisier (1743–1794)

Antoine Lavoisier war ein französischer Chemiker. Er fand heraus, welche Rolle der Sauerstoff bei der Verbrennung übernimmt. Durch sorgfältiges Wiegen und Analysieren von Stoffen bewies er, daß verbrannte Stoffe schwerer sind als unverbrannte. Ihr Gewicht nimmt zu, weil sie ein Gas aufnehmen, das die Forscher Carl Scheele und Joseph Priestley entdeckt hatten. Lavoisier nannte es Sauerstoff.

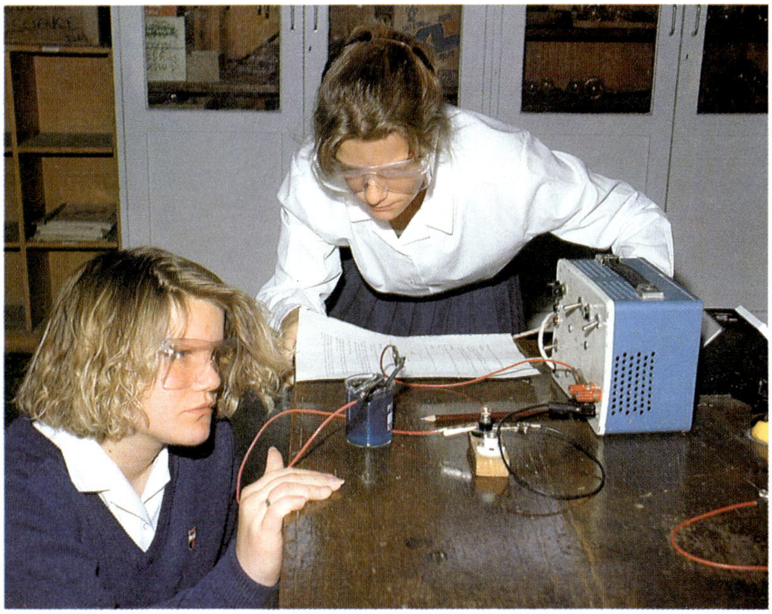

△ Experimente sind ein unentbehrlicher und auch interessanter Teil der Chemie. Die Mädchen im Bild führen einen Versuch zur Elektrolyse durch: Wenn ein Strom durch bestimmte Lösungen fließt, werden die chemischen Verbindungen gespalten.

▽ Als Polymer bezeichnen wir ein Riesenmolekül, das aus zahlreichen gleichartigen Untereinheiten, den Monomeren, aufgebaut ist. Das Nylon beispielsweise ist ein solches Polymer. Es setzt sich aus Kohlenstoff, Stickstoff, Wasserstoff und Sauerstoff zusammen.

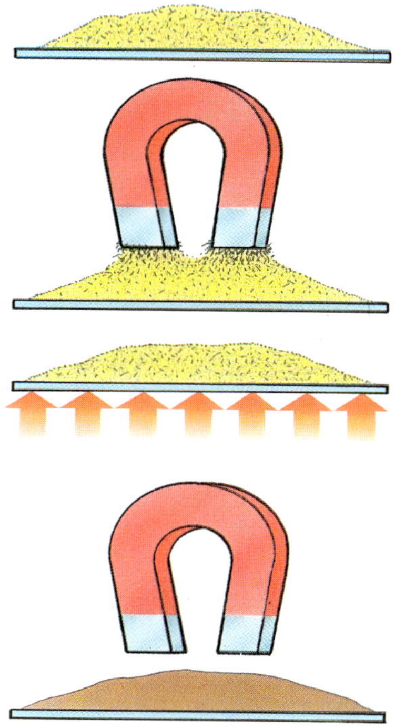

△ Wenn man Eisen- mit Schwefelpulver mischt, kann man das Eisenpulver wieder mit Hilfe eines Magneten zurückgewinnen. Wird die Mischung jedoch erhitzt, so findet eine chemische Reaktion statt. Dabei entsteht Eisensulfid.

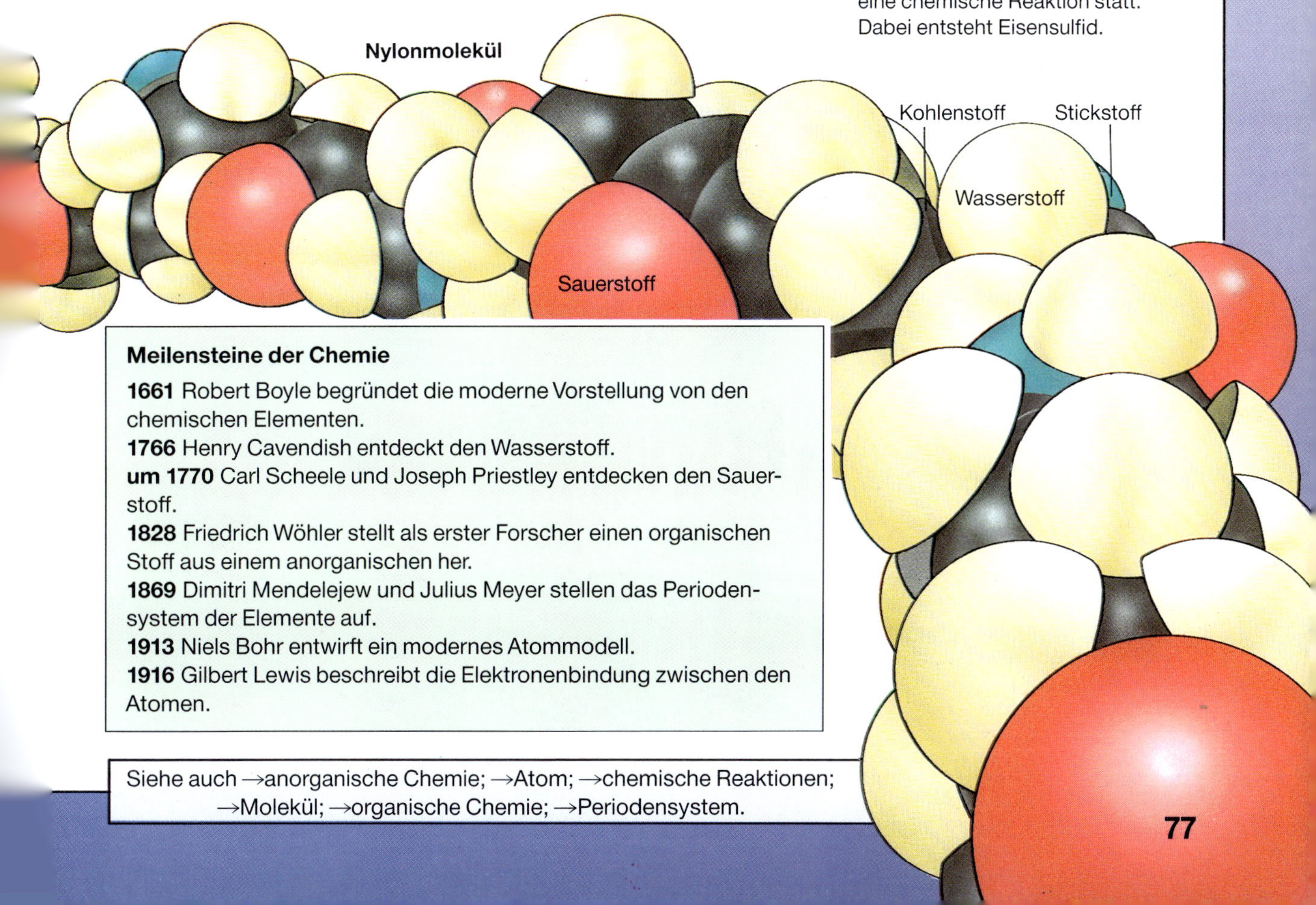

Meilensteine der Chemie

1661 Robert Boyle begründet die moderne Vorstellung von den chemischen Elementen.
1766 Henry Cavendish entdeckt den Wasserstoff.
um 1770 Carl Scheele und Joseph Priestley entdecken den Sauerstoff.
1828 Friedrich Wöhler stellt als erster Forscher einen organischen Stoff aus einem anorganischen her.
1869 Dimitri Mendelejew und Julius Meyer stellen das Periodensystem der Elemente auf.
1913 Niels Bohr entwirft ein modernes Atommodell.
1916 Gilbert Lewis beschreibt die Elektronenbindung zwischen den Atomen.

Siehe auch →anorganische Chemie; →Atom; →chemische Reaktionen; →Molekül; →organische Chemie; →Periodensystem.

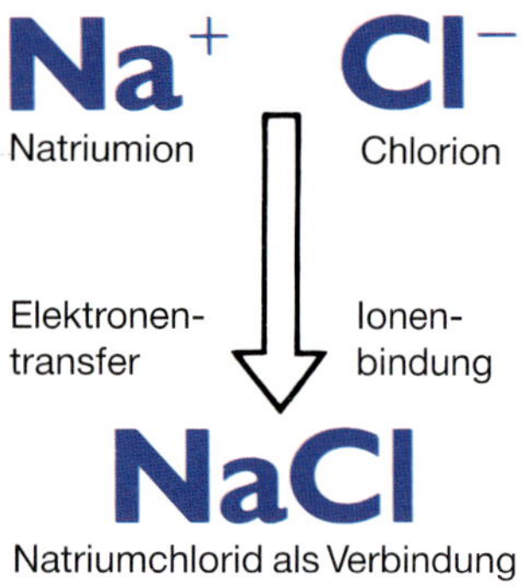

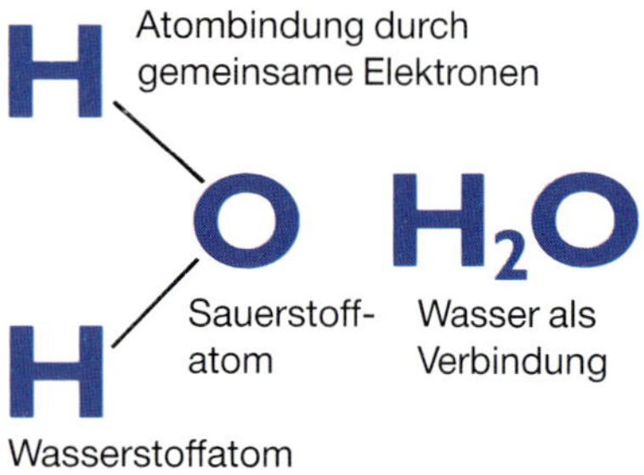

△ Bei der Ionenbindung des Kochsalzes (oben) tritt das Natrium ein Elektron an das Chloratom ab. Bei der Atombindung hingegen teilen sich zwei benachbarte Atome in eines oder mehrere Elektronen. Diese gehören dann gleichzeitig beiden Atomen.

chemische Bindung

Die →Atome in →chemischen Verbindungen werden durch chemische Bindungen zusammengehalten. Es gibt im wesentlichen zwei Arten der chemischen Bindung: die Ionenbindung und die Atombindung. Jedes Atom besteht aus einem positiv geladenen Kern und negativ geladenen →Elektronen, die um diesen Kern kreisen. Eine Ionenbindung liegt dann vor, wenn die Atome untereinander Elektronen austauschen, so daß sie selbst zu →Ionen werden. Beim Natriumchlorid beispielsweise, dem gewöhnlichen Kochsalz, gibt ein Natriumatom eines seiner Elektronen ab und wird zu einem positiv geladenen Ion. Dieses Elektron übernimmt ein Chloratom, das damit zu einem negativ geladenen Ion wird. Ionen mit entgegengesetzten Ladungen ziehen sich an. So entsteht zwischen dem Natrium- und dem Chloratom eine chemische Bindung. Bei der Atombindung oder kovalenten Bindung kommt die chemische Bindung dadurch zustande, daß zwei oder mehr Atome eines oder mehrere Elektronen gemeinsam besitzen. Deswegen spricht man auch von Elektronenpaarbindungen.

chemische Elemente

Chemische Elemente sind Stoffe, die mit chemischen Verfahren nicht in einfachere Stoffe zerlegt werden können. Man kann auch sagen: Chemische Elemente bestehen nur aus Atomen mit derselben Zahl von →Protonen im Kern; sie haben dieselbe →Ordnungszahl.
Bis heute sind 109 chemische Elemente bekannt. Davon kommen 92 in der Natur vor, die meisten in Form →chemischer Verbindungen mit anderen Elementen. Die übrigen Elemente wurden künstlich in Kernreaktionen hergestellt. Man beschießt dabei Atomkerne mit hochbeschleunigten →Elementarteilchen. Alle diese künstlichen Elemente sind radioaktiv.

Bis ins Spätmittelalter glaubten die Alchimisten, es gebe nur vier Elemente, nämlich Erde, Wasser, Feuer und Luft. Aus diesen wiederum gingen die vier Haupteigenschaften hervor: trocken, feucht, warm und kalt. Heute wissen wir, daß sich chemische Elemente nicht weiter in andere Stoffe zerlegen lassen. Einige darunter wie Gold, Kupfer, Eisen und Schwefel waren schon in der Antike bekannt. Vom 18. Jahrhundert an entdeckten die Chemiker viele neue Elemente. Heute sind 109 chemische Elemente bekannt.

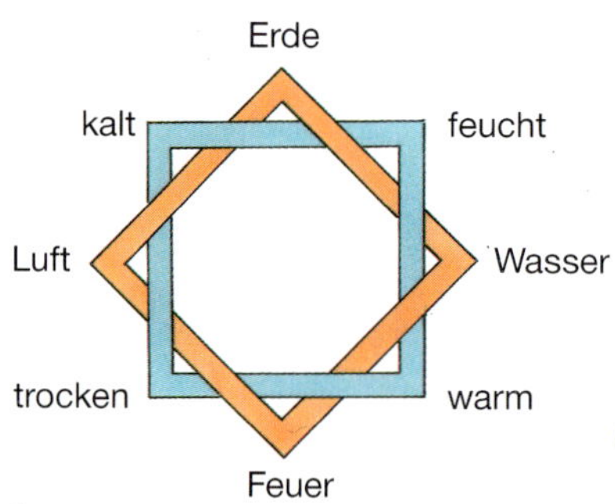

Auch mehrere natürliche Elemente wie das Radium zeigen eine →Radioaktivität.
Ungefähr 80 chemische Elemente sind →Metalle; die übrigen zählen zu den Halbmetallen (→Silizium) und zu den Nichtmetallen (zum Beispiel →Kohlenstoff). Nur zwei Elemente sind bei Zimmertemperatur flüssig, nämlich Brom und →Quecksilber. Die übrigen sind fest oder gasförmig. In →chemischen Formeln werden die Namen der Elemente durch einen oder zwei Buchstaben abgekürzt.
Wenn man alle Elemente aufsteigend nach ihrer Ordnungszahl anordnet, entstehen Reihen oder Perioden. Die chemischen Elemente, die in den senkrechten Gruppen stehen, sind miteinander verwandt und zeigen ähnliche Eigenschaften. Sie ergeben sich durch ähnliche Anordnung der →Elektronen.
Siehe auch →Chemie; →chemische Zeichen; →Isotop; →Periodensystem.

chemische Formeln

Mit Hilfe von Formeln werden →chemische Verbindungen in knappster Form beschrieben. Man verwendet dazu die →chemischen Zeichen, also die Abkürzungen für die Elemente, sowie Zahlen und auch Bindungsstriche. Es gibt im wesentlichen drei chemische Formeln mit ganz unterschiedlichem Informationsgehalt. Die Verhältnisformel gibt an, welche Arten von →Atomen in welchen Zahlenverhältnissen vorhanden sind. Die Verhältnisformel für das Gas Ethen lautet CH_2, das heißt, auf ein Kohlenstoffatom (C) kommen zwei Wasserstoffatome (H). Bei organischen Stoffen wie dem Ethen kann man mit dieser Art Formel nicht viel anfangen. Gute Dienste leistet sie hingegen bei →Salzen und →Säuren. Die Molekülformel, die am häufigsten gebraucht wird, ist schon viel genauer, denn sie gibt an, wie viele Atome beim Aufbau des betreffenden →Moleküls beteiligt sind. Für das Ethen lautet die Molekülformel C_2H_4. Die Strukturformel schließlich zeigt uns, wie die Atome miteinander verbunden sind.

chemische Reaktionen

Bei chemischen Reaktionen verwandeln sich Stoffe in ganz andere Stoffe mit neuen Eigenschaften. In den meisten Fällen bringt man zwei Stoffe zusammen. Sie reagieren miteinander und bilden Reaktionsprodukte. Bei solchen Reaktionen werden bestehende →chemische Bindungen aufgebrochen und neue gebildet. Wenn wir die Gase →Wasserstoff und →Sauerstoff in Gegenwart einer Flamme zusammenbringen, so reagieren sie sehr heftig und explosionsartig miteinander (Knallgasreaktion). Das Reaktionsprodukt ist Wasser.

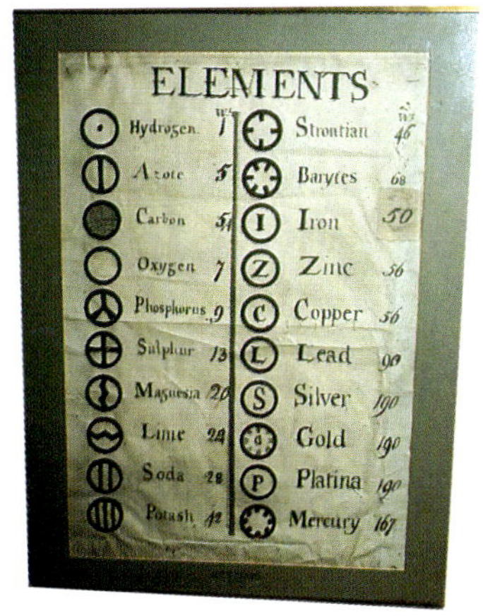

△ John Daltons (1766–1844) Tabelle der chemischen Elemente. Der britische Forscher schuf als erster eine Atomtheorie und verwendete Buchstaben des Alphabets als Symbole für chemische Elemente.

▽ Chemische Formeln sind international verständlich. Die ausführliche Strukturformel gibt an, wie die verschiedenen Atome eines Moleküls untereinander verbunden sind.

Strukturformel des Ethens

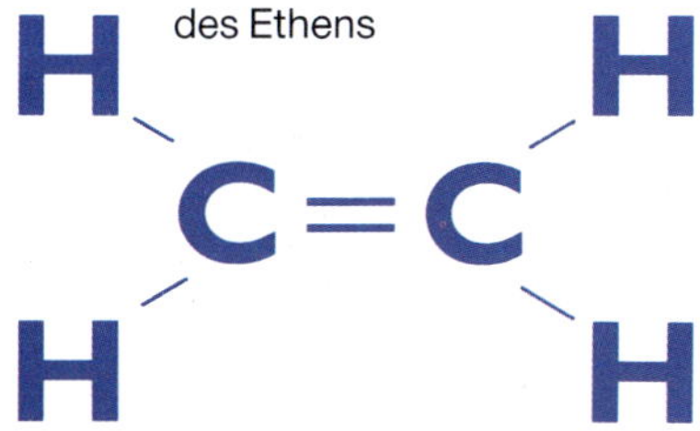

oder

$$CH_2{=}CH_2$$

Molekülformel des Ethens

$$C_2H_4$$

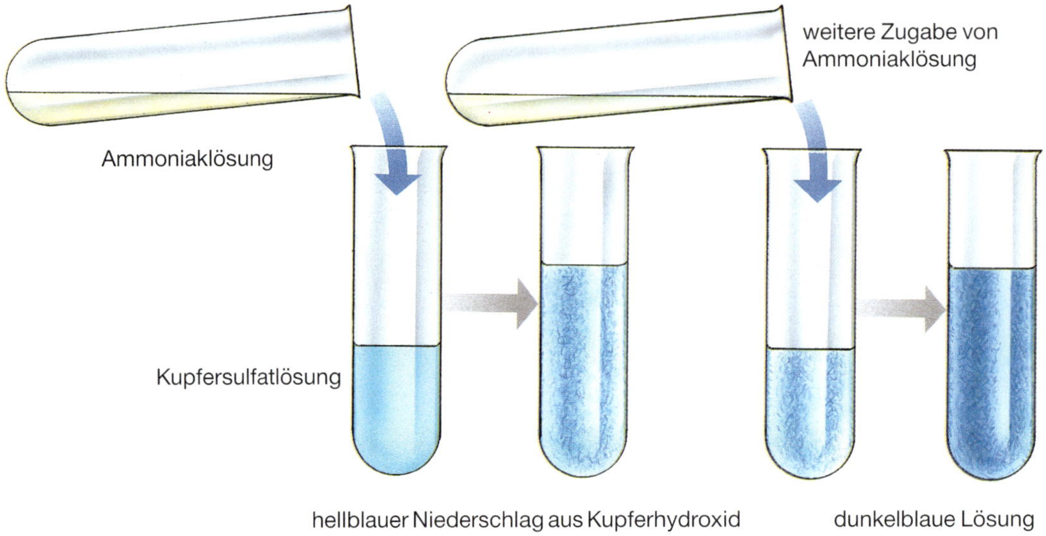

△ Bei dieser Reaktion entsteht zunächst ein flockiger blaugrüner Niederschlag aus Kupferhydroxid. Fügt man noch mehr Ammoniaklösung hinzu, so löst sich dieses Kupferhydroxid wieder und bildet eine tiefblaue Komplexverbindung. Chemische Reaktionen finden nicht nur im Reagenzglas, sondern überall in der Natur statt. Auch wenn Brotteig aufgeht, finden chemische Reaktionen statt.

▽ Im Labor werden chemische Reaktionen meistens in recht kompliziert aussehenden Apparaturen durchgeführt.

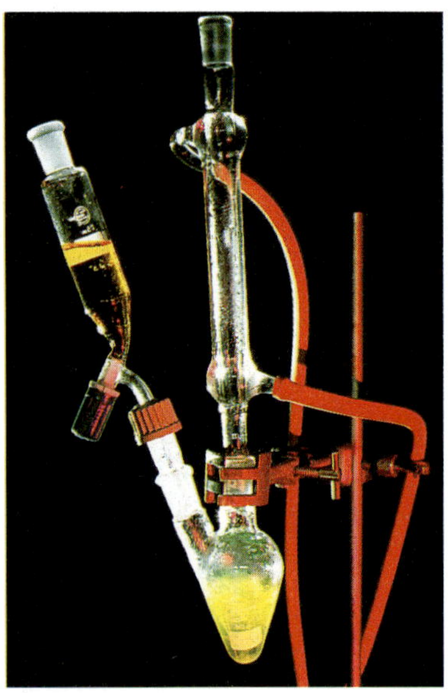

Andere Reaktionen gehen nur langsam vor sich, zum Beispiel das Rosten des Eisens. Mit →chemischen Formeln in der Gestalt von Gleichungen kann man Reaktionen kurz beschreiben. Im Fall der Knallgasreaktion sieht eine solche Gleichung folgendermaßen aus:

$$2H_2 + O_2 \rightarrow 2H_2O$$

Zwei Teile Wasserstoffgas und ein Teil Sauerstoffgas ergeben also zwei Teile Wasser.

chemische Verbindung

Alle chemischen Verbindungen sind einheitliche Stoffe und bestehen aus →Molekülen. Diese Moleküle sind wiederum aus zwei oder mehr →Atomen zusammengesetzt. Meistens gehören diese Atome zu unterschiedlichen Elementen. Beim Wassermolekül zum Beispiel verbinden sich zwei Wasserstoffatome mit einem Sauerstoffatom. In chemischen Verbindungen herrschen immer dieselben Mengenverhältnisse zwischen den Elementen. Das sagt auch die →chemische Formel H_2O aus.

Chemische Verbindungen unterscheiden sich deutlich von →Gemischen. Bei diesen können sich die Mengenverhältnisse der Bestandteile beliebig ändern. Dazu kommt, daß zwischen den Atomen einer chemischen Verbindung →chemische Bindungen vorhanden sind; eine Trennung ist nur durch →chemische Reaktionen möglich. Gemische hingegen kann man leicht voneinander trennen, zum Beispiel durch Sieben, denn sie werden nicht durch chemische Bindungen zusammengehalten. Die alltäglichsten chemischen Verbindungen sind Wasser, Kochsalz und Zucker. Bis heute sind über sieben Millionen Verbindungen bekannt.

Einige wenige Verbindungen bestehen aus zwei oder mehreren Atomen desselben Elements. Das betrifft vor allem die Gase Wasserstoff (H), Stickstoff (N) und Sauerstoff (O). Sie treten nur in molekularer Form als H_2, N_2 und O_2 auf. Jeweils zwei Atome dieser Elemente bilden also ein Molekül.

chemische Zeichen

Die chemischen Zeichen sind Symbole für die →chemischen Elemente. Sie bestehen aus einem oder zwei Buchstaben. Diese Elementsymbole werden in →chemischen Formeln und im →Periodensystem der Elemente verwendet. Die Abkürzungen vor allem für die bekannteren Elemente stammen von lateinischen oder griechischen Namen: Fe steht für Eisen (Ferrum); O bedeutet Oxygenium, also Sauerstoff; Ag ist das Silber (Argentum), und H ist Wasserstoff (Hydrogenium). Meistens stimmen aber die Abkürzungen mit den Anfangsbuchstaben der deutschen Bezeichnung überein: S ist Schwefel, W ist Wolfram, Al ist Aluminium, Na ist Natrium, Ca ist Kalzium.

Die erst kürzlich entdeckten künstlichen Elemente wurden nach bedeutenden Wissenschaftlern oder nach dem Ort benannt, an dem sie zuerst nachgewiesen wurden.
Am = Americium
Es = Einsteinium
Fr = Francium
Lr = Lawrencium
Md = Mendelevium
No = Nobelium
Ns = Nielsbohrium
Hs = Hassium
Mt = Meitnerium

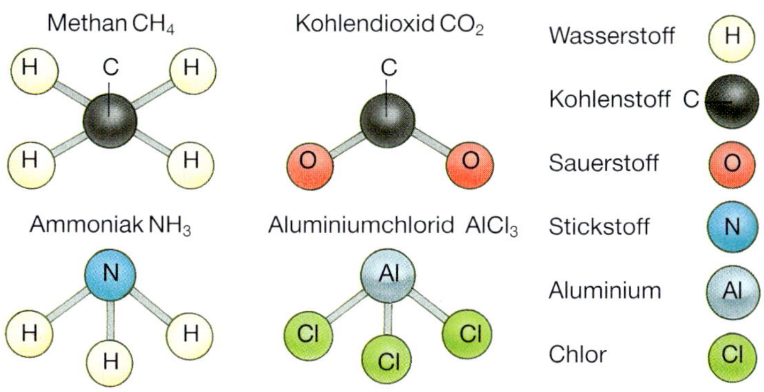

◁ Einige Beispiele dafür, wie die Symbole der chemischen Elemente in Formeln verwendet werden.

Chlor

Das Chlor ist ein →chemisches Element. Es gehört zu den →Halogenen, also zu den salzbildenden Elementen. Chlor reagiert sehr bereitwillig mit anderen Elementen. Das Chlorgas hat die Formel Cl_2, das heißt, es setzt sich aus Molekülen mit je zwei Chloratomen zusammen. Dieses Gas riecht stechend, ist gelbgrün und sehr giftig. Es reizt die Schleimhäute und zerstört die Lungen. Chlorgas kommt in der Natur nicht frei vor. Dennoch ist das Element Chlor eines der häufigsten in der Erdkruste. Das Stein- oder Meersalz besteht zur Hauptsache aus einer Verbindung zwischen Natrium und Chlor (Natriumchlorid). Hier wirkt das Chlor nicht giftig, weil es in Form eines →Ions vorliegt und nicht mehr reaktionsfähig ist. Es gibt praktisch keine chlorhaltigen Verbindungen in den Zellen von Pflanzen und Tieren. Damit erklärt sich, warum künstliche Chlorverbindungen mit zu den giftigsten Stoffen

▽ Während des Ersten Weltkriegs wurde Chlor als Giftgas eingesetzt. Die ersten Angriffe trafen die Truppen völlig unvorbereitet. Viele Soldaten starben. Schließlich erhielten die Truppen Gasmasken, die das Chlorgas aus der Atemluft herausfilterten.

▷ Chlorgas gewinnt man durch Elektrolyse. Dabei leitet man elektrischen Strom durch eine Kochsalzlösung (Natriumchlorid). Das gewonnene Chlorgas wird verflüssigt und in Druckbehältern transportiert. Wegen seiner Giftigkeit sind dabei strenge Vorsichtsmaßnahmen zu beachten.

Mach es selbst

Mit einer Büroklammer befestigen wir ein Stück undurchsichtiges Papier auf einem großen Blatt. Nach ein paar Tagen erscheint unter dem Papier ein bleicher Fleck. Da das Licht abgeschirmt wurde, stellten die Pflanzenzellen dort auch kein Chlorophyll mehr her.

gehören, zum Beispiel die Chlorkohlenwasserstoffe, die polychlorierten Biphenyle (PCB) und die Dioxine. Die Lebewesen haben in ihrem Stoffwechsel fast keine Möglichkeiten entwickelt, um diese Chlorverbindungen abzubauen und unschädlich zu machen.
Reines Chlorgas wird verwendet, um Trinkwasser keimfrei zu machen (chloren) und um Papier zu bleichen, was für die Umwelt aber ziemlich schädlich ist. Ferner braucht man das Chlor zur Herstellung vieler Verbindungen, etwa der Salzsäure oder des Kunststoffs Polyvinylchlorid (PVC).

Chlorophyll

Als Chlorophyll bezeichnen wir den Farbstoff, der Pflanzenzellen die grüne Farbe verleiht. Er heißt auch Blattgrün. Die meisten Pflanzenzellen produzieren erst dann Chlorophyll, wenn sie dem Licht ausgesetzt sind. Das Blattgrün spielt eine entscheidende Rolle bei der →Photosynthese. Es nimmt Sonnenlicht auf und verwendet diese Energie, um aus Kohlendioxid und Wasser Zucker und Stärke herzustellen. Die grünen Pflanzen können also ihre Nahrung selber herstellen.
Das Chlorophyll ist ein ziemlich großes →Molekül, das

Palisadenzelle

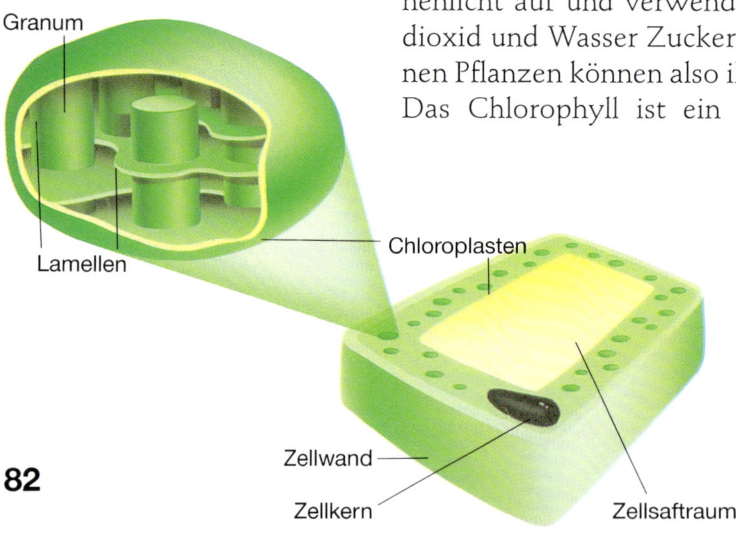

◁ Das Chlorophyll liegt in den Chloroplasten. Diese kommen vorwiegend in den Palisadenzellen von Blättern vor. Die Chloroplasten selbst haben einen ziemlich komplizierten inneren Aufbau. Sie enthalten Lamellen und darin eingebettet geldrollenartige Stapel, die sogenannten Grana.

hauptsächlich aus Kohlenstoff und Wasserstoff besteht. Im Zentrum befindet sich ein Magnesiumatom, das mit vier Stickstoffatomen verbunden ist. Das Chlorophyll liegt nicht frei in der Zelle, sondern ist in winzigen Körnchen, den Chloroplasten, enthalten. Diese finden wir vor allem in →Blättern, aber auch im Stengel. Die Forscher wissen heute noch nicht genau, wie die Pflanzenzelle mit Hilfe des Chlorophylls Stärke und Zucker herstellt. Wenn es gelänge, diese Reaktion im Labor nachzuvollziehen, wären wohl alle Nahrungssorgen der Menschheit gelöst, denn dann könnte man in Fabriken Zucker und Stärke produzieren.

Laubblätter enthalten nicht nur das grüne Chlorophyll, sondern noch andere Farbstoffe oder Pigmente, zum Beispiel das rote Anthozyan. Im Normalfall werden sie vom Chlorophyll überdeckt. Im Herbst wird dieses aber in den Blättern abgebaut, so daß die gelbe, braune oder rote Färbung des Anthozyans hervortritt. So entsteht die Herbstfärbung der Blätter.

Cholesterin

Cholesterin ist ein fettartiger Stoff, der von allen Zellen des Körpers gebildet wird, vor allem aber von der →Leber. Das Cholesterin ist lebensnotwendig. Die Membranen aller →Zellen enthalten Cholesterin. Aus Cholesterin stellt der Körper →Hormone und Gallensalze her, die bei der →Verdauung helfen. Das Blut transportiert es in Form sogenannter Lipoproteine zu den Zellen. Wenn wir viel Butter, Eier und fettes Fleisch essen, nehmen wir verhältnismäßig viel Cholesterin auf. Zu große Cholesterinmengen im Blut können aber zu Krankheiten führen. Das Cholesterin lagert sich an den Wänden der Blutgefäße ab. Im Laufe der Zeit verengen sich dadurch die Gefäße und verkalken gleichzeitig. Diese Krankheit bezeichnen wir als Arterienverkalkung oder Arteriosklerose. Im schlimmsten Fall können solche Gefäße völlig verstopfen. Wenn dies bei den Herzkranzgefäßen der Fall ist, kommt es zu einem Herzinfarkt. Teile des Herzmuskels bekommen dann keinen Sauerstoff mehr und sterben ab.

▽ Wenn sich an den Innenwänden von Blutgefäßen cholesterinhaltige Ablagerungen bilden, kommt es zur Krankheit Arteriosklerose. Im fortgeschrittenen Stadium verkalken diese Ablagerungen und stellen ein Hindernis für den Blutfluß dar. Blutklumpen können leicht solche Gefäße verstopfen. Wenn zum Beispiel eine Arterie blockiert ist, die den Herzmuskel versorgt, so kommt es zu einem Herzinfarkt.

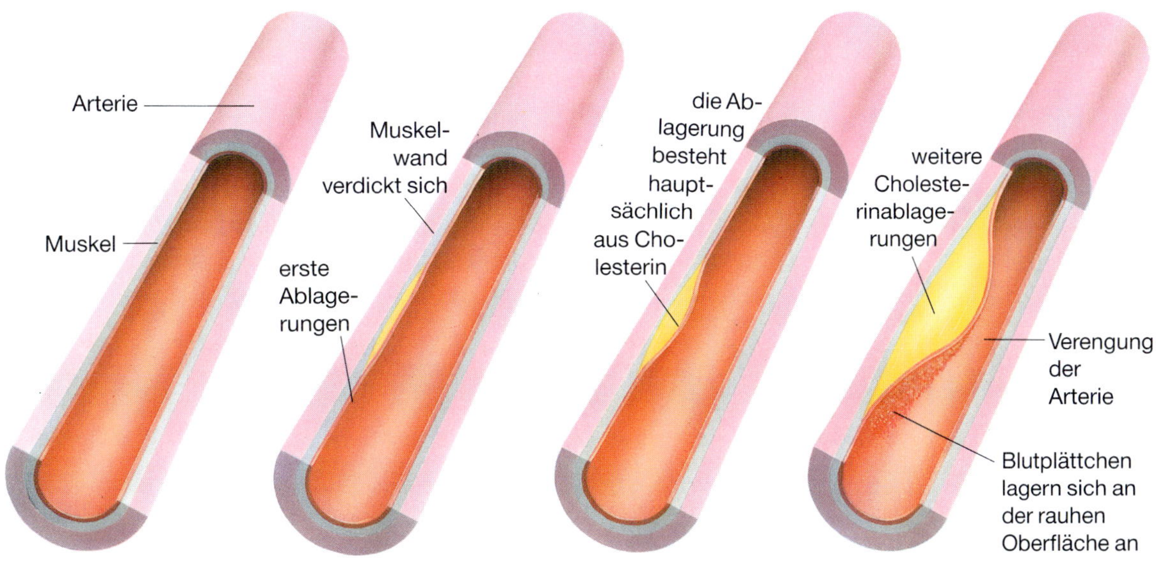

Im Jahr 1913 wollte der Metallexperte Harry Brearley einige neue Stahlsorten ausprobieren. Er bemerkte, daß mit ein paar Ausnahmen alle Stähle auf seinem Schrottplatz stark verrostet waren. Er untersuchte die noch blanken Stücke und fand heraus, daß sie alle Chrom enthielten. Mit dieser Zufallsentdeckung nahm die Industrie der nichtrostenden Stähle ihren Anfang.

Chrom

Das Chrom ist ein hartes blauweißes Metall und ein →chemisches Element. Es widersteht der →Korrosion sehr gut und wird beim Polieren glänzend. Das Chrom wurde gegen Ende des 18. Jahrhunderts entdeckt. Heute findet es vielfältige Verwendung in der Industrie. Früher wurden die Stoßstangen der Autos mit einer glänzenden Chromschicht überzogen (Verchromung). Stahl wird durch Zugabe von Chrom hart und korrosionsfest. Bei einem Anteil von mehr als 10 Prozent sprechen wir von rostfreiem oder nichtrostendem Stahl. Chromverbindungen sind auffallend bunt, und Spuren von Chrom verleihen Rubinen und Smaragden ihre attraktive rote und grüne Farbe. Manche Chromverbindungen sind sehr giftig.

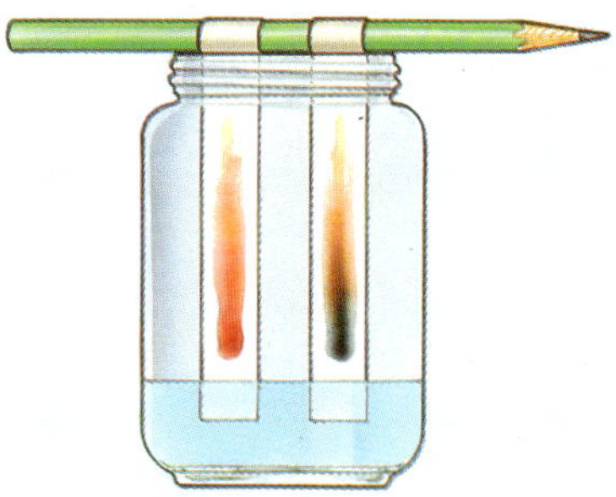

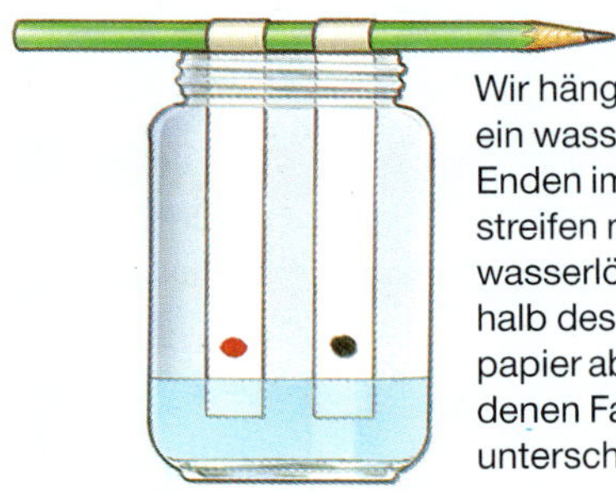

Mach es selbst

Wir hängen zwei Streifen Löschpapier so in ein wassergefülltes Gefäß, daß ihre unteren Enden im Wasser liegen. Auf jeden Papierstreifen malen wir einen Punkt mit einem wasserlöslichen bunten Filzstift. Er muß oberhalb des Wasserspiegels liegen. Das Löschpapier absorbiert das Wasser, und die verschiedenen Farbbestandteile wandern dann mit unterschiedlicher Geschwindigkeit nach oben.

Wir machen zwei parallele Schnitte in ein kreisförmiges Stück Löschpapier und biegen den Streifen so nach unten, daß er ins Wasser eintaucht. In die Mitte des Löschpapiers malen wir mit einem wasserlöslichen Filzstift einen Punkt.

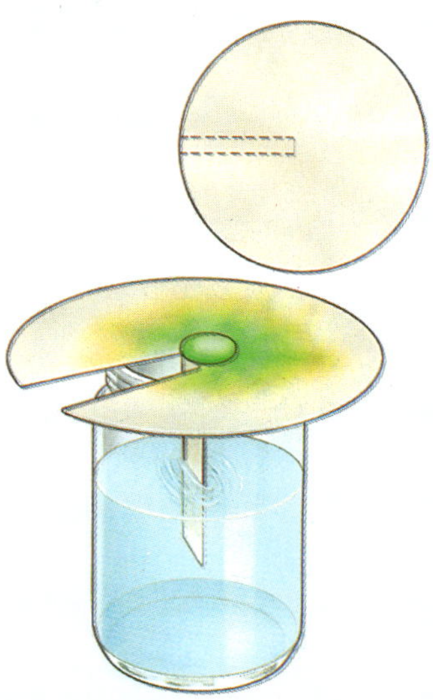

Chromatographie

Mit der Chromatographie kann man die unterschiedlichen Bestandteile in Flüssigkeits- oder Gasgemischen voneinander trennen. Dieses Verfahren spielt bei der →chemischen Analyse eine wichtige Rolle. Selbst winzige Stoffmengen kann man mit der Chromatographie abtrennen, zum Beispiel Schadstoffe in der Luft, Verunreinigungen von anderen Stoffen sowie die verschiedenen Endprodukte einer chemischen Reaktion. Es gibt verschiedene chromatographische Verfahren. Das älteste ist die Papierchromatographie, die im Versuch oben beschrieben ist. Bei der Säulenchromatographie wird eine Röhre mit absorbierendem Material gefüllt. An einem Ende wird erst die Probe und dann ein Lösungs- oder Laufmittel hinzugegeben. Die verschiedenen Stoffe in der Probe wandern nun mit unterschiedlichen Geschwindigkeiten durch die Säule und sammeln sich in verschiedenen Zonen. Die Abstände zwischen den einzelnen Stoffen werden dabei immer größer. Am Ende kann man die verschiedenen Zonen (Fraktionen) getrennt analysieren. Die Dünnschichtchromatographie arbeitet auf ähnliche Weise, verwendet jedoch dünne

Filme. Mit der Gaschromatographie trennt man Gas- oder Dampfgemische. Das Laufmittel ist meistens →Helium. Beim Durchwandern der Trennsäule werden die einzelnen Gase unterschiedlich lange zurückgehalten. Sie treten also am Ende der Säule getrennt aus. Der Nachweis der einzelnen Gase erfolgt durch einen Detektor.

Chromosomen

Im Inneren des Zellkerns jeder lebenden →Zelle befindet sich eine bestimmte Zahl mikroskopisch kleiner Fäden oder Stäbchen, die Chromosomen. Sie enthalten alle Informationen, die für die richtige Entwicklung der Zelle und des ganzen Körpers notwendig sind. Wir können die Chromosomen somit als Pläne auffassen, nach denen die Zellen arbeiten. Jede Pflanzen- und Tierart hat ihre eigene festgelegte Chromosomenzahl. Die Chromosomen treten übrigens fast immer in Paaren auf, weil sie bei der →Zellteilung gleichmäßig auf die beiden Tochterzellen verteilt werden müssen. Wir Menschen haben 23 Chromosomenpaare; eines davon sind die Geschlechtschromosomen.

Die Chromosomen enthalten lange Stränge der →DNS oder Desoxiribonukleinsäure. Bestimmte Abschnitte auf der DNS bezeichnen wir als →Gene. Jedes Gen ist für ein bestimmtes Körpermerkmal zuständig, denn es bestimmt darüber, welche →Proteine in der Zelle hergestellt werden. Chromosomen enthalten Hunderte verschiedener Gene.

Obwohl wir alle dieselbe Zahl von Chromosomen in den Zellen haben, unterscheiden sich doch unsere Gene etwas. Deswegen sieht jeder von uns anders aus. Wenn sich Lebewesen fortpflanzen, vermischen sich die Chromosomen und damit die Gene der Eltern miteinander.

Siehe auch →Nukleinsäuren; →Vererbung.

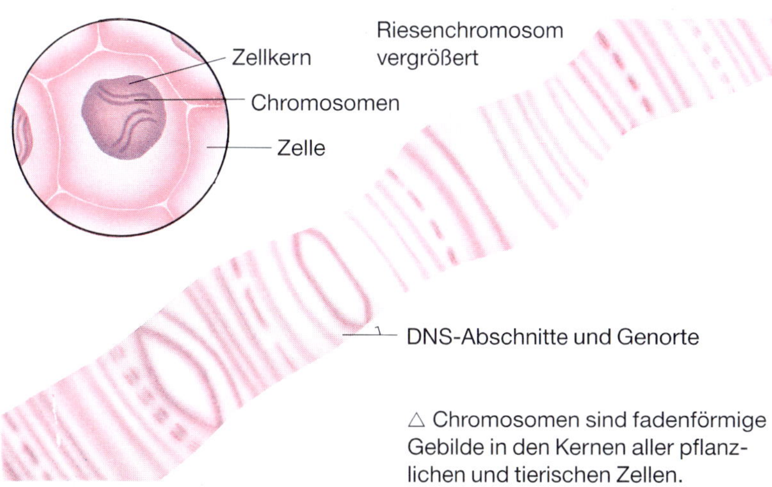

△ Chromosomen sind fadenförmige Gebilde in den Kernen aller pflanzlichen und tierischen Zellen.

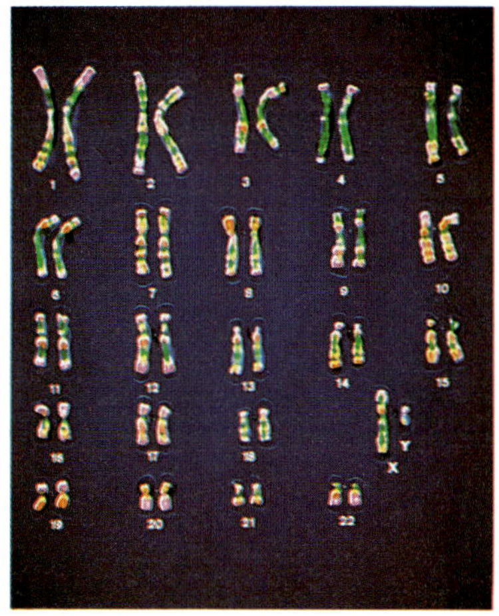

△ Wir Menschen haben 23 Chromosomenpaare. Frauen und Männer unterscheiden sich nur durch die Geschlechtschromosomen des 23. Paares. Die Chromosomen, die zum weiblichen Geschlecht führen, bezeichnen wir als XX, die des Mannes als XY.

Unterschiedliche Gene

Lebewesen bekommen von ihren Eltern für jedes Merkmal zwei Gene mit. Diese können identisch oder verschieden sein. Sind sie verschieden, so ist die eine Form meistens dominant und die andere rezessiv. Die dominante Form dominiert und kommt zur Ausprägung. Die rezessive Form bleibt verborgen. Wenn ein Kind zum Beispiel ein dominantes Gen für dunkle Haare und ein rezessives Gen für blonde Haare von den Eltern mitbekommt, so wird es dunkle Haare haben. Nur wenn zwei rezessive Gene für blond aufeinandertreffen, wird es auch diese Haarfarbe bekommen.

Compact Disc

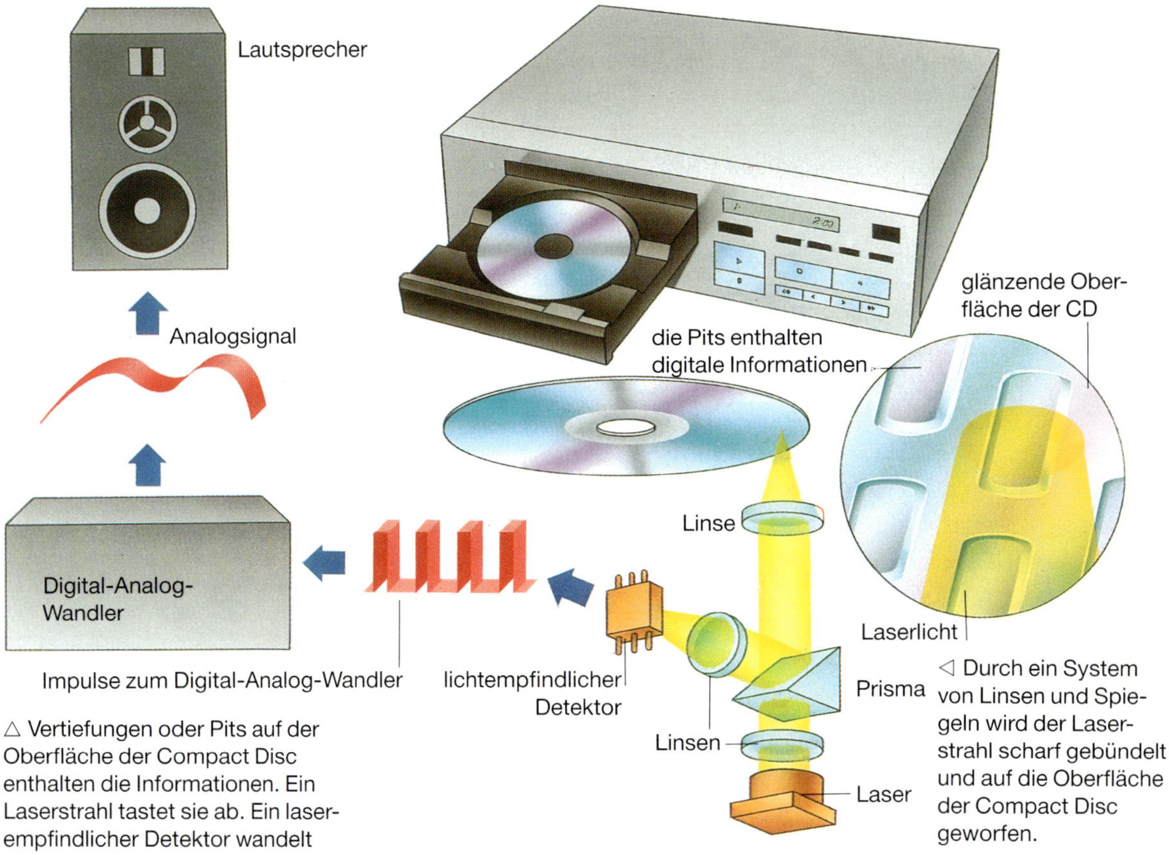

△ Vertiefungen oder Pits auf der Oberfläche der Compact Disc enthalten die Informationen. Ein Laserstrahl tastet sie ab. Ein laserempfindlicher Detektor wandelt die Informationen in elektrische Impulse um. Ein Digital-Analog-Wandler verwandelt sie in elektrische Schwingungen, und der Lautsprecher macht sie schließlich hörbar.

◁ Durch ein System von Linsen und Spiegeln wird der Laserstrahl scharf gebündelt und auf die Oberfläche der Compact Disc geworfen.

Compact Disc

Die Compact Disc, abgekürzt CD, speichert Musik in →digitaler Form. Sie sieht einer Schallplatte zwar ähnlich, funktioniert aber ganz anders. Die Musik ist auf ihr in Form kleiner Vertiefungen oder Pits gespeichert. Darüber liegen eine hauchdünne Aluminiumschicht und eine durchsichtige Schutzschicht. Ein →Laserstrahl tastet die Vertiefungen ab, die in einer spiralförmigen Spur von innen nach außen auf der CD liegen. Trifft der Laserstrahl auf eine Vertiefung, so wird er nicht zurückgeworfen. Die →Reflexion erfolgt nur an der glatten Aluminiumoberfläche. Der angeschlossene Detektor nimmt den reflektierten Laserstrahl wahr und erzeugt nach seinem Muster elektrische Impulse. Ein Digital-Analog-Wandler verwandelt sie in elektrische Schwingungen zurück, diese werden verstärkt und dem →Lautsprecher zugeführt. Weil die Musik in digitaler Form gespeichert ist, gibt es beim Abspielen kein Kratzen oder Rauschen wie bei der →Schallplatte oder dem →Tonband. Die Tonqualität der CD ist besser, und sie kann theoretisch auch nicht verschleißen.
Die Lesegeschwindigkeit des Laserstrahls beträgt 1,2 Meter pro Sekunde. Im Zentrum der CD entspricht dies 500 Umdrehungen pro Sekunde, am Rand nur noch 200 Umdrehungen.

Der Laserstrahl im CD-Spieler muß sehr scharf gebündelt sein, damit er nur eine Tonspur liest. Die Spuren sind nur 1,6 tausendstel Millimeter voneinander entfernt. Die Pits selbst sind nur 0,5 tausendstel Millimeter breit und 1 bis 3 tausendstel Millimeter lang. Der Laser erzeugt übrigens unsichtbare Infrarotstrahlen.

Computer

Der Computer ist eine Maschine, die Informationen (Daten) mit großer Geschwindigkeit nach vorgegebenen Befehlen des →Programms verarbeitet. Diese Programme müssen in einer „Sprache" abgefaßt sein, die der Computer auch versteht. Weiteres dazu auf den Seiten 88 und 89.

„Computer" ist ein englisches Wort. Dieses geht auf das lateinische Tätigkeitswort „computare" zurück, das „zusammenrechnen" bedeutet.

Computergrafik

Weil der Computer ungeheure Datenmengen verarbeiten kann, läßt er sich auch bei der Herstellung grafischer Darstellungen einsetzen. Fast jedes Computerspiel arbeitet mit Grafiken: Das Bild ändert sich jeden Augenblick und kann sehr lebensnah und perspektivisch aussehen. Bis über 25 000 verschiedene Farben können dabei zum Einsatz kommen – mehr als die meisten von uns unterscheiden können.

Eine wichtige Rolle spielt die Computergrafik in der Wirtschaft, der Wissenschaft und der Technik. Ingenieure konstruieren heute vorwiegend am Computer. Sie können an ihrer Zeichnung immer wieder Änderungen vornehmen und deren Auswirkungen von allen Seiten betrachten, denn der Computer dreht das gezeichnete räumliche Modell perspektivisch in alle Richtungen. Dieses Verfahren heißt auch CAD, was Computer Aided Design bedeutet, also etwa „rechnerunterstütztes Konstruieren". Zeichentrickfilme werden heute übrigens kaum mehr von Hand, sondern von Computern gezeichnet.

▽ Mit Computern kann man qualitativ gute dreidimensionale Grafiken entwerfen. Damit werden Computer zu einem nützlichen Hilfsmittel auch für Künstler.

▽ Ingenieure entwerfen neue Autos heute nur noch mit Hilfe des Computers. Sie können immer wieder kleine Änderungen vornehmen, ohne gleich eine völlig neue Zeichnung anfertigen zu müssen. Der Computer kann sofort ausrechnen, wie sich die angebrachten Veränderungen zum Beispiel auf die Stabilität der Karosserie auswirken.

△ Mit einem Programm für Trickaufnahmen wurde diese Fotografie in einzelne Bestandteile zerlegt, die schließlich „weggeweht" werden.

Computer

Der erste elektronische Computer mit der Bezeichnung Colossus wurde 1943 in Großbritannien gebaut. Er bestand aus 1500 Elektronenröhren, von denen jede so groß war wie eine Colaflasche. In den fünfziger Jahren ersetzte man die Röhren durch Transistoren. Diese brauchten sehr viel weniger Platz, so daß auch die Computer nun viel kleiner werden konnten. Diese Miniaturisierung ist seither weit fortgeschritten. Computer werden heute aus integrierten Schaltungen oder Chips gefertigt, von denen jeder wiederum mehrere hunderttausend Bauteile enthält. Am weitesten ist der Mikroprozessor in der Miniaturisierung fortgeschritten. Er enthält die Zentraleinheit (CPU) eines Computers.

Computer beeinflussen heute unser gesamtes Leben. Die meisten Geschäftsbriefe, die wir heute bekommen, werden mit Hilfe eines Computers geschrieben; man spricht dabei von Textverarbeitung. Auch die Rechnungen stammen fast nur noch von Computern.

Mit Computern kann man auch lebensnahe Bilder schaffen. In Flugsimulatoren können Piloten trainieren, ohne den Boden zu verlassen. Der Computer projiziert dabei ein Bild, wie es der Pilot vom Cockpit aus sieht. Mit Computerhilfe simulieren hydraulische Stützen auch die Bewegungen, die das Flugzeug während des Fluges durchführt. Die gesamte Raumfahrt wäre ohne die Entwicklung der Computer überhaupt nicht möglich gewesen.

△ Dieser Computer wurde 1953 eingesetzt, um Wahlergebnisse vorherzusagen.

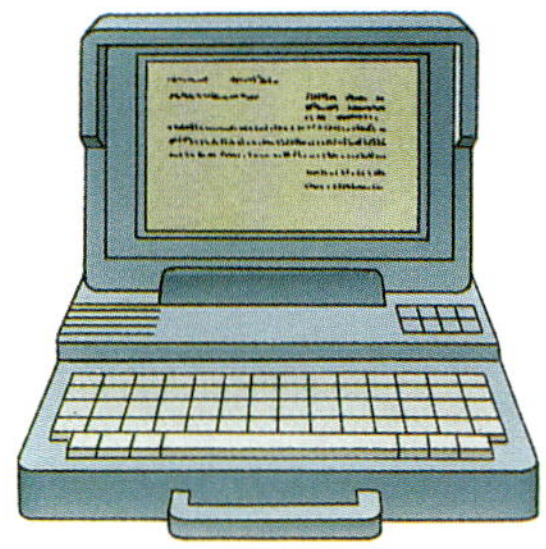

△ Ein moderner tragbarer Laptopcomputer

▽ Einige Geräte zur Bedienung und Nutzung eines Computers. Der Joystick oder Steuerknüppel wird vor allem für Computerspiele verwendet. Mit der Maus kann man bestimmte Stellen auf dem Bildschirm anfahren.

▽ Computer speichern Daten und Programme auf dem Festspeicher (ROM) und dem direkten Zugriffsspeicher (RAM). Die Zentraleinheit (CPU) ist das Herz des Computers. Die Eingabe (Input) erfolgt über die Tastatur. Die Ausgabe (Output) geschieht über den Bildschirm oder den Drucker.

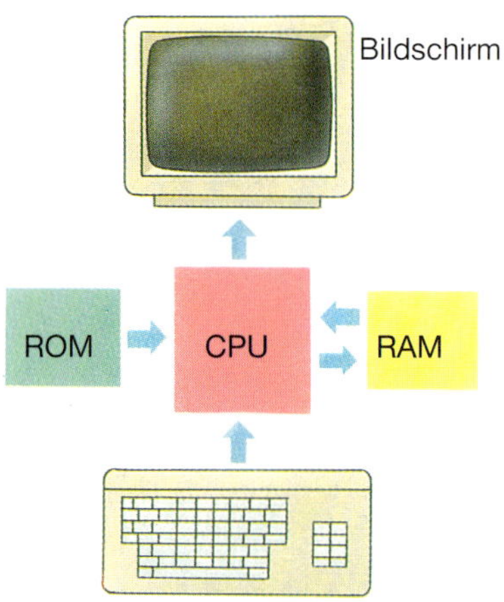

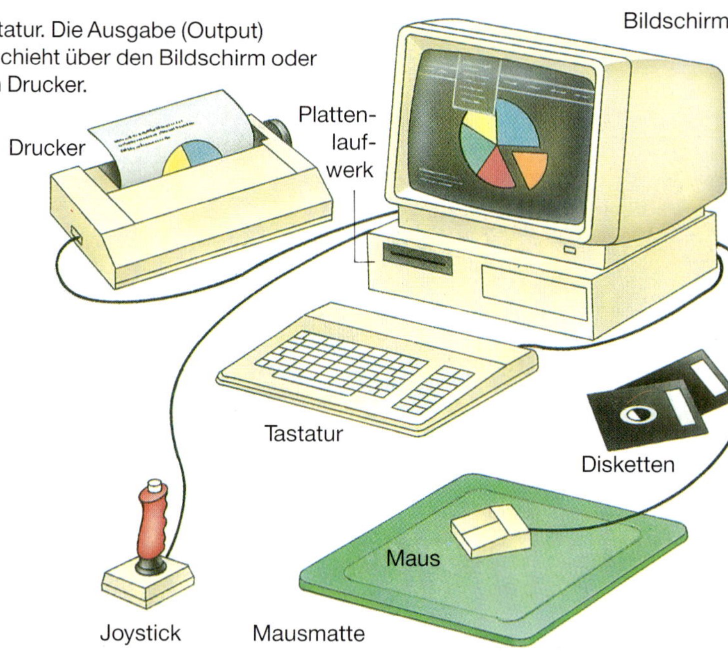

△ Viele junge Menschen finden den Zugang zum Computer vor allem über die Computerspiele. Diese haben oft eine aufwendige Grafik, und besondere Geräuscheffekte erhöhen die Spannung.

△ Heute gibt es bereits Schachcomputer, die gegen internationale Großmeister gewonnen haben.

△ Moderne Bildschirme geben schon sehr feine Einzelheiten wieder, so daß es bereits möglich ist, mit Grafikprogrammen Zeichentrickfilme herzustellen.

▷ Schnelle moderne Superrechner brauchen immer viel Platz, allerdings nur noch einen winzigen Bruchteil des Platzes, den die alten Elektronengehirne benötigten. Die Zentraleinheit dieses Computers ist in den senkrechten Säulen enthalten.

▽ Mit dem Lichtstift kann man Informationen in den Computer eingeben. Man hält den Stift dabei auf den Bildschirm.

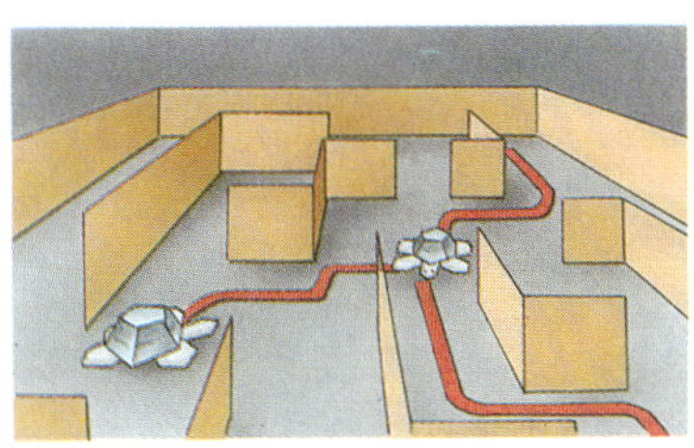

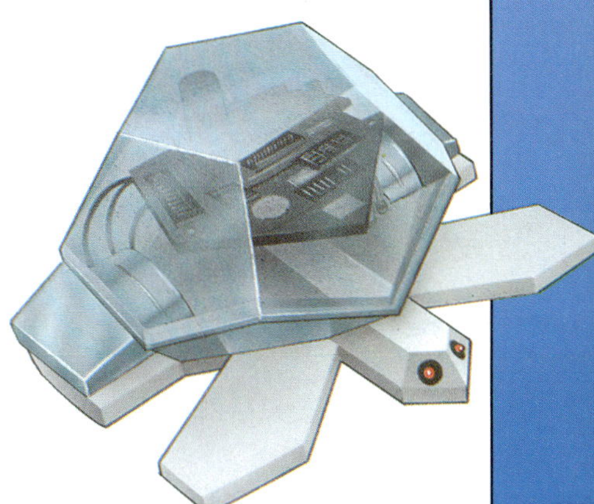

▷ Diese mechanische Schildkröte (Turtle) ist ein Roboter, der von einem Computer gesteuert wird. Sie bringt Kindern Grundwissen über den Computer bei.

Siehe auch →Computergrafik; →Hardware; →Mikrochip; →Mikroprozessor; →Software; →Speicher.

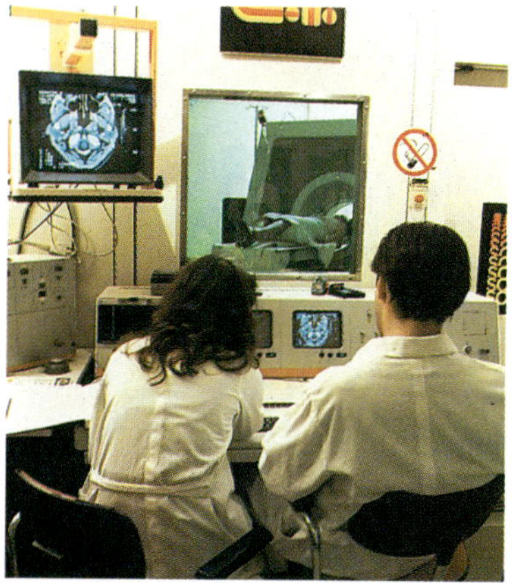

△ Während der Patient unter dem Computertomographen liegt, analysieren Ärzte die aufgezeichneten Bilder.

Computertomographie

Mit dem Computertomographen erzeugt der Arzt Bilder vom Körperinneren. Scharf gebündelte Röntgenstrahlen werden in veschiedenen Winkeln durch den Körper gesandt. Röntgendetektoren nehmen die eintreffende Strahlung wahr und übergeben die Daten einem →Computer, der sie zu einem Gesamtbild vereinigt. Mit dem Computertomographen kann man einzelne „Schnitte" durch den Körper legen, ohne ihn zu verletzen. Durch Zusammenfügen zahlreicher Schnitte gelingt es schließlich, alle Organe naturgetreu abzubilden. Ähnlich arbeitet auch der Kernspintomograph. Er verwendet allerdings keine Röntgenstrahlen, sondern setzt den Körper einem starken Magnetfeld aus, in dem die Wasserstoffatome wie →Kreisel zu torkeln beginnen. Diese Bewegungen werden benutzt, um Bilder aufzunehmen.

Coulomb

Das Coulomb, abgekürzt C, ist die Maßeinheit (→SI-Einheit) der elektrischen Ladung. Wenn eine Sekunde lang ein Strom von einem Ampere fließt, so entspricht die transportierte Elektrizitätsmenge einem Coulomb. Diese Einheit ist nach Charles Auguste de Coulomb (1736–1806) benannt. Er maß als erster die Kräfte, die zwischen elektrisch geladenen Körpern wirksam sind, und entdeckte, daß sich gleichnamige Ladungen abstoßen und ungleichnamige anziehen.

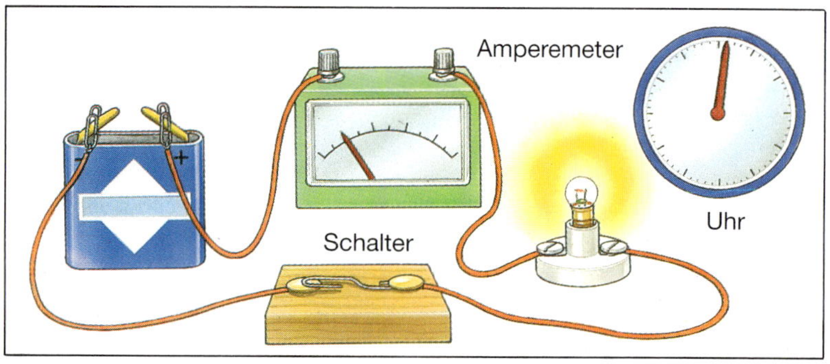

▷ Das Coulomb (C) ist die Einheit der elektrischen Ladung oder der Elektrizitätsmenge. Wenn eine Sekunde lang (siehe Uhr) ein unveränderlicher elektrischer Strom der Stärke ein Ampere (Amperemeter) fließt, so entspricht die transportierte Elektrizitätsmenge einem Coulomb.

cracken

Das Cracken spielt bei der Verarbeitung von →Erdöl eine große Rolle. Zunächst erhält man durch →Destillation die unterschiedlichen Bestandteile des Erdöls, zum Beispiel Benzin und Heizöl. Einen ziemlich großen Anteil macht das Schweröl aus, für das keine große Nachfrage besteht. Deswegen versucht man Schweröl mit Hilfe von Wärme und →Katalysatoren in Benzin oder Heizöl zu verwandeln. Dieses Verfahren nennen wir Cracken. Beim Cracken werden die langen Ketten der →Kohlenwasserstoffe aufgebrochen.

Das Cracken mit Hilfe von Katalysatoren bringt die besten Ergebnisse. Man verwendet dabei vor allem Zeolithe, also mit unserem Feldspat verwandte Stoffe. Mit Zeolithen kann man auch unser Wasser enthärten. Die Chemiker sind gerade dabei, die verschiedenen Anwendungsmöglichkeiten dieser Zeolithe zu erforschen.

Dampf

Der Begriff „Dampf“ hat mehrere Bedeutungen, die sich teilweise widersprechen. Wenn wir Wasser in einem Topf erhitzen, beginnt es nach einiger Zeit zu sieden. Die →Flüssigkeit geht in ein →Gas über. Gasförmiges Wasser bezeichnen wir als Wasserdampf. Dieser ist absolut durchsichtig. Die weißen Dampfwolken, die vom Topf aufsteigen, sind, physikalisch gesehen, kein Wasserdampf und kein Gas. Der eigentliche heiße Wasserdampf vermischt sich nämlich sehr schnell mit der kühleren Luft. Dabei →kondensieren winzige Wassertröpfchen aus. Das Gas Wasserdampf verwandelt sich also zurück in eine fein verteilte Flüssigkeit. Dennoch verwenden wir im normalen Sprachgebrauch gerade für diese weißen →Wolken die Bezeichnung „Dampf“. Auch →Wolken und →Nebel bestehen aus solchem „Dampf“.
Wenn wir ein Gefäß zu einem Drittel mit Wasser füllen, verschließen und einige Zeit stehen lassen, wird die Luft im Gefäß gasförmiges Wasser aufnehmen. Auch in diesem Fall spricht der Physiker von Wasserdampf. Den Gehalt der Luft an Wasserdampf bezeichnen wir als →Luftfeuchtigkeit.

Dampfmaschine

Wenn wir Wasser in einem geschlossenen Behälter erhitzen, entsteht sehr schnell →Dampf. Schon im 17. Jahrhundert entdeckten die Menschen, daß dieser Dampf in Maschinen Arbeit verrichten kann. Weiteres auf Seite 93.

Darm

Der Darm ist der wichtigste Teil des →Verdauungssystems. Bei uns Menschen ist er ungefähr 9 Meter lang und erstreckt sich vom →Magen bis zum Darmausgang oder After. Wir unterscheiden vor allem zwei Darmabschnitte: Der Dünndarm verdaut den Nahrungsbrei weiter und nimmt die gewonnenen Nährstoffe auf. Der Dickdarm entzieht den unverdaulichen Bestandteilen der Nahrung Wasser und bereitet die Exkremente zur Ausscheidung vor. Um den Nahrungsbrei voranzutreiben, ziehen sich Muskeln der Darmwand in wellenförmigen Bewegungen zusammen. Diesen Vorgang nennen wir Peristaltik. Auf der Innenseite der Darmwand liegen die Zotten. Es handelt sich dabei um zäpfchenähnliche, verzweigte, winzige Erhebungen, in denen vor allem Blut- und Lymphgefäße liegen. Sie vergrößern die Oberfläche des Darmes und nehmen die verdauten Nährstoffe auf.
Im Darm aller Tiere und auch des Menschen leben Bakterien. Sie bilden die sogenannte Darmflora. Diese ist sehr nützlich, denn sie hilft beim Abbau von Nährstoffen und produziert

▽ Wenn Wasser kocht, wird es gasförmig. Der Physiker spricht dabei von Wasserdampf. Dieser ist völlig farblos und durchsichtig, und wir erkennen ihn nur in der Nähe des siedenden Wassers. Weiter oben bilden sich die sogenannten „Dampfwolken“, die jedoch kein Dampf sind, sondern aus bereits wieder kondensierten winzigen Wassertröpfchen bestehen. Man kann diesen „Wasserdampf“ mit Wolken vergleichen.

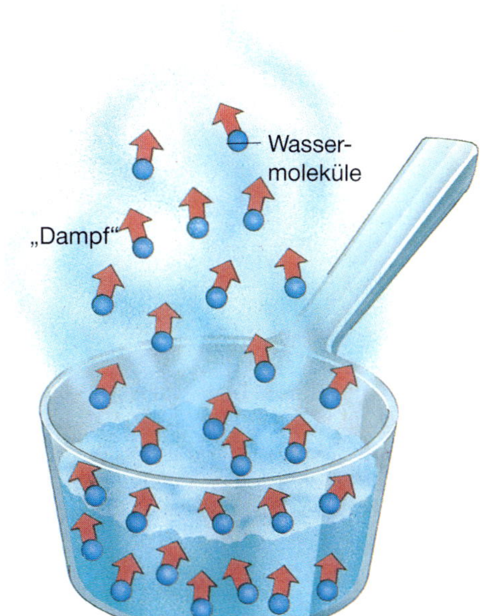

▷ Die Verdauung beginnt in unserem Mund. Wir zerkleinern dabei die Nahrung und speicheln sie ein. Im Speichel sind bereits die ersten stärkespaltenden Enzyme vorhanden. Im Magen werden vor allem die Proteine aufgespalten und vorverdaut. Im Dünndarm kommen die Enzyme der Galle und des Bauchspeichels hinzu. Die Nahrung wird dort gänzlich verdaut. Die Darmzotten nehmen die Nährstoffe ins Blut oder in die Lymphe auf. Der Dünndarm besteht aus dem Zwölffingerdarm, dem Krummdarm und dem Leerdarm. Der Dickdarm entzieht den unverdaulichen Nahrungsbestandteilen das Wasser und formt sie zu Kot.

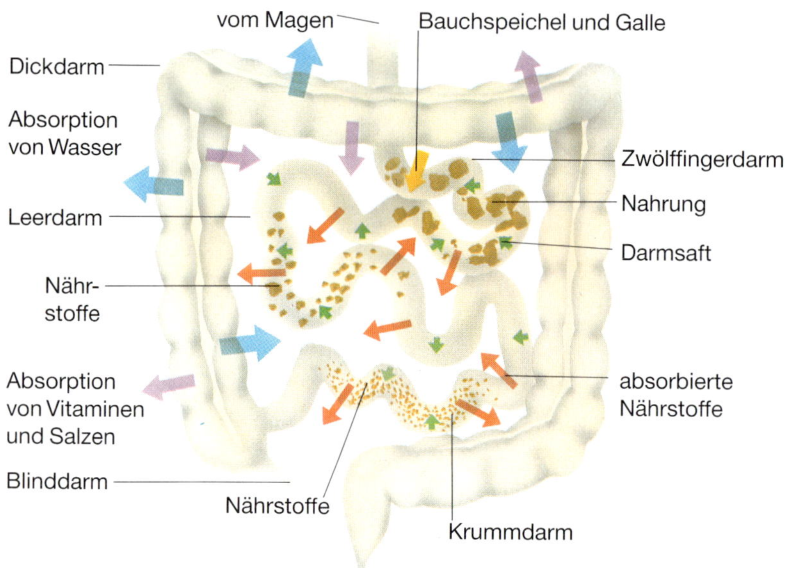

auch die beiden →Vitamine E und K. Beim Menschen besteht rund ein Drittel der Darmausscheidungen aus Bakterien. Pro Gramm unserer Ausscheidungen sind das 300 bis 400 Milliarden Bakterien! Eine lebenswichtige Rolle spielt die Darmflora bei den Wiederkäuern: Ohne →zellulosespaltende Bakterien könnte das Rind in seinem vierteiligen Magen beispielsweise kein Gras verdauen.

Durch Destillation gewinnt man Schnäpse. Brenner erhitzen zum Beispiel Wein in einer Brennblase. Der Alkohol verflüchtigt sich und kondensiert im Kühler wieder. Als wasserhelle Flüssigkeit tritt er am anderen Ende der Apparatur aus (Weinbrand). Besonders gute Schnäpse werden zweimal destilliert.

Destillation

Durch Destillation trennt man Gemische von Flüssigkeiten. Beim Erhitzen sieden die Bestandteile nämlich bei unterschiedlichen Temperaturen. Sie verdampfen folglich nacheinander und können somit getrennt aufgefangen werden. Ganz besonders wichtig ist die Destillation in →Erdölraffinerien. Man spricht hier von einer fraktionierenden Destillation, weil Destillate bestimmter Siedebereiche oder Fraktionen gewonnen werden. Siehe auch →Kondensation.

▷ Durch Destillation kann man auch die Bestandteile von Salzlösungen trennen: Wir erhitzen Salzwasser. Das Wasser verdampft, kondensiert im Kühler und tropft als destilliertes, reines Süßwasser ins Gefäß rechts. Das Salz bleibt im Destillierkolben übrig. Nach diesem Prinzip arbeiten viele Meerwasserentsalzungsanlagen.

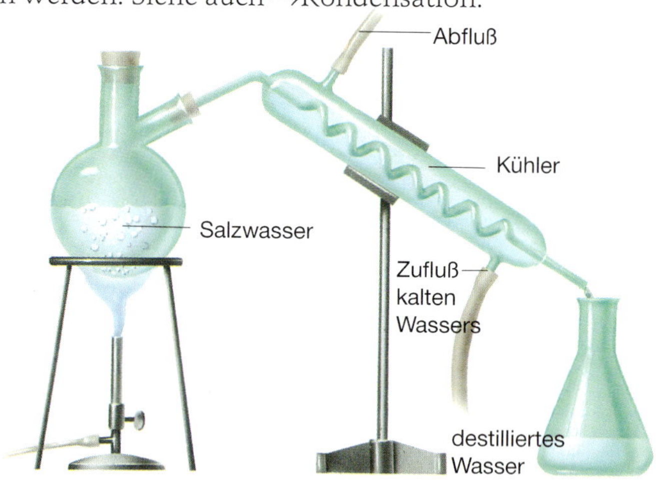

Dampfmaschine

Die Dampfmaschine verwandelt die chemische Energie eines Brennstoffes in mechanische Energie oder Arbeit und verwendet dazu Wasserdampf. Im Jahr 1769 entwickelte James Watt eine wirksame Dampfmaschine.
In diesen frühen Dampfmaschinen strömte erhitzter Wasserdampf in einen Zylinder und trieb dort einen beweglichen Kolben an. Der Dampf wurde anschließend durch kaltes Wasser abgekühlt. Er kondensierte, so daß der Druck im Zylinder sank und der Kolben wieder zurückbewegt wurde.
1784 baute James Watt eine neue Dampfmaschine, die andere Maschinen antreiben konnte. Zu Ende des 19. Jahrhunderts kamen die Verbrennungsmotoren auf. Heute spielen die Dampfmaschinen keine Rolle mehr.

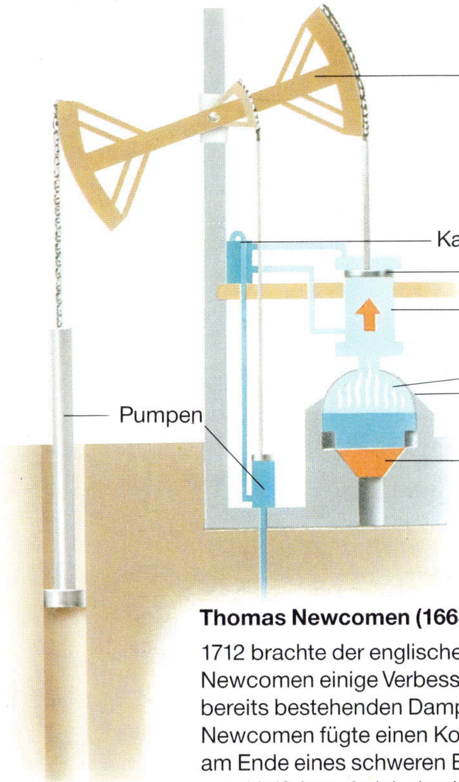

Thomas Newcomen (1663–1729)

1712 brachte der englische Eisenhändler Newcomen einige Verbesserungen an einer bereits bestehenden Dampfmaschine an. Newcomen fügte einen Kolben hinzu, der am Ende eines schweren Balkens befestigt war. Heißdampf trieb den Kolben nach oben. Kaltes Wasser ließ den Dampf kondensieren, so daß der Kolben fiel.

Mach es selbst

Wir können uns ein Boot bauen, das von Dampf angetrieben wird. Dazu legen wir drei Teelichter in einen Metallbehälter. Mit etwas Modelliermasse befestigen wir eine Metallröhre auf der Dose und geben einen Eßlöffel Wasser hinein. In den Deckel der Röhre bohren wir ein Loch. Jetzt zünden wir die Lichter an und beobachten, wie das Boot langsam vom Dampf vorwärtsgetrieben wird.

George Stephenson (1781–1848)

George Stephenson war ein englischer Ingenieur. 1813 konstruierte er die erste Dampflokomotive. Eine weitere Lokomotive, die er 1821 für die Linie von Stockton nach Darlington baute, kam immerhin auf 24 km/h. Im Bild unten eine Nachbildung seiner berühmten Lokomotive „Rocket".

Siehe auch →Arbeit; →Dampf; →Energie; →Kohle; →Kondensation; →Leistung; →Maschine; →Verbrennung; →Verbrennungsmotor.

Detektor

▷ Mit einem Metalldetektor können wir vergrabene metallische Gegenstände orten. Der Detektor sendet Radiowellen aus. Sie werden von den Gegenständen teilweise zurückgeworfen. Der Detektor registriert die eintreffenden Wellen und setzt sie in hörbare hohe Töne um.

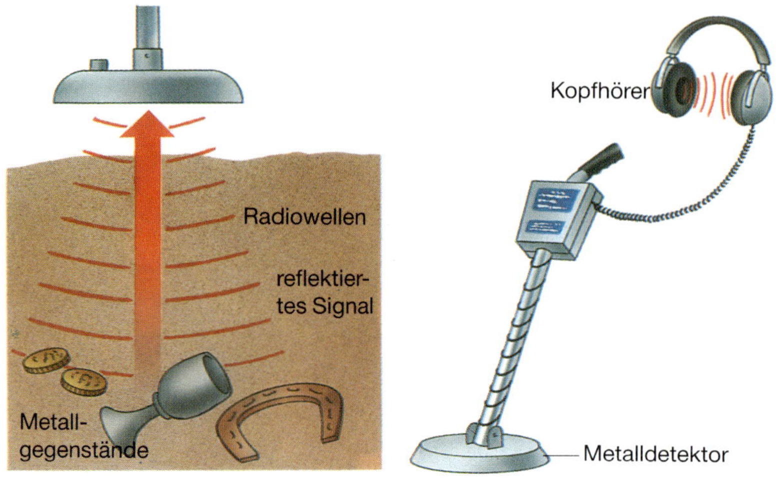

▽ Die Hörgrenze für das menschliche Ohr liegt zwischen 0 und 10 dB. Heftiges Niesen ist ungefähr so laut wie Orchestermusik. In manchen Discos liegt der Lärmpegel deutlich über 100 dB. Gehörschäden bei dieser Lautstärke sind unvermeidlich. Nach einigen Tagen erholt sich das Gehör. Wer jedoch oft laute Discos besucht, läuft Gefahr, teilweise taub zu werden.

Lautstärken von Schallquellen

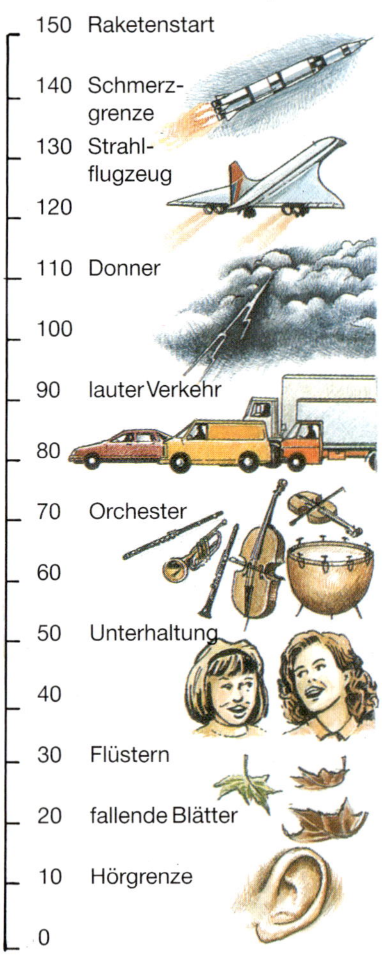

Detektor

Das Wort „Detektor" stammt wie „Detektiv" vom lateinischen Tätigkeitswort „detegere" ab, das „entdecken" bedeutet. Detektoren sind Geräte, die Strahlen oder Stoffe aufspüren. Man kann mit ihnen zum Beispiel →Elektronen, →Radioaktivität, Wärmequellen oder Giftstoffe entdecken. Häufig bezeichnet man sie auch als Sensoren.

Dezibel

Das Dezibel (abgekürzt dB) ist eine Einheit für die Lautstärke oder den Schalldruck. Das Dezibel ist nach Alexander Graham Bell (1847–1922) benannt, dem Erfinder des →Telefons. Ein Geräusch mit 30 dB ist zehnmal so stark wie ein Geräusch mit 20 dB. Wer längere Zeit und regelmäßig einem Lärm von über 80 dB ausgesetzt ist, läuft ein hohes Risiko, einen Gehörschaden zu bekommen. Oberhalb von 140 dB kann das Trommelfell platzen.

Dezimalsystem

Wir schreiben unsere Zahlen im Dezimalsystem. Das lateinische Wort „decimus" heißt „der Zehnte"; das Dezimalsystem beruht somit auf der Zahl zehn. Jede Zahl läßt sich durch zehn Ziffern, von 0 bis 9, darstellen. Jede dieser Ziffern hat nicht nur ihren Eigenwert, sondern auch einen Stellenwert: Je nach ihrer Stellung bedeutet sie etwas anderes. Nehmen wir die Zahl 55: Die erste 5 bedeutet nicht einfach den Wert 5, sondern durch ihre Stelle hat sie den Wert $5 \cdot 10 = 50$. Die erste 5 von der Zahl 555 hat den zehnfachen Wert der zweiten 5, nämlich $5 \cdot 100 = 500$. Wir können die Zahl 555 also folgendermaßen darstellen:

$$555 = 5 \cdot 100 + 5 \cdot 10 + 5 \cdot 1 \text{ oder}$$
$$= 5 \cdot 10^2 + 5 \cdot 10^1 + 5 \cdot 10^0.$$

Die hochgestellte Zahl heißt Potenz. Sie gibt an, wie oft man die 10 mit sich selbst multiplizieren muß. 10^2 ist also $10 \cdot 10 = 100$. $10^1 = 10$; 10^0 ist laut Definition 1.
Auch Brüche kann man dezimal darstellen. 3/10 ist dann 0,3, 5/100 entspricht 0,05. Einen gewöhnlichen Bruch, zum Beispiel 3/5, kann man leicht in einen Dezimalbruch verwandeln, indem man den Zähler durch den Nenner teilt, also 3:5 = 0,6.

Viele Völker sind wahrscheinlich durch das Abzählen an den Fingern auf die Idee gekommen, Dinge zu Zehnern zusammenzuzählen. Das taten auch die Römer. Aber obwohl sie so gute Ingenieure waren, kamen sie nicht auf die Idee, mit denselben Zahlzeichen auch die Anzahl der Zehner, der Hunderter, der Tausender usw. auszudrücken. Nicht die Römer waren die Erfinder des Dezimalsystems, sondern die Inder. Die Araber brachten das indische System schließlich nach Europa.

Diagramm

Statt Diagramm kann man auch grafische Darstellung sagen. Viele Dinge, die man mühselig beschreiben müßte, kann man mit einem Diagramm schnell anschaulich machen. Besonders Tabellen werden gerne in Diagramme umgesetzt. Es gibt mehrere unterschiedliche Diagramme. Mit einem Kreisdiagramm können wir Anteile an einem Ganzen darstellen. Ein solches Kreisdiagramm ist zum Beispiel auf Seite 282 (Landwirtschaft) abgebildet.
Sehr viele Diagramme zeigen, wie ein veränderlicher Wert von einem anderen Wert abhängt. Wir können zum Beispiel mit einem Diagramm darstellen, wie die Altersgruppen in der Bevölkerung verteilt sind. Dazu nimmt man zwei Achsen, die senkrecht aufeinanderstehen: Auf der waagrechten x-Achse werden die Altersgruppen aufgetragen, auf der senkrechten y-Achse die Zahl der Menschen pro Altersgruppe. Am besten zeichnen wir in diesem Fall ein Stabdiagramm (rechts).
Beim Kurvendiagramm (siehe rechts) zeichnen wir erst die Meßpunkte ein: Nach einer Sekunde beträgt die Entfernung 9 Meter, nach 2 Sekunden 14 Meter, nach 3 Sekunden 19 Meter, nach 4 Sekunden 22 Meter, nach 8 Sekunden 29 Meter. Diese Werte nennen wir auch Koordinaten, denn sie bestimmen genau die Lage der Meßpunkte im Diagramm. Danach verbinden wir diese Punkte und erhalten ein Kurvendiagramm.

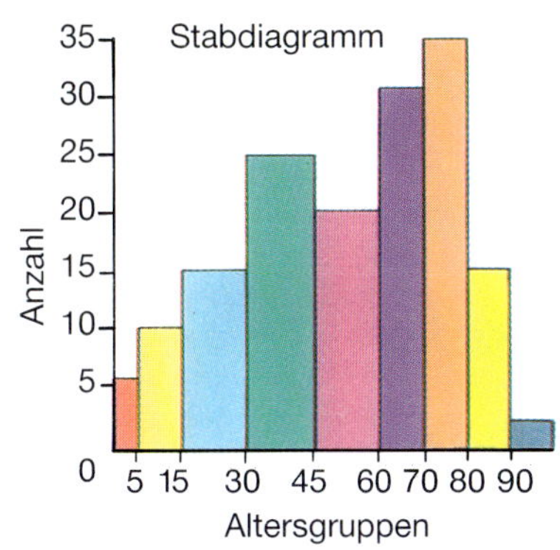

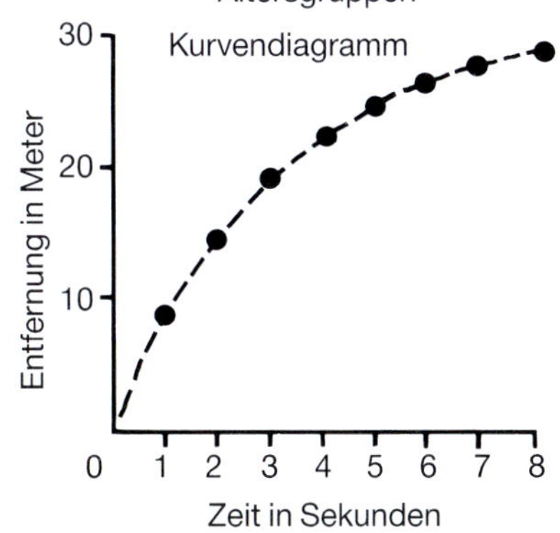

△ Das Diagramm ganz oben ist ein Stabdiagramm oder Histogramm. Es zeigt die Verteilung von Altersgruppen. Das untere Diagramm zeigt, welche Entfernung (y-Achse) in der Zeit (x-Achse) zurückgelegt wurde.

Mach es selbst

Fertige ein Diagramm über dein Wachstum während eines halben Jahres an. Zeichne zunächst die beiden Achsen ein. Die waagrechte x-Achse unterteilst du fünfmal und schreibst die Namen der betreffenden Monate darunter. Die senkrechte y-Achse unterteilst du so, daß eine Einheit einem Zentimeter entspricht. Du mißt nun genau die Größe deines Freundes und trägst diesen Wert in dein Diagramm ein. Dein Freund verfährt mit dir genauso. Jeden Monat wird gemessen.

△ Diamanten werden seit jeher wegen ihrer Härte und ihrer Schönheit geschätzt. Die meisten Rohdiamanten zeigen die Kristallform eines Oktaeders, oft typisch mit gewölbten Flächen (oben). Durch Schleifen wird aus dem Diamanten ein funkelnder Brillant (unten). Der Stein verliert dabei allerdings über ein Drittel seiner Masse.

Diamant

Diamanten entstehen in der Natur nur unter extrem hohen Drücken und Temperaturen im Erdinneren. Sie bestehen aus reinem →Kohlenstoff und sind das härteste Material, das wir bisher kennen. Seine Hauptverwendung findet der Diamant deswegen in der Industrie. Bohrköpfe werden zum Beispiel mit Industriediamanten bestückt. Nur fünf von hundert gefundenen Diamanten sind so durchsichtig, daß sie geschliffen verarbeitet werden. Das Funkeln des Diamanten geht darauf zurück, daß er Licht außerordentlich stark bricht.
Heute gelingt es, unter hohem Druck kleine Industriediamanten ziemlich billig herzustellen. Mit einem weiteren, noch weniger aufwendigen Verfahren, das gerade in der Erprobung ist, hofft man große Diamantplatten auf Oberflächen züchten zu können.

Dichte

Jeder Körper hat eine bestimmte Dichte. Der Physiker versteht darunter die Masse eines Körpers pro Rauminhalt (Volumen). Die häufigste Maßeinheit ist Gramm pro Kubikzentimeter (g/cm^3). Reines Wasser zum Beispiel hat bei 4°C eine Dichte von 1,0 g/cm^3. Platin als einer der „schwersten" Stoffe kommt auf 21,5 g/cm^3. Luft hat bei 0°C und Normaldruck eine Dichte von 0,003 g/cm^3. Da sich die meisten Stoffe bei Temperaturänderungen zusammenziehen oder ausdehnen, hängt deren Dichte von der Temperatur ab. Das gilt besonders für die Gase. Heißluftballons zum Beispiel steigen auf, weil die Dichte der Heißluft im Inneren des Ballons sehr viel geringer ist als die Dichte der umgebenden kalten Luft. Dadurch entsteht ein →Auftrieb, der den →Ballon nach oben bewegt.

Mach es selbst

Wir gießen sorgfältig etwas Sirup, Wasser und Speiseöl über die gewölbte Seite eines Löffels in ein Glasgefäß. Die Flüssigkeiten bilden drei Schichten, weil sie eine unterschiedliche Dichte aufweisen. Der Sirup ist am dichtesten und bildet die unterste Schicht. Darüber liegt die Schicht Wasser. Obenauf schwimmt das Öl. Wir legen nun einige der abgebildeten Gegenstände in das Glasgefäß und schreiben auf, in welcher Schicht sie schwimmen.

Ähnlich verhalten sich verschiedene Flüssigkeiten: Wenn wir zwei nicht mischbare Flüssigkeiten zusammengießen, schwimmt die mit der geringeren Dichte obenauf. Wir messen die Dichte mit dem →Aräometer.
Statt von der Dichte spricht man auch von der Wichte oder vom spezifischen Gewicht. Streng genommen versteht man darunter die Gewichtskraft pro Volumen eines Körpers. Diese hängt von der →Schwerkraft auf der Erde und somit von der geographischen Lage ab. Ihre Maßeinheit ist das Newton pro Kubikzentimeter.

Dieselmotor

Der Dieselmotor gehört zu den →Verbrennungsmotoren. Er verbrennt allerdings nicht Benzin, sondern Leichtöl. Der Treibstoff wird auch nicht angesogen, sondern eingespritzt. Der Dieselmotor war der erste →Einspritzmotor. Das Einspritzen erfolgt, wenn die Luft im Zylinder hoch verdichtet ist. Der Treibstoff erhitzt sich dann sofort und entzündet sich. Beim Verbrennen dehnt sich das Diesel-Luft-Gemisch aus und treibt den Kolben nach unten. Die Auf- und Abbewegung der Kolben wird von der Kurbelwelle dann in eine Drehbewegung verwandelt. Der Dieselmotor unterscheidet sich vom Benzinmotor auch dadurch, daß er keine Zündung und keinen Vergaser braucht.
In fast allen Lastkraftwagen und Schiffen arbeiten Dieselmotoren. Es gibt auch immer mehr Personenkraftwagen mit Dieselantrieb. Diese Motoren arbeiten sehr zuverlässig, geben aber ziemlich viel Ruß sowie besonders giftige →Kohlenwasserstoffe an die Umwelt ab.

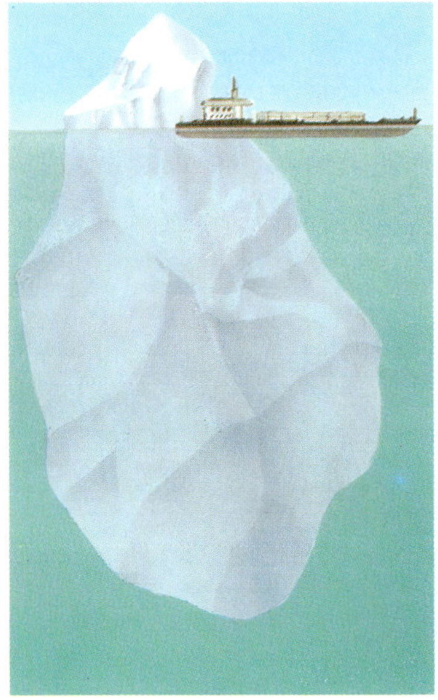

△ Eisberge schwimmen auf der Wasseroberfläche, weil ihre Dichte geringer ist als die des flüssigen Wassers. Sieben Achtel des Eisbergs befinden sich jedoch unter der Wasseroberfläche und stellen für die Schiffahrt eine große Gefahr dar.

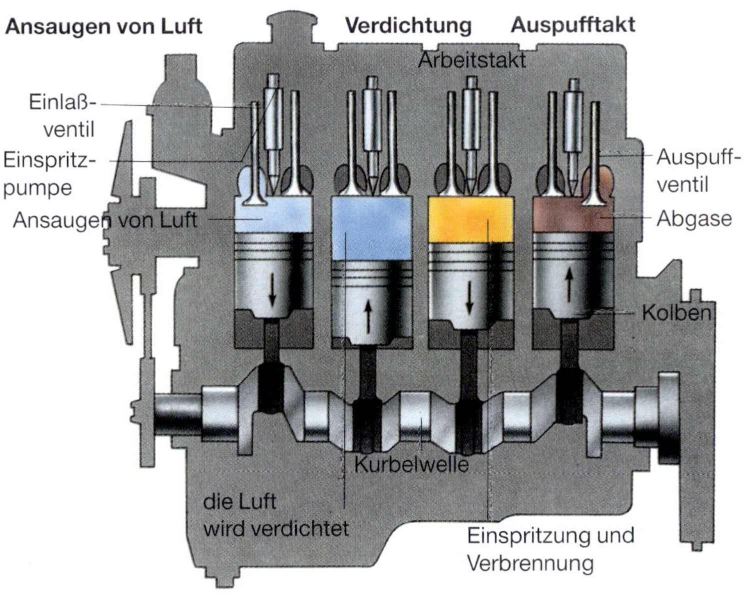

◁ Dieselmotoren haben mehrere Vorteile gegenüber Benzinmotoren. Sie brauchen keine elektrische Zündung und verwenden billigeren Treibstoff; auch der Vergaser entfällt. Dafür brauchen sie allerdings eine Einspritzpumpe. Dieselmotoren arbeiten sehr sparsam, sind allerdings wohl umweltschädlicher als Benzinmotoren mit Katalysatoren.

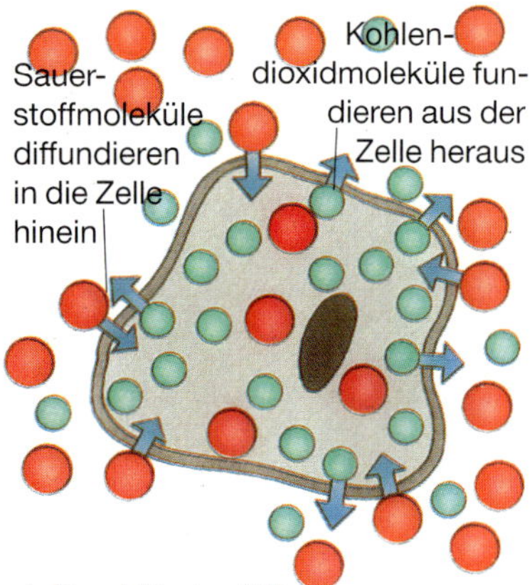

△ Durchlässige Wände, zum Beispiel von Zellen, lassen eine Diffusion zu. Durch Diffusion geben Zellen Kohlendioxid nach außen ab und nehmen Sauerstoff auf. Die Diffusion spielt bei der Osmose eine wichtige Rolle.

Diffusion

Wenn sich aneinandergrenzende Gase, Flüssigkeiten und Lösungen langsam und selbständig miteinander vermischen, spricht man von Diffusion. Gibt man etwa in ein absolut ruhig stehendes Gefäß mit Wasser einige Salzkristalle, so lösen sich diese auf. Die salzhaltigste Wasserschicht liegt dabei am Boden. Durch Diffusion gleicht sich jedoch die Salzkonzentration im ganzen Wasser langsam aus, selbst wenn niemand darin rührt. In Gasen und Flüssigkeiten können sich nämlich die →Atome und die →Moleküle ziemlich frei bewegen. Sie vermischen sich dabei selbständig miteinander. Wenn wir einen Tropfen Parfüm in die eine Ecke eines Raumes geben, werden wir den Duft ziemlich schnell in der gegenüberliegenden Ecke wahrnehmen. Die Diffusion spielt bei den Lebewesen eine entscheidend wichtige Rolle, denn der gesamte →Stoffwechsel könnte ohne Diffusion nicht stattfinden.
Siehe auch →Brownsche Bewegung; →Osmose.

Mach es selbst

Wir brauchen zwei Glasgefäße. Das eine füllen wir mit heißem Wasser, das andere mit kaltem. In jedes Gefäß bringen wir sorgfältig ein oder zwei Tintentropfen. Die Tinte diffundiert im warmen Wasser viel schneller als im kalten. Der Grund liegt in der weit stärkeren Wärmebewegung der Wassermoleküle.

digital

Wenn Meßergebnisse nicht mit Zeigern, sondern direkt durch Zahlen angegeben werden, so sprechen wir von einer digitalen Darstellung. Nehmen wir als Beispiel eine Uhr: Jede Sekunde ändert sich bei der Digitalanzeige mindestens eine Ziffer. Die Darstellung der Zeit erfolgt somit in Einzelschritten. Die →analoge Anzeige mit dem herkömmlichen Zeiger hingegen verläuft stufenlos. Man kann analoge stufenlose Signale in digitale umwandeln. Dazu muß man zum Beispiel ein Tonsignal sehr oft abtasten. Dabei werden zahlreiche digitale Werte gewonnen, die diesen Ton möglichst genau beschreiben. Diesen gesamten Vorgang nennen wir Digitalisierung. Die →Compact Disc speichert Musik zum Beispiel in digitaler Form, während die herkömmliche Schallplatte mit ihren Tonrillen analoge Signale aufzeichnet.

Ohne daß wir es richtig merken, greift die Digitalisierung immer weiter um sich. Wer ein Telefax über die Telefonleitung versendet, überträgt digitalisierte Informationen. Bald wird es so weit sein, daß auch Telefongespräche nur noch in Form von solchen Daten übertragen werden. Die Post bezeichnet dieses digitale Nachrichtennetz als ISDN.

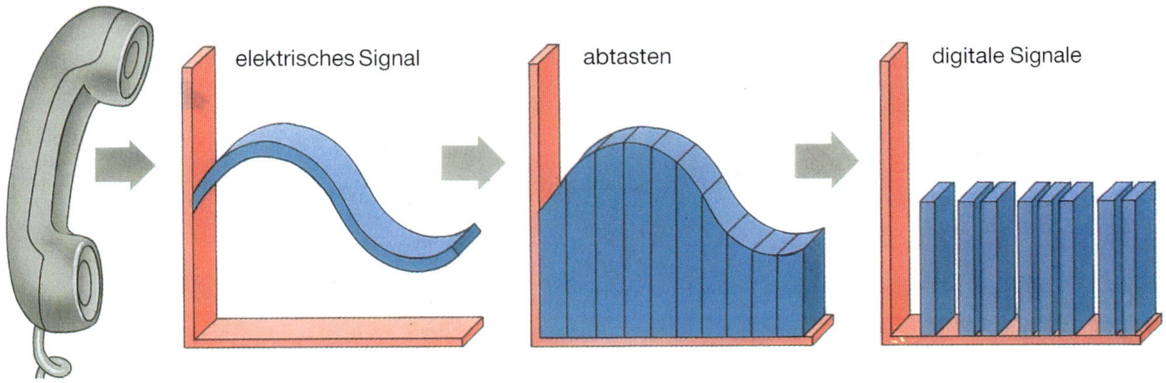

△ Analoge Telefonsignale kann man in digitalisierte und damit binäre Form übertragen. Die Übermittlung ist dann sehr viel leichter und weniger Störungen ausgesetzt. Am anderen Ende der Leitung werden die digitalen Daten wieder in Analogsignale umgewandelt, so daß erneut menschliche Sprache zu hören ist.

Digitale Systeme verwenden nicht unser →Dezimalsystem zum Rechnen. Sie greifen vielmehr auf →binäre Zahlen zurück, von denen es nur zwei gibt, nämlich 0 und 1. →Computer arbeiten nur mit binären Zahlen.
Siehe auch →Bit und Byte; →Computer.

Diode

Dioden sind elektronische Bauelemente. Sie lassen Strom nur in einer Richtung durch. Wechselströme, die einmal in die eine und einmal in die andere Richtung fließen, verwandelt die Diode in Gleichströme. Durch solche →Gleichrichter können wir tragbare Radios mit Wechselstrom aus der Steckdose oder mit Gleichstrom aus Batterien betreiben.
Die Dioden waren einst unhandliche →Elektronenröhren. Heute verwendet man fast ausschließlich Halbleiterdioden ähnlich den →Transistoren.

DNS

DNS ist die Abkürzung für Desoxiribonukleinsäure. Häufig findet man auch die englische Abkürzung DNA. Gemeint ist immer ein langes →Molekül, das im Zellkern und dort in den →Chromosomen liegt. In der DNS ist das Erbgut des jeweiligen Lebewesens verschlüsselt. Sie enthält alle Informationen für den Aufbau der Moleküle und Zellen. Die Eltern geben bei der →Befruchtung ihre DNS an die Nachkommen weiter.
Die DNS besteht aus zwei Strängen, die schraubenförmig umeinander gewunden sind. Wir bezeichnen diese Form als Doppelhelix und können sie mit einer verdrehten Leiter oder einer Wendeltreppe vergleichen. Die Sprossen der Leiter werden jeweils von zwei Molekülen gebildet, die wir Basen nennen. Sie sind an je einem DNS-Strang befestigt und verbinden sich am anderen Ende miteinander. Es gibt in der DNS insgesamt nur vier Basen, nämlich Adenin, Cytosin, Guanin und Thymin. Für die Bildung der „Sprossen" kommen nur die Basenpaare Adenin und Thymin sowie Cytosin und Guanin in Frage. Die

▽ Die DNS oder Desoxiribonukleinsäure ist in Chromosomen enthalten. Je zwei Stränge bilden eine Doppelhelix, eine Art verdrehte Leiter. Die „Sprossen" bestehen aus jeweils einem Basenpaar.

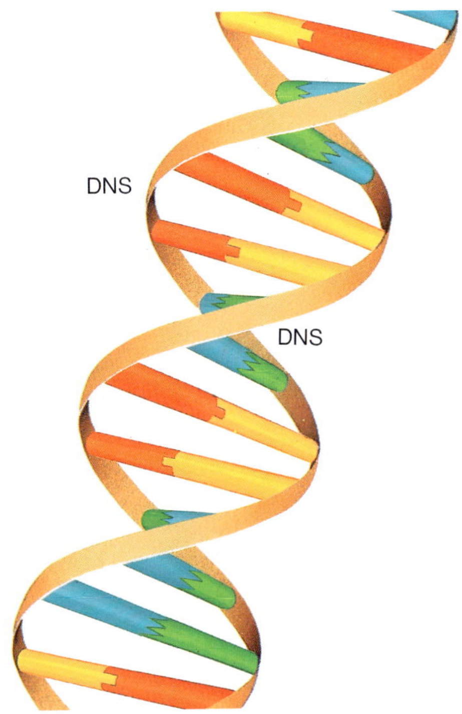

7*

▷ Diese Falschfarbenaufnahme zeigt die ringförmige DNS von Bakterien. Sie liegt bei diesen Lebewesen nicht in Form von Chromosomen vor. Zusätzliche kleine DNS-Moleküle befinden sich in sogenannten Plasmiden, die frei in der Zelle liegen. An solchen Plasmiden können verhältnismäßig einfach gentechnologische Eingriffe vorgenommen werden.

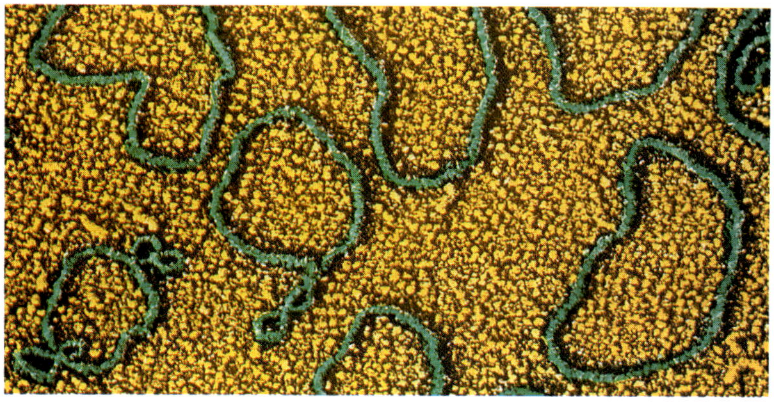

vier Basen verschlüsseln auch die →Gene. Wir können dies mit unserer Schrift vergleichen. Die einzelnen „Buchstaben" sind Dreiergruppen aufeinanderfolgender Basen. Diese „Buchstaben" setzen schließlich „Wörter" zusammen, und diese Wörter erteilen am Ende die Befehle für die Herstellung bestimmter →Proteine.

Donner

Wenn sich →Blitze entladen, erhitzen sie einen ungefähr bleistiftdicken Kanal in der Luft bis auf 30000 °C. Dort entsteht ein enormer Druck, der bis 100 bar oder 10 Millionen Pascal gehen kann. Durch diesen schlagartig erzeugten Luftdruck muß sich die Luft ausdehnen. Weil sich die Luft zunächst mit Überschallgeschwindigkeit ausdehnt, entsteht dabei das gewaltigste Geräusch der Natur, der Donner.

→Lichtstrahlen sind unvergleichlich schneller als →Schallwellen. Wenn der →Blitz auf die Erde schießt, sehen wir ihn praktisch zur gleichen Zeit. Schallwellen pflanzen sich dagegen viel langsamer mit einer Geschwindigkeit von rund 330 Meter pro Sekunde fort. Wenn wir also den Donner 30 Sekunden nach dem Blitz hören, mußte der Schall in der Zwischenzeit 30 mal 330 Meter, also ungefähr 10 Kilometer, zurücklegen. Damit wissen wir, daß der Kern des Gewitters ungefähr 10 Kilometer weit entfernt ist.

▽ Der Donner wird dadurch ausgelöst, daß sich die heiße Luft des Blitzkanals mit Überschallgeschwindigkeit ausdehnt. Gleichzeitig vermischt sie sich mit kalter Luft. Da Blitze nicht geradlinige, sondern unregelmäßige und verzweigte Gebilde sind, ist auch der Donner ein komplizierter Vorgang, der mehrere Sekunden anhält.

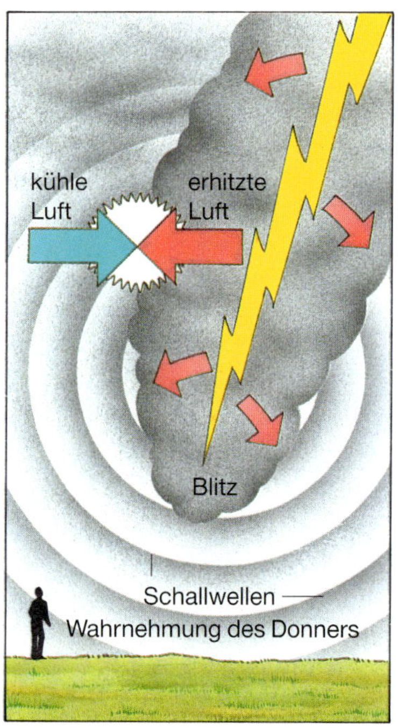

Doppelsterne

Wenn zwei Sterne nahe beieinander stehen und sich um einen gemeinsamen →Schwerpunkt bewegen, so sprechen wir von Doppelsternen. Sie werden von der →Schwerkraft zusammengehalten. Je näher beieinander die Doppelsterne sind, desto schneller bewegen sie sich auf ihrer Umlaufbahn. Einige Doppelsterne berühren sich fast und vollenden einen Umlauf in wenigen Stunden. Andere hingegen sind durch riesige Entfernungen voneinander getrennt, drehen sich aber trotzdem

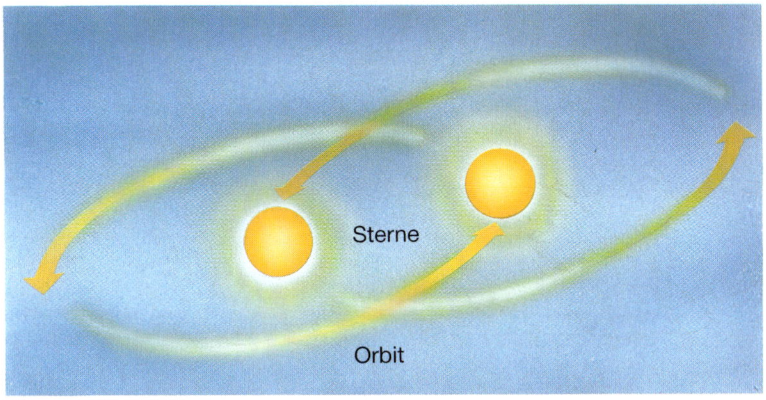

◁ Die echten physischen Doppelsterne sind zur selben Zeit entstanden. Sie werden durch die Schwerkraft zusammengehalten und bewegen sich um einen gemeinsamen Schwerpunkt. Doppelsterne unterscheiden sich aber oft in Größe und Helligkeit.

um einen gemeinsamen Schwerpunkt, obwohl sie dazu vielleicht eine Million Jahre benötigen. Ungefähr ein Viertel aller Sterne in der →Milchstraße hat mindestens einen Gefährten.

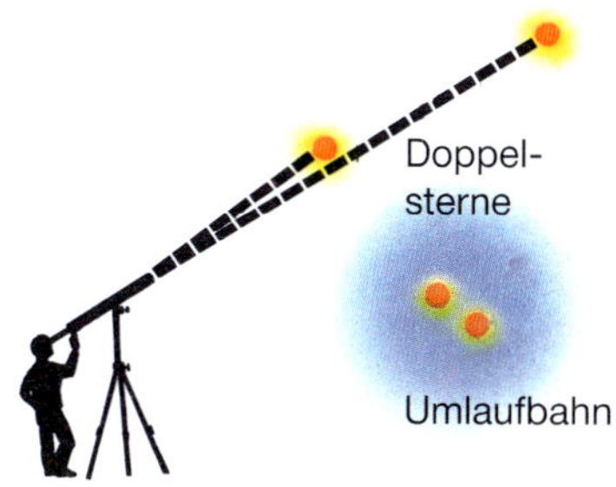

△ Wenn wir mit einem Fernrohr den Himmel beobachten, sehen wir oft Sterne, die ganz nahe beieinanderstehen. Sie können aber viele Lichtjahre voneinander entfernt sein und einfach nur in fast der gleichen Sichtlinie stehen. Der Astronom spricht dann von optischen Doppelsternen.

Dopplereffekt

Wenn wir an der Straße stehen, können wir bei jedem vorbeifahrenden Auto den Dopplereffekt wahrnehmen. Wenn sich das Auto uns nähert, nimmt die Tonhöhe des Motorengeräusches zu. Entfernt es sich wieder von uns, sinkt die Tonhöhe. Es war der österreichische Physiker Christian Doppler (1803–1853), der diesen Effekt zuerst an Eisenbahnzügen beobachtete und dann auf alle Wellenvorgänge (zum Beispiel Licht) übertrug. Allgemein kann man den Dopplereffekt so formulieren: Wenn sich die Quelle der →Wellen und der Beobachter relativ zueinander bewegen, dann ändern sich die →Frequenz und entsprechend die Wellenlänge. Die Farbe eines vorbeifahrenden Autos ändert sich für unser Auge nicht. Der Grund liegt darin, daß die Lichtgeschwindigkeit sehr viel höher ist als die Schallgeschwindigkeit. Bewegt sich aber eine Lichtquelle äußerst schnell, so ist auch bei der Farbe ein Dopplereffekt zu beobachten. Von Bedeutung ist dies in der Astronomie: Licht, das uns aus fernen →Galaxien erreicht, hat eine Verschiebung hin zur langwelligen roten Farbe mit niedrigerer Frequenz erfahren. Wir sprechen dabei von der →Rotverschiebung.

▽ Die Tonhöhe des Motorengeräusches steigt, wenn sich der Motorradfahrer uns nähert. Entfernt er sich, so sinkt auch die Tonhöhe. Wenn sich die Schallquelle auf uns zu bewegt, wird die Länge der ausgesandten Wellen verkürzt. Wenn sie sich entfernt, wird die Wellenlänge größer. Die Frequenz verhält sich gerade umgekehrt.

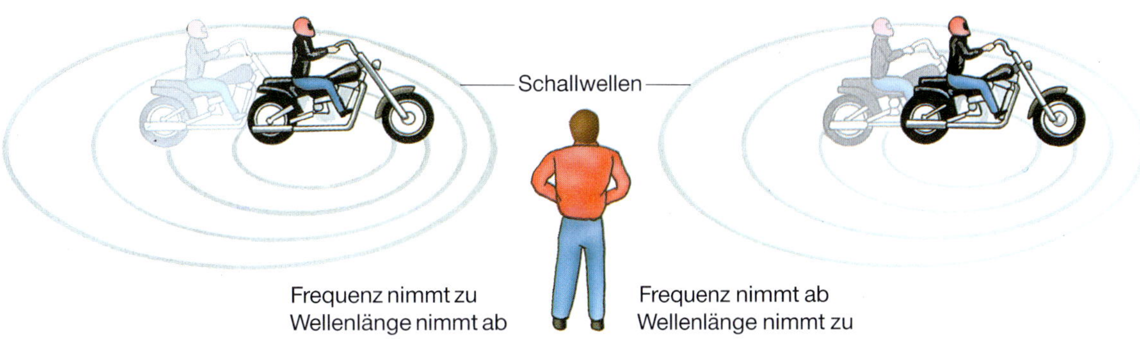

Drehmaschine

▷ Eine etwas altertümliche Drehmaschine zur Bearbeitung von Metallen. Man konnte mit solchen Maschinen Genauigkeiten von einem hundertstel Millimeter erreichen. Mit Drehmaschinen schneidet man auch Gewinde.

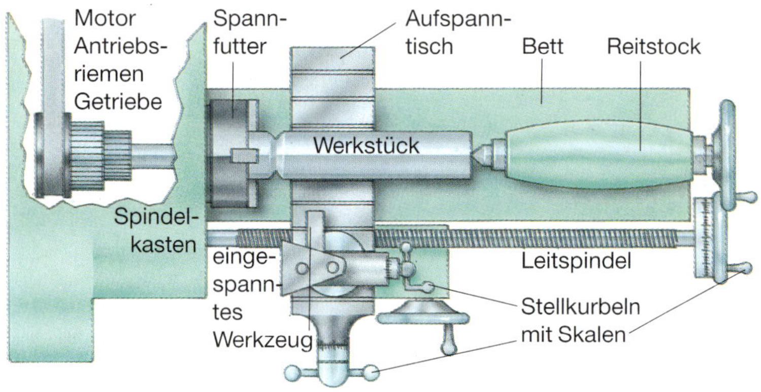

△ Ein moderner Drehautomat formt hier den Gelenkkopf eines künstlichen Hüftgelenks. Das entsprechende Teil wurde zuerst am Bildschirm eines Computers gezeichnet. Dieser übergibt die Daten über die Größenverhältnisse direkt dem Drehautomaten.

Drehmaschine

Mit Drehmaschinen verleiht man Gegenständen aus Holz, Metall oder anderen Werkstoffen die gewünschte Form. Die eingespannten Werkstücke drehen sich dabei um ihre Achse und werden mit Werkzeugen bearbeitet. Man spricht von einem spanabhebenden Verfahren. Auf diese Weise stellt der Drechsler schon seit Jahrhunderten Gefäße aus Holz, Stuhlbeine oder Holzkugeln her. Die heutigen Drehmaschinen, die vor allem Metall bearbeiten, sind eigentlich Drehautomaten, denn sie fertigen ihre Werkstücke selbständig.

Drehmoment

Stellen wir uns vor, zwei Menschen versuchen, wie auf der Abbildung, eine Drehtür von beiden Seiten des Angelpunkts zu öffnen. Wenn beide die gleiche Kraft einsetzen, dann behält jene Person die Oberhand, die weiter vom Drehpunkt entfernt auf die Tür drückt. Diese Person übt ein größeres Drehmoment auf die Tür aus und öffnet sie schließlich. Als Drehmoment bezeichnen wir das Produkt aus der Kraft und dem Abstand zwischen der Kraft und dem Drehpunkt. Das Drehmoment gibt uns zum Beispiel einen Hinweis auf die Leistung eines Automotors. Es gibt die Kraft an, die der Motor auf die Kurbelwelle ausübt.

▷ Jede der beiden Personen versucht, eine Drehtür zu öffnen. Weil sie auf unterschiedlichen Seiten des Drehpunktes ihre Kräfte einsetzen, arbeiten sie gegeneinander. Wenn beide dieselbe Kraft ausüben, dann gewinnt das Mädchen, weil mit wachsendem Abstand vom Drehpunkt das Drehmoment zunimmt.

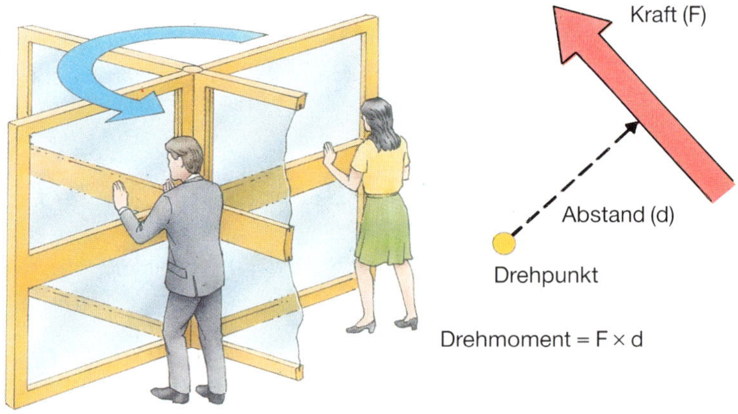

Drogen

Drogen hießen früher alle getrockneten pflanzlichen und tierischen Stoffe, vor allem Blätter, Blüten, Samen und Gewürze. Solche Drogen verkaufte entweder der Drogist in der Drogerie oder der Apotheker. Heute verstehen wir unter Drogen vor allem die Rauschgifte. Sie wirken auf das Nervensystem und das Gehirn ein und verändern das Bewußtsein. Die wichtigsten Rauschgifte sind Heroin, Kokain und Haschisch in seinen unterschiedlichen Formen. Daneben gibt es noch extrem gefährliche synthetische Verbindungen, die sogenannten Designerdrogen. Die meisten Drogen führen zur körperlichen und seelischen Abhängigkeit, der Sucht. Der Abhängige verlangt nach seiner Droge, weil er sich ohne sie schlecht fühlt, und der Körper verlangt nach der Droge, weil sich der →Stoffwechsel auf sie eingestellt hat. Ohne Drogen bekommt ein Abhängiger schlimme Entzugserscheinungen. In vielen Ländern versucht man, heroinabhängigen Menschen zu helfen, indem man ihnen Methadon verabreicht. Dieser Stoff, der mit dem Heroin verwandt ist, macht weniger süchtig und erleichtert die Wiedereingliederung in die Gesellschaft. Vor allem müssen sich diese Menschen nicht immer von neuem illegal Rauschgift besorgen: Sie kommen weg von der kriminellen Drogenszene.

Das Rauschgift, das den volkswirtschaftlich größten Schaden anrichtet, ist ohne Zweifel der Alkohol. Er ist zu einer Art Volksdroge geworden. Drei bis fünf Prozent aller Menschen in Mitteleuropa sind alkoholabhängig, und weitere fünf Prozent sind gefährdet.

Druck

Wenn eine Kraft auf eine Fläche einwirkt, herrscht ein bestimmter Druck. Mit einer kurzen Formel kann man sagen: Druck ist die Kraft geteilt durch die Fläche. Die Maßeinheit (→SI-Einheit) des Drucks ist das Pascal (Pa). Ein Pascal entspricht einem Newton pro Quadratmeter. Druck wird noch in anderen Einheiten angegeben, zum Beispiel in bar. Ein bar entspricht 100 000 Pascal.

Mach es selbst

Wenn eine Kraft auf eine Fläche einwirkt, entsteht ein bestimmter Druck. Wie sich unterschiedlicher Druck auswirkt, können wir mit Sand, einem Gewicht und zwei Karton- oder Holzstücken mit unterschiedlicher Oberfläche beobachten. Zunächst legen wir das größere Kartonstück mit dem Gewicht auf den Sand und merken uns, wie weit es einsinkt. Dann legen wir das Gewicht auf das kleine Kartonstück. Der Druck ist nun viel größer, und der Karton sinkt tiefer ein.

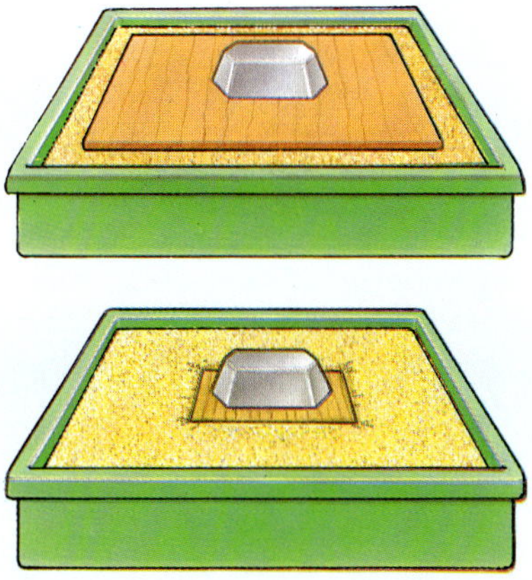

△ Ein Gas übt auf die Wände seines Behälters einen Druck aus, weil sich dessen Moleküle oder Atome schnell bewegen und immer wieder auf die Wand aufprallen. Wird das Gas zusammengedrückt, so daß mehr Gas im Behälter Platz findet, so steigt auch der Druck.

△ Die Farben der Abbildungen und Fotografien in diesem und in anderen Büchern werden mit Hilfe von Punkten dargestellt. Die Punkte sind in vier Farben gehalten. Durch die Mischung der vier Farben Gelb, Rot, Blau und Schwarz lassen sich alle Farben und Schattierungen erzeugen. Wenn du die Abbildungen dieses Buches mit einer starken Lupe betrachtest, siehst du solche Rasterpunkte wie im Bild oben.

▽ In einer Druckmaschine, die Farbabbildungen produziert, laufen vier verschiedene Farben, je eine auf einem Druckzylinder. Es sind dies Gelb, Rot (Magenta), Blau (Cyan) und Schwarz. Die Farben werden nacheinander gedruckt. Mit diesen vier Farben kann man alle anderen Farben hervorbringen. Die Abbildungen sind in winzige Rasterpunkte aufgelöst.

Je kleiner die Oberfläche, auf die eine Kraft einwirkt, um so größer wird der Druck. Wenn eine Frau mit einer Masse von 50 Kilogramm ganz normale flache Absätze mit einer Oberfläche von rund 50 cm^2 trägt, so liegt der Druck auf den Boden bei 100 000 Pa. Trägt dieselbe Frau aber Bleistiftabsätze mit einer Oberfläche von 1 cm^2, so erhöht sich der Druck auf 5 Millionen Pa. Demgegenüber beträgt der eines 2 Tonnen schweren Autos mit einer Reifenauflagefläche von 4mal 100 cm^2 gerade den zehnten Teil!

→Flüssigkeiten und →Gase üben auf die Wände ihres Behälters einen gleichmäßigen Druck aus. Er stammt daher, daß die →Atome oder →Moleküle auf die Wände aufprallen. Mit zunehmender Temperatur wird deren Bewegung heftiger, und der Druck steigt dadurch. Den →Luftdruck gibt man in Hektopascal an (auf Meereshöhe rund 1000 Hektopascal).

Drucktechnik

Es gibt verschiedene Techniken, um Bilder und Texte zu vervielfältigen. Dabei werden nicht nur →Papier und Karton bedruckt, sondern auch →Kunststoffe, Metalle und Textilien. Das erste Druckverfahren entwickelten im 6. Jahrhundert nach Christus die Chinesen. Sie verwendeten dazu Holzplatten, in deren Oberfläche Bilder und Schrift eingeschnitzt waren. Sie stellten damit die sogenannten Blockdrucke her. Fünfhundert Jahre später erfanden die Chinesen die beweglichen Buchstaben oder Zeichen. Dieselbe Erfindung machte in Europa um 1450 Johannes Gutenberg. Er verwendete bewegliche, aus Blei gegossene Buchstaben, die er immer wieder zu neuen Wörtern zusammensetzen konnte. Gutenbergs Verfahren war der Hochdruck. Bei dieser Technik färbt man die Oberfläche der Bleibuchstaben mit Druckerschwärze ein und druckt sie dann auf Papier. Dieses Druckverfahren wird heute kaum mehr verwendet. Sozusagen das Gegenteil des Hochdrucks ist der Tiefdruck. Dabei werden die Buchstaben oder

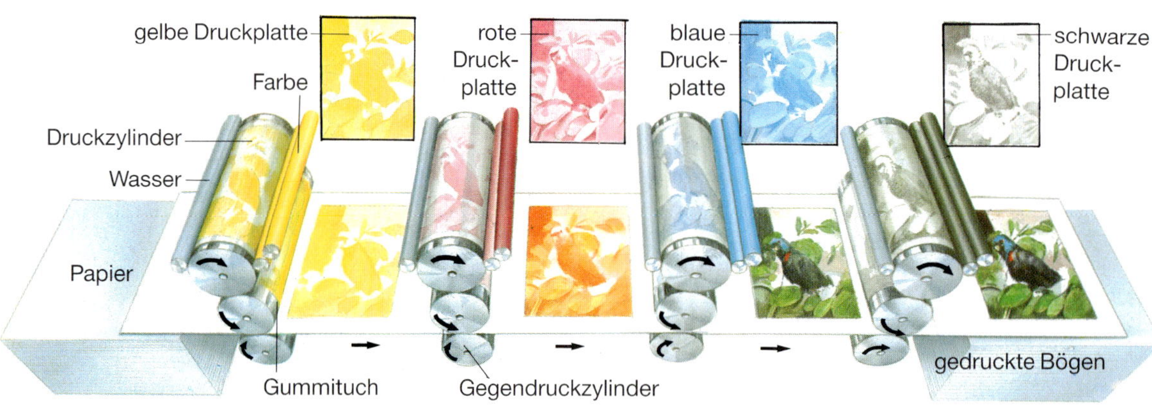

Mach es selbst

Du kannst selbst Buchstaben oder andere Muster drucken, indem du sie in eine rohe halbierte Kartoffel einschneidest. Färbe die erhabene Oberfläche der Kartoffel mit Stempelfarbe ein und drücke sie fest auf das Papier. Vergiß nicht, die Buchstaben in Spiegelschrift in die Kartoffel zu schneiden.

Bilder in die Druckplatte eingegraben. Die Vertiefungen nehmen die Farbe auf und geben sie beim Druck an das Papier ab. Das vorliegende Buch wurde im Offsetdruck hergestellt. Der Druckzylinder nimmt an den Stellen, die für die Abbildungen und für den Text vorgesehen sind, Druckfarbe auf und überträgt sie auf ein Gummituch. Das Papier nimmt dann die Farbe von diesem Tuch auf.

Drüsen

Drüsen sind Organe, die meistens flüssige Stoffe, die Sekrete, produzieren und sie nach außen abgeben, damit sie ihre Wirkung an einer anderen Stelle im Körper entfalten können. Die Sekrete entstehen in besonderen →Zellen. Viele Drüsen haben einen eigenen Gang für ihre Sekrete. Das gilt zum Beispiel für die Galle und den Bauchspeichel. Andere Drüsen geben ihre Sekrete ins Blut ab. Wir bezeichnen sie als endokrine Drüsen, und ihre Produkte sind die →Hormone.

Die Sekrete vieler Drüsen gelangen in den Darm, wo sie die →Verdauung besorgen. Die größte Drüse des menschlichen Körpers ist die →Leber. Sie hat viele verschiedene Aufgaben und produziert zum Beispiel die Galle, die bei der Fettverdauung hilft. Der →Magen und der Dünndarm sind mit winzigen Drüsen ausgekleidet, die Verdauungssäfte herstellen. Die →Bauchspeicheldrüse produziert ebenfalls einen Verdauungssaft und gibt das Hormon Insulin direkt ins Blut ab.

Besonders viele Drüsen liegen in der Haut. Schweißdrüsen geben ein wäßriges Sekret ab, um den Körper abzukühlen. Die Talgdrüsen produzieren ein Öl, das die Haut geschmeidig erhält.

▽ Die Lage der wichtigsten endokrinen Drüsen im Körper. Sie produzieren verschiedene Hormone. Die Schilddrüse regelt die Vorgänge des Stoffwechsels, indem sie die Sauerstoffaufnahme der Zellen steigert. Das Schilddrüsenhormon enthält Jod. Bei Jodmangel entwickelt sich die Schilddrüse zu einem großen Kropf. Das Hormon der Nebenschilddrüsen läßt den Kalziumspiegel im Blut ansteigen. Die Nebennieren produzieren eine ganze Reihe von Hormonen. Das bekannteste ist das Adrenalin, das den Körper wach und kampfbereit macht.

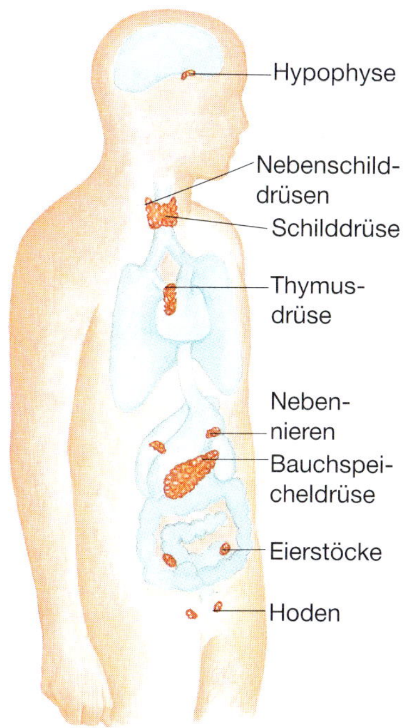

▽ Schnitt durch die Haut mit den wichtigsten Drüsen. Die Talgdrüsen sind oft mit Haaren zusammen.

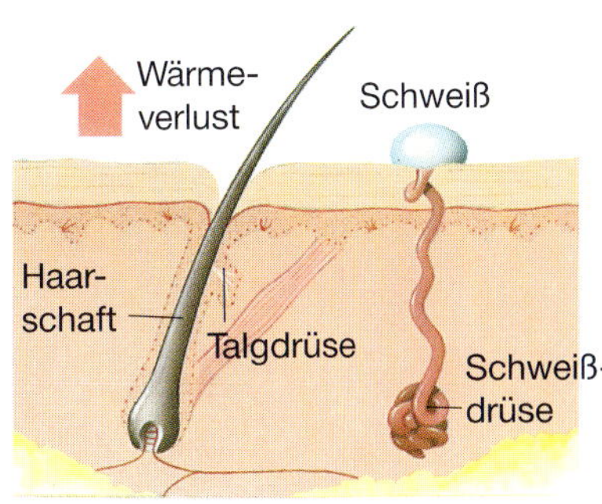

Düngemittel

Mach es selbst

Wir pflanzen drei Setzlinge in je einen Blumentopf und gießen sie jeden Tag. Für den ersten Setzling nehmen wir nur Leitungswasser. Beim zweiten Setzling verwenden wir einmal in der Woche Wasser, das mit einigen Tropfen Flüssigdünger versetzt wurde. Die dritte Pflanze erhält jeden Tag Wasser mit Düngemittel. Nach ungefähr zwanzig Tagen ist zu sehen, wie sich die Düngung auswirkt.

Düngemittel

Die Pflanzen, die auf Äckern und Wiesen wachsen, entziehen dem Boden mit ihren Wurzeln gelöste Mineralsalze. Diese Pflanzen werden schließlich geerntet und an Tiere verfüttert oder gegessen. Die in ihnen enthaltenen Mineralsalze gelangen aber nicht mehr auf den betreffenden Acker zurück, sondern wandern mit den Ausscheidungen der Nutztiere und des Menschen in Flüsse und schließlich in Seen und Meere. Deswegen nimmt der Mineralsalzgehalt dieser Gewässer ständig zu, der der Äcker jedoch dauernd ab. Die entzogenen Mineralsalze muß der Landwirt nun dem Boden durch Düngung wieder zuführen.

Das Wort „Düngung“ kommt von „Dung“, und Stalldung war in der Tat jahrhundertelang das wichtigste Düngemittel. Heute werden hauptsächlich sogenannte Kunstdünger oder Mineraldünger verwendet. Es sind hochwirksame, industriell hergestellte oder verbesserte Mischungen von Mineralsalzen. Je nach dem wichtigsten chemischen Element in diesen Düngern spricht man von Stickstoffdünger, Phosphatdünger, Kalidünger, Kalkdünger usw. Viele Böden sind heutzutage zu stark gedüngt; sie sind überdüngt. Auf den meisten Wiesen können nur noch Pflanzen leben, welche die hohen Stickstoffgaben ertragen, zum Beispiel Löwenzahn.

Die übermäßige Düngung hat auch zur Folge, daß ein großer Teil der Düngemittel vom Regenwasser aus dem Boden ausgeschwemmt wird. Die Mineralsalze gelangen dann in die Gewässer und überdüngen auch diese, vor allem mit Stickstoff und Phosphat. Man spricht dann von Eutrophierung.

Der beste und natürlichste Dünger ist der Kompost. Kompost entsteht, wenn Bakterien und andere Mikroorganismen organische Abfälle zersetzen. Er sieht dunkel und krümelig aus und riecht angenehm.

▽ Die Felder zu beiden Seiten dieses Wassergrabens wurden sehr stark gedüngt. Die überschüssigen Mineralsalze gelangten ins Wasser, wo sie das Wachstum von Algen und anderen Pflanzen begünstigten. Die Wasseroberfläche ist hier völlig von der Wasserlinse bedeckt. Wenn diese Pflanzen absterben, wird viel Sauerstoff für ihren Abbau benötigt. Dieser wird dem Wasser entzogen und fehlt dann vor allem den Tieren. Das kann sogar zu einem Fischsterben führen. Ein solches Gewässer bezeichnen wir als eutrophiert.

Echo

Schallwellen werden von größeren Oberflächen zurückgeworfen (→Reflexion) wie alle anderen →Wellen auch, zum Beispiel die →Lichtstrahlen von einem →Spiegel. Die reflektierten Schallwellen bezeichnen wir als Echo. Das Echo braucht immer eine gewisse Zeit, bis wir es hören. Das liegt an der niedrigen Geschwindigkeit der Schallwellen, nämlich rund 330 Meter pro Sekunde. Wenn ein Echo 2 Sekunden auf sich warten läßt, so haben die Schallwellen in dieser Zeit rund 660 Meter zurückgelegt. Die Wand, welche die Schallwellen reflektiert, ist also rund 330 Meter von uns entfernt. Das Echolot oder →Sonar der Schiffe nutzt dieses Prinzip. Es sendet Schallwellen aus. Diese werden vom Meeresboden oder von Fischschwärmen reflektiert und gelangen zum Schiff zurück. Aus der verstrichenen Zeit kann man die Tiefe des Meeresbodens oder des Fischschwarmes errechnen. Fledermäuse benutzen ein biologisches System der Echoortung. Sie orientieren sich in der Umwelt mit Hilfe hoher Schreie, die sie durch Nase oder Mund im Flug aussenden. Gegenstände oder auch Beutetiere werfen einen Teil dieser Schallwellen zurück. Die Fledermäuse fangen die Echos mit ihren großen Ohren auf und analysieren sie. Die Echos geben ihnen Aufschluß über Entfernung, Größe und Geschwindigkeit des Objekts. Die Fledermäuse verwenden →Ultraschall, weil nur dieser die benötigte geringe →Wellenlänge hat, damit auch kleine Beutetiere wie Nachtschmetterlinge ihn zurückwerfen können. Hörbarer Schall mit seiner Wellenlänge von einigen Zentimetern wäre zu „grob" für diese kleinen Tiere. Manche Schmetterlinge können übrigens selbst Ultraschallschreie ausstoßen und damit die Echoortung der Fledermäuse stören, um den Feinden zu entkommen.

▽ Fledermäuse stoßen im Flug hohe Schreie aus und orientieren sich anhand der zurückgeworfenen Schallwellen. Sie können mit Hilfe dieses Sonarsystems nachts kleine Beutetiere fangen.

Edelgase

Die Edelgase heißen deshalb „edel", weil sie fast keine →chemischen Verbindungen mit anderen →chemischen Elementen eingehen. Sie riechen nicht, sind farblos und verbrennen nicht. Die Edelgase bilden im →Periodensystem der Elemente die Gruppe 0 (Null). Es gibt sechs Edelgase, vom leichtesten bis zum schwersten: →Helium, →Neon, Argon, Krypton, Xenon und Radon. Das Helium ist im →Weltall das zweithäufigste Element hinter dem →Wasserstoff. Da es deutlich leichter ist als die Luft, verwendet man es auch zur Füllung von →Ballons. Argon und Neon senden ein farbiges Licht aus, wenn sie elektrisch durch hohe Spannungen angeregt werden. Diese Tatsache wird von der Leuchtreklame genutzt. Radon ist ein hochradioaktives Gas, das durch den Zerfall des Radiums

2	He	4.0	Ordnungszahl 2 Helium relative Atommasse 4,0
10	Ne	20.2	Ordnungszahl 10 Neon relative Atommasse 20,2
18	Ar	39.9	Ordnungszahl 18 Argon relative Atommasse 39.9
36	Kr	83.8	Ordnungszahl 36 Krypton relative Atommasse 83,8
54	Xe	131.3	Ordnungszahl 54 Xenon relative Atommasse 131,3
86	Rn	222	Ordnungszahl 86 Radon relative Atommasse 222

△ Ausschnitt aus dem Periodensystem mit der Gruppe 0. Sie umfaßt die Edelgase. Das schwerste Edelgas ist das Radon, das durch radioaktiven Zerfall entsteht und selbst wieder radioaktiv ist. Es kann Lungenkrebs verursachen.

entsteht. Es gilt als Ursache für viele Lungenkrebsfälle. Das Radon gelangt vom Untergrund direkt in die Häuser und kann sich dort ziemlich stark konzentrieren, wenn nicht regelmäßig gelüftet wird. Auch manche Baustoffe, besonders Granit und Schlackenstein, geben Radon ab.

Ei

Der Biologe versteht unter einem Ei zunächst eine Eizelle. Sie ist die weibliche Geschlechtszelle und dient somit der →Fortpflanzung. Bei der →Befruchtung dringt eine männliche Geschlechtszelle, die Samenzelle, in die Eizelle ein und verschmilzt mit ihr. Die befruchtete Eizelle beginnt sich dann zu teilen, und daraus geht ein →Embryo hervor.

Die Eizellen werden im Eierstock produziert. Die Eizelle des Menschen ist nur etwa 0,1 Millimeter groß. Nach der Befruchtung wächst sie im Körper der Frau heran und erhält von ihr alle benötigten Nährstoffe. Dasselbe gilt auch für die übrigen lebendgebärenden →Säugetiere. Bei den meisten anderen Tieren durchläuft das Ei seine Entwicklung außerhalb des mütterlichen Körpers. Solche Eier müssen deshalb viele Nährstoffe in Form von Dotter enthalten und sind ziemlich groß. Werden die Eier ins Wasser abgegeben, so benötigen sie keine harte Schale. Anders ist es mit Eiern, die im Freien liegen: Vogeleier bekommen eine harte Kalkschale, Reptilieneier eine zähe ledrige Schale. Auch viele Insekteneier haben eine starre Schale. Es gibt Tiere, die pro Fortpflanzungszeit nur ein Ei legen, zum Beispiel die Albatrosse, und andere, die Millionen von Eiern produzieren, etwa der Kabeljau oder der Stör.

Die Größe des Eigeleges hängt eng damit zusammen, welche Mühen die Eltern für ihre Nachkommen aufwenden. Legen

▷ Es gibt ganz unterschiedliche Formen von Eiern. Diese räuberische Nacktschnecke aus dem Mittelmeergebiet wurde bei der Eiablage fotografiert. Ihre Eier liegen in Kapseln, die eine nährstoffreiche Flüssigkeit enthalten.

sie einfach die Eier ab und überlassen sie ihrem Schicksal, ohne weiter für sie zu sorgen, so muß die Eizahl sehr groß sein und muß unter Umständen in die Millionen gehen. Im Durchschnitt überlebt nur ein Tier aus einem Gelege und pflanzt sich selbst wieder fort. Tiere, die sich intensiv um ihre Brut kümmern, können die Eizahl stark verringern.
Die Hühnereier, die wir im Geschäft kaufen, sind unbefruchtet. Es kann sich darin also auch kein Embryo entwickeln. Befruchtete Hühnereier müssen 21 Tage lang bebrütet werden, bevor das Küken schlüpft.

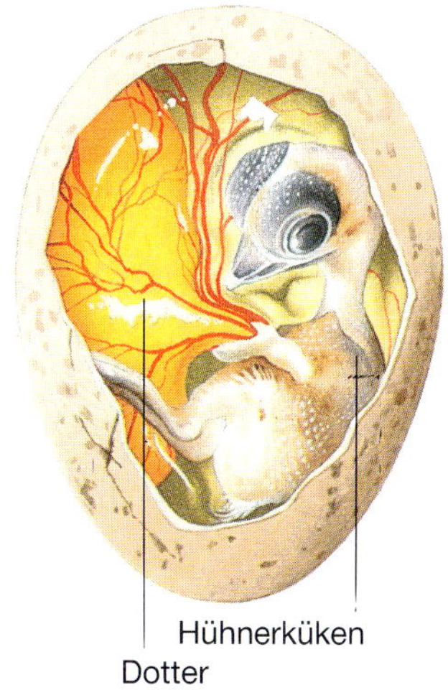

△ Erst nach der Befruchtung kann sich ein Hühnerküken entwickeln. Es braucht dazu 21 Tage.

einfache Maschinen

Maschinen verrichten Arbeit. Die Physik kennt sechs einfache Maschinen, nämlich →Hebel, →Rolle, Winde, schiefe Ebene, Keil und →Schraube. Mit den Prinzipien dieser einfachen Maschinen kann man fast alle komplizierteren Maschinen konstruieren. Die einfachen Maschinen wandeln Kräfte um oder verändern die Richtungen, in denen diese Kräfte wirken.
Wenn der Arm eines Hebels lang genug ist, reicht am Ende dieses Hebels eine nur geringe Kraft aus, um schwere Lasten zu heben. Viele kompliziertere Werkzeuge nutzen den Hebel, zum Beispiel die Zange. Die bewegliche Rolle wird im Flaschenzug eingesetzt. Je mehr Rollen vorhanden sind, desto leichter kann man wie mit dem Hebel eine schwere Last heben. Eine feststehende Rolle nennen wir Winde. Auch längs einer schiefen Ebene kann man schwere Lasten leichter in die Höhe heben. Diese Eigenschaft der schiefen Ebene nutzt auch der Keil. Keilförmig ist zum Beispiel die Axt oder das Beil. Damit man mit ihnen Holz leicht spalten kann, müssen die Klingen („Keile“) einen bestimmten Winkel aufweisen. Nach dem Prinzip der schiefen Ebene ist auch die Schraube konstruiert. Dabei ist die schiefe Ebene sozusagen nur auf den Zylinder der Schraube aufgerollt. Mit Schrauben können wir sehr feste Verbindungen schaffen.

▽ Mit den Prinzipien der einfachen Maschinen der Physik kann man viele kompliziertere Maschinen konstruieren.

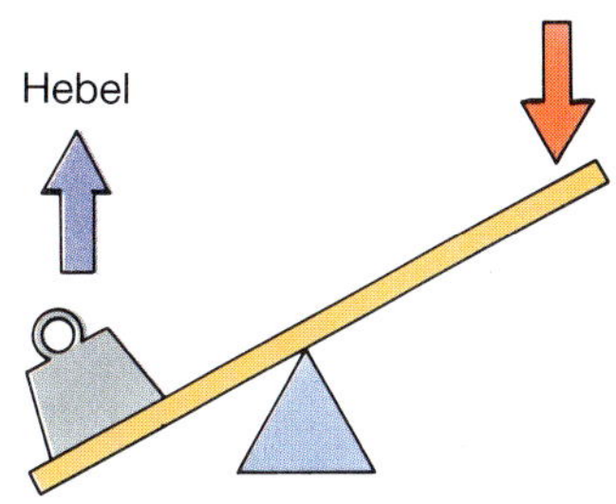

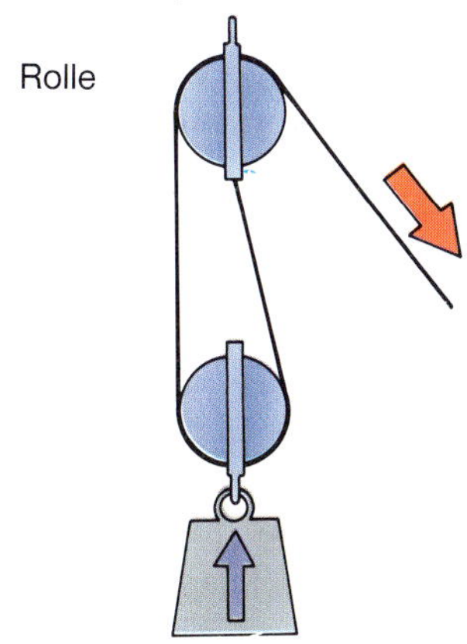

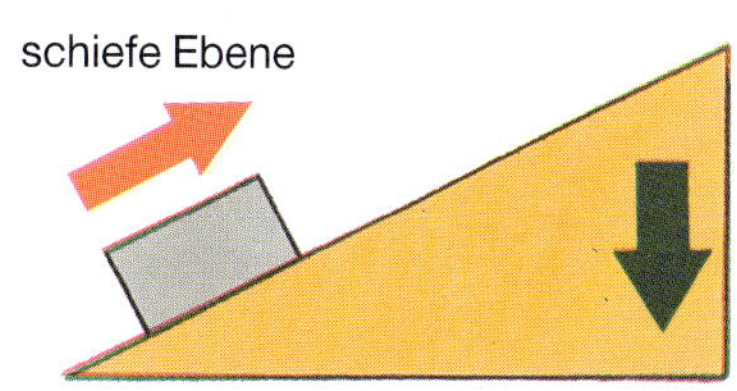

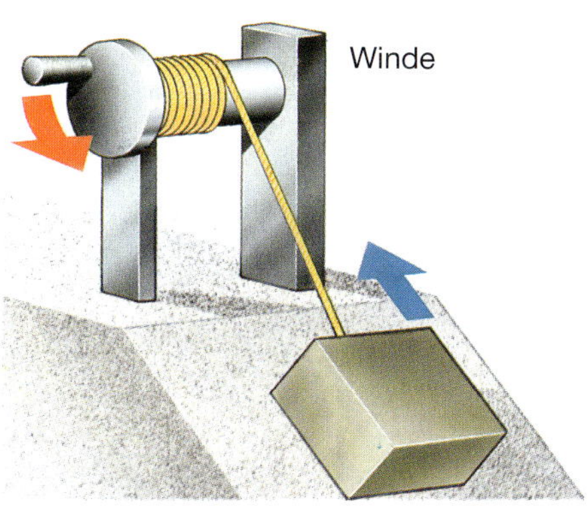

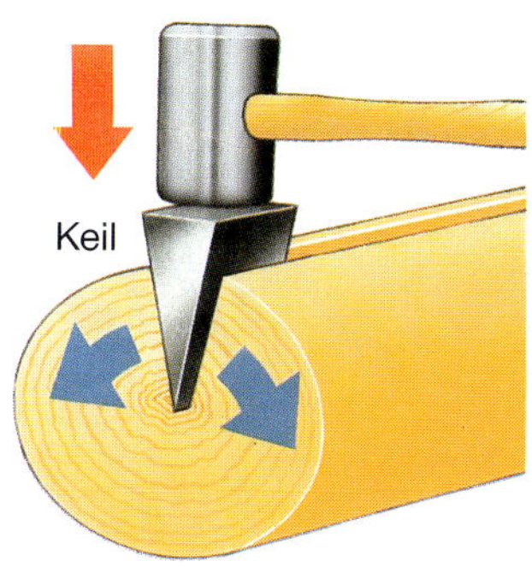

Einspritzmotor

▷ Die Einspritzpumpe sprüht den Treibstoff direkt in den Zylinder, wo er sich mit Luft vermischt. Die Einspritzung hat genau im richtigen Augenblick zu erfolgen. Die Steuerung übernimmt heute häufig ein Computer.

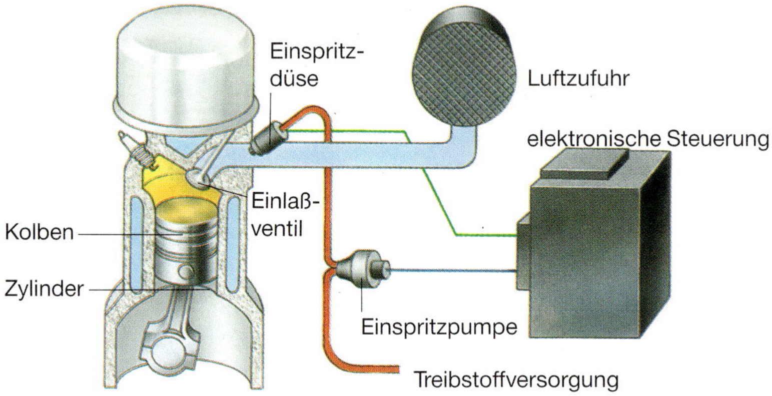

Einspritzmotor

Ein normaler →Verbrennungsmotor, der mit Benzin arbeitet, saugt den Treibstoff an, wenn sich der Kolben im Zylinder senkt. Der Vergaser sorgt dafür, daß das Benzin möglichst fein im Brennraum verteilt wird. Wenn eine Einspritzpumpe diese Aufgabe übernimmt, kann Energie gespart werden. Die Pumpe spritzt dabei den fein verteilten Treibstoff im richtigen Augenblick in die Zylinder. Alle →Dieselmotoren haben solche Einspritzpumpen. Aber auch in Benzinmotoren werden sie immer beliebter. Motoren ohne Kolben, vor allem →Gasturbinen, kommen nicht ohne Einspritzpumpe aus.

Im Gegensatz zu den anderen Flüssigkeiten dehnt sich Wasser beim Gefrieren aus. Es vergrößert seinen Rauminhalt um neun Prozent. Wenn Wasser in geschlossenen Gefäßen gefriert, können diese zerspringen. Das geschieht oft bei Wasserleitungen in ungeheizten Häusern. Weil Wasser sich beim Gefrieren ausdehnt, weist das Eis eine geringere Dichte auf als das Wasser und schwimmt obenauf.

Eis

Reines Wasser gefriert bei 0 °C zu Eis. Sind im Wasser Salze oder andere Verbindungen gelöst, so liegt der →Gefrierpunkt niedriger. Deshalb streut man Salz, wenn man verhindern will, daß sich Glatteis bildet. Die großen Eisberge der nördlichen und südlichen Meere sind nicht im Meer entstanden, sondern brechen von Inlandgletschern ab. Der Geologe nennt dies auch Kalben. Übrigens liegen 78 Prozent des Süßwassers in Form von Eis vor. Würde sämtliches Eis der Erde schmelzen, so stiege der Meeresspiegel um rund 80 Meter!

▷ Nur ein Achtel bis ein Fünftel eines Eisbergs liegt über dem Wasser. Der Rest schwimmt verborgen unterhalb des Wasserspiegels. Eisberge stellen eine große Gefahr für die Schiffahrt in den nördlichen Meeren dar. Im Jahr 1912 sank das Passagierschiff „Titanic“, weil es an einem Eisberg entlanggeschrammt war. Seither gibt es einen Eiswarndienst im nördlichen Atlantik.

Eisen

Das Eisen ist ein metallisches →chemisches Element. In reiner Form sieht es silbrigweiß aus, ist ziemlich weich und dehnbar. Reines Eisen kommt aber in der Natur fast nicht vor, weil es bereitwillig mit anderen Elementen reagiert. Die wichtigsten Eisenerze heißen Hämatit und Magnetit. Als weiteres chemisches Element enthalten sie Sauerstoff; es handelt sich also um →Oxide des Eisens. Metallisches Eisen gewinnt man aus Eisenerzen im Hochofen. Oben gibt man zerkleinertes Eisenerz hinein, dazu Koks und Kalkstein. In das Innere des Ofens wird trockene, 1200 °C heiße Luft geblasen. Der Kohlenstoff im Koks verbrennt mit dem Sauerstoff der Luft und der Eisenerze zu →Kohlenmonoxid und →Kohlendioxid. Dabei entsteht reines, flüssiges Eisen, das ungefähr alle vier Stunden „abgestochen" und weiter zu →Stahl verarbeitet wird. Die Verunreinigungen werden ebenfalls in flüssigem Zustand dem Hochofen entnommen. Sie bilden die Schlacke, für die es keine weitere Verwendung gibt.
In feuchter Luft unterliegt Eisen der →Korrosion und rostet. Dabei reagiert es mit Wasser und mit Sauerstoff. Die Rostschicht, die sich innerhalb weniger Tage entwickelt, läßt aber weitere Feuchtigkeit durch, so daß das Rosten immer fortschreitet. Das Eisen ist heute sicher das wichtigste Metall. Das war nicht immer so. Erst spät lernten es die Menschen, das Eisen zu verhütten und zu schmieden. Die Eisenzeit begann in Mitteleuropa ungefähr um 700 vor Christus.

Das Eisen ist nicht nur unentbehrlich für Handwerk und Technik. Auch alle Lebewesen brauchen Eisen. Der menschliche Körper enthält zum Beispiel rund 5 Gramm Eisen. Der größte Teil davon befindet sich im Hämoglobin, dem Blutfarbstoff. Dieses große Protein, das in den roten Blutkörperchen vorkommt, enthält im Innern ein Eisenatom. Dieses bindet den Sauerstoff aus der Luft an sich und gibt ihn in den Zellen wieder ab.

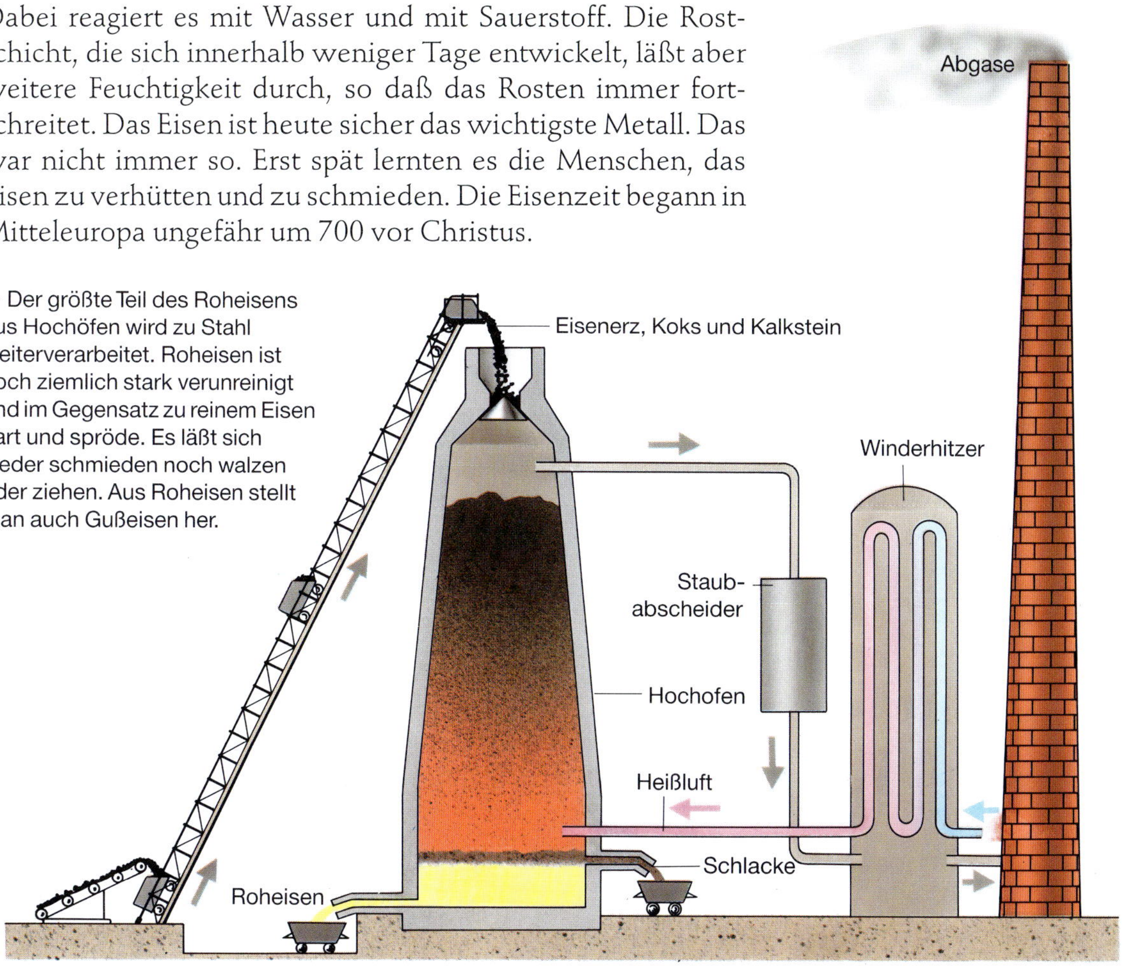

▷ Der größte Teil des Roheisens aus Hochöfen wird zu Stahl weiterverarbeitet. Roheisen ist noch ziemlich stark verunreinigt und im Gegensatz zu reinem Eisen hart und spröde. Es läßt sich weder schmieden noch walzen oder ziehen. Aus Roheisen stellt man auch Gußeisen her.

Größte Ausdehnung der Eiskappe

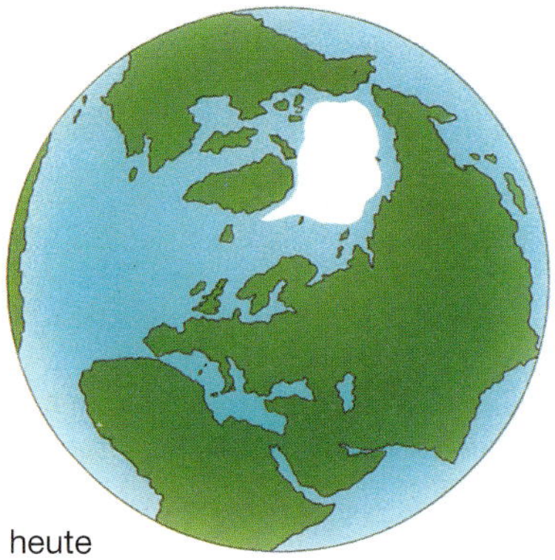

heute

△ Während der letzten Eiszeit war die Eiskappe in den Nordpolargebieten viel größer als heute. Zur Zeit ihrer größten Ausdehnung vor ungefähr 100 000 Jahren bedeckte sie einen großen Teil Europas und Nordamerikas.

Eiszeit

Wenn die Durchschnittstemperatur der →Atmosphäre so weit fällt, daß große Gebiete im Norden und Süden der Erde dauernd von Eis bedeckt sind, so spricht der Geologe von einer Eiszeit oder einem Glazial. Weil dann immer mehr Wasser in Form von Gletschereis auf dem Festland liegt, fällt der Meeresspiegel mit der Zeit. Vor ungefähr 60 000 und noch einmal vor rund 25 000 Jahren sank der Meeresspiegel um rund 150 Meter. Dadurch wurde die flache Beringstraße zwischen Asien und Nordamerika begehbar. Auf diesem Weg wanderten asiatische Völker nach Nordamerika ein und besiedelten diesen Kontinent. Innerhalb einer Eiszeit gibt es sogenannte Kaltzeiten und Warmzeiten (Interglaziale). Zur Zeit leben wir in einer Warmzeit, doch noch vor 10 000 Jahren erstreckte sich das Eis über einen großen Teil der Nordhalbkugel. Damals lebten in den kalten Gebieten Europas und Asiens Höhlenbären, Mammuts, Wollnashörner, Wildpferde und Rentiere. Nach dem Abschmelzen der Eismassen zogen sich diese Tiere zurück oder starben aus. Eiszeiten gab es übrigens in allen geologischen Epochen, zum Beispiel auch im Perm, Karbon und Kambrium (→Evolution, →Geologie).

Elastizität

Ein Stoff verhält sich dann elastisch, wenn er sich unter dem Einfluß äußerer Kräfte verformt, danach aber wieder zu seiner ursprünglichen Form zurückkehrt. Die Formveränderung ist also rückgängig zu machen, wenn die Kraft nicht mehr einwirkt. Wenn du dich auf ein Bett legst, so verändern die Bettfedern in und unter der Matratze unter dem Einfluß deines Ge-

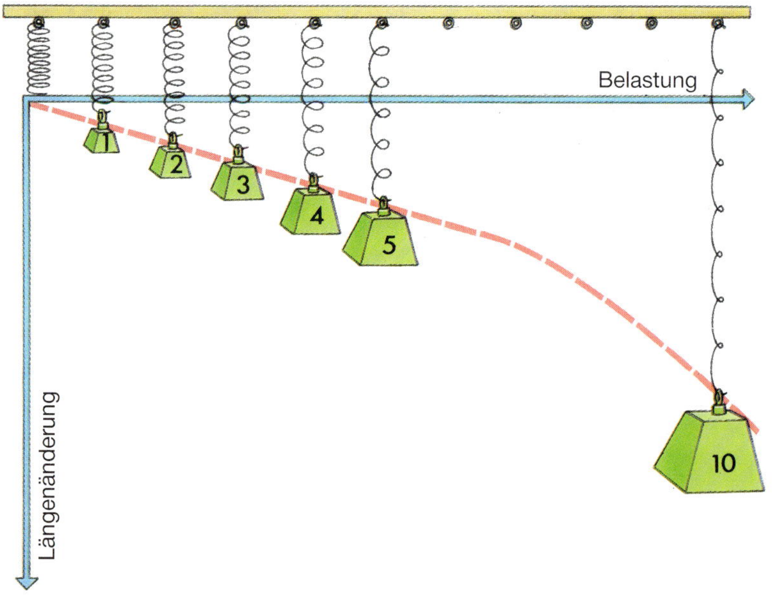

▷ Jeder Stoff hat eine charakteristische Elastizitätsgrenze. Wird die Belastung zu groß, so verformt sich der Stoff und behält diese Formänderung bei. Eine solche Feder reagiert dann nicht mehr elastisch, sondern plastisch.

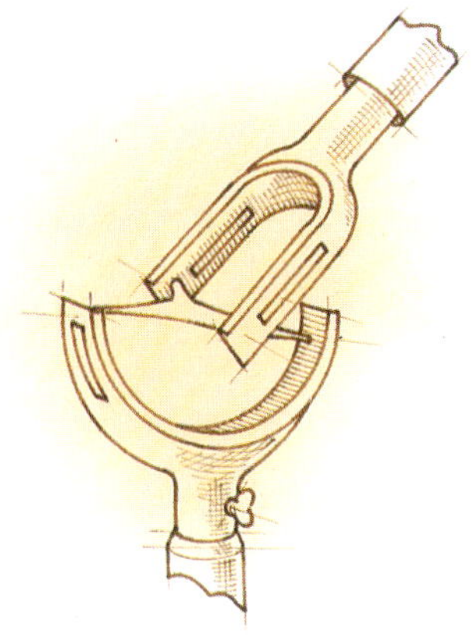

Robert Hooke (1635–1703)

Der Engländer Robert Hooke war einer der ersten Naturwissenschaftler, welche die Elastizität untersuchten. Er interessierte sich für das elastische Verhalten von Metallfedern und entwickelte das nach ihm benannte Hookesche Gesetz. Es besagt, daß die Längenänderung eines elastischen Körpers direkt proportional zur einwirkenden Kraft ist. Hooke erfand auch das Kardangelenk (links), eine bewegliche Verbindung zwischen zwei Wellen.

Mach es selbst

Wir befestigen mit einer Reißzwecke einen Gummiring an einem Brett und hängen daran ein kleines, leichtes Gefäß. Nun legen wir eine Murmel nach der anderen hinein und markieren die jeweilige Ausdehnung des Gummirings. Wenn wir zuviel Murmeln hineingeben, kann die Elastizitätsgrenze überschritten werden: Der Gummiring reißt.

wichts ihre Form. Wenn du wieder aufstehst, kehren sie in ihre ursprüngliche Form zurück. Es gibt für jeden Stoff eine Elastizitätsgrenze. Wird sie überschritten, so kehrt der Stoff nicht mehr in die ursprüngliche Form zurück. Dann sagen wir: Der Körper verhielt sich plastisch und wurde dauerhaft verformt. Häuser wären ideal, wenn sie sich nur elastisch und nicht plastisch verhielten. Bei Erschütterungen sollten sie immer wieder zur alten Form zurückkehren. Besonders wichtig ist dies in Erdbebengebieten.

Elektrizität

Elektrizität kommt überall in der Natur vor. Sie zeigt sich in Muskeln und Nerven genauso wie in →Blitzen. Ohne elektrischen Strom würde unsere gesamte technische Kultur zusammenbrechen: Für uns ist der Strom die wichtigste Energieform geworden. Auch die gesamte →Elektronik ist auf elektrische Energie angewiesen. Weiteres dazu siehe auf den Seiten 114 und 115.

Elektroenzephalogramm

Wenn ein Mensch denkt, finden in seinem Gehirn elektrische Vorgänge statt. Diese Ströme kann man mit Hilfe von Elektroden ableiten, die an verschiedenen Stellen des Kopfes befestigt werden. Die elektrischen Signale werden verstärkt und dann von einem Schreiber auf Papier aufgezeichnet. So entsteht ein Elektroenzephalogramm (EEG), ein Hirnstrombild. Je nach Tätigkeit produziert das Gehirn unterschiedliche Hirnwellen. Ihre →Frequenz nimmt ab, wenn der Mensch schläft. Sie geht dann von 18 →Hertz (Schwingungen pro Sekunde) auf 1 Hertz zurück. Mit Hirnstrombildern kann man auch Erkrankungen des Gehirns feststellen, zum Beispiel Epilepsie oder Geschwülste.

▽ Elektroenzephalogramme oder Hirnstrombilder zeigen eine mehr oder minder regelmäßige Abfolge von Zacken. Zwischen dem Wachzustand und dem Schlaf sind deutliche Unterschiede zu erkennen.

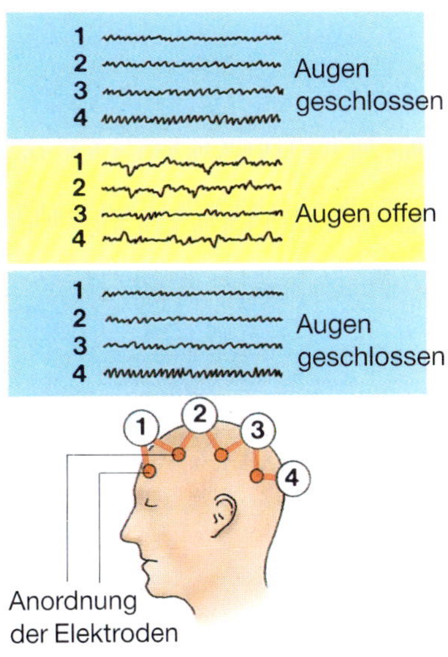

Elektrizität

Bei allen elektrischen Vorgängen spielen ruhende oder bewegte elektrische Ladungen eine Rolle. Es gibt zwei Formen davon, positive und negative Ladungen. Die Elektronen in den Atomen sind negativ geladen, die Atomkerne hingegen positiv. Die Elektronen sind aber viel leichter als die Atomkerne und können somit ohne großen Aufwand bewegt werden. Elektrische Ladungen entstehen zum Beispiel , wenn Elektronen von einem Ort zum anderen Ort transportiert werden. Bewegte elektrische Ladungen bezeichnen wir als Strom. Die Elektrizität geht wie jede andere Form der Energie nicht verloren; sie wird allenfalls in andere Formen der Energie umgewandelt, zum Beispiel in Wärme.

Elektrische Ströme werden von einer elektromotorischen Kraft angetrieben. Sie stammt oft aus einer Batterie. Dabei entsteht durch chemische Reaktionen ein Spannungsunterschied zwischen zwei Elektroden. Batterien geben Gleichstrom ab: Der Strom fließt nur in einer einzigen Richtung.

Michael Faraday entdeckte um 1830, daß in Magnetfeldern ebenfalls Ströme erzeugt werden: Ein Generator dreht eine Spule in einem Magnetfeld. Durch die Drehung fließt der Strom erst in die eine und dann in die andere Richtung. Dabei entsteht Wechselstrom, weil sich die Richtung des erzeugten Stroms dauernd ändert.

Die Elektrizität spielt nicht nur in der gesamten Technik eine beherrschende Rolle. Sehr viele Erscheinungen der belebten und unbelebten Natur haben ebenfalls mit Elektrizität zu tun. Bei der Übertragung der Reize in den Nerven finden auch elektrische Erscheinungen statt. Deswegen kann der Arzt zum Beispiel Hirnströme messen. Auch bei der Bewegung der Muskeln entstehen schwache elektrische Ströme.

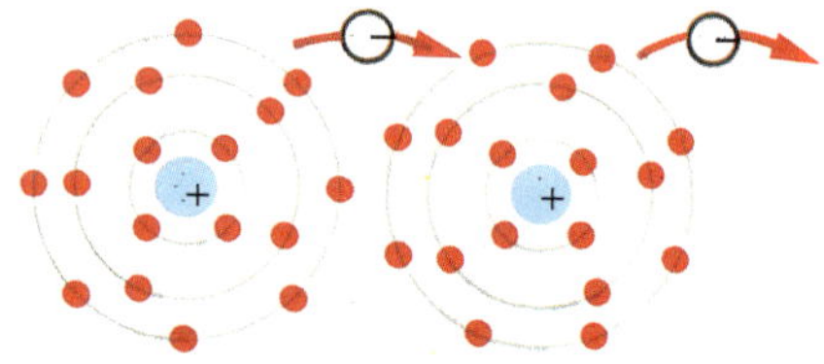

△ Die Elektronen kreisen um den Kern jedes Atoms. Sie tragen eine winzige elektrische Ladung. In einem Leiter fließt ein Strom, wenn die Elektronen immer wieder von einem Atom zum nächsten hüpfen.

▽ Der Spannungsunterschied in einem Stromkreis führt dazu, daß Elektronen von einem Atom zum anderen übergehen. Dabei fließt Strom.

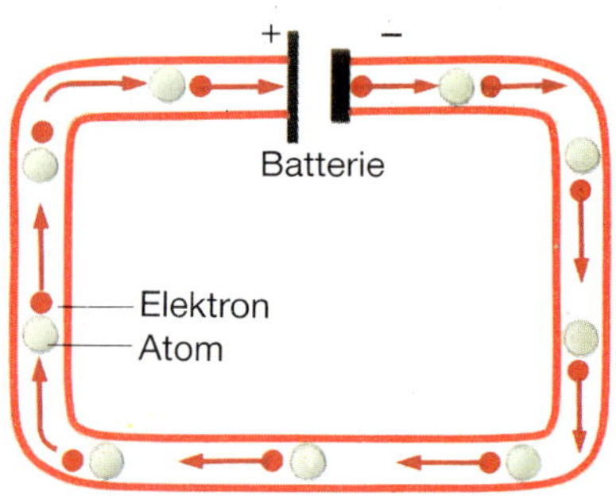

▽ Wenn wir einen Wechselstrom in der Zeitachse aufzeichnen, können wir dessen Frequenz bestimmen. In diesem Fall liegt sie bei 50 Schwingungen pro Sekunde ($50 \cdot 0{,}02\ s = 1\ s$). Frequenzen werden in Hertz (Hz) angegeben. Hier hat der Wechselstrom eine Frequenz von 50 Hz.

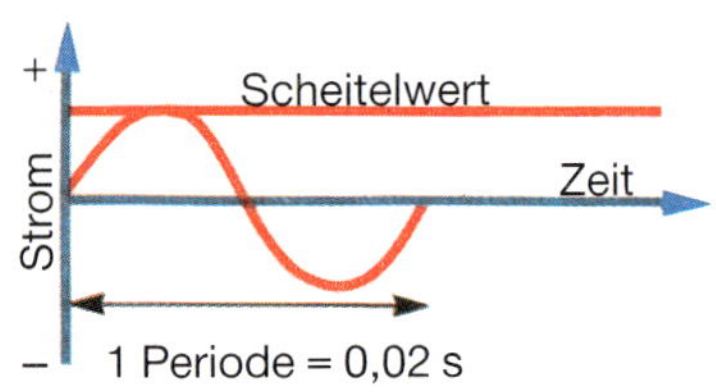

▷ Gleichstrom bewegt sich nur in einer Richtung. Beim Wechselstrom verändert sich die Richtung des erzeugten Stromes jedoch dauernd. In der Graphik ist das durch die wellenförmige Kurve angegeben.

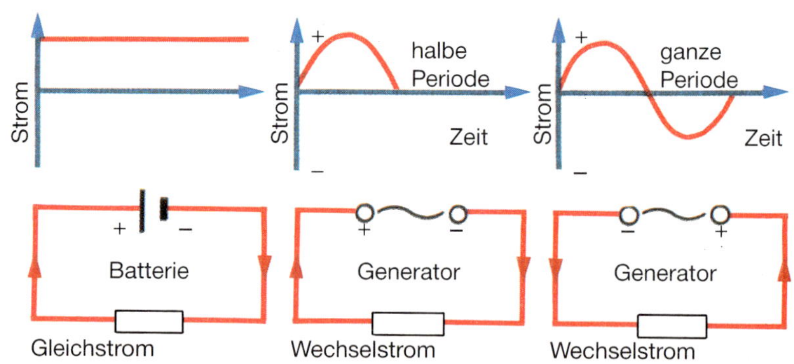

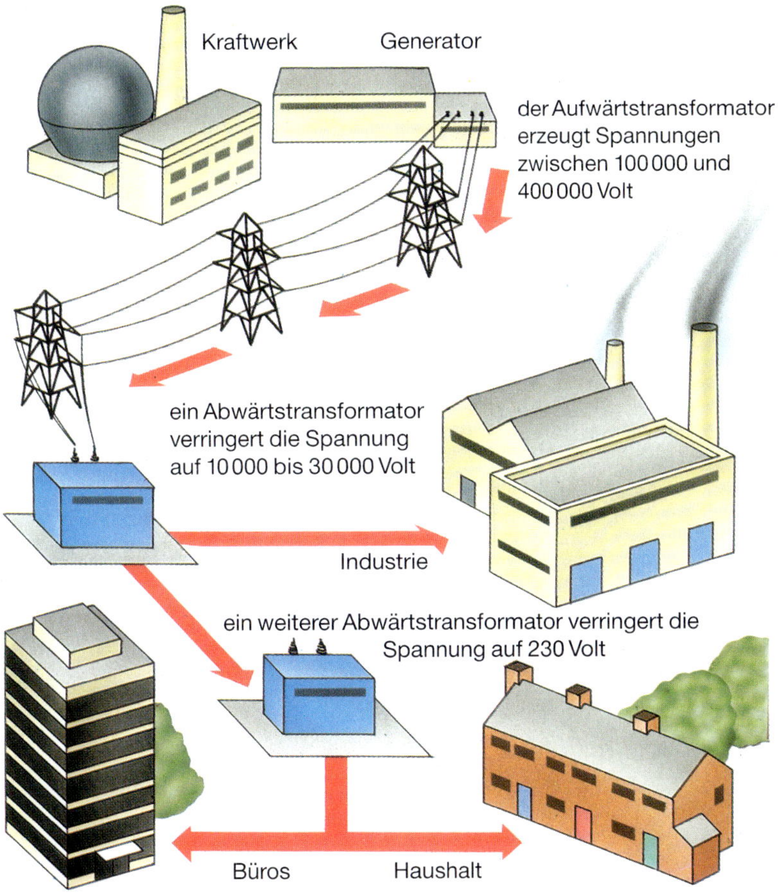

△ Die Elektrizität, die ein Kraftwerk erzeugt, wird bei sehr hoher Spannung über größere Strecken transportiert. Aufwärtstransformatoren erzeugen die benötigte Hochspannung. Die Spannung können wir uns als Druck vorstellen, der die Elektrizität im Leiter vorantreibt. Abwärtstransformatoren reduzieren am Ende der Überlandleitung die Spannung auf geringere Werte. Erst dann können wir den Strom in der Industrie und im Haushalt verwenden.

△ Kannst du dir ein Leben ohne Elektrizität vorstellen?

Achtung!
Mache niemals irgendwelche Versuche mit der Steckdose und dem Stromnetz. Ein elektrischer Schlag könnte dich töten. Verwende immer nur Batterien.

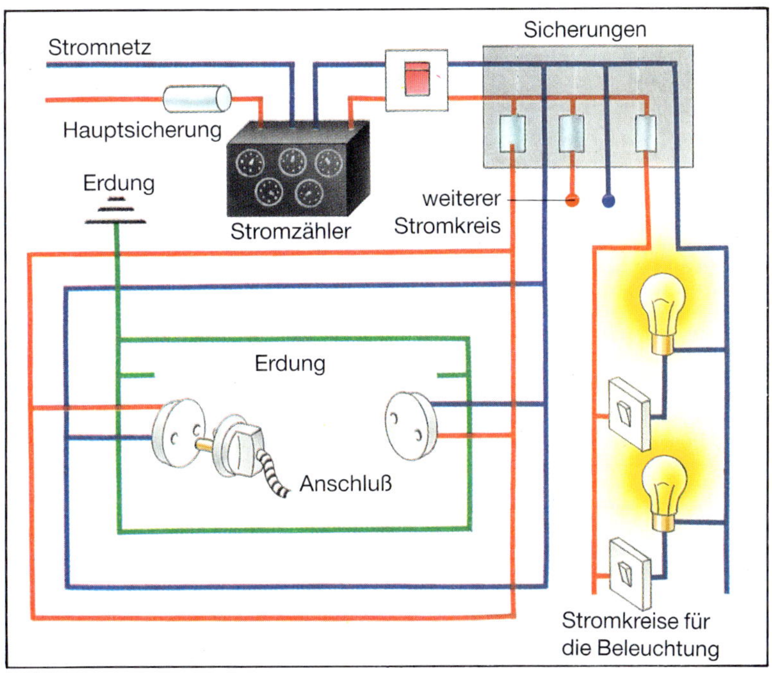

▷ Die Stromversorgung eines Hauses. Beim Eingang ins Haus registriert der Stromzähler, wieviel Strom dem Netz entnommen wird. Sollte aus irgendeinem Grund, zum Beispiel durch einen Kurzschluß, ein zu hoher Strom fließen, so unterbricht die Hauptsicherung den Stromkreis. Das Haus hat in jedem Zimmer Steckdosen, die mit dem Stromnetz verbunden sind.

Siehe auch →Ampere; →Batterie; →Elektromotor; →Generator; →statische Elektrizität; →Stromkreis; →Verstärker; →Volt; →Watt.

Das Herz eines Kindes schlägt ungefähr 90mal pro Minute. Im Erwachsenenalter verringert sich diese Zahl auf rund 70 Pulsschläge. Siebzigmal in der Minute muß also das Herz angeregt werden, sich zusammenzuziehen. Diese Aufgabe übernimmt nicht das Gehirn, sondern das Herz regt sich selbst zum Schlagen an. Es hat sozusagen ein eigenes Nervensystem. Der Reiz für den Herzschlag entsteht im Sinusknoten. Er ist der natürliche Schrittmacher des Herzens.

Elektrokardiogramm

Wenn sich die Muskulatur des →Herzens zusammenzieht, treten regelmäßig elektrische Spannungen auf. Diese Spannungen betragen nur wenige tausendstel →Volt. Mit Hilfe von Elektroden, die auf der Brust verteilt werden, kann der Arzt die elektrischen Signale des Herzens auffangen. Sie werden verstärkt und dann grafisch aufgezeichnet. So bekommen wir ein Elektrokardiogramm (EKG) oder eine Herzstromkurve. Sie zeigt beim Herzschlag eine ganz typische Form mit zwei kleinen runden Ausschlägen und einer großen spitzen Zacke. Anhand des Elektrokardiogramms kann der Arzt überprüfen, ob das Herz normal arbeitet. Erkrankungen wie ein Herzinfarkt führen zu Veränderungen im Elektrokardiogramm.

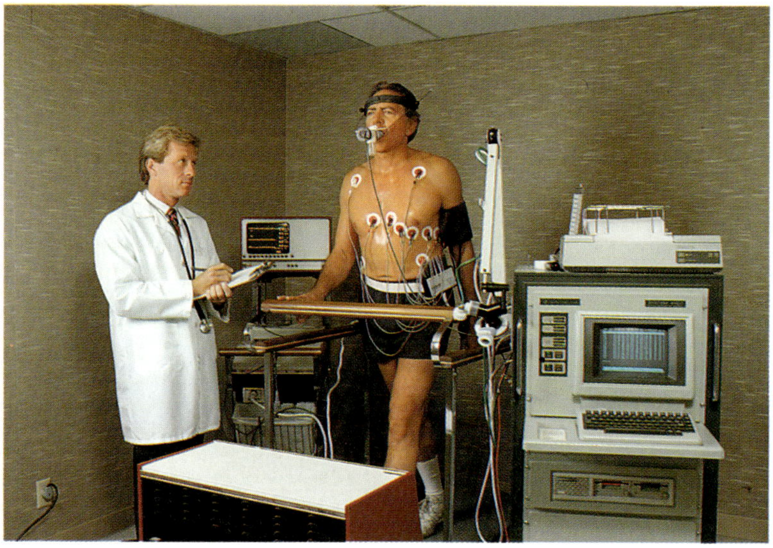

▷ Die Geräte, die Herzströme aufzeichnen, heißen Elektrokardiographen. Der Arzt nimmt beim Patienten im Bild ein Elektrokardiogramm unter körperlicher Belastung ab. Die Atmung überwacht ein Computer, und die Ergebnisse der Analyse erscheinen auf einem Bildschirm.

Bei jedem Schlag pumpt das Herz je 70 Gramm Blut in die Körperschlagader (Aorta) und in die Lungenarterie. Die linke Herzkammer verrichtet bei jedem Schlag eine Arbeit von rund 0,9 Newtonmeter. Die Arbeit der rechten Kammer beträgt 0,2 Newtonmeter. Pro Schlag verrichtet das Herz somit eine Arbeit von $0{,}9 + 0{,}2 = 1{,}1$ Newtonmeter. Die Tagesarbeit beträgt bei 70 Schlägen pro Minute rund 100 000 Newtonmeter. Das entspricht der Arbeit eines Mannes, der einen Sack Kartoffeln auf den Eiffelturm schleppt!

Anion Negativ geladenes Ion
Anode Positiv geladene Elektrode
Elektrode Pol einer Stromquelle
Elektrolyt Jeder Stoff, der bewegliche Ionen enthält
Ionen Elektrisch geladene Atome oder Atomgruppen
Kathode Negativ geladene Elektrode
Kation Positiv geladenes Ion

Elektrolyse

Durch Elektrolyse kann man manche Stoffe in ihre chemischen Bestandteile zerlegen. Dazu leiten wir einen elektrischen Strom durch eine →Lösung oder eine Schmelze dieses Stoffes. Wasser läßt sich zum Beispiel elektrolytisch in →Wasserstoff und →Sauerstoff spalten. Das weiche Metall

Mach es selbst
Wir befestigen an den gespitzten Enden von zwei Bleistiften je einen Draht. Die freien Enden der Drähte verbinden wir mit einer Batterie (6 oder 9 Volt). Die Bleistifte stellen wir in eine wassergefüllte Schüssel und geben einen Eßlöffel Essig hinzu. Wir füllen zwei Plastikbecher mit Wasser und drehen sie unter dem Wasserspiegel der Schüssel um, so daß sie über die Bleistifte zu stehen kommen. Durch Elektrolyse wird das Wasser in Wasserstoff und Sauerstoff gespalten. Die beiden Gase sammeln sich getrennt an den Elektroden.

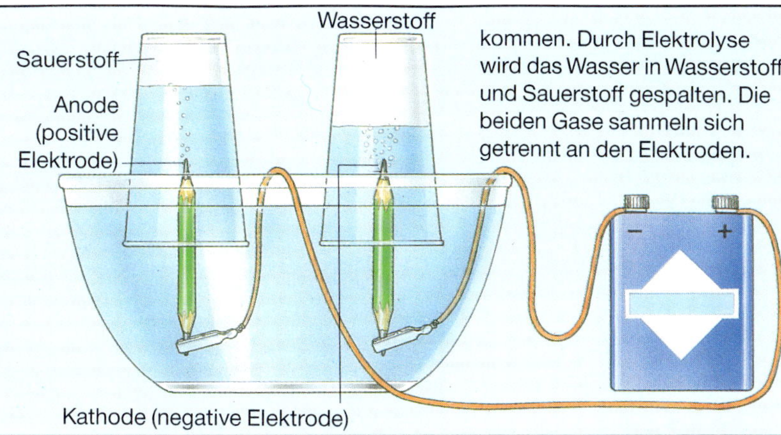

→Natrium gewinnt man, indem man einen elektrischen Strom durch geschmolzenes Kochsalz (Natriumchlorid) leitet. Eine wäßrige Kochsalzlösung reagiert bei der Elektrolyse etwas anders: Es entsteht zwar →Chlorgas (Cl_2) wie bei der Natriumherstellung, doch das Natrium selbst bleibt gelöst und wird zu Natriumhydroxid, also →Natronlauge. Gleichzeitig entsteht auch gasförmiger Wasserstoff. Diese Reaktion findet in Großanlagen statt, die so viel Strom brauchen wie eine Stadt mit 200000 Einwohnern. Solche Industrien siedelten sich in der Nähe von Steinsalzvorkommen an.
Eine besondere Bedeutung hat die Elektrolyse bei der Gewinnung und Reinigung von Metallen und bei der →Galvanisierung. Man kann dabei nur Gleichstrom verwenden. Er fließt zwischen zwei festen elektrischen Leitern, den Elektroden. Diese tauchen in die Lösung ein, die wir allgemein Elektrolyt nennen. An der negativen Elektrode (Kathode) herrscht ein Überschuß von →Elektronen. Dorthin wandern positiv geladene →Ionen. Im Fall von Metallen lagern sie sich dann auf der Kathode ab. An der positiv geladenen Elektrode (Anode) sammeln sich die negativ geladenen Ionen.

Elektromagnet

Ein Elektromagnet erzeugt ein Magnetfeld, solange ein elektrischer Strom durch eine Spule fließt. Je mehr Windungen diese Spule enthält oder je stärker der Strom fließt, desto stärker wird auch das Magnetfeld. In der Mitte der Spule liegt ein Weicheisenkern, der selbst magnetisiert wird und das Magnetfeld zusätzlich verstärkt.
Elektromagnete spielen überall in der Technik eine große Rolle, weil man die Stärke des Magnetfeldes durch Stromänderungen steuern kann. Schaltet man den Strom aus, so verschwindet auch das Magnetfeld. Elektromagnete verwendet man deswegen zum Beispiel zum Heben von Autowracks

▽ Wenn ein elektrischer Strom durch eine Spule fließt, entsteht ein Magnetfeld. Dieses wird durch den Weicheisenkern erheblich verstärkt.

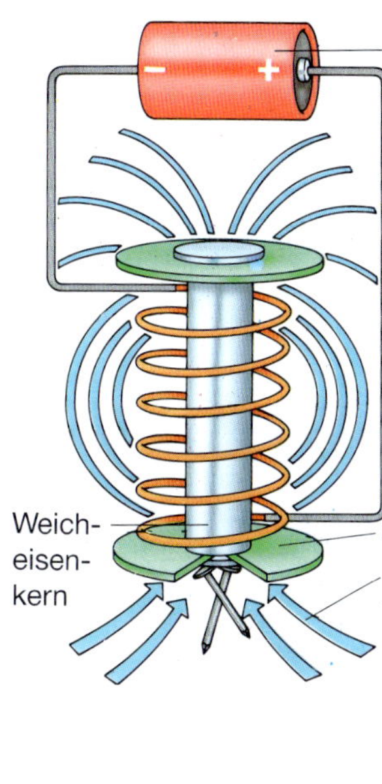

Mach es selbst

Wir wickeln ein mit Kunststoff isoliertes Kabel so dicht wie möglich um eine längere Schraube und stellen damit eine Spule her. Die Enden des Kabels verbinden wir mit den beiden Polen einer Batterie. Wenn jetzt Strom durch das Kabel fließt, entsteht ein Magnetfeld. Auch die Schraube wird dadurch magnetisiert. Wir können also mit diesem Elektromagneten leichte metallische Gegenstände anziehen.

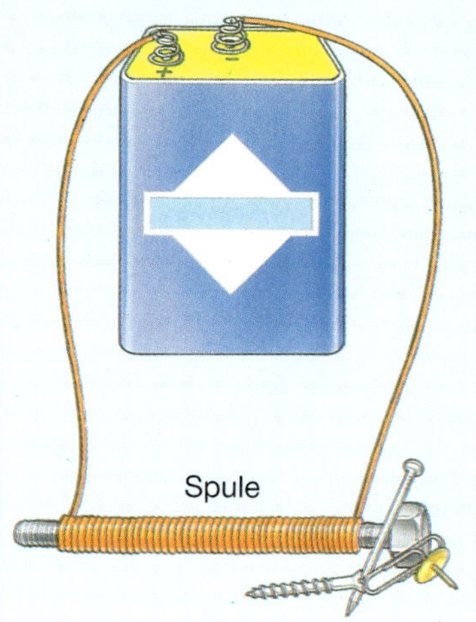

und anderem Eisenschrott. Elektromagnete lenken auch den Elektronenstrahl in der →Kathodenstrahlröhre des Fernsehers. In jedem →Lautsprecher sind Elektromagnete enthalten. Sie versetzen die Membran des Lautsprechers in Schwingungen. Gesteuert werden sie von den Stromänderungen in der Spule.

elektromagnetische Wellen

Wie schon der Name sagt, entstehen elektromagnetische Wellen durch elektrische und magnetische Felder, die sich ausbreiten und regelmäßig schwingen. Im Gegensatz zu den →Schallwellen pflanzen sie sich auch im luftleeren Raum fort. Andernfalls könnte die Sonne keine Licht- oder Wärmestrahlen auf die Erde senden. Das sichtbare →Licht stellt aber nur einen winzigen Ausschnitt aus dem ganzen →Spektrum der elektromagnetischen Wellen dar. Wir unterscheiden die Wellen nach der →Frequenz und der →Wellenlänge. Wellen mit langen Wellenlängen haben eine niedrige Frequenz, kurzwellige Wellen dagegen sind hochfrequent. Radiowellen haben Wellenlängen von 1 Meter bis zu 10 Kilometern.
Wir unterscheiden dabei mit fallender Wellenlänge: Langwellen, Mittelwellen, Kurzwellen und Ultrakurzwellen (UKW). Im Bereich von 1 Meter bis 10 Zentimeter (10^{-1} m) liegen die Dezimeterwellen (UHF), die vor allem für Fernsehübertragungen verwendet werden. Die Radarwellen und die Wärmestrahlen heißen auch →Mikrowellen. Zwischen den Mikrowellen und dem sichtbaren Licht liegt der große Bereich des →Infrarots. Dessen Wellenlängen reichen von einem zehntel bis einem millionstel Millimeter. Mit abnehmender Wellenlänge nimmt die Energie der elektromagnetischen Wellen zu. Die →ultraviolette Strahlung kann immerhin schon bewirken, daß Menschen einen Sonnenbrand bekommen. Viel gefährlicher sind die →Röntgenstrahlen und die Gammastrahlen, die bei →Radioaktivität auftreten. →Kosmische Strahlen stammen aus dem Weltraum.
Alle elektromagnetischen Wellen breiten sich mit der Geschwindigkeit des Lichts aus, das heißt mit rund 300 000 Kilo-

▽ Das elektromagnetische Spektrum reicht von den Langwellen bis zur kosmischen Strahlung. In dieser Richtung nimmt die Wellenlänge ab, die Frequenz hingegen zu.

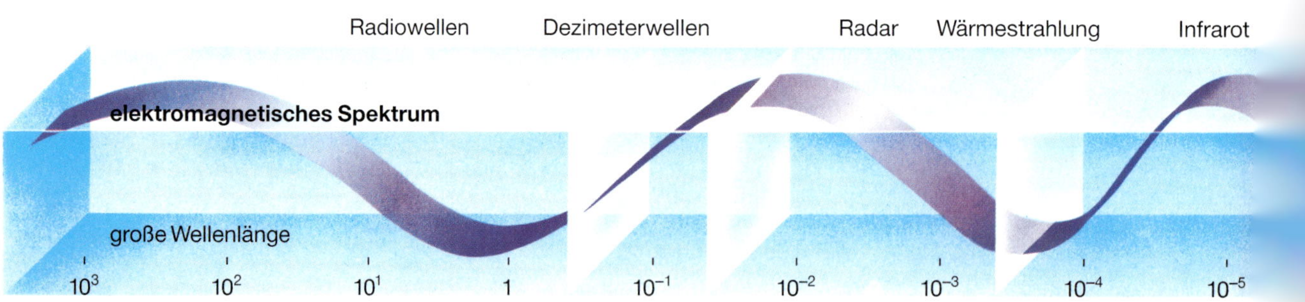

metern pro Sekunde. Wenn man die Wellenlänge mit der Frequenz multipliziert, ergibt sich immer dieser Wert von 300 000 km/h. Wenn man die Wellenlänge kennt, kann man daraus die Frequenz berechnen und umgekehrt. Sichtbares Licht hat eine Wellenlänge von rund 0,0005 Millimeter und somit eine Frequenz von rund 600 Milliarden Hertz.

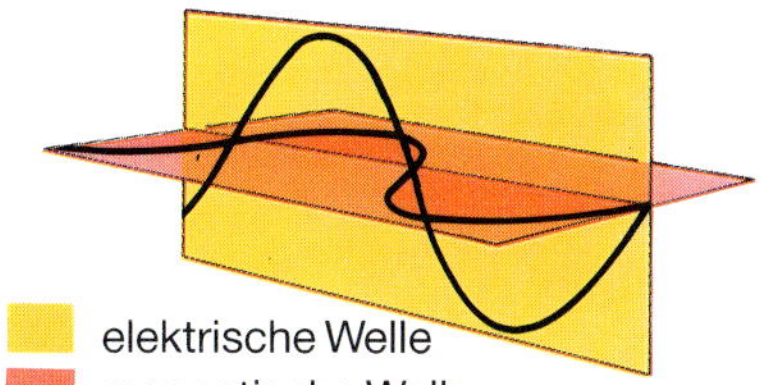

△ Elektromagnetische Wellen transportieren elektrische und magnetische Energie. Dabei zeigen sich Veränderungen der entsprechenden Felder. Das elektrische und das magnetische Feld stehen senkrecht zueinander.

◁ Elektromobile brauchen viele schwere Batterien. Die Autos erreichen eine Höchstgeschwindigkeit von ungefähr 90 km/h und eine Reichweite von nicht viel mehr als 120 km. Das Wiederaufladen der Batterien dauert fünf bis sechs Stunden. Wegen dieser Nachteile konnten sich die Elektromobile bisher nicht durchsetzen.

Elektromobil

Elektromobile haben als Antrieb nicht einen →Verbrennungsmotor, sondern einen →Elektromotor. Sie fahren fast geräuschlos und produzieren auch keine giftigen Abgase. Ihre Energie beziehen sie aus →Batterien, die immer wieder nachgeladen werden müssen, das heißt, sie beziehen ihren Strom aus der Steckdose. Dieser Strom wird in Kraftwerken überwiegend aus →fossilen Brennstoffen erzeugt, wobei natürlich dort Abgase entstehen. Ideal ist ein Elektromobil, das mit →Solarenergie fährt. Es gibt schon viele solcher Solarmobile. Auch sie brauchen Batterien, selbst wenn sie die Solaranlagen auf dem Dach mit sich herumtragen. Sie brauchen den Stromvorrat bei Nachtfahrten, bei stark bedecktem Himmel oder in Tunnels.

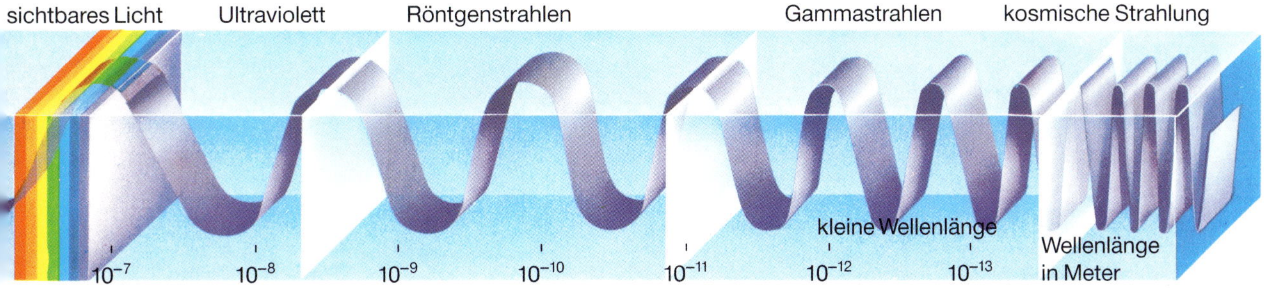

Elektromotor

▷ Die meisten Elektromotoren in Kühlschränken, Staubsaugern und anderen Haushaltsgeräten funktionieren mit Wechselstrom. Dient eine Batterie als Stromquelle, so muß ein Stromwender ihren Gleichstrom in Wechselstrom umwandeln.

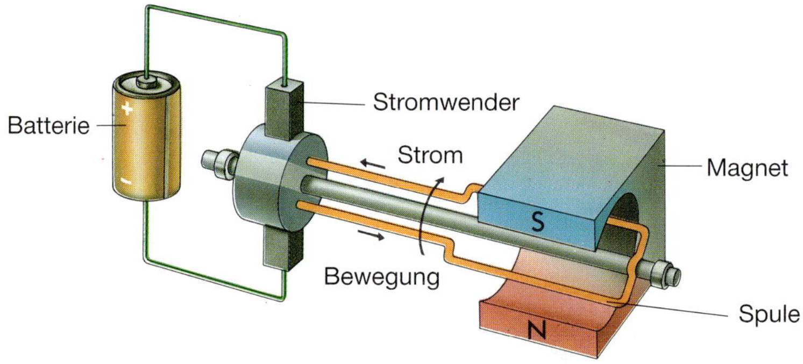

Elektromotor

Der Elektromotor verwandelt elektrische →Energie in Bewegung. Die Grundlage für den Elektromotor bildet die Tatsache, daß ein stromdurchflossener Leiter durch ein Magnetfeld in Bewegung versetzt wird. Bei den meisten Elektromotoren bewegt sich die Spule, während der Magnet selbst stillsteht. Fließt Strom durch die Spule, so wird diese magnetisch und bildet einen Nordpol und einen Südpol aus. Da sich gleichnamige Pole abstoßen und ungleichnamige anziehen, dreht sich die Spule so weit, daß ihr Nordpol dem Südpol des Magneten gegenüber liegt. In diesem Augenblick wird die Fließrichtung des Stromes umgekehrt, so daß sich die Spule weiterdreht.

Da sich das Elektron nicht weiter spalten läßt, trägt es die kleinstmögliche Menge negativer Elektrizität mit sich. Weniger Elektrizität kann es in der Natur nicht geben. Das Elektron können wir uns, wie übrigens alle Elementarteilchen, als Welle wie als Teilchen vorstellen. In Elektronenröhren und bei chemischen Versuchen verhält sich das Elektron wie ein Teilchen. Die Beugung der Elektronen kann man jedoch nur verstehen, wenn man sie sich als Welle vorstellt.

Elektron

Das Elektron ist ein →Elementarteilchen mit negativer Ladung. In den →Atomen kreisen Elektronen um den Atomkern, der sich seinerseits aus positiv geladenen →Protonen und ungeladenen →Neutronen zusammensetzt. Die Elektronen sind um den Atomkern herum in Schalen angeordnet. Die Anzahl der Elektronen bestimmt dabei über das chemische Verhalten. Wenn Atome Elektronen abgeben oder aufnehmen, werden sie elektrisch geladen und heißen →Ionen. Die Elektronen können nicht in kleinere Teilchen aufgespalten werden. Das Elektron ist viel leichter als das Proton, denn es wiegt nur 1/1836 eines Protons.

▷ Die Elektronen fliegen mit großer Geschwindigkeit um den Atomkern herum. Sie sind in verschiedenen Schalen angeordnet. Wenn sich zwei Atome zu einem Molekül verbinden, werden ein oder mehrere Elektronen aus der äußersten Schale des einen Atoms auf die Elektronenschale des anderen Atoms übertragen. Oft teilen sich zwei Atome auch in mehrere Elektronen.

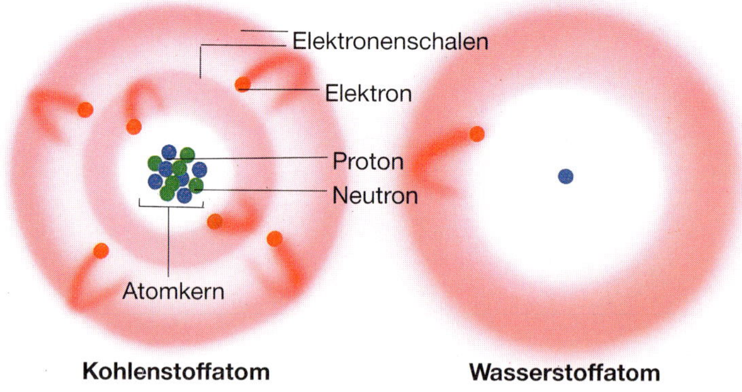

Elektronenmikroskop

Das normale Lichtmikroskop vergrößert höchstens 1500fach. Will man stärkere Vergrößerungen erhalten, so ist das mit Lichtstrahlen nicht mehr möglich. Sie sind zu grob, denn ihre Wellenlänge liegt bereits in der Größenordnung von einem tausendstel Millimeter. Wir sagen: Ihr Auflösungsvermögen ist zu gering. Viel feiner sind jedoch Elektronenstrahlen. Auch äußerlich sind Elektronenmikroskope nicht mit dem gewöhnlichen →Mikroskop zu vergleichen. Man kann das Objekt zum Beispiel nur im →Vakuum ansehen und muß es dementsprechend vorbereiten. Anstelle von Glaslinsen hat das Elektronenmikroskop Magnetlinsen (Magnetspulen). Das Bild erscheint auf einem Leuchtschirm oder auf einem echten Bildschirm. Meistens wird es gleich beim Betrachten fotografiert. Elektronenmikroskope vergrößern bis auf das 500 000fache. Noch stärkere Vergrößerungen erreichen die Tunnelmikroskope. Auch sie machen von Elektronen Gebrauch, allerdings auf eine ganz andere Weise. Mit Tunnelmikroskopen kann man sogar einzelne Atome abbilden.

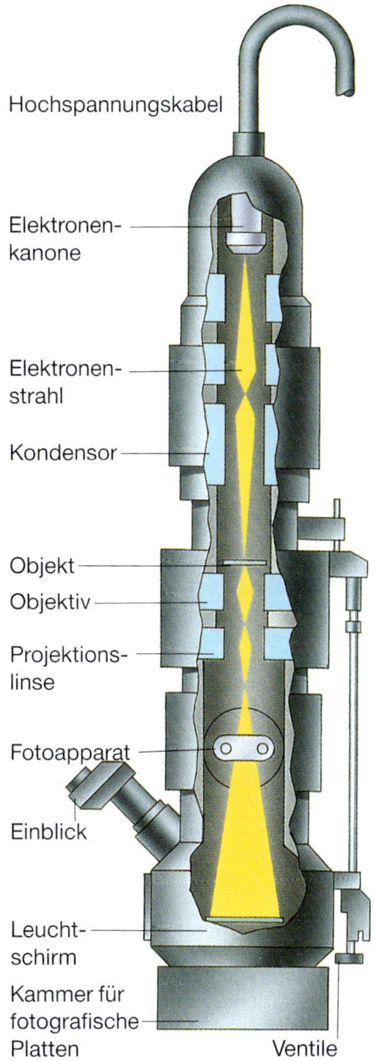

△ Elektronen aus einer Elektronenkanone durchdringen das Objekt und passieren zur Vergrößerung mehrere Elektromagnete. Das Bild kann dann auf einem Leuchtschirm beobachtet werden.

Elektronenröhre

Mit Elektronenröhren kann man elektrische Ströme steuern. Elektronenröhren sind luftleer gepumpte Glaskolben, in denen sich mindestens ein positiver und ein negativer Pol befinden. Von der erhitzten negativen Elektrode (Kathode) fliegen →Elektronen zur positiven Anode. Dieser Vorgang verläuft nur in einer Richtung und läßt sich nicht umkehren. Diese einfachste Elektronenröhre heißt auch Diode. Man kann mit ihr zum Beispiel Wechselstrom in Gleichstrom verwandeln.

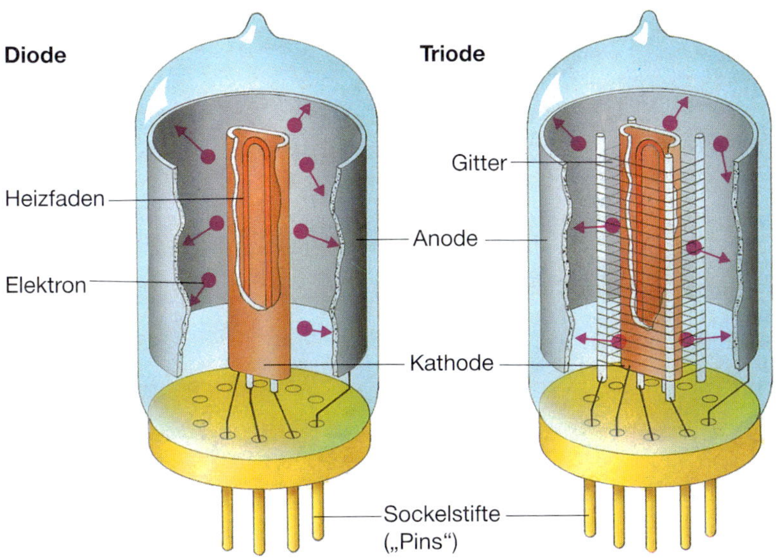

◁ Zwischen die Anode und die Kathode der Diode kann man ein negativ geladenes Gitter stellen. Die Elektronen fliegen dann nicht mehr ungehindert zur Anode. Mit geringer Spannung kann man den Elektronenfluß in dieser Elektronenröhre steuern. Sie heißt auch Triode.

Elektronik

Die Elektronik beschäftigt sich mit der Steuerung und Schaltung von Strömen. Ein elektrischer Strom ist nichts anderes als ein Fluß von Elektronen. Die Elektronik ist eine praktische Wissenschaft. Sie hat Bauteile entwickelt, die elektrische Ströme auf unterschiedlichste Weise beeinflussen. Die ersten dieser Bauteile waren die Elektronenröhren, zum Beispiel die Dioden. Später wurden die Transistoren entwickelt, die viel weniger Platz brauchen. Durch den Zusammenbau verschiedener elektronischer Bauteile kann man sinnvolle komplizierte Schaltungen entwickeln. Das elektronische Steuersystem einer Waschmaschine überwacht beispielsweise den Elektromotor, die Pumpen, den Heizstab und alle Ventile und schaltet sie immer im richtigen Augenblick ein und aus.
Elektronische Bauteile, darunter auch Chips, werden normalerweise auf einer gedruckten Schaltung miteinander verbunden. Sie besteht aus einer Kunstharzplatte, der Platine. Darauf sind die Leiterbahnen aufgebracht. Die Kontaktdrähte der Bauteile steckt man in eigens angebrachte Bohrlöcher und lötet sie dann fest.
Heute kann man ganze elektronische Schaltkreise mit vielen tausend Bauelementen auf einem einzigen Siliziumchip unterbringen.

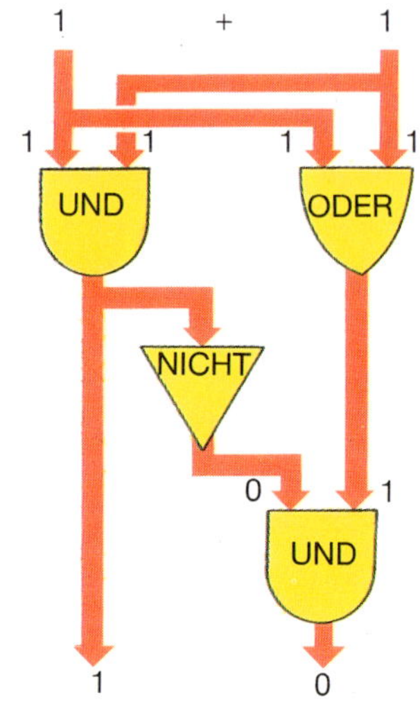

△ Siliziumchips steuern elektrische Ströme und funktionieren dann wie Schalter. Solche Schalter bezeichnen wir als logische Gatter. Es gibt verschiedene Arten davon. Sie bewirken zum Beispiel UND-, ODER- und NICHT-Schaltungen. Sie haben Steuereingänge und einen davon gesteuerten Ausgang. Die abgebildete arithmetische Schaltung verarbeitet zwei binäre Zahlen (in diesem Fall 1+1). Sie addiert sie und kommt auf die binäre Zahl 10, die im Dezimalsystem der 2 entspricht.

gedruckte Schaltung

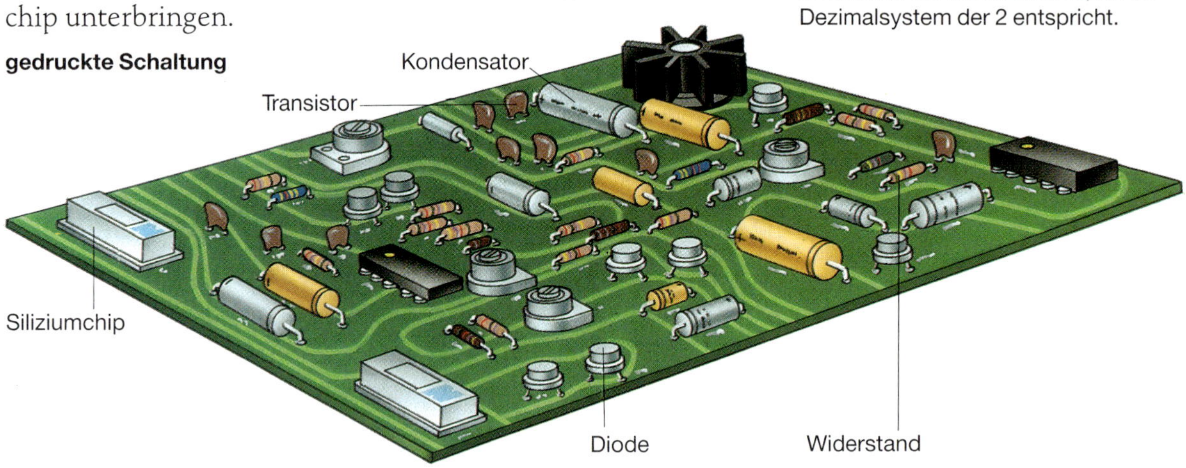

Diode Die Diode läßt den Stromfluß nur in einer Richtung zu, nämlich von der Kathode zur Anode. Man kann mit ihr Wechselstrom in Gleichstrom verwandeln (Gleichrichtung).
Widerstand Behindert den Stromfluß.
Kondensator Sammelt und speichert elektrische Ladung. Kondensatoren bestehen aus zwei leitenden Oberflächen, die durch einen isolierenden Stoff voneinander getrennt werden.
Transistor Transistoren verstärken elektrische Ströme oder schalten sie auf ein Steuersignal hin ein oder aus. Sie bestehen aus mehreren Halbleiterschichten.
Siliziumchip Eine dünne Scheibe des Halbleiters Silizium mit stark verkleinerten integrierten Schaltungen. Solche Chips bilden das Herz elektronischer Geräte.

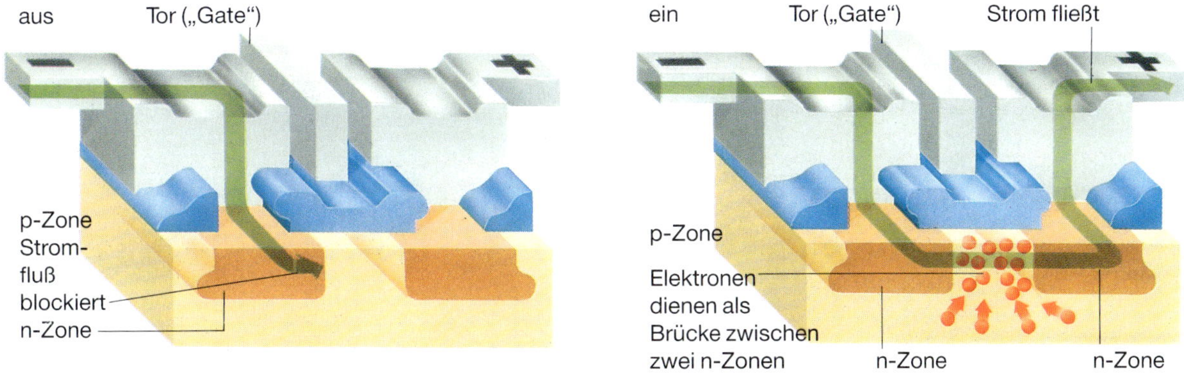

△ Die Schaltelemente auf Siliziumchips bestehen aus mehreren Halbleiterschichten. Mit Siliziumchips kann man Ströme steuern. Steht der Schalter auf „aus" (links), so ist der Stromfluß unterbrochen. Steht der Schalter auf „ein" (rechts), dann fließt ein Strom.

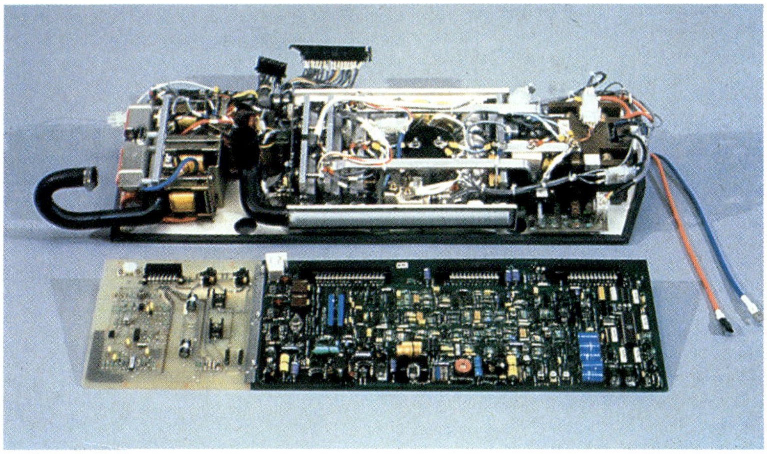

▷ Gedruckte Schaltungen kommen in praktisch allen elektrischen Geräten vor. Die Trägerplatte heißt Platine und besteht meistens aus Kunstharzen.

△ Elektronische Schaltungen werden erst in einem großen Maßstab gezeichnet und dann sehr stark verkleinert.

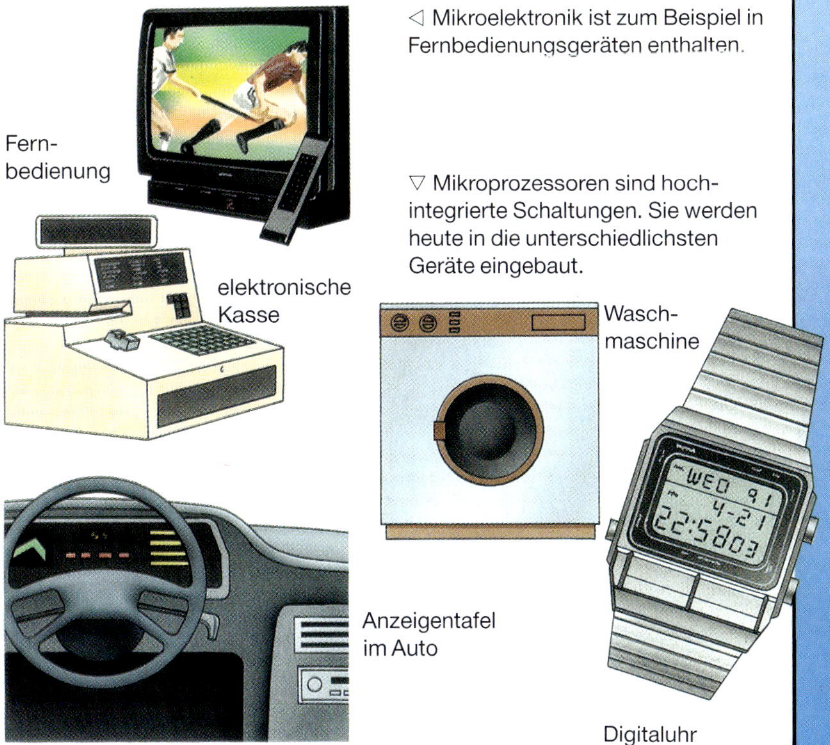

◁ Mikroelektronik ist zum Beispiel in Fernbedienungsgeräten enthalten.

▽ Mikroprozessoren sind hochintegrierte Schaltungen. Sie werden heute in die unterschiedlichsten Geräte eingebaut.

Siehe auch →Computer; →Diode; →integrierte Schaltung; →Kondensator; →Logik; →Mikroprozessor; →Taschenrechner; →Transistor; →Widerstand.

Elementarteilchen

▷ Kernphysiker schießen in Teilchenbeschleunigern verschiedene Elementarteilchen aufeinander. Wenn diese aufeinander prallen, können neue Elementarteilchen entstehen. Das Bild zeigt Spuren, die beim Beschuß mit Protonen in einer Blasenkammer entstanden.

Elementarteilchen

Elementarteilchen sind kleiner als Atome. Die Atome bestehen aus dreierlei Elementarteilchen: →Protonen und →Neutronen bilden den Atomkern, während die viel leichteren →Elektronen um den Kern kreisen. Zu bestimmten Elementarteilchen gibt es auch „Antiteilchen". Das →Positron beispielsweise hat dieselbe Masse wie das Elektron, aber eine entgegengesetzte elektrische Ladung. Wenn ein Positron auf ein Elektron trifft, dann vernichten sie sich gegenseitig und geben Strahlung ab. Materie aus lauter Antiteilchen heißt →Antimaterie.

Die Physiker glauben heute, daß das Proton und das Neutron ihrerseits wieder aus kleineren Elementarteilchen bestehen, den Quarks. Diese sind so stark aneinander gebunden, daß man sie fast nicht trennen kann. Die Physiker, die sich mit den Elementarteilchen beschäftigen, heißen →Kernphysiker. Ihr wichtigstes Forschungsinstrument ist der →Teilchenbeschleuniger.

▽ Die Eizelle wird von einer einzigen Samenzelle befruchtet, die durch die Zellmembran eindringt (1). Nach der Befruchtung teilt sich die Eizelle zum ersten Mal (2). Anschließend teilen sich die Zellen immer wieder (3). Nach drei Tagen besteht der Embryo des Menschen aus sechzehn Zellen.

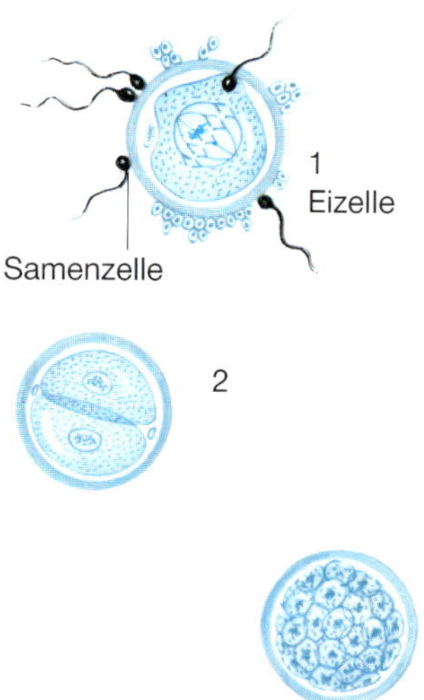

Embryo

Bei der →Befruchtung verschmilzt eine Samenzelle mit einer →Eizelle. Damit ist der Anstoß gegeben zu einer Weiterentwicklung des Eies. Dieses beginnt sich zu teilen und heißt nun Embryo. Der Embryo besteht zu Beginn seiner Entwicklung nur aus einem Haufen von →Zellen, die einer Brombeere nicht unähnlich sehen. Doch dann bilden sich die einzelnen Organe heraus, und der Embryo wird immer größer. Die Embryonen der Vögel und anderer eierlegender Tiere beziehen die Stoffe für den Aufbau ihres Körpers vor allem aus dem Dotter. Der Embryo oder Keim der Säugetiere hingegen nistet sich in der Wand der Gebärmutter ein und ist mit seiner Mutter über die Nabelschnur verbunden. Über Blutgefäße in der Nabelschnur erhält der Embryo von seiner Mutter alle Stoffe,

die er für die Entwicklung braucht. Auch die Abfallstoffe kann er über die Nabelschnur an die Mutter abgeben.
Beim Menschen heißt das Ungeborene nur bis zur zwölften Lebenswoche Embryo oder Keim. Nachher spricht man vom heranwachsenden Kind, der Leibesfrucht oder dem Fetus. Nach drei Monaten sind beim heranwachsenden Kind schon sämtliche Organe angelegt. Sie müssen sich in den darauffolgenden sechs Monaten der Schwangerschaft nur noch entfalten und vergrößern.

▽ In der fünften Woche ist der menschliche Embryo ungefähr 1 cm lang. In der achten Woche ist er auf 4 cm herangewachsen, in der zwölften auf 9. Nun sind schon deutlich die Arme, die Beine, die Augen und die Augenlider zu erkennen. Ein reifes Kind zum Zeitpunkt der Geburt mißt vom Scheitel bis zur Ferse ungefähr 50 cm. Die Babys sind im Durchschnitt 3300 Gramm schwer.

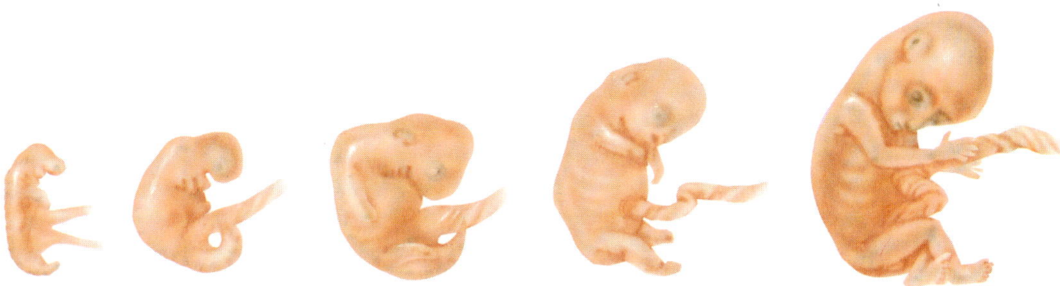
5 Wochen 6 Wochen 7 Wochen 8 Wochen 12 Wochen

Emulsion

Emulsionen sind Stoffgemische. In den meisten Fällen handelt es sich um zwei Flüssigkeiten, von denen sich die eine nicht in der anderen löst. Die eine Flüssigkeit liegt vielmehr in Form winziger Tröpfchen vor, die in der anderen Flüssigkeit feinst verteilt sind. Ein typisches Beispiel für eine solche Emulsion ist die Milch: Feinst verteilte Fetttröpfchen schweben hier in Wasser. Das Protein Kasein, das ebenfalls in der Milch enthalten ist, bewirkt dabei, daß die Tröpfchen weiterhin im Wasser verteilt bleiben und sich nicht absetzen. Einen Stoff wie das Kasein bezeichnen wir auch als Emulgator oder Stabilisator. Je gröber die Tröpfchen sind, um so leichter entmischen sich die beiden Flüssigkeiten. Weitere bekannte Emulsionen sind Mayonnaise, Lotionen und Anstrichfarben.

Mach es selbst

Wir geben eine halbe Tasse Öl, eine viertel Tasse Essig und einen Teelöffel Senf in ein größeres Gefäß. Dieses verschließen wir mit einem Schraubdeckel und schütteln kräftig. Dabei entsteht eine Emulsion, die Salatsauce. Nach einiger Zeit entmischen sich allerdings die Flüssigkeiten.
Wir versuchen auch, Vollmilch in einem solchen Gefäß zu schütteln. Nach einiger Zeit steigt die Sahne zur Oberfläche.

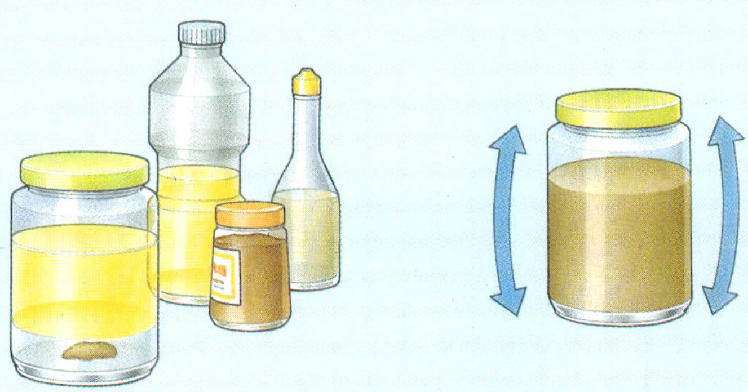

Energie

Energie ist die Fähigkeit, Arbeit zu leisten. Man kann auch sagen: Energie ist gespeicherte Arbeit. In der Umgangssprache reden wir immer von Energieverbrauch und meinen zum Beispiel, wieviel Benzin ein Auto auf 100 Kilometer verbrennt. Physikalisch gesehen, kann Energie jedoch nicht verbraucht werden. Der Gesamtbetrag der Energie bleibt immer erhalten. Energie kann nur von einer Form in eine andere umgewandelt werden. Wenn ein Auto fährt, enthält es kinetische Energie oder Bewegungsenergie. Wird es abgebremst, so verwandelt sich diese kinetische Energie in Wärmeenergie, denn die Bremsen werden dabei heiß. Potentielle Energie oder Lageenergie besitzt ein Körper aufgrund seiner Lage. Ein Schwimmer auf dem Sprungbrett hat zum Beispiel eine bestimmte potentielle Energie. Wenn er sich ins Wasser stürzt, verwandelt sich diese potentielle Energie in kinetische Energie. Die Relativitätstheorie lehrt uns, daß auch die Masse eine Form der Energie darstellt.

Der Weg der Sonnenenergie

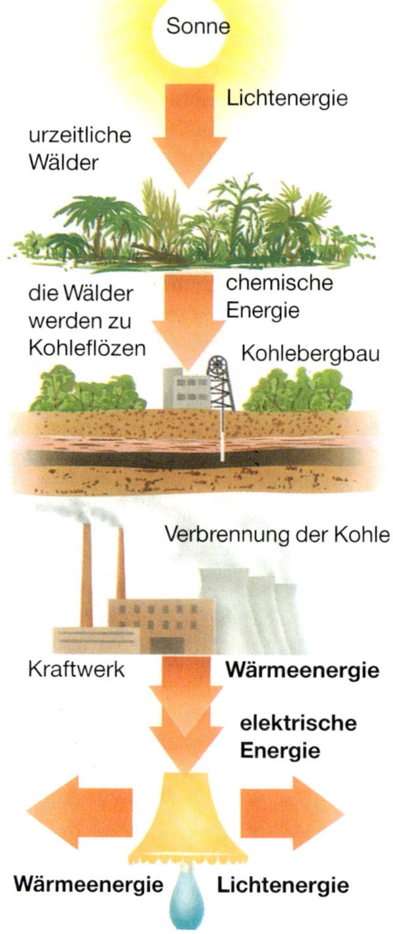

△ Die Sonne liefert die weitaus meiste Energie, die wir auf der Erde nutzen. Dabei verwandeln wir die eine Energieform in eine andere. Sonnenenergie liegt in Holz, Erdöl, Erdgas und Kohle gespeichert. Nur die Kernenergie stammt nicht von der Sonne.

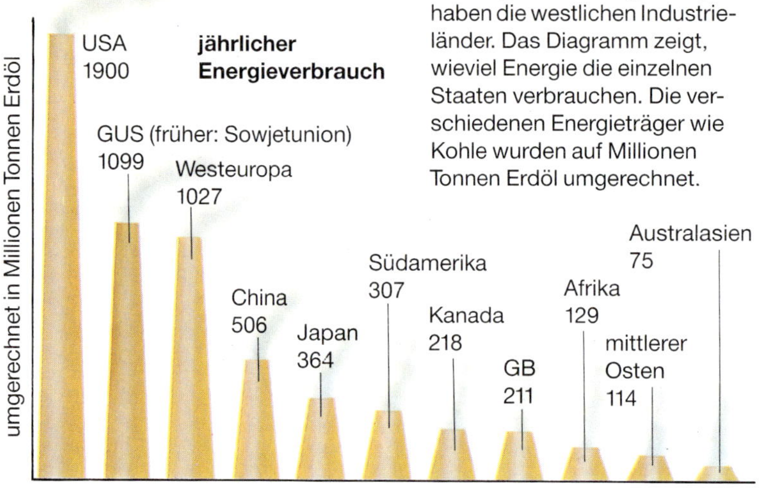

▽ Den größten Energiehunger haben die westlichen Industrieländer. Das Diagramm zeigt, wieviel Energie die einzelnen Staaten verbrauchen. Die verschiedenen Energieträger wie Kohle wurden auf Millionen Tonnen Erdöl umgerechnet.

Mach es selbst

Das Schachtelmännchen enthält potentielle Energie. Die Feder ist nämlich zusammengedrückt und leistet Arbeit, wenn der Deckel der Schachtel abgehoben wird. Dann wird die potentielle Energie in Bewegungsenergie verwandelt.

Wenn bei einer Energieumwandlung Wärme entsteht, können wir diese Energieform sehr oft nicht mehr nutzen. Wir sagen dann: Sie geht verloren. Selbst ein modernes Auto verschwendet ungefähr drei Fünftel der Energie, die im Treibstoff enthalten ist. Noch niedriger ist der Wirkungsgrad bei Glühbirnen.

Siehe auch →Elektrizität; →Erdgas; →Erdöl; →fossile Brennstoffe; →Joule; →Kernenergie; →Kohle; →Kraft; →Licht; →Sonne; →Wärme.

Entropie

Die Entropie ist ein Maß für die Unordnung eines Systems. Unter „Unordnung" verstehen wir beispielsweise folgendes: Eine Metalldose enthält Luft. Mit höchster Wahrscheinlichkeit wird diese Luft gleichmäßig in der Dose verteilt sein. Damit weist sie den höchsten Grad der Unordnung auf. Völlig unwahrscheinlich ist es, daß sich die ganze Luft in der linken oberen Ecke sammelt. Das entspräche dann einem hohen Grad der Ordnung. Die Natur strebt aber zum wahrscheinlichsten Zustand, dem der Unordnung. Das ist aber eine rein physikalische Aussage und hat nichts mit Hausaufgaben oder Aufräumen zu tun! Da die Natur zur Unordnung strebt, nimmt der Grad der Entropie immer zu. Dies bewirkt zum Beispiel, daß →Wärme immer von einem wärmeren Körper auf einen kälteren übergeht und nicht umgekehrt. Da die Entropie auch im ganzen Weltall wächst, erreicht sie irgendwann einmal den größtmöglichen Grad.

Mach es selbst

Wir bringen vier Murmeln in eine Reihe. Eine weitere Murmel stoßen wir so an, daß sie genau auf die Viererreihe auftrifft. Beim Aufprall gibt eine Murmel der anderen die Stoßenergie weiter. Die Murmel am entfernten Ende bewegt sich schließlich weg, während die anderen stillstehen. Auch hier geht keine Energie verloren.

Entsalzung

Manche Länder der Erde, besonders im mittleren Osten, haben viel zu wenig Trinkwasser. Andererseits sind sie von Meerwasser umgeben, zum Beispiel Saudi-Arabien. Dieses Land gewinnt viel Süßwasser aus Meerwasser. Es gibt dafür zwei Entsalzungsverfahren. Das einfachste ist die →Destillation. Dabei wird Meerwasser erhitzt. Der Wasserdampf passiert eine kühle Oberfläche und kondensiert in einen anderen Behälter. Das Salz steigt nicht mit dem Wasserdampf auf, sondern bleibt zurück. Das zweite Verfahren verwendet →Polymere. Die Riesenmoleküle einiger Kunststoffe wie Teflon kann man ähnlich wie ein Küchensieb einsetzen: Sie lassen die Wassermoleküle hindurchtreten, halten die Salze aber zurück.

▽ Eine Destillieranlage zur Meerwasserentsalzung.

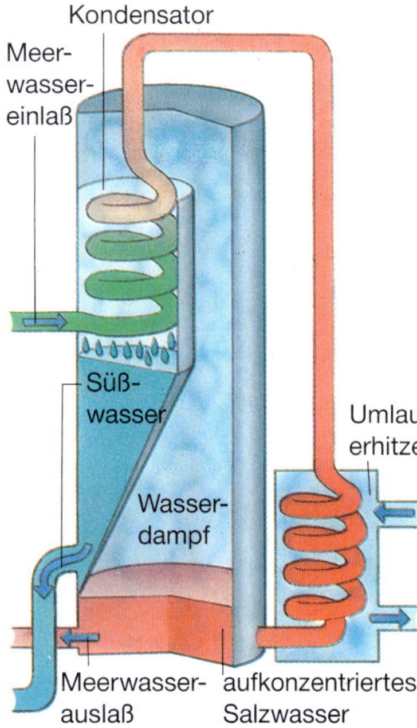

Entwaldung

Entwaldung ist gleichbedeutend mit Kahlschlag. Dabei werden auf einem größeren Gebiet alle Bäume gefällt. Die Gründe dafür sind vielfältig. Die Weltbevölkerung wächst ständig, und mehr Menschen brauchen auch mehr Platz für den Anbau von Pflanzen und für die Viehzucht. Sie brauchen auch mehr Holz für den Bau von Häusern und mehr Brennholz. Zwangsläufig werden also immer mehr Gebiete entwaldet. In Regenwaldgebieten fällen Großfirmen aber oft auch die Bäume, weil sie sie verkaufen und dabei Profit erzielen wollen.

Entwaldung hat katastrophale Folgen für die Umwelt. Selbst auf nur leicht geneigten Hängen kommt es zur →Erosion, weil keine Pflanzenwurzeln mehr den →Boden festhalten. Er wird

Seit dem Beginn der Landwirtschaft vor ungefähr 10 000 Jahren hat der Mensch riesige Gebiete für den Bau von Siedlungen und für die Landwirtschaft entwaldet. Noch im Mittelalter war ganz Mitteleuropa mit Ausnahme der Hochgebirge ein einziges zusammenhängendes Waldgebiet. Die Menschen in Südamerika und Afrika schlagen jede Minute zwölf Hektar Wald, Tag und Nacht. Das bedeutet, daß jedes Jahr ein Gebiet ungefähr von der doppelten Größe Englands kahlgeschlagen wird.

bei Regengüssen einfach weggeschwemmt. Regenwälder können nach einem Kahlschlag nicht mehr nachwachsen und auch nicht wiederaufgeforstet werden, weil der Boden innerhalb weniger Jahre völlig ausgelaugt wird und somit keine Mineralsalze mehr enthält. Die Entwaldung ist eines der Hauptprobleme unserer Zeit. Es ist zu befürchten, daß sich durch die Entwaldung im Amazonasgebiet das Weltklima stark ändern wird.

Die Bäume dieser Regenwälder nehmen bei der →Photosynthese viel →Kohlendioxid auf und wirken damit direkt dem →Treibhauseffekt entgegen. Auch in anderer Hinsicht wirken diese Wälder wie eine Kühlanlage für die ganze Welt: Die Bäume verdunsten mit ihren Blättern sehr viel Wasser. Die feuchtigkeitsgesättigte Luft steigt auf und kondensiert zu →Wolken. Diese werfen das Sonnenlicht in den Weltraum zurück und spenden Regen. Werden die Bäume jedoch abgeholzt, bleibt der Regen aus, und die betroffenen Gebiete werden trockener, vielleicht sogar steppen- oder wüstenartig und für den Menschen unbewohnbar.

Enzyme

Enzyme beschleunigen biochemische Reaktionen oder machen sie erst möglich. Wir können sie deswegen auch als biochemische →Katalysatoren bezeichnen. Alle Enzyme sind →Proteine und werden von lebenden →Zellen produziert. Wahrscheinlich gibt es für jede der 1000 bis 2000 chemischen Reaktionen, die in einer Zelle stattfinden können, eines oder mehrere Enzyme. Schätzungsweise sind in einer einzigen Zelle viele tausend verschiedene Enzyme vorhanden. Enzyme haben ganz verschiedene Aufgaben. Verdauungsenzyme spalten Nahrungsmittel in kleinere Verbindungen auf. Die

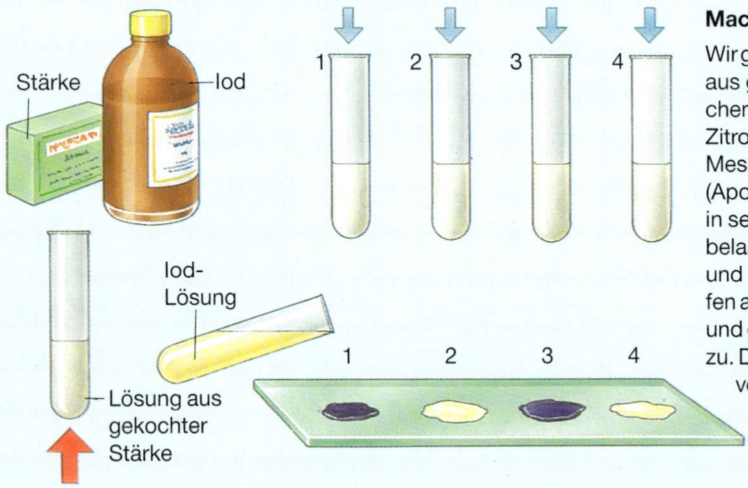

Mach es selbst

Wir geben etwas Speichel und etwas Lösung aus gekochter Stärke in vier Reagenzröhrchen. In das erste gießen wir einige Tropfen Zitronensaft, in das zweite geben wir eine Messerspitze Natriumhydrogenkarbonat (Apotheke). Das dritte Röhrchen stellen wir in sehr heißes Wasser, und das vierte belassen wir, wie es ist. Gut durchmischen und stehen lassen. Wir bringen einen Tropfen aus jedem Röhrchen auf eine Glasplatte und geben etwas Iodlösung (Apotheke) hinzu. Die Lösungen, die sich nicht blau färben, verraten, daß darin keine Stärke mehr enthalten ist. Sie wurde durch ein Enzym des Speichels (Amylase) vollständig abgebaut.

△ Enzyme haben ein aktives Zentrum. Es ist mit einem Schloß zu vergleichen und so geformt, daß nur ein ganz bestimmtes Molekül (Substrat) wie ein Schlüssel hineinpaßt. Auch ein Reaktionspartner kommt hinzu. Wenn sich Substrat und Reaktionspartner miteinander verbunden haben, verlassen sie das aktive Zentrum des Enzyms wieder.

Amylase des Speichels verwandelt beispielsweise →Stärke in →Zucker. Das Pepsin im Magen baut Proteine ab. Viele Enzyme arbeiten genau in der umgekehrten Richtung: Sie helfen beim Aufbau neuer Zellen, indem sie einfachere Stoffe zu komplizierteren verbinden.

Jedes Enzym steuert eine ganz bestimmte chemische Reaktion eines Stoffes, der zum Enzym passen muß wie Schloß und Schlüssel. Die Biochemiker nennen diesen Stoff das Substrat des Enzyms. Das Substrat heftet sich zusammen mit seinem Reaktionspartner am Enzym fest. Das Enzym bewirkt, daß sich die beiden chemisch verbinden. Diese neue Verbindung verläßt dann das Enzym, und die entsprechenden Orte am Enzym („aktives Zentrum") sind dann wieder frei für die nächste Reaktion. Dies kann viele tausend Male in der Sekunde geschehen. Enzyme arbeiten am besten in ziemlich engen Temperaturbereichen, in unserem Körper bei 37 °C. Das ist einer der Gründe, warum wir eine konstante Körpertemperatur haben. Die Biologen vermuten übrigens, daß für die Ausbildung eines Enzyms jeweils ein →Gen verantwortlich ist.

Erdbeben

Die Erdkruste, auf der wir leben, ist alles andere als stabil. Sie ist zum Beispiel in eine Reihe von Platten unterteilt, die auf heißen, zähflüssigen Gesteinsschichten schwimmen und sich gegeneinander verschieben. Wenn sich nun eine Platte unaufhörlich gegen die andere schiebt, baut sich mit der Zeit ein Druck auf. Gesteinsschichten geraten an Bruchstellen immer mehr unter Spannung und verformen sich. Wenn der Druck zu groß wird, kommt es zum Bruch und somit zu einer schlagartigen Entspannung. Dabei enstehen die Schockwellen, die über die Erde rasen. Es sind die Erdbebenwellen.

Als 1906 eine solche geologische Bewegung im berühmten San-Andreas-Graben an der Küste Kaliforniens stattfand, ver-

▽ Das Erdbebenzentrum oder Hypozentrum kann bis in 500 Kilometern Tiefe liegen. Der Punkt genau darüber an der Erdoberfläche heißt Epizentrum. Bei starken Erdbeben laufen die Wellen mehrere Male um die ganze Erde und werden somit von allen Erdbebenstationen aufgezeichnet.

▷ Am meisten Erdbeben finden dort statt, wo die Ränder tektonischer Platten aneinandergrenzen. In diesen Gebieten liegen auch die meisten Vulkane. Sie sind auf der Karte orangerot markiert.

Erdbebenzonen

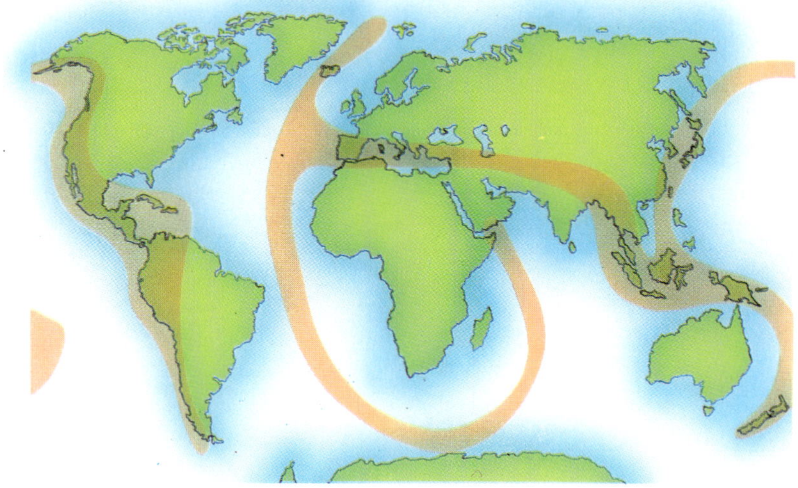

wüstete das Erdbeben die Stadt San Francisco. Das Beben erreichte auf der →Richterskala die Größe 8,3. Siebenhundert Menschen kamen vor allem bei den nachfolgenden Bränden ums Leben, und längs des Grabens konnte man waagrechte Verschiebungen der Erde bis um 7 Meter feststellen. 1989 fand an derselben Stelle ein weiteres Beben statt, doch der Schaden hielt sich in Grenzen, weil man die Gebäude mittlerweile erdbebensicher gebaut hatte.
Das bisher schlimmste Erdbeben ereignete sich 1556 in der Provinz Shanxi in China. 830 000 Menschen kamen dabei ums Leben. Ähnlich katastrophal war ein Beben in der chinesischen Stadt Tangshan im Jahr 1976, das 650000 Menschenleben forderte.
Jedes Jahr gibt es 700 000 Erdbeben bis zur Größe 2 auf der Richterskala. Das ist mehr als ein Beben pro Minute. Solche leichten Beben sind aber nur mit einem →Seismographen aufzuspüren. Wir Menschen nehmen sie kaum wahr. Ein Beben mit der Stärke 5 spürt jedermann, auch im Schlaf. Bei einem Beben mit der Stärke 7 sind größere Gebäudeschäden zu erwarten. Jährlich gibt es ungefähr dreißig solch starker Beben auf der Welt. Siehe auch →Plattentektonik.

▽ Die Erde ist rund 5 Milliarden Jahre alt und hat eine reiche geologische Geschichte. Die Lebewesen spielten dabei eine entscheidende Rolle. Aus abgestorbenen Lebewesen des Meeres entstand das Erdöl. Es sickert durch poröse Gesteine hindurch, zum Beispiel Sandstein, kann undurchlässiges Gestein wie Granit aber nicht durchdringen. Durch besondere Lagerung der Gesteine fangen sich das Erdöl und das Erdgas in besonderen Fallen. Man darf sich aber nicht vorstellen, das Erdöl liege wie eine Flüssigkeit in einem Hohlraum. Es befindet sich vielmehr in Form von Tröpfchen zwischen den Körnern von Gesteinen.

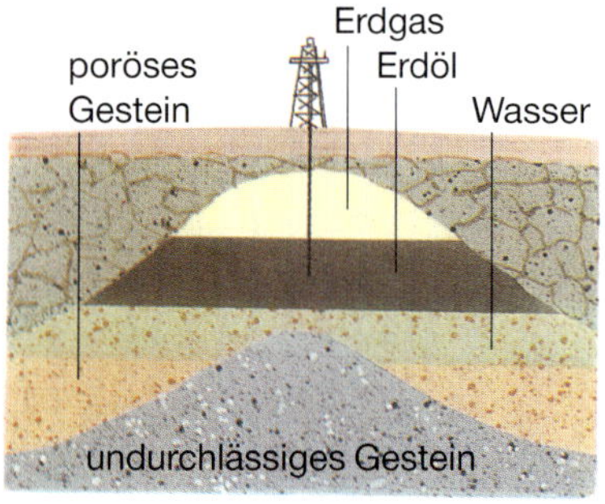

Erde

Die Erde ist ein →Planet, der zusammen mit acht weiteren Planeten um einen Stern kreist, die →Sonne. Die Sonne mit ihren Planeten und den →Planetoiden bildet das →Sonnensystem. Dieses wiederum liegt in einem der spiraligen Arme einer →Galaxie, die wir nachts als längliches, helles Band am Himmel sehen. Wir bezeichnen sie auch als →Milchstraße. Weiteres über die Erde auf den Seiten 132 und 133.

Erdgas

Erdgas entstand vor vielen Jahrmillionen auf ähnliche Weise wie das →Erdöl und die →Kohle, nämlich aus abgestorbenen Lebewesen. Diese wurden von Gesteinsschichten bedeckt und damit vom Sauerstoff abgeschlossen, so daß sie nicht verwesen konnten. Durch langwierige chemische Reaktionen entstanden aus ihnen die →Kohlenwasserstoffe.

Erdgas und Erdöl kommen oft zusammen vor. Der größte Teil des Erdgases besteht aus →Methan, der einfachsten Verbindung der Kohlenwasserstoffe. Daneben sind auch noch andere Stoffe aus dieser Gruppe vertreten, zum Beispiel Ethan, Propan und Butan.

Das Erdgas ist eine wichtige Energiequelle und steht weltweit hinter Erdöl und Kohle an dritter Stelle. Das Erdgas ist aber viel umweltverträglicher als die beiden anderen Rohstoffe. Wenn man es für die Raumheizung oder zum Kochen verbrennt, entsteht zwar das Gas →Kohlendioxid, aber sonst bilden sich fast keine weiteren umweltschädlichen Abgase wie Stickstoffoxide und →Schwefeldioxid, das den →sauren Regen bewirkt. Auch die Rußentwicklung ist gering.

Das Erdgas, das in Mitteleuropa verbraucht wird, stammt entweder aus Sibirien oder Holland. Es wird mit Bohrtürmen gewonnen und strömt teilweise mit einem Überdruck von 400 bar aus der Erde. Der Transport erfolgt überwiegend in Pipelines, also riesigen Röhren. Wichtige Förderländer sind auch die Vereinigten Staaten und Kanada.

Methan Einfachster Kohlenwasserstoff mit einem Kohlenstoffatom, Siedepunkt bei – 164 °C
Ethan Kohlenwasserstoff mit zwei Kohlenstoffatomen, Siedepunkt bei – 89 °C
Propan Kohlenwasserstoff mit drei Kohlenstoffatomen, Siedepunkt bei – 45 °C
Butan Zwei verschiedene Kohlenwasserstoffe mit je vier Kohlenstoffatomen, Siedepunkt bei – 0,5 °C

▽ Ein Teil des Erdgases wird von Bohrtürmen im Meer gewonnen. Vor allem das sogenannte nasse Erdgas muß noch weiter aufbereitet werden.

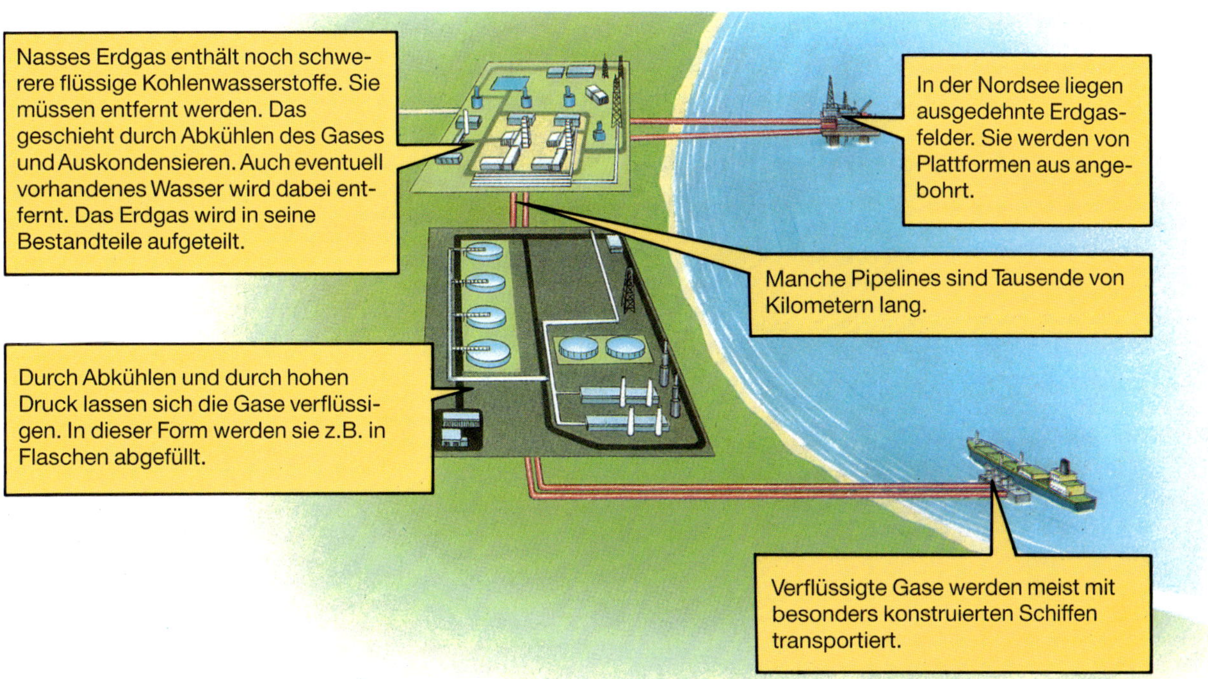

Erde

Der Planet, auf dem wir leben, ist nicht völlig rund. Am Äquator ist er etwas ausgebuchtet und an den Polen etwas abgeflacht. Der Unterschied im Durchmesser beträgt immerhin 43 Kilometer. Die Erde zeigt einen zwiebelähnlichen Aufbau. Die oberste feste Schicht der Erde bezeichnen wir als Lithosphäre. Auf ihrer Oberfläche leben alle Pflanzen, Menschen und Tiere. Das belebte Gebiet nennen wir auch Biosphäre. Über der Lithosphäre liegt die Gashülle des Planeten, die Atmosphäre. Auch sie wird in mehrere Schichten eingeteilt.

Das Erdinnere ist ebenfalls geschichtet. Ganz im Zentrum liegt der innere Erdkern aus einer festen Eisen-Nickel-Legierung, die unter hohem Druck steht. Der äußere Erdkern ist flüssig und setzt sich ebenfalls aus Nickel und Eisen zusammen, zusätzlich allerdings mit einigen leichteren Stoffen wie Silizium oder Schwefel. Der Erdmantel besteht aus heißen, geschmolzenen Gesteinen, die durch Konvektionsströme ständig aufsteigen und absinken. Diese Wärmebewegungen sind wahrscheinlich für die Bewegungen der tektonischen Platten verantwortlich. Dabei verschieben sich einzelne Platten der Erdkruste gegeneinander.

Flach wie ein Teller?

Bis vor ungefähr 500 Jahren glaubten viele Menschen, die Erde sei vollkommen flach. Sie wollten nicht zu weit westwärts oder ostwärts segeln, denn sie fürchteten, an einem bestimmten Punkt über das Ende der Erde hinaus ins Bodenlose zu fallen. Später bewiesen die ersten Entdeckungsreisenden, daß die Erde rund ist. Als Kolumbus 1492 Segel setzte, hoffte er, auf der Westroute nach Asien zu gelangen, indem er die Erde umrundete. Statt dessen entdeckte er Amerika.

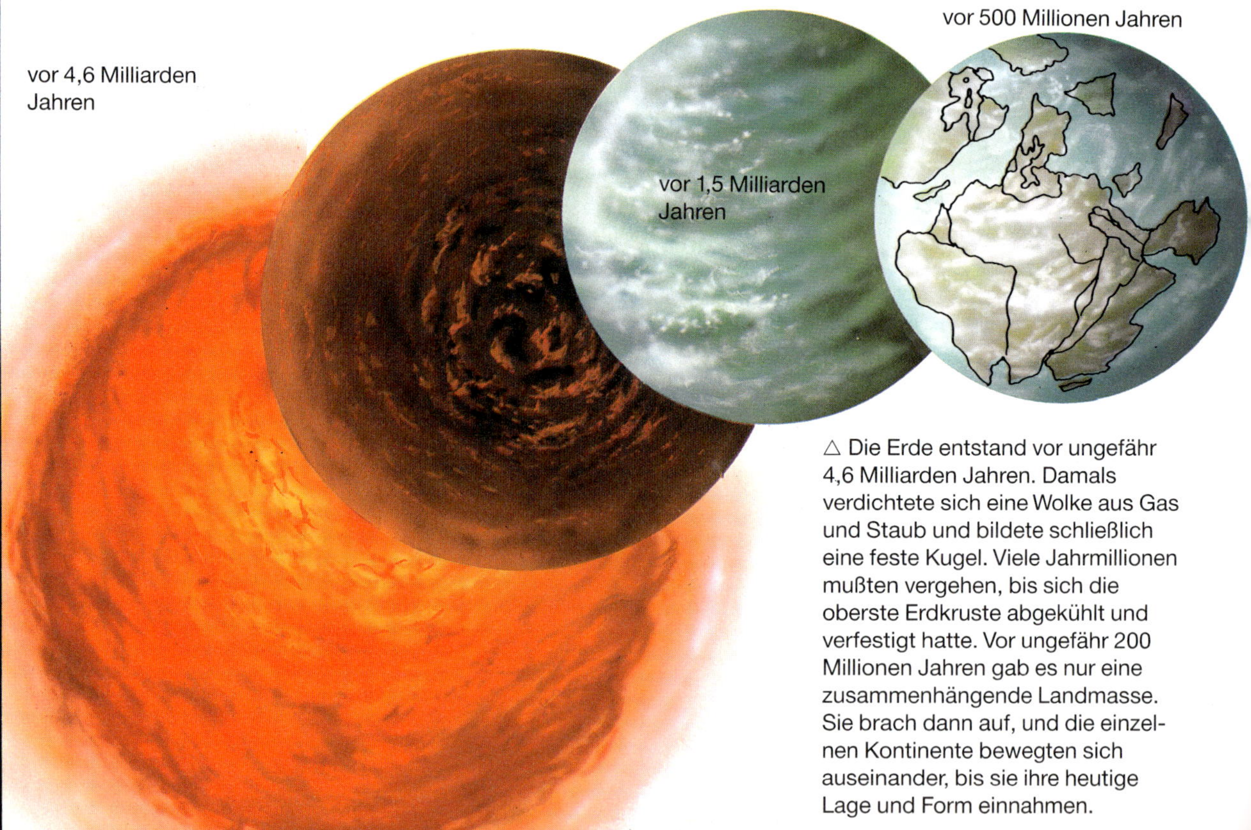

△ Die Erde entstand vor ungefähr 4,6 Milliarden Jahren. Damals verdichtete sich eine Wolke aus Gas und Staub und bildete schließlich eine feste Kugel. Viele Jahrmillionen mußten vergehen, bis sich die oberste Erdkruste abgekühlt und verfestigt hatte. Vor ungefähr 200 Millionen Jahren gab es nur eine zusammenhängende Landmasse. Sie brach dann auf, und die einzelnen Kontinente bewegten sich auseinander, bis sie ihre heutige Lage und Form einnahmen.

△ Das Satellitenbild zeigt, daß die Erde eine Kugel ist. Das Gebiet rechts liegt allerdings im Schatten. Dort herrscht gerade Nacht. Das Wasser bedeckt ungefähr 71 Prozent oder 361 Millionen Quadratkilometer (km^2) der Erdoberfläche. Das Festland macht nur 29 Prozent oder 149 Millionen km^2 aus.

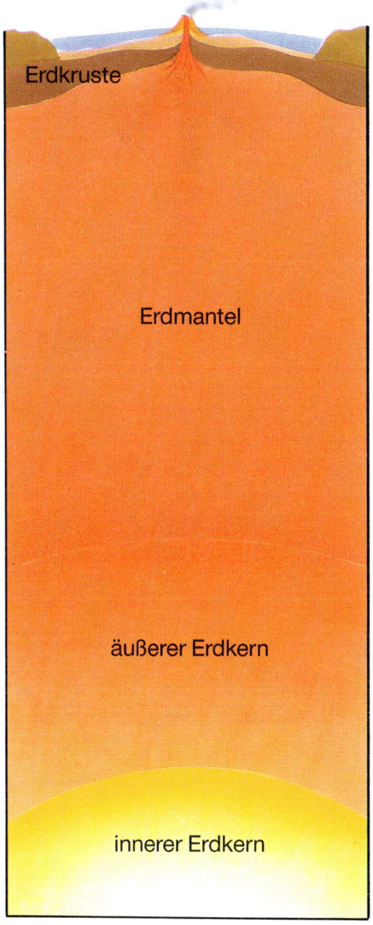

◁ Die Dicke der Erdkruste schwankt von ungefähr 8 km unter den Ozeanen bis rund 40 km unter den Kontinenten. Weiter im Erdinneren unterscheiden wir drei Schichten, nämlich den Erdmantel (2900 km), den äußeren Kern (1800 km) und den inneren Kern (1600 km).

Über zwei Drittel der Erdoberfläche sind von Wasser bedeckt. Deswegen spricht man vom blauen Planeten.

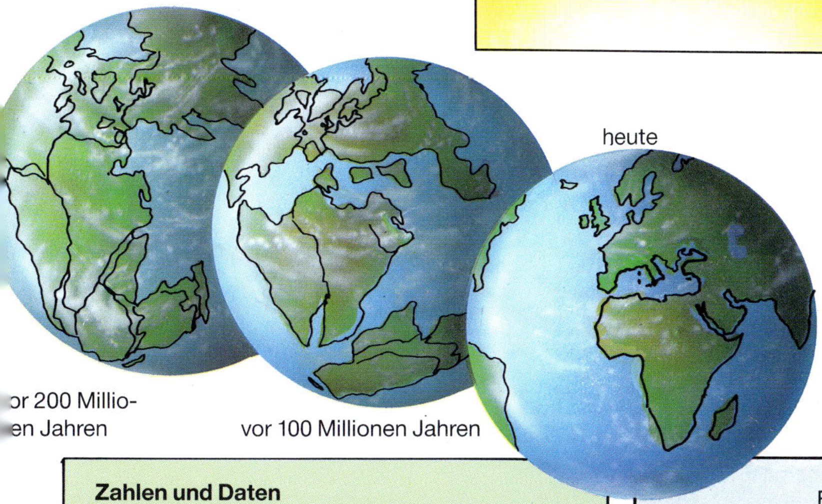

‹v›or 200 Millio‹n›en Jahren

vor 100 Millionen Jahren

▽ Die Erde dreht sich um ihre eigene Achse, die um 23° von der Senkrechten abweicht. Diese Neigung der Erdachse bewirkt zusammen mit der Drehung der Erde um die Sonne die verschiedenen Jahreszeiten. Die Nordhalbkugel ist im Sommer der Sonne zugewandt und im Winter von ihr abgewandt (unten).

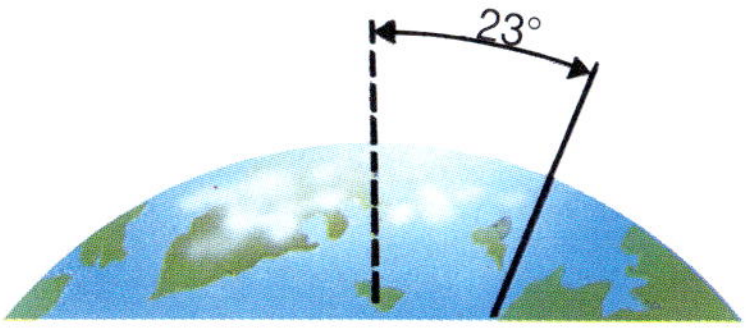

Zahlen und Daten

Weltbevölkerung 5,25 Milliarden (1991)
Erdumfang 40 075 km
Durchmesser am Äquator 12 756 km
Durchmesser an den Polen 12 713 km
Entfernungen von der Sonne
am 21. Juni 152 Millionen km
am 22. Dezember 147 Millionen km
Rauminhalt der Ozeane 1,321 Milliarden km^3
Alter 4,6 bis 5 Milliarden Jahre

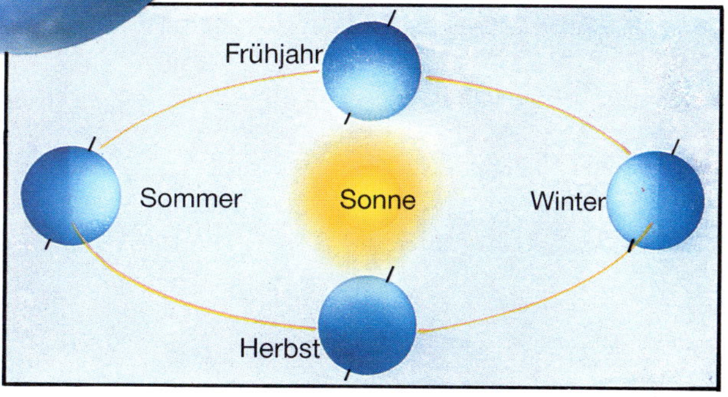

Siehe auch →Atmosphäre; → Kontinent; →Geographie; →Geologie; →Mond; →Plattentektonik; →Sonne; →Sonnensystem; →Umweltverschmutzung.

Das Erdmagnetfeld erstreckt sich weit in den Weltraum, wird aber vom Sonnenwind stark verformt. Geladene Elementarteilchen, die von der Sonne wegfliegen, stauchen das Magnetfeld an der sonnennahen Seite der Erde zusammen und verlängern es auf der sonnenabgewandten Seite, so daß es eine Keilform erhält.

Erdmagnetismus

Die →Erde hat wie einige andere Planeten ein Magnetfeld. Wir bezeichnen diese Erscheinung als Geomagnetismus. Das Magnetfeld kann man sich so vorstellen, als würde ein einfacher, aber riesiger Stabmagnet in der Erde stecken. Leider fällt dieser Stabmagnet oder Dipol nicht mit der Erdachse zusammen, sondern steht in einem Winkel zu ihr. Das hat zur Folge, daß der geographische Nordpol und der magnetische Nordpol nicht zusammenfallen. Die Nadel des →Kompasses zeigt aber in Richtung des magnetischen Nordpols, obwohl wir immer sagen, sie zeige nach Norden. In manchen Gebieten kann die Abweichung oder Mißweisung 180° betragen. Da können sich Seeleute schon verfahren! Sie haben deswegen spezielle Karten, auf denen die Mißweisung für jeden Ort angegeben ist. Als weitere Schwierigkeit kommt hinzu, daß der magnetische Nordpol auf der Erde ständig wandert. Deswegen müssen die Karten stets nachgeführt werden. Das Erdmagnetfeld entsteht wahrscheinlich durch Strömungen flüssiger Metalle im äußeren Erdkern.

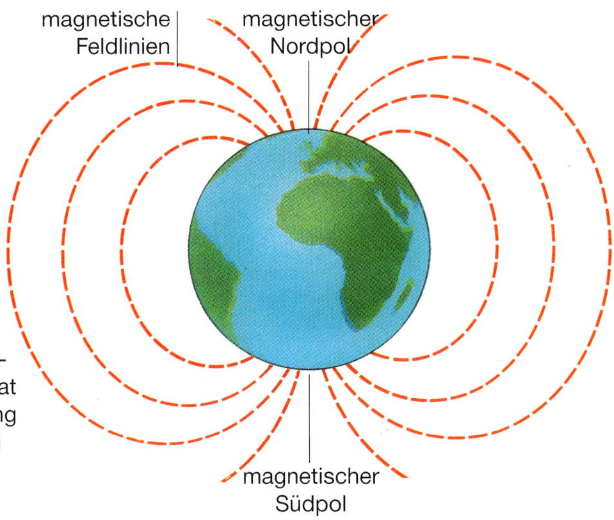

▷ Das Magnetfeld der Erde hat seinen Ursprung wahrscheinlich im äußeren Erdkern.

▽ Erdöllagerstätten unter Flachmeeren erschließt man mit Hilfe von Bohrplattformen, die auf langen Beinen stehen. Bei der Ölförderung im Meer muß man natürlich sehr darauf achten, daß kein Öl austritt, das zu einer Ölpest führen könnte.

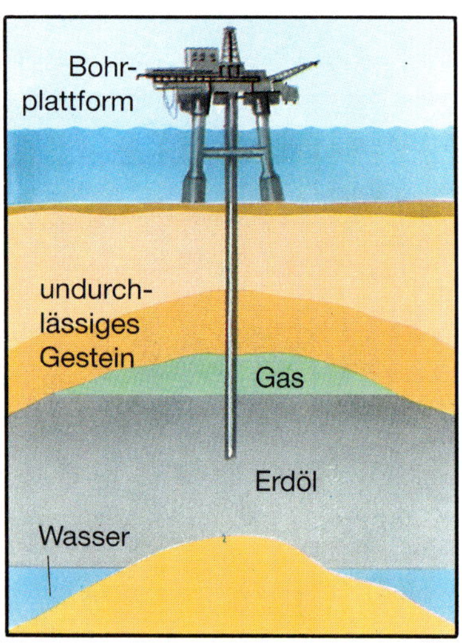

Erdöl

Wenn das Erdöl aus der Erde kommt, heißt es Rohöl. Es ist dünn bis zähflüssig und sieht strohgelb bis schwarz aus. Es entstand vor vielen Jahrmillionen aus abgestorbenen Pflanzen und Tieren, die damals im Meer lebten. Deswegen spricht man auch von einem →fossilen Brennstoff. Die Tiere und Pflanzen wurden sofort nach ihrem Tod von Sandschichten bedeckt und von Sauerstoff abgeschlossen, so daß sie nicht verwesen konnten. Im Lauf der Jahrmillionen entstanden aus den organischen Stoffen der Lebewesen flüssige →Kohlenwasserstoffe. Sie bilden das Erdöl.

Auf der Suche nach Erdöllagerstätten erforschen die Geologen erst die Gesteine eines Gebietes. Vermuten sie irgendwo ein Ölvorkommen, so bringen sie eine oder mehrere Probebohrungen nieder. Erst wenn sich das Ölfeld als groß genug erweist, beginnt man mit der Förderung.
Erdöl besteht zur Hauptsache aus Kohlenwasserstoffen. Je nach Herkunft ist die Zusammensetzung aber sehr unterschiedlich. In jedem Fall muß das Rohöl zuerst raffiniert werden. Dafür gibt es vor allem zwei Verfahren, die fraktionierende →Destillation und das →Cracken. Die fraktionierende Destillation findet in einem bis 75 Meter hohem Turm statt. Auf 350 °C erhitztes Rohöl gelangt unten in die turmhohe Fraktionierkolonne. Ein großer Teil der Kohlenwasserstoffe verdampft dabei und steigt in der Kolonne hoch. Weiter oben sinkt die Temperatur. Gelangt ein Stoff in eine Zone, deren Temperatur unter seinem Siedepunkt liegt, kondensiert er dort (→Kondensation) und wird aufgefangen. Die verschiedenen Bestandteile des Erdöls trennen sich also nach ihrem →Siedepunkt in verschiedene Fraktionen auf. Schweröle bleiben unten, während das Leichtbenzin sich oben sammelt.
Die Schweröle werden dann einem weiteren Verfahren unterworfen, dem Cracken. Dabei erhitzt man sie auf Temperaturen um 500 °C und spaltet die chemischen Verbindungen mit Hilfe von →Katalysatoren. So gewinnt man aus Schweröl Benzin, nach dem eine viel höhere Nachfrage besteht.

Rohöl ist ein wichtiger Ausgangsstoff für die Gewinnung und Herstellung der unterschiedlichsten chemischen Stoffe. Das gesamte Gebiet der Erdölchemie heißt auch Petrochemie. Aus Erdöl stellt man die meisten Kunststoffe her.

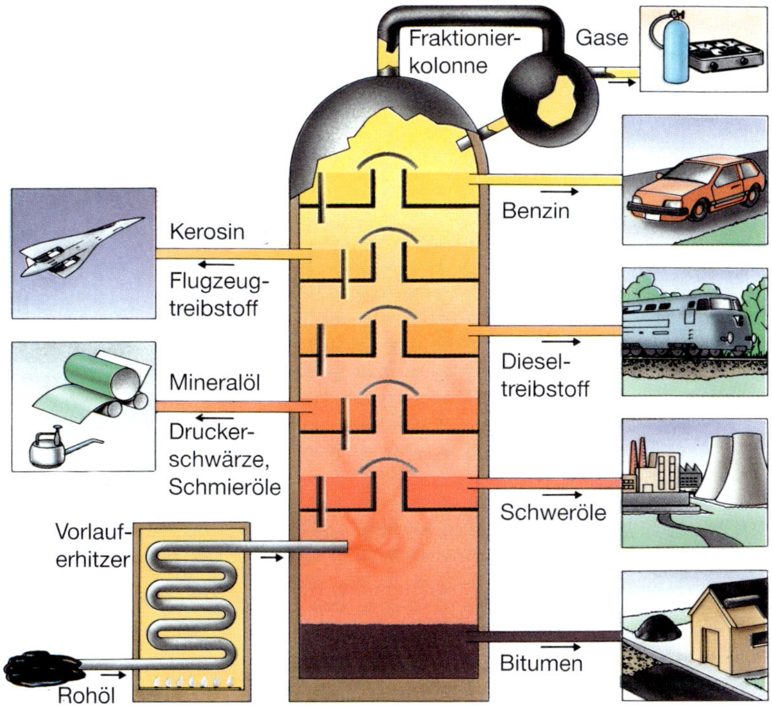

◁ Die fraktionierende Destillation macht sich zunutze, daß die unterschiedlichen Bestandteile des Erdöls verschiedene Siedepunkte haben. Rohöl wird auf ungefähr 350 °C aufgeheizt und gelangt in die Fraktionierkolonne. Dabei verdampft der größte Teil, steigt die Kolonne hoch und kondensiert an unterschiedlichen Stellen. Die leichtesten Bestandteile mit den niedrigsten Siedepunkten steigen am weitesten nach oben.

Erdwärme

▷ Im Erdöl sind oft auch Gase enthalten. Sie fallen bei der Raffinerie an. Sind sie nur in geringen Mengen vorhanden, so lohnt sich eine Nutzung nicht, und sie werden verbrannt. Man nennt das Abfackeln.

▽ Kaltes Grundwasser dringt tief in die Erde ein und stößt dort auf heiße Gesteine. Das Wasser erhitzt sich, wird ganz oder teilweise zu Dampf und schießt dann als heiße Springquelle wieder zur Erdoberfläche. Einen solchen Geysir kann man auch anzapfen und zur Stromerzeugung nutzen. Die geothermische Energie gilt als alternative, saubere Energieform.

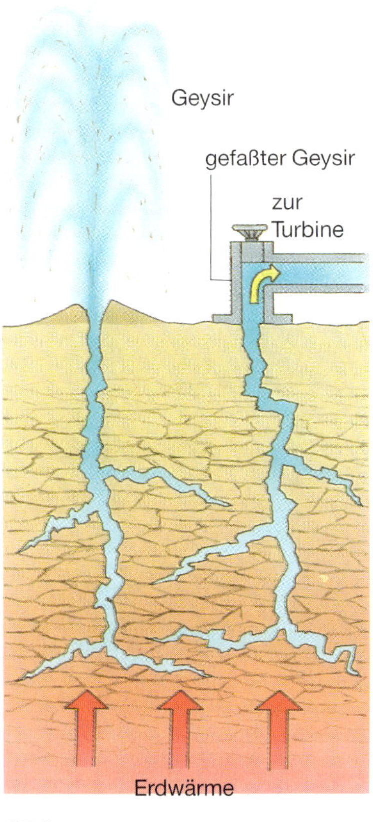

Erdöl stellt heute einen der wichtigsten Energieträger dar. Es gehört aber zu den nicht erneuerbaren Energiequellen und wird eines Tages völlig aufgebraucht sein. Leider werden bei der Verbrennung von Erdölprodukten viele Schadstoffe frei, zum Beispiel Schwefeldioxid, Ruß und Stickoxide, die die Umwelt verschmutzen.

Erdwärme

Bergleute wissen, daß die Temperatur im Erdinnern ansteigt. Als Faustregel kann man sagen, daß sie alle 100 Meter um 3 °C zunimmt. Je weiter wir ins Erdinnere vordringen, desto heißer wird es, wenn auch die Hitze nicht mehr so schnell steigt wie nahe der Erdoberfläche. In 100 bis 200 Kilometer Tiefe muß man mit 1200 °C rechnen. Diese Erdwärme stammt nicht von der →Sonne, sondern geht auf die Zeiten zurück, als die Erde noch ein glühender Ball war. Wärme entsteht im Erdinnern auch dauernd durch den Zerfall →radioaktiver Elemente.
Die Erdwärme gelangt vor allem in vulkanischen Gebieten in die Nähe der Erdoberfläche. Wenn dort →Grundwasser tief in die Erdkruste eindringt, wird es aufgeheizt und kehrt in Form von Wasserdampf wieder zur Erdoberfläche zurück. Dabei entstehen heiße Springquellen, die mit einem isländischen Wort Geysire heißen, weil sie auf dieser vulkanischen Insel besonders häufig auftreten. Besonders in Island wird die Erdwärme oder geothermische Energie genutzt. Man kann dazu Wasser in heiße Tiefengesteine pressen und nach einiger Zeit, wenn es sich erhitzt hat, wieder hochpumpen und beispielsweise für die Heizung verwenden. Eine Nutzung geothermischer Energie wäre in Deutschland auf der Schwäbischen Alb möglich.

Erfindung

Für eine Erfindung braucht man nicht nur Phantasie, sondern man muß auch die Naturgesetze kennen und richtig nutzen. Erfindungen sind zum Beispiel Maschinen, Geräte, Werkzeuge oder Verfahren, die bis dahin noch niemand ausgedacht und in die Tat umgesetzt hat. Auch wenn jemand eine bereits bestehende Maschine entscheidend verbessert, können wir von einer Erfindung sprechen. Auf Erfindungen kann man ein Patent erwerben. Das Patentamt erteilt es nach sorgfältiger Prüfung. Diese Behörde muß dabei vor allem feststellen, ob die Erfindung über den jeweiligen Stand der Technik hinausgeht und auch wirklich etwas Neues darstellt. Eine leichte Veränderung eines bereits bekannten Gerätes reicht dabei nicht aus.

Wer ein Patent erworben hat, darf 20 Jahre lang als einziger seine Erfindung nutzen. Er hat ein Monopol darauf. Niemand darf die Idee ohne die Erlaubnis des Patentinhabers weiterverwenden. Mit dem Patentrecht will man verhindern, daß Ideen einfach gestohlen werden. In den USA, Japan und Deutschland werden jedes Jahr die meisten Patente angemeldet.

Das erste Patent der Geschichte wurde 1421 in Florenz erteilt. Damals machten vor allem Handwerker und Bastler Erfindungen. Heute gehen die meisten Erfindungen auf Teamarbeit in Forschungslaboratorien zurück.

△ Im Jahr 1851 verbesserte Isaac Singer die Nähmaschine, die es damals schon gab, indem er den Drückerfuß erfand. Während des Nähens drückt dieser Fuß den Stoff nach unten gegen den Stoffschieber, der ihn weitertransportiert. Singer erhielt auf seine Erfindung ein Patent.

◁ Der Schaduf ist eine frühe Erfindung aus dem alten Ägypten. Man schöpft damit Wasser und kann es bis 3 Meter hoch heben. Solche Schadufs sind noch in Gebrauch.

Ernährung

Bei der Ernährung nehmen alle Lebewesen Stoffe auf, um sie in den eigenen Körper einzubauen oder um sie als Energielieferanten für alle Vorgänge des Lebens zu nutzen. Die grünen Pflanzen stellen ihre Nahrung bei der →Photosynthese selbst her. Alle anderen Lebewesen ernähren sich direkt oder indirekt von diesen grünen Pflanzen. Wer gesund leben will, sollte sich möglichst vielseitig ernähren. Mehr darüber auf den Seiten 138 und 139.

▽ Bei den Tieren gibt es die unterschiedlichsten Ernährungsweisen. Direkt oder indirekt ernähren sich jedoch alle Tiere von den grünen Pflanzen, weil nur diese lebenswichtige Nährstoffe herstellen können. Die Seeanemone filtert mit ihren Tentakeln kleine Nahrungsteilchen aus dem Wasser und fängt gelegentlich auch mal einen kleinen Fisch.

Ernährung

Eine gesunde Ernährung besteht aus einer ausgewogenen Mischung aller Nährstoffe: gemeint sind Proteine, Kohlenhydrate, Fette, Vitamine und einige Mineralsalze zusammen mit Ballaststoffen, die vorwiegend aus unverdaulichen Pflanzenfasern bestehen. In vielen armen Ländern der Erde können sich die Menschen nicht ausgewogen ernähren. Besonders Kinder leiden unter Fehlernährung mit Mangelerscheinungen. Selbst wenn sie zum Beispiel genügend Kohlenhydrate wie Reis zu essen haben, fehlen ihnen doch oft Proteine, also Eiweiße, die sie für ein gesundes Wachstum brauchen.
Obwohl Fleisch eine gute Proteinquelle darstellt, kann man sich auch ohne Fleisch gesund ernähren. Viele Vegetarier meiden Fleisch in jeder Form und nutzen als Quellen für tierische Proteine nur Milchprodukte und Eier. Noch strenger sind die Veganer, die alle Proteine tierischer Herkunft ablehnen. Sie erhalten den größten Teil ihrer Proteine aus Getreide, Bohnen, Erbsen und Nüssen.
Eine Faustregel sagt, daß man den Energiebedarf decken sollte mit 55 bis 60 Prozent Kohlenhydraten, 15 Prozent Eiweiß und 25 bis 30 Prozent Fetten. Den größten Teil unseres Bedarfes sollten also Kohlenhydrate decken. Doch längst nicht alle Menschen befolgen diese Regel. Viele essen zuviel Fette, besonders tierische Fette.
Bei bestimmten gesundheitlichen Problemen müssen Menschen eine Diät einhalten. Diabetiker müssen genau darauf achten, wieviel Zucker und Kohlenhydrate sie aufnehmen. Manche Kinder können das Gluten oder den Kleber des Weizenmehls nicht verdauen und brauchen eine glutenfreie Kost. Wer gesund bleiben will, ernährt sich möglichst vielseitig. Große Mengen eines bestimmten Nahrungsmittels zu sich zu nehmen, ist nicht besonders gesund. Wer zum Beispiel viele Süßwaren ißt, wird leicht übergewichtig und bekommt Karies.

Diabetikerdiät Zuckerkranke Menschen können den Zuckergehalt in ihrem Blut nicht regeln und müssen in der Ernährung Zucker und Stärke möglichst meiden.
Diäten für Allergiker Nicht wenige Menschen reagieren allergisch auf gewisse Nahrungsmittel, zum Beispiel auf Milch, Erdbeeren, Schokolade sowie Zusatzstoffe in Nahrungsmitteln (E-Nummern). Nach dem Genuß entwickeln sie beispielsweise einen Hautausschlag. Allergiker müssen immer darauf achten, daß sie den allergieauslösenden Stoff nicht zu sich nehmen, vor allem auch nicht in versteckter Form.

Mach es selbst

Du kannst selbst herausfinden, ob du mit der Nahrung genügend oder zuviel Energie aufnimmst. Eine ganze Woche lang schreibst du auf, was du alles ißt und trinkst und in welchen Mengen (wiegen!). Am Ende rechnest du anhand einer Kalorientabelle aus, wieviele Kalorien oder Kilojoule du jeden Tag aufgenommen hast.

Jungen (37 kg) brauchen täglich 10900, Mädchen 9800 Kilojoule.

Ernährungsinformation

Viele industriell hergestellte Nahrungsmittel geben auf dem Etikett genau an, was enthalten ist. Ein Beispiel:

100 g Bohnensuppe enthalten:
Brennwert (= Energie) 215 kJ
50 kcal
Eiweiß 2 g
Fette 2 g
Kohlenhydrate 6 g

Zutaten: Weizenmehl, Bohnen, Kartoffeln, Rinderfett, Geschmacksverstärker (Natriumglutamat), E 631 (= Natriuminosinat), E 627 (= Natriumguanylat), Hefeextrakt, Molkeneiweiß, Pflanzenfett z.T. gehärtet, geräucherter Schweinespeck, Zwiebeln, natürliche Aromen, modifizierte Stärke, Würzzubereitung, Kräuter, Verdikkungsmittel E 416 (= Karaya).

▽ Tierische Fette kommen in Fleisch, Sahne, Butter und Käse vor. Wir sollten nicht zuviel davon essen. Pflanzliche Fette heißen Öle.

◁ Die wichtigsten Kohlenhydrate sind Stärke, die vor allem in Getreide, Kartoffeln und Mehlspeisen vorhanden ist, und Zucker (in allen süßen Speisen).

die vier wichtigsten Grundnährstoffe

▷ Proteine kommen hauptsächlich in Fisch und Fleisch, Eiern, Käse, Nüssen und Hülsenfrüchten wie Erbsen und Bohnen vor.

△ Von größter Wichtigkeit sind die Vitamine und die Mineralsalzc. Am meisten Vitamine enthalten frische Früchte und Gemüse.

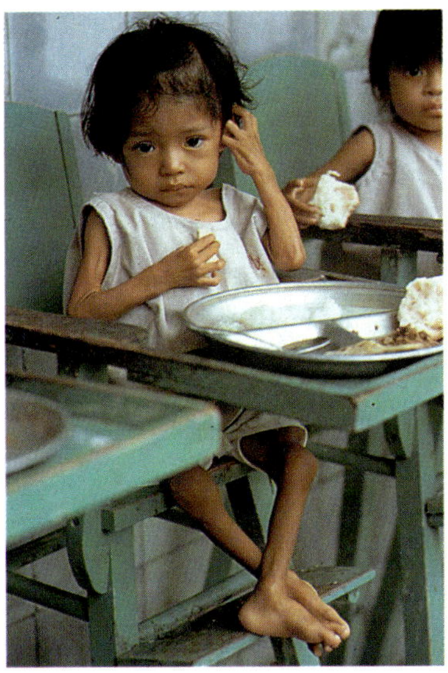

△ Eine ausgewogene Ernährung berücksichtigt die vier Bestandteile der Nahrung: Proteine für den Aufbau von Gewebe; Fette und Kohlenhydrate als Energielieferanten; Mineralsalze und Vitamine für das Wachstum und die allgemeine Gesundheit. Dazu kommen noch unverdauliche Ballaststoffe, die den Darm gesund erhalten.

◁ Eine Fehlernährung liegt dann vor, wenn die Kinder nicht genügend Proteine zu sich nehmen, obwohl sie keinen Hunger leiden und viel Reis zu essen haben. Dieses südamerikanische Kind wird im Krankenhaus wegen Fehlernährung behandelt.

Den Energiegehalt (Brennwert) verschiedener Nahrungsmittel gibt man heute in Kilojoule (kJ) an, obwohl man vielfach noch von Kalorien (kcal) spricht. Ein Glas Milch enthält 628 kJ, ein gekochtes Ei 335. Die Anzahl der Kilojoule oder Kalorien, die ein Mensch jeden Tag braucht, hängt im wesentlichen davon ab, welche Arbeit er leistet. Wer eine Stunde lang schwimmt, verbraucht 2510 kJ, bei einer Stunde Schlaf dagegen nur 293 kJ.

Siehe auch →Fette; →Getreide; →Joule; →Kohlenhydrate; →Magen; →Milch; →Proteine; →Verdauung; →Vitamine; →Zähne; →Zucker; →Zusatzstoffe.

△ In Slowenien und Kroatien liegen ausgedehnte Karstgebiete. Das Regenwasser schwindet dort sofort im Untergrund.

Erosion

Die alten Römer brauchten viel Holz für den Schiffbau. Sie schlugen die Bäume vor allem in Italien und Dalmatien. Durch diese →Entwaldung wurde der Boden freigelegt. Weil ihn keine Baumwurzeln mehr festhielten, schwemmte ihn der Regen im Lauf der Zeit weg. In den entwaldeten Gebieten wurden später jahrhundertelang Schafe und Ziegen gehalten. Sie fressen auch noch die kleinsten Pflänzchen weg und verhindern, daß Sträucher und junge Bäume nachwachsen. Dadurch konnte das Wasser noch mehr Boden abtransportieren. Am Ende blieb an vielen Stellen nur nackter Fels übrig. Nur stellenweise ist noch so viel Boden vorhanden, daß man darauf Pflanzen anbauen kann. Diesen Vorgang der Bodenabtragung bezeichnen wir als Erosion. Die kahle erodierte Landschaft in Dalmatien nennen wir Karst. Erosion kann man fast überall auf der Welt beobachten, vor allem aber im Mittelmeergebiet. Eine Erosion ist auch in den Alpen durch die Auswirkungen des →sauren Regens, des Waldsterbens und vor allem künstlicher Skipisten möglich.

▽ Die Gewinnung des Zinns ist typisch für die Verhüttung von Erzen. Sie umfaßt die folgenden Arbeitsschritte: Trennung des Erzes vom tauben Gestein, Umwandlung des Erzes in ein Oxid durch Rösten, Erschmelzen des Oxids mit Holzkohle in einem Ofen. Die Schlacke wird am Ende noch einmal verarbeitet, um Zinnreste herauszuholen.

Erz

Erze sind metallhaltige →Mineralien oder →Gesteine. Sie müssen aber so viel Metall enthalten, daß sich eine Gewinnung lohnt. Natürlich ist der Metallgehalt ganz unterschiedlich. Eisenerz muß ein Viertel reines →Eisen liefern: Pro Tonne Erz sollten also 250 Kilogramm Eisen enthalten sein. Beim seltenen →Gold gibt man sich schon mit einem Gehalt von 3 bis 10 Gramm pro Tonne zufrieden!

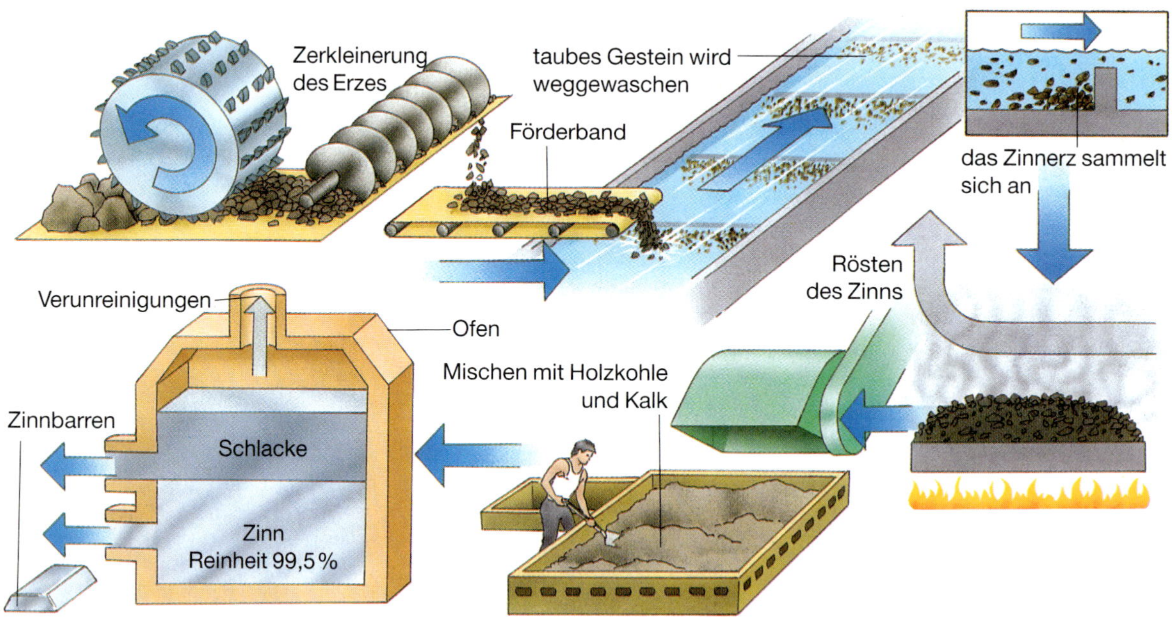

Die Erze können ganz unterschiedliche Lagerstätten bilden, zum Beispiel Gänge oder Adern. Sie liegen tief in der Erde oder auch nahe der Oberfläche, so daß man sie im Tagebau gewinnen kann. Sande oder Kiese, die Erze oder edle Metalle wie Gold enthalten, bezeichnen wir als Seifen. Merkwürdige Lagerstätten hat man vor einiger Zeit in der Tiefsee entdeckt. Dort liegen manganhaltige Erzknollen auf dem Meeresboden. Nur die Edelmetalle Gold, Silber und Platin kommen in der Natur gediegen vor, das heißt in chemisch reiner Form. Die wichtigen Metalle →Eisen, →Aluminium und →Kupfer sowie viele andere verbinden sich immer mit Schwefel und Sauerstoff zu den Erzmineralien. Diese müssen verhüttet werden, um daraus das reine Metall zu gewinnen. Die Verhüttung umfaßt verschiedene physikalische und chemische Vorgänge.

△ Zinnerz sieht wie ein ganz gewöhnliches Gesteinsstück aus. Durch die Verhüttung gewinnt man daraus aber eines der wertvollsten Metalle.

Evolution

Im Lauf der Erdgeschichte haben sich alle Pflanzen- und Tierarten verändert. Die Biologen sind der Ansicht, alle heutigen Pflanzen und Tiere hätten sich nach und nach aus einfacheren Vorfahren entwickelt. Diesen Vorgang nennen wir Evolution oder Stammesgeschichte. Die Veränderungen von einer Generation zur nächsten sind zwar sehr gering, summieren sich aber im Lauf von Jahrmillionen. Charles Darwin fand heraus, daß die Evolution auf der →Anpassung durch Auslese beruht. Weiteres auf den Seiten 142 und 143.

Expansion des Weltalls

Expansion bedeutet Ausdehnung. Das Weltall dehnt sich tatsächlich aus. Die →Galaxien des Weltalls bewegen sich auseinander, wie wenn eine riesenhafte Explosion, der →Urknall, stattgefunden hätte.

Die Astronomen können die Geschwindigkeit dieser Expansion mit Hilfe der →Rotverschiebung des Lichtes messen. Die entferntesten Galaxien fliegen am schnellsten weg. Die Geschwindigkeit steigt mit jedem zusätzlichen →Lichtjahr Entfernung um ungefähr 15 Kilometer pro Sekunde.

Daß sich das Weltall ausdehnt, fand der amerikanische Astronom Edwin Hubble (1889–1953) heraus. Mit seiner Formel konnte er auch zurückrechnen, wann der Urknall wahrscheinlich stattgefunden hatte. Das war vor rund 15 Milliarden Jahren. Man ist sich noch nicht sicher, wie sich das Weltall weiter entwickeln wird. Manche Astronomen glauben, die Expansion würde irgendwann einmal zu einem Stillstand kommen und dann würde das Weltall wieder in sich zusammenfallen. Es käme dann zu einem erneuten Urknall. Doch das werden wir alle sicher nicht erleben.

▷ Die Galaxien des Weltalls fliegen, vom Urknall getrieben, auseinander.

Evolution

Im vorigen Jahrhundert gab Charles Darwin eine einleuchtende Erklärung dafür, wie die Evolution hatte stattfinden können. Die einzelnen Individuen einer Art sind immer etwas unterschiedlich: Einige können schneller laufen, andere sind besser getarnt und wiederum andere finden mehr Futter. Die Individuen mit den günstigsten Eigenschaften überleben am besten und haben auch die meisten Nachkommen. Diesen Vorgang nennen wir Auslese durch bessere Anpassung. Da die Nachkommen im allgemeinen ihren Eltern ähneln, werden nützliche Merkmale auf die nächste Generation übertragen und breiten sich immer weiter aus. Durch diese Auslese passen sich die Tiere und Pflanzen immer besser an ihre Umgebung an. Die Bedingungen sind aber nicht überall dieselben, und eine Anpassung, die an einer Stelle nützlich ist, kann sich an einer anderen als schädlich erweisen. Eine Tier- oder Pflanzenart kann sich also in verschiedenen geographischen Gebieten auch unterschiedlich entwickeln. Daraus können zwei oder mehr neue Arten hervorgehen, von denen jede besser an ihre jeweilige Umgebung angepaßt ist.
Eine besondere Stütze für die Evolutionstheorie sind die Fossilien ausgestorbener Tier- und Pflanzenarten.

Die Evolution der Getreide

Wahrscheinlich entwickelten sich die Getreidearten Weizen, Emmer, Einkorn und Dinkel aus einem gemeinsamen wilden Vorfahren. Heute unterscheiden die Wissenschaftler 21 Wild- und Kulturarten des Weizens. Eine wichtige Rolle bei der Artbildung spielte dabei die Polyploidie. Dabei vervielfachen sich die Chromosomensätze in den Zellen.

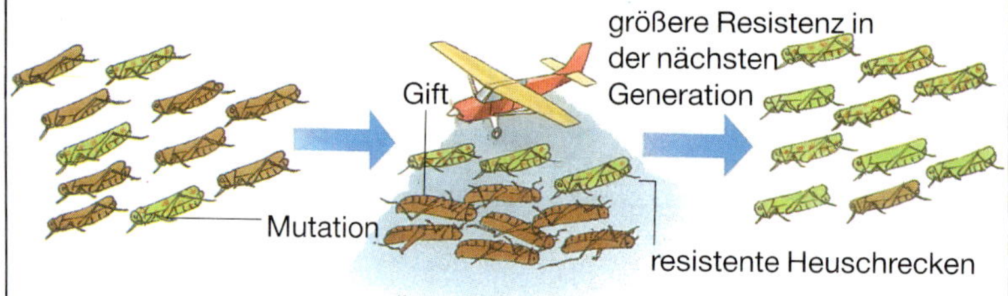

△ Wenn man Heuschrecken mit einem Gift bekämpft, findet eine Auslese statt. Die meisten werden dabei getötet. Einige wenige überleben jedoch, weil sie aufgrund einer Mutation unempfindlich sind gegenüber diesem Gift. Wir sprechen dabei von Resistenz. Diese resistenten Insekten pflanzen sich fort und bringen ebenfalls resistente Nachkommen hervor.

◁ Der Riesenhirsch lebte noch bis zum 13. Jahrhundert in Irland, starb dann aber ganz aus.

▽ Vor ungefähr 60 Millionen Jahren lebte auf dem Festland ein hundegroßes Säugetier, das Hyracotherium. Seine Zähne verraten uns, daß es Pflanzen fraß. Es gilt als Vorfahr des heutigen Pferdes. Die Zwischenformen in der Entwicklung des Hyracotheriums zum Pferd heißen Mesohippus und Pliohippus.

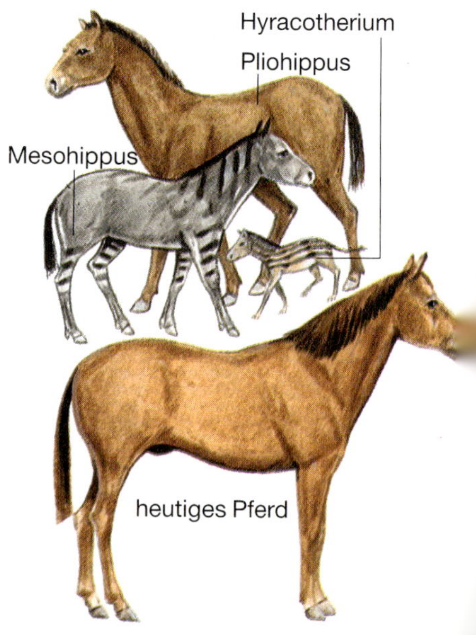

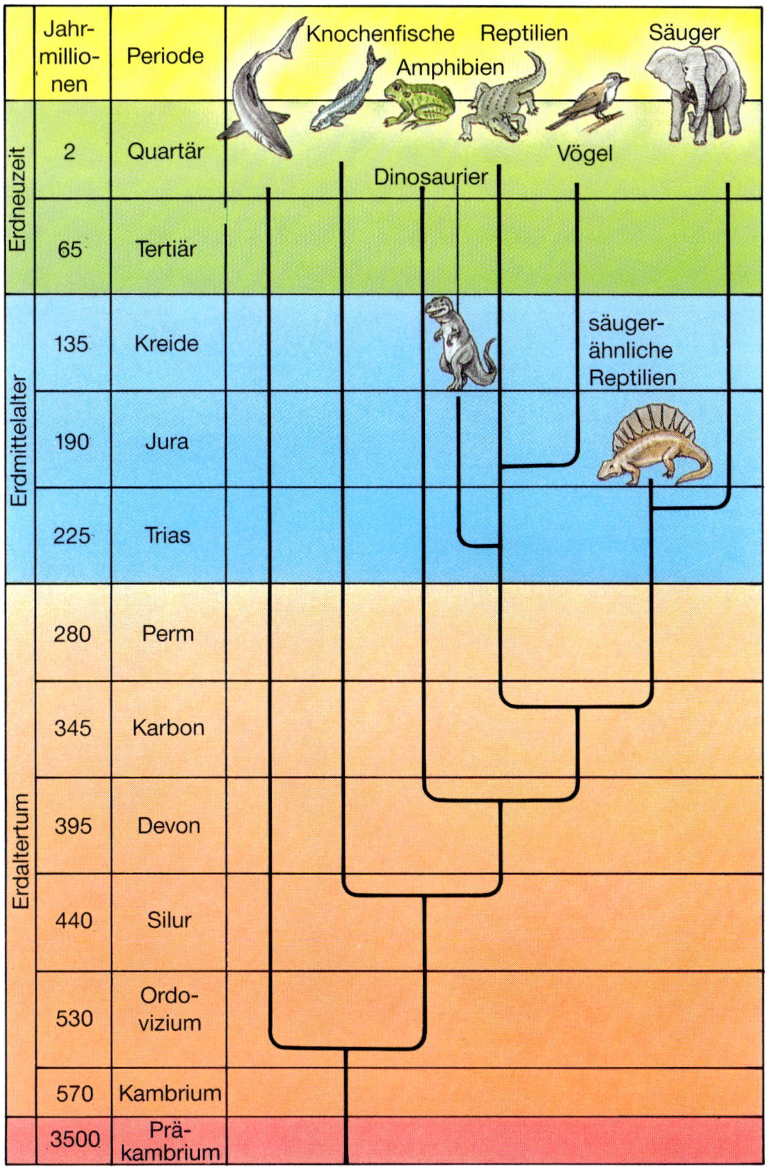

◁ Die ersten Wirbeltiere traten vor ungefähr 500 Millionen Jahren auf. Die hochentwickelten Vögel und Säuger entstanden sehr viel später.

▽ Die Arme des Menschen, die Flügel eines Vogels und die Vorderflossen des Wals haben zwar verschiedene Aufgaben, aber denselben inneren Aufbau. Daraus können wir schließen, daß diese drei Lebewesen von einem gemeinsamen Vorfahren abstammen.

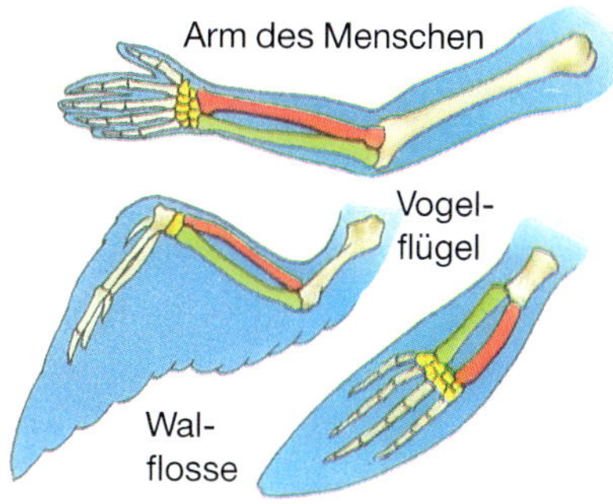

▽ Die Evolution des Menschen nahm ungefähr 15 Millionen Jahre in Anspruch. Am Beginn der Entwicklungslinie steht der affenartige Ramapithecus aus Afrika. Auf ihn folgten der Australopithecus, der Homo habilis und der Homo erectus. Der Neandertaler war bereits ein echter Mensch. Deswegen betrachtet man ihn heute als frühe Menschenrasse.

Ramapithecus vor 15 Millionen Jahren Afrika, Asien

Australopithecus vor 1–4 Millionen Jahren Afrika

Homo habilis vor 1,5–2 Millionen Jahren Afrika

Homo erectus vor 0,1–1,5 Millionen Jahren; Asien Afrika, Europa

Neandertaler vor 35 000–100 000 Jahren Europa

moderner Mensch seit ungefähr 100 000 Jahren weltweit verbreitet

Siehe auch →Art; →Auslese; →Biologie; →Chromosomen; →Fossilien; →Genetik; →Mutation; →Ökologie; →Umwelt; →Vererbung.

Experiment

Naturwissenschaftler führen Experimente oder Versuche durch, um neue Informationen zu gewinnen und um Beweise für strittige Fragen zu erhalten. Am Anfang eines Experiments steht oft ein Problem, beispielsweise die Frage: Welcher Ball springt am besten zurück, wenn wir ihn fallen lassen? Wenn wir ein Experiment planen, müssen die Bedingungen für alle getesteten Bälle dieselben sein. Wir lassen alle Bälle aus derselben Höhe fallen. Auch die Unterlage muß dieselbe sein. Wir lassen also den einen Ball nicht auf einen Teppich fallen und den anderen auf einen Betonboden. Das würde die Versuchsergebnisse verfälschen. Ein Experiment hat also immer „fair“ zu erfolgen.
Ein gültiges, gut durchgeführtes Experiment ist stets reproduzierbar: Man kann es immer wieder durchführen, und es muß unter denselben Bedingungen innerhalb gewisser möglicher Schwankungen auch dieselben Resultate liefern.

△ Mit Experimenten entwickeln und testen wir wissenschaftliche Theorien. Jedermann kann experimentieren. Wie hoch werden diese unterschiedlichen Bälle vom Tisch zurückspringen? Springt jeder Ball immer gleich hoch, wenn er auch von derselben Höhe fallen gelassen wird?

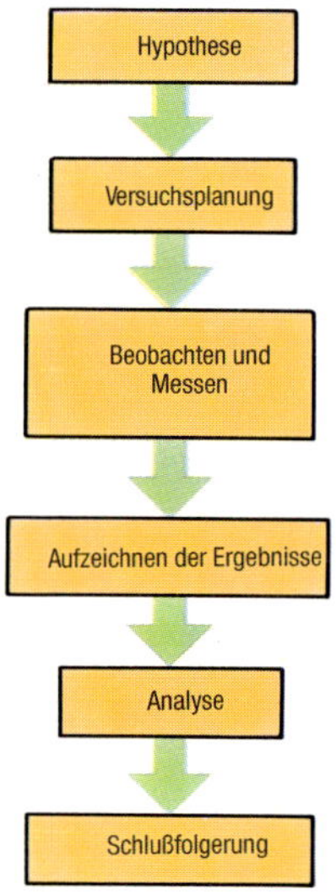

◁ Die meisten wissenschaftlichen Forschungen umfassen eine Reihe von Schritten: Die Wissenschaftler stellen eine Hypothese auf, mit der sie beobachtete Vorgänge oder Dinge erklären wollen. Mit Experimenten testen sie diese Hypothese. Die Ergebnisse werden dann oft statistisch ausgewertet.

Mach es selbst

Denken wir einmal darüber nach, wie wir ein Experiment planen würden, um den Ball herauszufinden, der am weitesten zurückspringt. Spielen verschiedene Materialien und Formen eine Rolle? Sollte man die Bälle werfen oder einfach fallen lassen und auf welche Oberfläche? Alle diese Dinge nennt man Variable, weil sie veränderlich sind. Wenn wir wirklich herausfinden wollen, welcher Ball am weitesten springt, müssen wir alle Variablen konstant halten. Vor einem Experiment machen wir auch eine Voraussage. Wir meinen zum Beispiel, daß ein Gummiball höher springt als eine Stahlkugel.

Siehe auch →Biologie; →Chemie; →Diagramm; →Erfindung; →Feedback; →Mittelwert; →Physik; →Statistik; →Wahrscheinlichkeit; →Werkstoff.

Explosion

Bei einer Explosion wird innerhalb kürzester Zeit viel Energie frei. In den meisten Fällen zerfallen die Spreng- oder Explosivstoffe in große Mengen heißer Gase. Diese Gase dehnen sich sofort aus und bewirken die Explosion und deren Zerstörungen. Sprengstoffe werden vor allem im Bergbau, im Straßenbau sowie natürlich für militärische Zwecke eingesetzt. Einer der bekanntesten Sprengstoffe ist das →TNT.

Das Gegenteil einer Explosion ist eine Implosion. Sie findet dann statt, wenn ein luftleer gepumpter Behälter, zum Beispiel die →Kathodenstrahlröhre im Fernseher oder eine →Thermosflasche, zerstört wird. Die Wände stürzen dann nach innen. Anschließend an die Implosion findet durch die rückläufige Druckwelle noch eine Explosion statt. Auch sehr große Körper wie Sterne können implodieren und in sich zusammenfallen. Daraus gehen dann →Neutronensterne oder →schwarze Löcher hervor.

△ Implosionen haben meistens schlimmere Auswirkungen, weil auf sie noch eine Explosion folgt. Manche Waffen verwenden dieses Prinzip und führen zunächst durch eine Explosion zu einer Implosion.

extrudieren

Durch Extrudieren stellt man aus weichen Werkstoffen wie Kunststoffen oder Weichmetallen Stränge, Röhren oder Platten her. Die entsprechende Maschine heißt Extruder oder Strangpresse. Kunststoffkörner (Granulat) werden zum Beispiel von einer Heizschlange erhitzt und dann durch eine Düse gepreßt. Der Kunststoff erkaltet und behält seine Form bei. Einige Metalle wie das Blei sind so weich, daß man sie nicht erhitzen muß; man kann sie in kaltem Zustand in die gewünschte Form pressen. Für den Druck sorgt dabei ein Preßstempel.

Mit einem verwandten Verfahren, dem Spritzguß, kann man auch komplizierte Teile herstellen. Die warme Kunststoffmasse wird dann einfach in eine Hohlform unter Druck gepreßt und kann dort erkalten.

▽ Beim Warmstrangpressen wird die Masse erst erhitzt und dann durch eine Düse gepreßt.

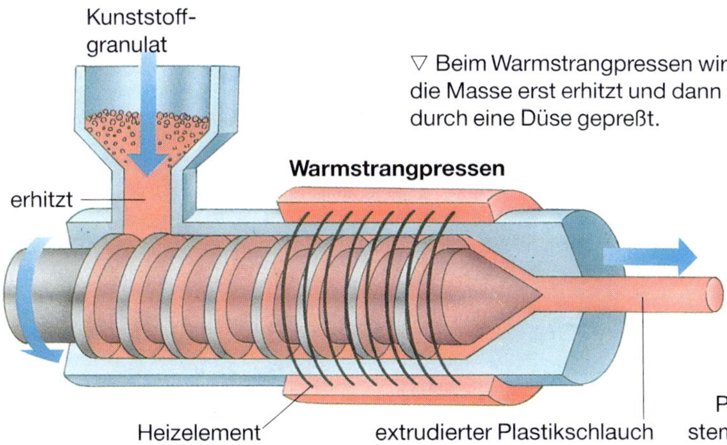

▽ Beim Kaltstrangpressen drückt ein Preßstempel unter hohem Druck die Masse durch eine Düse.

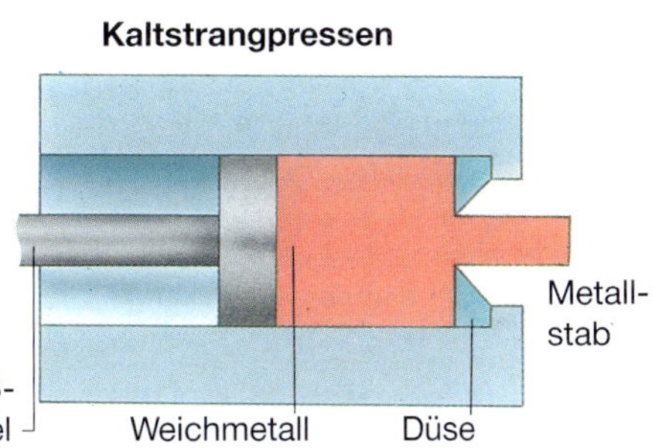

F f

Falschfarbenfotografie

Die Fotografie zeigt normalerweise Abbilder der Welt, wie auch wir sie mit unseren eigenen Augen sehen, nämlich in den verschiedenen →Farben des →Spektrums. Es gibt aber auch Filme, die auf unsichtbare →elektromagnetische Strahlen empfindlich sind, z.B. auf →Infrarot. Solche Filme zeigen im Vergleich zu normalen Filmen völlig unnatürliche Farben, liefern uns dabei aber eine Menge Informationen. Der Infrarotfilm reagiert empfindlich auf Wärmestrahlen. Wenn man damit ein beheiztes Haus von außen fotografiert, kann man auf einen Blick feststellen, wo es am meisten Wärme verliert und wo man es folglich isolieren sollte. Mit Infrarotfilmen kann man auch den Reifezustand des Getreides auf den Feldern feststellen. Elektronenmikroskopische Aufnahmen erscheinen auf dem Bildschirm nur in verschiedenen Grautönen. Man kann sie aber mit Hilfe eines →Computers nachträglich anfärben und damit Unterschiede deutlicher herausstellen. Auch dies bezeichnen wir als Falschfarbenfotografie.

▷ Diese elektronenmikroskopische Aufnahme einer Pflanzenzelle erhält durch die Falschfarben viel stärkere Kontraste. Die Zellwand ist beispielsweise als hellgrüne Linie zu erkennen.

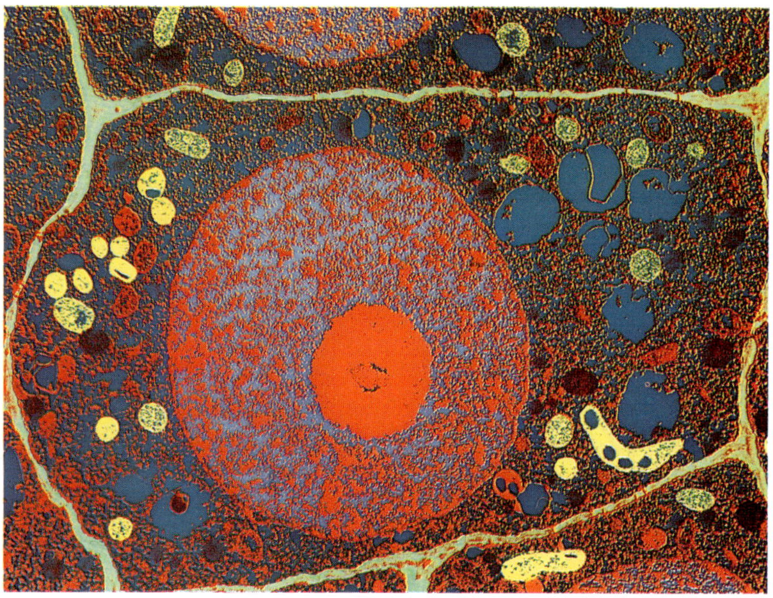

▽ Dieses Bild vom Planeten Neptun nahm die Sonde Voyager 2 in Falschfarben auf. Der Planet wurde dabei durch drei Filter hindurch fotografiert.

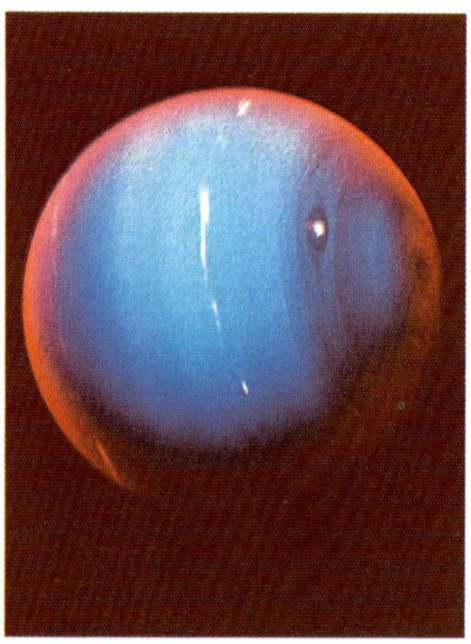

Farbe

Farbe hat immer mit →Licht zu tun. Ohne Licht sehen wir keine Farben. Das bemerken wir bei Dämmerung. Wird das Sonnenlicht zunehmend schwächer, so können wir Farben immer schlechter unterscheiden.

Wir wissen, daß das weiße Sonnenlicht sich in die verschiedenen Farben aufspalten läßt. Dabei zeigt es sich, daß die Farben durch Licht verschiedener Wellenlängen zustande kommen. Weiteres dazu auf Seite 148.

Mach es selbst

Wir versuchen, ein paar ungefärbte Stücke Baumwollstoff oder Bettücher mit natürlichen Farben zu färben. Rote Farbe gewinnen wir aus roter Bete, Kirschen oder Blaukraut, grüne Farbe aus Spinat, braune Farbe aus Zwiebelschalen, Tee oder Kaffee. Wir übergießen diese Farbstofflieferanten mit heißem Wasser und lassen den Aufguß 15 Minuten ziehen. Dann filtern wir die Farbstofflösung und versuchen, den Stoff zu färben.

William Perkin (1838–1907)

William Perkin entdeckte den ersten synthetischen Farbstoff, das Mauvein, durch Zufall, als er versuchte, das Heilmittel Chinin im Labor aus Anilin herzustellen. Deswegen wurden seine Farbstoffe später Anilinfarbstoffe genannt. Zum Zeitpunkt seiner Entdeckung war William Perkin erst achtzehn Jahre alt, also noch nicht volljährig. Damit er ein Patent auf seine Erfindung erwerben konnte, mußte seinetwegen ein Gesetz geändert werden.

Farbstoffe

Farbstoffe verleihen vor allem Textilien wie Fasern, Garnen und Stoffen eine dauerhafte Farbe. Farbstoffe sind im Gegensatz zu →Pigmenten wasserlöslich. Man kann mit ihnen auch ganz andere Werkstoffe einfärben, zum Beispiel Papier, Kunststoffe, Holz, Leder und sogar Lebensmittel.

In den meisten Fällen stellt man eine Farbstofflösung her und legt das zu färbende Material ein. Dabei ergeben sich zwei größere Schwierigkeiten: Zunächst muß der Farbstoff auf dem Stoff dauerhaft haften bleiben, und zweitens sollte er im Laufe der Zeit nicht verblassen. Besonders waschechte Farben ergeben sich, wenn die Moleküle des Farbstoffes mit den Molekülen des zu färbenden Materials eine →chemische Bindung eingehen. Man spricht dabei von Reaktivfarbstoffen.

Die Menschen färben Textilien und andere Stoffe schon seit über 5000 Jahren. Vor der Mitte des 19. Jahrhunderts gab es nur natürliche Farbstoffe aus Pflanzen, Tieren und Mineralien. Der älteste blaue Farbstoff ist das Indigo, das aus mehreren Sträuchern gewonnen wird. Indigo ist nicht besonders wasch- und reibfest. Heute wird es vor allem wieder für Blue Jeans verwendet. Tierische Farbstoffe waren der Purpur aus der Purpurschnecke und die Koschenille, die aus Schildläusen gewonnen wird. Man verwendet Koschenille noch für Lebensmittel und Lippenstifte. Um 1850 wurde der erste künstliche Anilinfarbstoff entwickelt. Er erwies sich aber im Lauf der Zeit als nicht lichtecht. Kurz darauf wurde er von den viel besseren Azofarbstoffen abgelöst.

△ In diesen Behältern, die man in marokkanischen Städten sehen kann, wird Leder gefärbt.

Farbe

Licht ist eine Strahlung und stellt einen winzigen Ausschnitt aus dem ganzen Spektrum der elektromagnetischen Wellen dar. Unterschiedliche Farben bestehen aus Licht verschiedener Wellenlängen. Die längste Wellenlänge hat rotes Licht, die kürzeste blaues Licht. Die verschiedenen Stoffe in der Welt um uns absorbieren einen Teil des weißen Lichts, das auf sie fällt. Der Rest, den sie reflektieren und damit zurückwerfen, erscheint uns als ihre Farbe.

Wir haben in unserem Auge besondere Sinneszellen, die Zapfen, die Licht verschiedener Wellenlängen unterscheiden und damit Farben sehen können. Einige Tiere, zum Beispiel die Hunde, haben in ihren Augen keine Zapfen, sondern ausschließlich Stäbchen, die nur auf Schwarz-, Weiß-, und Grautöne empfindlich sind. Deswegen müssen wir annehmen, daß sie die Welt nicht farbig sehen. Unsere Zapfen funktionieren allerdings auch nur bei genügend Licht.

Einige nachtaktive Tiere wie die Eulen können mit ihren Augen auch Infrarot wahrnehmen. Die Honigbiene sieht Ultraviolett. Viele Blüten weisen ultraviolette Markierungen auf, die wir nicht, die Bienen dagegen gut sehen können.

△ Nicht alle Tiere sehen den gleichen Ausschnitt aus dem Lichtspektrum.

△ Wenn wir Pigmente mischen, sind Gelb, Blau und Rot die Grundfarben (subtraktive Farbmischung).

△ Wenn wir Licht additiv mischen, ergeben Rot, Grün und Blau zusammen Weiß.

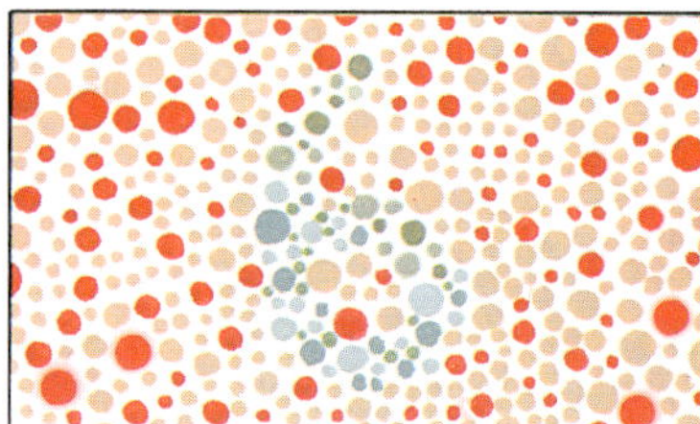

Farbenfehlsichtige („farbenblinde") Menschen können bestimmte Farben nicht voneinander unterscheiden. Hier solltest du die Zahl 6 erkennen.

Weißes Licht läßt sich mit einem Prisma in die Farben des Spektrums aufspalten. Die Spektralfarben, die wir auch in einem Regenbogen erkennen, sind Rot, Orange, Gelb, Grün, Blau, Blauviolett und Violett.

Mach es selbst

Wir versuchen, farbiges Licht miteinander zu mischen. Dazu brauchen wir drei Taschenlampen, die wir mit durchsichtiger roter, grüner und blauer Folie abdecken. Grün und Rot ergeben Gelb, Blau und Grün Türkis, Rot und Blau Purpur. Auch beim Kreisel ergibt die Summe der Farben Weiß.

Siehe auch →Auge; →elektromagnetische Wellen; →Licht; →Prisma; →Regenbogen; →Spektrum; →Tarnung; →Wellenlänge.

FCKW

FCKW ist die Abkürzung für Fluorchlorkohlenwasserstoffe. Diese Bezeichnung sagt schon sehr genau, worum es sich handelt: Die FCKW sind →Kohlenwasserstoffe, bei denen der Wasserstoff ganz oder teilweise durch Fluor- oder Chloratome ersetzt ist. Einer der bekanntesten ist das Tetrafluormethan. Es entsteht, wenn beim Methan alle Wasserstoffatome durch Fluoratome ersetzt werden.
Die FCKW dienen oder dienten vor allem als Treibgase in Spraydosen, als Kühlmittel in Kühlschränken und Klimaanlagen, als Mittel zum Schäumen von Kunststoffen und schließlich als Feuerlöschmittel. Sie sind chemisch sehr stabil und ungiftig. Vor einigen Jahren erkannten jedoch Forscher, daß die FCKW in die →Atmosphäre aufsteigen. In der →Stratosphäre reagieren die Chlor- und Fluoratome mit dem →Ozon und zerstören es dabei. Die →Ozonschicht schützt aber das Leben auf der Erde vor der →ultravioletten Strahlung.

Fluor ist ein gelblichgrünes Gas und das reaktionsfähigste chemische Element. Mit Wasser reagiert es heftig zu Fluorwasserstoff und Sauerstoff: Es reißt also dem schon sehr reaktionsfähigen Sauerstoff des Wassers einfach die Wasserstoffatome weg. Das Fluor ist so aggressiv, daß es unter bestimmten Bedingungen sogar mit Edelgasen reagiert. Der sehr beständige Kunststoff Teflon (Pfannenbelag) enthält viele Fluoratome.

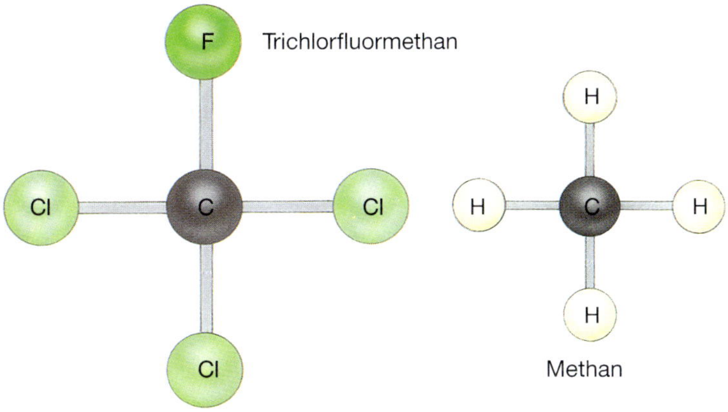

◁ Bei den FCKW sind einige oder alle Wasserstoffatome (H) durch Fluor (F)- und Chloratome (Cl) ersetzt. Aus dem Methan entsteht zum Beispiel Trichlorfluormethan, das als Kältemittel in Kühlschränken weit verbreitet ist.

Feder

Nur Vögel haben Federn. Das Federkleid hält sie warm und ermöglicht erst den Flug. Jede Vogelfeder wächst wie die Schuppe eines Reptils oder das Haar eines Säugers aus einer Hauttasche. Vogelfedern sind aus Horn und damit extrem leicht. Sie bestehen aus einem widerstandsfähigen, aber hohlen Schaft, der in der Haut steckt, und der Federfahne. Diese zeigt einen besonderen Aufbau. Bereits unter der Lupe können wir ihn erkennen. Vom Federschaft gehen viele feine Äste in einem schrägen Winkel ab. Die Äste tragen in gleicher Weise angeordnete Nebenäste, die teilweise mit rückwärts gerichteten Häkchen besetzt sind. Die Nebenäste zweier benachbarter Äste verhaken sich nun untereinander, so daß eine feste Fläche, die Federfahne, entsteht. Federn mit diesem Aufbau nennen wir Konturfedern. Sie bilden den äußeren Umriß der Vögel. Besonders große und feste Konturfedern

▽ Die Häkchen an den Nebenästen sorgen für den festen Zusammenhalt der Federfahne, und erst dadurch wird der Vogelflug ermöglicht.

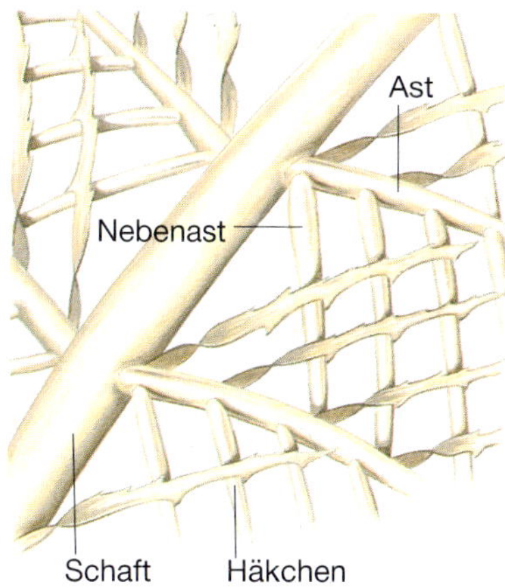

Flügelfeder

△ Jede Feder hat einen hohlen Schaft. Bei der Flügelfeder ist er stärker entwickelt als bei der Daunenfeder. Bei dieser sind die Äste und die Nebenäste nicht untereinander verbunden und bilden keine feste Flügelfahne. Daunenfedern dienen dem Kälteschutz, weil sie viel Luft um den Körper herum festhalten.

befinden sich auf den Flügeln. Die Dunen oder Daunenfedern sehen ganz anders aus, denn sie haben einen schlaffen Schaft und keine umfangreiche Fahne.

Siehe auch →Aerodynamik; →Haar; →Isolator.

Feedback

Der Begriff Feedback (sprich: fiedbäck) stammt aus der Regeltechnik. Wenn die Folgen eines Geschehens den weiteren Verlauf dieses Geschehens beeinflussen, dann sprechen wir von Feedback. Man kann auch Rückführung oder Rückkopplung dazu sagen. Ein solches Feedback gibt es überall in der Technik und in der Natur. Ein Reiz veranlaßt beispielsweise ein Lebewesen, ein bestimmtes →Enzym zu produzieren. Wenn der Körper nun feststellt, daß genug von diesem Enzym gebildet wurde, so wird das zurückgemeldet. Das hat zur Folge, daß die Enzymproduktion abgeschaltet wird. Diesen Vorgang nennen wir negatives Feedback. Ein positives Feedback sehen wir zum Beispiel im Stoffwechsel des →Kohlendioxids. Wenn die Konzentration dieses Stoffwechselprodukts zunimmt, hat das zur Folge, daß wir tiefer atmen, um das Gas loszuwerden und um mehr Sauerstoff aufzunehmen. Die gesamte Chemie unseres Körpers wird durch solche Feedbackmechanismen gesteuert. Ein klassisches Beispiel für ein Feedback in der Technik ist der →Thermostat.

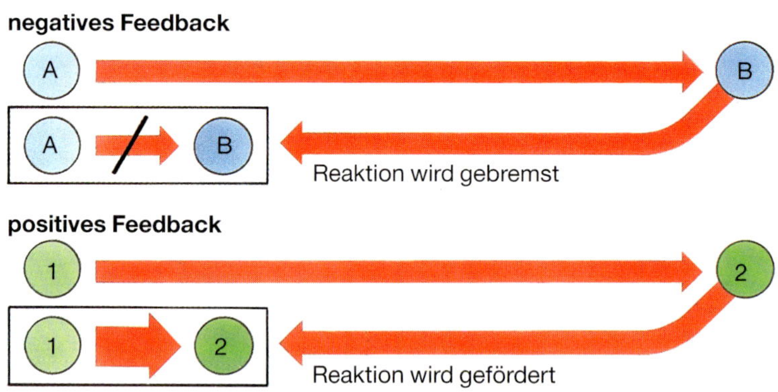

▷ Wenn A den Stoff B produziert und wenn das Vorhandensein einer bestimmten Menge des Stoffes B die Reaktion zum Erliegen bringt, so liegt ein negatives Feedback vor. Wenn 1 den Stoff 2 produziert und wenn das Vorhandensein von 2 die Reaktion weiter in Gang hält, so handelt es sich um ein positives Feedback. Der Begriff „Feedback“ wird auch im übertragenen Sinn verwendet. Statt „Reaktion“ sagt man oft Feedback. Wenn das Fernsehpublikum auf eine Sendung heftig reagiert, so erfährt diese „viel Feedback“.

Fernmeldetechnik

Die Fernmeldetechnik oder Telekommunikation beschäftigt sich damit, wie Informationen über Entfernungen hinweg durch elektrische Signale, →Radiowellen oder →Licht übertragen werden können. Die Informationen sind ganz unterschiedlicher Natur, zum Beispiel Sprache, Dokumente, Computerdaten, Radio- und Fernsehsignale. Früher brauchte man für jede dieser verschiedenen Informationsformen ein eigenes Fernmeldenetz. Die Übertragung erfolgte in Form einer elektromagnetischen Kopie der Information und somit in Form eines →analogen Signals. Heute werden zunehmend →digitale Signale übermittelt. Damit ist es auch möglich geworden, die unterschiedlichsten Informationen in einem einzigen Fernmeldenetz zu übertragen. Solche digitalen Signale bestehen aus einer sehr schnellen Folge elektrischer Impulse, welche die Informationen verschlüsselt enthalten.

Die Fernmeldetechnik heißt auch Telekommunikation. Die Vorsilbe „Tele-“ stammt aus dem Griechischen und bedeutet „fern“. Sie kommt auch in vielen weiteren Fremdwörtern vor, zum Beispiel Telefon, Television, Telegramm, Teleobjektiv und Teleskop.

▽ Die meisten Nachrichtenübertragungen geschehen über Telefone (1) und Radio bzw. Fernsehen (2). Abgesehen von Telefonanrufen im Nahbereich findet die Übertragung der Information mit Hilfe von Funkwellen (Radiowellen) statt. Dazu sind Sende- und Empfangsantennen notwendig.

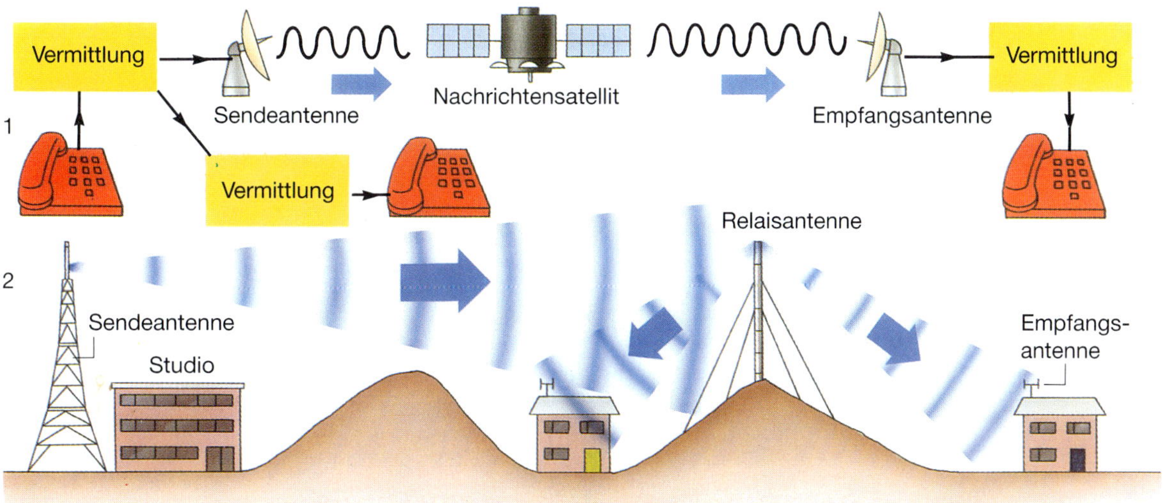

Fernsehen

Bis ein Bild auf einem Fernsehschirm erscheint, finden zahlreiche, zum Teil äußerst komplizierte Vorgänge statt. Wir können im wesentlichen drei Schritte unterscheiden: Das Bild wird von der Fernsehkamera in elektrische Signale umgewandelt; die Signale werden übertragen. Der Fernsehapparat baut schließlich beim Empfänger wieder ein sichtbares Bild auf.

Zunächst nimmt eine Fernsehkamera ein Bild auf. Das Licht fällt nicht auf einen →Film, sondern auf eine lichtempfindliche →Halbleiterschicht. Ein Elektronenstrahl tastet die gesamte Oberfläche dieser Schicht in einem Zeilenraster ab. Eine normale TV-Kamera hat 625 Zeilen. In jeder Zeile werden gleich viele Bildpunkte unterschieden. Das Bild muß

▽ Techniker im Kontrollraum eines Fernsehstudios betrachten alle Bilder, die von den Kameras aufgenommen werden. Das jeweils geeignetste Bild wählen sie für die Übertragung aus.

Fernsehen

In nächster Zukunft wird wohl das Hochzeilenfernsehen, abgekürzt HDTV („High Definition Television“), eingeführt. Das Fernsehbild wird dann aus 1125 statt 625 Zeilen bestehen. Damit ist eine größere Auflösung möglich. In fernerer Zukunft wird man wahrscheinlich auf die umfangreiche Kathodenstrahlröhre verzichten können, die den Elektronenstrahl erzeugt. Man wird dann das Bild mit Hilfe von Flüssigkristallen darstellen.

50 bis 60mal pro Sekunde abgetastet werden. Beim Schwarzweißfernsehen nimmt der Elektronenstrahl die Helligkeitswerte der Bildpunkte wahr und setzt sie in elektrische Signale um. Das Farbfernsehen ist noch weit komplizierter: Die Kamera zerlegt das Licht mit Hilfe von Spiegeln in die drei Grundfarben Rot, Blau und Grün. Jede dieser Grundfarben wird dann in einer eigenen Bildröhre abgetastet. Schließlich wird noch das Tonsignal mitgegeben. Für die Übertragung eines Fernsehbildes sind also unglaublich viele Informationen notwendig. Sie werden wie beim →Rundfunk auf die Trägerwelle aufmoduliert und gesendet. Die Antenne des Empfängers fängt die Signale auf. Das Fernsehgerät demoduliert und entschlüsselt sie, und die →Kathodenstrahlröhre baut anhand der gesendeten Informationen das Fernsehbild wieder auf. Dabei geschieht im wesentlichen das Umgekehrte wie in der Fernsehkamera: Jedes Bild wird aus Zeilen und Bildpunkten aufgebaut. Bei Störungen des Fernsehbildes können wir diese oft genau erkennen. Für jede der Grundfarben ist ein eigener Elektronenstrahl vorhanden. Dieser Strahl ist aber nicht etwa rot, blau oder grün gefärbt. Die Farbe entsteht vielmehr direkt auf dem Fernsehschirm: Er ist mit feinen Streifen aus Phosphorverbindungen beschichtet, die rot, grün oder blau aufleuchten, wenn sie von Elektronenstrahlen getroffen werden.

▽ Die drei wichtigsten Vorgänge bei Fernsehübertragungen sind: Umwandlung des Bildes in elektrische Signale, Weiterleitung dieser Signale zum Empfänger und Rückverwandlung der elektrischen Signale in die entsprechenden Bilder.

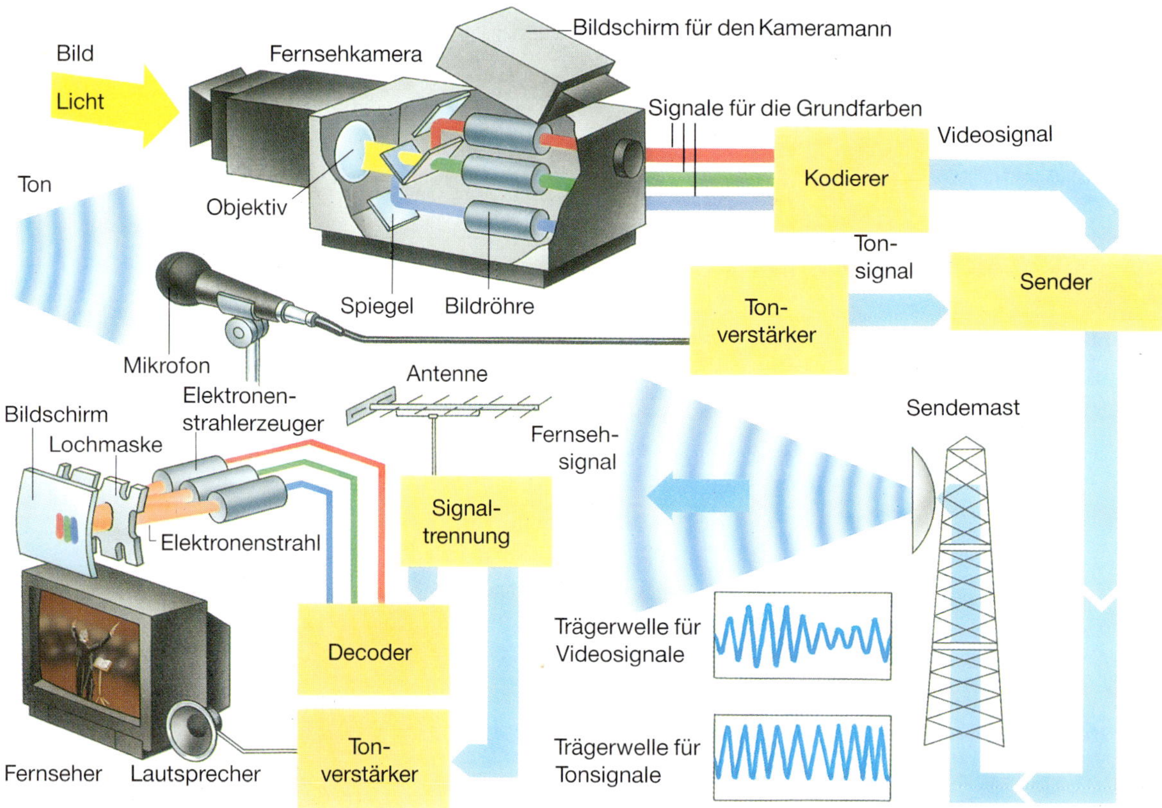

Festkörper

Festkörper haben einen festen inneren Aufbau: Ihre →Atome oder →Moleküle nehmen bestimmte Plätze ein und sind somit regelmäßig angeordnet. Festkörper haben also einen Aufbau wie ein →Kristall und deswegen eine ganz bestimmte unveränderliche Oberfläche; sie schmiegen sich nicht wie die →Flüssigkeiten an die Wand ihres Behälters. Nicht alle festen Körper sind Festkörper. Stoffe wie Glas oder Wachs sind zwar fest, doch ihre Moleküle sind unregelmäßig angeordnet. Sie stehen nicht in einem Kristallgitter. Deswegen gelten Glas und Wachs als äußerst zähe Flüssigkeiten.
Obwohl benachbarte Atome und Moleküle eines Festkörpers zusammenhalten und nicht leicht ihre Plätze tauschen, stehen sie doch nicht still. Sie zittern vielmehr unaufhörlich. Je höher die Temperatur, um so stärker werden diese Zitterbewegungen. Bei einer bestimmten Temperatur werden sie so stark, daß sich jedes Atom oder Molekül von seinem Nachbarn loslöst. Die feste Kristallstruktur der Festkörper bricht dann zusammen. Der Stoff schmilzt und wird zu einer Flüssigkeit.

△ Die Atome oder Moleküle eines Festkörpers sind regelmäßig angeordnet und bilden ein sogenanntes Kristallgitter.

▽ Tierische Fette bestehen zur Hauptsache aus gesättigten Fettsäuren. Viele pflanzliche Öle hingegen enthalten mehr ungesättigte Fettsäuren. Sie haben mindestens zwischen zwei Kohlenstoffatomen eine Doppelbindung. An dieser Stelle sind sie chemisch angreifbar und können somit leichter verdaut werden.

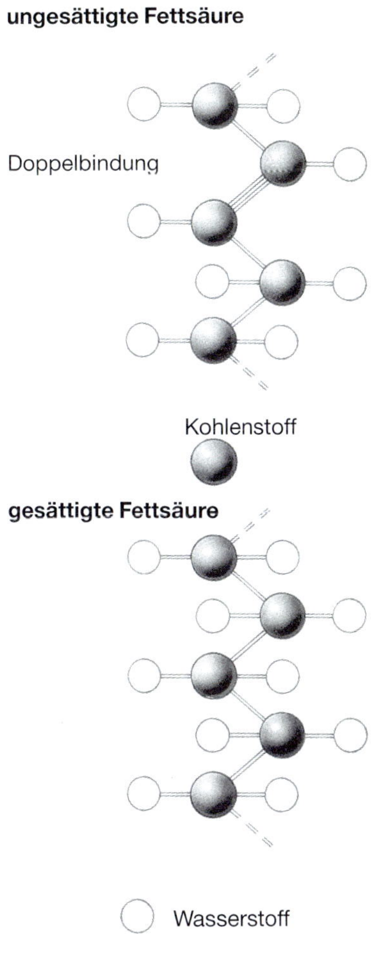

Fette

Die festen Fette und die flüssigen →Öle zeigen einen sehr ähnlichen chemischen Aufbau: Als Gerüst haben sie ein Molekül →Glyzerin. Daran sind wie die Zinken an einer Gabel drei Fettsäuren befestigt. Diese Fettsäuren zeigen nun einige Unterschiede. Enthalten sie die größtmögliche Zahl von Wasserstoffatomen, so nennen wir sie gesättigt. Sind aber zwischen zwei Kohlenstoffatomen Doppelbindungen vorhanden, an die sich noch Wasserstoffatome festheften können, so heißen diese Fettsäuren ungesättigt.
Wer überwiegend gesättigte Fettsäuren, also tierische Fette, zu sich nimmt, läuft Gefahr, daß sein →Cholesterinspiegel und damit das Risiko eines Herzinfarkts zu hoch ansteigt. Ungesättigte Fettsäuren, wie wir sie zum Beispiel in kaltgepreßten pflanzlichen Ölen vorfinden, sind viel gesünder.
Fette und Öle kommen in jedem Lebewesen vor. Fett ist ein Energiespeicher und isoliert gegen Kälte. Fette sind auch in der äußeren Zellmembran enthalten. Deswegen könnten wir ohne Fette gar nicht leben. Nur vor einem Zuviel an Fetten müssen wir uns in acht nehmen.

Film

In der Fotografie brauchen wir Filme, um Bilder aufzuzeichnen. Filme bestehen aus Kunststoffstreifen, die mit lichtempfindlichen Schichten überzogen sind. Wir nennen sie →Emulsionen, weil sie feinstverteilte lichtempfindliche Teil-

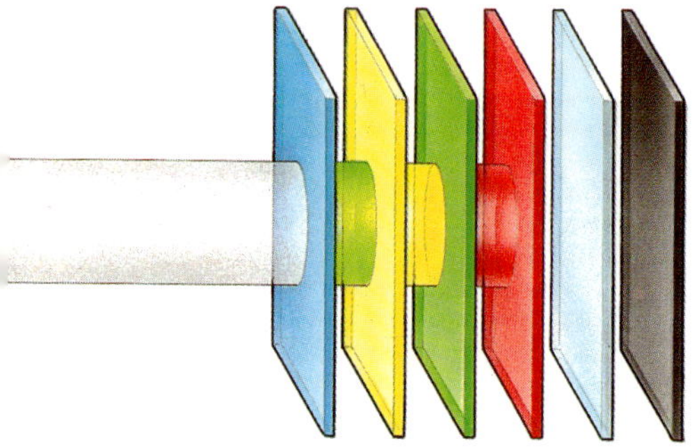

△ Ein Farbfilm besteht aus sechs Schichten. Die erste Emulsion ist auf blaues Licht empfindlich. Die zweite Schicht absorbiert überschüssiges blaues Licht, die dritte fängt grünes Licht auf, die vierte rotes. Die fünfte Schicht ist der Kunststoffträger. Die sechste Schicht auf der Rückseite absorbiert das gesamte restliche Licht.

chen enthalten. Die Löcher an der Ober- und Unterkante eines Films dienen dem Weitertransport mit Hilfe eines Zahnrades in der Kamera.

Die ersten Schwarzweißfotografien wurden nicht auf Filme aufgenommen, sondern auf beschichtete Glasplatten. Gleichgeblieben seit jener Zeit ist aber das Prinzip: Die Lichtstrahlen, die durch die Objektive der Kamera einfallen, führen zu chemischen Veränderungen in den Emulsionen: Sie verwandeln Silbersalze in metallisches Silber. Dieses Bild ist aber noch nicht zu sehen. Erst beim Entwickeln ergeben sich durch chemische Reaktionen sichtbare Bilder.

Heute gibt es zwei Arten von Farbfilmen: Vom Negativfilm muß man erst Papierabzüge (Positive) machen, während der Diapositivfilm direkt durchsichtige Bilder ergibt, die beliebten Dias. Mit einem Diaprojektor werfen wir sie an die Wand und vergrößern sie gleichzeitig.

Siehe auch →Kinofilm.

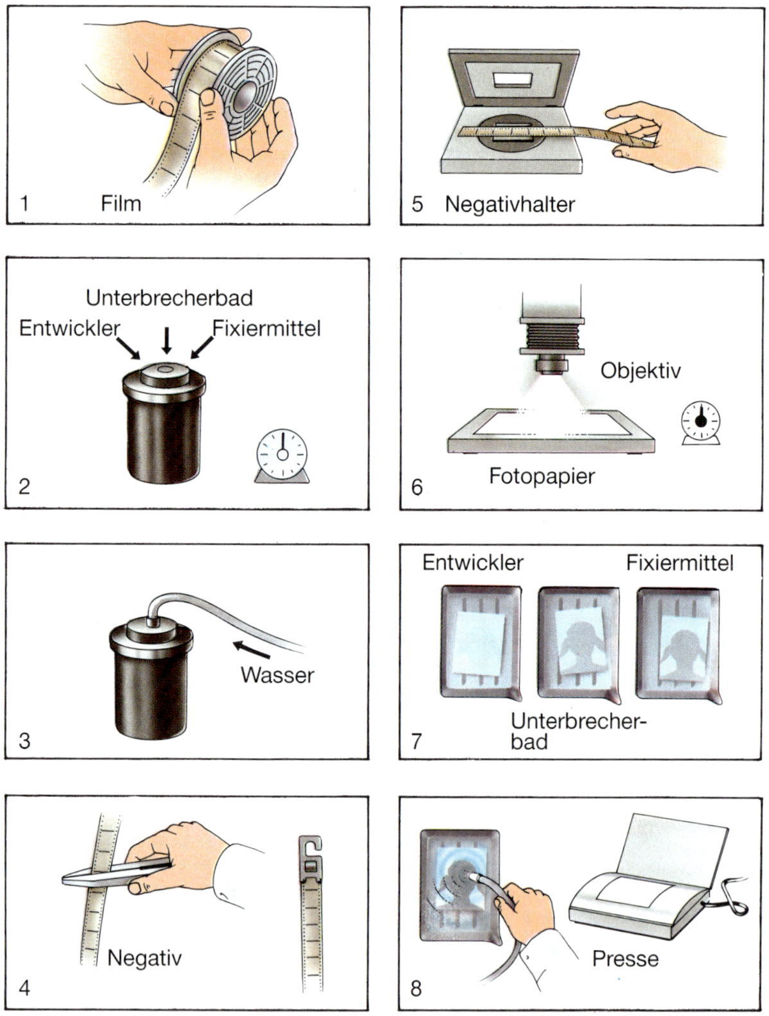

▷ Entwickeln eines Schwarzweißfilms und Herstellung eines Papierabzuges: **1.** Der Film wird in der Dunkelkammer aus der Patrone genommen und aufgewickelt. **2.** Der Film kommt zusammen mit anderen in ein großes Gefäß. Zu genau festgelegten Zeiten muß der Bearbeiter den Entwickler, das Unterbrecherbad und das Fixiermittel zugeben. Diese chemischen Stoffe führen dazu, daß ein festes Bild auf dem Film erscheint und sich nicht mehr verändert. **3.** Die Filme werden anschließend mit Wasser gewaschen, um alle chemischen Stoffe zu entfernen. **4.** Der Bearbeiter hängt den Film zum Trocknen auf. Auf dem Film befinden sich negative Bilder, weil in Wirklichkeit helle Stellen geschwärzt sind, dunkle Stellen hingegen hell erscheinen (Negativfilm). **5.** Ein Negativ wird in einen Vergrößerungsapparat gelegt. **6.** Licht fällt von oben durch den Vergrößerungsapparat und durch das Negativ auf ein Fotopapier. **7.** Diese Papierabzüge werden nun ähnlich wie der Film (2) entwickelt und fixiert. Helle Stellen erscheinen nun hell (positiv). **8.** Wässern des Abzugs und Trocknen in einer Presse.

▷ Die Aufbereitung von Trinkwasser dauert bis zu einem halben Tag. Das Wasser wird teilweise mit Chemikalien behandelt und mehrfach filtriert.

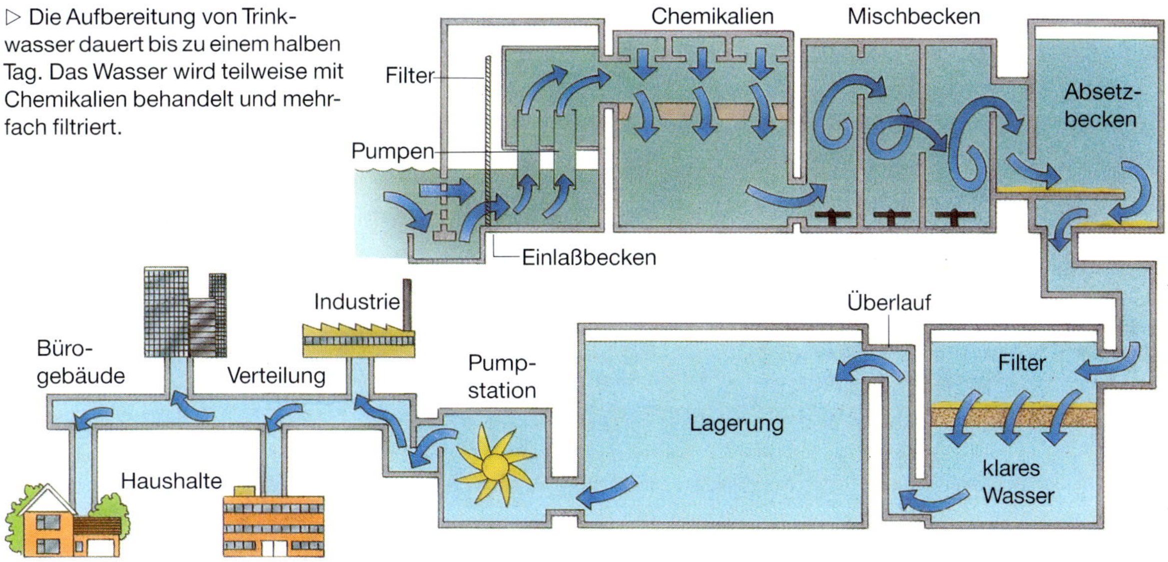

Filter

Mit Filtern entfernen wir feste Verunreinigungen aus Flüssigkeiten und Gasen. Wir können zum Beispiel ein Gemisch aus Sand und Wasser durch einen Papierfilter laufen lassen. Der Sand wird dabei zurückgehalten. Das klare Wasser bezeichnen wir als Filtrat. Ein Kaffeefilter arbeitet auf diese Weise. Der Luftfilter im Auto hält Staubteilchen aus der Luft zurück, die in den Verbrennungsraum gelangt. Unser Trinkwasser muß in den meisten Fällen gefiltert werden. Die Stadtwerke verwenden dazu verschiedene Schichten aus Sand und Aktivkohle.

Auch Lichtstrahlen können gefiltert werden. Ihre Filter sehen natürlich ganz anders aus. Gebirgsaufnahmen erscheinen oft blaustichig. Mit einem Filter vor dem Objektiv entfernen wir einen großen Teil des ultravioletten Lichts, das schuld ist an dem Blaustich.

Elektronische Filter halten bestimmte elektromagnetische Signale zurück. Fast alle Geräte der Rundfunk- und der Nachrichtentechnik enthalten solche Filter. Ein Tiefpaßfilter läßt tiefe →Frequenzen durch und sperrt hohe. Ein Hochpaßfilter hingegen arbeitet genau umgekehrt. Solche Filter verhindern in Hi-Fi-Geräten beispielsweise, daß tiefe Rumpelgeräusche oder hohe Töne zu hören sind, die nicht zur Musik gehören.

▽ Elektronische Filter halten aus einer Bandbreite von Radiowellen bestimmte Frequenzen zurück. Der Hochpaßfilter läßt hohe Frequenzen hindurch, der Tiefpaßfilter tiefe. Kombiniert man beide miteinander, so ergibt sich ein Bandpaßfilter, der nur ein bestimmtes Frequenzband hindurchtreten läßt.

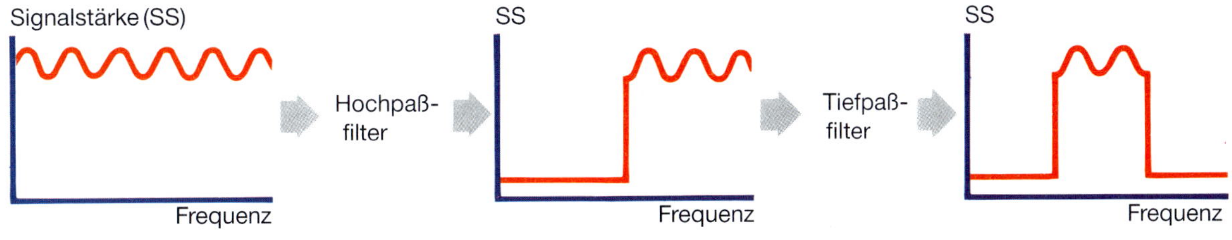

Fliegen

◁ Vögel sind hervorragend an das Fliegen angepaßt. Sie haben leichte Federn und Knochen.

Der erste erfolgreiche Aufstieg in die Lüfte gelang mit einem Ballon. Im Jahr 1783 ließen die französischen Brüder Montgolfier einen ersten Heißluftballon steigen. 1852 unternahm der Franzose Henri Giffard die erste Fahrt mit einem steuerbaren Ballon: Eine Dampfmaschine trieb einen Propeller an. Das war der Vorläufer des Luftschiffes. Luftschiffe waren riesenhafte starre Gehäuse, die mit Wasserstoffgas gefüllt wurden. Flugmotoren trieben das Luftschiff an, und Passagiere und Besatzung hielten sich in einer großräumigen Gondel auf. Solche Luftschiffe hießen bei uns nach ihrem Erbauer Graf Zeppelin vor allem Zeppeline. Heute gibt es nur noch kleinere Zeppeline zu Werbezwecken.

Im Jahr 1903 unternahm Orville Wright in Kitty Hawk im amerikanischen Staat North Carolina den ersten längeren Flug in einem Flugzeug, das schwerer war als Luft und von einem Propeller angetrieben wurde. Der Luftstrom über und unter den Tragflächen erzeugte einen Auftrieb. Verantwortlich dafür ist das besondere Profil der Tragflächen oder Flügel. An diesem Prinzip hat sich bis auf den heutigen Tag nichts geändert. Auch Vögel können nur durch ihr besonderes Flügelprofil fliegen.

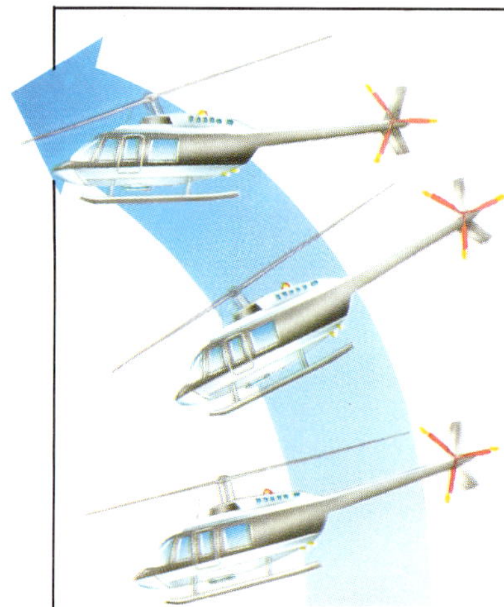

Hubschrauber brauchen keine Landebahnen, weil sie senkrecht starten und landen können. Ein Rotor dreht sich dabei um die eigene Achse und erzeugt den Auftrieb.

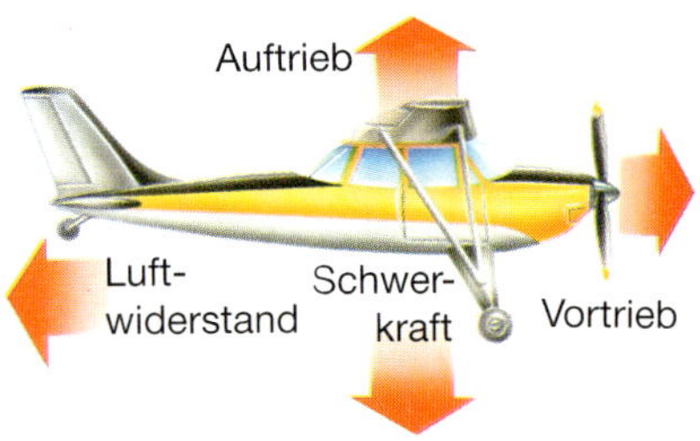

◁ Flugzeuge brauchen Motoren, die sie vorwärts bewegen. Durch die Flügelform entsteht von einer bestimmten Geschwindigkeit an so viel Auftrieb, daß das Flugzeug abheben kann. Die Motoren müssen dabei den Luftwiderstand überwinden.

Meilensteine in der Geschichte der Fliegerei

1492 Leonardo da Vinci zeichnet eine Flugmaschine.
1890 Das Flugzeug „Eole“ des Franzosen Clément Ader hebt sich als erstes in die Luft, kann aber nicht gesteuert werden.
1903 Orville Wright unternimmt den ersten längeren Motorflug.
1908 Orville Wright bleibt eine Stunde in der Luft.
1909 Henry Farman legt als erster hundert Meilen (161 km) zurück.
1913 Igor Sikorsky baut ein viermotoriges Flugzeug.
1936 Heinrich Focke konstruiert den ersten Hubschrauber.
1947 Das erste Flugzeug durchbricht in den USA die Schallmauer.
1970 Der erste Jumbojet, eine Boeing 747, nimmt den Linienbetrieb auf.
1986 Dick Rutan und Jeanna Yeager fliegen mit ihrem Flugzeug „Voyager“ in neun Tagen um die Welt, ohne einmal aufzutanken.

Otto Lilienthal (1848–1896)

Der Berliner Ingenieur Otto Lilienthal war ein herausragender Flugpionier. Er untersuchte den Vogelflug und schrieb ein Buch darüber. Dann baute er Gleitflugzeuge. Im Sommer 1891 gelangen Otto Lilienthal die ersten Gleitflüge. Im Laufe der Zeit legte er Entfernungen von 250 Metern zurück.

Siehe auch →Aerodynamik; →Ballon; →Luft; →Strahltriebwerk; →Technik und Technologie; →Wasserstoff.

Fluchtgeschwindigkeit

Wenn wir einen Körper in die Luft werfen, fällt er wegen der →Schwerkraft wieder auf die Erde zurück. Auch eine Rakete fällt wieder auf die Erde zurück, sofern sie nicht die Fluchtgeschwindigkeit erreicht. Diese liegt so hoch, daß die Rakete das Schwerefeld der Erde endgültig verlassen kann und in den Weltraum fliegt. Die Fluchtgeschwindigkeit beträgt auf der Erde 11,2 Kilometer pro Sekunde (km/s). Da die Schwerkraft auf jedem Planeten anders ist, unterscheiden sich auch die jeweiligen Fluchtgeschwindigkeiten.

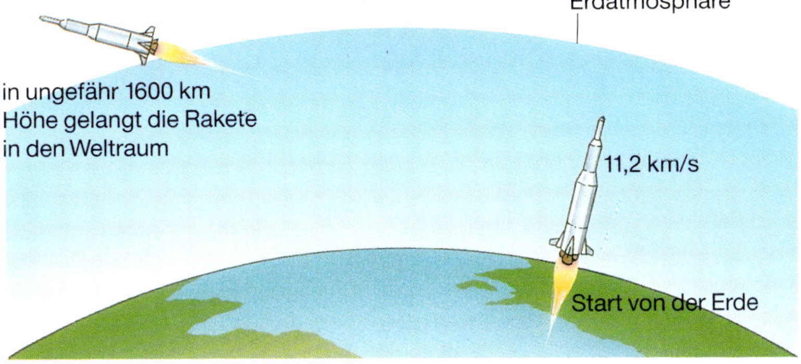

◁ Um der Schwerkraft der Erde zu entkommen, muß eine Rakete eine Fluchtgeschwindigkeit von 11,2 km/s entwickeln. In 1600 km Höhe verläßt sie endgültig das Schwerefeld der Erde und dringt in den Weltraum ein.

Fluchtgeschwindigkeiten der Planeten im Sonnensystem

Merkur	4,3 km/s
Venus	10,3 km/s
Erde	11,2 km/s
Mars	5,1 km/s
Jupiter	60 km/s
Uranus	2 km/s
Saturn	35 km/s
Neptun	25 km/s
Pluto	unbekannt

Flüsse und Seen

Ständig verdunstet Wasser von der Oberfläche der Meere und gelangt in die →Luft. Diese feuchtigkeitshaltige Luft wird durch Winde wegtransportiert. Kühlt sie ab, so kondensieren Wassertröpfchen, und es entstehen →Wolken. Bei weiterer Abkühlung, zum Beispiel beim Aufsteigen im Gebirge, werden die Wassertröpfchen immer größer. Die Wolken können sie schließlich nicht mehr halten. Sie fallen dann als →Niederschlag auf die Erde, zum Beispiel als Regen. Ein Teil davon dringt in den Boden ein und sammelt sich im →Grundwasser. Ein anderer Teil des Regens sammelt sich erst in Rinnsalen, dann in Bächen, Flüssen und Seen und fließt schließlich zum Meer. Bäche, Flüsse und Seen gibt es schon seit frühesten Zeiten. Dennoch sind vor allem Seen keine dauerhaften Gebilde, sondern fast „Eintagsfliegen" – zumindest wenn man in geologischen Zeiträumen rechnet. Nach ein paar zehntausend Jahren sind auch die größten Seen wie der Bodensee verschwunden. Sie füllen sich nämlich mit Sand und Schotter, den Flüsse herantransportieren. Von den Rändern her verlanden sie, weil sich durch den Pflanzenwuchs immer mehr Material anlagert. Auch Flüsse verändern oft ihre Lage. Heute werden sie durch den Wasserbau in unnatürliche Betten gezwängt. Durch Verbauungen verkürzte sich der Lauf des Rheins um über 100 Kilometer. Hochwasser nach heftigen Gewitterregen können deswegen schneller auftreten und hö-

▽ Das Luftbild zeigt die Windungen eines Flusses in einer Schwemmebene. Wenn er seinen Lauf ändert, was oft geschehen kann, bleiben Altwasserseen zurück. Auf diese Weise bilden sich neue, flache Seen.

▽ Der Geologe teilt den Lauf eines Fließgewässers in drei Abschnitte ein, nämlich den Oberlauf, den Mittellauf und den Unterlauf. Im Oberlauf herrscht das stärkste Gefälle, und die Abtragung im Flußbett ist dementsprechend groß. Der Fluß trägt im Mittellauf ungefähr so viel Material ab, wie er aufschüttet. Im Unterlauf lagern die breiten Ströme viel Material ab und bilden Schwemmebenen. Bei der Mündung ins Meer entsteht oft ein großes Delta.

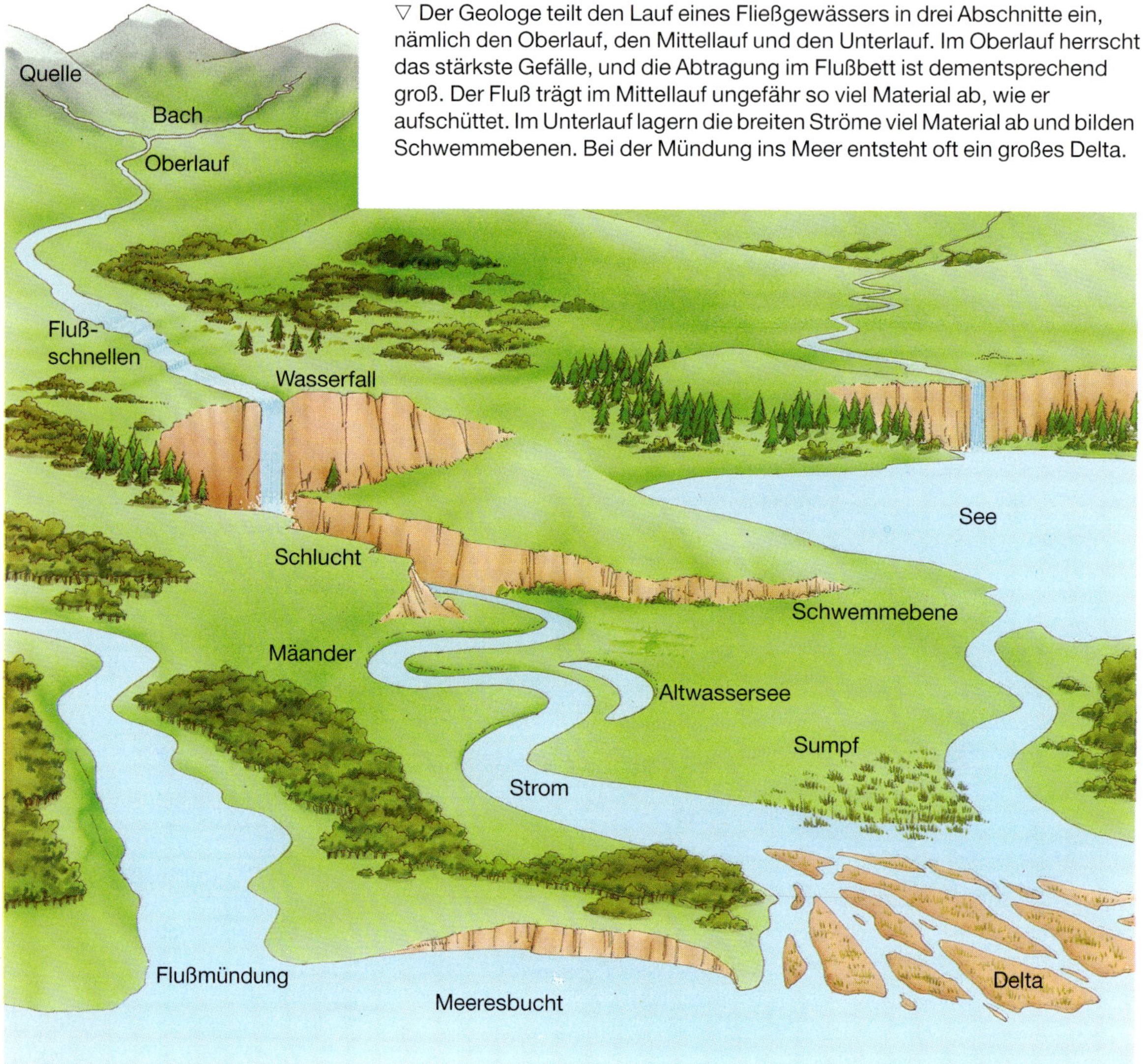

her ausfallen als früher. Viele Flüsse sind heute allerdings eine Kette aufeinanderfolgender Stauseen. Nur unverbaute Flüsse können ausgedehnte Windungen bilden, die Mäander.
Siehe auch →Kondensation.

Flüssigkeit

Flüssigkeiten haben im Unterschied zu →Festkörpern keine feste Form. Sie nehmen die Form des Gefäßes an, behalten aber im Unterschied zu →Gasen ihren Rauminhalt bei. Die →Atome oder →Moleküle von Flüssigkeiten halten zusammen und bilden Tröpfchen. Ihre Stellung untereinander ist nicht starr festgelegt wie in →Kristallen, sondern sie können ständig die Plätze untereinander tauschen.
Wenn wir Flüssigkeiten abkühlen, erstarren sie jenseits des →Gefrierpunktes zu Festkörpern. Erhitzen wir sie, so bilden

▽ Die Atome oder Moleküle einer Flüssigkeit können sich frei bewegen, hängen aber dennoch untereinander zusammen und bilden Tröpfchen. Flüssigkeiten haben stets einen bestimmten Rauminhalt.

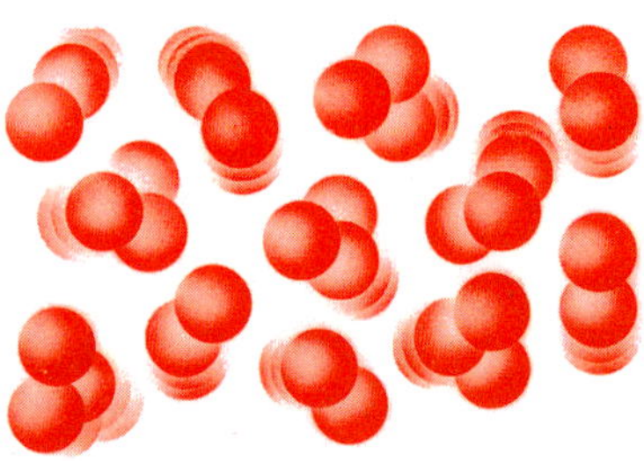

sie beim →Siedepunkt ein Gas. Luft kann durch Abkühlen oder durch Druck verflüssigt werden. Wir sprechen dann von einem Flüssiggas. Die verflüssigten Heiz- und Kochgase Butan oder Propan kommen in stählernen Druckflaschen in den Handel.
Siehe auch →Aggregatzustände.

Vor einigen Jahren entwickelten Chemiker Flüssigkeiten, die ihre Viskosität (Zähflüssigkeit) je nach angelegter Spannung verändern können. Wir bezeichnen sie als elektroviskos. Ist keine Spannung vorhanden, so sind sie dünnflüssig. Bei mittlerer Spannung werden sie zähflüssig, und bei einer Spannung von 2000 Volt völlig fest. Die Forscher untersuchen gerade, ob man mit solchen elektroviskosen Flüssigkeiten einfache automatische Kupplungen für Autos herstellen kann.

Flüssigkristalle

Als Flüssigkristalle bezeichnen wir bestimmte Stoffe, die sich zum Teil wie →Flüssigkeiten und zum Teil wie →Festkörper verhalten. Die →Moleküle der Flüssigkristalle vereinigen sich zu winzigen Kristallen, doch verhalten sich diese wie die Moleküle einer Flüssigkeit. Die ersten Flüssigkristalle beobachtete F. R. Reinitzer im Jahr 1888. Siebzig Jahre lang blieben sie eine Kuriosität. Doch dann erkannte man ihren Nutzen, und seit ungefähr zwanzig Jahren gibt es die Flüssigkristallanzeige, die abgekürzt auch LCD („Liquid Crystal Display") genannt wird. Flüssigkristalle drehen die Schwingungsebene des Lichtes um 90°. Wenn jedoch Strom durch sie hindurchfließt, verlieren sie diese Eigenschaft. Mit Hilfe von zwei →Polarisationsfiltern, die nur Licht einer Schwingungsebene hindurchlassen, kann man mit Flüssigkristallen beispielsweise Zahlen darstellen.

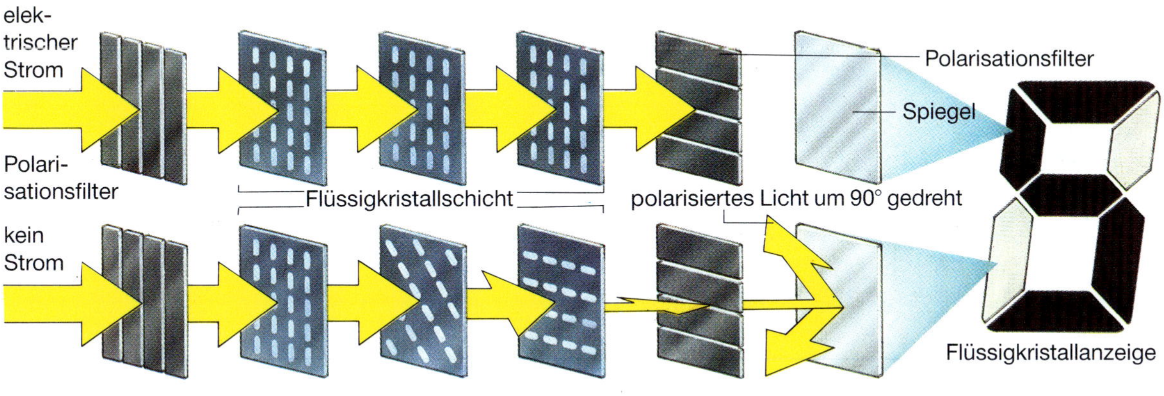

△ Die Flüssigkristallanzeige (LCD) besteht aus zwei Polarisationsfiltern, die senkrecht zueinander stehen. Sie lassen kein Licht hindurchtreten. Fließt kein elektrischer Strom, so drehen die Flüssigkristalle zwischen den beiden Filtern das Licht um 90°, so daß es nicht verschluckt und zurückgeworfen wird. Unter Spannung drehen die Flüssigkristalle das Licht nicht, und der entsprechende Abschnitt der LCD wird schwarz. Auf diese Weise kann man Buchstaben, Ziffern und Bilder darstellen.

Fortpflanzung

Die Fortpflanzung ist eines der kennzeichnenden Merkmale aller Lebewesen. Es gibt kein Lebewesen, das sich nicht fortpflanzt. Arten, die sich nicht mehr fortpflanzen können, sterben aus.
Es gibt zwei Arten der Fortpflanzung. Bei der ungeschlechtlichen Fortpflanzung sind keine Geschlechtsorgane beteiligt. Ungeschlechtlich vermehren sich besonders Pflanzen. Wenn Kartoffeln Knollen, Erdbeeren Ausläufer und Lilien Zwiebeln bilden, so pflanzen sie sich damit ungeschlechtlich fort. Einzeller brauchen sich nur zu teilen. Auch die Korallenstöcke

△ Als Boviste bezeichnen wir die Fruchtkörper bestimmter Pilze. Wenn wir sie berühren, stoßen sie eine Sporenwolke aus. Mit diesen Sporen vermehren sich die Pilze auf ungeschlechtlichem Weg. Sie kennen aber auch eine geschlechtliche Fortpflanzung und somit einen Generationswechsel.

Torf Erste Stufe auf dem Weg zur Kohle. Entsteht heute noch aus Moosen. Sehr geringer Heizwert.
Braunkohle Minderwertige, wasserhaltige, bräunliche Kohle mit mittlerem Heizwert.
Steinkohle Hochwertige schwarze Kohle, die sich oft fettig anfühlt.
Anthrazit Höchstwertige Kohle, aus fast reinem Kohlenstoff bestehend, gasarm.
Holzkohle Wird durch Verschwelung aus Holz gewonnen. Findet vor allem als Grillkohle Verwendung. Kein fossiler Brennstoff.

mit ihren zahlreichen Einzeltieren sind durch ungeschlechtliche Fortpflanzung entstanden. In einem strengen Sinne kann sich sogar der Mensch ungeschlechtlich fortpflanzen, wenn auch nur in einer ganz besonderen Situation: Eineiige Zwillinge entstehen dann, wenn sich ein bereits befruchtetes Ei teilt und wenn jede dieser beiden Tochterzellen sich unabhängig voneinander zu einem Kind entwickelt.
Bei der geschlechtlichen Fortpflanzung sind Geschlechtsorgane beteiligt. Hier gibt es zwei Möglichkeiten: Zweigeschlechtlich nennen wir die Fortpflanzung dann, wenn eine Samenzelle eine →Eizelle befruchtet. Bei der eingeschlechtlichen Fortpflanzung oder Jungfernzeugung entwickeln sich Eizellen ohne Befruchtung; sie ist zum Beispiel bei Blattläusen verbreitet. Manche Lebewesen wechseln zwischen geschlechtlicher und ungeschlechtlicher Fortpflanzung. Wir sprechen dann von einem Generationswechsel.

fossile Brennstoffe

Wir bezeichnen →Kohle, →Erdöl und →Erdgas zusammenfassend als fossile Brennstoffe. Sie entstanden nämlich vor vielen Jahrmillionen aus den Überresten (→Fossilien) von Pflanzen und Tieren. Im Laufe der Zeit wurden sie in →Kohlenwasserstoffe oder in fast reinen →Kohlenstoff (Steinkohle) umgewandelt.
Fossile Brennstoffe sind die bei weitem wichtigsten Energieträger. Obwohl ihre Lagerstätten noch sehr groß sind, werden sie eines Tages unweigerlich zur Neige gehen. Dann müssen die Menschen die fossilen Brennstoffe durch erneuerbare Energien ersetzen. Wenn wir fossile Brennstoffe verbrennen, entstehen viele schädliche Abgase, vor allem →Schwefeldioxid und das Gas →Kohlendioxid (→Treibhauseffekt).

▽ Braunkohle liegt nahe der Erdoberfläche, Steinkohle in Flözen im Erdinneren.

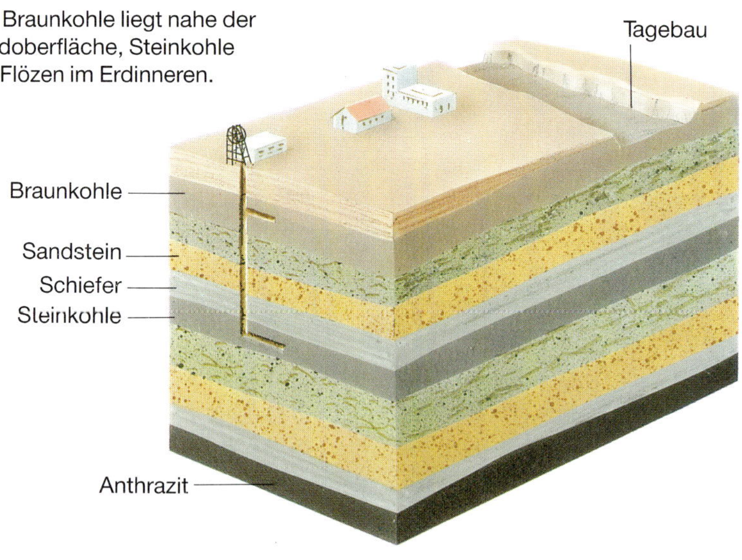

◁ Wissenschaftler meißeln mit größter Sorgfalt den riesigen fossilen Knochen eines Dinosauriers frei.

▽ Fossilien bilden sich vor allem dann, wenn tote Tiere und Pflanzen von einer Sandschicht bedeckt werden, die später zu einem Gestein erhärtet. **1.** Das Tier stirbt ab, und sein Körper sinkt auf den Meeresboden. **2.** Die Weichteile des Körpers werden gefressen oder verfaulen. Zurück bleiben die Knochen des Skeletts. Diese werden von Schlamm und Sand bedeckt, die am Ende zu einem Gestein erhärten. **3.** Nach vielen Jahrmillionen hebt sich der ehemalige Meeresboden und wird trocken. Durch Abtragung werden die fossilen Knochen mit der Zeit freigelegt.

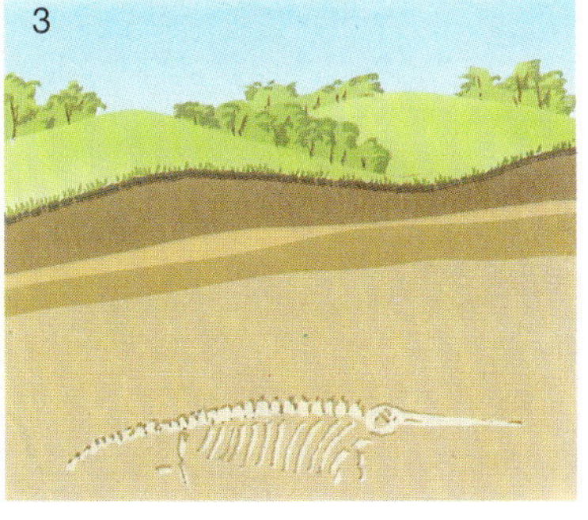

Fossilien

Fossilien sind Spuren, die längst ausgestorbene Lebewesen in Gesteinen hinterlassen haben. Dazu gehören zum Beispiel die Trittspuren von Dinosauriern, die Abdrücke von Farnwedeln, die Schalen von Muscheln und die Knochen von Wirbeltieren.

Wenn zum Beispiel eine Muschel im Meer stirbt, sinkt sie auf den Meeresboden ab. Ihre Weichteile zerfallen innerhalb kurzer Zeit oder werden von anderen Tieren gefressen. Die Schale aber wird im →Sediment eingebettet. Immer mehr Sedimentschichten lagern sich darüber ab, und schließlich verhärtet sich der Sand oder Schlick zu Gestein. Die ›Mineralien in der Muschelschale bleiben dieselben oder werden im Laufe der Zeit durch andere ersetzt. Die typische Form der Muschel bleibt somit über Jahrmillionen hin erhalten. So wird aus einer Muschelschale ein Fossil.

Die Wissenschaft von den ausgestorbenen Tier- und Pflanzenarten und damit von den Fossilien heißt →Paläontologie.

Fotografie und Fotoapparat

Bei der Fotografie fällt Licht auf lichtempfindliche Schichten von →Filmen und bewirkt dort dauerhafte Änderungen. Ein Bild entsteht also durch chemische Vorgänge. Zum Fotografieren braucht man einen Film und einen Fotoapparat, auch Kamera genannt. Allen Kameras ist gemeinsam, daß Licht durch ein Objektiv eintritt und auf den Film fällt. Damit von nahen und fernen Gegenständen scharfe Bilder entstehen, muß man das Objektiv so verschieben können, daß der Brennpunkt der Lichtstrahlen immer auf dem Film liegt. Wir nennen dies Entfernungseinstellung.

Die ersten Kameras waren noch groß und unhandlich. Anstelle von Filmen arbeitete man mit beschichteten Glasplatten. Wenn der Fotograf eine Aufnahme machen wollte, nahm

Fotografie und Fotoapparat

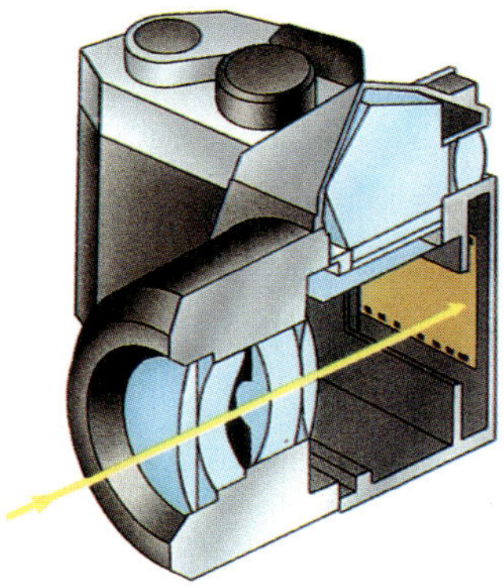

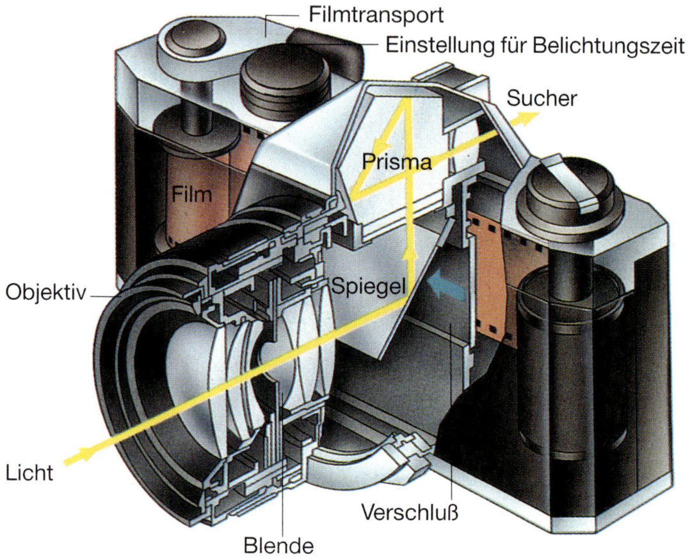

△ ▷ Bei einer Spiegelreflexkamera fällt das Licht durch das Objektiv und durch die Blende. Diese kann verstellt werden und sorgt dafür, daß gerade die richtige Lichtmenge einfällt. Ein Spiegel und ein Prisma lenken das Licht so um, daß das Bild in einem Sucher erscheint. Beim Auslösen klappt der Spiegel nach oben.

er eine Kappe von der Linse ab und belichtete die Platte ungefähr 30 Sekunden lang. Die porträtierten Menschen mußten in dieser Zeit völlig still sitzen. Um 1898 erschienen die ersten Rollfilme. Sie waren viel lichtempfindlicher, so daß die Belichtungszeit auf Bruchteile einer Sekunde schrumpfte. Der Fotograf mußte auch nicht mehr eine Kappe von der Linse abnehmen. Statt dessen gab es einen Verschluß, mit dem man die Belichtungszeiten einstellen konnte. Auch die Objektive wurden komplizierter. Sie erhielten zum Beispiel eine Blende, die den Lichteinfall regelt. So entstand im Lauf der Zeit die Spiegelreflexkamera. Bis um 1960 mußte man bei den Spiegelreflexkameras die Entfernung, die Belichtungszeit und die Blende von Hand einstellen, und das war nicht ganz einfach. Die Belichtungszeit gibt an, wie lange der Film dem Licht ausgesetzt wird. Ist es draußen hell, ist nur eine kurze Belichtungszeit von 1/125 bis 1/1000 Sekunde nötig. Bei wenig Licht muß man länger belichten, zum Beispiel 1/15 Sekunde.
Die Blende hat ungefähr dieselbe Aufgabe wie die Pupille in unserem →Auge. Sie regelt wie die Belichtungszeit die einfallende Lichtmenge, allerdings auf einem ganz anderen Weg. Öffnen wir die Blende, so fällt viel Licht ein. Schließen wir sie, so kommt wenig Licht durch. Die Blendeneinstellung bezeichnen wir mit Zahlen, zum Beispiel 4 oder 5,6 oder 8. Wenn wir die Blendenzahl um eine Stufe erhöhen, fällt um die Hälfte weniger Licht ein.
Belichtungszeit und Blendeneinstellung hängen miteinander zusammen. Schließen wir die Blende um eine Stufe und verlängern wir die Belichtungszeit um das Doppelte, so bleibt die Lichtmenge dieselbe. Nur die beiden Bilder werden nicht

Mach es selbst

Wir malen eine Schachtel und ihren Deckel innen schwarz an. An der Seite schneiden wir ein Viereck aus und kleben Pauspapier darüber. Es dient uns als „Film“. Auf der gegenüberliegenden Seite bohren wir ein kleines

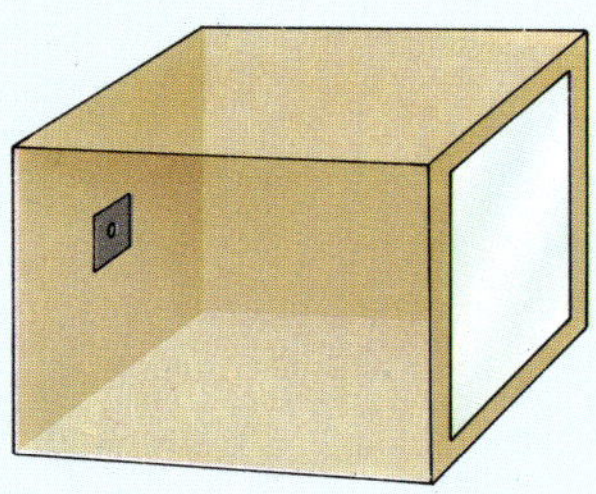

Loch, das „Objektiv“. Wir richten es auf einen gut beleuchteten Gegenstand. Auf dem „Film“ erscheint ein kopfstehendes Bild des Gegenstandes.

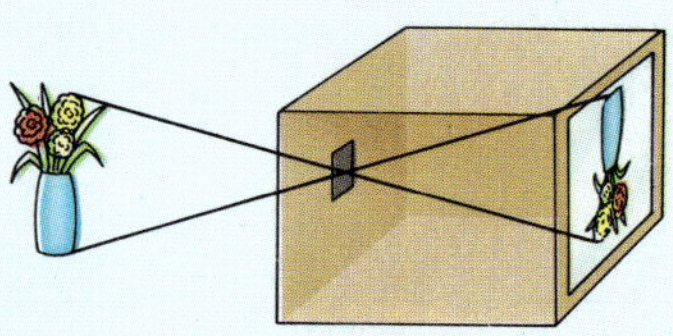

gleich aussehen: Je weiter die Blende geöffnet ist, desto geringer wird nämlich die Schärfentiefe. Hat man bei Blende 4 das Objektiv auf eine Entfernung von 10 Metern scharf eingestellt, so ist das Bild in einem Bereich von etwa 6 bis 20 Metern scharf. Stellen wir jedoch die Blende 16 ein, so ist das Bild von 2,5 Metern bis unendlich scharf.
Belichtungszeit und Blendenöffnung können wir von einem →Belichtungsmesser ablesen. Von Hand stellt heute fast niemand mehr die Werte ein, weil alle Kameras einen Belichtungsmesser eingebaut haben und die entsprechenden Werte automatisch einstellen (Belichtungsautomatik). Fotografieren ist heute eine ziemlich einfache Sache geworden. Die größte Neuigkeit auf diesem Gebiet ist die Foto-CD (→Compact Disc). Auf ihr kann man die Informationen von 150 Fotos →digital speichern.

Die ersten Fotografien heißen Daguerreotypien. Das entsprechende Verfahren entwickelte 1839 der französische Maler Louis Daguerre. Er verwendete Kupferplatten, die er mit Ioddämpfen beschichtete. Solche Daguerreotypien sind heute viel Geld wert.

Fotokopierer

Fotokopierer stellen Kopien von Dokumenten und Büchern her. Die meisten Modelle arbeiten mit Hilfe der Xerographie, die Chester Carlson in den USA 1937 entwickelte. Im Innern des Apparats befindet sich eine Metalltrommel, die statisch aufgeladen wird. Man legt die Seite, die man kopieren will, auf eine Glasscheibe. Eine starke Lampe beleuchtet sie, und über ein Objektiv wird das Bild auf die Trommel geworfen. Wo nun Licht auf die Trommel auftrifft, fließt die elektrische Ladung ab. Die Trommel enthält somit ein Bild der Seite in Form statischer Elektrizität. Nun wird ein Farbpuder (Toner) auf die Trommel gesprüht. Nur elektrisch aufgeladene Stellen nehmen den Toner an. Dann wird ein Stück Papier auf die Trommel gepreßt. Der Farbpuder geht auf das Papier über und wird durch Hitze angeschmolzen, so daß er sich nicht mehr vom Papier trennt.

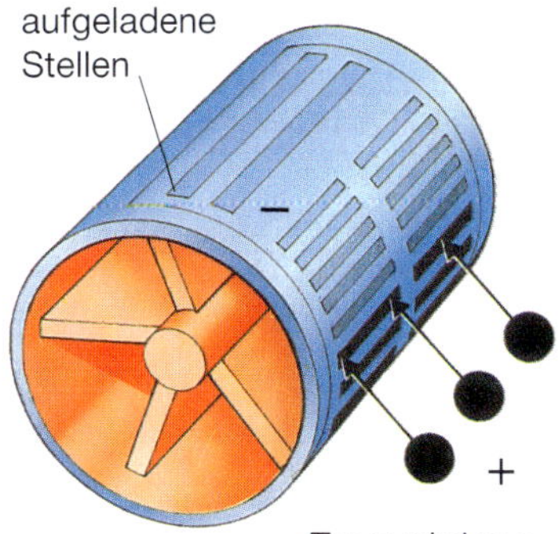

△ ▽ Die Fotokopierer enthalten eine statisch aufgeladene Trommel. Auf sie fällt ein Bild von der Vorlage. Die beleuchteten Stellen verlieren ihre elektrische Ladung, die unbeleuchteten dagegen nicht. An diesen setzt sich dann der Toner fest, der auf das Papier übertragen wird.

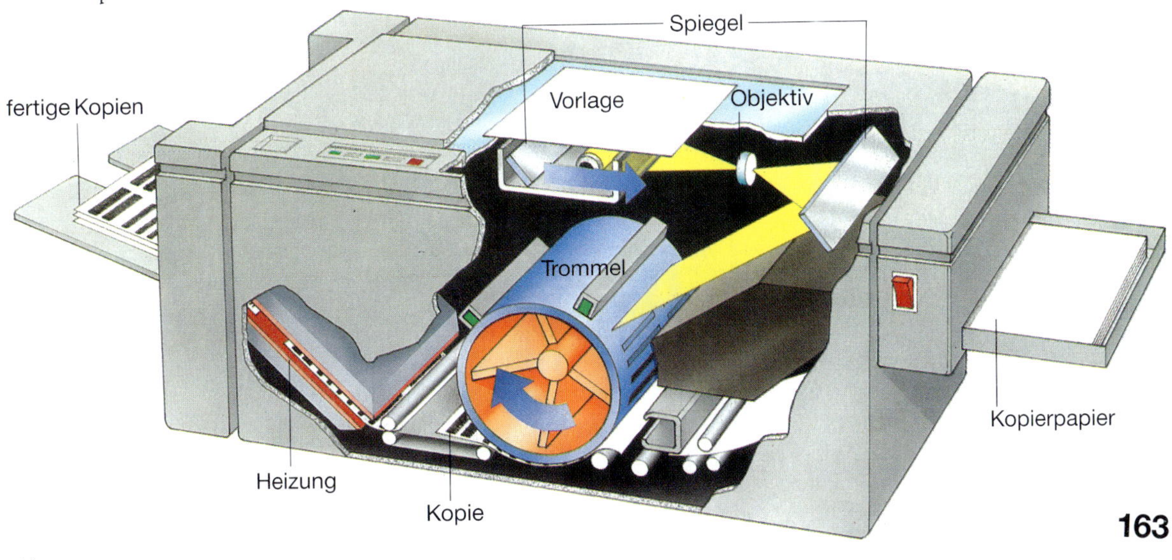

Das Selen ist ein chemisches Element. Wie das Silizium gehört es zu den Halbleitern, die bei Belichtung ihre elektrische Leitfähigkeit verändern. Die Hauptverwendung findet es in Fotozellen (Selenzellen) und Gleichrichtern. Selen ist auch in Knochen und Zähnen enthalten, allerdings nur in Spuren. In größeren Mengen wirkt es giftig.

Fotozelle

Eine Fotozelle erzeugt einen elektrischen Strom, wenn →Licht auf sie fällt. Das Licht bewirkt nämlich, daß →Elektronen die Kathode, also den Minuspol, verlassen. Sie gelangen zur Anode, also zum Pluspol, und dadurch fließt ein Strom.

Fotozellen finden wir zum Beispiel bei automatischen Türen: Unterbricht ein Besucher einen Lichtstrahl, so öffnet sich die Tür. Auch Alarmsysteme zum Schutz vor Einbrechern enthalten oft Fotozellen. Auch sie geben Alarm, wenn der Lichtstrahl zwischen einer Lichtquelle und der Fotozelle unterbrochen wird.

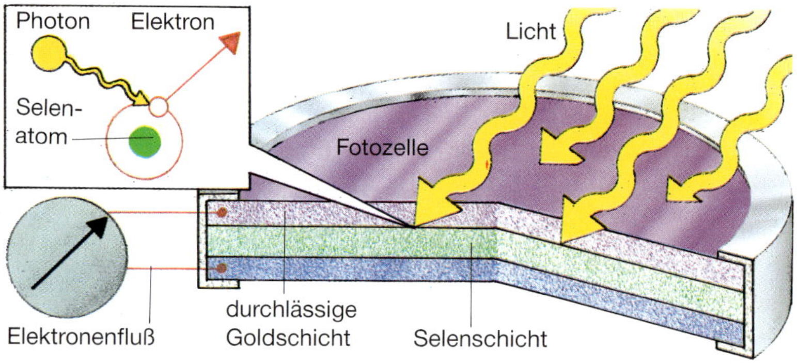

▷ Sehr viele Fotozellen enthalten den Halbleiter Selen. Dieses chemische Element gibt Elektronen ab, wenn Lichtstrahlen oder Lichtteilchen (Photonen) auftreffen. Den Elektronenfluß messen wir als elektrischen Strom.

Frequenz

Die Frequenz gibt an, wie oft sich ein gleichartiger Vorgang, zum Beispiel eine Schwingung, wiederholt. Vor allem bei →Wellen spricht man von der Frequenz. Die Maßeinheit (→SI-Einheiten) der Frequenz ist das Hertz (Hz). Ein Hertz entspricht einer Schwingung pro Sekunde.

Wir nutzen →elektromagnetische Wellen mit ganz unterschiedlichen Frequenzen. Radiowellen haben Frequenzen von ein paar hunderttausend Hertz bis ein paar Millionen Hertz. Die Frequenzen der →Lichtstrahlen liegen bei mehreren hundert Billionen Hertz. Schallwellen schwingen viel langsamer. Wir Menschen können Schallwellen mit Frequenzen zwischen 50 und 20 000 Hertz hören.

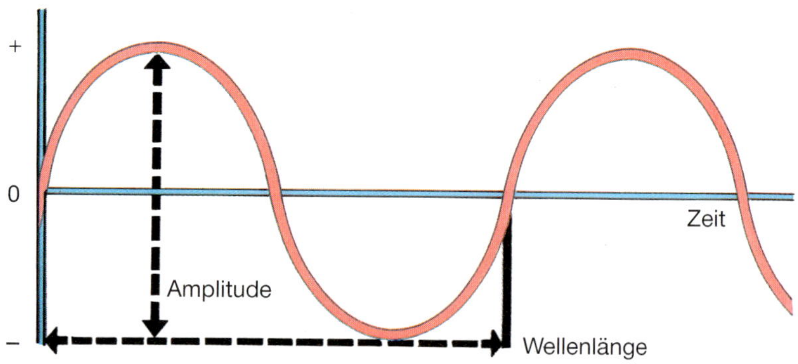

▷ Die Frequenz oder Höhe eines Tons wird von der Anzahl der Schwingungen pro Sekunde bestimmt. Je höher die Frequenz, desto höher auch der Ton. Die Schwingungsweite oder Amplitude dagegen sagt uns, wie laut ein Ton ist.

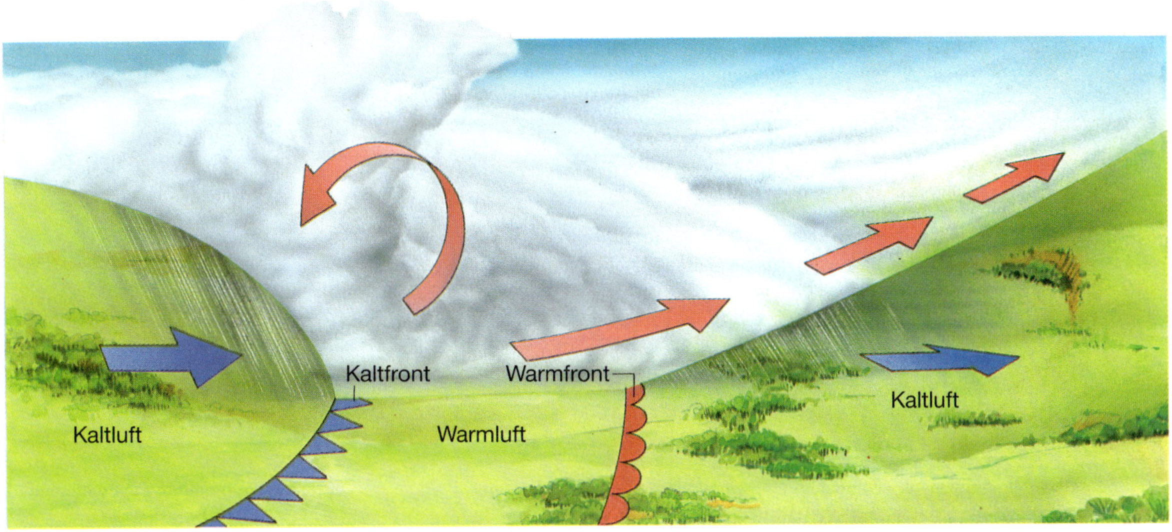

△ Warmluft ist zwischen zwei Kaltluftmassen eingeschlossen.

Frequenz und →Wellenlänge hängen zusammen: Miteinander multipliziert ergeben sie die Fortpflanzungsgeschwindigkeit der Schwingung. Je höher die Frequenz einer elektromagnetischen Welle, desto kürzer ist ihre Wellenlänge.

Front

Bei einer Wetterfront treffen Luftmassen mit unterschiedlicher →Temperatur und unterschiedlichem →Druck aufeinander. Die Unterschiede im →Luftdruck äußern sich dadurch, daß sich Windgeschwindigkeiten und Windrichtungen sehr schnell ändern können. Wir sprechen dabei von Turbulenzen. Es gibt drei Arten von Wetterfronten. Bei einer Warmfront trifft warme Luft auf Kaltluft und gleitet über sie schräg nach oben weg. Wenn eine Warmfront vorbeizieht, steigt die Lufttemperatur an, der Druck fällt ab, die Niederschläge lassen nach, und der Wind dreht auf West. Bei einer Kaltfront geht es unruhiger zu: Kaltluft trifft auf Warmluft und gleitet unter ihr hindurch. Die Temperatur fällt, und meistens folgt ein recht heftiger Niederschlag. Der Wind dreht auf Nordwest. Bei einer Okklusion vermischen und verwirbeln sich kalte und warme Luftmassen.

Frostschutz

Frostschutzmittel verhindern das Gefrieren einer Flüssigkeit, indem sie ihren →Gefrierpunkt senken. Die häufigsten Frostschutzmittel für Wasser sind Alkohol, Ethandiol (Ethylenglykol) und Salz. Die meisten Motoren werden mit Wasser gekühlt. Dieses Kühlerwasser gefriert aber bei 0 °C und kann dabei den ganzen Motorblock sprengen. Deswegen muß man dem Kühlwasser ein Frostschutzmittel zufügen, damit der Motor die bei uns üblichen Minusgrade im Winter aushält.

Mach es selbst

Wir lassen einen Eiswürfel in einem Wassergefäß schwimmen und legen ein Zündholz darüber. Dann streuen wir links und rechts Kochsalz auf das Eis. Dieses Salz bewirkt, daß das Eis auf beiden Seiten des Streichholzes schmilzt. Salzwasser gefriert nämlich bei niedrigeren Temperaturen als gewöhnliches Wasser. Da kein Salz unter dem Streichholz liegt, friert dieses fest. Mit Kochsalz bekämpfen wir auch Glatteis auf den Straßen, obwohl die Umwelt darunter leidet.

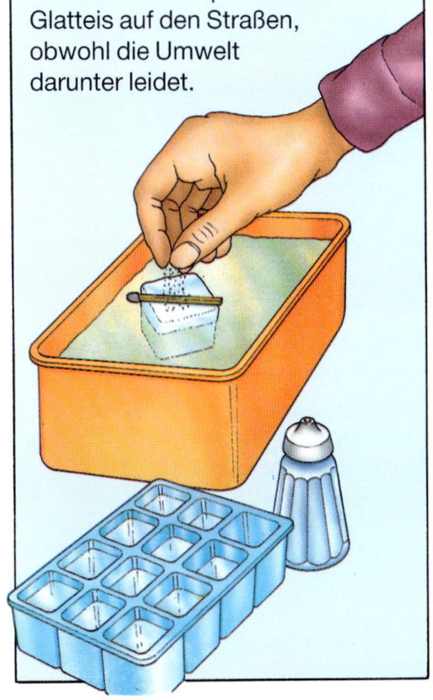

Früchte

Reife Früchte können entweder trocken oder saftig sein. Die Mohnkapsel und die Hülsenfrucht der Bohne sind Trockenfrüchte mit mehreren oder sehr vielen Samen. Sie öffnen sich bei der Reife und entlassen die Samen ins Freie. Die Eichel ist eine einzelne Trockenfrucht mit nur einem Samen. Ihre Schale geht nicht auf. Wenn die junge Pflanze auskeimt, bahnt sie sich einfach einen Weg durch die Fruchtwände. Die Tomate und der Kürbis gehören zu den Beeren. Beeren sind saftige Früchte mit mehreren Samen. Die Kirsche ist wie die Aprikose und der Pfirsich eine Steinfrucht, weil die innerste steinharte Fruchtwand den Samen schützt. Der Botaniker bezeichnet die Brombeere als Sammelsteinfrucht, denn jedes Teilfrüchtchen enthält einen winzigen „Stein". Äpfel und Birnen bilden Kernfrüchte; sie sind außen saftig und enthalten ein papierartiges Kerngehäuse mit den Samen. Viele saftige Früchte, die wir essen, wurden im Lauf der Zeit durch Züchtung vergrößert und dadurch schmackhaft. Wilde Holzäpfel zum Beispiel sind klein, hart und fast ungenießbar. Auch manche Gemüsesorten sind Früchte.

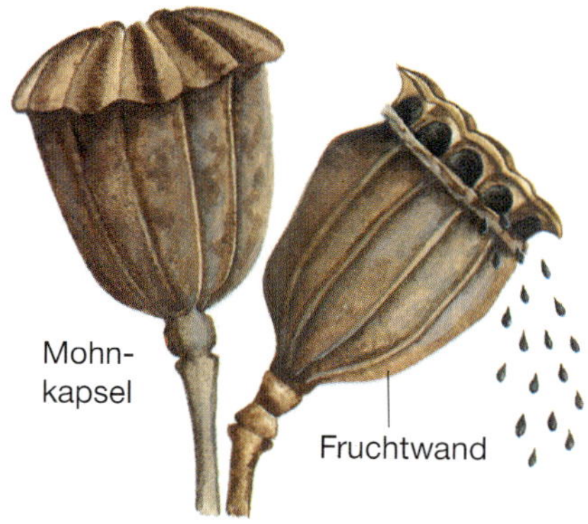

△ Die Mohnsamen entwickeln sich im Inneren der trockenen Kapselfrüchte.

▽ Einige Früchte, darunter die Bohnen, springen auf, wenn sie ganz reif sind, und schleudern ihre Samen weg. Die meisten Pflanzen benutzen Tiere oder den Wind zur Samenverbreitung. Ahornfrüchte fallen im Spiralflug auf den Boden und können von Winden weit verfrachtet werden. Tiere fressen viele Früchte und geben die Samen unversehrt mit dem Kot wieder ab.

Entwicklung der Tomate

Tomaten sind, botanisch gesehen, typische Beeren. Zu den Beeren gehören auch die Orangen, die Bananen, die Melonen, die Gurken und die Weintrauben. Himbeeren und Brombeeren bezeichnet der Botaniker jedoch als Sammelfrüchte. Die Tomaten entwickeln sich aus kleinen, gelblichen Blüten. Nach der Bestäubung bilden sich die Samen im Innern des Fruchtknotens. Dieser vergrößert sich stark und wird schließlich zur fleischigen Beere. Die gesamte Entwicklung der Frucht dauert 40 bis 75 Tage.

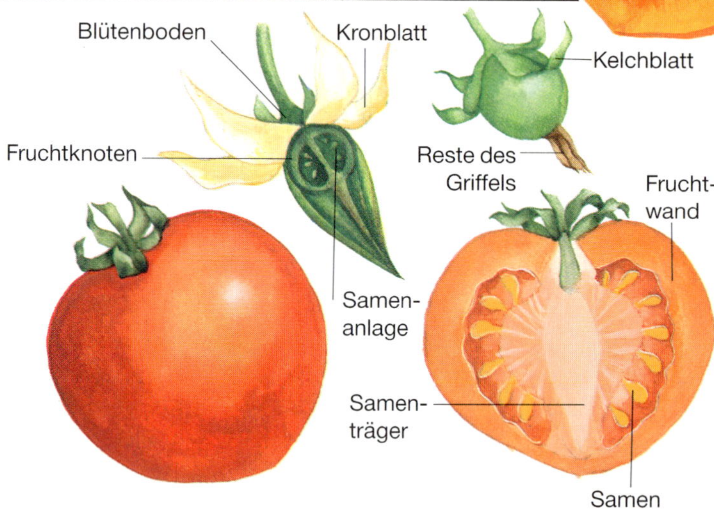

Weitere Arten von Früchten

Balg Besteht aus einem einzigen Fruchtblatt und öffnet sich an der Naht. Der Rittersporn hat Balgfrüchte.

Hülse Besteht ebenfalls aus einem einzigen Fruchtblatt, öffnet sich aber längs der Mittelrippe und an den Rändern. Die Bohne hat Hülsen.

Schote Besteht aus zwei Fruchtblättern und öffnet sich an zwei Nähten.

▽ Die Eichel gehört zu den Trockenfrüchten und ist eine Nuß. Der Kürbis gehört zu den Beeren.

▽ Bananen sind merkwürdig geformte Beeren. Wilde Bananen enthalten noch Samen. Die angebauten Bananen dagegen, die wir essen, sind unfruchtbare Kreuzungen, die keine Samen hervorbringen.

Banane

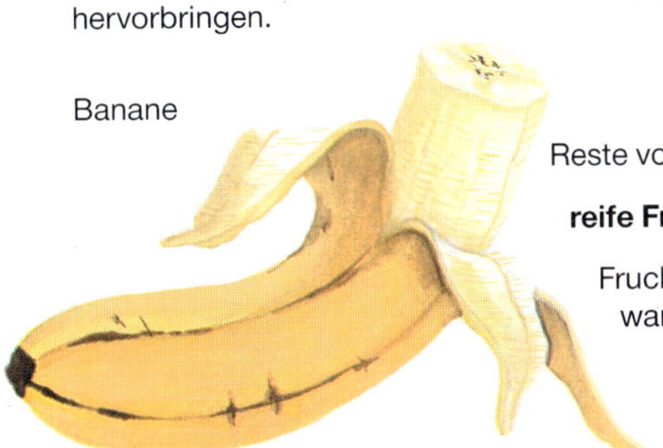

△ Die Seychellenpalme entwickelt die größten Früchte des ganzen Pflanzenreichs.

▽ Die Fruchtknoten entwickeln sich zur Frucht. Äpfel und Birnen bringen Kernfrüchte hervor.

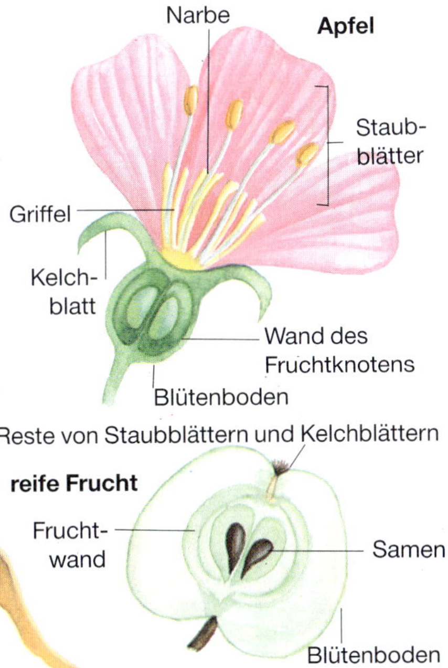

Mach es selbst

Wir halbieren einen Apfel und schauen uns genau an, wie er aufgebaut ist. Äpfel haben eine fleischige Außenschicht und ein pergamentartiges Kerngehäuse mit Samen. Wir vergleichen den Apfel mit anderen Früchten, zum Beispiel dem Pfirsich.

Siehe auch →Befruchtung; →Bestäubung; →Botanik; →Ei; →Fortpflanzung; →Kreuzung; →Pollen; →Samen; →Wachstum; →Zellteilung; →Züchtung.

G g

▷ Spiralförmige Galaxien oder Spiralnebel setzen sich aus alten Sternen, neuen Sternen, Gas und Staub zusammen.

Galaxie

Im →Weltall kommen →Sterne nicht einzeln vor, sondern in großen unabhängigen Gruppen oder Sternsystemen, den Galaxien. Diese entstanden kurz nach dem →Urknall vor ungefähr 15 Milliarden Jahren. Am Anfang waren die Galaxien nur riesenhafte Gaswolken, die zur Hauptsache aus →Wasserstoff bestanden. Dann bewirkte die →Schwerkraft, daß sie sich verdichteten und einzelne Sterne entstanden.
Diese ersten Sterne sind heute längst ausgekühlt und glühen nicht mehr. Doch im Inneren der meisten Galaxien entstehen immer noch neue Sterne. Die Erde gehört zur Galaxie der →Milchstraße. Auch hier gibt es noch riesige Wolken aus Wasserstoff und festen Teilchen wie Kohlenstoff, die sich eines Tages zu Sternen entwickeln werden.
Unter den Galaxien gibt es „Zwerge“ mit vielleicht einer Million Sternen und auch „Überriesen“, die wohl über eine Billion Sterne enthalten. Die Milchstraße nimmt mit 100 Milliarden Sternen eine Mittelstellung ein.
Galaxien selbst treten wieder in Galaxienhaufen auf. Darüber hinaus gibt es auch noch Superhaufen. Galaxien entfernen sich mit der →Expansion des Weltalls voneinander.

▽ Dem bloßen Auge erscheinen Galaxien wie Nebel. Man spricht deswegen auch von Spiralnebeln oder elliptischen Nebeln. Unsere Milchstraße hat spiralig angeordnete Arme. In 225 Millionen Jahren dreht sie sich einmal um ihre Achse. Es gibt noch weitere Formen von Galaxien.

unregelmäßige Galaxie

elliptischer Nebel

Spiralnebel

Balkenspirale

Galvanisierung

Bei der Galvanisierung werden Gegenstände mit einer Metallschicht überzogen. Dies geschieht mit Hilfe des elektrischen Stroms. Will man zum Beispiel Eisen oder Stahlblech verzinken, also mit einer Zinkschicht versehen, so braucht man dazu die Lösung eines Zinksalzes, etwa von Zinksulfat. Man taucht zwei Elektroden hinein, eine positive Anode und eine negative Kathode. Das Stück, das verzinkt werden soll, wird ebenfalls in die Lösung getaucht und mit der Kathode verbunden. Wenn nun ein Strom durch die Lösung fließt, lagern sich →Ionen des Zinks aus der Lösung über der Kathode und dem damit verbundenen Eisenblech ab. Diesen Vorgang nennen wir →Elektrolyse. Die Dicke der Zinkschicht hängt davon ab, wie lange das Werkstück der Elektrolyse ausgesetzt ist. Mit entsprechenden Verfahren kann man auch Gegenstände vernickeln, verchromen, versilbern oder vergolden.

Mach es selbst

Wir bringen zwei alte Löffel aus Metall in eine Lösung aus Kupfersulfat (Apotheke). Mit einem Draht verbinden wir sie mit den beiden Polen einer Batterie. Der Löffel, der mit dem Minuspol verbunden ist, stellt die Kathode dar, der Löffel am Pluspol die Anode. Mit der Zeit bildet sich auf der Kathode ein Überzug aus Kupfer. Der elektrische Strom bewirkt nämlich, daß sich die Ionen dort in Form reinen Metalls niederschlagen.

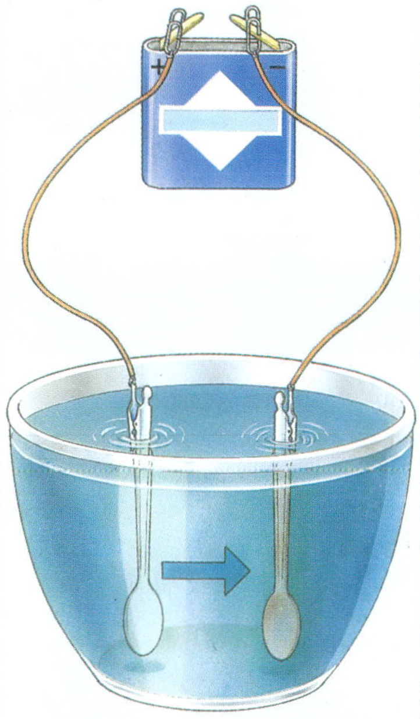

Gärung

Gärungen finden unter Luftabschluß und somit ohne →Sauerstoff statt. Stets sind →Mikroorganismen wie Bakterien oder →Hefen daran beteiligt. Die Gärung ist ihre Art des →Stoffwechsels. Am bekanntesten ist die alkoholische Gärung, mit der man Bier oder Wein herstellt. Hefen bauen den Zucker des Malzes oder der Trauben zu →Alkohol und zum Gas →Kohlendioxid ab. Dieses entweicht aus dem Gärbehälter und bewirkt, daß die Flüssigkeit „schäumt". Ebenso wichtig ist die Milchsäuregärung. Bestimmte Bakterien wandeln Zukker in die mild schmeckende →Milchsäure um. Durch Milchsäuregärung wird zum Beispiel aus Milch Joghurt. Auch Sauerkraut und Silofutter für das Hausrind entstehen auf diese Weise. Wenn der Brotteig aufgeht, entwickelt sich in seinem Inneren Kohlendioxid. Durch die Bäckerhefe finden eine alko-

◁ Wenn beim Bierbrauen die Hefe aufsteigt und oben schwimmt, entsteht obergäriges Bier. Dazu gehören vor allem das Weißbier aus Bayern und das rheinische Altbier.

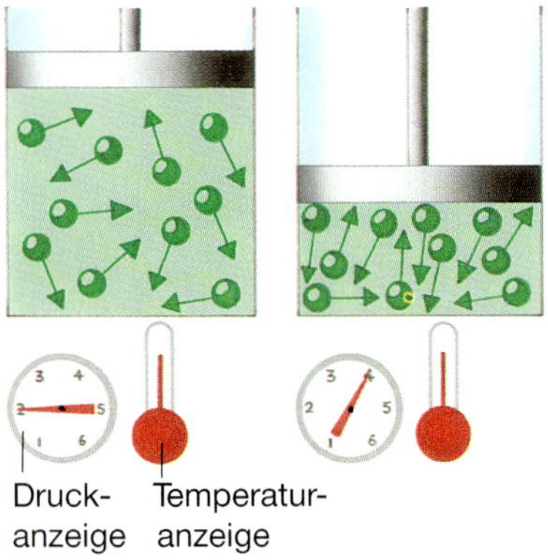

△ Der Gasdruck verdoppelt sich, wenn der Rauminhalt (Volumen) des Behälters halbiert wird und die Temperatur konstant bleibt.

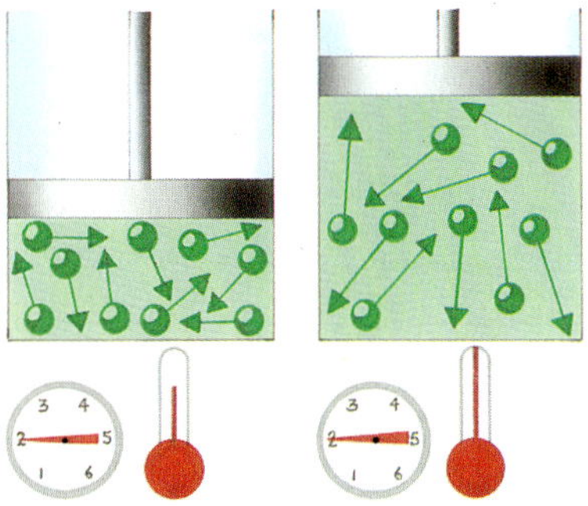

△ Der Gasdruck bleibt derselbe, wenn sich die Temperatur und der Rauminhalt verdoppeln. Durch die Temperaturerhöhung bewegen sich die Moleküle schneller, haben aber auch mehr Platz zur Verfügung.

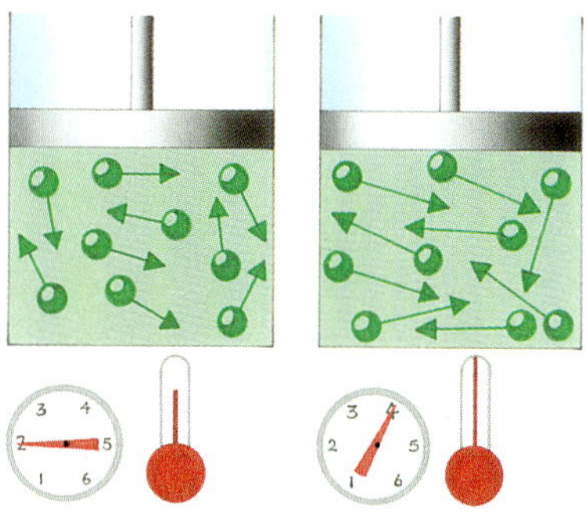

△ Der Gasdruck verdoppelt sich, wenn das Volumen gleich bleibt und sich die Temperatur verdoppelt. Die Temperaturerhöhung bewirkt, daß sich die Moleküle im selben Volumen schneller bewegen.

holische Gärung und auch eine Milchsäuregärung statt. Der Alkohol entweicht beim Backen und wird von Großbäckereien aus der Abluft gewonnen und an die Industrie verkauft. Der Emmentaler ist erst dann reif, wenn Bakterien eine sogenannte Propionsäure-Gärung durchgeführt haben. Entweichendes Kohlendioxid bildet dabei die Löcher im Käse.
Es gibt auch Gärungen, die Schaden anrichten. Die Buttersäuregärung beispielsweise kann Käse, Silofutter und Kartoffeln ungenießbar machen.

Gas

Das Gas ist einer der drei →Aggregatzustände. Die →Atome oder →Moleküle eines Gases können sich frei bewegen und haben untereinander, im Gegensatz zum →Festkörper und zur →Flüssigkeit, keinen Zusammenhalt mehr. Ein Gas dehnt sich immer aus und füllt seinen Behälter. Gase haben keinen bestimmten Rauminhalt, denn wenn man sie aus ihrem Behälter entläßt, dehnen sie sich sofort immer weiter aus. Wenn sich die Atome oder Moleküle eines Gases regellos durcheinander bewegen, stoßen sie immer wieder an die Wände ihres Behälters. Dadurch üben sie einen →Druck auf ihn aus.
Wenn wir dieselbe Gasmenge in einem halb so großen Behälter unterbringen, so verdoppelt sich der Druck, sofern sich die Temperatur nicht ändert. Wird ein Gas erwärmt, so bewegen sich seine Atome oder Moleküle schneller. Läßt nun der Behälter eine Ausdehnung des Gases nicht zu, so erhöht sich der Druck auf dessen Wände. Wenn man ein Gas weit genug abkühlt, wird es flüssig. Verdichtet man Gase während des Abkühlens, so werden sie bei einer Temperatur oberhalb ihres →Siedepunktes flüssig.
Siehe auch →Erdgas.

△ Die Atome oder Moleküle eines Gases sind weit voneinander entfernt. Sie bewegen sich zufällig und unabhängig voneinander. Gase lassen sich im Gegensatz zu Festkörpern oder Flüssigkeiten zusammendrücken oder ausdehnen.

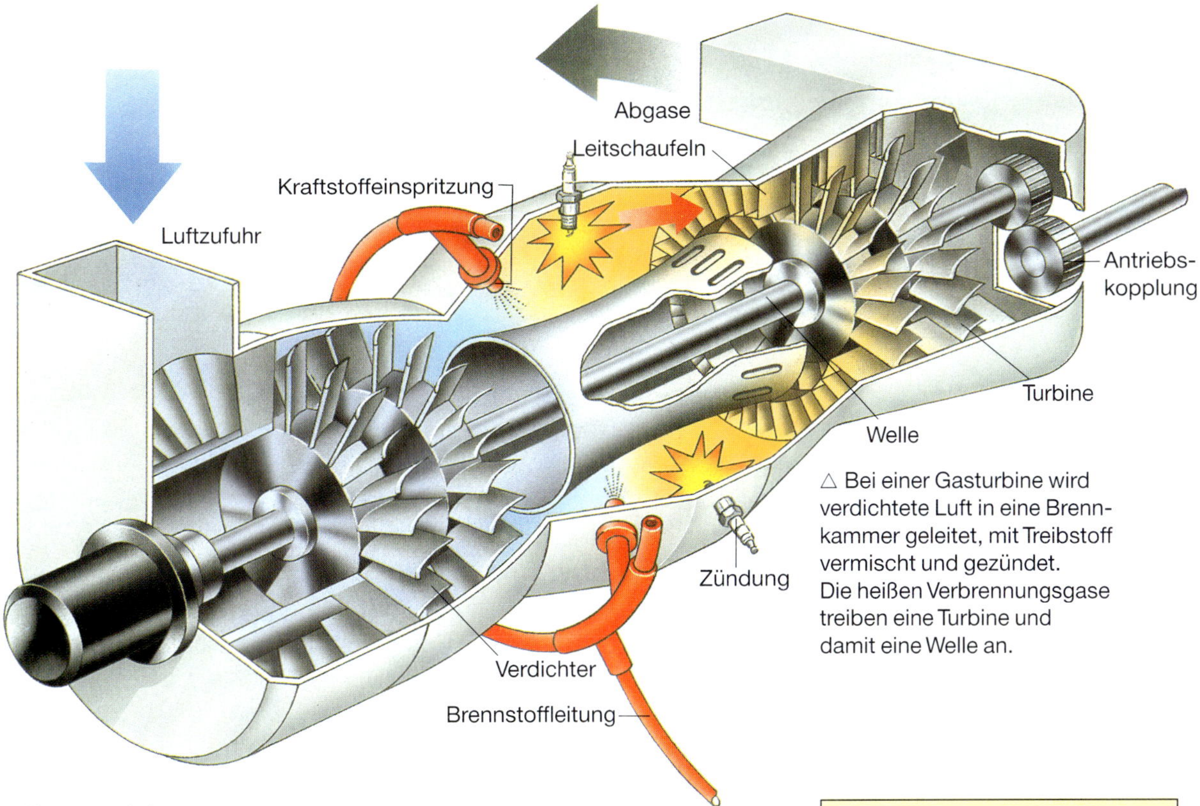

△ Bei einer Gasturbine wird verdichtete Luft in eine Brennkammer geleitet, mit Treibstoff vermischt und gezündet. Die heißen Verbrennungsgase treiben eine Turbine und damit eine Welle an.

Gasturbine

Die Gasturbine verwandelt chemische Energie in Bewegungsenergie, indem sie einen flüssigen Treibstoff verbrennt. Dieser treibt aber im Gegensatz zu den →Verbrennungsmotoren nicht den Kolben in einem Zylinder, sondern eine →Turbine an. Die Gasturbine hat am vorderen Ende einen Verdichter. Dieser saugt Luft an und komprimiert sie. Hinter dem Verdichter wird Treibstoff eingespritzt und nach einer erstmaligen Zündung ständig verbrannt. Die heißen Verbrennungsgase dehnen sich aus und treiben dadurch die eigentliche Turbine an. Mit einem Teil der Energie versetzt man den Verdichter in Drehung. Der andere, größere Teil der Energie kann genutzt werden, zum Beispiel für den Antrieb eines Generators, einer Pumpe oder eines Fahrzeugs. Diese sind mit der Turbine über eine Welle verbunden. Im →Strahltriebwerk fehlt diese Welle, weil die austretenden Gase einen Schub erzeugen sollen.

Gebirge

Die meisten Gebirge entstehen dadurch, daß zwei →Platten der Erdkruste gegeneinander geschoben werden und sich auffalten. Auf diese Weise bildeten sich beispielsweise die Alpen, der Himalaja und die Anden. Jedes Jahr werden diese Gebirgsketten noch um rund einen Zentimeter höher. Sie sind

Joseph Louis Gay-Lussac (1778–1850)

Der französische Chemiker und Physiker Joseph Louis Gay-Lussac (sprich: gelüssak) ist vor allem wegen des Gesetzes bekannt, das nach ihm benannt ist. Es beschreibt die Abhängigkeit zwischen dem Rauminhalt und der absoluten Temperatur einer bestimmten Gasmenge bei gleichbleibendem Druck. Das Gay-Lussacsche Gesetz sagt, daß der Rauminhalt geteilt durch die Temperatur bei konstantem Druck immer den gleichen Wert ergibt. Gay-Lussac zeigte auch, daß sich gasförmige chemische Elemente immer in ganzzahligen Verhältnissen miteinander verbinden. So entsteht Wasser, wenn sich zwei Volumenteile Wasserstoff mit einem Volumenteil Sauerstoff verbinden.

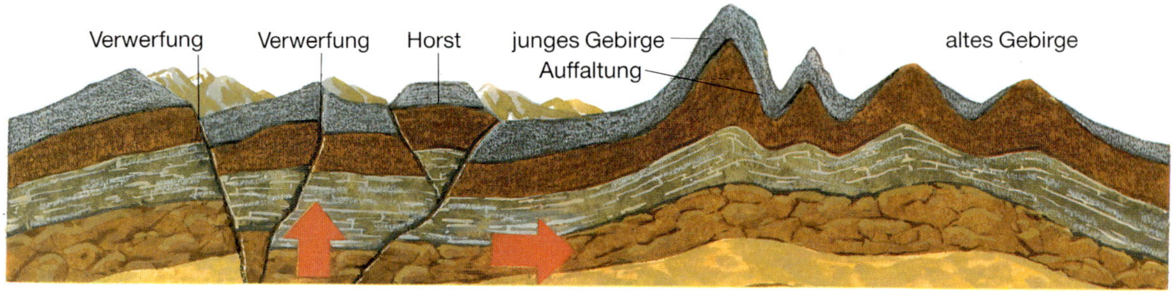

△ Die meisten Gebirge der Erde entstanden durch Auffaltung der Erdkruste. Dabei wurden die Spannungen oft so groß, daß es zu Verwerfungen kam. Junge Gebirge zeigen noch ausgeprägte Bergspitzen, während die Gipfel bei alten Gebirgen schon längst abgetragen sind.

also immer noch im Entstehen begriffen. Deswegen zeigen sie auch noch ausgeprägte Spitzen und Berggipfel. Alte Gebirge wie etwa in Schottland sind schon vor 500 Millionen Jahren entstanden. In der Zwischenzeit haben sie durch →Verwitterung und Abtragung viel an Höhe verloren und sehen deswegen auch abgerundet aus. Viele Gebirge setzen sich aus Gesteinsschichten zusammen, die einst im Meer entstanden. Deswegen kann man auch entsprechende →Fossilien darin finden. Durch den Druck der Platten wurden diese Gesteine oft um Tausende von Metern hochgehoben. Dabei rissen oft die Gesteinsschichten, und es bildeten sich Verwerfungen.

Geburt

Bei der Geburt verläßt das Jungtier oder Baby den Körper der Mutter und beginnt sein selbständiges Leben. Die Geburt ist ein natürlicher, aber nicht einfacher Vorgang. Sie nimmt ihren Anfang, wenn →Hormone im mütterlichen Blut die Muskeln in der Wand der Gebärmutter dazu veranlassen, sich immer stärker zusammenzuziehen. Dabei öffnet sich der Muttermund der Gebärmutter. Die wiederholten Kontraktionen der Muskeln sind ziemlich schmerzhaft und heißen Wehen. Ist der Muttermund so weit geöffnet, daß das Baby hindurchtreten kann, so wird es durch Preßwehen ausgetrieben. Danach werden noch der Mutterkuchen (Plazenta) und die Frucht-

▽ Das Känguruhweibchen bringt ein winziges, zentimetergroßes Jungtier zur Welt, das noch völlig unentwickelt ist. Dennoch muß es durch das mütterliche Fell hindurch den Weg in den Beutel finden. Dort heftet es sich an eine Zitze an und wächst mehrere Monate lang, bis es sich erstmals frei bewegen kann.

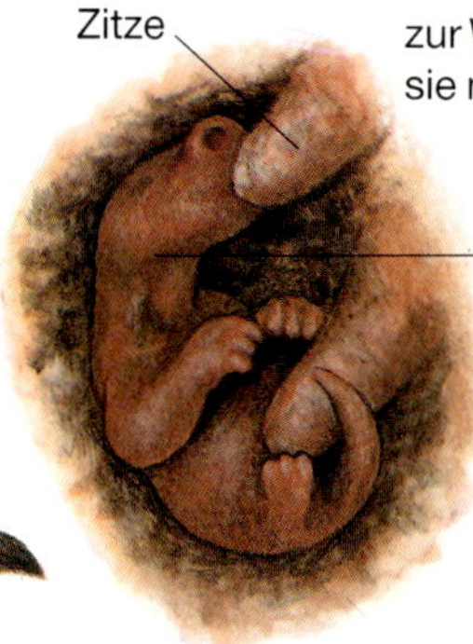

▷ Die neugeborenen Kaninchenjungen sind blind und hilflos und kommen in einem Bau zur Welt. Die Mutter säugt sie nur einmal am Tag.

blase (Eihäute) geboren. Der Arzt nennt das die Nachgeburt. Die erste Geburt einer Frau dauert im Durchschnitt 12 Stunden. Bei weiteren Geburten verringert sich die Zeit auf wenige Stunden. Statt Geburt sagt man oft auch Entbindung.

△ Alle lebendgebärenden Tiere bringen Junge auf die Welt, auch wenn sie nicht zu den Säugern gehören. Das Seepferdweibchen legt seine Eier in die Bruttasche des Männchens. Dort entwickeln sich die jungen Seepferdchen und schlüpfen dann aus. Nach einem Tag können sie bereits für sich selbst sorgen.

Gedächtnis

Mit dem Gedächtnis speichern wir Informationen, um sie später wieder abrufen und verwenden zu können. Nicht nur wir Menschen und die Tiere, sondern auch →Computer haben ein Gedächtnis („Speicher“). Wie das Computergedächtnis funktioniert, wissen wir genau. Niemand weiß aber, wie unser →Gehirn Informationen speichert und wieder zur Verfügung stellt. Vielleicht spielen chemische Veränderungen dabei eine Rolle. Durch einen Unfall verlieren gelegentlich Menschen ganz oder teilweise ihr Gedächtnis. Aber auch hier gibt es große Unterschiede. Die einen können sich nichts mehr aus der Gegenwart merken, erinnern sich aber genau an alles, was vor ihrem Unfall passiert ist. Bei anderen ist die Vergangenheit völlig ausgelöscht. Es steht fest, daß das Gedächtnis nicht in einem genau umrissenen Gebiet im Gehirn liegt. Offensichtlich ist das ganze Gehirn am Gedächtnis beteiligt.
Wir unterscheiden drei Arten des Gedächtnisses. Das Ultrakurzzeitgedächtnis bewahrt Informationen ungefähr 20 Sekunden lang auf. Wir brauchen es, um zum Beispiel einen angefangenen Satz zu vollenden. Das Kurzzeitgedächtnis reicht ein bis zwei Stunden. Danach müssen die wichtigen Informationen ins Langzeitgedächtnis übernommen werden. Wichtig für das Gedächtnis ist auch sein Gegenteil, das Vergessen. Vergessenes können wir nicht mehr so leicht ins Bewußtsein zurückrufen. Es ist aber durchaus möglich, daß das Unbewußte alles speichert und nichts vergißt.

Gefrierpunkt

Am Gefrierpunkt wechselt eine →Flüssigkeit ihren →Aggregatzustand und wird zu einem →Festkörper. Die Temperatur, bei der sich ein Festkörper in eine Flüssigkeit verwandelt, nennen wir →Schmelzpunkt. Bei chemisch reinen Stoffen fallen Schmelzpunkt und Gefrierpunkt zusammen. Verschiedene Stoffe haben unterschiedliche Gefrierpunkte. Das chemische Element Brom, das bei Raumtemperatur flüssig ist, gefriert bei –7 °C. Für reines Eisen liegt der Schmelzpunkt bei 1535 °C. Reines Wasser gefriert bei 0 °C. Enthält es jedoch Salze, so gefriert es bei niedrigeren Temperaturen. Man spricht dabei von einer Gefrierpunktserniedrigung. Von dieser Erscheinung macht man Gebrauch, wenn man Salz auf Glatteis streut. Alle →Frostschutzmittel erniedrigen den Gefrierpunkt.

Schmelz- oder Gefrierpunkte

Diamant (Kohlenstoff) 3750 °C
Gold 1063 °C
Silber 961 °C
Zinn 232 °C
Quecksilber – 39 °C
Wasserstoff – 259 °C

Gefriertrocknung

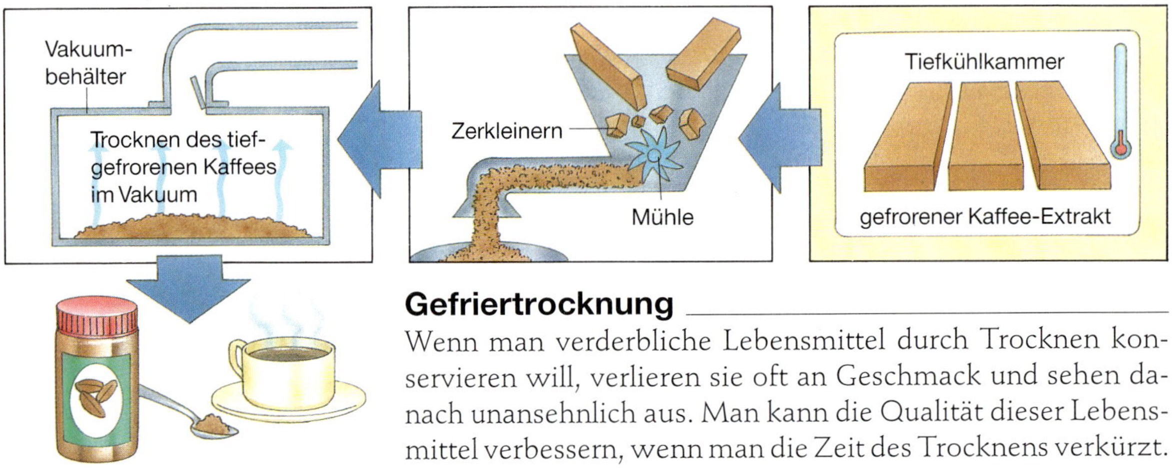

△ Das bekannteste gefriergetrocknete Lebensmittel ist wohl der Instantkaffee. Zuerst stellt man Kaffee-Extrakt in Blöcken her. Diese werden dann tiefgefroren, gemahlen und in einem Vakuumbehälter getrocknet. Das Eis verdampft dabei, und zurück bleibt der Instantkaffee.

Gefriertrocknung

Wenn man verderbliche Lebensmittel durch Trocknen konservieren will, verlieren sie oft an Geschmack und sehen danach unansehnlich aus. Man kann die Qualität dieser Lebensmittel verbessern, wenn man die Zeit des Trocknens verkürzt. Das geschieht am einfachsten durch Gefriertrocknen. Dabei werden Lebensmittel bei Temperaturen von rund –70 °C tiefgefroren. Anschließend kommen sie in druckfeste Behälter, in denen ein →Vakuum herrscht. Das Eis, das in den Lebensmitteln enthalten ist, verdampft dabei, ohne vorher flüssig zu werden (Sublimation).

Gehirn

Das Gehirn ist das Zentrum des Nervensystems. Ein Gehirn finden wir nicht erst bei den Wirbeltieren, sondern schon bei Ringelwürmern und Insekten. Bei den Säugern und beim Menschen ist das Gehirn vom Hirnschädel und von den Hirnhäuten umgeben und schwimmt in einer wäßrigen Flüssigkeit. Es besteht aus fünf Teilen, dem Großhirn, dem Zwischenhirn, dem Mittelhirn, dem Kleinhirn und dem Nachhirn. Beim Menschen ist das Großhirn am stärksten entwickelt und

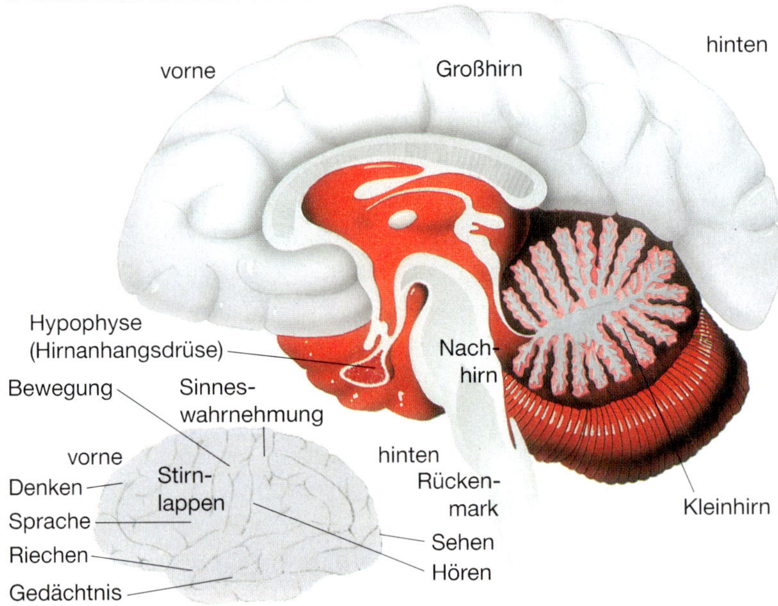

▷ Den weitaus größten Teil unseres Gehirns nimmt das Großhirn ein. In ihm haben unsere Gefühle und das gesamte Bewußtsein ihren Sitz. Das Großhirn ist in zwei Hälften unterteilt, die durch den Balken miteinander verbunden sind. Die beiden Großhirnhälften oder Hemisphären haben etwas unterschiedliche Aufgaben. Die linke Seite des Gehirns versorgt die rechte Körperseite und ist eher dem Fühlen zugeordnet, die rechte Gehirnhälfte beschäftigt sich mehr mit dem Denken.

überdeckt fast alle übrigen Gehirnteile. Das Nachhirn geht in das Rückenmark über. Im Gehirn sitzen unsere Gefühle und unsere gesamte Intelligenz, das →Gedächtnis und das Bewußtsein. Das Gehirn verarbeitet unsere Sinneseindrücke, es steuert unser ganzes Leben. Die verschiedenen Teile des Gehirns sind für unterschiedliche Aufgaben zuständig. Das Kleinhirn beispielsweise kontrolliert unsere Bewegungen. Das Sprechzentrum liegt an einer ganz bestimmten Stelle im Großhirn. Das Gehirn ist für unser Leben noch bedeutender als das Herz: Ein Mensch gilt letztlich erst dann als tot, wenn im →Elektroenzephalogramm keine Hirnströme mehr gemessen werden können (Hirntod).

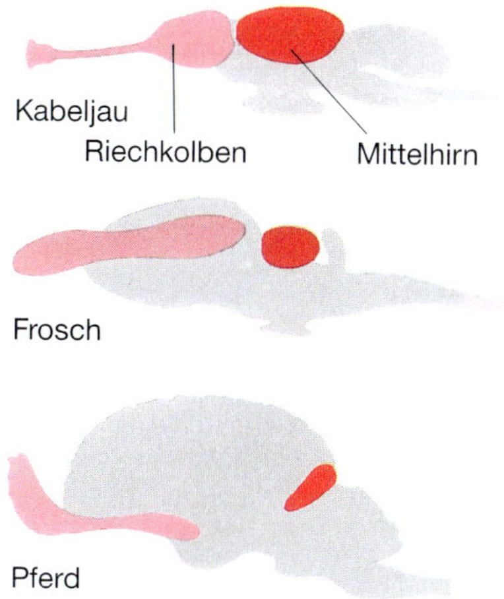

△ Schnitt durch die Gehirne weniger hoch entwickelter Wirbeltiere. Der Riechkolben ist dem Geruchssinn zugeordnet, das Mittelhirn dem Sehen.

Geigerzähler

Der Geigerzähler mißt →Radioaktivität. Er besteht aus einem verschlossenen Rohr mit einem feinen Draht in der Mitte. Der Draht und das Rohr dienen als Elektroden. Das Innere des Rohrs ist mit einem →Edelgas wie Argon gefüllt und steht unter einer hohen Spannung von über 1000 Volt. Dringt nun ein radioaktives Teilchen in die Röhre ein, so wird das Gas ionisiert: Elektrisch neutrale Gasatome werden in positiv geladene →Ionen und negativ geladene →Elektronen aufgespalten. Die positiven Ionen wandern zur einen Elektrode, die Elektronen zur andern. Dabei wird ein Stromfluß gemessen. Die Anzahl der gemessenen Teilchen wird oft hörbar gemacht: Der Geigerzähler knattert.

Gelenke

Gelenke stellen eine bewegliche Verbindung zweier →Knochen dar. Die Knochenenden sind durch elastische Bänder verbunden. Wo sich die Knochenflächen berühren, sind sie von Knorpel überzogen. Das Gelenk selbst ist von einer Gelenkkapsel umgeben. Darin befindet sich eine Flüssigkeit, die Gelenkschmiere, welche die Reibung zwischen den beiden Knochen verringert.

Je nach der Form der Knochenenden sind unterschiedliche Bewegungen möglich. Beim Kugelgelenk liegt ein Gelenkkopf in einer Gelenkpfanne. Kugelgelenke sind also nach allen Seiten frei drehbar. Zu ihnen gehören das Schultergelenk und das Hüftgelenk. Scharniergelenke lassen nur Bewegungen in einer einzigen Ebene zu. Sie sind mit einem Türscharnier zu vergleichen. Beispiele dafür sind die Fingergelenke und das Ellbogengelenk. Beim Sattelgelenk greifen zwei sattelförmige Gelenkflächen ineinander, zum Beispiel beim Daumengelenk. Hier ist wieder eine Bewegung nach nahezu allen Richtungen möglich. Wenn ein Gelenk verstaucht ist, wurden die Bänder

▽ Das Hüftgelenk ist ein Kugelgelenk: Der Oberschenkelkopf liegt in der Gelenkpfanne des Beckenknochens. Dadurch sind Bewegungen in allen Richtungen möglich.

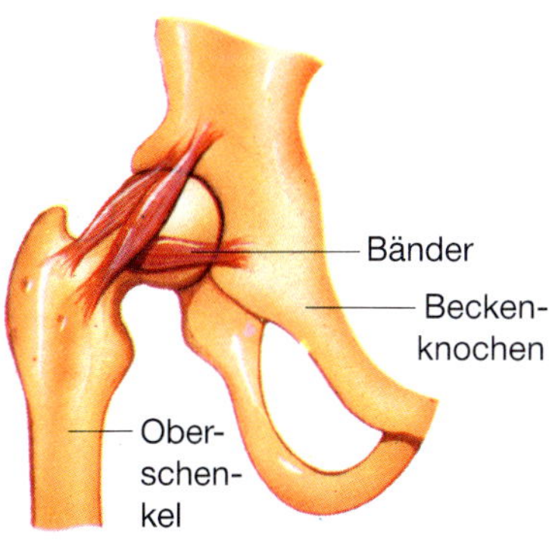

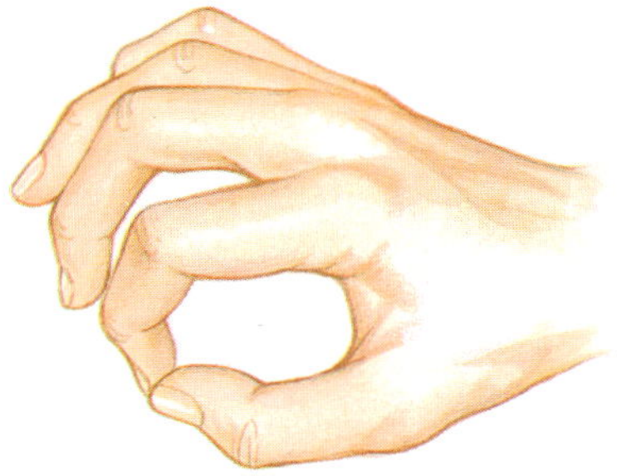

△ Eines der wichtigsten Gelenke des menschlichen Körpers ist das Daumengelenk. Es erlaubt uns, den Daumen den übrigen Fingern gegenüberzustellen. Wir können damit Dinge mit dem „Pinzettengriff" packen. Das verleiht unserer Hand ihre einzigartige Vielseitigkeit. Den Menschenaffen fehlt dieses Merkmal.

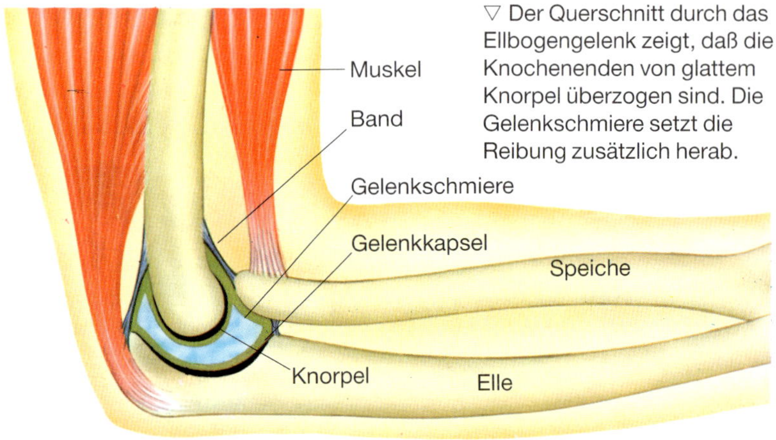

▽ Der Querschnitt durch das Ellbogengelenk zeigt, daß die Knochenenden von glattem Knorpel überzogen sind. Die Gelenkschmiere setzt die Reibung zusätzlich herab.

überdehnt, welche die Knochen zusammenhalten. Bei der Verrenkung reißen die Bänder und der Gelenkkopf tritt aus der Gelenkpfanne heraus. Der Arzt muß den Knochen dann wieder einrenken.

Gemisch

Ein Gemisch besteht aus zwei oder mehr Stoffen, die nicht durch eine chemische Bindung miteinander verbunden sind und die deswegen mit physikalischen Verfahren getrennt werden können. Ein Gemisch unterscheidet sich also eindeutig von einer →chemischen Verbindung, bei der →chemische Bindungen vorkommen. Es gibt in der Natur ganz unterschiedliche Formen von Gemischen, zum Beispiel →Aerosole, →Emulsionen, →Kolloide, →Lösungen und →Schäume. Schwarzpulver ist beispielsweise ein Gemisch aus verschiedenen chemischen Stoffen, nämlich aus Holzkohle, Schwefel und Kaliumnitrat.

Mach es selbst

Öl und Wasser lassen sich zunächst nicht mischen. Selbst wenn man sie heftig rührt, vereinigen sich die Tröpfchen kurz darauf wieder zu größeren Tropfen, und es bilden sich erneut zwei Schichten aus. Wenn wir hingegen ein Tensid, z.B. ein Spülmittel, hinzugeben, bildet das Öl extrem kleine Tröpfchen. Wenn wir jetzt gut rühren, entsteht eine milchige Emulsion, die sich nicht mehr entmischt.

Gene und Genetik

Die Genetik ist die Wissenschaft von der Vererbung. Jahrhundertelang züchteten die Bauern ihre besten Tiere und ertragreichsten Nutzpflanzen weiter, um die Ernte zu erhöhen oder um ein gewünschtes Merkmal zu erhalten. Dies geschah nicht auf wissenschaftlicher Grundlage, sondern aufgrund von Erfahrung – und ein bißchen Glück war auch dabei. Der böhmische Mönch Gregor Mendel (1822–1884) war der erste, der durch Kreuzungsversuche die einfachsten Regeln der Vererbung herausfand. 1866 berichtete er darüber, doch nahm niemand seine Arbeit zur Kenntnis. Erst um 1900 wurde sie wiederentdeckt. In dieser Zeit wurde auch die Bezeichnung „Gen" eingeführt. Ein Gen bestimmt die Ausbildung eines einzelnen Merkmals. Man kann auch von einer Erbanlage sprechen.
In unserem Jahrhundert hat die Genetik große Fortschritte gemacht. Daß die Gene in verschlüsselter Form in den Nukleinsäuren, besonders der Desoxiribonukleinsäure (DNS) liegen, wußte man ungefähr um 1940. Im Jahr 1953 entdeckten J. Watson und F. Crick die Struktur der DNS. Damit machte die Genetik erneut einen gewaltigen Sprung nach vorne. Diese Entdeckung ermöglichte es auch, direkt ins Erbgut der Lebewesen einzugreifen. Wir sprechen dabei von Gentechnologie. Dieser Zweig der Genetik ist zum Teil noch sehr umstritten.

Barbara McClintock (1902–1992)

Im Jahr 1983 erhielt Barbara McClintock den Nobelpreis für Physiologie und Medizin. Sie hatte entdeckt, daß einige Gene ihre Lage auf den Chromosomen verändern können. Man spricht dabei von springenden Genen. Ihre Entdeckung hatte die Forscherin übrigens schon im Jahr 1957 gemacht, doch damals erkannte niemand deren Bedeutung.

△ Dieses Usambaraveilchen hat ein springendes Gen, das die normal blaue Blütenfarbe in Rosa veränderte. Dieses Gen ist instabil und kann sich im Erbgut bewegen. Dabei ändert sich die Blütenfarbe.

Bluterkrankheit

Bei der Bluterkrankheit oder Hämophilie ist die normale Blutgerinnung gestört. Übertragen wird die Krankheit von einem Gen auf dem X-Chromosom, einem der beiden Geschlechtschromosomen. Hat ein Junge das fehlerhafte Gen, so bricht die Krankheit aus, weil er nur ein X-Chromosom besitzt. Hat ein Mädchen dieses Gen vererbt bekommen, so bricht die Krankheit nicht aus. Es besitzt nämlich noch ein zweites, gesundes X-Chromosom. Das gesunde Gen ist dominant. Frauen sind also nur Überträgerinnen der Krankheit.

▽ Die meisten Lebewesen haben doppelte Erbanlagen – die einen stammen vom Vater, die anderen von der Mutter. Wenn zwei verschiedene Merkmale aufeinandertreffen, kann entweder das eine (dominante) überwiegen und das andere (rezessive) unterdrücken, oder es bilden sich Mischformen aus.

Siehe auch →Biotechnologie; →Chromosomen; →Gentechnologie; →Mikroorganismen; →Vererbung; →Zellteilung; →Züchtung.

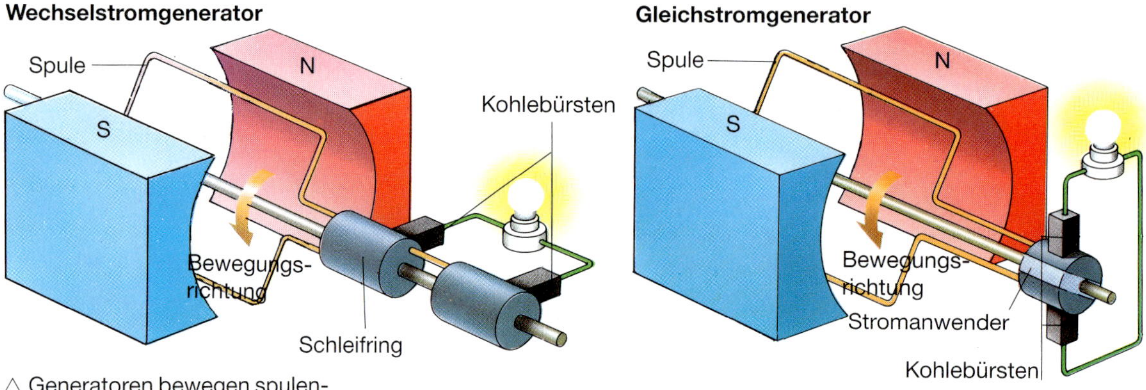

△ Generatoren bewegen spulenförmige Leiter in einem Magnetfeld und erzeugen auf diese Weise elektrischen Strom.

Generator

Generatoren wandeln Bewegungsenergie in elektrische Energie um. Sie erzeugen den Strom durch Induktion: Drahtspulen werden so angebracht, daß man sie in einem Magnetfeld drehen kann. Dabei fließt elektrischer Strom durch die Spule. Wegen der Drehung ändert sich die Richtung des erzeugten Stromes dauernd, und man erhält Wechselstrom. Gleichstrom fließt, wenn man die Anschlußenden gerade in dem Augenblick vertauscht, in dem der Strom die Richtung wechselt. Dies geschieht durch einen Stromwender. Angetrieben werden die Generatoren in den Kraftwerken entweder von Dampfturbinen (Heizkraftwerke, Kernkraftwerke) oder von wassergetriebenen Turbinen (Wasserkraftwerke). Das dynamo-elektrische Prinzip, nach dem die Generatoren arbeiten, wird umgekehrt in →Elektromotoren angewandt, die elektrische Energie in Bewegungsenergie zurückverwandeln.

▽ Das Insulin-Gen wird menschlicher DNS entnommen und in das Erbgut eines Virus eingeschleust. Dieses Virus schleust das Erbgut in Bakterien ein, wo das Insulin-Gen dann verbleibt und dafür sorgt, daß die Bakterien auch wirklich Humaninsulin herstellen.

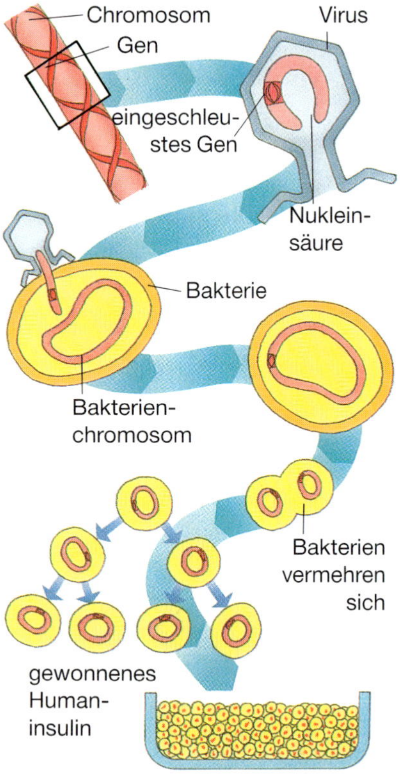

Gentechnologie

Die Gentechnologie ist ein Zweig der →Biotechnologie: Die Forscher wollen die →Gene eines Lebewesens verändern, um ihm neue Eigenschaften zu verleihen. Ein einfaches Beispiel bietet uns die Grapefruit. Grapefruitpflanzen wurden gerade so stark bestrahlt, daß im Erbgut Veränderungen oder →Mutationen entstanden. Unter einer dieser Mutationen befand sich auch eine Grapefruit mit rosafarbenem Fleisch, die süßer schmeckte als die normale Grapefruit. Diese züchtete man weiter, und so entstand eine neue Grapefruitrasse. Bei diesem Verfahren spielte das Glück noch eine große Rolle. Heute sind viel gezieltere gentechnologische Eingriffe möglich. Das Gen, das beispielsweise die Produktion des Insulins in Menschen und Tieren steuert, kann in Bakterien eingeschleust werden. Dieses Gen bewirkt dann auch tatsächlich, daß die Bakterien Insulin produzieren, obwohl sie es selbst gar nicht brauchen. Damit kann man „menschliches" Insulin aus gentechnologisch veränderten Bakterien gewinnen und es zuckerkranken Menschen einspritzen. Auch Eingriffe in das Erbgut des Menschen sind durchaus denkbar, um beispielsweise ererbte Krankheiten zu heilen. Der Umgang mit gentechnologisch veränderten Lebewesen muß sehr vorsichtig erfolgen, weil wir nicht wissen können, wie sie sich in der freien Natur verhalten.

Geologie

Die Geologie untersucht, wie die Erde aufgebaut und in den vielen Jahrmillionen entstanden ist. Der Geologe will zum Beispiel wissen, wie sich die Alpen oder die Inseln des Watts gebildet haben. Er verfolgt die Kräfte, die dabei wirksam waren und sind. Die Geologie hat auch große praktische Bedeutung: Sie hilft beim Bau von Tunneln und bei der Suche nach Lagerstätten. Weiteres dazu auf der Seite 180.

Geometrie

„Geometrie“ heißt wörtlich aus dem Griechischen übersetzt „Landvermessung“. Tatsächlich ging es in dieser Wissenschaft anfänglich vor allem darum, Landgebiete zu vermessen und einzuteilen. Später wurde die Geometrie zu einem Teil der →Mathematik. Sie hat mit Punkten, Geraden, Kurven, Oberflächen und Körpern zu tun. Mit Hilfe der Geometrie können wir zum Beispiel den Inhalt bestimmter Flächen berechnen oder anhand der Winkel eines Dreiecks die Länge einer noch unbekannten Seite bestimmen. Die Geometrie hat auch die Formeln zur Berechnung des Kreisumfangs oder der Kugeloberfläche entwickelt.

Die Geometrie akzeptiert ohne Beweise bestimmte Aussagen, die sie Axiome nennt. Ein solches Axiom behauptet zum Beispiel, daß nur zwei Geraden, die in derselben Ebene liegen, zueinander parallel sein können.

Pythagoras (um 570–500 v.Chr.)

Pythagoras war ein altgriechischer Philosoph und Mathematiker. Er lehrte über die Bedeutung der Zahlen, vor allem in der Musik. Der berühmte pythagoreische Lehrsatz sagt folgendes: In einem rechtwinkligen Dreieck ist das Quadrat über der Hypotenuse, der Seite, die dem rechten Winkel gegenüberliegt, gleich der Summe der Quadrate über den beiden anderen Seiten des Dreiecks, den Katheten. Die übliche Formel dazu lautet $a^2 + b^2 = c^2$.

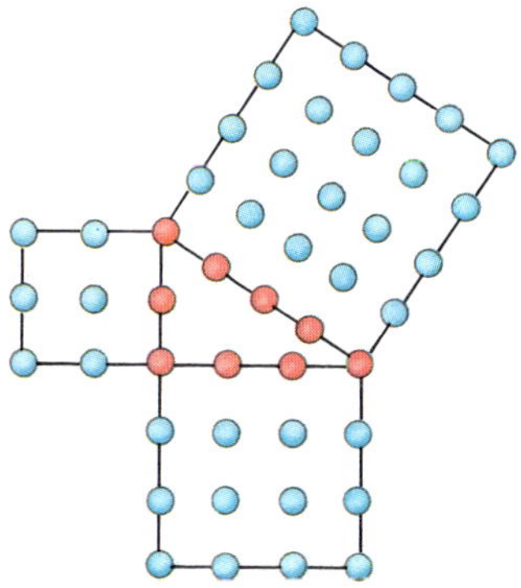

Mach es selbst

Wir stellen einen Zirkel so ein, daß der Abstand der beiden Schenkel 40 mm beträgt. Damit schlagen wir einen ersten Kreis. Wir stecken nun die Spitze des Zirkels auf einen Punkt des ersten Kreises und schlagen einen zweiten Kreis. Dann stecken wir den Zirkel auf den Schnittpunkt der beiden Kreislinien und schlagen einen dritten Kreis. Wir fahren so fort, bis wir sieben Kreise gezeichnet haben. Nun verbinden wir die Schnittpunkte der Kreislinien und erhalten so ein regelmäßiges Sechseck.

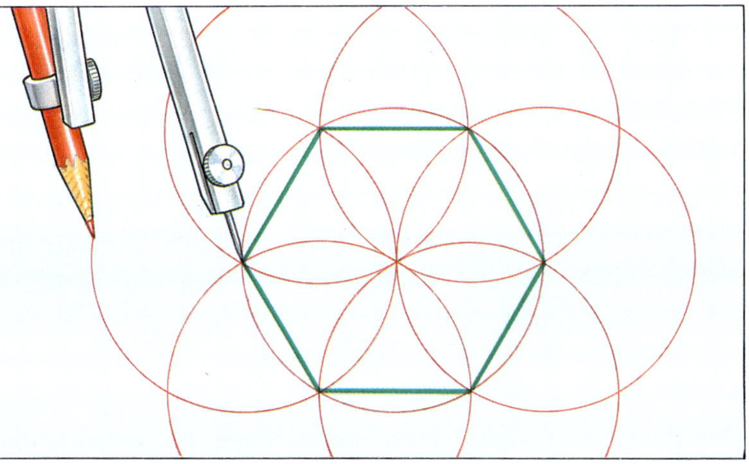

Geologie

Die Geologie ist die Wissenschaft von der Erde. Sie untersucht die Geschichte unseres Planeten, seine Zusammensetzung und seinen Aufbau sowie die Veränderungen, die er im Laufe der Jahrmillionen erfahren hat. Die Veränderungen zeigen sich vor allem in Gesteinen. Wie die meisten Wissenschaften ist auch die Geologie in eine Reihe von Spezialdisziplinen aufgespalten: Die Paläontologie untersucht Fossilien und ausgestorbene Lebensformen. Die Geochemie beschäftigt sich mit den chemischen Verbindungen der Erde, die Geophysik mit den physikalischen Vorgängen. Die Petrologie widmet sich vor allem der Zusammensetzung und dem Aufbau der Gesteine. Die Geomorphologie ist die Lehre von den Formen der Erdoberfläche und den Kräften, die zu ihrer Gestaltung führten. Die Geomorphologie kann uns zum Beispiel erklären, wie die verschiedenen Talformen entstanden sind.

Erdzeitalter	Formation	Abteilung	Alter in Jahrmillionen
Erdneuzeit (Känozoikum)	Quartär	Jetztzeit	0,01
		Pleistozän	2
	Tertiär	Pliozän	5
		Miozän	25
		Oligozän	35
		Eozän	60
		Paläozän	65
Erdmittelalter (Mesozoikum)	Kreide		145
	Jura		210
	Trias		245
Erdaltertum (Paläozoikum)	Perm		285
	Karbon		360
	Devon		410
	Silur		440
	Ordovizium		505
	Kambrium		570
	Präkambrium Die Zeitskala reicht zurück bis zur Bildung der Erde, die vor rund 4,6 Milliarden Jahren erfolgte.		

△ Das Alter von Gesteinen können wir anhand von radioaktiven Elementen, ihren Halbwertszeiten und ihren Zerfallsprodukten berechnen. Dadurch gelingt es auch, eine geologische Zeitskala aufzustellen. Ihre Zeitabschnitte, die Formationen und Abteilungen, sind durch besondere Fossilien gekennzeichnet.

Mach es selbst

Wenn du das nächste Mal einen Steinbruch besuchst, dann achte darauf, ob du verschiedene Gesteinsschichten unterscheiden kannst. Vielleicht liegen in den Schichten auch Fossilien. Du kannst sie mit Hammer und Meißel sorgfältig herausschlagen.

Charles Lyell (1797–1875)

Der Engländer Charles Lyell gilt als der Vater der modernen Geologie. In seinem Hauptwerk bewies er, daß sich die Erde ständig verändert. Die geologischen Kräfte und Erscheinungen sind gleichartig mit jenen, die wir heute beobachten. Das heißt zum Beispiel, daß in der frühen Erdgeschichte Täler und Gebirge auf dieselbe Weise entstanden sind, wie sie heute noch entstehen.

Siehe auch →Evolution; →Fossilien; →Gesteine; →magmatische Gesteine; →metamorphe Gesteine; →Mineralien; →Paläontologie; →Plattentektonik; →Sedimentgesteine.

Geschlechtsorgane

Fast alle mehrzelligen Pflanzen und Tiere haben Geschlechtsorgane. Sie dienen der geschlechtlichen →Fortpflanzung und der Vermehrung der Art. Die weiblichen Geschlechtsorgane (Eierstöcke) bringen →Eizellen hervor, die männlichen Geschlechtsorgane (Hoden) Samenzellen.

Bei der geschlechtsreifen Frau reift jeden Monat abwechselnd in einem der beiden Eierstöcke ein Ei heran. Es wandert nach dem Eisprung (Ovulation) durch den Eileiter zur Gebärmutter. In dieser Zeit kann es von einer Samenzelle befruchtet werden. Dazu ist Geschlechtsverkehr unbedingt erforderlich: Der Mann führt seinen steifen, aufgerichteten Penis in die Scheide der Frau ein. Nach einiger Zeit kommt es zum Erguß der Samenflüssigkeit, die viele Millionen Samenzellen enthält. Das befruchtete Ei nistet sich nach drei bis fünf Tagen in der Wand der Gebärmutter ein und wächst zum Kind heran.

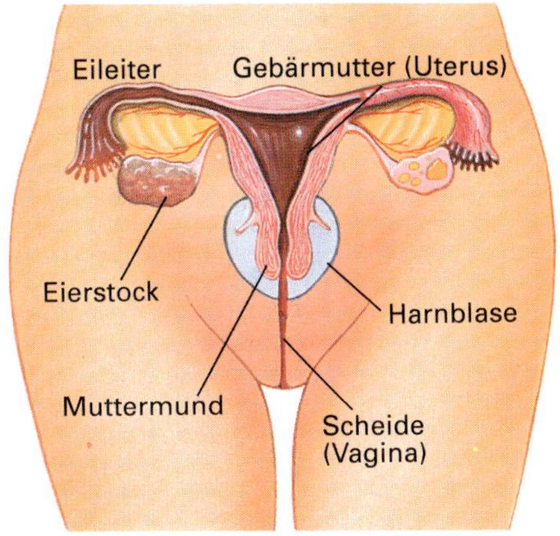

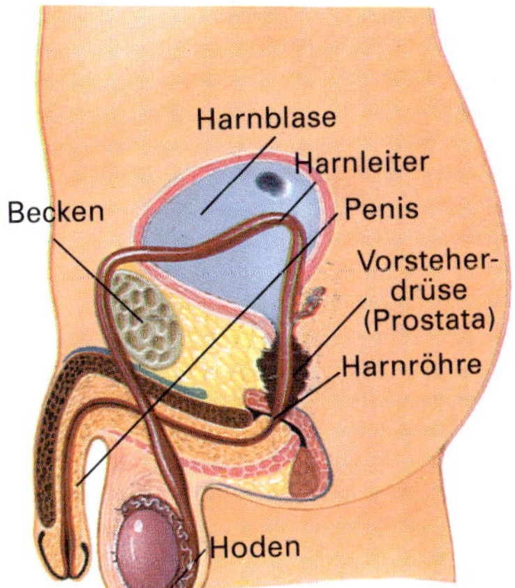

△ Ganz oben sehen wir die Geschlechtsorgane der Frau in Vorderansicht, darunter die des Mannes in einem Längsschnitt durch den Körper.

Geschmackssinn

Der Geschmackssinn ist einer unserer fünf →Sinne. Mit ihm nehmen wir Stoffe wahr, die im Speichel und damit in Wasser gelöst sind. Wir prüfen mit dem Geschmackssinn, ob die Nahrung genießbar ist. Untersuchungen haben gezeigt, daß wir nur vier Geschmacksqualitäten wahrnehmen können, nämlich süß, salzig, sauer und bitter. Jede dieser Qualitäten wird von eigenen Sinneszellen wahrgenommen, die in Geschmacksknospen auf der Zunge und den Mundseiten verteilt liegen. Die Verteilung ist nicht regelmäßig: Mit der Zungenspitze nehmen wir zum Beispiel nur süß und salzig wahr, mit dem hinteren Teil der Zunge nur bitter. Wenn wir sagen, das Mittagessen schmecke gut, so ist dies nicht einmal die halbe Wahrheit, denn mit den insgesamt 3000 Geschmacksknospen können wir nicht mehr wahrnehmen als eben die genannten Geschmacksqualitäten. In viel stärkerer Weise ist der Geruchssinn beim Schmecken beteiligt: Von der Nahrung aufsteigende Dämpfe gelangen mit der Atemluft in die →Nasenhöhle und werden dort analysiert. Bei einem Schnupfen ist der Geruchssinn oft ausgeschaltet.

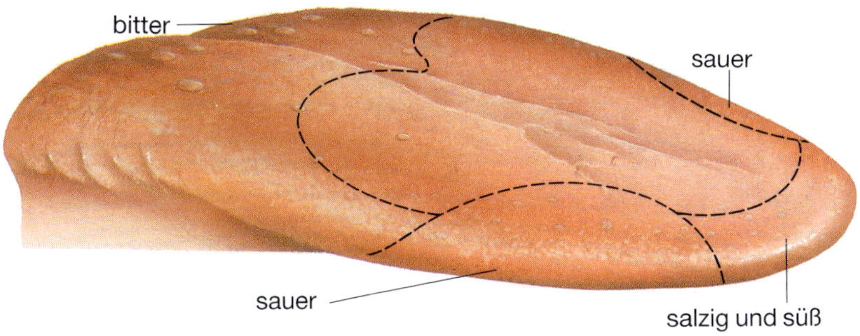

◁ Die vier verschiedenen Geschmacksqualitäten, nämlich süß, salzig, sauer und bitter, werden von den Geschmacksknospen an verschiedenen Stellen der Zunge wahrgenommen. Wir können dies selber überprüfen, indem wir Wattestäbchen in Zucker- oder Salzlösungen, Essig oder Kaffee tauchen und die entsprechenden Stellen auf der Zunge damit betupfen.

▷ Das Bild zeigt, wie eine Kugel mit einer Geschwindigkeit von 450 m/s, fast dem Eineinhalbfachen der Schallgeschwindigkeit, durch ein rohes Ei fliegt.

▽ Physikalisch gesehen, ändert dieses Auto seine Geschwindigkeit dauernd, weil es seine Richtung ändert, selbst wenn es nicht schneller oder langsamer fährt.

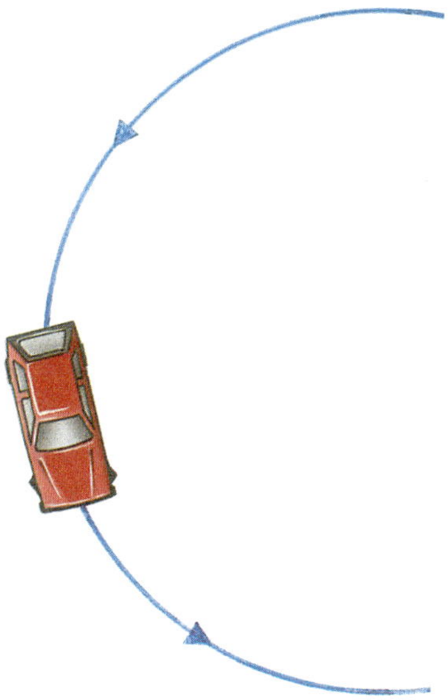

Mondgestein sieht den Gesteinen auf der Erde ziemlich ähnlich. Es enthält verhältnismäßig wenige leichtflüchtige Bestandteile wie Stickstoff, Schwefel, Quecksilber und Blei und ist dafür aber ziemlich reich an hochschmelzenden Elementen wie Titan, Aluminium und Chrom. Diese Zusammensetzung des Mondgesteins könnte ein Hinweis darauf sein, daß der Mond entstand, als ein großer Meteorit auf die noch dünnflüssige Erde prallte und ein großes Stück davon herausriß.

Geschwindigkeit

Die Geschwindigkeit ist definiert als der Weg, der in einer bestimmten Zeit zurückgelegt wird. Das Maß der Geschwindigkeit ist daher Meter pro Sekunde (m/s) oder Kilometer pro Stunde (km/h). 1 km/h entspricht 0,28 m/s. Physikalisch gesehen ist die Geschwindigkeit ein Vektor, das heißt eine physikalische Größe, die auch eine Richtung hat. Wenn sich zwei Autos auf der Straße begegnen und jedes mit genau 40 km/h fährt, so haben sie strenggenommen nicht dieselbe Geschwindigkeit, weil ihre Richtungen einander entgegengesetzt sind. Auch wenn wir eine Kurve fahren, verändern wir dauernd die Richtung und damit die physikalische Geschwindigkeit, selbst wenn wir nicht bremsen oder Gas geben. Daß sich bei der Kurvenfahrt die Geschwindigkeit dauernd ändert, erkennen wir an der →Zentrifugalkraft.

Wenn die Geschwindigkeit sich ändert, sprechen wir von →Beschleunigung. Selbst theoretisch ist es nicht möglich, einen Körper immer weiter zu beschleunigen. Albert Einstein bewies nämlich mit seiner →Relativitätstheorie, daß es eine größtmögliche Geschwindigkeit gibt, die nicht überschritten werden kann. Es ist die Lichtgeschwindigkeit, rund 300 000 Kilometer pro Sekunde.

Gesteine

Nicht alle Steine sind Gesteine, aber alle Gesteine setzen sich aus →Mineralien zusammen. Meistens handelt es sich um Gemische oder Gemenge verschiedener Mineralien. Die weitaus meisten Gesteine sind so, wie wir sie uns vorstellen, nämlich fest und hart. Zu den Gesteinen zählen aber auch das →Erdöl und noch unverfestigte, lockere Sande. Weiteres siehe auf den Seiten 184 und 185.

Getreide

Alle Getreidesorten gehören zur Familie der Gräser. Sie werden wegen ihrer nahrhaften Samen angebaut. Es gibt auf der Welt zahlreiche Getreidesorten, und fast überall bilden sie die Grundnahrungsmittel für uns Menschen. Weizen ist zum Beispiel reich an →Stärke, enthält aber auch genügend →Proteine, →Vitamine und Ballaststoffe für eine gesunde →Ernährung. Weizen, Reis und Mais sind die wichtigsten Getreidesorten. Sie wachsen auf über der Hälfte des gesamten bebaubaren Landes. Jedes Jahr wird ungefähr eine Milliarde Tonnen Weizen geerntet. Daraus stellen wir vor allem Brot und Teigwaren her. Ein Teil des Weizens wird auch als Kraftfutter in der Rinderzucht verwendet. Weitere wichtige Getreidesorten sind Roggen, Gerste, Hafer und die verschiedenen afrikanischen Hirsearten.

Manche Getreidearten werden seit über 10 000 Jahren angebaut. Heute sehen sie aber ganz anders aus als ihre wilden Vorfahren, von denen sie abstammen. Zu Beginn züchteten die Ackerbauern die ersten Sorten, indem sie jedes Jahr die Samen von den größten und besten Pflanzen aussäten. Gleichzeitig erreichte man durch diese →Züchtung, daß die Ähren zusammenblieben und nicht mehr auseinanderfielen. Damit wurde die Ernte sehr erleichtert. Heute gelingt es mit den Verfahren der →Genetik und der →Gentechnologie, innerhalb kurzer Zeit völlig neue Sorten zu züchten.

Der Buchweizen gehört nicht zu den Getreidesorten, weil er nicht von einem Gras stammt, sondern von einem Verwandten des Sauerampfers.

△ Gerste, Hafer und Mais wachsen auf Böden, die zu arm sind für Reis und Weizen.

▽ Weizen ist das mengenmäßig wichtigste Getreide der Welt. Dann folgt der Reis. Er bildet das Grundnahrungsmittel für ein Drittel der Weltbevölkerung.

Die Getreideproduktion auf der Welt

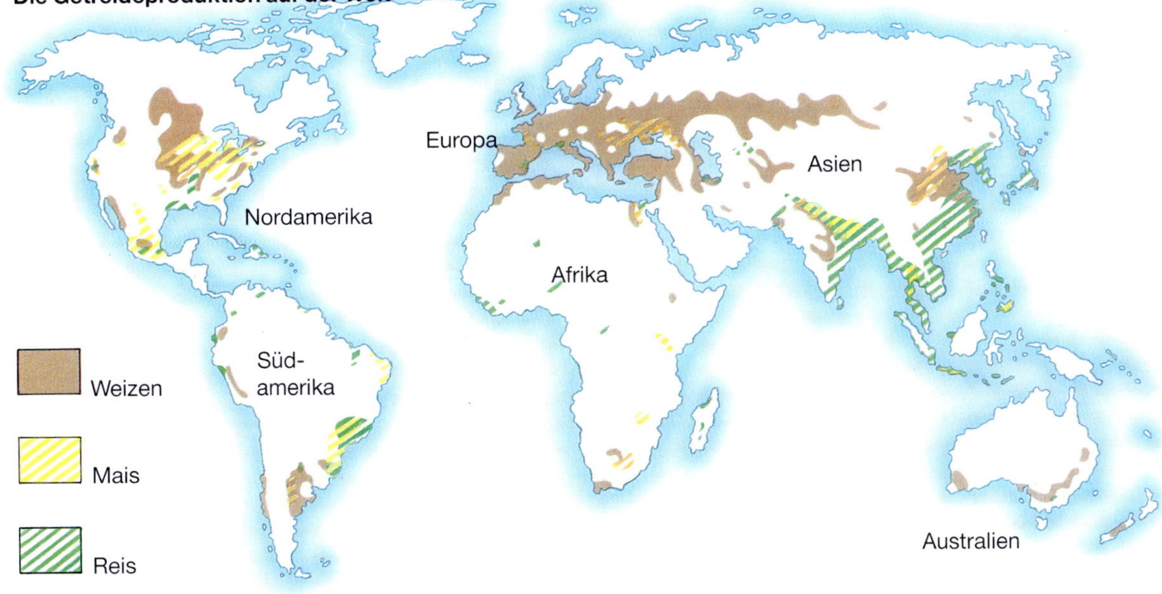

Gesteine

Gesteine sind Gemische verschiedener Mineralien. Aus Gesteinen entwickeln sich die Böden, die für das Leben auf der Erde notwendig sind.
Es gibt nach ihrer Entstehungsart drei Gruppen von Gesteinen. Die magmatischen Gesteine brechen aus dem flüssigen Erdinneren hervor. Als Lava gelangen sie an die Oberfläche. Sie können aber auch bereits in der Erdrinde steckenbleiben und dort erstarren (Intrusion). Die Sediment- oder Schichtgesteine bilden sich, wenn andere Gesteine verwittern und dadurch in kleine Bruchstücke zerfallen. Wasser oder Wind transportieren diese Tone, Sande, Schotter oder Blöcke weg und lagern sie an anderen Stellen wieder ab, wo sie sich im Lauf der Zeit verfestigen. Metamorphe Gesteine schließlich entstehen, wenn vor allem Sedimentgesteine hohem Druck und hoher Wärme ausgesetzt sind. Wenn sie tief ins Erdinnere gelangen, verändern sie sich. Eine solche Veränderung (Metamorphose) kann aber auch nahe der Erdoberfläche geschehen, wenn etwa heißes Magma die ganze Umgebung erhitzt.

△ Die Gesteinsforscher stellen von Gesteinen Dünnschliffe her und untersuchen sie unter dem Mikroskop. Dort werden die winzigen Kristalle der gesteinsbildenden Mineralien deutlich sichtbar.

▽ Die meisten metamorphen Gesteine gehen auf Sedimentgesteine zurück, die durch ungeheuren Druck und große Wärme im Erdinneren umgewandelt wurden.

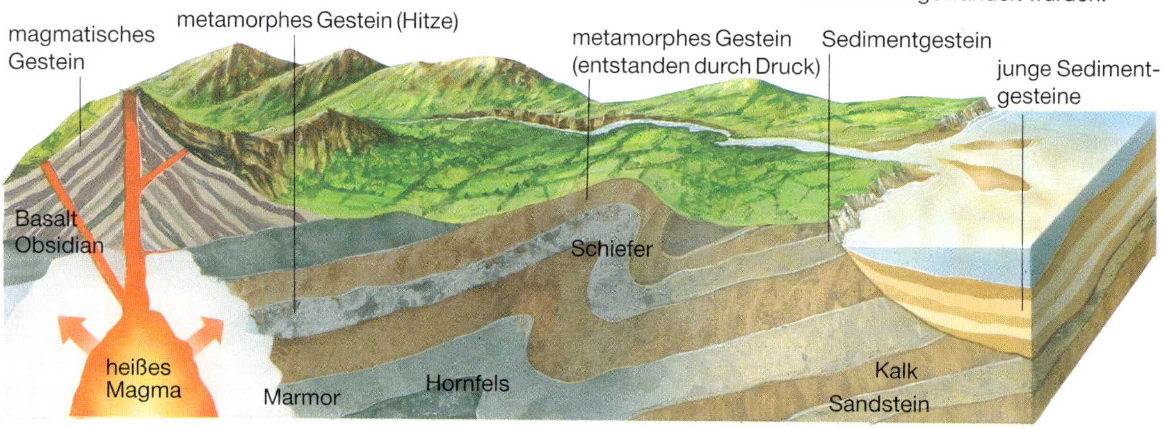

△ Magmatische Gesteine wie der Granit entstanden aus geschmolzenem Gestein des Erdinneren (Magma). Sedimentgesteine wie Kreide und Kalke entstanden als Ablagerungen am Boden von Meeren und Seen.

◁ Diese Basaltsäulen sehen wie Bleistifte aus. Basalt ist ein magmatisches Gestein, das an der Erdoberfläche schnell erstarrt und dabei diese Säulenform ausbildet.

△ Jede senkrechte Spalte enthält Beispiele für die drei großen Gesteinsgruppen. Der magmatische Granit ist eines der härtesten Gesteine. Marmor und Schiefer entstanden durch Umwandlung der Sedimentgesteine Kalk und Ton im Erdinneren. Der Obsidian ist ein natürliches Glas. Bimsstein wird bei Vulkaneruptionen ausgeworfen.

◁ Dieses „Pflaster" aus Kalkstein heißt auch Karst. Es wurde durch leicht säurehaltiges Wasser in das Gestein gegraben.

Mach es selbst

Du kannst dir deine eigene Gesteinssammlung zulegen. Mit Hammer und Meißel – Achtung, Brille tragen! – schlägst du dir aus unverwittertem Gestein Handstücke in der Größe von ungefähr 5 mal 5 Zentimetern. Auf einem Etikett gibst du den genauen Fundort und den Namen des Gesteins an.

Siehe auch →Erde; →Geologie; →Kristalle; →magmatische Gesteine; →metamorphe Gesteine; →Sedimentgesteine; →Verwitterung und Abtragung.

△ Einige einfache Getriebeformen mit Zahnrädern.

▽ Das abgebildete Fahrradgetriebe hat zehn Gänge, zwei Zahnradkränze vorne und fünf hinten. Das Schaltwerk befördert die Kette auf die unterschiedlichen Zahnkränze. Es gibt heute schon Mountainbikes mit 24 Gängen.

Getriebe

Getriebe übertragen Bewegungen. Das einfachste Getriebe besteht aus zwei Zahnrädern. Das antreibende und das angetriebene Rad bewegen sich dabei in entgegengesetzter Richtung. Sind beide Zahnräder gleich groß, so drehen sie sich auch mit gleicher Geschwindigkeit. Ist das angetriebene Rad aber kleiner, so dreht es sich schneller. Wird das angetriebene Rad größer gewählt, so ergibt sich eine langsamere Drehbewegung. Mit Hilfe unterschiedlich großer Zahnräder bekommen wir also eine Übersetzung oder Untersetzung. Eine Übersetzung in eine höhere Geschwindigkeit liegt dann vor, wenn sich die angetriebene Welle schneller dreht als die antreibende. Beim Fahrradfahren wählen wir einen größeren Gang, wenn wir schneller fahren wollen. Mit großen Gängen fahren wir in der Ebene und erreichen damit hohe Geschwindigkeiten. Kleine Gänge brauchen wir hingegen, um Steigungen zu überwinden. Die heutigen Mountainbikes haben bereits Untersetzungen: Bei ihnen dreht sich das angetriebene Rad langsamer als die treibende Welle. Auch Autofahrer müssen je nach Geschwindigkeit und Drehzahl des Motors unterschiedliche Gänge einlegen. Die entsprechende Vorrichtung heißt ebenfalls Getriebe, ist aber sehr kompliziert aufgebaut. Das Getriebe sorgt dafür, daß die Motorkraft immer bestmöglich auf die Räder übertragen wird.

Die Antriebsräder des Autos brauchen noch ein weiteres Getriebe: Bei Kurvenfahrten legen die Räder der linken und der rechten Autoseite nicht den gleichen Weg zurück. Die Innenräder müssen sich langsamer drehen als die Außenräder. Dennoch werden beide von derselben Welle angetrieben. Die Lösung dieses Problems ist das Ausgleichs- oder Differentialgetriebe.

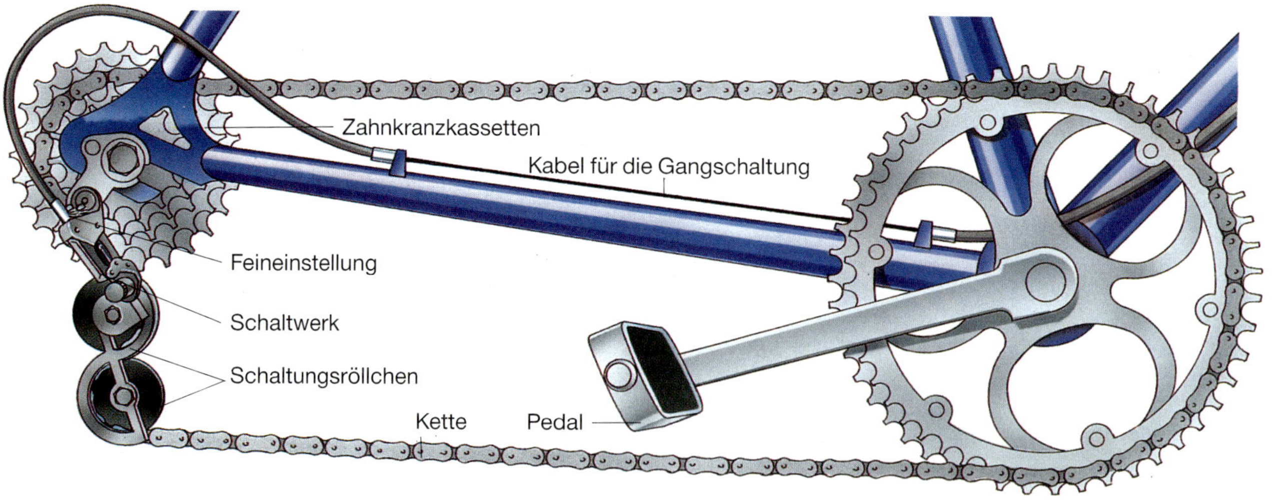

Mach es selbst

Das Gewicht ist eine Kraft. Wir beweisen dies mit einer Federwaage, an die wir eine Banane hängen. Wir wiegen sie in der Luft und dann untergetaucht in Wasser. Im Wasser wiegt die Banane weniger, weil das Wasser einen Auftrieb erzeugt, der der Gewichtskraft entgegengesetzt ist und sie damit verringert. Der Auftrieb ist gleich dem Gewicht der verdrängten Wassermenge.

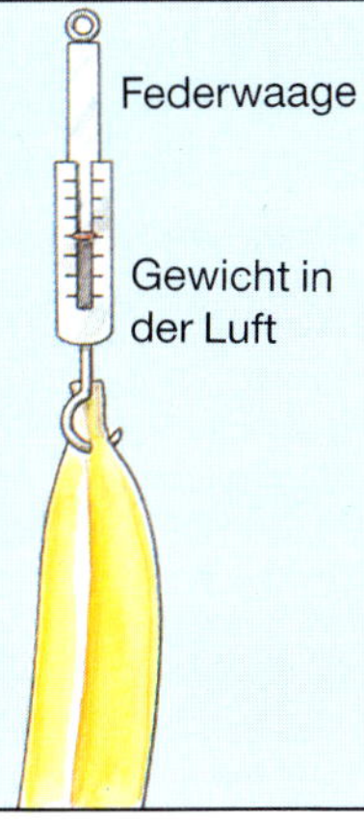

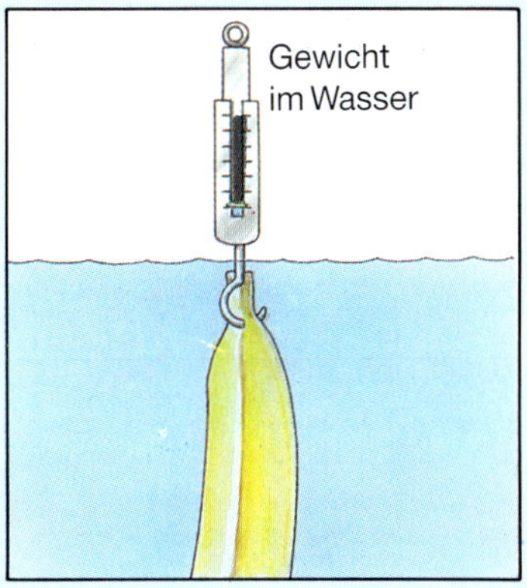

Gewicht

Als Gewicht bezeichnen wir jene Kraft, die auf alle Körper einwirkt, weil sie von der →Schwerkraft der Erde angezogen werden. Das Gewicht eines Körpers hängt auch von dessen →Masse ab. Ein Körper mit doppelter Masse ist auch doppelt so schwer. Wir können also das Gewicht eines Körpers messen, indem wir dessen Masse messen. Gewicht und Masse sind aber nicht dasselbe. Wo es keine Schwerkraft gibt („Schwerelosigkeit"), haben alle Körper eine Masse, aber kein Gewicht mehr. Das Gewicht eines Körpers hängt also sehr von der Schwerkraft ab. Diese beträgt auf dem Mond ungefähr ein Sechstel im Vergleich zur Erde. Ein 90 Kilogramm schwerer Astronaut wiegt auf dem Mond deswegen nur 15 Kilogramm. Physikalisch gesehen, ist diese Aussage aber eigentlich falsch, denn eine weitere Verwechslung von Masse und Gewicht ergibt sich durch die Maßeinheiten in der Umgangssprache. Im täglichen Gebrauch ist das Gramm oder das Kilogramm die Einheit zur Bezeichnung des Gewichtes. Physikalisch gesehen ist das eben falsch. Das Gramm oder Kilogramm ist die Maßeinheit für die Masse. Gewichte mißt der Physiker wie alle anderen Kräfte in Newton. Umgangssprachlich werden wir wohl immer beim Kilogramm bleiben. Wir kaufen also weiterhin ein Kilogramm Brot und nicht 9,81 Newton...

Ein Körper, der auf der Erde 100 Kilogramm „wiegt", hat auf den anderen Planeten ein anderes Gewicht:

Merkur 38 Kilogramm
Venus 90 Kilogramm
Mars 38 Kilogramm
Jupiter 287 Kilogramm
Saturn 132 Kilogramm
Uranus 93 Kilogramm
Neptun 123 Kilogramm
Pluto 3 Kilogramm

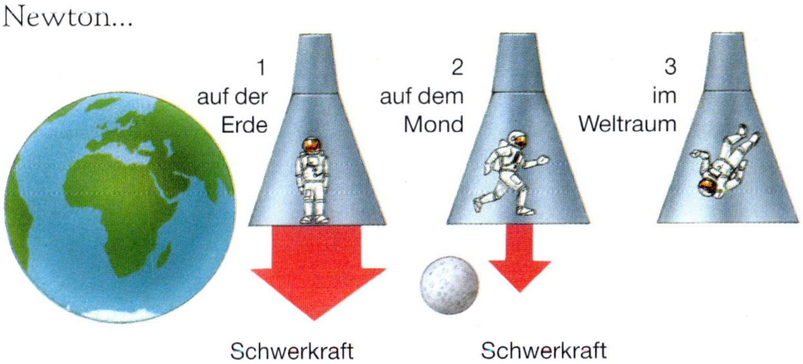

◁ Die Masse eines Körpers bleibt immer dieselbe, während sein Gewicht von der Schwerkraft abhängt. **1.** Ein Astronaut wiegt auf der Erde 90 Kilogramm. **2.** Derselbe Astronaut wiegt auf dem Mond nur 15 Kilogramm, weil die Schwerkraft auf dem Mond nur ein Sechstel so groß ist wie auf der Erde. **3.** Im Weltraum wiegt der Astronaut nichts oder ganz wenig, weil keine oder nahezu keine Schwerkraft mehr auf ihn einwirkt. Dies ist aber nur der Fall, wenn sein Raumschiff nicht beschleunigt, sondern mit abgeschaltetem Triebwerk fliegt.

Mach es selbst

Wenn du nahe am Meer wohnst, kannst du selbst beobachten, wie hoch die Flut zum Beispiel innerhalb eines Monats steigt. Die Fluthöhe können wir an der Strandlinie ablesen, wo abgerissene Algen und Treibholz liegen bleiben. Versuche eine Karte zu zeichnen, die zeigt, wie hoch die Flut steigt, und vergleiche sie mit den Mondphasen.

▷ Zur Zeit der Springtiden steigt die Flut besonders hoch; bei Ebbe fällt das Wasser besonders tief. Zur Zeit der Nipptiden ist das Hochwasser niedriger als normal und das Niedrigwasser höher als normal. Wenn Sonne und Mond in einer Linie stehen, entstehen Springtiden, weil sich dann deren Anziehungskräfte summieren. Liegen die beiden Gestirne in einem rechten Winkel zueinander, so haben wir die Nipptiden.

Tidenhub

Ostsee 11 cm
deutsche Nordseeküste 4 m
Mündung des Severn in England 11 m
Mündung der Rance bei St. Malo 11,5 m
Bay of Fundy, Kanada bis 15 m

Gezeiten

Als Gezeiten oder Tiden bezeichnen wir das regelmäßige Steigen (Flut) und Fallen (Ebbe) des Meeresspiegels. Die Gezeiten entstehen durch die →Schwerkraft des Mondes und – in geringerem Maße – der →Sonne. Die Anziehungskraft des Mondes auf die Erde bewirkt, daß auf den Seiten der Erde, die dem Mond zugewandt und abgewandt sind, je eine Art Flutwelle entsteht. Da sich die Erde um die eigene Achse dreht, wandert diese Flutwelle über den ganzen Planeten. So ergeben sich pro Tag zwei Fluten. Zwischen einer Flut und der nächsten liegen genau 12 Stunden und 36 Minuten.
Stehen Erde, Sonne und Mond in einer Linie – also zur Zeit von Neu- und Vollmond –, so kommt noch die Schwerkraft der Sonne dazu. An diesen Tagen entstehen die besonders hohen Springtiden. Wenn gleichzeitig ein Sturm herrscht, können die Springtiden zu einer Sturmflut werden, die eine Gefahr für die Deiche darstellt. Steht die Sonne jedoch in einem rechten Winkel zum Mond – also im ersten und letzten Mondviertel –, so schwächen sich die beiden Schwerkräfte gegenseitig, und es entstehen die besonders niedrigen Nipptiden.

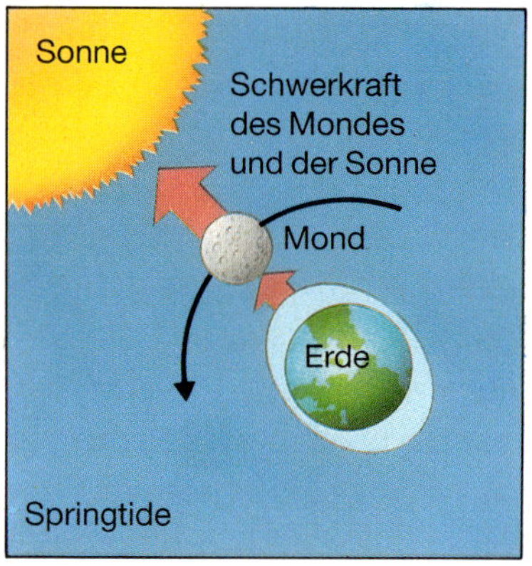

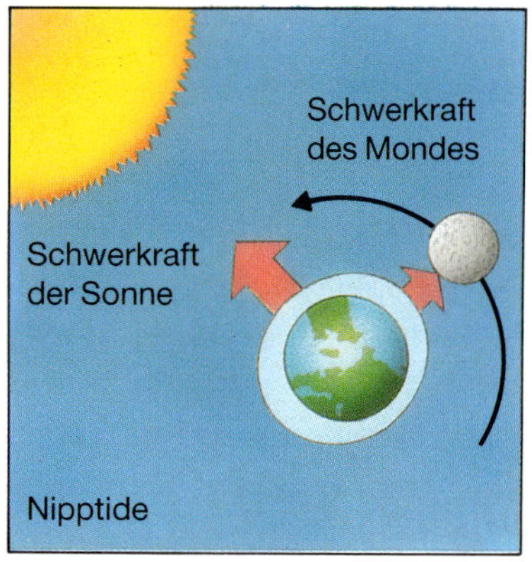

Gezeitenenergie

Die →Gezeiten, die alle zwölf Stunden wiederkehren, enthalten viel Energie, die sich nutzen läßt. Der Gezeitenhub, also der Unterschied zwischen Hochwasser und Niedrigwasser, muß allerdings mehrere Meter betragen. In der Mündung des Flusses Rance bei St. Malo in Nordfrankreich arbeitet das erste Gezeitenkraftwerk der Erde. Ein Damm erstreckt sich hier quer über die Flußmündung. Bei Flut fließt das Wasser durch Öffnungen im Damm landeinwärts und treibt Turbinen an. Bei Ebbe fließt das Wasser wieder zurück und treibt die Turbinen erneut an. Die Energieerzeugung ist daher nur zu gewissen Zeiten möglich. Weitere Gezeitenkraftwerke sind an der Ostküste Kanadas im Bau.

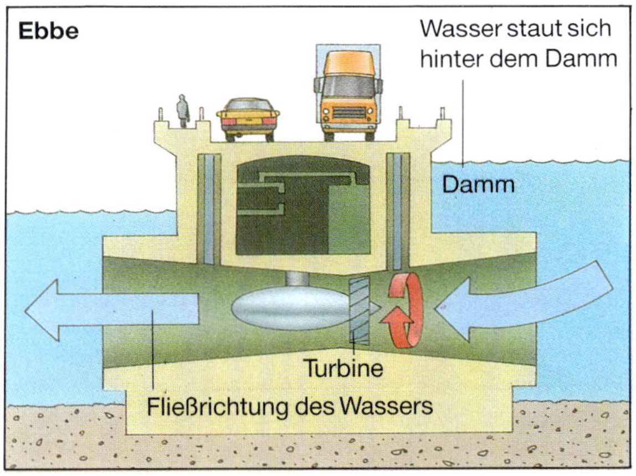

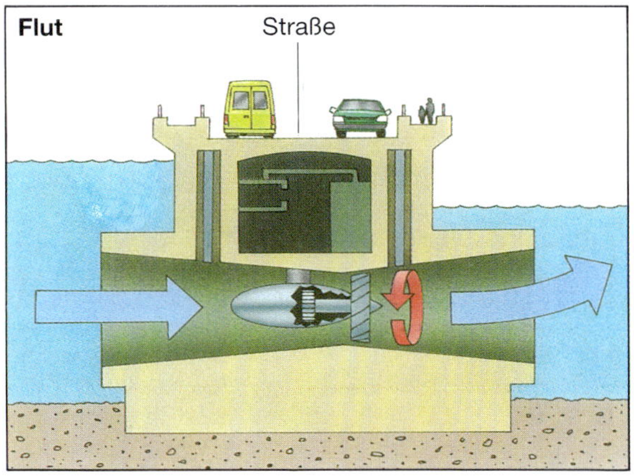

△ Um die Gezeitenenergie nutzen zu können, braucht man einen Damm, der eine Bucht oder eine Flußmündung abschließt. Bei Flut fließt Wasser in das abgeschlossene Becken und treibt dabei die Turbinen an. Bei Ebbe dreht sich der Wasserfluß um und treibt wiederum die Turbinen an.

Gifte

Kein Ding ist ohne Gift, allein die Dosis macht, daß ein Stoff zu einem Gift wird, sagte sinngemäß der Arzt Paracelsus vor über 400 Jahren. Und er hatte recht damit. Auch Kochsalz, das wir jeden Tag essen, wird zu einem tödlichen Gift, wenn wir es in größerer Menge aufnehmen. Viele →Heilmittel wirken nur dann günstig, wenn wir eine geringe Menge (Dosis) davon einnehmen. In höherer Dosis dagegen können sie ausgesprochen giftig sein.

Selbst in Mitteleuropa gibt es viele Giftpflanzen und Gifttiere. Ungefähr ein Sechstel unserer Pilze enthalten giftige oder unbekömmliche Stoffe. Wirklich lebensgefährlich sind jedoch nur ganz wenige Arten, zum Beispiel der Knollenblätterpilz, dessen Gift die →Leber zerstört. Eines der giftigsten Tiere ist unsere Erdkröte. Sie erzeugt in ihrer Haut und in großen Drüsen hinter den Augen ein furchtbares, milchigweißes Gift. Da

▽ Giftige Lebewesen gibt es im Pflanzen- wie im Tierreich. Am berüchtigtsten sind wohl die Schlangen, obwohl längst nicht jede Schlange eine Giftschlange ist. Die giftigsten Tiere finden wir allerdings unter den Fröschen.

Das gefährlichste tierische Gift produziert ein Pfeilgiftfrosch aus Kolumbien in seiner Haut. Wie der Name sagt, stellten die Indios früher aus solchen Fröschen ein Pfeilgift her, das absolut tödlich wirkte. Ungefähr 0,00001 Gramm des Giftstoffes reicht aus, um einen Menschen zu töten.

die Erdkröte aber kein Organ hat, um es einem Gegner einzuspritzen, bleibt sie ein harmloses Tier. Ebensowenig können die Spinnen dem Menschen etwas anhaben. Sie produzieren zwar alle ein Gift, können es mit ihren Giftklauen aber nicht einspritzen, weil unsere Haut zu dick ist. Die gefährlichsten Gifttiere finden wir unter den Fischen, den Fröschen und natürlich unter den Schlangen. Zu den giftigsten Stoffen, die der Mensch geschaffen hat, gehören die Dioxine.

Glas

Glas wird hauptsächlich aus Sand, Kalk und Soda hergestellt. Diese Stoffe werden fein gemahlen, mit gemahlenem Altglas vermischt und auf rund 1200 °C erhitzt. Bei dieser Temperatur schmelzen die Bestandteile zu einer teigigen Masse zusammen. Diese wird anschließend beispielsweise zu Flaschen oder zu Flachglas weiterverarbeitet. Obwohl Glas sehr hart ist, kann man es nicht als →Festkörper bezeichnen, weil die Atome und Moleküle im Glas nicht regelmäßig angeordnet sind. Glas hat viel eher den Aufbau einer →Flüssigkeit; die Chemiker sprechen auch von einer unterkühlten Schmelze.

Es gibt viele verschiedene Glassorten. Farbiges Glas bekommt man, wenn man Metalloxide zugibt. Das schwere Bleikristallglas enthält tatsächlich rund ein Fünftel Bleisalze. Es wird oft geschliffen und zu teuren Trinkgläsern verarbeitet. Sicherheitsglas bildet keine scharfen Splitter, wenn es bricht. Bei der Herstellung kühlt man das Glas schnell ab und spannt es damit vor. Bei einem heftigen Schlag zerkrümelt es, anstatt zu splittern. Verbund-Sicherheitsglas besteht aus zwei Glasscheiben mit einer Kunststoffschicht dazwischen. Sie hält bei Bruch die Splitter zusammen. Aus solchem Sicherheitsglas sind vor allem Schaufenster und Vitrinen. Sicherheitsglas ist auch für die Scheiben von Autos vorgeschrieben.

▽ Glas wird aus Sand, Kalk und Soda hergestellt. Die feingemahlenen Bestandteile gelangen in einen Ofen, wo sie bei Temperaturen um 1200 °C schmelzen. Die Schmelze wird dann vor allem maschinell weiterverarbeitet. Hohle Formen wie Flaschen stellen Maschinen mittels eingeblasener Luft her. Für das Flachglas gibt es das moderne Floatverfahren. Dabei erstarrt das vorgewalzte Flachglasband auf geschmolzenem Zinn und bekommt eine einwandfreie Oberfläche.

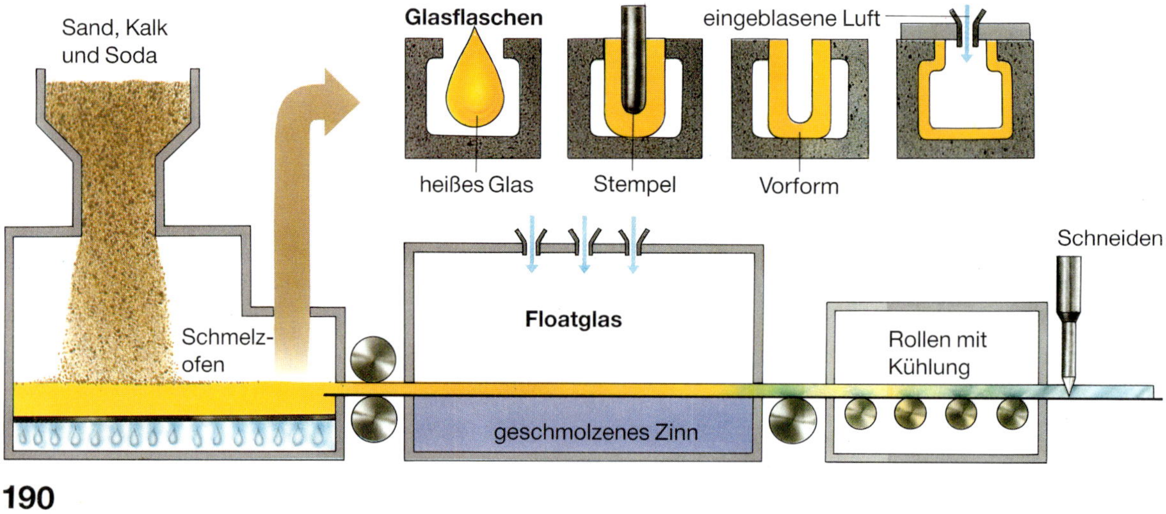

Mach es selbst

Wir stecken eine Reißzwecke in einen Korken und setzen ihm aus Modelliermasse einen Hut auf. Wir stecken zwei Stricknadeln schräg in den Korken hinein und beschweren sie am Ende mit je einer Kugel aus Modelliermasse. Das Ganze balancieren wir auf einem umgedrehten Plastikbecher. Vielleicht müssen wir die Lage der Stricknadeln noch verändern, damit sich das Spielzeug in einem stabilen Gleichgewicht befindet.

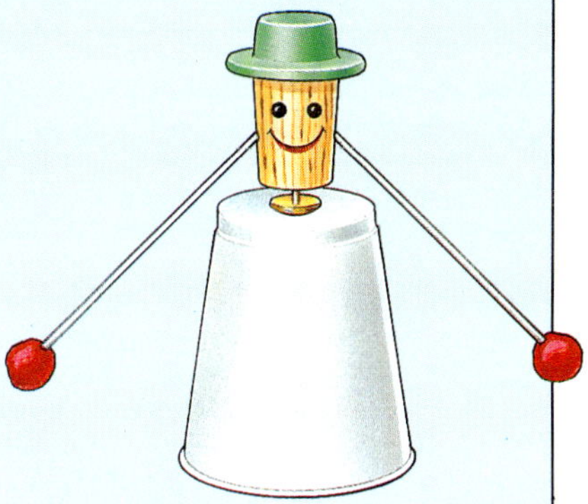

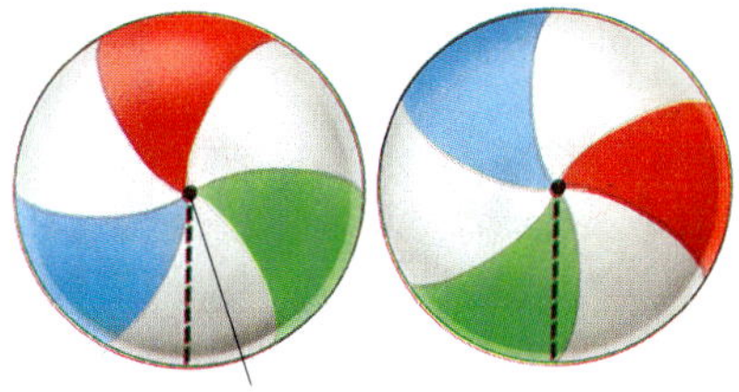

△ Bälle auf einer flachen Ebene befinden sich im indifferenten Gleichgewicht. Wenn man ihre Lage verändert, nehmen sie eine neue Gleichgewichtslage ein, die aber ähnlich ist wie die frühere.

Gleichgewicht

Der Biologe spricht von einem Gleichgewicht in der Natur, wenn keine Tier- oder Pflanzenart überhandnimmt und ihr Lebensraum erhalten bleibt. Ein solches Gleichgewicht ist nicht starr, sondern pendelt um einen mittleren Wert hin und her. Es ist ein dynamisches Gleichgewicht oder ein Fließgleichgewicht. Eine ähnliche Vorstellung haben auch die Chemiker: Für sie herrscht ein Gleichgewicht, wenn dieselbe Zahl von →Molekülen abgebaut und aufgebaut wird.

Für den Physiker herrscht dann ein statisches Gleichgewicht, wenn sich die Kräfte, die auf einen Körper einwirken, gegenseitig aufheben. Es gibt drei verschiedene Arten des statischen Gleichgewichts. Beim stabilen Gleichgewicht kehrt ein Körper immer wieder automatisch in die Gleichgewichtslage zurück, wenn er leicht angestoßen wird (Beispiel: Murmel in einer Schüssel). Das Gleichgewicht heißt labil, wenn eine leichte Veränderung dazu führt, daß der Körper ein neues, anderes Gleichgewicht findet (Beispiel: Murmel oben auf einem gewölbten Boden). Indifferent heißt das Gleichgewicht, wenn jede einwirkende Kraft zu einem neuen, gleichartigen Gleichgewicht führt (Beispiel: Murmel auf flacher Ebene).

▽ Gleichrichter verwandeln Wechselstrom in Gleichstrom. Wechselstrom fließt in zwei Richtungen, Gleichstrom nur in eine. Zweiweg-Gleichrichter nützen beide Halbwellen des Wechselstroms.

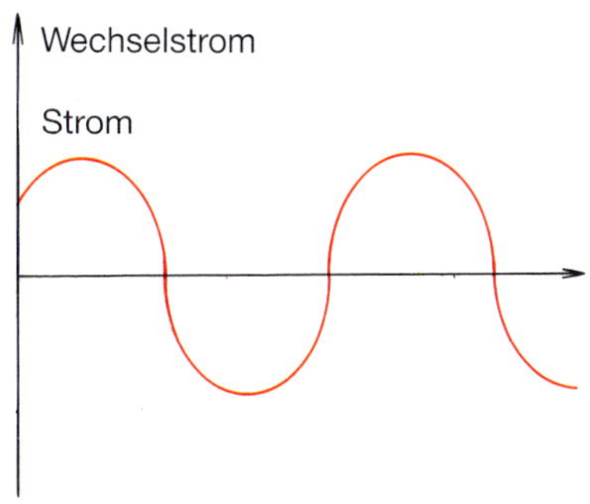

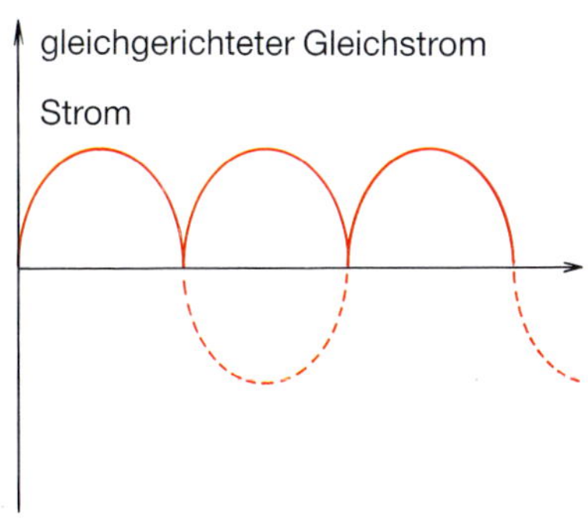

Gleichrichter

Gleichrichter verwandeln Wechselstrom in Gleichstrom. Einer der einfachsten Gleichrichter ist die →Elektronenröhre oder die →Diode: Sie läßt nur Strom in einer Richtung durch. Den Anteil des Wechselstroms, der in der falschen Richtung fließt, kann sie nicht nutzen. Deswegen handelt es sich um einen Einweg-Gleichrichter. Doppelweg-Gleichrichter nutzen beide Halbwellen des Wechselstroms. Die weitaus meisten Gleichrichter bestehen heute aus →Halbleitern mit Sperrschichten.

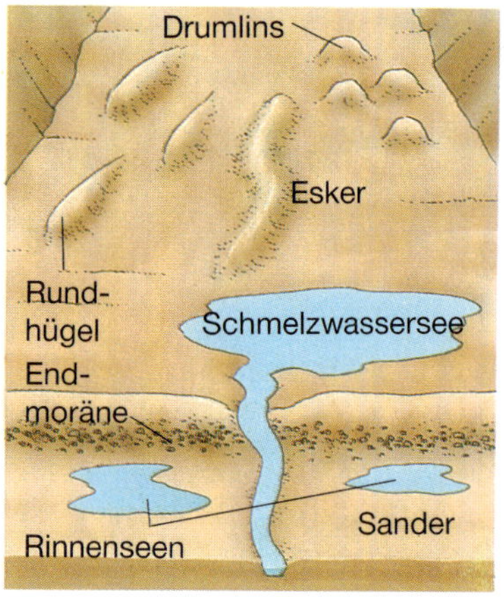

△ Wenn ein Gletscher abschmilzt und sich zurückzieht, hinterläßt er typische Spuren in der Landschaft. Das Gletschereis schleift alle kantigen Formen ab. Übrig bleiben zum Beispiel die Rundhöcker oder Rundbuckel. Die Franzosen nennen sie „Schafshügel", weil sie an die Rücken von Schafen in einer dichtgedrängten Herde erinnern. Auch die Drumlins sind runde Hügel, bestehen aber aus herantransportiertem Moränenschutt. Werden sie lang wie Eisenbahndämme, so nennen wir sie mit einem schwedischen Wort „Oser" oder englisch „Esker". Endmoränen entstanden bei Vorstößen von Gletschern. Diese schoben die Grundmoräne zu einem hohen Wall zusammen. Dadurch konnten Seen aufgestaut werden. Vor der Endmoräne liegen meistens flache Gebiete aus Schotter, die sogenannten Sander.

Gletscher

Gletscher sind Eisströme. Obwohl Eis gefrorenes Wasser und damit ein Festkörper ist, verhält es sich bei Temperaturen nahe dem Schmelzpunkt nicht starr, sondern plastisch und beweglich. Deswegen kann Gletschereis fließen. Wir können es fast als eine sehr zähe Flüssigkeit betrachten.

Gletscher bilden sich überall da, wo im Winter mehr Schnee fällt, als im Sommer wegschmilzt. Im Lauf der Zeit sammelt sich der Schnee an. Die unteren Schneeschichten werden zusammengepreßt, schmelzen und gefrieren wieder; sie verwandeln sich in das milchighelle, körnige Firneis. Schließlich entsteht daraus das grünlich oder bläulich schimmernde Gletschereis. Dieses fließt talabwärts. Alpengletscher erreichen dabei eine Geschwindigkeit von rund einem halben Meter pro Tag, grönländische Gletscher von 30 Metern!

Ein Gletscher glättet das Tal, über das er fließt. Man kann ihn mit einem riesigen Hobel vergleichen. Tatsächlich beobachten wir überall in den Alpen glattgeschliffene Gesteinsflächen; sie gehen auf frühere Gletscher zurück und heißen Gletscherschliff. Wir finden sie besonders in den U-förmigen Trogtälern, die von Gletschern in der Eiszeit ausgeschürft wurden. Gletscher transportieren auf ihrer Oberfläche viel Gesteinsmaterial mit, das sich zu Moränen aufhäuft.

Während der letzten →Eiszeit waren große Teile Mitteleuropas von Gletschern bedeckt, die entweder aus Skandinavien oder von den Alpen stammten. Diese Gletscher hinterließen nach ihrem Rückzug große Steinblöcke (Findlinge), Seen oder Landschaften mit vielen runden Hügeln, den Drumlins.

In den Alpen gibt es fast nur Talgletscher. In der Antarktis und auf Grönland sind jedoch riesenhafte Gebiete vergletschert. Wir sprechen dabei vom Inlandeis.

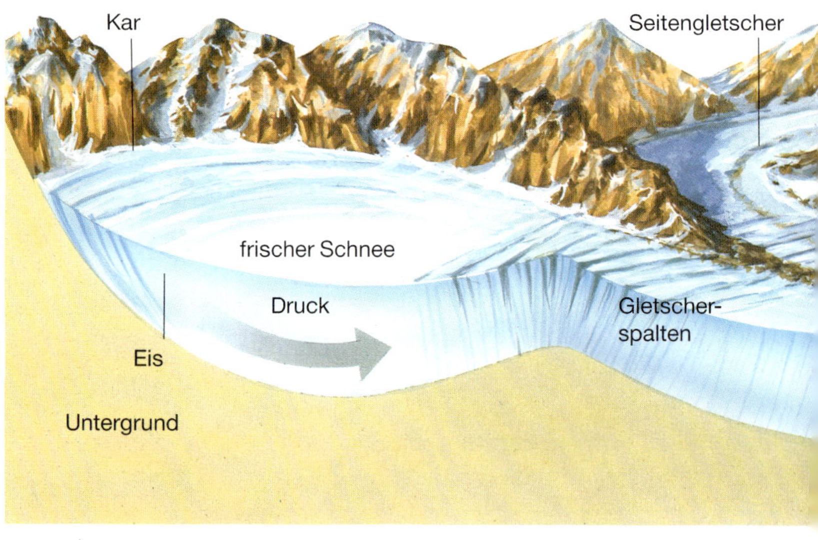

▷ Ein Gletscher nimmt seinen Anfang in einem Kar. Während er ins Tal fließt, transportiert er große Mengen von Bruchstücken in länglichen Moränen. Gletscher bewegen sich in der Mitte schneller als an den Seiten. Dadurch entstehen Gletscherspalten, die eine große Gefahr für Wanderer und Alpinisten darstellen.

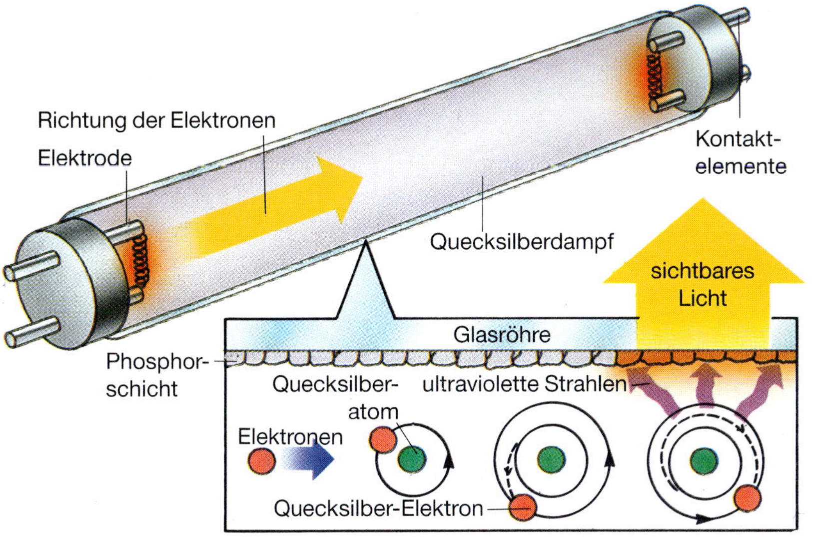

◁ Wesentlich „kälteres“ Licht als die Glühlampen erzeugen die Gasentladungs- oder Leuchtstofflampen, die wir meistens Neonröhren nennen. Manche Gasentladungslampen enthalten Quecksilberdämpfe. Der elektrische Strom, der von einer Elektrode zur anderen fließt, regt die Quecksilberatome an. Sie strahlen unsichtbares ultraviolettes Licht ab. Dieses trifft auf eine Phosphorschicht im Innern der Glasröhre, die helles sichtbares Licht abstrahlt. Der Wirkungsgrad der Gasentladungslampen liegt bei 15 bis 20 Prozent.

Glühlampe

Glühlampen spenden uns Licht, sind aber eigentlich Öfen. Wenn ein elektrischer Strom durch die Glühwendel fließt, wird diese durch ihren →Widerstand bei 2500 bis 3000 °C weißglühend. 95 Prozent der elektrischen Energie verwandelt sie dabei in Wärme. Deswegen verbrennen wir uns die Finger so leicht an einer Glühlampe. Nur 5 Prozent der eingesetzten elektrischen Energie werden in Licht umgewandelt. Es gibt nur wenige Stoffe, die den dauernden Wechsel zwischen Aufheizen und Abkühlen und die hohen Temperaturen aushalten. Heutige Wendeln bestehen überwiegend aus dem widerstandsfähigen Metall →Wolfram. Damit bei den hohen Temperaturen keine →chemischen Reaktionen stattfinden, steht der Glaskolben unter →Vakuum oder ist mit einem →Edelgas gefüllt.

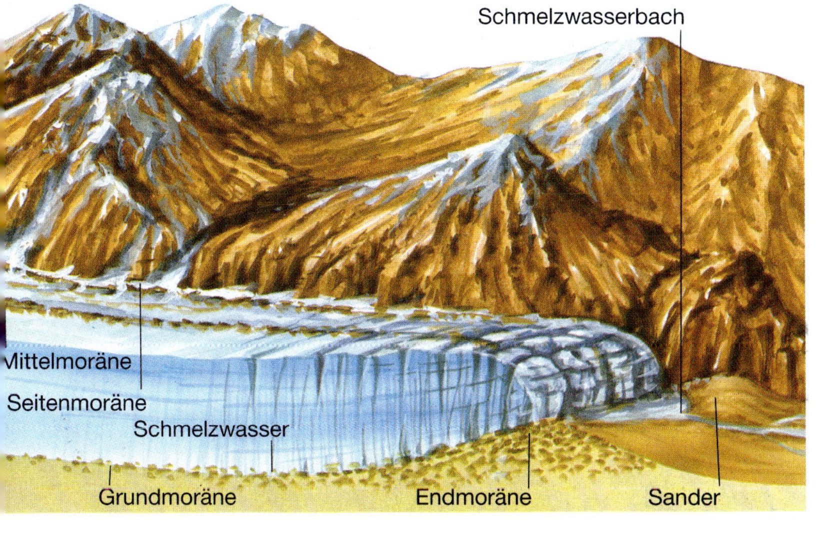

◁ Das Schmelzwasser eines Gletschers ist meistens weißlich gefärbt („Gletschermilch“), weil es feinst zerriebenes Gesteinsmehl enthält.

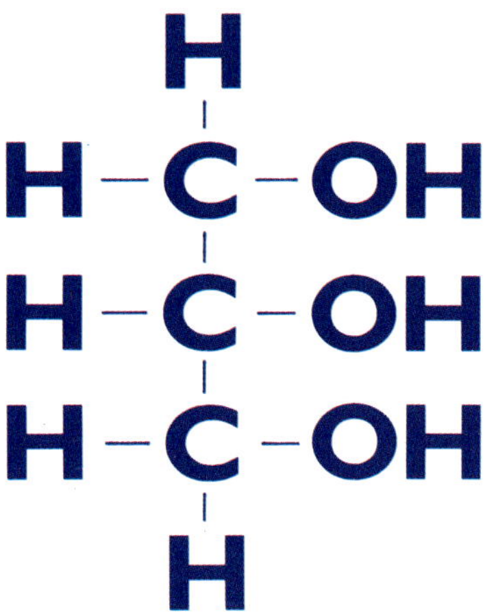

△ Die chemische Formel des Glyzerins. Das Glyzerin ist ein Alkohol, weil es Hydroxylgruppen (-OH) enthält. Der chemische Aufbau ist aber ähnlich wie bei einem Zucker. Deswegen schmeckt Glyzerin auch süß.

Glyzerin

Glyzerin ist eine dickflüssige, wasserhelle Flüssigkeit, die sehr süß schmeckt und tatsächlich zu den →Zuckern gehört. Das erstaunt insofern, als Glyzerin ein chemischer Bestandteil aller →Fette und →Öle ist. Anstelle der Hydroxylgruppe (-OH) in der Formel links trägt das Glyzeringerüst die gesättigten oder ungesättigten Fettsäuren.
Die Industrie verwendet viel Glyzerin, zum Beispiel für die Herstellung von Zahnpasta, von Eiscreme und anderen Süßigkeiten. Glyzerin hat die merkwürdige Eigenschaft, daß es Wasser aus der Umgebung, aus der Luft, anzieht. Man nennt dieses Verhalten hygroskopisch. Wenn man Glyzerin offen stehen läßt, wird es immer mehr, weil es Wasser aufnimmt. Pfeifentabak und Kosmetika enthalten oft Glyzerin, damit sie feucht bleiben. Ein früher viel verwendeter Sprengstoff, das Dynamit, bestand zu einem Teil aus Glyzerin und hieß deshalb auch →Nitroglyzerin.

Gold

Gold ist ein metallisches →chemisches Element. Es hat eine hellgelbe Farbe, und durch seine Schönheit und Seltenheit wird es von jeher von den Menschen begehrt. Gold läßt sich sehr leicht verformen: Man kann daraus dünne Drähte ziehen oder es zu feinstem Blattgold hämmern, das nur ein zehntausendstel Millimeter dick ist. Gold geht kaum →chemische Verbindungen ein und ist nicht empfindlich gegenüber →Korrosion.
Die größten Goldvorkommen der Welt liegen in Südafrika und in Rußland. In der Natur tritt Gold in Form von Gängen oder Adern oder als mehr oder weniger große Körner (Nuggets) auf. Vor kurzem wurde nachgewiesen, daß Gold sich auch in vielen Bächen bei uns ständig in Form von Flittern ablagert. Jeder kann es aus dem Sand mit Sieben und Schüsseln herauswaschen.

Reines Gold ist 24karätig. Solches Gold ist aber zu weich für Schmuckstücke und würde zu leicht zerkratzen. Für hochwertigen Schmuck verwendet man 18karätiges Gold, für weniger wertvollen 9karätiges. Solcher Schmuck enthält 9 Gewichtsteile Gold und 15 Gewichtsteile eines anderen Metalls, beispielsweise Kupfer.

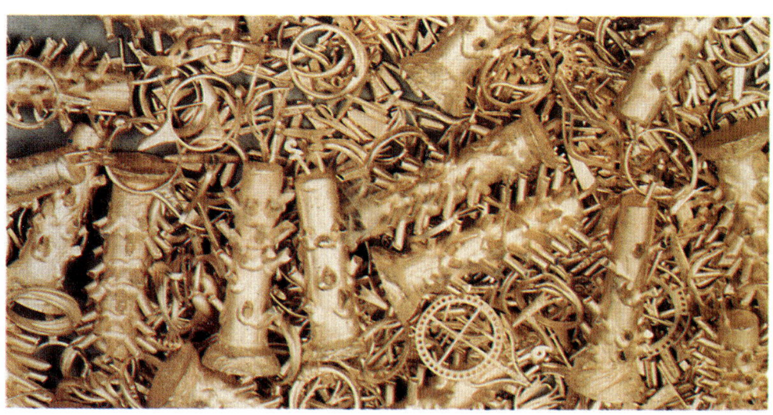

▷ Das Gold war eines der ersten Metalle, das der Mensch kennenlernte. Sein chemisches Zeichen, Au, stammt vom lateinischen Wort für Gold, „aurum“. Lange Zeit wurde Gold nur zu Schmuck und Münzen verarbeitet. Heute verwendet die Industrie ziemlich viel Gold. Die elektrischen Kontakte von Mikrochips und von anderen elektronischen Bauteilen sind oft mit Gold überzogen. Gold ist ein sehr guter elektrischer Leiter und schützt gleichzeitig vor Korrosion.

Grad

Das Wort „Grad“ stammt vom lateinischen „gradus“, das „Schritt“ bedeutet. Und diese Bedeutung ist geblieben. Der Mathematiker unterteilt den Kreis in 360 „Schritte“ oder „Abschnitte“, die er Grade nennt. Der rechte Winkel hat somit 90° (sprich: Grad). Mit solchen Winkelgraden arbeitet auch der Geograph bei der Angabe von →Längen- und Breitengraden. Unsere Temperaturskala hat als Einheit das Grad Celsius, abgekürzt °C. Der Gefrierpunkt von Wasser liegt bei 0 °C, der Siedepunkt bei 100 °C. In den USA verwendet man für die Angabe von Temperaturen noch das Grad Fahrenheit (°F). Der Physiker arbeitet mit Kelvin (nicht Grad Kelvin!). Null Kelvin (0 K) entsprechen dem →absoluten Nullpunkt und somit −273 °C.
Siehe auch →Wirkungsgrad.

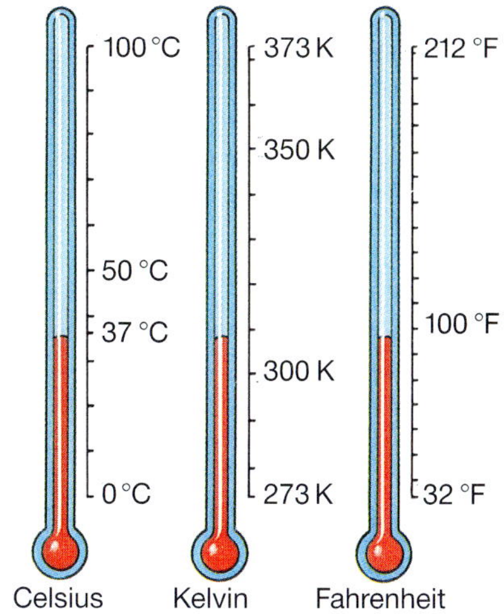

△ Die normale Körpertemperatur des Menschen beträgt auf der Celsius-Skala 37 °C, auf der Kelvin-Skala 310 Kelvin (K) und auf der Fahrenheit-Skala 98,6 °F. Die Fahrenheit-Skala unterteilt den Abstand zwischen dem Gefrierpunkt und dem Siedepunkt des Wassers in 180 Abschnitte und addiert 32° für den Gefrierpunkt. Sie ist nur noch in den USA und – in geringerem Umfang – in England gebräuchlich.

Grundwasser

Grundwasser ist das gesamte unterirdische Wasser in den Gesteinsschichten. Wir müssen uns das so vorstellen, als ob wir über einem unsichtbaren See lebten: Das Wasser von Niederschlägen und Gewässern versickert ständig im Boden. Es verschwindet aber nicht, sondern füllt die freien Zwischenräume im Gestein. In feuchten Gebieten liegt der Grundwasserspiegel ziemlich hoch, vielleicht in 1 bis 2 Metern Tiefe. Beim Bau neuer Häuser können wir diesen Grundwasserspiegel oft sehen. Die Keller müssen dann sorgfältig abgedichtet werden, damit kein Grundwasser eintritt.
Das Grundwasser fließt ganz langsam durch den Boden, stellenweise mit einer Geschwindigkeit von nur einem Meter pro Tag und wird dabei wie in einem →Filter gereinigt. Manche Gesteinsschichten lassen kein Grundwasser eindringen, andere wiederum sind davon gesättigt. An einigen Stellen tritt Grundwasser auch wieder an die Erdoberfläche und bildet Quellen. Man kann grundwasserführende Schichten auch anbohren und zum Beispiel in →artesischen Brunnen nutzen.

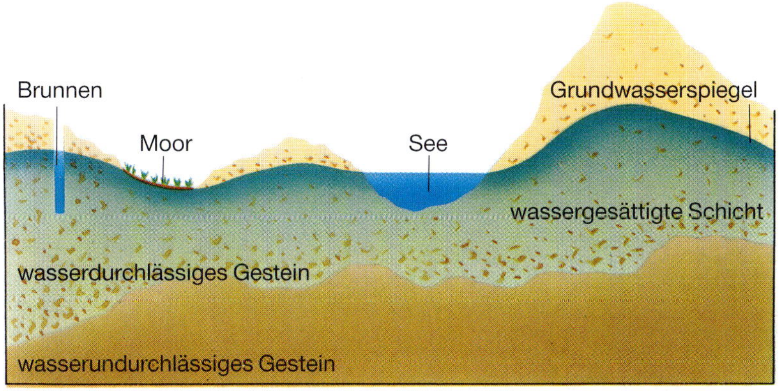

◁ Der ganze Untergrund ist von einer bestimmten Tiefe (Grundwasserspiegel) an mit Wasser gesättigt, soweit das Gestein Wasser aufnimmt. Darunter können wasserundurchlässige Gesteinsschichten liegen. In Sümpfen, Mooren oder Seen erreicht die Grundwasserschicht die Erdoberfläche. In der Umgebung vieler Seen liegt der Grundwasserspiegel ziemlich hoch.

Gummi

▷ Die Herstellung von Gummi umfaßt mehrere Arbeitsgänge: **1.** Einsammeln des Milchsaftes (Latex) durch schräge Kerbschnitte in die Rinde des Kautschukbaumes. **2.** Ausfällen des Kautschuks durch Zugabe von Säure. **3.** Ausrollen zu weichen Platten. **4.** Trocknen und Räuchern. **5.** Färben und Vulkanisieren. **6.** Die meisten Gegenstände aus Gummi werden in Formen gepreßt, zum Beispiel Autoreifen.

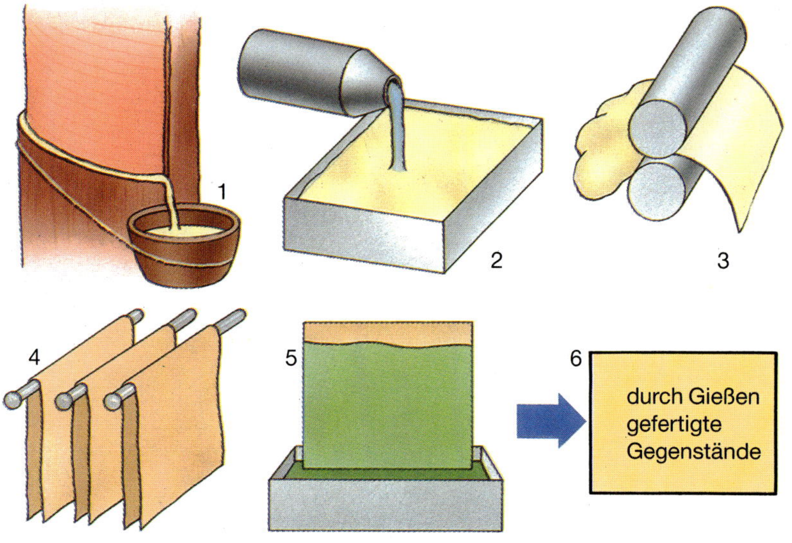

Gummi

Gummi wird aus Kautschuk durch →Vulkanisation gewonnen. Kautschuk wiederum stellt man aus dem Milchsaft (Latex) des Kautschukbaumes her. Es ist ein klebriger Stoff. Durch Vulkanisation wird er sehr zugfest, behält aber seine Elastizität bei. Aus Gummi bestehen zum Beispiel Handschuhe oder Luftballons. Ein großer Teil des Gummis wird heute künstlich hergestellt. Natürlicher wie synthetischer Gummi besteht aus →Polymeren, also aus Riesenmolekülen.

Gußform

Wer einen Gegenstand aus flüssigem Metall gießen will, braucht dazu eine Gußform. Zunächst stellt man ein Modell des Gegenstandes her (positive Form). Davon nimmt man nun die negative Gußform ab, indem man den Gegenstand zum Beispiel in feuchten Sand drückt, so daß sich dessen Umrisse genau abzeichnen. Nun füllt man den entstandenen Hohlraum mit flüssigem Metall aus und läßt es erkalten. Größere Gußstücke muß man aus zwei oder mehreren Teilen fertigen.

▽ Die Herstellung eines gegossenen Kerzenständers umfaßt drei Schritte: Zuerst wird ein Modell hergestellt. Dann gewinnt man die Gußform, indem man den Kerzenständer in feuchten Sand preßt. Die Hohlform gießt man anschließend mit flüssigem Metall aus. Die zweite Hälfte des Kerzenständers muß getrennt gefertigt werden. Die Gußstücke werden dann noch von Hand gesäubert, geglättet und zusammengefügt.

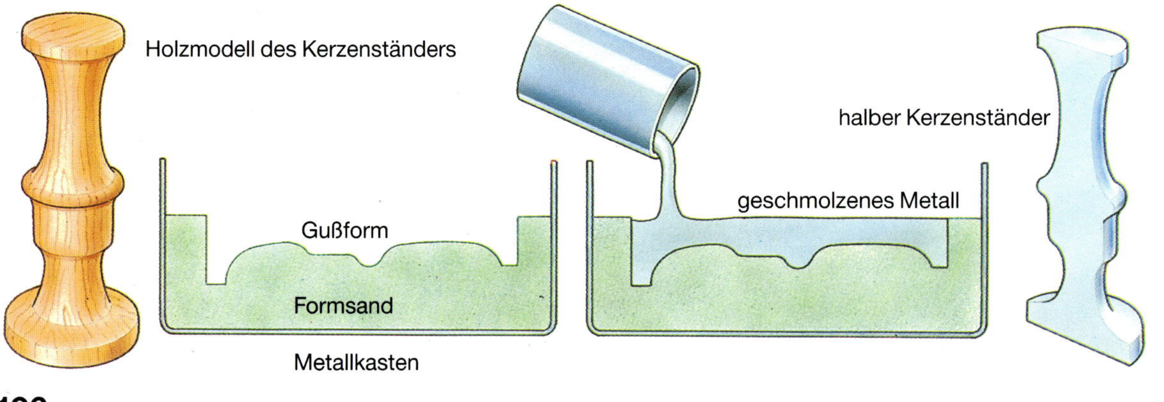

Hh

Haar

Nur Säugetiere – und mit ihnen der Mensch – haben Haare. Sie isolieren, halten warm und trocken und schützen die Haut. Wenn die Haare unterschiedlich gefärbt sind, können sie zur →Tarnung beitragen, wie beim Tiger oder Eisbären.
Jedes Haar wächst aus einer kleinen länglichen Grube in der Haut, der Papille. Das Haar selbst ist innen hohl und besteht aus dem leichten →Protein Horn. Dieses kann das →Pigment Melanin enthalten. Dann sehen die Haare braun oder schwarz aus. Blonde Haare enthalten geringere Melaninmengen. Wenn die Pigmentbildung nachläßt, ergraut das Haar. Weißes Haar enthält Luft, die alle Lichtstrahlen zurückwirft (→Reflexion). Winzige Haarsträubemuskeln setzen am Haar an und können es aufrichten. Gesträubtes Haar isoliert besser. Wenn sich beim Menschen die Haare sträuben, bekommt er eine Gänsehaut.

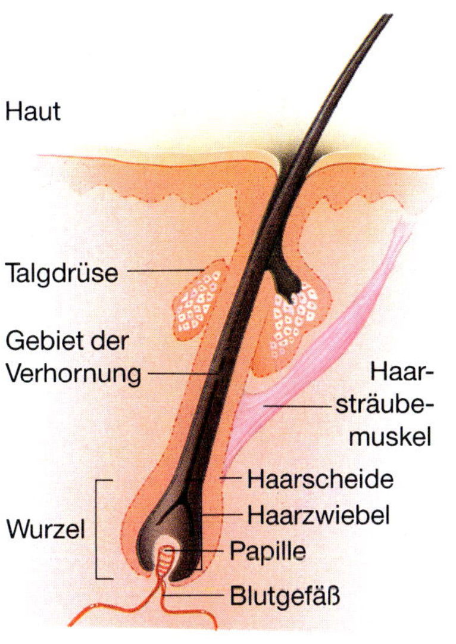

△ Jedes Haar steckt in einer Papille mit eigener Blutversorgung.

Halbleiter

Die →Elektronik verwendet Werkstoffe mit unterschiedlicher elektrischer Leitfähigkeit. Die →Leiter haben einen sehr niedrigen, die →Isolatoren einen sehr hohen elektrischen Widerstand. Dazwischen liegen die Halbleiter. Obendrein kann bei ihnen der elektrische Strom sehr groß oder extrem klein sein – je nachdem, in welche Richtung er fließt. Der wichtigste Halbleiter ist das chemische Element →Silizium. Man kann die Eigenschaften von Halbleitern verändern, indem man Spuren anderer Elemente hinzufügt; der Fachmann spricht dabei von Dotieren. Einige Zusätze führen zu einem Überschuß an →Elektronen: Es handelt sich dabei um einen n-leitenden (n = „negativ“) Halbleiter. Andere Spuren führen zu einem Elektronenmangel oder zu Fehlstellen („Elektronenlöcher“). Solche p-leitenden Halbleiter verhalten sich wie positive Ladungen und ermöglichen es, daß Elektronen diese Fehlstellen vorübergehend besetzen. Dadurch kommt es zu einem Stromfluß. Unterschiedliche Teile eines Siliziumchips können nun p- oder n-dotiert werden. Auf diese Weise entstehen winzige elektrische Schaltungen.

▽ Mit n- und p-leitenden Halbleiterschichten kann man eine Diode herstellen. Sie läßt den Stromfluß nur in einer Richtung zu. Im Bild links fließt Strom. Auf dem Bild rechts wurden die Pole vertauscht, und es fließt kein Strom, weil Elektronen und Fehlstellen sich voneinander wegbewegen. Dazwischen entsteht eine Sperrschicht.

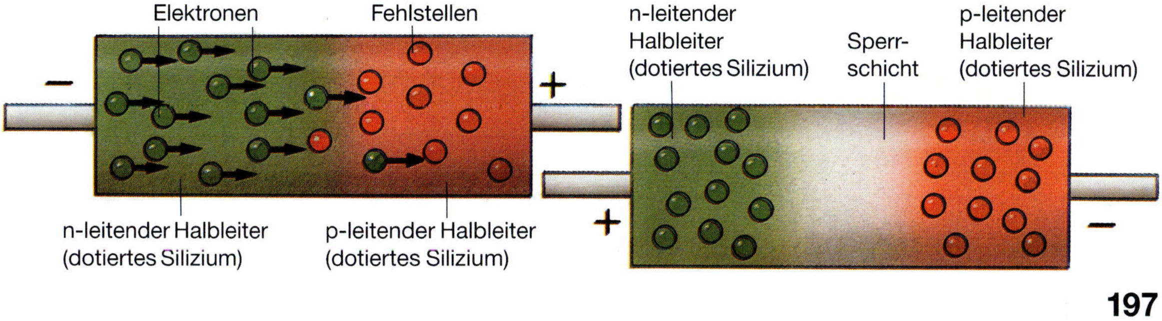

Halbwertszeit

Radioaktive Elemente sind nicht stabil, sondern zerfallen in andere Elemente. Ein wichtiger Begriff dabei ist die Halbwertszeit: Das ist die Zeitspanne, in der die Hälfte der ursprünglich vorhandenen Atomkerne zerfällt. Das Radiumisotop 226 hat zum Beispiel eine Halbwertszeit von 1620 Jahren. Nach Ablauf dieser Zeit ist noch die Hälfte des Ausgangsmaterials vorhanden. Nach weiteren 1620 Jahren ist nicht etwa alles Radium verschwunden, sondern wiederum nur die Hälfte des Ausgangsmaterials, also ein Viertel der Anfangsmenge. Erst nach zehn Halbwertszeiten ist das Radium praktisch verschwunden und nur mehr zu weniger als 0,1 Prozent vorhanden. Jedes →radioaktive →Isotop hat seine eigene typische Halbwertszeit. Es handelt sich dabei um eine Konstante, die sich nicht durch äußere Bedingungen beeinflussen läßt, zum Beispiel durch Druck- oder Temperaturänderungen. Die Halbwertszeiten schwanken zwischen Bruchteilen einer Sekunde und Milliarden von Jahren.

Einige Elemente mit kurzen Halbwertszeiten und relativ harmloser Strahlung kann man als Tracer (sprich: tre-ißer) zum Markieren verwenden. Wenn der Arzt sie beispielsweise in den Körper eines Patienten einspritzt, kann er verfolgen, welchen Weg sie nehmen und an welcher Stelle sie sich ansammeln. Mit diesem Verfahren kann er bestimmte Krankheiten erkennen.

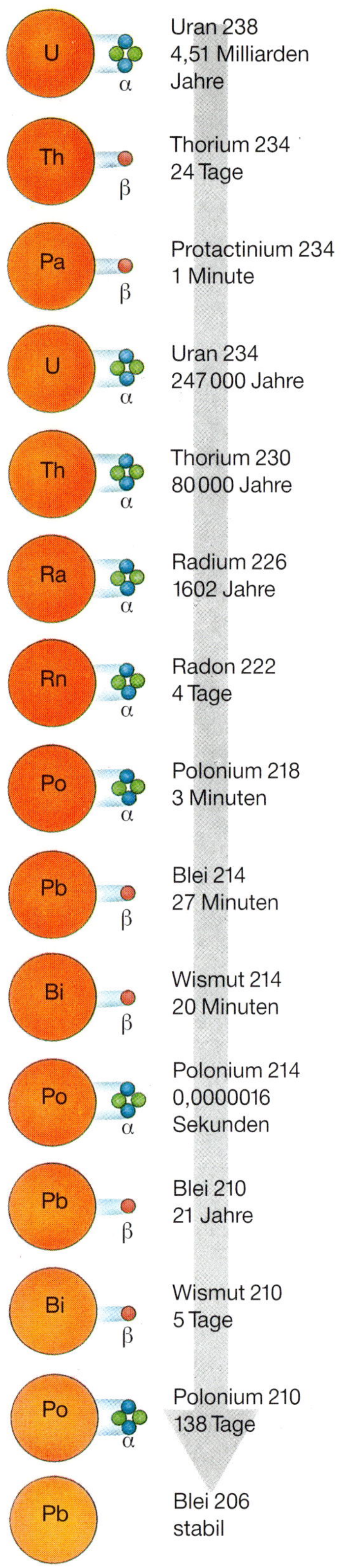

◁ Einige radioaktive Isotope zerfallen, indem sie ein Alphateilchen (α) abgeben. Diese Alphateilchen sind nichts anderes als Heliumkerne. Andere Isotope verlieren Betateilchen (β), also Elektronen. Die Tabelle links zeigt die Uran-Radium-Zerfallsreihe. Dabei zerfällt ein radioaktives Isotop in ein anderes. Am Ende der Zerfallsreihe steht das stabile Blei, das nicht mehr weiter zerfällt. Die Halbwertszeit ist bei jedem Isotop angegeben.

▽ Das Isotop Radon 222 zerfällt innerhalb von vier Tagen zur Hälfte. Es hat somit eine Halbwertszeit von vier Tagen. Nach weiteren vier Tagen ist wiederum die Hälfte der Ausgangsmenge zerfallen. Wenn das Radon 222 ein Alphateilchen abgibt, wird es zum Poloniumisotop 218. Das Gas Radon gelangt vom Untergrund direkt in Häuser. Wo es sich ansammelt, kann es erheblich zur Strahlenbelastung beitragen und Lungenkrebs auslösen.

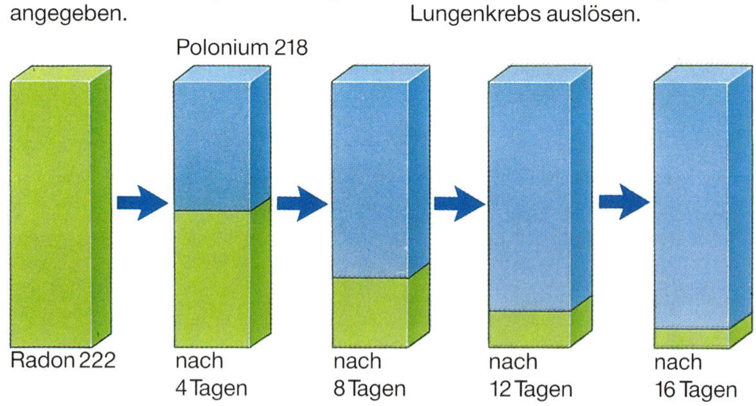

Da die Halbwertszeit durch nichts zu verändern ist, kann man sie auch zur Zeitbestimmung einsetzen. Das bekannteste Beispiel ist die C-14-Methode, auch →Radiokarbondatierung genannt.

Halogene

Halogene ist die allgemeine Bezeichnung für fünf nichtmetallische →chemische Elemente, nämlich Fluor, →Chlor, Brom, →Iod und Astat. Im →Periodensystem der Elemente bilden sie die Gruppe VII. Die Halogene reagieren sehr bereitwillig, vor allem mit Wasserstoff und Metallen. Dabei entstehen Salze, zum Beispiel das Natriumchlorid, das Kochsalz. Der Name „Halogene" beschreibt diese Eigenschaft, denn er bedeutet „Salzbildner".
Das Fluor ist ein hellgelbes, äußerst aggressives Gas. Fluorionen werden teilweise dem →Trinkwasser beigegeben, um den Zahnzerfall (Karies) zu stoppen. Das Brom ist eine rötlichbraune, flüchtige Flüssigkeit. Das Salz Silberbromid ist wie das Silberiodid lichtempfindlich und findet sich in fotografischen →Filmen. Halogenlampen enthalten ein wenig Iod und erzeugen ein weißeres Licht als die herkömmlichen →Glühlampen.

9 **F** 19.0	Fluor Ordnungszahl 9 relative Atommasse 19,0
17 **Cl** 35.5	Chlor Ordnungszahl 17 relative Atommasse 35,5
35 **Br** 79.9	Brom Ordnungszahl 35 relative Atommasse 79,9
53 **I** 126.9	Iod Ordnungszahl 53 relative Atommasse 126,9
85 **At** 210.0	Astat Ordnungszahl 85 relative Atommasse 210,0

△ Die Halogene sind eine Gruppe hochreaktiver chemischer Elemente. Das Astat ist radioaktiv.

Hardware

Zur Hardware eines Rechensystems gehören der →Computer, die Bildschirme und die Drucker, also alle Geräte, im Gegensatz zu den →Programmen, die wir auch als →Software bezeichnen. Hardware und Software gehören zusammen. Die eine kann man ohne die andere nicht nutzen. Die beiden Begriffe werden auch auf anderen Gebieten, zum Beispiel bei elektronischen Medien, verwendet. Ein Videorecorder gehört zur Hardware, die Filme, die damit abgespielt werden, sind hingegen ein Teil der Software.

Härte

Ein harter →Festkörper läßt sich nicht so leicht von einem anderen Körper schneiden oder ritzen. Die Härte hängt von der Größe und der räumlichen Anordnung der →Atome oder →Moleküle ab. Der härteste Stoff, den wir kennen, ist der →Diamant. Seine →Kohlenstoffatome sind ganz dicht gepackt und dazu noch sehr klein. Bei einer anderen Form des →Kohlenstoffs, dem Graphit, sind die Atome anders und viel lockerer gepackt. Deswegen ist Graphit sehr weich.
Auf der Härteskala von Friedrich Mohs (1773–1839) hat der Diamant die Härte 10, der Graphit die Härte 1. Dazwischen liegen die folgenden Stufen: Gips 2, Kalkspat (Kalzit) 3, Fluß-

Mach es selbst

Auch Bleistifte gibt es in verschiedenen Härtegraden. Die weicheren werden mit einem großen B gekennzeichnet, die härteren mit einem großen H. Der weichste Bleistift hat die Bezeichnung 3B, der härteste 3H. Versuche, mit verschiedenen Bleistiften andere Stoffe zu ritzen.

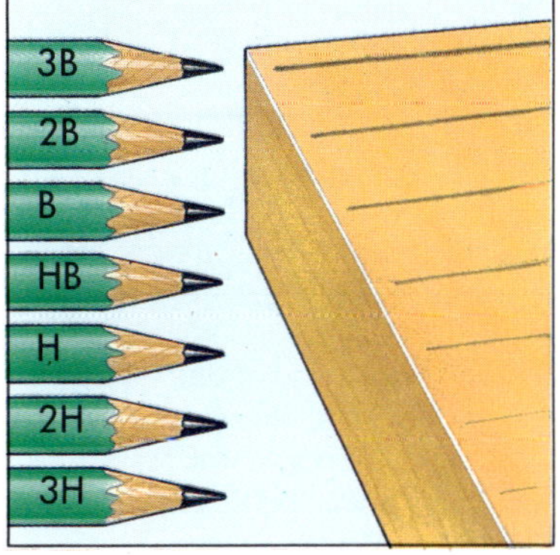

Mach es selbst

Die Haut der Fingerbeeren zeigt ein besonderes Muster aus Leisten. Es bildet sich als Fingerabdruck ab. Es gibt keine zwei identischen Fingerabdrücke – nicht einmal bei eineiigen Zwillingen. Betrachte mit einem Vergrößerungsglas deine Fingerabdrücke und die deiner Freunde.

spat 4, Apatit 5, Feldspat 6, Quarz 7, Topas 8, Korund 9. Die Klinge eines guten Taschenmessers hat eine Härte von 5,5. Wir können damit alle Mineralien von der Härte 1 bis 5 ritzen, während die Klinge von den Mineralien mit der Härte 6 bis 10 geritzt wird. Der Fingernagel hat eine Härte von 2,5.

Haut

Ein erwachsener Mensch hat ungefähr 1,7 Quadratmeter Haut. Sie wiegt 3 Kilogramm und stellt damit eines unserer größten Organe dar. Die Haut hat viele Aufgaben: Sie schützt die inneren Organe vor Verletzungen und vor dem Eindringen schädlicher Bakterien, Viren und Pilze. Die Haut hilft uns und allen gleichwarmen Tieren, den Vögeln und Säugern, die Körpertemperatur konstant zu halten. Wenn wir Sport treiben, rötet sich die Haut: Die winzigen Haargefäße (Kapillaren) in der Haut öffnen sich, so daß mehr Blut durch sie hindurchfließt und Wärme abstrahlt. Wenn dies nicht mehr ausreicht, geben besondere Drüsen in der Haut Schweiß ab. Dieser verdunstet auf der Haut und entzieht ihr dadurch Wärme. Bei Kälte schließen sich die Kapillaren in der Haut, um keine weitere Wärme zu verlieren. Wir haben dann kalte Hände und Füße und frieren, doch im Körperinneren herrscht immer dieselbe Temperatur um 37 °C. Die Haut enthält zahlreiche winzige Sinnesorgane für den Tastsinn, den Temperatursinn, den Drucksinn und den Schmerzsinn. Alle diese Sinnesorgane sind mit Nerven verbunden. Ihre Informationen gelangen ständig ins Gehirn und werden dort ausgewertet.
Die Haut ist im wesentlichen aus zwei Schichten zusammengesetzt: Unter der Oberhaut liegt die reißfeste Lederhaut. Darunter schließt sich das Unterhautfettgewebe an, das die

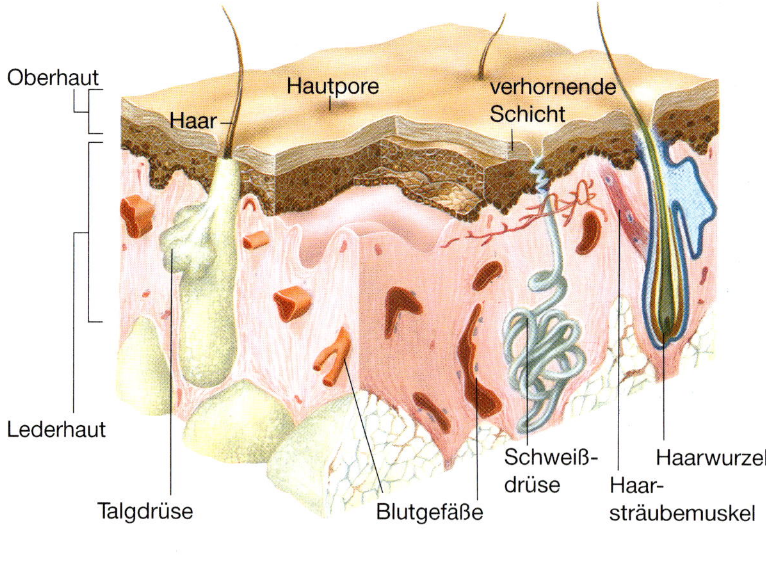

▷ Stark vergrößerter Schnitt durch die Haut. Sie ist ein kompliziert aufgebautes Organ mit Nerven, Drüsen, Blutgefäßen und Haarpapillen. Die Zellen der Oberhaut sind tot und verhornt und werden dauernd abgetragen. Dafür wachsen aus tieferen Schichten neue Zellen nach. Auch die Haare wachsen dauernd und werden von den Talgdrüsen gefettet.

Haut isoliert und vor Kälte schützt. Die Oberhaut wird ständig abgetragen oder schilfert in Form kleiner Schuppen ab. Sie muß deswegen dauernd nachwachsen. Ihre neugebildeten Zellen verhornen nach kurzer Zeit. Wo die Haut besonders beansprucht wird, bildet sie eine schützende dicke Hornschicht aus. Besonders ausgeprägt ist sie bei den Schwielen der Hand. Mit Ausnahme der Lippen, der Handinnenflächen und der Fußsohlen wachsen überall in der Haut →Haare, die ebenfalls aus Horn bestehen. Auch die Nägel und die Krallen der Tiere werden von der Haut gebildet.

Der griechische Physiker und Mathematiker Archimedes (um 287 – um 212 vor Christus) soll gesagt haben: „Gib mir einen festen Punkt, und ich werde die Erde bewegen." Damit meinte er, er brauche nur einen festen Drehpunkt, um die Erde aus den Angeln heben zu können. Archimedes hatte eben genau das Hebelgesetz begriffen.

Hebel

Der Hebel gehört zu den →einfachen Maschinen und überträgt eine →Kraft von einem Ort auf einen anderen. Der Hebel hat viele Anwendungsmöglichkeiten. Der Nußknacker ist ebenso ein Hebel wie der Flaschenöffner. Hebel kommen im täglichen Leben so oft vor, daß wir sie gar nicht mehr erkennen. Türklinken, Pedale und Schraubenschlüssel sind ebenfalls Hebel. Nehmen wir an, wir müßten einen großen Felsblock mit einem Hebel hochheben. Wir legen dazu einen kleineren Stein nahe beim Felsblock auf den Boden. Den langen Hebel legen wir dann unter den Felsblock und über den kleineren Stein. Dieser stellt für uns den Drehpunkt dar. Wir bewegen nun das ferne Ende des Hebels nach unten, und der Felsblock hebt sich. Weil die beiden Kräfte, nämlich Felsblock und Muskelkraft, an verschiedenen Seiten des Drehpunkts angreifen, sprechen wir von einem zweiarmigen Hebel. Der eine Arm heißt Kraftarm, der andere Lastarm. Den Kraftarm müssen wir über eine viel längere Strecke bewegen als den Lastarm. Die eingesetzte Kraft ist dabei geringer, doch die

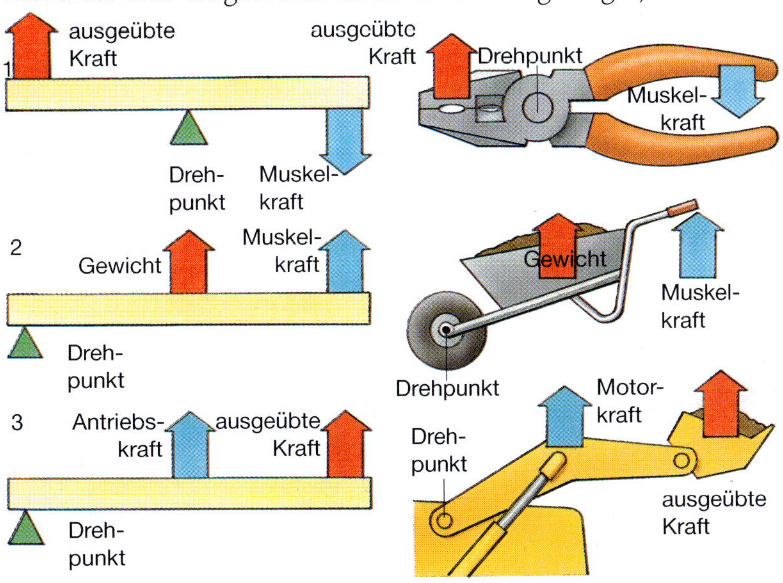

◁ Es gibt mehrere Arten von Hebeln. Beim zweiarmigen Hebel **(1)** greifen die beiden Kräfte an verschiedenen Seiten des Drehpunktes an. Beispiele dafür sind die Zangen. Ist der Kraftarm lang genug, so können wir mit unserer Muskelkraft dicke Stahlstäbe durchtrennen, etwa mit einem Bolzenschneider. Beim einarmigen Hebel **(2)** liegen die Angriffspunkte der beiden Kräfte auf derselben Seite. Die Schubkarre zeigt, daß wir mit verhältnismäßig geringer Kraft große Lasten heben können. Einen ebenfalls einarmigen Hebel **(3)** finden wir beim Bagger. Hier muß die Kraft der Hydraulik größer sein als das Gewicht der Ladung. Dafür legt der Antrieb einen geringeren Weg zurück, und das ist bei der Konstruktion des Baggers entscheidend.

Mach es selbst

Die Schaukel ist ein gutes Beispiel für einen zweiarmigen Hebel. Wenn das große Mädchen und der kleine Junge im selben Abstand vom Drehpunkt sitzen, hebt das Mädchen mit seinem größeren Gewicht den Jungen leicht in die Höhe. Bewegt sich aber das Mädchen näher zum Drehpunkt hin, so kommt die Schaukel an einem bestimmten Punkt ins Gleichgewicht. Bewegt sich dann das Mädchen noch näher zum Drehpunkt hin, so kann der leichtere Junge das Mädchen hochheben.

→Arbeit bleibt wegen der längeren Strecke dieselbe. Es gilt: Kraft · Kraftarm = Last · Lastarm. Wenn der Kraftarm zehnmal so lang ist wie der Lastarm, können wir auch eine zehnmal so schwere Last hochheben.

Hefen

Hefen sind winzige einzellige →Mikroorganismen aus der Gruppe der Pilze. Sie pflanzen sich ungeschlechtlich durch Sprossung fort. Hefen wachsen zum Beispiel auf der Oberfläche von Früchten. Wenn von einem Fruchtsalat einmal etwas übrigbleibt und vergessen wird, schmeckt es nach ein paar Tagen eigentümlich prickelnd und säuerlich. Die darin enthaltenen Hefen haben sich stark vermehrt und einen Teil des Zuckers in →Alkohol und das Gas →Kohlendioxid umgewandelt. Der prickelnde Geschmack wird vom Kohlendioxid verursacht. Die Hefen lösen also eine →Gärung aus. Eine Gärung findet auch im Brotteig statt; das Kohlendioxid, das sich dabei entwickelt, läßt den Teig aufgehen. Auch bei der Herstellung von Bier und Wein verwendet man Hefen.
Alle zuckerhaltigen Säfte laufen Gefahr zu vergären. Um das zu verhindern, müssen die Hefepilze abgetötet werden. Dies geschieht vor allem durch →Pasteurisierung. Auch einige chemische Stoffe verhindern eine Gärung.

▽ Die elektronenmikroskopische Aufnahme zeigt deutlich, wie sich die Hefezellen durch Sprossung vermehren. Die Zellen bilden einen runden Auswuchs, der größer wird und sich dann schließlich abschnürt. Dadurch wird die Tochterzelle selbständig. Daneben kennen die Hefepilze auch eine geschlechtliche Fortpflanzung, indem sie Sporen bilden. Einzelne Hefezellen können sich auch zu Ketten zusammenschließen.

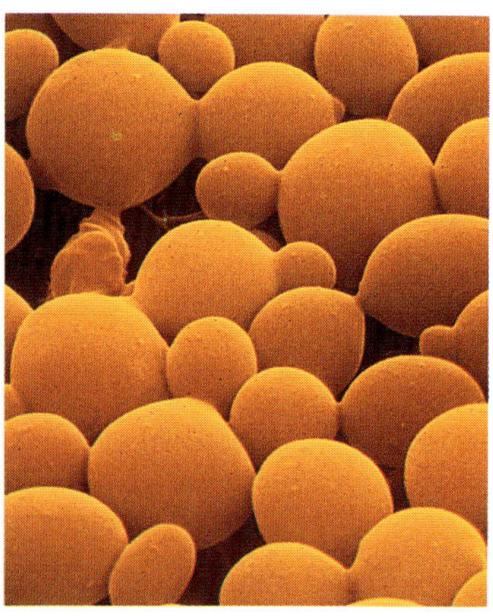

Heilmittel

Noch bis ins vorige Jahrhundert stellten die meisten Ärzte und Apotheker ihre Heilmittel selbst her. Die Medikamente bestanden damals fast ausschließlich aus pflanzlichen und

Mach es selbst

Wir können die Hefegärung selbst beobachten. Wir lösen einen Teelöffel Zucker in einem Becher warmer Milch auf. Dann geben wir Bäckerhefe hinzu und lösen sie darin ebenfalls auf. Wir stellen alles an einen warmen Ort. Nach ein paar Stunden wird die Milch überschäumen, weil die Hefen Kohlendioxid aus dem Zucker bilden.

tierischen Stoffen. Vor etwas über hundert Jahren trat das Aspirin seinen Siegeszug an. Es war eines der ersten synthetisch, das heißt im Labor hergestellten Heilmittel und wird auch heute noch als Schmerzmittel verwendet. Vor ungefähr vierzig Jahren gab es nur rund zwanzig chemische Wirkstoffe. Heute sind in Deutschland viele tausend Wirkstoffe für Medikamente zugelassen. Pflanzliche Arzneimittel gibt es immer noch, zum Beispiel in Form von Kräutertee, aber sie spielen nicht mehr dieselbe Rolle wie früher.

Wenn ein Heilmittel wirkt, hat es auch Nebenwirkungen. Das gilt für synthetische Stoffe genauso wie für pflanzliche. Das →Antibiotikum Penicillin zum Beispiel kann eine Allergie mit schlimmem Hautausschlag auslösen. Wenn der Arzt ein Medikament verschreibt, muß er immer das Risiko von Nebenwirkungen gegenüber dem Nutzen der Hauptwirkung abwägen.

Immer beliebter wird das Heilverfahren der Homöopathie. Die Heilmittel werden hier in winzigen Mengen (Dosierungen) und damit stark verdünnt eingesetzt. Hohe Dosierungen verwendet die Allopathie, die „normale" Schulmedizin.

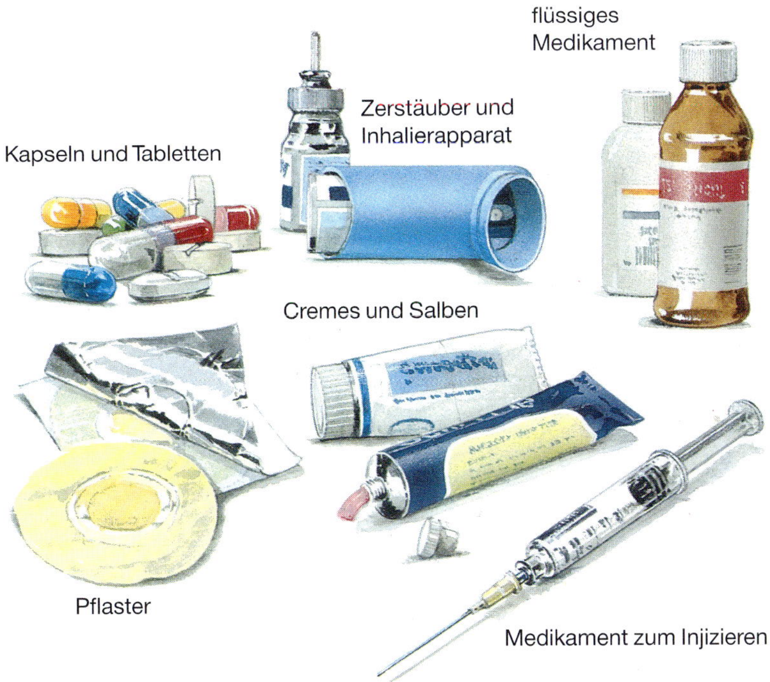

◁ Heilmittel gibt es in den unterschiedlichsten Anwendungsformen. Um ihre Wirkung zu entfalten, müssen sie in den Körper eindringen können. Der Arzt teilt die Arzneimittel nach ihrer Wirkung ein und unterscheidet zum Beispiel schmerzstillende Mittel (Analgetika), Mittel gegen Bakterien (Antibiotika), Beruhigungsmittel (Tranquilizer), Rheumamittel (Antirheumatika), Mittel, die auf das Gehirn einwirken (Psychopharmaka), Mittel gegen Depressionen (Antidepressiva), Mittel, die die Ausscheidung von Harn fördern (Diuretika), krampflösende Mittel (Spasmolytika), Krebsmittel (Zytostatika), Mittel gegen Wundinfektionen (Antiseptika), Mittel gegen Würmer (Anthelminthika).

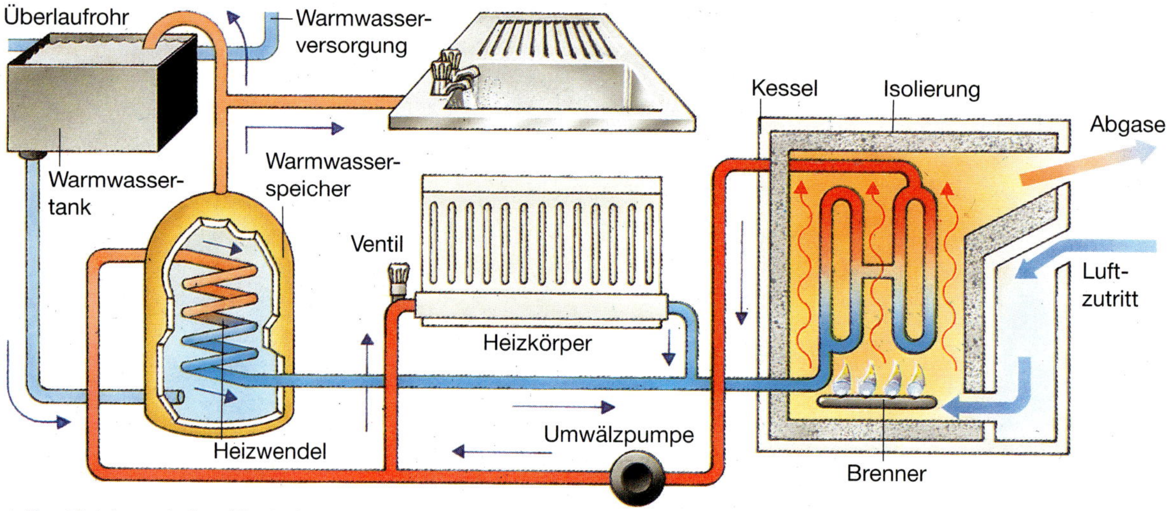

△ Der Heizkessel einer Zentralheizung verbrennt fossile Brennstoffe und erhitzt damit das Wasser, das durch die Heizkörper fließt. In diesem geschlossenen System kehrt das Heizungswasser wieder zum Kessel zurück und wird erneut aufgewärmt. In einem Wärmeaustauscher mit Heizwendel wird das warme Brauchwasser gewonnen.

▽ Für Ballons ist Helium das sicherste Füllgas. Es ist deutlich leichter als die Luft und kann im Gegensatz zum Wasserstoff nicht brennen. Die Heliumfüllung eines Ballons ist allerdings ein teurer Spaß.

Heizung

Die Zentralheizung versorgt von zentraler Stelle aus alle Räume des Hauses mit Wärme. Früher heizte man mit einem Ofen nur einen Raum, und wer das ganze Haus warm haben wollte, mußte in jedem Zimmer einen Ofen haben. In der Zentralheizung wird die Wärme durch Verbrennung von Gas, Erdöl oder Kohle gewonnen. Das Wasser wird im Kessel erhitzt. Anschließend fließt es durch die Heizkörper. Diese sind gerippt und haben eine möglichst große Oberfläche für den Wärmeaustausch zwischen dem Heißwasser und der kühleren Luft. Dasselbe Wasser heizt über einen →Wärmeaustauscher das Warmwasser für Bad und Küche auf. Das abgekühlte Wasser in den Heizungsrohren kehrt anschließend in den Kessel zurück und wird wieder aufgewärmt.

Wer die Räume zu Hause statt auf 24 °C nur auf 20 °C aufheizt, spart ein Viertel der Heizkosten. Kachelöfen sind wieder groß in Mode. Man darf darin aber nur gut abgelagertes Holz verfeuern. Auf keinen Fall ist der Kachelofen die eigene private Müllverbrennungsanlage, denn dadurch gelangen viele Giftstoffe in die Umwelt, zum Beispiel Schwermetalle, viel Ruß und →Schwefeldioxid. Bei der Hausfeuerung entstehen übrigens viele Schadstoffe, die zur Bildung des →sauren Regens beitragen.

Helium

Das Helium ist das leichteste →Edelgas. Es hat keinen Geschmack, keine Farbe und keinen Geruch. Helium entsteht vor allem auf den Sternen, zum Beispiel der →Sonne, durch Verschmelzung von →Wasserstoffkernen. Dabei werden ungeheure Energiemengen frei. Auf der Erde ist Helium jedoch ziemlich selten. Die Luft enthält nur fünf Teile Helium auf eine Million Teile. Das meiste Helium wird in den Vereinigten Staaten gewonnen: Dort kommt das Edelgas zusammen mit →Erdgas vor. Das Helium wird bei ungefähr vier Grad über dem →absoluten Nullpunkt flüssig. Wenn man es noch etwas weiter abkühlt, zeigt es merkwürdige Eigenschaften und kriecht beispielsweise von selbst die Wände von Gefäßen hoch. Diese Erscheinung heißt Suprafluidität.

Hemisphäre

Das Wort „Hemisphäre" bedeutet, wörtlich aus dem Griechischen übersetzt, „Halbkugel". Gemeint sind vor allem die beiden Hälften der Erdkugel. Meistens spricht man von der Nord- und der Südhemisphäre. Die Trennebene bildet der Äquator. Weil die Erdachse im Hinblick auf die Sonne geneigt ist, haben die Nord- und die Südhemisphäre im Jahresverlauf unterschiedliche Jahreszeiten: Wenn auf der Nordhalbkugel Sommer herrscht, ist auf der Südhalbkugel Winter, und umgekehrt.

Zwei Drittel bis drei Viertel der Erdoberfläche sind von Wasser bedeckt. Der weitaus größte Teil des Wassers befindet sich auf der Südhalbkugel. Wenn man vom Weltraum direkt auf den Südpol blickt, sieht man nur die Südspitzen der Kontinente sowie den Kontinent Antarktika. Der Rest ist Wasser.

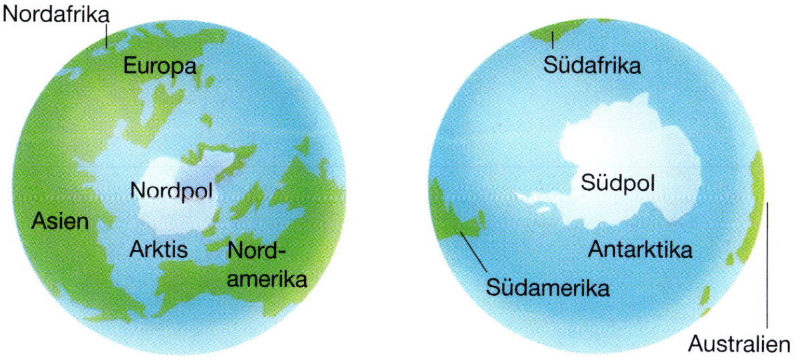

◁ Der Äquator teilt die Erde in eine Nordhemisphäre (links) und eine Südhemisphäre (rechts). Statt Hemisphäre kann man auch Halbkugel sagen.

Hertz

Das Hertz (Hz) ist die Maßeinheit (→SI-Einheiten) der →Frequenz. Ein Hertz entspricht einer vollständigen Schwingung pro Sekunde. Zehn Hz sind zehn Schwingungen pro Sekunde usw. Das Kilohertz (kHz) entspricht tausend Schwingungen pro Sekunde, das Megahertz (MHz) einer Million Schwingungen pro Sekunde. Der Mensch kann Schallwellen von 10 Hertz bis 20 Kilohertz wahrnehmen. Im Alter geht diese Hörfähigkeit zurück; insbesondere hohe Töne werden nicht mehr wahrgenommen. Radiowellen haben Frequenzen von 200 kHz bis 100 MHz.

Das Hertz ist nach dem deutschen Physiker Heinrich Hertz (1857–1894) benannt. Er erzeugte und empfing als erster Radiowellen und konnte auch beweisen, daß sie zurückgeworfen und gebeugt werden. Er erkannte auch die elektromagnetische Natur des Lichtes und der Wärmestrahlen.

▽ Verschiedene Lebewesen haben unterschiedliche Hörbereiche. Wir Menschen nehmen Schallwellen über 20 000 Hertz nicht mehr wahr. Fledermäuse hören viel höhere Töne.

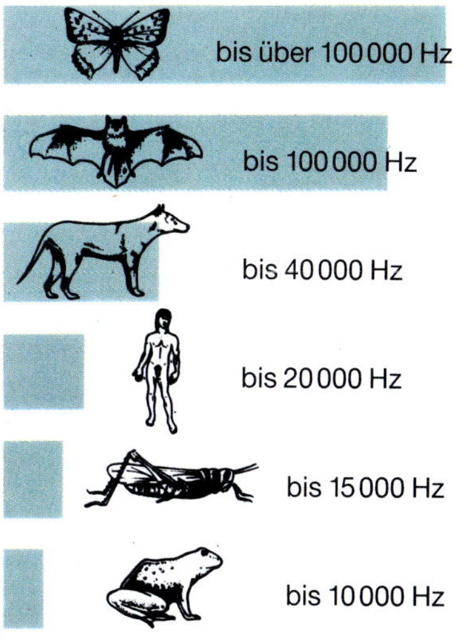

Mach es selbst

Wenn du herausfinden willst, wie schnell dein Herz in der Ruhe und nach körperlicher Anstrengung schlägt, mußt du dir den Puls fühlen. Das tust du entweder am Handgelenk unterhalb des Daumens oder an den Schlagadern zu beiden Seiten des Halses. Wenn du den Puls richtig spürst, zählst du die Anzahl der Pulsschläge pro Minute.

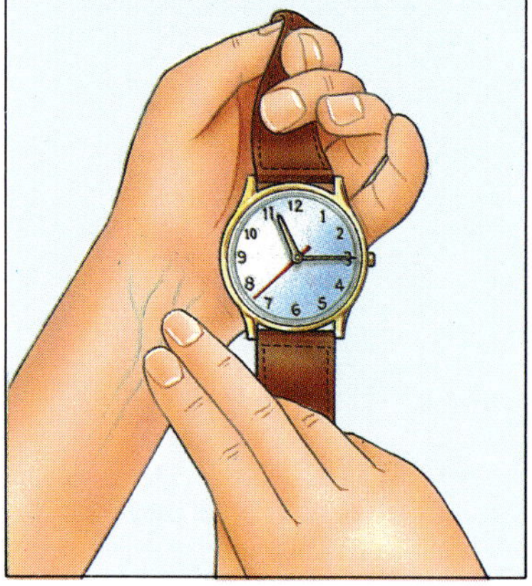

Herz

Das Herz ist ein hohles Organ mit Wänden aus starken Muskeln. Wenn sie sich zusammenziehen, wird →Blut durch die Arterien in den Körper gepumpt. Diese Arterien verzweigen sich immer stärker bis zu den winzigen Haargefäßen (Kapillaren). Dort versorgt das Blut die Zellen des Körpers mit den benötigten Stoffen. Die Kapillaren vereinigen sich wieder zu den Venen, die das Blut ins Herz zurückbringen. Säugetiere, Vögel und Krokodile haben einen doppelten Kreislauf, das heißt, der Körperkreislauf ist vom Lungenkreislauf getrennt: Das Herz pumpt Blut von der rechten Seite zu den Lungen. Dort lädt es sich mit Sauerstoff auf und kehrt in die linke Herzhälfte zurück. Von dort wird es dann in den Körper gepumpt. Das Herz ist also ein Pumpenpaar. Das eintreffende Blut sammelt sich erst in den Vorhöfen. Durch ein Einwegventil, die Segelklappen, fließt das Blut anschließend in die Herzkammern. Diese ziehen sich kräftig zusammen und drücken das Blut weg. Es fließt durch die Taschenklappen in die Lungenarterie beziehungsweise in die Aorta. Das menschliche Herz zieht sich ungefähr 70mal pro Minute zusammen. Bei größerer körperlicher Leistung pumpt es schneller und befördert mehr Blut. →Hormone und Nervenimpulse können den Herzschlag beschleunigen. Doch die eigentliche Steuerung des Herzens erfolgt durch das Herz selbst: Es hat sozusagen seinen eigenen Schrittmacher. Es ist der Sinusknoten, der die Muskulatur zur Kontraktion anregt.

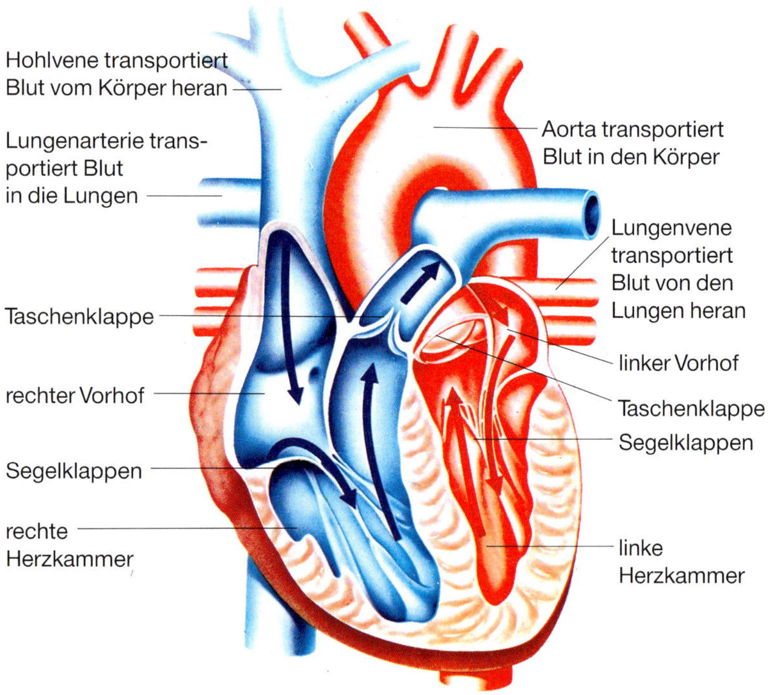

▷ Die rechte Herzhälfte pumpt sauerstoffarmes Blut in die Lungen. Die linke Herzhälfte pumpt sauerstoffreiches Blut über die Aorta in den Körper.

Der Herzmuskel muß sehr viel leisten. Die Versorgung der Herzmuskelzellen mit Sauerstoff erfolgt über die Herzkranzgefäße. Sie sind heute bei vielen Menschen verengt. Dadurch wird der Herzmuskel zu wenig durchblutet. Ist ein solches Herzkranzgefäß völlig verstopft, kommt es zu einem Infarkt: Das Muskelgewebe erhält nicht mehr genügend Sauerstoff und stirbt ab.

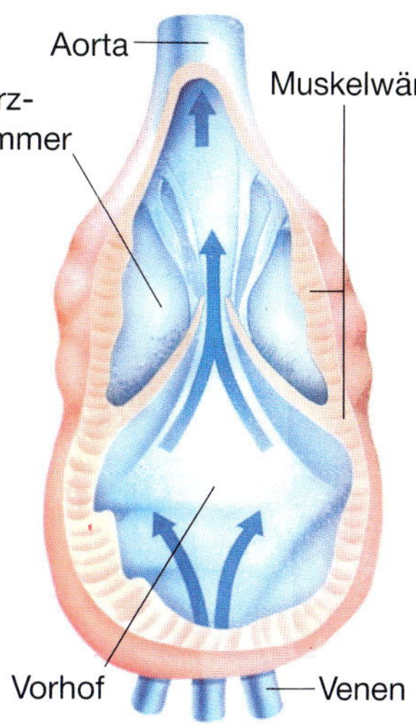

△ Die Fische, Amphibien und die meisten Reptilien haben keine zweigeteilte Herzkammer. Sauerstoffreiches Blut und sauerstoffarmes Blut vermischen sich bei jedem Herzschlag.

Hi-Fi

Hi-Fi (sprich: haifi oder haifai) ist die Abkürzung für „High Fidelity", was „große Wiedergabetreue" bedeutet. Hi-Fi-Ausrüstungen geben Musik und Sprache möglichst ohne Verzerrungen wieder. Eine deutsche Industrienorm (DIN-Norm) sagt genau, wann ein Gerät die Bezeichnung Hi-Fi tragen darf. So ist zum Beispiel das Frequenzband vorgeschrieben; es liegt zwischen 40 und 12 500 →Hertz. Eine große Rolle spielt der Klirrfaktor, der einen Maßstab für die Verzerrung der Töne darstellt. Er gibt in Prozent an, wie viele störende →Obertöne das Gerät von sich aus erzeugt. Hi-Fi-Geräte haben meistens auch eine physiologische Lautstärkekorrektur. Wir empfinden nämlich Schall gleicher Energie, aber unterschiedlicher →Frequenz nicht gleich laut. Damit wir nicht dauernd die Lautstärke am Regler korrigieren müssen, übernimmt das Gerät diese Aufgabe. Natürlich haben Hi-Fi-Anlagen →Stereo.

Hitzeschild

Wenn Weltraumfahrzeuge und →Raketen wieder in die Erdatmosphäre eintauchen, erwärmen sie sich sehr stark durch →Reibung an den Luftteilchen. Wenn sie an den gefährdeten Stellen, die vor allem vorne und unten liegen, keinen Schutz hätten, würden sie verglühen. Die ersten Weltraumfahrzeuge hatten einen Hitzeschild aus Kunststoff. Er schmilzt durch Erhitzung und verdampft. Dadurch wird Wärme von der Ober-

▽ Während des Wiedereintritts in die Erdatmosphäre heizen sich bestimmte Stellen an der Unterseite des Spaceshuttles bis auf 1500 °C auf. Hitzeresistente Kacheln aus einer besonderen Keramik isolieren den Shuttle.

fläche abgeführt. Doch ein solcher Hitzeschild muß immer wieder aufgebracht werden. Der Spaceshuttle hat deswegen einen Hitzeschild aus einem isolierenden Stoff. Er wird zwar zur Weißglut gebracht, strahlt dann aber Wärme ab und isoliert das Innere des Fahrzeugs.

△ Mit Hilfe der Holographie ist es möglich, dreidimensionale Bilder zu erzeugen.

Hologramm

Das Hologramm ist eine besondere Art von Fotografie, die die Rekonstruktion dreidimensionaler (3-D) Bilder erlaubt. Wenn wir ein Hologramm betrachten, sehen wir deutlich, daß es nicht nur Länge und Breite, sondern auch Tiefe besitzt. Um ein Hologramm aufzunehmen, wird ein Laserstrahl in zwei getrennte Strahlen aufgespalten. Ein Strahl wird auf das Objekt gerichtet, das fotografiert werden soll. Das Objekt wirft Strahlen zurück auf eine fotografische Platte oder auf einen fotografischen →Film. Der andere Strahl fällt direkt auf den Film. Zwischen den Wellen der beiden Laserstrahlen kommt es nun zu Überlagerungen, sogenannten Interferenzen. Sie werden auf dem Film aufgezeichnet. Das Bild, das auf dem Film entsteht, ist aber nicht als Fotografie zu erkennen. Es ist ein Hologramm. Erst wenn das Hologramm wieder mit Laserlicht beleuchtet wird, entsteht ein dreidimensionales Bild des aufgenommenen Gegenstandes. Der Betrachter kann sich sogar um das Hologramm herumbewegen und sieht es von verschiedenen Seiten. Vielleicht finden Hologramme in Zukunft Eingang in die →Speicher von →Computern.
Ein Hologramm ist viel schwieriger aufzunehmen als eine Fotografie. Es dürfen zum Beispiel keine Erschütterungen auftreten. Dennoch finden die Hologramme immer größere Verbreitung, besonders in der Werbung. Auch die Industrie verwendet sie immer öfter für Messungen und für Kontrollen. Auch ein Fernsehschirm, der dreidimensionale Bilder erzeugt, ist wohl nicht mehr in weiter Ferne.

▽ Technisch nutzbar wurde die Holographie erst durch die Erfindung des Lasers. Der Laserstrahl wird aufgespalten, und die fotografische Platte bewahrt die Informationen für den Wiederaufbau eines dreidimensionalen Bildes auf.

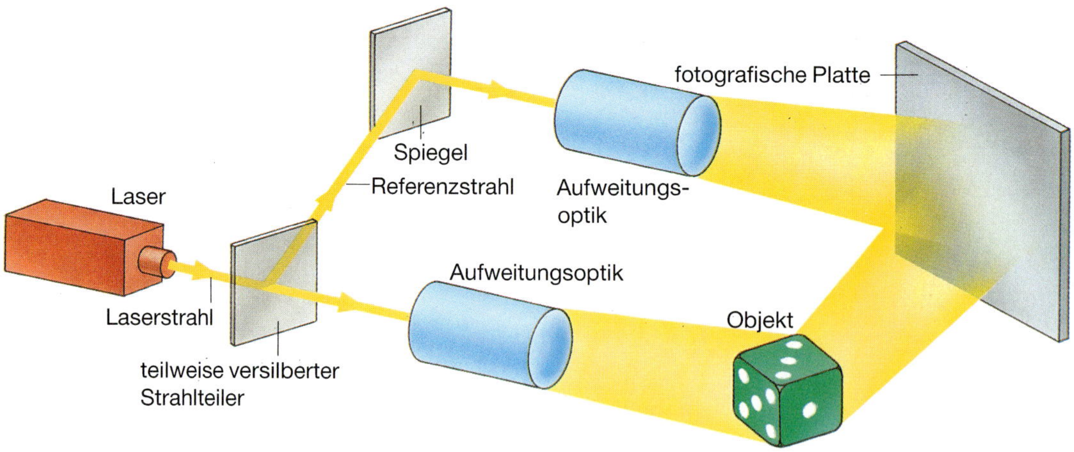

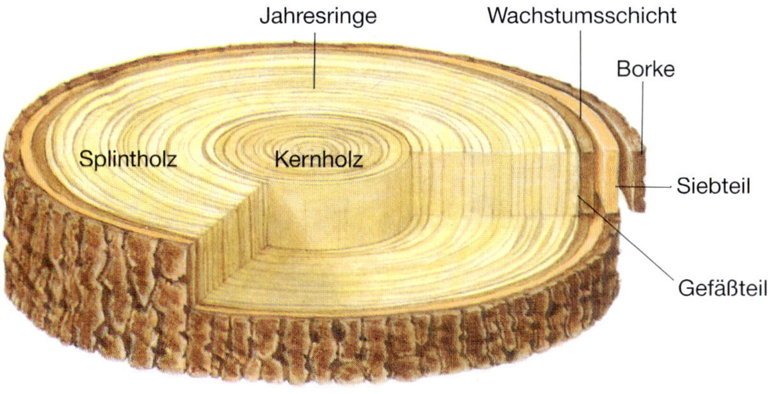

◁ Das Holz mitteleuropäischer Bäume ist in konzentrischen Schichten angeordnet, die wir Jahresringe nennen. Unter der Rinde oder Borke liegt die Bast- und Wachstumsschicht, die lebende Leitbündel enthält. Sie transportieren Wasser und Nährstoffe von den Wurzeln bis zu den Blättern und umgekehrt. Auch das Splintholz dient noch dem Wassertransport, während das Kernholz nur noch die Festigkeit des Stammes verstärkt.

Holz

Nur Bäume und Sträucher bilden Holz. Jedes Jahr kommt eine neue Holzschicht hinzu, der →Jahresring. Dieser bildet sich in der Wachstumsschicht des Holzes, die knapp unter der Rinde oder Borke liegt. Das Holz hat vor allem zwei Aufgaben: Es verstärkt den Stengel oder Stamm und hilft die Krone zu tragen. Im Holz verlaufen auch die Leitbündel. Sie transportieren Wasser von den Wurzeln bis zu den Blättern und umgekehrt Zuckersaft von den Blättern bis zu den Wurzeln.
Jahresringe zeigen sich nur bei Bäumen, die in Gebieten mit gemäßigtem Klima wachsen. Bei tropischen Bäumen sind sie unbekannt. Im Frühjahr bilden sich unter der Rinde unserer Bäume große, helle, saftige Zellen. Solche Schichten nennen wir Frühholz. Das Spätholz hingegen besteht aus kleineren dunklen Zellen. Der Unterschied zwischen dem herbstlichen Spätholz und dem Frühholz des nächsten Jahres ist sehr scharf ausgeprägt und als Linie zu erkennen: Das ist der Jahresring.

Zu den Harthölzern zählen wir Eichen, Buchen, Eschen und manche tropischen Hölzer wie Mahagoni und Teak. Weichhölzer sind zum Beispiel Pappel, Birke, Fichte, Weide und Linde. Aus Holz stellt man nicht nur Möbel, Bauholz und andere Holzwaren her, sondern auch →Papier, →Zellulose, Holzkohle und Alkohol.

homogenisieren

Beim Homogenisieren vermischt man zwei eigentlich nicht mischbare Bestandteile so miteinander, daß ein einheitlicher beständiger Stoff daraus entsteht. Oft braucht man dazu einen chemischen Stoff: Wasser und Öl sind zum Beispiel nicht bleibend mischbar. Gibt man aber noch ein →Tensid hinzu, so entstehen winzige Öltröpfchen, die im Wasser schweben bleiben. Wir haben es nun mit einer →Emulsion zu tun.
Auch Milch ist eine solche Emulsion, weil sie winzige Fetttröpfchen enthält. Mit der Zeit steigen aber Fetttröpfchen nach oben und bilden die Sahne – die Milch entrahmt. Um dies zu verhindern, wird die Milch homogenisiert. Man preßt sie unter hohem Druck durch feine Düsen, so daß sich die Fetttröpfchen weiter aufspalten – natürlich ohne Tenside. Auf diese Weise behandelte Milch hält viel länger und ihre Bestandteile trennen sich nicht mehr so leicht.

▽ Wenn man Vollmilch durch winzige Düsen preßt, werden größere Fetttröpfchen in kleinere aufgespalten. Die kleineren Fetttröpfchen steigen nicht so leicht auf und bilden an der Oberfläche der Milch auch viel langsamer eine Sahneschicht.

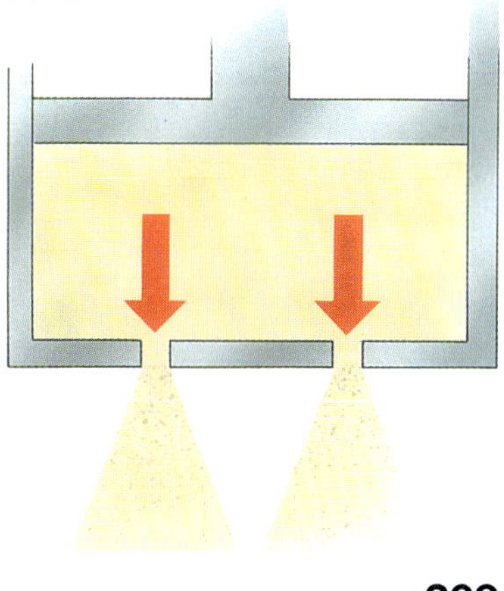

Hormone

▷ Mehrere Hormone aus verschiedenen Drüsen können bei der Steuerung eines einzigen Vorgangs im Körper mitwirken. Das gilt zum Beispiel für den Menstruationszyklus der Frau, der auch die monatliche Blutung umfaßt. Die Hypophyse oder Hirnanhangsdrüse bildet das follikelstimulierende Hormon (FSH) und das luteinisierende Hormon (LH). Beide steuern die Tätigkeit der Eierstöcke. Das FSH bewirkt, daß im Eierstock ein Eibläschen oder Follikel gebildet wird. Das Bläschen entläßt beim Eisprung das Ei. Das LH bewirkt den Umbau des Follikels in einen Gelbkörper. Dieser Gelbkörper produziert nun die Hormone Östrogen und Progesteron. Diese sorgen zum Beispiel für den Aufbau der Schleimhaut in der Gebärmutter und für deren Abstoßung bei der Monatsblutung. Die beiden Hormone wirken wiederum auf die Hypophyse ein und regeln damit den gesamten Zyklus.

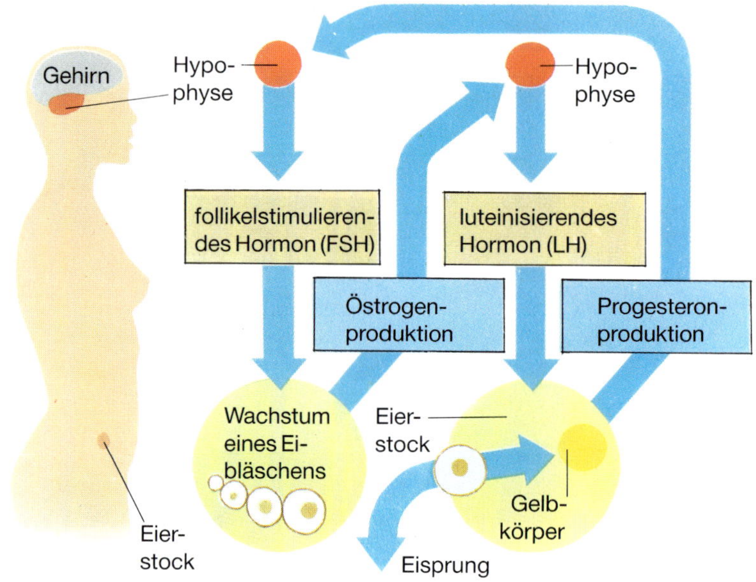

Hormone

Hormone sind chemische Stoffe, die von bestimmten →Drüsen nicht nach außen, sondern ins Blut (endokrin) abgegeben werden. Hormone wirken auf bestimmte Organe des Körpers ein und fördern oder hemmen deren Tätigkeit. Dabei haben schon winzige Hormonmengen eine sehr große Wirkung. Hormone gibt es bei Pflanzen und Tieren.
Die wichtigsten Hormondrüsen unseres Körpers sind: Hirnanhangsdrüse oder Hypophyse, Schilddrüse, Thymusdrüse, Nebennieren, →Bauchspeicheldrüse, Eierstöcke und Hoden. Die Hypophyse ist bohnenförmig und wiegt nur ungefähr 0,5 Gramm. Dennoch ist sie die Zentralstelle der hormonalen Regelung. Die Hypophyse steuert nämlich alle anderen Hormondrüsen. Und diese Drüsen melden der Hypophyse

Hormon	Organ	Wirkung
Adiuretin	Hypophyse	Wasserhaushalt und Blutdruck
Wachstumshormon	Hypophyse	fördert das Wachstum und den Stoffwechsel
Thyroxin	Schilddrüse	fördert die Sauerstoffaufnahme in den Zellen und damit den Stoffwechsel
Insulin und Glukagon	Bauchspeicheldrüse	die beiden Gegenspieler regeln den Zuckerstoffwechsel
Cortisol und Cortison	Nebennierenrinde	helfen dem Körper bei Schmerzen und Streß, erhöhen den Zuckerspiegel im Blut und die Blutfettwerte
Adrenalin und Noradrenalin	Nebennierenmark	regeln die Stoffwechselgeschwindigkeit, machen den Körper wach bei Gefahr
Testosteron	Hoden	Ausprägung der Geschlechtsmerkmale und des Geschlechtstriebs
Östrogene und Gestagene	Eierstöcke	Ausprägung der Geschlechtsmerkmale, des Geschlechtstriebs und des Menstruationszyklus
Darmhormone	Darmgewebe	Verdauung, regeln z.B. die Salzsäureproduktion des Magens

wiederum, wieviel Hormone sie produzieren. Es erfolgt also regelmäßig eine Rückmeldung oder ein →Feedback. Wie wichtig die Hypophyse für den Menschen ist, zeigt sich deutlich bei Störungen. Schüttet der Vorderlappen der Hypophyse zuwenig Hormon aus, so bleibt der Heranwachsende zwergenartig klein. Umgekehrt kommt es bei einer Überfunktion zu Riesenwuchs. Die Schilddrüse regelt alle Vorgänge des Stoffwechsels, weil sie die Sauerstoffaufnahme in den Zellen erhöht. Arbeitet die Schilddrüse zu wenig, so vergrößert sie sich zu einem Kropf, und der Stoffwechsel verläuft zu langsam. Bei erhöhter Funktion der Schilddrüse wird auch der Stoffwechsel gesteigert. Wer darunter leidet, sieht mager aus, fühlt sich gehetzt und nervös. Die Thymusdrüse ist nur in der Jugend vorhanden. Sie steuert das Wachstum und verhindert eine frühzeitige geschlechtliche Reifung.

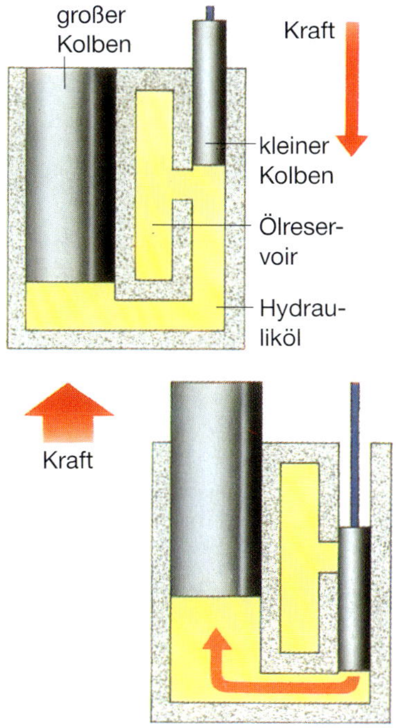

△ Wenn man Kolben mit unterschiedlichem Durchmesser verwendet, kann man durch geringe Kraft einen hohen Druck erzeugen, zum Beispiel bei hydraulischen Wagenhebern. Wenn wir den kleinen Kolben über eine längere Strecke bewegen, hebt sich der größere Kolben nur langsam, kann dabei aber schwere Lasten heben.

Hydraulik

Die Hydraulik überträgt Kräfte mit Hilfe von Flüssigkeiten. Flüssigkeiten eignen sich dazu, weil sie sich praktisch nicht zusammenpressen lassen. Man verbindet zum Beispiel einen Kolben über eine ölgefüllte Rohrleitung mit einem zweiten Kolben. Dann können wir durch Bewegung des einen Kolbens auch den zweiten Kolben bewegen, ohne daß mechanische Verbindungen wie Gestänge, Wellen oder Zahnräder notwendig wären. Weisen die Kolben unterschiedliche Durchmesser auf, so sind auch Übersetzungen und feingesteuerte Bewegungen möglich. Die hydraulische Presse erzeugt durch geringen Kraftaufwand einen hohen Druck. Die Bremsen eines Autos zum Beispiel funktionieren auf diese Weise. Hydraulische Antriebe sind sehr häufig, etwa bei Baggern, Kränen und Gabelstaplern und vielen anderen Hebemaschinen.

Mach es selbst

Wir bauen ein hydraulisches Bremssystem und brauchen dazu zwei Plastikspritzen, einen Plastikschlauch, ein Spielzeugrad und ein Stück Bremsbelag vom Fahrrad. Das Rad und eine Spritze befestigen wir an einem Holzblock. Die Spritzen verbinden wir mit dem Schlauch und füllen alles luftblasenfrei mit Wasser. Wir versetzen das Rad in Drehung, drücken auf die eine Spritze und bremsen über die zweite Spritze das Rad ab.

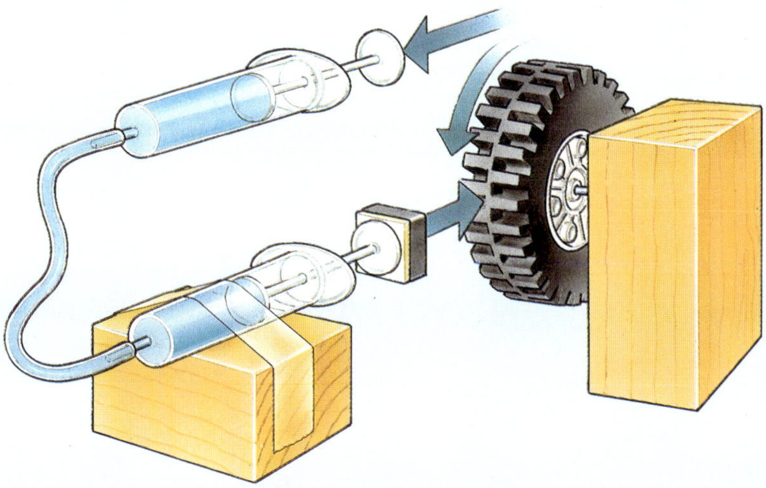

△ Bei der Hydrokultur stehen die Wurzeln der Pflanzen in Wasser. Um besseren Halt zu geben, verwendet man zusätzlich oft gebrannte Tonkügelchen, besonders bei Zimmerpflanzen.

Hydrokultur

In einer Hydrokultur wachsen die Pflanzen ohne →Boden. Statt dessen stehen die Wurzeln der Pflanzen in Wasser. Dieses Wasser muß aber alle benötigten Mineralsalze in der richtigen Menge enthalten („Nährlösung"). Es muß also einen möglichst vollwertigen Ersatz für den Boden bieten. Viele Treibhaustomaten werden in Hydrokultur gezogen.

Hydroxide

Wenn wir ein kleines Stück metallisches →Natrium (oder Kalium) in Wasser legen, kommt es zu einer sehr heftigen, gefährlichen chemischen Reaktion. Das Natrium löst sich in Wasser, wird zu einem →Ion und spaltet dabei das Wasser (H_2O) in Wasserstoffgas (H_2) und Hydroxidionen (OH^-). So entsteht aus Wasser und Natrium das Natriumhydroxid ($NaOH$). Es ist ein stark basisches Salz. In Wasser gelöst bezeichnen wir es als →Natronlauge. Viele Metalle bilden solche Salzverbindungen mit Hydroxidionen (OH^-). Wir bezeichnen sie zusammenfassend als Hydroxide oder Basen, in wäßriger Lösung auch als Laugen.

Siehe auch →Säuren und Basen.

▷ Wenn wir ein kleines Stück Kalium in Wasser legen, entsteht unter heftiger Reaktion Kaliumhydroxid sowie Wasserstoffgas. Dabei wird viel Wärme frei. Das Wasserstoffgas entzündet sich und verbrennt mit einer hellblauen Flamme.

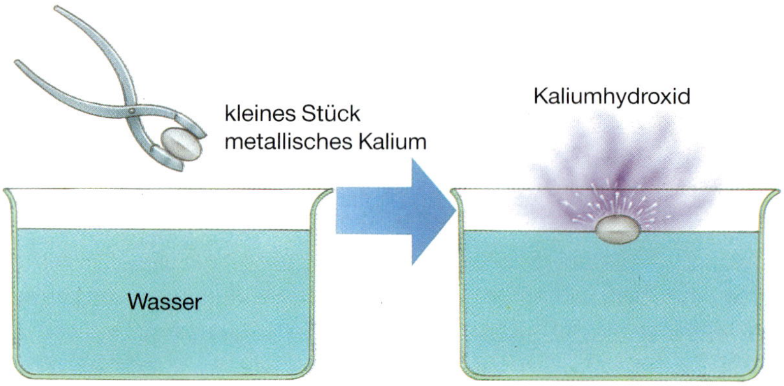

▽ Das Haarhygrometer überträgt Längenänderungen von Haaren oder anderen Stoffen auf einen Zeiger.

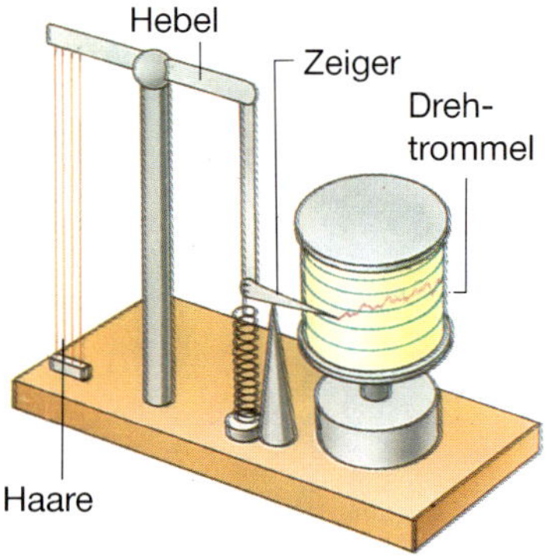

Hygrometer

Mit dem Hygrometer messen wir die →Luftfeuchtigkeit. Luft kann mit steigender Temperatur immer mehr Wasserdampf aufnehmen; er entsteht zum Beispiel durch →Verdunstung. Das geht jedoch nie über eine bestimmte Grenze der Sättigung hinaus; wir sprechen dann von 100 Prozent relativer Luftfeuchtigkeit. Kühlt solche Luft ab, so →kondensiert das Zuviel an Wasserdampf in Form von Tau oder →Nebeltröpfchen. Menschliche Haare verändern ihre Länge je nach der relativen Luftfeuchtigkeit und werden deswegen in die meisten Hygrometer eingebaut. Die Temperatur spielt dabei keine Rolle, so daß man an der Skala immer die relative Luftfeuchtigkeit in Prozent der Sättigung ablesen kann.

Immunsystem

Jedes Lebewesen hat ein Immunsystem, das es vor →Infektionen schützt. Jeden Tag dringen Dutzende verschiedener Krankheitserreger in unseren Körper ein, vor allem Bakterien, Viren und Pilze. Kaum ist ein solches Antigen eingedrungen, feuern weiße Blutkörperchen (Lymphozyten) Y-förmige →Antikörper ab, um den Eindringling unschädlich zu machen. Die Antikörper heften sich an die Oberfläche der Antigene und bilden einen Antigen-Antikörper-Komplex. Spezialisierte Killerzellen (Makrophagen) fressen diese dann auf. Damit ist der Eindringling unschädlich gemacht.
Gelangt ein Krankheitserreger in unseren Körper, mit dem wir vorher noch nicht in Kontakt gekommen sind, so läuft folgendes ab: Der Lymphozyt macht bestimmte Stellen an der Oberfläche des Eindringlings ausfindig. Dann dockt er dort an. Er vernichtet den Eindringling aber nicht, sondern beginnt sich mit hoher Geschwindigkeit zu vermehren. Ein Teil dieser Tochterzellen wird zu Plasmazellen, der andere Teil zu Gedächtniszellen. Die Plasmazellen produzieren schließlich die Antikörper. Die Gedächtniszellen sind sehr langlebig. Gelangt derselbe Eindringling später noch einmal in den Körper, so erkennen sie ihn wieder und beginnen sofort mit der Herstellung von Antikörpern. Damit sind wir immun geworden. Auf diese Weise funktionieren auch →Impfungen.
Die Krankheit →Aids ist deswegen so gefährlich, weil sie das Immunsystem nach und nach lahmlegt. Der Körper kann dann gegen eindringende Viren oder Bakterien nichts mehr unternehmen. Auch →transplantierte Organe betrachtet unser Körper als Eindringlinge und greift sie an. Deswegen kann es zu einer Abstoßung des Organs kommen. Um dies zu verhindern, müssen Menschen mit transplantierten Organen Medikamente einnehmen, die in ihr Immunsystem eingreifen und es abschwächen.

▽ Weiße Blutkörperchen haben ein Gedächtnis, denn sie erkennen immer ihr Antigen. Trifft eine Gedächtniszelle auf Antigene **(1)**, so bilden beide eine feste Verbindung **(2)**. Die Gedächtniszelle vermehrt sich dann sehr schnell. Daraus entstehen zum Teil Gedächtniszellen **(4)** und zum Teil Plasmazellen, die sofort weitere Antikörper **(5)** produzieren. Diese geschoßartigen Antikörper verbinden sich nun mit den Antigenen **(3, 6)** und werden schließlich von Killerzellen (Makrophagen) gefressen.

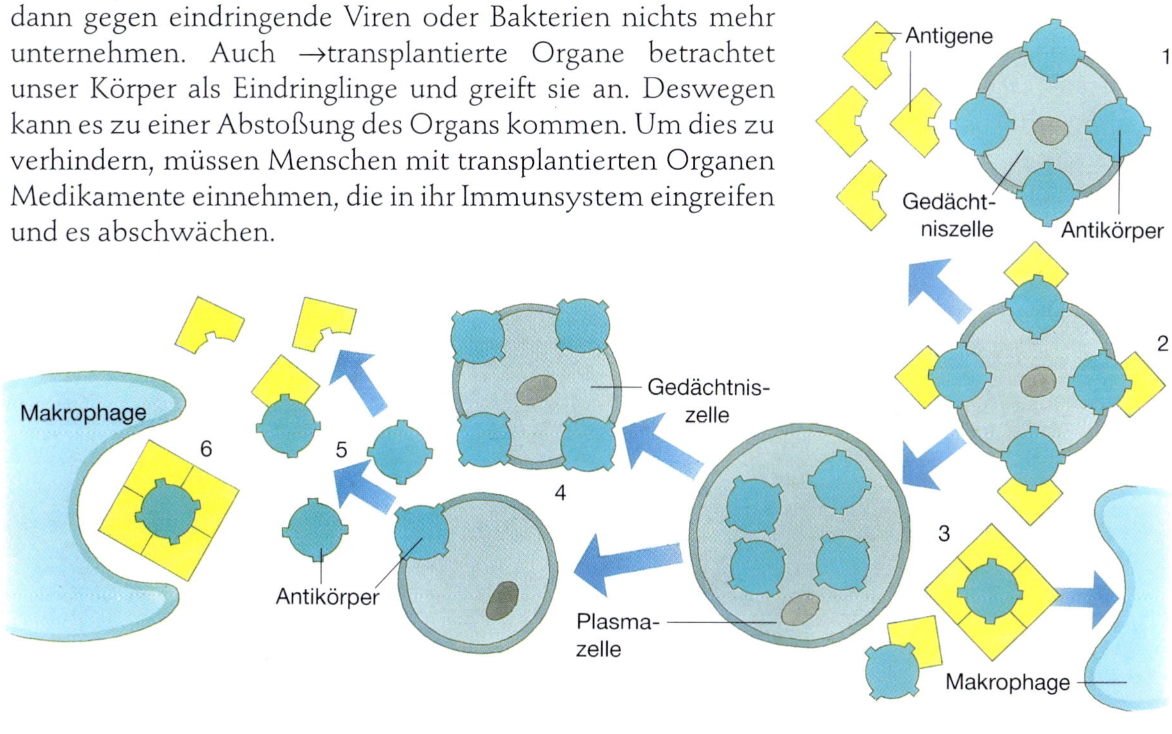

Edward Jenner (1749–1823)

Vor zweihundert Jahren waren die Pocken in Europa noch eine wahre Geißel. Von 10 000 Menschen starben 40 an Pocken, und diejenigen, die die Krankheit überlebten, behielten meist entstellende Narben im Gesicht. Der englische Landarzt Edward Jenner untersuchte, was den Bauern schon seit langem bekannt war: Melkerinnen, welche die Kuhpocken durchgemacht hatten, erkrankten nicht mehr an den echten Pocken. 1796 impfte Jenner erstmals einen Jungen mit Kuhpocken und beobachtete, daß er tatsächlich nicht mehr an Pocken erkrankte. Diese Art der Impfung breitete sich sehr schnell aus und hatte zur Folge, daß innerhalb von hundert Jahren nur noch ein Mensch auf 10 000 an Pocken starb. Heute sind die Pocken ganz ausgerottet.

Impfung

Wer eine →Infektionskrankheit durchgemacht hat, erwirbt meistens eine Immunität dagegen, die einige Zeit anhält. Die →Antigene des Krankheitserregers veranlassen bei der Infektion das →Immunsystem, Antikörper herzustellen. Langlebige Gedächtniszellen speichern die Informationen über die Antigene und deren Antikörper und können den erneuten Ausbruch der Krankheit schnell verhindern. Diesen Immunschutz kann auch eine Impfung gewährleisten. Der Arzt spritzt dabei abgeschwächte oder abgetötete Krankheitserreger in den Körper ein. Sie regen die Bildung von Antikörpern an, ohne daß der Geimpfte deswegen ernsthaft erkrankt. Eine etwas erhöhte Temperatur und leichtes Unwohlsein sind allerdings möglich. Diese Art der Impfung nennt man auch aktive Schutzimpfung, weil der Körper aktiv Antikörper bilden muß.

Die passive Schutzimpfung besteht darin, daß man in den Körper fertige Antikörper aus dem Blutserum bereits aktiv immunisierter Tiere einspritzt. Ein solches Serum verwendet der Arzt nur, wenn eine gefährliche Krankheit wie Diphtherie bereits ausgebrochen ist. Heute sind die meisten Menschen gegen gefährliche Infektionskrankheiten geimpft.

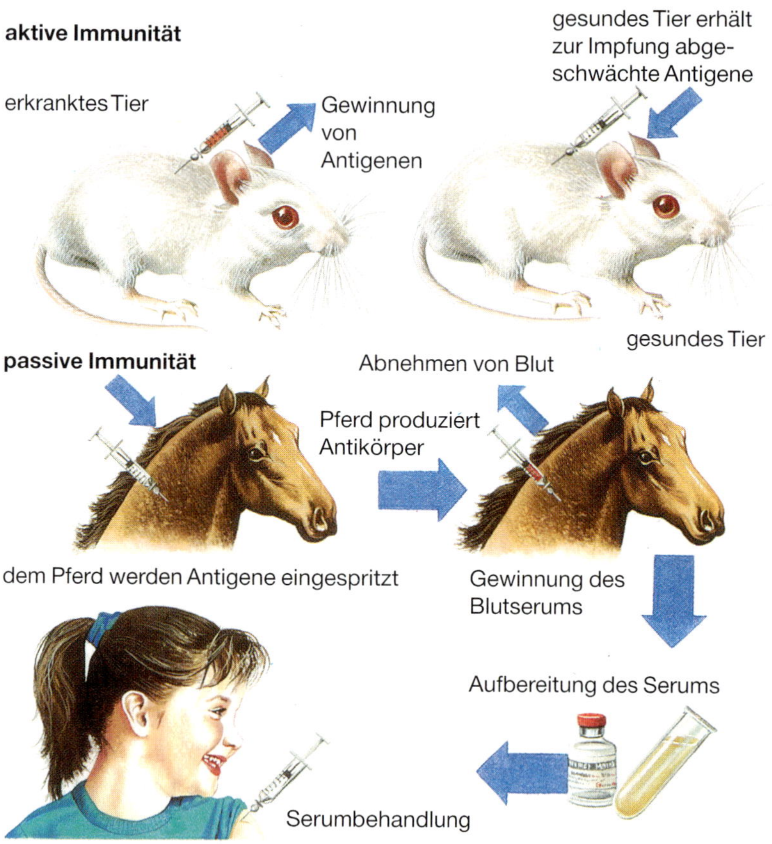

▷ Bei der aktiven Immunisierung entwickelt der Körper Antikörper gegen ein bestimmtes Antigen. Als Antigen dienen abgeschwächte oder abgetötete Krankheitserreger, die zum Beispiel von Labormäusen gewonnen werden. Bei der passiven Impfung erhält der Patient Antikörper eines Tieres eingespritzt, die es als Reaktion auf diese Krankheit entwickelt hat.

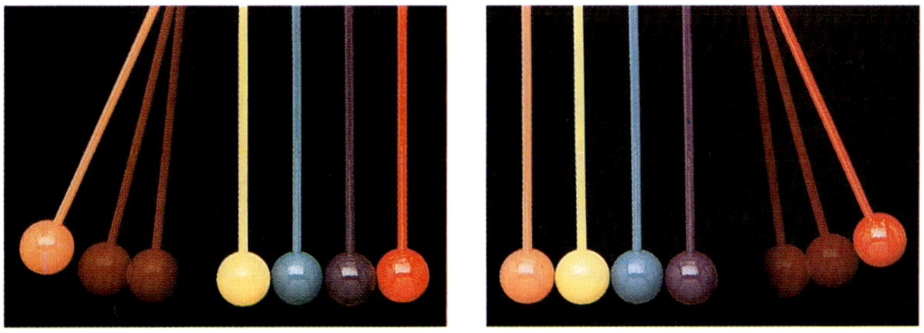

◁ Wenn die Kugel links auf ihre Nachbarin rechts trifft, überträgt sie ihren Impuls auf diese. Der Impuls wandert die ganze Kugelreihe entlang und wird schließlich auf die letzte Kugel übertragen, die dann ausschwingt.

Impuls

Es kann viel Mühe bereiten, einen größeren Nagel in einen Holzblock zu treiben. Besitzen wir nur einen kleinen Hammer, so müssen wir fester auf den Nagelkopf schlagen. Wenn das nicht ausreicht, brauchen wir einen schwereren Hammer. Der Physiker sagt: Der Impuls muß vergrößert werden. Den Impuls berechnet er aus der Masse mal ihrer Geschwindigkeit. Ein Auto mit einer Masse von 1000 Kilogramm (kg) und einer Geschwindigkeit von 5 Meter pro Sekunde (m/s) hat also einen Impuls von 5000 kg m/s. Denselben Impuls hat ein Lastwagen mit 5000 Kilogramm Masse und einer Geschwindigkeit von einem Meter pro Sekunde.
Wenn sich ein System im Gleichgewicht befindet, ist die Summe seiner Impulse gleich null. Das zeigt sich zum Beispiel, wenn du aus einem Boot am Ufer aussteigen willst: Du springst an Land und läufst Gefahr, im Wasser zu landen, weil deinem Impuls in einer Richtung ein gleich großer Impuls in der entgegengesetzten Richtung entspricht. Das Boot bewegt sich während des Sprunges zurück. Mit dem Impulssatz läßt sich auch erklären, warum →Raketen im Weltraum überhaupt fliegen. Sie stoßen nach hinten mit hoher Geschwindigkeit Verbrennungsgase aus. Dadurch erfährt die Rakete einen gleichgroßen Impuls in entgegengesetzter Richtung und wird beschleunigt.

Indikator

Ein chemischer Indikator zeigt mit seiner Farbe an, wie sauer oder wie basisch eine →Lösung ist. Wenn sich der →Säuregrad oder der →pH-Wert ändert, nimmt auch der Indikator eine andere Farbe an. Indikatoren spielen eine wichtige Rolle in der quantitativen →chemischen Analyse. Am bekanntesten ist immer noch das Lackmuspapier, das aus Flechten gewonnen wird, heute aber fast keine Bedeutung mehr hat. Violettblaues Lackmuspapier wird schon in leicht saurer Lösung rot. Die Universalindikatoren bestehen aus einem Gemisch verschiedener Indikatoren und zeigen Farbübergänge über einen weiten pH-Bereich.

▽ Es gibt verschiedene chemische Indikatoren. Mit Lackmuspapier kann man nur feststellen, ob eine Lösung sauer oder basisch ist. Universalindikatoren erlauben eine ziemlich zuverlässige Abschätzung des pH-Werts. Methylorange ist nur für saure Lösungen geeignet. Mit ganz anderen chemischen Indikatoren kann man zum Beispiel auch den Zuckergehalt im Blut oder im Urin bestimmen.

Universalindikator

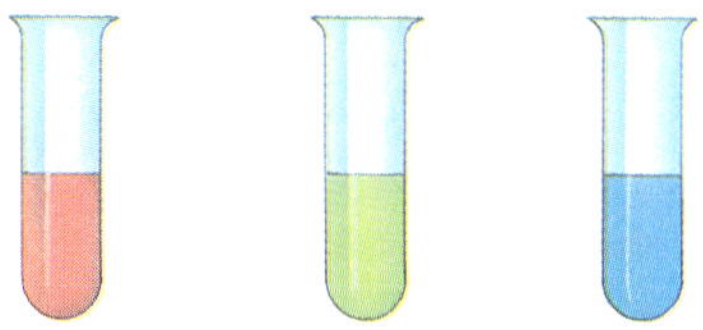

Lackmuspapier

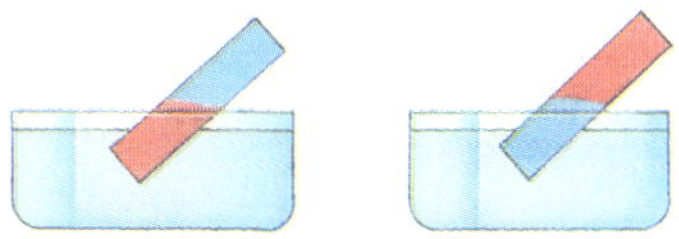

Methylorange

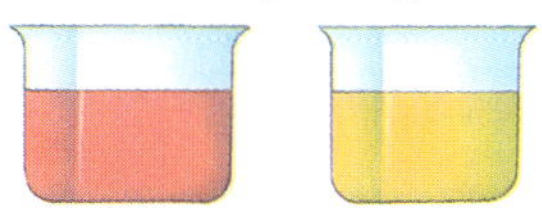

▽ Wenn sich ein Magnet in einer Drahtwicklung (Spule) bewegt, wird in diesem Draht elektrischer Strom induziert. Die Richtung des Stromflusses hängt von der Bewegungsrichtung ab. Generatoren arbeiten mit einer Drehbewegung, wobei die Induktionsspule auf dem drehbaren Rotor oder dem unbeweglichen Stator liegen kann.

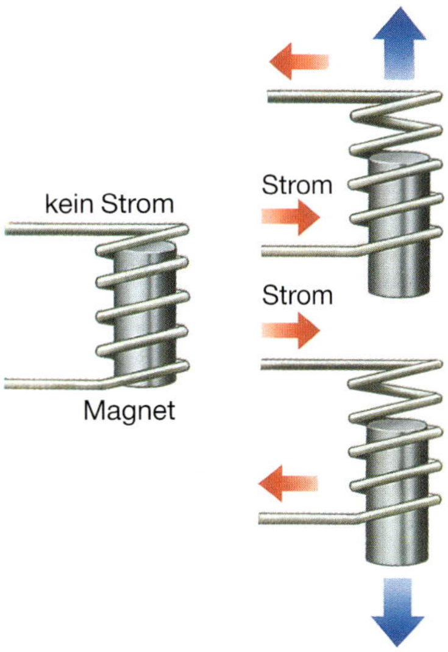

▽ Wenn im oberen Stromkreis ein Strom fließt, wird auch im unteren Stromkreis mit der Induktionsspule Strom induziert. Der Schalter im Stromkreis oben wird geschlossen. Dann fließt Strom aus der Batterie durch die Feldspule. Die Änderung des Magnetfeldes führt dabei zu einer elektrischen Spannung und zu einem Stromstoß in der Induktionsspule. Dies läßt sich mit dem Amperemeter nachweisen.

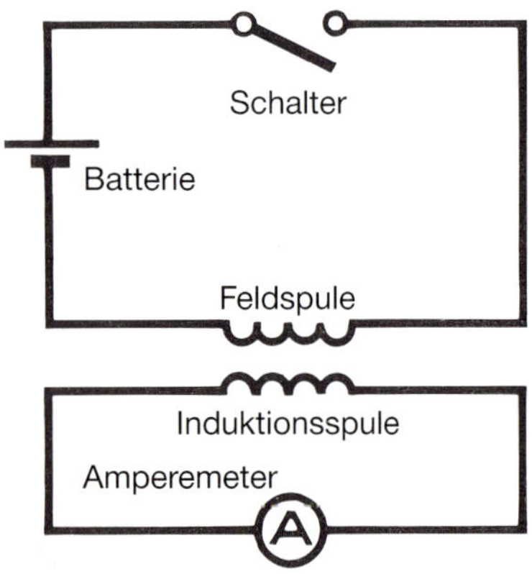

Mach es selbst

Blaukrautsaft ist ein einfacher chemischer Indikator. Wir zerkleinern einige Blätter und kochen sie 15 Minuten lang in wenig Wasser. Wenn dieses abgekühlt ist, gießen wir es in ein Glas. Wenn wir sauren Essig hinzugeben, wird die purpurfarbene Flüssigkeit rosarot. Wenn wir das basische Natriumhydrogenkarbonat oder Soda (Apotheke) hineinstreuen, färbt sich die Lösung blau. Mit noch stärker basischen Stoffen wird die Lösung grün.

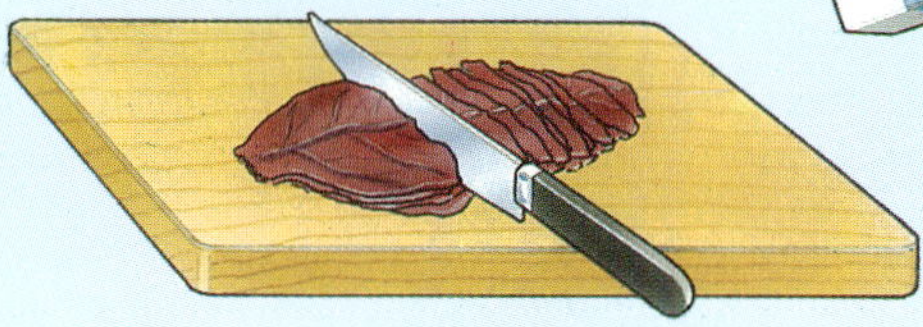

Auch in der Natur gibt es Indikatoren. Wir verstehen darunter bestimmte Pflanzen- oder Tierarten, deren Vorhandensein auf bestimmte Umweltfaktoren hinweist. Wenn es an den Mittelmeerküsten vom grünen Meersalat (→Biologie), einer Algenart, und von Seeigeln wimmelt, kann man sicher sein, daß das Wasser ziemlich stark verschmutzt ist. Auch die Einteilung des Wassers nach Güteklassen macht Gebrauch von solchen Zeigerarten oder Bioindikatoren.

Induktion

In der Elektrizitätslehre versteht man unter Induktion folgendes: Wenn man einen elektrischen Leiter, am besten eine Spule, in einem Magnetfeld bewegt, entstehen elektrische Spannungen, und es fließt Strom. Induktion bedeutet, daß elektrische und magnetische Vorgänge immer zusammen auftreten. Sie bedingen sich gegenseitig: Ströme erzeugen Magnetfelder, und Magnetfelder erzeugen umgekehrt Ströme. Es war Michael Faraday (1791–1867), der diesen Zusammenhang erstmals erkannte und auch in einem Experiment bewies. Seine Ideen führten schließlich zur Entwicklung des →Generators: Dabei dreht sich eine Spule oder Wicklung sehr schnell in einem Magnetfeld und erzeugt Strom. Über einen winzigen Generator verfügt fast jedes Fahrrad: Es ist der Dynamo, der Gleichstrom erzeugt. Auch der →Elektromotor arbeitet mit der Induktion und erzeugt Bewegung durch Ströme in einem Magnetfeld.
Von der Induktion macht auch der →Transformator Gebrauch. Er besteht aus einer Feldspule, die ein Magnetfeld

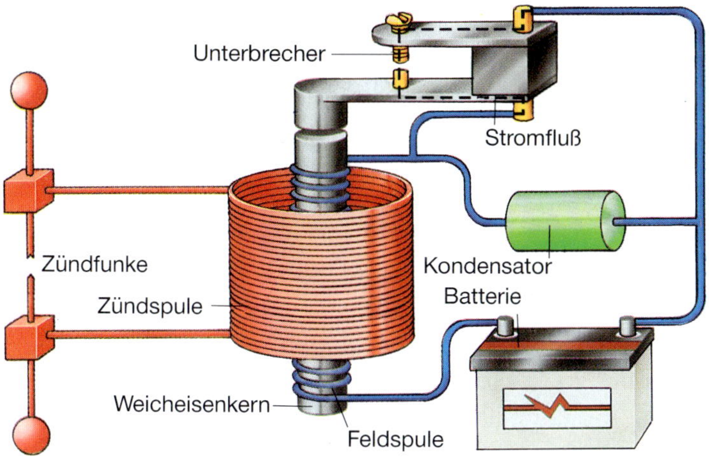

◁ Die Batteriezündung eines Automotors arbeitet mit einer Induktionsspule (Zündspule). Bei zunächst geschlossenem Unterbrecher fließt in der Feldspule ein Strom, der ein Magnetfeld aufbaut. Im Augenblick der Zündung wird der Unterbrecher im Primärkreis durch einen Nocken in der Kurbelwelle geöffnet. Im Sekundärkreis entsteht dadurch eine Hochspannung, die über den Verteiler zu den Zündkerzen gelangt.

erzeugt, und einer Induktionsspule, an deren Ende eine Spannung entsteht: Je nach der Zahl der Windungen der beiden Spulen ist diese Spannung kleiner oder größer als die Eingangsspannung der Feldspule.

Infektion

Eine Infektion oder Ansteckung findet statt, wenn →Mikroorganismen wie Bakterien in ein anderes Lebewesen eindringen, sich dort vermehren und Schäden anrichten. Die wichtigsten Erreger von Infektionskrankheiten sind Bakterien (zum Beispiel Keuchhusten, Scharlach), Viren (zum Beispiel Grippe, Masern), Pilze (zum Beispiel Fußpilz) und Einzeller (zum Beispiel Malaria, Schlafkrankheit und Amöbenruhr). Es gibt ganz unterschiedliche Wege, auf denen Erreger in den Körper eindringen können. Salmonellen gelangen mit infiziertem Hühnerfleisch oder mit rohen Eiern über den Mund in den Körper und lösen dort einen schweren Durchfall aus. Mit der Atemluft nehmen wir Tuberkulosebakterien auf. Eitererreger dringen über Hautverletzungen ein. Eine große Rolle spielen stechende und beißende Insekten. Sie übertragen beispielsweise Malaria, Schlafkrankheit und Gelbfieber. Beim Geschlechtsverkehr werden zum Beispiel →Aids, Syphilis und Tripper übertragen.
Zwischen dem Eindringen des Krankheitserregers und dem Auftreten der Krankheit liegt eine bestimmte Zeitspanne, die wir Inkubationszeit nennen. Sie beträgt für die Grippe ein bis drei Tage, für die Masern zehn bis vierzehn Tage und für den Aussatz (Lepra) im Durchschnitt zwei bis fünf Jahre. Noch vor hundert Jahren waren Infektionskrankheiten die häufigste Todesursache. In unserem Jahrhundert gelang es, viele von ihnen fast auszurotten, unter anderem durch →Impfungen und →Antibiotika.

▽ Überall sind wir von möglichen Infektionsquellen umgeben. Die Stubenfliege überträgt eine ganze Reihe von Infektionskrankheiten, weil sie sich gern auf unappetitliche, infizierte Stoffe setzt. Die Ratte überträgt durch den Rattenfloh die Pest, die glücklicherweise aber fast ausgerottet ist. Ein wichtiger Infektionsweg führt über die Nahrung und den Mund.

Mach es selbst

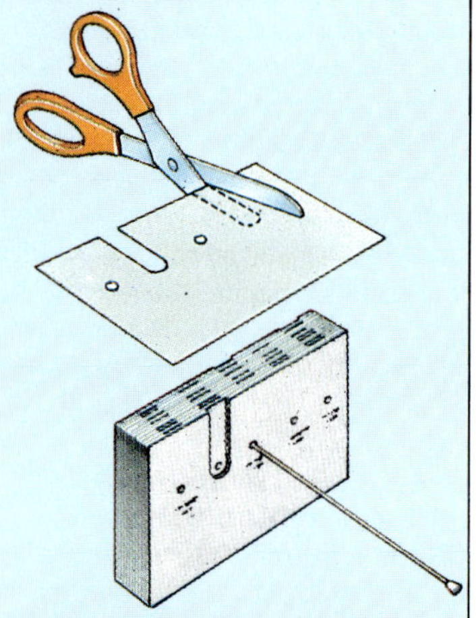

Lege auf Lochkarten eine Datensammlung über deine Freunde an. Du stellst allen dieselben Fragen, die nur mit Ja oder mit Nein beantwortet werden dürfen. Eine könnte zum Beispiel lauten: Bist du größer als 1,5 Meter? Du markierst die Antwort auf jeder Karte an derselben Stelle. Für ein Ja schneidest du ein Loch, für ein Nein einen Schlitz, der bis zum Rand reicht. Um herauszufinden, wieviele Freunde größer sind als 1,5 Meter, steckst du eine Stricknadel durch das entsprechende Loch. Die Karten mit der Antwort Ja bleiben auf der Stricknadel aufgefädelt, während die mit Nein durchfallen.

Informatik

Die Informatik beschäftigt sich mit der Speicherung, Verarbeitung und Übertragung von Informationen mit Hilfe von →Computern. Man kann deswegen auch Computerwissenschaft sagen. Unsere Welt ist immer mehr auf wissenschaftliche und technologische Informationen angewiesen. Deswegen wird auch ein leichter Zugang zu solchen Informationen immer wichtiger. Große Fortschritte machte die Informatik in den achtziger Jahren, als die Nachrichtentechnik weiterentwickelt wurde. Zugleich wurden Computer fast für jedermann erschwinglich. Informationen über alle möglichen Dinge sind in den Datenbanken vieler Computer auf der ganzen Welt enthalten. Über eine Telefonlinie kann jemand, der gegen Bezahlung die Berechtigung dazu hat, mit seinem Computer die Datenbanken anderer Computer abfragen und nutzen. Solche Datenbanken speichern allerdings oft auch persönliche Daten, zum Beispiel die Krankenversicherungen. Nur befugte Personen dürfen hier Zugang haben, denn es kann ein großes Risiko bedeuten, wenn Daten in falsche Hände geraten. Deshalb gibt es den Datenschutz.
Ein wichtiger Begriff der Informatik ist der Algorithmus. Wir bezeichnen damit ein Verfahren, mit dem man ein Rechenproblem lösen kann. Ein Algorithmus besteht aus vielen Einzelschritten, die nacheinander durchgeführt werden und dann zur Lösung des Problems führen. Man kann statt dessen auch Rechenanweisung sagen.

Infrarot

Die Infrarot- oder Wärmestrahlen gehören zu den →elektromagnetischen Wellen. „Infrarot" bedeutet „unterhalb des roten Lichts". Tatsächlich schließen sich die Infrarotstrahlen am unteren roten Ende des Lichtspektrums an. Wir können sie nicht mehr sehen, sondern empfinden sie als Wärmestrahlung. Infrarotstrahlen haben größere →Wellenlängen und geringere →Frequenzen als das sichtbare Licht. Die Wellenlängen schwanken zwischen 800 millionstel Millimetern und wenigen zehntel Millimetern.
Alle Körper geben Infrarotstrahlung ab, wärmere weit mehr als kalte. Mit besonderen Sichtgeräten oder fotografischen →Filmen gelingt es, diese Strahlung sichtbar zu machen. Vor allem wir Menschen geben durch unsere Körperwärme viel Infrarot ab. Anhand dieser Strahlung kann man zum Beispiel ausfindig machen, wo nach einem Erdbeben verschüttete Menschen liegen.
Die Infrarotfotografie hat noch viele weitere praktische Anwendungen. Mit Satellitenbildern kann man den Zustand

▽ Die Infrarotstrahlung schließt sich am unteren roten Ende des sichtbaren Lichtes an. Die Wellenlänge des Infrarots ist größer als die des sichtbaren Lichts und kleiner als die der Mikrowellen.

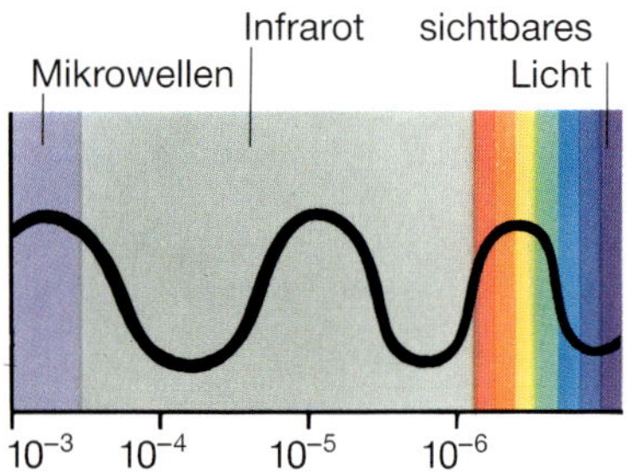

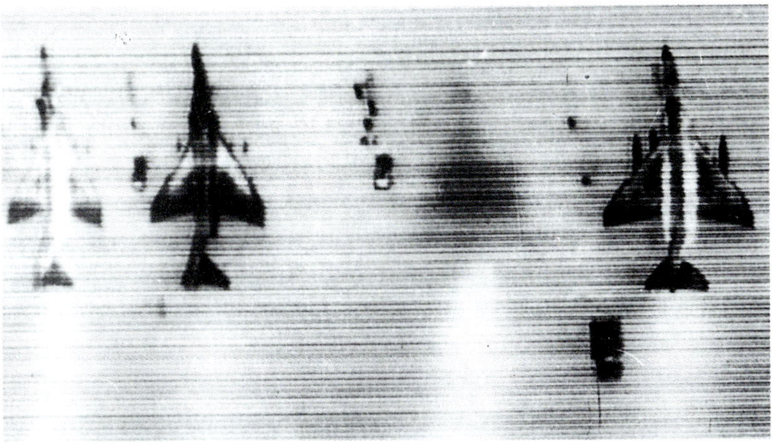

◁ Diese Infrarotaufnahme zeigt, daß ein Flugzeug bereits gestartet ist. Noch längere Zeit bleibt von ihm ein unsichtbarer „Wärmeschatten“ zurück, der vom Film registriert wird.

von Wäldern und Feldern überprüfen. Spezialisten können anhand solcher Fotografien sogar die Höhe der Weizenernte voraussagen. Auch Lagerstätten von →Erzen lassen sich mit Infrarotstrahlen finden. Die Infrarotastronomie untersucht die Wärmestrahlung, die Himmelskörper abgeben.

Instinkt

Eine junge Webspinne spinnt ein vollkommenes Netz, ohne daß sie es irgendwann einmal gelernt haben muß. Diese Art des angeborenen Verhaltens bezeichnen wir als Instinkt. Spinnen derselben →Art bauen alle dieselben Netze, weil ihnen auch derselbe Instinkt angeboren ist. Instinktives Verhalten wird von einem Schlüsselreiz ausgelöst. Das Stichlingsmännchen hat zur Fortpflanzungszeit einen roten Bauch. Der Anblick des roten Bauches eines anderen Männchens ist der Auslöser für das Drohverhalten: Das Männchen schwimmt seinem Rivalen bis zur Reviergrenze entgegen und droht ihm. Es stellt sich mit dem Kopf nach unten, spreizt die Bauchstacheln und zeigt seine rote Bauchseite. Das Drohverhalten läuft hier wie automatisch ab. Es führt meistens zum Erfolg, weil der Rivale wegschwimmt. Reicht das Drohverhalten nicht aus, so findet ein Kampf nach bestimmten Regeln statt: Beide Fische versuchen sich mit abgespreizten Bauchstacheln wegzustoßen.

Die Biologen glaubten einst, das gesamte →Verhalten der Tiere beruhe auf Instinkten. Doch dann entdeckten sie, daß dies nicht zutrifft. Vögel werden zwar von vielen Instinkten geleitet, verändern ihr Verhalten aber durch Erfahrung und →Lernen. Manche Jungvögel können zwar singen, müssen aber ihre arttypischen Rufe von den Eltern lernen. So zeigen die meisten höheren Tiere eine Mischung zwischen angeborenem und erlerntem Verhalten. Bei uns Menschen scheint das Lernen wichtiger zu sein als das angeborene Verhalten.

▽ Möwenjunge picken instinktiv gegen einen roten Fleck am Schnabel der Eltern. Der Fleck ist für sie ein Schlüsselreiz und Auslöser. Für hungrige Küken bedeutet „roter Fleck am Schnabel“ nämlich „Nahrung“. Man kann das Verhalten der Möwenjungen auch durch Attrappen auslösen, also durch vorgetäuschte Zeichnungen des Schnabelflecks.

▽ Auch wir Menschen haben instinktives Verhalten. Babys zeigen zum Beispiel einen Greifreflex. Wenn man einen Finger in ihre Hand legt, packen sie sofort zu. Manche Wissenschaftler meinen, wir hätten dieses Verhalten von frühen Vorfahren geerbt, die noch auf den Bäumen gelebt haben.

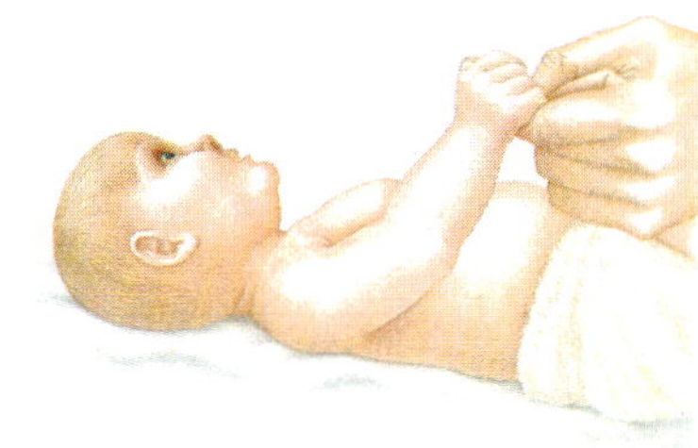

Der Mensch gibt jeden Tag Tausende von Hautschuppen ab. Deswegen trägt man in Chipfabriken Spezialkleidung.

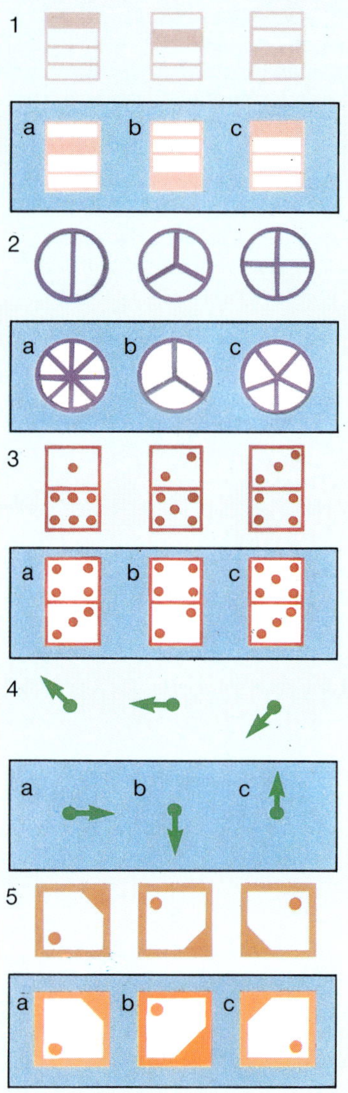

Mach es selbst

Ein Merkmal der Intelligenz besteht darin, Muster zu erkennen. Die ersten drei Zeichnungen folgen einer ganz bestimmten Reihenentwicklung. Vervollständige sie, indem du eine Zeichnung aus den Kästen darunter auswählst und die Entwicklung fortsetzt. Auflösung auf Seite 222.

integrierte Schaltung

Integrieren bedeutet „zu einem Ganzen verbinden“. Integrierte Schaltungen werden auf einem papierdünnen →Siliziumchip miteinander verbunden. Dieser Chip hat eine Oberfläche von rund einem viertel Quadratzentimeter. Als die ersten Chips um 1970 auf den Markt kamen, konnten sie gerade zehn Schaltungen aufnehmen. Fünf Jahre danach waren es bereits hundert Schaltelemente. Um 1980 war man bei rund 5000 Schaltungen angelangt. Heute haben bereits mehrere 100 000 Schaltungen auf einem Chip Platz. Noch in diesem Jahrzehnt wird man die Millionengrenze überschritten haben.

Früher waren integrierte Schaltungen flache Gebilde. Heute sehen sie unter dem Mikroskop plastisch aus wie Landschaften mit Bergen und Gräben, denn ein Teil der Schaltelemente wird herausgeätzt, das heißt auf chemischem Weg abgetragen. Integrierte Schaltungen sind sehr aufwendig in der Herstellung. Das Schaltbild muß erst auf großen Leuchttischen gezeichnet und anschließend extrem verkleinert werden. Es liegt auf der Hand, daß sich bei der Fertigung derart winziger Schaltungen jedes Staubkörnchen störend auswirkt. Deswegen werden integrierte Schaltungen unter Reinraumbedingungen gefertigt: Die Luft in der Fabrik wird gefiltert, und alle Angestellten tragen Spezialkleidung.

Intelligenz

Die Forscher streiten sich darüber, was Intelligenz wirklich ist. Wir können sagen, daß ein intelligentes Lebewesen fähig ist zum →Lernen. Beim Menschen kommt noch die Fähigkeit dazu, Dinge zu verstehen und sich dadurch neuen Situationen anzupassen. Alle Tiere können bis zu einem gewissen Grad lernen. Einige sind besonders lernfähig, zum Beispiel die Tintenfische, die Honigbiene, die Vögel und die Säuger. Das intelligenteste Lebewesen ist der Mensch.

Die →Psychologen wollten schon immer wissen, wieviel von unserer Intelligenz angeboren und damit vererbt und wieviel erlernt ist. Auch über diese Frage sind sich die Wissenschaftler nicht einig. Einige meinen, Intelligenz sei völlig erlernbar. Ohne Zweifel gibt es aber Menschen, die mit hoher Begabung auf die Welt kommen, sei es mit wissenschaftlichen oder mit künstlerischen Fähigkeiten.

Eltern und Lehrer spielen aber mit Sicherheit eine große Rolle, wenn es darum geht, daß Kinder ihre geistigen Fähigkeiten entwickeln. Wer nicht zum Lesen und Diskutieren und zum Lösen von Problemen angeregt wird, kann seine Fähigkeiten nicht vollständig entwickeln.

interstellare Materie

Den Raum zwischen einzelnen Sternen bezeichnen wir als interstellar. In der →Milchstraße ist der Raum zwischen den Sternen nicht völlig leer, sondern enthält Atome vom →Wasserstoff sowie von anderen Elementen. Die →Dichte beträgt rund ein Atom pro Kubikzentimeter. Auch winzige Staubteilchen aus →Kohlenstoff und →Silizium treten in der interstellaren Materie auf. An einigen Stellen ist sie verdichtet und bildet dunkle Wolken oder →Nebel. Ein Teil dieser Materie stammt noch aus der Zeit, als die Milchstraße entstand. Alternde →Rote Riesen und →Supernovä blasen bei ihren Explosionen ebenfalls viel Materie in das Weltall.

△ Im Weltall gibt es nicht nur Sterne und Planeten, sondern auch viel interstellare Materie, vor allem in Form von Wasserstoff.

Iod

Iod ist ein nichtmetallisches →chemisches Element aus der Gruppe der →Halogene. Bei Raumtemperatur ist es blauschwarz. Wenn man es erhitzt, sublimiert es, das heißt, es geht vom festen Zustand direkt in den gasförmigen über. Der menschliche Körper braucht winzige Iodmengen, um gesund zu bleiben. Die Schilddrüse stellt daraus nämlich das iodhaltige →Hormon Thyroxin her, das für das Wachstum und die geistige Entwicklung wichtig ist. Damit auf alle Fälle für ausreichende Iodzufuhr gesorgt ist, wird Speisesalz meist iodiert. Iodsalze (Iodide) verwendet vor allem die Industrie bei der Herstellung fotografischer →Filme.

Ionen

Als Ionen bezeichnen wir elektrisch geladene →Atome oder Gruppen von Atomen. Im Normalfall verhält sich ein Atom oder eine Atomgruppe nach außen hin elektrisch neutral und ist damit weder positiv noch negativ geladen, weil die Zahl der positiv geladenen →Protonen im Atomkern gleich ist der Zahl der negativ geladenen →Elektronen in der Schale. Unter gewissen Bedingungen geben jedoch Atome oder Atomgruppen ein Elektron ab oder nehmen ein überschüssiges Elektron auf. Diesen Vorgang bezeichnen wir als Ionisierung. Ein positiv geladenes Ion heißt auch Kation. Das Anion ist negativ geladen. Ionen mit unterschiedlichen Ladungen ziehen sich gegenseitig an und gehen oft eine →chemische Bindung (Ionenbindung) ein. Das gewöhnliche Kochsalz oder Natriumchlorid ist eine feste →chemische Verbindung aus positiv geladenen Natriumionen und negativ geladenen Chlorionen (Chlorid). Bei der →Elektrolyse werden die Ionen von Elektroden mit umgekehrter elektrischer Ladung angezogen. Manche Atome oder Atomgruppen können auch zwei oder mehr überschüssige oder fehlende Elektronen haben. Man

▽ Ionen entstehen dann, wenn Atome oder Atomgruppen Elektronen verlieren oder zusätzliche Elektronen aufnehmen. Ein positiv geladenes Wasserstoffion entsteht, wenn ein neutrales Wasserstoffatom sein Elektron abgibt. Das negative Fluorion entsteht, wenn ein neutrales Fluoratom ein negativ geladenes Elektron an sich reißt. Damit füllt es seine Elektronenschalen auf.

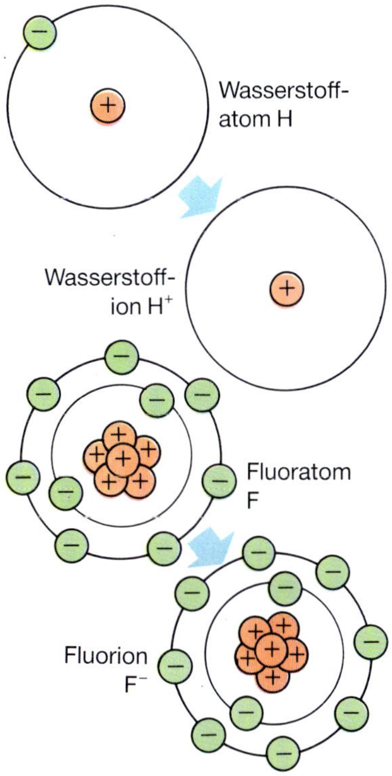

Hartes, kalkreiches Wasser muß enthärtet werden, bevor man es zum Beispiel in der Spülmaschine oder zum Kaffeekochen verwenden kann. Man läßt es deswegen durch einen Ionenaustauscher laufen. Es handelt sich meistens um Kunstharze oder Silikate (Zeolithe), die eigene Ionen gegen Ionen im Wasser austauschen und es dadurch weicher machen. Mit Ionenaustauschern reinigt man heute auch Säfte und gewinnt sogar wertvolle Stoffe aus Abwässern zurück.

Auflösung der Aufgabe auf Seite 220

1b, 2c, 3a, 4b, 5c.

spricht dann zum Beispiel von einem zweiwertigen Ion, einem dreiwertigen oder gar einem vierwertigen Ion. In chemischen Formeln erkennt man dies an einem hochgestellten Plus- oder Minuszeichen neben der Abkürzung des chemischen Elements, zum Beispiel $Na^{+}Cl^{-}$ (Kochsalz) oder $Mg^{2+}SO_4^{2-}$ (Magnesiumsulfat). Manche Atome haben die Neigung, ein zusätzliches Elektron aufzunehmen und sich dadurch zu ionisieren. Dies geschieht sehr bereitwillig, und dabei wird sogar Energie frei. Am stärksten ist diese Neigung beim Chlor und beim Fluor ausgeprägt. Ebenso bereitwillig gibt das Natriumatom sein Elektron ab.

Ionenantrieb

Der Ionenantrieb wurde für →Raketen und andere Weltraumfahrzeuge entwickelt. Die ersten Maschinen konstruierte das amerikanische Lewis Researching Center in den sechziger Jahren. Der Ionenantrieb nutzt das Verhalten elektrisch geladener Teilchen (→Ionen) in einem elektrischen Feld. Als Treibstoff dient Quecksilber oder Cäsium. Ihre Atome werden ionisiert, das heißt, ein Elektron wird ihnen weggenommen. Wenn nun ein elektrisches Feld auf diese Ionen einwirkt, erfahren sie eine hohe Beschleunigung und verlassen den Antrieb durch eine Düse. Dabei erreicht der Strahl eine Geschwindigkeit von 30 Kilometern pro Sekunde. Der Treibstoffverbrauch liegt nur bei wenigen Gramm pro Stunde. Der Ionenantrieb beschleunigt zwar sehr langsam, hält aber lange Zeit an. Bemannte Fahrzeuge werden damit nicht angetrieben, sondern nur →Sonden, die lange Zeit unterwegs sind.

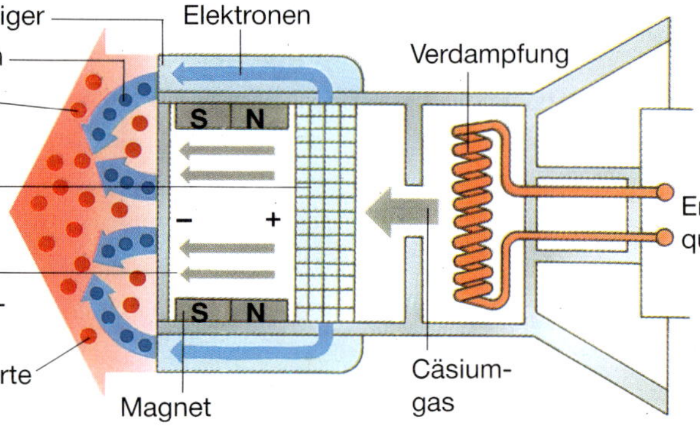

▷ Beim Ionenantrieb liefert zum Beispiel ein kleiner Kernreaktor die Energie, die nötig ist, um das Cäsium zu verdampfen. Ein Platingitter absorbiert das Cäsiumgas und gibt dann positiv geladene Cäsiumionen ab. Das Platingitter erzeugt auch negativ geladene Elektronen. Aus diesen und den Cäsiumionen werden getrennte Antriebsstrahlen erzeugt. Nach der Beschleunigung vereinigen sich die Cäsiumionen wieder mit den Elektronen, damit sich Triebwerk und Raumfahrzeug nicht elektrisch aufladen.

Ionosphäre

Die Ionosphäre ist eine Schicht der →Atmosphäre. Ihre untere Grenze liegt in einer Höhe von ungefähr 80 Kilometern. Ihren Namen verdankt sie dem Vorkommen vieler →Ionen.
Die Ionosphäre ist von größter Bedeutung für den →Rundfunk und die Radiowellen. Diese können sich nur geradlinig

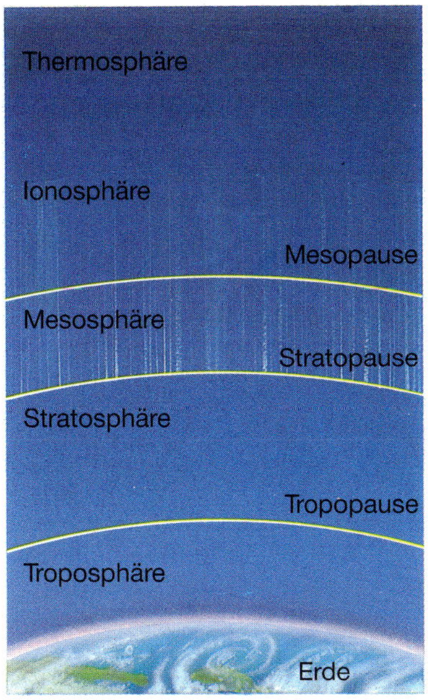

◁ Die Ionosphäre hat ihre Untergrenze in einer Höhe von etwa 80 Kilometern. In diesen Höhen ist die Luft schon sehr dünn, und Atome sowie Moleküle werden leicht von der kosmischen Strahlung ionisiert. In der Troposphäre und der Stratosphäre ist die Luft viel dichter. Diese Schichten absorbieren die ionisierende Strahlung und schützen die Erde davor.

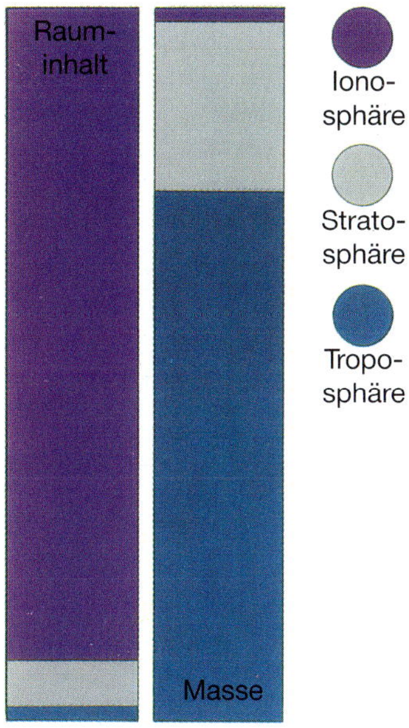

▷ Was den Rauminhalt anbelangt, stellt die Ionosphäre den weitaus größten Teil der Atmosphäre dar. Wenn man allerdings die Masse der Luftgase betrachtet, bildet sie nur einen sehr kleinen Teil davon.

fortpflanzen. Wegen der Erdkrümmung müßte man erwarten, daß eine Radioverbindung zwischen zwei weiter entfernten Orten nicht möglich ist. Die Ionosphäre reflektiert jedoch Radiowellen, so daß Funkverkehr auch über große Entfernungen möglich ist.

Isobaren

Isobaren sind gedachte Linien, die Orte mit gleichem →Luftdruck miteinander verbinden. Isobaren werden in Wetterkarten eingezeichnet und zeigen uns, wo Hoch- und Tiefdruckgebiete liegen. Je näher Isobaren aneinanderliegen, um so größer sind die Luftdruckunterschiede in dem betreffenden Gebiet. Die Luft fließt wirbelförmig von einem Hochdruckgebiet zu einem Tiefdruckgebiet. Je größer die Luftdruckunterschiede sind, desto stärker wird auch der →Wind wehen.

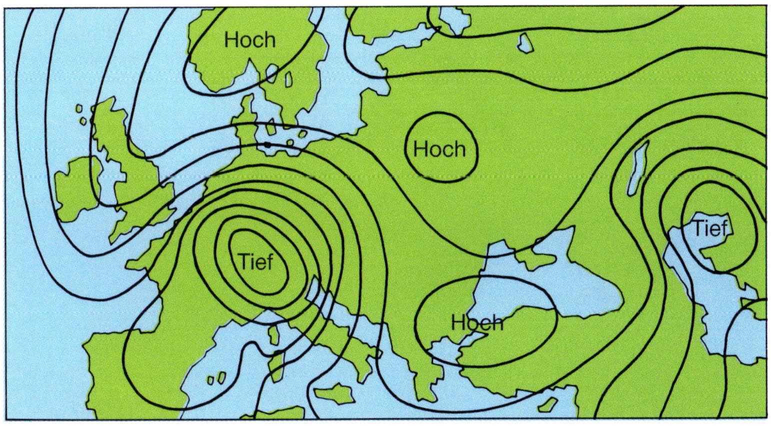

◁ Auf Wetterkarten sind die Isobaren eingezeichnet. Sie stellen Linien gleichen Luftdrucks dar. Mit solchen Karten ist eine Wettervorhersage möglich. Tiefdruckgebiete bringen im allgemeinen schlechtes und regnerisches, Hochdruckgebiete klares, sonniges Wetter.

1

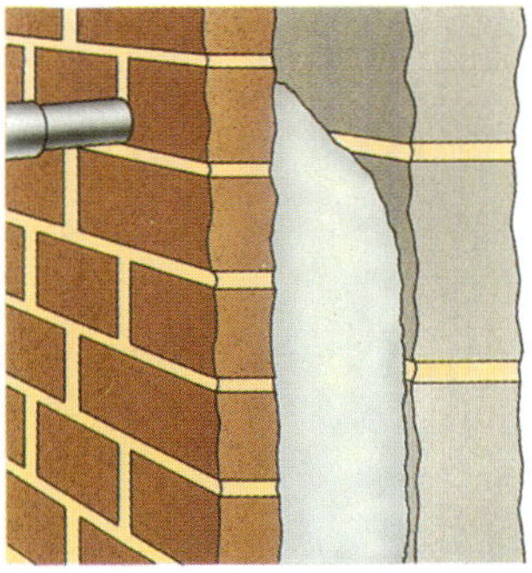
2

3
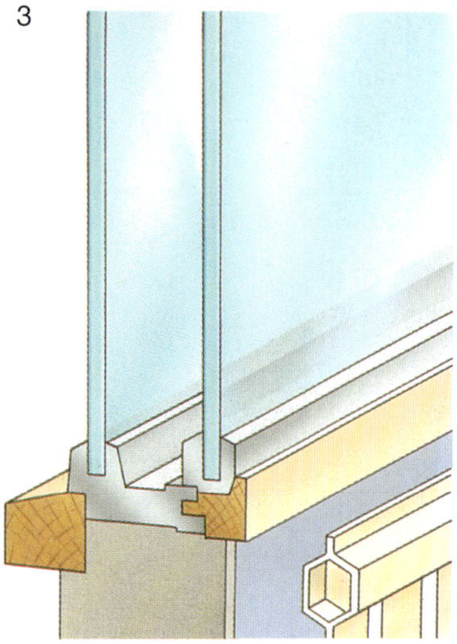

△ Es gibt viele verschiedene Möglichkeiten, die Wärmedämmung eines Gebäudes zu erhöhen. Mit Glaswolle kleidet man die Innenfläche des Daches und den Dachboden aus (1). Den Zwischenraum zwischen zwei Wänden füllt man mit Kunststoffschaum, der schnell erhärtet (2). Doppelt oder dreifach verglaste Fenster verringern den Wärmeverlust (3).

Mach es selbst

Wir untersuchen, wie unterschiedliche Stoffe Wärme isolieren. Wir füllen leere Getränkedosen mit heißem Wasser und verschließen deren Öffnung. Eine solche Getränkedose stellen wir in ein verschlossenes Glasgefäß und umgeben sie sozusagen mit Luft. Die zweite Getränkedose packen wir in Zeitungspapier ein, die dritte in einen Baumwollstoff, die vierte in einen Wollstoff. Wir vergleichen die Temperaturen des Wassers in den Getränkedosen nach 30 Minuten.

Isolator und Isolierung

Isolieren heißt abtrennen, absondern, abdecken. Wer an einer gefährlichen →Infektionskrankheit leidet, muß in besonderen Räumen isoliert werden, damit er andere nicht anstecken kann. In der Technik und in der Physik werden viele isolierende Stoffe (Isolatoren) verwendet. Sie schützen vor elektrischem Strom, vor Feuchtigkeit, vor Wärme oder Kälte und vor Schall.

Wärmedämmende Stoffe verringern den Wärmefluß von einem warmen Körper auf einen kälteren. Wärme kann auf drei Weisen übertragen werden: durch →Wärmeleitung, durch →Konvektion und durch →Strahlung. Ein guter Isolierstoff verringert alle drei Erscheinungen. Man verwendet dazu Werkstoffe, deren →Elektronen sich nicht frei bewegen können. Solche Stoffe wie Holz oder Keramik verkleinern die Wärmeleitung und sind gleichzeitig gute elektrische Isolatoren. Die Konvektion läßt sich verringern, indem man die

▷ Das Cockpit des Spaceshuttles muß sorgfältig isoliert werden, damit die hohen und die tiefen Temperaturen nicht ins Innere dringen. Außen wird noch ein Hitzeschild angebracht.

Bewegung von Gasen und Flüssigkeiten einschränkt. Ein →Vakuum wie in der →Thermosflasche verringert die Wärmeleitung und die Konvektion. Vor der Wärmeübertragung durch Strahlung schützen glänzende Oberflächen, denn sie reflektieren die Wärmestrahlen.
Viele Vögel und Säuger haben eine Fettschicht unter der Haut als Isolator gegen Kälte. Auch das Gefieder und das Fell halten warm, weil beide die Luft nahe an der Haut festhalten, und Luft ist einer der besten Isolatoren. Wenn wir im Winter einen besonders dicken Pullover anziehen, nutzen wir die isolierende Eigenschaft der Luft, die von den Wollfasern festgehalten wird.
Elektrische Isolierstoffe leiten keinen Strom, weil sie keine frei beweglichen Elektronen haben. Bei elektrischen Leitern wie

△ Hochspannungskabel müssen gut isoliert werden. Am besten eignen sich dafür Isolatoren aus Keramik.

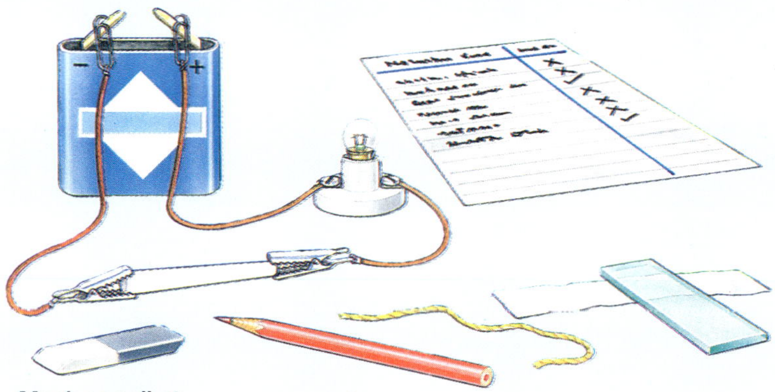

Mach es selbst

Wir können selbst überprüfen, welche Stoffe elektrisch gut isolieren. Wir brauchen dazu einen einfachen Stromkreis mit einer Batterie und der Glühbirne einer Taschenlampe. Wir verbinden die Clips mit den verschiedenen Stoffen, die wir überprüfen wollen. Leuchtet die Lampe nicht auf, so handelt es sich um einen Isolator.

Metallen sind Elektronen hingegen frei verschiebbar, und diese sind für den Stromfluß verantwortlich. Die wichtigsten elektrischen Isolatoren sind Glas, Keramik, Kunststoffe, Papier und Gummi.
Mit elektrischen Isolatoren kann man den Strom dorthin fließen lassen, wo man ihn haben will. Bei einem gewöhnlichen elektrischen Anschluß trennen Isolierstoffe die beiden Leiter, die den Strom in entgegengesetzter Richtung transportieren. Somit kann es zu keinem Kurzschluß kommen. Isolatoren trennen auch die Ladungen in einem →Kondensator.
Die besten Stoffe für die Schalldämmung ähneln denen für die Wärmedämmung, zum Beispiel Kokosfasern, Schaumstoffe und andere Materialien, die Luft enthalten.

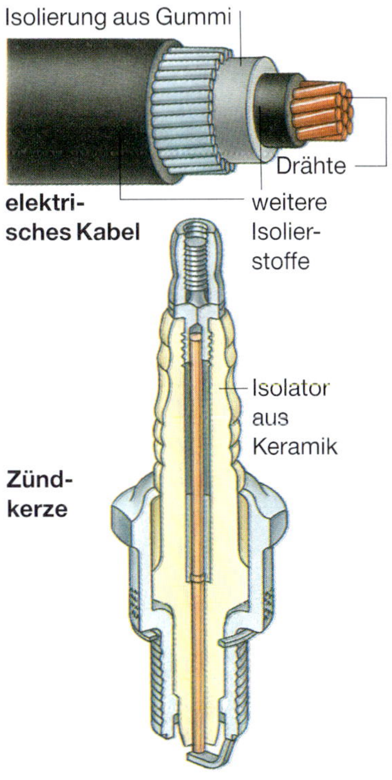

△ Gummi ist der beste elektrische Isolator. Dennoch verwendet man als Ersatz heute überwiegend Kunststoffe. Isolatoren aus Keramik finden wir zum Beispiel in Zündkerzen und an Fernleitungen.

Isomere

▷ Der Kohlenwasserstoff Pentan hat fünf Kohlenstoffatome und nach der Art der Verzweigung insgesamt drei Isomere. Möglich sind eine gerade Kette, eine einfach verzweigte Kette und ein symmetrisches Kreuz. Die drei Verbindungen haben ganz unterschiedliche Eigenschaften.

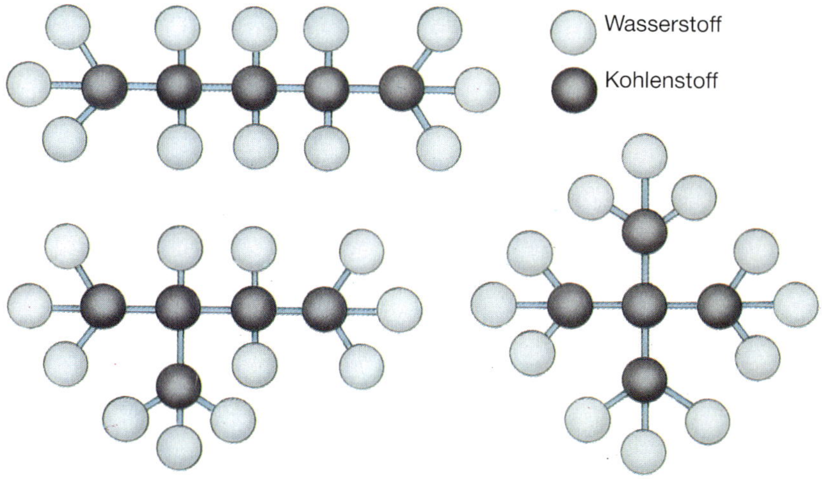

Die Vorsilbe Iso- zu Beginn eines Wortes bedeutet „gleich" oder „identisch".
Isohypsen sind Verbindungslinien zwischen Orten mit gleicher Höhe. Man sagt dazu auch „Höhenlinien".
Isotrop heißen Stoffe, die nach allen Richtungen hin gleiche Eigenschaften aufweisen.
Isotonische Flüssigkeiten haben den gleichen osmotischen Druck.

▽ Diese Karte zeigt die Isothermen für den Januar in Nordamerika. Den abkühlenden Einfluß des kalten Wassers im Nordpolarmeer erkennen wir daran, daß die −30 °C-Isotherme wie eine Zunge weit in den Süden vorstößt. Eine ähnliche Auswirkung haben die Gebirge längs der Westküste Mexikos. Sie isolieren Zentralmexiko vor dem Einfluß des viel wärmeren Meeres.

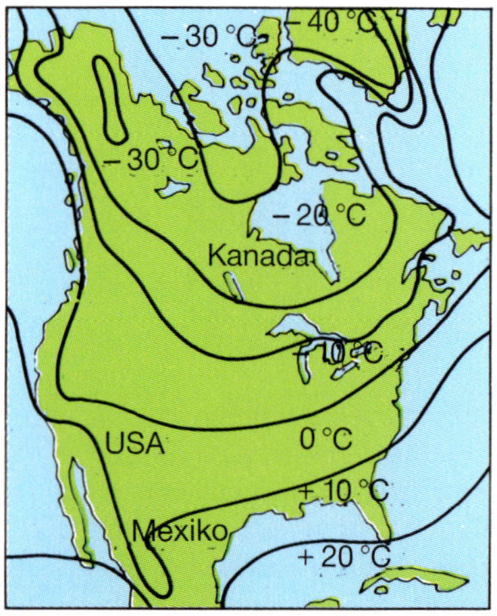

Isomere

Als Isomere bezeichnen wir zwei oder mehr chemische Verbindungen mit derselben →chemischen Formel, aber unterschiedlichem räumlichem Aufbau. Isomer sind zum Beispiel das Butan und das Methylpropan, das auch Isobutan genannt wird. Beide haben die chemische Summenformel C_4H_{10} und gehören somit zu den →Kohlenwasserstoffen. Beim Butan bilden die vier Kohlenstoffatome eine Kette. Das Isobutan hingegen ist verzweigt: Drei Kohlenstoffatome stehen in einer Reihe, das vierte ist seitlich mit dem mittleren Kohlenstoffatom dieser Reihe verbunden. Isomere können große Unterschiede in ihren chemischen und physikalischen Eigenschaften zeigen. Die beiden Formen des Butans sind farblos, doch weist das Isobutan mit −12 °C einen niedrigeren Siedepunkt auf als das Butan (−0,5 °C). Der Kohlenwasserstoff Pentan mit fünf Kohlenstoffatomen hat drei Isomere, das Hexan mit der Formel C_6H_{14} hat sechs Isomere, das Eikosan ($C_{20}H_{42}$) schon über 350 000! Dies ist allerdings nur eine theoretische Zahl. Ob es alle diese Verbindungen in der Natur gibt, weiß niemand.

Isothermen

Isothermen sind Linien auf Landkarten, die Orte mit derselben Lufttemperatur miteinander verbinden. Es kann sich dabei um augenblickliche Temperaturwerte handeln, zum Beispiel auf einer Wetterkarte, oder um Durchschnittswerte von Jahren oder Monaten auf →Klimakarten. Die Isothermen geben im allgemeinen die Temperatur an, die auf Meereshöhe gemessen würde. Selbstverständlich liegen aber nicht alle Wetterstationen auf Meereshöhe. Um zu vergleichbaren Ergebnissen zu gelangen, muß man also Meßwerte auf Meereshöhe umrechnen. Für je 165 Meter Höhenanstieg über dem Meeresspiegel rechnet man 1 °C dazu.

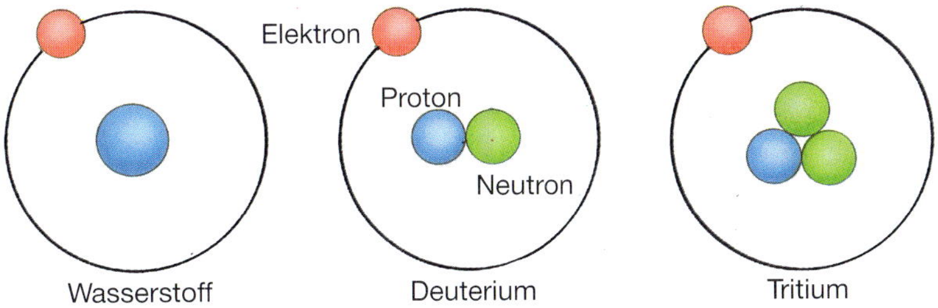

◁ Das chemische Element Wasserstoff tritt in drei Isotopen auf: Das Protium mit einem einzigen Proton im Atomkern ist das weitaus häufigste Isotop. Der schwere Wasserstoff (Deuterium) hat in seinem Kern ein Proton und ein Neutron. Deuterium ist im natürlichen Wasserstoff zu 0,016 Prozent enthalten. Der nicht stabile, überschwere Wasserstoff (Tritium) hat einen Atomkern aus einem Proton und zwei Neutronen. Auf eine Trillion Wasserstoffatome kommen ungefähr zehn Tritiumatome.

Isotope

Wir können Isotope als verschiedene Atomsorten ein und desselben →chemischen Elements bezeichnen. Die verschiedenen Isotope eines Elements haben in ihrem Kern gleich viele →Protonen, aber unterschiedlich viele →Neutronen. Deswegen unterscheiden sie sich auch durch die relative →Atommasse. Die weitaus meisten Elemente haben Isotope; sie fehlen nur ganz wenigen, beispielsweise Fluor, Gold und Mangan. Die unterschiedlichen Isotope eines Elements kommen meistens nebeneinander vor. Jede Probe Chlorgas besteht zu 76 Prozent aus Atomen mit 18 Neutronen und zu 24 Prozent aus Atomen mit 20 Neutronen.
Sehr viele Isotope sind radioaktiv und heißen →Radioisotope. Es gibt dabei chemische Elemente, die aus stabilen und aus radioaktiven Isotopen zusammengesetzt sind. Die Radioisotope zerfallen mit einer ganz bestimmten Geschwindigkeit, die wir →Halbwertszeit nennen. Wir können diese als eine Art Zeitmaßstab oder Uhr verwenden. Anhand des Kohlenstoffisotops 14 kann man zum Beispiel bestimmen, wie alt archäologische Funde sind (→Radiokarbondatierung).
Die relativen Atommassen der meisten Elemente zeigen erstaunlicherweise einen Dezimalbruch, statt ganzzahlig zu sein. Dies läßt sich dadurch erklären, daß viele Elemente Isotopengemische darstellen. Die relative Atommasse des Chlors mit seinen beiden Isotopen beträgt zum Beispiel 35,45.

Alle Isotope eines chemischen Elements verhalten sich in chemischer Hinsicht gleich, weil sie dieselbe Anzahl von Protonen und Elektronen aufweisen. Man kann Isotopengemische also nur mit physikalischen Methoden auftrennen. Am ehesten gelingt dies mit Hilfe der unterschiedlichen Masse der verschiedenen Isotope. Ionisierte Isotope werden zum Beispiel in elektrischen Feldern unterschiedlich stark abgelenkt. Man kann Isotope auch mit extrem schnell laufenden Zentrifugen trennen. Diese Verfahren müssen aber viele Male wiederholt werden, um eine Wirkung zu zeigen.

◁ Isotope finden auch in der Technik Anwendung. Man überprüft mit ihnen zum Beispiel, ob Erdölleitungen unter dem Wasserspiegel Risse oder Schäden aufweisen. Die Ingenieure orten dabei Lecks, an denen radioaktives Material austritt.

J j

Jahresringe

In allen Gebieten, in denen ein Wechsel zwischen kalten und warmen Jahreszeiten herrscht, setzen die Bäume in ihrem →Holz jedes Jahr einen Jahresring an. Wenn man solche Jahresringe unter dem Mikroskop betrachtet, erkennt man, daß die im Herbst gebildeten Zellen klein und dickwandig sind. Die Zellen, die im Frühjahr des darauffolgenden Jahres entstehen, sind hingegen groß und dünnwandig. Wo sie aufeinanderstoßen, ergibt sich eine Trennlinie. Je nach Witterung fallen die Jahresringe unterschiedlich breit aus: In warmen, feuchten Jahren sind sie breit, in kühleren Jahren sehr eng. Wir können anhand der Jahresringe also Rückschlüsse auf das Klima vergangener Zeiten ziehen. Die Forscher können sogar noch mehr: Sie datieren anhand der speziellen Folge breiter und schmaler Jahresringe Holzstücke aus längst vergangenen Zeiten. Dazu brauchen sie ungefähr fünfzig Jahresringe. Mit Computerhilfe passen sie das Muster der vorliegenden Jahresringe in das bereits bekannte allgemeine Muster der Jahresringe ein. Diese Datierung nennen wir Dendrochronologie.

▷ Jeder Jahresring entspricht dem Wachstum vom Frühjahr bis zum Herbst. In den Tropen bilden die Bäume keine Jahresringe aus, weil es dort keinen Wechsel zwischen kalten und warmen Jahreszeiten gibt.

▽ Wenn das Jahresringmuster eines hölzernen Gegenstandes zum Jahresringmuster eines Baumes paßt, kann man schließen, daß beide gleich alt sind. Auf diese Weise läßt sich der hölzerne Gegenstand datieren.

Jetstream

In 10 bis 15 Kilometer Höhe beobachten Flugkapitäne regelmäßig eiskalte, bandförmige Höhenströmungen, die sie Jetstreams oder Strahlströme nennen. Sie erreichen Geschwindigkeiten bis zu 400 Kilometern pro Stunde und können den Flugverkehr stark beeinflussen. Schwankungen der Flugzeit bis über eine Stunde zwischen Amerika und Europa sind durch die Jetstreams möglich. Wahrscheinlich spielen die Jetstreams für das Wetter auf der ganzen Welt eine äußerst wichtige Rolle: Tiefdruckgebiete reisen meistens mit den Jetstreams. Von der Erde aus erkennt man die Jetstreams an zarten, schleierähnlichen Federwolken. Sie ziehen von West nach Ost, während in den tieferen Luftschichten oft noch eine entgegengesetzte Zugrichtung zu beobachten ist. Für das Wetter in Europa ist der nördliche Polarfront-Jetstream wichtig. Er führt von West nach Ost und liegt häufig über Irland, England, Norddeutschland und Polen.

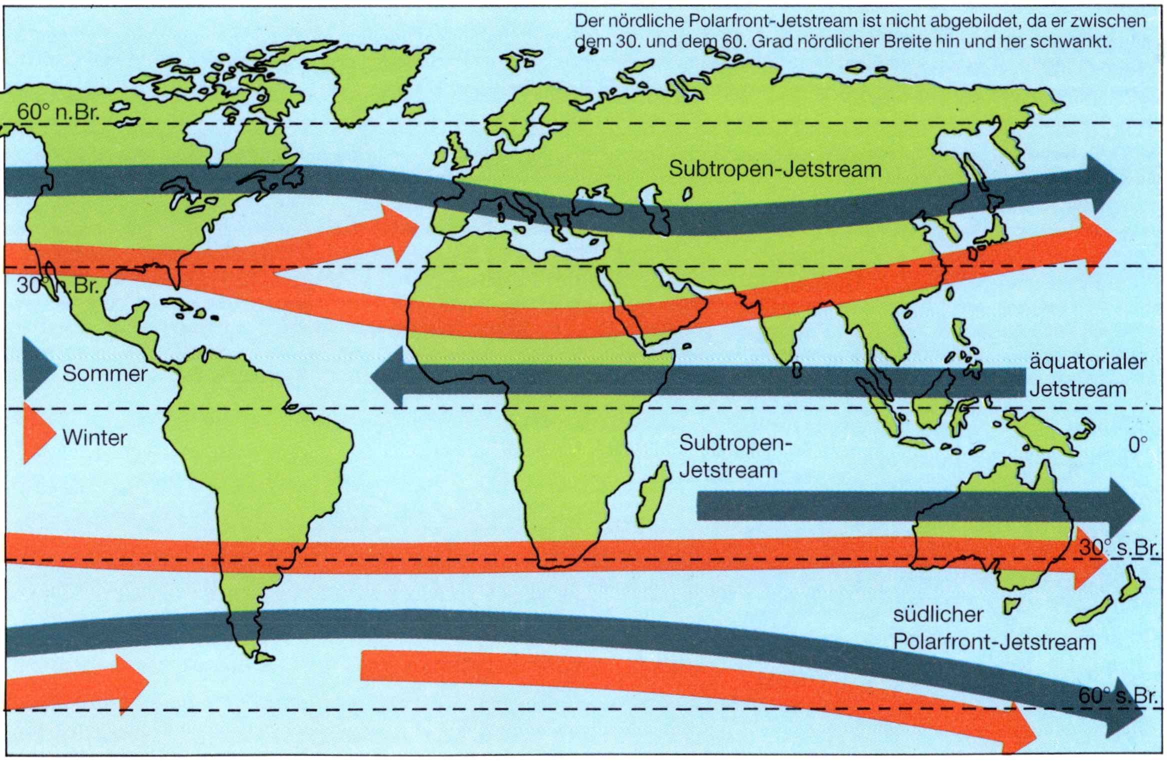

△ Die Jetstreams werden im Sommer schwächer und bewegen sich weiter nordwärts.

Joule

Das Joule (J, sprich: dschuul oder dschaul) ist die Maßeinheit (→SI-Einheiten) der →Energie, der →Arbeit und der Wärmemenge. Benannt ist es nach dem englischen Physiker James Prescott Joule (1818–1889). Das Joule entspricht der Arbeit, die verrichtet wird, wenn ein Körper durch eine →Kraft von einem Newton um einen Meter in Richtung dieser Kraft verschoben wird. Wenn wir beispielsweise ein Newton brauchen, um einen Apfel einen Meter hochzuheben, so haben wir für diese Bewegung ein Joule aufgewendet. Ein Joule entspricht also einem Newtonmeter.

Ein Kilojoule (kJ) entspricht 1000 Joule. Um einen Liter Wasser zum Kochen zu bringen, brauchen wir ungefähr 340 000 Joule (340 kJ). Diese Energiemenge würde ausreichen, um eine 60-Watt-Birne etwa eineinhalb Stunden brennen zu lassen. Die Bewegungsenergie eines Autos mit 1000 Kilogramm Masse und einer Geschwindigkeit von 100 Kilometern pro Stunde liegt bei 400 000 Joule.

Früher diente als Maß für die Energie die Kalorie (abgekürzt cal). Sie wird in Form der Kilokalorie (kcal) noch verwendet, wenn man den Energiegehalt von Nahrungsmitteln angeben will. Eine Kalorie entspricht 4,2 Joule.

Von der Arbeit zur →Leistung kommen wir, wenn wir feststellen, in welcher Zeit die Arbeit verrichtet wurde.

▽ Ein Joule entspricht der Arbeit, die nötig ist, um mittels einer Kraft von einem Newton einen Körper um einen Meter zu verschieben.

1 Joule

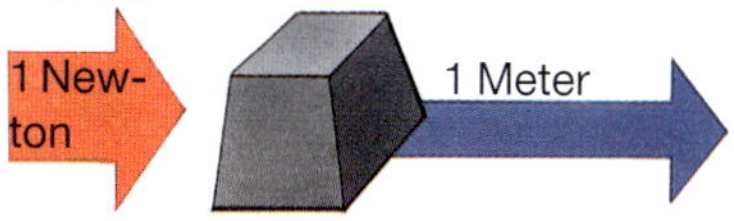

▷ Mit diesem einfachen Experiment können wir nachweisen, daß in einem Leiter Wärme erzeugt wird. Der elektrische Strom bewirkt, daß die Wassertemperatur langsam ansteigt. Der Draht ist zwar elektrisch isoliert, gibt aber dennoch Wärme an das Wasser ab.

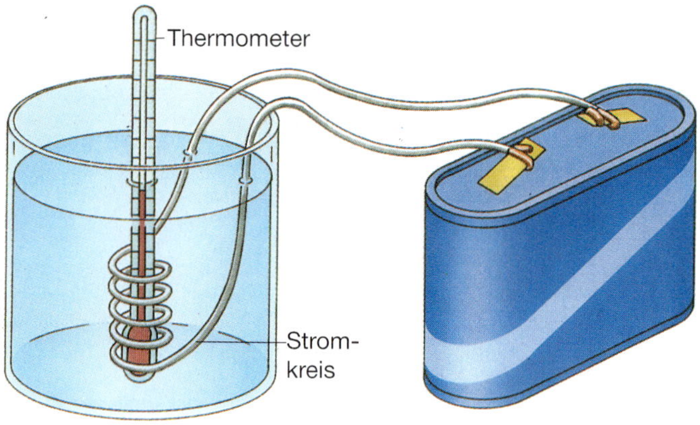

Joulesches Gesetz

Das Joulesche Gesetz beschreibt, wieviel Wärme erzeugt wird, wenn elektrischer Strom durch einen →Leiter fließt. Die Wärmemenge im Leiter ist proportional zum Widerstand des Leiters, zum Quadrat der Stromstärke und zur Zeit. Diese Wärmeerzeugung kann erwünscht sein, zum Beispiel bei Heizungen. Unerwünscht ist sie in →Glühlampen oder in Fernleitungen. Aus dem Jouleschen Gesetz wird verständlich, warum man in Fernleitungen die Stromstärke möglichst gering hält und lieber mit sehr hohen Spannungen arbeitet.
James Prescott Joule war Brauereibesitzer und Privatgelehrter. Er entdeckte zum Beispiel, daß Wärme kein Stoff ist, sondern auf der Bewegung von Teilchen beruht. Er zeigte auch, daß Energie nicht verlorengehen kann, sondern nur in andere Energieformen umgewandelt wird.

Jupiter

Der Jupiter ist der größte →Planet des →Sonnensystems. Die Erde hätte in ihm tausendmal Platz. Er dreht sich in 10 Stunden einmal um seine Achse. Der Jupitertag dauert also nur 10 Stunden. Wegen dieser schnellen Drehung sind die Pole abgeplattet, und der Äquator ist nach außen gewölbt; der Unterschied der beiden Durchmesser macht rund 10 000 Kilometer aus.
Wie die anderen Riesenplaneten →Saturn, →Uranus und →Neptun besteht der Jupiter zur Hauptsache aus →Wasserstoff. Er hat damit keine feste Oberfläche wie die Erde. In der Jupiteratmosphäre sind auch die Gase →Helium, →Ammoniak und →Methan vertreten. Die Oberfläche sieht gebändert aus und zeigt Turbulenzen. Tatsächlich herrschen dort hurrikanartige Winde. Der berühmte Rote Fleck des Jupiters ist ein Wirbelsturm, dessen Spitze sich ungefähr 8 Kilometer über den umgebenden Wolken befindet. Die rote Färbung wird wahrscheinlich durch eine Phosphorverbindung verur-

Zahlen und Daten
Durchmesser am Äquator 143 000 km
Durchmesser an den Polen 134 000 km
Entfernung von der Sonne 816 Millionen km (Maximum) 741 Millionen km (Minimum)
Umlaufzeit 11,86 Erdenjahre
Tageslänge 9 Stunden 50 Minuten
Masse 318 Erdenmassen
Dichte 39 Prozent der Erddichte
Oberflächentemperatur – 150 °C

sacht. Der rote Fleck ist größer als die gesamte Erde, nämlich 30000 bis 40000 Kilometer lang und ungefähr 14000 Kilometer breit. Selbst in den oberflächennahen Schichten der Jupiteratmosphäre herrschen Temperaturen von −150 °C. Im Innern des Planeten ist es dagegen rund 30000 °C heiß. Vermutlich befindet sich dort ein kompakter Kern aus Eisen- und Siliziumverbindungen. Darüber liegt eine Hülle aus flüssigem Wasserstoff. Dieser Wasserstoff liegt in einer merkwürdigen Form vor, denn durch den ungeheuren Druck sind die Atome aufgebrochen: Ihre →Elektronen sind frei beweglich und leiten Wärme sowie elektrischen Strom. Wir sprechen deshalb auch von metallischem Wasserstoff.

Der Jupiter strahlt doppelt soviel Wärme ab, wie er von der Sonne bekommt. Seine Anziehungskraft ist rund 2,5mal so groß wie die Erdanziehung. Nur so gelingt es dem Jupiter, das leichte Gas Wasserstoff in seiner Atmosphäre festzuhalten. Kleinere Planeten wie die Erde haben den größten Teil ihres Wasserstoffs an den Weltraum verloren.

Der Jupiter hat sechzehn Monde. Die vier größten hatte schon Galileo Galilei (1564–1642) entdeckt. Sie sind heute schon mit einem guten Fernglas zu beobachten. Die Raumsonden Voyager 1 und 2 haben gezeigt, daß die Monde Kallisto und Ganymed von Kratern bedeckt sind, ähnlich denen auf der Mondoberfläche. Europa ist eine glatte Eiskugel, und Io, der jupiternächste Mond, hat eine schwefelgelbe Oberfläche. Seine Vulkane stoßen Material bis 250 Kilometer weit in den Weltraum.

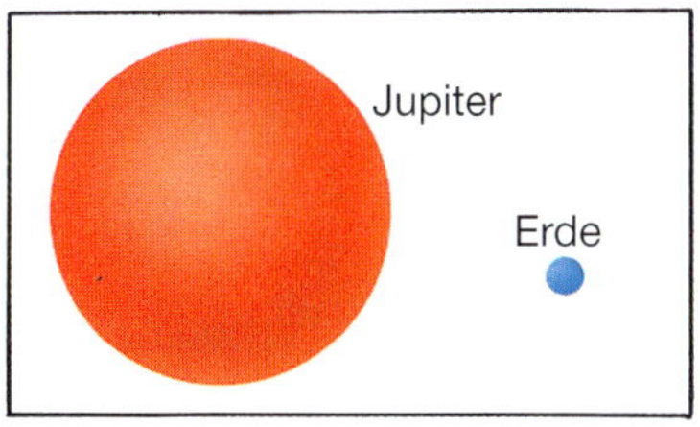

△ Der Jupiter hat an den Polen einen Durchmesser von rund 134 000 Kilometern. Seine Masse ist 318mal so groß wie die der Erde. Die Dichte beträgt jedoch nur rund ein Drittel.

△ Die vier größten Jupitermonde heißen Ganymed, Kallisto, Io und Europa. Man nennt sie auch galileische Monde, weil Galileo Galilei sie als erster entdeckt hat. Gleichzeitig mit ihm sah sie aber auch der deutsche Astronom Simon Marius (1573–1624). Die anderen Jupitermonde wurden erst viel später entdeckt, entweder auf Fotografien oder von Raumsonden. Es ist durchaus möglich, daß man noch nicht alle Jupitermonde entdeckt hat.

◁ Die Atmosphäre des Jupiters läßt auf heftige Stürme und Turbulenzen schließen.

K k

Kaleidoskop

Das Kaleidoskop ist ein Spielzeug, das an ein Fernrohr erinnert. Es enthält im Inneren Spiegel und kleine bunte, unterschiedlich geformte Stücke aus Kunststoff oder Glas. Die Spiegel werfen das Licht vielfältig zurück und erzeugen das typische sternartige Muster. Ein richtiges Kaleidoskop ist ungefähr 30 Zentimeter lang und dreieckig. Die Spiegel verlaufen der Länge nach im Inneren und stoßen in einem Winkel von 60° aneinander.

Das eine Ende des Kaleidoskops ist mit einem Stück Milchglas oder einem ähnlichen halbdurchsichtigen Kunststoff abgedeckt. Das andere Ende hat ein kleines Loch zum Hineinschauen. Wenn man das Kaleidoskop ans Auge hebt, fallen die farbigen Stückchen im Inneren regellos durcheinander und erzeugen durch →Reflexion an den Spiegeln ein immer neues Bild, das an einen sehr komplizierten, sechsstrahligen Stern erinnert.

Mach es selbst

Mit Klebeband verbinden wir drei gleich große längliche Spiegelstücke. Das eine Ende verschließen wir mit Transparentpapier. In das Innere des Kaleidoskops legen wir phantasievoll zugeschnittene bunte Papierstückchen. Das andere Ende des Kaleidoskops verschließen wir mit Karton, in dem sich das Guckloch befindet. Bei jeder Drehung des Kaleidoskops ergibt sich ein neues Bild.

◁ Die Azteken zählten 18 Monate zu je 20 Tagen und fünf zusätzliche Tage, die sie als unheilbringend betrachteten. Dieser Kalenderstein vom Haupttempel der Azteken in Tenochtitlán zeigt die Jahreseinteilung dieses Volkes. Auch die Maya hatten einen viel genaueren Kalender als die Spanier, die zu jener Zeit die Neue Welt eroberten und unterdrückten.

Kalender

Mit dem Kalender teilen die Menschen die Zeit ein. Jahrtausendelang dienten die Umdrehung der Erde um die eigene Achse, der Umlauf der Erde um die Sonne und die Mondphasen als Grundlage für die Zeitbestimmung. Im Jahr 46 vor Christus führte Julius Caesar den ersten Kalender ein, der ungefähr unserem heutigen System entspricht. In diesem Julianischen Kalender dauerte das Jahr 365 Tage. Jedes vierte Jahr mußte ein Tag, heute der 29. Februar, eingeschaltet werden. Die Erde umkreist die Sonne nämlich fast genau in 365 1/4 Tagen (Sonnenjahr). Nach vier Jahren ergibt sich somit ein Fehler von einem Tag, der durch den Schalttag korrigiert wird. Aber auch der Julianische Kalender war noch ungenau, weil das Kalenderjahr elf Minuten länger war als das Sonnenjahr. Dieser Unterschied machte sich natürlich irgendwann bemerkbar. Im Jahr 1582 war er auf immerhin zehn Tage angewachsen. Papst Gregor XIII. führte in diesem Jahr eine Kalenderreform durch. Er bestimmte, daß auf den 4. Oktober 1582 gleich der 15. Oktober 1582 folgen sollte. Damit waren die zehn Tage wieder eingeholt. Zugleich führte er Ergänzungen zu den Schaltjahren ein: Volle Jahrhunderte sind keine Schaltjahre, sofern ihre Zahl nicht durch 400 teilbar ist. 1800 und 1900 waren somit keine Schaltjahre, 2000 wird hingegen eines sein. Der Gregorianische Kalender ist heute so genau, daß sich seine Fehler erst in 3000 Jahren auf einen Tag summieren würden. Der Gregorianische Kalender wurde nicht überall im Jahr 1582 eingeführt. Manche Länder übernahmen ihn erst sehr viel später, Rußland zum Beispiel erst 1918.

Das Indianervolk der Anasazi, die vor ungefähr 1000 Jahren in Neumexiko lebten, hatten ebenfalls einen sehr genauen Kalender. Sie konnten die vier wichtigsten Tage des Jahres genau feststellen, nämlich die beiden Tagundnachtgleichen und die Sommersonnenwende sowie die Wintersonnenwende. Sie verwendeten dazu drei schräge Steinplatten, die heute noch am Hang eines Tafelberges stehen. Die Platten ließen das Sonnenlicht in Form dolchartiger Strahlen auf die Felswand dahinter fallen. Bei der Sommersonnenwende teilte ein solcher Lichtstrahl eine eingeritzte Spirale genau in zwei Hälften.

△ Das Mineral Kalziumkarbonat ist in der Natur in vielerlei Formen vertreten. Schnecken und Muscheln bauen daraus ihre Schalen. Auch Perlen und Eierschalen sind aus Kalk. Der Mineraloge bezeichnet große Kalkkristalle als Kalkspat oder Kalzit. Wir erkennen das Mineral sofort an seinen absolut glatten Bruchflächen.

Kalium

Kalium ist ein silbrigweißes →chemisches Element. Es gehört zu den →Metallen, ist aber so weich, daß man es mit einem Messer schneiden kann. Es reagiert bereitwillig mit anderen Elementen und kommt in der Natur nur in Form →chemischer Verbindungen vor. Metallisches Kalium reagiert zum Beispiel heftig mit Wasser. Dabei entstehen Wasserstoffgas und Kaliumhydroxid, das auch als Kalilauge bekannt ist. Die wichtigste Kaliumverbindung in der Natur ist das Salz Kaliumchlorid, das im Meerwasser gelöst ist. Alle Lebewesen brauchen Kalium. Manche →Düngemittel enthalten Kalium, zum Beispiel das Kaliumnitrat (Kalisalpeter).

Kälte

Wir bezeichnen einen Körper als kalt, wenn seine →Temperatur niedriger ist als die seiner Umgebung. Wir empfinden Kälte, wenn der Gegenstand, den wir berühren, deutlich kühler ist als unsere Körpertemperatur. Die →Atome oder →Moleküle kalter Körper bewegen sich langsamer als die warmer Körper. Wenn sich zwei unterschiedlich warme Körper berühren, wird immer der wärmere Körper kühler und der kältere wärmer. Es gibt keinen Wärmefluß vom kälteren Körper auf den wärmeren. Die Wärmeübertragung erfolgt dadurch, daß die Moleküle des wärmeren Körpers, die sich schneller bewegen, die Moleküle des kälteren anstoßen und in Bewegung versetzen.
Wir können Körper nicht beliebig weit abkühlen. Beim →absoluten Nullpunkt bewegen sich die Atome und Moleküle praktisch nicht mehr. Die Temperatur beträgt dort −273 °C. Kälter kann kein Körper werden.

Kalzium

Das Kalzium (auch Calcium geschrieben) ist ein silbrigweißes →chemisches Element. Es gehört zu den →Metallen, ist aber so weich, daß man es mit dem Messer schneiden kann. Kalzium ist zu 3,6 Prozent in der Erdkruste enthalten und kommt in vielen →chemischen Verbindungen vor. Das Salz Kalziumkarbonat kennen wir zum Beispiel unter der Bezeichnung Kalk, Kreide oder Marmor. Kalziumsulfat heißt auch Gips. Reines Kalzium gewinnt man, indem man elektrischen Strom durch geschmolzenes Kalziumchlorid leitet (→Elektrolyse). Wenn man Kalzium mit Wasser in Verbindung bringt, erfolgt eine heftige Reaktion. Dabei entstehen Wasserstoffgas und Kalziumhydroxid, eine starke Base (Lauge).
Kalzium ist unerläßlich für alle Tiere und Pflanzen. Kalkreiche Böden sind zum Beispiel besonders fruchtbar. Viele Lebe-

Das Mineral Kalkspat oder Kalzit zeigt eine außergewöhnliche Eigenschaft, die aber nur bei klaren, durchsichtigen Stücken beobachtet werden kann: die optische Doppelbrechung. Dabei wird ein Lichtstrahl in zwei Strahlen aufgespalten. Wenn du zum Beispiel diese Schrift durch einen Kalkspatkristall oder ein rautenförmiges Bruchstück davon liest, siehst du sie doppelt.

◁ Die elektronenmikroskopische Aufnahme in Falschfarben zeigt Kristalle des Kalziumsulfats. Diese nadelartigen Kristalle bilden einen Teil des Kesselsteins von Töpfen und Boilern in Gebieten mit hartem Wasser.

wesen bauen ihre Schalen oder Panzer aus Kalk, zum Beispiel die Schnecken, die Muscheln und viele einzellige Algen. Kalk erkennt man daran, daß er aufbraust, wenn man ihn mit einer Säure in Verbindung bringt, zum Beispiel mit Essig. Die Wirbeltiere und damit auch der Mensch bauen in ihr Skelett große Mengen des Salzes Kalziumphosphat ein. Deswegen brauchen Kinder und Jugendliche viel Kalzium. Es ist vor allem in Milch enthalten.

Kapillarkräfte

Schon beim Trinkhalm können wir die Wirkung der Kapillarkräfte beobachten: Der Flüssigkeitsspiegel liegt im Trinkhalm höher als im Glas. Wenn wir einen schmaleren Trinkhalm hätten, würde das Getränk darin noch höher steigen. Man kann ganz allgemein sagen: Je enger eine Röhre (Kapillare), um so höher steigt darin auch die Flüssigkeit im Vergleich zur Umgebung. Der Grund liegt in der →Oberflächenspannung. Die Flüssigkeit wird vom festen Material des Trinkhalmes angezogen und steigt hoch. Wir sprechen in diesem Fall von einer benetzenden Flüssigkeit. Es gibt aber auch den umgekehrten Fall: Die Flüssigkeit benetzt den Trinkhalm nicht und steht in einer Kapillare tiefer als die Umgebung. Diese Erscheinung (Kapillardepression) können wir beim →Quecksilber beobachten.

Die Kapillarkräfte spielen eine große Rolle in der Natur: Bodenwasser steigt in den Ritzen des Bodens nach oben. In den Pflanzen transportieren langgestreckte Zellen des Leitbündels das Wasser kapillar nach oben. Auch bei der Kerze können wir die Kapillarwirkung beobachten: Das heiße Wachs steigt im Docht hoch, bevor es dort verbrennt.

Mach es selbst

Wir spalten den Stengel einer weißen Nelke der Länge nach. Die beiden Enden stellen wir in Gefäße mit unterschiedlich gefärbtem Wasser. Die Blüte saugt das Wasser durch Kapillarwirkung in den Leitbündeln nach oben.

Kartographie

Mach es selbst

Karten können die ganze Welt oder einen sehr kleinen Ausschnitt davon abbilden, zum Beispiel die Kreuzung weiter unten an der Straße, in der du wohnst. Versuche eine Karte deiner Straße und deines nächsten Wohngebietes zu zeichnen. Gib dabei die Lage der Häuser, der Bäume, der Straßen und die Verkehrszeichen an.

▽ Bei der Mercatorprojektion werden die Punkte der Erdoberfläche auf einen Zylinder projiziert, der dann abgewickelt wird. Verzerrungen ergeben sich bei jeder Art der Projektion.

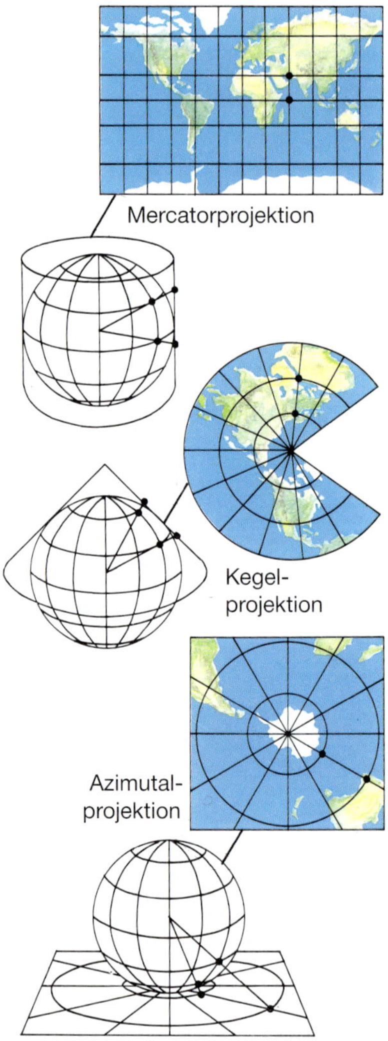

Kartographie

Jede Landkarte will ein flächiges und damit zweidimensionales Abbild der Erdoberfläche bieten. Nun ist die Erdoberfläche aber dreidimensional: Gebäude, Hügel und Berge erheben sich in die Höhe. Das macht Probleme bei der Darstellung. Als besonders erschwerend kommt hinzu, daß die Erde eine Kugel ist. Aus einer gekrümmten Fläche kann man aber keine Ebene machen.

Die genauesten Landkarten hätten demnach die Form eines Globus oder wären Ausschnitte aus einer Kugel. Um zu einer handlichen Landkarte zu kommen, müssen die Kartographen zu sogenannten Projektionen greifen: Sie übertragen die Punkte der Erdoberfläche auf eine flache Karte. Die erste Karte dieser Art entwickelte der flämische Geograph Gerhard Mercator (1512–1594): Er projizierte die Erdoberfläche auf einen Zylinder. Die →Längen- und Breitengrade bilden dabei ein rechtwinkliges Gitter. Auf Weltkarten werden Gebiete um so mehr verzerrt, je näher sie an den Polen liegen.

Weitere Arten der Projektion sind die Kegelprojektion und die Azimutalprojektion.

Jede Karte ist in einem bestimmten Maßstab gezeichnet. Er gibt an, wie stark die Verkleinerung ist. Eine Wanderkarte hat zum Beispiel einen Maßstab von 1:50 000. Jeder Zentimeter auf der Karte entspricht somit 50 000 Zentimetern (500 Metern) in der Natur. Eine Karte, auf der ganz Deutschland abgebildet ist, hat zum Beispiel einen Maßstab von 1 : 1 000 000. Ein Zentimeter auf der Karte entspricht 10 Kilometern in der Natur.

Kassettenrecorder

Kassettenrecorder sind →Tonbandgeräte. Anstelle der offenen Tonspulen verwenden sie genormte Kassetten, die mit einer Geschwindigkeit von 4,75 Zentimetern pro Sekunde abgespielt und bespielt werden. Die meisten Bänder in den Kassetten sind mit Chromdioxid oder Eisendioxid beschichtet. Auf unbespielten Bändern liegen die winzigen Teilchen

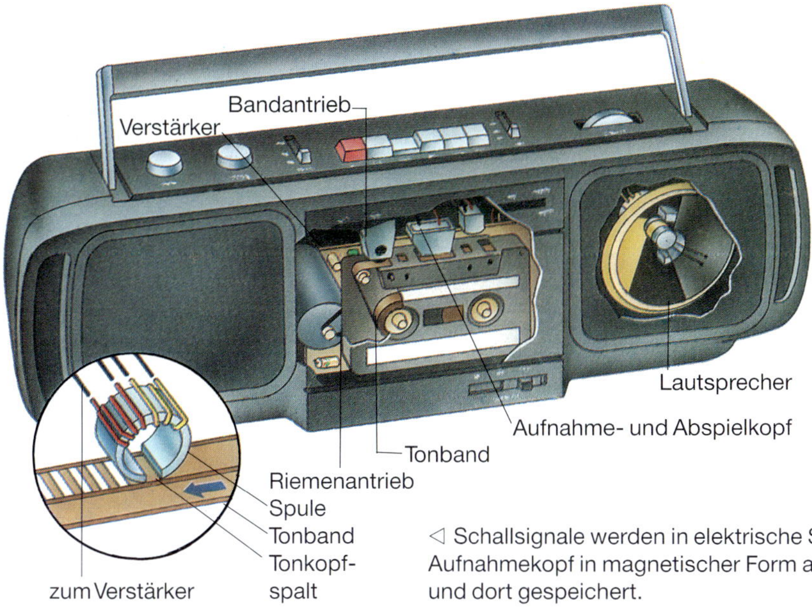

◁ Die wichtigsten Teile eines Kassettenrecorders. Es handelt sich dabei um ein miniaturisiertes Tonbandgerät.

◁ Schallsignale werden in elektrische Signale umgewandelt und vom Aufnahmekopf in magnetischer Form auf das Tonband übertragen und dort gespeichert.

dieser Stoffe zufällig geordnet in allen Richtungen. Bei der →Tonaufzeichnung verwandelt das →Mikrofon den Schall zunächst in elektrische Signale. Diese verändern das Magnetfeld, das vom Aufnahmekopf erzeugt wird. Bewegt sich das Tonband über den Aufnahmekopf, so werden die Magnetteilchen der Beschichtung nach dem jeweils herrschenden Magnetfeld ausgerichtet.

Beim Abspielen der Kassette nimmt der Abspielkopf die gespeicherten magnetischen Signale wahr und verwandelt sie wieder in elektrische Signale. Dann erfolgt im Lautsprecher die Umwandlung in Schallsignale. Ist der Kassettenrecorder mit einem Radiogerät gekoppelt, so spricht man von einem Radiorecorder.

Katalysator

Katalysatoren beschleunigen →chemische Reaktionen, ohne sich selbst zu verändern und aufgebraucht zu werden. Katalysatoren spielen in der gesamten Chemie eine wichtige Rolle. Bei der Herstellung von →Ammoniak aus Wasserstoff und Stickstoff verwendet man zum Beispiel erhitztes Eisen. Auch das →Cracken ist ohne Katalysatoren undenkbar.
Die Katalysatoren in Pflanzen und Tieren heißen →Enzyme. Es handelt sich dabei um →Proteinmoleküle. Sie beschleuni-

Mach es selbst

Wir legen einen Zuckerwürfel in ein Glas Limonade oder ein anderes sprudelndes Getränk. Dies bewirkt, daß das Getränk heftig aufschäumt. Es handelt sich dabei um einen rein physikalischen Vorgang. Dennoch zeigt er, wie man sich die Wirkung eines Katalysators vorstellen kann. Der Zuckerwürfel bietet mit den zahlreichen Flächen seiner winzigen Zuckerkristalle genügend Stellen, an denen sich Kohlendioxidbläschen bilden können. Statt eines Zuckerwürfels könnte man auch feinen Sand nehmen.

▽ Welche Schadstoffe bei der Verbrennung von Benzin entstehen, hängt im wesentlichen von der Luftmenge ab. Bei Luftmangel erfolgt die Verbrennung unvollständig, und in den Abgasen bleiben Kohlenmonoxid, Kohlenwasserstoffe sowie Stickoxide übrig. Stimmt das Luftverhältnis genau, so entstehen überwiegend Stickoxide, aber wenig andere schädliche Stoffe. Ähnliches gilt auch bei Luftüberschuß. Die Lambdasonde sorgt dafür, daß der Motor genau die richtige Luftmenge erhält. Die Mengen der schädlichen Abgase sind dann nämlich für die chemische Reaktion im Katalysator am günstigsten: Die Katalysatormetalle Platin und Rhodium bewirken, daß die Abgase um bis zu 90 Prozent verringert werden.

gen Reaktionen, ohne die das Leben nicht möglich wäre. Ein einziges Molekül eines Enzyms kann in einer Minute bis eine Million Male als Katalysator funktionieren. Allein im menschlichen Körper sind dauernd über tausend Enzyme tätig.
Der Katalysator im Auto entgiftet die Abgase. Die katalytisch wirksamen Stoffe sind dabei die Metalle →Platin und Rhodium. Sie sind in einer hauchdünnen Schicht auf einen wabenförmigen Keramikkörper aufgedampft. Der Katalysator verwandelt →Kohlenmonoxid in →Kohlendioxid, Stickoxide in Stickstoff und unverbrannte →Kohlenwasserstoffe in Kohlendioxid. Motoren mit einem Katalysator müssen mit bleifreiem Benzin betrieben werden, sonst legt sich eine bleibende Bleischicht über Platin und Rhodium und macht beide unwirksam.

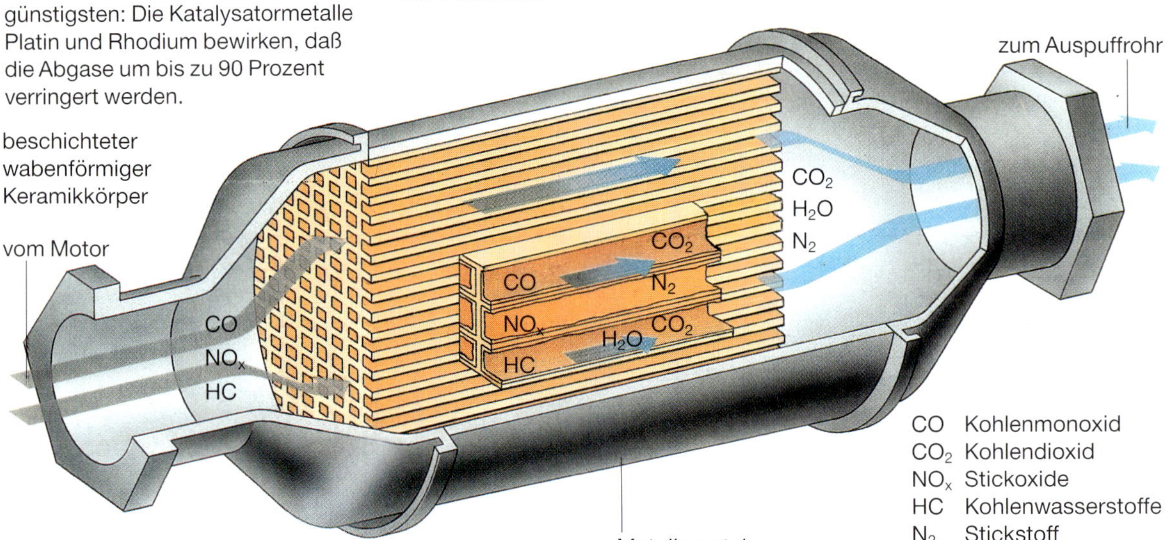

Kathodenstrahlröhre

Kathodenstrahlröhren sind aus Glas und stehen unter →Vakuum oder enthalten geringe Mengen eines Gases. Im Inneren erzeugen diese Röhren einen →Elektronenstrahl. Deswegen heißen sie heute auch Elektronenstrahlröhren. Die Elektronen stammen von einer erhitzten Glühkathode, die negativ geladen ist. Aus dieser Kathode werden sie durch eine entgegengesetzt geladene Elektrode herausgelöst. Sie fliegen mit hoher Geschwindigkeit weg und werden gebündelt. Dieser Elektronenstrahl wird mit Hilfe elektrischer oder magnetischer Felder abgelenkt und trifft schließlich auf den Bildschirm am Ende des Kolbens. Der Schirm ist mit Leuchtstoffen beschichtet, die kurze Zeit nachleuchten, nachdem sie vom Elektronenstrahl getroffen wurden. Deswegen sieht unser Auge eine fließende Bewegung wie in einem Film. Ka-

Die Vorläuferin der Kathodenstrahlröhre war die Braunsche Röhre, benannt nach dem deutschen Physiker Karl Ferdinand Braun (1850–1918). Er forschte über Halbleiter und ermöglichte mit einer Erfindung den weltweiten Funkverkehr. Als Anerkennung dafür erhielt er zusammen mit Guglielmo Marconi 1909 den Nobelpreis für Physik.

▽ Jeder Elektronenstrahl in der Kathodenstrahlröhre des Fernsehers entspricht einer der drei Farben Rot, Grün oder Blau. Die Strahlen werden von einem Mikroprozessor an die richtigen Stellen des Leuchtschirms gelenkt. Dessen Innenseite ist mit Phosphorverbindungen beschichtet. Trifft ein Elektron auf, leuchtet die Schicht auf. Durch Kombination der drei Farben kann man sämtliche Farben erzeugen.

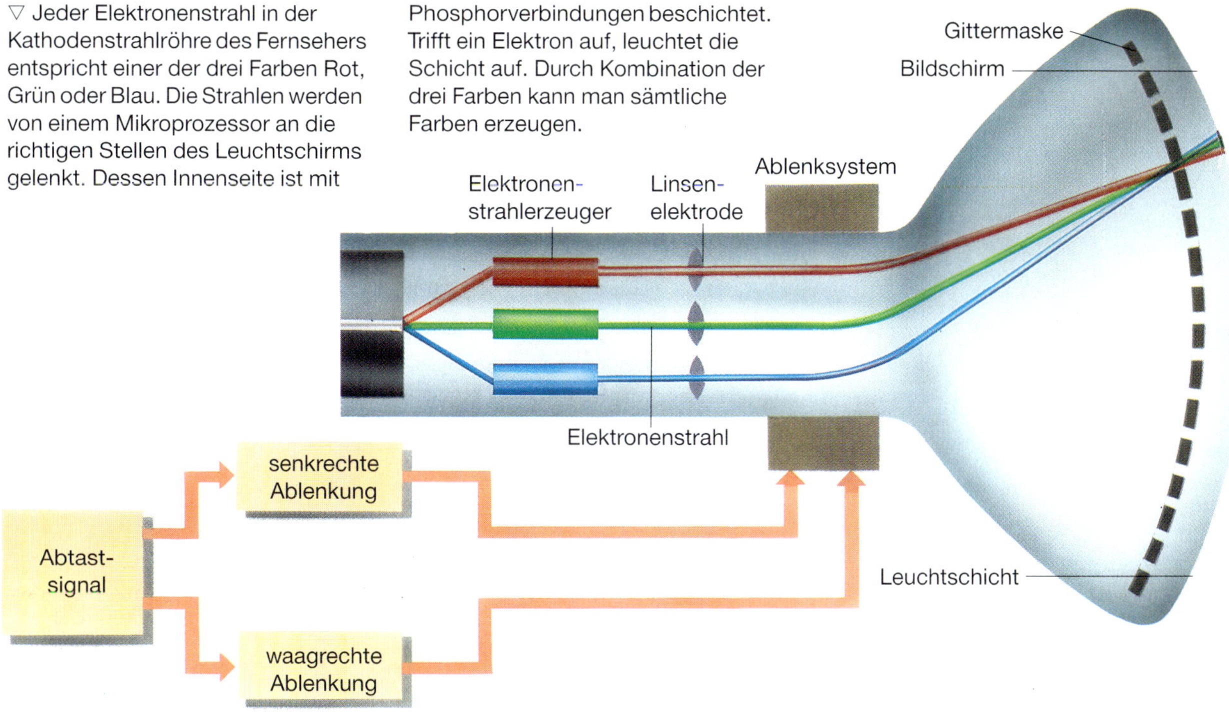

thodenstrahlröhren bilden das Herz des →Fernsehers und des →Oszilloskops. Die Farbpunkte des Fernsehbildes entstehen dabei durch drei unterschiedliche Farbschichten auf dem Leuchtschirm. Wahrscheinlich sind die Tage der Kathodenstrahlröhre im Fernseher gezählt. Sie wird wohl bald durch einen Schirm mit →Flüssigkristallen ersetzt werden.

Keimung

Wenn ein →Samen in feuchte Erde gelangt, nimmt er Wasser auf und beginnt zu quellen. Dabei kann er ungeheure Kräfte entwickeln und beispielsweise Steine sprengen. Gleichzeitig mit dem Quellen finden im Samen viele chemische und biologische Vorgänge statt. Die Zellen beginnen mit der Teilung. Bald werden die Keimwurzeln und der Sproß sichtbar.

Die meisten Samen haben viele Nährstoffe für die Jungpflanzen in den Keimblättern gespeichert. Die große Mehrzahl der Pflanzen hat zwei Keimblätter im Samen, und man bezeichnet sie als zweikeimblättrig. Zu den Einkeimblättrigen gehören die Gräser, die Lilien, die Orchideen und die Palmen.

Bei einigen Pflanzen wie den Erbsen treten die Keimblätter nicht als richtige Blätter in Erscheinung. Sie bleiben innerhalb der Samenschale verborgen und liefern nur die Nährstoffe für den Aufbau des Keimlings. Erst wenn grüne Blätter vorhanden sind, kann der Keimling mit der →Photosynthese beginnen. Manche Samen enthalten keine Nährstoffe für den Keimling,

▽ Die Keimblätter sind Speicherorgane für die Nährstoffe, welche die Pflanze während der Keimung benötigt. Erst wenn der Keimling grüne Blätter ausgebildet hat, ist er unabhängig geworden.

▽ Die Wildhyazinthe (unten) gehört zusammen mit anderen lilienartigen Pflanzen zu den Einkeimblättrigen. Die Bohne (ganz unten) gehört wie die meisten Blütenpflanzen zu den Zweikeimblättrigen.

▽ Figuren und Gefäße aus Ton werden im Ofen gebrannt. Danach kann man sie bemalen und ein zweites Mal brennen. Dabei erhalten sie die Glasur.

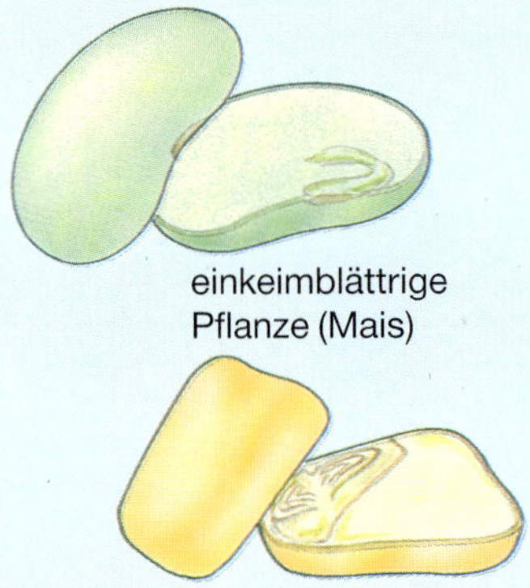

Mach es selbst

Wir weichen ein paar Bohnenkerne und ein paar Maiskörner zwei Tage lang in Wasser ein. Sorgfältig nehmen wir die Samenschale von den Bohnen weg und öffnen sie. Wir erkennen zwei Keimblätter und im Inneren den winzigen Embryo. Das Maiskorn hat nur ein Keimblatt. Zu den einkeimblättrigen Pflanzen zählen wir alle Gräser und damit auch alle wichtigen Getreide wie Gerste, Weizen, Hafer und Reis.

zum Beispiel Orchideensamen. Diese Samen sind daher von Anfang an darauf angewiesen, mit bestimmten Pilzen in enge Beziehung zu treten, die ihnen Nährstoffe liefern (Mykorrhiza). Das Zusammenleben zwischen Orchidee und Pilz bleibt zeitlebens bestehen. Es handelt sich um eine echte →Symbiose.

Kelvin

Das Kelvin ist die Maßeinheit (→SI-Einheiten) der →Temperatur. Als Nullpunkt der Kelvinskala gilt nicht der Gefrierpunkt des Wassers wie bei der Celsiusskala, sondern der →absolute Nullpunkt. Null Kelvin entspricht also −273 °C, und 0 °C ist 273 Kelvin (abgekürzt K). Das Kelvin ist benannt nach Lord Kelvin (1824–1907), der mit bürgerlichem Namen William Thomson hieß. Er war einer der führenden Physiker seiner Zeit und durfte schon im Alter von zehn Jahren die Universität von Glasgow besuchen.

Keramik

Zur Keramik gehören zahlreiche nichtmetallische →Werkstoffe. Ursprünglich zählte man dazu nur Gefäße, die aus Ton hergestellt wurden. Nach dem Formen ließ man diese Gefäße erst trocknen. Danach schob man sie in einen Brennofen. Bei rund 1000 °C beginnen einzelne Bestandteile der Tone zu schmelzen und miteinander zu verbacken. Wir bezeichnen diesen Vorgang als Sintern. Auf diese Weise entsteht ein teils steinähnlicher, teils glasähnlicher Stoff, die Keramik. Es gibt viele unterschiedliche Keramikformen, zum Beispiel Ziegelsteine, Klinker, Steingut, Terrakotta und →Porzellan.
Eine andere Art ist die Oxidkeramik. Sie verwendet keinen Ton, sondern →Oxide verschiedener Metalle, vor allem das

Aluminiumoxid. Oxidkeramik hat große Vorteile: Sie ist sehr hart, chemisch widerstandsfähig, wirkt als guter elektrischer →Isolator und hält hohe Temperaturen aus. Oxidkeramik finden wir zum Beispiel als Knochenersatz in Prothesen oder in Zündkerzen. Besonders interessant wurden diese Werkstoffe auch für die →Supraleitung.

△ Vor allem moderne keramische Werkstoffe sind längst nicht mehr so zerbrechlich wie die Porzellantassen von früher. Dieser Baseballschläger hat zum Beispiel einen Überzug aus Keramik. Es gibt auch bereits Versuchsautomotoren aus Keramik.

Kernenergie

Albert Einstein lehrte als erster, daß →Masse eine Erscheinungsform der →Energie darstellt. Energie läßt sich in Masse umwandeln und umgekehrt. Dazu gibt es die berühmte Formel $E = mc^2$, Energie ist gleich der Masse mal dem Quadrat der Lichtgeschwindigkeit. Ein Kilogramm Masse entspricht 25 Milliarden Kilowattstunden Energie. Mit 25 Kilogramm Masse könnte man den jährlichen Strombedarf Deutschlands decken! Es gibt aber noch kein Verfahren, um eine beliebige Masse, etwa Wasser, in Energie umzuwandeln. Möglich ist dies zur Zeit nur mit →Uran oder →Plutonium. Im →Kernreaktor werden Atomkerne des Urans oder Plutoniumkerne gespalten. Dabei werden →Neutronen frei. Sie fliegen sehr schnell und müssen von einem Moderator abgebremst werden. Dabei entsteht viel Wärme. Langsame Neutronen können nun ihrerseits wieder Atomkerne spalten. So kommt es zu einer Kettenreaktion. Bei der Kernspaltung geht ein bißchen Masse verloren (Massendefekt), weil sie in Wärme umgewandelt wird. Mit dieser Wärme erzeugt das Kernkraftwerk Heißdampf und treibt damit →Generatoren an. Es gibt noch eine zweite Form der Kernenergie. Man gewinnt sie durch Kernfusion, also durch Verschmelzung leichter Kerne zu größeren Kernen. Die Kernfusion kann nur in der →Atombombe angewandt werden. Von der friedlichen Nutzung der Kernverschmelzung sind wir noch weit entfernt.

Kettenreaktion

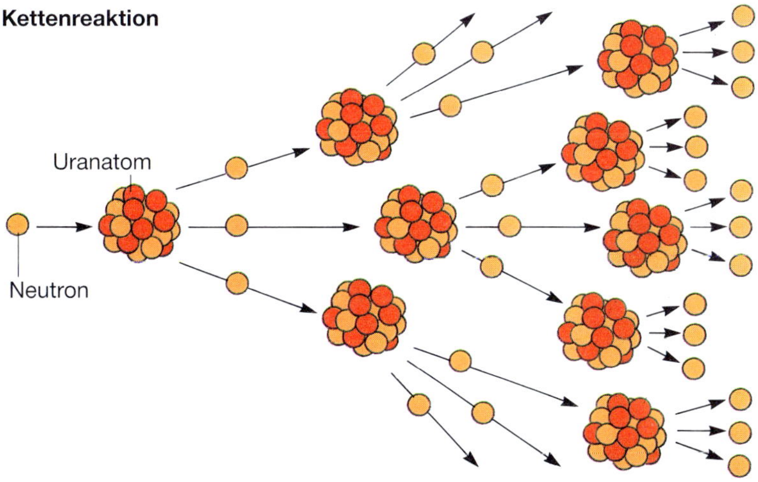

◁ Bei der Kernspaltung dringt ein langsames Neutron in einen Urankern ein und spaltet ihn in zwei Teile. Dabei entstehen zwei bis drei weitere Neutronen, die ihrerseits wieder Urankerne spalten. Wir sprechen von einer Kettenreaktion. Wird sie nicht gebremst oder gesteuert wie im Kernreaktor, so kommt es zu einer Kernexplosion wie in der Atombombe.

Kernphysik

Die Kernphysik untersucht, was im Inneren des Atomkerns vor sich geht. Ein solcher Atomkern hat ungefähr einen Durchmesser von einem billionstel Millimeter. Der Physiker spricht auch von einem Femtometer (fm). Die Vorgänge im Atomkern kann man auch mit dem stärksten Mikroskop nicht direkt verfolgen. Die Kernphysiker untersuchen Atomkerne und Elementarteilchen, indem sie diese aufeinanderschießen und beobachten, was geschieht.

Der Atomkern besteht aus Protonen und Neutronen. Beide haben zwar fast die gleiche Masse, doch nur eines ist elektrisch geladen. Das Proton hat eine positive Ladung, das Neutron ist elektrisch neutral. Obwohl sich die positiven Ladungen der Protonen im Kern gegenseitig abstoßen, werden die Protonen und die Neutronen doch von einer sehr starken Kraft zusammengehalten. Würde die gesamte Erde so stark wie ein Atomkern zusammengepreßt, so betrüge ihr Durchmesser nur noch 0,5 Kilometer.

Atomkerne können zerfallen und geben dabei Strahlung oder Teilchen ab. Diese Erscheinung nennen wir Radioaktivität.

Otto Hahn (1879–1968)

Der deutsche Chemiker Otto Hahn entdeckte zusammen mit der österreichischen Physikerin Lise Meitner (1878–1968) das schwere radioaktive Element Protactinium. Berühmt wurden Otto Hahn und Fritz Straßmann, als sie 1938 die Kernspaltung entdeckten, die Lise Meitner ein Jahr darauf theoretisch erklärte. Hahn bekam zusammen mit Straßmann 1944 den Nobelpreis für Chemie, während Lise Meitner leer ausging.

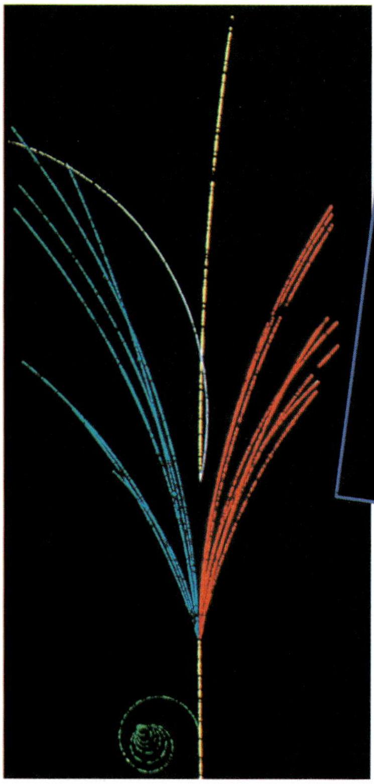

△ Die Kernphysiker schießen in Teilchenbeschleunigern Elementarteilchen aufeinander und beobachten, was geschieht. Die Bahnen der Teilchen werden in sogenannten Blasenkammern sichtbar. Die Forscher fertigen Fotografien davon an.

▽ Es gibt zwei Wege zur Nutzung der Kernenergie. Bei der Kernspaltung (Fission) werden schwere Atome gespalten, während sich bei der Kernverschmelzung (Fusion) leichte Atomkerne zu schwereren verbinden.

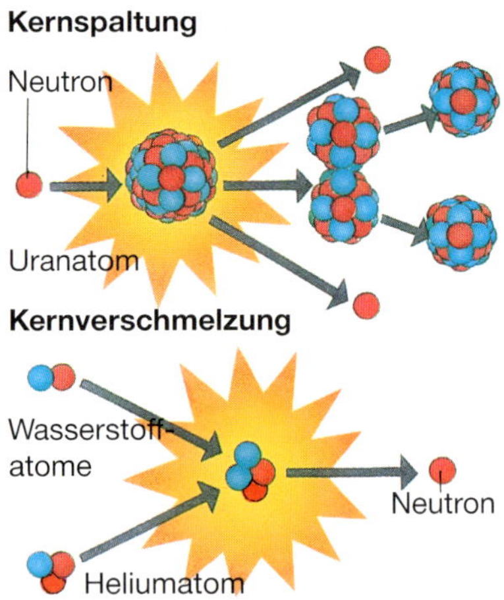

Siehe auch →Atom; →Elementarteilchen; →Energie; →Helium; →Kernenergie; →Neutron; →Physik; →Proton; →Radioaktivität; →Wasserstoff.

Kernreaktor

Der Kernreaktor stellt das Herz jedes Kernkraftwerks (KKW) dar. Er erzeugt die Kernenergie durch Spaltung von →Urankernen. Dabei werden ungeheure Wärmemengen sowie Strahlungsenergie frei. Damit die Kettenreaktion im Reaktor gleichmäßig ablaufen kann, müssen vor allem zwei Einrichtungen vorhanden sein: ein Kühlsystem und ein Moderator. Das Kühlsystem führt die entstehende Wärme ab und macht sie nutzbar: In einem →Wärmeaustauscher gibt es die Wärme an einen zweiten Kreislauf ab, der nun Wasser erhitzt. Der Dampf treibt dann die →Turbinen von →Generatoren an. Als Kühlmittel werden Kohlendioxid, Helium, leichtes und →schweres Wasser sowie Natrium verwendet. Der Moderator mäßigt die Geschwindigkeit von →Neutronen, die bei der Kernspaltung freiwerden. Nur langsame Neutronen können nämlich weitere Uranatome spalten. Die bekanntesten Moderatoren sind leichtes und schweres Wasser sowie Graphit.

△ Mit Steuerstäben kann man Kernreaktoren abschalten. Sie werden in den Reaktor geschoben und verschlucken die Neutronen, welche die Kettenreaktion aufrechterhalten.

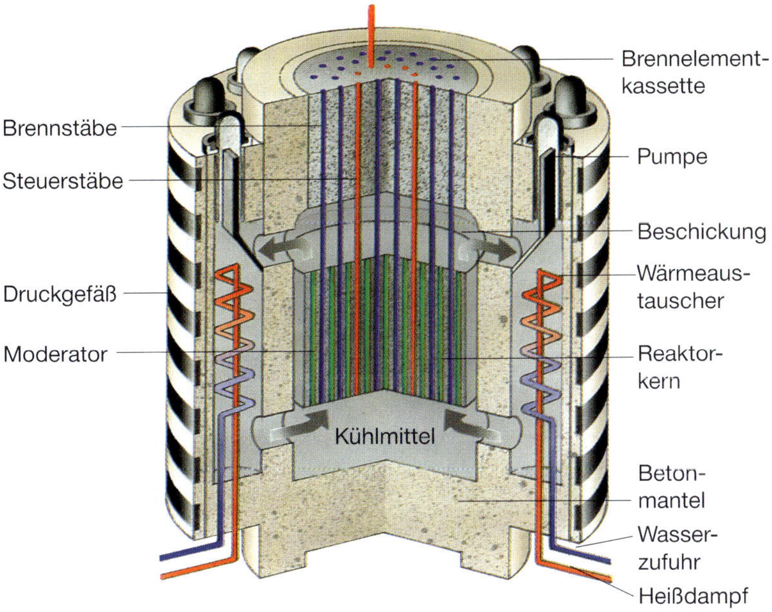

◁ Prinzip eines Kernreaktors. Die im Inneren entstehende Wärme muß abgeführt werden und wird dann zur Erzeugung von Strom genutzt.

Theoretisch kann man alle Kühlmittel und Moderatoren miteinander kombinieren. Heute gibt es jedoch nur noch wenige Reaktortypen. Fast ideal ist ein Reaktor, bei dem Kühlmittel und Moderator aus demselben Stoff sind, zum Beispiel Leichtwasser. Bei einem Ausfall des Kühlkreislaufs fällt nämlich auch der Moderator aus, und die Kernspaltung kommt zum Stillstand. Zu diesen Reaktoren gehören die heute weit verbreiteten Druckwasser- und Siedewasserreaktoren. Zum Schutz vor einer Kernschmelze, wie sie 1986 in Tschernobyl geschah, haben alle Reaktoren in Mitteleuropa einen Sicherheitsbehälter (Containment) aus Stahl und Beton.

▽ Die Brennstäbe im Reaktor sind von einem Moderator umgeben. Er bremst die schnellen Neutronen so weit ab, daß sie weitere Uranatome spalten können. Steuerstäbe hingegen verschlucken Neutronen. Mit ihnen kann man den Reaktor abstellen.

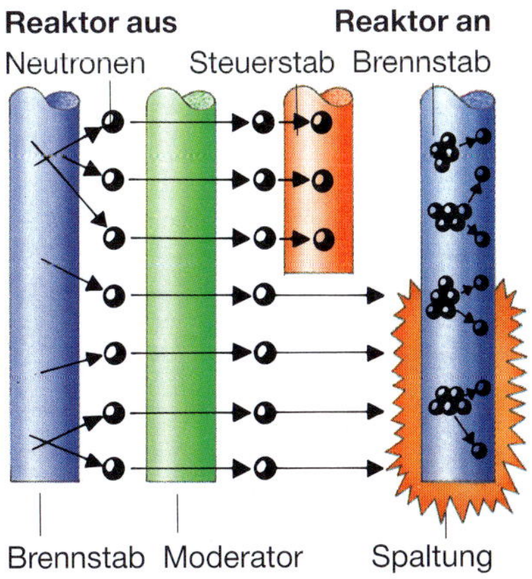

Kiemen

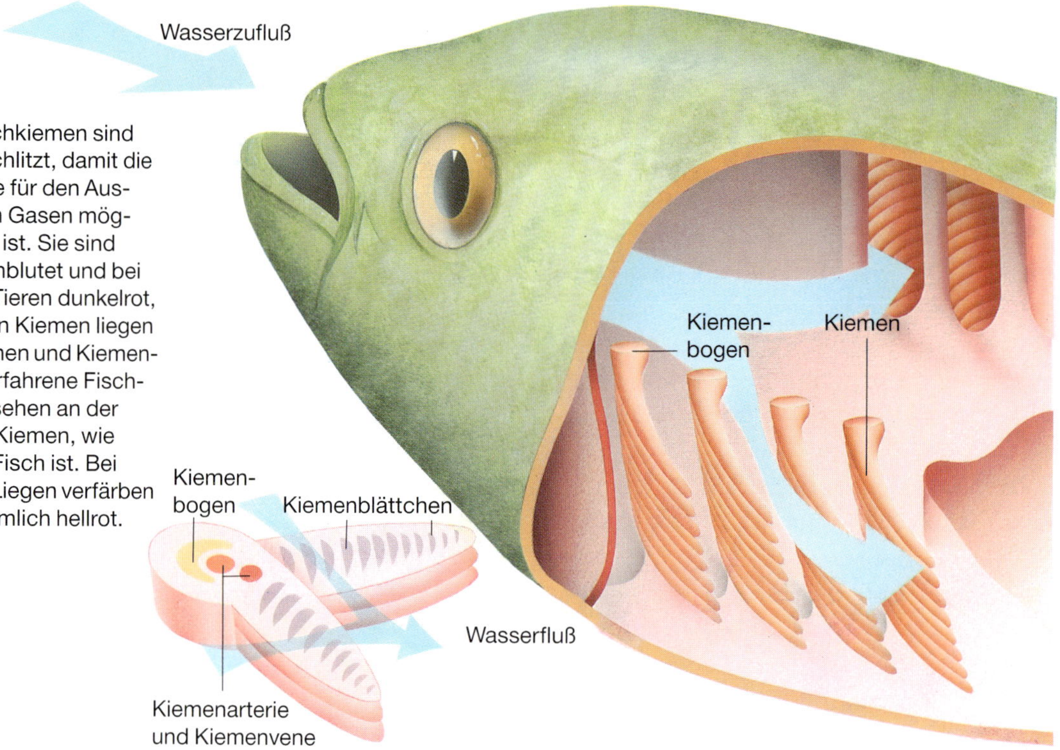

▷ Alle Fischkiemen sind stark zerschlitzt, damit die Oberfläche für den Austausch von Gasen möglichst groß ist. Sie sind stark durchblutet und bei lebenden Tieren dunkelrot, denn in den Kiemen liegen Kiemenvenen und Kiemenarterien. Erfahrene Fischeinkäufer sehen an der Farbe der Kiemen, wie frisch der Fisch ist. Bei längerem Liegen verfärben sie sich nämlich hellrot.

Kiemen

Alle Tiere müssen aus der Umwelt, in der sie leben, →Sauerstoff aufnehmen. Gleichzeitig müssen sie das Gas →Kohlendioxid loswerden, das beim →Stoffwechsel in ihrem Körper entsteht. Landtiere entnehmen den Sauerstoff der Luft mit Lungen oder lungenähnlichen Organen. Wasserbewohnende Tiere haben dafür Kiemen. Es sind kräftig durchblutete und deswegen meist tiefrot gefärbte Organe. Da der Gasaustausch an der Oberfläche der Kiemen stattfindet, muß diese stark vergrößert werden. Deswegen sind die Kiemen fast immer fein zerschlitzt und weisen daher eine große Oberfläche auf wie die Lungenbläschen oder die →Darmzotten. Bei den meisten Fischen schützt ein harter Kiemendeckel die Kiemen vor Beschädigungen. Sie liegen dadurch im Körperinneren. Das Frischwasser wird mit dem Maul angesaugt, strömt an den Kiemen vorbei und gelangt wieder nach außen, wenn der Fisch den Kiemendeckel anhebt. Bei den Amphibienlarven liegen die Kiemen nicht unter einem Deckel verborgen, wie jedermann bei den Kaulquappen beobachten kann. Auch wasserbewohnende Insekten, Borstenwürmer, Weichtiere und Stachelhäuter haben Kiemen. Diese sind aus den unterschiedlichsten Organen hervorgegangen. Bei den Eintagsfliegenlarven sind die Kiemen Ausstülpungen der Haut, bei den Seegurken entstanden sie aus dem Enddarm.

▽ Der Axolotl ist eine Molchart. Er bleibt zeitlebens eine Larve, was man an seinen äußeren Kiemenbüscheln erkennt.

Kilowattstunde

Die Kilowattstunde (abgekürzt kWh) ist ein Maß für die elektrische →Energie. Sie entspricht der Energiemenge, die aufgewendet wird, wenn ein elektrisches Gerät mit einer →Leistung von einem Kilowatt eine Stunde lang läuft. Da ein Watt einem →Joule pro Sekunde entspricht, ist die Kilowattstunde gleich 3600000 Joule. Der Verbrauch elektrischer Energie, den wir am Stromzähler ablesen, wird in Kilowattstunden gemessen.

Kino

Ein Kinofilm besteht aus einem langen →Filmstreifen mit vielen Tausenden einzelner Aufnahmen. Jede Fotografie ist anders als die vorhergehende, wenn auch nur ganz wenig: Alle Bewegungen werden in Einzelsprünge zerlegt. Der Film wird mit einer Geschwindigkeit von 24 Bildern pro Sekunde von einem Projektor abgespielt. Unser Auge kann so schnell die einzelnen Bilder nicht als solche erkennen und sieht daher die Bewegungen wieder übergangslos.

Die Bilder eines Kinofilms werden von einer speziellen Kamera aufgenommen. Im Prinzip funktioniert sie wie ein gewöhnlicher →Fotoapparat, allerdings mit der Besonderheit, daß sie in jeder Sekunde 24 Aufnahmen macht.

Die ersten echten Filme produzierten und zeigten die Gebrüder Lumière noch vor der Jahrhundertwende. Es waren Stummfilme in Schwarzweiß. Tonfilme konnten erst dann hergestellt werden, als es gelang, den Ton absolut gleichzeitig mit dem Bild zu erzeugen. Wir nennen dies Synchronisierung. Die ersten Tonfilme liefen in den zwanziger Jahren. Kurz darauf gab es auch schon die ersten Farbfilme. Doch wirklich gut und lebensecht wurden die Farben erst ab den fünfziger Jahren.

Mach es selbst

Wir brauchen vier Blatt festes Papier mit den ungefähren Maßen 20 mal 20 Zentimeter. Wir falten jedes Blatt in der Mitte und zeichnen auf eines eine menschliche Figur ohne Arme.

Diese Figur pausen wir in die Mitte der anderen Blätter. Nun zeichnen wir die Arme wie oben angegeben ein. Wir ordnen die Blätter so an, daß die beiden Bilder mit den ausgestreckten Armen zwischen die beiden anderen zu liegen kommen. Dann kleben wir die Rückseiten

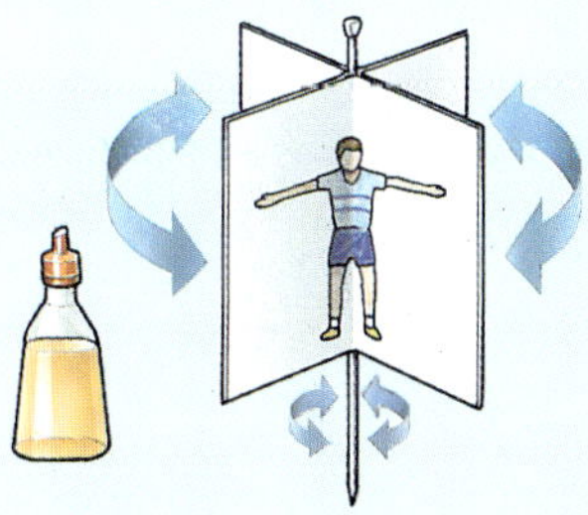

der Bilder zusammen an eine Stricknadel. Wenn wir diese schnell drehen, bekommen wir den Eindruck, daß die Bilder wie in einem Film einen Bewegungsablauf zeigen.

◁ Viele Filme zeigen heute spektakuläre Spezialeffekte, zum Beispiel wilde Verfolgungsjagden im Auto oder Explosionen.

▷ Bei diesem Test wird ein Klebstoff auf seine Widerstandskraft geprüft. Bevor wir zwei Teile miteinander verbinden, müssen wir ihre Oberflächen gründlich reinigen und vor allem entfetten.

Klebstoffe

Feste Körper halten zusammen, die einen mehr, die anderen weniger – so ist unsere tägliche Erfahrung. Für den Zusammenhalt sorgt die Kohäsion, also Kräfte, die zwischen den →Molekülen wirken. Wenn etwas zu Bruch geht, reichen die Kohäsionskräfte nicht mehr aus. Dann genügt es auch nicht mehr, die Teile durch einfaches Aneinanderpressen wieder zu vereinigen. Das zeigt uns, daß Kohäsionskräfte nur bei sehr geringen Entfernungen wirksam sind. Zerbrochene Teile verbinden wir mit einem Klebstoff. Zwischen den Molekülen des Klebstoffs und den Molekülen des Materials, das er verbinden soll, treten hohe Anziehungskräfte (Adhäsion) auf.

Es gibt ganz unterschiedliche Klebstoffe. Aus der Natur stammen zum Beispiel Kleister und Knochenleim. Viele Klebstoffe enthalten ein Lösungsmittel wie Wasser, Alkohol oder Azeton. Wenn das Lösungsmittel verdunstet, halten die im Klebstoff gelösten Kunststoffe die Bruchstücke zusammen. Zweikomponentenkleber werden vor dem Kleben zusammengemischt. Der eine Bestandteil ist der Binder, der andere der Härter; er setzt eine chemische Reaktion in Gang, die zur →Polymerisation führt. Zweikomponentenkleber sind somit Kunstharze. Sekundenkleber sind nicht ungefährlich, weil sie bei unsachgemäßem Gebrauch auch Finger fest verbinden.

Mach es selbst

Wir stellen einen Klebstoff selbst her. Wir erwärmen einen halben Liter entrahmte Milch und geben zwei Teelöffel Essig hinzu, wobei wir dauernd umrühren. Es bildet sich ein weißer klebriger Stoff, das Kasein. Wir seihen das Kasein mit einem Sieb heraus und vermischen es mit zwei Eßlöffeln warmem Wasser und sechs Eßlöffeln Natriumhydrogencarbonat („Natron“, Apotheke). Diese Mischung drücken wir durch das Sieb und lassen sie einen Tag stehen, bevor wir sie verwenden.

Klima

Unter dem Klima versteht man die durchschnittlichen Wetterbedingungen über einen längeren Zeitraum hinweg. Wir sprechen zum Beispiel vom Mittelmeerklima und meinen damit warme, trockene Sommer und nicht zu kühle, regenreiche Winter. Die wichtigsten Faktoren für das Klima sind Durchschnittstemperatur, →Niederschlag, →Luftdruck, →Luftfeuchtigkeit, Zahl der Sonnenstunden sowie Windrichtung und Windgeschwindigkeit. Mehr darüber auf den Seiten 248 und 249.

Klimatisierung

In klimatisierten Räumen will man die →Luftfeuchtigkeit, die →Temperatur und auch die Luftbewegung regeln. In heißen, schwülen Sommern empfinden wir solche Räume als angenehm kühl. Erreicht wird das durch ein Gebläse, das Luft von draußen ansaugt. Die Luft zieht durch einen →Wärmeaustauscher: Eiskalte Schlangen nehmen Wärme auf und kühlen die Luft ab. Die abgekühlte Luft wird anschließend in ein Zimmer oder in das ganze Gebäude geblasen. Natürlich kann man mit der Klimatisierung oder dem Airconditioning auch zu kalte Zimmer wärmen.
In Mitteleuropa brauchen wir nur in seltenen Fällen eine Klimatisierung von Büros oder Wohnhäusern. In heißen Gebieten Nordamerikas ist sie aber sehr häufig anzutreffen. Sogar Autos sind damit ausgerüstet. In den Tropen haben die meisten Hotels eine Klimaanlage, die den Aufenthalt angenehmer macht. Entscheidend wichtig ist die Klimatisierung in Fabriken, wo bei konstanten Temperaturen gearbeitet werden muß, zum Beispiel in Betrieben, die elektronische Bauteile fertigen.
Siehe auch →Kühlschrank.

Eine Klimatisierung ist auch ohne Strom und ohne aufwendige Apparate möglich. Die alten Ägypter hängten zum Beispiel feuchte Matten im Innern ihrer Gebäude auf. Der Wind blies durch sie hindurch, das Wasser verdunstete, und die Luft wurde dabei abgekühlt. Der Boden südostasiatischer Pfahlhäuser zeigt immer feine Ritzen, durch die ein leichter Wind meistens von unten nach oben ziehen kann. Und die Eskimo oder Inuit erreichten in ihren Schneehäusern, den Iglus, sogar behagliche Temperaturen um 18 °C.

▽ So funktioniert eine Klimaanlage. Das Kühlmittel des Wärmeaustauschers kühlt die Luft ab. Ein Gebläse befördert sie in das Gebäude. Verbrauchte Luft wird mit neuer Luft vermischt und klimatisiert. Will man den Raum aufwärmen, so heizt man die Luft in Wärmeaustauschern.

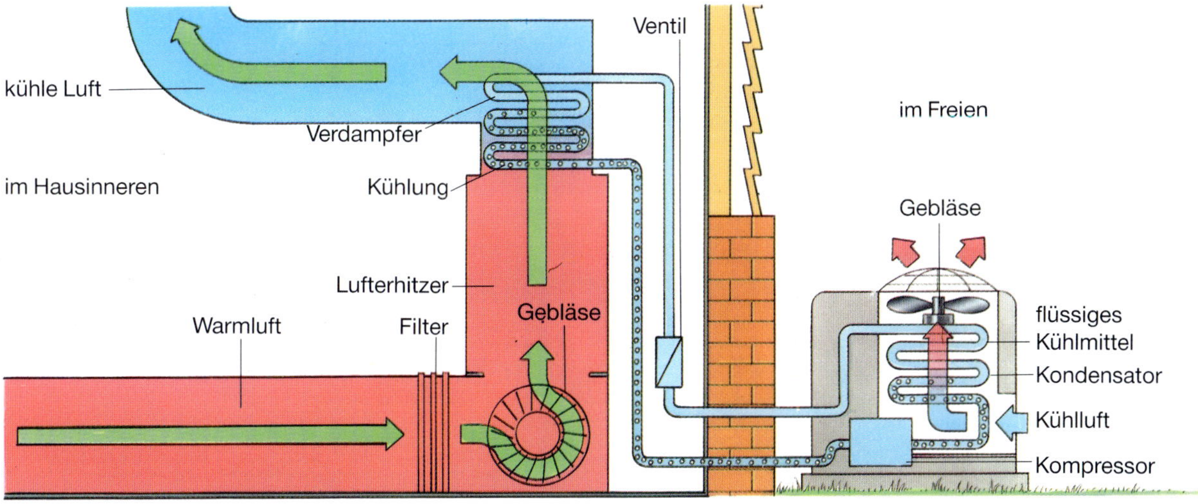

Klima

Temperatur und Niederschläge sind die wichtigsten Faktoren für das Klima. Betrachte einmal eine Klimakarte der Welt oder auch nur eine Karte, die den durchschnittlichen Niederschlag und die Durchschnittstemperatur angibt. Sofort erkennst du ein grobes Muster: Die verschiedenen Klimazonen liegen in waagrechten Bändern, die parallel zum Äquator verlaufen. Sie zeigen das, was jeder aus eigener Erfahrung weiß: Auf der Nordhalbkugel wird das Klima vom Süden zum Norden hin immer kühler. Ein weiterer Faktor beeinflußt das Klima, nämlich die Verteilung von Land und Meer. Das Festland erwärmt sich schneller als das Meer und kühlt auch schneller ab. Das Wasser hingegen wirkt ausgleichend auf das Klima. Warme Luft kann viel mehr Feuchtigkeit festhalten als kalte Luft. In der Nähe des Äquators erwärmt die Sonne die Luft. Diese kann eine Menge Wasser aufnehmen, das von den Meeren verdunstet. Wenn die feuchtigkeitsgesättigte Luft aufsteigt, kühlt sie ab, und das Wasser kondensiert zu Wolken. Kühlt die Luft weiter ab, so fällt Regen. Tropische Gebiete sind also gleichzeitig warm und feucht. Weiter im Norden oder im Süden der Tropen (Subtropen) sinkt die Luft wieder ab, die über dem Äquator in die Höhe gestiegen ist. Hier liegen die größten Wüsten der Erde, wo nur sehr wenig Niederschlag fällt. Beim Absinken wird nämlich die Luft erwärmt, hat aber den größten Teil ihrer Feuchtigkeit schon abgeregnet.

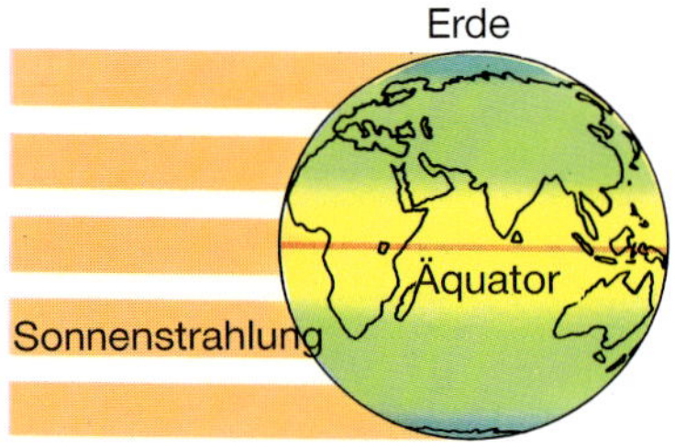

△ Jeder Ort auf der Erde hat sein eigenes Klima. Die Gegenden um den Äquator empfangen viel mehr Sonnenstrahlung als die Polargebiete und sind deswegen viel wärmer.

▽ Wir können im großen und ganzen sechs Klimazonen unterscheiden. Innerhalb jeder Zone gibt es aber noch beträchtliche Unterschiede.

- Polarklima
- Gebirgsklima
- winterkaltes Klima der Nadelwaldgebiete
- gemäßigtes Klima
- trockenheißes Wüstenklima
- tropisches Regenwaldklima

Klimazonen der Erde

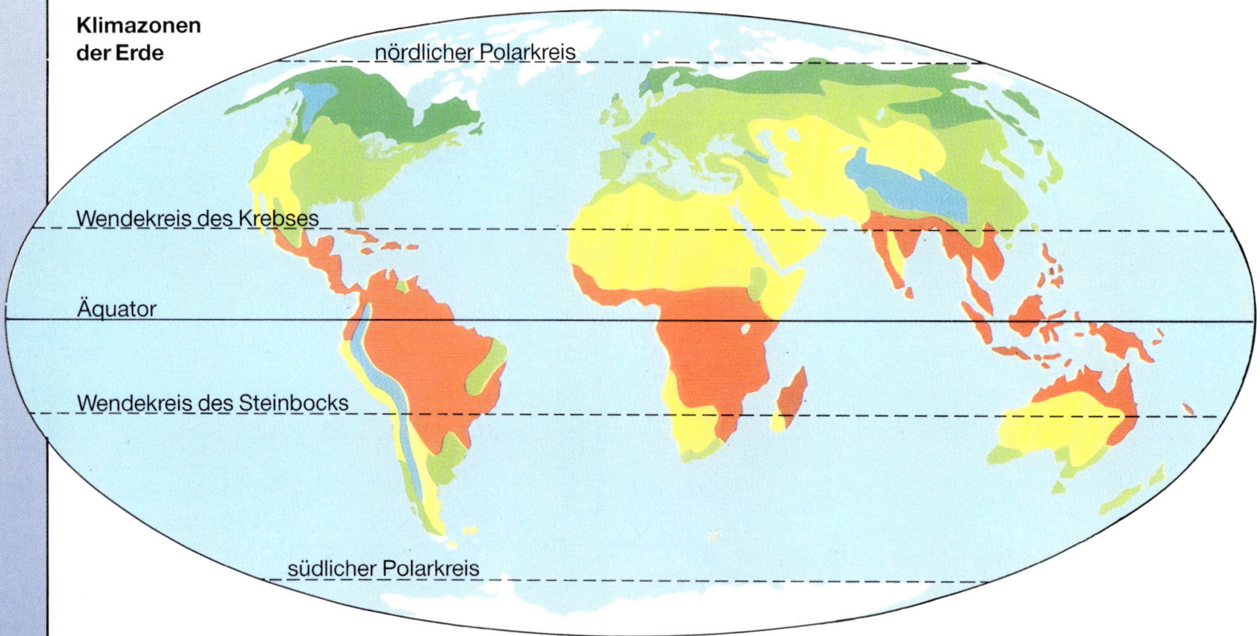

△ Trockene Sandwüsten sind tagsüber oft sehr heiß und kühlen nachts bis nahe an den Nullpunkt ab.

◁ Die Antarktis ist eine Kaltwüste, wo sehr wenig Niederschlag fällt. Sie hat das unwirtlichste Klima auf der Erde.

Klimazonen der Erde

Polarklima Dauernd kaltes Klima, Sommer etwas wärmer, Böden dann oberflächlich aufgetaut, wenig Niederschlag.
Gebirgsklima Mit zunehmender Meereshöhe immer kühler und feuchter als das Klima des umgebenden Gebietes.
winterkaltes Klima In den nördlichen Nadelwaldgebieten verbreitet, auch subarktisches Klima genannt, kühle Sommer, lange kalte Winter, geringer bis mittlerer Niederschlag.
gemäßigtes Klima Warme bis heiße Sommer, nicht zu kalte bis kühle Winter, Niederschläge am stärksten im Winter (Mittelmeergebiet) oder im Sommer (Mitteleuropa).
trockenheißes Wüstenklima Große Temperaturschwankungen zwischen Tag und Nacht, insgesamt heiß, wenig Niederschlag.
tropisches Regenwaldklima Dauernd feuchtheiß mit Temperaturen über 20 °C, heftige Niederschläge meist über das ganze Jahr verteilt.

Mach es selbst

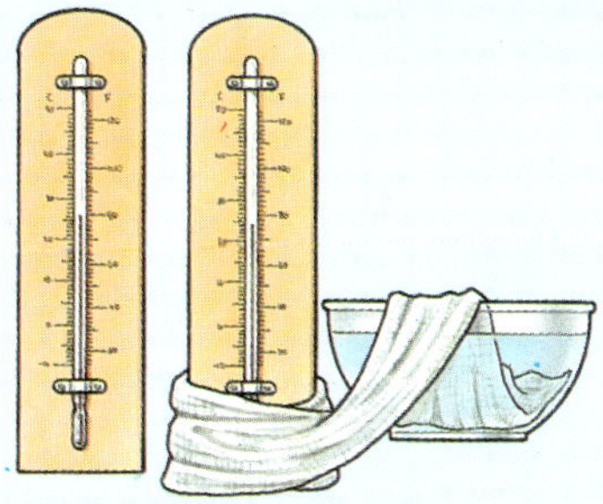

Wir stellen zwei Thermometer ins Freie. Dann wickeln wir das eine Ende eines feuchten Tuchstreifens um den Quecksilberkolben des einen Thermometers und legen das andere Ende in eine wassergefüllte Schüssel. Bei niedriger Luftfeuchtigkeit ist der Unterschied zwischen den beiden Thermometern größer als bei hoher Luftfeuchtigkeit, weil das Wasser aus dem feuchten Tuch leichter verdunstet. Dabei kühlt das Thermometer ab.

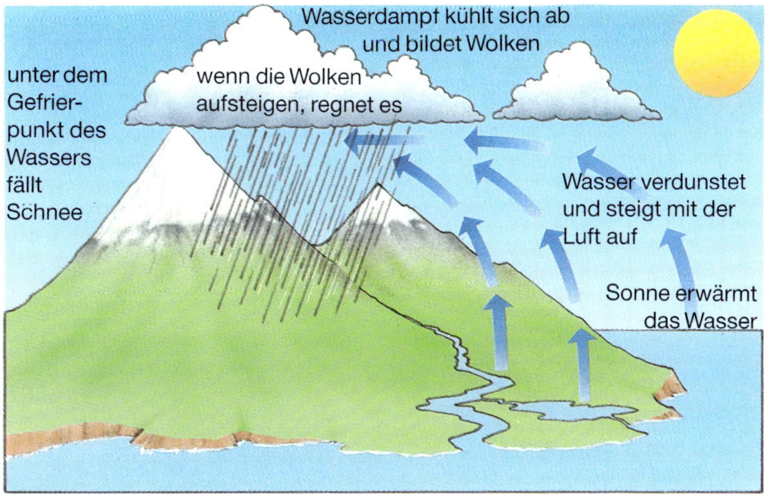

◁ Die Sonne wärmt die Meeresoberfläche auf. Warmluft steigt mit verdunstetem Wasser hoch. Dabei kühlt sie ab, und die Feuchtigkeit kondensiert zu winzigen Wassertröpfchen, den Wolken. Bei weiterer Abkühlung fällt Regen. Gefrieren die Wassertröpfchen, so schneit es.

Siehe auch →Front; →Grad; →Meteorologie; →Niederschlag; →Sonne; →Verdunstung; →Wärme; →Wetter; →Wind; →Wirbelsturm; →Wolken; →Wüsten.

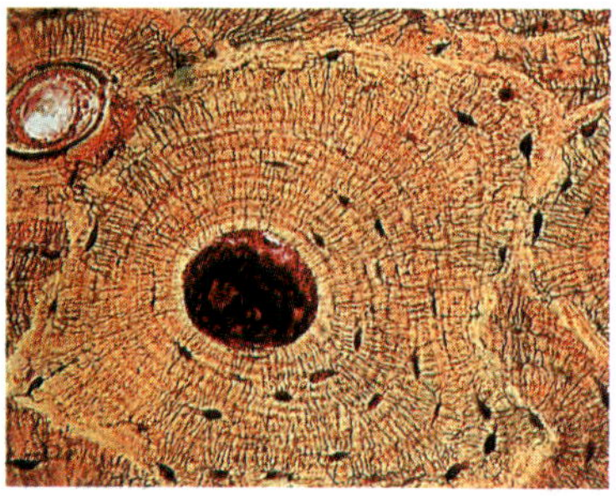

△ Im Knochen befinden sich lebende Zellen (Bild), Blutgefäße, Kollagenfasern und Mineralsalze. Wenn man Knochen mit Säure behandelt, werden die Mineralsalze herausgelöst, während die biegsamen Kollagenfasern übrigbleiben. Behandelt man Knochen mit großer Hitze, so verbrennen die Kollagenfasern zu Asche, während das Kalziumphosphat davon unberührt bleibt. Ein solcher ausgeglühter Knochen ist immer noch sehr hart. Weil aber das zugfeste Kollagen fehlt, wird er spröd.

▽ Die Reste toter Pflanzen verwandelten sich während des Karbons in eine Art Torf. Er wurde von Gesteinsschichten zugedeckt und wanderte immer tiefer in die Erde. Im Laufe der Zeit entstand daraus erst Braunkohle, dann Steinkohle.

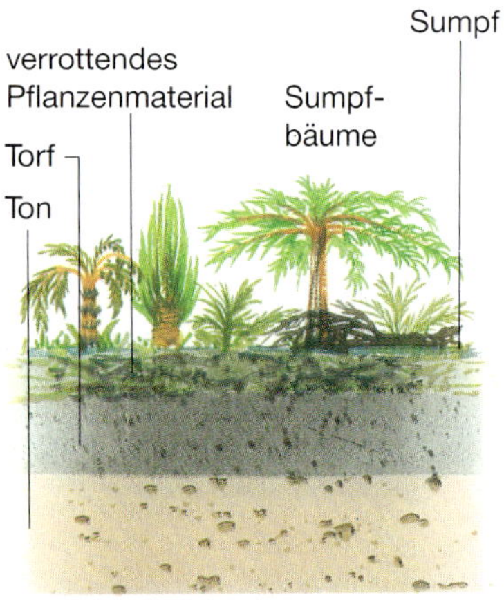

Klon

Zu einem Klon gehören alle Lebewesen, die durch ungeschlechtliche Vermehrung entstanden sind. Klone haben dasselbe Erbgut wie die Pflanzen oder Tiere, aus denen sie entstanden sind. Damit stellen sie identische Kopien dar. Bei Nutzpflanzen stellt man heute öfter Klone her. Man nimmt dazu einzelne Pflanzenzellen, vermehrt sie künstlich auf Nährböden und behandelt sie so, daß sie zu neuen Pflanzen heranwachsen. Die →Gentechnologie würde es sogar ermöglichen, menschliche Klone herzustellen.

Knochen

Knochen ist sehr hartes lebendiges Material, aus dem das →Skelett der meisten →Wirbeltiere aufgebaut ist. Der menschliche Körper hat ungefähr 206 Knochen. Die genaue Zahl läßt sich nicht angeben, weil manche Knochen miteinander verwachsen können. Einige Knochen sind winzig, wie die Gehörknöchelchen im →Ohr. Der längste Knochen des menschlichen Skeletts ist der Oberschenkelknochen. Knochen sind keinesfalls tot, sondern enthalten lebende →Zellen. Aus diesem Grund können Knochenbrüche heilen. Die Knochenzellen produzieren ein sehr zugfestes →Protein, das wir Kollagen nennen. Sie lagern auch Mineralsalze ab, vor allem Kalziumphosphat, das den Knochen ihre Härte verleiht, ohne daß sie deswegen spröd würden.
Im Inneren großer Röhrenknochen liegt das Knochenmark, das bei der Bildung roter Blutkörperchen eine große Rolle spielt. Auf der Außenseite ist der Knochen von der Knochenhaut überzogen. Sie ist sehr empfindlich, wie jeder weiß, der schon einmal einen Tritt an das Schienbein bekommen hat.
Nicht das gesamte Skelett besteht aus Knochen. Ein Teil setzt sich aus Knorpel zusammen. Knorpel ist ziemlich hart, sehr elastisch und druckfest, aber nur in geringem Maße zugfest. Knorpel reißt also leicht. Im Knorpel sind auch kaum Mineralsalze eingelagert.

Kohle

Vor rund 300 Millionen Jahren herrschte in Deutschland ein tropisches →Klima. Es wuchsen riesige Wälder aus Schachtelhalmen, Siegelbäumen und Farnen. Man muß sich die damaligen Wälder sehr sumpfig vorstellen. Überall lagen umgestürzte Stämme, und immer wieder kam neues totes Pflanzenmaterial dazu. Bei Überflutungen lagerten sich darüber Schichten von Sand und Lehm ab. Dadurch konnte der Luftsauerstoff nicht mehr zu den Pflanzenmaterialien gelangen. Im Laufe der Jahrmillionen wanderten die Pflanzenschichten

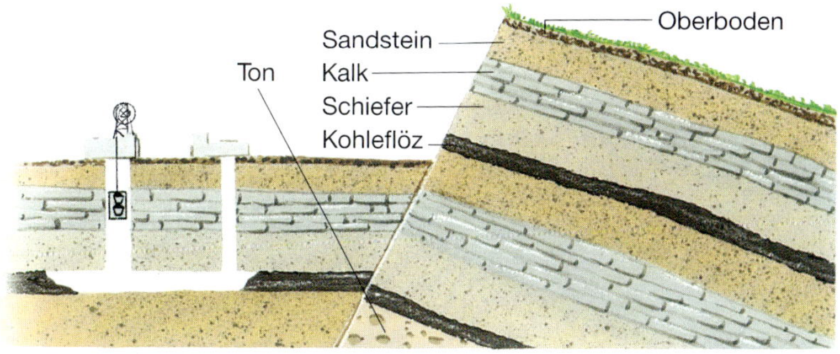

◁ Die Lagerstätten der Steinkohle liegen so tief im Erdinnern, daß man sie nur im Untertagebau gewinnen kann. Bergleute graben senkrechte Schächte und beuten dann die mehr oder minder waagrechten Kohleflöze aus. Für diese Arbeit werden heute vollautomatische Maschinen eingesetzt.

allmählich tiefer ins Erdinnere. Dabei fand eine langsame Zersetzung statt: Die gasförmigen Elemente wie Wasserstoff, die zuvor im Pflanzenmaterial gebunden waren, gingen in die Atmosphäre zurück, während sich der Kohlenstoff in der Erde immer mehr anreicherte. Aus den Pflanzenmaterialien wurde erst eine Art Torf, dann Braunkohle und schließlich Steinkohle. Die Steinkohle ist also ein Gestein, das praktisch nur aus Kohlenstoff besteht. Die Umwandlung von Pflanzenmaterial in Kohle nennt man auch Inkohlung.
Die Kohle war während der industriellen Revolution im letzten Jahrhundert der wichtigste Brennstoff. In den vergangenen fünfzig Jahren hat sie an Bedeutung eingebüßt, nicht zuletzt deswegen, weil bei der Verbrennung von Kohle viele schädliche Abgase entstehen (→saurer Regen).

Kohlefaser

Kohlefasern (Karbonfasern) sind sehr leicht und sehr widerstandsfähig. Sie bestehen aus reinem →Kohlenstoff und werden durch Erhitzen von →Kunstfasern (Acrylfasern) gewonnen. Man muß die Ausgangsstoffe dabei auf 1600–3000 °C erhitzen. Kohlefasern halten großem Zug stand, selbst bei

Verbundwerkstoffe setzen sich aus verschiedenen Stoffen zusammen, zum Beispiel aus Glas, Kunststoff, Keramik und Metall. Durch Kombination von zwei oder mehr Werkstoffen erhält man Eigenschaften, die einzelne Werkstoffe nicht erbringen können. Besonders häufig sind die glasfaserverstärkten Kunststoffe. Man tränkt dabei Glasfasermatten mit Kunstharzen und läßt sie erhärten.

◁ Die Luft- und Raumfahrtindustrie verwendet am meisten Kohlefaser. Der Rumpf dieser Beechcraft ist ganz aus einem Verbundwerkstoff mit Kohlefaser gefertigt. Kohlefaser ist widerstandsfähiger und leichter als Stahl und selbst Aluminium.

△ Verbundwerkstoffe enthalten zum Beispiel Kohlefasern und Kunstharze. Die Sandwichstruktur mit Waben in der Mitte ist besonders widerstandsfähig.

hohen Temperaturen. Im Vergleich zu Stahl sind Kohlefasern doppelt so widerstandsfähig und nur ein Viertel so schwer. Es gibt bereits Fahrräder, die ganz aus Kohlefasern bestehen. Meistens wird die Kohlefaser als eine der Komponenten in Verbundwerkstoffen eingesetzt. Man tränkt zum Beispiel Geflechte aus Kohlefasern mit Kunstharzen und erhält dadurch carbonverstärkte Kunststoffe, abgekürzt CFK.

Kohlendioxid

Das Kohlendioxid ist ein farb- und geruchloses Gas. Es macht weniger als ein Prozent der Luft aus und kommt auch auf anderen →Planeten wie dem Mars und der Venus vor. Kohlendioxid entsteht, wenn man Kalk (Kalziumkarbonat) mit Säure behandelt. Es bildet sich auch immer dort, wo →kohlenstoffhaltige Stoffe verbrannt werden. Deswegen ist es in großen Mengen in den Abgasen von Autos, Heizungen und Kohlekraftwerken enthalten. Auch wir Menschen und die Tiere erzeugen Kohlendioxid beim →Stoffwechsel (→Atmung). Beim Ausatmen geben wir das Gas an die Umwelt ab. Es darf davon nicht zuviel im Körper verbleiben, weil es dann giftig wirkt. Bei Atemnot spürt unser Körper nicht den Sauerstoffmangel, sondern den Überschuß an Kohlendioxid. Bei einem Gehalt von 4 bis 5 Prozent in der Atemluft verlieren wir das Bewußtsein. Die Pflanzen brauchen Kohlendioxid dagegen bei der →Photosynthese, um Zucker und Stärke aufzubauen.

Heute steigt durch die Nutzung →fossiler Brennstoffe der Kohlendioxidgehalt in der →Atmosphäre stetig an. Dadurch verstärkt sich der →Treibhauseffekt, was zu einer Erwärmung der Erde führt.

Viele Mineralwässer enthalten Kohlendioxid und sprudeln beim Einschenken. Wenn wir das Gas beim Trinken in den Körper aufnehmen, ist dies völlig harmlos, denn es gelangt nicht in unser Blut. Wenn man flüssiges Kohlendioxid aus Gasflaschen austreten läßt, erstarrt es zu Trockeneis.

CO_2

△ Ein Molekül des Kohlendioxids besteht aus einem Kohlenstoffatom (C) und zwei Sauerstoffatomen (O). Das Kohlendioxid kann nicht mehr weiter verbrennen und wird deswegen auch für Feuerlöscher genutzt.

Mach es selbst

Wir bohren in einen Korken ein Loch und stecken einen Plastikschlauch hindurch. Wir bringen etwas Natriumbikarbonat (Apotheke) und Essig in eine Flasche und verschließen sie schnell. Bei der anschließenden chemischen Reaktion bildet sich Kohlendioxid; wir fangen es in einem mit Wasser gefüllten Glas auf. Das schließlich gasgefüllte Glas halten wir schräg über eine brennende Kerzenflamme. Sie erlischt, weil Kohlendioxid die Verbrennung unterbindet. Gleichzeitig sehen wir, daß Kohlendioxid schwerer ist als Luft und absinkt.

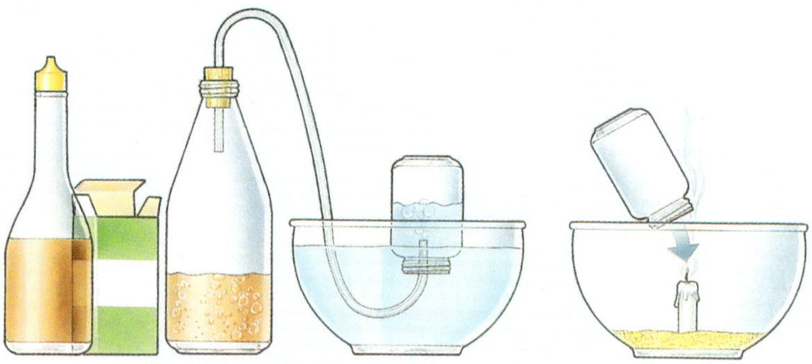

Kohlenhydrate

Die Kohlenhydrate bestehen nur aus den →chemischen Elementen Kohlenstoff, Sauerstoff und Wasserstoff. Unser Körper enthält nur wenige Kohlenhydrate. Wir müssen diesen wichtigen Nährstoff und Energielieferanten mit der Nahrung aufnehmen. Die verschiedenen →Zucker gehören zu den Kohlenhydraten. Das Verdauungssystem nimmt sie leicht in den Körper auf. Mit dem Blut gelangen die Zucker bis zu den Zellen, werden dort mit Hilfe von Sauerstoff verbrannt und sind die wichtigsten Energielieferanten. Auch die →Stärke ist ein Kohlenhydrat, sie besteht aus Ketten von Zuckermolekülen. →Enzyme müssen die Stärke erst in die einzelnen Zucker aufspalten, bevor sie der Körper aufnehmen kann. Dieser Vorgang beginnt im Mund, wenn wir die Nahrung einspeicheln. Wenn wir ein Stück Brot einige Minuten lang kauen, bemerken wir, daß es langsam süß zu schmecken beginnt. Die Stärke des Mehls, aus dem das Brot besteht, wird nämlich nach und nach von den Enzymen in Zucker aufgespalten. Zu den Kohlenhydraten zählt auch die →Zellulose. Sie ist zur Verstärkung in jeder Pflanzenzelle enthalten. Der menschliche Körper kann sie nicht verdauen, und sie verläßt ihn wieder als Faser- oder Ballaststoff. Ballaststoffe sind für die Gesundheit des Darmes wichtig.

$$C_nH_{2n}O_n$$

△ Viele Kohlenhydrate haben diese allgemeine chemische Formel. Der Buchstabe n steht für eine ganze Zahl. Beim Traubenzucker (Glukose) ist n gleich 6: Glukose hat die Formel $C_6H_{12}O_6$.

△ Die grünen Pflanzen stellen bei der Photosynthese Kohlenhydrate her. Diese Stoffe sind für Pflanzen und Tiere lebenswichtige Energiespender. Über die Hälfte unseres Energiebedarfs sollten wir mit Kohlenhydraten decken.

CO

△ Ein Molekül Kohlenmonoxid besteht aus einem Kohlenstoffatom (C) und einem Sauerstoffatom (O). Es enthält somit halb soviel Sauerstoff wie das Kohlendioxid. Kohlenmonoxid entsteht vor allem, wenn bei Verbrennungen zu wenig Sauerstoff vorhanden ist. Es ist immer in Autoabgasen enthalten.

Kohlenmonoxid

Das Kohlenmonoxid ist ein geruchloses, farbloses, geschmackloses und äußerst giftiges Gas. Es entsteht bei der unvollständigen Verbrennung von →Kohlenstoff, das heißt, wenn nicht genügend Sauerstoff vorhanden ist. Bei reichlicher Luft- oder Sauerstoffzufuhr entsteht das viel weniger giftige →Kohlendioxid. Kohlenmonoxid ist deswegen so giftig, weil es den Sauerstoff in unseren roten Blutkörperchen verdrängt. Zigarettenrauch enthält ziemlich viel Kohlenmonoxid, und auch zu Hauptverkehrszeiten tritt das Gas in erheblicher →Konzentration auf (→Katalysator).

Kohlenstoff

Der Kohlenstoff ist ein wichtiges nichtmetallisches →chemisches Element. In der Erdkruste kommt er vor allem in Form von Verbindungen vor. Kalk oder Kalziumkarbonat enthält als Bestandteil Kohlenstoff. Weil der Kohlenstoff bei normaler Temperatur nicht leicht mit anderen Elementen reagiert, finden wir ihn aber auch in reiner, gediegener Form in der Erdkruste, vor allem als →Diamant, als Graphit und als →Kohle. Beim Diamant liegen die Kohlenstoffatome eng gepackt in einem Kristallgitter; deswegen ist dieser Stoff der härteste, den wir kennen. Graphit hingegen ist sehr weich und kann auch für Bleistiftminen verwendet werden, weil der Kohlenstoff beim Graphit in Schichten angeordnet ist, die sich leicht gegeneinander verschieben lassen. Auch Ruß und Holzkohle bestehen überwiegend aus reinem Kohlenstoff. Kohlenstoff bildet zusammen mit Sauerstoff zwei Gase, das →Kohlendioxid und das →Kohlenmonoxid.

Der Kohlenstoff kann wie kein anderes chemisches Element Ketten und Ringe bilden. Auf diese Weise entstehen Hun-

▽ Beim Kohlenstoffkreislauf wandert der Kohlenstoff zwischen der Erdkruste, den Pflanzen und Tieren und der Atmosphäre hin und her. Grüne Pflanzen nehmen bei der Photosynthese Kohlendioxid auf und verwenden es für den Aufbau von Zucker und Stärke. Diese Pflanzen werden von Tieren gefressen. Den Kohlenstoff der pflanzlichen Zucker und der Stärke geben die Tiere wieder in Form von Kohlendioxid an die Luft ab. Bei der Verbrennung fossiler Brennstoffe entsteht viel zusätzliches Kohlendioxid, das zum Treibhauseffekt beiträgt.

Kohlenstoffkreislauf

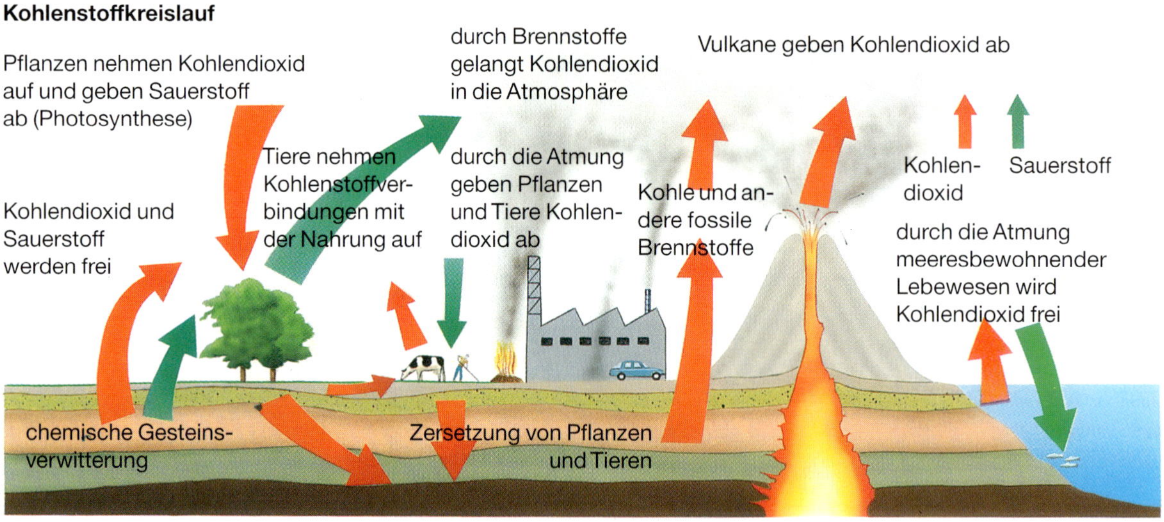

derttausende verschiedener chemischer Verbindungen. Sie werden von der →organischen Chemie untersucht. Alle Lebewesen bestehen nämlich aus solchen Kohlenstoffverbindungen. Ohne Kohlenstoff hätte kein Leben auf der Erde entstehen können. Auch Leben auf anderen Planeten können wir uns nur auf der Grundlage von Kohlenstoff vorstellen.

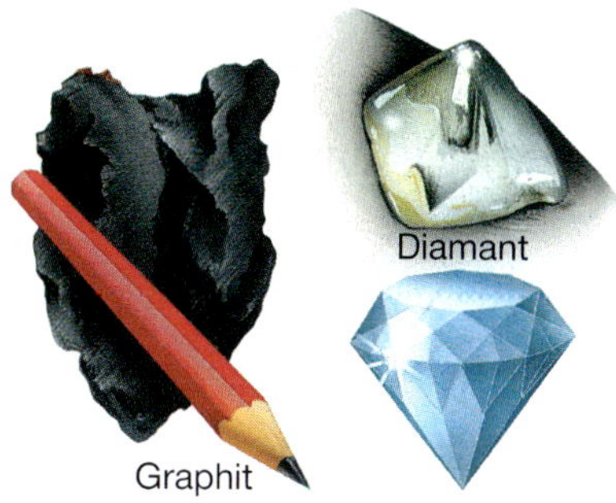

△ Reiner Kohlenstoff tritt in zwei verschiedenen Kristallformen auf. Der Diamant ist der härteste Festkörper, den wir kennen, der Graphit hingegen einer der weichsten.

Kohlenwasserstoffe

Wie der Name verrät, bestehen Kohlenwasserstoffe nur aus →Kohlenstoff und →Wasserstoff. Sie bilden eine der wichtigsten und größten Gruppen organischer Verbindungen. Kohlenwasserstoffe kommen vor allem im →Erdöl und im →Erdgas vor. Teer, Heizöl, Benzin, Dieseltreibstoff sind Gemische unterschiedlicher Kohlenwasserstoffe. Sie stellen das Rohmaterial für die Herstellung von →Kunstfasern, →Kunststoffen und →Lösungsmitteln dar.
Bei den aliphatischen Kohlenwasserstoffen sind die Kohlenstoffatome zu geraden oder verzweigten Ketten angeordnet. Zu ihnen zählen die Alkane oder die Paraffine. Alkane mit vier oder weniger Kohlenstoffatomen sind bei Zimmertemperatur gasförmig. Die einfachste Verbindung ist das →Methan mit einem Kohlenstoffatom. Dann folgen die Gase Ethan (zwei Kohlenstoffatome), →Propan und Butan. Zwischen einzelnen Kohlenstoffatomen können auch Doppelbindungen auftreten. Solche Kohlenwasserstoffe bezeichnen wir als ungesättigt.
Aromatische Kohlenwasserstoffe enthalten Kohlenstoffatome, die zu einem Sechserring mit drei Doppelbindungen angeordnet sind. Der einfachste Stoff ist das →Benzol, und diese Sechserringe nennt man auch Benzolringe.
Zu den Kohlenwasserstoffen gehören viele umweltschädliche Substanzen. Das Methan verstärkt zum Beispiel den →Treibhauseffekt. Aromatische Kohlenwasserstoffe wie das Benzpyren und ungesättigte Kohlenwasserstoffe haben sich als krebserregend erwiesen. Die unverbrannten Kohlenwasserstoffe aus Autoabgasen sind auch am Entstehen des Smogs beteiligt.

▽ Das Ethan mit der Formel C_2H_6 ist ein typisches Alkan und damit ein Kohlenwasserstoff. Es siedet bei – 89 °C und ist somit bei Zimmertemperatur gasförmig. Das Methylpropen gehört zu den ungesättigten Kohlenwasserstoffen, weil es eine Doppelbindung enthält. Gleichzeitig weist dieser Stoff, der auch Isobuten heißt, eine Verzweigung auf.

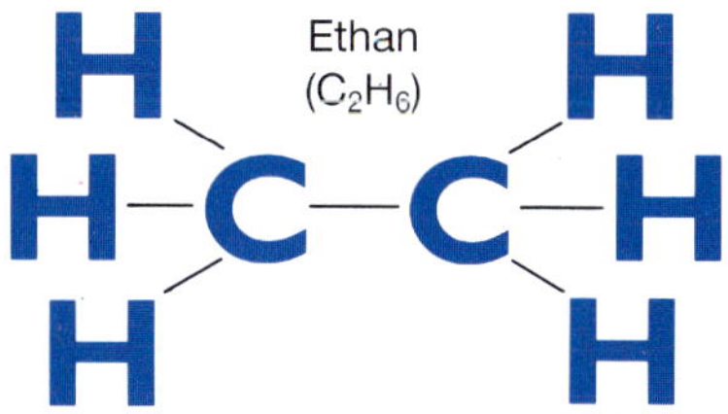

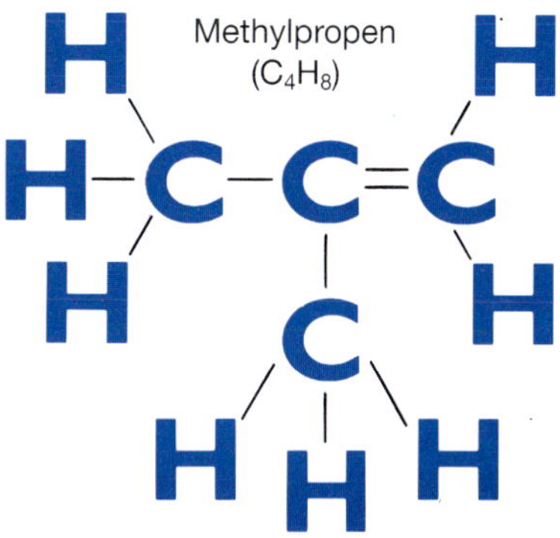

Kolloid

Ein Kolloid ist ein Mittelding zwischen einer →Lösung einerseits und einer →Suspension oder →Emulsion andererseits. Ein Kolloid enthält feinstverteilte Teilchen mit einer Größe von einem tausendstel bis einem millionstel Millimeter. Diese Teilchen können fest oder flüssig sein. Tabakrauch ist zum Beispiel ein solches Kolloid, weil mikroskopisch kleine feste Teilchen in der Luft feinst verteilt sind. Man kann in diesem

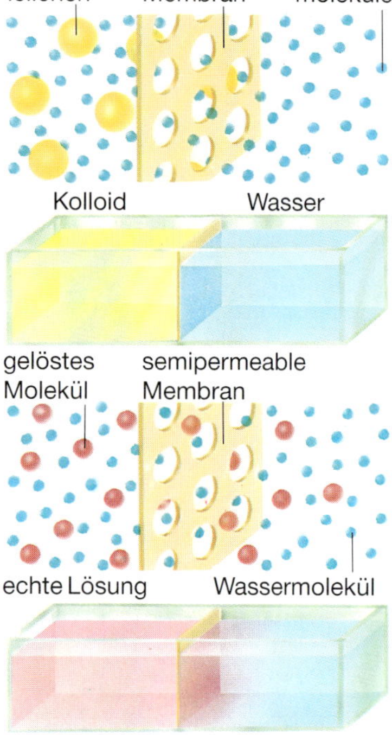

△ Die Teilchen in einem Kolloid sind deutlich größer als die in einer Lösung. Die kolloidalen Teilchen können nicht durch eine sogenannte semipermeable Membran hindurchtreten, um auf die andere Seite zu gelangen. Bei einer Lösung hingegen ist dies möglich.

Fall auch von einem →Aerosol sprechen. Die meisten Stoffe können in kolloidaler Form auftreten. Besonders verbreitet sind Kolloide in der Biologie, denn viele Stoffe in den Zellen sind nicht vollkommen gelöst, sondern in Form winzigster Teilchen vorhanden. Ein typisches Kolloid ist der Teeaufguß. Manche Kolloide bekommen auch eine feste Form, zum Beispiel der Pudding, den der Chemiker auch als Gel bezeichnet.

Komet

Die Kometen gehören zum →Sonnensystem und kreisen um die Sonne. Der feste Teil eines Kometen, der Kern, ist mit einem Durchmesser von wenigen Kilometern sehr klein. Die Gas- und Staubwolke hingegen, die vom Kern ausgeht, der Schweif, kann sich über Millionen von Kilometern erstrecken. Die Kometen gelten als Überbleibsel vom Beginn des Sonnensystems. Damals stießen viele Teilchen miteinander zusammen und wuchsen zu den →Planeten heran. Übrig blieben die Kometenkerne. Man kann sie mit schmutzigen Schneebällen vergleichen, denn sie bestehen aus Eis und Staubteilchen. Führt die Umlaufbahn der Kometen nahe an der Sonne vorbei, so verdampft das äußere Eis unter dem Einfluß der Wärme, und die Teilchen werden als Staub frei. Dann wird der Kometenschweif für uns sichtbar. Er ist stets von der Sonne abgewandt, weil der Sonnenwind, die von der Sonne ausgesandten Teilchen, ihn wegdrückt. Wenn sich der Komet wieder von der Sonne entfernt, verringert sich seine Gashülle (Koma) um den Kern und den Schweif, so daß er unsichtbar wird. Bei jedem Durchgang in Sonnennähe verliert der Komet einen Teil seiner Materie. Am Ende stirbt er, und zurück bleibt nur ein Felsbrocken, der um die Sonne kreist.

Der bekannteste Komet ist der Halleysche Komet, der alle 76 Jahre wiederkehrt. Im Jahr 1910 war er sogar am taghellen

▷ Gas und Staub bilden einen langen Schweif, wenn sich der Komet der Sonne nähert. Der Schweif ist dabei stets von der Sonne weggewandt, weil die von der Sonne ausgesandten Teilchen, der Sonnenwind, einen Druck auf den Kometenschweif ausüben. In größerer Entfernung von der Sonne verschwindet der Schweif wieder.

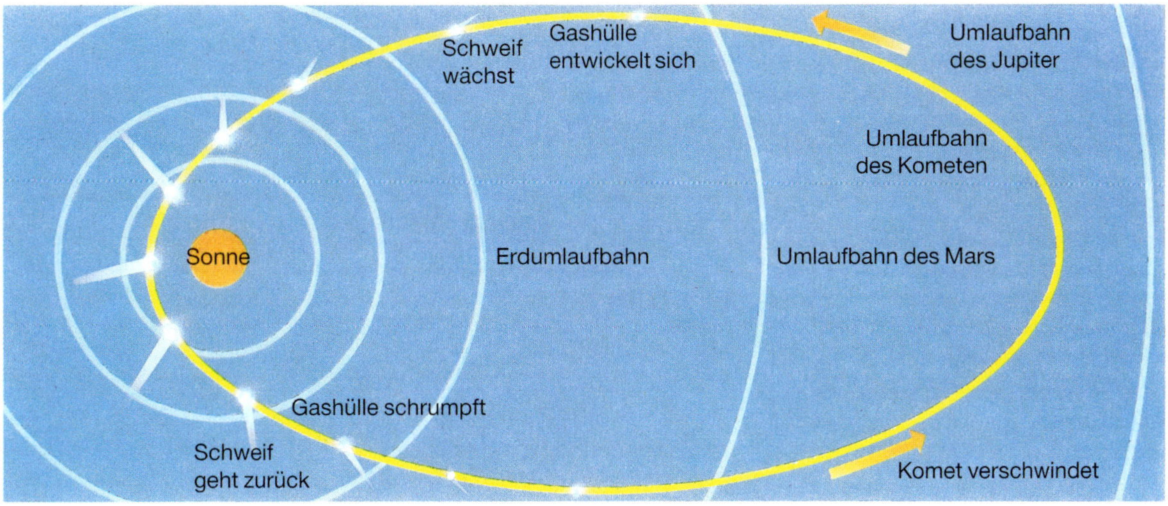

△ Meistens sehen wir die Kometen erst, wenn sie sich innerhalb der Umlaufbahn des Mars befinden. Erst hier führt die Sonnenwärme dazu, daß ein Teil des Kerns verdampft und eine Gashülle um den Kometen bildet. Die Gas- und Staubteilchen werfen das Licht zurück und lassen den Kometen sichtbar werden.

Himmel deutlich zu sehen. 1986 sandte man ihm die Kometensonde Giotto entgegen, die ihm auf 539 Kilometer nahe kam und sehr schöne Aufnahmen von ihm machte. Der Kometenkern erwies sich dabei als schwarzer, erdnußförmiger Körper von 15 Kilometern Länge und 4 Kilometern Breite.

Kommunikation

Kommunikation bedeutet den Austausch von Informationen und Ideen. Auch Tiere haben ihre Art der Kommunikation: Signale wie das Bellen oder ein prächtiges Federkleid oder das Aussenden chemischer Stoffe, das alles dient der Kommunikation. Wir Menschen haben dafür vor allem die Sprache. Es gibt aber noch viele andere Formen der Kommunikation, angefangen von Rauchzeichen über die Signalflaggen der Schifffahrt bis zum →Telefax oder zum →Computer.
Siehe auch →Fernmeldetechnik; →Fernsehen; →Rundfunk; →Telefon; →Telegrafie; →Verhalten.

kommunizierende Röhren

Wenn zwei mit Flüssigkeit gefüllte Gefäße miteinander verbunden sind und diese Verbindung ebenfalls mit Flüssigkeit gefüllt ist, so nennen wir diese Anordnung kommunizierende Röhren. In diesen Röhren herrscht ein Gleichgewicht insofern, als der Flüssigkeitsspiegel überall gleich hoch steht, selbst wenn die Röhren von ganz unterschiedlicher Form sind. Nach dem Prinzip der kommunizierenden Röhren kann man erreichen, daß Flüssigkeit von einem höher gelegenen Gefäß in ein tiefer gelegenes fließt, wenn man eine Schlauchverbindung zwischen den beiden herstellt. Dieser Verbindungsschlauch kann wiederum eine beliebige Form annehmen, muß aber ganz mit Flüssigkeit gefüllt sein.

Mach es selbst

Wir stellen mit einem Plastikschlauch eine Verbindung zwischen zwei Gefäßen her und machen sie so zu kommunizierenden Röhren. Wir stecken den Schlauch in das obere Gefäß, saugen Wasser an, bis der Schlauch voll ist, und stecken dann das andere Ende schnell in den unteren Behälter. Das Wasser wird ohne Pumpe abfließen.

Wir legen ein flaches Stück Korken in einen wassergefüllten Teller. Wir magnetisieren eine Stahlnadel, indem wir sie an einem Magneten vom Öhr bis zur Spitze entlangziehen. Dann legen wir die Nadel sorgfältig auf das Korkstück. Nadel und Kork werden sich zum magnetischen Nordpol hin ausrichten. Dieser liegt heute in 1600 Kilometer Entfernung vom geographischen Nordpol.

Kompaß

Bekanntlich hat die Erde ein Magnetfeld. Die Feldlinien dieses →Erdmagnetfeldes sind im großen und ganzen nach Norden beziehungsweise nach Süden ausgerichtet. Bringen wir einen zweiten Magneten in das Erdmagnetfeld und befestigen wir ihn so, daß er sich frei drehen kann, dann richtet er sich nach den bereits bestehenden Feldlinien aus. Die Magnetnadel weist dann ungefähr nach Norden. Das ist die Grundform des Kompasses, wie ihn chinesische Seeleute schon um 1100 nach Christus verwendeten.

Das Erdmagnetfeld ändert sich mit der Zeit und zeigt auch sonst viele Besonderheiten. Deswegen kann die Mißweisung, die Abweichung von der echten Nordrichtung, stellenweise bis 180° betragen. An solchen Stellen zeigt der Kompaß in die genau entgegengesetzte Richtung! In Deutschland ist die Mißweisung mit 2° bis 4° je nach Ort vergleichsweise niedrig. Um sich trotz der Mißweisung orientieren zu können, brauchen die Seeleute Karten oder Tabellen, die dauernd überarbeitet werden.

Die heutige Navigation arbeitet immer weniger mit dem Magnetkompaß, sondern verwendet den →Kreiselkompaß, der nicht mehr vom Magnetfeld der Erde abhängig ist. Eine Orts- und Richtungsbestimmung ist heute auch mit Hilfe von Satelliten möglich.

▽ Die Seeleute im Westen verwenden den Magnetkompaß seit ungefähr 600 Jahren. Weil das Erdmagnetfeld ziemlich schwach ist, muß die Kompaßnadel reibungsarm auf einer Spitze gelagert werden. Schiffskompasse sind mit Flüssigkeit gefüllt, damit heftige Bewegungen im Seegang gedämpft werden.

Kompressor

Kompressoren oder Verdichter verkleinern das Volumen von →Gasen und erhöhen somit deren →Druck. Wenn ein Gas unter Druck steht, enthält es mehr Energie und kann Arbeit leisten. Druckluft wird in vielen Bereichen eingesetzt (→Pneumatik). Automechaniker ziehen die Schrauben an den Rädern mit einem druckluftgetriebenen Gerät an, das ein charakteristisches Knattern hören läßt. Auch der Preßlufthammer wird von Druckluft angetrieben. Die meisten Metalloberflächen lackiert man heute nicht mehr mit dem Pinsel, sondern mit einer Spritzpistole: Druckluft zerstäubt den Lack und schleudert die winzigen Tröpfchen auf das Werkstück, wo sie eintrocknen und eine völlig glatte Schicht bilden. Große Lastwagen und vor allem Eisenbahnzüge haben Druckluftbremsen.

Der Kompressor besteht aus einer oder mehreren →Pumpen. Die unter Druck stehende Luft gelangt in einen Behälter, den Windkessel. Wird dort ein bestimmter Druck erreicht, so schaltet sich der Kompressor ab. Sinkt der Druck im Windkessel, weil Druckluft entnommen wurde, so wird er wieder eingeschaltet.

Kondensation

Durch Kondensation verwandelt sich →Gas in eine →Flüssigkeit zurück. Die Kondensation ist somit dem Verdampfen entgegengesetzt. Zur Kondensation kommt es, wenn wir ein Gas abkühlen: Die Gasmoleküle bewegen sich durch die Abkühlung langsamer. Ihre gegenseitige Anziehungskraft wird immer stärker, bis sie sich schließlich zu Tröpfchen vereinigen. Am häufigsten können wir die Kondensation beim Wasserdampf beobachten. Wenn wir Wasser in einem Kessel zum Kochen bringen, tritt weißer →„Dampf" aus. Physikalisch gesehen ist das jedoch kein Dampf, sondern Luft, die bereits kondensierte Wassertröpfchen enthält.
Die Luft enthält immer Feuchtigkeit, also Wasserdampf. Steigt Luft im Freien auf, so kühlt sie sich ab. Auch die relative →Luftfeuchtigkeit steigt an. Ist die Luft feuchtigkeitsgesättigt (100 Prozent Luftfeuchtigkeit), so kondensiert der Wasserdampf, und es bilden sich an winzigen Kondensationskeimen feine Wassertröpfchen. Solche Luft bezeichnen wir dann als →Nebel oder →Wolke. Werden die Wassertröpfchen in der Luft immer schwerer, so fallen sie als →Niederschlag.

Mach es selbst

Wenn Wasser im Kessel kocht, erzeugt es Wasserdampf. Gelangt dieser an die kühlere Luft, so kondensiert der Dampf sofort und bildet einen weißen Nebel, den wir in der Umgangssprache „Dampf" nennen. Zieh einen Handschuh an und halte einen Eßlöffel in den austretenden Dampf. Auf dem Löffel bilden sich kleine Wassertröpfchen.

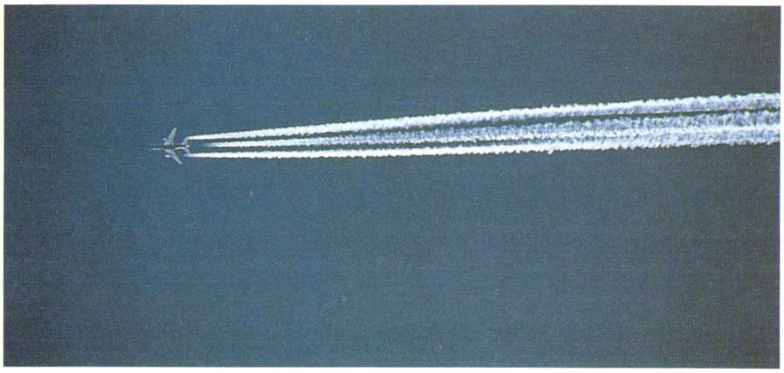

◁ Die Kondensationsstreifen, die Flugzeuge oft hinterlassen, bestehen aus winzigen Wassertröpfchen. Bei der Verbrennung in den Triebwerken entsteht unter anderem Wasserdampf, der in der großen Höhe wegen der Kälte sofort kondensiert. In trockener Luft lösen sich diese Kondensationsstreifen nach einiger Zeit wieder auf.

Kondensator

Kondensatoren sind Anlagen, die zur →Kondensation und zum Abscheiden einer Flüssigkeit führen. Man braucht sie beispielsweise in der Energietechnik, damit Wasserdampf, der →Turbinen angetrieben hat, wieder verflüssigt wird. Ein Kondensator befindet sich auch in jedem →Kühlschrank. Man kann ihn auch Verflüssiger nennen, denn er entzieht dem Kühlmittel Wärme, indem er es verflüssigt. Kondensatoren sind also auch →Wärmeaustauscher.
Die Kondensatoren in der Elektrotechnik speichern elektrische Ladung. Meistens bestehen sie aus zwei Metallplatten, die durch einen →Isolator voneinander getrennt werden. Auf der einen Platte wird positive Ladung, auf der anderen negative Ladung gespeichert. Die Ladungsmenge, die ein Konden-

▽ Die Standardsymbole für Festkondensatoren und Drehkondensatoren. Drehkondensatoren haben bewegliche Platten.

▷ Kondensatoren sind in vielen elektrischen Schaltkreisen vertreten. Die Größe der Platten und ihr Abstand entscheiden über deren Kapazität, das heißt über ihr Aufnahmevermögen von Ladung.

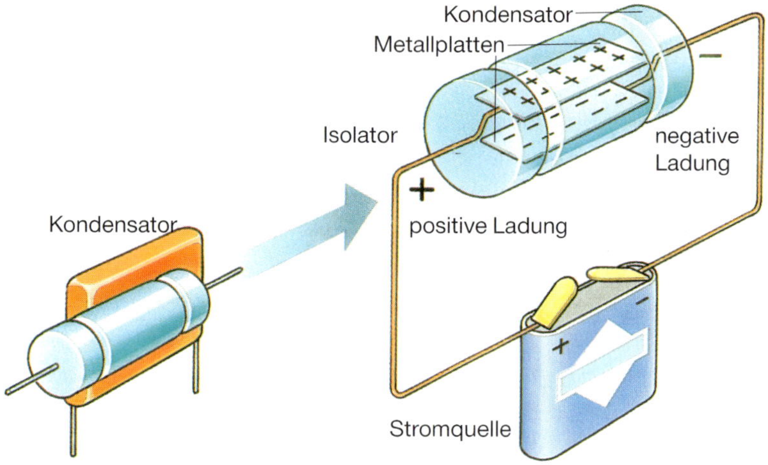

sator aufnehmen kann, bezeichnen wir als Kapazität. Für eine hohe Kapazität müssen die Platten groß sein und nahe beieinanderstehen. Kondensatoren sind wichtige Bestandteile elektrischer und elektronischer Schaltungen. Sehr viel braucht man sie in der Hochfrequenztechnik, also zum Beispiel in Rundfunkgeräten.

▽ Konservendosen werden heute vollautomatisch gefüllt und verschlossen. Die modernsten Maschinen schaffen in der Minute 1200 Dosen.

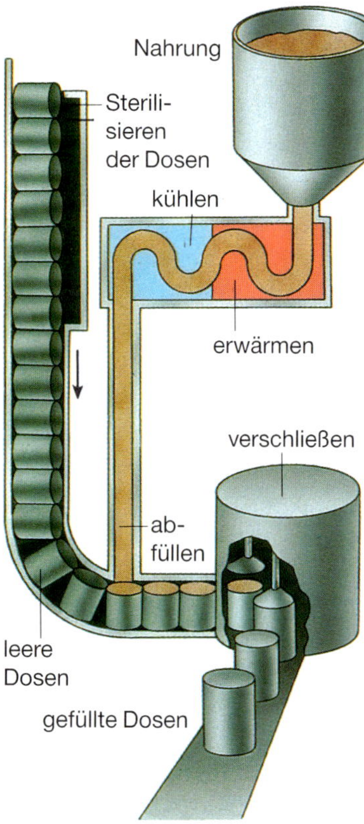

Konservierung

Frische Nahrungsmittel sind von einem Heer von Feinden umgeben: Schädlinge fressen Getreidevorräte, Brot verschimmelt, Früchte faulen, Gemüse welkt, und Fleisch verdirbt. Schon seit frühesten Zeiten mußte der Mensch deswegen seine Nahrungsmittel haltbar machen. Für diese Konservierung hat er im Lauf der Zeit mehrere Verfahren entwickelt. Im Mittelalter war das Einsalzen oder Pökeln am wichtigsten. Nördlich der Alpen wurde und wird viel geräuchert. Durch das Räuchern verliert das Nahrungsmittel viel Wasser. Gleichzeitig enthält der Rauch Stoffe, die Bakterien abtöten. Im Süden und in den Tropen ist dieses Verfahren praktisch unbekannt. Man kann Lebensmittel auch durch Zusatz chemischer Stoffe haltbar machen. Einige Konservierungsmittel, wie die Benzoesäure, sind heute aber sehr umstritten.

Die physikalischen Konservierungsverfahren umfassen das Trocknen, das Gefrieren und das Erhitzen. Trockene Lebensmittel verderben kaum, weil der Nährboden für →Mikroorganismen einen bestimmten Wassergehalt aufweisen muß. Beim Tiefkühlen werden die Lebensmittel sehr rasch auf −40 °C abgekühlt. Das Wasser bleibt in den Zellen und gefriert zu winzigen Kristallen. Die „Kühlkette“ vom Hersteller bis zum Verbraucher muß lückenlos funktionieren, weil Tiefkühlkost nicht auftauen und erneut gefrieren darf.

Die Bedeutung des Eindosens und damit der Konserven ist im Vergleich zur Tiefkühlkost stark zurückgegangen. Bereits im Jahr 1804 schloß der Franzose François Appert Nahrungsmittel in Glasgefäße ein, ließ sie längere Zeit kochen und verschloß sie luftdicht. Ein Engländer kam auf den Gedanken, statt Glasgefäßen Weißblechdosen zu verwenden. Damit war die Konservendose geboren. Um 1815 gab es bereits Corned beef in Dosen zu kaufen, und im amerikanischen Bürgerkrieg (1861–1865) aßen die Soldaten schon Dosennahrung.

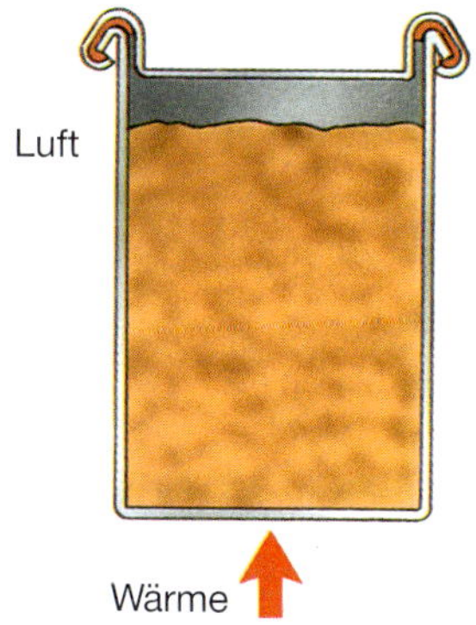

△ Nach dem Füllen wird noch Luft aus der Konservendose abgesaugt. Dann wird die Dose maschinell verschlossen und so lange erhitzt, bis alle Mikroorganismen abgestorben sind. Solche Dosen sind oft jahrelang haltbar.

Kontinent

Die sieben großen Festlandsmassen oder Kontinente der Erde sind Europa, Asien, Nordamerika, Südamerika, Afrika, Australien und Antarktika. Die Arktis ist kein Kontinent, weil sie im wesentlichen aus Wasser oder Eis besteht. Europa, Asien und Afrika zählen wir zur Alten Welt, die schon in der Antike bekannt war. Die beiden amerikanischen Kontinente werden hingegen als Neue Welt bezeichnet. Südamerika und Nordamerika hängen über Landbrücken erst seit drei Millionen Jahren zusammen. Vorher hatten sie sich völlig unabhängig voneinander entwickelt. Ihre Tier- und Pflanzenwelt zeigt daher noch heute große Unterschiede.

Heute wissen wir, daß die Kontinente driften und ihre Lage verändern. Australien und Antarktika trennten sich erst vor rund 45 Millionen Jahren. Antarktika lag früher in tropischen Gebieten, deswegen findet man dort noch viele →Fossilien ausgestorbener Tier- und Pflanzenarten. Vor 200 Millionen Jahren bildeten alle Kontinente eine einheitliche Landmasse, die Pangäa.

Siehe auch →Plattentektonik.

▽ Die großen Landmassen der Erde heißen Kontinente.

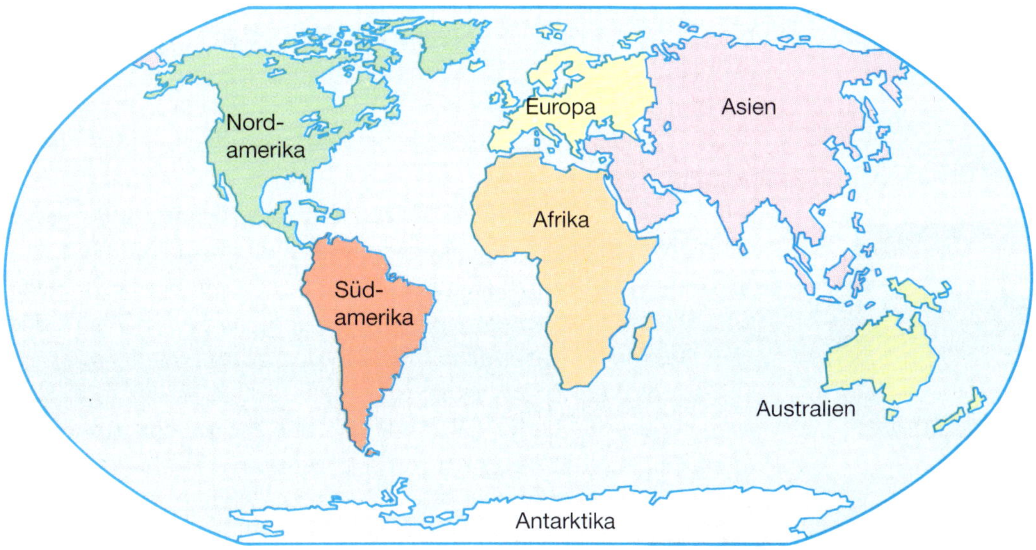

Konvektion

▷ Drachenflieger nutzen aufsteigende Konvektionsströmungen, die sogenannte Thermik.

▽ Seewinde und Landwinde entstehen durch Konvektion. Tagsüber erwärmt sich das Festland stärker als das Meer. Die Luft über dem Festland wird wärmer und steigt auf. Kühlere Luft über dem Meer fließt zum Land hin. Nachts kühlt das Festland stärker ab als das Meer. Deswegen entsteht ein Konvektionsstrom in der umgekehrten Richtung. Die Warmluft über dem Meer steigt auf, und kühle Luft vom Festland fließt an deren Stelle. Deswegen gibt es an Meeresküsten oft einen regelmäßigen Wechsel zwischen Seewinden und Landwinden.

Konvektion

Wenn wir ein →Gas oder eine →Flüssigkeit erwärmen, dehnen sie sich aus. Damit verringert sich ihre Dichte, und sie steigen auf. Beim Aufsteigen nimmt die Flüssigkeit oder das Gas Wärme mit. Diesen Wärmetransport bezeichnen wir als Konvektion.

Konvektionsströmungen spielen eine große Rolle, zum Beispiel bei der Heizung. Im Heizkessel wird Wasser erwärmt. Mit der Konvektionsströmung steigt es in den Röhren auf und gelangt in die höher gelegenen Heizkörper. Dort erwärmt es die umgebende Luft, die ihrerseits wieder durch Konvektion aufsteigt. Doppelt verglaste Fenster isolieren viel besser als einfach verglaste, weil in dem engen Spalt zwischen den Scheiben zu wenig Platz ist für Konvektionsströmungen.

Konvektionsströmungen der Luft sind einer der Hauptmotoren für das Wetter. Warme Luftmassen steigen auf und können dabei Segelflugzeuge oder Vögel nach oben transportieren. Wir sprechen dann von der Thermik. Kalte Luft hingegen sinkt ab. Durch solche Konvektionen entstehen die Hoch- und Tiefdruckgebiete.

Konzentration

Gemische oder Lösungen setzen sich immer aus zwei oder mehr Bestandteilen oder Komponenten zusammen. Den Anteil dieser Komponenten am Ganzen bezeichnen wir als deren Konzentration. Kochsalz löst sich beispielsweise in Wasser. Je mehr Salz wir hinzugeben, um so salziger wird das Wasser. Wir sagen: Die Konzentration des Salzes wird höher. Das Salz ist der gelöste Stoff, das Wasser das Lösungsmittel. Konzentrationen geben wir oft in Prozenten an, also in Teilen auf hundert Teile. Meerwasser hat einen Salzgehalt von rund 3,5 Prozent: In 100 Gramm Meerwasser sind also 3,5 Gramm

Salz enthalten. In abgeschlossenen Meeresgebieten, zum Beispiel im Roten Meer, steigt die Konzentration des Salzes, weil Wasser verdunstet. Der Salzgehalt liegt in diesem Fall bei über 4 Prozent.
Verdunstet aus einer solchen Lösung weiterhin Wasser, so ist an einem bestimmten Punkt die Grenze der Löslichkeit erreicht. Wir haben es dann mit einer gesättigten oder konzentrierten Lösung zu tun. Beim Kochsalz liegt die Löslichkeit bei Zimmertemperatur bei rund 36 Prozent. In 100 Gramm Lösung sind dann also 36 Gramm Salz gelöst. Wird diese Grenze überschritten, so fallen Salzkristalle aus. Das ist zum Beispiel beim Toten Meer in Israel der Fall, wo Salzkristalle das Wasser weiß färben können. Siehe auch →Diffusion; →Osmose.

Das Wort „Konzentration" hat noch andere Bedeutungen. In der Wirtschaft meint man damit eine Ballung und eine unregelmäßige Verteilung. Wenn sich ein Mensch konzentriert, schenkt er einer Sache seine ungeteilte Aufmerksamkeit.

Mach es selbst

Wir lösen zehn gehäufte Teelöffel Kochsalz in einem halben Glas Wasser und geben etwas Sirup hinzu. Vorsichtig gießen wir über einen Löffelrücken auf diese Salzlösung ein halbes Glas frisches Wasser. Nun lassen wir ein Ei in das Glas gleiten. Es bleibt an der Grenze zur Salzlösung, denn die beiden Schichten zeigen große Dichteunterschiede.

Koordination

Wenn verschiedene Dinge oder Teile gut zusammenarbeiten, sprechen wir von einer guten Koordination. Ein Beispiel dafür ist das Zusammenspiel zwischen Muskeln und Gehirn. Beim Baby ist diese Koordination noch sehr gering ausgeprägt. Sie beschränkt sich auf die lebenswichtigen Dinge, zum Beispiel auf das Atmen und das Trinken. Die meisten anderen Bewegungen muß das Baby erst im Lauf der Zeit lernen, etwa das Greifen mit der Hand oder das Laufen.
Bei jeder Bewegung muß das Gehirn die daran beteiligten Muskeln genau koordinieren und steuern. Die Muskeln ihrerseits machen dem Gehirn eine Rückmeldung über das bereits Geleistete. So verarbeitet das Gehirn selbst bei einer einfachen Bewegung Millionen elektrischer Impulse. Wenn wir Bewegungen richtig gelernt haben, brauchen wir nicht mehr über sie nachzudenken. Sie erfolgen automatisch. Wir gehen automatisch und müssen uns nur noch überlegen, wohin wir gehen wollen und wie schnell. Völlig neue Bewegungen des Körpers, zum Beispiel Radfahren, können uns aber große Schwierigkeiten bereiten, und wir müssen viel üben, um sie perfekt durchzuführen.

▽ Ein Artist muß seine Bewegungen besonders gut mit denen seines Partners koordinieren.

Mach es selbst

Wir nehmen zwei Eisennägel und malen einen von ihnen mit Ölfarbe an. Beide Nägel legen wir in eine flache Schale und stellen diese ins Freie. Nach ein paar Tagen rostet der unbemalte Nagel. Nach ein paar Monaten dringen Rostflecken auch durch die Farbschicht des bemalten Nagels hindurch. Der Rost ist die häufigste Form der Korrosion.

Korrosion

Wenn ein Stahlnagel auch nur ein paar Tage im Freien liegt, überzieht er sich mit einer braunroten Schicht. Er rostet. Dabei findet eine Verbindung mit Sauerstoff (→Oxidation) und mit Wasser statt. Der Rost des Eisens ist eine Form der Korrosion, also der Zerstörung von Werkstoffen durch chemische Vorgänge. Auch Aluminium verbindet sich mit dem Sauerstoff der Luft. Doch die Aluminiumoxidschicht, die sich bildet, schließt das metallische Aluminium darunter luftdicht ab. Damit kann keine weitere Korrosion mehr stattfinden. Rost hingegen läßt weiterhin Sauerstoff und Wasser hinzutreten, so daß das Eisenstück immer weiter rostet.

Besondere Formen der Korrosion treten dann auf, wenn verschiedene Metalle aufeinandertreffen. Hier kommt es zur →Elektrolyse, wobei sich das eine Metall positiv (Anode), das andere negativ (Kathode) auflädt. Die Freiheitsstatue in New York beispielsweise war aus Eisen und Kupfer gefertigt und verlor durch Korrosion im Lauf der Zeit den größten Teil ihrer Festigkeit.

Um der Korrosion entgegenzuwirken, werden unedle Metalle wie das Eisen mit edleren überzogen, zum Beispiel mit Chrom. Dies geschieht zum Beispiel durch →Galvanisierung. Auch verzinktes Eisen ist weitgehend vor Korrosion geschützt. Die →Zinkschicht wird dabei meist in einer Schmelze aufgetragen.

Manche Pflanzen enthalten duftende ätherische Öle oder andere Essenzen. Man gewinnt sie durch Destillation. Die Blüten besonders seltener Pflanzen legt man in Fett und wartet mehrere Wochen, bis das Fett die Duftstoffe völlig in sich aufgesogen hat.

Kosmetik

Kosmetik ist die Körper- und Schönheitspflege. Abgesehen von Wasser braucht man dazu viele verschiedene Mittel oder Kosmetika, zum Beispiel Seifen, Salben, Öle und Parfüms. Schon vor 4000 Jahren benutzten die alten Ägypter Kosmetika. Die dafür verwendeten Fläschchen, Töpfe und Tiegel sind heute noch in Museen zu sehen. Die Kenntnisse der

Ägypter übernahmen die Römer, die genau wie wir große Mengen von Kosmetika verbrauchten. In unserem Jahrhundert breitete sich der Gebrauch von Kosmetika erneut stark aus, auch bei den Männern. Die meisten Kosmetika enthalten

△ Einige kosmetische Produkte und ihre natürlichen Zutaten.

Fette oder Öle, dazu Farbstoffe und duftende Essenzen, die aus Pflanzen oder Tieren gewonnen werden. Auch synthetische Stoffe werden eingesetzt. Manche Kosmetika können allerdings →Allergien erzeugen. Bevor Kosmetika verkauft werden dürfen, müssen die Firmen deshalb ihre Unschädlichkeit anhand von Tests nachweisen. Früher geschah dies meistens mit Hilfe von Tierversuchen. Heute verzichtet man zunehmend darauf, weil sie den Tieren Schmerzen zufügen.

kosmische Strahlung

Die kosmische Strahlung oder Höhenstrahlung ist eigentlich gar keine Strahlung. Es handelt sich vielmehr um →Elementarteilchen aus dem Weltraum. Meistens sind es →Elektronen und →Protonen, also winzige Bestandteile der Atome. Sie fliegen fast mit Lichtgeschwindigkeit und treffen auf die →Moleküle und →Atome der Luft auf. Dabei entstehen neue Elementarteilchen (Sekundärstrahlung). Die kosmische Strahlung wäre für uns lebensgefährlich, weil sie Moleküle unseres Körpers aufbrechen würde. Doch die →Atmosphäre schützt uns vor den meisten der sehr energiereichen Teilchen. Die rätselhaften, elektrisch neutralen Neutrinos allerdings durchdringen glatt unseren Körper und den ganzen Erdball, ohne Schaden anzurichten! Nur ein kleiner Teil der kosmischen Strahlung kommt von der Sonne. Der größte Teil stammt von explodierenden sterbenden Sternen wie den →Supernovä oder von weit entfernten →Galaxien.

▽ Die kosmische Strahlung besteht zur Hauptsache aus Elektronen und energiereichen Protonen. Wir bezeichnen sie auch als Primärstrahlung. Wenn sie auf die Moleküle und Atome der Atmosphäre auftreffen, entstehen neue Elementarteilchen sowie energiereiche echte Strahlung (Sekundärstrahlung).

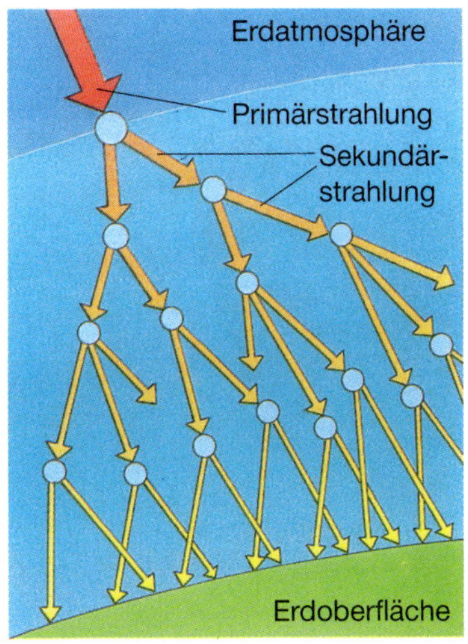

Vor ungefähr 30 Jahren entdeckten die Kosmologen eine kosmische Hintergrundstrahlung, die das gesamte Weltall erfüllt. Sie hat eine Wellenlänge in der Größenordnung von Millimetern und Zentimetern und entspricht der Strahlung eines Körpers bei einer Temperatur von 3 Kelvin. Diese kosmische Hintergrundstrahlung ist ein Überrest des Urknalls.

▽ Mehrere Kräfte wirken auf diesen Schlepper und seine Schleppkähne ein. Die Reibung an den Wasserteilchen bremst die Vorwärtsbewegung. Die Schwerkraft der Erde hält sich mit dem Auftrieb der Schiffe im Wasser die Waage. Der Schlepper muß die Reibung an den Wasserteilchen sowie die Trägheit der Masse der Schleppkähne überwinden.

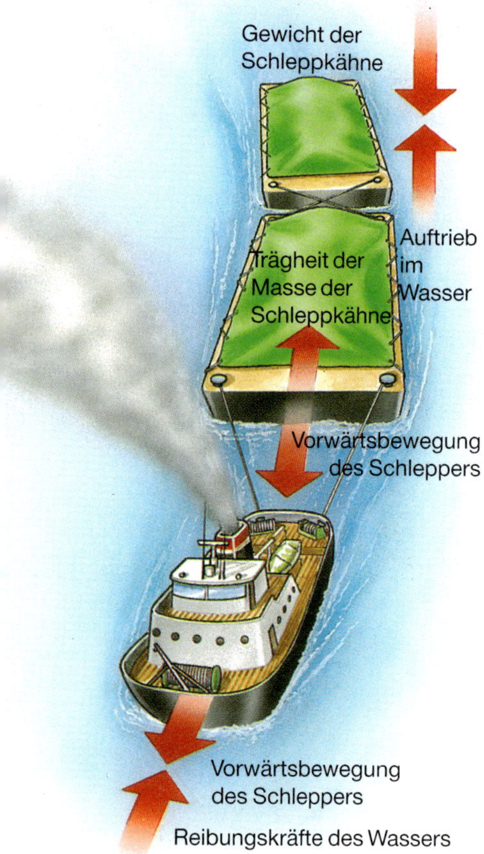

Kosmologie

Die Kosmologie untersucht das →Weltall als Ganzes und will vor allem wissen, wie es entstanden ist und wie es zu Ende gehen wird. Statt „Weltall" kann man auch „Kosmos" sagen. Bis ins 17. Jahrhundert glaubten die Menschen, man könne nicht mit Sicherheit wissen, was sich außerhalb der Erdoberfläche befindet. Johannes Kepler (1571–1630) widerlegte diese Ansicht, indem er bewies, daß die Planeten sich auf elliptischen Bahnen um die Sonne bewegen. Isaac Newton zeigte schließlich, daß die →Schwerkraft für diese Bewegungen verantwortlich ist. Es wurde immer deutlicher, daß die physikalischen Gesetze, die auf der Erde gelten, auch für das Weltall zutreffen. Zu Beginn unseres Jahrhunderts erkannten die Forscher, daß es neben unserer →Milchstraße noch zahllose weitere →Galaxien geben müßte. Vor ungefähr 25 Jahren wurde die Annahme eines →Urknalls allgemein akzeptiert. Diese Theorie sagt, daß das Weltall vor 15–20 Milliarden Jahren mit einer riesigen Explosion seinen Anfang nahm. Was davor war und warum dieser Urknall erfolgte, können uns die Kosmologen nicht sagen. Wahrscheinlich werden wir eine Antwort auf diese Fragen auch nie bekommen. Sie gehören eher ins Gebiet des Glaubens als der Naturwissenschaft.

Kraft

Kräfte kann man nur an ihren Wirkungen erkennen. Kräfte verformen zum Beispiel einen Körper oder beschleunigen ihn. Damit sich ein Körper gleichförmig entlang einer geraden Linie bewegt, ist keine Kraft notwendig, sofern nicht die →Reibung überwunden werden muß. Eine einwirkende Kraft erkennt man daran, daß sie die gleichförmige Bewegung durch →Beschleunigung verändert.

Jede Kraft hat eine Richtung und einen Betrag. Der Mathematiker sagt, die Kraft ist ein Vektor, und er stellt sie als Pfeil dar. Wenn Kräfte ihre Wirkungen entfalten, leisten sie →Arbeit. Wenn ein Buch auf dem Tisch liegt, wirkt es mit einer bestimmten Kraft auf die Tischfläche ein. Doch gleichzeitig übt die Tischfläche die entgegengesetzte Kraft auf das Buch aus. So bleibt alles im Gleichgewicht, und es kommt zu keiner Beschleunigung. Isaac Newton lehrte, daß jeder Kraft, die ein Körper A auf einen Körper B ausübt, eine Gegenkraft vom Körper B auf A entspricht (kurz: actio = reactio oder Kraft = Gegenkraft). Diesem Wissenschaftler zu Ehren wurde die Maßeinheit (→SI-Einheiten) der Kraft Newton genannt. Sie entspricht der Kraft, die einem Körper von einem Kilogramm die Beschleunigung von einem Meter pro Sekunde im Quadrat erteilt.

Krankheit

Krankheit und Gesundheit sind nicht leicht zu definieren. Bei Krankheit sind die normalen Vorgänge unseres Körpers gestört. Wann eine solche Störung zur Krankheit wird, beurteilt jeder anders. Es gibt körperliche und seelische Krankheiten, und häufig hängen beide zusammen. Auch Tiere und Pflanzen können krank werden. Weiteres dazu auf der Seite 268.

Nach dem Verlauf von Krankheiten unterscheidet man zwei Arten:
akute Krankheiten plötzlich auftretende, schnell und heftig verlaufende Krankheiten, die nachher meistens völlig abgeheilt sind.
chronische Krankheiten sich langsam entwickelnde oder langsam verlaufende Krankheiten. Wenn akute Krankheiten nicht richtig abheilen, können sie sich zu chronischen Krankheiten entwickeln.

Krebs

Krebs ist eine Krankheit, bei der bestimmte Zellen des Körpers nicht mehr richtig funktionieren und sich unkontrolliert vermehren. Sie teilen sich unablässig, so daß immer neue Krebszellen entstehen. Schließlich bildet sich eine Geschwulst, ein Tumor aus bösartigen oder malignen Zellen. „Bösartig" bedeutet in diesem Zusammenhang, daß die Zellen sich immer weiter vermehren und der Tumor in die benachbarten Gewebe hineinwächst. Dabei kommt es auch vor, daß sich Krebszellen loslösen und mit dem Blut oder der →Lymphe in andere Körperteile gelangen. Dort setzen sie sich fest und wachsen weiter. So entsteht eine Tochtergeschwulst, eine Metastase.
Krebs ist keine einheitliche Krankheit. Es gibt viele verschiedene Krebsformen mit ganz unterschiedlichen Ursachen. Bei einigen Krebsformen besteht ein enger Zusammenhang mit der Lebensweise: Wer viel raucht, erkrankt eher an Lungenkrebs als ein Nichtraucher. Auslösend sind Krebsgifte, die im Tabakrauch enthalten sind, vor allem Teerstoffe. Man weiß von vielen weiteren chemischen Stoffen, daß sie krebserregend (kanzerogen) wirken.

◁ Mit Hilfe der Bestrahlung versuchen Ärzte, Krebszellen zu zerstören oder an einer weiteren Vermehrung zu hindern. Sie verwenden dazu Röntgenstrahlen oder radioaktive Strahlen, zum Beispiel des Isotops Kobalt 60.

Krankheit

Krankheiten erkennen wir an ihren Anzeichen, den Symptomen. Meistens hat eine Krankheit mehrere zusammenhängende Symptome, die wir als Syndrom bezeichnen. Jahrhundertelang waren die Infektionskrankheiten die schlimmsten Feinde des Menschen. Sie werden von Bakterien oder Viren ausgelöst. Im allgemeinen reagieren wir auf Infektionen mit Fieber. Die weißen Blutkörperchen produzieren Antikörper gegen die Eindringlinge. Infektionen durch Bakterien können wir verhältnismäßig leicht mit Antibiotika bekämpfen. Viren hingegen reagieren nicht auf diese Stoffe, so daß der Körper mit einer solchen Infektion selbst fertig werden muß. Einen wirksamen Schutz gegen Viruserkrankungen wie Masern, Mumps und Röteln bieten Impfungen; sie schützen auch vor manchen Bakterieninfektionen.
Viele Krankheiten entstehen, wenn Organe des Körpers nicht richtig arbeiten. Verbreitet ist die Zuckerkrankheit (Diabetes), bei der die Bauchspeicheldrüse ungenügende Mengen des Hormons Insulin herstellt.

△ Auch Pflanzen können krank werden. Diese Weinbeeren sind von einem Schimmelpilz befallen, der sogenannten Edelfäule.

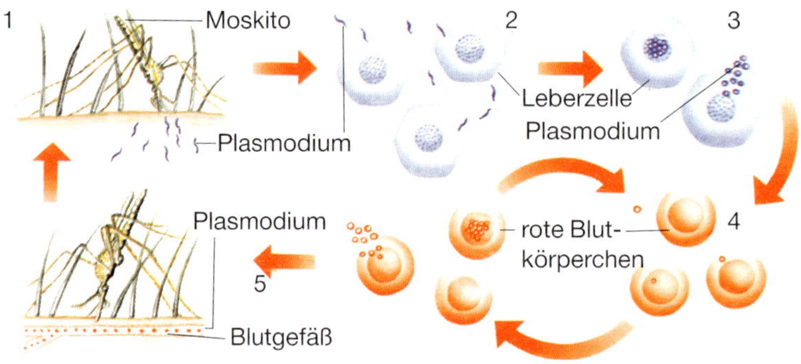

◁ Die Malaria wird vom einzelligen Parasiten Plasmodium ausgelöst. Für die Übertragung sorgen Moskitos **(1)**. Die Plasmodien vermehren sich erst in den Leberzellen **(2)**, gehen dann aber ins Blut über **(3)**. Dort vermehren sie sich weiterhin und lösen regelmäßige Fieberschübe aus **(4)**. Wenn ein Moskito Blut von einem Kranken saugt **(5)** und danach einen gesunden Menschen sticht, kann er die Krankheit weiter übertragen.

Die Pest

Die Pest ist eine sehr schwere Krankheit. Sie wird vom Rattenfloh auf den Menschen übertragen. Im 14. Jahrhundert starb ungefähr ein Viertel der europäischen Bevölkerung an der Pest oder am Schwarzen Tod, wie sie damals hieß.

Krankheit	Symptome	Behandlung
Mandelentzündung (Tonsillitis)	geröteter Hals, geschwollene, eitrige Mandeln	Antibiotika
Zuckerkrankheit (Diabetes)	großer Durst, Sehstörungen, Bewußtlosigkeit	Verabreichen von Insulin
Masern	Erkältung, laufende Nase, Hautausschlag	Impfung zur Vorbeugung
Windpocken	leichtes Fieber, rote Hautflecken, später mit Krusten	keine Behandlung, heilt ab
Fußpilz	Jucken der Haut zwischen den Zehen	Heilmittel gegen Pilze
Röteln	Fieber, Hautausschlag, geschwollene Lymphdrüsen	Impfung zur Vorbeugung

Siehe auch →Antibiotika; →Computertomographie; →Immunsystem; →Impfung; →Infektion; →Krebs; →Viren.

Kreide

In Flachmeeren leben große Mengen einzelliger Algen. Ihre Zellen sind von einer Kalkschale umgeben. Wenn die Algen sterben, sinken die Schalen auf den Meeresboden und bilden tiefgründige Schlämme. Ungefähr die Hälfte aller Tiefseeböden sind von solchen Kalkschlämmen bedeckt. Eine besonders große Ausbreitung hatten sie in der Kreidezeit vor rund 100 Millionen Jahren. Diese Schlämme wurden damals von anderen Gesteinen zugedeckt und gelangten so ins Erdinnere. Dort verfestigten sie sich zu Kreide, einem weißen, krümeligen Gestein. Die Kreide ist eine besonders reine Form des Kalks (Kalziumkarbonat). Die berühmten weißen Kliffs auf der englischen Seite des Ärmelkanals bestehen aus Kreide.

Die Kreidezeit ging vor 65 Millionen Jahren zu Ende. Damals verschwanden auch die Dinosaurier und die Ammoniten von der Erde. Über dieses Massenaussterben wurden viele Vermutungen geäußert. Heute setzt sich die Theorie durch, daß damals ein →Planetoid in Mittelamerika auf die Erde gestürzt sei. Dadurch entstanden ein großer Krater und riesige Staubwolken, die sich über die ganze Atmosphäre verteilten und das Sonnenlicht zurückhielten. In der Folge kühlte die Erde ab; es herrschte jahrelang eine Art Winter. Einen solchen Zusammenprall beweisen Gesteine an der Grenze zwischen der Kreidezeit und dem Tertiär. Sie enthalten nämlich größere Mengen des Metalls Iridium, das vorwiegend in Meteoriten auftritt.

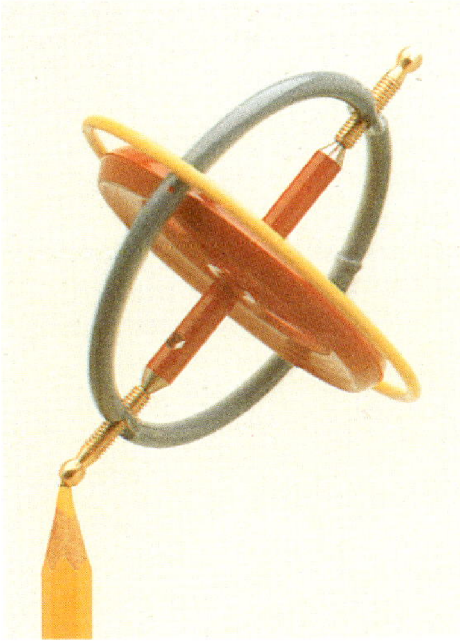

△ Solange sich ein Kreisel schnell genug dreht, kann er auf einer Nadelspitze stehen und fällt nicht um. Kreisel behalten Drehachse, Drehrichtung und Drehgeschwindigkeit bei, wenn auf sie keine Kräfte einwirken.

Kreisel

Kreisel sind Scheiben oder Kugeln, die sich um ihre Achse und um einen festen Punkt drehen. Kreisel haben die Eigenschaft, ihre Drehbewegung und ihre Drehachse beizubehalten. Die →Schwerkraft wirkt auf den Kreisel ein und „versucht“, ihn umzuwerfen. Dem steht eine andere Kraft gegenüber, die

Mach es selbst

Wir können selbst die Auswirkungen der Präzession, also die Veränderung der Drehachse eines Kreisels, anhand eines Fahrrades zeigen. Wir versetzen das Rad in schnelle Drehung. Dann versuchen wir, die Drehachse mit der linken Hand nach unten zu drücken, während wir das rechte Ende der Achse festhalten. Das Rad wird sich um den festen Drehpunkt der Achse in der rechten Hand im rechten Winkel zur Kraft der linken Hand nach links wegdrehen.

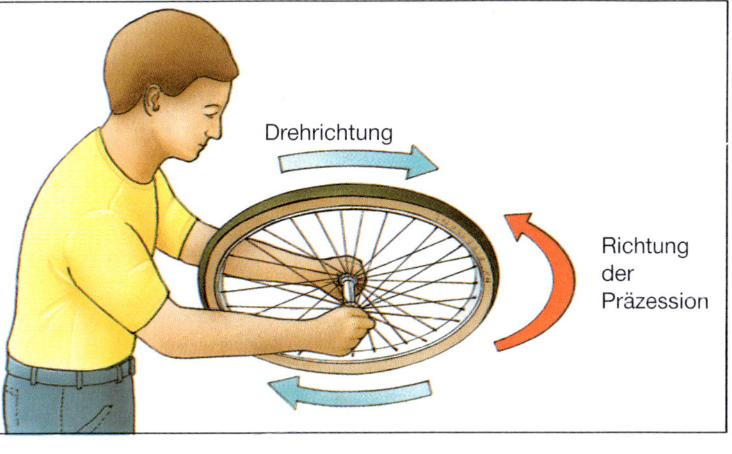

Kreisel

▷ Kreisel bestehen aus einer Scheibe oder einem runden Körper und einer Achse. Der abgebildete Kreisel ist kardanisch aufgehängt und damit nach allen Seiten frei drehbar. Damit behält die Drehachse ihre Lage bei, auch wenn wir das ganze Gerät kippen oder verdrehen. Mit solchen Aufhängungen kann man die Lage von anderen Geräten stabilisieren.

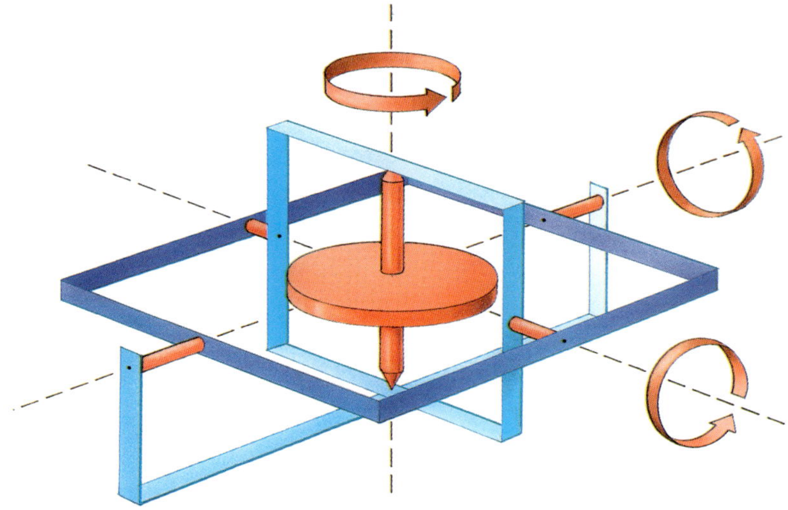

→Präzession. Wir verstehen darunter eine kegelförmige Drehbewegung, welche die Drehachse des Kreisels durchführt. Beim Kinderkreisel können wir die Präzession gut beobachten. Mehr können wir hier aber nicht erklären. Die verschiedenen Kreisel gehören nämlich zum Schwierigsten in der ganzen Physik.
Außer als Spielzeug wird der Kreisel in der Technik vor allem deswegen genutzt, weil er die Richtung seiner Drehachse beibehält. Der Kreiselkompaß reagiert im Gegensatz zum Magnetkompaß nicht auf Veränderungen des →Erdmagnetfeldes (→Kompaß). Er wird auch nicht von großen Eisenmassen abgelenkt. Außer als Kompaß verwendet man Kreisel auch, um die Bewegungen von Schiffen zu stabilisieren: Mit ihrer Hilfe steuert man seitlich angebrachte Stabilisatorruder.

▽ Schiffskreisel steuern mit Hilfe ihrer Präzession Stabilisatoren. Die Schiffe widerstehen dadurch besser dem Angriff der Wellen und rollen nicht so stark.

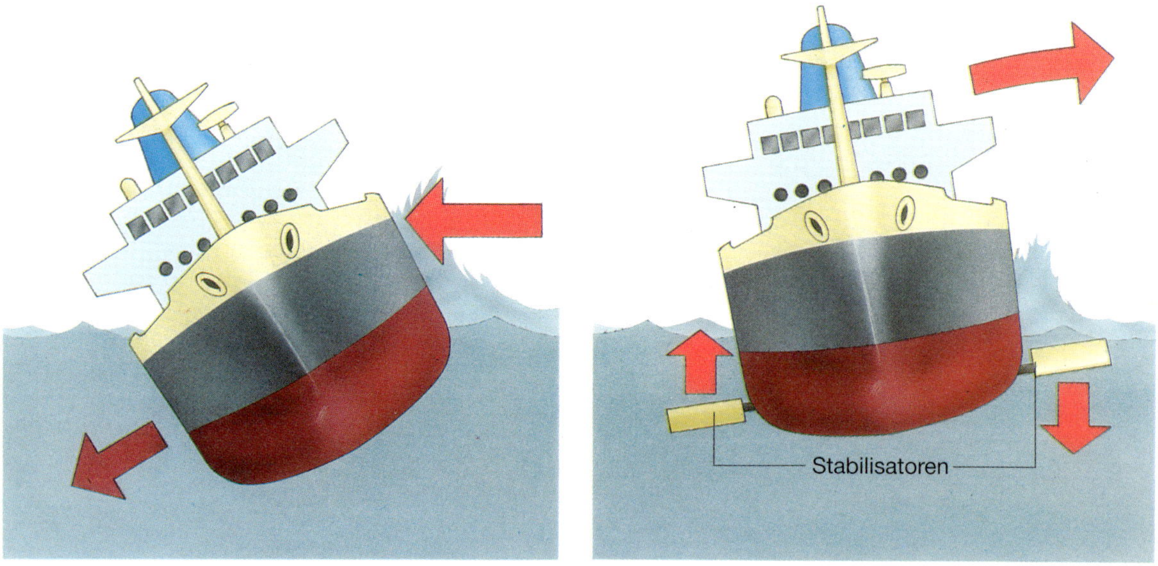

Kreuzung

Bei einer Kreuzung verschmelzen Samen und Eizellen miteinander, die sich in ihren →Genen unterscheiden. Man kann zum Beispiel eine Erbsensorte mit gelben Samen kreuzen mit einer Erbsensorte, die grüne Samen aufweist. Wie die Nachkommen, die wir ebenfalls Kreuzungen oder Hybriden oder Bastarde nennen, aussehen, hängt davon ab, welches Merkmal sich ausprägen kann (dominant) und welches verborgen (rezessiv) bleibt. Vererbt sich Gelb dominant, entstehen nur Erbsen mit gelben Samen. Durch gezielte Kreuzungen versuchen Pflanzen- und Tierzüchter, verschiedene wertvolle Eigenschaften mehrerer Sorten oder Rassen auf eine Sorte oder Rasse zu vereinigen.
In der Umgangssprache verstehen wir unter Kreuzungen die Paarung verschiedener Arten. Wenn bei den Tieren überhaupt Nachkommen entstehen, so sind sie meistens unfruchtbar wie die Maulesel oder Maultiere, die aus der Kreuzung von Pferd und Esel hervorgehen. Im Pflanzenreich hingegen ist es oft möglich, verschiedene Arten miteinander zu kreuzen und dabei fruchtbare Nachkommen zu erhalten. Sehr viele Kulturpflanzen sind aus Kreuzungen hervorgegangen. Die Gartenerdbeere entstand zum Beispiel durch Kreuzung der einheimischen kleinen Walderdbeere mit großfrüchtigen südamerikanischen Erdbeerenarten. Bei den Rosen und anderen Zierpflanzen gibt es Tausende von Sorten, zu denen viele verschiedene Arten ihr Erbgut beigesteuert haben. Bei Orchideen sind sogar Kreuzungen zwischen Gattungen gelungen.

△ Das Pferd ist ein kräftiges Tier, das sehr gutes Futter verlangt. Der Esel ist längst nicht so kräftig, kommt aber mit viel nährstoffärmerem Futter zurecht. Das Maultier verbindet die günstigen Eigenschaften dieser beiden Arten, ist aber selbst unfruchtbar.

Kristalle

Kristalle erkennt man an ihrer regelmäßigen äußeren Gestalt. Sie haben glatte Flächen, die in ganz bestimmten Winkeln aufeinandertreffen. Diese äußere Ordnung der Kristalle entsteht durch eine innere Ordnung: Ihre →Atome, →Ionen oder →Moleküle sind nämlich in einer Gitterstruktur angeordnet, die sich immer wiederholt.

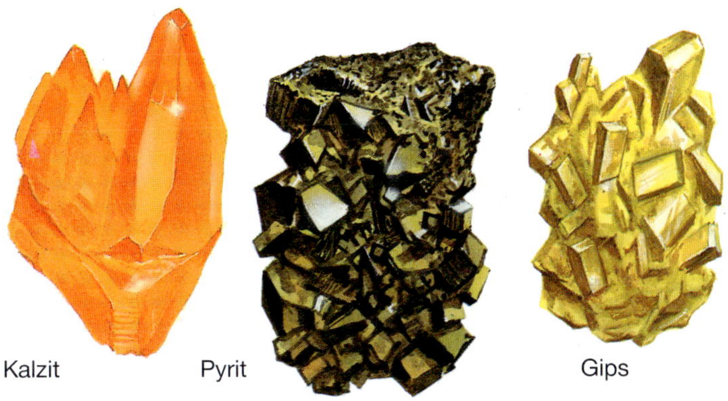

◁ Es gibt über 2000 verschiedene Mineralien, aber nur eine beschränkte Zahl von Kristallformen. Die Wissenschaft von den Kristallformen heißt Kristallographie. Sie selbst ist ein Zweig der Mineralogie.

Mach es selbst

Wir waschen einige alte Gläser und gießen in eines davon etwas heißes Wasser. Wir rühren so viel Kochsalz oder Zucker oder Alaun oder Eisenchlorid hinein, bis sich nichts mehr darin löst. Dann gießen wir die Lösung in ein sauberes Gefäß und lassen es eine Zeitlang stehen. Mit dem Abkühlen werden sich Kristalle bilden. In einem zweiten Gefäß stellen wir erneut eine heiße gesättigte Lösung her. Wir nehmen aus dem ersten einen Kristall heraus, binden ihn an einen Faden und hängen ihn in die neue Lösung. Wir können zusehen, wie der Kristall wächst.

Jeder, der →Mineralien miteinander vergleicht, bemerkt, daß es unterschiedliche Kristallformen gibt. Die Forscher unterscheiden 32 Kristallklassen in sechs Systemen: kubisch, tetragonal, hexagonal, rhombisch, monoklin und triklin. Damit sind alle denkbaren Kristallformen erfaßt. Neue Kristallformen kann man nicht entdecken.

Die →Festkörper haben einen kristallartigen (kristallinen) Aufbau. Oft kann man das von außen nicht leicht erkennen. Das gilt zum Beispiel für die meisten →Metalle und →Gesteine. Festkörper ohne einen strengen inneren Aufbau betrachten wir heute als →Flüssigkeiten. Das Glas zum Beispiel bezeichnen wir als unterkühlte Schmelze, die noch nicht zu einer inneren Ordnung gefunden hat.

Kristalle bilden sich bei verschiedenen Gelegenheiten. Wenn heiße Gesteinsschmelzen wie Lava sich langsam abkühlen können, wachsen Kristalle heran. Es können dabei verschiedene Mineralien auskristallisieren. Ähnliches geschieht, wenn eine →Lösung durch →Verdunstung immer stärker konzentriert wird. An einem bestimmten Punkt wird die Löslichkeit überschritten, und es beginnen sich Kristalle zu bilden. Im täglichen Leben begegnen wir nicht oft Kristallen. Am häufigsten sind sie beim Streu- und beim Kandiszucker, beim Salz, bei Eis und Schnee.

Kugellager

Kugellager verringern die →Reibung zwischen bewegten Teilen. Die Verbindung zwischen den bewegten Teilen besorgen Kugeln, die sich mitdrehen. Damit verringert sich die Berührungsfläche und somit die Reibung. Statt Kugeln kann man auch Rollen nehmen. Fast keine Reibung mehr zeigen die Luftlager: Zwischen die beweglichen Teile wird Preßluft eingeblasen, so daß eine Art →Luftkissen entsteht.

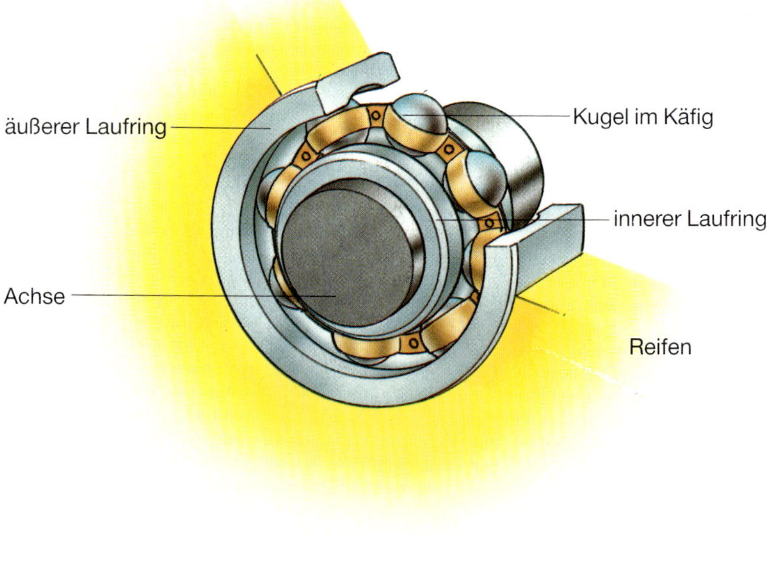

▷ Rollschuhe enthalten Kugellager. Deswegen gleiten sie so leicht. Kugellager haben eine sehr geringe Reibung. In besonderen Fällen kommen sie sogar ohne Schmierstoffe aus.

Kühlschrank

Alle Kühlschränke und Kältemaschinen (→Klimatisierung) nutzen die physikalische Tatsache, daß eine →Flüssigkeit beim Verdampfen Wärme aufnimmt und sie beim →Kondensieren wieder abgibt. Bei den meisten Kühlschränken verdunstet das Kühlmittel in Röhren, die durch die Wände des Tiefkühlfaches ziehen. Die Röhren nehmen dabei Wärme auf und erniedrigen die Innentemperatur. Das Kühlmittel wird gasförmig und fließt dann zu einem elektrisch betriebenen →Kompressor. Er drückt das Gas zusammen, so daß es wieder zu einer →Flüssigkeit wird. Dabei wird die aufgenommene Wärmemenge wieder frei. Die Wärme geben Kühlschränke an die Umgebung ab. Das beliebteste Kühlmittel war bisher das Freon, ein →FCKW. Heute muß das Kühlmittel alter Kühlschränke abgesaugt und gesammelt werden, damit es keinen Schaden in der →Ozonschicht anrichten kann.

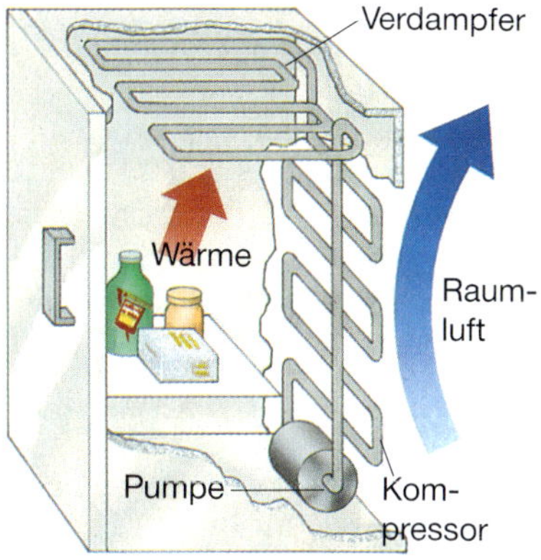

△ Das Kühlmittel des Kühlschranks nimmt Wärme auf und verdampft. Dabei entzieht es dem Innenraum Wärme. Eine Pumpe komprimiert das Gas erneut zu einer Flüssigkeit. Dabei wird Wärme frei, die an die Außenwelt abgegeben wird.

Kunstfasern

Die wichtigsten Naturfasern sind Wolle, Baumwolle und Seide. Sie werden noch heute viel verwendet, oft jedoch zusammen mit künstlich oder synthetisch hergestellten Fasern wie Nylon oder Trevira. Die ersten Kunstfasern wurden zu Beginn unseres Jahrhunderts aus →Zellulose hergestellt. Man löste Holzschliff in einer basischen Lösung und preßte die klebrige Flüssigkeit, die dabei entstand, durch winzige Löcher einer Düse in ein Bad aus →Schwefelsäure. Dabei härteten die Fasern aus. Sie wurden dann zu einem Garn gesponnen und zu Stoffen weiterverarbeitet. Auf diese Weise wird heute noch die Rayonseide produziert.

Die große Zeit der Kunstfasern begann mit der Entdeckung der →Kunststoffe, also synthetischer →Polymere. Eine der ersten vollsynthetischen Fasern war das Nylon, aus dem in den dreißiger Jahren Strümpfe und Fallschirme hergestellt wurden. Die heutigen Kunstfasern sind oft fester als die Naturfasern. Dies gilt besonders für das Kevlar, aus dem man sogar schußfeste Mäntel herstellen kann. Manche Kunstfasern lassen sich leider nur schwer färben. Dafür verrotten sie nicht – das kann ein Vorteil sein, aber auch ein Nachteil, wenn zum Beispiel alte Textilien entsorgt werden müssen.

▽ So stellt man Kunstfasern her: Man preßt sie in gelöster oder geschmolzener Form aus feinen Düsen. Sie erstarren dabei in Form feinster Fäden, die man danach verspinnen muß.

Kunstharze

Als Harze bezeichnen wir zähflüssige, klebrige, meist durchsichtige Stoffe. Jeder kennt das Naturharz, das aus Rindenverletzungen von Bäumen austritt. Kunstharze sind →Kunststoffe, die in ihren Eigenschaften den Naturharzen ähneln. Sie werden oft als →Klebstoffe verwendet.

Heute kann der Computer sorgfältig geschriebene Großbuchstaben und Zahlen erkennen. Dies geschieht zum Beispiel bei den Postleitzahlen und bei Banküberweisungen, die automatisch bearbeitet werden. Ein Laser rastert jedes Zeichen auf und vergleicht das Muster mit bereits bekannten eingespeicherten Mustern. Voraussetzung ist, daß man eine genormte OCR-Schrift verwendet.

künstliche Intelligenz

Von künstlicher Intelligenz sprechen wir dann, wenn ein →Computer Aufgaben übernimmt, die sonst der Mensch dank seiner natürlichen →Intelligenz lösen kann. Ob der Computer dabei eine Intelligenz im menschlichen Sinne entwickelt, bleibt dahingestellt – die Wissenschaftler sind sich hier völlig uneins. Deswegen sollten wir vielleicht statt künstlicher Intelligenz (abgekürzt KI) Expertensysteme sagen. Die Fachleute konzentrieren sich nämlich darauf, daß Computer bestimmte Probleme lösen können. Sie sollen anhand eingegebener Daten Krankheiten erkennen, die Gründe für Betriebsstörungen ausfindig machen, Flugzeuge selbständig fliegen lassen und auch Schach spielen. Natürlich kann der Computer nur das erbringen, was ihm ein Programm vorschreibt. Schon seit längerer Zeit versuchen Spezialisten, dem Computer beizubringen, daß er Formen erkennt. Mit einfachen geometrischen Körpern kommt er schon sehr gut zurecht, doch beim Lesen von Handschriften und beim Erkennen von Gesichtszügen hat er noch sehr große Probleme. Hier sind das menschliche Auge und Gehirn vorderhand unübertroffen. Bei der Spracherkennung wurden einige Fortschritte gemacht. Der Computer erkennt einzelne Wörter oder Sätze wieder, wenn sie ihm schon vorgesprochen wurden. Wir sind aber noch weit davon entfernt, daß der Computer zum Beispiel nach Diktat schreiben kann.

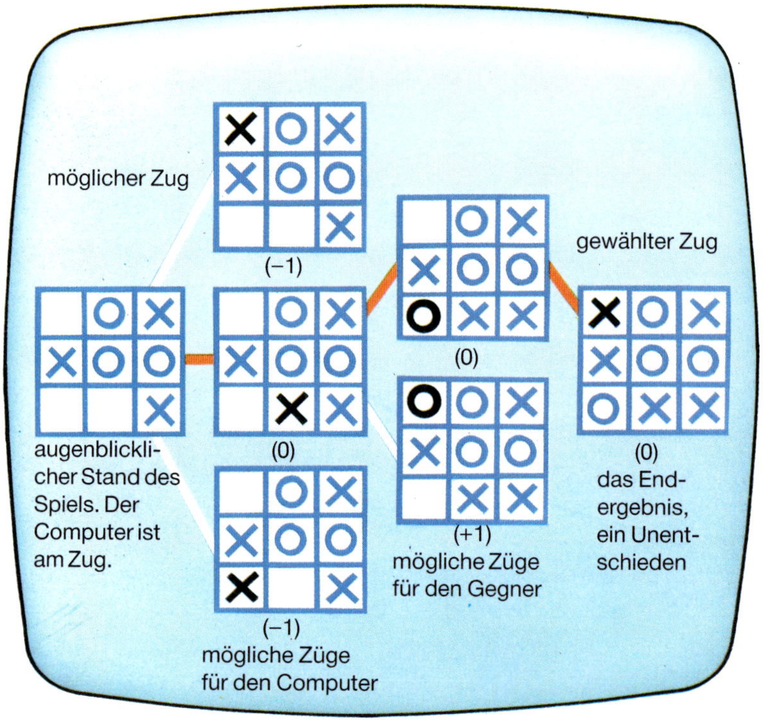

▷ Bei jedem Zug dieses Spiels überlegt sich der Computer, welche Möglichkeiten sich ergeben. Er bewertet jeden Zug: +1 für einen Gewinn, 0 für ein Unentschieden und −1 für einen Verlust. Der Computer wählt dann den Zug, der am meisten Gewinnaussichten verspricht. Beim Schach kann der Computer allerdings nur ungefähr 10 Züge vorausberechnen. Die Anzahl der Möglichkeiten übersteigt sehr schnell seine Rechenkraft.

▽ Dieser Computer testet einen Autopiloten, also ein Gerät, das ein Flugzeug selbständig fliegen kann.

Kunststoffe

Die Kunststoffe haben unsere Welt und unser Leben völlig verändert. Kunststoffe bestehen aus Riesenmolekülen (→Polymere), die sich aus zahlreichen gleichen oder verschiedenen Untereinheiten (Monomere) zusammensetzen. Der erste Kunststoff war das Zelluloid. 1869 stellte es der amerikanische Drucker John W. Hyatt aus Nitrozellulose und Kampfer her. Aus Zelluloid waren vor allem die früheren →Filme. Aber erst in der zweiten Hälfte unseres Jahrhunderts begannen die Kunststoffe ihren Siegeszug. Die jährliche Produktion auf der Erde beträgt viele 10 000 Millionen Tonnen. Weiteres auf den Seiten 276 und 277.

Kupfer

Das Kupfer ist ein braunrotes →chemisches Element. Als ziemlich edles →Metall kommt es in der Natur vereinzelt auch gediegen vor, zum Beispiel als flache oder verästelte Gebilde. Das meiste Kupfer ist jedoch in Erzen enthalten, im Kupferglanz, im Kupferkies und im roten Kupfererz. Als Beimengung tritt Kupfer auch in Blei-, Zink- oder Nickelerzen auf.

Das Kupfer war eines der ersten Metalle, das der Mensch kennen und nutzen lernte. In gediegenem Zustand ist es allerdings zu weich, um für dauerhafte Geräte verarbeitet zu werden. Zusammen mit anderen Metallen ergibt Kupfer jedoch ziemlich harte →Legierungen. Die Bronze, nach der sogar eine Geschichtsepoche benannt ist (Bronzezeit), besteht aus Kupfer und Zinn, das Messing aus Kupfer und Zink.

Reines Kupfer leitet Wärme und elektrischen Strom sehr gut und wird hauptsächlich für Stromleitungen verwendet. Kupfer läßt sich zu dünnen Drähten ziehen oder zu Blechen walzen. Kupferdächer bekommen nach einiger Zeit ein grünes Aussehen. An der Luft überzieht sich Kupfer nämlich mit einer grünen Schicht, der Patina. Eine noch intensivere grüne Farbe zeigen einige Kupfermineralien, zum Beispiel der Malachit oder der giftige Grünspan.

▽ Kupfererze müssen mindestens ein Prozent Kupfer enthalten, damit sich eine Ausbeutung lohnt. Doch zuerst muß man möglichst viel taubes Gestein abtrennen, denn die eigentliche Verhüttung lohnt sich erst bei einem Kupfergehalt von rund 20 Prozent. Die Konzentration geschieht mit Hilfe von fließendem Wasser, durch Flotation. Die Kupfererze werden zerkleinert. Die Bruchstücke gelangen zusammen mit Wasser in eine Kugelmühle, die daraus einen feinen Schlamm herstellt. Man gibt nun Koks und andere chemische Stoffe hinzu und röstet alles im Ofen. Dann folgen weitere Arbeitsgänge zur Reinigung. Schließlich bekommt man Rohkupfer. Die endgültige Reinigung (Raffination) geschieht mit Hilfe der Elektrolyse. Durch elektrischen Strom scheidet sich Kupfer mit einer Reinheit von 99,9 Prozent ab.

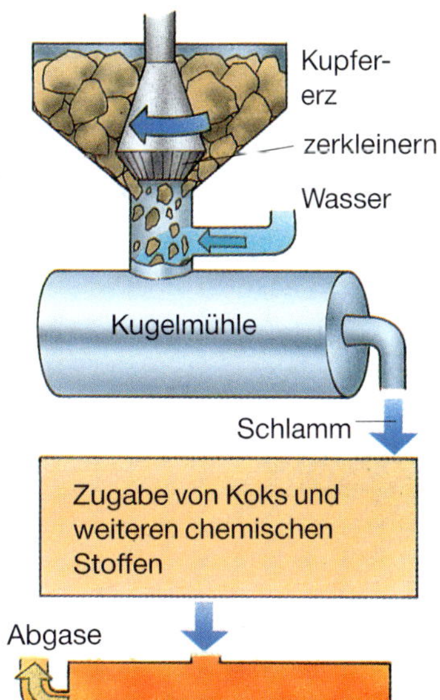

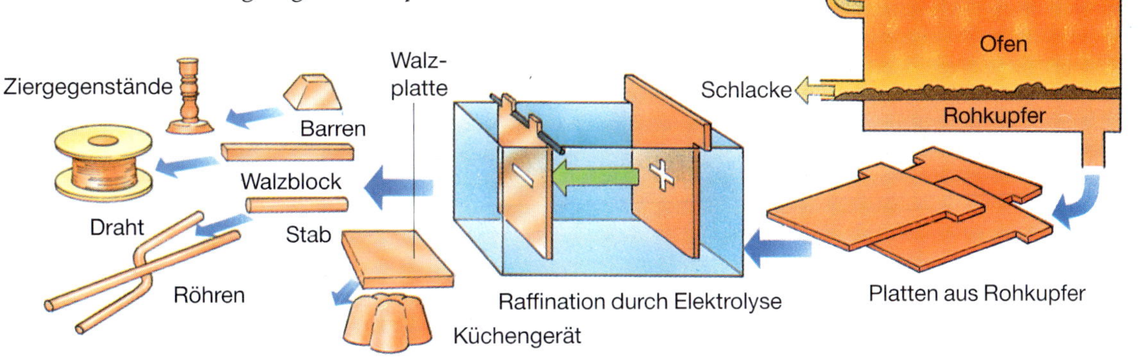

18*

Kunststoffe

Alle Kunststoffe bestehen aus langkettigen riesigen Molekülen, den Polymeren. Wir unterscheiden vor allem zwei Arten von Kunststoffen, die duroplastischen und die thermoplastischen Kunststoffe. Wenn man thermoplastische Kunststoffe erwärmt, werden sie zähflüssig, weil die Riesenmoleküle nicht untereinander vernetzt sind. Thermoplastische Kunststoffe kann man also formen und gießen. Nach dem Abkühlen ist eine weitere Erwärmung und Weiterverarbeitung möglich. Typische Thermoplaste sind Plexiglas (Acrylglas), Polyethylen und Polyvinylchlorid (PVC). Duroplastische Kunststoffe bilden beim Erhärten Verbindungen zwischen den einzelnen Riesenmolekülen aus. Man kann diese Verbindungen mit einem festen Netz vergleichen. Bei einer weiteren Erwärmung werden die Duroplaste nicht wieder weich und können also nicht mehr geformt werden. Duroplastische Werkstoffe sind zum Beispiel Polyurethanschäume, Silikone und vor allem die Kunstharze.
Heute gibt es Hunderte verschiedener Kunststoffe. Manche unter ihnen besitzen Eigenschaften, die natürliche Werkstoffe nicht aufweisen.

Mach es selbst
Wir erhitzen etwas Vollmilch in einem Kochtopf. Wenn sie leicht köchelt, rühren wir langsam einige Teelöffel Essig ein. Wir rühren weiter, bis alles gummiartig wird. Wir können auch etwas Lebensmittelfarbe hinzugeben. Diesen natürlichen Gummi lassen wir abkühlen und waschen ihn anschließend unter fließendem Wasser. Damit haben wir unseren eigenen, etwas klebrigen „Kunststoff“ hergestellt.

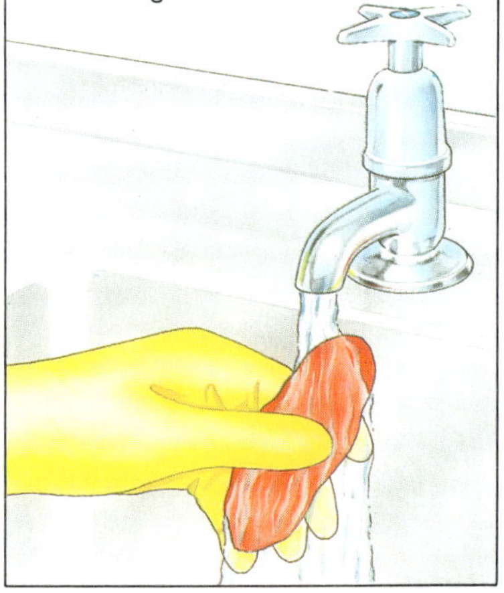

△ Kunststoffe isolieren gut und dienen deswegen als farbige Überzüge für elektrische Leiter. Gleichzeitig sind die verwendeten Kunststoffe genauso biegsam wie ihre Seele aus Metall.

▽ Viele Gebrauchsgegenstände unseres Alltags sind aus Kunststoff, angefangen von den Lebensmitteltüten über Tassen bis zu künstlichen Blumen. In der Umgangssprache sagen wir statt „Kunststoffe“ oft auch Plastik. Aus harten, duroplastischen Kunststoffen stellt man oft die Gehäuse für elektronische Geräte sowie die Schalen von Schutzhelmen her.

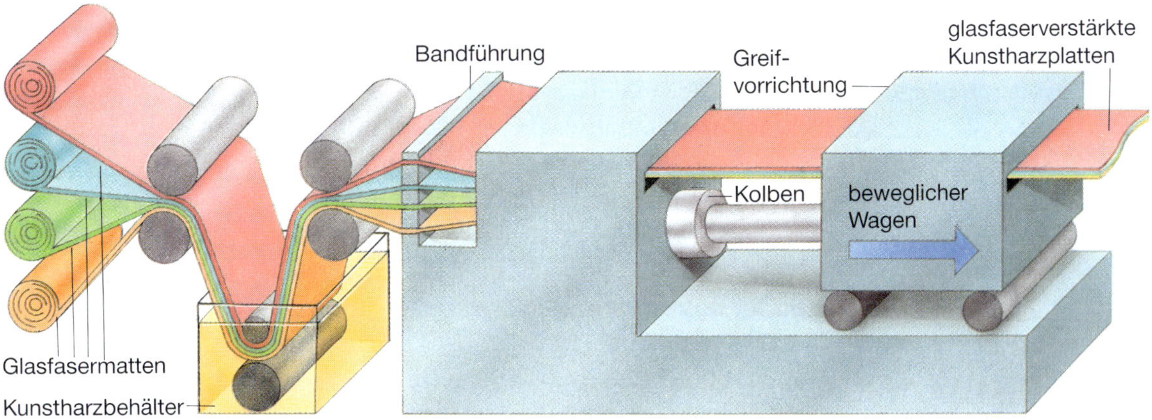

△ Dünne Glasfasermatten kann man mit Kunstharz ausgießen und in einer Presse fest miteinander verbinden. Man erhält dann einen sehr widerstandsfähigen Verbundwerkstoff.

◁ Das Plexiglas (Acrylglas) heißt chemisch Polymethylmethacrylat. Es ist durchsichtig wie Glas, aber viel elastischer und eignet sich deswegen für Squash-Hallen.

▽ Hohlformen aus Kunststoffen gewinnt man entweder durch Tiefziehen (z.B. Eierschachteln) oder durch Blasformen (z.B. Flaschen). Durch Kalandrieren – Auswalzen und Glätten – erhält man dünne Folien.

Tiefziehen **Blasformen** **Kalandrieren**

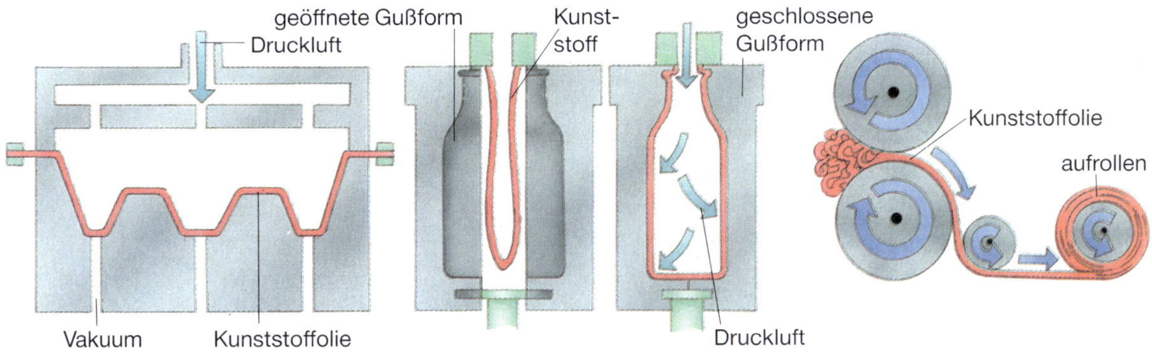

Siehe auch →Erdöl; →extrudieren; →Kunstfasern; →Laminate; →Molekül; →Polymer; →Spritzguß.

Ll

Labor

Im Labor wird wissenschaftlich gearbeitet. Natürlich gibt es ganz verschiedene Labors, zum Beispiel chemische, physikalische, medizinisch-biologische, sogar Schlaflabors, wo Versuchspersonen während des Schlafs überwacht werden.

Die Wissenschaftler führen ihre →Experimente am liebsten in Labors durch, weil sie dort die Bedingungen, unter denen diese Versuche stattfinden, genau kontrollieren können. Gleiche Laborbedingungen lassen sich überall in der Welt herstellen. Auf diese Weise gelingt es auch, Versuche an verschiedenen Orten durchzuführen und dabei überall dieselben Ergebnisse zu erhalten. Wir sagen: Versuche müssen reproduzierbar sein. Ihre Ergebnisse sind wissenschaftlich erst dann gültig, wenn man sie reproduzieren kann.

Ein einfaches chemisches Schullabor enthält Reagenzgläser und Gestelle dazu, ferner Filter, →Bunsenbrenner und vielleicht eine →Zentrifuge. In einem solchen Labor müssen wir einige Vorsichtsmaßnahmen befolgen: Wir legen stets eine Schutzbrille und möglichst auch einen Laborkittel an. Chemische Stoffe werden sicher und verschlossen aufbewahrt. Nach jedem Versuch waschen wir uns die Hände. Im Labor wird nicht gegessen und nicht getrunken.

Mach es selbst

Wir können auch zu Hause einfache Versuche (siehe Seite 5) durchführen und uns dazu eine Laborausrüstung aus alltäglichen Gegenständen zusammenstellen. Einen Filter bauen wir uns aus dem obersten Abschnitt einer Kunststoffflasche. Als Filter selbst nehmen wir einen Kaffeefilter. Heiße Reagenzgläser fassen wir nicht mit der Hand an, sondern mit einem Reagenzglashalter, den wir uns aus einer Wäscheklammer und einem Holzstiel basteln. Reagenzgläser erwärmen wir entweder in einem Wasserbad oder über einem Kerzenlicht bzw. einem Teelicht. Dieses legen wir in eine Sandschicht. Mit zwei Backsteinen und einem Metallgitter bauen wir uns einen kleinen Herd. Zum Erhitzen dürfen wir nur hitzefeste Gefäße verwenden. Ein Reagenzglasgestell basteln wir uns aus einem alten, festen Schuhkarton. Kleine Flüssigkeitsmengen messen wir mit einem Tropfenzähler von einer alten Medikamentenflasche.

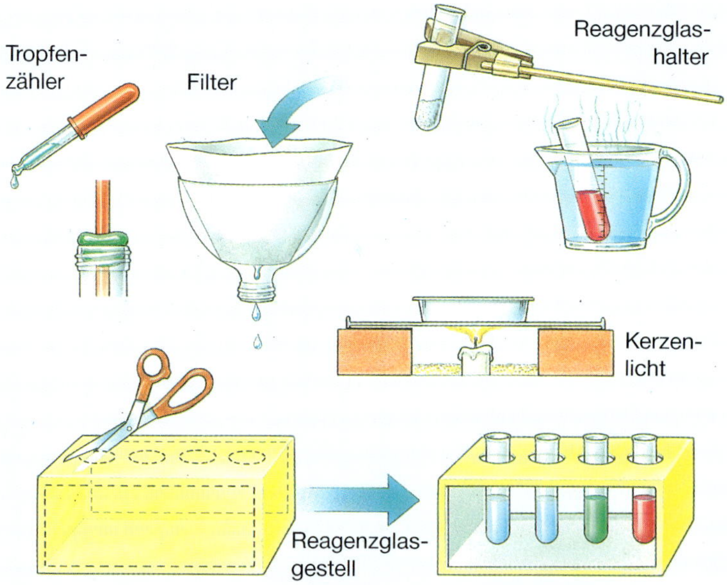

Laminat

Wenn wir zwei Schichten unterschiedlicher →Werkstoffe miteinander verbinden, erhalten wir ein Laminat oder einen Schichtstoff. Der Vorteil eines solchen Verbundwerkstoffs besteht darin, daß sich die Eigenschaften der beiden Bestandteile ergänzen. Meistens werden die beiden Stoffe unter Druck verklebt, zum Beispiel Holz und Metall oder Holz und Kunststoff. Auch Sperrholz ist ein Laminat.

Landschaftsformen

Die →Geologie untersucht, wie die verschiedenen Landschaftsformen, zum Beispiel Täler, Berge, Wüsten, Ebenen und Küsten, entstanden sind und auch heute noch entstehen. Weiteres dazu auf den Seiten 280 und 281.

Landwirtschaft

Die frühen Menschen lebten als Jäger und Sammler: Sie sammelten ein, was die Natur ihnen gerade bot. Vor ungefähr 10000 Jahren gingen die Menschen jedoch dazu über, die Tiere, die sie zuvor gejagt hatten, als Haustiere zu halten und selbst zu züchten. Sie bauten auch die ersten Pflanzen an. Das war der Beginn der Landwirtschaft. Den Übergang vom Jäger und Sammler zum Bauern bezeichnen wir als neolithische Revolution. Weiteres über die Landwirtschaft auf Seite 282.

Längen- und Breitengrad

Jeder Ort auf der Erde liegt auf einer bestimmten geographischen Länge und einer bestimmten geographischen Breite. Damit ist seine Lage eindeutig bestimmt. Die Breite ist die Entfernung vom Äquator, ausgedrückt als Winkel. Der Äquator hat die geographische Breite 0°. Der Nordpol liegt auf 90° nördlicher Breite, der Südpol auf 90° südlicher Breite. Je höher der Breitengrad, um so näher befinden sich die betreffenden Orte dem Nordpol beziehungsweise dem Südpol. Karlsruhe zum Beispiel befindet sich auf 49° nördlicher Breite (n. Br.), Athen auf 38° n. Br.

Senkrecht zu den Breitenkreisen stehen die Längenkreise oder Meridiane. Es sind Kreise, die durch den Nordpol und den Südpol verlaufen. Sie verbinden alle Orte mit gleicher geographischer Länge. Der Nullmeridian verläuft durch Greenwich bei London. Alle Orte, die genau nördlich oder südlich von Greenwich liegen, liegen also auf diesem Nullmeridian. Bei Orten, die auf Meridianen östlich davon liegen, spricht man von östlicher Länge (ö. L.), bei westlich gelegenen Orten von westlicher Länge (w. L.). Bei 180° treffen sich die beiden Richtungen auf der anderen Seite der Erde.

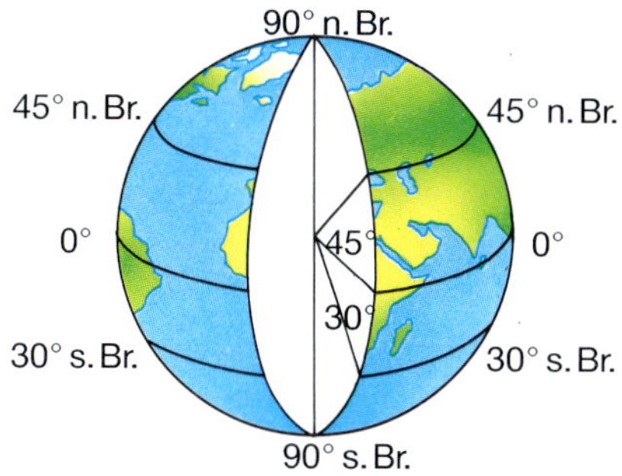

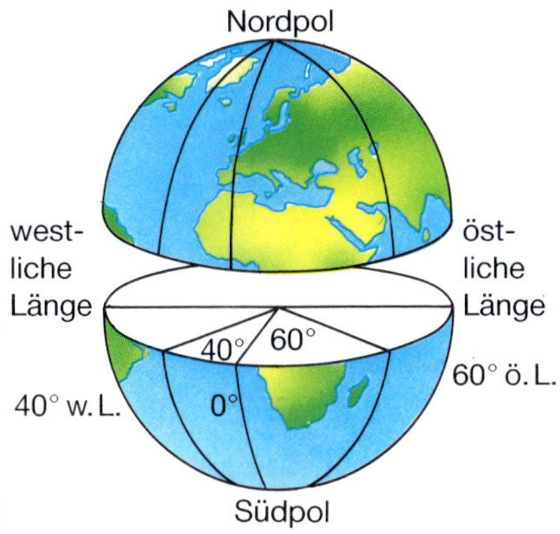

△ Die Breitengrade unterteilen die Erde in Scheiben parallel zum Äquator. Die Längenkreise hingegen verlaufen von Norden nach Süden. Der nullte Längenkreis (0°) verläuft durch Greenwich bei London.

▽ Jeder Punkt der Erdoberfläche läßt sich durch seinen Längen- und Breitengrad bestimmen. Einige Werte: Rio de Janeiro 23° s. Br., 43° w. L.; Dakar 14° n. Br., 17° w. L.; London 51° n. Br., 0° L.

Landschaftsformen

Über die Formen einer Landschaft bestimmen vor allem die vorhandenen Gesteine. Ein altes, hartes Gestein leistet der Verwitterung und Abtragung zum Beispiel viel mehr Widerstand als ein junger, weicher Lehm. Folglich bleiben solche harten Gesteine als Hügel oder Gebirge stehen, während sich Tone und Lehme eher in den Talböden und Ebenen ansammeln. Ein zweiter wichtiger Faktor für die Gestaltung einer Landschaft sind die Bewegungen der Erdkruste. Der Sattel einer Falte wird dabei zu einem Gebirge, die Mulde zu einem Tal.

Wichtig für die Gestaltung der Landschaft ist auch das Klima. Es bestimmt nämlich zusammen mit dem Gestein auch über den Bodentyp, der sich herausbildet. Das Klima bestimmt auch, welche Pflanzen an einem Ort wachsen können. Diese drei Faktoren prägen ebenfalls das Aussehen einer Landschaft. Eine Wüste mit großen Temperaturunterschieden zwischen Tag und Nacht und mit spärlicher Pflanzendecke unterscheidet sich beispielsweise deutlich von einem tropischen Regenwald oder von einer Tundrenlandschaft in der Nähe eines Gletschers.

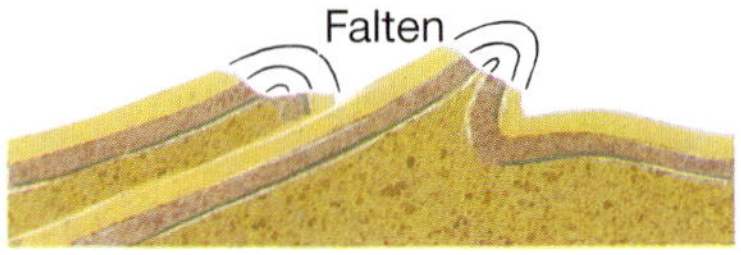

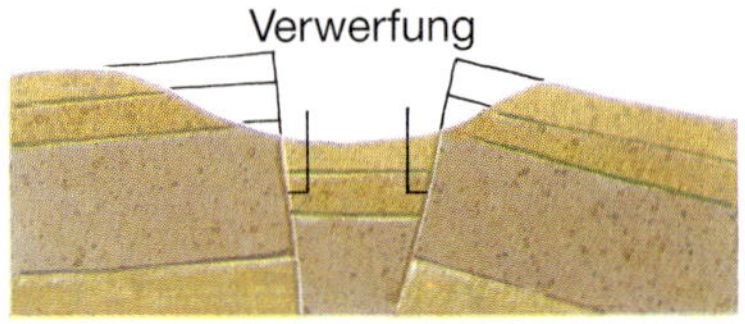

△ Die Falten und Verwerfungen der Erdoberfläche werden schon seit vielen Jahrmillionen abgetragen.

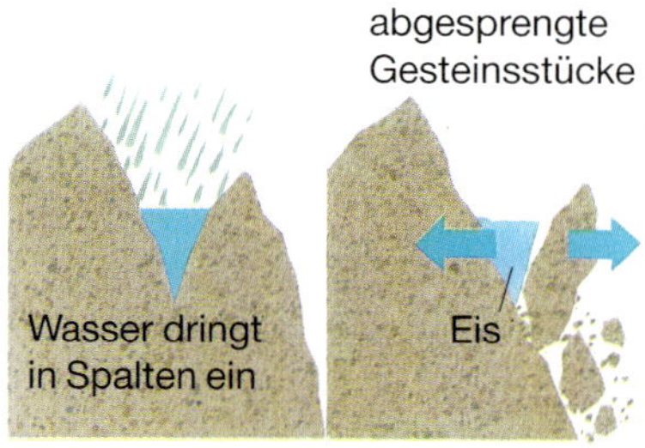

△ In nördlichen Gebieten ist der Frost einer der Hauptfaktoren der Verwitterung. Regenwasser dringt in Spalten ein, dehnt sich beim Gefrieren aus und sprengt das Gestein.

◁ Zwei inselartige Restberge geben noch eine Vorstellung davon, wie früher die Landschaft in Monument Valley in Arizona ausgesehen haben mag.

▽ Durch Faltung der Erdkruste entstehen Hügel (Antiklinale) und Täler (Synklinale). Reißt eine Decke ab, so kommt es zu einer Überschiebung.

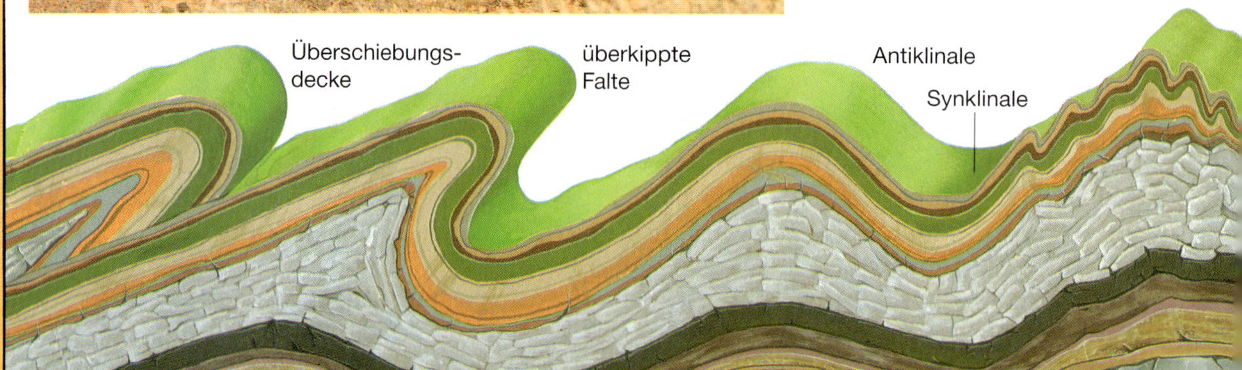

Mach es selbst

Wir können mit Hilfe bunter Platten aus Modelliermasse selber feststellen, wie sich Auffaltung und Verwerfung auswirken. Wenn wir beide Enden einer Platte gegeneinander drücken, entsteht eine Falte. Wenn wir schräge Schnitte setzen und die äußeren Teile auseinanderziehen, entsteht eine Verwerfung. Im Inneren liegt ein tektonischer Graben. Er ist umgeben von zwei Horsten.

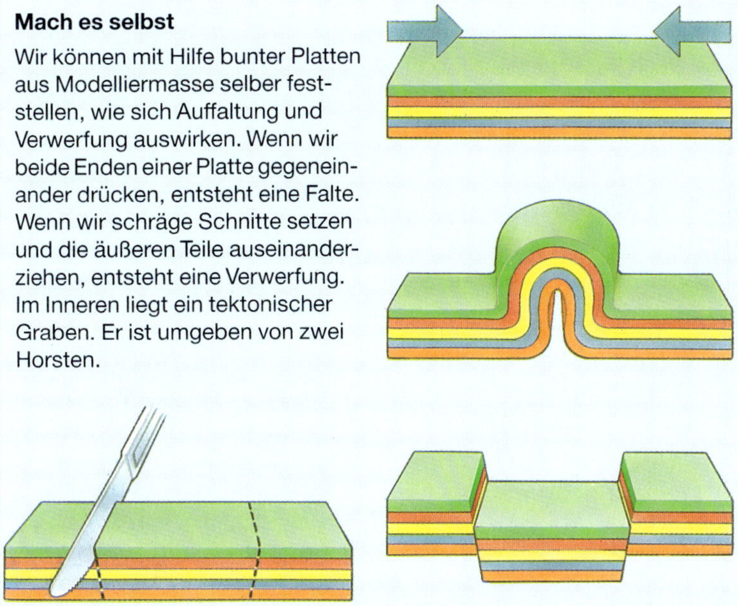

△ Das große Rifttal zieht quer durch Ostafrika und ist ungefähr 40 km breit und 1 km tief. In vielen Millionen Jahren wird an dieser Stelle ein Ozean sein.

▷ Die Badlands („schlechtes Land") in Süddakota (USA) wurden zum Nationalpark erklärt. Sie entstanden durch Abtragung. Die Badlands zeigen alle Kennzeichen einer Erosion.

▽ Wenn die Erdkruste durch seitlichen Druck verformt wird, entstehen Falten. Wenn die Gesteinsschichten reißen, sprechen wir von Verwerfungen. Es kommt dann vor, daß zwei Horste einen tektonischen Graben begrenzen. Beide Landschaftsformen erkennt man an ihrer ziemlich ebenen Oberfläche.

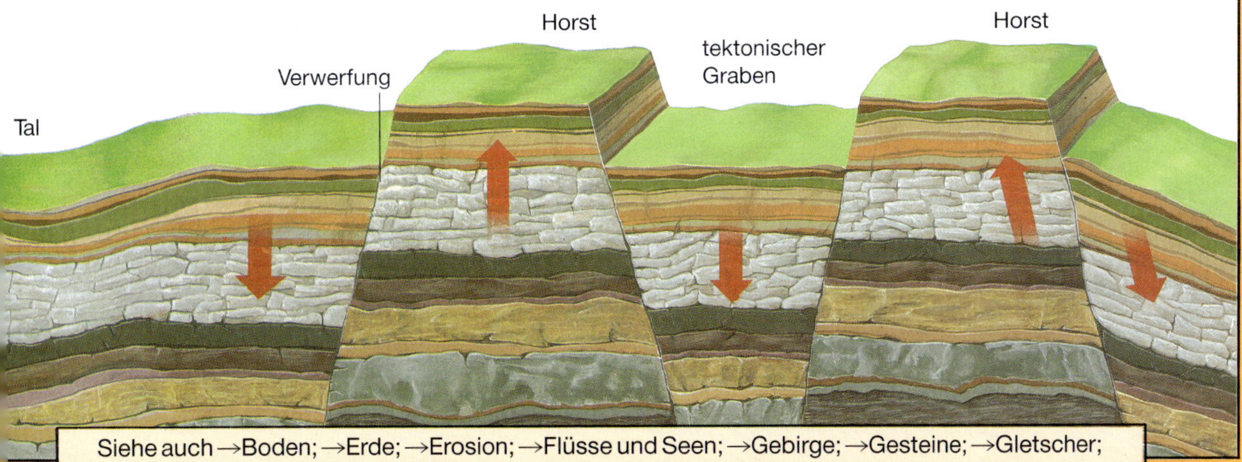

Siehe auch →Boden; →Erde; →Erosion; →Flüsse und Seen; →Gebirge; →Gesteine; →Gletscher; →Verwitterung und Abtragung; →Wüste.

Landwirtschaft

Die Landwirtschaft ist der größte und wichtigste Erwerbszweig der Welt. Sie produziert heute über 95 Prozent aller Nahrungsmittel der Erde und dazu noch die Naturfasern für Textilien. Fast die Hälfte aller Berufstätigen arbeitet in der Landwirtschaft. Sie umfaßt vor allem Pflanzenbau und Viehzucht. Schafe und Ziegen waren die ersten Tiere, die gezüchtet wurden. Heute ist jedoch das Rind das wichtigste Tier der Viehwirtschaft. Auf der ganzen Welt gibt es über zwölf Milliarden Rinder, also ungefähr zwei pro Kopf der Bevölkerung. Die Rinder versorgen uns mit Fleisch, Milch und Milchprodukten sowie Leder. In einigen Ländern ziehen sie auch noch Wagen und Pflüge. In den letzten hundert Jahren hat die Landwirtschaft ungeheure Fortschritte gemacht: Sie wurde mechanisiert, und Arbeiten, die früher Menschen erledigten, übernehmen heute Traktoren und andere Maschinen. Heute steht die Landwirtschaft vor einer neuen Revolution durch die Gentechnologie.

Gärtner bilden sehr oft Klone ihrer Pflanzen: Sie schneiden einen Zweig oder Sproß ab, stecken ihn zum Wurzelziehen in Wasser und erhalten aus diesem Ableger eine neue Pflanze.
Die Biotechnologen sind beim Klonen von Pflanzen noch viel weiter gegangen. Sie zerkleinern Pflanzen auf das Kleinstmögliche, nämlich in einzelne Zellen, und stellen aus diesen Zellen wieder neue Pflanzen her. Die Methode ist im Prinzip ganz einfach: Ein kleines Stückchen Pflanzengewebe behandelt man mit Enzymen. Sie lösen die Zellulose auf, welche die einzelnen Zellen zusammenhält. Schließlich erhalten die Wissenschaftler eine Lösung mit Tausenden einzelner Pflanzenzellen. Diese wachsen auf Nährböden zu kleinen ganzen Pflanzen heran.

▽ Ungefähr ein Drittel der gesamten Festlandsfläche der Erde wird landwirtschaftlich genutzt. Ein Drittel davon dient dem Anbau von Pflanzen.

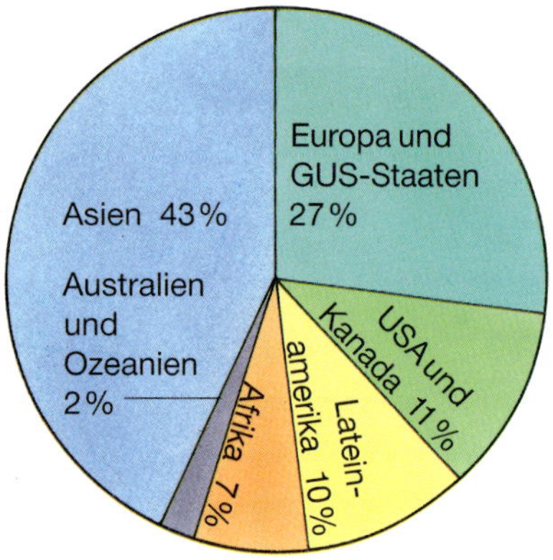

△ Gärtner können die Umweltbedingungen in Treibhäusern genau kontrollieren.

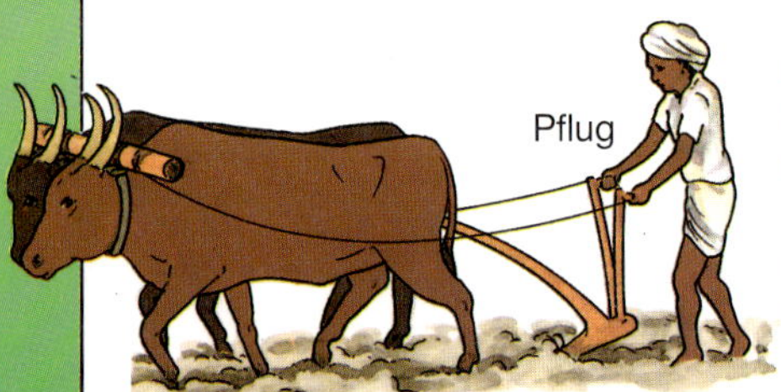

◁ In vielen Ländern der Erde wird die Landwirtschaft noch heute so betrieben wie vor 200 Jahren bei uns. Sie bietet dort vielen Menschen Arbeit.

▷ Landwirtschaftliche Maschinen können viele Arbeitsgänge auf einmal erledigen und sparen dadurch Arbeitskräfte ein.

Erntemaschine für Rosenkohl

Siehe auch →Düngemittel; →Gentechnologie; →Getreide; →Hydrokultur; →Klon; →Pestizide; →Züchtung.

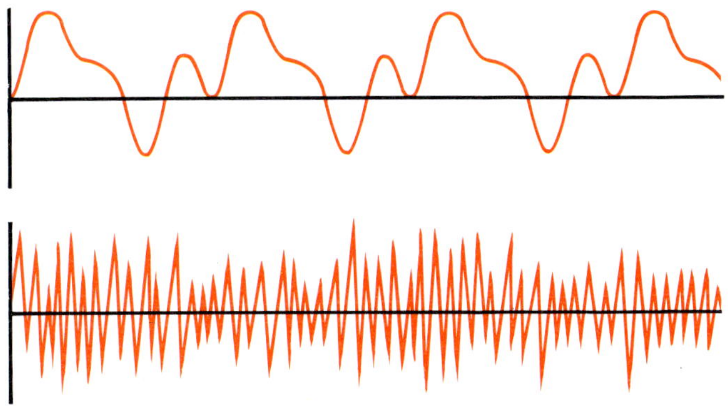

◁ Die Aufzeichnungen des Oszilloskops führen uns den Unterschied zwischen Musik und Geräusch deutlich vor Augen. Die Schallwellen der Musik sind harmonisch und sinusförmig, die des Geräusches zackig und abgehackt. Die Lautstärke messen wir in Dezibel. Dauernder Lärm macht uns krank. Er erhöht den Blutdruck, macht uns reizbar und kann zu Gehörschäden und am Ende zu Erkrankungen des Magens und des Herzens führen.

Lärm

„Musik wird oft nicht schön gefunden, weil sie stets mit Geräusch verbunden", sagte Wilhelm Busch in einer seiner Bilderbogengeschichten. Hier irrte der Dichter. Musik und Geräusch sind zwei verschiedene Dinge. Beide haben zwar mit →Schall zu tun, doch wenn man die Schallwellen von Musik und Geräusch in einem →Oszilloskop aufzeichnet, so zeigt sich ein deutlicher Unterschied. Musik ist aus harmonischen, sinusförmigen Schwingungen zusammengesetzt, während diese beim Geräusch zackig und abgehackt erscheinen. Lärm ist Geräusch, das wir als störend empfinden.

Larve

Larven sind Jugendformen von Tieren, die sich in ihrer Gestalt von den erwachsenen Tieren stark unterscheiden. Katzen und überhaupt alle Säuger haben keine Larven, denn junge Kätzchen sehen den erwachsenen Tieren schon sehr ähnlich. Die Amphibien hingegen haben ein Larvenstadium, die Kaulquappe. Die Kaulquappe lebt im Wasser, atmet mit Kiemen, hat keine Beine und sieht ganz anders aus als der Frosch, der mit Lungen atmet und vier Gliedmaßen hat.

Die Hauptaufgabe der Larven besteht im Fressen, denn sie sollen möglichst schnell erwachsen werden. Die Larven der meisten Insekten fressen etwas anderes als die erwachsenen Tiere. Die Zoologen nehmen an, daß dies in der Evolution von großem Vorteil war, weil sich die Larven und die erwachsenen Tiere damit keine Konkurrenz machen. Wir sagen: Sie nutzen ganz andere Ressourcen.

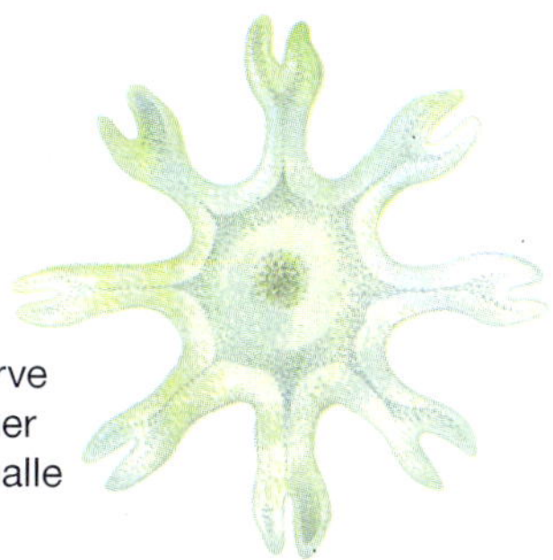

Larve einer Qualle

Raupe des Schwalbenschwanzes

Fliegenmade

◁ Vor allem die Insekten haben Larven. Bei den Schmetterlingen nennen wir sie Raupen, bei den Fliegen Maden, beim Maikäfer Engerlinge. Der Übergang vom Larvenstadium zum erwachsenen Tier, die Metamorphose, kann allmählich vor sich gehen wie bei den Heuschrecken. Schmetterlinge, Fliegen und Käfer schalten zwischen dem Larvenstadium und dem erwachsenen Tier jedoch ein Ruhestadium ein, die Puppe. Diese Art der Metamorphose nennen wir vollkommen. Bei den Schmetterlingen verläuft also die gesamte Entwicklung folgendermaßen: Ei – Raupe – Puppe – erwachsenes Tier.

Laser

▷ Laser verstärken Licht, das von außen eingestrahlt wird. Das Herz des Lasers besteht aus einem Kristall oder einem Gas in einem länglichen Behälter. An dessen beiden Enden befinden sich zwei Spiegel, von denen der eine Strahlung teilweise durchläßt. Zwischen den beiden Spiegeln wird der Laserstrahl hin und her reflektiert. Dabei wird er verstärkt; ein Teil der Strahlung tritt ständig durch den zweiten Spiegel aus. Der Laser erzeugt Licht von nur einer Wellenlänge. Die Lichtstrahlen schwingen dabei in Phase. Wir nennen sie deswegen kohärent.

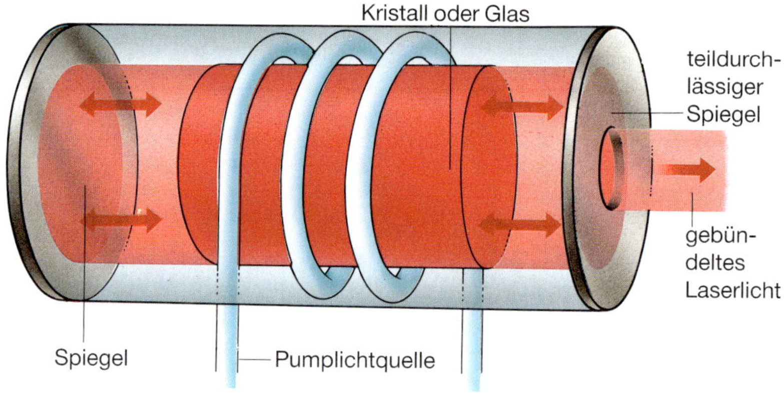

Laser

Ein Laser erzeugt ein stark gebündeltes, einfarbiges Licht. Laser (sprich: lehser) ist das englische Kurzwort für „light amplification by stimulated emission of radiation". Das heißt übersetzt: Lichtverstärkung durch erzwungene Abgabe von Strahlung. Und es bedeutet folgendes: Wenn ein Atom eine gewisse Lichtmenge, ein →Photon, aufnimmt, so wird dieses Atom, wie wir sagen, angeregt. Im Normalfall strahlt das Atom das Photon von sich aus sofort wieder ab. Beim Laser wird diese Lichtabgabe nun erzwungen: Man läßt Strahlung gleicher Wellenlänge auf die Atome einwirken. Das bewirkt, daß die angeregten Atome genau gleichzeitig Licht abgeben. Die Lichtstrahlen schwingen dabei alle in der gleichen Phase; wir nennen sie auch kohärent.

Heute gibt es sehr viele unterschiedliche Anwendungsgebiete für den Laser. Seitdem man gelernt hat, viele Atome in angeregtem Zustand zu halten, bis man die gemeinsame Abstrahlung „abruft", gibt es äußerst energiereiche Laser. Mit solchen Geräten kann man zum Beispiel Beton schneiden und Stahl verschweißen. Mit Lasern viel geringerer Energie führen Augenärzte sehr feine Operationen durch. Der Laserdrucker, der an den Computer angeschlossen ist, erzeugt die Schriftzeichen mit einem feinen Laserstrahl.

▷ Mit einem Laserstrahl überprüfen Ingenieure, ob der Tunnel, den sie bauen, völlig gerade ist. Laserlicht bleibt auch über weite Entfernungen hin scharf gebündelt und bildet keinen Lichtkegel wie normales Licht.

latente Wärme

Wenn wir Eis erwärmen, schmilzt es bei 0 °C und verwandelt sich in flüssiges Wasser. Bis alles Eis zu Wasser geworden ist, müssen wir noch eine gewisse Zeitspanne weiterheizen. Die Temperatur bleibt während dieser Zeit immer gleich, nämlich 0 °C. Die aufgewendete Wärmeenergie wird dazu gebraucht, um das Eis in den flüssigen →Aggregatzustand zu überführen. Wir bezeichnen sie als latente Wärme oder in diesem Fall als Schmelzwärme. Latente Wärme ist auch notwendig, um eine Flüssigkeit in den gasförmigen Zustand zu überführen (Verdampfungswärme). Beim umgekehrten Übergang vom gasförmigen in den flüssigen und vom flüssigen in den festen Zustand wird diese latente Wärme wieder frei. Wenn Bauern ihre Obstkulturen zum Schutz vor Frost beregnen, nutzen sie die latente Wärme. Sie entsteht, wenn das versprühte Wasser gefriert.

▽ Die drei Aggregatzustände fest, flüssig und gasförmig bezeichnet der Physiker auch als Phasen. Beim Phasenübergang von fest zu flüssig und von flüssig zu gasförmig nimmt ein Stoff Wärmeenergie auf, ohne seine Temperatur zu verändern. Diese Energie heißt auch latente Energie, weil sie „verborgen" („latent") in dem betreffenden Stoff steckt. Beim umgekehrten Phasenübergang wird sie wieder frei.

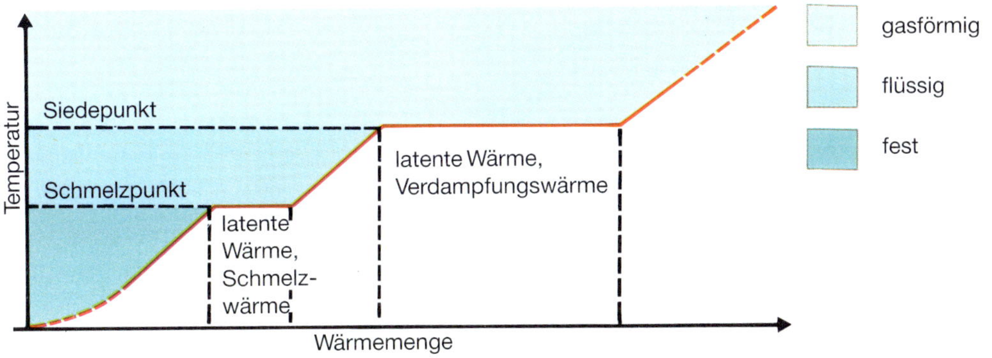

Lautsprecher

Der Lautsprecher wandelt elektrische Signale in →Schallwellen um. Im →Rundfunkgerät, beim →Fernsehen und in →Hi-Fi-Systemen liegen die Schallwellen in „verschlüsselter" (→analoger) Form als elektrische Schwingungen vor. Sie werden einer Spule im Innern des Lautsprechers zugeführt. Die wechselnden elektrischen Ströme erzeugen dort ein ebenfalls wechselndes Magnetfeld. Dieses wirkt mit einem Magneten im Lautsprecher so zusammen, daß eine Membran an der Spule zu schwingen beginnt. Dabei werden hörbare Schallwellen erzeugt, die den ursprünglichen Schallwellen entsprechen. Kein Lautsprecher kann aber alle hörbaren Schallwellen gleichmäßig wiedergeben. Deswegen baut man mehrere Lautsprecher für tiefe und hohe Töne zu einer Kombination zusammen. Zwei Lautsprecheranlagen braucht man auch für →Stereoaufnahmen.
Siehe auch →Mikrofon.

▽ Der Lautsprecher wandelt elektrische Schwingungen in akustische um. Im Inneren hat er eine Spule und einen Magneten. Die elektrischen Schwingungen bauen ein Magnetfeld auf und bringen die Membran zum Schwingen, die mit der Spule verbunden ist. Die Lautsprechermembran bringt ihrerseits die Luft zum Schwingen und erzeugt dadurch Töne.

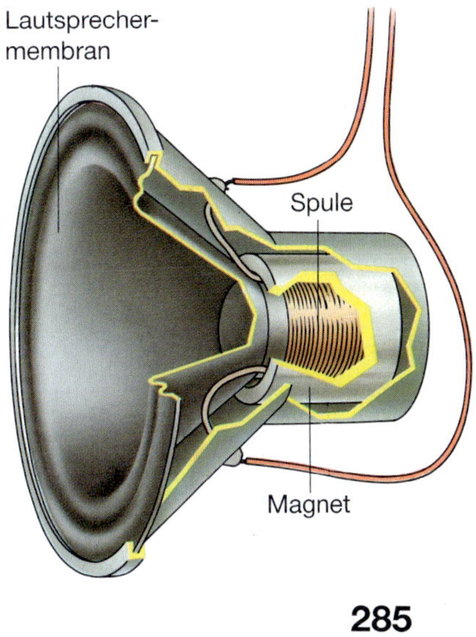

Vulkane geben nicht nur flüssige Lava ab. Bei Eruptionen werfen sie auch zertrümmertes, heißes Material in die Luft, zum Beispiel feine Sande oder Asche oder bis über einen Meter große Bomben. Diese sind beim Auswurf noch ziemlich flüssig. Bei ihrem Flug durch die Luft drehen sie sich und erstarren schließlich in Form einer Kugel oder eines Eies. Bimsstein besteht aus kleinen Bomben mit sehr hohem Gasgehalt. Deswegen schwimmt Bimsstein auf dem Wasser.

Mach es selbst

Flüssiges Wachs verhält sich ganz ähnlich wie Lava. Wenn wir eine Kerze für eine Stunde in die Sonne legen, wird sie wachsweich und ist dann zähflüssiger Lava vergleichbar. Erhitzen wir das Wachs noch mehr, zum Beispiel durch eine Kerzenflamme, so fließt es wie dünnflüssige Lava und erstarrt auch ähnlich wie Seil- oder Fladenlava.

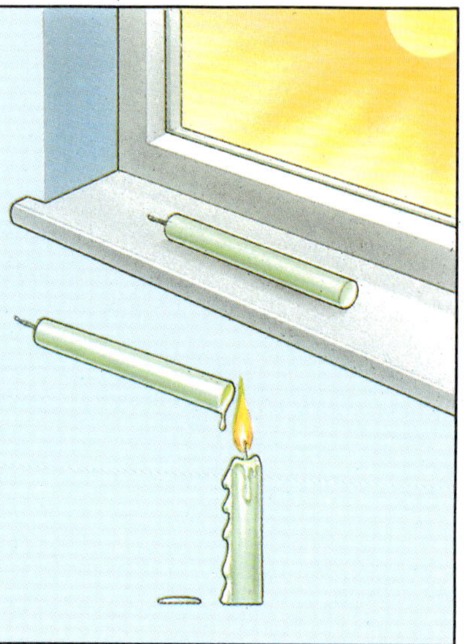

Lava

Das geschmolzene Gestein, das aus →Vulkankratern ausfließt, heißt mit einem süditalienischen Wort Lava. Es kann kilometerlange Ströme bilden. Manche Laven sind so dünnflüssig, daß sie wie eine Soße fließen und die gesamte Umgebung bedrohen. 1961 mußten zum Beispiel die Bewohner der Atlantikinsel Tristan da Cunha ihre Heimat Hals über Kopf verlassen, weil sie von schnellfließenden Lavaströmen bedroht waren.

Je nach der chemischen Zusammensetzung und vor allem dem Gasgehalt zeigt Lava ganz unterschiedliche Eigenschaften. Dünnflüssige Lava zum Beispiel sieht erstarrt fast wie Glas aus oder bildet wulstige, seil- oder strickähnliche Formen. Wir sprechen dann von Fladen- oder Seillava. Die Aa-Lava hingegen ist in rauhe Blöcke aufgelöst. Die Oberfläche dieser Lava kühlt verhältnismäßig schnell aus, doch unter diesem Panzer fließt die Lava weiter talwärts. Die fast schon erstarrte Kruste wird dann unter dem Druck des Lavastromes buchstäblich in einzelne Blöcke zerrissen. Viele Vulkane stehen nahe am Meer, so daß Lavaströme auch ins Wasser fließen. Durch den Kontakt mit dem kalten Wasser kühlt die Oberfläche schnell aus, wird hart und bildet Risse. Durch diese Risse dringt wiederum Wasser ein und bringt die nächste Lavaschicht zum Erstarren. Das geht so weiter, bis sich ungefähr einen Meter große „Kissen“ mit zwiebelschalenartigem Aufbau gebildet haben.

Wenn die Lava ausströmt, hat sie eine Temperatur von 1000 °C bis 1300 °C. Von ungefähr 800 °C an erstarrt sie. Wenn sie langsam auskühlt, können sich regelmäßige, sechseckige Basaltsäulen bilden.

▽ Lava kommt aus dem Erdinneren mit Temperaturen zwischen 1000 °C und 1300 °C. Vor dem Ausfließen spricht der Geologe auch von Magma. Lavaströme können weit über zehn Kilometer lang werden. Je weiter sie aber vom Krater entfernt sind, desto eher kühlen sie ab und erstarren. Im Bild ist eine sehr dünnflüssige Fladenlava zu sehen.

Leber

Die Leber ist die größte →Drüse des Körpers. Sie wiegt ungefähr 1,5 Kilogramm und liegt genau unterhalb der Rippen rechts im Oberbauch. Sie ist dunkelrot und abgeflacht. Die Leber hat eine doppelte Blutversorgung: Die Leberarterie bringt sauerstoffreiches Blut heran. Die Pfortader führt direkt vom Darm sauerstoffarmes Blut zu, das viele verdaute Nährstoffe enthält. Die Leber verarbeitet diese weiter. Das Blut der Leberarterie und der Pfortader verläßt die Leber dann durch die Lebervenen.

Die Leber ist die chemische Fabrik des Körpers. In ihr finden über 500 verschiedene chemische Reaktionen statt. Die Leber stellt zunächst Galle her, die wir für die Verdauung von Fetten brauchen. Sie versorgt den Körper mit →Cholesterin, das alle Zellen, besonders Nervenzellen, brauchen und das auch den Grundstoff für die Produktion von →Hormonen bildet. Die Leber baut alte →Proteine ab und baut dafür neue auf. Dabei entsteht auch Harnstoff, der anschließend von den Nieren ausgeschieden wird. Die Leber verwandelt →Zucker in Glykogen und speichert diesen konzentrierten Nährstoff, bis er von den Muskeln gebraucht wird. Die Leber ist auch der größte Blutspeicher unseres Körpers.

Die Leber sorgt auch dafür, daß Gifte unschädlich gemacht werden. Sie kann aber nur bestimmte Mengen verarbeiten. Wenn zum Beispiel jemand zuviel Alkohol trinkt, kreist dieser Alkohol noch ziemlich lange im Blut, denn die Leber eines erwachsenen Mannes kann nur ungefähr 8 Gramm Alkohol pro Stunde abbauen. Wer dauernd zuviel Alkohol trinkt, bekommt erst eine Fettleber und nach längerer Zeit eine Schrumpfleber (Leberzirrhose). Gefürchtet sind auch Leberentzündungen, bei denen häufig eine Gelbsucht auftritt. Das Weiße der Augen verfärbt sich dann gelb, weil Gallenfarbstoff ins Blut gelangt.

▽ Die Leber ist eine chemische Fabrik. Sie verarbeitet Nährstoffe und speichert sie. Die Pfortader transportiert die Nährstoffe direkt vom Darm heran. Die Leberarterie versorgt die Leber mit Sauerstoff. Die Leber produziert die bittere, grünliche Galle. Diese sammelt sich in der Gallenblase und wird über den Gallengang in den Dünndarm abgegeben, wo sie bei der Fettverdauung hilft. Eine der Hauptaufgaben der Leber besteht darin, in den Körper eingedrungene Giftstoffe unschädlich zu machen.

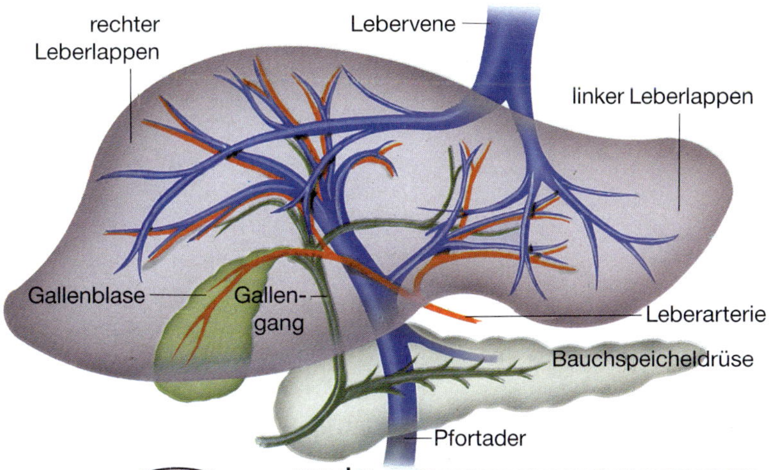

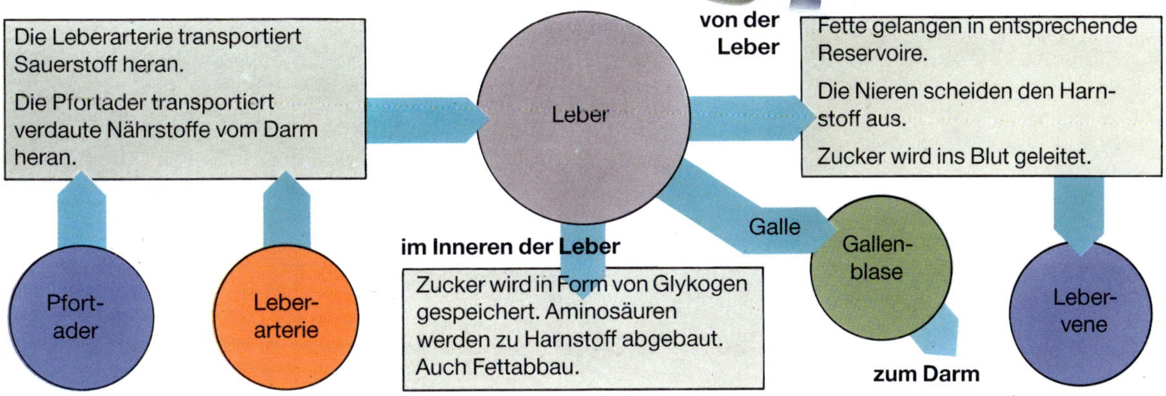

▷ Besondere Aluminiumlegierungen, zum Beispiel zusammen mit Titan, verwendet vor allem die Luftfahrtindustrie, weil sie auf leichte und doch widerstandsfähige Werkstoffe angewiesen ist.

Legierung

Legierungen sind Mischungen zwischen zwei oder mehr →Metallen. Auch nichtmetallische Elemente können beteiligt sein. Die erste Legierung, die der Mensch herstellte, war die Bronze, eine Mischung aus →Kupfer und →Zinn. Vor ungefähr 3000 Jahren stellten die Menschen der Bronzezeit daraus Waffen, andere Geräte und Gefäße her. Zwei weitere sehr bekannte Legierungen sind Messing (Kupfer und →Zink) sowie →Stahl, der aus →Eisen, etwas →Kohlenstoff sowie je nach erwünschten Eigenschaften noch weiteren Metallen wie Nickel, →Wolfram oder →Chrom besteht.

Heute gibt es Tausende von Legierungen mit ganz unterschiedlichen Eigenschaften. Die einen leiten Wärme gut, andere elektrischen Strom und wiederum andere werden von Säuren kaum angegriffen. Eine besondere Bedeutung als Werkstoff, der hohe Beanspruchungen aushält, hat das →Titan erlangt, sei es in reiner Form oder als Legierung, zum Beispiel mit →Aluminium. Manche Mountainbikes haben schon einen Rahmen aus Titanlegierung. Diese Werkstoffe sind auch sehr widerstandsfähig gegenüber →Korrosion. Legierungen mit Quecksilber heißen Amalgame. Sie werden immer noch für Zahnfüllungen verwendet.

▽ Die grafische Darstellung zeigt, wie eine Glühlampe elektrische Energie mit einer Leistung von 60 Joule pro Sekunde in Licht und Wärme umwandelt. Ein Watt entspricht einem Joule pro Sekunde. Die Leistung der Lampe beträgt also 60 Watt.

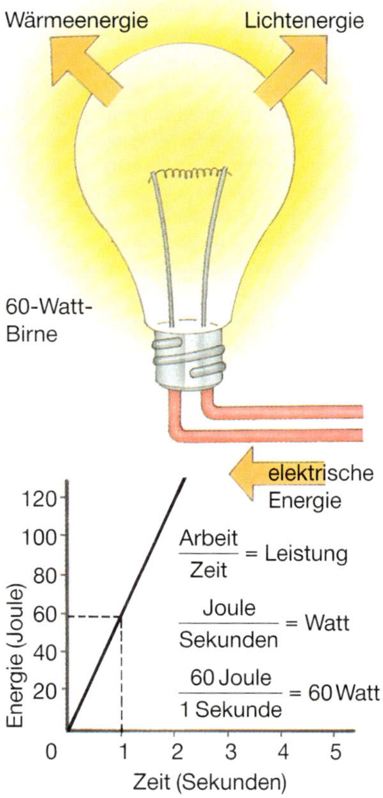

Leistung

Leistung definiert der Physiker als die pro Zeit geleistete →Arbeit. Man kann auch sagen: Leistung ist die Geschwindigkeit, mit der eine →Energieform in die andere umgewandelt wird. Die Maßeinheit (→SI-Einheiten) der Leistung ist das →Watt (abgekürzt W; →Joule pro Sekunde). Die Leistung eines Verbrennungsmotors sagt uns, wieviel Arbeit (in Joule) er pro Sekunde leistet. Entscheidend ist dabei die Geschwindigkeit, mit der der Motor die chemische Energie des Treibstoffes in mechanische Energie umwandeln kann.

Ein Teil der eingesetzten Energie wird nicht in die gewünschte, sondern in eine andere, nicht mehr nutzbare Energieform umgewandelt. Verbrennungsmotoren haben deswegen nur einen →Wirkungsgrad von rund 30 Prozent. Wir sagen in einem solchen Fall auch, daß viel Energie „verlorengeht". Ein Verbrennungsmotor verwandelt einen großen Teil der chemischen Energie des Treibstoffes in →Wärme, in →Schallenergie und Vibrationen.
Die Maßeinheit der Leistung war früher die Pferdestärke (→PS). Diese Maßeinheit ist nicht mehr zulässig.

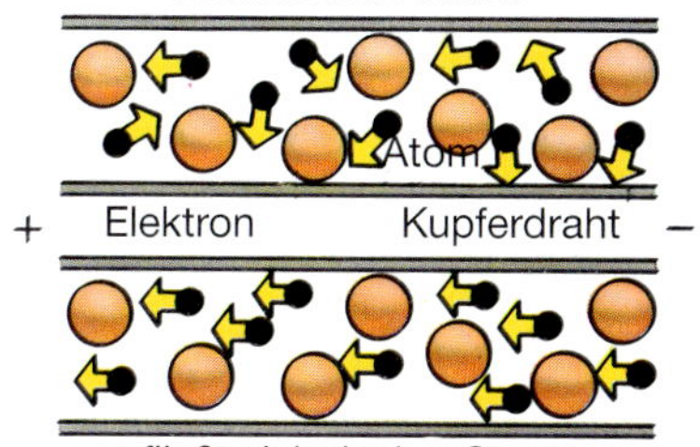

△ So fließt elektrischer Strom in einem Kupferdraht.

Leiter

Leiter oder elektrische Leiter leiten elektrischen Strom sehr gut. Die besten Leiter sind →Metalle. Elektrischer Strom besteht aus →Elektronen, und diese können sich in Metallen ähnlich wie in einem Gas frei bewegen (Elektronengas). Wenn sich diese Elektronen bewegen, stoßen sie mit →Atomen zusammen und versetzen sie in Schwingungen. Dies erschwert den weiteren Stromfluß und bewirkt, daß sich das Material erwärmt. Diese Erscheinung nennen wir →Widerstand. Gute Leiter haben einen geringen Widerstand. Wenn er ganz verschwindet, handelt es sich um →Supraleitung.
Werkstoffe, in denen sich die Elektronen nicht frei bewegen können, nennen wir nichtleitend oder →Isolatoren. Eine Zwischenstellung nehmen die →Halbleiter ein, die einmal wie Leiter und ein andermal wie Isolatoren reagieren, je nachdem, wie man die elektrischen Pole anlegt.

Mach es selbst
Mit einer Glühlampe und einer Batterie stellen wir einen elektrischen Stromkreis her. Wir nehmen nun verschiedene Gegenstände und schließen sie in diesen Stromkreis ein. Damit testen wir deren Leitfähigkeit. Mit zwei Nägeln können wir auch untersuchen, welche Flüssigkeiten elektrischen Strom leiten.

Lernen

Alle Tiere sind lernfähig. Wenn wir Regenwürmer in einen gegabelten Tunnel kriechen lassen und ihnen bei der linken Abzweigung einen leichten elektrischen Schlag versetzen, so lernen sie schnell, nur die rechte zu benutzen. Die Erinnerung daran bleibt für einige Tage. Wir sprechen hier auch von Lernen durch Versuch und Irrtum. Viele Tiere lernen ihre Nahrung auf diese Weise kennen. Von ihrem →Instinkt her probieren die Jungtiere bei allen möglichen Dingen aus, ob sie eßbar sind. Bald merken sie, welche Dinge sie fressen können und welche nicht. Vögel und Säuger lernen viel von ihren Eltern, zum Beispiel wie sie singen oder jagen sollen und welche Nahrung die beste für sie ist.
Wenn Hunde Futter sehen, beginnen sie zu sabbern. Läutet man einige Tage lang jedes Mal eine Glocke, wenn sie Futter bekommen, so lernen die Hunde, daß das Läuten der Glocke mit der Fütterung zusammenhängt. Läutet man später nur die Glocke, ohne Futter zu reichen, so fangen die Hunde dennoch

▷ Ohne Lernen ist keine Dressur möglich. Die Dressur muß aber auch immer die natürlichen Verhaltensweisen berücksichtigen. Ein Löwe springt zum Beispiel durch einen brennenden Reifen, würde aber nie nach Fischen tauchen, weil dies seinem natürlichen Verhalten völlig fremd wäre. Besonders gelehrig sind Robben, Delphine und Affen.

Der Mensch lernt zeitlebens. Am leichtesten lernen wir jedoch vom 9. bis 17. Lebensjahr. Danach geht die Merkfähigkeit etwas zurück. Wer sein Gedächtnis aber ständig trainiert, kann noch im hohen Alter neue Sprachen lernen.

zu sabbern an. Wir nennen das einen konditionierten (bedingten) Reflex. Er ist nur durch Lernen möglich.
Nur sehr lernfähige Tiere können dressiert werden und im Zirkus auftreten. Dressur funktioniert folgendermaßen: Führt das Tier eine bestimmte Bewegung durch, wie sie der Mensch haben möchte, so wird es belohnt. Führt es die Bewegung falsch durch, so bekommt es dafür keine Belohnung. Mit der Zeit lernt das Tier, Belohnung und richtige Bewegung miteinander zu verknüpfen. Die Dressur arbeitet also auch mit konditionierten Reflexen.

▽ Die Lichtbogenlampe war eine der ersten elektrischen Beleuchtungen.

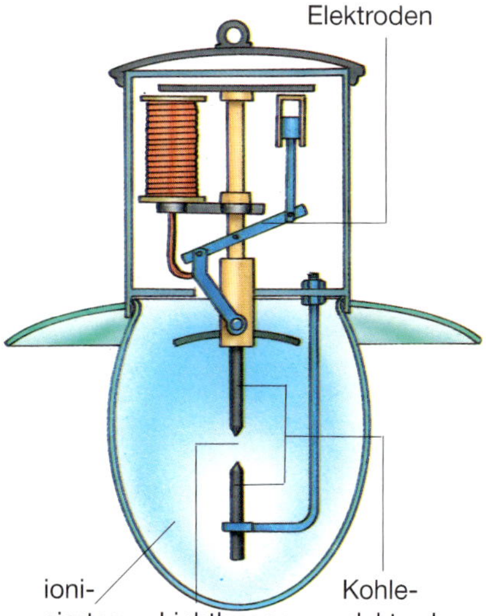

Licht

Licht ist eine →Energieform, die sich auch im luftleeren Raum ausbreiten kann. Wie die →Radiowellen, das →Infrarot und die →Röntgenstrahlen gehört auch das Licht zu den →elektromagnetischen Wellen. Den sichtbaren Ausschnitt aus dem →Spektrum der elektromagnetischen Wellen nennen wir Licht. Weiteres dazu auf den Seiten 292 und 293.

Lichtbogen

Lichtbogenlampen erzeugen ein außerordentlich helles Licht. Man bringt zwei Elektroden aus Kohle so nahe nebeneinander, daß der elektrische Strom überspringen kann und einen hellen Lichtbogen erzeugt. Das Gas zwischen den Elektroden wird dabei bis auf 3700 °C erhitzt. Die Kohleelektroden werden weißglühend, brennen langsam ab und müssen nachgeführt werden. Solche Lichtbogenlampen werden heute nur noch selten eingesetzt. Früher dienten sie vor allem als Scheinwerfer bei Filmaufnahmen.
Mit Lichtbogen kann man auch →schweißen: Die beiden zu verbindenden Werkstücke bilden dabei die eine Elektrode.

Die andere Elektrode schmilzt beim Lichtbogenschweißen ab und verbindet die beiden angeschmolzenen Werkstücke. Wegen des außerordentlich hellen Lichts muß der Schweißer unbedingt eine Schutzbrille tragen. Unbeteiligte müssen sich ebenfalls hüten, in den Lichtbogen zu blicken.

Lichtjahr

Das Lichtjahr ist ein Längenmaß der →Astronomie. Es entspricht der Strecke, die ein Lichtstrahl im Laufe eines Jahres zurücklegt. Das sind über 9 Billionen Kilometer, genau 9 460 700 000 000 Kilometer. Das Licht pflanzt sich mit einer Geschwindigkeit von rund 300 000 Kilometern pro Sekunde fort.

Lichtjahre sind eine anschauliche Maßeinheit für die ungeheuren Entfernungen zwischen →Sternen und →Galaxien. Der nächste Stern abgesehen von der Sonne, nämlich Proxima Centauri, ist immerhin vier Lichtjahre von uns entfernt. Viele Astronomen rechnen lieber noch mit →Parsec.

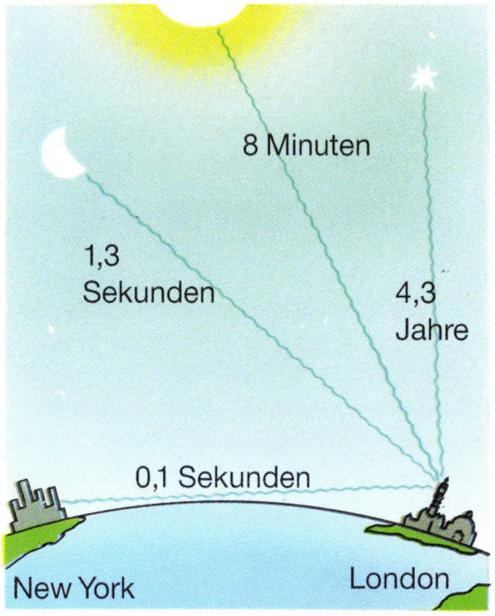

△ Das Lichtjahr entspricht der Entfernung, die ein Lichtstrahl im Laufe eines Jahres zurücklegt. Das Licht braucht acht Minuten, um von der Sonne auf die Erde zu gelangen. Der nächste Stern ist 4,3 Lichtjahre entfernt.

Lichtleitfasern

Lichtleitfasern bestehen aus →Glas. Sie sind ungefähr ein zehntel Millimeter dick und bestehen aus einem Kern und einem Mantel mit unterschiedlichen Eigenschaften. Der Mantel bewirkt, daß alle Lichtstrahlen ins Innere der Faser zurückgeworfen werden. Mit Lichtleitfasern kann der Arzt zum Beispiel das Mageninnere untersuchen, ohne den Patienten zu operieren. Eine viel größere Rolle spielen die Lichtleitfasern aber bei der Übertragung von Daten. Telefongespräche werden heute schon in →digitaler Form durch Lichtleitfasern übertragen.

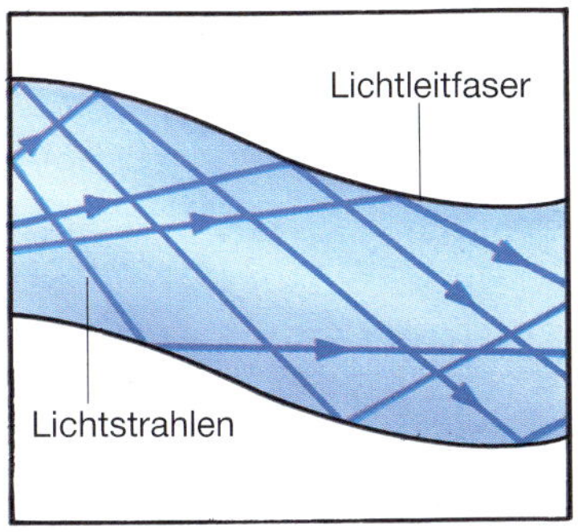

△ Lichtleitfasern funktionieren wie Röhren, die anstelle von Wasser Licht transportieren. Der Mantel der Lichtleitfasern wirft das Licht immer ins Innere der Faser zurück. Mit Lichtleitfasern kann man deswegen auch um Ecken sehen.

◁ Lichtleitfasern werden auch zur Dekoration verwendet. Deutlich erkennen wir, wie am Ende der Fasern das Licht austritt.

Licht

Lichtstrahlen und alle anderen elektromagnetischen Strahlen sind nicht an Luft oder irgendeinen Stoff gebunden. Licht kann sich auch im Vakuum fortpflanzen, sonst könnte es von der Sonne nicht auf die Erde gelangen. Schallwellen sind in dieser Beziehung ganz anders, weil sie durch Schwingungen von Luftteilchen entstehen. Um die verschiedenen Eigenschaften des Lichtes zu erklären, muß sich der Physiker das Licht entweder als Welle oder als Strom von Teilchen (Photonen) vorstellen. Diese Teilchen haben eine Energie, können absorbiert und wie elastische Bälle auch zurückgeworfen werden (Reflexion).

Das meiste Licht, das wir sehen, stammt ursprünglich von sehr heißen Körpern. Je heißer der Körper, desto mehr verschiebt sich das Licht, das er abgibt, zum kurzwelligen blauen Ende des Spektrums hin. Wenn wir ein Stück Eisen im Feuer erhitzen, wird es erst rotglühend, dann gelb- und schließlich weißglühend. Die Oberfläche der Sonne wird durch eine Kernfusion im Innern aufgeheizt und hat eine Temperatur von ungefähr 6000 °C. Sie strahlt das sichtbare, weiße Sonnenlicht ab.

Im Vakuum pflanzt sich das Licht mit einer Geschwindigkeit von rund 300 000 Kilometern pro Sekunde fort.

△ Wenn weißes Licht durch ein Prisma fällt, spaltet es sich in die Farben des Spektrums auf. Jeder Farbe entspricht eine andere Wellenlänge. Rote Farbe wird am wenigsten gebrochen, violette am stärksten. Durch die unterschiedliche Brechung an den beiden Grenzflächen zwischen Glas und Luft entsteht somit das Farbspektrum.

△ Die farbigen Lichter in einer Disco entstehen dadurch, daß weißes Licht durch vorgeschaltete Filter fällt.

◁ Alle Körper zeigen eine bestimmte Farbe, weil sie einen Teil des Spektrums reflektieren und damit zurückwerfen und den Rest absorbieren. Pflanzenblätter erscheinen grün, weil sie den grünen Teil des Spektrums nicht absorbieren.

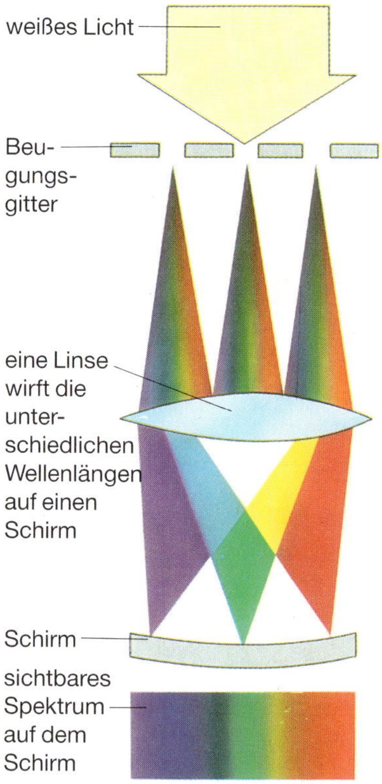

△ Weißes Licht kann auch durch Beugung in die Spektralfarben aufgelöst werden. Die unterschiedlichen Wellenlängen und damit Farben werden nämlich auch unterschiedlich stark gebeugt. Dazu muß das Licht durch ein sehr enges Beugungsgitter hindurchtreten.

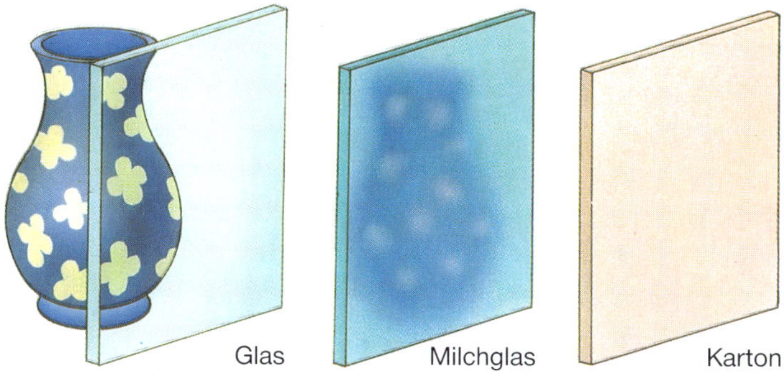

△ Glas ist durchsichtig und läßt alles Licht ungehindert hindurchtreten. Milchglas absorbiert oder streut einen Teil des Lichtes und ist damit durchscheinend. Karton läßt überhaupt kein Licht durchdringen. Solche Stoffe heißen opak.

▽ Wenn Gegenstände von einer hellen Lichtquelle angestrahlt werden, werfen sie einen Schatten. Die Figuren dieses indonesischen Schattenspiels werden hinter einem durchscheinenden Vorhang bewegt.

Mach es selbst

Wir schneiden in die Stirnseite einer Schachtel einen schmalen Spalt. An der anderen Seite befestigen wir mit Klebestreifen eine Batterie und eine Lampenfassung. Wir zünden das Licht an und setzen den Deckel auf. Aus dem Schlitz tritt ein schmales Lichtbündel aus. Wir können es an einem Spiegel rechtwinklig reflektieren.

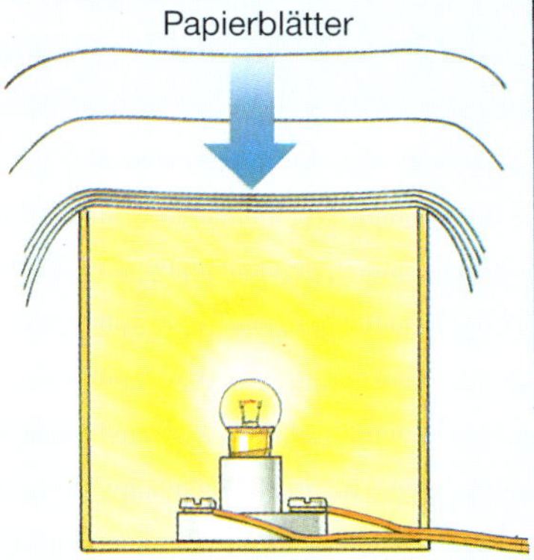

Christiaan Huygens (1629–1695)

Christiaan Huygens war ein holländischer Physiker und Mathematiker. Er behauptete als erster, man müsse sich das Licht in Form von Wellen vorstellen. Damit konnte er die Reflexion und die Lichtbeugung erklären. Huygens erfand neue Verfahren zur Herstellung von Gläsern für Teleskoplinsen und erkannte auch die wahre Natur der Ringe um den Saturn.

Im Vakuum und der Luft pflanzt sich das Licht mit einer Geschwindigkeit von ziemlich genau 300 000 Kilometern pro Sekunde fort. In festeren Stoffen wie Wasser geht sie auf 225 000 Kilometer pro Sekunde zurück.

Mach es selbst

Wir können selbst überprüfen, wieviel Licht verschiedene Stoffe, zum Beispiel Papier, hindurchtreten lassen. Wir verwenden dazu die Glühbirne einer Taschenlampe in einer Schachtel. Wir legen nacheinander je ein Blatt Papier auf und sehen, wie sich die Lichtmenge verringert.

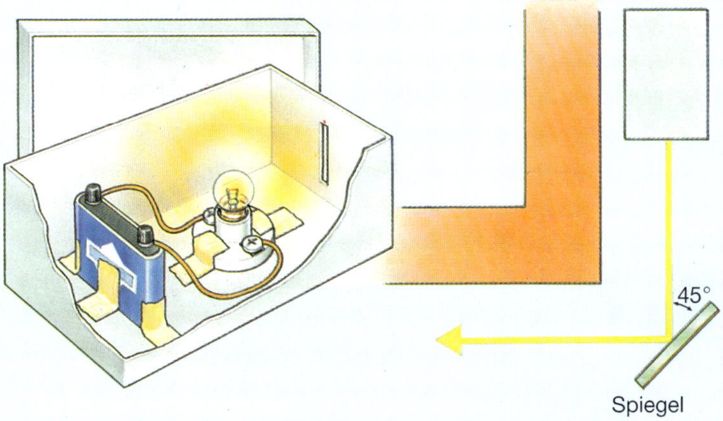

Siehe auch →elektromagnetische Wellen; →Energie; →Farbe; →Linsen; →Physik; → Prisma; →Sonne; →Spektrum; →Spiegel; →Vakuum; →Welle; →Wellenlänge.

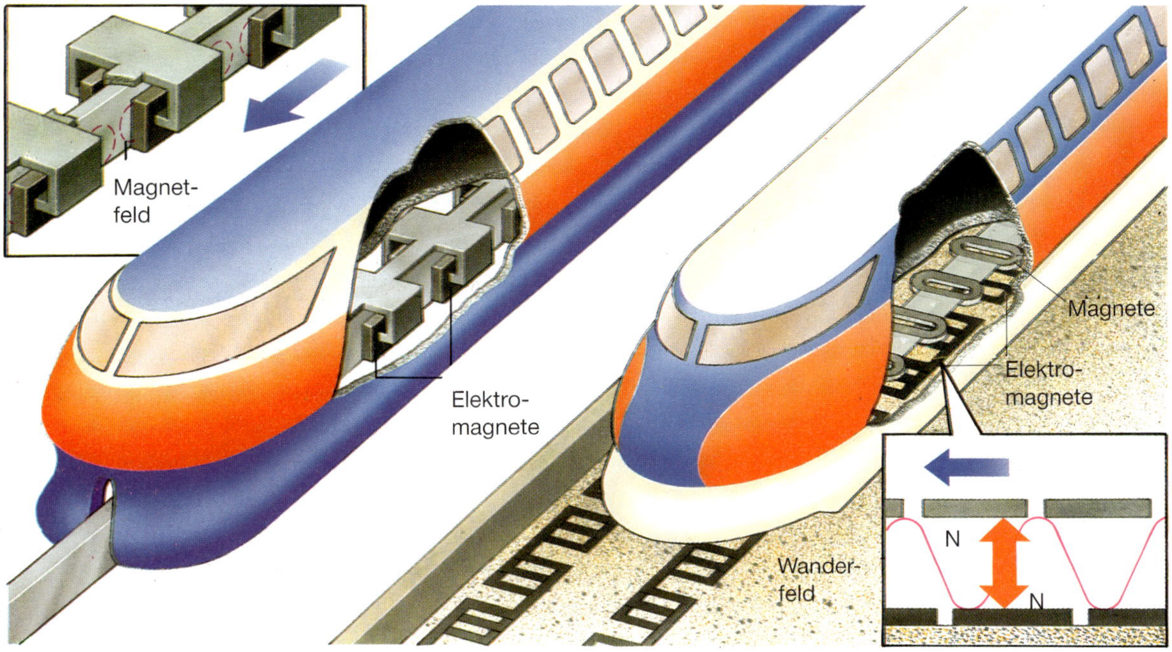

△ Linearmotoren werden vor allem in Magnetschwebebahnen eingebaut. Durch ein elektromagnetisches Wanderfeld bewegt sich der Zug vorwärts.

Linearmotor

Der Linearmotor ist ein besonders konstruierter →Elektromotor. Übliche Elektromotoren mit einer sich drehenden Achse bestehen aus ringförmig angeordneten Magneten und einer drehbaren Spule. Fließt elektrischer Strom durch die Spule, dann entstehen magnetische Kräfte, die bewirken, daß sich die Spule gegen die Magneten dreht. Beim Linearmotor liegen die Magnete ausgerollt und flach da. Das ständig weitergedrehte Magnetfeld der Spule ist durch ein Wanderfeld ersetzt und treibt das Fahrzeug voran. Die ersten Linearmotoren entstanden während des Zweiten Weltkriegs. Sie halfen mit, Flugzeuge von Schiffen aus zu starten.

Linearmotoren werden heute vor allem für →Magnetschwebebahnen eingesetzt.

▽ Sammellinsen brechen parallel eintreffende Lichtstrahlen so, daß sie sich im Brennpunkt treffen. Die Strahlen werden zweimal gebrochen, jeweils beim Eintritt in die Linse und beim Wiederaustritt.

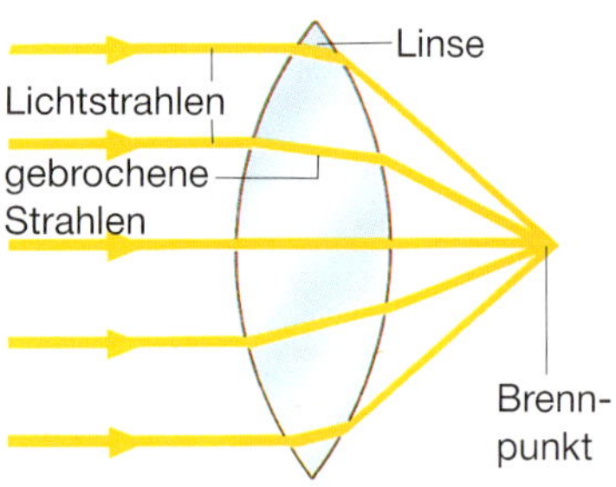

Linsen

Linsen verändern die Richtung und die Form von Lichtstrahlen. Sie bestehen aus Glas oder durchsichtigem Kunststoff. Fällt ein Lichtstrahl auf die Oberfläche einer Linse, so wird er gebrochen und verändert seine Richtung. Dies geschieht noch einmal beim Austreten des Lichtstrahls aus der Linse. Diese →Brechung kommt zustande, weil die Fortpflanzungsgeschwindigkeit des Lichts im Glas viel geringer ist als in der Luft.

Es gibt im wesentlichen zwei Formen von Linsen. Die konkave Zerstreuungslinse zerstreut parallel eintreffendes Licht. Die Sammellinse hingegen zeigt eine konvexe, gewölbte

Form. Sie sammelt parallel eintreffende Lichtstrahlen an einem ganz bestimmten Punkt, den wir Brennpunkt (Fokus) nennen. Der Abstand zwischen dem Brennpunkt und dem Zentrum der Linse ist die Brennweite. Sie stellt eine wichtige Größe zur Kennzeichnung von Linsen dar.
In unserem →Auge befindet sich eine Linse aus einem völlig durchsichtigen →Protein. Sie hat die Aufgabe, ein scharfes Bild von der Umwelt auf der Netzhaut im Augenhintergrund zu erzeugen. Da sich die betrachteten Gegenstände aber in unterschiedlichen Entfernungen vom Auge befinden, muß die Linse ihre Brennweite verändern können. Dies geschieht mit Hilfe der Ziliarmuskeln, welche die Linse verformen. Je näher der betrachtete Gegenstand ist, desto stärker muß die Linse gewölbt sein. Damit rückt der Brennpunkt näher. Für die starke Verformung der Linse müssen die Muskeln mehr Kraft aufwenden. Im Alter verliert der Muskel an Spannkraft, und die Linse wird nicht mehr so stark gewölbt. Die Brechkraft der Linse nimmt ab, und die Menschen können nahe Gegenstände nicht mehr scharf sehen. Sie werden alterssichtig und brauchen dann eine Lesebrille. Als Maß der Brechkraft verwendet man die Dioptrie. Man berechnet sie, indem man die Zahl 1 durch die Brennweite in Metern teilt. Die Brechkraft von Brillen wird mit Dioptrien angegeben. Sammellinsen haben Plusdioptrien, Zerstreuungslinsen Minusdioptrien. Weitsichtige Menschen, die in der Nähe nicht scharf sehen, brauchen Brillen mit Sammellinsen, kurzsichtige hingegen, die in die Ferne nicht gut sehen, Zerstreuungslinsen.

△ Der Fotograf, der diese Aufnahme machte, stellte das Objektiv seiner Kamera so ein, daß nur die mittlere Kugel ganz scharf abgebildet wurde.

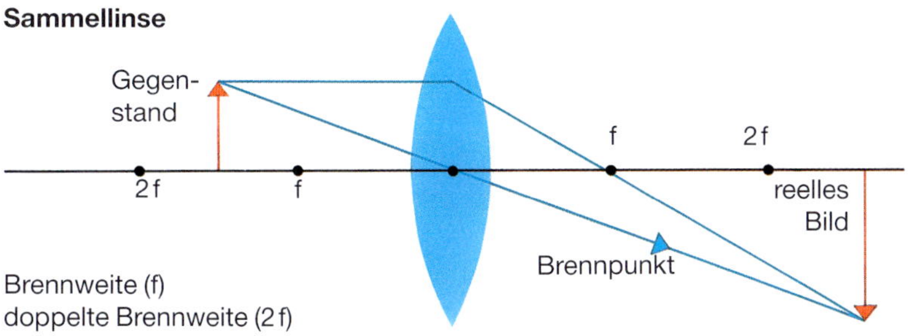

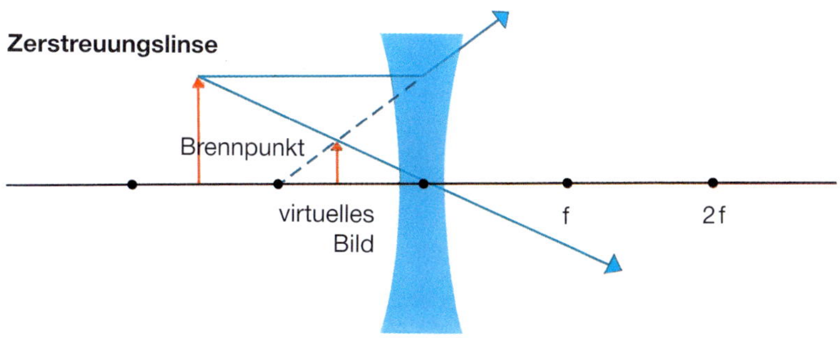

◁ Eine konvexe Sammellinse erzeugt ein reelles Bild, das man auf einem Bildschirm sichtbar machen kann. Es entsteht auf der gegenüberliegenden Seite der Linse. Das Bild ist kleiner als der abgebildete Gegenstand und steht auf dem Kopf. Die konkave Zerstreuungslinse erzeugt ein virtuelles, scheinbares Bild, das man zwischen dem abgebildeten Gegenstand und der Linse sehen kann. Es läßt sich aber nicht projizieren. Das Bild steht aufrecht und ist kleiner. Die meisten optischen Geräte verwenden Kombinationen von Sammel- und Zerstreuungslinsen, um Abbildungs- und Farbfehler zu vermeiden.

Schaltelemente

Sarah ist zu einer Party 30 km weit entfernt eingeladen. Nur unter 15jährige mit orangefarbenem oder grünem Kleid sind zugelassen. Kann sie gehen? 1 = ja, 0 = nein.

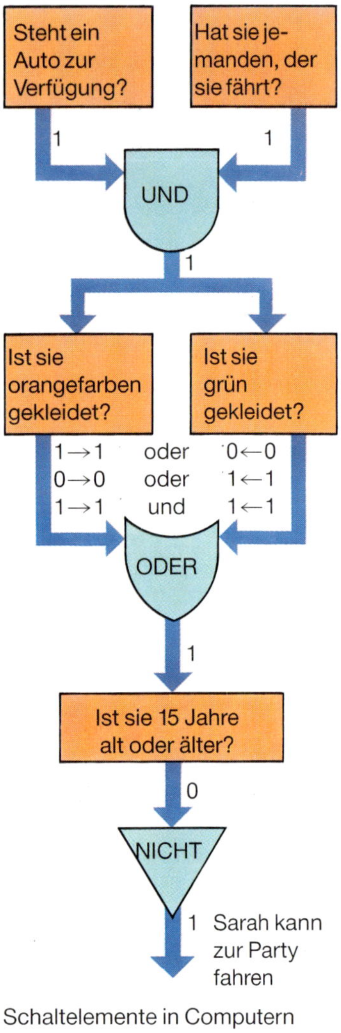

Schaltelemente in Computern verhalten sich nach den Regeln der Logik. Diese Schaltelemente, die wir auch als Gates bezeichnen, lassen die elektrischen Impulse hindurch oder verändern sie. Bei einer UND-Schaltung muß zweimal 1 vorhanden sein, damit eine 1 als Ergebnis herauskommt. Eine ODER-Schaltung ergibt eine 1, wenn nur einer der beiden Inputs eine 1 ist. Die NICHT-Schaltung dreht das Signal um, so daß die eingegebene 0 zu einer 1 wird.

Die Linsen im Objektiv eines →Fotoapparates können nicht verformt werden wie die Augenlinse. Um ein scharfes Bild auf dem fotografischen →Film zu erzeugen, werden sie innerhalb eines bestimmten Bereichs hin und her geschoben. Eine veränderliche Brennweite hat jedoch die Zoomlinse.

Logik

Logik ist sowohl ein Zweig der Philosophie wie auch der →Mathematik. Sie ist die Lehre vom richtigen Schlußfolgern und Denken. Die Logik geht von wahren Voraussetzungen (Prämissen) aus und versucht, richtige und wahre Schlüsse daraus zu ziehen. Wenn zum Beispiel gilt A = B und B = C, so folgern wir daraus richtig, daß A = C ist. Richtig sind auch die beiden folgenden Voraussetzungen (Prämissen): Alle Säuger sind gleichwarm; alle Katzen sind Säuger. Daraus schließen wir richtigerweise, daß alle Katzen gleichwarm sind.

Der griechische Philosoph Aristoteles war der erste, der um 300 vor Christus die Logik entwickelte. Seine Ideen behielten fast 2000 Jahre lang Geltung. Dann versuchten Mathematiker, das logische Schließen mit Hilfe von Rechenregeln zu handhaben. So entstand die mathematische Logik. Besondere Bedeutung erlangte sie mit dem Aufkommen der →Computer. Die Schaltungen in Computern simulieren dabei logische Schlüsse. Ein Beispiel dafür ist die Anweisung IF X = 1 THEN END. Sie sagt dem Computer, daß er den Rechenvorgang abschließen soll, wenn X = 1 ist.

Einer der berühmtesten Logiker aller Zeiten war der Österreicher Kurt Gödel, der 1978 starb. Er bewies, daß eine mathematische Theorie, auch wenn sie widerspruchsfrei ist, nicht alle in ihr enthaltenen wahren Aussagen beweisen kann. Diese Erkenntnis war ein schwerer Schlag für die Mathematiker, weil sie immer gehofft hatten, sie würden irgendwann einmal alles, was wahr ist, auch beweisen können.

Lösung

Lösungen sind →Gemische. Sie entstehen, wenn sich ein Stoff in einem →Lösungsmittel auflöst. Der meist feste Stoff löst sich bis auf die einzelnen →Ionen, →Atome oder →Moleküle im Lösungsmittel. Er ist in der Lösung gleichmäßig verteilt. Salz und Zucker lösen sich beide in Wasser. Wir bezeichnen sie als löslich. Eisen löst sich nicht in Wasser und gilt deswegen als unlöslich.

Den Mischungspartner, der in geringerer Menge vorhanden ist, bezeichnen wir im allgemeinen als den gelösten Stoff. Das Mengenverhältnis, in dem er vorhanden ist, nennen wir →Konzentration. Wenn eine Lösung nicht mehr weitere Men-

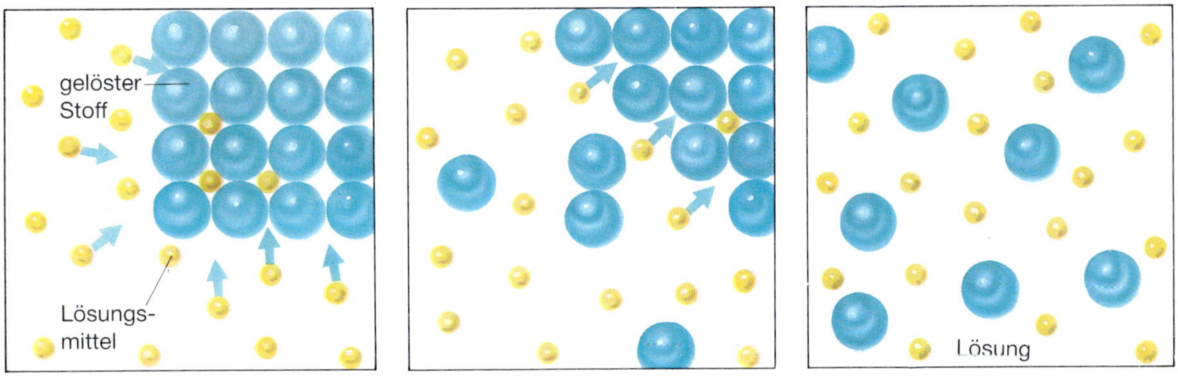

△ Wenn sich ein Stoff in einem anderen löst, können wir uns das folgendermaßen vorstellen: Die kleinen Moleküle des Lösungsmittels dringen in die Zwischenräume zwischen den größeren Molekülen des gelösten Stoffes ein und drängen sie auseinander. Lösungsmittel und gelöster Stoff durchdringen sich dann innig. Wir sagen: Lösungen sind homogen, das heißt einheitlich.

gen vom gelösten Stoff aufnehmen kann, ist sie gesättigt. Wird eine solche gesättigte Lösung jedoch erwärmt, so kann sich meist noch mehr Stoff lösen. Wird umgekehrt eine gesättigte Lösung abgekühlt, so bilden sich →Kristalle des gelösten Stoffes, weil die Lösung nicht mehr so viel vom gelösten Stoff behalten kann. Wir sagen auch: Der Stoff fällt aus. Ähnliches geschieht, wenn ein Teil des Lösungsmittels verdunstet: Es bilden sich dann reine Kristalle des anfänglich gelösten Stoffes. Auf diese Weise kann man Lösungen reinigen und wieder in die Mischungspartner zerlegen.

Meerwasser zum Beispiel ist eine Lösung. Die Menschen gewinnen daraus Salz, indem sie das Wasser in flache Becken leiten und es von der Sonne verdunsten lassen. In solchen Salinen bleibt dann das Meersalz in kleinen Kristallen übrig. Viele Flüssigkeiten, die wir alltäglich verwenden, sind Lösungen, beispielsweise Sirup, Essig und Limonaden.

Lösungen sind meistens flüssig. Wir können uns allerdings →Legierungen als Lösungen von Metallen in Metallen vorstellen. Der gelöste Stoff in flüssigen Lösungen kann fest (Zucker, Salz), flüssig (Alkohol) oder auch gasförmig sein.

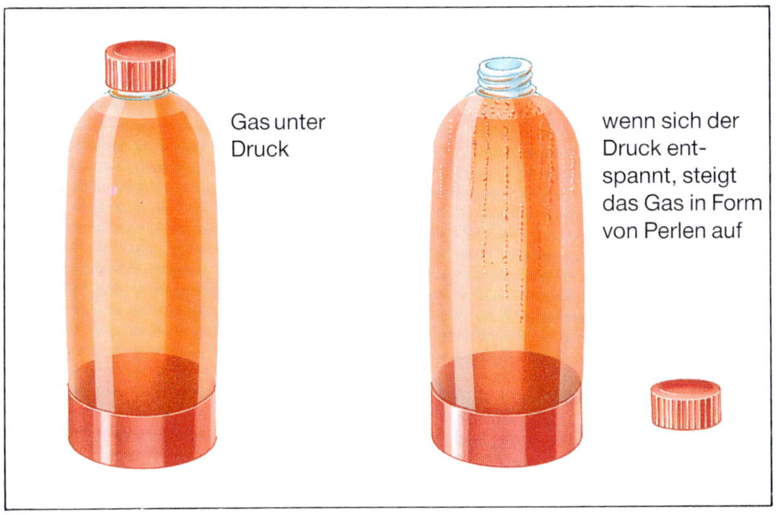

◁ Auch Gase können sich in Flüssigkeiten lösen. Kohlendioxid löst sich zum Beispiel leicht in Wasser. Man kann die Konzentration des Kohlendioxids im Wasser erhöhen, wenn man den Druck in der Flüssigkeit verstärkt. Auf diese Weise werden sprudelnde Getränke wie Limonade hergestellt. Wenn wir die Flasche öffnen, entspannt sich der Druck, und das überschüssige Kohlendioxid perlt aus.

△ Einige Lösungen entstehen bei chemischen Reaktionen. Eisenoxid löst sich zum Beispiel in verdünnter Salzsäure. Dabei bildet sich eine Lösung von Eisenchlorid.

Mach es selbst

Wenn wir einen Teelöffel Zucker in einem Glas Wasser lösen, sehen wir ihn nicht mehr, sobald er sich gelöst hat. Wenn wir weiterhin Zucker hinzugeben, kann das Wasser von einem bestimmten Punkt an keinen Zucker mehr lösen. Er sinkt dann auf den Boden. Eine solche Lösung bezeichnen wir als gesättigt.

Mineralwasser enthält meistens →Kohlendioxid, das unter Druck gelöst wurde. Wenn wir die Flasche öffnen, entspannt sich der Druck, und ein Teil des Kohlendioxids perlt aus. Bei Lösungen von Gasen in Flüssigkeiten gelten zum Teil andere Gesetze: Je kälter die Lösung, desto größer kann die Konzentration des gelösten Gases sein. Kalte Bäche können viel mehr Sauerstoff in ihrem Wasser lösen als warme Ströme, in denen die Tiere oft unter Sauerstoffmangel leiden.
Siehe auch →Chromatographie.

Lösungsmittel

Das häufigste Lösungsmittel ist das Wasser. Besonders gut löst es Salze. Sie zerfallen bei der →Lösung in →Ionen. Ionen sind elektrisch geladen. Sie lösen sich deswegen in Wasser so gut, weil auch das Wassermolekül (H_2O) in gewissem Sinn elektrisch geladen ist. Die negativen Ladungen auf dem Wassermolekül liegen nämlich näher beim Sauerstoffatom (O), die positiven Ladungen eher bei den beiden Wasserstoffatomen (H). Wir sagen: Das Wassermolekül ist ein Dipol oder ein polares Molekül.
Fast unpolar sind die sogenannten organischen Lösungsmittel, wie Benzin, Ester und Äther. Sie lösen vor allem unpolare Fette und Öle. Viele organische Lösungsmittel sind ziemlich bedenklich für die Gesundheit des Menschen und für die Umwelt. Als gefährlich gelten vor allem →Kohlenwasserstoffe wie Benzol und Toluol. Viele Kleber, Lacke, Farben und Fleckenwasser enthalten organische Lösungsmittel. Heute versucht man sie möglichst durch Wasser zu ersetzen. Wer

Vorsichtsmaßnahmen bei der Verarbeitung lösungsmittelhaltiger Stoffe:
- Immer gut lüften.
- Weder essen noch trinken.
- Verzicht auf großflächige Verklebungen.
- Statt Fleckentferner Gallseife verwenden.

dauernd mit organischen Lösungsmitteln arbeiten muß, kann unter Müdigkeit und Konzentrationsschwäche leiden und ernsthafte Schäden am Nervensystem und an inneren Organen davontragen.

Luft

Luft ist ein →Gemisch aus →Gasen. Wir können die Luft weder sehen noch riechen, und dennoch ist sie genauso vorhanden wie der Stuhl, auf dem du sitzt. Wenn sich Luft bewegt, entstehen →Winde. Druckluft kann Werkzeuge antreiben, zum Beispiel Hämmer und Bohrer. Die gesamte Lufthülle der Erde nennen wir →Atmosphäre. Weiteres über die Luft auf den Seiten 300 und 301.

Luftblasen

Luftblasen verhalten sich wie andere Gasblasen. Dieses Verhalten können wir beispielsweise beobachten, wenn wir eine Flasche Mineralwasser oder Limonade öffnen. Das Gas →Kohlendioxid perlt dabei aus und bildet in der Flasche und im Glas Blasen. Bei genauem Hinsehen erkennen wir, daß große Blasen schneller aufsteigen als kleine. Der Grund dafür liegt im Verhältnis zwischen Oberfläche und Rauminhalt. Werden die Blasen größer, so vergrößert sich ihr Volumen in der dritten, die Oberfläche aber nur in der zweiten Potenz. Die →Reibung ist an großen Blasen also verhältnismäßig geringer als an kleinen. Deswegen steigen sie auch schneller auf.

Echte Luftblasen sind die Seifenblasen. Ihre Form verdanken sie einem Gleichgewicht: Der Druck der Luft im Inneren hält sich die Waage mit der →Oberflächenspannung, welche die Blase zu verkleinern sucht. Die flüssige Schicht um die Seifenblase ist äußerst dünn und zeigt deswegen auch durch →Beugung die schönsten schillernden Farben.

Mach es selbst

Wir vermischen einen Eierbecher flüssiges Spülmittel mit drei Eierbechern Wasser. Aus Draht formen wir uns unterschiedliche, auch räumliche Formen, tauchen sie in die Lösung und blasen hindurch.

◁ Durch Beugung des Lichts an den äußerst dünnen Grenzschichten der Seifenblase und durch Interferenzen entstehen prächtige, schillernde Farben.

Luft

Ungefähr 99 Prozent der Luft bestehen aus den beiden farb- und geruchlosen Gasen Stickstoff und Sauerstoff. Das restliche Prozent setzt sich zur Hauptsache aus dem Edelgas Argon zusammen. In sehr geringen Mengen sind noch weitere Gase vertreten, zum Beispiel Kohlendioxid, Neon, Schwefeldioxid und Kohlenmonoxid. Dennoch spielen diese Spurengase eine entscheidend wichtige Rolle für das Klima auf der Erde, weil sie den Treibhauseffekt bewirken. Die Lufthülle oder Atmosphäre der Erde schützt uns vor schädlichen Sonnenstrahlen. Sie fängt die Sonnenwärme ein und macht den Planeten bewohnbar für die Lebewesen. Die Atmosphäre verhindert zum Beispiel, daß die Temperatur tagsüber zu sehr ansteigt und nachts zu stark fällt.

Die Luft ist dauernd um uns vorhanden und übt einen Druck aus, den wir aber nicht wahrnehmen. Der Luftdruck beträgt auf der Erdoberfläche ungefähr 1000 Hektopascal oder 1 bar. Dem entspricht eine Kraft (Gewicht), die rund 1 Kilogramm Luftmasse auf einen Quadratzentimeter der Erdoberfläche ausübt. So viel Masse befindet sich also in der gesamten Luftsäule über dem Quadratzentimeter.

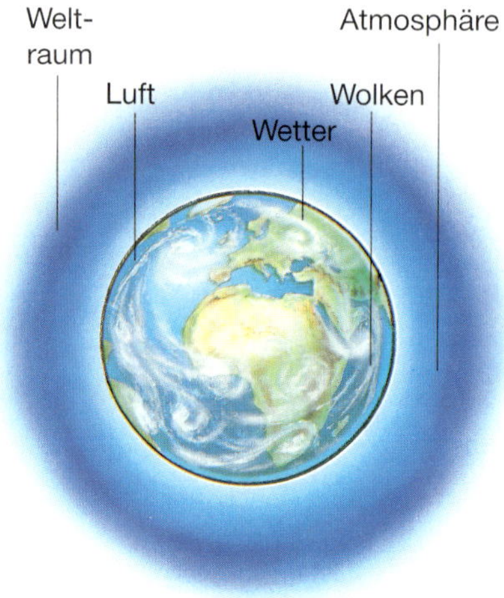

Zusammensetzung der Luft

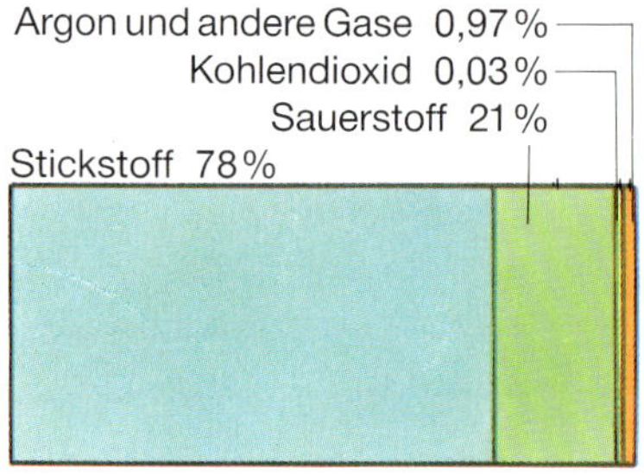

△ Die Luft (ganz oben) umgibt die Erde mit einer lückenlosen Schicht, der Atmosphäre. Luftbewegungen sind verantwortlich für unser Wetter. Die Darstellung darunter zeigt die Zusammensetzung der Luft.

Mach es selbst

Wir legen eine gefaltete Zeitung über das eine Ende eines Meßstabs. Dem anderen Ende versetzen wir einen Schlag. Was geschieht? Wir wiederholen dasselbe, öffnen dazu aber die Zeitung. Der Meßstab kann zerbrechen, weil der Luftdruck die nun größere Oberfläche der Zeitung festhält.

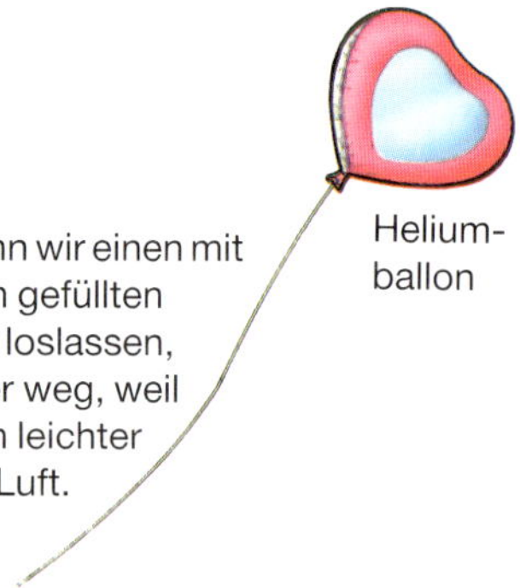

▷ Wenn wir einen mit Helium gefüllten Ballon loslassen, fliegt er weg, weil Helium leichter ist als Luft.

◁ Die meisten Lebewesen brauchen Luft und Sauerstoff. Die Fische entnehmen den gelösten Sauerstoff dem Wasser. Der Taucher muß seinen Luftvorrat mit sich herumtragen.

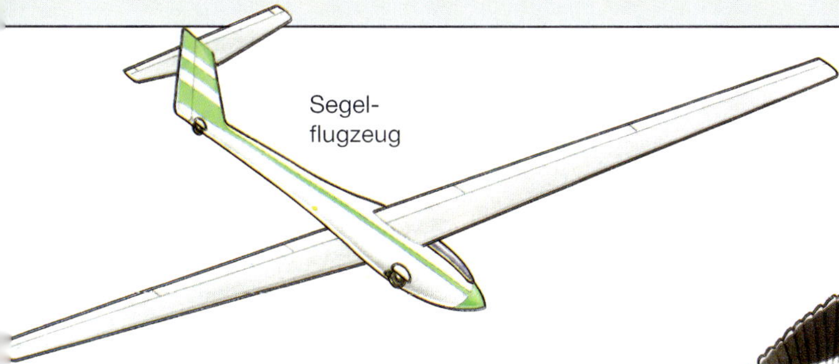

△ Segelflugzeuge haben keine Motoren. Mit ihren langen, schmalen Flügeln nutzen sie jedoch aufsteigende Warmluft (Thermik), um in die Höhe zu gelangen.

▷ Die Flügelform der Vögel ist an ihre besondere Art des Fliegens angepaßt. So segeln einige Vögel ohne Anstrengung stundenlang auf ihren breiten Flügeln in der Luft.

△ Die Luft bremst Körper beim freien Fall. Je größer die Oberfläche, desto stärker die Reibung und damit die Bremswirkung. Am deutlichsten erkennt man das beim Fallschirm.

Mach es selbst

Wir pressen ein Stück Watte auf den Boden eines Glases. Dann stellen wir das Glas umgekehrt in eine mit Wasser gefüllte Schüssel. Wenn wir das ganz geschickt anstellen, kann kein Wasser ins Glas eindringen. Die Watte bleibt trocken, weil das Glas voller Luft ist. Die Luft kann das Glas nicht verlassen, weil sie leichter ist als das umgebende Wasser.

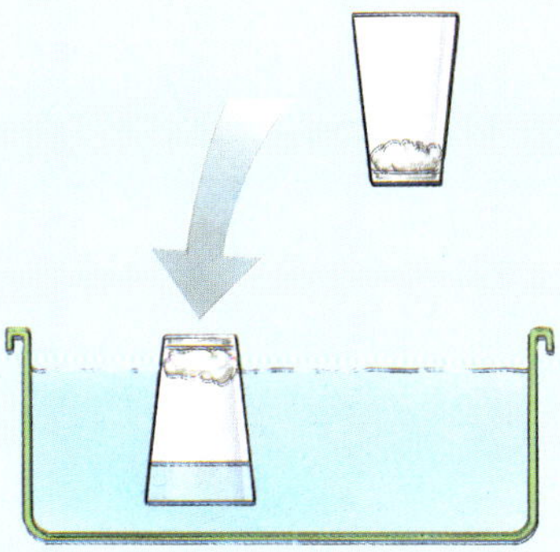

▽ Luft ist leichter als Wasser. Deswegen schwimmen Gummiboote obenauf und können auch noch Menschen tragen.

▷ Windsurfer nutzen den Wind aus, um vorwärts zu kommen. Gesteuert wird durch die Stellung des Segels zum Wind.

Siehe auch →Atmosphäre; →Atmung; →Gas; →Klima; →Kohlendioxid; →Luftdruck; →Mikroorganismen; →Sauerstoff; →Schall; →Treibhauseffekt; →Vakuum.

Wir können den Luftdruck anschaulich machen, wenn wir Luft aus einem Gefäß herauspumpen. Dann entsteht im Inneren ein Vakuum. Der gesamte Luftdruck lastet dann auf dem Gefäß, ohne daß ein gleich großer Innendruck im Gefäß dagegen wirken würde. Otto von Guericke (1602–1686) führte die Wirkung dieses Luftdrucks vor: Er zeigte, daß nicht einmal 16 Pferde zwei größere Halbkugeln, die vom Luftdruck zusammengepreßt wurden, auseinanderziehen konnten. Zuvor hatte er die Luft aus den beiden „Magdeburger Halbkugeln“ herausgepumpt.

Luftdruck

Die ganze Erde ist von einer →Lufthülle, der →Atmosphäre, umgeben. Luft ist ein Gemisch aus Gasen, das eine Masse und somit auch ein Gewicht hat. Weil wir dauernd in der Luft leben, spüren wir das Gewicht der Luftsäule über uns nicht. Sie ist aber sehr wohl vorhanden und übt auf der Erdoberfläche eine Gewichtskraft von rund 100 000 Newton pro Quadratmeter aus. Das entspricht einem Luftdruck von 1000 Hektopascal. Anschaulich vorstellen kann man sich den Luftdruck als diejenige Kraft, die etwa 1 Kilogramm Luftmasse auf einen Quadratzentimeter ausübt.

Wenn wir im Gebirge aufsteigen, fällt der Luftdruck. Die Luftsäule, die auf uns lastet, ist dann nicht mehr so hoch und übt somit einen geringeren Druck aus. Ungefähr alle 10 Meter geht der Luftdruck um 1 Hektopascal zurück. Zwischen dem Keller und dem Dachgeschoß eines Hauses herrscht also schon ein deutlicher Luftdruckunterschied. Schwankungen des Luftdrucks an ein und demselben Ort erleben wir auch in Zusammenhang mit dem →Wetter. Bei Schönwetter herrscht meistens hoher Luftdruck, bei Schlechtwetter niedriger Luftdruck. Diese Schwankungen können wir mit dem →Barometer verfolgen.

Luftfeuchtigkeit

Luft enthält immer Wasserdampf, also gasförmiges Wasser. Völlig trockene Luft gibt es nicht, weder in der Antarktis noch in den heißesten Wüsten. Selbst bei −20 °C kann ein Kubikmeter Luft noch rund ein Gramm Wasserdampf aufnehmen. Bei 30 °C sind es bereits 30 Gramm. Solche Angaben bezeichnen wir als absolute Luftfeuchtigkeit. Die relative Luftfeuchtigkeit beträgt in diesen beiden Fällen 100 Prozent, denn mehr

Mach es selbst

Wir legen ein Stück Alufolie auf den Boden eines Plastikbechers, damit er nachher keinen Schaden nimmt. Dann befeuchten wir ein Stück Löschpapier mit Wasser und lassen es abtropfen. Wir zünden nun ein Streichholz an und legen es auf die Alufolie. Schnell breiten wir das Löschpapier über den Plastikbecher und stellen einen zweiten Plastikbecher umgekehrt genau darüber – Öffnung auf Öffnung. Wenn das Zündholz ausgegangen ist, heben wir den zweiten Plastikbecher an. Der untere Plastikbecher sollte sich dabei ebenfalls in die Luft heben lassen, weil durch die Verbrennung des Streichholzes ein Teilvakuum (Unterdruck) entstanden ist.

Mach es selbst

Wir bauen uns ein Haarhygrometer. Dazu stecken wir zwei Büroklammern in einen Block aus Weichholz. In die Öse einer Nadel stecken wir einen Zeiger aus festem Papier und kleben ihn fest. Wir waschen ein ziemlich langes Frauenhaar in Seifenwasser, um alle Fettreste zu entfernen. Das eine Ende des Haares verknoten wir an einem Nagel oben am Holzblock. Dann winden wir das Haar einmal um die Nadel, die auf den Büroklammern aufliegt. Das Ende des Haares belasten wir mit einer weiteren Büroklammer. Schließlich bringen wir noch eine Skala auf dem Papier an. Wenn sich die Luftfeuchtigkeit ändert, verkürzt oder verlängert sich auch das Haar und bewegt den Zeiger auf der Skala.

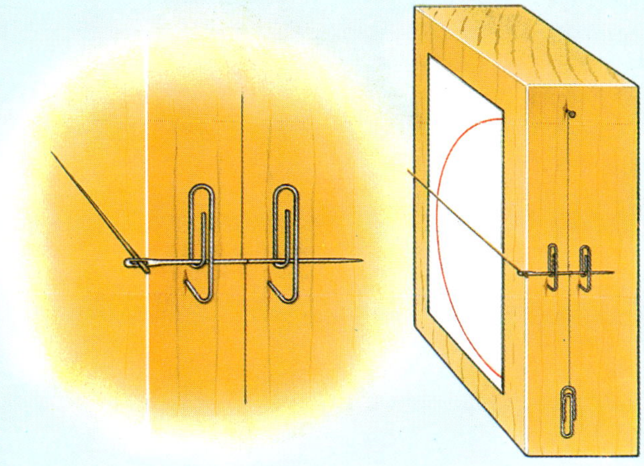

Wasserdampf kann die Luft bei diesen Temperaturen nicht aufnehmen. Wenn die relative Luftfeuchtigkeit 50 Prozent beträgt, ist die Hälfte des Wasserdampfs enthalten, den die Luft aufnehmen könnte. Eine Luftfeuchtigkeit um 50 Prozent empfinden wir als angenehm. In den Tropen sind in einem Kubikmeter Luft rund 20 Gramm Wasserdampf enthalten. Bei rund 25 °C entspricht dies einer fast hundertprozentigen relativen Luftfeuchtigkeit. In dieser schwülen Luft kann auch kein Schweiß mehr auf der Haut verdunsten, und das empfinden wir als sehr unangenehm, weil wir keine Verdunstungskälte mehr empfinden. Wenn die Luft so weit abkühlt, daß die Grenze zur hundertprozentigen relativen Luftfeuchtigkeit überschritten ist, so kondensiert Wasser aus und bildet →Nebel, →Wolken oder Tau. Die Luftfeuchtigkeit messen wir mit einem →Hygrometer.

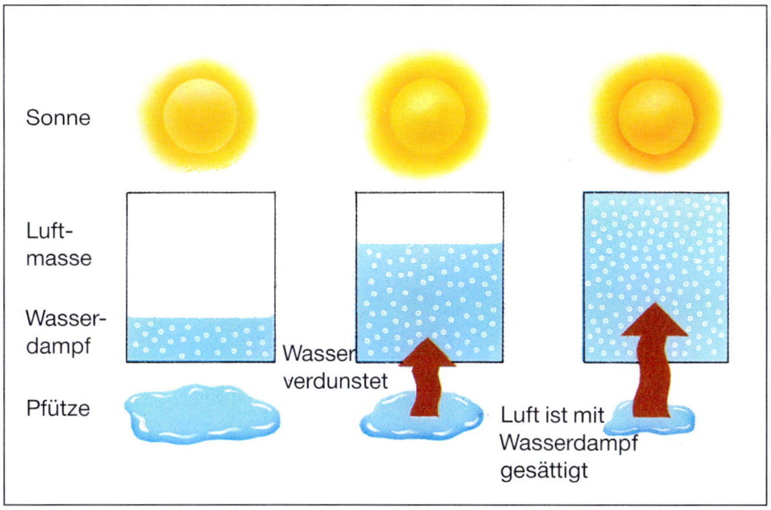

◁ Wenn die Sonne die Luft erwärmt, kann diese mehr Wasserdampf aufnehmen. Wenn oberflächliches Wasser, zum Beispiel das einer Pfütze, verdunstet, nimmt die Luft den Wasserdampf auf. Dabei steigt die Luftfeuchtigkeit. Schließlich kann die Luft keinen weiteren Wasserdampf mehr aufnehmen. Die Luft ist mit Wasserdampf gesättigt, und die relative Luftfeuchtigkeit beträgt 100 Prozent. Eine weitere Verdunstung ist dann nicht mehr möglich.

Luftkissenfahrzeug

▷ Das erste dieselgetriebene Luftkissenfahrzeug, die AP 1-88, nahm an der Küste Südenglands im März 1983 den Betrieb auf.

Christopher Cockerell (geb. 1910)

Der englische Ingenieur Christopher Cockerell löste das Problem, wie man ein Luftkissen unter einem Fahrzeug festhalten kann. Die ersten Versuche führte er nur mit einem Staubsaugermotor, alten Dosen und einer Küchenwaage durch. Cockerell steckte eine Dose in die andere und blies Luft in den Zwischenraum. Die Kräfte, die dabei auftraten, maß er mit einer Küchenwaage.

Luftkissenfahrzeug

Luftkissenfahrzeuge können sich über Wasser oder über dem Land bewegen. Sie brauchen keine Räder, sondern gleiten auf einem Luftkissen, das sie selbst erzeugen: Ein starkes Gebläse bläst Luft gegen den Boden unter dem Fahrzeug. Die Luft wird am Wegströmen gehindert und erzeugt dabei einen Luftstau, in dem der Luftdruck ungefähr dreimal so hoch ist wie im Freien. Auf diesem Kissen schwebt das Fahrzeug. Der Physiker spricht auch vom Bodeneffekt. Luftschrauben sorgen dann mit Propellern für den horizontalen Vortrieb.

Der englische Ingenieur Christopher Cockerell baute 1958 das erste Luftkissenfahrzeug, das Hovercraft SNR 1. Seit den siebziger Jahren fahren Luftkissenfahrzeuge vor allem auf dem Ärmelkanal zwischen der französischen und der englischen Küste hin und her. Sie erreichen Geschwindigkeiten bis zu 130 Kilometern pro Stunde und transportieren bis zu 400 Menschen und 60 Autos.

Den Bodeneffekt nützen auch die Airfoil-Flugzeuge. Sie fliegen knapp über der Wasseroberfläche und sind ein Mittelding zwischen Flugzeug und Boot. Auch die Albatrosse profitieren vom Bodeneffekt, denn sie können ohne Anstrengung stundenlang knapp über der Wasseroberfläche dahingleiten.

▷ Der größte Teil der Motorleistung eines Luftkissenfahrzeugs wird dazu aufgewendet, das Luftkissen aufrechtzuerhalten. Ein zentrales Gebläse bläst Luft in den Zwischenraum zwischen Rumpf und Abströmbegrenzung. Durch das Luftkissen verringert sich die Reibung auf ein Minimum. Damit sind für den Vortrieb nur verhältnismäßig geringe Leistungen notwendig.

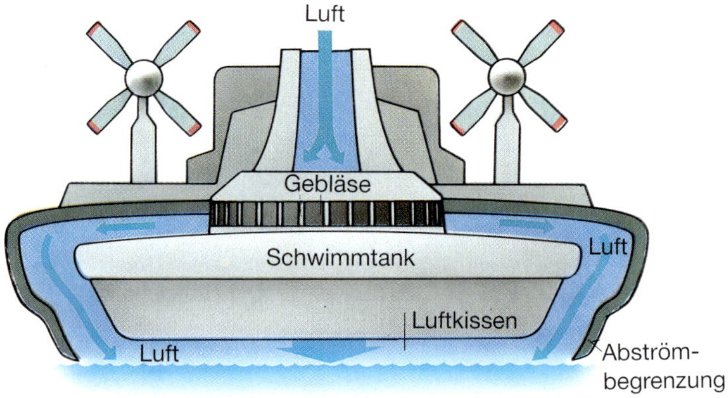

Mach es selbst

Wir bauen aus einem Joghurtbecher und einer Styroporschale ein Luftkissenfahrzeug. Wir schneiden den Boden des Joghurtbechers ab, legen den Becher auf den Schalenboden und ziehen an seinem Rand mit einem Bleistift eine Linie. Den Kreis schneiden wir aus. Dann stecken wir den Joghurtbecher in die Öffnung. Wir brauchen nur von oben etwas zu blasen, und schon hebt sich das Fahrzeug und ruht auf einem Luftkissen.

Luftspiegelung

Wenn kalte und warme Luftschichten nahe beieinanderliegen, kann die Grenzfläche ähnlich wie ein Spiegel wirken. Wir sehen zum Beispiel in der Wüste eine Palme und einen See, die sich unter dem Horizont zu befinden scheinen und gleichzeitig auf dem Kopf stehen. In Wirklichkeit steht die Palme aber aufrecht über dem Horizont. Eine stark erwärmte Luftschicht über dem Boden reflektiert das Bild total; dadurch erhält der Beobachter eine falsche Vorstellung von der Richtung, in der die Palme liegt.
Auch auf dem Meer gibt es eine solche Totalreflexion. Eine wärmere Luftschicht in einiger Höhe reflektiert zum Beispiel das Bild eines Schiffes. Uns erscheint es dann weit über dem Horizont und wiederum auf dem Kopf stehend. Das abgebildete Schiff kann dabei noch in weiter Entfernung und unter dem Horizont liegen. Diese Erscheinung nennt man mit einem italienischen Wort auch Fata Morgana, weil nach einem sizilianischen Volksglauben eine Fee – italienisch fata – diese Spiegelungen bewirkt. Luftspiegelungen sind in der Straße von Messina häufig.

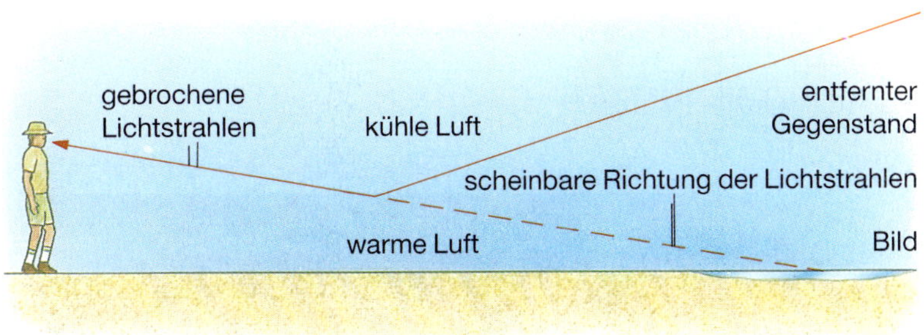

◁ Eine Fata Morgana entsteht, wenn Lichtstrahlen an der Grenze zwischen heißen und kühlen Luftschichten reflektiert werden. In der Wüste sehen wir zum Beispiel kopfstehende Palmen unter dem Horizont. In Wirklichkeit stehen sie aufrecht über dem Horizont.

Quellen des giftigen Gases Kohlenmonoxid in Prozent

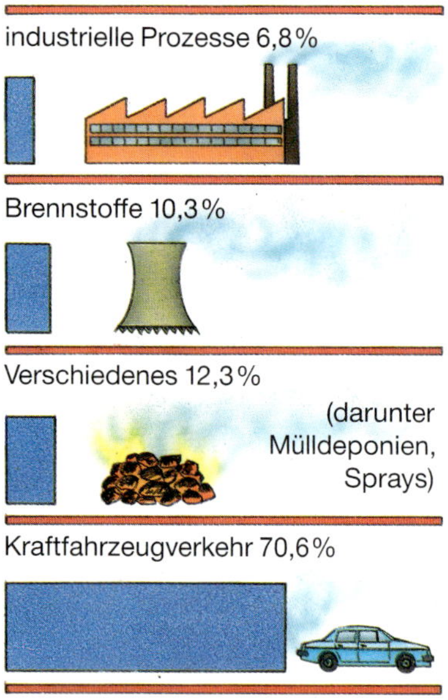

△ Das Kohlenmonoxid (CO) steht mengenmäßig an der Spitze aller gefährlichen luftverschmutzenden Stoffe. Der größte Teil entsteht durch unvollständige Verbrennung. Schlecht eingestellte Automotoren produzieren besonders viel Kohlenmonoxid. An Verkehrsknotenpunkten in Städten ist der Kohlenmonoxidgehalt der Luft schon so hoch, daß die Gesundheit direkt geschädigt wird.

Luftverschmutzung

In dicht besiedelten Ländern wie Deutschland hat die Luftverschmutzung beängstigende Ausmaße angenommen. Autoverkehr, Industrie, Kraftwerke und private Haushalte tragen dazu bei, daß „dicke Luft" herrscht. Die meisten luftverschmutzenden Stoffe werden gebildet, wenn wir Treibstoffe, Kohle oder Erdöl verbrennen. Dabei entsteht zunächst sehr viel →Kohlenmonoxid, das für die Umwelt allerdings nicht so schädlich ist wie zum Beispiel das →Schwefeldioxid. Dieses stechend riechende Gas ist zu einem großen Teil die Ursache für den →sauren Regen.

Jedes Jahr werden zwischen 4 und 5 Millionen Tonnen Stickoxide ausgestoßen. Die Hälfte davon geht auf das Konto des Autoverkehrs. In Verbindung mit dem Sonnenlicht bilden Stickoxide chemische Stoffe, welche die Atemwege reizen, zum Beispiel das →Ozon. Stickoxide tragen mit Schuld am Sommersmog. Die Autos bliesen früher große Mengen →Blei in die Luft, weil den Treibstoffen dieses Schwermetall zur Erhöhung der →Oktanzahl zugegeben wurde. →Katalysatorautos brauchen bleifreies Benzin, so daß diese Art der Luftverschmutzung etwas zurückgeht.

Besonders gefährlich sind die organischen Verbindungen, etwa die →Kohlenwasserstoffe, allen voran das →Benzol, von dem allein rund 50 000 Tonnen pro Jahr aus den Auspuffanlagen in die Luft gelangen. Auch chlorhaltige Kohlenwasserstoffe gelangen in die Luft und von dort in die →Nahrungsketten, wo sie große Schäden anrichten.

Obwohl die Luftverschmutzung ein internationales Problem ist, kann doch jeder einzelne etwas dagegen unternehmen: Wir fahren möglichst wenig Auto und benutzen das Fahrrad oder öffentliche Verkehrsmittel. Wir lassen die Heizung regelmäßig warten und die Abgase auf Schadstoffe überprüfen. Siehe auch →Treibhauseffekt.

▷ Gelblicher Sommersmog über einer nordamerikanischen Stadt. Der Sommersmog entsteht in den unteren Luftschichten bei intensivem Sonnenlicht und starkem Autoverkehr. Die Autos stoßen Kohlenwasserstoffe und Stickoxide aus. Daraus bilden sich chemische Stoffe, die Photooxidantien, die vor allem Nase und Atemwege reizen und die Atmung beeinträchtigen. Zu den Photooxidantien gehören zum Beispiel das Ozon, Salpetersäure und andere Säuren. Beim Wintersmog sammeln sich Rauchgase wie Schwefeldioxid und Kohlenmonoxid sowie Ruß und Staub in der Luft an. Besonders Kinder leiden dann unter krampfartigem Husten und Erstikkungsanfällen, dem sogenannten Pseudokrupp.

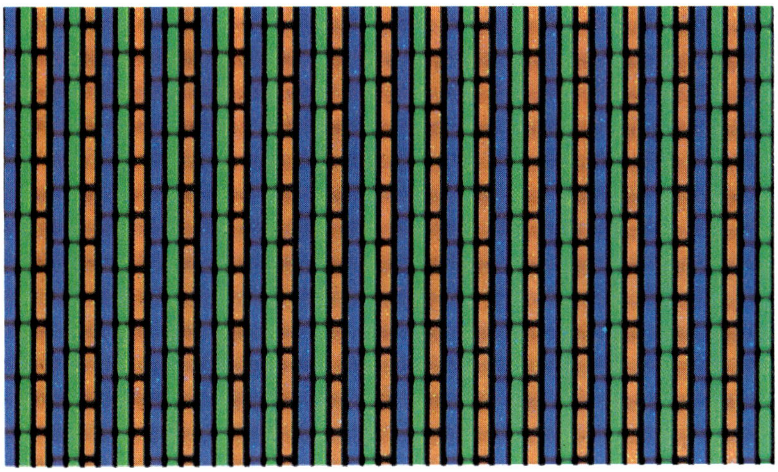

◁ Die Innenseite eines Farbfernsehschirms ist von Phosphorpunkten übersät. Wenn Elektronen aus der Kathodenstrahlröhre auf sie auftreffen, leuchten sie in ihren Farben auf. Mit den drei Farben Rot, Blau und Grün lassen sich alle Farben mischen.

Lumineszenz

Der Physiker spricht von Lumineszenz, wenn ein Stoff Licht abgibt, ohne daß er stark erhitzt wird. Gelegentlich benutzt man auch den Begriff kaltes Leuchten. Zur Lumineszenz kommt es, wenn →Atome eines Stoffes Energie aufnehmen und anschließend in Form von Licht wieder abgeben. Wir sagen: Die Atome werden angeregt und ihre →Elektronen somit auf ein höheres Energieniveau gehoben. Sie sinken danach wieder auf das alte Energieniveau zurück und geben dabei Lichtenergie ab. In welcher Form die Energie anfänglich zugefügt wird, ist je nach Stoff verschieden. Es gibt Stoffe, die zur Lumineszenz angeregt werden, wenn man sie mit →Ultraviolett oder Elektronen bestrahlt oder mit Schall behandelt. Andere leuchten, weil chemische Vorgänge stattfinden (→Biolumineszenz) oder weil Wärme zugeführt wird. Leuchtet der Stoff nur in der Zeit, während er bestrahlt wird, so spricht der Physiker von Fluoreszenz. Es gibt auch einige Stoffe, die ein Nachleuchten zeigen, das sich über Monate hin erstrecken kann (Phosphoreszenz).

Ohne Lumineszenz gäbe es keinen Fernseher, denn die →Kathodenstrahlröhre bringt verschiedenfarbige Punkte auf dem Bildschirm zum Leuchten.

Lungen

Die Lungen sind große, schwammige Organe, die in der Nähe des Herzens im Brustkorb liegen. Sie nehmen bei der →Atmung den →Sauerstoff auf und geben →Kohlendioxid ab. Alle Amphibien, Reptilien, Vögel und Säuger haben Lungen. Die Fische, die Amphibienlarven und manche anderen wasserbewohnenden niederen Tiere nehmen gelösten Sauerstoff mit →Kiemen auf. Nur winzige Tiere nehmen den Sauerstoff direkt mit der Haut auf.

Mach es selbst

Wir brauchen eine große Plastikflasche, die fünf Liter faßt, sowie eine Schüssel. Wir gießen Wasser in die Schüssel und füllen auch die Plastikflasche bis zum Rand. Wir verschließen die Öffnung der Flasche mit der Hand und drehen sie unter dem Wasserspiegel in der Schüssel um. Vielleicht hilft uns jemand dabei. An der Flasche befestigen wir mit zwei Gummiringen ein Lineal. Nun schieben wir einen Plastikschlauch in das Innere der Flasche. Atme tief ein und blase soviel Luft in die Flasche, wie du kannst.

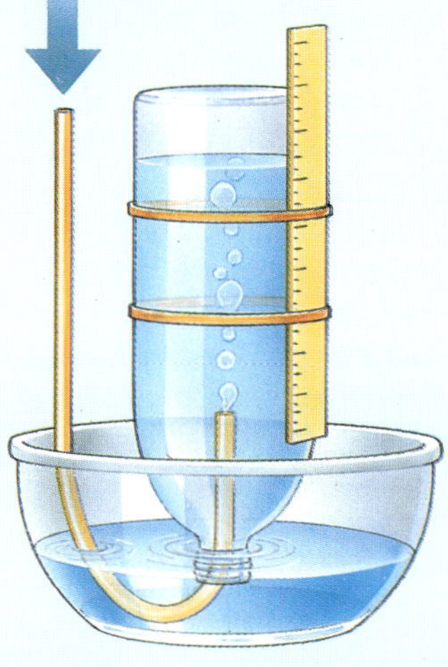

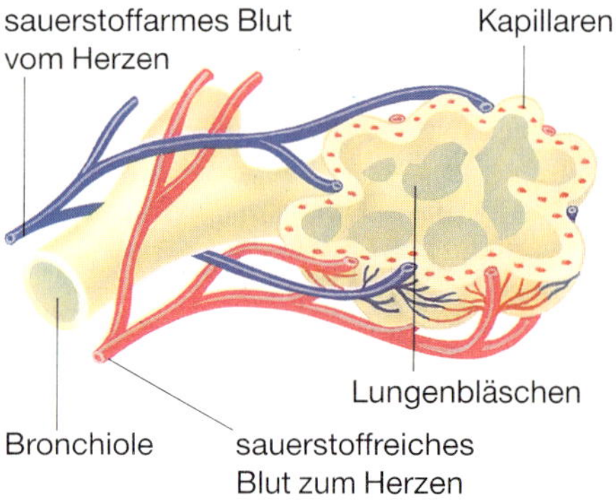

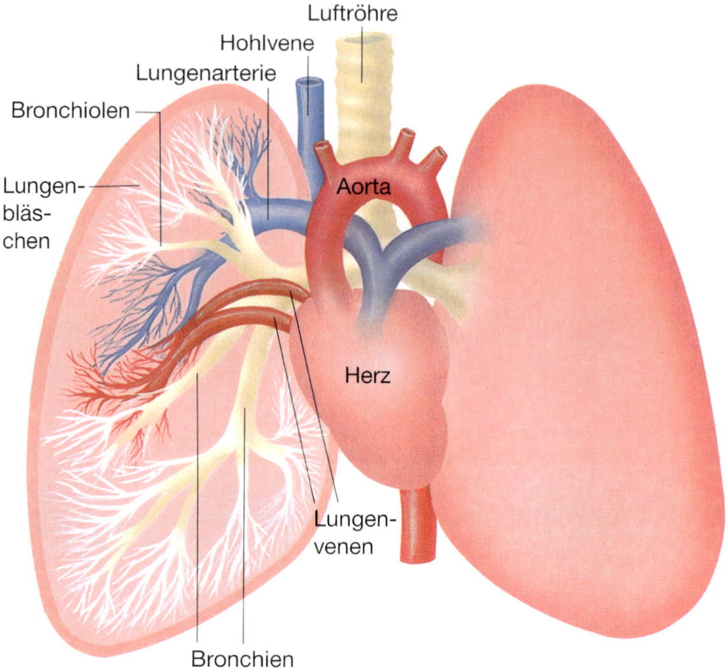

△ Die Lungen nehmen Sauerstoff aus der Luft auf und geben Kohlendioxid ab. Wenn wir einatmen, strömt Luft durch die Luftröhre, die Bronchien und die Bronchiolen bis in die Lungenbläschen. Dort findet der Gasaustausch statt. Die Lungenarterie, die vom Herzen kommt, teilt sich in der Lunge in winzige Kapillaren auf. Der eingeatmete Sauerstoff geht durch die Wand der Lungenbläschen in das Blut der Kapillaren über. Das nun sauerstoffreiche Blut sammelt sich in der Lungenvene, kehrt zum Herzen zurück und wird von dort aus in den ganzen Körper gepumpt.

Wenn wir einatmen, zieht die Luft erst durch Mund und Nase und dann durch die Luftröhre. Diese teilt sich am Ende in zwei Bronchien. Die Bronchien verzweigen sich nun immer mehr, bis feinste Bronchiolen in winzige Lungenbläschen oder Alveolen münden. Es gibt in der Lunge über 300 Millionen davon. Ihre Oberfläche ist ungefähr 200 Quadratmeter groß! Der Sauerstoff dringt durch die feine Wand der Lungenbläschen und wird von feinsten Blutgefäßen (Kapillaren) aufgenommen. Das Kohlendioxid nimmt den umgekehrten Weg und wird ausgeatmet.

Während der Atmung füllen und leeren wir unsere Lungen nicht vollständig. Die Lungen enthalten immer ungefähr 1,5 Liter Restluft, die wir nicht ausatmen können. Beim normalen Einatmen nehmen wir ungefähr 0,5 Liter Luft auf (Respirationsluft). Nach normalem Einatmen können wir weitere 1,5 bis 2 Liter Luft aufnehmen. Dieselbe Menge können wir nach einer normalen Ausatmung zusätzlich ausatmen. Wenn wir maximal ein- und ausatmen, schaffen wir einen Luftaustausch von 3,5 bis 4,5 Liter. Man nennt das die Vitalkapazität.

Lymphsystem

Die Lymphe ist eine Flüssigkeit, die aus den Kapillaren, den feinsten Blutgefäßen, austritt und ins Gewebe eindringt. Wir können sie auch als Gewebeflüssigkeit bezeichnen. In ihrer Zusammensetzung ähnelt die Lymphe dem Blut, nur fehlen ihr die roten Blutkörperchen. Dafür enthält sie viele weiße Blutkörperchen zur Bekämpfung von →Infektionen sowie zahlreiche Fetttröpfchen aus dem →Darm. Jeden Tag bildet unser Körper zwei bis drei Liter Lymphe. Sie fließt durch ein eigenes Lymphsystem mit Gefäßen. Diese vereinigen sich zu Lymphknoten; von den Knoten führt ein größeres Lymphgefäß weiter. Schließlich werden die Lymphgefäße immer größer, bis sie in den Milchbrustgang münden, der seinen Inhalt am Hals in eine Vene ergießt. Damit schließt sich der Kreislauf der Lymphe.

Die Lymphknoten enthalten zahlreiche weiße Blutkörperchen (Lymphozyten) und sind Zentren der Abwehr gegen Krankheitserreger (→Immunsystem). Bei manchen Krankheiten entzünden sich die Lymphknoten, zum Beispiel unter den Achseln oder in der Halsgegend. Sie schmerzen und werden druckempfindlich und produzieren dann in höchster Eile →Antikörper, um den Krankheitserreger zu bekämpfen.
Mit dem Lymphsystem stehen auch andere Organe in Verbindung: Die Thymusdrüse funktioniert nur bei Kindern und fördert deren Wachstum; dann bildet sie sich zurück. Auch in der Milz, den Mandeln und sogar im Wurmfortsatz des Blinddarms entstehen weiße Blutkörperchen.

▽ Das Lymphsystem setzt sich hauptsächlich aus den Lymphgefäßen, den Lymphknoten und einigen größeren Organen zusammen. Die Mandeln zum Beispiel stehen mit dem Lymphsystem in Verbindung. Sie haben die Aufgabe, Krankheitserreger im Rachen unschädlich zu machen. Die Milz produziert wie alle Lymphknoten weiße Blutkörperchen (Lymphozyten), die vor allem Jagd machen auf Krankheitserreger. Kinder haben in der Herzgegend die Thymusdrüse, die ein Hormon und besondere Lymphozyten produziert.

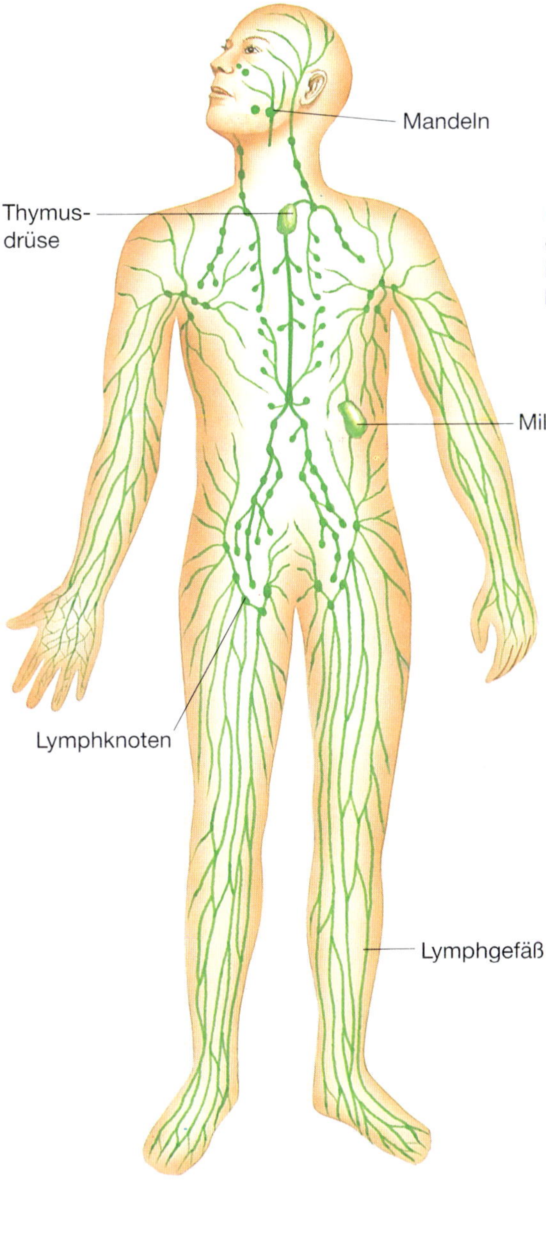

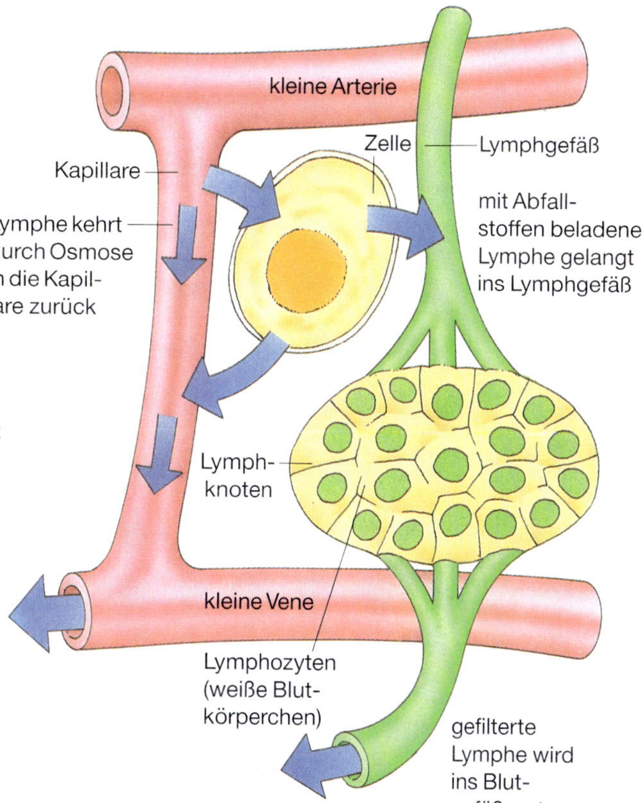

△ Lymphknoten liegen meist in Gruppen an Lymphgefäßen. Sie bilden weiße Blutkörperchen (Lymphozyten), die dem Körper beim Kampf gegen Krankheitserreger helfen. Lymphknoten filtern auch die Lymphe, bevor diese wieder ins Blut übergeht. Besonders dicht liegen die Lymphknoten in der Halsgegend, in der Achselgegend und vorne auf der Brust.

Mm

Magen

Der Magen nimmt die Nahrung auf, die wir schlucken. Er hat ein Fassungsvermögen von ungefähr einem Liter. Der Magen durchmischt die Nahrung mit →Enzymen und Salzsäure und setzt damit die →Verdauung von →Proteinen in Gang. Die Nahrung bleibt drei bis vier Stunden im Magen. Dann ist sie verflüssigt und wird von einem Ringmuskel, dem Pförtner, portionsweise in den →Darm entlassen, wo die weitere Verdauung erfolgt. Die innere Oberfläche des Magens ist von einer dicken Schleimschicht ausgekleidet. Damit wird verhindert, daß die Salzsäure und die Enzyme die eigene Magenwand verdauen. Wenn jemand unter schmerzhaften Magengeschwüren leidet, ist diese Schutzschicht an einer oder mehreren Stellen defekt.

Je nach Ernährungsweise ist der Magen der Tiere unterschiedlich ausgebildet. Katzen und Hunde haben große Mägen, weil sie sehr viel Fleisch auf einmal fressen und schnell verdauen müssen. Pflanzenfresser wie die Rinder haben einen komplizierten vierteiligen Magen, denn sie müssen die schwer verdauliche →Zellulose aus den Zellwänden der Pflanzen auflösen. Rinder haben deswegen auch einen sehr langen Darm.

▷ Die Magenwand des Menschen enthält drei Muskelschichten und ist aus Längs-, Ring- und Schrägfasern aufgebaut. Diese glatten Muskeln bewegen sich dauernd und kneten den Mageninhalt durch. Der vergrößerte Querschnitt links zeigt die Längs- und die Ringmuskulatur sowie Blutgefäße, die Nährstoffe und Sauerstoff zum Magen transportieren. Die Magenwand enthält auch zahlreiche Drüsen, die den Magensaft absondern. Dieser enthält Salzsäure und Enzyme für die Verdauung der Nahrung.

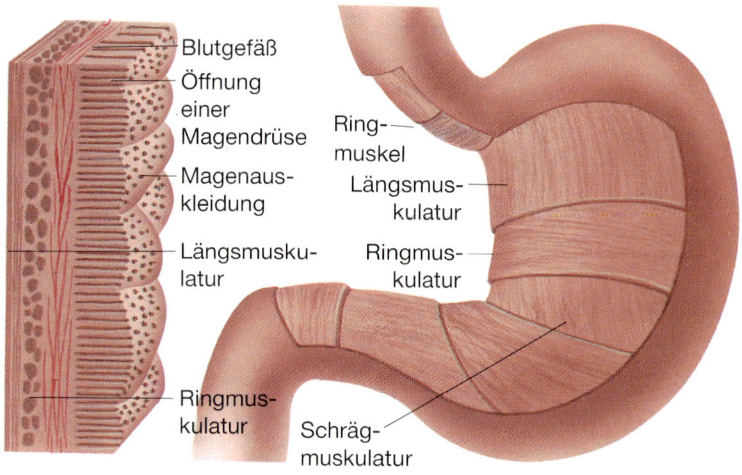

Wiederkäuermagen

Zunächst gelangt die grob vorgekaute Nahrung in den Pansen. Dort beginnen vor allem Bakterien mit der Verdauung. Die Nahrung wird nach einiger Zeit wieder in die Mundhöhle hinaufbefördert, dort wiedergekäut und erneut geschluckt. Über den Netzmagen und den Blättermagen gelangt sie dann in den Labmagen, wo die eigentliche Verdauung stattfindet. Daran schließt sich ein sehr langer Darm an.

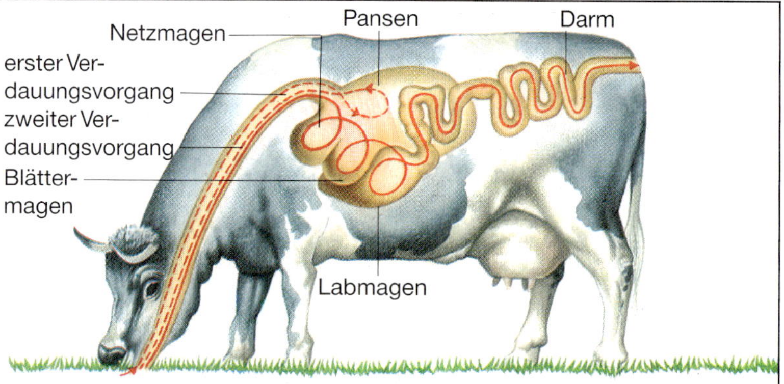

◁ Granite sind magmatische Gesteine, die tief im Erdinneren erstarren (Tiefengesteine). Durch geologische Kräfte gelangen sie an die Erdoberfläche. Da sie sich aus großen Kristallen zusammensetzen, verwittern sie verhältnismäßig leicht. Frischgebrochener Granit dagegen ist sehr hart und widerstandsfähig.

magmatische Gesteine

Magmatische Gesteine sind aus Magma hervorgegangen, also aus geschmolzenem Gestein im Erdinneren. Dieses Magma kann im Erdinneren erstarren oder gelangt als →Lava an die Erdoberfläche. Beim Erstarren und Abkühlen schrumpfen magmatische Gesteine ein und bilden Risse. Manchmal zeigen diese ein regelmäßiges Muster, und wir bewundern dann solche sechseckigen Basaltsäulen oder „Orgelpfeifen“ als Naturdenkmale. Wenn magmatische Gesteine schnell abkühlen und erstarren, weil sie an oder nahe der Erdoberfläche liegen, so entstehen daraus feinkörnige Basalte. Bleibt jedoch viel Zeit zum Abkühlen und Erstarren, so können sich große Kristalle entwickeln, wie wir sie etwa beim Granit finden. Granite verwittern verhältnismäßig leicht und zeigen dann phantastische Formen.

Magnesium

Das Magnesium ist ein silberweißes leichtes →Metall und ein →chemisches Element. Es kommt in Mineralien wie dem Dolomit oder dem Bitterspat (Magnesit) vor und ist das achthäufigste Element der Erdkruste. In Meerwasser sind viele Magnesiumsalze gelöst. Magnesium ist ein wichtiger Grundstoff für alle Lebewesen und ein wichtiger Bestandteil des →Chlorophylls der Pflanzen. Metallisches Magnesium verbrennt an der Luft mit sehr heller weißer Flamme. Man verwendete es deswegen früher einmal für fotografische Blitze. →Legierungen aus Magnesium und →Aluminium oder →Zink sind sehr leicht, sehr fest und werden besonders im Flugzeugbau verwendet. Das weiße Pulver, mit dem sich Turner die Hände bestäuben, ist Magnesiumoxid, auch Magnesia genannt.

▽ Magnesium verbrennt mit einer außerordentlich hellen weißen Flamme. Früher verwendete man brennendes Magnesium für fotografische Blitze, heute nur noch für Feuerwerke.

Die Geschichte der Magnetschwebebahn begann schon im Jahr 1922. Damals stellte Hermann Kemper erste Überlegungen über solche Fahrzeuge an. 1934 erwarb er ein grundlegendes Patent für die Schwebebahn. Das erste Modell entstand 1965. 1971 folgte das erste Fahrzeug, das bereits eine Geschwindigkeit von 90 Kilometern pro Stunde erreichte. Seither wurde dieser Transrapid immer weiter entwickelt. Ob aber in Zukunft einmal alle größeren Städte durch Magnetschwebebahnen miteinander verbunden sein werden, steht noch nicht fest. Manche Ingenieure und Politiker sind der Ansicht, die Magnetschwebebahn habe keine Zukunft, weil sie viel zu teuer werde und die Bahn schon sehr schnelle Züge zur Verfügung stelle.

Magnetismus

Schon die alten Griechen kannten Stoffe, die andere Stoffe anzogen, sobald sie in deren Nähe kamen. Unsere Bezeichnung „magnetisch“ geht auf die griechische Landschaft Magnesia zurück. Magnetismus entsteht durch bewegte Ladungen, hat also immer mit →Elektrizität zu tun. Am deutlichsten wird das bei den →Elektromagneten, die mit Hilfe elektrischer Ströme magnetische Felder aufbauen. Weiteres dazu auf der Seite 313.

Magnetschwebebahn

Magnetschwebebahnen haben keine Räder, sondern bewegen sich berührungslos auf Führungsschienen. Zwischen dem Fahrzeug und der Schiene liegt ein Luftzwischenraum von rund einem Zentimeter. Magnetische Kräfte sorgen dafür, daß das Fahrzeug in einen Schwebezustand angehoben wird. Den Antrieb besorgen →Linearmotoren. Die deutsche Magnetschwebebahn heißt Transrapid und ist für Geschwindigkeiten von 500 Kilometern pro Stunde ausgelegt. Allerdings gibt es bisher erst eine Versuchsstrecke im Emsland.

Mangan

Mangan ist ein sprödes silbergraues →Metall und ein →chemisches Element. Es kommt in vielen Mineralien vor, besonders im Braunstein und auch in Eisenerzen. Auf Tiefseeböden hat man vor kurzem große Mengen von Manganknollen entdeckt. Mangan ist ein wichtiges Spurenelement, das heißt, Lebewesen brauchen es in geringen Mengen. Der Mensch sollte rund vier tausendstel Gramm Mangan pro Tag zu sich nehmen. Das weitaus meiste Mangan wird bei der Herstellung hochwertiger →Stähle gebraucht.

▷ Mangan wird Eisen hinzugefügt, um äußerst harte Stähle zu erhalten. Aus Manganstahl sind zum Beispiel Baggerzähne oder die Schienen von Schienenkreuzungen oder die Walzen von Mühlen.

Magnetismus

Magnetismus entsteht, wenn elektrische Ladungen bewegt werden. Ein solcher Fall ist zum Beispiel gegeben, wenn Elektronen durch einen Leiter transportiert werden. Es genügt aber schon, wenn Elektronen einen Atomkern umkreisen. Ja, der kleinste Magnet entsteht, wenn sich ein Elektron um seine Achse dreht (Spin). Im nicht magnetischen Eisen sind viele solche winzigen Magnete völlig ungeordnet enthalten. Wenn ein äußeres Magnetfeld sie alle in dieselbe Richtung bringt, so wird das Eisen zum Dauermagnet (Permanentmagnet) und bleibt das auch, wenn das äußere Magnetfeld entfernt wird.
Magnetismus erkennt man an Kräften, die anziehend oder abstoßend wirken. Dauermagnete scheinen zwei Pole zu haben, die wir Nordpol und Südpol nennen. Gleichnamige Pole zweier verschiedener Magnete stoßen sich ab, und ungleichnamige ziehen sich an.

William Gilbert (1544–1603)
William Gilbert war praktischer Arzt in London und Leibarzt der Königin Elisabeth I. Er schrieb ein berühmtes Buch über den Magnetismus und führte selbst Experimente durch. In seinem Werk vertrat er die Ansicht, man könne den Erdmagnetismus dadurch erklären, daß man sich im Erdinneren einen riesigen Stabmagneten vorstelle.

▷ Dauer- oder Permanentmagnete gibt es in unterschiedlichen Formen, zum Beispiel als Stabmagnete, Hufeisenmagnete, als ring- und scheibenförmige Magnete. Permanentmagnete können ihren Magnetismus auf andere Stoffe übertragen. Diese werden dann selbst magnetisch. Der Magnet zwingt die Teilchen des zu magnetisierenden Stoffes, sich nach den Feldlinien auszurichten. Dies geschieht zum Beispiel beim Tonband.

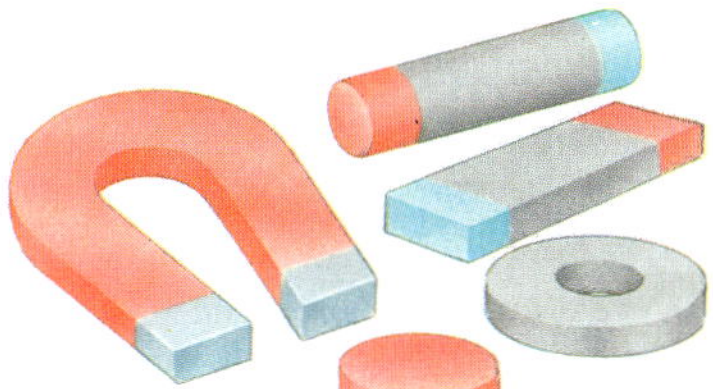

▽ Magnete haben ein Magnetfeld, dessen Linien sich in den Magnetpolen bündeln. Wir können diese Feldlinien sichtbar machen, indem wir Eisenfeilspäne auf ein Papier oder ein Glas schütten und einen Magneten darunterhalten.

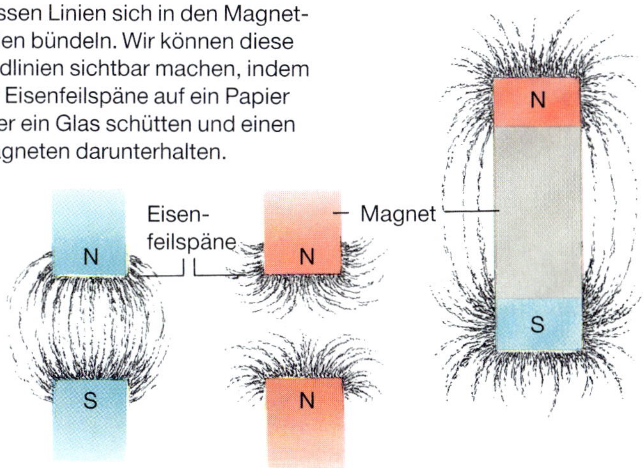

Mach es selbst
Wir können die Stärke eines kleinen Magneten prüfen, indem wir untersuchen, wieviele Büroklammern und Nägel er hochheben kann. Auf diese Weise ist auch ein direkter Vergleich zwischen mehreren Magneten möglich.

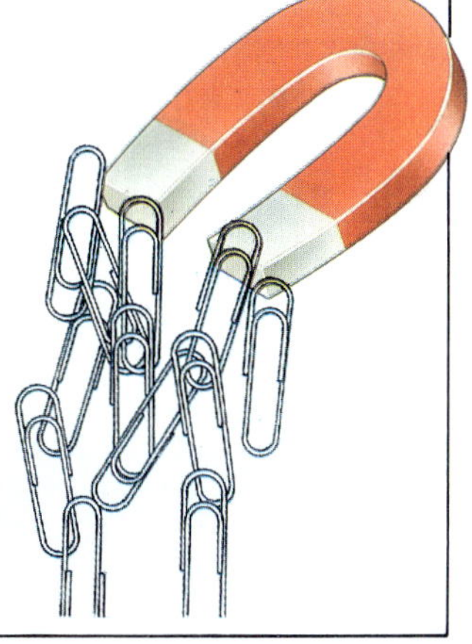

Siehe auch →Elektrizität; →Elektromagnet; →Elektron; →Erdmagnetismus; →Generator; →Kompaß; →Kraft; →Metalle; →Physik; →Pole; →Werkstoffe.

Beim Härten oder bei der Hydrierung lagern sich Wasserstoffatome an Doppelbindungen zwischen zwei Kohlenstoffatomen an. Aus den Doppelbindungen werden dann Einfachbindungen. Wir sagen auch: Aus den ungesättigten Fettsäuren werden gesättigte. Gesättigte Fettsäuren haben einen höheren Schmelzpunkt als ungesättigte.

Margarine

Um 1865 versprach der französische Kaiser Napoleon III. in einem Wettbewerb demjenigen einen Preis, der einen Ersatz für Butter finden könne. Der Sieger hieß Hippolyte Mège-Mouriès. Er hatte seine Kunstbutter hauptsächlich aus Schweineschmalz und Rindertalg hergestellt. Heute können wir uns kaum mehr vorstellen, wie seine Margarine geschmeckt haben mag – jedenfalls sicher nicht so gut wie die heutige.

Im Jahr 1903 entdeckte ein deutscher Chemiker, daß pflanzliche →Öle zu festen →Fetten werden, wenn man sie mit Wasserstoffgas behandelt. Man nennt diesen Vorgang härten oder hydrieren. Heute besteht der größte Teil der Margarine aus solchen gehärteten oder anderweitig chemisch behandelten pflanzlichen Ölen. Daneben enthält sie auch Wasser. Wasser und Fette mischen sich normalerweise aber nicht. Das ist nur möglich, wenn man das Fett oder das Wasser in winzige Tröpfchen auflöst. Das Gemisch verwandelt sich dann in eine →Emulsion. Dabei helfen besondere chemische Stoffe, die Emulgatoren. Die Margarine ist also auch heute noch ein künstlich hergestelltes Nahrungsmittel, wird aber oft empfohlen, weil sie weniger →Cholesterin enthält als tierische Fette.

▽ Margarine wird hauptsächlich aus pflanzlichen Ölen hergestellt: Palmöl, Erdnußöl und Sonnenblumenöl. Zunächst werden sie gereinigt, dann mit Wasser vermischt und neutralisiert. Daraufhin läßt man sie im Beisein eines Katalysators mit Wasserstoff reagieren. Dabei verwandelt sich das flüssige Öl in festes Fett. Bei dieser Reaktion können unangenehme Gerüche entstehen; man entfernt sie durch Destillation. Dann fügt man Vitamine und Farbstoffe, Magermilch und Milchsäurebakterien hinzu. Die Mischmaschine stellt dann die Emulsion her. Es gibt auch Leichtmargarine mit besonders hohem Wasseranteil.

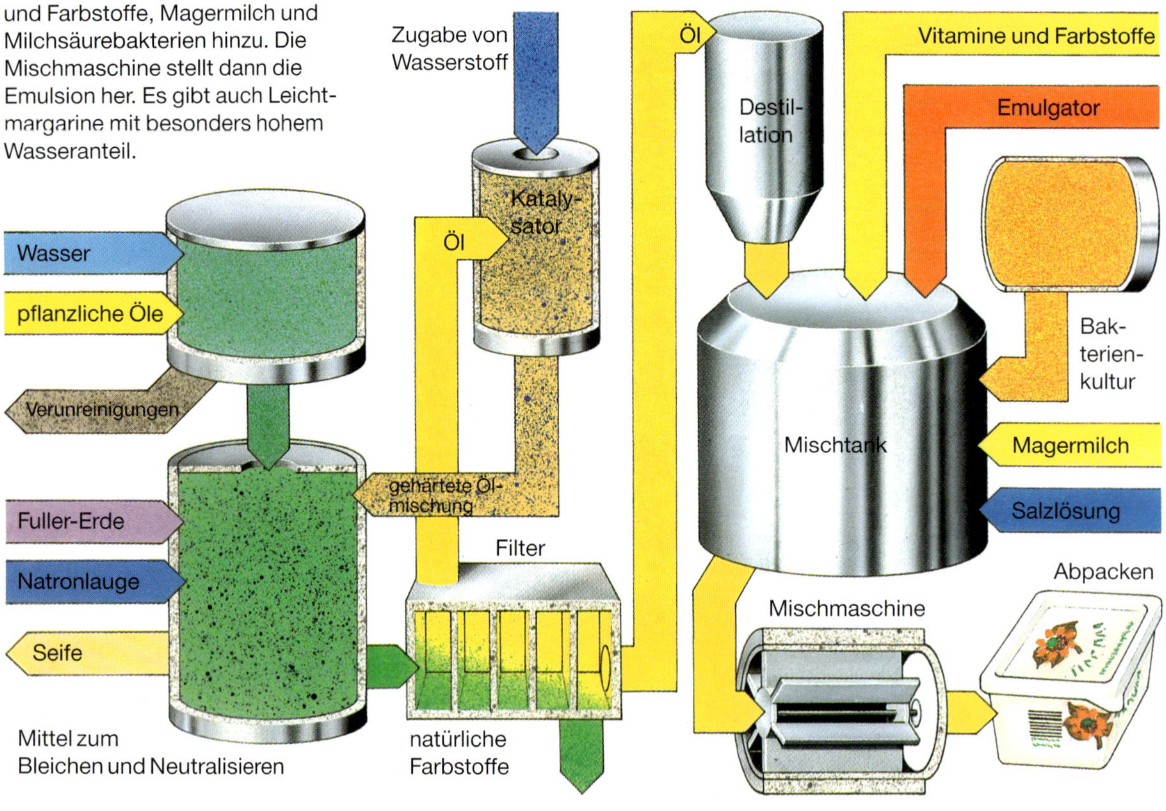

◁ Der Mars ist der vierte Planet des Sonnensystems. Seine Umlaufbahn liegt zwischen der der Erde und der des Jupiters.

Mars

Der Mars ist der erdnächste →Planet. Er ist jedoch viel kleiner und auch viel kälter als die Erde und hat nur eine sehr dünne Atmosphäre. Seine Berge sind aber viel höher als die der Erde. Das zeigt uns, daß im Mars einmal gewaltige Kräfte gewirkt haben müssen. Der Berg Olympus Mons ist mit 23 Kilometern am höchsten. Ein gewaltiges Tal, das Valles Marineris, ist 4000 Kilometer lang, 75 Kilometer breit und stellenweise 7 Kilometer tief!

1976 landeten zwei Vikingsonden auf dem Mars und funkten Bilder von einer steinigen und staubigen Wüstenlandschaft auf die Erde. Stürme wirbeln auf dem Mars Staub hoch und transportieren ihn über Tausende von Kilometern hinweg. Die Eiskappen an den Polen schmelzen und bilden sich wieder – je nach Jahreszeit. Die dünne Atmosphäre besteht hauptsächlich aus Kohlendioxid, und wenn die Sonne untergeht, wird es sehr kalt auf dem Mars.

Die Vikingsonden hatten auch die Aufgabe gehabt, nach Lebewesen auf dem Mars zu suchen. Alle Experimente gingen jedoch negativ aus. Es gibt auf dem Mars keine Bakterien – geschweige denn grüne Marsmännchen, und auch auf den übrigen Planeten hat sich kein Leben entwickelt.

Der Mars hat zwei winzige Monde, Phobos und Deimos. Beide sind unregelmäßig geformt, und der größere, Phobos, hat nur einen Durchmesser von 27 Kilometern. In 7 Stunden 39 Minuten dreht er sich einmal um den Mars. Dabei nähert er sich immer mehr der Marsoberfläche, doch wird er erst in ungefähr 40 Millionen Jahren mit dem Planeten zusammenprallen.

Zahlen und Daten

Durchmesser 6794 km
Entfernungen von der Sonne
249 Millionen km (Maximum)
207 Millionen km (Minimum)
Umlaufzeit 687 Erdentage
Tageslänge 24 Stunden 37 Minuten
Masse 11 Prozent der Erdmasse
Dichte 71 Prozent der Erddichte
Oberflächentemperaturen
−30 °C (Maximum)
−100 °C (Minimum)

▽ Die Marsoberfläche ist von Kratern, Vulkanen und tiefen Schluchten bedeckt. Der höchste Berg ist der aktive Vulkan Olympus Mons. Eines der tiefsten Täler heißt Valles Marineris.

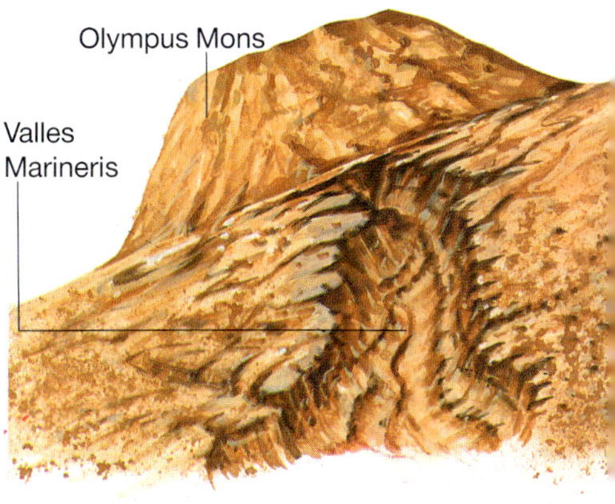

▽ Einige Beispiele für Maschinen. Newcomens Maschine war eine Vorläuferin der Dampfmaschinen. James Watt entwickelte sie ab 1765 weiter. Die heutigen Automotoren sehen ganz anders aus als ihre Vorgänger.

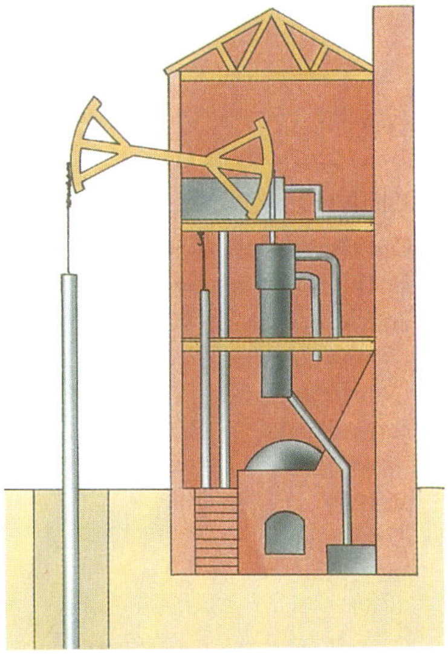

Dampfmaschine von Newcomen, 1712

Motor von Daimler, 1885

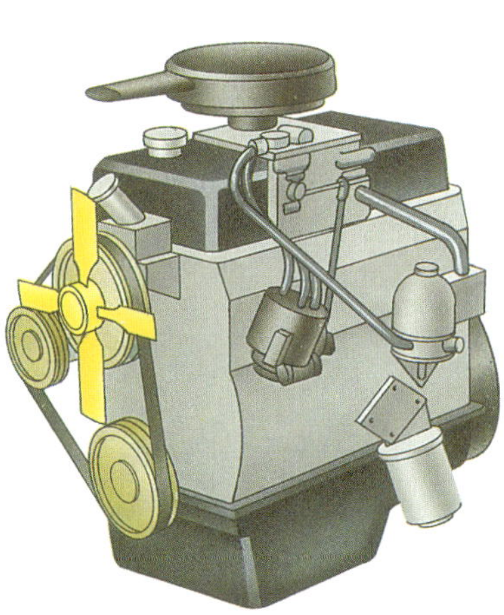

heutiger Automotor

Maschine

Maschinen übertragen Kräfte und leisten dabei Arbeit, oder sie verwandeln eine Energieform in eine andere. Da gibt es zunächst die →einfachen Maschinen wie den Hebel, die Rolle oder die schiefe Ebene. Etwas kompliziertere Maschinen kannten schon die Menschen der Steinzeit. Dazu gehört zum Beispiel die Schlagfalle, die heute noch von manchen Naturvölkern verwendet wird. Auch die Töpferscheibe war eine frühe Maschine. Die größten Maschinen der Römerzeit waren Kriegs- und Belagerungsmaschinen, welche die Römer einfach „machina" nannten.

Das eigentliche Maschinenzeitalter begann gegen Ende des 17. Jahrhunderts. Damals wurden die ersten Spinnmaschinen und Maschinenwebstühle gebaut. Sie ersparten zwar viel Handarbeit, doch stieg gerade dadurch die Arbeitslosigkeit. Die entlassenen Arbeiter und Handwerker protestierten, indem sie Maschinen zerstörten (Maschinenstürmer). Die Industrialisierung war jedoch nicht mehr aufzuhalten. In der Mitte des 18. Jahrhunderts fanden die →Dampfmaschinen weite Verbreitung.

Gegen Ende des 19. Jahrhunderts wurde der →Verbrennungsmotor erfunden. Er verbrennt Treibstoffe im Inneren eines Zylinders und versetzt dadurch einen oder mehrere Kolben in Bewegung. Diese Maschinen haben keinen hohen →Wirkungsgrad, weil nur rund ein Drittel bis ein Viertel der chemischen Energie genutzt wird. Der Rest entweicht als nicht nutzbare Abwärme. Dennoch hatten die Verbrennungsmotoren große Vorteile gegenüber den altmodischen Dampfmaschinen: Sie konnten nämlich sofort arbeiten, und man mußte nicht warten, bis das Wasser kochte und sich ein Druck aufgebaut hatte.

Flugzeuge wurden in den ersten Jahrzehnten nur von Kolbenmotoren angetrieben. Um 1945 entwickelte der englische Ingenieur Frank Wittle aber eine neue Maschine, die →Gasturbine: Heiße Verbrennungsgase treiben eine →Turbine an. Diese versetzt entweder einen Propeller in Drehung oder saugt große Luftmengen an (→Strahltriebwerk), die nach hinten ausgestoßen werden.

Maser

Der Maser (sprich: mehser) ist ein →Mikrowellenverstärker. Er funktioniert ähnlich wie der →Laser: Man bestrahlt ein Gas mit Mikrowellen. Dessen →Atome oder →Moleküle nehmen die Strahlung auf und werden dadurch angeregt. Im Normalfall geben sie die Strahlung sofort wieder ab. Der Maser bewirkt nun durch Einstrahlung weiterer Wellen, daß die Atome ihre Strahlung verstärkt und im selben Augenblick abgeben. Deswegen schwingen diese Wellen in Phase; wir nennen sie kohärent. Maser dienen vor allem als Verstärker im Funkverkehr mit Nachrichtensatelliten.

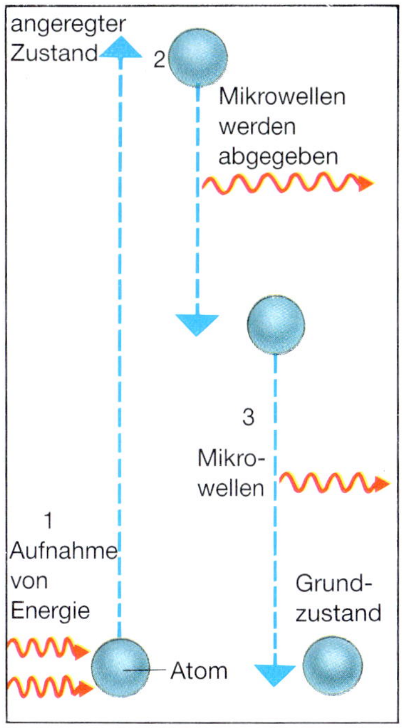

△ In einem Maser werden Atome durch Strahlungsenergie angeregt (1). Die angeregten Atome geben diese Energie wieder ab und kehren in zwei Stufen (2, 3) wieder in den Grundzustand zurück. Das Atom gibt seine Energie in Form von Mikrowellen ab.

Maße

Jeder weiß, daß man Äpfel nicht mit Birnen vergleichen kann. Natürlich gilt dies auch in der Physik und in der Technik. →Gewichtskraft und →Masse sind zum Beispiel ganz verschiedene Dinge. Deswegen gibt es dafür auch eigene Maßeinheiten: Für die Masse zum Beispiel das Kilogramm und für die Gewichtskraft wie für alle Kräfte das Newton. Als grundlegende Maßeinheit verwenden wir heute die →SI-Einheiten. Sie sind gesetzlich vorgeschrieben.
Die Grundeinheit der Länge ist der Meter. Ursprünglich wurde er definiert als der zehnmillionste Teil der Entfernung zwischen Äquator und Pol. Nach dieser Vorschrift stellte man später einen Stab her, den Urmeter, der heute noch in Paris aufbewahrt wird, und definierte dessen Länge als Meter. Für genaue Messungen reichte aber auch der Urmeter nicht aus. Heute bestimmt man die Länge durch die Zeit, indem man die Lichtgeschwindigkeit sozusagen als Maß nimmt. Ein Meter entspricht der Strecke, die das Licht im Vakuum in der Zeit von 1/299 792 458 Sekunden zurücklegt. Obwohl wir Maßeinheiten jeden Tag brauchen, ist ihre Definition oft alles andere als einfach. Die Sekunde etwa definiert man als die Zeit, in der ein Cäsiumatom eine bestimmte Zahl von Schwingungen durchführt.

Masse

Masse ist die Menge an →Materie, die ein Körper enthält. Die Masse äußert sich zunächst als Beharrungsvermögen oder Trägheit. Diese träge Masse setzt jeder Änderung der Bewegung (→Beschleunigung) einen Widerstand entgegen, der überwunden werden muß. Verdoppelt sich die Masse eines Körpers, so verdoppelt sich auch die Trägheit. Ein Bus hat eine größere träge Masse als ein Personenauto. Die Masse bestimmt auch, wie stark die Schwerkraft den betreffenden Körper anzieht. Die Schwerkraft, die auf das Erdinnere zu gerichtet ist, entspricht dem →Gewicht des Körpers. Die Masse entscheidet also unter anderem darüber, wie groß das Gewicht ist. Dennoch sind Masse und Gewicht zwei ganz verschiedene Dinge. Mit zunehmender Entfernung von der Erde wird das Gewicht immer kleiner, während die Masse stets dieselbe bleibt. Bei abgeschalteten Triebwerken sind Astronauten im Weltraum schwerelos, ihre Masse aber bleibt

▽ Das Gewicht hängt von den Kräften ab, die auf eine Masse wirken. Auf der Erde ist die Schwerkraft aber nicht überall gleich groß. An den Polen ist sie größer als am Äquator. So wiegt eine Masse von einem Kilogramm an den Polen 9,83 Newton (N), am Äquator hingegen nur 9,78 Newton. Daß das Gewicht am Äquator geringer ist, hängt mit der Zentrifugalkraft zusammen, die der Schwerkraft entgegenwirkt.

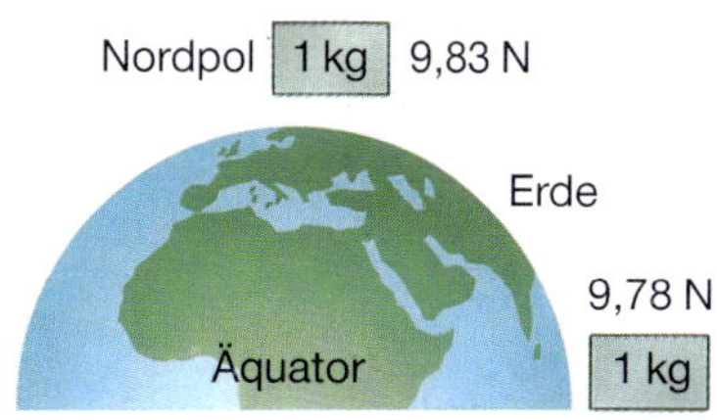

unverändert. Die →Relativitätstheorie sagt uns, daß die Masse eine Form der →Energie darstellt. Wenn ein Körper sich mit einer Geschwindigkeit von 257 500 Kilometern pro Sekunde bewegt, hat er doppelt soviel Masse, als wenn er stillsteht.

Massenspektroskopie

Mit der Massenspektroskopie kann man herausfinden, aus welchen →chemischen Elementen eine Verbindung oder ein Gemisch aufgebaut ist. Man kann sogar die →Isotope eines Elements unterscheiden. Der Massenspektrograph – so heißt das Gerät – verwandelt die Atome der Probe zuerst in →Ionen. Diese Ionen werden nun stark beschleunigt und schießen durch ein elektrisches Feld, wo sie je nach ihrer Geschwindigkeit mehr oder weniger stark abgelenkt werden. Dann fliegt der aufgefächerte Strahl durch ein Magnetfeld, wo die Ionen nach ihrer Masse sortiert werden. Schwere Ionen werden dabei weniger abgelenkt als leichte. Die Ionen prallen auf eine Fotoplatte und schwärzen sie oder treffen auf einen →Detektor auf. Mit diesem Verfahren erhält man ein Massenspektrum. Mit der Massenspektroskopie kann man auch kleinste Materialmengen chemisch analysieren.

> Die Massenspektroskopie arbeitet so genau, daß sich der Fehler bei der Bestimmung verschiedener Isotope nur auf tausendstel Prozente beläuft.

Massenzahl

Die Massenzahl ist die Gesamtzahl aller →Protonen und →Neutronen in einem →Atom. Alle Atome eines bestimmten →chemischen Elements haben in ihrem Atomkern dieselbe Zahl von Protonen. Die Zahl der Neutronen kann allerdings schwanken. Atome mit unterschiedlicher Anzahl von Neutronen im Kern nennen wir →Isotope. Das normale Kohlenstoffatom hat im Kern 6 Protonen und 6 Neutronen. Es kommt ihm also die Massenzahl 12 zu. Diese wird links oben vor das chemische Symbol des Elements geschrieben, also ^{12}C. Heute schreibt man auch vereinfachend C 12. Dieses Kohlenstoffisotop C 12 macht fast 99 Prozent allen Kohlenstoffs aus. Zu rund einem Prozent ist das Kohlenstoffisotop C 13 in der Natur vertreten. Neben diesen beiden stabilen Isotopen gibt es noch ein sehr seltenes, radioaktives Isotop, nämlich das C 14. Es hat 8 Neutronen im Kern und zerfällt im Laufe der Zeit zu Stickstoff. Die →Radiokarbondatierung verwendet dieses Kohlenstoffisotop.

Der weitaus größte Teil des Urans liegt als Isotop mit der Massenzahl 238 vor. Es enthält 92 Protonen und 146 Neutronen. Dieses Isotop ist radioaktiv. Ebenfalls radioaktiv und gleichzeitig spaltbar ist das Uran 235 (92 Protonen und 143 Neutronen, Massenzahl 235), das in den Brennelementen von Kernreaktoren angereichert werden muß.

▽ Die Massenzahl eines Atoms ergibt sich aus der Gesamtzahl der Protonen und der Neutronen im Kern. Das häufigste Kohlenstoffatom hat 6 Protonen und 6 Neutronen. Die Massenzahl wird links oben vor das chemische Symbol geschrieben (^{12}C). Wir können aber auch die einfachere Schreibweise C 12 wählen.

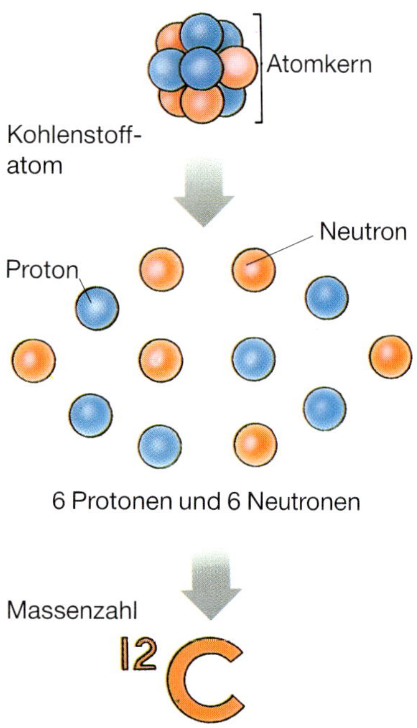

Materialermüdung

Manche Maschinen oder Geräte haben Teile, die dauernd beansprucht werden, zum Beispiel durch Erschütterungen oder Vibrationen. Diese Beanspruchung hat zur Folge, daß sich die Atome oder Moleküle im Werkstoff – meistens sind es Metalle – neu anordnen. Dabei entstehen mikroskopisch feine Risse. Weil die Beanspruchung immer weiter anhält, weiten sich diese Risse, bis es zu einem echten Bruch des Werkstoffs kommt. Dabei sprechen wir von Materialermüdung. Einen solchen Ermüdungsbruch erlitt vor einigen Jahren ein amerikanisches Flugzeug, als es einen großen Teil seines Daches während des Fluges verlor. Es gibt auch Ermüdungsbrüche bei Knochen. Spitzensportler sind wegen der Dauerbelastung ihres Körpers besonders häufig davon betroffen.

Mach es selbst

Wir können einen Ermüdungsbruch selbst hervorrufen. Dazu nehmen wir etwas Stahl- oder Kupferdraht oder einen alten Teelöffel aus einer leichten Aluminiumlegierung. Wir biegen das Material vor und zurück. Nach einiger Zeit kommt es unweigerlich zum Bruch.

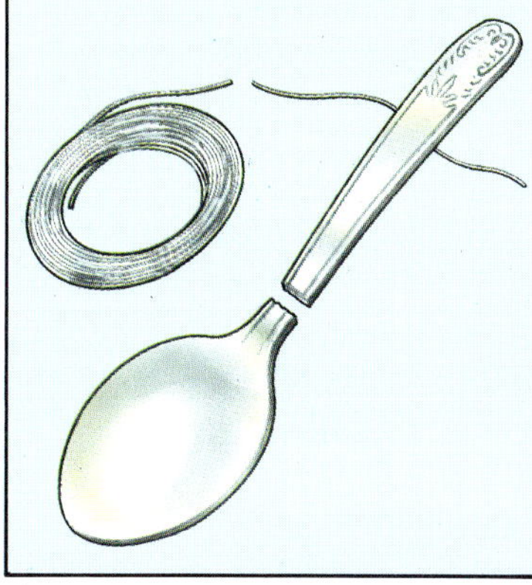

◁ Dauerbelastungen können zu Ermüdungsbrüchen führen. Ingenieure müssen die Materialermüdung bei ihren Konstruktionen berücksichtigen. Hier wird ein Teil einer Pipeline auf mögliche Ermüdungserscheinungen hin geprüft. Zahlreiche elektronische Sensoren messen die Beanspruchungen, denen das Werkstück ausgesetzt ist.

Materie

Materie ist all das, was wir sehen, fühlen, anfassen können, sozusagen das stofflich Vorhandene. Wenn man diese Materie jedoch physikalisch näher betrachtet, erweist sie sich zum größten Teil als anscheinend leerer Raum! Zwischen den Atomkernen ist nämlich eine Menge Platz. Wenn man die Atomkerne so eng zusammenpressen könnte, daß sie dicht nebeneinanderlägen, so hätte die Kuppe eines Streichholzes die Masse von einer Million Tonnen! Das geht nun aber nicht, weil der Raum zwischen den Atomkernen erfüllt ist von starken Kraftfeldern. Um sie zu überwinden, müßte man riesige Energiemengen aufwenden. Die →Relativitätstheorie behauptet, Materie und damit Masse und Energie seien eine Form der Energie. Man könne Masse in Energie umwandeln und umgekehrt: Ein Körper hat bei hoher Geschwindigkeit mehr Masse, als wenn er stillsteht.

Materie tritt normalerweise in drei Zustandsformen oder Aggregatzuständen auf, nämlich als Festkörper, Flüssigkeit und Gas. Die meisten Stoffe können in allen drei Aggregatzuständen existieren. Bei extrem hohen Temperaturen, wie sie etwa auf der Sonne herrschen, lösen sich die Elektronen ganz von den Atomkernen. Wir sprechen dann von einem vierten Aggregatzustand, dem Plasma.

Mathematik

Obwohl die Mathematik als schweres Fach gilt, besonders unter Schülern, ist sie heute von größter Bedeutung. Auf Schritt und Tritt sind wir von Mathematik umgeben. Sie stellt so etwas wie die Sprache der Naturwissenschaften und der Technik dar. Ingenieure, Physiker und Chemiker kommen nicht mehr ohne Mathematik aus. Die Statistik, die sich mit Wahrscheinlichkeiten und wiederholten Ereignissen befaßt, ist sogar im täglichen Leben wichtig geworden. Ohne Mathematik gäbe es keine Computerwissenschaft. Immer wieder stoßen die Mathematiker auf neue Gesetzmäßigkeiten. Kaum haben sie diese gefunden, finden sich auch plötzlich Anwendungsgebiete in den Naturwissenschaften. Zuletzt war das mit der sogenannten fraktalen Geometrie der Fall. Zunächst freuten sich alle Mathematiker an den schönen Figuren („Apfelmännchen“), die dabei entstanden. Dann fanden sie heraus, daß sich viele Dinge in der Natur genau so verhalten, wie es die fraktale Geometrie voraussagt.

Meilensteine der Mathematik

3000 v. Chr. Die alten Ägypter vermessen ihr Land mit geometrischen Verfahren.
300 v. Chr. Der griechische Mathematiker Euklid arbeitet mit Hilfe der Logik Lehrsätze der Geometrie aus.
9. Jh. n. Chr. Arabische Mathematiker entwickeln die Algebra.
um 1100 Die arabischen Zahlen und das Dezimalsystem gelangen nach Europa.
1514 John Napier entwickelt die Logarithmen.
um 1680 Isaac Newton und Gottfried von Leibniz entwickeln unabhängig voneinander die Differential- und Integralrechnung.
um 1825 Charles Babbage beginnt mit dem Bau eines mechanischen Computers.
um 1965 Die moderne Mathematik findet Eingang in die Schulen, zum Beispiel durch die Mengenlehre und Gruppentheorie.

◁ Nur regelmäßige Drei-, Vier- und Sechsecke passen lückenlos aneinander und bilden eine geschlossene Fläche. Achtecke paaren sich in einem Fliesenmuster nur mit Vierecken.

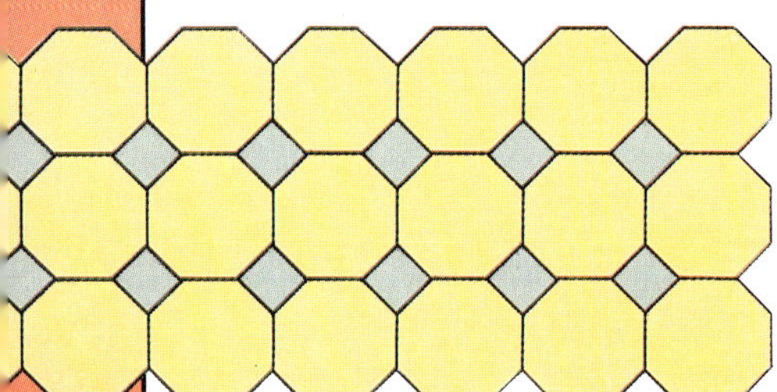

▷ Bevor Taschenrechner auf den Markt kamen, arbeiteten Ingenieure und Forscher entweder mit logarithmischen Tabellen oder mit Rechenschiebern, die logarithmische Skalen besaßen. John Napier entwickelte die Logarithmen im 16. Jahrhundert, und fast 300 Jahre lang nahm man sie zu Hilfe, um große Zahlen miteinander zu multiplizieren oder zu dividieren.

Spinnenpfade

Eine Spinne möchte alle Kanten eines Würfels in beiden Richtungen abgehen, ohne einen Weg zweimal zu nehmen. Wir stellen den Würfel auf einem Blatt Papier dar und versuchen die Aufgabe zu lösen. Unsere Spinne startet an der Ecke rechts unten.

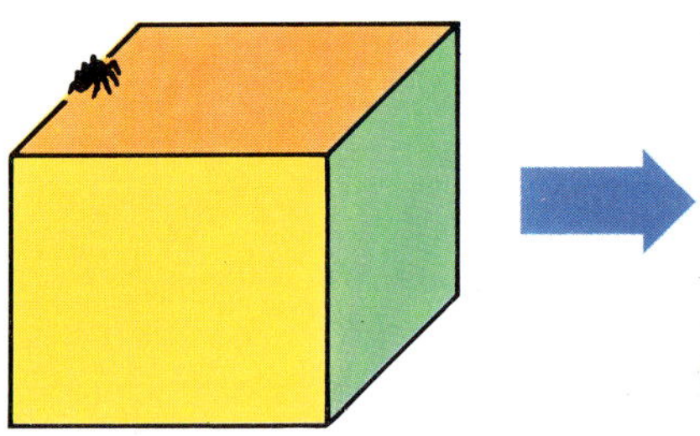

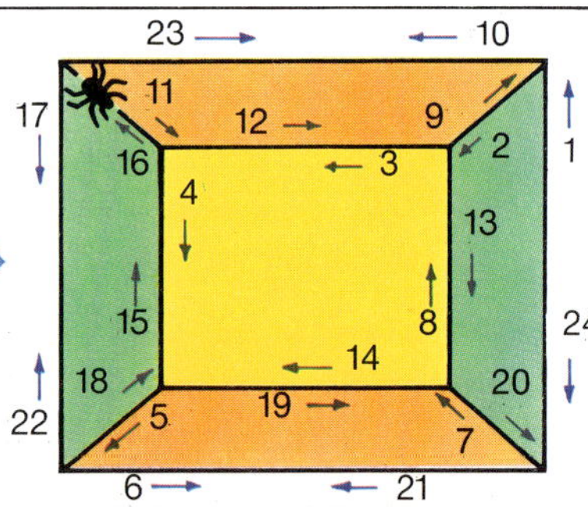

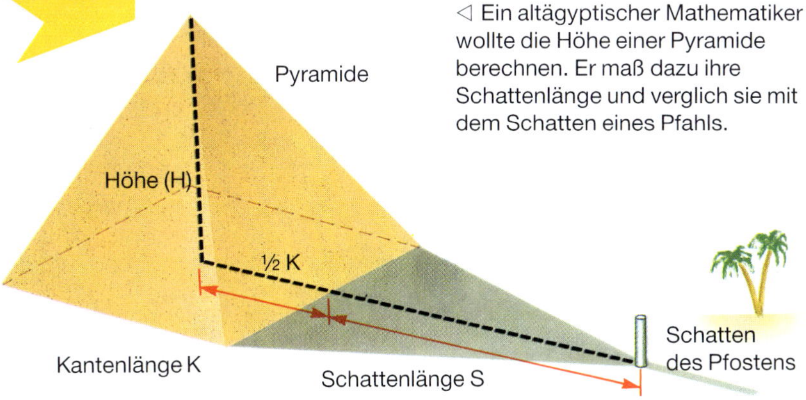

◁ Ein altägyptischer Mathematiker wollte die Höhe einer Pyramide berechnen. Er maß dazu ihre Schattenlänge und verglich sie mit dem Schatten eines Pfahls.

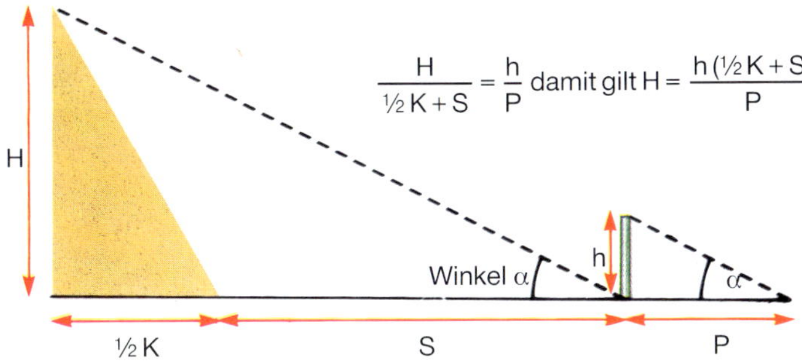

$$\frac{H}{½K+S} = \frac{h}{P} \text{ damit gilt } H = \frac{h\,(½K+S)}{P}$$

△ Und so ging der Mathematiker vor: Zunächst addierte er eine halbe Kantenlänge (½ K) zur Länge des Pyramidenschattens (S). Damit erhielt er die Gesamtlänge des Schattens (½ K + S). Dann maß er die Länge des Pfostenschattens (P). Die Höhe des Pfostens konnte er direkt messen (h). Der Mathematiker ist nun der Ansicht, daß die Höhe der Pyramide (H) geteilt durch die Gesamtlänge des Schattens gleich sein muß der Höhe des Pfostens (h) geteilt durch die Länge von dessen Schatten (P). Da drei dieser Längen bekannt sind, kann der Mathematiker daraus die vierte Größe berechnen. Du kannst dieses Verfahren (Dreisatz) selber zum Beispiel bei Gebäuden und Bäumen anwenden.

Große und kleine Zahlen

Wenn wir eine Zahl ins Quadrat setzen, multiplizieren wir sie mit sich selbst. 10^2 (sprich: 10 im Quadrat oder 10 hoch 2) ist $10 \times 10 = 100$. Wir haben hier also die Zahl 10 in die zweite Potenz oder ins Quadrat erhoben. 10^3 ist $10 \times 10 \times 10 = 1000$. Wir haben hier die Zahl 10 in die dritte Potenz erhoben. 10^1 ist 10, und 10^0 ist definitionsgemäß 1. Es gibt auch negative Potenzen. 10^{-1} ist die kurze Schreibweise für $1:10 = 0{,}1$. 10^{-2} ist $1:10^2 = 1:100 = 0{,}01$. Mit diesen Potenzen können wir sehr große und sehr kleine Zahlen bequem ausdrücken. Die Lichtgeschwindigkeit im Vakuum beträgt zum Beispiel 300 Millionen Meter pro Sekunde. Das schreiben wir als 3×10^8 m/s. Das winzige Elementarteilchen Elektron, das zu jedem Atom gehört, hat in Ruhe eine Masse von ungefähr 9×10^{-28} Gramm. Das entspricht einer 9 geteilt durch eine 1 mit 28 Nullen dahinter.

Mach es selbst

Die Statistik beschäftigt sich mit wiederholten Ereignissen und Wahrscheinlichkeiten. Wir können zum Beispiel eine statistische Erhebung durchführen, welche Fahrzeuge innerhalb einer bestimmten Zeit eine Straße benutzen und wie viele es jeweils sind. Die Darstellung erfolgt am besten in Form eines Diagramms, zum Beispiel eines Stabdiagramms. Erst machen wir eine Liste der verschiedenen Fahrzeuge, die zu beobachten sind. Dann zählen wir, wie viele Fahrzeuge jeder Art in einer bestimmten Zeitspanne vorbeifahren.

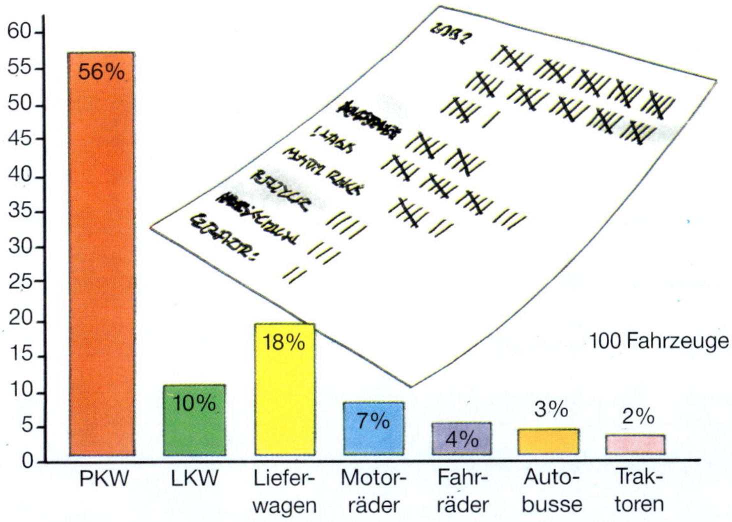

Siehe auch →Algebra; →Arithmetik; →Computer; →Dezimalsystem; →Diagramm; →Elektronik; →Geometrie; →Statistik; →Taschenrechner.

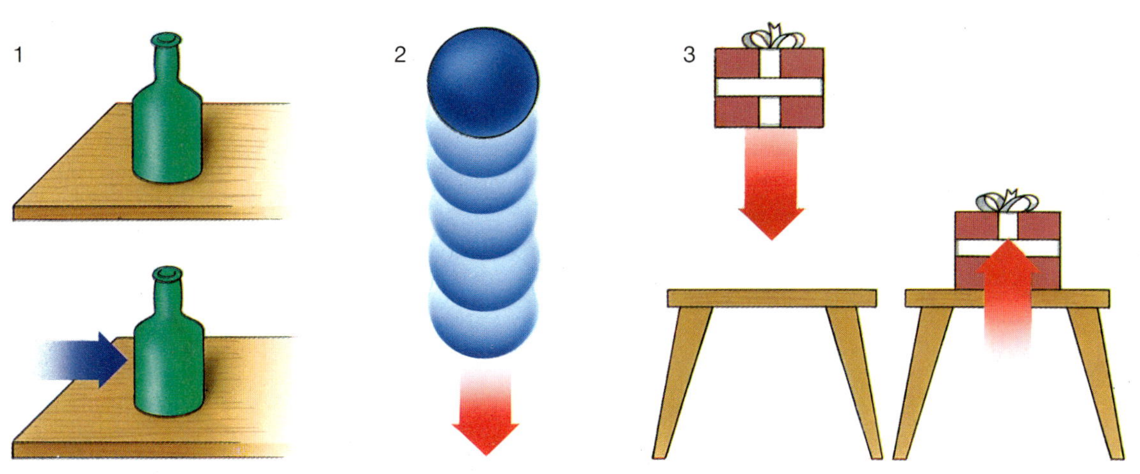

△ Isaac Newton fand die drei Grundgesetze der klassischen Mechanik: **1.** Jeder Körper verharrt im Zustand der Ruhe oder der geradlinigen gleichförmigen Bewegung, sofern nicht eine Kraft auf ihn einwirkt. **2.** Wirkt eine Kraft auf einen Körper ein, so ist die Beschleunigung proportional zu dieser einwirkenden Kraft und erfolgt in Richtung der Kraft. **3.** Wenn ein Körper A auf einen anderen Körper B eine Kraft ausübt (Aktion), so übt auch der Körper B auf den Körper A dieselbe Kraft mit umgekehrter Richtung aus (Reaktion). In unserem Beispiel drückt das Geschenk genau so schwer auf den Tisch, wie der Tisch dieser Kraft entgegenwirkt.

Mechanik

Die Mechanik ist jenes Teilgebiet der →Physik, das sich mit den Bewegungen von Körpern beschäftigt. Die Mechanik untersucht, welche Kräfte die Körper zu Bewegungen veranlassen. Die wichtigsten Gesetze der Mechanik entdeckte vor mehr als 300 Jahren der Engländer Isaac Newton. Er erkannte zum Beispiel, daß jeder Körper so lange im Zustand der Ruhe oder der gleichförmigen geradlinigen Bewegung verharrt, wie keine Kräfte an ihm angreifen. Newton erkannte ebenfalls, daß die →Schwerkraft die Ursache für das →Gewicht der Körper auf der Erde ist. Die Schwerkraft bewirkt auch, daß die Planeten um die Sonne kreisen (Himmelsmechanik).

Die Regeln der klassischen Mechanik von Newton gelten nur bei niedrigen Geschwindigkeiten und alltäglichen Körpern. Bei Geschwindigkeiten nahe der Lichtgeschwindigkeit gelten die Gesetze der →Relativitätstheorie. Und in der Größenordnung von Atomen gelten nochmals andere Gesetze, die der →Quantenmechanik.

Der Mechaniker hat einen technischen Beruf, denn er beschäftigt sich damit, wie →Maschinen funktionieren.

Mach es selbst

Mit Pfeifenreinigern und Trinkhalmen können wir die verschiedensten mechanischen Konstruktionen anfertigen.
Wir können zum Beispiel versuchen, den abgebildeten Gittermast zu bauen. Durch die Querverstrebungen wird er sehr stabil, so daß wir ihn mit einem Gewicht belasten können.

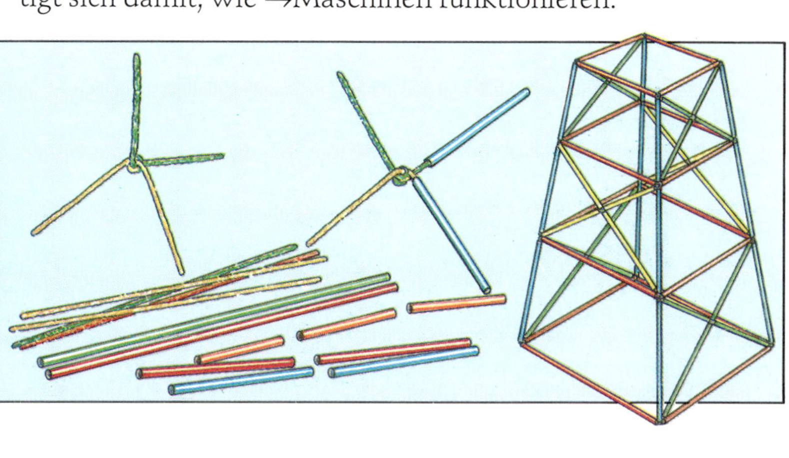

Medizin

Statt Medizin kann man auch Heilkunde sagen. Die Medizin untersucht die Anzeichen, die Ursachen und die Auswirkungen von Krankheiten und versucht, diese zu heilen oder ihnen vorzubeugen. Die Medizin ist heute eine unübersehbare Wissenschaft geworden und zerfällt in viele Spezialgebiete, zum Beispiel die Kardiologie (Erkrankungen des Herzens), die Dermatologie (Erkrankungen der Haut), die Orthopädie (Erkrankungen des Skeletts und der Muskeln) und die Pädiatrie (Kinderheilkunde).
In den letzten 200 Jahren machte die Medizin ungeheure Fortschritte, und erst in dieser Zeit wurde sie zu einer Wissenschaft im heutigen Sinn. Der heutige Arzt versucht zuerst, aufgrund von Anzeichen (Symptomen) die Krankheit zu erkennen (Diagnose). Dazu muß er oft Blut in spezialisierten Labors untersuchen lassen. Wenn die Krankheit feststeht, wählt der Arzt ein Heilverfahren (Therapie). Er wird dabei vor allem Medikamente wählen, die möglichst wenige unerwünschte Nebenwirkungen haben. In manchen Fällen ist auch eine Operation erforderlich.

Meilensteine der Medizin

1651 William Harvey erkennt das Wesen des menschlichen Blutkreislaufs.
um 1750 bis 1790 John Hunter entwickelt neue chirurgische Verfahren. Er gilt als der Vater der modernen Chirurgie.
1846 William Morton verwendet Äther als Betäubungsmittel.
um 1925 Frederick Banting und Charles Best setzen Insulin zur Behandlung der Zuckerkrankheit ein.
1967 Christiaan Barnard führt die erste Herztransplantation durch.
1985 Erstmals werden Laserstrahlen eingesetzt, um verstopfte Arterien freizumachen.

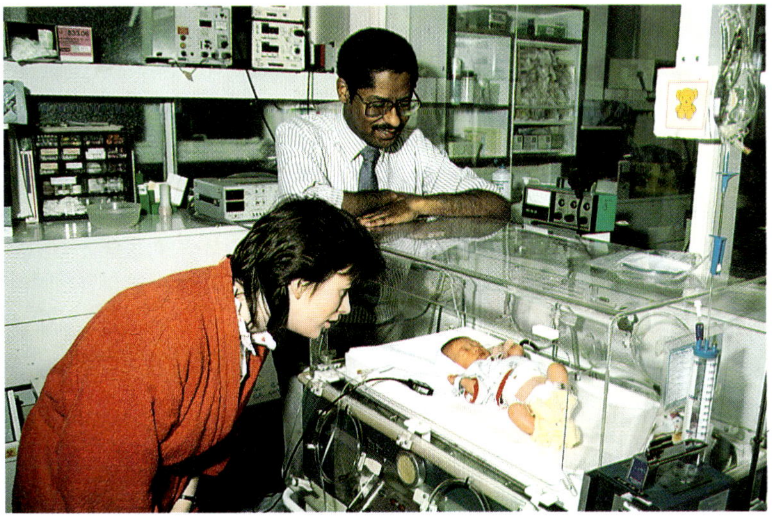

△ Frühgeborene Kinder sind untergewichtig und wiegen nur 2500 Gramm oder weniger. Sie sind in vielen Dingen noch unreif und kommen in einen Brutkasten (Inkubator), in dem Lufttemperatur, Luftfeuchtigkeit und Sauerstoffgehalt genau geregelt werden.

Alternative Medizin

Sammelbegriff für naturgemäße, sanfte, oft auch sehr alte Heilverfahren. Sie beziehen oft auch die Seele des Menschen in die Heilung ein.

Robert Koch (1843–1910)

Der deutsche Arzt Robert Koch gilt als Begründer der Bakteriologie. Er fand heraus, daß Bakterien Krankheiten wie Milzbrand, Cholera und Tuberkulose auslösen. Er studierte auch die Malaria und erkannte, daß sie durch Mückenstiche übertragen wird. Robert Koch erhielt 1905 den Nobelpreis für Medizin.

Siehe auch →Drogen; →Krankheit; →Pathologie; →Psychologie und Psychiatrie; →Röntgenstrahlen; →Schmerz; →Transplantation.

△ Der Querschnitt durch einen Ozean zeigt, daß der Meeresboden keinesfalls einförmig und flach ist. Inmitten der Ozeane liegen lange Gebirge, die mittelozeanischen Rücken, und an den Rändern befinden sich oft Tiefseegräben. Manche Inseln weit draußen in den Ozeanen, zum Beispiel die Hawaii-Inseln, sind riesenhafte Vulkanberge, die nur mit der obersten Spitze über das Wasser hinausragen. An den Rändern der Meere liegt meistens der schwach geneigte Kontinentalschelf. Hier wird nach Öl gebohrt. Und auch die meisten Fische, die auf den Tisch kommen, stammen von hier. Als Guyot bezeichnen wir einen oben abgeflachten Tafelberg, der bis zu 1500 Metern unter der Wasseroberfläche liegt. Ein solcher Guyot ist wahrscheinlich im Lauf der Zeit durch sein eigenes Gewicht in die Erdkruste eingesunken.

Meer

Über zwei Drittel der Erdoberfläche sind von Wasser bedeckt. Den weitaus größten Teil davon machen die Meere aus. Wir kennen fünf Weltmeere oder Ozeane: den Atlantik, den Pazifik, den Indischen Ozean, das Nordpolarmeer und das Südpolarmeer.

Die Erdkruste ist unter den Meeren bedeutend dünner als unter den Kontinenten und hat eine durchschnittliche Dicke von nur acht Kilometern. Der Meeresboden wandert: In langgezogenen Gebirgen unter der Wasseroberfläche, den mittelozeanischen Rücken, tritt geschmolzenes Gestein aus Spalten an die Oberfläche und übt einen solchen seitlichen Druck auf den Meeresboden zu beiden Seiten der Spalten aus, daß dieser gegen das Festland verschoben wird. In den Tiefseegräben am Rand der Kontinente wird dieser wandernde Boden wieder verschluckt. Dabei entstehen ungeheure Kräfte, die zum Beispiel bewirken, daß sich die Platten der Erdkruste und die Kontinente gegeneinander bewegen. Auch die Umrisse der

▷ Korallenriffe wachsen in Flachseen am Rande des Indischen und Pazifischen Ozeans. Korallenriffe stellen eine Heimat für sehr viele Fischarten dar. Sie gehören zu den artenreichsten Lebenräumen des Wassers.

Meere veränderten sich im Lauf der Zeit. Mit diesen Forschungen beschäftigt sich die →Plattentektonik.
Meerwasser enthält rund 3 Prozent Salz, also 30 Gramm Salz auf 1000 Gramm Meerwasser. Besonders in tropischen Meeren wärmt die Sonne die oberflächennahen Wasserschichten stark auf. Wasser verdunstet dabei und gelangt in die Luft. Das Salz bleibt zurück. Abgeschlossene Meere wie das Mittelmeer haben deswegen stellenweise einen höheren Salzgehalt. Das

▽ Abgesehen von den fünf großen Ozeanen gibt es noch zahlreiche Neben- und Randmeere mit eigenen Bezeichnungen.

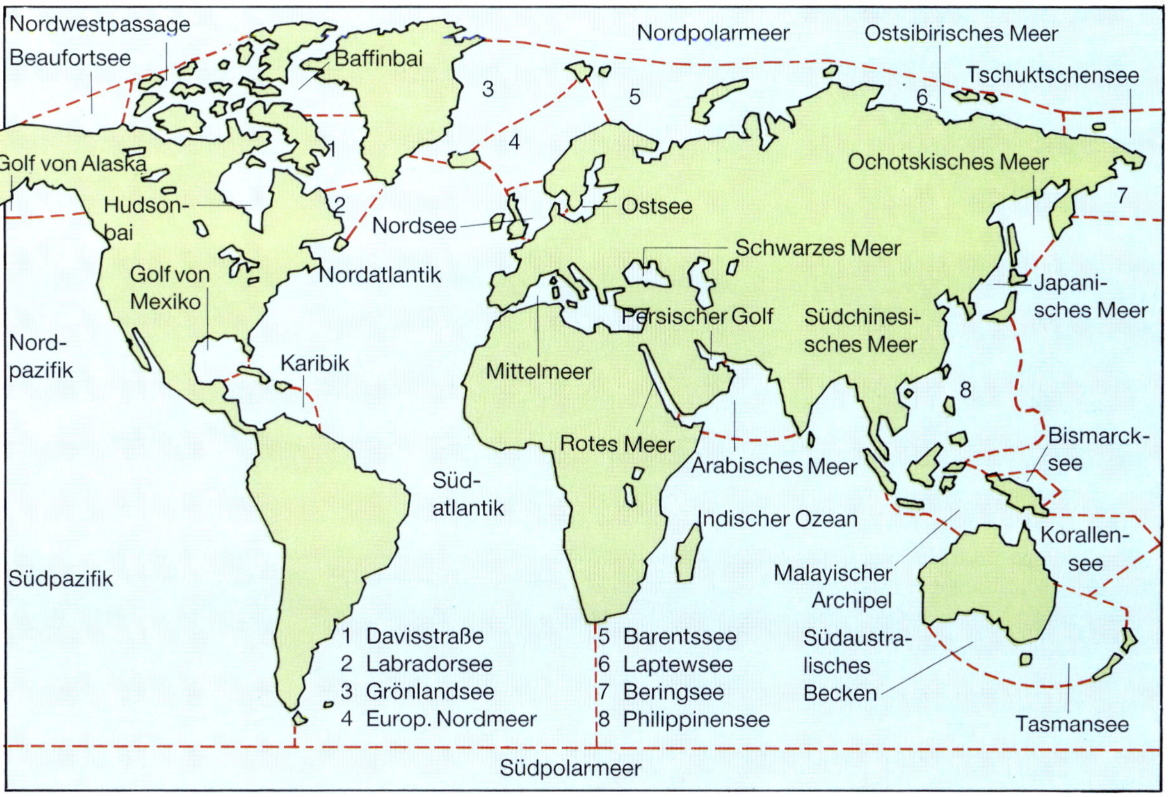

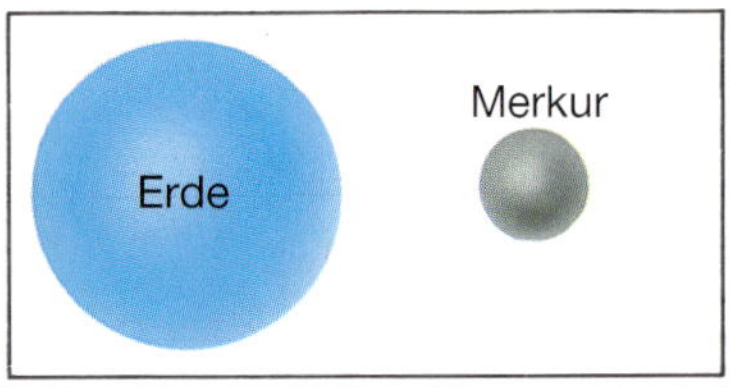

△ Der Merkur ist nicht viel größer als der Mond und nach dem Pluto der zweitkleinste Planet des Sonnensystems.

verdunstete Wasser fällt als →Niederschlag wieder auf die Erde. So schließt sich der →Kreislauf des Wassers.
Die Meere haben einen großen Einfluß auf das Weltklima. Großbritannien beispielsweise hat ein sehr ausgeglichenes Klima, weil es ringsum von Meer umgeben ist. Die großen Wassermassen dämpfen große Temperaturschwankungen. Dazu kommt, daß der Golfstrom aus der Karibik Wärme an die Küsten Nordeuropas transportiert. Gebiete, die weitab vom Meer liegen, haben ein Klima mit großen Temperaturschwankungen, wärmeren Sommern und kälteren Wintern.

Merkur

Der Merkur ist der sonnennächste →Planet. Die →Sonde Mariner 10 besuchte den Merkur 1974 und machte Fernsehaufnahmen von seiner Oberfläche. Mit seinen zahlreichen Kratern sieht der Merkur dem Mond ähnlich. Seine →Schwerkraft ist allerdings so gering, daß er keine Atmosphäre festhalten konnte. Hinter dem →Pluto ist der Merkur der zweitkleinste Planet unseres →Sonnensystems.
Die Zeit von Sonnenaufgang bis Sonnenuntergang dauert über vier Wochen. Während dieser Zeit heizt sich die Merkuroberfläche bis auf 450 °C auf. Während der ebenso langen Nacht sinkt sie allerdings auf –170 °C.
Trotz mancher Ähnlichkeiten gibt es zwei Hauptunterschiede zwischen der Oberfläche des Merkurs und der des Mondes. Der Merkur hat keine dunklen, staubigen Ebenen. Seine Oberfläche erscheint runzlig, als sei sie beim Abkühlen einge-

△ Auf der Oberfläche des Merkurs erkennen wir Tausende von Kratern, die durch Meteoriteneinschläge entstanden sind.

Zahlen und Daten
Durchmesser 4878 km
Entfernungen von der Sonne
70 Millionen km (Maximum)
46 Millionen km (Minimum)
Umlaufzeit 88 Erdentage
Tageslänge 58,7 Erdentage
Masse 5,5 Prozent der Erdmasse
Dichte 98 Prozent der Erddichte
Oberflächentemperaturen
450 °C (Maximum)
–170 °C (Minimum)

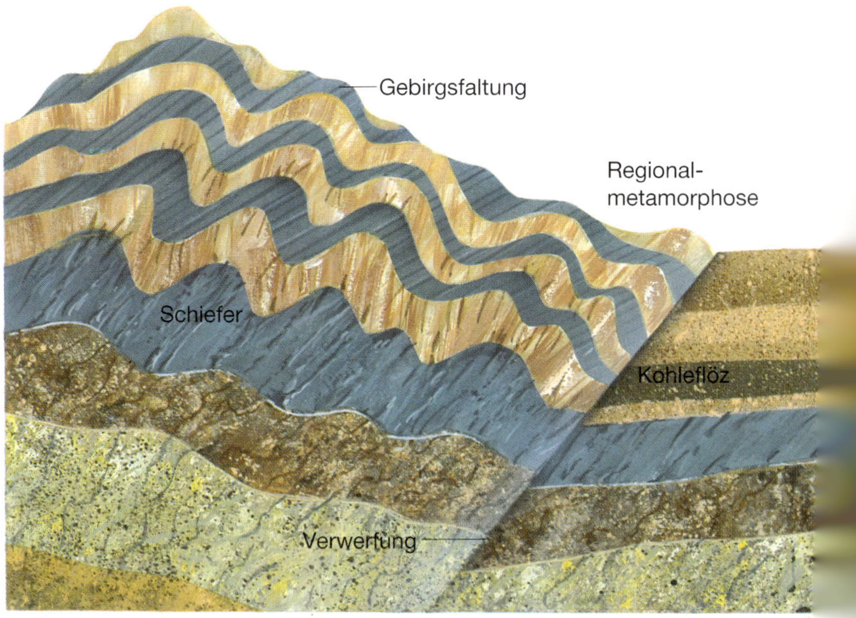

schrumpft. Vor einigen Milliarden Jahren muß ein mächtiger Himmelskörper auf dem Merkur eingeschlagen sein. Er hinterließ ein kreisrundes Gebiet mit einem Durchmesser von ungefähr 1300 Kilometern, das Calorisbecken.

Metalle und Metallurgie

Zu den Metallen zählen zunächst all jene →chemischen Elemente, die elektrischen Strom und Wärme gut leiten. Der Grund dafür liegt in der besonderen Anordnung ihrer →Elektronen. Sie sind bei den Metallen nämlich ziemlich frei beweglich und bilden ein sogenanntes Elektronengas, das sich leicht verschieben läßt und damit Wärme und elektrischen Strom gut weiterleitet. Metalle glänzen stark und zeigen meist eine gute →Verformbarkeit.
Es gibt ungefähr 80 metallische chemische Elemente. Die Edelmetalle →Gold, →Silber und →Platin kommen in reiner (gediegener) Form in der Natur vor. Alle übrigen Metalle liegen meistens als chemische Verbindungen vor, die wir →Erze nennen. Die reinen Metalle werden daraus durch Verhüttung gewonnen. Beim →Eisen geschieht dies zum Beispiel in einem Hochofen.
Reine Metalle werden nur selten verwendet. Meistens mischt man verschiedene Metalle zu →Legierungen, die viel günstigere Eigenschaften aufweisen. Die Metallkunde oder Metallurgie hat in den letzten Jahrzehnten hochfeste, aber sehr leichte Legierungen entwickelt.

△ Die Metallurgen untersuchen zum Beispiel , wann und wie Metalle brechen. Dieses stark vergrößerte Bild zeigt einen beginnenden Bruch in einem Metall. Durch Legierungen lassen sich die Eigenschaften von Metallen verbessern.

metamorphe Gesteine

Metamorphe Gesteine haben eine Umwandlung (→Metamorphose) durchgemacht. Dabei verändern sie ihre chemische Zusammensetzung, ihre Mineralzusammensetzung und ihren inneren Aufbau. Zu solchen Umwandlungen kommt es, wenn Gesteine erhitzt werden oder unter Druck geraten. Eine

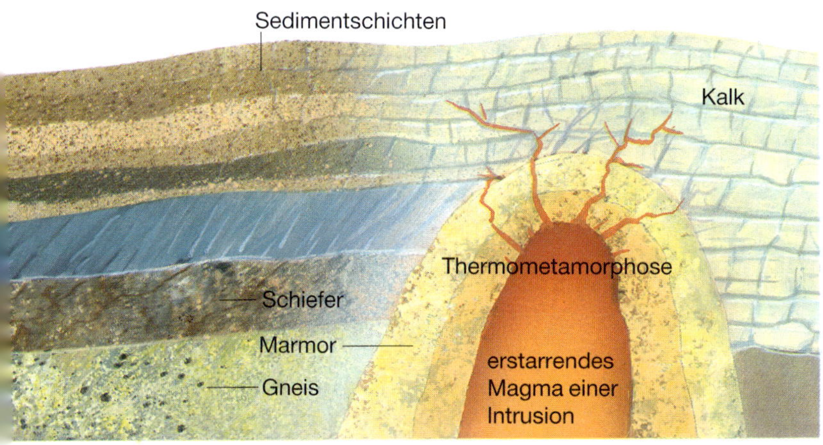

◁ Metamorphe Gesteine entstehen durch Wärme oder hohen Druck oder beides zusammen. Die besten Bedingungen dafür sind im Erdinneren gegeben. Wenn zum Beispiel Kalk, ein Sedimentgestein, unter Druck gelangt und erwärmt wird, so wandelt er sich in Marmor um. Weiche Tonmineralien verwandeln sich in Schiefer. Wenn heißes Magma in Gesteine der Erdoberfläche eindringt (Intrusion), führt dies bei den benachbarten Gesteinen zu einer Thermometamorphose. Geraten vor allem durch Auffaltungen der Erdkruste große Gebiete unter Druck, entsteht eine Regionalmetamorphose.

Metamorphose

△ Der Marmor entsteht durch Metamorphose von Kalkstein. Als der feinste Marmor gilt der aus den Steinbrüchen von Carrara in der Toskana, Italien.

Metamorphose durch Wärme (Thermometamorphose) ergibt sich vor allem durch den Kontakt mit heißem, flüssigem Magma aus dem Erdinneren. Solches Magma kann in der Erdkruste hochsteigen und in Hohlräumen langsam erstarren, ohne an die Erdoberfläche zu gelangen. Dabei werden natürlich benachbarte Gesteine hoch erhitzt und machen eine Metamorphose durch. Kalkstein zum Beispiel verwandelt sich dabei in Marmor, Sandstein in Quarzit. Von Regionalmetamorphosen sprechen wir, wenn große Gebiete von einer Gesteinsmetamorphose erfaßt werden und sich die Gesteine weiträumig umwandeln.

Metamorphe Gesteine entstehen also nicht durch Verwitterung. Ihre Ausgangsgesteine sind vor allem →Sedimentgesteine, doch können auch →magmatische Gesteine und sogar bereits metamorphosierte Gesteine noch einmal eine Umwandlung erfahren.

Weitere metamorphe Gesteine sind Gneis und Schiefer, der durch seitlichen hohen Druck entsteht und sehr dünne Platten ergibt. Wenn →Kohle metamorphosiert, wird daraus Graphit.

Metamorphose

Metamorphose bedeutet Verwandlung oder Umwandlung. Mit diesem Wort bezeichnen wir jedoch ganz unterschiedliche Erscheinungen. Wenn ein Gestein hohem Druck und/oder hoher Temperatur ausgesetzt ist, so wandelt es sich in ein anderes, →metamorphes Gestein um. Aus Kalkstein wird zum Beispiel Marmor.

Wenn im Lauf der →Evolution Organe von Pflanzen eine ganz andere Gestalt und Aufgabe annehmen, so spricht man ebenfalls von Metamorphosen. Aus gewöhnlichen Laubblättern entstanden zum Beispiel Ranken wie bei der Erbse, Dornen wie bei den Kakteen oder sogar die Schalen der eßbaren Zwiebel. Auch Sprosse metamorphosierten zu Ranken oder Dornen. Wurzelmetamorphosen sind zum Beispiel die Kartoffelknollen.

Alle Tiere mit Larven machen eine Metamorphose durch. Sie verändern ihre Gestalt einmal oder mehrere Male. Besonders ausgeprägt ist die Metamorphose bei Amphibien und Insekten. Aus dem Froschlaich schlüpfen wasserbewohnende Kaulquappen, die mit Kiemen atmen. Sie verwandeln sich nach einiger Zeit in kleine Fröschchen. Dabei bilden sie Lungen und Beine aus und verlieren gleichzeitig die Kiemen und den Schwanz.

Bei der Metamorphose der Insekten unterscheiden wir zwei Arten: Unvollkommene Metamorphose oder Verwandlung

Unvollkommene Verwandlung

Heuschrecken, Ohrwürmer und Wanzen zeigen eine unvollkommene Verwandlung. Bei jeder Häutung werden die Larven dem erwachsenen Tier etwas ähnlicher. Die vollständigen Flügel werden jedoch erst nach der letzten Häutung sichtbar.

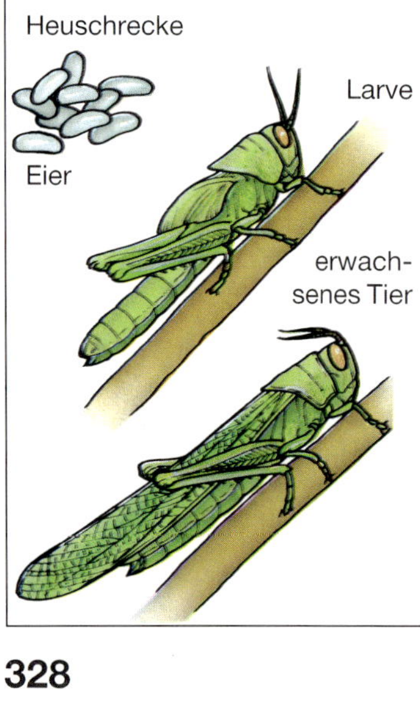

△ Schmetterlinge haben eine vollkommene Verwandlung. Aus dem Ei schlüpft eine Raupe. Sie häutet sich mehrere Male, bevor sie sich in die Puppe verwandelt. Aus diesem Ruhestadium schlüpft dann der fertige erwachsene Schmetterling. Seine Flügel sind zuerst gefaltet und sehen zerknittert aus, entfalten sich jedoch nach einigen Stunden und werden hart.

bedeutet, daß die Larven von Häutung zu Häutung dem erwachsenen Tier immer ähnlicher werden. Die vollkommene Verwandlung umfaßt ein Ruhestadium, die Puppe. In diesem Stadium werden die Larvenmerkmale abgebaut. Aus der Puppe schlüpft dann das fertige, erwachsene Insekt.

Meteor

Jeden Tag fallen mehrere tausend Tonnen Material vom Weltraum auf die Erde. In den weitaus meisten Fällen handelt es sich um staubkorngroße Stücke, die beim Eindringen in die →Atmosphäre verglühen. Diese Lichterscheinung nennen wir Meteor. Ist ein solches Stück Materie allerdings so groß, daß es auf die Erde gelangt, so sprechen wir von einem →Meteoriten.
Die Staubkörner, die in die Atmosphäre eindringen, haben eine Geschwindigkeit bis zu 40 Kilometern pro Sekunde. In einer Höhe von rund 100 Kilometern leuchten sie auf und werden als Sternschnuppen sichtbar. Wenn wir einen klaren Nachthimmel eine halbe Stunde lang betrachten, so sehen wir fast immer eine oder mehrere Sternschnuppen. Ganz besonders eignen sich zur Beobachtung die Nächte um den 4. Januar, den 12. August und den 13. Dezember. Dann durchquert die Erde nämlich Meteorströme. Wir müssen sie uns als Staubwolken vorstellen. Der Staub stammt entweder aus der Anfangszeit unseres →Sonnensystems oder von zerfallenen →Kometen, oder er entstand bei einem Zusammenstoß von →Planetoiden.

▽ Wenn winzige Staubkörner in die Erdatmosphäre eindringen, sehen wir eine Lichterscheinung, einen Meteor oder eine Sternschnuppe. Das Staubteilchen verglüht dabei. Die Sternschnuppe leuchtet, weil sie durch die Reibung an den Luftmolekülen erhitzt wird.

Meteorit

Meteoriten sind feste größere Körper, die in die Erdatmosphäre eindringen und schließlich auf die Erde fallen. Bei ihrem Flug durch die Luft lösen sie eine Lichterscheinung aus, den →Meteor. Im Fall der Meteoriten sprechen wir auch von einer Feuerkugel. Der größte bekannte Meteorit wiegt ungefähr 60 Tonnen und landete in Namibia im südlichen Afrika. Vor ungefähr 25 000 Jahren schlug ein Meteorit mit einem Durchmesser von ungefähr 100 Metern auf eine Ebene in Arizona

▷ Meteoriten sind Eindringlinge aus dem äußeren Sonnensystem. Es gibt Stein- und Eisenmeteorite (im Bild). Bevor sie auf die Erdoberfläche fallen, glühen sie auf. Diese Lichterscheinung sehen wir als Feuerkugel.

ein. Dabei entstand ein schüsselartiger Krater mit einem Durchmesser von 1200 Metern und einer Tiefe von 175 Metern. Einschlagkrater noch größerer Meteoriten hat man heute überall auf der Erde entdeckt. Einer davon ist das Nördlinger Ries.

Meteoriten sind meistens dunkle, unauffällige Steine. Es wäre deshalb zwecklos, in Mitteleuropa auf Meteoritensuche zu gehen, denn wir würden die Gesteine nicht als solche erkennen. Anders ist es in der Antarktis, wo Meteoriten auf den weißen Schneefeldern sofort auffallen. Meteoriten sind die einzigen Zeugen aus der Frühzeit des →Sonnensystems, die wir direkt untersuchen können. Steinmeteoriten setzen sich aus zahlreichen runden Steinkügelchen zusammen, während Eisenmeteoriten zur Hauptsache Eisen mit etwas Nickel enthalten. Immer noch rätselhaft sind die Tektite, die wie Flaschenglas aussehen.

Tektite

Tektite sind merkwürdige kieselgroße, oft abgerundete Objekte. Ihre Oberfläche zeigt Rillen oder andere Narben. Sie sehen wie grünliches oder bräunliches Flaschenglas aus, unterscheiden sich aber chemisch deutlich von irdischem Vulkanglas (Obsidian). Viele Wissenschaftler glauben, die Tektite seien durch den Einschlag großer Meteoriten entstanden. Durch die Wucht des Aufpralls wurde irdisches Gestein in Sekundenbruchteilen aufgeschmolzen und hoch in die Atmosphäre geschleudert. Dort erstarrten die Tropfen geschmolzenen Gesteins zu Glas und fielen wieder auf die Erde zurück. Tektite gibt es in nennenswerten Mengen nur in vier Gebieten der Erde. Der nächste Fundort liegt in Böhmen in der tschechischen Republik. Von dort stammen die Moldawite.

Meteorologie

Die Meteorologie ist die Wissenschaft vom →Wetter. Die Meteorologen messen überall auf der Erde die Lufttemperatur, die Luftfeuchtigkeit, die Niederschläge, den Luftdruck und versuchen aus diesen Angaben, das Wetter für die nächsten paar Tage vorherzusagen. Den langfristigen Verlauf des Wetters nennen wir →Klima. Weiteres über die Meteorologie auf den Seiten 332 und 333.

Methan

Das Methan ist ein geruchloses, farbloses, ungiftiges Gas, das sich leicht entzündet. Chemisch gesehen handelt es sich um den einfachsten →Kohlenwasserstoff. Ein Methanmolekül besteht nämlich aus einem Kohlenstoffatom und vier damit verbundenen Wasserstoffatomen (chemische Formel CH_4). Methan entsteht bei der Verrottung toter Pflanzen unter Sauerstoffabschluß. Rinder produzieren bei der Verdauung viel Methan. Das Methan ist der Hauptbestandteil des Erdgases. Es wird vor allem in Holland und Sibirien gewonnen. In Pipelines gelangt es zu uns; es dient vor allem als Heizgas. Aus Methan gewinnt man auch verschiedene chemische Stoffe, zum Beispiel Wasserstoff und den Holzalkohol (Methanol). Das Methan spielt eine wichtige Rolle beim →Treibhauseffekt, obwohl es in der →Atmosphäre nur zu einem winzigen Teil vertreten ist. Hauptsächlich aus Methan bestehen auch die Riesenplaneten →Jupiter, →Saturn, →Uranus und →Neptun.

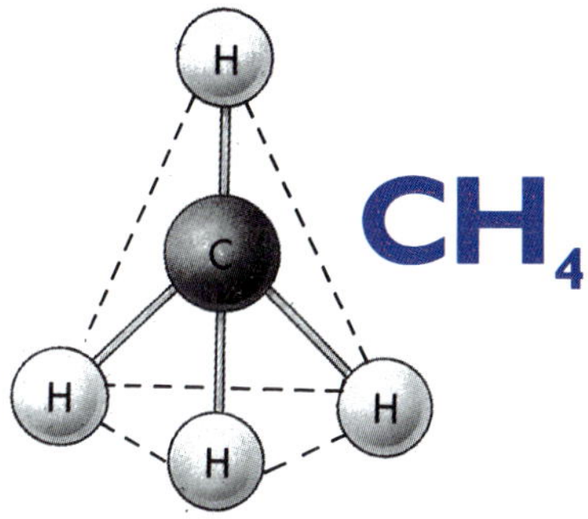

△ Das Methanmolekül sieht wie eine Pyramide mit dreieckiger Grundfläche aus. In der Mitte befindet sich ein Kohlenstoffatom, und an den vier Ecken der Pyramide steht je ein Wasserstoffatom.

metrisches System

Vor 200 Jahren hatte jedes Land seine eigenen Längenmaße. In Deutschland gab es zum Beispiel Elle, Fuß und Meile. Die Elle war in den einzelnen deutschen Städten und Ländern ebenfalls unterschiedlich festgelegt. Die preußische Elle entsprach zum Beispiel 66,7 Zentimetern, die Hamburger Elle nur 57,3 Zentimetern. In den anderen europäischen Ländern war der Wirrwarr der Längeneinheiten ebenso groß. Um 1795 beschloß die französische Nationalversammlung, den Meter als Einheit für die Längenmessung zu nehmen. Der Zentimeter wurde als hundertster Teil des Meters definiert und der Kilometer als das Tausendfache des Meters. Diese Einheiten wurden also →dezimal abgeleitet. So entstand das metrische System. Heute bezeichnen wir alle Einheiten als metrisch, die ähnlich wie das ursprüngliche Metersystem aufgebaut sind. Diese metrischen Einheiten wurden später zum System der →SI-Einheiten weiterentwickelt.

▽ Beim ursprünglichen metrischen System war der Meter als der zehnmillionste Teil der Entfernung zwischen dem Nordpol und dem Äquator definiert. Zur Definition des Kilogramms als einer Maßeinheit der Masse dient heute noch ein Prototyp, der aus Platin und Iridium besteht.

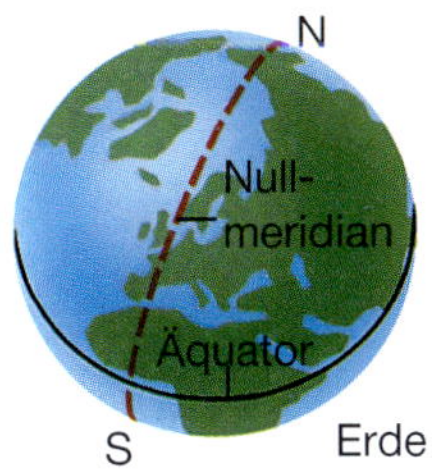

Erde

Urkilogramm

Vorsilbe	Abkürzung	Bedeutung	Zehnerpotenzen
Tera-	(T)	× 1.000.000.000.000	= 10^{12}
Giga-	(G)	× 1.000.000.000	= 10^{9}
Mega-	(M)	× 1.000.000	= 10^{6}
Kilo-	(k)	× 1.000	= 10^{3}
Hekto-	(h)	× 100	= 10^{2}
Deka-	(da)	× 10	= 10^{1}
Dezi-	(d)	× 0,1	= 10^{-1}
Zenti-	(c)	× 0,01	= 10^{-2}
Milli-	(m)	× 0,001	= 10^{-3}
Mikro-	(μ)	× 0,000001	= 10^{-6}
Nano-	(n)	× 0,000000001	= 10^{-9}
Piko-	(p)	× 0,000000000001	= 10^{-12}

Das metrische System hat seinen Namen daher, daß es mit dem Meter seinen Anfang nahm. Es handelt sich um ein dezimales System der Einheiten. Durch zehn zu multiplizieren oder zu dividieren fällt deswegen leicht, weil man nur das Komma verschieben muß. Nichtmetrische Systeme sind viel komplizierter. Die Engländer verwenden zum Beispiel heute noch das Inch (2,5 Zentimeter). 12 Inch ergeben 1 Fuß (30,5 cm).

Meteorologie

Mitteleuropa hat ein sehr wechselhaftes Wetter, wie jeder weiß. Seit jeher hängt für die Bauern die Ernte stark vom Wetter ab. In den Tagen der Segelschiffahrt konnte es darüber bestimmen, ob die Seereise schnell und sicher vor sich ging oder mit einem Schiffbruch in einem Sturm endete. Seeleute und Bauern waren somit die ersten, die das Wetter genau beobachteten, um es vorherzusagen. Wenn auch Wettersatelliten heute viele der Informationen liefern, auf denen die Wettervorhersagen beruhen, so kommen doch von den Wetterstationen auf der Erdoberfläche immer noch wichtige Daten. Zu einer typischen Wetterstation gehören ein Barometer zur Messung des Luftdrucks, ein Maximum-Minimum-Thermometer, das die höchsten und die niedrigsten Temperaturen aufzeichnet, ein Windmesser (Anemometer) sowie eine Windfahne zum Registrieren der Windrichtung und -geschwindigkeit, ein Regenmesser und ein Hygrometer für die Luftfeuchtigkeit.
Vor allem große Computer sind unerläßlich geworden für die Wettervorhersage. Die Computer verarbeiten die Informationen der Satelliten und Wetterstationen und geben eine Vorhersage für die Wetterentwicklung auf der ganzen Welt. Die meisten Wettersatelliten sind geostationär und arbeiten tagsüber mit sichtbarem Licht und nachts mit Infrarotstrahlung. Andere Wettersatelliten bewegen sich auf Umlaufbahnen, die von Pol zu Pol führen. So beobachten sie immer andere Streifen der Erdoberfläche.

Wolkenbedeckung

○ wolkenlos
◔ heiter (1/4)
◑ 1/2 bedeckt
◕ wolkig (3/4)
● bedeckt

Wettersymbole

∞ Dunst
= starker Dunst
≡ Nebel
• Regen
, Nieseln
✳ Schneefall
+ Schneetreiben
•✳ Regen mit Schnee
▽ Schauer
△ Graupeln
▲ Hagel
Gewitter
< Wetterleuchten
Warmfront
Kaltfront
Okklusion

Windgeschwindigkeiten

◎ Windstille
um 1 m/s
um 2,5 m/s
um 5 m/s
um 10 m/s
um 25 m/s

△ Die Meteorologen verwenden auf ihren Wetterkarten verschiedene Symbole für die Wolkenbedeckung, die Wettererscheinungen und die Windgeschwindigkeiten.

Bauernregeln

In allen Ländern gibt es zahlreiche Bauernregeln, die das Wetter betreffen. Manche enthalten mehr als nur ein Körnchen Wahrheit. So besagt eine dieser Regeln, daß man bei Abendrot am nächsten Tag auf gutes Wetter hoffen könne. Ein roter Morgenhimmel hingegen kündige schlechtes Wetter an. Die Meteorologen können diese Regeln auch begründen: Wetterveränderungen kommen bei uns meistens von Westen. Abendrot deutet auf klare, trockene Luft hin. Deshalb erwarten wir am nächsten Tag schönes Wetter.

◁ Wissenschaftler lassen am Südpol einen Wetterballon steigen. Mit den Instrumenten, die er nach oben transportiert, mißt er die Wetterbedingungen in der oberen Atmosphäre.

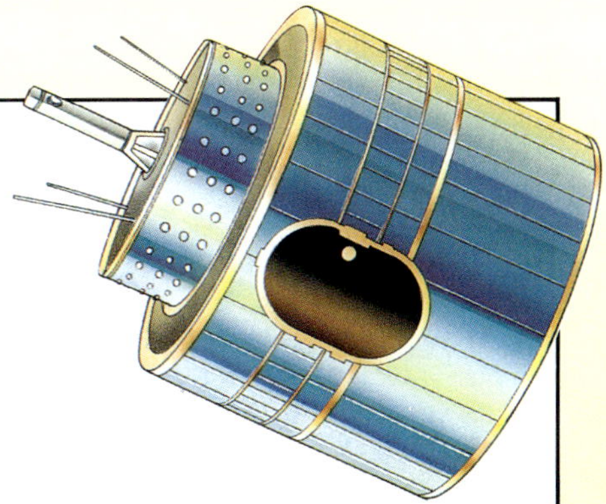

△ Wettersatelliten wie Meteosat umkreisen die Erde und funken Bilder von der Wolkenbedeckung auf die Erdoberfläche. Mit diesen Fotografien können die Meteorologen die Entwicklung eines Wettersystems beobachten. Sie versuchen dann zum Beispiel, die Zugrichtung von Wirbelstürmen vorauszusagen und die Menschen frühzeitig zu warnen.

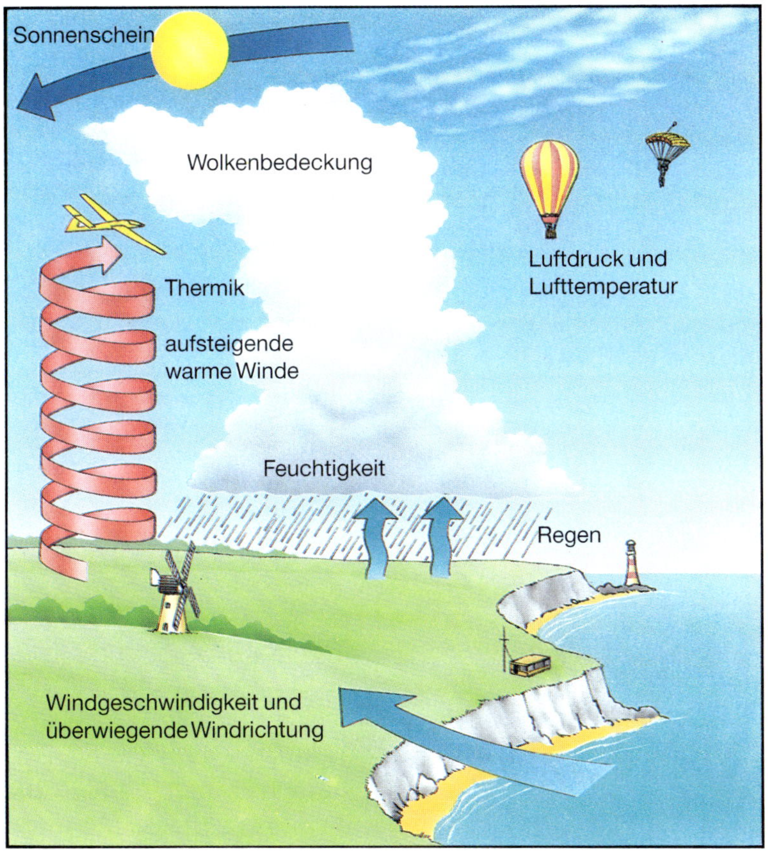

◁ Die wichtigsten Faktoren, die das Wetter beeinflussen, sind Luftdruck, Lufttemperatur, Windgeschwindigkeit und Windrichtung. Die Ursache für diese Luftbewegungen ist die unterschiedliche Sonneneinstrahlung.

Mach es selbst

Um die Windgeschwindigkeit und die Windrichtung abzuschätzen, stellen wir einen Windsack her. Wir schneiden einen langen Streifen Papier zu und befestigen ihn an einem Stock oder Mast. Einen Windmesser (Anemometer) können wir aus vier Plastikbechern und dem Oberteil einer alten Plastikflasche herstellen. Wir brauchen dazu noch Trinkhalme, einen Korken und eine Stricknadel.

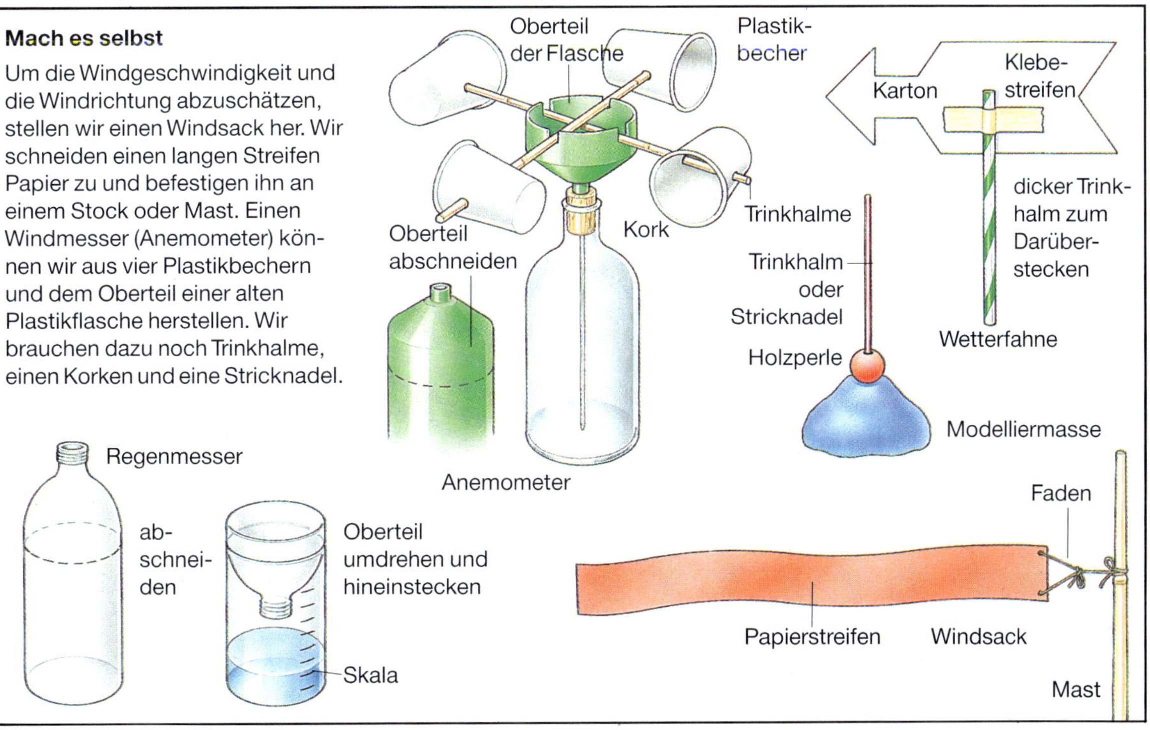

Siehe auch →Barometer; →Front; →Luft; →Luftdruck; →Luftfeuchtigkeit; →Niederschlag; →Satellit; →Wetter; →Wind; →Wirbelsturm; →Wolken.

Vergrößerungsgläser gab es schon lange vor Leeuwenhoeks Zeiten. Die Römer verwendeten dazu klare Bergkristalle oder Glaskugeln, die mit Wasser gefüllt wurden. Die Römer kannten auch schon die ersten Brillengläser.

Mikrobiologie

Der holländische Tuchhändler Antoni van Leeuwenhoek (1632–1723) stellte um 1675 aus Liebhaberei das erste Mikroskop her. Die Linsen dazu schliff er selbst. Bald darauf entdeckte Leeuwenhoek Bakterien, Hefezellen und Blutkörperchen. Er erkannte, daß er die Tür zu einer neuen Welt aufgestoßen hatte, die vor ihm noch keiner gesehen hatte. Leeuwenhoeks Entdeckung bedeutete den Anfang einer neuen Wissenschaft, der Mikrobiologie. Sie untersucht die Kleinstlebewesen, vor allem die Bakterien, die Schimmelpilze und Viren. Aber auch die einzelligen Pflanzen und Tiere gehören zum Arbeitsgebiet der Mikrobiologie. Sie hat besonders viele Erkenntnisse zur →Gentechnologie beigetragen. Weiteres dazu auf der Seite 335.

Mikrochip

Als Mikrochip oder einfach Chip bezeichnen wir eine →integrierte Schaltung auf einem einzigen Scheibchen aus →Silizium. An den Seiten befinden sich Kontakte, damit der Chip in eine gedruckte Schaltung eingebaut werden kann. Ein Merkmal der Mikrochips ist ihre Miniaturisierung oder Verkleinerung: Auf gleicher Fläche fanden im Lauf der Zeit immer mehr Schaltelemente Platz. Weil alle Schaltelemente aber so außerordentlich klein geworden sind, müssen die Chips in ganz sauberer Umgebung gefertigt werden, denn schon ein einziges Staubkorn könnte den Chip zerstören. Man spricht hier von Reinraumfertigung: Die Luft wird sorgfältig gefiltert; die Angestellten tragen Kleidung, die sie vollkommen umhüllt, denn der Mensch gibt dauernd winzige Hautschuppen ab. Im Innern des Fertigungsgebäudes herrscht andauernd ein leichter Überdruck, damit von außen keine Luft und damit Staub eindringen kann. Die Luft in solchen Betrieben ist vieltausendmal sauberer als die Luft in Operationssälen!

▽ Beim Kristallmikrofon drückt die Membran einen Kristall zusammen und erzeugt dadurch elektrische Spannungen. Diese Erscheinung, die auch die Grundlage der Quarzuhr bildet, nennen wir piezoelektrischen Effekt.

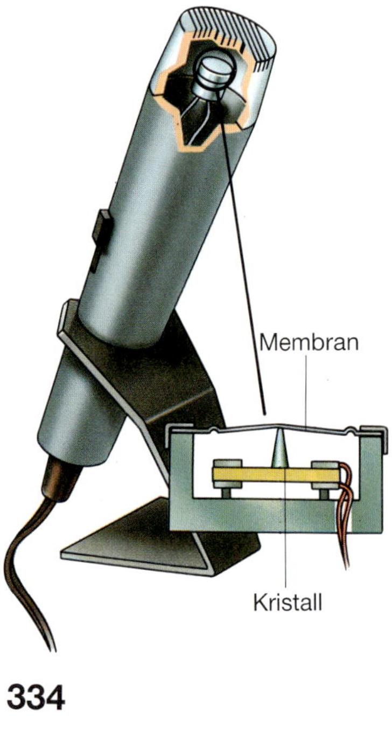

Mikrofon

Das Mikrofon verwandelt →Schallwellen in elektrische Schwingungen. Die Schallwellen versetzen zuerst eine dünne Membran aus Metall in Schwingungen. Die Umsetzung in elektrische Schwingungen erfolgt anschließend auf verschiedene Weisen: Das elektrodynamische Mikrofon arbeitet wie ein →Lautsprecher, nur in umgekehrter Richtung. Beim Kohlemikrofon verändert sich durch die Schwingungen der Membran der elektrische Widerstand von Kohlekörnern, weil diese mehr oder minder stark zusammengedrückt werden. Beim Kondensatormikrofon hingegen entstehen in einem Kondensator Spannungsschwankungen.

Mikrobiologie

Die Mikrobiologie beschäftigt sich mit den mikroskopisch kleinen Lebewesen, den Mikroorganismen, vor allem den Bakterien, den Schimmel- und Hefepilzen sowie den Viren. Vor allem untersucht sie, wie man diese Kleinstlebewesen nutzen oder unschädlich machen kann. Im vorigen Jahrhundert entdeckte Louis Pasteur, daß Hefepilze die Gärung in Gang setzen und daß sich dabei Bakterien störend auswirken können. Robert Koch bewies schließlich, daß bestimmte Bakterien Krankheiten erregen, und entwickelte Verfahren, um sie im Labor zu züchten.

Mit der stetigen Verbesserung der Mikroskope und der Labortechnik nahmen auch die mikrobiologischen Erkenntnisse enorm zu. Mit den Elektronenmikroskopen kann man auch die kleinsten Einzelheiten der Mikroorganismen sehen. Fast alle Pilze und Bakterien können heute im Labor gezüchtet werden. Gentechnologen schleusen in deren Erbgut fremde Gene ein, beispielsweise, um Bakterien zu veranlassen, menschliches Insulin zu produzieren. Aus Bakterien und Pilzen gewinnen wir auch Antibiotika, Impfstoffe und Antikörper.

△ Mikrobiologen brauchen viele chemische Stoffe und hervorragende Mikroskope, um Mikroorganismen wie Bakterien und Viren untersuchen zu können.

Augentierchen Euglena

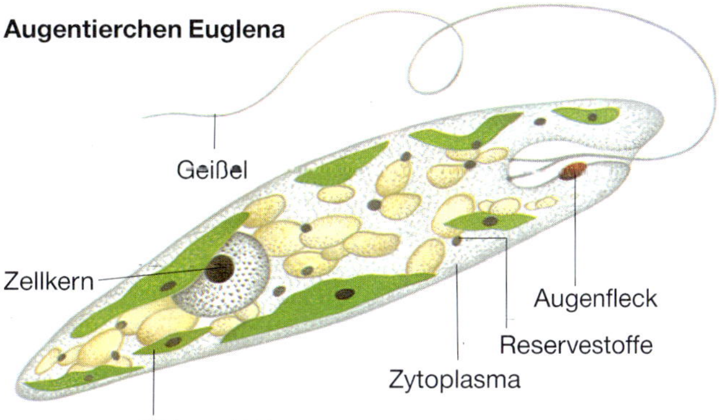

△ Das Augentierchen gehört zu den einzelligen Geißelalgen. Bei Licht verhält es sich wie eine Pflanze und gewinnt Energie durch Photosynthese. Ohne Licht verhält es sich wie ein Tier und muß Nahrung aufnehmen.

Antibiotika werden heute noch zum größten Teil von Schimmelpilzen produziert wie das Penicillin in den vierziger Jahren. Dies geschieht in großen Gärgefäßen oder Fermentern. Die vollsynthetische Herstellung von Antibiotika wäre viel zu teuer.

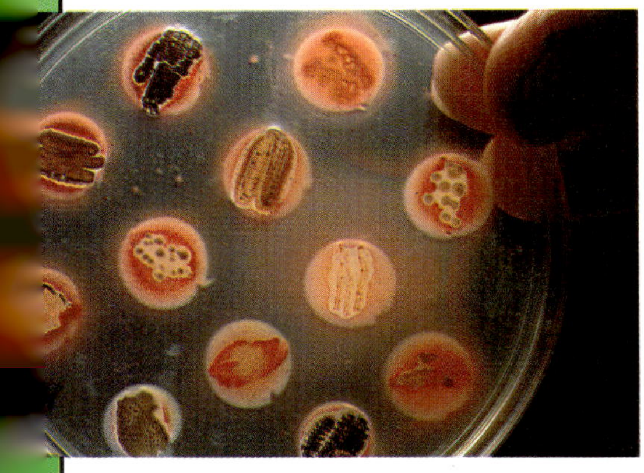

◁ Die meisten Bakterien züchtet man in flachen Petrischalen auf gallertigen Nährböden aus Agar-Agar. Sie bilden darauf Kolonien, die in Form und Farbe Unterschiede aufweisen.

Siehe auch →Antibiotika; →Biologie; →Biotechnologie; →Gentechnologie; →Hefen; →Heilmittel; →Mikroorganismen; →Mikroskop; →Pasteurisierung.

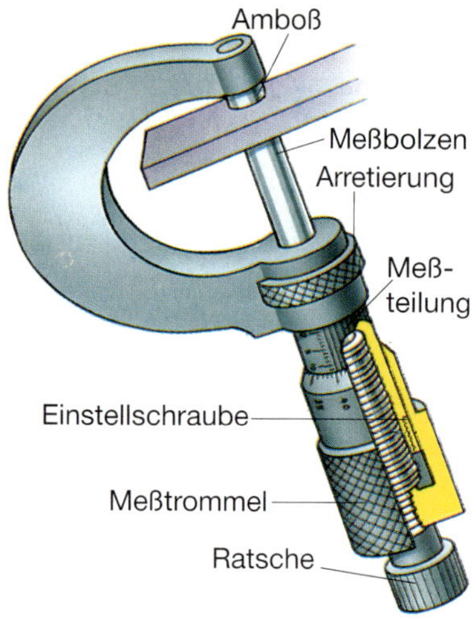

△ Mit dem Schraubenmikrometer können wir kleine Längen sehr genau messen. Der Meßwert wird dabei auf zwei Skalen abgelesen.

Mikrometer

Das Mikrometer ist zunächst ein Längenmaß, nämlich ein millionstel Meter oder ein tausendstel Millimeter. Man kürzt es mit dem griechischen Zeichen my (μ) ab: $1\ \mu m = 10^{-6}\ m = 0{,}000001\ m = 0{,}001\ mm$.

Als Mikrometer bezeichnet man auch ein Gerät zum genauen Vermessen kleiner Längen. Dafür wird das zu messende Stück in das Schraubenmikrometer (Meßschraube) eingespannt. Jede Schraubendrehung an der Spindel entspricht dabei einer bestimmten Länge, meist 0,5 Millimeter. Die genaue Länge liest man auf ein hundertstel Millimeter genau auf zwei Skalen ab. Es gibt auch Mikrometer, die den Meßwert mit einer →Flüssigkristallanzeige angeben.

Mikroorganismen

Als Mikroorganismen bezeichnen wir alle Lebewesen, die wir mit bloßem Auge nicht erkennen können. Zur Untersuchung brauchen wir →Mikroskope. Statt Mikroorganismen kann man auch Mikroben, Kleinlebewesen oder gar Kleinstlebewesen sagen. Dazu gehören ganz unterschiedliche Gruppen: Bakterien, Hefen, Schimmelpilze, einzellige Algen und tierische Einzeller. Auch die →Viren zählt man im allgemeinen zu den Mikroorganismen, obwohl sie im strengen Sinn keine Lebewesen sind, weil sie keinen eigenen →Stoffwechsel haben und sich auch nicht allein fortpflanzen können. Sie dringen vielmehr in lebende Zellen ein und zwingen diese, viele neue Viren herzustellen. Viren haben so etwas wie ein „geborgtes Leben". Deswegen sind sie durchweg Parasiten. Sie rufen

▽ Zu den Mikroorganismen gehören vor allem die Bakterien, aber auch die vielen einzelligen Pflanzen und Tiere. Sie alle sind zu klein, als daß wir sie noch mit bloßem Auge sehen könnten. Viele leben in einer wäßrigen Umgebung und bewegen sich mit Hilfe von Geißeln vorwärts.

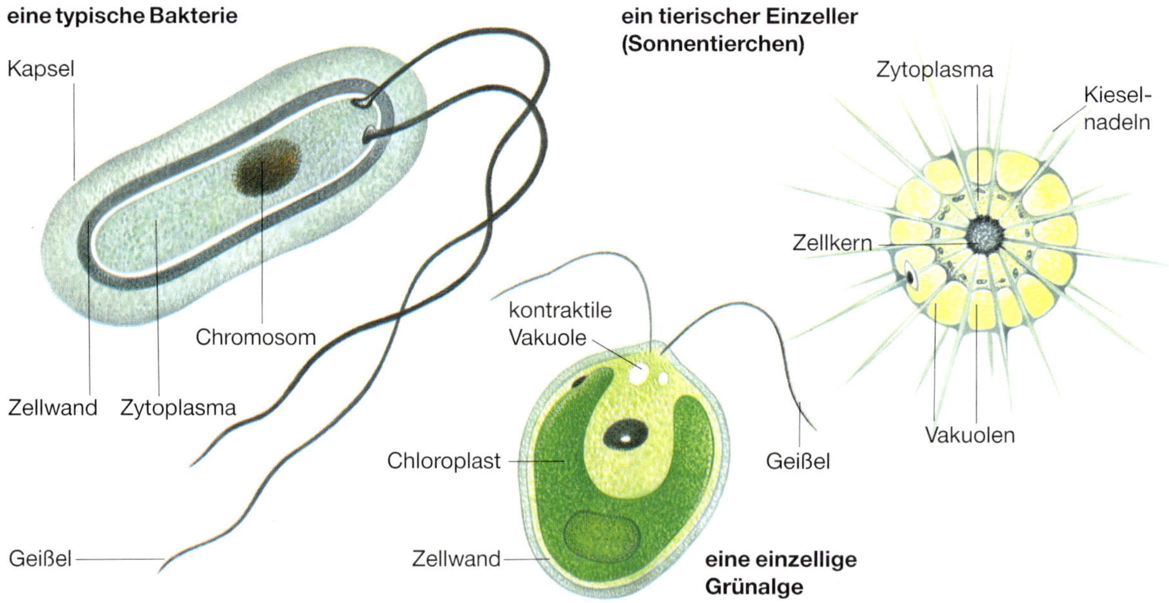

manche unheilbaren Krankheiten hervor, beim Menschen zum Beispiel →Aids, bei Pflanzen die Mosaikkrankheit, beim Rind die Maul- und Klauenseuche. Vielleicht gibt es „Lebewesen", die noch einfacher aufgebaut sind als Viren. Man hat sie vorläufig als Prionen bezeichnet.
Bakterien sind sehr einfach aufgebaut. Ihre Zellen sind von einer Kapsel und einer Zellwand umgeben. Es gibt keinen Zellkern, sondern nur ein ringförmiges →Chromosom mitten in der Zelle. Bakterien leben buchstäblich überall in unvorstellbarer Zahl, im Boden, in Pflanzen, auf unserer Haut und in unserem Darm.
Hefen sind einzellige Pilze, die Zucker zu Alkohol abbauen. Sie spielen bei der Bereitung von Wein und Brot eine große Rolle. Einzellige Lebewesen gibt es unter den Pflanzen wie den Tieren (Protozoen). Sie haben einen echten Zellkern. Einzellige grüne Algen kommen vor allem in Gewässern vor; tierische Einzeller leben im Wasser wie im Boden.

Ohne Mikroorganismen, vor allem ohne Bakterien, würde das biologische Gleichgewicht in der Natur schnell zusammenbrechen, denn sie bauen tote organische Stoffe ab. Nur verhältnismäßig wenige Mikroorganismen sind Krankheitserreger beim Menschen. Dazu gehören unter den tierischen Einzellern zum Beispiel der Malariaparasit Plasmodium, die Erreger der Schlafkrankheit (Trypanosomen) und bestimmte Amöben, die Dysenterie – einen schweren Durchfall – hervorrufen. Zu den Krankheiten, die von Bakterien ausgelöst werden, zählen Tuberkulose, Cholera und manche Magengeschwüre.

Mikroprozessor

Mikroprozessoren sind extrem verdichtete →integrierte Schaltungen auf kleinen →Halbleiterplättchen. Sie stellen den zentralen Baustein (CPU) von Mikrocomputern dar. Der Mikroprozessor arbeitet mit getrennten Speichern für ein programmierbares Anwenderprogramm (ROM) und für Daten (RAM), die unterschiedlich eingegeben werden. Mikroprozessoren kann man also wie die Mikrochips individuell programmieren. Sie bilden die Steuereinheit von Taschenrechnern, Kameras, Waschmaschinen, elektronischen Schreibmaschinen und Videorecordern.

◁ Mikroprozessoren findet man in Computern, Waschmaschinen und vielen weiteren Geräten, die eine komplizierte Steuerung erforderlich machen.

Mikroskop

Mit dem Mikroskop erhält man starke Vergrößerungen von einem Objekt. Dieses Objekt muß durchscheinend und somit in dünne Scheiben geschnitten sein. Ein Linsensystem, das Objektiv, erzeugt eine erste Vergrößerung vom Objekt. Diese wird noch einmal von einem zweiten Linsensystem vergrößert, dem Okular. Um die Gesamtvergrößerung zu ermitteln, muß man die Vergrößerung des Okulars mit der des Objektivs

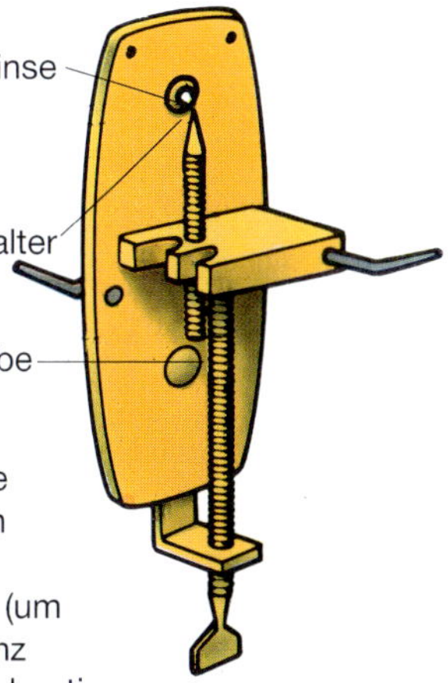

▷ Dieses erste Mikroskop von Antoni van Leeuwenhoek (um 1675) sieht ganz anders aus als heutige Geräte. Es hatte eine von Hand geschliffene Linse. Mit der langen Einstellschraube brachte man das Objekt ins Sehfeld. Dieses Mikroskop funktionierte nur bei vollem Sonnenlicht.

Die Objekte, die wir unter dem Mikroskop betrachten wollen, müssen wir zuerst präparieren. Die Zwiebelhaut von der Innenseite der Zwiebelschalen breiten wir zum Beispiel in einem Tropfen Wasser aus, der auf dem Objektträger liegt. Dann decken wir alles mit dem Deckgläschen zu. Ohne diese Präparation mit Objektträger und Deckgläschen können wir nicht mikroskopieren.

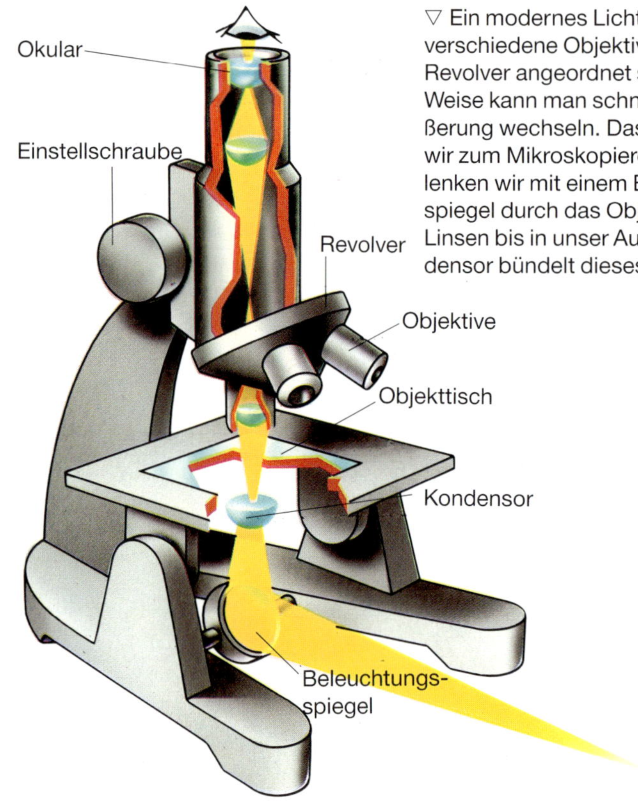

▽ Ein modernes Lichtmikroskop hat verschiedene Objektive, die in einem Revolver angeordnet sind. Auf diese Weise kann man schnell die Vergrößerung wechseln. Das Licht, das wir zum Mikroskopieren benötigen, lenken wir mit einem Beleuchtungsspiegel durch das Objekt und die Linsen bis in unser Auge. Ein Kondensor bündelt dieses Licht.

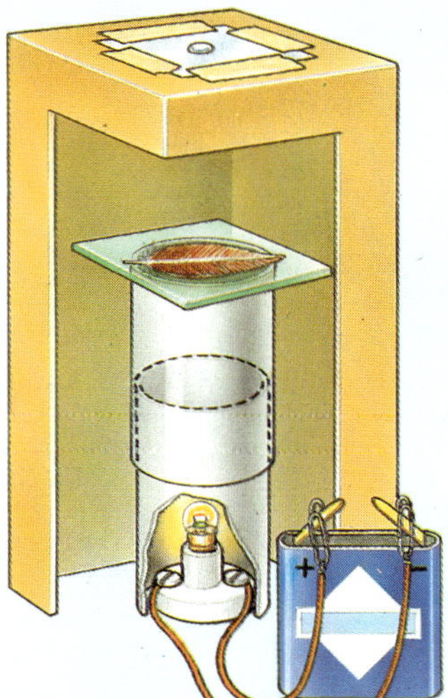

Mach es selbst

Wir bauen eine einfache Leuchtlupe. Dazu schneiden wir ein Loch in die Stirnseite einer hochkant gestellten Schachtel und kleben eine glasklare Folie darüber. Ein Tropfen Wasser dient uns als Vergrößerungslinse. Wir nehmen zwei Kartonrollen, schneiden eine der Länge nach auf und stülpen sie über die andere. Oben auf die Kartonrollen kommt der Gegenstand, den wir betrachten wollen. Dessen Höhe müssen wir genau einstellen, um ein scharfes Bild zu bekommen, wenn wir durch die Linse schauen. Eine Taschenlampe hilft bei der Beleuchtung.

multiplizieren. Eine 10fache Vergrößerung des Okulars und eine 40fache Vergrößerung des Objektivs ergeben also eine 400fache Gesamtvergrößerung. Beim Lichtmikroskop liegt die größtmögliche Vergrößerung bei höchstens 1500fach. Für höhere Vergrößerungen sind die Lichtstrahlen zu grob. Viel feinere Strahlen bestehen aus →Elektronen. In den vierziger Jahren wurden deswegen →Elektronenmikroskope entwickelt. Damit sind heute Vergrößerungen von weit über 100 000fach möglich. Die größte Auflösung erlauben jedoch die modernen Tunnelmikroskope. Auch sie arbeiten mit Elektronen, allerdings auf andere Weise, und lassen eine 100millionenfache Vergrößerung zu. Mit ihnen kann man einzelne Atome abbilden.

Mikrowellen

Mikrowellen kennen wir vor allem in Zusammenhang mit dem Mikrowellenherd. Ein Magnetron, eine Magnetfeldröhre, erzeugt die Mikrowellen. Der Wobbler sorgt für die regelmäßige Verteilung im Herd, wobei die metallischen Wände die Wellen reflektieren. Wassermoleküle in der Nahrung nehmen die Mikrowellen auf und wandeln sie in Wärme um. Die Speisen werden damit gegart oder wieder aufgewärmt.

Mikrowellen sind →elektromagnetische Wellen mit →Wellenlängen in der Größenordnung von Zentimetern. Deshalb spricht man auch von Zentimeter- oder Dezimeterwellen. Mikrowellen werden auch in der Nachrichtentechnik verwendet. Wir bezeichnen sie dort auch als UHF-Wellen (Höchstfrequenzwellen). Scharf gebündelte Mikrowellen erzeugt man mit Hilfe eines →Masers.

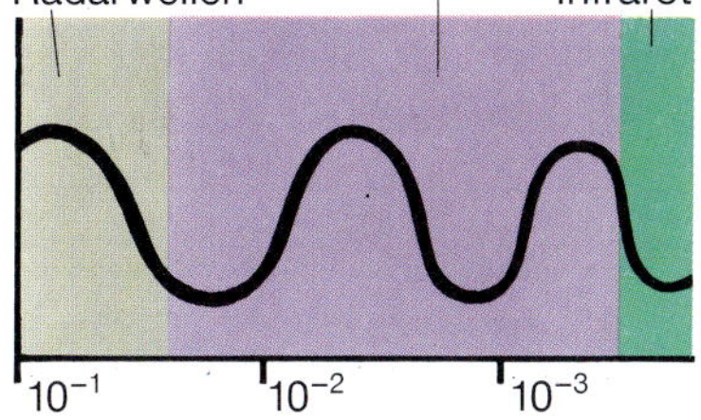

△ Mikrowellen sind ein Teil der elektromagnetischen Strahlung. Ihre Wellenlängen liegen im Zentimeterbereich und somit zwischen den Radarwellen und den Infrarotwellen.

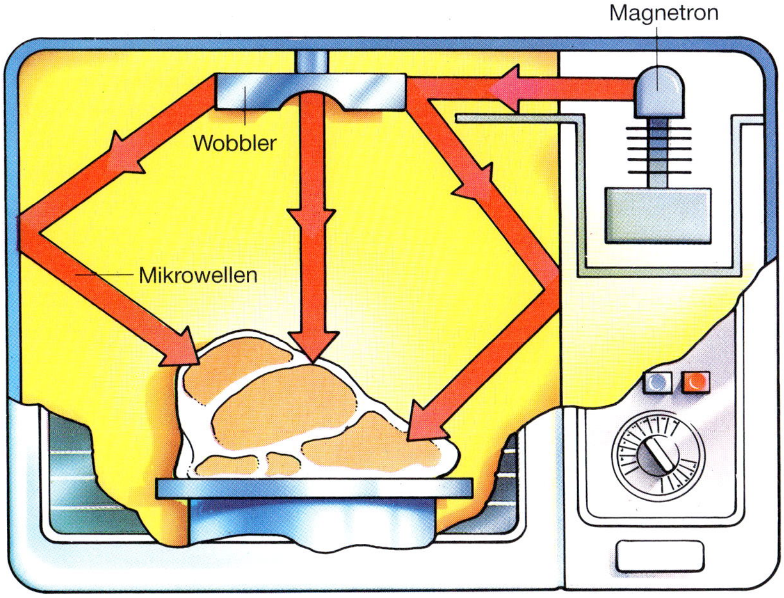

◁ Das Herz des Mikrowellenherds ist das Magnetron, eine besondere Elektronenröhre. Sie erzeugt die Mikrowellen, die in den Ofen gestrahlt werden. Die Mikrowellen regen Wassermoleküle in der Nahrung zur Bewegung an. Dabei reiben sie gegeneinander, wodurch Wärme entsteht. Mit dieser Reibungswärme werden die Speisen gegart. Die Leistung des Magnetrons läßt sich mit einem Stufenschalter verändern.

Milch

Alle Weibchen der Säugetiere produzieren in ihren Brustdrüsen Milch als Nahrung für ihre Jungen oder Babys. Die Milchproduktion beginnt sofort nach der Geburt. Milch besteht aus Wasser, →Fetten, →Proteinen, →Zucker, →Vitaminen und Mineralsalzen. Die Milch enthält alle Stoffe, die das Baby für die ersten Wochen oder Monate seines Lebens braucht. Die Milch jeder Säugerart hat deswegen auch ihre eigene Zusammensetzung. Am fettreichsten ist die Milch der Robben. Das Neugeborene muß nämlich möglichst schnell eine Fettschicht unter der Haut aufbauen, die es vor der Kälte des Wassers schützt. Kuhmilch ist ein vorzügliches Nahrungsmittel für uns Menschen; nur ganz kleinen Babys bekommt Kuhmilch nicht so gut. Man darf sie dem Kind nicht unverdünnt geben.

Die Milch, die wir täglich trinken, wird für kurze Zeit erhitzt, um schädliche Bakterien abzutöten. Wir nennen diesen Vorgang →Pasteurisierung. Dabei gehen aber nicht alle Bakterien zugrunde, und nach ein paar Tagen wird die Milch sauer. Die Menschen trinken die Milch von Büffeln, Ziegen, Schafen, Rentieren, Rindern und Kamelen. Manche Menschen können

Eine Hochleistungskuh produziert rund 4000 Liter Milch pro Jahr. Ungefähr zwei Drittel dieser Milch werden frisch getrunken. Aus dem Rest stellt man Milchprodukte her, vor allem Butter und Käse.

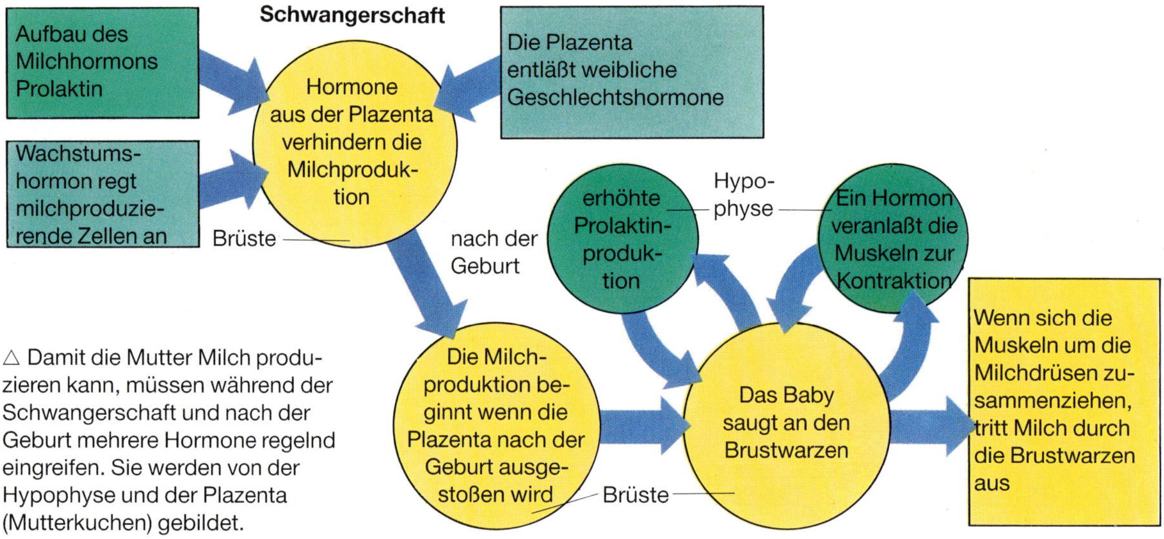

△ Damit die Mutter Milch produzieren kann, müssen während der Schwangerschaft und nach der Geburt mehrere Hormone regelnd eingreifen. Sie werden von der Hypophyse und der Plazenta (Mutterkuchen) gebildet.

▽ Während normaler körperlicher Betätigung gewinnen wir die dazu benötigte Energie durch Reaktion des Zuckers Glukose mit Sauerstoff **(1)**. Bei großer körperlicher Anstrengung schafft das Blut nicht genügend Sauerstoff heran, und die Glukose wird in Milchsäure umgewandelt **(2)**. Wenn wieder genügend Sauerstoff im Blut ist, verwandelt die Leber die Milchsäure wieder in Glykogen und Glukose **(3)**.

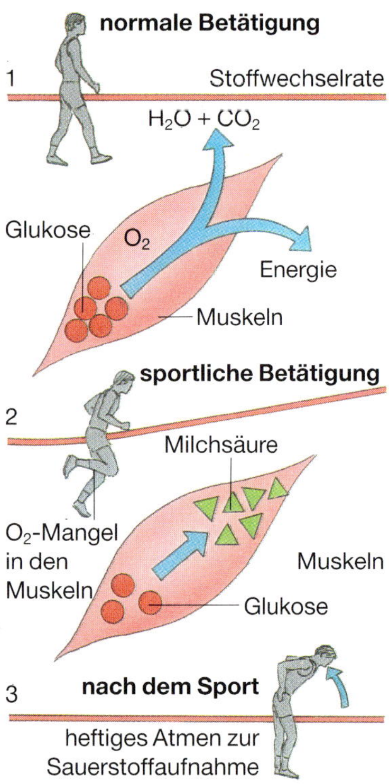

den Milchzucker (Laktose) nicht verdauen, der zu ungefähr fünf Prozent in der Milch enthalten ist. Aus Milch stellt man auch Butter, Süß- und Sauerrahm, Buttermilch, Käse, Joghurt und Quark her.

Milchsäure

Die Milchsäure ist eine farblose bis gelbliche Flüssigkeit. Sie kommt vor allem in saurer, geronnener Milch vor. Bakterien stellen aus Zuckern und aus Apfelsäure Milchsäure her (→Gärung). Die Milchsäure verleiht Joghurt und sauer eingelegtem Gemüse wie Sauerkraut die milde Säure.
Wenn wir große Leistungen erbringen müssen, wird die Glukose in den Muskeln in Milchsäure abgebaut. Sie ist schuld am anschließenden Muskelkater. Die Milchsäurewerte im Blut (Laktatwerte) geben Aufschluß über den Trainingszustand.

Milchstraße

In der „nächsten“ Umgebung der Erde im →Weltall gibt es ungefähr 100 Milliarden →Sterne sowie zahlreiche →Nebel aus Staub und Gas. Dieses Sternsystem (→Galaxie) nennen wir Milchstraße. Wir können die Milchstraße in dunklen, aber sternklaren Nächten als helles Band erkennen, das quer über den Himmel zieht. Die →Sonne ist ungefähr 30 000 →Lichtjahre vom Zentrum der Milchstraße entfernt. Die Milchstraße entstand vor ungefähr 15 Milliarden Jahren mit dem →Urknall. Zunächst war sie nur eine Wolke aus Wasserstoffgas. Im Zentrum, wo das Gas am dichtesten war, bildeten sich die ersten Sterne, die heute schon längst wieder verschwunden sind. Die Milchstraße hat einen Durchmesser von 100 000 Lichtjahren.

▷ Die Milchstraße besteht aus mehreren spiralförmigen Armen. Diese enthalten Millionen von Nebeln, die ihrerseits wieder aus Millionen von Sternen bestehen. Vier spiralige Arme der Milchstraße sind nach vier großen Sternbildern benannt: A Centaurusarm. B Sagittariusarm. C Orionarm. D Perseusarm.
1 Sonnensystem 2 Ringnebel 3 Orionnebel 4 Lagunennebel 5 Trifidnebel 6 Krabbennebel 7 Adlernebel 8 Eta-Carinae-Nebel.

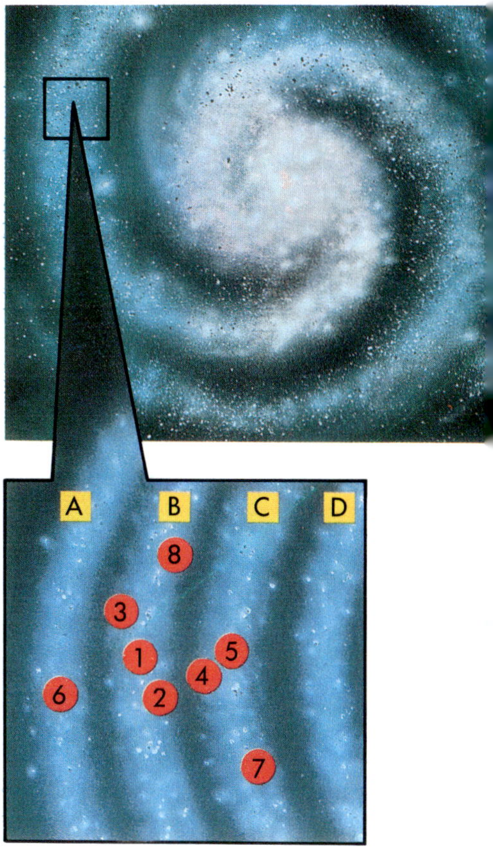

Mineralien

Mineralien sind die Bestandteile der →Gesteine. Sie sind in chemischer und physikalischer Hinsicht einheitlich, denn es handelt sich im wesentlichen um feste, →chemische Verbindungen, die oft in →Kristallform vorkommen. Auf der Erde gibt es rund 2000 verschiedene Mineralien. 300 davon kommen häufiger vor, und nur zehn Mineralien sind zu rund 90 Prozent am Aufbau der Erdkruste beteiligt. Zu den wichtigsten gehören die Silikate, Verbindungen zwischen Silizium und Sauerstoff. Für den Menschen von besonderer Bedeutung sind Verbindungen zwischen Metallen und Sauerstoff und zwischen Metallen und Schwefel. Solche Metalloxide und Metallsulfide bezeichnen wir allgemein als →Erze. Mineralien erkennt man an ihrer Kristallform, der Farbe, der →Härte und der →Dichte. Die Wissenschaft von den Mineralien heißt Mineralogie.
Der menschliche Körper braucht gewisse Salze wie Natriumchlorid oder Kalziumphosphat. Diese Salze bezeichnen wir auch als Mineralien oder besser als Mineralsalze oder Mineralstoffe. Der Körper kann sie nicht selber herstellen, sondern muß sie mit der Nahrung aufnehmen.

▽ Eine Auswahl aus den verschiedensten Mineralien.

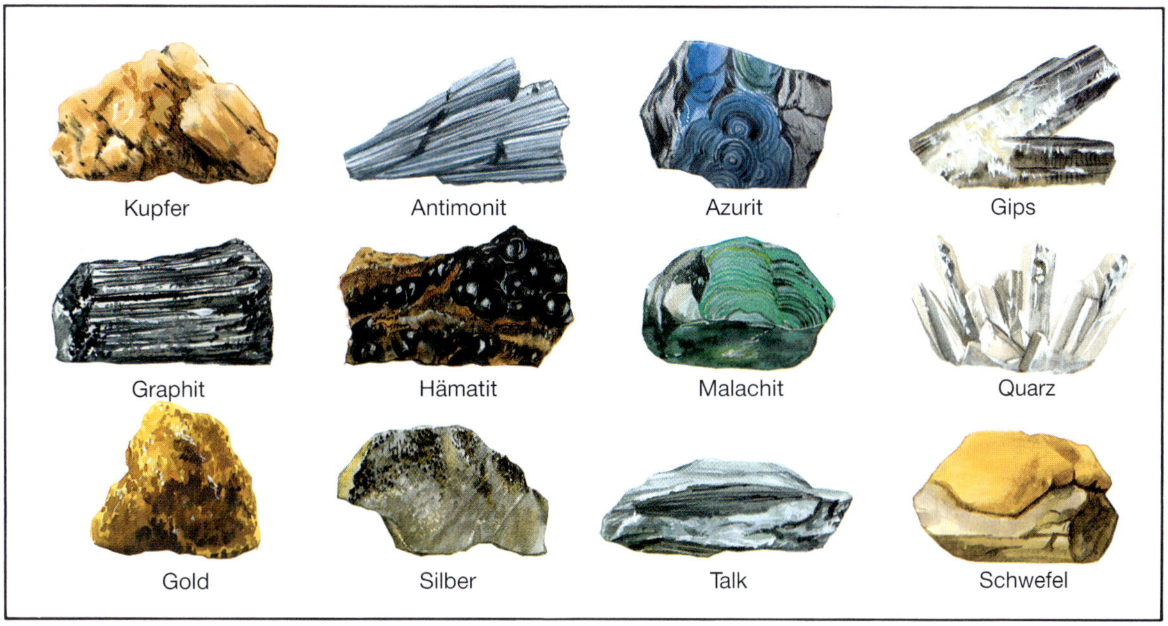

Mittelwert

△ Um die mittlere Körperlänge einer Gruppe von Menschen zu bekommen, addieren wir alle Körperlängen und teilen diese Zahl durch die Anzahl der Personen.

△ Um den Zentralwert herauszufinden, müssen wir die Kinder der Größe nach ordnen. Das Kind in der Mitte stellt dann den Zentralwert dar.

△ Der Modalwert der Gruppe ist die Körperlänge, die am häufigsten auftritt.

Mittelwert

Wenn wir eine Reihe von Zahlen haben und diese stellvertretend durch einen einzigen Wert ausdrücken wollen, so nehmen wir dazu den Mittelwert. Folgendes Beispiel soll dies näher erklären: Nehmen wir an, eine Familie hat fünf Kinder im Alter von 13, 12, 10, 6 und 4 Jahren. Wie alt sind sie im Durchschnitt? Dazu addieren wir alle Zahlen, also $13+12+10+6+4=45$. Die Zahl 45 teilen wir durch die Anzahl der Werte, also 5, und bekommen 9. Den Mittelwert von 9 Jahren nennen wir das arithmetische Mittel. Die →Statistik verwendet noch andere Mittelwerte: In einer aufsteigenden Reihe von Zahlen stehen vor und hinter dem Medianwert oder Zentralwert gleich viele Werte. Der Zentralwert halbiert also die Beobachtungsreihe. Ein weiteres Beispiel: Elf Menschen messen eine bestimmte Länge und kommen dabei auf die Zahlen 18, 17, 15, 15, 13, 12, 12, 12, 12, 9 und 6. Wahrscheinlich haben die vier Personen, die die 12 gemessen haben, den richtigen Wert erwischt. Diesen bezeichnen wir auch als den Modalwert.

Mach es selbst

Wir füllen verschieden geformte Gläser mit Wasser. Nun können wir die durchschnittliche Menge berechnen, die jedes Glas faßt: Zunächst gießen wir das Wasser aus allen Gläsern in einen Meßbecher. Dann lesen wir ab, wieviel Wasser er enthält. Diese Zahl teilen wir durch die Anzahl der Gläser. Die Zahl, die wir dabei erhalten, ist das arithmetische Mittel.

arithmetisches Mittel Der Mittelwert einer Reihe von Beobachtungen.
Medianwert oder Zentralwert Der Wert, der eine aufsteigende Beobachtungsreihe halbiert.
Häufigster Wert oder Modalwert Der häufigste Wert in einer Beobachtungsreihe.

Mobilfunk

Wer ein normales →Telefon benutzen will, kann sich nur so weit vom Anschluß entfernen, wie das Kabel reicht. Beim Auto- oder Mobiltelefon ist das anders. Man kann damit über Funk überall Anrufe empfangen und auch selbst anrufen. Dafür sorgen ortsfeste Funkstationen, die über das ganze Land verteilt sind.

Modem

Ein Modem verbindet einen →Computer mit einem anderen Computer über die →Telefonleitung. Es verwandelt die digitalen Signale des Computers in →analoge Signale. Dies geschieht wie im →Rundfunksender durch Modulation, also durch Veränderung bereits bestehender Schwingungen. Ankommende Signale verwandelt das Modem wieder in digitale Signale, die der Computer verwenden kann. Modem ist die Abkürzung für „Modulator – Demodulator".

Molekül

Jedes Molekül besteht aus zwei oder mehr →Atomen, die durch →chemische Bindungen zusammenhalten. Ein Molekül Wasser setzt sich aus einem Sauerstoffatom und zwei Wasserstoffatomen zusammen. Das Methanmolekül zeigt die Form einer Pyramide mit einem Kohlenstoffatom in der Mitte. Es gibt auch Riesenmoleküle mit vielen zehntausend Atomen, zum Beispiel die →DNS und die →Polymere.

Alle chemischen Verbindungen bestehen aus Molekülen. Sie sind ihre kleinsten Einheiten. Chemische Elemente treten in unterschiedlicher Form auf. Metalle setzen sich nur aus einzelnen Atomen zusammen. Bei gasförmigen chemischen Elementen wie dem →Wasserstoff (H), dem →Sauerstoff (O) und dem →Chlor (Cl) verbinden sich je zwei Atome zu einem Molekül (H_2, O_2, Cl_2). Phosphordampf besteht sogar aus Molekülen mit vier Phosphoratomen (P_4).

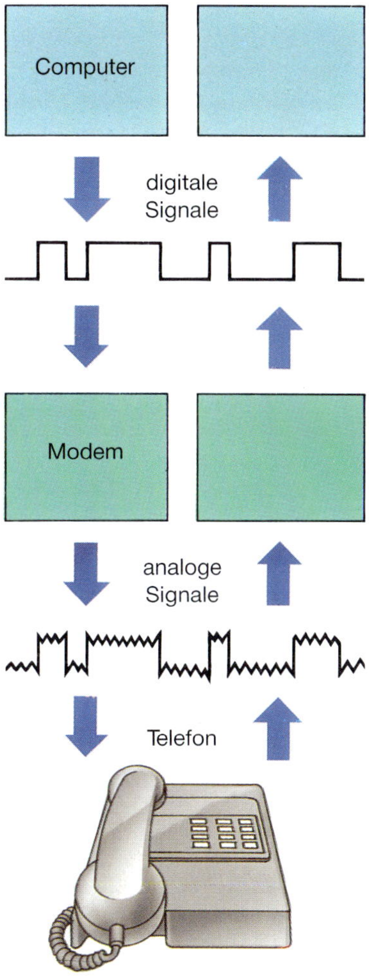

△ Das Modem verwandelt digitale Signale eines Computers in analoge Signale, die über Telefonleitungen übertragen werden können. Entsprechend werden ankommende analoge Signale rückübersetzt.

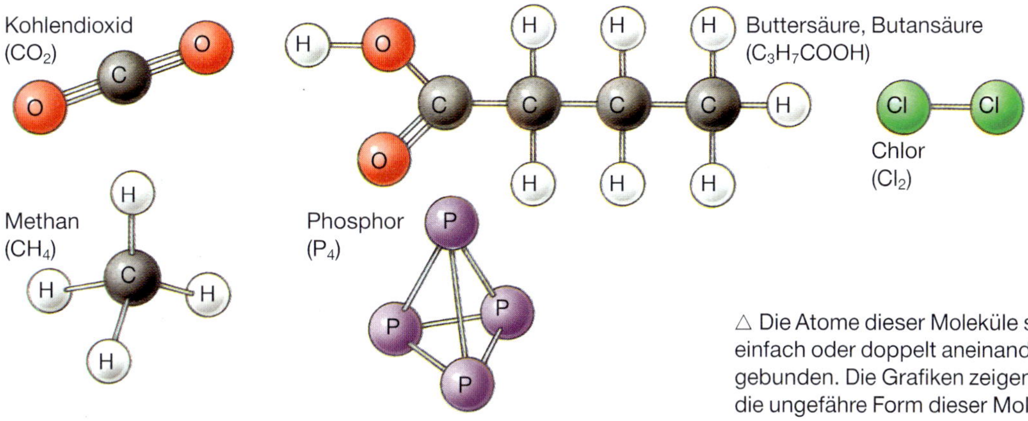

△ Die Atome dieser Moleküle sind einfach oder doppelt aneinander gebunden. Die Grafiken zeigen auch die ungefähre Form dieser Moleküle.

Zahlen und Daten zum Mond

Durchmesser 3476 km
Entfernung von der Erde 384000 km
Umlaufzeit 29 Tage 12 Stunden 44 Minuten
Masse 1,2 Prozent der Erdmasse
Dichte 61 Prozent der Erddichte
Oberflächentemperaturen 100 °C (Maximum) −170 °C (Minimum)

▷ Der Erdmond ist eine riesige, von Kratern übersäte Gesteinskugel. Die meisten Krater gehen auf Einschläge kleinerer Himmelskörper zurück. Einige Krater verraten allerdings, daß es früher Vulkane auf dem Mond gab.

Mond und Monde

Der Mond ist der natürliche Begleiter oder →Satellit der Erde. Er ist unser nächster Himmelskörper, doch bestehen zwischen Mond und Erde große Unterschiede. Bisher glaubten die Forscher, der Mond sei zur gleichen Zeit wie die Erde entstanden, nämlich vor ungefähr 4,6 Milliarden Jahren. Damals hätten sich zahlreiche Staubteilchen zu größeren Körpern zusammengeballt. Manche Wissenschaftler vertreten heute aber die Ansicht, der Mond sei durch einen Zusammenstoß der Erde mit einem anderen Himmelskörper entstanden.

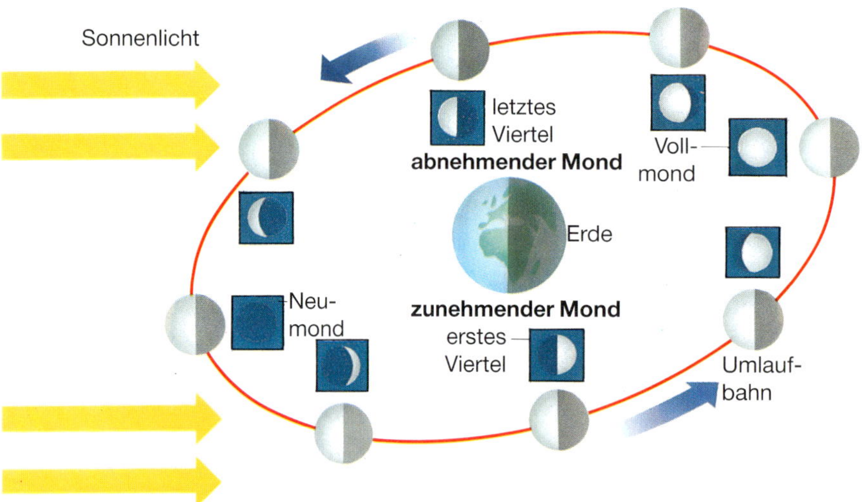

◁ Die Sonne bescheint immer dieselbe Hälfte des Mondes. Die Mondphasen hängen davon ab, welchen Teil dieser beleuchteten Mondhälfte wir von der Erde aus sehen. Bei Neumond stehen Erde, Mond und Sonne in einer Linie, und der Mond ist nicht zu sehen. Ungefähr eine Woche später (erstes Viertel) sehen wir dann die Hälfte der beschienenen Mondoberfläche. Bei Vollmond erkennen wir die gesamte Fläche. Danach nimmt der Mond wieder ab.

Jedenfalls ist der Mond wegen der geringen Größe und der damit verhältnismäßig größeren Oberfläche auch im Inneren völlig ausgekühlt. Die dünne feste Erdkruste hingegen schwimmt immer noch auf geschmolzenen, heißen Gesteinsschichten.
Nach ihrer Entstehung schlugen auf die Erde und den Mond vermutlich Tausende kleinerer Himmelskörper ein und bildeten Krater. Auf dem Mond blieben sie erhalten, weil die →Gesteine dort nicht verwittern. Es gibt auf dem Mond nämlich weder Wasser noch Luft und somit auch kein →Wetter. Die Einschlagkrater auf der Erde sind bis auf wenige Reste völlig verschwunden, sei es durch →Verwitterung und Abtragung oder durch Bewegungen der Erdkruste (→Plattentektonik).
Wegen seiner geringen →Masse und damit →Schwerkraft konnte der Mond keine Gasteilchen festhalten und hat deswegen keine →Atmosphäre. Die Erde dagegen ist von einer dichten Gashülle umgeben.
Früher drehte sich der Mond wahrscheinlich schnell um seine Achse. Doch durch die Anziehungskraft der Erde verlangsamte sich diese Bewegung, so daß der Mond heute der Erde immer die gleiche Seite zuwendet. Einmal im Monat dreht sich der Mond ganz um die Erde. Von der Erde aus gesehen, ergeben sich dadurch verschiedene Mondphasen. Gelegentlich können wir auch eine Mondfinsternis beobachten (→Sonnenfinsternis).
Nicht nur die Erde hat einen Mond, sondern auch alle anderen Planeten, mit Ausnahme des Merkur und der Venus. Die Erde und der Pluto haben nur je einen Mond. Beim Saturn wurden bisher 24 Monde gefunden. Aber wahrscheinlich werden um die äußeren Planeten in Zukunft noch mehr Monde ent-

Planet	**Monde**
Merkur	keinen
Venus	keinen
Erde	1 Erdmond
Mars	2 Phobos und Deimos
Jupiter	16 Die vier größten wurden schon von Galilei entdeckt
Saturn	24 Der größte Mond, der Titan, hat eine Atmosphäre
Uranus	15 Alle benannt nach Gestalten in Shakespeares Dramen, zum Beispiel Ariel, Umbriel, Titania und Miranda
Neptun	8 Triton, Nereide und sechs kleinere Monde
Pluto	1 Charon

△ Manche Forscher nehmen an, der Mond sei bei einer Kollision der Erde mit einem anderen Himmelskörper **(1)** entstanden. Dabei sei es zu einer unvorstellbaren Explosion gekommen, bei der viel Materie in eine Erdumlaufbahn geraten sei **(2)**. Diese Materie habe sich dann zusammengeballt **(3)**, bis der heutige Mond entstanden sei **(4)**. Eine von vielen weiteren Theorien zur Mondentstehung behauptet, die Erde habe den Mond „eingefangen".

▽ Monoklonale Antikörper stellten als erste der Deutsche Georges F. Köhler und der Brite Cesar Milstein her. Sie veröffentlichten ihre Arbeitsergebnisse im Jahr 1975 und erhielten neun Jahre später den Nobelpreis für Medizin.

deckt werden. Die Monde mit einem Durchmesser von einigen hundert Kilometern sind oft unregelmäßig geformt und bestehen aus nacktem Gestein. Größere Monde zeigen ganz unterschiedliche Formen. Der Jupitermond Europa beispielsweise ist eine glatte Eiskugel, während auf dem Mond Io desselben Planeten noch Vulkane aktiv sind. Der Mond Titan des Saturn hat sogar eine eigene Atmosphäre. Der größte Mond des Sonnensystems ist der Ganymed des Jupiter mit einem Durchmesser von 5262 Kilometern. Die berühmten Ringe um den Saturn bestehen aus Tausenden kleiner Monde und Gesteinsbrocken.

monoklonale Antikörper

Monoklonale →Antikörper werden künstlich erzeugt. Sie sind untereinander völlig identisch, weil sie von einem →Klon abstammen. Mit solchen monoklonalen Antikörpern kann der Arzt Viruserkrankungen und Anfänge von Krebsgeschwülsten erkennen und bekämpfen. Wahrscheinlich werden diese Antikörper in den nächsten 20 Jahren größte Bedeutung erlangen. Sie werden im Zellkulturversuch folgendermaßen hergestellt: Einem Versuchstier wird ein Krankheitserreger

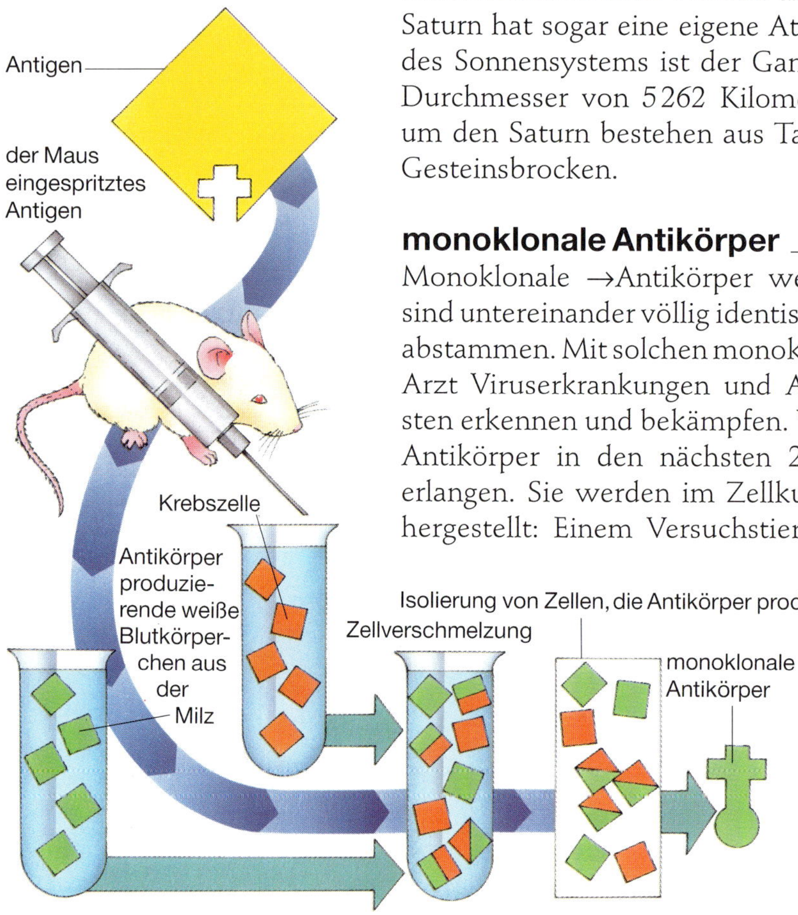

◁ Monoklonale Antikörper gewinnt man durch Verschmelzen von Milzzellen eines Versuchstiers mit krebsig entarteten weißen Blutkörperchen, den sogenannten Myelomzellen. Die Zellen, die den gewünschten Antikörper produzieren, werden dann weiter vermehrt und kloniert, so daß sie ständig völlig einheitliche Antikörper produzieren.

(Antigen) eingespritzt. Seine Milz stellt daraufhin Antikörper her. Man entnimmt nun dem Versuchstier Milzzellen und verschmilzt sie unter bestimmten Bedingungen mit unsterblichen, sich dauernd weiter vermehrenden Krebszellen (Myelomzellen). Diese produzieren daraufhin unaufhörlich Antikörper. Nun trennt man die Zellen ab, die genau den gewünschten Antikörper herstellen, und vermehrt sie zu Klonen. Sie produzieren dann eine einzige Art von Antikörpern, eben die monoklonalen Antikörper.

Die meisten Monsunregen fallen am Fuß des Himalaja. Die Luft steigt dort auf und kühlt sich dabei ab, so daß Regentropfen kondensieren und auf den Boden fallen. Der Ort Cherrapunji in den Hügelgebieten vor dem Himalaja kommt auf einen Jahresdurchschnitt von 10 900 Millimeter Regen – München hat im Vergleich dazu nur 900 Millimeter.

Monsun

Als Monsune bezeichnen wir konstante Winde vor allem in den Tropen, die alle sechs Monate ihre Richtung ändern. Besonders ausgeprägt sind die Monsune in Indien und Südost-

◁ Die Monsunwinde ändern ihre Richtung alle sechs Monate. Der Sommermonsun kommt in Indien vom Meer her, bringt feuchte Luft und damit viel Regen. Im Winter hingegen herrscht Trockenheit. Die Winde kommen vom Himalaja. Weniger großräumige Monsune gibt es zum Beispiel auch in Griechenland, wo sie Etesien heißen. Vom Mai bis Oktober wehen sie aus nördlicher Richtung.

asien sowie an der Küste Ostafrikas. In Indien bläst der Monsun im Winter von Nordosten, also vom Himalaja her, im Sommer kommt er von Südwesten und somit vom Meer her. Der Sommermonsun transportiert feuchte Luft heran, die sich über dem Kontinent abkühlt. Dabei fällt Regen, es herrscht Regenzeit. Während der Monsunregen können die Bauern ihren Reis anpflanzen. Im Winter herrscht Trockenzeit. Kalte Luft gelangt dann von Tibet bis nach Indien, erwärmt sich beim Absinken und bewirkt die lange Trockenheit.

Morsealphabet

Samuel Finley Breese Morse (1791–1872) war ein bekannter Maler, dessen Landschaftsbilder auch heute noch geschätzt werden. Berühmt wurde er jedoch, als er den ersten brauchbaren elektromagnetischen →Telegrafen entwickelte und 1838 patentieren ließ. Der Sender schickte Stromstöße durch eine Leitung, die beim Empfänger am anderen Ende in Bewegungen eines Hebels verwandelt wurden. Die Buchstaben des Alphabets mußte Morse also verschlüsseln. Er verwendete kurze und lange Stromstöße, die durch Punkte und Striche dargestellt werden. Durch die Kombination von Punkten und Strichen konnte er alle Buchstaben des Alphabets, die Zahlen und auch die wichtigsten Satzzeichen verschlüsseln. Heute wird das Morsealphabet nicht mehr verwendet. Der Telegraf wurde durch das →Telefax abgelöst.

▽ Im Morsealphabet sind die Buchstaben und andere Zeichen mit Punkten und Strichen verschlüsselt.

Das Morsealphabet

a	● ▬	s	● ● ●
b	▬ ● ● ●	t	▬
c	▬ ● ▬ ●	u	● ● ▬
d	▬ ● ●	v	● ● ● ▬
e	●	w	● ▬ ▬
f	● ● ▬ ●	x	▬ ● ● ▬
g	▬ ▬ ●	y	▬ ● ▬ ▬
h	● ● ● ●	z	▬ ▬ ● ●
i	● ●	1	● ▬ ▬ ▬ ▬
j	● ▬ ▬ ▬	2	● ● ▬ ▬ ▬
k	▬ ● ▬	3	● ● ● ▬ ▬
l	● ▬ ● ●	4	● ● ● ● ▬
m	▬ ▬	5	● ● ● ● ●
n	▬ ●	6	▬ ● ● ● ●
o	▬ ▬ ▬	7	▬ ▬ ● ● ●
p	● ▬ ▬ ●	8	▬ ▬ ▬ ● ●
q	▬ ▬ ● ▬	9	▬ ▬ ▬ ▬ ●
r	● ▬ ●	0	▬ ▬ ▬ ▬ ▬

Musik und Musikinstrumente

Für den Physiker besteht Musik aus harmonischen →Schallwellen, den Tönen. Sie werden durch Schwingungen erzeugt. Bei den Streichinstrumenten, beispielsweise der Geige, streicht der Bogen über eine gespannte Saite. Diese wird in

Musik und Musikinstrumente

Mach es selbst

Wir bauen ein glockenähnliches Musikinstrument aus Glasflaschen, die wir unterschiedlich hoch mit Wasser füllen. Wir schlagen die Flaschen mit einem Holzlöffel an. Je voller die Flasche, um so höher der Ton. Die dadurch verkürzte Luftsäule darin schwingt schneller als in leeren Flaschen.

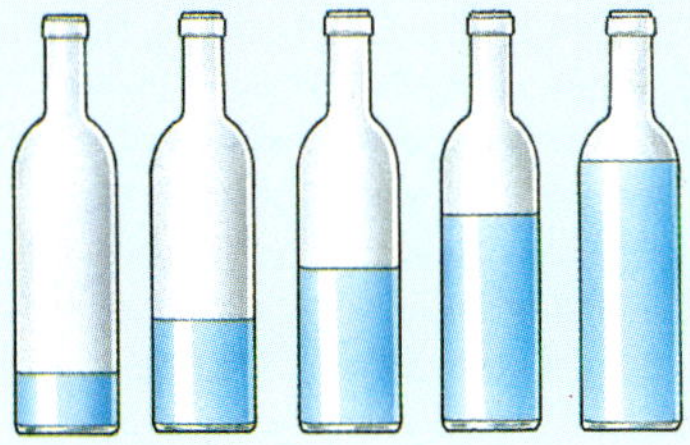

Schwingungen versetzt und erzeugt ihrerseits Luftschwingungen, die wir als Schall wahrnehmen.
Jeder Ton hat eine bestimmte Tonhöhe. Sie hängt von der Anzahl der Schwingungen und damit der →Frequenz ab. Niedrige Töne haben geringe Frequenzen, hohe Töne hohe Frequenzen. Derselbe Ton hört sich bei unterschiedlichen Musikinstrumenten aber ganz anders an. Jeder kann den Unterschied zwischen einem Klavier und einer Gitarre hören. Die grundlegende Frequenz ist zwar bei beiden Instrumenten gleich, die Unterschiede liegen aber in den →Obertönen. Sie verleihen jedem Instrument seine besondere Klangfarbe.
Jedes Volk hat seine eigenen Musikinstrumente entwickelt. Das älteste war wohl die Trommel, wenn man vom menschlichen Körper absieht: Wir können singen, mit den Füßen stampfen oder in die Hände klatschen. Heute kann man vor allem Blasinstrumente, Saiteninstrumente und Schlaginstrumente unterscheiden.
Bei den Blasinstrumenten bringt der Musiker eine Luftsäule im Inneren des Instruments zum Schwingen. Er erzeugt verschiedene Töne, indem er die Länge dieser schwingenden Luftsäule verändert. Bei der Flöte deckt er dazu mit den Fingern einzelne Löcher ab. Bei der Trompete öffnet oder schließt er Ventile, die durch Zusatzbögen die Länge der Luftsäule verändern. Blechblasinstrumente dämpfen die Schallwellen in geringerem Maße und erzeugen deswegen klare, schmetternde Töne. Holzblasinstrumente absorbieren einen Teil der höheren Töne und klingen deswegen gedämpfter.
Saiteninstrumente werden gezupft, geschlagen oder gestrichen. In jedem Fall versetzt die Saite die umgebende Luft in Schwingungen. Saiteninstrumente haben meistens einen Resonanzkörper. Er schwingt mit und verstärkt den Ton. Durch

▽ Die Schwingungen der Saiten einer Violine versetzen auch den Resonanzkörper in Schwingungen. Der Ton wird dadurch verstärkt und erscheint voller und reicher.

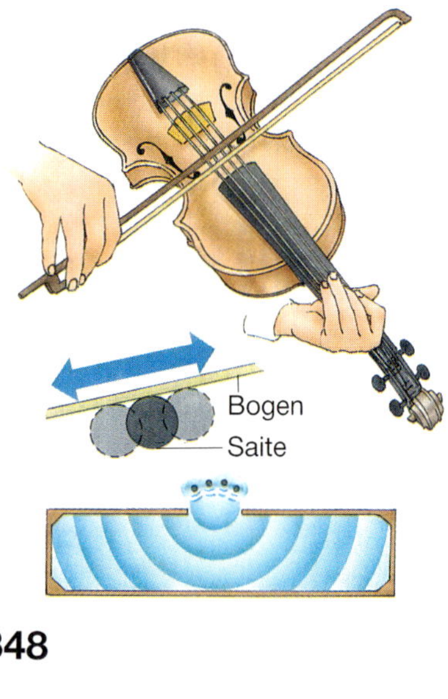

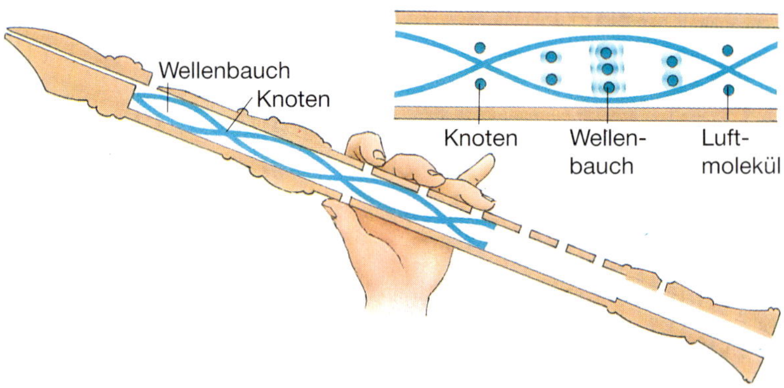

△ Die Schallwellen im Inneren eines Blasinstruments bilden eine sogenannte stehende Welle. Die Luftmoleküle schwingen an den Wellenbäuchen am stärksten hin und her, während sie bei den Knoten stillstehen. Der Abstand zwischen den Knoten entscheidet über die Tonhöhe.

◁ Alle Kulturen haben eigene Musikinstrumente geschaffen. Eine hochentwickelte Musik haben zum Beispiel die Balinesen. Im Bild zwei Musiker eines Gamelanorchesters.

Streichen hält der Ton viel länger an als durch Zupfen. Zu den Saiteninstrumenten zählt auch das Klavier, dessen gespannte Saiten mit kleinen Hämmerchen angeschlagen werden.
Die Schlag- oder Perkussionsinstrumente sind sehr vielfältig. Bei der Trommel wird eine Haut oder Membran angeschlagen. Die Haut schwingt auf und ab und erzeugt dabei Schallwellen. Manche Trommeln haben noch eine zweite, untere Membran, die den Klang verstärkt.
Immer größere Bedeutung erlangen elektronische Musikinstrumente, zum Beispiel der computergesteuerte Synthesizer (sprich: süntesaiser). Mit ihm kann man die Klangfarben aller bekannten Instrumente, aber auch völlig neue Klangfarben erzeugen. Die Verstärkung erfolgt über →Lautsprecher.

▽ Wenn eine Trommel angeschlagen wird, werden die Schallwellen im Inneren immer wieder zurückgeworfen. Der Ton verstummt deswegen nur sehr langsam.

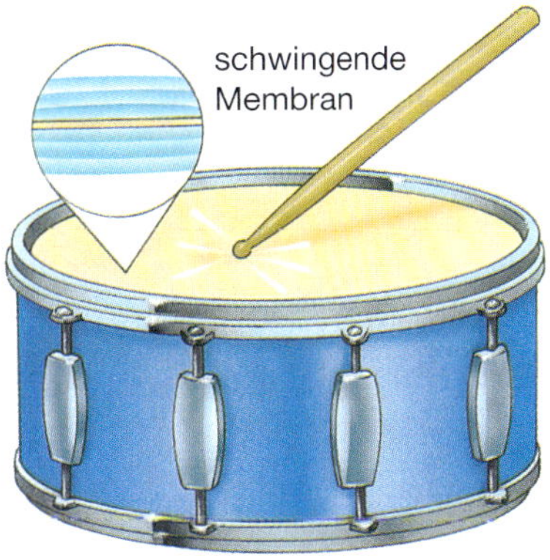

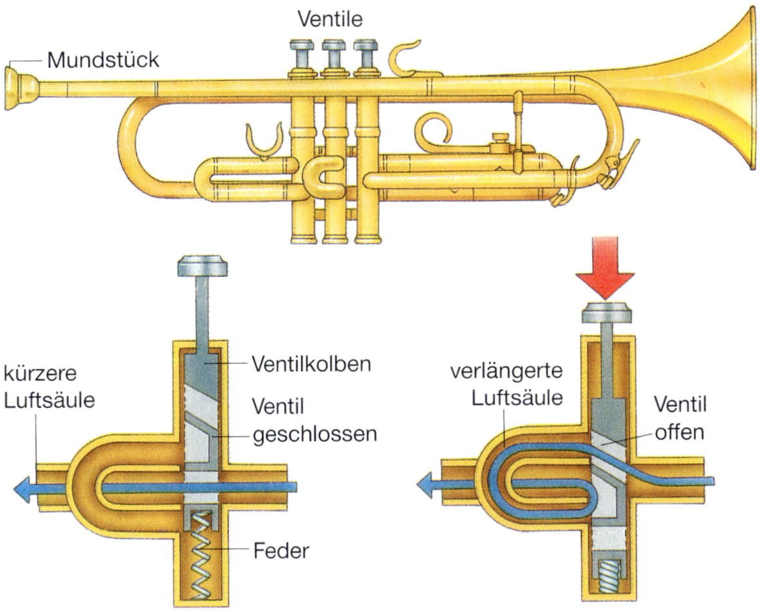

◁ Wenn der Musiker die Ventile einer Trompete öffnet und schließt, verändert er damit die Länge der schwingenden Luftsäule. Je länger diese ist, desto tiefer der Ton. Die Ventile schalten Zusatzbögen ein oder aus.

Rekorde

Die kräftigsten Muskeln haben weder Menschen noch Raubtiere, sondern ausgerechnet die Muscheln. Ihre Muskeln sind über hundertmal so stark wie die des Menschen. Dazu verbrauchen sie kaum Energie, wenn sie kontrahiert sind.

Muskel

Muskeln sind für alle Bewegungen des Körpers zuständig. Sie haben die Fähigkeit, sich zusammenzuziehen (kontrahieren; Kontraktion) und wieder zu erschlaffen. Die Steuerung erfolgt über die →Nerven. Nervenimpulse bestimmen nämlich darüber, welche Muskeln sich zusammenziehen müssen und wie stark. Wir unterscheiden vor allem zwei Arten von Muskeln. Die willkürlichen Muskeln sind dem Willen unterstellt und bestehen aus gestreiftem Muskelgewebe. Zu ihnen gehören alle Skelettmuskeln. Die Eingeweidemuskeln hingegen sind glatt; sie sorgen unabhängig von unserem Willen für die Bewegungen innerer Organe, zum Beispiel für die Knetbewegungen des Darms und des Magens.

Ein Skelettmuskel ist von einer Muskelhaut umgeben und besteht aus Tausenden von Faserbündeln. Jedes Bündel enthält ungefähr tausend Muskelfasern, und in jeder Faser liegen wieder Tausende von Muskelfibrillen, die ihrerseits wieder abwechselnd aus den →Proteinmolekülen Aktin und Myosin zusammengesetzt sind. Bei der Kontraktion werden die Aktinfibrillen zwischen die Myosinfibrillen hineingezogen, so daß sich der Muskel verkürzt.

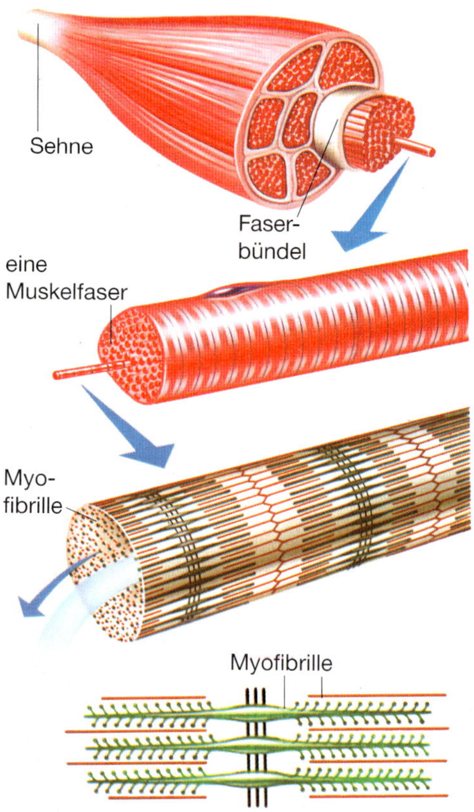

▷ Muskeln bestehen aus zahlreichen Faserbündeln. Jede Faser enthält wiederum Tausende von Muskeln- oder Myofibrillen. Sie enthalten abwechselnd in Bändern Aktin- und Myosinmoleküle. Wenn diese sich ineinander verschieben, verkürzt sich der Muskel und kontrahiert sich. Die Muskeln sind über Sehnen an den Knochen des Skeletts befestigt.

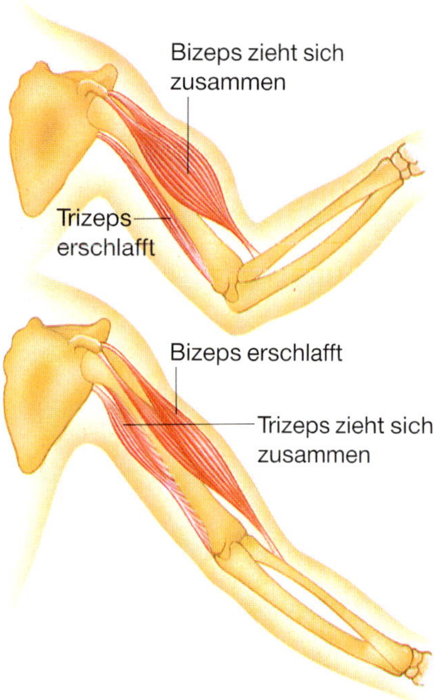

◁ Skelettmuskeln treten meist in Paaren auf. Wir bezeichnen sie auch als Antagonisten. Wenn sich der Bizeps im Oberarm zusammenzieht, wird der Unterarm angewinkelt. Der Trizeps erschlafft dabei. Wollen wir den Unterarm wieder strecken, so muß sich der Trizeps zusammenziehen, und der Bizeps muß erschlaffen.

Inversion

Deletion

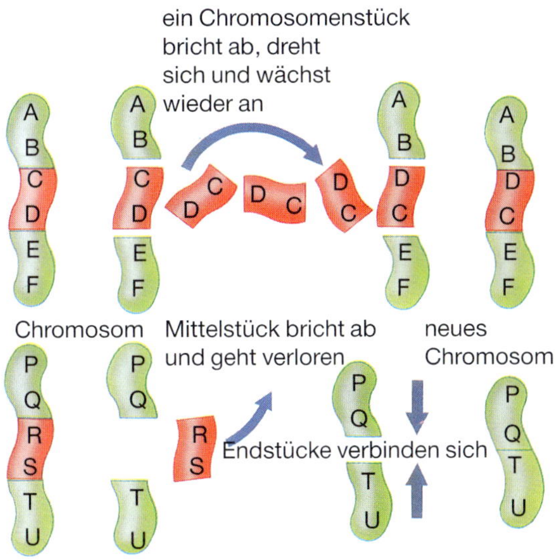

◁ Mutationen liegen zum Beispiel vor, wenn sich die Abfolge von Genen in einem Chromosom verändert. Bei der Inversion bricht das Chromosomenstück CD aus, dreht sich und wächst umgekehrt wieder an. Bei der Deletion geht ein Chromosomenstück (RS) verloren, und die beiden Enden des nun verkürzten Chromosoms vereinigen sich wieder. Die Gene, die auf dem Stück RS liegen, verschwinden damit aus dem Erbgut.

Mutation

Mutationen sind plötzlich auftretende Veränderungen von →Genen oder →Chromosomen. Die betroffenen Lebewesen zeigen dann auch Veränderungen im Aussehen oder Verhalten. Mutationen können in jeder Zelle des Körpers auftreten. Sie häufen sich besonders im Alter und können zum Beispiel zu →Krebs führen. Bedeutender sind aber Mutationen in den Keimzellen, also in den →Eizellen und den Samenzellen, denn damit gehen die neuen Eigenschaften auf die Nachkommen über. Vermutlich sind die weitaus meisten Mutationen so schädlich, daß ihre Träger vorzeitig zugrundegehen. Nur wenige Mutationen erweisen sich als günstig für das Überleben, so daß ihre Träger davon einen Vorteil haben (→natürliche Auslese). Mutationen werden oft von radioaktiver Strahlung ausgelöst.

Es gibt verschiedene Formen der Mutation. Es können zum Beispiel einzelne Gene verändert werden. So reicht es aus, daß die Verschlüsselung für eine einzige Aminosäure vertauscht wird. Verschiedene Gene können auch ihre Plätze tauschen. Dasselbe ist bei ganzen Chromosomenstücken möglich. Sie können wegfallen oder umgedreht oder verdoppelt werden. Durch fehlerhafte Zellteilung kommt es auch vor, daß sich Chromosomensätze vervielfachen (Polyploidie, besonders bei Pflanzen). Der ziemlich weit verbreitete Mongolismus (Down-Syndrom) des Menschen beruht darauf, daß das 21. Chromosom dreifach statt nur doppelt vertreten ist.

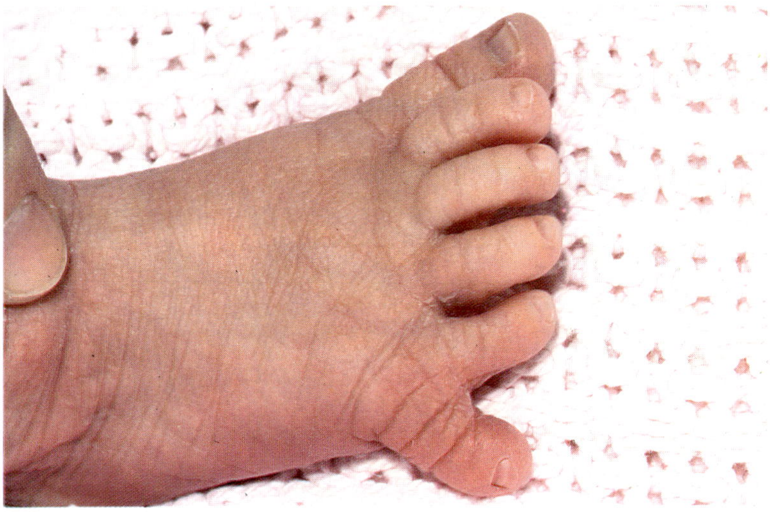

◁ Es kommt verhältnismäßig häufig vor, daß Babys mit überzähligen Zehen oder Fingern geboren werden. In einer Operation wird das überzählige Glied dann entfernt.

Nn

Nahrungskette

Grüne Pflanzen stellen bei der →Photosynthese aus Wasser und Kohlendioxid Zucker und Stärke und somit Nahrung her. Kaninchen fressen grüne Pflanzen, und Füchse fressen Kaninchen. Diese drei Lebewesen bilden eine Nahrungskette. Die Energie wird dabei von Stufe zu Stufe weitergereicht. Schadstoffe können sich innerhalb einer Nahrungskette ansammeln und dann an der Spitze der Nahrungskette, zum Beispiel bei den Füchsen, große gesundheitliche Schäden anrichten. Weiteres dazu auf den Seiten 354 und 355.

Nase

Die Nase ist der Sitz unseres Geruchssinnes; sie hat aber noch andere Aufgaben. Die Nasenhöhle verbindet die Nase mit der Mundhöhle. Wenn wir durch die Nase einatmen, wird die Luft in der Nasenhöhle verwirbelt, befeuchtet und erwärmt, so daß sie praktisch Körpertemperatur aufweist, wenn sie in die →Lungen gelangt. Haare in den Nasengängen filtern größere Schmutzteilchen heraus, während kleinere Staubteilchen auf der Schleimhaut der Nasenhöhle klebenbleiben. Von winzigen Flimmerhaaren werden diese Fremdkörper dann mit einer Geschwindigkeit von einem Zentimeter pro Stunde zum Rachen hingeschoben. Schließlich verschlucken wir diesen Schleim und machen ihn damit unschädlich. Beim Schneuzen sehen wir oft, wieviel Schmutz in der Luft ist.

Oben in der Nasenhöhle liegt die Riechregion mit ungefähr zehn Millionen Sinneszellen für den Geruchssinn. Es gibt offensichtlich zahlreiche verschiedene Sinneszellen für verschiedene Geruchsqualitäten. Wie das Riechen aber genau vor sich geht, bleibt immer noch ein Geheimnis. Vielleicht passen die einzelnen „Geruchsteilchen“ und ihre Sinneszellen zusammen wie Schloß und Schlüssel. Doch damit ist nur ungenügend erklärt, wie Spezialisten, etwa Parfümeure, über 10000 verschiedene Gerüche auseinanderhalten können! Der vielfältige Geruchseindruck entsteht jedenfalls im Gehirn.

Im Vergleich mit den meisten Tieren ist der Geruchssinn des Menschen äußerst schlecht. Wir wissen zum Beispiel von Hunden, daß sie einer menschlichen Fährte noch nach Tagen zu folgen vermögen – ausschließlich mit Hilfe des Geruchssinns! Für die Hunde muß sich die Welt als eine bunte Geruchswelt darstellen. Wer eine so feine Nase hat, leidet aber auch unter starken Gerüchen, sogar unter Parfüm. Hervorragend riecht auch der Aal. Von bestimmten Stoffen nimmt er sogar einzelne Moleküle wahr. Theoretisch könnte ein Aal ein Stück Würfelzucker riechen, das in den Bodensee gefallen ist.

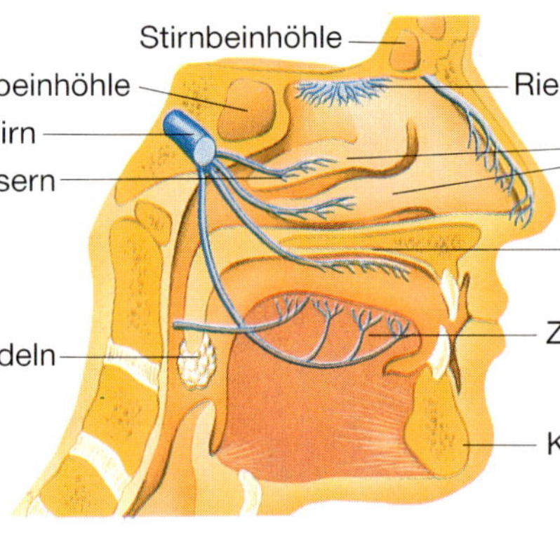

▷ Am oberen Dach der Nasenhöhle befinden sich ungefähr zehn Millionen Sinneszellen für den Geruchssinn. Sie sind über Nervenfasern mit dem Gehirn verbunden. Bei der Beurteilung von Speisen ist der Geruchssinn viel wichtiger als der Geschmackssinn: Wenn uns etwas schmeckt, müßte man eigentlich sagen: Es „riecht“ uns.

◁ Metallisches Natrium ist so reaktionsfreudig, daß man es unter Petroleum aufbewahren muß. Damit ist es völlig von Feuchtigkeit und Luft abgeschlossen. Dieses Stück Natrium wurde mit dem Messer geschnitten, um zu zeigen, wie weich das Metall ist.

Natrium

Natrium ist ein silbrigweißes, weiches, metallisches →chemisches Element. Natrium reagiert heftig mit Wasser und spaltet Wassermoleküle. Dabei entstehen Wasserstoffgas und →Natronlauge. Weil das Natrium so heftig reagiert, tritt es in der Natur niemals in reinem (gediegenem) Zustand, sondern nur in Form →chemischer Verbindungen auf. Die häufigste ist das Natriumchlorid, das wir unter der Bezeichnung Koch- oder Steinsalz kennen.

Metallisches Natrium gewinnt man durch →Elektrolyse geschmolzenen Kochsalzes. Dabei entsteht gleichzeitig →Chlorgas. Reines Natrium wird selten verwendet. Wir kennen es von den orangegelb leuchtenden Natriumlampen der Straßenbeleuchtung. Wichtig sind jedoch die Salze Natriumkarbonat (Soda) und Natriumhydrogenkarbonat (Natriumbikarbonat, „Natron"), die bei der Herstellung von Glas und Papier eine Rolle spielen.

Die Bezeichnungen „Natrium" und „Natronlauge" gehen beide auf das arabische Wort „natrun" zurück. Damit bezeichnete man das feste Salz am Ufer eines Sees in Ägypten, der heute noch als Natronsee bekannt ist. Merkwürdigerweise haben die Nitrate und das Fachwort Nitrogenium für den Stickstoff dieselbe sprachliche Wurzel, obwohl die Stoffe sonst mit dem Natron nichts gemeinsam haben.

Natronlauge

Wenn →Natrium mit Wasser reagiert, entstehen Wasserstoffgas und Natriumhydroxid (NaOH). Dieses Natriumhydroxid ist in Wasser gelöst und heißt Natronlauge. Sie ist die aggressivste Lauge und wirkt stark ätzend auf die Haut und vor allem auf die Schleimhäute. Wer mit Natronlauge in Berührung kommt, muß die betreffende Hautfläche sofort mit viel Wasser und schließlich mit einer einprozentigen Essiglösung abwaschen. Wenn man das Wasser aus Natronlauge verdampfen läßt, bleibt weißes, festes Natriumhydroxid übrig. Es heißt auch Ätznatron und ist meist in Pillenform im Handel. Natronlauge braucht man zum Beispiel für die Herstellung von Seife und für die Gewinnung von →Zellulose.

▽ Chemische Formel für das Natriumhydroxid, das in wäßriger Lösung Natronlauge heißt. Natriumhydroxid ist ein Salz. Das Natrium (Na) ist dabei positiv, das Hydroxidion (OH) negativ geladen.

NaOH

Nahrungskette

Alle Tiere hängen letztlich von den grünen Pflanzen ab. Nur die Pflanzen können nämlich durch die Photosynthese aus Wasser und Kohlendioxid Nahrung aufbauen. Wir nennen sie deswegen auch Produzenten. Von den grünen Pflanzen leben zunächst die Pflanzenfresser; wir bezeichnen sie als Primärkonsumenten. Sie beziehen ihre ganze Energie von den Pflanzen. Kaninchen zum Beispiel sind Primärkonsumenten. Füchse, die Kaninchen fressen, bezeichnen wir als Sekundärkonsumenten. Indirekt hängen also auch sie von den grünen Pflanzen ab. Zu einer Nahrungskette können mehrere Fleischfresser gehören. An der Spitze der Nahrungskette steht dann ein sehr großes räuberisches Tier, in der afrikanischen Savanne zum Beispiel der Lannerfalke, der Löwe und der Leopard. Auf jeden Löwen entfallen hundert Gazellen oder Antilopen, und jede Gazelle braucht Millionen von Graspflanzen (über 250 Hektar grasbewachsenes Gebiet). Nur in seltenen Fällen umfaßt eine Nahrungskette mehr als fünf Mitglieder, weil bei jedem Übergang zur nächsten Ernährungsstufe ziemlich viel Energie verlorengeht. Die meisten Nahrungsketten sind oft untereinander zu einem Nahrungsnetz verbunden. Wie kompliziert ein Nahrungsnetz auch sein mag, seine gesamte Energie stammt immer von den grünen Pflanzen und damit von der Sonne.

Der Lannerfalke, der Löwe und der Leopard stehen an der Spitze der Nahrungskette. Sie haben keine Feinde mehr. Die Tiere an der Spitze der Nahrungskette sind aber am meisten gefährdet, weil sich Giftstoffe im Verlauf der Nahrungskette immer stärker ansammeln und konzentrieren.

Produzent → Primärkonsument → Sekundärkonsument

△ Der Produzent jeder Nahrungskette ist stets eine grüne Pflanze. Von dieser Pflanze leben Pflanzenfresser. Wir nennen sie Primärkonsumenten. Die Sekundärkonsumenten umfassen die verschiedenen Fleischfresser.

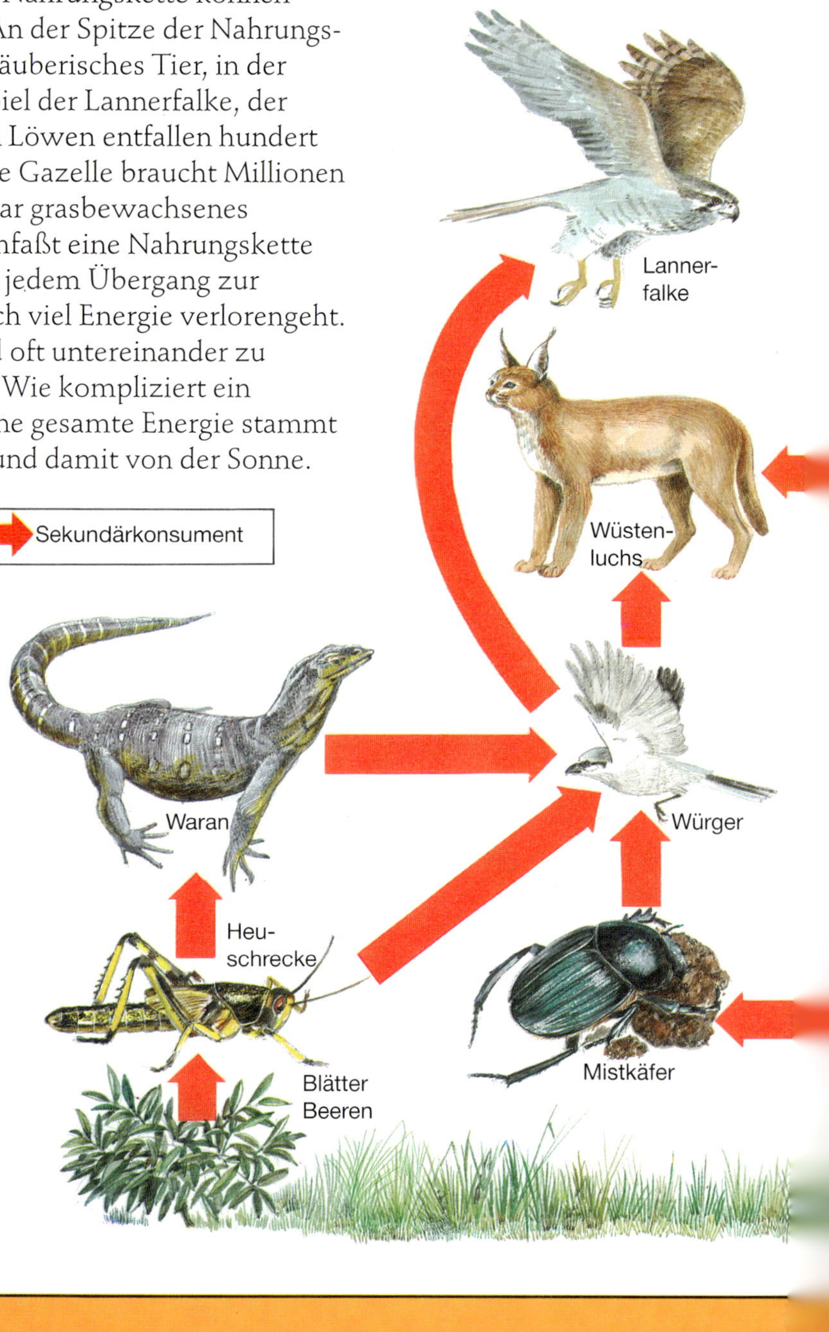

▷ Ein kleiner Ausschnitt aus dem Nahrungsnetz in der afrikanischen Savanne. Es sind drei Nahrungsketten vorhanden. Die Primärkonsumenten sind Heuschrecken, Antilopen und Hasen. Es gibt mehrere Querverbindungen, so daß aus den Nahrungsketten ein Nahrungsnetz wird. Die Antilopen geben Dung ab, Mistkäfer und andere Insekten fressen ihn. Die Lebewesen einer Nahrungskette hängen voneinander ab. Vertrocknet das Gras, so finden die Antilopen nicht mehr genügend zu fressen. Sie ziehen weg, und mit ihnen wandern auch die Löwen ab.

Mach es selbst

Jede Stufe in diesem Mobile stellt eine Station in der Nahrungskette dar. Wir schneiden aus Karton acht Blätter (Produzenten) aus und bemalen sie. Dann basteln wir vier Raupen (Primärkonsumenten), zwei Meisen (Sekundärkonsumenten) und schließlich einen Falken (Tertiärkonsument, Spitze der Nahrungskette). Nun verbinden wir alle Teile miteinander, wie rechts angegeben. Wenn wir auch nur ein Teil entfernen, gerät das ganze Mobile aus dem Gleichgewicht. So verhält es sich auch in der Natur.

▽ Das Plankton besteht aus mikroskopisch kleinen Pflanzen und Tieren, die im Wasser schweben. Plankton stellt die wichtigste Nahrungsquelle des Meeres dar. Viele Fische, Quallen, Weichtiere und Schwämme ernähren sich davon. Von größeren planktischen Krebsen, dem Krill, lebt der Blauwal.

Siehe auch →Energie; →Ernährung; →Mikroorganismen; →Ökologie; →Ökosystem; →Organismus; →Photosynthese; →Sonne; →Umwelt.

△ Die Baumwollpflanze liefert die am meisten verbreitete Naturfaser. Am widerstandsfähigsten und stärksten ist jedoch die Seide. Sie wird aus dem Kokon der Seidenspinnerraupe gewonnen. Aus Seide stellt man hochwertige Kleidungsstücke her.

Naturfasern

Verschiedene Pflanzen und Tiere liefern Naturfasern. Die wichtigste tierische Faser ist die Wolle aus dem Haarkleid der Schafe. Als besonders fein gilt die Schurwolle, die von lebenden Schafen geschoren wird. Auch andere Säuger liefern Wollhaare, zum Beispiel Kamel, Lama und Vikunja (Südamerika), Ziege und Kaninchen. Besonders teuer wird die Angorawolle der Ziegen und Kaninchen bezahlt. Sie enthält im Inneren des Haares lufthaltige Hohlräume. Dadurch isoliert sie sehr gut und hält warm. Gleichzeitig wird das gesamte Licht an diesen Lufträumen zurückgeworfen (Totalreflexion, →Reflexion), so daß Angorahaar immer weiß erscheint.
Die Pflanzen liefern viel mehr Fasern als die Tiere. Mengenmäßig am bedeutendsten ist die Baumwolle. Es handelt sich dabei um längere Haare, die als weiße Büschel an den Baumwollsamen befestigt sind. Baumwolle wird vor allem in den USA, in Zentralasien und Indien angebaut. Früher spielte bei uns das Leinen aus der Flachspflanze eine große Rolle. Aus Hanf, Jute und Sisal stellt man Seile her. Pflanzliche wie tierische Fasern werden meistens zu einem Garn versponnen und danach zu Stoffen (Textilien) verwebt. Heute verarbeitet man Naturfasern oft zusammen mit →Kunstfasern.

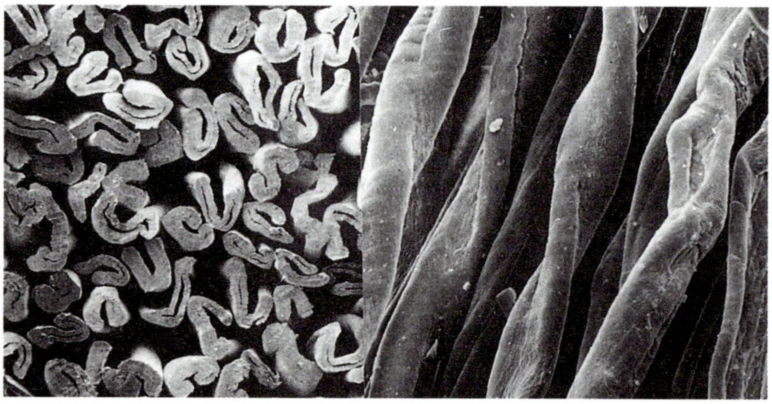

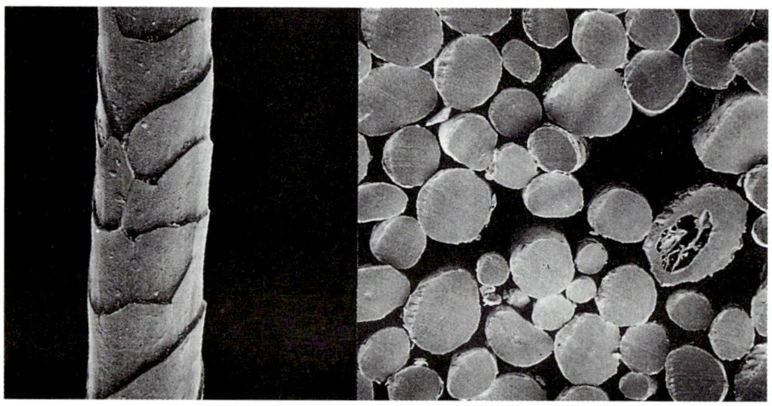

▷ Die beiden Bilder oben zeigen Baumwollfasern, einmal in der Aufsicht und einmal im Querschnitt. Baumwollfasern bestehen aus reiner Zellulose. Im Bild erkennt man, warum sich Baumwolle nicht so glatt anfühlt wie die Wolle, die in den beiden Bildern unten gezeigt wird. Die Wollfasern haben denselben Aufbau wie das menschliche Haar.

natürliche Auslese

Die natürliche Auslese sorgt dafür, daß schlecht angepaßte Lebewesen (→Anpassung) aus der Tier- und Pflanzenwelt verschwinden. Nur die am besten Angepaßten bleiben übrig und geben ihre günstigen Merkmale an ihre Nachkommen weiter. Die natürliche Auslese ist der Motor der →Evolution. Als erster behauptete dies Charles Darwin in seinem Buch „Über den Ursprung der Arten".
Folgendes Beispiel mag dies verdeutlichen: Der helle, dunkel gesprenkelte Birkenspanner verbringt den Tag normalerweise auf den ebenfalls hellen Birkenstämmen und ist dort sehr gut getarnt. Vögel können ihn kaum entdecken. Im vorigen Jahrhundert schwärzte die Umweltverschmutzung durch die Schwerindustrie die Birkenstämme in England. Plötzlich fielen die hellen Birkenspanner auf und wurden von den Vögeln gefressen. Eine einfarbig schwarze Form war jedoch gut getarnt und breitete sich schnell in den betroffenen Gebieten aus. Schließlich waren fast alle Birkenspanner schwarz gefärbt. Als die Umweltverschmutzung in den siebziger Jahren unseres Jahrhunderts wieder zurückging, breitete sich die helle Form des Birkenspanners wieder aus.

△ Auf heller, unverschmutzter Birkenrinde war der hell gefärbte Birkenspanner gut getarnt, während die dunkle Form auffiel (oben rechts). Das änderte sich, als im vorigen Jahrhundert der Ruß aus Fabrikschloten die Birkenstämme schwarz färbte. Die einst seltene dunkle Form konnte sich ausbreiten, während die helle Form des Birkenspanners sofort auffiel und von Vögeln gefressen wurde. Die natürliche Auslese führte in diesem Fall dazu, daß die besser angepaßte Form überlebte.

Naturschutz

Der Naturschutz will Landschaften, Lebensräume, einzelne Pflanzen- und Tierarten sowie Naturdenkmäler schützen, erhalten und wiederherstellen. Der Naturschutz ist eine Aufgabe des Staates. So können zum Beispiel Naturdenkmäler wie besonders große Bäume oder ungewöhnlich geformte Felsen unter den Schutz des Gesetzes gestellt werden. Niemand darf dann etwas verändern. Auch Pflanzen- und Tierarten können geschützt werden. Sie dürfen dann weder ausgegraben oder gefangen noch getötet werden. Dieser →Artenschutz ist jedoch nur sinnvoll, wenn genügend Lebensraum und →Ökosysteme für die gefährdeten Arten vorhanden sind. Deswegen muß der Naturschutz auch ganze Lebensräume

Wenn Naturschutzgebiete nicht verändert werden dürfen, so heißt das keineswegs, daß der Mensch niemals eingreifen darf. Manche Lebensräume sind erst durch die Einwirkung des Menschen entstanden. Die Lüneburger Heide beispielsweise würde ohne Schafzucht mit der Zeit zu einem Wald. Dasselbe Schicksal würde auch den meisten Trockenrasen drohen. Deswegen müssen solche Gebiete in regelmäßigen Abständen beweidet oder zumindest gemäht werden.

Nationalpark Eine Art großräumiges Naturschutzgebiet mit strengen Schutzbestimmungen. Die forst- oder landwirtschaftliche Nutzung ist beschränkt und in den meisten Teilen absolut verboten. In Deutschland gibt es drei Nationalparks (Bayerischer Wald, Berchtesgaden, Wattenmeer). Weitere Nationalparks entstehen in den neuen Bundesländern. Der Schweizer Nationalpark liegt im Unterengadin. Österreich hat einen Nationalpark am Neusiedler See und wird in Kürze einige weitere Schutzgebiete in den Alpen einrichten.

und Landschaften umfassen. Am strengsten sind die Bestimmungen für Naturschutzgebiete; dort ist jede Veränderung verboten. Es gibt sogar Naturschutzgebiete, die man nicht betreten darf, um beispielsweise Vögel nicht beim Brüten zu stören. In Deutschland wurden weit über 2000 Naturschutzgebiete eingerichtet. Die meisten sind kleinräumig. So kann zum Beispiel ein Weiher, ein Stück Seeufer oder eine Trockenheide geschützt sein. Daneben gibt es auch Nationalparks, Landschaftsschutzgebiete und Naturparks. Diese sind vor allem für die Erholung der Menschen gedacht.

Nebel

Luft kann Wasserdampf nur bis zu einer Sättigungsgrenze aufnehmen oder behalten, bei hohen Temperaturen mehr, bei niedrigen weniger. Kühlt feuchtigkeitsgesättigte Luft bis zu dieser Grenze, dem Taupunkt, ab, so →kondensiert das Zuviel an Wasserdampf zu winzigen Tröpfchen. Nebel und Wolken entstehen auf diese Weise, doch spricht man nur bei bodennahen Luftschichten von Nebel. Der Meteorologe unterscheidet noch Nebel und Dunst. Die Sicht liegt bei Nebel nicht über einen Kilometer, bei Dunst deutlich höher.
Luft kann sich auf verschiedene Weisen abkühlen, so daß Nebel entsteht: Advektionsnebel bildet sich, wenn feuchtwarme Luft über ein Kaltgebiet streicht und sich dabei abkühlt. Strahlungsnebel tritt vor allem im Herbst bei allgemein schönem Wetter auf. Weil der Himmel nicht bedeckt ist, kann die Erdoberfläche ungehindert Strahlung abgeben. Die Luft kühlt dabei bis unter den Taupunkt ab. Frontnebel entstehen,

▽ Nebel entsteht auf unterschiedliche Weisen. In jedem Fall kühlt sich feuchtigkeitshaltige Luft so weit ab, daß der Taupunkt unterschritten wird. Dabei kondensiert der Wasserdampf an winzigen Kondensationskernen und bildet kleine Wassertröpfchen. Sie sind die Ursache für die weiße Farbe des Nebels.

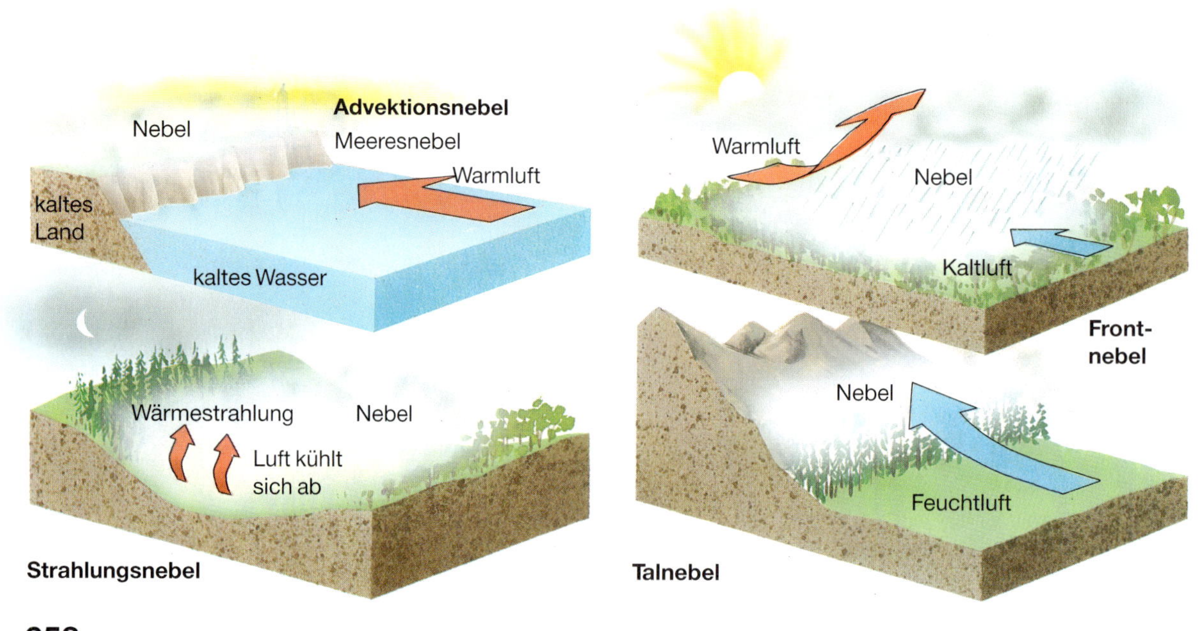

◁ Das rote Gebiet auf dieser Fotografie zeigt einen Nebel im Milchstraßensystem. Wegen seiner Form heißt er auch Nordamerikanebel.

wenn sich feuchtwarme und kältere Luftmassen mischen. Talnebel beobachten wir, wenn Luft an Berghängen aufsteigt. Dabei kühlt sie sich stark ab. In Gebieten mit starker Luftverschmutzung ist die Nebelbildung ausgeprägter, weil reichlich Kondensationskerne für die Entstehung von Wassertröpfchen vorhanden sind.

Auch die →Astronomie verwendet das Wort „Nebel". In diesem Fall handelt es sich aber nicht um Wassertröpfchen, sondern um Gebiete mit Gaswolken und Staubteilchen, also mit →interstellarer Materie. Unsere →Milchstraße umfaßt mit ihren Spiralarmen zahlreiche Nebel, zum Beispiel den Orionnebel. Er leuchtet, weil er von benachbarten Sternen bestrahlt wird. Der Orionnebel ist 1300 Lichtjahre entfernt und hat einen Durchmesser von 15 Lichtjahren. Manche Nebel erwiesen sich als →Galaxien, als man sie mit großen Teleskopen betrachtete, mit denen die einzelnen Sterne zu erkennen waren.

Neon

Das Neon ist ein geruch- und geschmackloses →Edelgas. Es ist auch farblos, was erstaunlich klingt, weil doch jeder von uns die roten Neonröhren kennt. Dieses rote Licht kommt zustande, wenn wir eine sehr hohe Spannung an ein Neongas unter niedrigem Druck anlegen. Die Neonatome werden dadurch zu →Ionen und leiten elektrischen Strom. Gleichzeitig senden sie ein typisches rotes Licht aus. Die übrigen Farben der „Neonbeleuchtung" gehen auf andere Gase in solchen Entladungslampen zurück.

Das Neon ist im übrigen äußerst stabil und geht fast keine →chemischen Verbindungen ein. Erst bei −246 °C wird es flüssig. Wenn sich das Neon um weitere 2,5 °C abkühlt, wird es fest. Neon gewinnt man aus der Luft, doch ist es dort in so geringen Mengen vertreten, daß man 90 Tonnen Luft verarbeiten muß, um ein Kilogramm Neon zu erhalten.

▽ In der Neonröhre wird Neongas unter niedrigem Druck bei hoher Spannung ionisiert. Es leitet damit elektrischen Strom und sendet rotes Licht aus.

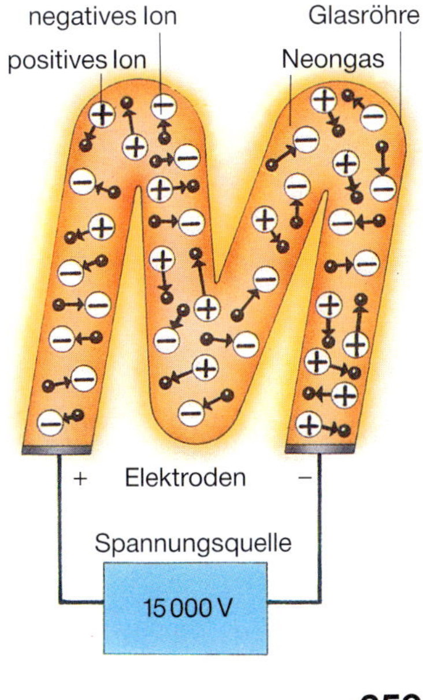

Neptun

▷ Der Neptun hat ein schwach ausgeprägtes Ringsystem sowie acht Monde: Sechs kleine Monde und die beiden größeren Monde Triton und Nereide.

Zahlen und Daten
Durchmesser am Äquator
49 500 km
Durchmesser an den Polen
48 700 km
Entfernungen von der Sonne
4,540 Milliarden km (Maximum)
4,462 Milliarden km (Minimum)
Umlaufzeit 164,8 Jahre
Tageslänge 18 Erdenstunden
Masse das 17fache der Erdmasse
Dichte 3 Prozent der Erddichte
Oberflächentemperatur
−210 °C

Neptun

Der Neptun gilt üblicherweise als der achte der neun Planeten des →Sonnensystems. Noch weiter außen liegt nur der →Pluto. Doch alle 248 Jahre befindet sich für ungefähr 20 Jahre der →Orbit des Pluto näher an der Sonne als der des Neptuns. Den Neptun entdeckten deutsche Astronomen im Jahr 1846. Sie wußten, wo ungefähr sie ihn suchen mußten, denn ein britischer und ein französischer Astronom hatten die Bahn des →Uranus berechnet und dabei herausgefunden, daß ein anderer Himmelskörper diese Bahn stören müsse.

Der Neptun hat einen viermal so großen Durchmesser wie die Erde, ist aber so weit entfernt, daß er selbst in den stärksten →Teleskopen nur als winziger Punkt erscheint. Zum größten Teil besteht er aus flüssigen und gefrorenen Gasen. Die meisten Informationen über den Neptun stammen von der →Sonde Voyager 2, die im August 1989 am Neptun vorbeiflog und dann ins Weltall entschwand. Sie sandte 9000 Fotografien auf die Erde, darunter auch eine Aufnahme vom großen Blauen Fleck, einem langlebigen ovalen Wirbelsturm, so groß wie die Erde. Sonst zeigt der Planet noch fadenförmige weiße Methanwolken, die auf der dunkelblauen Oberfläche des Planeten Schatten werfen. Die Windgeschwindigkeiten betragen bis zu 2000 Kilometern pro Stunde.

Der Neptun hat zwei schmale Ringe und einen dritten sehr schwachen Ring. Der große Neptunmond Triton hat Stickstoff- und Eiskappen sowie einige Vulkankrater. Daneben sind noch sieben weitere Monde bekannt.

▽ Der Triton ist der größte Mond des Neptuns. Er hat einen Durchmesser von 2700 km und ist von Eiskappen bedeckt. Er dreht sich um den Neptun in entgegengesetzter Richtung wie die übrigen Planetenmonde.

Nervensystem

Das Nervensystem empfängt Meldungen von den verschiedenen →Sinnesorganen und sendet Befehle an alle Organe des Körpers. Es steuert zusammen mit den →Hormonen alle Aufgaben des Körpers. Das Nervensystem besteht bei den Wirbeltieren aus einem zentralen und einem sogenannten peripheren Teil. Das zentrale Nervensystem (ZNS) umfaßt das Gehirn und das Rückenmark. Das periphere Nervensystem besteht aus den Hirnnerven und den Nerven des Rückenmarks. Die Nerven selbst sind weiche, dünne Stränge, welche die Verbindungen zwischen den verschiedenen Körperteilen und dem zentralen Nervensystem herstellen. Im Rückenmark und vor allem im Gehirn liegen sie gehäuft und bilden größere Massen. Alle Nerven setzen sich aus länglichen, am einen Ende meist stark verästelten Nervenzellen oder Neuronen zusammen. Die Wissenschaft von den Nerven heißt daher Neurologie.

Eine weitere Unterteilung unterscheidet das animale Nervensystem vom autonomen Nervensystem. Das animale Nervensystem ist dem Willen unterstellt. Es steuert zum Beispiel die

Die Erregungen oder Impulse pflanzen sich in den Nerven verschiedener Lebewesen auch unterschiedlich schnell fort. In der Tabelle sind die Höchstgeschwindigkeiten in Meter pro Sekunde angegeben:

Qualle	0,5 m/s
Hummer	18 m/s
Kalmar	20 m/s
Regenwurm	30 m/s
Karpfen	47 m/s
Mensch, A-Faser	120 m/s
Mensch, C-Faser	2,3 m/s

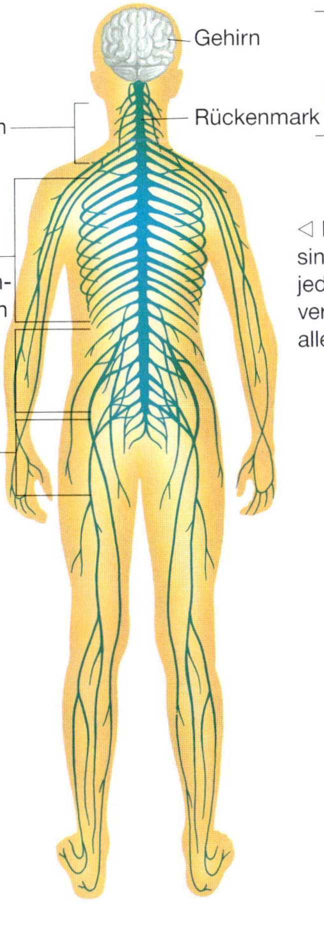

◁ Das Gehirn und das Rückenmark sind durch fein verästelte Nerven mit jedem Körperteil verbunden. Diese vereinfachte Grafik zeigt nur die allerwichtigsten Nerven.

▽ Eine typische Nervenzelle (Neuron) hat einen sternförmig verästelten Zellkörper und einen langen Fortsatz (Neurit). Er überträgt die Botschaften oder Informationen. Der Neurit ist von einer fetthaltigen Myelinscheide umgeben, die als Isolator dient. Die Dendriten nehmen Informationen auf und leiten sie weiter. Die Verbindungsstellen zwischen zwei Neuronen heißen Synapsen.

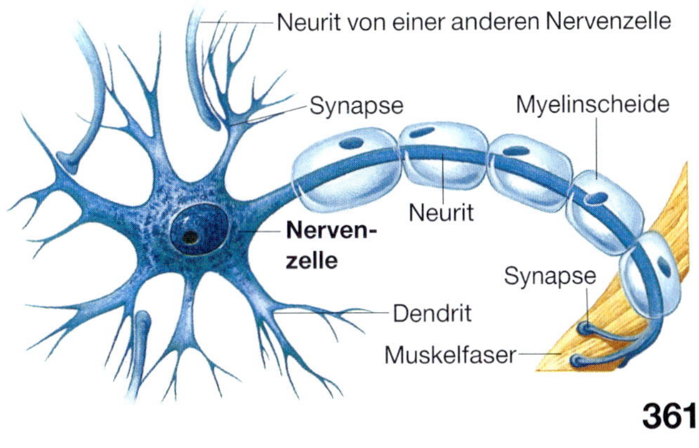

△ Fotografie einer Nervenzelle, die Botschaften auf Muskelfasern überträgt. Die Synapsen, also die Verbindungsstellen, sind deutlich als dunklere Flecken zu erkennen.

Bewegungen der Skelettmuskeln. Das autonome oder vegetative Nervensystem regelt Vorgänge im Körperinneren, die dem Willen entzogen sind, beispielsweise die Atmung, die Verdauung und andere Stoffwechselvorgänge. Sie laufen ständig ab – ohne daß wir an sie denken müssen und ohne daß wir sie mit dem Willen beeinflussen können.

Neutron

Das Neutron ist ein →Elementarteilchen, das in jedem →Atomkern vertreten ist. Von der Masse her gesehen ist es dem →Proton sehr ähnlich, trägt aber keine elektrische Ladung. Neutronen sind viel schwerer ausfindig zu machen, weil sie auf elektromagnetische Kräfte nicht reagieren. Deswegen wurde dieses Elementarteilchen auch erst 1932 entdeckt. Atome mit unterschiedlicher Neutronenzahl, aber gleicher Protonenzahl nennen wir →Isotope. Verschiedene Isotope eines →chemischen Elements verhalten sich chemisch gleich, obwohl ihre Masse unterschiedlich ist. Freie Neutronen spielen bei der Nutzung der →Kernenergie eine große Rolle, weil sie Urankerne spalten können.

Neutronenstern

Neutronensterne sind die kleinsten, aber dichtesten und schwersten →Sterntypen. Ein normales Atom besteht hauptsächlich aus „leerem" Raum. Die →Protonen und die →Neutronen, die den Atomkern bilden, sowie die Elektronen haben praktisch kein Volumen, obwohl die Atome selbst durchaus eine gewisse Größe aufweisen. Solange nun ein Stern wie die →Sonne scheint, sorgt die Strahlung ähnlich wie bei einer explodierenden Atombombe dafür, daß alle freien →Elementarteilchen einen bestimmten Abstand voneinander einhalten. Wenn ein Stern aber „stirbt", bricht sein Gefüge infolge der →Schwerkraft in sich zusammen. Die Elementarteilchen liegen dann sehr nahe beieinander und Elektronen und Protonen verbinden sich zu Neutronen. Solche zusammenbrechenden (kollabierenden) Sterne bestehen dann nur noch aus Neutronen. Einige senden in kurzen Abständen Radiowellen aus und heißen →Pulsare.
Siehe auch →Schwarzes Loch.

▽ Geminga heißt ein Neutronenstern, der einen Durchmesser von 20 bis 30 Kilometern aufweist und doch schwerer ist als die ganze Sonne.

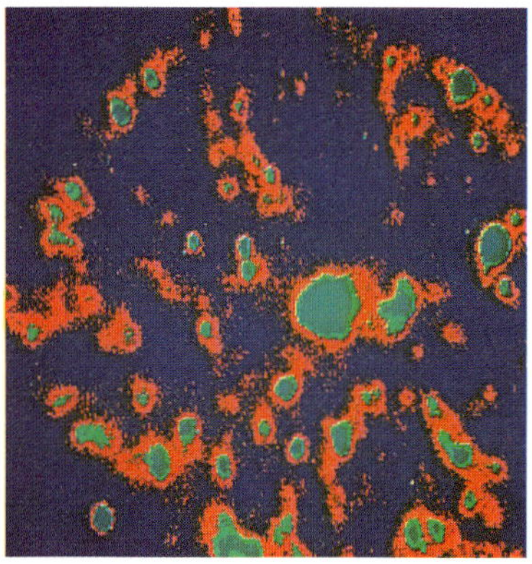

Nickel

Das Nickel ist ein silberglänzendes, hartes, metallisches →chemisches Element. Trotz seiner Härte läßt es sich gut verformen und hämmern. Man verwendet es hauptsächlich in →Legierungen mit →Stahl, weil es diesen unangreifbar gegenüber vielen chemischen Stoffen und damit →korrosionsfest macht. Wir sprechen dabei von rost- und säurebeständigen Stählen. Nickel kommt in erheblicher Menge auch in Eisenerzen vor. Nickel erzeugt beim Menschen oft →Allergien, wenn es zum Beispiel in Scheren, Hosennieten, Reißverschlüssen oder Modeschmuck enthalten ist.

Niederschlag

Die →Meteorologen sprechen von Niederschlag, wenn Wasser in flüssiger oder fester Form aus der →Atmosphäre auf den Boden fällt. Dies geschieht als Niesel- oder Sprühregen, als richtiger Regen, als Tau oder Reif, als Schnee, Graupel oder Hagel. Bisweilen kommt es vor, daß Wolken über uns deutlich sichtbar abregnen, doch kommt kein Wasser auf der Erdoberfläche an, weil die Tropfen vorher in niedrigeren, warmen Luftschichten wieder verdunsten.
Unter 0 °C ist Wasser normalerweise gefroren. Bevor aber Eiskristalle bei Abkühlung in →Wolken entstehen, müssen Kristallisationskerne vorhanden sein. Ohne solche bildet ganz reines Wasser nicht so leicht Kristalle und bleibt auch bei tieferen Temperaturen unter 0 °C flüssig. Wir sprechen dabei von unterkühltem Wasser.
Treffen nun Eiskristalle, die sich in höheren Schichten der Atmosphäre gebildet haben, mit unterkühlten Wassertröpfchen in niedrigeren Wolken zusammen, so entstehen größere Kristalle. Sie ballen sich zu Schneeflocken zusammen. Gelegentlich fällt auch Schneeregen. Hagelkörner entstehen in hohen Gewitterwolken (Cumulonimbus): Tröpfchen unterkühlten

Mach es selbst

Wir bauen einen Regenmesser. Dazu vergraben wir ein Glasgefäß im Boden, legen ein steifes Stück Kunststoff darüber und stecken durch ein Loch in diesem Kunststoff einen Trichter. Er soll denselben Durchmesser wie das Gefäß haben.

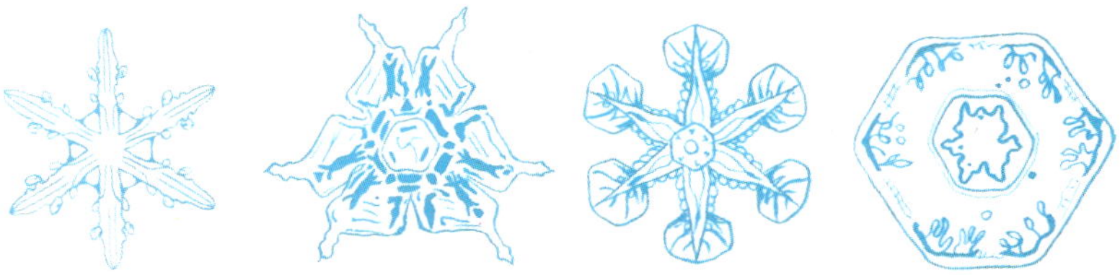

◁ Schneeflocken bestehen aus kleinen Eiskristallen. Kein Eiskristall sieht genau so aus wie der andere. Dennoch ist allen die sechseckige Form gemeinsam.

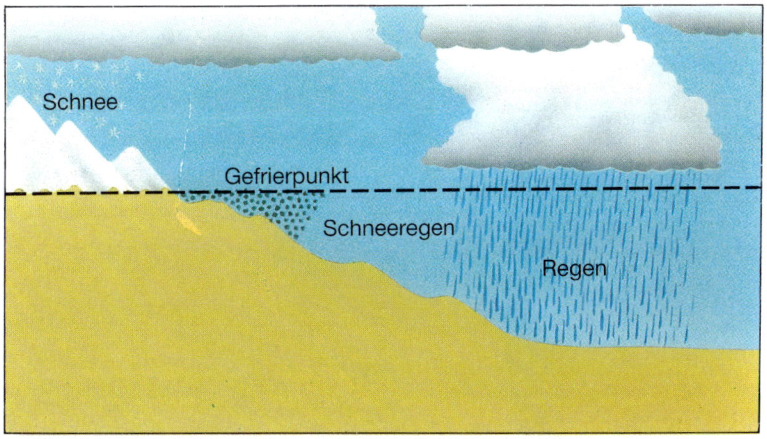

◁ Je nach der Lufttemperatur fallen die Niederschläge in Form von Wasser oder von Eiskristallen. Unterhalb des Gefrierpunktes fällt Schnee oder Schneeregen.

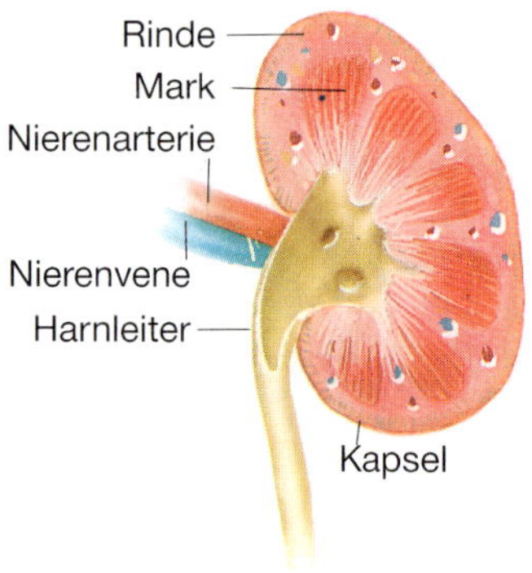

△ Querschnitt durch eine Niere.

▽ Vergrößerte Darstellung eines Nephrons mit dem Nierenkörperchen und den Nierenkanälchen.

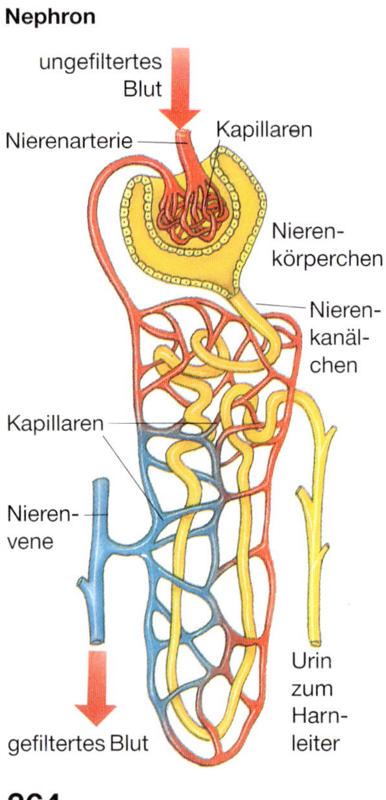

Wassers werden immer wieder hochgewirbelt und lagern sich an Eiskörner an. Sind diese so groß geworden, daß die gewaltigen Luftströmungen in der Wolke sie nicht mehr halten können, fallen sie auf den Boden.

Nieren

Beim Menschen sind die Nieren paarig angelegte, bohnenförmige Organe. Sie liegen zu beiden Seiten der Wirbelsäule in der Gegend des unteren Rückens. Die Nieren sind die Hauptorgane der →Ausscheidung. Sie filtern Abfallstoffe aus dem →Blut heraus und bilden Urin oder Harn. Jede Niere enthält ungefähr eine Million Nephronen, die aus Nierenkörperchen und Nierenkanälchen zusammengesetzt sind. Das Blut fließt durch winzige Haargefäße (Kapillaren) des Nierenkörperchens. Wasser und gelöste Stoffe treten dabei in das Nierenkanälchen über, das die Form einer langgestreckten Schleife aufweist. Auf dem Weg durch das Nierenkanälchen wird der größte Teil des Wassers und der nutzbaren Stoffe wieder ins Blut aufgenommen. Zurück bleibt konzentrierter Urin mit viel Harnstoff. Harnstoff entsteht, wenn der Körper →Proteine abbaut. Er ist giftig und muß ausgeschieden werden. Wenn bei einem Menschen die Nieren versagen, muß er zweimal wöchentlich zur Dialyse („Blutwäsche"). Eine Maschine übernimmt dabei die Aufgaben der Nieren. Wirkungsvoller ist heute die →Transplantation einer neuen Niere.
In 24 Stunden fließen ungefähr 1500 Liter Blut durch die Nieren. Sie filtern also die gesamte Blutmenge ungefähr dreihundertmal am Tag. Wenn die Nieren nicht richtig funktionieren, können sich Nierensteine bilden. Sie bestehen aus den unterschiedlichsten Stoffen, vor allem Harnsäure und Oxalaten. Wenn kleinere Harnsteine in den Harnleiter gelangen und dort steckenbleiben, sind schmerzhafte Krämpfe (Nierenkoliken) die Folge.

Nikotin

Das Nikotin ist das Gift der Tabakpflanze. Es gehört zu den stärksten Pflanzengiften. Die tödliche Dosis für den Menschen liegt bei ungefähr 0,05 Gramm. Wenn Menschen Tabak rauchen oder kauen, nehmen sie dabei Nikotin ins →Blut auf. Nur sieben Sekunden nach dem Inhalieren des Tabakrauches erreicht das Nikotin bereits das Gehirn und entfaltet dort seine Wirkung. Es verengt die Blutgefäße und verringert die Blutmenge, die ins Herz gelangt. Gleichzeitig wird der Sauerstoffbedarf des Körpers erhöht, und der Blutdruck steigt. Der Raucher empfindet das Nikotin als anregend; es macht ihn wach. Bei langjährigen Rauchern besteht die Gefahr, daß sich die

Blutgefäße ihrer Beine immer mehr verengen. Diese Durchblutungsstörungen verursachen Schmerzen beim Gehen. Ein solches Raucherbein muß manchmal amputiert werden. Raucher erkranken auch dreimal so oft an Lungenkrebs wie Nichtraucher. Raucher haben Schwierigkeiten, mit dem Rauchen aufzuhören, weil Nikotin süchtig macht.

Raucher nehmen Hunderte giftiger Stoffe in den Körper auf. Zigarettenrauch enthält zum Beispiel auch Blausäure, Stickoxide und Kohlenmonoxid, ein schweres Atemgift. Dazu kommen Formaldehyd, Kohlenwasserstoffe, Ammoniak und Schwermetalle. Krebserregend wirken vor allem die Teerstoffe, die aus Kohlenwasserstoffen bestehen. Alle genannten Stoffe gelangen natürlich auch in die Luft der Umgebung und werden von Passivrauchern aufgenommen.

Nitrate

Nitrate heißen die Salze der →Salpetersäure. Wenn man zum Beispiel Salpetersäure mit metallischem Kalium reagieren läßt, entsteht Kaliumnitrat. Das positive Ion ist dabei das Kalium, während das Nitration negativ geladen ist. Es setzt sich aus einem Stickstoffatom (N) und drei Sauerstoffatomen (O) zusammen.

Alle Pflanzen brauchen Stickstoff für den Aufbau neuer Zellen. Nitrate gehören deswegen zu den wichtigsten →Düngemitteln. Doch gerade bei der Nitratdüngung wird deutlich, wie die Landwirtschaft die Umwelt belastet. Viele Landwirte düngen einfach zuviel – sowohl mit Kunstdüngern wie mit der nitratreichen Jauche der Stalltiere. Das überschüssige Nitrat gelangt mit dem abfließendem Regenwasser in die Gewässer. Dort wirkt es als Düngemittel auch für die Algen. Die Überdüngung führt auch dazu, daß viele Wiesenpflanzen verschwinden, etwa die einst häufige Margerite, weil sie kein Nitrat vertragen. Zusätzlich wird unser Trinkwasser zu stark mit Nitraten belastet. Diese werden während der Verdauung teilweise in Nitrite und die krebserregenden Nitrosamine umgewandelt. Schließlich verarmt durch andauernde Stickstoffdüngung auch der ganze →Boden; das natürliche Gleichgewicht ist gestört.

NO_3^-

△ Nitrate sind Salze der Salpetersäure. Das Nitration besteht aus einem Stickstoffatom (N) und drei Sauerstoffatomen (O). Nitrite haben ein Sauerstoffatom weniger (NO_2^-).

◁ In Gebieten mit intensiver Massentierhaltung fällt sehr viel Jauche an, die große Mengen Nitrate enthält. Die Bauern düngen damit ihre Wiesen und Felder und überdüngen sie dabei. Wenn sie sogar im Winter düngen wie auf diesem Bild, gelangt nahezu die ganze Nitratmenge direkt in die Gewässer und führt zu einem vermehrten Algenwachstum.

Erstaunlicherweise wird das Nitroglyzerin heute noch als Medikament gegen Herzbeschwerden verwendet, besonders gegen Angina pectoris. Die Patienten sind kurzatmig und haben heftige Schmerzen in der Brust. Gegen diese Schmerzen lutschen sie eine Tablette Nitroglyzerin, das die Blutgefäße erweitert und damit die Schmerzen lindert.

Nitroglyzerin

Nitroglyzerin ist eine sehr instabile Flüssigkeit, die bei der geringsten Erschütterung explodiert. Bei 13 °C wird sie fest. Doch festes Nitroglyzerin explodiert noch leichter! Dennoch war das Nitroglyzerin lange Zeit trotz seiner Unberechenbarkeit der einzige Sprengstoff. Alfred Nobel versuchte von 1859 an, das Nitroglyzerin zu stabilisieren. Acht Jahre später erhielt er das Patent auf seine Erfindung. Er hatte das Nitroglyzerin mit Kieselgur gemischt und damit unempfindlich gemacht gegenüber Erschütterungen. Das Dynamit konnte man von Hand kneten und mußte es zünden. Heute wird Dynamit nicht mehr verwendet.

▷ Der Arbeiter in dieser Fabrik aus der Zeit um die Jahrhundertwende überprüft die Temperatur bei der Herstellung von Nitroglyzerin. Auf keinen Fall darf die Temperatur zu hoch ansteigen, sonst droht Explosionsgefahr. Damit der Arbeiter nicht einnickt, darf er nur auf einem einbeinigen Stuhl sitzen.

Nobelpreis

Der Schwede Alfred Nobel (1833–1896) entwickelte mehrere Sprengstoffe. Es gelang ihm, das →Nitroglyzerin zu stabilisieren, indem er es mit Kieselgur mischte, einer Art feiner Erde. Diese Erfindung nannte er Dynamit. Vor allem mit diesem Dynamit verdiente Alfred Nobel ein ungeheures Vermögen. Als er starb, stiftete er mit einem Teil davon die Nobelpreise. Sie werden alljährlich vergeben für hervorragende Leistungen auf den Gebieten Physik, Chemie, Medizin, Literatur und Erhaltung des Friedens. Diese Nobelpreise gibt es seit 1901. 1961 stiftete die schwedische Reichsbank noch den Nobelpreis für Wirtschaft.

Das Komitee, das über die Preise für Physik, Chemie und Medizin bestimmt, täuschte sich bisher nur wenige Male. So erhielt 1926 ein dänischer Arzt den Nobelpreis für Medizin, weil er angeblich einen Wurm entdeckt hatte, der Krebs auslöst. Dies erwies sich kurz darauf als falsch. Zu den Forschern,

▽ Der schwedische Chemiker Alfred Nobel erfand das Dynamit und weitere Sprengstoffe.

Nobelpreisträger 1988–1992

Physik	Chemie	Medizin
1988 L. Lederman, M. Schwarz und J. Steinberger, Neutrinos	**1988** J. Deisenhofer, R. Huber und H. Michel, Photosynthese	**1988** J. Black, G. Elion und G. Hitchings, Medikamente
1989 N. Ramsey, Atomuhr; H. Demelt und W. Paul, Ionenfalle und Atome	**1989** S. Altman und Th. Cech, Ribonukleinsäure	**1989** N. Bishop und H. Varmus, Krebsforschung
1990 J. Friedman, H. Kendall und J. Taylor, Quarkmodell	**1990** E. Coray, Theorie und Verfahren der organischen Synthese	**1990** J. Murray und E. Donnall-Thomas, Transplantationsmedizin
1991 P.-G. de Gennes, Flüssigkristalle	**1991** R. Ernst, Kernspinresonanz-Spektroskopie	**1991** E. Neher und B. Sakmann, Ionentransport in Nerven
1992 G. Charpak, Detektoren (Proportionalzähler) für Elementarteilchen	**1992** R. Marcus, Überführung eines Elektrons von einem Molekül zum andern	**1992** E. Fischer und E. Krebs, Stoffwechsel, Aktivierung von Enzymen.

die den Nobelpreis verdient hätten, ihn aber nie bekamen, gehört Lise Meitner (→Kernphysik). Obwohl es heute viele andere Preise zu gewinnen gibt, bleibt der Nobelpreis die bei weitem höchste Ehrung für einen Wissenschaftler.

△ Solche prächtigen Nordlichter beobachtet man regelmäßig nördlich des Polarkreises.

Nordlicht

Als Nordlicht bezeichnen wir beeindruckende Lichterscheinungen in den verschiedensten Farben, die besonders in den Gebieten nördlich des Polarkreises zu sehen sind. Solche Lichterscheinungen gibt es auch auf der Südhalbkugel der Erde, man sollte deswegen besser von Polarlichtern sprechen. Die Ursachen für das Nordlicht wie für das Südlicht sind dieselben: Die Sonne sendet ständig einen Strom von →Elementarteilchen aus. Besonders stark ist dieser Sonnenwind, wenn auf der →Sonne gewaltige Explosionen stattfinden, die Sonnenflecken oder Flares (sprich: fleäs). Die elektrisch geladenen Teilchen des Sonnenwindes können wegen

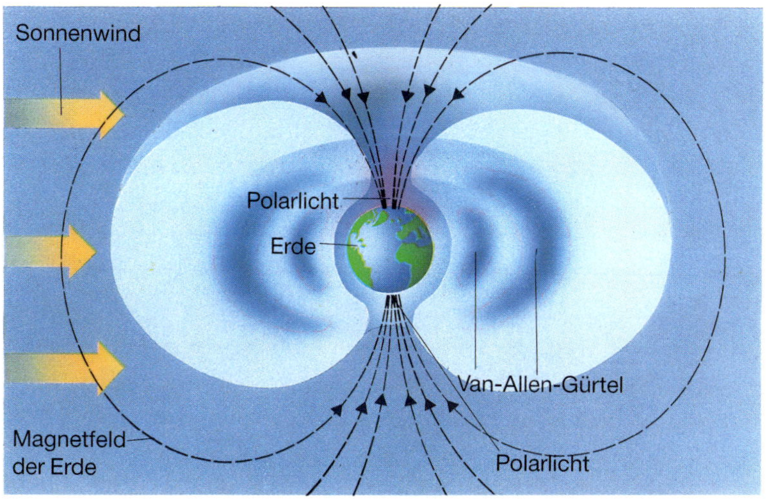

◁ Der Sonnenwind dringt an den magnetischen Polen bis in die obere Atmosphäre vor und regt dort Atome und Moleküle der Luft zum Leuchten an. Die beiden Van-Allen-Gürtel enthalten elektrisch geladene Teilchen.

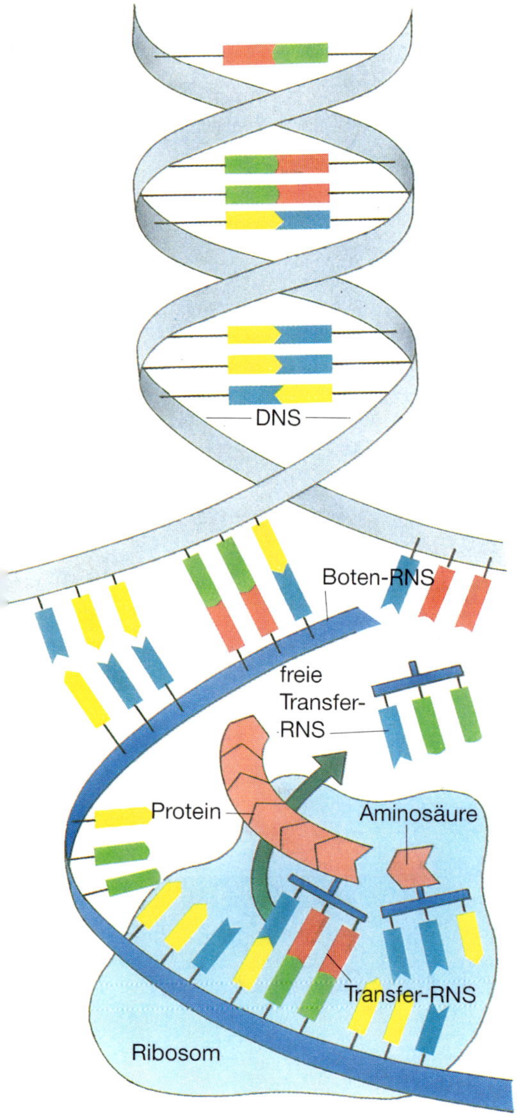

△ Die Desoxiribonukleinsäure oder DNS liegt schraubenförmig aufgewunden (Doppelhelix) im Inneren des Zellkerns. Die Boten- oder Messenger-RNS nimmt sozusagen einen Abdruck von bestimmten DNS-Abschnitten. Sie dient dann als Modell für den Aufbau der gewünschten Proteine. Eine weitere Ribonukleinsäureart, die Transfer-RNS, lagert sich an die Boten-RNS an. Gleichzeitig trägt sie die entsprechende Aminosäure mit sich. Wenn sich mehrere Transfer-RNS aneinander anlagern, verbinden sich ihre Aminosäuren untereinander zu einem Protein. Dieser Aufbau geschieht in den Ribosomen.

des →Erdmagnetfeldes nur in den Gegenden um die magnetischen Pole in die →Atmosphäre eindringen. In rund 100 Kilometern Höhe regen sie die Luftteilchen an, farbiges Licht auszusenden. So entsteht das Polarlicht. Eine vergleichbare Erscheinung spielt sich in der Leuchtstoffröhre ab. Die unterschiedlichen Farben des Polarlichts erklären sich dadurch, daß verschiedene Atome und Moleküle zum Leuchten angeregt werden. Bisweilen kann man sogar bei uns in Deutschland Polarlichter sehen.

Nova

Nova ist der lateinische Ausdruck für „neu", und „neue" →Sterne (Novä, Novae) treten jedes Jahr am Himmel auf. In Wirklichkeit handelt es sich aber nicht um neu entstandene, sondern um bisher unauffällige Sterne, die plötzlich aufleuchten. Ihre Helligkeit kann innerhalb eines Tages auf das Millionenfache ansteigen.

Alle bisher beobachteten Novä sind Doppelsterne: Der kleinere Stern ist viel heißer als die →Sonne. Der Gefährte hingegen ist ein →Roter Riese. Wenn kühles Gas vom Roten Riesen auf den heißen Stern trifft, kann eine Explosion die Folge sein. Die äußere Schicht des heißen Sterns fliegt dann mit Geschwindigkeiten bis zu 4000 Kilometern pro Sekunde in den Weltraum. Nach kurzer Zeit kehrt die Nova wieder zu ihrer ursprünglichen Helligkeit zurück.

Siehe auch →Supernova.

Nukleinsäuren

Nukleinsäuren sind lange Riesenmoleküle in den Kernen (lateinisch nucleus = Kern) tierischer, pflanzlicher und menschlicher Zellen. Es gibt zwei Arten von Nukleinsäuren, die Desoxiribonukleinsäure (→DNS) und die Ribonukleinsäure (RNS). In der DNS liegt das gesamte Erbgut eines Lebewesens verschlüsselt. Die Abfolge der Basen auf der DNS bestimmt, welche Aminosäuren sich miteinander zu →Proteinen verbinden. Die Ribonukleinsäure sorgt nun dafür, daß die Informationen auf der DNS in →Proteine umgesetzt werden. Die Boten- oder messenger-RNS nimmt von bestimmten Abschnitten des DNS-Stranges einen getreuen „Abdruck". Dieser Abdruck dient dann als Vorbild oder Modell für den Aufbau der Proteine. Eine weitere Form der Ribonukleinsäure, die Transfer-RNS, lagert sich an die Boten-RNS an und transportiert zugleich eine Aminosäure mit. Wenn sich verschiedene Transfer-RNS-Stücke nebeneinander anlagern, verbinden sich die Aminosäuren untereinander zu Proteinen und lösen sich dabei von der RNS.

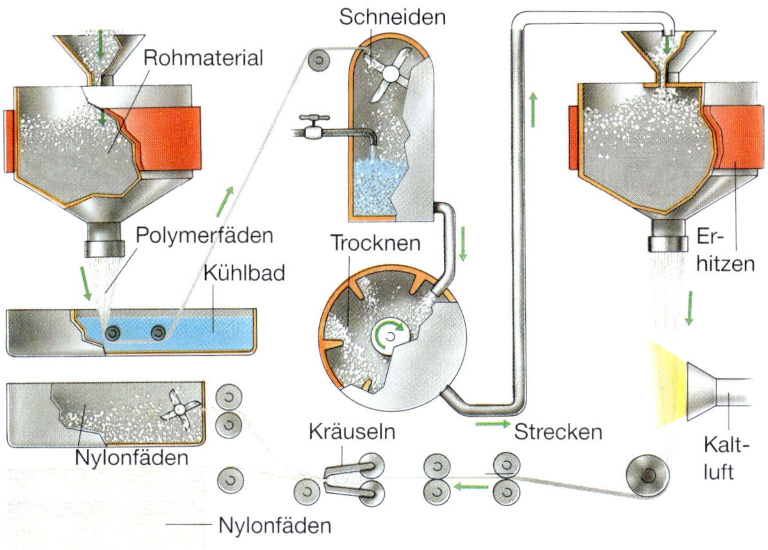

◁ Die Herstellung von Nylonfasern ist ziemlich kompliziert. Das Rohmaterial wird erst unter Druck erhitzt und dann zu langen Fäden gezogen. Schließlich schneidet man diese klein, wäscht und trocknet sie. Anschließend wird erneut erhitzt. Die flüssige Masse preßt man durch Düsen aus und läßt sie an der Luft erkalten und erhärten.

Nylon

Das Nylon war die erste →Kunstfaser. Es wurde in den dreißiger Jahren vom amerikanischen Chemiker W. Carothers entwickelt. Er wollte eine billige Alternative zur teuren Seide erfinden. So zugfest wie die Seide wurde das Nylon nicht, aber doch deutlich stärker als Wolle oder Baumwolle. Chemisch gesehen besteht das Nylon aus zwei stickstoffhaltigen Grundstoffen (Monomeren), die untereinander zu langen Ketten (→Polymeren) vereinigt werden. Dieser →Kunststoff wird dann versponnen und verwoben. Das Nylon nimmt kein Wasser auf. Wenn man schwitzt, kann die Faser den Schweiß nicht absorbieren. In reinen Nylonhemden fühlt man sich deswegen sehr unbehaglich. Angenehmer sind Stoffe aus Mischgeweben, beispielsweise Kunstfaser und Wolle.

Die Feinheit von Garnen wird mit Garnnummern angegeben. Als Einheit nimmt man das tex. Ein tex bedeutet, daß 1000 Meter Garn 1 Gramm wiegen. Je höher also die Anzahl tex, um so gröber ist auch das Garn. Man kann die Feinheit von Garnen allerdings auch in Meter pro Gramm angeben. Eine metrische Nummer (Abkürzung Nm) entspricht dabei 1 Meter pro Gramm.

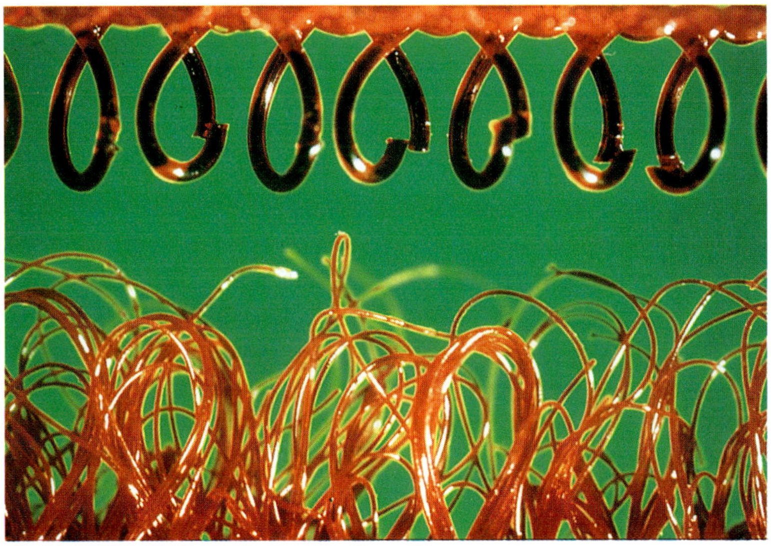

◁ Klettverschlüsse bestehen meistens aus Nylon. Sie wurden der Natur abgeschaut. Die Schlingen unten im Bild verhaken sich in den Schlaufen oben und gewährleisten einen dichten Zusammenhalt.

O o

Oberflächenspannung

Ein Wasserhahn tropft. Das ist eine alltägliche Erscheinung. Der Physiker fragt sich allerdings, warum das Wasser in Tropfenform und nicht als sehr dünner Strahl austritt. Von einem bestimmten Punkt an löst sich der Strahl in einzelne Tropfen auf, die im Idealfall eine kugelförmige Gestalt annehmen. Die Ursache dafür ist eine Kraft, die wir Oberflächenspannung nennen.

Flüssigkeitsmoleküle ziehen sich gegenseitig an. Bei Molekülen im Inneren der Flüssigkeit heben sich diese Kräfte auf, weil alle Nachbarmoleküle eine solche Anziehungskraft ausüben. Anders ist es an der Oberfläche der Flüssigkeit. Für die Moleküle an der Grenzfläche ergibt sich eine nach innen gerichtete Kraft, weil gleichartige Nachbarn in der entgegengesetzten Richtung völlig fehlen.

▷ Die Oberflächenspannung des Wassers ist verhältnismäßig hoch und kann Tiere wie Wasserläufer oder Raubspinnen (im Bild) tragen.

Die Oberflächenspannung bewirkt, daß die Oberfläche so klein wie möglich bleibt. Deswegen sind kleine Flüssigkeitstropfen kugelförmig. Die Oberflächenspannung des Wassers ist so groß, daß leichtere Körper nicht eintauchen. Davon machen einige Tiere Gebrauch: Wasserläufer und andere Wanzen sowie gewisse Schwimmkäfer leben auf der Wasseroberfläche und gehen hier auf Jagd. Sie können nicht einsinken, weil ihre Füße nicht benetzbar sind und weil ihr Gewicht geringer ist als die Oberflächenspannung.

Die Benetzbarkeit spielt auch bei der Grenzfläche zwischen Flüssigkeitstropfen und Festkörpern eine große Rolle. Besteht eine nur geringe Anziehungskraft zwischen Flüssigkeit und Festkörper, so ist der Tropfen nahezu rund, wie beim Wassertropfen auf einer gewachsten Oberfläche. Löst man in diesem Wassertropfen jedoch ein Waschmittel, so zerfließt er, weil er nun die Oberfläche besser benetzen kann. Die Wirkung der Waschmittel (→Tenside) beruht darauf, daß sie die Oberflächenspannung herabsetzen.

Siehe auch →Kapillarkräfte.

Mach es selbst

Wir können mit Hilfe der Oberflächenspannung eine Stahlnadel auf dem Wasser schwimmen lassen. Wir legen die Nadel auf ein Stück Papiertaschentuch und dieses auf die Wasseroberfläche. Wenn sich das Papier mit Wasser vollgesogen hat, sinkt es, während die Nadel auf der Wasseroberfläche bleibt. Nun geben wir etwas Spülmittel hinzu. Dieses verringert die Oberflächenspannung, so daß die Nadel wegschwimmt. Wenn wir mehr Spülmittel hinzufügen, geht die Nadel unter.

Obertöne

Wenn man die Saite eines Musikinstruments anschlägt oder anzupft, beginnt sie zu schwingen. Die Saite bewegt sich in der Mitte, am Wellenbauch, am stärksten, während sie an den Befestigungsstellen, den Knoten, stillsteht. Diese Schwingung bezeichnen wir als Grundschwingung, und wir hören den dazugehörigen Grundton. Wenn wir genau hinsehen, erkennen wir aber, daß die Saite auch noch andere Schwingungen ausführt. Diese haben alle eine höhere →Frequenz als die Grundschwingung. Sie heißen Oberschwingungen und führen zu den Obertönen. An den festen Enden der Saite haben alle diese Oberschwingungen Knoten. Dazwischen liegen noch weitere Knoten. Bei der ersten Oberschwingung ist es einer, bei der zweiten sind es zwei und so weiter. Meistens sind die Oberschwingungen nicht leicht zu sehen, da deren Knoten sich mit der Grundschwingung hin- und herbewegen.

Obertöne treten nicht nur bei Saiteninstrumenten, sondern auch bei allen anderen →Musikinstrumenten auf. Die Obertöne sind immer schwächer als der Grundton. Dennoch beruht die Klangfarbe der verschiedenen Instrumente auf den Obertönen. Die Obertöne zeigen nämlich Unterschiede. Bei den einen treten sie stärker hervor, bei den anderen werden sie eher vom Instrument absorbiert. Das unterschiedliche Gemisch von Obertönen macht den Unterschied zwischen einer Violine und einer Klarinette aus. Die Obertöne bilden zusammen mit dem Grundton eine harmonische Tonreihe.

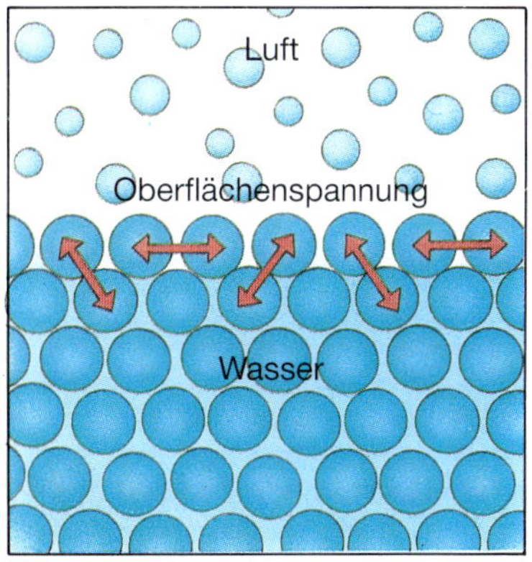

△ Die Oberflächenspannung entsteht durch die gegenseitige Anziehung von Flüssigkeitsmolekülen. Dabei entsteht der Eindruck, als sei die Flüssigkeit von einer zähen Haut bedeckt.

▽ Wenn eine Saite hin- und herschwingt, entstehen neben dem Grundton auch zahlreiche Obertöne. In der Grafik unten sind die Klaviertasten angegeben, deren Grundton den Obertönen des tiefen C entspricht. Wenn wir die entsprechenden Klaviertasten niederdrücken und dann das tiefe C anschlagen, werden diese Obertöne durch Resonanz mitschwingen.

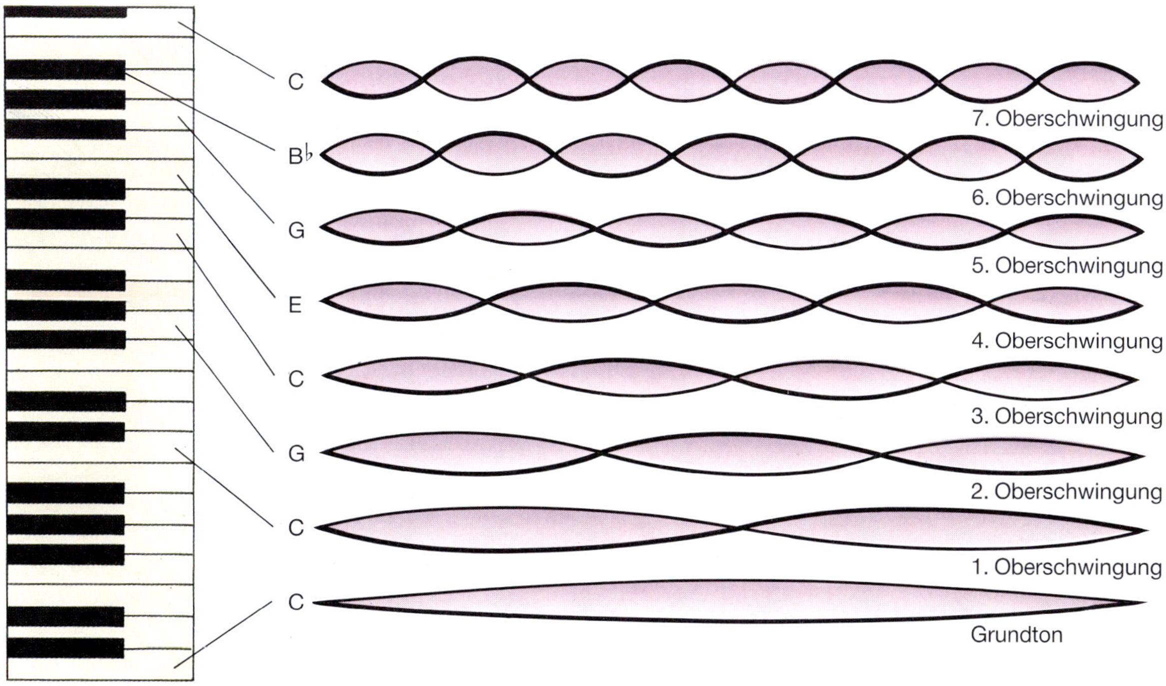

Ohr

▷ Das menschliche Ohr besteht aus drei Teilen, dem Außenohr, dem Mittelohr und dem Innenohr. In der Schnecke des Innenohrs haben die Hörzellen ihren Sitz. Der Gleichgewichtssinn hingegen befindet sich in den drei Bogengängen. Ohne daß wir uns dessen bewußt werden, ist der Gleichgewichtssinn doch einer der wichtigsten Sinne des Menschen. Das erkennt man vor allem bei kranken Menschen, bei denen er nicht mehr richtig funktioniert. Sie sind hilflos und leiden unter dauernder Übelkeit. Die Eustachische Röhre stellt die Verbindung zwischen dem Mittelohr und dem Rachenraum her. Sie sorgt für den Druckausgleich. Wenn wir im Gebirge schnell aufsteigen, spüren wir nach und nach einen zunehmenden Druck auf das Trommelfell. Durch Gähnbewegungen öffnen wir die Eustachische Röhre so weit, daß die Luftdruckunterschiede ausgeglichen werden können.

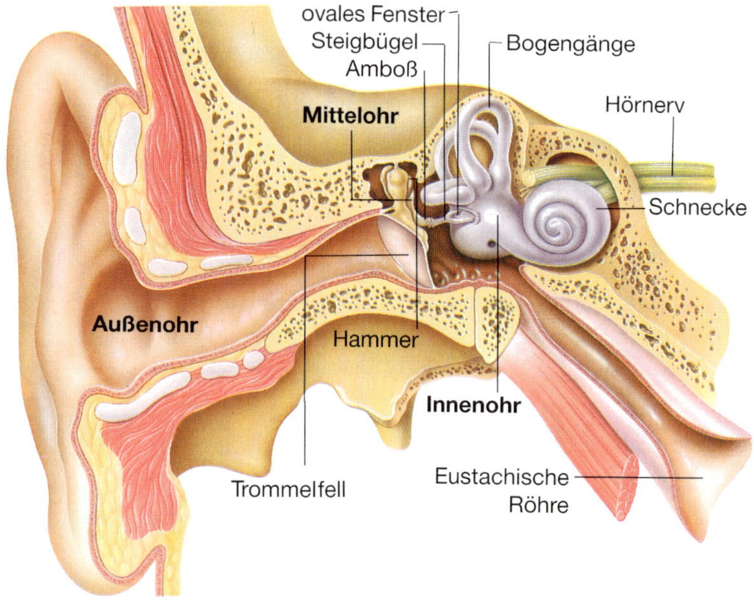

Ohr

Das Ohr ist das Hörorgan der Wirbeltiere. Das Ohr der Menschen besteht wie das der übrigen Säuger aus drei Teilen. Im Außenohr sammeln sich die →Schallwellen und versetzen das Trommelfell in Schwingungen. Diese werden im Mittelohr von den drei Gehörknöchelchen, nämlich Hammer, Amboß und Steigbügel, verstärkt und an das ovale Fenster weitergeleitet. Von hier treten die Schwingungen in die flüssigkeitsgefüllte Schnecke des Innenohrs über. Hochempfindliche Zellen in der Schnecke nehmen die Schwingungen wahr und leiten Informationen darüber an das Gehirn weiter. Erst dort entsteht schließlich der Höreindruck.
Das Innenohr ist auch der Sitz des Gleichgewichtsorgans. Es teilt unserem Gehirn mit, welche Lage der Körper im Raum einnimmt. Das Gleichgewichtsorgan besteht aus drei Bogengängen, die zusammen das Labyrinth bilden und die mit einer wäßrigen Flüssigkeit gefüllt sind. Wenn wir den Kopf drehen, bewegt sich die Flüssigkeit in den Bogengängen wegen ihrer Trägheit zunächst nicht mit. Dadurch werden besondere Sinneszellen verformt und dadurch gereizt. Da die Bogengänge senkrecht aufeinander stehen, können wir jede Bewegung im Raum wahrnehmen.

Frösche und viele Echsen haben das Trommelfell an der Kopfoberfläche. Ihnen fehlt somit das Außenohr. Die Fische haben überhaupt kein Trommelfell. Dennoch können sie Schwingungen und andere Erschütterungen des Wassers mit Hilfe der Seitenlinie wahrnehmen.

Ökologie

Ursprünglich war die Ökologie die Wissenschaft von den Beziehungen zwischen den Lebewesen und ihrer Umwelt. Heute denkt jeder sofort an Umweltschutz, wenn von Ökologie die Rede ist. Weiteres dazu siehe auf Seite 374.

Ökosystem

Statt Ökosystem können wir auch Lebensgemeinschaft sagen. Ein Ökosystem umfaßt alle Pflanzen, Tiere und →Mikroorganismen eines bestimmten Gebiets zusammen mit der ganzen Umgebung, zum Beispiel dem Wasser oder dem Boden. Ökosysteme sind zum Beispiel Weiher und Seen, Flüsse, Wälder, Felder oder Wüsten. In einem Ökosystem herrschen vollständige Stoffkreisläufe: Die grünen Pflanzen (Produzenten) erzeugen zum Beispiel alle Nahrung und den Sauerstoff, den die Tiere (Konsumenten) brauchen. Wenn Pflanzen und Tiere absterben, bauen Pilze, Bakterien und andere Lebewesen (Reduzenten) die toten organischen Stoffe wieder ab und zerlegen sie in ihre Bausteine. Diese stehen dann dem Kreislauf wieder zur Verfügung. In einem stabilen Ökosystem bleibt die Anzahl der verschiedenen Pflanzen- und Tierarten ungefähr gleich. Natürlich gibt es von Jahr zu Jahr Schwankungen, doch stellt sich immer ein Gleichgewicht ein. Weil es aber ein schwankendes Gleichgewicht ist, nennen wir es dynamisch. Je nach dem Klima sind auf der Erde unterschiedliche große Ökosysteme entstanden: In feuchtwarmen Gebieten der Tropen ist es zum Beispiel der Regenwald, bei uns in Mitteleuropa der Laubmischwald. Der Mensch hat viele Ökosysteme zerstört und verändert. Erst durch die Landwirtschaft entstanden bei uns zum Beispiel freie Äcker, Felder, Heiden und Weiden.

Mach es selbst

Wir können selbst ein einfaches Ökosystem schaffen, indem wir in einem alten Aquarium einen kleinen Weiher mit Pflanzen und Kleintieren einrichten. Wir decken das Aquarium mit einem Glasdeckel zu, der aber Luftlöcher enthalten muß. Sie dürfen allerdings nicht so groß sein, daß Insekten heraus- oder hineinklettern können.

▽ Die grünen Pflanzen nützen die Sonnenenergie und reichen sie in Form chemischer Verbindungen an die Tiere weiter. Pilze, Bakterien und andere Lebewesen zerlegen totes pflanzliches und tierisches Material wieder in die Bestandteile und geben sie damit dem Kreislauf zurück. Wir bezeichnen sie deswegen als Reduzenten.

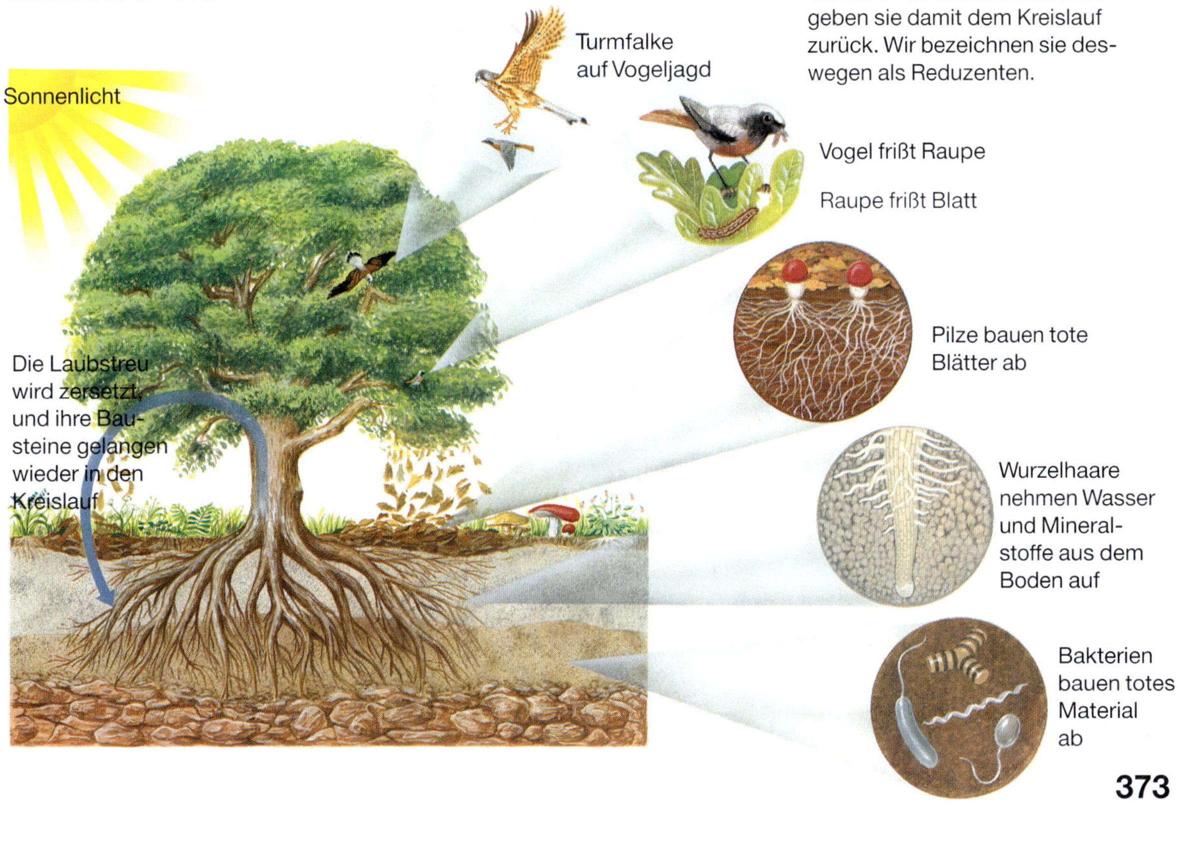

Ökologie

Die Ökologie untersucht, wie Tiere und Pflanzen von ihrer Umwelt abhängen und wie sie diese selbst verändern. Jede Tier- und Pflanzenart ist an ihre Umwelt angepaßt. Die Ökologen erforschen, warum diese Arten in einem ganz bestimmten Ökosystem leben und nicht in einem anderen. Sie wollen auch herausfinden, welche Umweltbedingungen vorhanden sein müssen, damit eine bestimmte Pflanzen- oder Tierart überleben kann. Wieviel Platz braucht zum Beispiel ein Fuchs zum Überleben? Und wieviel Schatten erträgt die Buche? Verschiedene Pflanzen- und Tierarten sind über Nahrungsketten miteinander verbunden, weil die eine von der anderen gefressen wird. Alle diese Dinge sind wichtig, wenn es darum geht, Tier- oder Pflanzenarten oder ganze Lebensräume zu schützen. Die Ökologen untersuchen auch, wie und in welchem Maße der Mensch die Natur beeinflußt. Der Einfluß des Menschen hat zum Beispiel dazu geführt, daß das einst seltene Reh heute häufig ist. Vor einigen Jahren warnten Ökologen in Thailand davor, weiterhin Jagd auf Schlangen zu machen, weil dadurch allmählich die Reisernte zurückgehen würde. Doch die Menschen hörten nicht auf die Wissenschaftler und fuhren fort, jede Schlange zu töten, die sie sahen, mochte sie nun giftig sein oder nicht. Dadurch geriet die Natur aus dem biologischen Gleichgewicht. Die Ratten wurden nicht mehr von Schlangen gejagt und nahmen überhand. Heute fressen sie einen großen Teil der Reisernte auf.

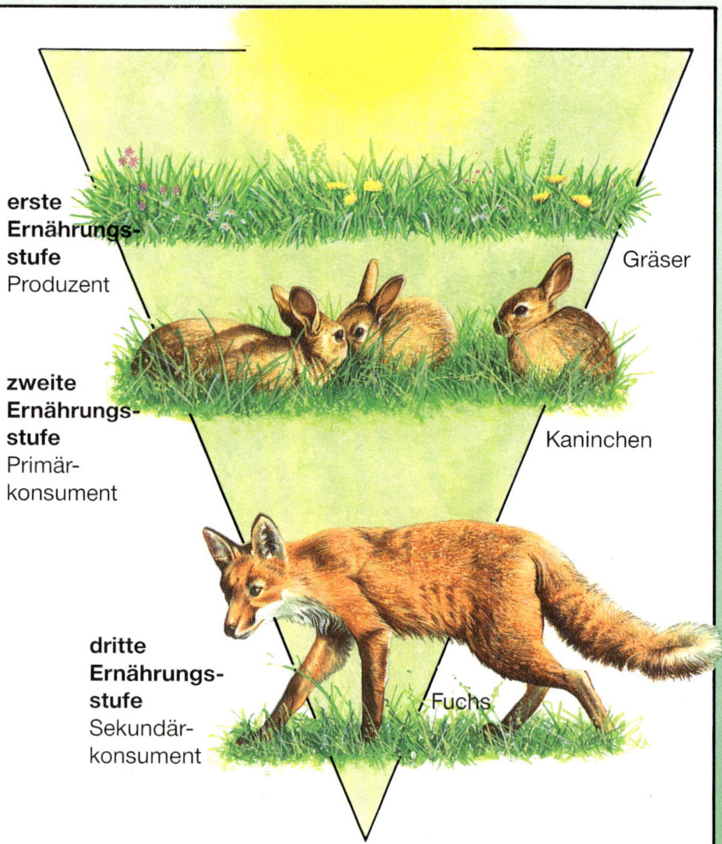

△ Am Anfang jeder Nahrungskette stehen grüne Pflanzen, die bei der Photosynthese Nahrung aufbauen (Produzenten). Pflanzenfressende Tiere leben von diesen grünen Pflanzen. Wir bezeichnen diese Tiere als Primärkonsumenten. Die Pflanzenfresser werden von Fleischfressern gefressen (Sekundärkonsumenten). Jedes Lebewesen erhält Energie von der darunterliegenden Ernährungsstufe. So wird aus der Nahrungskette eine Nahrungspyramide.

△ Die Ökologen untersuchen, wie Pflanzen und Tiere voneinander und von ihrer Umwelt abhängen. Jede Art spielt eine ganz bestimmte Rolle in der Umwelt. Es gibt keine zwei Arten, die genau dieselbe Rolle innehaben.

Siehe auch →Artenschutz; →Energie; →Evolution; →Nahrungskette; →Naturschutz; →Ökosystem; →Pflanzen; →Tiere.

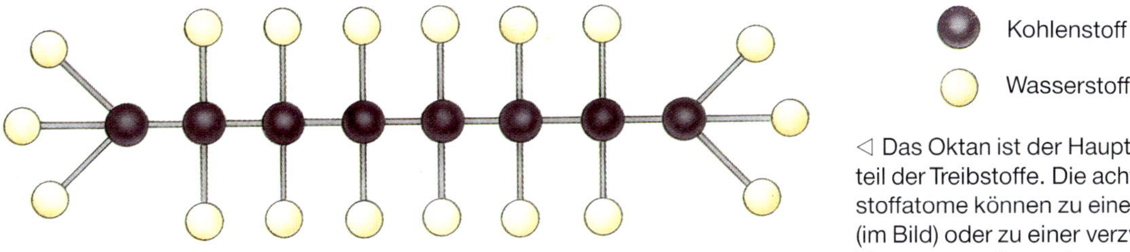

◁ Das Oktan ist der Hauptbestandteil der Treibstoffe. Die acht Kohlenstoffatome können zu einer geraden (im Bild) oder zu einer verzweigten Kette angeordnet sein.

Oktan

Das Oktan ist ein flüssiger →Kohlenwasserstoff. Es gehört in dieselbe Gruppe wie das →Methan und das →Propan. Das Molekül des Oktans besteht aus 8 Kohlenstoffatomen und 18 Wasserstoffatomen. Das Oktan ist ein vorzüglicher Treibstoff, der sich in →Verbrennungsmotoren nicht vor der Zündung selbständig entzündet und folglich nicht zum Klopfen neigt – anders als das Heptan, ein Kohlenwasserstoff mit sieben Kohlenstoffatomen, der leicht klopft. Als Maß für die Klopffestigkeit eines Treibstoffes verwenden wir die Oktanzahl. Heptan hat die Oktanzahl 0, Oktan die Oktanzahl 100. Die meisten Motoren brauchen mindestens Normalbenzin mit einer Oktanzahl von rund 90. Dieser Treibstoff verhält sich so, als ob er zu 90 Prozent aus Oktan und zu 10 Prozent aus Heptan bestünde. Superbenzin hat eine Oktanzahl von mindestens 98. Früher erhöhte man mit Bleiverbindungen (Bleitetraethyl) die Klopffestigkeit von Treibstoffen. Doch mit den Abgasen gelangt die Bleiverbindung in die Umwelt. Heute sind fast alle Treibstoffe unverbleit.

Die Vorsilbe „Okt-“ stammt aus dem Lateinischen und dem Griechischen und bedeutet die Zahl „acht“. Sie kommt in vielen Fremdwörtern vor:
Oktaeder Achtflächner
Oktave ein Intervall von acht Tönen in der Musik
Oktober ursprünglich der achte Monat
Oktogon Achteck, Bau mit achteckigem Grundriß
Oktopus Krake, Tintenfisch mit acht Armen

Öle

„Öle“ ist ein Sammelbegriff für dickflüssige organische Verbindungen, die sich nicht mit Wasser mischen. Stoffe mit solchen Eigenschaften stammen von Pflanzen und Tieren und aus dem Boden, können aber auch synthetisch hergestellt werden. Syntheseöle bestehen zum Beispiel im wesentlichen aus langkettigen →Siliziumverbindungen (Silikonöle). Die mineralischen Öle entstammen dem fossilen →Erdöl und werden durch →Destillation gewonnen.

Die Öle der Pflanzen und die →Fette der Tiere haben denselben chemischen Aufbau: An einem Molekül →Glyzerin sind drei Fettsäuren befestigt. Diese Fettsäuren können ungesättigt sein, das heißt, eine oder mehrere Doppelbindungen zwischen zwei Kohlenstoffatomen aufweisen. Dann handelt es sich um flüssige pflanzliche Öle. Sind die Fettsäuren hingegen gesättigt, so handelt es sich meist um Fette tierischen Ursprungs. Die wichtigsten Ölpflanzen sind der Oliven- oder Ölbaum, Mais, Soja, Erdnuß, Ölpalme und Raps.

▽ Eines der beliebtesten Speiseöle stammt vom Ölbaum, dessen Früchte Oliven heißen. Diese werden auch in Salzlake eingelegt und ganz gegessen.

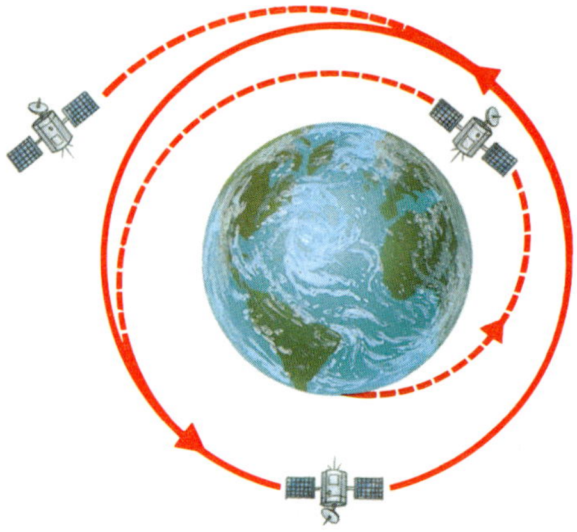

△ Künstliche Satelliten müssen eine bestimmte Fluchtgeschwindigkeit aufweisen, um in eine Erdumlaufbahn einschwenken zu können.

▽ Jedes chemische Element hat seine eigene Ordnungszahl. Sie entspricht der Anzahl der Protonen im Kern. Der Kern eines Kohlenstoffatoms setzt sich aus 6 Protonen und 6 Neutronen zusammen. Seine Ordnungszahl ist 6. Sechs ist auch die Anzahl der Elektronen, die um den Atomkern kreisen.

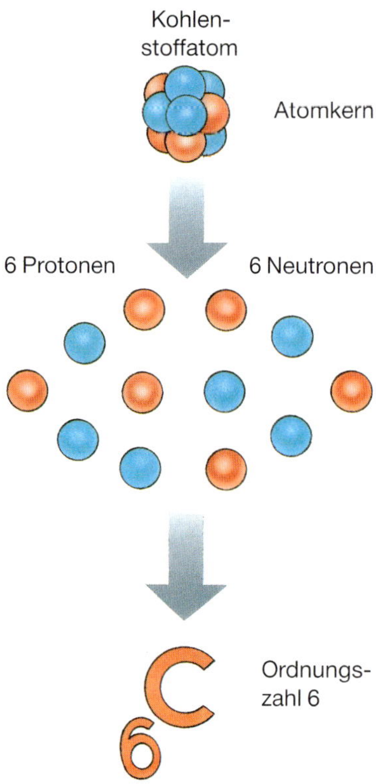

Orbit

Orbit ist die englische Bezeichnung für Umlaufbahn. Gemeint sind vor allem die Umlaufbahnen der künstlichen →Satelliten um Planeten und andere Himmelskörper, oft aber auch die Umlaufbahnen der Planeten um die Sonne. Die gegenseitige Anziehung oder →Schwerkraft bewirkt, daß sich ein Körper in einem Orbit hält. Die kleinste Umlaufbahn im →Sonnensystem hat der Marsmond Phobos mit einem Durchmesser von nur 18715 Kilometern. Andere Umlaufbahnen sind so groß, daß wir sie nicht einmal messen können: Einige →Kometen wandern Billionen von Kilometern in den Weltraum und kehren dann nach langer Zeit wieder in die Nähe der Sonne zurück. Die Geschwindigkeit, mit der sich ein Planet oder ein Satellit bewegt, hängt von der Größe des Orbits ab, und umgekehrt. Wäre die Erde doppelt so weit von der Sonne entfernt, so würde sie fast drei Jahre für einen Orbit brauchen. Würde sich die Entfernung zur Sonne halbieren, so wäre unser Jahr nur ungefähr vier Monate lang.

Ordnungszahl

Die Ordnungszahl eines →chemischen Elements entspricht der Anzahl der →Protonen und damit der positiven elektrischen Ladungen im Atomkern. Da Atome als Ganzes elektrisch neutral sind, entspricht die Ordnungszahl auch der Anzahl der negativ geladenen →Elektronen, die in Wolken oder Schalen um den Atomkern kreisen. Diese Elektronen sind für das chemische Verhalten verantwortlich. Der Kohlenstoff hat zum Beispiel sechs Protonen im Kern und sechs Elektronen. Seine Ordnungszahl lautet demnach 6.
Wenn wir die 92 in der Natur vorkommenden chemischen Elemente nach aufsteigender Ordnungszahl in bestimmter Weise anordnen, erhalten wir das →Periodensystem. Elemente mit ähnlichem chemischem Verhalten stehen dabei untereinander in Gruppen. Atome mit einer Ordnungszahl über 92 müssen künstlich hergestellt werden.

organische Chemie

Die organische Chemie ist die Chemie der kohlenstoffhaltigen Verbindungen. Längst nicht alle Kohlenstoffverbindungen sind organischen Ursprungs, werden also von Lebewesen hergestellt. Dennoch bleibt man aus geschichtlichen Gründen bei der Bezeichnung „organische“ Chemie. Es gibt auch einige Kohlenstoffverbindungen, die nicht zum Arbeitsgebiet der organischen Chemie gerechnet werden, zum Beispiel das →Kohlendioxid. Weiteres über die organische Chemie auf der Seite 378.

Organismus

Der Begriff „Organismus“ hat verschiedene, aber miteinander verwandte Bedeutungen. Zunächst bezeichnet man damit eine Gesamtheit von Organen, die zusammenarbeiten, zum Beispiel den menschlichen Körper. Wir sagen etwa: Jemand hat einen gesunden oder einen kranken Organismus. Organismen sind auch die verschiedenen →Arten von Lebewesen, angefangen von den riesigen Mammutbäumen Kaliforniens mit einem Gesamtgewicht von 1500 Tonnen bis hin zu den mikroskopisch kleinen Einzellern, Bakterien oder Viren, den →Mikroorganismen. Als organisch bezeichnen wir alles, was den Lebewesen entstammt.

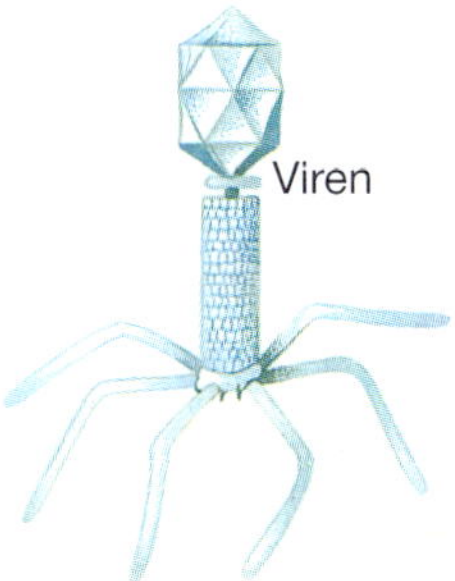

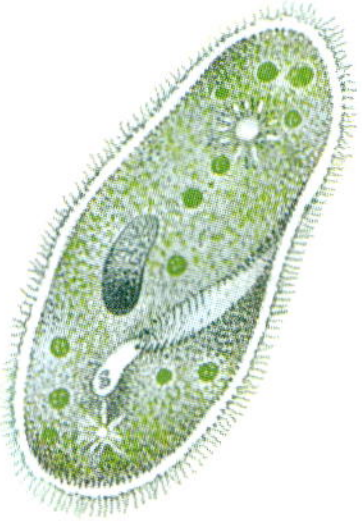

△ Als Organismen bezeichnen wir alle Lebewesen. Die Viren haben keinen Stoffwechsel und stehen damit auf der Schwelle zwischen der belebten und der unbelebten Natur.

Orientierung

Tiere müssen sich in ihrer Umwelt zurechtfinden. Kellerasseln und Ohrwürmer mögen zum Beispiel Orte, in denen hohe Luftfeuchtigkeit und Dunkelheit herrschen. Mit ihren Sinnesorganen nehmen sie entsprechende Reize wahr. Sie merken sofort, wenn sie in ein Gebiet gelangen, das ihnen nicht zusagt. Dann schrecken sie zurück und schlagen eine andere Richtung ein, die ihnen mehr Feuchtigkeit und Dunkelheit verspricht. Ein weit besseres Orientierungsvermögen müssen all jene Tiere besitzen, die ein festes Nest haben. Wie finden sie nach ihren Streifzügen den Weg zurück? Die meisten Tiere, zum Beispiel die Grabwespen und die Vögel, finden ihr Nest, weil sie die Umgebung anhand bestimmter Merkmale mit den Augen wiedererkennen. Lachse haben eine Art Geruchskarte im Kopf und finden ihr Heimatgewässer wieder, wenn sie vom Meer in die Flüsse aufsteigen, indem sie „der Nase nach“ schwimmen. Sie erkennen ihren Heimatfluß an seinem Geruch. Ähnlich halten sich Ameisen an Duftpfade ihrer Artgenossen. Bienen orientieren sich anhand der Sonne und teilen anderen im Bienentanz mit, wo und in welcher Entfernung sich Nahrungsquellen finden. Fledermäuse sind für ihre Echoorientierung berühmt. Sie stoßen sehr hohe Schreie aus und fangen die →Echos dieser Schreie auf.

Berühmt für ihre Orientierung sind die Brieftauben. Wie sie genau nach Hause finden, weiß man heute noch nicht. Sie verfügen dazu sicher über eine innere Uhr, orientieren sich an der Sonne und den Sternen und haben einen magnetischen Sinn im Gehirn.

organische Chemie

Die organische Chemie untersucht jene chemischen Verbindungen, die Kohlenstoff enthalten. Die Kohlenstoffchemie ist aus zwei Gründen eine eigene Wissenschaft. Zunächst können sich die Kohlenstoffatome wie kein anderes chemisches Element zu komplizierten Ketten und Ringen anordnen. Dies bedeutet, daß es eine ungeheure Zahl kohlenstoffhaltiger Verbindungen gibt. Außerdem ist Kohlenstoff in allen organischen Stoffen enthalten. In chemischen Stoffen, die von Lebewesen produziert werden, findet sich stets dieses Element.
Die organische Chemie hat zahlreiche verschiedene Syntheseverfahren entwickelt. Synthese ist die Kunst, aus einfacheren Ausgangsstoffen komplizierte chemische Verbindungen zu schaffen. Jeden Tag werden in den chemischen Labors auf der ganzen Welt Hunderte neuer organischer Verbindungen geschaffen. Manche werden nur in Bruchteilen von Gramm hergestellt. Einige hingegen erlangen als Kunststoffe, Pestizide oder Heilmittel eine große Bedeutung und werden dann tonnenweise produziert.
Die organische Chemie ist ein so umfangreicher Wissenszweig geworden, daß die Forscher sich immer stärker spezialisieren müssen. Die Biochemiker untersuchen zum Beispiel, wie die chemischen Stoffe im Körper zusammenarbeiten. Petrochemiker beschäftigen sich mit dem Erdöl und der Verarbeitung der darin enthaltenen Stoffe. Andere machen sich auf die Suche nach neuen Heilmitteln oder Kunststoffen, wiederum andere untersuchen, wie sich Lebensmittel beispielsweise besser konservieren lassen.

Mach es selbst

Mit Hilfe von Stäben und Modelliermasse können wir selbst Modelle organischer Verbindungen herstellen. Das Kohlenstoffatom kann vier Bindungen eingehen, der Sauerstoff zwei und der Wasserstoff nur eine. Wir stellen zum Beispiel ein Methanmolekül (CH_4) aus einer Kohlenstoffkugel und vier Wasserstoffkugeln her.

▽ Proteine sind natürliche organische Riesenmoleküle (Polymere). Sie bauen die Körpergewebe auf, zum Beispiel Muskeln, Haare und Nägel. Das Computerbild zeigt das Modell eines Proteinmoleküls.

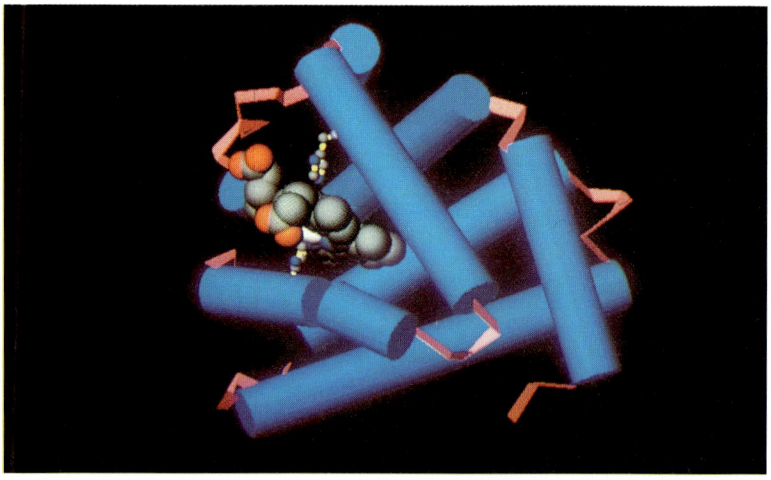

Meilensteine der organischen Chemie

18. Jh. Chemiker entdecken, daß die meisten organischen Verbindungen aus Kohlenstoff, Wasserstoff und Sauerstoff bestehen.
1828 F. Wöhler stellt aus anorganischen Grundstoffen die erste organische Verbindung her, den Harnstoff.
1869 A. Kekulé erkennt, daß das Benzol einen ringförmigen Aufbau hat.

Siehe auch →anorganische Chemie; →Chemie; →Enzyme; →Heilmittel; →Kohlenstoff; →Kunststoffe; →Molekül; →Pestizide; →Polymer; →Sauerstoff; →Wasserstoff.

Osmose

Wenn wir längere Zeit im Meer baden, bekommen wir Durst, obwohl wir uns doch mitten im Wasser befinden. Meerwasser enthält rund 35 Gramm Salze pro Liter. Unsere Körperflüssigkeiten kommen auf ungefähr 9 Gramm Salze pro Liter. Zwischen dem Meerwasser und den Körperflüssigkeiten besteht also ein erheblicher Unterschied in der Salzkonzentration. Physikalische Gesetze zwingen nun dazu, daß sich diese Unterschiede auszugleichen versuchen. Beim Baden verläßt Wasser die Zellen unseres Körpers. Dieser Wasserverlust würde so lang anhalten, bis sich die Salzkonzentrationen des Meerwassers und unserer Körperflüssigkeiten angeglichen haben. Das wäre erst dann der Fall, wenn unsere Körperflüssigkeit 35 Gramm Salze pro Liter enthielte. Diesen Vorgang nennen wir Osmose. Dabei ist immer eine semipermeable (halbdurchlässige) Membran beteiligt. In unserem Fall handelt es sich um die Zellmembranen. Die semipermeable Membran erlaubt es kleinen Molekülen hindurchzutreten, während größere Moleküle zurückgehalten werden.

Wenn zwei verschiedene Lösungen an einer semipermeablen Membran zusammentreffen, so nennen wir die Lösung mit dem höheren osmotischen Druck hypertonisch. Die Lösung mit dem geringeren Druck heißt hypotonisch.

Die Osmose spielt überall in der Natur eine Rolle. Wenn Zwetschgen im Dauerregen platzen, dann deswegen, weil die zuckersüßen Früchte osmotisch zuviel Regenwasser aufgenommen haben. Die Körperflüssigkeit von Meeresfischen enthält weniger Salze als das Meerwasser. Um nicht auszutrocknen, trinken die Fische ständig Meerwasser, müssen aber das überschüssige Salz ausscheiden. Bei Süßwasserfischen findet der umgekehrte Vorgang statt: Wasser strömt dauernd in deren Körper ein und muß durch die Nieren ausgeschieden werden. Damit wird auch verständlich, warum es nur wenige Fische gibt, die sowohl im Meer als auch im Süßwasser leben können.

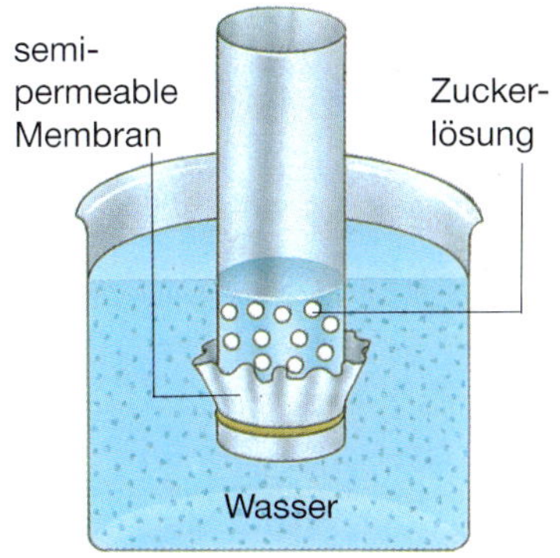

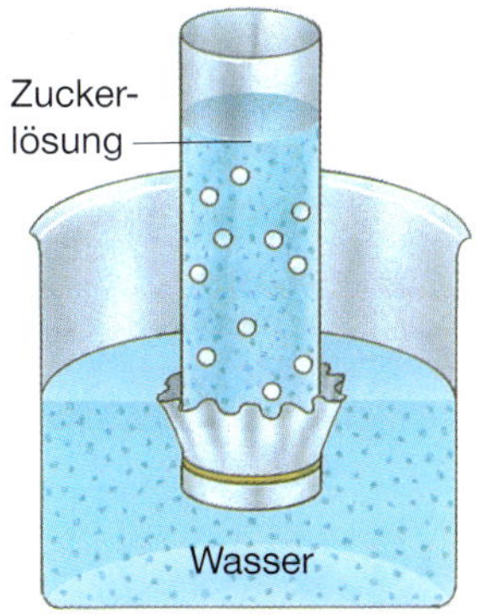

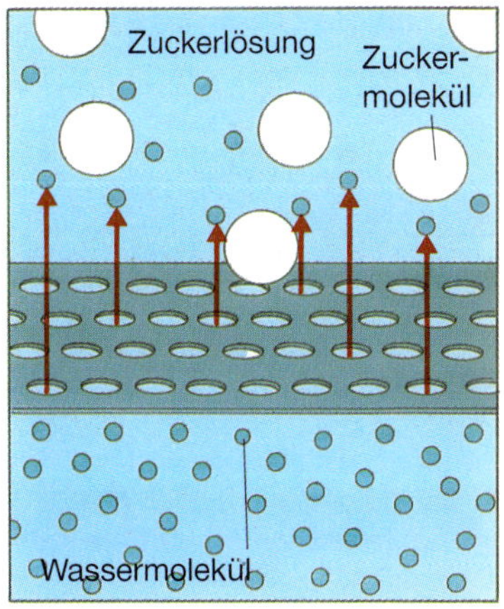

△ Die semipermeable Membran enthält kleine Löcher, die Wassermoleküle, aber nicht Zucker hindurchtreten lassen. Der Spiegel der Zuckerlösung steigt, weil Wasser eintritt. Es entsteht dabei ein osmotischer Druck.

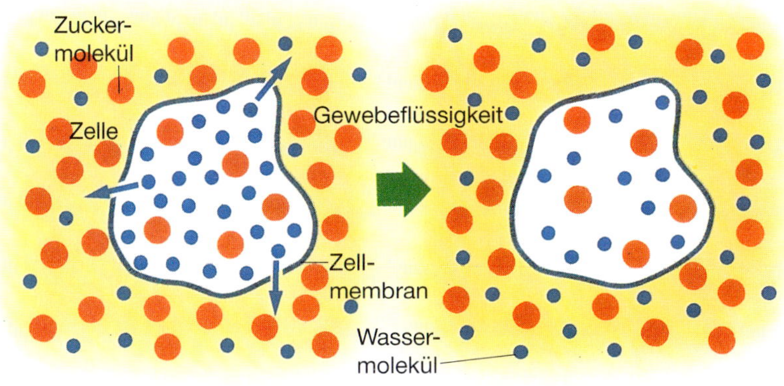

◁ Weist eine Zelle einen niedrigeren osmotischen Druck (hypotonisch) im Vergleich zum umgebenden Wasser auf, dann verlassen Wassermoleküle die Zelle, bis ein osmotisches Gleichgewicht gefunden ist.

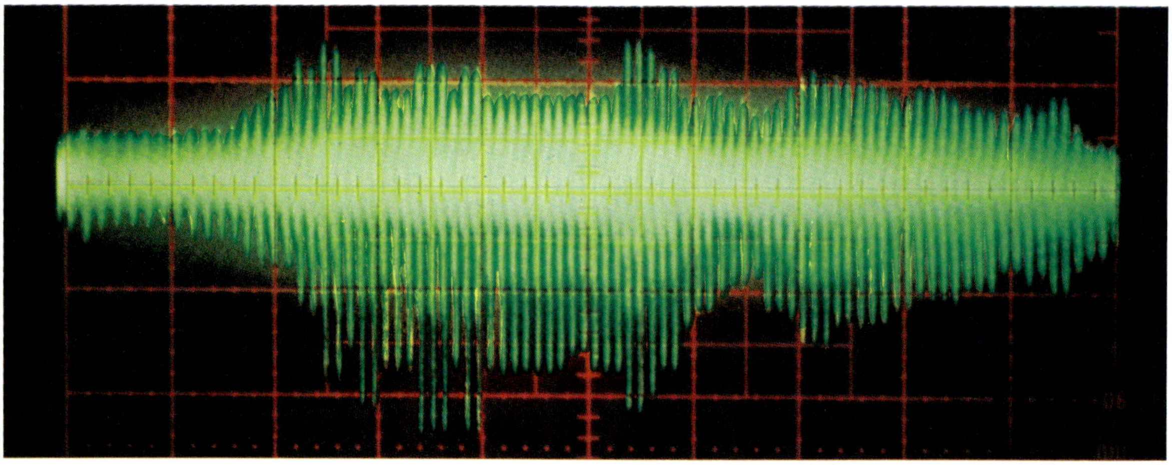

△ So zeichnet das Oszilloskop den englischen Satz „Where are you?" („Wo bist du?") auf. Die ganze Aufnahme dauerte eine Sekunde.

Oszilloskop

Oszilloskope zeichnen Schwingungen auf, analysieren sie und machen sie auf einem Schirm sichtbar. Sie enthalten eine →Kathodenstrahlröhre, die einen →Elektronenstrahl auf den Bildschirm wirft. Wir sehen ihn zunächst als Lichtpunkt in der Bildschirmmitte. Wenn wir aber zum Beispiel Spannungsschwankungen sichtbar machen wollen, lassen wir den Punkt nach rechts wandern. Auf seinem Weg wird er von den Spannungsschwankungen abgelenkt und zeichnet dabei Ausschläge auf. →Elektrokardiographen arbeiten zum Beispiel mit diesem Prinzip. Auch Stimmen können wir mit dem Oszilloskop analysieren: Die Schallwellen werden in elektrische Schwingungen verwandelt und dann sichtbar gemacht.

▽ Das Oszilloskop enthält ähnlich wie ein Fernsehgerät eine Kathodenstrahlröhre. Sie zeichnet elektrische Schwingungen auf und macht sie sichtbar.

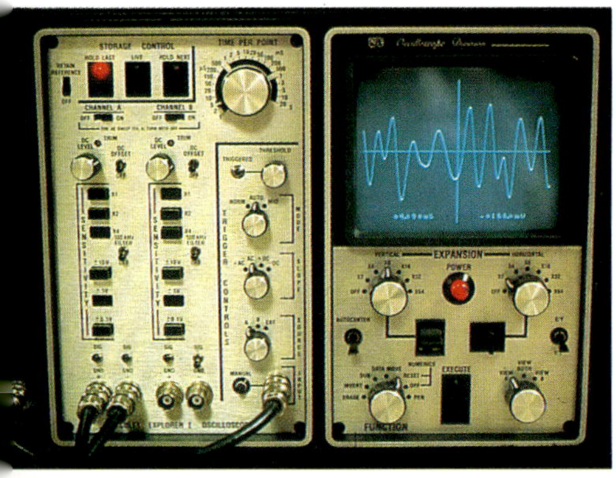

Oxidation und Reduktion

Bei allen →chemischen Reaktionen spielen die →Elektronen der Atome die Hauptrolle. Atome verbinden sich miteinander, weil sie bestimmte Elektronen gemeinsam haben (Atombindung) oder weil Elektronen von einem Atom auf das andere übergehen (Ionenbindung). Wenn nun ein Atom oder ein Molekül während einer Reaktion Elektronen abgibt, sprechen wir von einer Oxidation. Wenn es hingegen Elektronen hinzugewinnt, handelt es sich um eine Reduktion. Wir sagen auch: Ein Stoff wird oxidiert oder reduziert.

Die Bezeichnung Oxidation geht auf den wissenschaftlichen Namen (Oxygenium) für den →Sauerstoff zurück. Sauerstoffatome reißen mit großer Kraft Elektronen an sich. Sie oxidieren also andere Stoffe. Wenn zum Beispiel Eisen mit Sauerstoff erhitzt wird, reagieren die Eisenatome mit den Sauerstoffatomen. Die Sauerstoffatome reißen Elektronen des Eisens an sich, und es entsteht daraus die →chemische Verbindung Eisenoxid (Fe_2O_3). Wird dieser Stoff im Beisein von

◁ Wenn Eisen- oder Stahlschrott vor sich hin rostet, findet eine Oxidation statt. Dabei entsteht Eisenoxid, das sich zusätzlich mit Wasser verbindet.

→Wasserstoff erneut erhitzt, so gibt der Wasserstoff seine Elektronen an das Eisen ab und verbindet sich mit dem Sauerstoff des Eisenoxids zu Wasserdampf. Es bleibt dann metallisches Eisen übrig. Seine Masse ist geringer als die des ursprünglichen Eisenoxids, weil der Sauerstoff daraus verschwunden ist. Die Masse wurde also verringert, reduziert. Daher stammt ursprünglich der Begriff Reduktion.

Oxide

Als Oxide bezeichnen wir alle Verbindungen zwischen ›Sauerstoff (wissenschaftlicher Name Oxygenium) und einem anderen chemischen Element. Es gibt verschiedene Gruppen von Oxiden. Saure Oxide ergeben zusammen mit Wasser eine →Säure, basische Oxide hingegen eine Lauge. Wenn Kalziumoxid mit Wasser reagiert, entsteht Kalilauge.
Reines →Aluminium oxidiert sofort an der Luft. Das Aluminiumoxid bildet dabei einen luftundurchlässigen Überzug, der das Metall vor weiterer →Korrosion schützt. Der Rost hingegen frißt sich immer weiter in das Eisen oder den Stahl, weil Eisenoxid keine schützende Schicht bildet. Manche Elemente haben mehrere Oxide. Das →Kohlenmonoxid ist zum Beispiel äußerst giftig und kann weiter oxidiert werden. Das →Kohlendioxid ist eher harmlos und kann nicht mehr weiter oxidieren. Viele →Erze sind Oxide. Bei der Verhüttung werden Erze reduziert, und der Sauerstoff wird entfernt.

Mach es selbst

Damit Eisen oder Stahl rostet, sind Sauerstoff und Wasser notwendig. Wir überprüfen dies selbst, indem wir Stahlwolle in vier Reagenzröhrchen verteilen. In je ein Röhrchen geben wir dann Leitungswasser **(1)**, gekochtes Wasser **(2)**, nur Luft **(3)** und Salzwasser **(4)**. Überall wo die Stahlwolle der Feuchtigkeit oder dem Luftsauerstoff ausgesetzt ist, wird sie rostig. Sie rostet nicht in abgekochtem Wasser, weil dabei alle gelöste Luft entfernt wurde. Am schnellsten rostet die Stahlwolle in Salzwasser, weil Salz das Rosten beschleunigt.

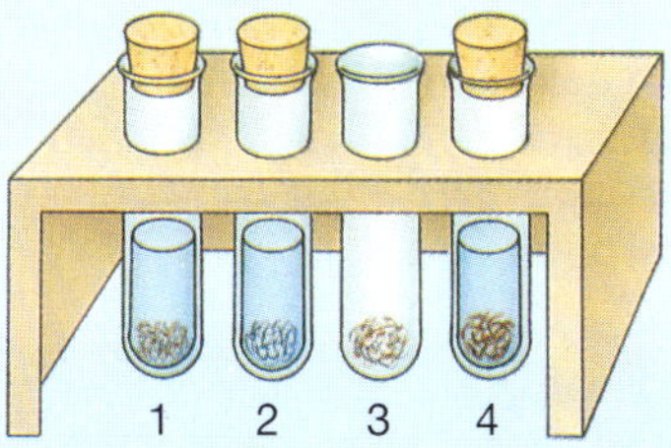

CO_2	Kohlendioxid	Fe_2O_3	Eisenoxid (Rost)
PbO	Bleioxid	CuO	Kupferoxid

◁ Die chemischen Formeln einiger häufiger Oxide.

Ozon

▷ Ozon entsteht vor allem in der oberen Atmosphäre. Ultraviolette Strahlung spaltet Sauerstoffmoleküle in einzelne Sauerstoffatome auf. Diese lagern sich an nicht gespaltene Sauerstoffmoleküle an, wobei Ozon entsteht.

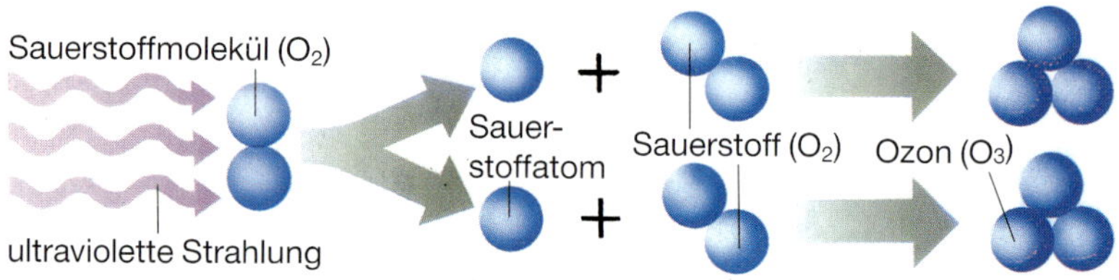

Ozon

Das Ozon ist ein bläuliches Gas mit einem charakteristischen Geruch, der etwas an den Chlorgeruch in Schwimmbädern erinnert. Das Ozon ist eine Form des →Sauerstoffs. Normales Sauerstoffgas besteht aus Molekülen mit je zwei Sauerstoffatomen und hat damit die Formel O_2. Ultraviolette Strahlung bewirkt nun, daß einige Sauerstoffmoleküle in der Luft in zwei einzelne Sauerstoffatome (O) aufgespalten werden. Diese Sauerstoffatome lagern sich an normale Sauerstoffmoleküle (O_2) an und bilden Ozonmoleküle (O_3), die somit aus drei Sauerstoffatomen bestehen.

Heute macht uns das Ozon große Probleme. Die bodennahen Luftschichten enthalten nämlich besonders im Sommer zuviel Ozon. Es bildet sich im Sommersmog durch chemische Reaktionen mit den Autoabgasen. Was unten auf der Erdoberfläche zu viel ist, fehlt weiter oben: Die →Ozonschicht der höheren →Atmosphäre wird dauernd dünner und läßt immer mehr schädliche →ultraviolette Strahlung durch.

▽ Die Ozonschicht liegt in ungefähr 25 Kilometern Höhe und verhindert, daß zuviel schädliche ultraviolette Strahlung auf die Erdoberfläche gelangt.

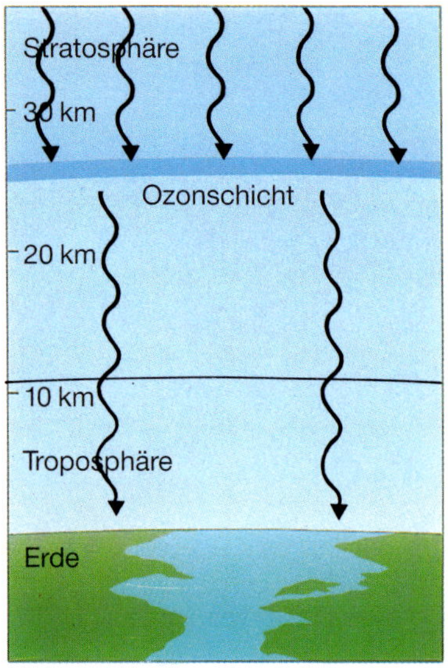

Ozonschicht

Die Ozonschicht liegt in 15 bis 30 Kilometern Höhe in der →Atmosphäre. Das →Ozon entsteht dort unter dem Einfluß der →ultravioletten Strahlung der Sonne. Das Ozon selbst absorbiert diese Strahlung, spaltet sich dabei in Sauerstoffatome auf und bildet erneut Ozon. Diese Ozonschicht schützt alle Lebewesen der Erde vor übergroßen Mengen schädlicher ultravioletter Strahlung.

Das Ozon ist sehr reaktionsfreudig und verbindet sich mit anderen chemischen Stoffen. Dabei wird das Ozon aufgebraucht. Berüchtigt als Ozonfresser sind die →FCKW, die Fluorchlorkohlenwasserstoffe. Sie wurden und werden in großem Umfang als Treibmittel in Spraydosen und als Kühlmittel in Kühlschränken verwendet. Über dem Südpol ist die Ozonschicht bereits so dünn geworden, daß ein großes Ozonloch entstanden ist. Auch die Ozonschicht über dem Nordpol und über bewohnten Gebieten der Nordhalbkugel hat deutlich abgenommen. Wir müssen damit rechnen, daß immer mehr schädliche ultraviolette Strahlung auf die Erdoberfläche gelangt. Dadurch wird die Zahl der Hautkrebserkrankungen beim Menschen zunehmen.

Pp

Paläontologie

Die Paläontologie handelt von den Lebewesen, die in früheren Erdzeiten gelebt haben. Ihre Spuren und Reste nennen wir →Fossilien. Niemand hat je einen lebenden Dinosaurier gesehen. Dennoch können uns die Paläontologen ziemlich viel über diese Tiere erzählen. Ihre Knochen, ihre Eier und sogar Trittspuren blieben als Versteinerungen in →Sedimentgesteinen erhalten. Natürlich wissen wir nicht, wie ihre Haut ausgesehen hat und wie sie gefärbt waren. Die Farben auf den Abbildungen von Dinosauriern sind deswegen immer der Phantasie des Künstlers entsprungen. Manche Gesteinsschichten enthalten sehr viele Fossilien und verraten uns auch einiges über die Lebensräume früherer Zeiten. Da wir die Gesteinsschichten auch ziemlich gut datieren können, gelingt es, die →Evolution vieler Lebewesen zu verfolgen.
Siehe auch →Geologie; →Radiokarbondatierung.

△ Der Geologenhammer erlaubt einen Größenvergleich mit diesem fossilen Schädel. Er stammt von einem hundegroßen Tier, das der Form seiner Zähne nach wahrscheinlich Pflanzen fraß.

Papier

Unser Wort Papier stammt vom ägyptischen Papyrus. Die alten Ägypter schnitten das Mark der Papyrusstaude, eines Riesengrases, in schmale Streifen. Die Streifen wurden nahe nebeneinandergelegt, dann quer mit einer weiteren Lage aus Streifen bedeckt und mit einem Schlegel zusammengeklopft. Die Papyrusherstellung hielt sich bis ins 11. Jahrhundert nach Christus.
Das Papier, das wir heute verwenden, hat einen ganz anderen Ursprung. Die Chinesen erfanden es bereits im 2. Jahrhundert nach Christus. Um 770 lernten die Araber das Geheimnis der Papierherstellung von chinesischen Gefangenen. Von dort aus breitete sich die Papierherstellung langsam nach Europa aus. 1390 entstand die erste Papiermühle in Deutschland. Zuvor hatte man vor allem auf Tierhäute (Pergament) geschrieben.

◁ In Japan und Korea bestehen die Fenster und Innentüren seit jeher aus Papier in einem Holzrahmen. Diese Frauen hängen handgeschöpftes Papier, das aus Maulbeerbaumblättern gewonnen wurde, zum Trocknen auf.

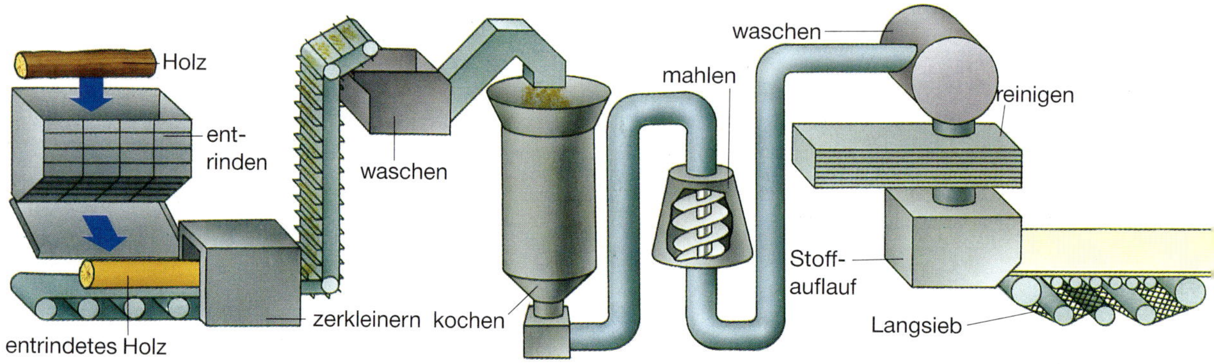

Bis zum Ende des 18. Jahrhunderts wurde das gesamte Papier von Hand hergestellt. Man tauchte ein Drahtsieb mit Rahmen in einen Brei aus Faserstoffen (Lumpen, Holzfasern), der sich in der Bütte befand. Dann hob man das Drahtsieb sorgfältig hoch: Das Wasser lief ab, und zurück blieb eine verfilzte Faserschicht, die man zum Trocknen aufhängte. Solch handgeschöpftes Papier heißt Bütten. Natürlich wird Papier heute fast nur noch mit Maschinen hergestellt. Die größten erreichen eine Länge von hundert Metern und mehr.

Paraffin

Die meisten Kerzen bestehen heute nicht mehr aus Bienenwachs, sondern aus Paraffin. Es handelt sich dabei um feste →Kohlenwasserstoffe mit 18 bis 32 Kohlenstoffatomen pro →Molekül. Paraffine gewinnt man durch →Destillation von →Erdöl. Sie reagieren kaum mit anderen Stoffen; deswegen kann man sie zum Auskleiden von Milchtüten verwenden.

Parallaxe

Wir strecken einen Arm aus und visieren den hochgereckten Daumen erst mit dem einen und dann mit dem anderen Auge an. Der Daumen scheint hin- und herzuspringen. Auch die Gegenstände in unserer Umgebung scheinen sich seitlich zu verschieben, wenn wir sie erst mit dem einen und dann mit dem anderen Auge betrachten. Der Sprung ist um so größer, je näher die Gegenstände bei uns liegen. Diese Erscheinung nennen wir Parallaxe. In Wirklichkeit bewegt sich natürlich kein Gegenstand, sondern wir sehen ihn mit jedem Auge aus einer anderen Richtung.

Unser Gehirn verwendet die Parallaxe ständig, um ein räumliches Bild zu erhalten (→räumliches Sehen). Schließlich blicken wir unsere Umgebung stets mit zwei Augen an. Das Gehirn verarbeitet die leicht unterschiedlichen Bilder der beiden Augen zu einem Gesamtbild. Wie wichtig die Parallaxe für unser Sehen ist, merken wir erst, wenn wir einmal ver-

▽ Durch die Erscheinung der Parallaxe verschieben manche Sterne scheinbar ihre Position im Laufe des Jahres. Mit Hilfe der Parallaxe kann man die Entfernung des Sterns berechnen: Astronomen fotografieren den Stern im Januar und dann im Juli. Die Erde hat in der Zwischenzeit eine Entfernung von 300 Millionen Kilometern zurückgelegt. Nahe Sterne verändern dadurch ihre Position im Vergleich zu den Sternen im Hintergrund. Die Unterschiede sind aber gering und entsprechen nur ungefähr der Verschiebung, die sich ergibt, wenn wir ein 1-DM-Stück anvisieren, das sich in fünf Kilometern Entfernung befindet.

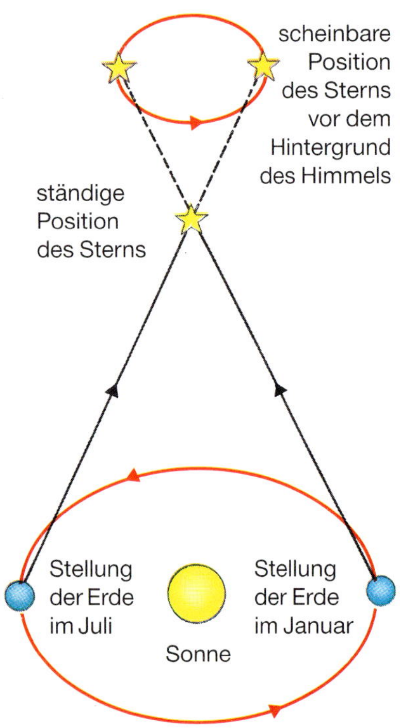

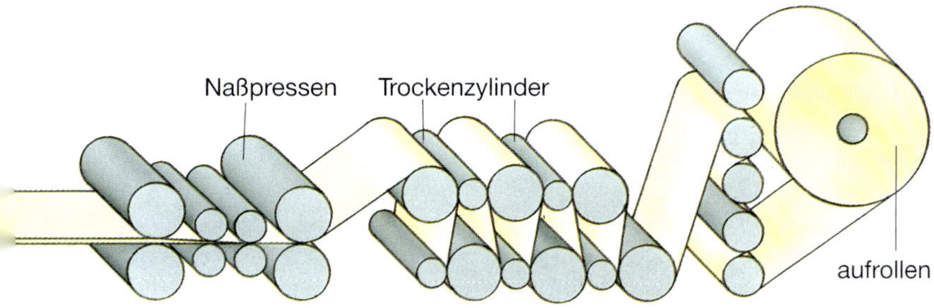

◁ Es gibt vier Grundstoffe für die Papierherstellung: Holzschliff, Zellstoff (Zellulose), Lumpen und Altpapier. Holzschliff ist nichts anderes als feinst zerkleinertes Holz. Erst werden die Stämme entrindet, dann zerkleinert und schließlich feinst geschliffen. Will man daraus Zellstoff herstellen, so muß man das Lignin, einen Bestandteil der verholzten Faser, entfernen. Dies geschieht durch Kochen in einem Säureturm. Aus reinem Zellstoff stellt man holzfreies Papier her. Auch das Papier dieses Buches ist holzfrei. Holzhaltiges Papier wird für Zeitungen verwendet. Es ist daran zu erkennen, daß es im Sonnenlicht sehr schnell vergilbt. Beide Papiersorten werden aber im Prinzip auf dieselbe Weise hergestellt: Die Fasern werden aufs feinste gemahlen und mit Wasser zu einem dünnflüssigen, möglichst gleichmäßigen Brei aufgeschwemmt. Hundert Gramm dieses Breis enthalten nur ein Gramm Fasern. Man läßt dann diesen Brei auf ein Langsieb auflaufen. Von diesem Sieb tropft das Wasser ab, und das Rohpapier bildet darauf eine verfilzte, regelmäßige Schicht. Die Papierbahn wird nun mit zahlreichen Walzen gepreßt, mit Heißluft getrocknet, geglättet und schließlich in riesigen Rollen aufgewickelt.

suchen, uns einäugig in unserer Umwelt zurechtzufinden. Es fällt uns dann viel schwerer, Entfernungen abzuschätzen.
Die Astronomen berechnen mit Hilfe der Parallaxe die Entfernung zwischen der Erde und nahen →Sternen. Sie vermessen den Sternort im Abstand von sechs Monaten, wenn sich die Erde also an den entgegengesetzten Enden ihrer Umlaufbahn befindet. Im Vergleich zu Himmelskörpern im Hintergrund ändert der Stern dabei seine Position. Wir sehen ihn also aus einem etwas anderen Winkel. Je größer der Winkelunterschied ist, desto näher muß der Stern der Erde liegen. Ein solches astronomisches Längenmaß ist das →Parsec.

◁ Die Auswirkungen der Parallaxe können wir besonders schön an einem entfernten Hügel (der einen Stern darstellen soll) im Hinblick auf einen Baum in der Umgebung (der die Sonne darstellen soll) beobachten. Wenn sich unsere Position ändert, zum Beispiel wenn wir in einem Bus fahren (der die Erde darstellen soll), so wechselt der Hügel von der einen Seite des Baumes auf die andere über, obwohl er in Wirklichkeit stillsteht.

Parasit

▷ Einige Parasiten brauchen für ihre Entwicklung mehrere Wirte oder Zwischenwirte. Aus den Eiern des Pärchenegels schlüpfen Larven **(1)**, die in Wasserschnecken **(2)** leben. Aus diesen Larven gehen die sogenannten Zerkarien **(3)** hervor, die sich im Wasser aufhalten. Sie dringen durch die Haut in den Menschen ein **(4)**, entwickeln sich in der Blase, im Darm oder in der Leber zu erwachsenen Pärchenegeln **(5)** und lösen die Krankheit Bilharziose aus. Das weibliche Tier hält sich dabei dauernd in einer Längsspalte des männlichen Tieres auf. Die erwachsenen Würmer legen Eier **(6)**, und diese gelangen schließlich durch den Kot oder den Urin wieder ins Freie. Dann beginnt der Kreislauf wieder von neuem.

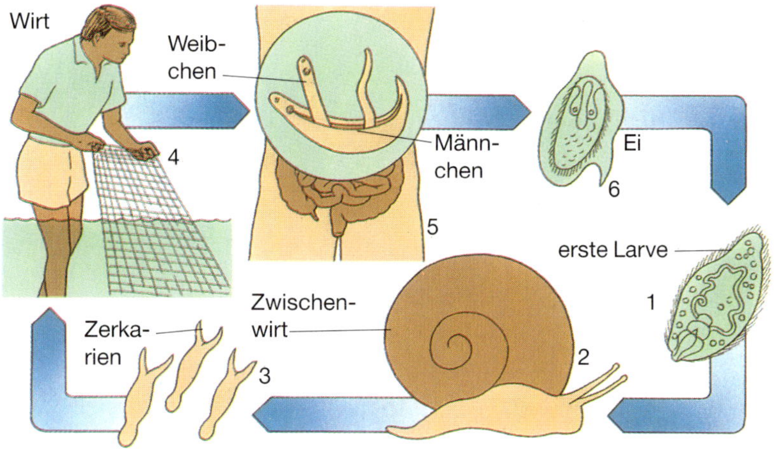

△ Zecken befallen den Menschen und andere Säuger. Sie saugen Blut und schwellen dabei bis zu Bohnengröße an. Die Mistel gehört zu den Halbschmarotzern: Sie entzieht ihrer Wirtspflanze nur Wasser und Nährstoffe und stellt daraus mit Hilfe der Photosynthese selbst Zucker und Stärke her. Deswegen ist die Mistel grün gefärbt.

Parasit

Als Parasiten oder Schmarotzer bezeichnen wir Lebewesen, die mit Lebewesen anderer Arten zumindest zeitweise zusammenleben und daraus Nutzen ziehen, ohne eine Gegenleistung zu erbringen. Zu den Parasiten gehören zum Beispiel die Stechmücken, die von unserem Blut saugen. In tropischen Ländern können sie dabei Einzeller übertragen. Diese Parasiten leben anschließend in den Leberzellen des Menschen und in den Blutkörperchen und lösen die Krankheit Malaria aus. In unserem Körper können sich auch Bandwürmer, Spulwürmer und andere Eingeweideparasiten aufhalten. Bandwürmer leben im Darm und ernähren sich vom vorverdauten Nahrungsbrei. Der Kuckuck ist ein Brutparasit, der seine Jungen von anderen Vögeln aufziehen läßt. In großen Ameisennestern leben regelmäßig kleine Völker anderer Ameisenarten, die von den Nahrungsmittelvorräten ihrer Wirte profitieren (Sozialparasitismus).
Auch unter den Pflanzen gibt es Parasiten. Viele Pilze wie der Mehltau befallen lebende Zellen und nisten sich dort ein. Die Sommerwurz entzieht grünen Pflanzen alle Nährstoffe und treibt selbst keine →Photosynthese. Deswegen hat sie auch kein →Chlorophyll, sondern ist bleichgelb gefärbt.

Parfüm

Parfüms werden schon seit Jahrtausenden verwendet. Die ersten Wohlgerüche lieferten wahrscheinlich bestimmte Hölzer, die beim Verbrennen einen schweren, aromatischen Duft entwickelten. Zu diesem Räucherwerk gehören schon seit der Antike Sandelholz, Weihrauch und Myrrhe. Die alten Ägypter und auch die Griechen kannten bereits echte Parfüms. Sie legten wohlriechende Blüten in Öl und erhielten dadurch duftende Salböle. Durch die Vermittlung der Araber

gelangte die Kunst der →Destillation nach Europa. Bald stellte man damit nicht nur Weinbrand, sondern auch Parfüms her: Man legte wohlriechende Blüten in Wasser und Alkohol ein. Nach einiger Zeit destillierte man die Mischung und erhielt auf diese Weise sogenannte ätherische (leichtflüchtige) Öle. Nach diesem Verfahren werden heute noch Duftöle gewonnen, besonders in Südfrankreich.
Heutige Parfüms bestehen aus Wasser oder Alkohol sowie natürlichen und auch künstlichen Duftstoffen. Die Aufgabe des Parfümeurs besteht darin, die verschiedenen Bestandteile so aufeinander abzustimmen, daß sie einen harmonischen und haltbaren Duft ergeben. Die Parfüms für Männer enthalten dabei herbere Bestandteile als die Parfüms für Frauen.

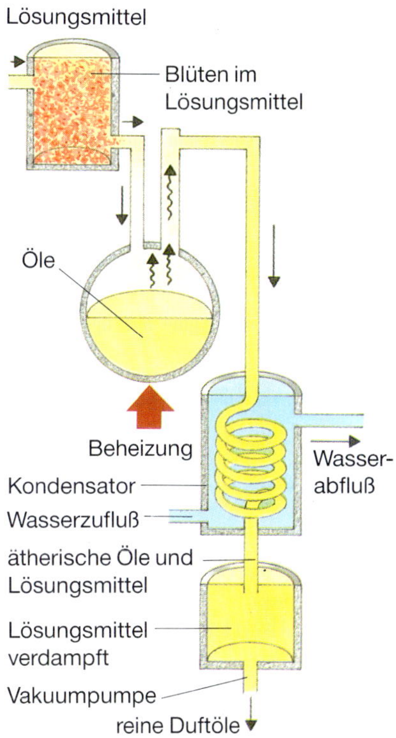

△ Viele ätherische Öle für Parfüms werden durch Destillation gewonnen. Man legt die wohlriechenden Blüten in Wasser, Alkohol, Öl oder Fett und destilliert nach einiger Zeit das Gemisch, um den reinen Duft zu erhalten.

Parsec

Parsec ist die Abkürzung für Parallaxensekunde. Das Parsec stellt ein astronomisches Längenmaß dar. Bei einer Entfernung von einem Parsec (Abkürzung pc) erscheint die mittlere Entfernung zwischen Erde und Sonne unter einem Winkel von einer Bogensekunde. 3600 Bogensekunden sind 1 Grad, und der ganze Kreis hat 360 Grad. Durch die Auswirkungen der →Parallaxe scheinen sich nahe Sterne vor dem Hintergrund des Sternenhimmels zu verschieben, wenn man sie von entgegengesetzten Positionen der Erdumlaufbahn betrachtet. Der nächste Stern ist rund 1,3 pc von der Erde entfernt. Ein Parsec entspricht 3,26 →Lichtjahren oder rund 32 Billionen Kilometern.

Pasteurisierung

Bei der Pasteurisierung werden schädliche →Mikroorganismen in Nahrungsmitteln und Getränken durch Hitze abgetötet. Der Name des Verfahrens geht auf den Erfinder zurück, den französischen Forscher Louis Pasteur (1822–1895), dem große Entdeckungen auf dem Gebiet der →Mikrobiologie gelangen. Pasteurisiert wird bei uns vor allem die Milch. Man erhitzt sie 30 Minuten lang auf 62 °C – oder für 15 Sekunden auf 72 °C. Dabei werden gefährliche Tuberkulosebakterien abgetötet. Auch Bakterien, welche die Milch sauer werden lassen, werden durch diese Hitzebehandlung geschädigt oder ebenfalls abgetötet. Mit noch höheren Temperaturen (130 bis 150 °C) kann man Milch für längere Zeit haltbar machen (H-Milch). Sie hält sich ohne Kühlung über Monate hinweg unverändert. In dieser Zeit trennen sich auch die Fetttröpfchen der Sahne nicht von der Milch, sondern bleiben darin gelöst. Auch Fruchtsäfte werden pasteurisiert, damit →Hefen nicht mit der →Gärung beginnen.

Die Milch wird vor dem Abfüllen in Flaschen pasteurisiert. In der Molkerei wird die Milch entrahmt. Rahm und entrahmte Milch (Magermilch) werden getrennt aufbewahrt. Schließlich mischt man die beiden Bestandteile wieder so, daß Milch mit einem ganz bestimmten Fettgehalt entsteht. Diese wird anschließend pasteurisiert und homogenisiert. Dabei drückt man die Milch durch winzige Öffnungen, welche die Fetttröpfchen des Rahms aufbrechen. Die Milch trennt sich nach dieser Behandlung nicht wieder in Rahm und Magermilch.

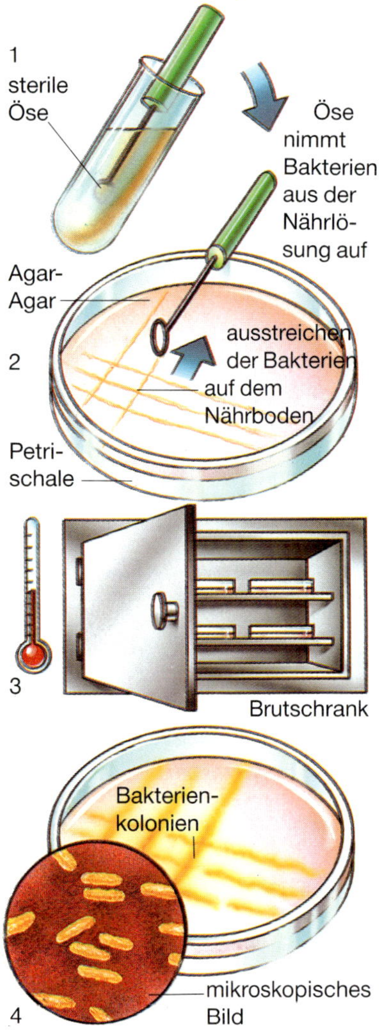

△ Wenn der Verdacht besteht, daß Baktèrien eine Krankheit hervorrufen, versucht der Pathologe, eine Reinkultur davon anzulegen. Er verstreicht dazu eine Probe aus einer flüssigen Nährlösung mit einer sterilen Öse **(1)** auf einem festen Agar-Agar-Nährboden in einer Petrischale **(2)**. Nach dem Bebrüten (Inkubation) unter kontrollierten Bedingungen **(3)** haben sich einzelne Bakterienkolonien auf dem Nährboden gebildet **(4)**, die man untersuchen und weitervermehren kann.

▷ An den Umkehrpunkten der Bewegung weist das Pendel nur potentielle Energie auf. Unter dem Einfluß der Schwerkraft wird diese in Bewegungsenergie umgewandelt.

Pathologie

Die Pathologie ist die Lehre von den Krankheiten, in erster Linie denen des Menschen. Doch gibt es auch eine Pathologie der Tiere und sogar der Pflanzen. Der Pathologe erforscht die Ursachen der Krankheiten (Ätiologie) und die Veränderungen im Körper, die durch diese Krankheiten ausgelöst werden. Die Pathologie ist eine verhältnismäßig junge Wissenschaft. Bis zum ausgehenden Mittelalter war es nämlich verboten, die Leichen verstorbener Menschen aufzuschneiden (zu sezieren) und direkt nach den Krankheitsursachen und den Veränderungen im Körper zu forschen. Erst im 16. Jahrhundert durften die Ärzte straflos Leichen untersuchen. Das erste Lehrbuch der Pathologie erschien 1761.
Erst im vergangenen Jahrhundert gelang es den Ärzten, bei vielen Krankheiten den Zusammenhang zwischen den Krankheitsanzeichen (Symptomen) und der Krankheitsursache herzustellen. Zuckerkranke Menschen beispielsweise haben durch einen Mangel des →Hormons Insulin zuviel Zucker im Blut. Dieser schädigt die Blutgefäße, so daß Herzinfarkte und Arteriosklerosen häufiger und verfrüht auftreten können. Zur Pathologie gehört auch die Lehre von den Krankheitserregern unter den Bakterien und Viren.

Pendel

Ein Pendel ist nichts anderes als ein aufgehängtes Gewicht, das hin- und herschwingt. Manche Menschen suchen mit dem Pendel Bodenschätze, Wasser oder gar Erdstrahlen nachzuweisen. Das allerdings hat nichts mit Physik zu tun. Das Pendel ist in der Physik so bedeutsam, weil man mit ihm viele schwierige Dinge deutlich machen kann. Das Pendel befindet sich in einem stabilen →Gleichgewicht, wenn sein Schwerpunkt genau unter dem Aufhängepunkt liegt. Ver-

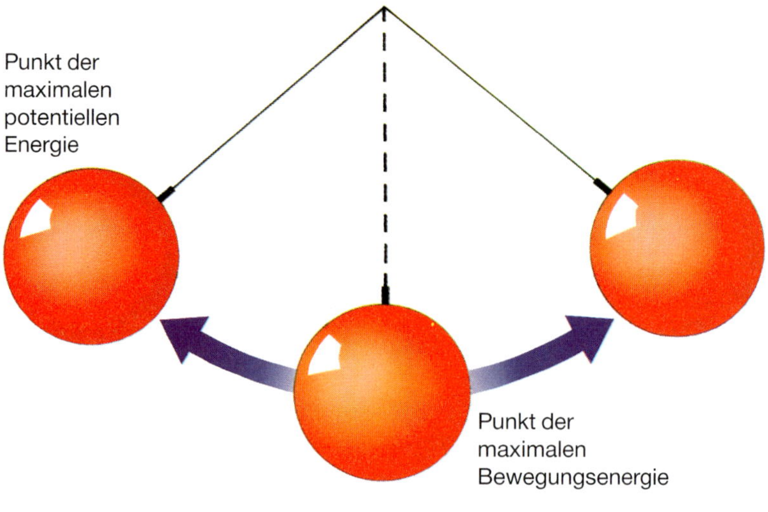

Mach es selbst
Die Schwingungsdauer, also die Zeit für einen Hin- und Hergang des Pendels, hängt von der Pendellänge, aber nicht vom Gewicht des aufgehängten Gegenstandes ab. Wir können das beweisen, indem wir die Schwingungsdauer mehrerer Pendel, auch mit unterschiedlicher Pendellänge, messen.

Wir untersuchen unterschiedliche Gewichte mit derselben Pendellänge und dann dieselben Gewichte mit unterschiedlichen Pendellängen.

schiebt man das Pendel nach einer Seite, so beginnt es zu schwingen. Es verwandelt dabei ständig potentielle →Energie in kinetische Energie (Bewegungsenergie) und umgekehrt. Die Schwingungsdauer, also die Zeit für einen vollen Hin- und Hergang, ist unabhängig vom Gewicht des Pendels. Sie hängt nur von der Pendellänge ab: Je größer die Länge, desto langsamer schwingt das Pendel. Das entdeckte Galileo Galilei im 16. Jahrhundert, als er während eines Gottesdienstes die leise hin- und herschwingenden Hängeleuchter betrachtete. Pendel kann man somit gut für die Zeitmessung mittels Uhren verwenden. Jedes Pendel kommt allerdings mit der Zeit zur Ruhe, weil es durch die Reibung der Luft abgebremst wird. Zum Ausgleich hat jede Pendeluhr einen Energiespeicher in Form eines hochgezogenen Gewichts. Es treibt einen Anker an, der bei jeder Schwingung das Pendel leicht anstößt, so daß es nicht stehen bleibt.

Periodensystem

Im Periodensystem sind alle →chemischen Elemente anhand ihrer →Ordnungszahl so aufgeführt, daß Elemente mit ähnlichen chemischen Eigenschaften untereinander stehen. Wir unterscheiden dabei waagrechte Perioden und senkrechte Gruppen, innerhalb derer sich die physikalischen und chemischen Eigenschaften gesetzmäßig ändern. Weiteres darüber auf den Seiten 390 und 391.

Perpetuum mobile

„Perpetuum mobile" ist lateinisch und heißt ein „unaufhörlich sich Bewegendes". Gemeint ist eine Maschine, die aus dem Nichts heraus Energie gewinnt. Die Physik hat längst bewiesen, daß es kein Perpetuum mobile geben kann. Energie geht nämlich nie verloren und kann umgekehrt auch nicht aus dem Nichts gewonnen werden. Wir nennen dies das Gesetz von der Erhaltung der Energie. Im Laufe der Jahrhunderte haben schrullige Leute, große Geister und auch viele Spinner versucht, ein Perpetuum mobile zu bauen.

▽ Dieses hübsche magnetische Perpetuum mobile beschrieb Bischof Wilkins in einem Buch über „Mathematische Magick" aus dem Jahr 1648. Ein starker Magnet zieht eine Kugel auf einer schrägen Bahn empor. Bevor diese beim Magneten ankommt, fällt sie durch ein Loch auf eine andere, gebogene Rampe, die zum Ausgangspunkt zurückführt. Dann wird sie vom Magneten wieder hochgezogen. Warum wird dieses Perpetuum mobile nicht funktionieren? Auflösung auf Seite 392.

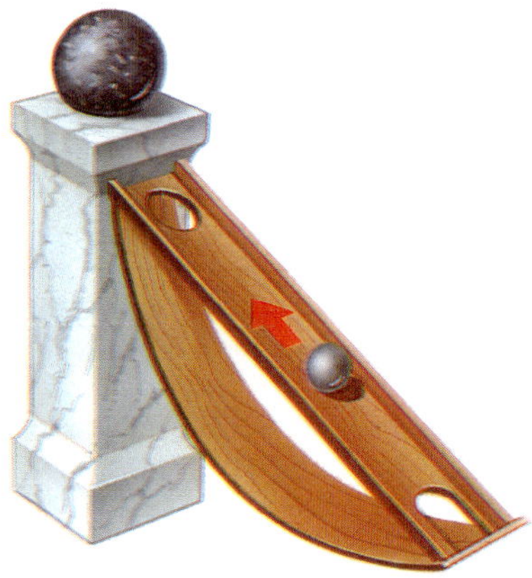

Periodensystem

Es gibt in der Natur 92 verschiedene chemische Elemente. Weitere Elemente kann man künstlich in Labors durch Kernreaktionen herstellen; sie sind allerdings radioaktiv und nur kurzlebig. Alle diese chemischen Elemente ordnen wir nun in einer Tabelle an, die wir Periodensystem nennen. Die Ordnungszahl, das heißt die Zahl der Protonen und damit auch der Elektronen des betreffenden Atoms, nimmt in jeder Reihe von links nach rechts zu. Das Periodensystem ist deswegen so nützlich, weil man aus der Stellung eines Elements in diesem System auch etwas über seine chemischen und physikalischen Eigenschaften erfahren kann.

▽ Das Periodensystem enthält alle bekannten chemischen Elemente, aufgereiht nach ihrer Ordnungszahl. Die chemischen Elemente mit ähnlichem Aufbau, besonders der äußersten Elektronenschalen, stehen untereinander und bilden eine Gruppe. Wir können die Elemente in die Metalle und die Nichtmetalle unterteilen. Besonders die Gruppe der Metalle ist sehr groß. Deshalb unterscheidet man hier noch weitere Untergruppen, die Alkali- und Erdalkalimetalle wie Natrium und Magnesium, die Übergangsmetalle wie Eisen, die Lanthan- und Actiniumreihe, zu der auch das Uran zählt.

1 **Hydrogen** H	Ordnungszahl Name des Elements chemisches Zeichen

▷ Dem Periodensystem können wir eine Menge Informationen entnehmen – deutlich mehr als nur die Namen und chemischen Zeichen der Elemente. Diese sind nach wachsender Ordnungszahl und damit auch zunehmender Größe angeordnet. Daraus ergeben sich auch Folgerungen für das chemische Verhalten.

Periode

In einer Periode nimmt die Größe der Atome von links nach rechts zu. Gleichzeitig erfolgt ein Übergang von den Metallen über die Halbmetalle bis zu den Nichtmetallen.

Gruppe

Innerhalb der Gruppe nimmt die Größe der Atome von oben nach unten zu. Alle Elemente derselben Gruppe verhalten sich chemisch sehr ähnlich, weil sie in der äußersten Schale dieselbe Zahl von Elektronen aufweisen. Diese Elektronen sind für das chemische Verhalten entscheidend.

Alkali- und Erdalkalimetalle	Lanthan- und Actiniumreihe
Übergangsmetalle	Nichtmetalle

1	2							
1 Wasserstoff H								
3 Lithium Li	4 Beryllium Be							
11 Natrium Na	12 Magnesium Mg							
19 Kalium K	20 Kalzium Ca	21 Scandium Sc	22 Titan Ti	23 Vanadium V	24 Chrom Cr	25 Mangan Mn	26 Eisen Fe	27 Kobalt Co
37 Rubidium Rb	38 Strontium Sr	39 Yttrium Y	40 Zirkon Zr	41 Niob Nb	42 Molybdän Mo	43 Technetium Tc	44 Ruthenium Ru	45 Rhodium Rh
55 Cäsium Cs	56 Barium Ba	57–71 Lanthan- reihe	72 Hafnium Hf	73 Tantal Ta	74 Wolfram W	75 Rhenium Re	76 Osmium Os	77 Iridium Ir
87 Francium Fr	88 Radium Ra	89–103 Actinium- reihe	104 Element 104	105 Element 105	106 Element 106	107 Nielsbohrium Ns	108 Hassium Hs	109 Meitnerium Mt

57 Lanthan La	58 Cer Ce	59 Praseodym Pr	60 Neodym Nd	61 Promethium Pm	62 Samarium Sm	63 Europium Eu	64 Gadolinium Gd	65 Terbium Tb
89 Actinium Ac	90 Thorium Th	91 Protactinium Pa	92 Uran U	93 Neptunium Np	94 Plutonium Pu	95 Americium Am	96 Curium Cm	97 Berkelium Bk

Dimitri Mendelejew (1834–1907)

Der russische Chemiker Dimitri Mendelejew stellte als erster ein Periodensystem auf. Er ordnete die chemischen Elemente nach ihrer Atommasse an. Heute wissen wir, daß die Ordnungszahl entscheidend ist. Aus Lücken in seiner Tabelle konnte Mendelejew die Existenz bis dahin noch nicht entdeckter chemischer Elemente vorhersagen. Später bestätigten sich dann seine Voraussagen.

△ Der Wasserstoff ist das häufigste Element im Universum, weil er den Grundstoff für die Sterne darstellt.

			3	4	5	6	7	8
								2 Helium He
			5 Bor B	6 Kohlenstoff C	7 Stickstoff N	8 Sauerstoff O	9 Fluor F	10 Neon Ne
			13 Aluminium Al	14 Silizium Si	15 Phosphor P	16 Schwefel S	17 Chlor Cl	18 Argon Ar
28 Nickel Ni	29 Kupfer Cu	30 Zink Zn	31 Gallium Ga	32 Germanium Ge	33 Arsen As	34 Selen Se	35 Brom Br	36 Krypton Kr
46 Palladium Pd	47 Silber Ag	48 Cadmium Cd	49 Indium In	50 Zinn Sn	51 Antimon Sb	52 Tellur Te	53 Iod I	54 Xenon Xe
78 Platin Pt	79 Gold Au	80 Quecksilber Hg	81 Thallium Tl	82 Blei Pb	83 Wismut Bi	84 Polonium Po	85 Astat At	86 Radon Rn

Im September 1992 tauften deutsche Wissenschaftler die Elemente 107, 108 und 109: Nielsbohrium, Hassium und Meitnerium.

▽ Der Brennstoff in den Kernkraftwerken besteht aus Uran. Dieses metallische Element ist das letzte natürliche im Periodensystem. Es hat die Ordnungszahl 92. Heute kennen wir mindestens 15 weitere, künstliche Elemente, die schwerer sind als das Uran.

66 Dysprosium Dy	67 Holmium Ho	68 Erbium Er	69 Thulium Tm	70 Ytterbium Yb	71 Lutetium Lu
98 Californium Cf	99 Einsteinium Es	100 Fermium Fm	101 Mendelevium Md	102 Nobelium No	103 Lawrencium Lr

◁ Die Elemente mit einer Ordnungszahl über 92 heißen Transurane, weil sie im Periodensystem jenseits („trans") des Urans stehen. Sie alle wurden künstlich hergestellt.

Siehe auch →Atom; →Chemie; →chemische Elemente; →chemische Zeichen; →Elektronen; →Metalle; →Ordnungszahl; →Proton; →Wasserstoff.

▽ Pestizide wirken deswegen so giftig, weil sie nur schwer abzubauen und den Lebewesen somit „fremd" sind. Deswegen halten sie sich in der Natur lange. Es gibt chlorierte Kohlenwasserstoffe, die in hundert Jahren nur zur Hälfte abgebaut werden! Unsere Böden sind daher noch auf Jahrzehnte hinaus mit DDT belastet, obwohl das Mittel schon lange nicht mehr eingesetzt wird. Es gibt auch Stoffe, deren Abbauprodukte noch giftiger sind als das Ausgangsprodukt. Pestizide gelangen in die Nahrungsketten und reichern sich dort von Ernährungsstufe zu Ernährungsstufe an.

Pestizide

Pestizide sind chemische Pflanzenschutzmittel. Zu den wichtigsten gehören die Insektizide, also die Mittel gegen schädliche Insekten, und die Herbizide, die Unkrautvernichter. Es gibt keine harmlosen Pestizide. Auch die „natürlichen" Pyrethrumverbindungen, die aus afrikanischen Margeritenarten gewonnen werden, sind gefährlich. Die weitaus meisten Pestizide werden jedoch synthetisch hergestellt. Eines der ersten war das DDT, ein chlorierter →Kohlenwasserstoff. Er kam in den vierziger Jahren erstmals zum Einsatz, tötete alle Insekten ab und erschien zunächst harmlos für Menschen und höhere Tiere. Doch die Insekten wurden ziemlich schnell dagegen resistent und reagierten nicht mehr auf das Gift. Also mußten die versprühten Mengen erhöht werden. Schließlich fanden die Wissenschaftler heraus, daß sich das DDT in der Umwelt ansammelt, weil es fast nicht abgebaut wird. Seit über zwanzig Jahren ist DDT verboten, doch heute noch läßt es sich chemisch nachweisen, zum Beispiel im Fett der Pinguine. Es gelangte von weit her über die →Nahrungsketten in

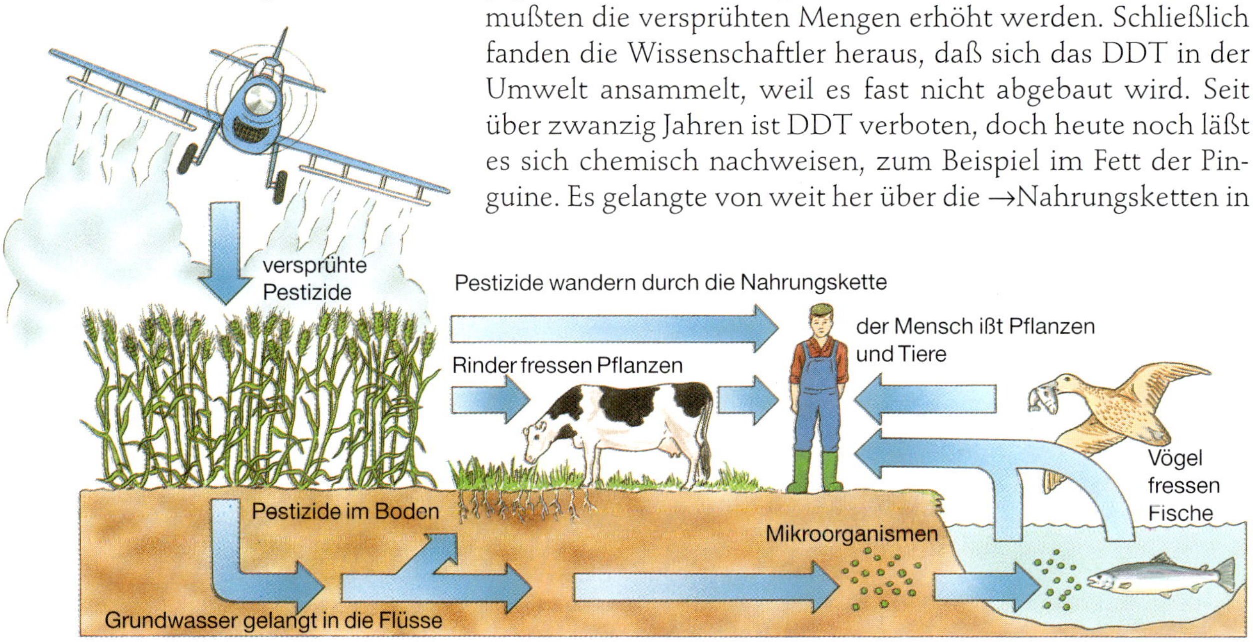

ihre Heimat, wo es niemals versprüht worden war. Fast alle modernen Pestizide zeigen Eigenschaften wie das DDT: Sie töten nicht nur den Schädling, sondern auch andere Arten (chemische Keule). Sie erzeugen Resistenz und müssen bald durch noch giftigere Mittel ersetzt werden. Sie reichern sich in der Nahrungskette an, bis sie sich bei den Lebewesen an der Spitze der Nahrungskette – so auch beim Menschen – schädlich auswirken. Dennoch wäre es unmöglich, von einem Tag auf den anderen auf sämtliche Pestizide zu verzichten. Eine Hungerkatastrophe auf der ganzen Welt wäre die Folge. Heute geht die Tendenz zum integriertem Pflanzenschutz: Die Landwirte nutzen zunächst die →biologischen Möglichkeiten zur Schädlingsbekämpfung. Erst wenn ein gewisses Schadensmaß erreicht ist, werden Pestizide eingesetzt.

Auflösung der Aufgabe auf Seite 389:

Wenn der Magnet so stark ist, daß er die Metallkugel auf der schrägen Bahn nach oben ziehen kann, dann wird sie natürlich nicht in das Loch fallen, sondern dort hängenbleiben. Das Magnetfeld wirkt aber auch auf die geschwungene Bahn ein, die nach unten führt. Die Kugel wird also auch dort hochgezogen werden.

◁ Die Baumwollstauden im Bild links außen wurden von zahlreichen Schädlingen befallen. Die Pflanzen im Bild daneben behandelte der Landwirt mit Pestiziden, und sie bringen eine reiche Ernte. Pestizide sind hochgiftig, doch ohne sie würde die Welternte schlagartig zurückgehen. Gefordert ist heute der vernünftige Einsatz dieser giftigen Pflanzenschutzmittel.

Petrochemie

Die Petrochemie beschäftigt sich mit den chemischen Verbindungen, die man aus →Erdöl (früher Petroleum) herstellen kann. Erdöl enthält über 300 verschiedene Verbindungen, darunter kettenförmige, verzweigte, ringförmige, Verbindungen mit und ohne Doppelbindungen. Durch →Destillation zerlegt man das Erdöl in einzelne Fraktionen. Besonders wichtig ist auch eine bestimmte Art des →Crackens, bei der man →Kohlenwasserstoffe mit Doppelbindungen erhält, die sogenannten Alkene, wie das Ethen (zwei Kohlenstoffatome, C_2), das Propen (C_3) und das Buten (C_4). Diese Stoffe sind sehr reaktionsfähig und können deswegen beim Aufbau (Synthese) neuer Stoffe helfen. Die Liste der petrochemischen Produkte ist sehr lang und umfaßt vor allem die vielen hundert →Kunststoffe, ferner →Lösungsmittel, →Alkohole, →Pestizide und →Heilmittel.

pH

Der pH-Wert gibt an, wie sauer oder wie basisch eine Lösung ist. Die möglichen Zahlenwerte von 1 bis 14 zeigen die Konzentration der Wasserstoffionen in der Lösung an, und diese stellen ein Maß für den →Säuregrad dar. Reines Wasser hat einen pH-Wert von 7. Es ist neutral. Sind mehr Wasserstoffionen vorhanden, so sprechen wir von einer sauren Lösung. Ihr pH-Wert verringert sich dann bis auf den Wert 1. Lösungen mit einem pH-Wert über 7 sind basisch oder alkalisch. Den pH-Wert messen wir meistens mit →Indikatoren. Sie verändern ihre Farbe je nach dem Säuregehalt der Umgebung. Fast alle biologischen Vorgänge finden nur bei bestimmten pH-Werten statt. Das Blut zum Beispiel hat dauernd einen pH von ziemlich genau 7,4. Die Hortensien blühen in sauren Böden blau, in basischen Böden rosarot.

▽ Den pH-Wert einer Lösung kann man mit einem Universalindikator messen. Er verändert seine Farbe im gesamten Bereich von pH 1 bis pH 14.

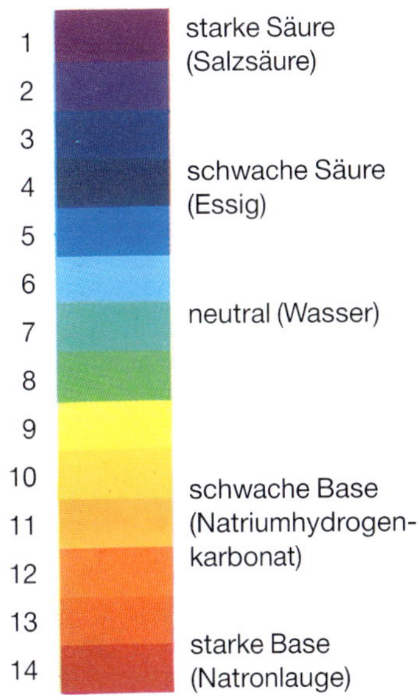

▷ Früher stellten die Apotheker die Heilmittel selbst nach den Vorschriften des Arztes her. Diese Kunst muß der Apotheker heute noch beherrschen, doch kann er sie kaum mehr anwenden. Die Abbildung zeigt eine Apotheke vor ungefähr hundert Jahren.

Eines der ersten synthetischen Heilmittel war die Acetylsalicylsäure, die wir alle unter dem Markennamen Aspirin kennen. 1897 wurde das Mittel erstmals in chemisch reiner Form hergestellt. Es erwies sich als eines der wirksamsten Schmerzmittel. Natürlich hat auch die Acetylsalicylsäure ihre Nebenwirkungen. Sie kann zum Beispiel Magenblutungen auslösen. Immer wieder werden für altbekannte Heilmittel neue Anwendungsgebiete gefunden, so auch für die Acetylsalicylsäure. Offensichtlich kann man mit ihr einem Herzinfarkt oder einem Schlaganfall vorbeugen.

Pharmakologie

Die Pharmakologie beschäftigt sich mit den →Heilmitteln. Sie untersucht, wie sie sich auf Menschen und Tiere auswirken. Wenn Chemiker glauben, ein neues Heilmittel gefunden zu haben, so muß es erst aufwendig geprüft werden, bevor es Arzt und Apotheker in die Hände bekommen. Zunächst durchläuft der Stoff das sogenannte Screening. Pharmakologen überprüfen, ob das Medikament die gewünschte Wirkung in den Lebewesen entfaltet. Dazu gehören auch Tierversuche. Giftexperten (Toxikologen) untersuchen, ob der Stoff giftig wirkt, ob er schwere Nebenwirkungen hat, Krebs auslöst oder das Erbgut verändert. Dann erfolgt die Prüfung an Freiwilligen, die über ihr Risiko aufgeklärt werden. Dem schließt sich der klinische Versuch an, der Test in der Klinik. Dazu führt man Doppelblindversuche durch: Weder Patient noch Arzt wissen, ob das verabreichte Medikament den neuen Wirkstoff enthält oder nicht. Nur der Projektleiter weiß darüber Bescheid. Ist die Wirksamkeit mit →statistischen Methoden nachgewiesen, so kann das Medikament zugelassen werden. Dennoch erweist sich aber später noch manches Medikament als ungeeignet, weil es schwere Nebenwirkungen hat. Es muß dann vom Markt genommen werden.

Phosphate

Phosphate sind die Salze der Phosphorsäure. Metallionen verbinden sich dabei mit einem oder mit mehreren Phosphationen. Diese bestehen aus einem Phosphoratom und vier Sauerstoffatomen. Phosphate dienen vor allem als →Düngemittel, zum Beispiel das Magnesiumphosphat oder das Superphosphat. In Waschmitteln sorgen oder sorgten Phosphate dafür, daß das Wasser enthärtet (→Wasserhärte) wird und der Schmutz sich gut löst. Auch Nahrungsmitteln werden viele Phosphate zugefügt, beispielsweise Getränken, Wurstwaren, Schmelzkäse und Backwaren. Wenn alle diese Phosphate – in Dünge-, Wasch- und Nahrungsmitteln – ihre Aufgabe erfüllt haben, landen sie am Ende in unseren Gewäs-

$$PO_4^{3-}$$

△ Phosphate sind die Salze der Phosphorsäure. Sie enthalten Phosphationen, die aus einem Phosphoratom (P) und vier Sauerstoffatomen (O) bestehen. Ein großer Teil unserer Knochen besteht aus Kalziumphosphat.

sern. Dort wirken sie erneut als Düngemittel, vor allem für Algen. Diese vermehren sich stark, besonders wenn auch noch →Nitrate in größeren Mengen vorhanden sind. Wir sprechen dabei von Eutrophierung, also Überdüngung.

△ Beim Entzünden eines Streichholzes finden ziemlich komplizierte chemische Vorgänge statt. Wenn wir mit dem Kopf eines Streichholzes über die Reibfläche fahren, wird viel Wärme frei. Gleichzeitig reißen wir kleine Phosphorteilchen von der Reibfläche ab. Sie bleiben am Zündkopf hängen, werden oxidiert und erwärmen sich stark. Dies führt dazu, daß das Kaliumchlorat in der Zündmasse Sauerstoff abgibt. Er verbindet sich mit elementarem Schwefel, und das bewirkt, daß das Zündholz aufflammt.

Phosphor

Der Phosphor ist ein nichtmetallisches →chemisches Element. Er kommt in vier verschiedenen Formen vor, die wir Modifikationen nennen. Der weiße Phosphor entzündet sich selbst an der Luft und muß deswegen unter Wasser aufbewahrt werden. Er ist hochgiftig und wird in Granaten und Phosphorbomben verwendet. Die anderen Phosphormodifikationen reagieren weniger schnell; wir bezeichnen sie als Reaktionsträger. Sie heißen roter, violetter und schwarzer Phosphor. Der rote Phosphor ist in den Reibflächen der Zündholzschachteln vorhanden. Die häufigsten Phosphorverbindungen sind die →Phosphate. Zu ihnen gehören auch die mineralischen Bestandteile der Knochen und Zähne.

Photochemie

Die Photochemie untersucht die chemischen Reaktionen, die unter dem Einfluß von Licht („Photo“) stattfinden. Am bekanntesten sind jene Reaktionen, die wir auf dem fotografischen →Film beobachten, wenn Licht darauf fällt. Das Licht bewirkt, daß Silbersalze zu reinem Silber reduziert werden. Auch die Reaktion, die in der belebten Natur am häufigsten stattfindet, ist ein photochemischer Prozeß, nämlich die →Photosynthese: Die grünen Pflanzen nutzen dabei das Sonnenlicht, um Zucker und Stärke aufzubauen. Auch in der →Ozonschicht finden photochemische Reaktionen statt. Ultraviolettes Licht spaltet Sauerstoffmoleküle (O_2) und bewirkt, daß sich einzelne Sauerstoffatome (O) an Sauerstoffmoleküle (O_2) anlagern, so daß daraus →Ozon (O_3) wird.

Mach es selbst

Das Sonnenlicht verändert viele Farben, indem es chemische Verbindungen spaltet. Das können wir selber beweisen: Wir schneiden einige Formen aus festem Papier aus und legen diese für einige Tage auf Buntpapier an das Sonnenlicht.

Leistungen der Photosynthese

Die folgenden Zahlen geben an, wieviel Gramm Zucker oder Stärke ein Quadratmeter Blattfläche pro Stunde produziert.

Aronstab 1,0 g
Lauch 1,2 g
Tabak 1,4 g
Sonnenblume 1,8 g
Seerose 2,3 g

Photon

Die Physik des 20. Jahrhunderts hat gelernt, daß man einige Erscheinungen nur mit Modellen beschreiben kann und daß man dabei nicht einmal mit einem einzigen Modell zurechtkommt. So muß man sich beispielsweise Licht einmal als →elektromagnetische Strahlung, ein andermal als →Elementarteilchen vorstellen. Ein solches ist das Photon, das auch Lichtquant heißt. Nur mit diesem Teilchenmodell des Lichtes können wir zum Beispiel den Photoeffekt der →Fotozelle erklären. Ein Lichtstrahl besteht hierbei aus einer großen Zahl winziger Teilchen, eben den Photonen, die nur bei Lichtgeschwindigkeit „existieren" und daher im Ruhezustand auch keine Masse haben. Im Gegensatz zu anderen Elementarteilchen haben sie auch keine Ladung. Licht kann nur in ganz bestimmten Mengeneinheiten, den →Quanten, auftreten.

Photosynthese

Photosynthese bedeutet: Grüne Pflanzen stellen mit Hilfe des Lichts ihre Nahrung her. Es handelt sich um einen sehr komplizierten Vorgang, wobei die Pflanzen aus Wasser und aus dem Luftgas →Kohlendioxid →Zucker gewinnen. Die Photosynthese findet nur dann statt, wenn Licht vorhanden ist und die Pflanze über den Farbstoff →Chlorophyll (Blattgrün) verfügt. Das Chlorophyll absorbiert Licht und verwendet diese →Energie zur Herstellung von Zucker. Bei der Photosynthese verwandelt die Pflanze somit Lichtenergie in chemisch gespeicherte Energie. Der Zucker Glukose ist wiederum der Ausgangspunkt für die Herstellung von →Stärke und →Zellulose. Während der Photosynthese geben die Pflanzen Sauerstoff ab. Das Chlorophyll wird bei der Reaktion nicht verbraucht, sondern kann immer wieder von neuem Licht absorbieren.

Die Photosynthese ist die wichtigste Reaktion für alle Lebewesen, da die grünen Pflanzen die gesamte Nahrung auf der Erde liefern. Alle Tiere und auch wir Menschen hängen direkt oder indirekt von der Nahrungsproduktion der Pflanzen ab.

▽ Bei der Photosynthese bauen die Pflanzen aus Wasser und Kohlendioxid Zucker (Glukose) und Stärke auf. Die Energie dazu liefert tagsüber das Sonnenlicht. Es wird vom Blattgrün (Chlorophyll) aufgefangen und verfügbar gemacht. Das Wasser nehmen die Pflanzen mit den Wurzeln auf, während das Kohlendioxid durch die Spaltöffnungen direkt in die Blätter eindringt. Nachts läuft die Atmung oder Zellatmung entgegengesetzt zur Photosynthese. Zucker und Stärke werden dabei zu Wasser und Kohlendioxid abgebaut. Dabei gewinnt die Pflanze Energie für die Vorgänge des eigenen Lebens.

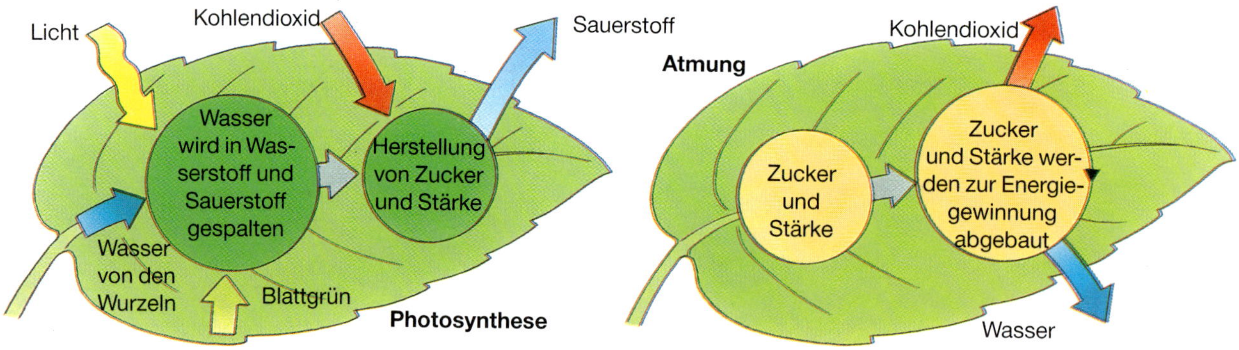

Wenn wir diese Nahrung verdauen, brauchen wir dazu Sauerstoff, der bei der Photosynthese frei wird. Dafür geben wir Kohlendioxid ab, das die Pflanzen wiederum zum Aufbau neuer Nahrung benötigen.

Physik

Die Physik beschäftigt sich mit den unterschiedlichsten Vorgängen der Natur, besonders mit den Fragen nach den Kräften und der →Energie sowie dem Aufbau und dem Verhalten der →Materie. Sie führt dazu Experimente durch, mißt die Ergebnisse und faßt sie in mathematische Formeln. Die untersuchten Stoffe bleiben dabei im wesentlichen unverändert (→Chemie). Weiteres dazu auf den Seiten 398 und 399.

Physiologie

Die Physiologie ist ein sehr umfangreiches Teilgebiet der →Biologie und der →Medizin. Die Physiologie untersucht die Lebensvorgänge bei Tieren und Pflanzen und auch beim Menschen. Sie interessiert sich zum Beispiel dafür, wie wir atmen, wie der aufgenommene Sauerstoff bis zu den einzelnen Zellen gelangt und wozu er anschließend verwendet wird. Dabei werden die unterschiedlichsten chemischen und physikalischen Untersuchungsmethoden genutzt. In immer stärkerem Maße dringt die Physiologie bis zu den einzelnen Molekülen vor. Mit Hilfe der →Röntgenbeugung und des →Elektronenmikroskops ist es zum Beispiel gelungen, den genauen Aufbau des Hämoglobins, also des roten Blutfarbstoffs, zu erforschen. Dieses riesengroße →Proteinmolekül in den roten Blutkörperchen nimmt den Sauerstoff in sich auf und gibt ihn dann in den Zellen wieder ab.

Die Physiologie ist in zahlreiche Spezialgebiete aufgeteilt. Diese beschäftigen sich beispielsweise mit den Sinnesorganen oder den Nerven.

Die Physiologie mißt zum Beispiel den Sauerstoffverbrauch von Lebewesen. In der folgenden Tabelle ist der maximale Sauerstoffverbrauch verschiedener Tiere in Gramm Sauerstoff pro Kilogramm Körpergewicht und Stunde angegeben:

Qualle 0,02 g
Muschel 0,03 g
Schnecke 0,1 g
Karpfen 0,3 g
Hecht 0,5 g
Eidechse 0,03 g
Huhn 1,1 g
Maus in der Ruhe 3,5 g
Maus, laufend 28 g
Mensch in der Ruhe 0,3 g
Mensch bei der Arbeit 5,6 g
Murmeltier beim Winterschlaf 0,03 g

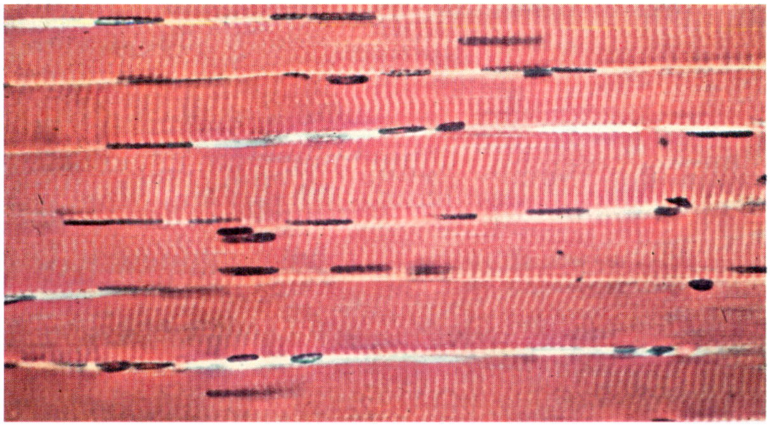

◁ Skelettmuskeln zeigen unter dem Mikroskop bei hoher Vergrößerung eine deutliche Streifung, die quer zu den Muskelfasern verläuft. Es handelt sich hier um gestreifte Muskulatur, die dem Willen unterworfen ist. Den Physiologen gelingt es heute, unter dem Mikroskop Versuche an lebenden Zellen durchzuführen. Sie haben zum Beispiel herausgefunden, woher die Muskeln ihre Energie für die Arbeit beziehen: Bei der Verbrennung von Zucker wird chemische Energie frei. Sie wird dazu verwendet, das Molekül Adenosintriphosphat (ATP) herzustellen. Wir können das ATP mit einer kleinen Batterie vergleichen. Wenn Energie benötigt wird, spaltet es sich und setzt dabei große Energiemengen frei, die nun der Muskel verwenden kann.

Physik

Schon vor 2500 Jahren kannten die alten Griechen viele physikalische Gesetzmäßigkeiten und machten sie sich zunutze. Doch erst im 16. Jahrhundert begannen die Forscher erneut mit eigenen Untersuchungen. Gegen Ende des 17. Jahrhunderts machte die Physik einen gewaltigen Schritt nach vorne: Isaac Newton entdeckte damals die heute nach ihm benannten Gesetze der Schwerkraft. Im 18. und 19. Jahrhundert erforschten die Physiker vor allem die Elektrizität und den Magnetismus. Schließlich wurde die elektromagnetische Strahlung entdeckt. Damit gelang es, die Natur des Lichts zu erklären. Zu Beginn unseres Jahrhunderts entwickelte Albert Einstein die Relativitätstheorie. Sie veränderte unsere Art, die Welt zu sehen. Dadurch erfuhren wir zum Beispiel, daß Masse und Energie gleichwertig sind. Die Relativitätstheorie beschäftigt sich vor allem damit, wie sich so große Körper wie Sterne verhalten. Die Quantenmechanik hingegen untersucht winzige Körper, die Elementarteilchen.
Die Physik von heute interessiert sich beispielsweise für folgende Fragen: Wie begann das Universum? Wie können wir Atommüll sicher lagern? Wie bauen wir noch schnellere Computer? Gibt es Kunststoffe, die als Supraleiter dienen?

Meilensteine der Physik

um 200 v. Chr. Archimedes entdeckt die Hebelkraft

um 1270 Roger Bacon führt optische Untersuchungen durch

1687 Isaac Newton veröffentlicht seine Gesetze zur Bewegung

1803 John Dalton schlägt als erster eine Atomtheorie vor

um 1835 Michael Faraday und Joseph Henry entdecken, daß Elektrizität und Magnetismus miteinander zusammenhängen

1947 John Bardeen, Walter Brattain und William Shockley erfinden den Transistor

1960 Theodore Maiman baut den ersten Laser

◁ Die Physik untersucht, wie viele alltägliche Dinge funktionieren und sich anwenden lassen. Wenn wir einen Stabmagneten in einer Drahtspule bewegen, fließt elektrischer Strom in der Spule. Dieses Prinzip verwenden wir in den Generatoren der Kraftwerke, um Strom zu „erzeugen“. Lichtstrahlen werden verändert, wenn sie durch Glaslinsen fallen.

Teilgebiete der Physik

Die **Mechanik** untersucht die Eigenschaften der Materie und vor allem die Bewegungen.
Die **Thermodynamik** befaßt sich mit der Wärme und ihrer Übertragung.
Die **Optik** untersucht die Lichtstrahlen und arbeitet vor allem mit Spiegeln und Linsen.
Die **Elektrodynamik** handelt von den elektrischen Strömen und den magnetischen Erscheinungen, die damit zusammenhängen.

Die alten Griechen waren sicher nicht die ersten Menschen, die sich mit physikalischen Problemen beschäftigten. Schon vor ihnen müssen die Menschen die Gesetze der Mechanik erfaßt haben, sonst wären sie zum Beispiel nicht imstande gewesen, riesige Steindenkmäler wie in Stonehenge zu bauen.

▽ Die Concorde fliegt bei niedrigen Geschwindigkeiten genauso sicher wie bei Überschall. Sie kann dazu ihre spitze Bugnase kippen und ihre Flügel nach vorne und nach hinten schwenken. Damit ist es möglich, den Luftwiderstand und den Auftrieb der Geschwindigkeit anzupassen.

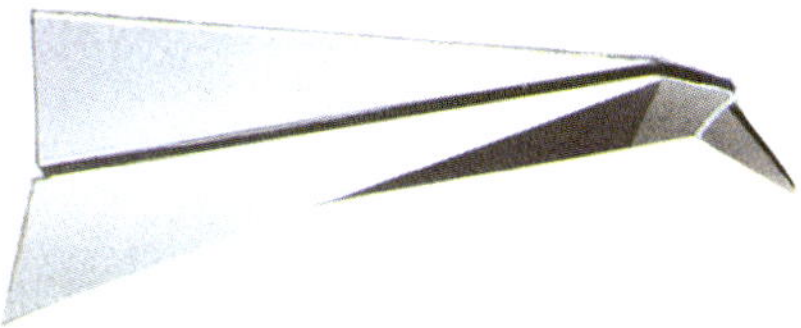

△ Die Aerodynamik untersucht, wie sich Körper durch die Luft bewegen. Schon anhand eines Papierfliegers kann man sehr gut erkennen, wie ein Flugzeug fliegt und wie es gesteuert wird.

▷ Physikalische Fragen kann man nur erforschen, indem man Versuche durchführt. Diese Schülerinnen untersuchen anhand einfacher Stromkreise das Verhalten der Elektrizität.

Mach es selbst

Du hast sicher schon bemerkt, daß Fahrräder schmale Reifen haben, während Buggys zum Beispiel mit sehr breiten Reifen fahren. Wir wollen mit einem Modell die Gründe dafür herausfinden. Wir befestigen an einem Holzblock mit Gummiringen zwei Metallachsen und stellen dazu verschiedene Räder her: dünne aus Karton, breite aus Holz und noch breitere aus Kork. Wir vergleichen, wie sie sich auf hartem und weichem Boden verhalten.

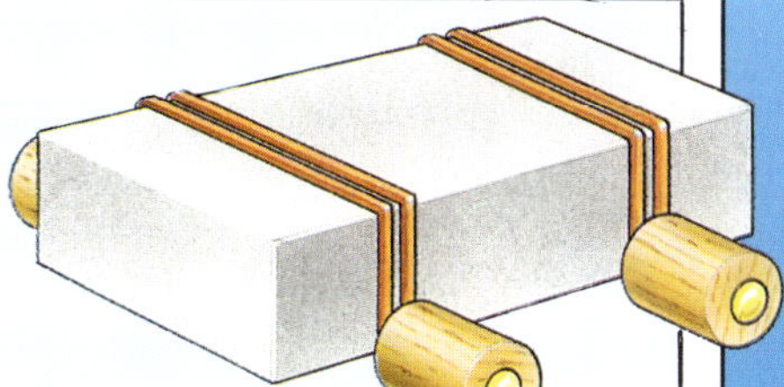

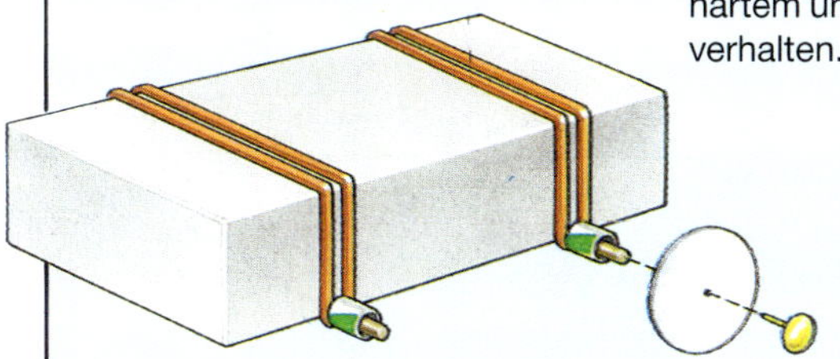

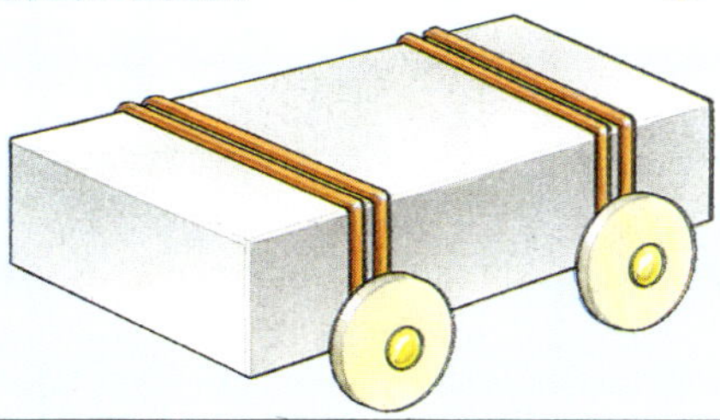

Siehe auch →Aerodynamik; →Akustik; →Elektrizität; →Licht; →Magnetismus; →Mechanik; →Schall; →Schwerkraft; →Supraleitung; →Thermodynamik; →Wärme.

▷ So sieht der Quarzkristall in einer Quarzuhr aus. Mit dem piezoelektrischen Effekt kann man die Frequenz einer Wechselspannung genau einstellen. Diese Schwingungen verwendet man in der Quarzuhr zur Zeitmessung.

Piezoelektrizität

Wenn bestimmte →Kristalle gedehnt oder zusammengedrückt werden, entsteht eine elektrische Spannung. Wir nennen dies den piezoelektrischen Effekt (sprich: pi-ezo ...). Er tritt auf, weil die Atome im Kristall sozusagen gleiche elektrische Ladungen tragen. Wenn sie gegeneinander verschoben werden, entstehen Spannungen. Es gibt auch den umgekehrten piezoelektrischen Effekt: Legen wir an einen solchen Kristall eine Spannung an, so verformt er sich in geringem Maß. Der häufigste piezoelektrische Kristall ist der Quarz. Im Labor werden große Kristalle davon gezüchtet. Dann schneidet man sie in kleine Plättchen. Daran legt man eine Wechselspannung an. Der Quarzkristall schwingt so regelmäßig, daß man ihn zur Zeitmessung verwenden kann. Auf diese Weise funktioniert die Quarzuhr.

Mach es selbst

Pflanzen enthalten zahlreiche Pigmente. Wir zerreiben in einem Mörser zusammen mit einigen Tropfen Wasser ein paar grüne Blätter und eine orangefarbene oder gelbe Blüte. Einige Tropfen der grünlichen Flüssigkeit bringen wir nun in die Mitte eines Filterpapiers. Nach einiger Zeit werden sich die Pigmente trennen, während sich der Tropfen ringförmig nach außen ausbreitet.

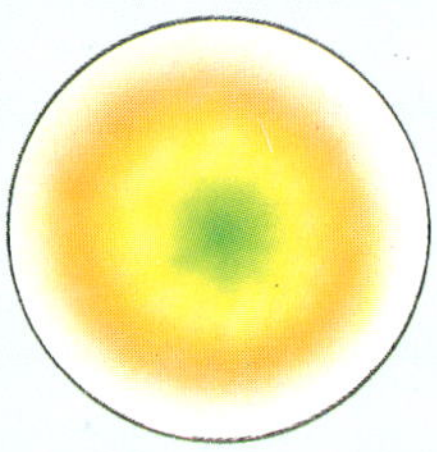

Pigmente

Pigmente sind die Ursache für die Färbung der Pflanzen und der Tiere und auch für die Haut- und Haarfarbe des Menschen. Wenn wir zum Beispiel regelmäßig sonnenbaden, lagert unsere Haut als Reaktion auf die erhöhte →ultraviolette Strahlung das Pigment Melanin in bestimmte Hautzellen ein. Wir werden dann braun. Am leichtesten bräunen Menschen mit braunen oder schwarzen Haaren. Sehr hellhaarige Menschen können das Melanin überhaupt nicht oder nur inselartig bilden und bekommen dann Sommersprossen. Die Pigmente der Lebewesen sind oft sehr kompliziert aufgebaute chemische Stoffe. Das gilt beispielsweise für das Blattgrün oder →Chlorophyll der grünen Pflanzen. Erst dieses Pigment ermöglicht die →Photosynthese, weil es die Sonnenstrahlen einfängt und nutzbar macht.
Für die roten bis gelben Farben bei Pflanzen und Tieren sind häufig Karotinoide verantwortlich. Namengebend war dabei

der rote →Farbstoff der Karottenwurzel. Das rosige Fleisch des Lachses enthält solche Karotinoide. Er bildet sie aber nicht selbst, sondern nimmt sie auf, wenn er Krebschen frißt.
Das Hämoglobin, der rote Blutfarbstoff, ist ein kompliziert aufgebautes Protein. In der Lunge verbindet es sich mit Sauerstoff zum Oxihämoglobin und erhält dabei die hellrote Farbe. In den Zellen gibt es den Sauerstoff wieder ab, wobei die Farbe wieder dunkler wird. Deswegen haben die Arterien hellrotes, die Venen dunkelrotes Blut.

△ Für die dunkle Farbe der Afrikaner ist das Pigment Melanin die Ursache. Der junge Afrikaner im Vordergrund ist ein Albino und kann dieses Pigment nicht bilden.

Planet

Planeten sind feste Himmelskörper, die um einen →Stern kreisen und von ihm beleuchtet werden. Bis heute kennen wir nur die Planeten des →Sonnensystems. Wir können sie in zwei Gruppen einteilen: →Merkur, →Venus, →Erde und →Mars bestehen aus Gesteinen und Metallen und haben eine

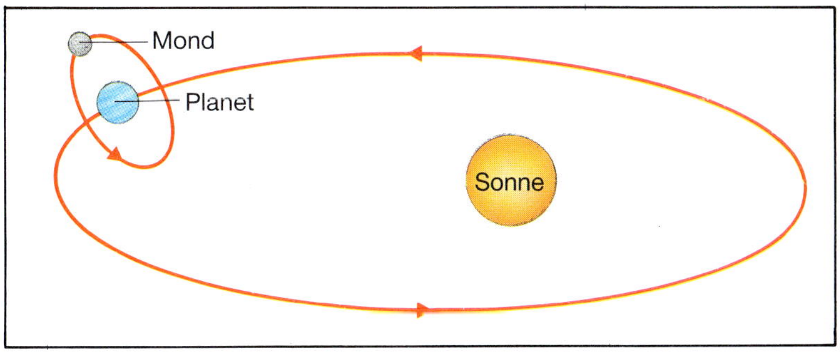

◁ Die Planeten kreisen in elliptischen Bahnen um die Sonne.

dünne Atmosphäre. Die Riesenplaneten →Jupiter, →Saturn, →Uranus und →Neptun hingegen bestehen hauptsächlich aus flüssigem Wasserstoff, Helium und anderen Gasen. Wahrscheinlich gibt es in vielen Sternsystemen Planeten, doch ist der Nachweis bisher noch nicht gelungen. Leben ist nur auf Planeten möglich.

Mach es selbst

Wir wollen eine Ellipse zeichnen. Dazu legen wir ein Blatt Papier auf eine Holzplatte und stecken zwei Nadeln im Abstand von einigen Zentimetern hinein. Um die Nadeln legen wir eine lockere Fadenschlinge. Nun stecken wir einen Bleistift in die Schlinge und zeichnen mit ihm eine Ellipse. Dabei muß der Faden immer fest gespannt sein.

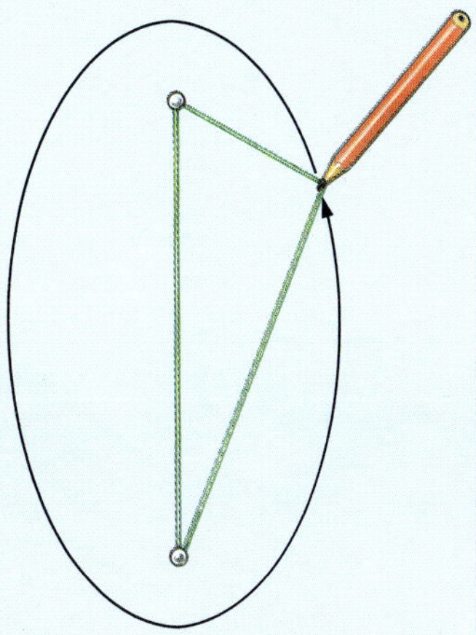

Planetarium

Ein Planetarium wirft Bilder von →Sternen und →Planeten auf die Innenseite einer Kuppel. Im Planetarium können wir zum Beispiel in einer Minute erleben, wie sich die Fixsterne, die Sonne, der Mond und die Planeten am Himmelsgewölbe während eines ganzen Tages scheinbar bewegen. Man kann auch Sonnen- und Mondfinsternisse und den Anblick des Sternenhimmels von verschiedenen Orten der Erde aus vorführen. Auf der Südhalbkugel sieht der Sternenhimmel nämlich völlig anders aus als bei uns auf der Nordhalbkugel.
Planetarien sind für den Unterricht und auch für die Unterhaltung gedacht. Das erste Planetarium wurde 1923 in Deutschland gebaut. Es war rein mechanisch. Heutige

▷ Die Besucher können im Innern eines Planetariums beobachten, wie sich die Positionen der Sterne und der Sternbilder im Lauf eines Jahres ändern. Der Projektor kann auch die Bahnen der Planeten am Himmelsgewölbe darstellen. Mond- und Sonnenfinsternisse lassen sich ebenfalls simulieren. Viele Menschen sehen in Planetarien zum ersten Mal den Sternenhimmel so, wie ihn die Menschen vergangener Jahrhunderte jeden Tag sahen. Durch die künstliche Beleuchtung der Ortschaften und Städte wird heute nämlich der Sternenhimmel so stark aufgehellt, daß wir nur noch die Sterne erkennen, die am hellsten leuchten.

Planetarien werden von Computern gesteuert. Eine völlig neue Art des Planetariums wurde durch die →Computergrafik ermöglicht. Damit kann man sogar Phantasiereisen in den Weltraum antreten.

Planetoiden

Die Planetoiden oder Asteroiden sind kleine →Planeten, die sich in elliptischen Bahnen um die Sonne bewegen. Die Astronomen schätzen ihre Zahl auf 50 000 bis 100 000. Die meisten unter ihnen finden sich in der weiten Lücke zwischen den Umlaufbahnen von Mars und Jupiter. Der größte Planetoid heißt Ceres und hat einen Durchmesser von 1000 Kilometern. Die meisten Planetoiden sind jedoch viel kleiner und weisen nur einen Durchmesser von ein paar Kilometern auf.
Einige Planetoiden zeigen ungewöhnliche Umlaufbahnen. Chiron ist von der Sonne weiter entfernt als der →Saturn. Andere Planeten kreuzen die Umlaufbahn der Erde und können auch nahe an unserem Heimatplaneten vorbeifliegen. Die bedrohlichste Begegnung dieser Art fand am 22. März 1989 statt, als ein winziger Planetoid in weniger als dem doppelten Abstand zum Mond an uns vorbeizog. In der Geschichte der Erde kam es wohl öfter zu einem Zusammenprall. Nach einer solchen Kollision starben die Dinosaurier aus.
Die Entdecker eines Planetoiden oder Kleinplaneten haben das Recht, ihm einen Namen zu verleihen. Da nun schon einige tausend bekannt sind, werden die Namen langsam knapp. So gibt es auch Planetoiden mit eher spaßigen Namen, zum Beispiel Muschi oder Halawe nach einer arabischen Süßigkeit. Ein Baron Rothschild kaufte einem Astronomen das Recht der Namensgebung ab und nannte ihn nach seiner Frau Bettina.

▽ Alle Planetoiden, deren Umlaufbahnen die der Erde kreuzen, nennen wir Apolloplanetoiden. Die meisten Planetoiden sind nicht kreisrund, sondern zeigen eine unregelmäßige Oberfläche und erinnern dadurch an Gesteinsblöcke.

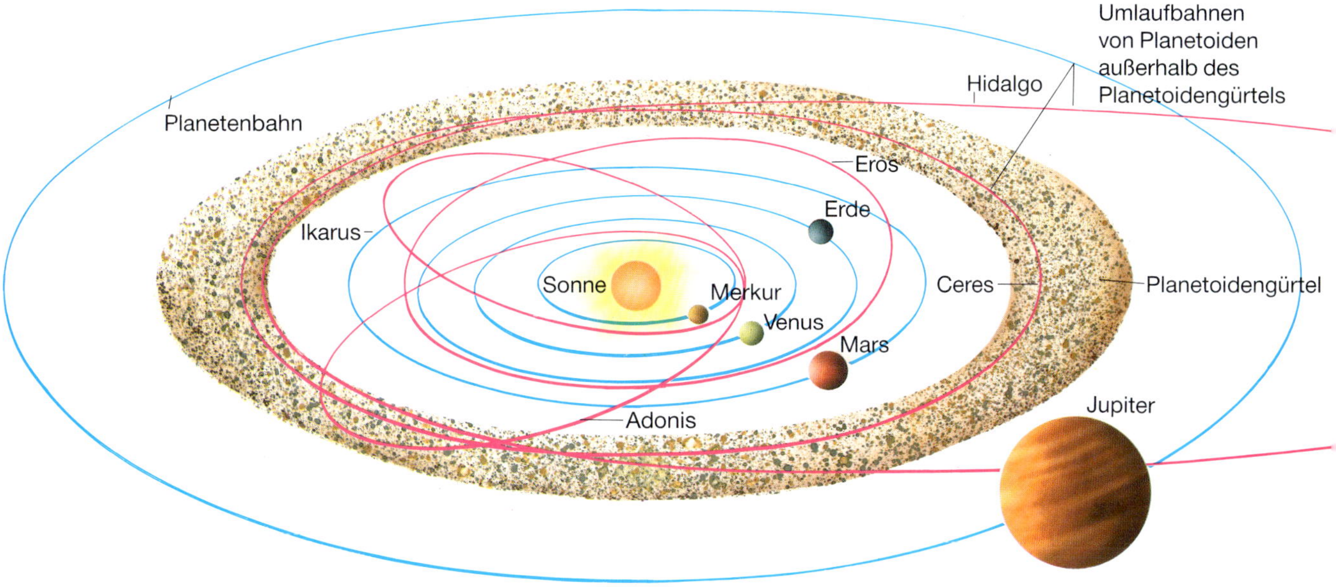

△ Die meisten Planetoiden bewegen sich im Gebiet zwischen den Umlaufbahnen des Mars und des Jupiter. Planetoiden heißen auch Kleinplaneten.

plastische Chirurgie

Die plastische Chirurgie versucht, zerstörte oder beschädigte Körperteile zu ersetzen. Nur ein kleiner Teil davon ist die Schönheitschirurgie oder kosmetische Chirurgie. Viel wichtiger ist zum Beispiel der Hautersatz bei ausgedehnten Verbrennungen. Der Arzt entnimmt von einer gesunden Körperstelle Haut und legt sie über die beschädigte Stelle, so daß sie anwächst. Ist die verbrannte Stelle sehr groß, so kann er allerdings nicht ein entsprechend großes Stück Haut von einem anderen Körperteil entnehmen, ohne eine ebenso schwere Wunde zu hinterlassen. Der Arzt verwandelt dann ein kleineres Hautstück durch Einschnitte in ein dreimal so großes rautenförmiges Hautgitter und legt dieses auf.

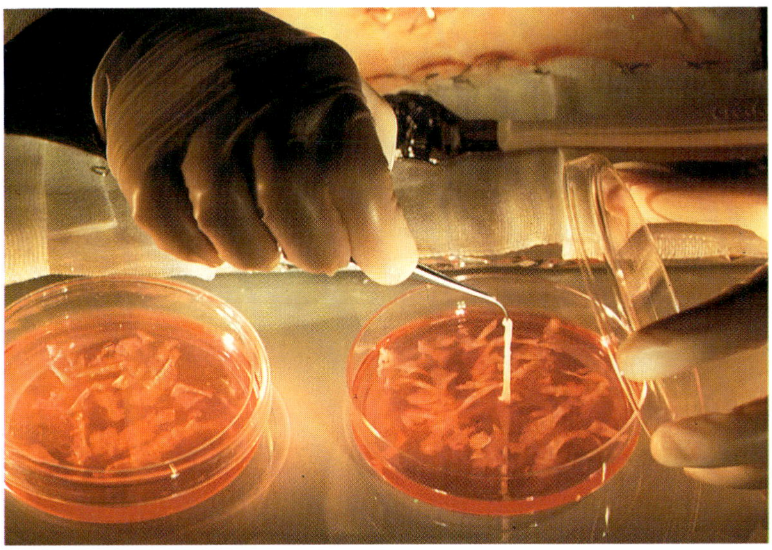

◁ Der Facharzt für plastische Chirurgie entnimmt einem Patienten Hautzellen und vermehrt sie in künstlichen Nährkulturen. Dann transplantiert er diese Haut zurück auf den Menschen. Auf diese Weise kann er größere Stellen verbrannter oder verätzter Haut abdecken. Die Haut heilt ohne Probleme an, weil sie nicht von einem fremden Spender stammt.

vor 200 Millionen Jahren

vor 135 Millionen Jahren

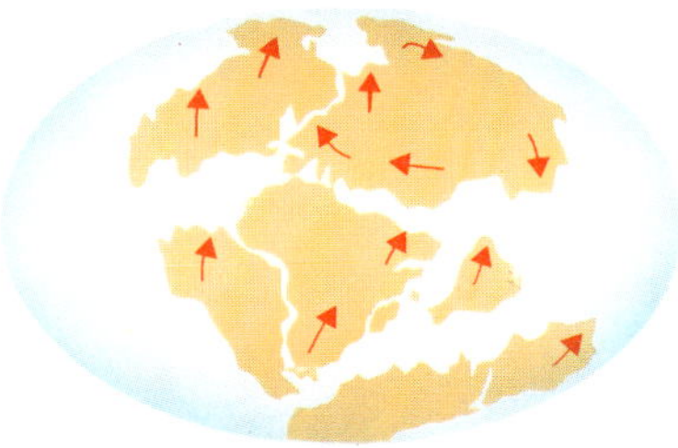

heute

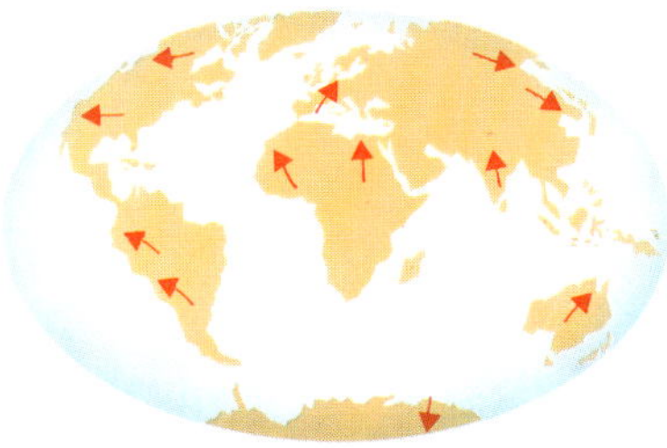

← Bewegungsrichtung der Platte

△ Die Weltkarte hat sich in den vergangenen 200 Millionen Jahren stark verändert. Die Platten mit den Kontinenten drifteten nämlich auseinander und ordneten sich ganz neu an.

Platin

Das Platin ist ein →chemisches Element und ein Edelmetall, das nicht mit Wasser, Luft oder Säuren reagiert. Wegen dieser Widerstandskraft gegenüber →Korrosion wird es in hochwertigen elektrischen Kontakten verwendet. Das Platin kommt vor allem in →Nickelerzen vor und wird teurer bezahlt als Gold. Man stellt aus Platin hochwertigen Schmuck für besonders anspruchsvolle Leute her. Heute besitzt allerdings fast jeder ein bißchen Platin, denn dieses Metall findet sich zusammen mit Palladium und Rhodium als Beschichtung im →Katalysator, der die Autoabgase reinigt. Weil Platin so teuer ist, wird es aus alten Katalysatoren wiedergewonnen.

Plattentektonik

Plattentektonik ist die Bezeichnung für eine Theorie, die in den sechziger Jahren entwickelt wurde, um die sogenannte Kontinentaldrift zu erklären. Bereits 1915 hatte nämlich der Deutsche Alfred Wegener behauptet, vor ungefähr 250 Millionen Jahren habe es einen einzigen Urkontinent gegeben. Er nannte ihn Pangäa. Später sei dieser Urkontinent in große Stücke zerbrochen. Die Bruchstücke seien auseinandergedriftet und hätten die heutigen Kontinente gebildet. Einen Beweis für diese Kontinentaldrift liefern uns die Westküste Afrikas und die Ostküste Amerikas, die fast lückenlos aneinanderpassen. Die Plattentektonik bestätigte Wegeners Vorstellungen und erklärt sie heute folgendermaßen: Die Erdkruste besteht ähnlich wie ein Puzzle aus mehreren riesigen Platten. Sie schwimmen auf dem zähflüssigen Gestein des Erdmantels und stoßen aneinander. Dabei gibt es drei Arten von Plattengrenzen. Mitten im Atlantik und auch in den anderen Meeren verläuft ein Gebirge, der mittelozeanische Rücken. Aus einem Spalt in diesem Gebirge treten geschmolzene Gesteine (Magma) aus dem Erdinneren an die Oberfläche und bilden

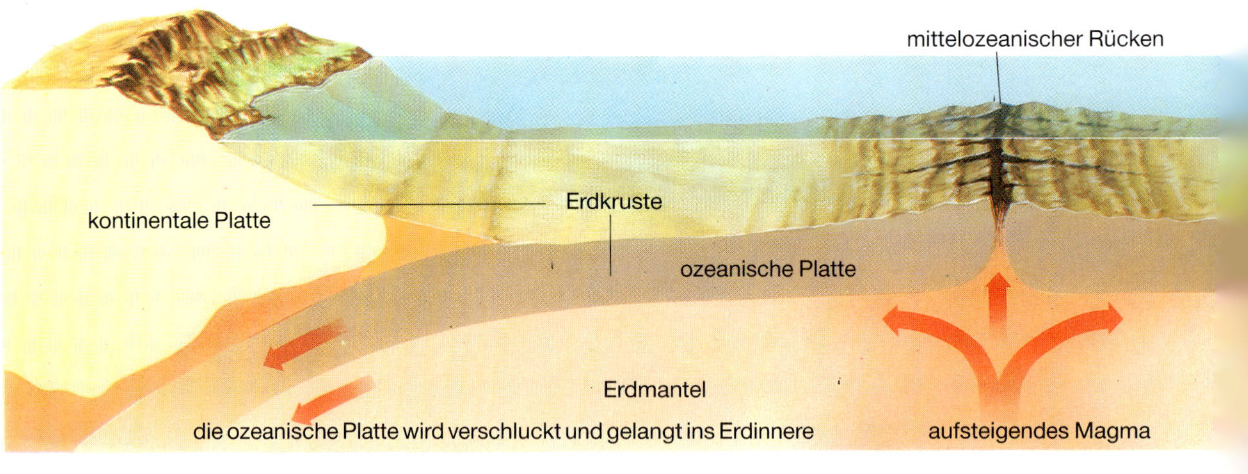

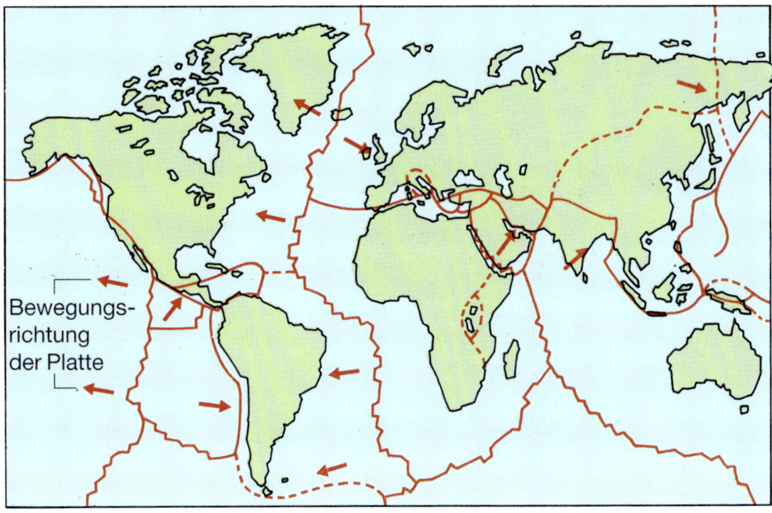

◁ Die wichtigsten Platten der Erdkruste mit ihren Grenzen und Bewegungsrichtungen.

eine neue Erdkruste. Da ständig geschmolzenes Gestein nachdrängt, entsteht ein hoher Druck. Die Platten links und rechts von dieser Spalte im mittelozeanischen Rücken werden auseinandergedrückt und wandern in entgegengesetzte Richtungen ab. Deswegen entfernen sich Europa und Amerika noch heute mit einer Geschwindigkeit von rund einem Zentimeter pro Jahr voneinander. An den entgegengesetzten Plattengrenzen taucht die eine Platte unter die andere ab und verschwindet wieder im Erdinnern. Dort wird sie erneut aufgeschmolzen. An diesen Plattengrenzen und an den mittelozeanischen Rücken können Vulkane entstehen, und es kann zu Erdbeben kommen. An manchen Stellen bewegen sich aneinandergrenzende Platten aufeinander zu und verschieben sich gegenseitig. Dabei werden ungeheure Kräfte frei, durch die Gebirge wie der Himalaja und die Alpen aufgefaltet werden. Der Himalaja steht da, wo die indische Platte gegen die eurasische Platte drückt.

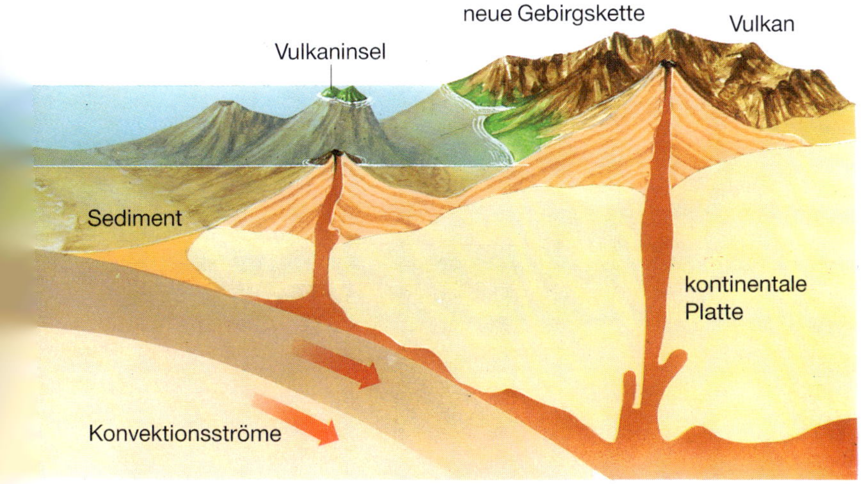

◁ Im mittelozeanischen Rücken, einem Gebirge unterhalb des Wasserspiegels, tritt geschmolzenes Gestein aus dem Erdinneren (Magma) an die Oberfläche und erstarrt.
Die Platten zu beiden Seiten des mittelozeanischen Rückens werden dadurch auseinandergedrückt. Wo sie auf eine kontinentale Platte treffen, wandern sie ins Erdinnere und werden dort wieder aufgeschmolzen. An der Stelle, wo zwei kontinentale Platten aufeinandertreffen, entstehen ungeheure Drücke. Dadurch können neue Gebirge aufgefaltet werden. Auch Vulkane und Erdbeben sind an solchen Plattengrenzen nicht selten.

▷ Der Pluto hat einen sehr großen Mond, den Charon, so daß man fast von einem Doppelplaneten sprechen kann. Der Pluto selbst ist kleiner als unser Mond. Ein Tag auf dem Pluto dauert sechs Erdentage und neun Stunden.

Pluto

Der Pluto ist der äußerste →Planet des →Sonnensystems. Er wurde noch von keiner Raumsonde besucht, und daher wissen wir nur wenig über ihn. Mit einem Durchmesser von rund 2300 Kilometern ist er deutlich kleiner als unser Erdmond, und der einzige Mond des Pluto, Charon, hat ungefähr einen halb so großen Durchmesser wie Pluto selbst. Die beiden Himmelskörper bilden also so etwas wie einen „Doppelplaneten" (→Doppelsterne).

Die Umlaufbahn des Pluto ist von allen Planeten die am stärksten elliptische. 1989 befand sich der Planet an seiner sonnennächsten Stelle, dem Perihel. Das war zum letzten Mal 1741 der Fall gewesen. Das Aphel, die sonnenfernste Position, wird er im Jahr 2113 erreichen. Das werden nicht einmal unsere Kinder erleben! Die Astronomen haben vor kurzem eine eher dünne →Atmosphäre aus →Methan auf dem Pluto entdeckt. Es ist allerdings möglich, daß sie sich nur in Sonnennähe bildet. Im Aphel strahlt die Sonne nämlich nur halb so viel Wärmeenergie ein, und vielleicht wird das Gas im Laufe des 21. Jahrhunderts wieder auf der Plutooberfläche als Eis festfrieren.

Der Pluto ist so winzig und so weit weg, daß man keine Einzelheiten auf ihm entdecken kann. Wahrscheinlich handelt es sich um einen Gesteinskörper ähnlich wie die Erde. Man hat dunklere und hellere Stellen auf dem Pluto gesehen, die vielleicht eisbedeckten und eisfreien Gebieten entsprechen. Pluto und Charon drehen einander immer dieselbe Seite zu.

Der Pluto wurde erst 1930 entdeckt, aber ein amerikanischer Astronom hatte schon viel früher seine Existenz vorhergesagt. Neptun und Uranus zeigen nämlich gewisse Unregelmäßigkeiten ihres Bahnverlaufs, die sich nur durch einen weiteren Planeten erklären ließen.

Zahlen und Daten

Durchmesser rund 2280 km

Entfernung von der Sonne
7,388 Billionen km (Maximum)
4,42 Billionen km (Minimum)

Umlaufzeit 248 Jahre

Tageslänge 6 Erdentage und 9 Stunden

Masse 0,2 Prozent der Erdmasse

Dichte 64 Prozent der Erddichte

Oberflächentemperatur
–230 °C

▽ Der Pluto ist nur ungefähr ein Sechstel so groß wie die Erde und erreicht nur ein Fünfhundertstel der Erdmasse.

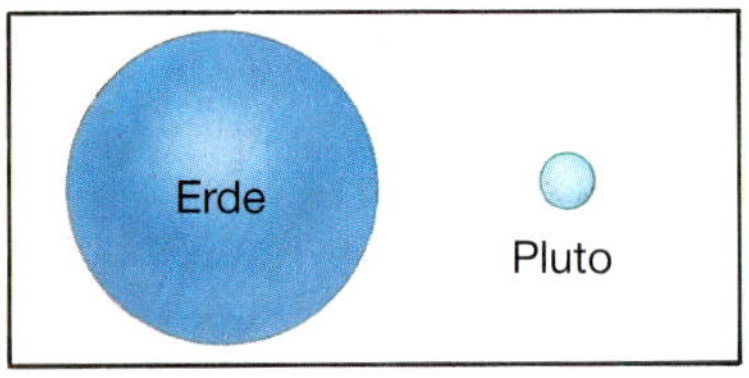

Plutonium

Das Plutonium gehört zu den radioaktiven →chemischen Elementen und ist unter ihnen eines der gefährlichsten. Winzige Plutoniummengen kommen auch in Uranerzen vor, doch entsteht der größte Teil künstlich in →Kernreaktoren. Das Plutonium wurde 1940 in einem amerikanischen Labor entdeckt, als Forscher Urankerne mit Kernen des schweren Wasserstoffs beschossen. Einzelne Urankerne nahmen die Wasserstoffkerne in sich auf und verwandelten sich dabei in Plutoniumkerne. Das Plutoniumisotop 239 ist spaltbar und kann deswegen als Brennstoff für Kernreaktoren und Kernwaffen dienen. Es hat eine →Halbwertszeit von über 24000 Jahren.

△ Ein Wissenschaftler steckt einen Plutoniumbrennstab in ein Bündel von Brennstäben, das in einen Versuchsreaktor eingebaut werden soll. Ein Stahlmantel über dem Plutonium schützt den Forscher vor den äußerst gefährlichen radioaktiven Strahlen dieses künstlichen Elements.

Pneumatik

Die Pneumatik untersucht, wie man Druckluft und andere Gase für den Antrieb und die Steuerung von Maschinen verwenden kann. Es bringt einige Vorteile mit sich, wenn man Geräte und Maschinen mit Druckluft anstatt mit einem Elektromotor antreibt. So kann es zum Beispiel nicht zu einem Kurzschluß kommen. Auch werden keine Funken gebildet, die unter bestimmten Bedingungen ein Feuer oder gar eine Explosion auslösen können. Mit Druckluft angetriebene Geräte finden immer weitere Verbreitung. Dazu gehören zum Beispiel Bohrer aller Art, auch für den Tunnelbau, Schrauber und andere Werkzeuge, Bremsen in Lastwagen und Zügen, sowie die Rohrpost oder ähnliche Transportsysteme. Die Druckluft wird in einem Verdichter (Kompressor) erzeugt und dann über Druckschläuche zugeleitet. Für den eigentlichen Antrieb der Maschine gibt es zwei Möglichkeiten: Die Druckluft kann eine Achse über ein Turbinenrad in schnelle Drehung versetzen. Am anderen Ende der Achse befestigt man einen Bohrer oder ein Schleifgerät. Der Preßlufthammer hin-

▽ Der Drucklufthammer wird von Druckluft angetrieben. Ein Kolben bewegt sich dabei sehr schnell vor und zurück.

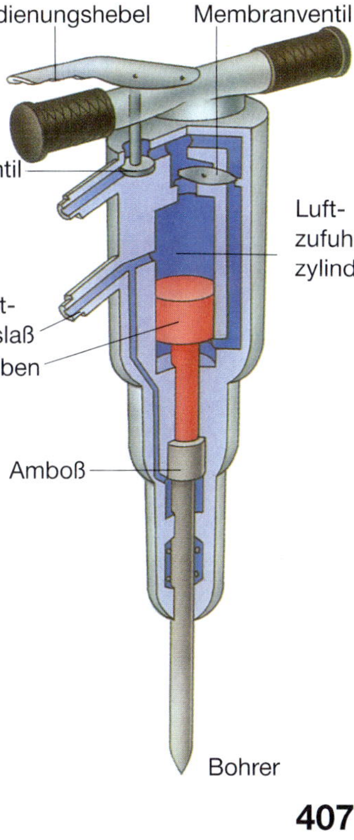

Mach es selbst

Kannst du einen Stapel Bücher mit deinem Atem heben? Das ist leicht mit Hilfe der Pneumatik. Lege eine luftdichte Plastiktüte unter die Bücher und blase sie dann langsam wie einen Ballon auf. Die Bücher werden nach oben gehoben.

gegen arbeitet mit einem Kolben, der beweglich in einem Zylinder gelagert ist. Die Druckluft drückt den Kolben nach außen bis zu einem Anschlag, den wir Amboß nennen. Druckluft von der anderen Seite oder eine Feder bewirkt, daß der Kolben wieder in seine ursprüngliche Lage zurückschnellt. Durch einen weiteren Druckluftstoß wird er wieder nach außen gedrückt. So entsteht eine Hin- und Herbewegung.

△ Mit polarisiertem Licht kann man mechanische Beanspruchungen in Kunststoffen sichtbar machen. Dieses Bild zeigt vergrößerte Borsten einer Zahnbürste.

polarisiertes Licht

Normales Licht besteht aus Wellen, die in allen möglichen Ebenen senkrecht zur Fortpflanzungsrichtung schwingen. Polarisiertes Licht hingegen schwingt nur in einer Ebene. Es gibt einige Stoffe, die nur Licht bestimmter Schwingungsebenen durchlassen und die anderen zurückhalten. Wir nennen sie allgemein Polarisatoren. Bekannte natürliche Polarisatoren sind zum Beispiel der Kalzit oder Kalkspat und der Turmalin. Polarisiertes Licht kann man auch durch →Reflexion erzeugen, beispielsweise an einer einfachen Glasplatte.
Fotografen verwenden Polarisationsfilter (kurz Polfilter), um Spiegelungen zu beseitigen und die Farben kontrastreicher hervortreten zu lassen. Ähnlich wirken auch Polarisationssonnenbrillen: Von glatten Wasserflächen reflektiertes Licht ist teilweise polarisiert, und Polarisationssonnenbrillen absorbieren einen hohen Anteil dieses zurückgestrahlten, gleißenden Sonnenlichts. Polarisiertes Licht spielt auch bei der →Flüssigkristallanzeige eine entscheidende Rolle.

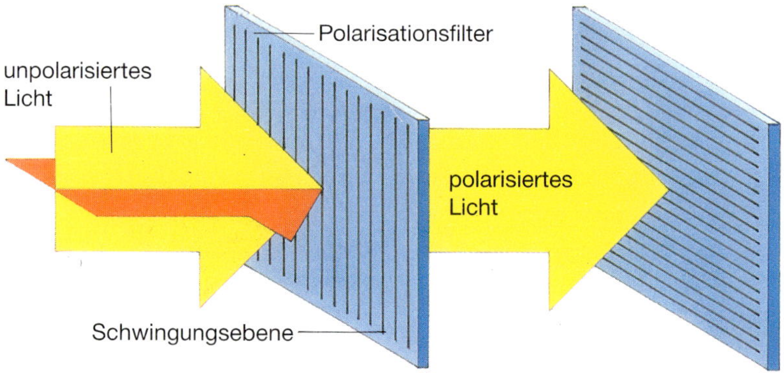

▷ Polarisiertes Licht schwingt nur in einer Ebene, unpolarisiertes hingegen in allen möglichen Ebenen. Ein Polarisationsfilter läßt nur Licht einer Schwingungsebene durch. Ein zweites Polarisationsfilter im rechten Winkel dazu löscht das Licht schließlich aus. Eine solche Vorrichtung mit zwei Polarisationsfiltern ist in jeder Flüssigkristallanzeige zu finden.

Polaroidkamera

Statt Polaroidkamera kann man auch Sofortbildkamera sagen. Damit wird gleich deutlich, was gemeint ist. Die Polaroidkamera macht Bilder, die sofort an Ort und Stelle entwickelt werden. Bei der normalen Kamera muß der →Film erst herausgenommen, dann entwickelt und schließlich noch vergrößert abgezogen werden.

Die Polaroidkamera unterscheidet sich nicht wesentlich von anderen Kameras. Nur der Film ist anders als die herkömmlichen Filme. Auf dem Polaroidfilm liegen sieben farbempfindliche Schichten mit einer Gesamtdicke von nur 0,014 Millimetern übereinander. Das Licht dringt je nach Farbe unterschiedlich tief in diese Schichten ein und belichtet sie. Wenn das Bild die Kamera verläßt, pressen Stahlwalzen einen dickflüssigen Entwickler auf den Film. Der Entwickler wandert durch die unterschiedlichen Schichten hindurch und macht sie sichtbar. Nach ungefähr einer Minute ist das endgültige Bild fertig entwickelt. Das Polaroidverfahren für Schwarzweißfilme wurde 1926 von Edwin Land entwickelt. In den achtziger Jahren kam dann ein Sofortfarbfilm auf den Markt.

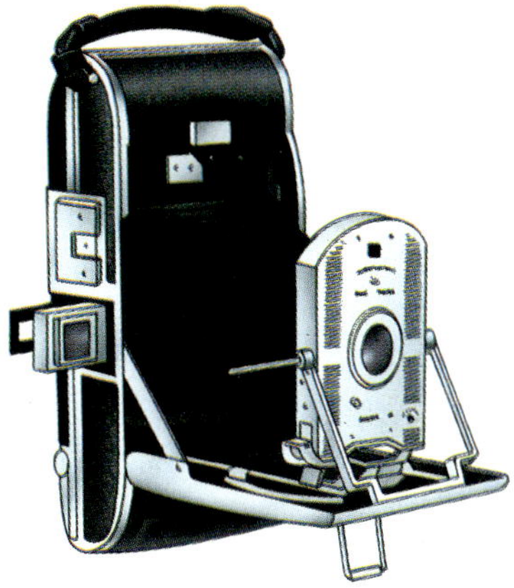

△ Bereits die ersten Polaroidkameras waren sehr leicht und für den täglichen Gebrauch gedacht.

Pole

Pole sind entgegengesetzte Enden. Die Erde hat zum Beispiel einen Nordpol und einen Südpol. Die Pole liegen dort, wo die gedachte Erdachse die Erdoberfläche durchstößt. Diese geographischen Pole liegen auf dem 90. Grad nördlicher wie südlicher Breite. Der Nordpol befindet sich über dem Meer, der Südpol hingegen über dem Festland auf Antarktika. Die benachbarten Regionen heißen Polargebiete. Sie reichen bis zum Polarkreis, der auf dem 60. Breitengrad liegt. Innerhalb des Nordpolarkreises geht die Sonne im Sommer mindestens einmal nicht unter und im Winter einmal nicht auf. Im Südpolargebiet gilt das gleiche, nur mit dem Unterschied, daß der klimatische Winter dort in unserem Sommer liegt.
Auch die entgegengesetzten Enden eines Magneten nennen wir Pole. Die Erde verhält sich bekanntlich wie ein riesiger Stabmagnet. Allerdings stimmen der geographische Nordpol und der magnetische Nordpol in der Lage nicht miteinander überein. Dasselbe gilt für die Südpole. Dadurch ergeben sich einige Probleme beim Ablesen des →Kompasses. Der Elektrotechniker bezeichnet die beiden Anschlußstellen einer Batterie oder einer anderen Gleichstromquelle ebenfalls als Pole: Minuspol und Pluspol.

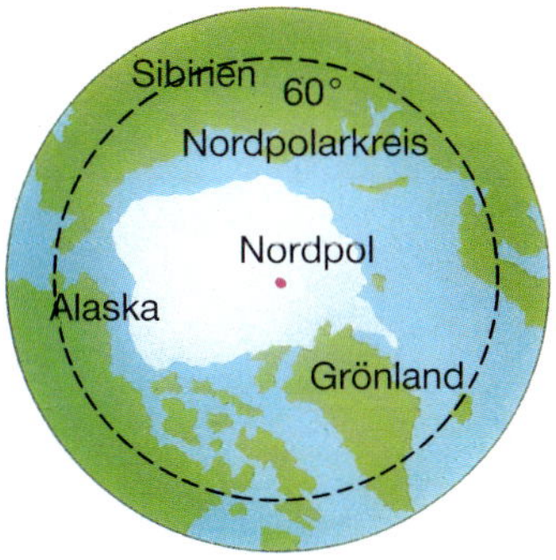

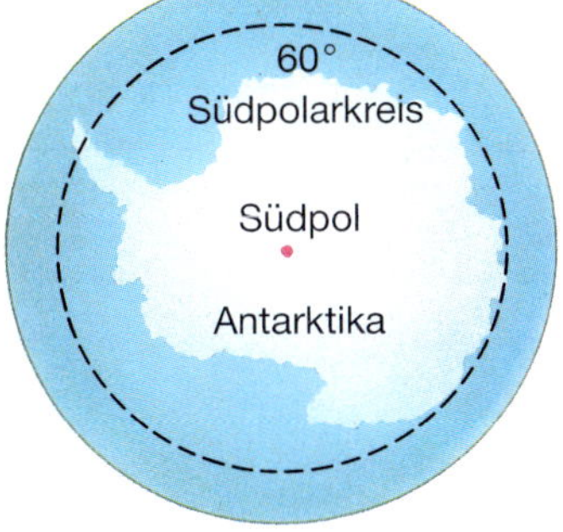

◁ Das Nordpolargebiet besteht zum größten Teil aus Meer und ist fast das ganze Jahr über von einer Eisschicht bedeckt. Das Südpolargebiet liegt hingegen zum größten Teil auf dem Festland der Antarktis.

△ Birken sind windblütig und erzeugen in ihren Kätzchen sehr viele Pollen. Der Wind trägt sie weiter und sorgt dadurch für die Bestäubung der weiblichen Blüte.

Pollen

Die männlichen Teile einer →Blüte heißen Staubblätter. Sie setzen sich aus Staubfaden und Staubbeutel zusammen. In diesem Beutel entsteht der Blütenstaub oder Pollen. Pollen setzt sich aus einzelnen Pollenkörnern zusammen, die je nach Pflanzenart ein typisches, oft abenteuerliches Aussehen mit Stacheln und Kanten zeigen. Das Pollenkorn enthält die männliche Geschlechtszelle, welche die Eizelle im Fruchtknoten befruchtet. Windblütige Pflanzen wie Waldbäume und Gräser erzeugen sehr viel Pollen, der vom Wind fortgetragen wird. Seit Jahrtausenden lagern sich diese Pollen auf freien Moorflächen ab. Wenn man von alten Torfmooren Bohrproben nimmt, kann man anhand der Pollenarten in den verschiedenen Schichten sagen, welche Pflanzen damals hauptsächlich verbreitet waren. Diese Untersuchungsmethode nennt man Pollenanalyse. Mit ihrer Hilfe konnte man zum Beispiel verfolgen, wie sich die Vegetation seit dem Ende der letzten Eiszeit bei uns entwickelt hat.
Die ersten Bäume, die sich nach dem Rückzug der Gletscher vor 11 000 Jahren einstellten, waren Birken, Kiefern und Weiden. In der mittleren Wärmezeit, die vor 6 000 Jahren begann, wanderten vor allem Ulmen, Eichen und Haselnuß ein.

Mach es selbst

Mit Hilfe eines Nagelbretts, mit Faden oder Gummiringen können wir die unterschiedlichsten Vielecke oder Polygone gestalten. In unserem Beispiel ist aber nur ein regelmäßiges Polygon denkbar. Welches? Auflösung der Aufgabe auf Seite 412.

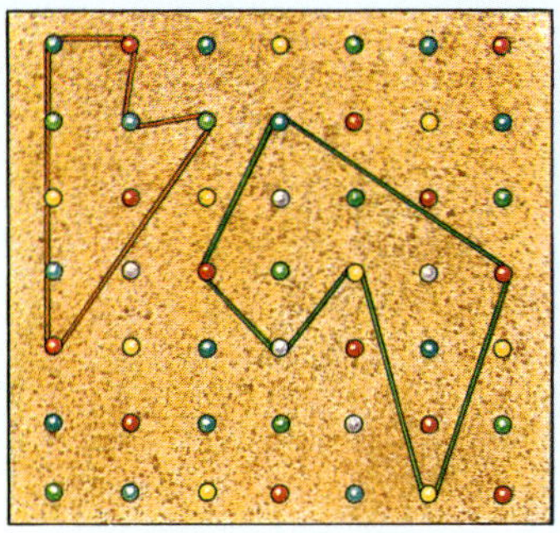

Polygon

Polygon ist in der →Geometrie die Bezeichnung für ein Vieleck. Ein Polygon wird von geraden Seiten begrenzt. Sie können gleich lang (regelmäßiges Vieleck) oder unterschiedlich lang sein. Das regelmäßige Sechseck zum Beispiel hat sechs Ecken und sechs gleich lange Seiten. Vielecke können wir überall im täglichen Leben beobachten, bei den Fliesen im Bad beispielsweise, bei Pflastersteinen oder anderen Bodenbelägen. Die Bienenwaben setzen sich aus regelmäßigen Sechsecken zusammen.
Siehe auch →Mathematik.

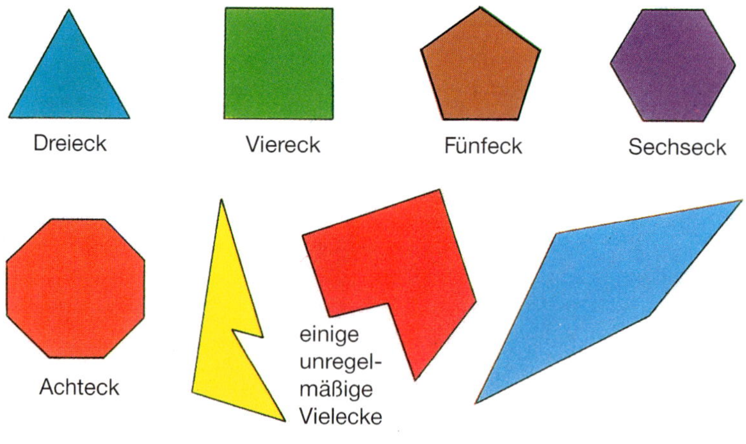

▷ Die Abbildung zeigt fünf regelmäßige Vielecke oder Polygone und drei unregelmäßige. Bei den regelmäßigen Polygonen sind sowohl die Seiten als auch die Winkel zwischen den Seiten immer gleich. Man kann nur Dreiecke, Vierecke und Sechsecke lückenlos aneinanderlegen.

Die chemischen Namen der Polymere tragen alle die Vorsilbe „Poly-“, was „viele“ bedeutet. Dann folgt der Name des Monomers, aus dem die Verbindung besteht. Dazu kommen noch alte Namen, Abkürzungen sowie Handelsnamen.

Monomer	**Polymer**	**weitere Namen**
Amid	Polyamid	Nylon, Perlon
Ester	Polyester	Terylene, Trevira
Ethen (Ethylen)	Polyethen (Polyethylen)	Hostalen
Styrol	Polystyrol	Styropor (verschäumt)
Tetrafluorethen	Polytetrafluorethylen	PTFE, Teflon
Vinylchlorid	Polyvinylchlorid	PVC
Diisozyanate und Alkohole	Polyurethan	
Methacrylsäureester	Polymethacrylsäureester	Plexiglas

Polymer

Zu den Polymeren gehören alle →Kunststoffe und einige natürliche Stoffe wie der →Gummi und die →Zellulose. Sie alle setzen sich aus Riesenmolekülen zusammen. Diese wiederum entstehen, wenn sich viele hundert oder tausend gleichartige kleinere Moleküle (Monomeren) miteinander zu großen Molekülen, eben den Polymeren, verbinden. Die Zellulose besteht aus zahlreichen Zuckermolekülen. Sie sind so miteinander verbunden, daß unsere Verdauung diese chemische Verbindung nicht knacken kann. Deswegen können wir Zellulose nicht verdauen. Anders stehen die Dinge bei der →Stärke, die ebenfalls ein Polymer aus Zuckern darstellt. Die →chemischen Bindungen zwischen den einzelnen Zuckermolekülen können wir bei der Stärke auflösen. Deswegen gelingt es uns, die Stärke zu verdauen.

▽ Viele Polymere entstehen dadurch, daß sich eine große Zahl von Monomeren mit einer Doppelbindung zu langen Ketten verbinden. Querverbindungen zwischen diesen Ketten führen dazu, daß das Polymer härter wird.

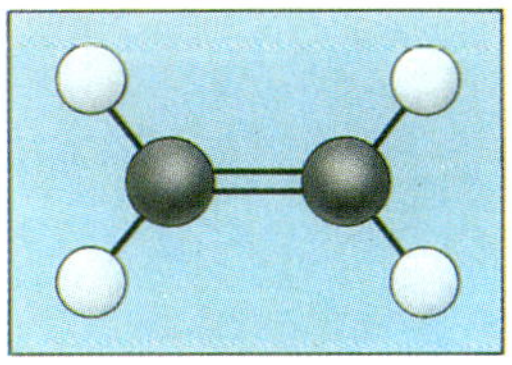

Ethen (monomer)

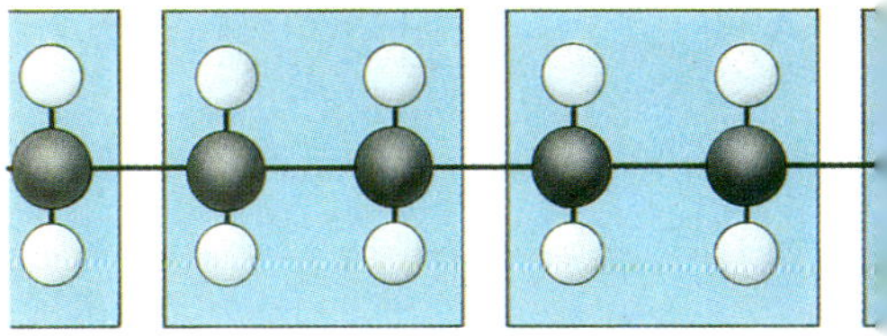

Polyethen (Polymer)

Porzellan

Das Porzellan ist eine der feinsten →Keramiksorten. Als Rohstoffe dazu nimmt der Töpfer Kaolin (Tonerde), Quarz und Feldspat. Diese feingemahlenen Bestandteile knetet er zusammen mit Wasser zu einem Ton. Daraus formt er Gefäße und Figuren und läßt sie trocknen. Wenn dieser trockene Ton

▽ Die Rohmasse für das Porzellan besteht aus feingemahlenem Kaolin, Quarz und Feldspat sowie Wasser. Der Töpfer formt daraus Gefäße und Gegenstände, brennt sie ein erstes Mal und nach dem Bemalen und Glasieren ein zweites Mal.

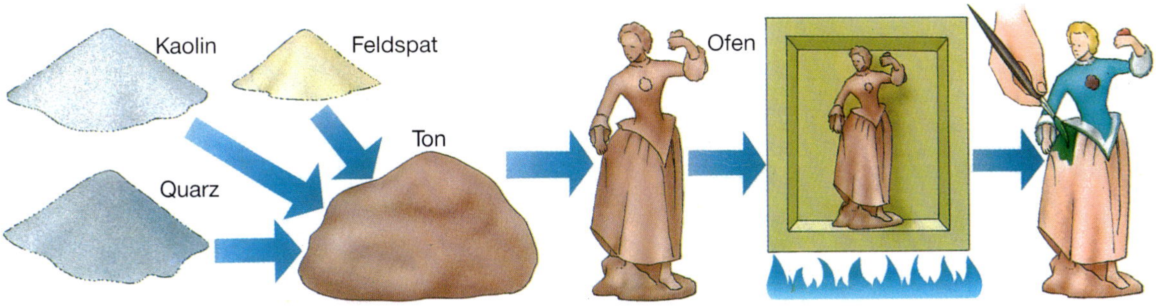

Auflösung der Aufgabe auf Seite 410:

Mit unserem Nagelbrett läßt sich nur ein einziges gleichmäßiges Polygon herstellen, nämlich das Viereck. Das Sechseck und das Achteck haben ungleich lange Seiten: Die Diagonale eines Vierecks ist nämlich länger als die zugehörige Seite.

wieder mit Wasser in Berührung kommt, wird er erneut feucht und weich. Nach einem Glühbrand bei 1000 °C wird das Porzellan jedoch dauerhaft hart und wasserdicht. Danach kann der Töpfer die Stücke bemalen und glasieren. Dabei trägt er feingemahlenes Glas mit farbigen Metallsalzen auf. Schließlich brennt er sie ein zweites Mal bei 1400 °C (Glasur- oder Glattbrand). Porzellan zeigt an den Bruchstellen eine sehr helle Farbe und eine äußerst feine Struktur. Durch die hohen Temperaturen verbacken nämlich die einzelnen Bestandteile glasartig miteinander (sintern).

Positron

Das Positron ist ein winziges →Elementarteilchen. Es hat dieselbe Masse wie das →Elektron, ist aber im Gegensatz zu diesem positiv geladen. Das Positron ist also das Antiteilchen des Elektrons (→Antimaterie). Wenn es mit einem Elektron zusammentrifft, vernichten sich die beiden Teilchen gegenseitig: Dabei entsteht Strahlung in Form von zwei energiereichen →Photonen. In der Natur treten Positronen nur selten auf. Sie wurden in der →kosmischen Strahlung entdeckt und entstehen auch, wenn künstliche radioaktive Kerne zerfallen. Wenn man Atomkerne mit energiereichen Gammastrahlen bestrahlt, bilden sich ein Positron und ein Elektron. Positronen verwendet man in der →Computertomographie.

Präzession

Wir versetzen einen Kreisel in Drehung: Wenn seine Drehachse nicht genau senkrecht steht, können wir beobachten, daß sie selbst eine kegelförmige Bewegung um die Senkrechte über dem Aufsetzpunkt durchführt und somit ihre Lage verändert. Diese Bewegung nennen wir Präzession. Auch die Erde zeigt eine solche Präzession, weil die Erdachse schief steht und weil die Erde keine vollkommene Kugel darstellt. Der Äquator ist etwas bauchiger, die Polgebiete sind leicht abgeflacht. Die Sonne und der Mond üben auf den Wulst am Äquator ein →Drehmoment aus. Der Mond spielt die größere Rolle, weil sein Abstand zur Erde viel geringer ist. Sonne und Mond versuchen also, die Erdachse aufzurichten. Da die Erde ein Kreisel ist, weicht sie diesem Drehmoment rechtwinklig aus, und so entsteht die Präzession. In 25 850 Jahren beschreibt die Erdachse einen vollständigen Präzessionskegel. Im Lauf dieser Zeit verschiebt sich auch die Lage der Sternbilder und vor allem des Polarsterns am Himmel. So bezeichneten die Wikinger einen anderen Stern als Polarstern als wir, weil zu ihrer Zeit die Erdachse eine andere Stellung im Raum hatte. Die Präzession der Erde hat auch große Auswirkungen

▽ Die Drehachse eines Kreisels kann einen Kegelmantel beschreiben. Diese Bewegung nennen wir Präzession. Wird der Kreisel langsamer, vergrößert sich die Präzession, bis die Drehachse ihre aufrechte Lage nicht mehr beibehalten kann.

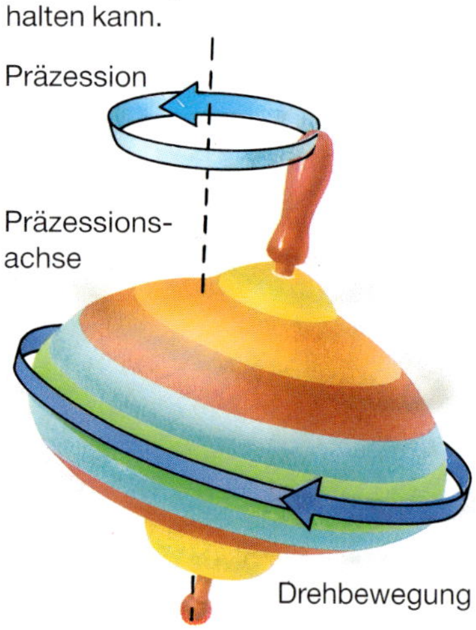

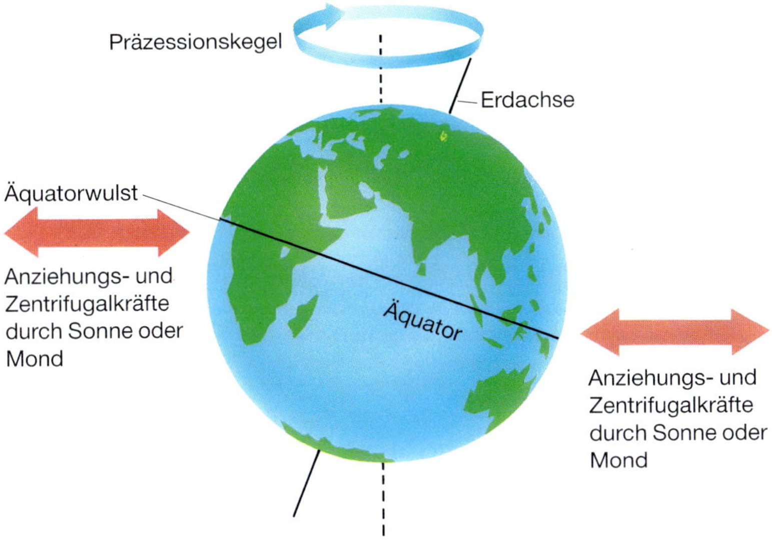

◁ Auch die Erdachse unterliegt der Präzession, weil die Schwerkraft des Mondes und der Sonne auf die nicht exakt kugelförmige Erde einwirken. Wenn wir die Erdachse ins Unendliche verlängern, bildet sie beim Zusammentreffen mit der Himmelskugel die Himmelspole. Diese Himmelspole bewegen sich infolge der Präzession. Heute liegt der nördliche Himmelspol ganz nahe dem Nordpolarstern. Doch in 11 000 Jahren wird sich die Erdachse um so viel weiterbewegt haben, daß sie auf den hellen Stern Vega zeigt, der dann zum neuen „Polarstern“ wird.

auf das allgemeine Erdklima. Sie bewirkt nämlich, daß sich die Lage der Erdachse verändert. Dadurch empfängt die Erde von der Sonne einmal mehr und einmal weniger Wärme. Auf diese Weise können Eiszeiten ausgelöst werden.

Prisma

Das Prisma ist ein geometrischer Körper. Als Grundflächen hat es zwei gleiche Vielecke, die durch rechteckige Seiten miteinander verbunden sind. Das einfachste Prisma hat dreieckige Grundflächen und ähnelt somit einem Keil. Auch das optische Prisma hat diese Form. Es bricht das Licht, lenkt es in andere Richtungen um und wird deswegen in optischen Geräten eingesetzt, zum Beispiel in Ferngläsern. Ein Prisma kann auch weißes Licht in die verschiedenen Farben des →Spektrums auflösen. Damit kann man beweisen, daß weißes Licht in Wirklichkeit eine Mischung aus allen Farben darstellt. Das farbige Spektrum kommt zustande, weil das Prisma die Farben je nach ihrer →Wellenlänge unterschiedlich stark bricht.

Mach es selbst

Wir können Sonnenlicht in die Farben des Spektrums aufspalten, indem wir Wasser als Prisma verwenden. Wir stellen eine wassergefüllte Schale an einem besonnten Fenster auf. Ein Stück Karton verwenden wir als Schirm, wie in der Abbildung angegeben. Wir tauchen nun einen Spiegel so ins Wasser, daß die Spektralfarben auf dem Karton zu sehen sind.

BASIC Die Abkürzung steht für „Beginner's All Purpose Symbolic Instruction Code", was ungefähr „Allzweck-Programmiersprache für den Anfänger" heißt. BASIC wurde in den sechziger Jahren entwickelt.
COBOL Abkürzung für „Common Business Oriented Language". COBOL ist die wichtigste kaufmännische Programmiersprache. Sie wurde bereits in den fünfziger Jahren entwickelt.
FORTRAN Abkürzung für „Formula Translation", was „Formelübersetzung" heißt. Der Name verrät schon, daß es sich um eine mathematisch-technische Programmiersprache handelt.
LOGO Eine Programmiersprache vor allem für Kinder, die damit den Umgang mit dem Computer lernen.

Programm

Computer arbeiten nicht von sich aus. Sie müssen angeleitet und geführt werden. Sie brauchen ein Programm. Dieses enthält Befehle und Anweisungen, wie sie eine bestimmte Aufgabe zu lösen haben. Ein solches Programm muß bis in die letzten Einzelheiten ausgearbeitet sein. Derjenige, der das Programm schreibt, der Programmierer, muß dabei sozusagen „mit dem Kopf des Computers" denken: Manche Dinge, die uns selbstverständlich sind, muß er dem Computer befehlen, sonst stockt der Programmablauf.
Der Computer kann nur Befehle in Form von Zahlenfolgen verstehen und verarbeiten. Ohne besondere Schulung kommen wir damit nicht zurecht. Doch mit unserer normalen Umgangssprache kann der Computer auch nichts anfangen. Also muß der Programmierer seine Programme in einer Programmiersprache schreiben. Der Computer übersetzt diese Programmiersprache in seine Maschinensprache. Es gibt viele Programmiersprachen. Eine der am weitesten verbreiteten war vor nicht langer Zeit BASIC. Kinder kommen mit LOGO sehr gut zurecht und lernen dabei spielerisch den Umgang mit Computern. Mit einfachen Befehlen steuern sie eine Schildkröte (Turtle). Es handelt sich dabei entweder um einen kleinen →Roboter, der sich auf dem Boden bewegt und mit dem Computer über ein Kabel verbunden ist, oder um ein gezeichnetes Dreieck auf dem Bildschirm.

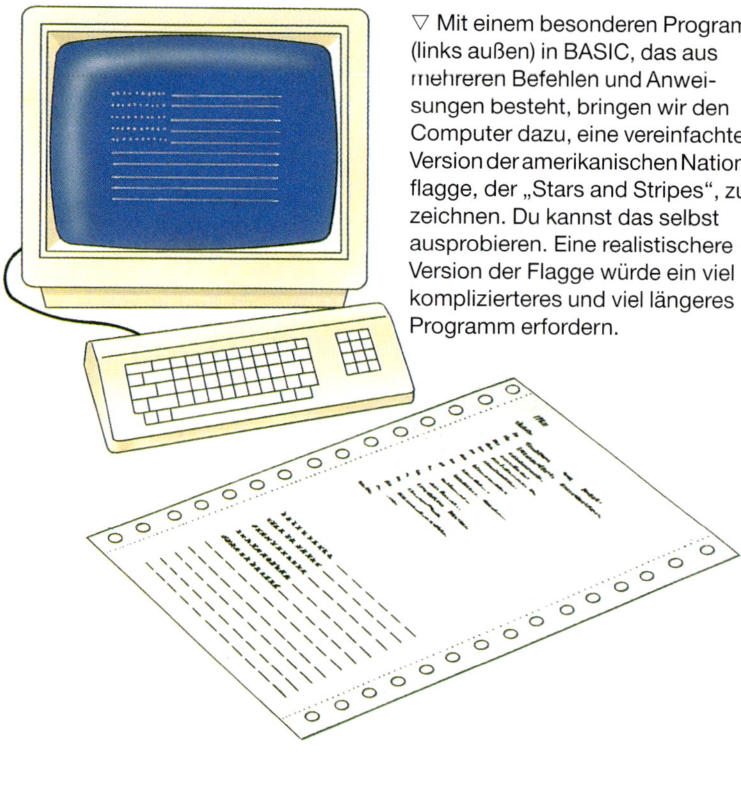

▽ Mit einem besonderen Programm (links außen) in BASIC, das aus mehreren Befehlen und Anweisungen besteht, bringen wir den Computer dazu, eine vereinfachte Version der amerikanischen Nationalflagge, der „Stars and Stripes", zu zeichnen. Du kannst das selbst ausprobieren. Eine realistischere Version der Flagge würde ein viel komplizierteres und viel längeres Programm erfordern.

Ein Programm in BASIC

```
 5 FOR ROW = 1 TO 5
10 FOR STAR = 1 TO 10
15 PRINT "*";
20 NEXT STAR
25 FOR STRIPE = 1 TO 20
30 PRINT "=";
35 NEXT STRIPE
40 PRINT
45 NEXT ROW
50 FOR ROW = 1 TO 5
55 FOR STRIPE = 1 TO 30
60 PRINT "=";
65 NEXT STRIPE
70 PRINT
75 NEXT ROW
```

Name des Alkans	Anzahl der Kohlenstoff-atome	chemische Formel	Zustand bei 0 °C
Methan	1	CH_4	gasförmig
Ethan	2	C_2H_6	gasförmig
Propan	3	C_3H_8	gasförmig
Butan	4	C_4H_{10}	gasförmig
Pentan	5	C_5H_{12}	flüssig
Hexan	6	C_6H_{14}	flüssig
Hexadekan	16	$C_{16}H_{34}$	fest

Propan

Das Propan ist ein Gas, das zusammen mit →Methan im →Erdgas und auch im →Erdöl vorkommt. Propan wird als Treib- und Brennstoff verwendet. Unter Druck wird es flüssig, und in dieser Form kommt es in Gasflaschen in den Handel. Das Propan gehört zu einer besonderen Gruppe der →Kohlenwasserstoffe, den Alkanen. Die Alkane zeichnen sich dadurch aus, daß sie keine Doppelbindungen zwischen den Kohlenstoffatomen aufweisen. Benzin und andere Treibstoffe bestehen zum größten Teil aus Alkanen. Eine verflüssigte Mischung aus den Alkanen Propan, Butan und Pentan nennen wir Flüssiggas. Es wird in Stahlflaschen gelagert und zum Beispiel zum Kochen verwendet. Mit Flüssiggas kann man auch Automotore sehr schadstoffarm betreiben.

▽ Das Propan hat die chemische Formel C_3H_8 und ist bei Zimmertemperatur gasförmig. Es gehört zu den Kohlenwasserstoffen und hier zu den Alkanen, also zu den Stoffen ohne Doppelbindungen.

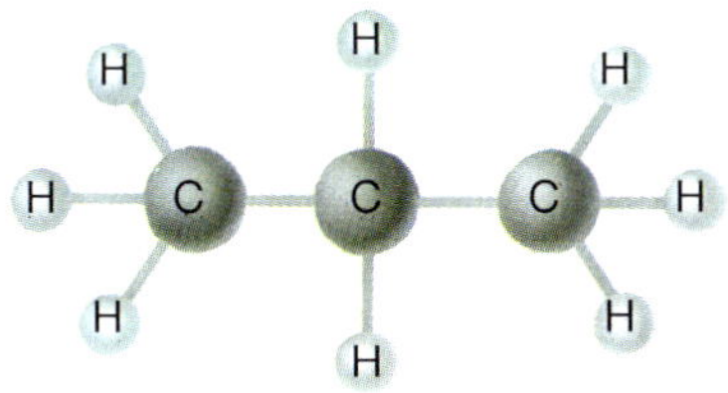

Proteine

Proteine heißen auch Eiweiße. Doch Proteine kommen nicht nur im Eiweiß in größerer Menge vor, sondern auch in Fleisch, Fisch, Milch, Käse, Nüssen und in Hülsenfrüchten. Proteine sind unentbehrlich für alle Lebewesen. Auch →Enzyme sind zum Beispiel Proteine. Alle Proteine setzen sich aus einzelnen Aminosäuren zusammen. Oft verbinden sich dabei Hunderte oder Tausende von Aminosäuren zu Riesenmolekülen. Wir können fremde Proteine nicht als Ganzes in unserem Körper verwenden, sondern müssen sie bei der Verdauung erst in ihre Bestandteile, die Aminosäuren, zerlegen. Diese Aminosäuren verwenden wir dann anhand der Instruktionen der →DNS (→Nukleinsäuren) zum Aufbau neuer, körpereigener Proteine.

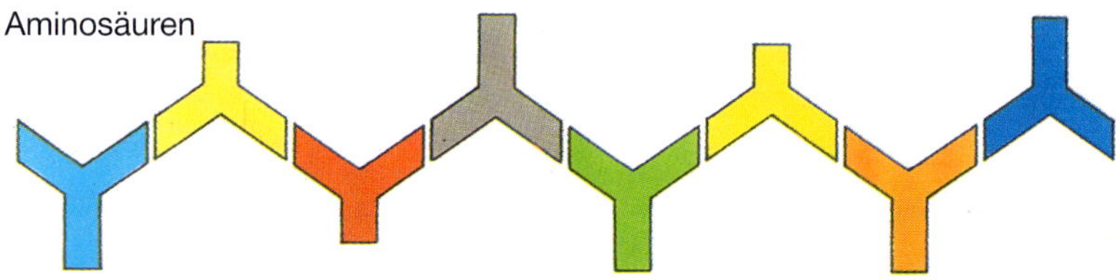

◁ Proteine setzen sich aus Aminosäuren zusammen. Verschiedene Kombinationen der 25 Aminosäuren des menschlichen Körpers ergeben die unterschiedlichen Proteine. Der menschliche Körper enthält viele Tausende verschiedener Proteine.

△ Besonders viele Proteine enthalten Fleisch, Fisch, Milch, Käse und Eier. Unter den Pflanzen gelten vor allem Nüsse und Hülsenfrüchte als proteinreich. Vegetarier können also mit ihrer ausschließlich pflanzlichen Kost (vielleicht noch zusätzlich mit Eiern oder Milchprodukten) genügend Proteine zu sich nehmen.

Die Reihenfolge, in der die Aminosäuren miteinander verknüpft werden, ist dabei vom Erbgut festgelegt. Die Proteine unseres Körpers setzen sich nur aus rund 25 Aminosäuren zusammen. Zehn davon kann der Körper nicht selbst aufbauen, sondern muß sie mit der Nahrung zu sich nehmen; wir bezeichnen sie als essentielle Aminosäuren. Zu ihnen gehören zum Beispiel Leucin, Lysin, Tryptophan und Phenylalanin.
In vielen Gebieten der Erde sind die Menschen fehlernährt, weil sie nicht genügend Proteine mit der Nahrung zu sich nehmen können. Besonders schlimm wirkt sich dies bei Kindern aus, deren Körper noch im Aufbau begriffen ist. Ein erwachsener Mensch muß pro Tag rund 1 Gramm Proteine pro Kilogramm Körpergewicht aufnehmen. Ein 70 Kilogramm schwerer Mann braucht also 70 Gramm Proteine. Kinder im Wachstum brauchen 4- bis 5mal so viele Proteine.

Proton

Das Proton gehört zu den →Elementarteilchen. Es kommt zusammen mit anderen Elementarteilchen, den →Neutronen, im Atomkern vor. Die Protonen sind etwas leichter als die Neutronen, aber ungefähr 2000mal so schwer wie die →Elektronen. Der einfachste Atomkern, der des leichten →Wasserstoffs, enthält nur ein Proton. Die positive elektrische Ladung des Protons wird durch ein Elektron mit einer negativen elektrischen Ladung ausgeglichen. Jedes neutrale Atom enthält genauso viele Elektronen wie Protonen. Die Zahl der Protonen bezeichnen wir als die →Ordnungszahl des betreffenden →chemischen Elements.

PS

PS ist die Abkürzung für Pferdestärke. Es handelt sich um eine heute veraltete Maßeinheit der →Leistung. James Watt führte die Pferdestärke zu Ende des 18. Jahrhunderts ein und glaubte, ein Arbeitspferd leiste im Durchschnitt eine Pferdestärke. In Wirklichkeit liegt seine Leistung niedriger. Eine Pferdestärke entsprach 75 Meterkilopond pro Sekunde und ist heute gleich 0,736 Kilowatt. Ein Kilowatt entspricht somit 1,36 PS.

Psychologie und Psychiatrie

Die Psychologie ist die Wissenschaft von unserem Verhalten und unserem inneren Erleben. Früher sagte man dazu Seelenkunde, denn die Psyche ist die Seele des Menschen. An der Seele kann man genauso erkranken wie am Körper. Mit der Erkennung und Heilung psychischer Störungen beschäftigt sich die Psychiatrie. Sie ist ein Teilgebiet der →Medizin. Weiteres dazu auf Seite 418.

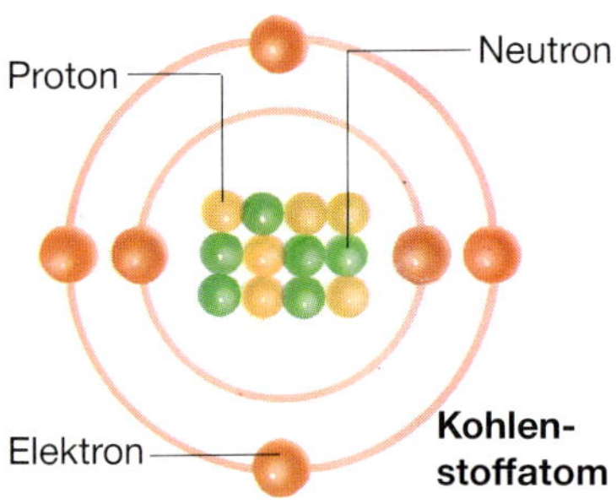

△ Ein elektrisch neutrales Atom hat genauso viele Protonen im Kern wie Elektronen in der Schale. Beim Kohlenstoffatom sind es sechs Protonen und sechs Elektronen.

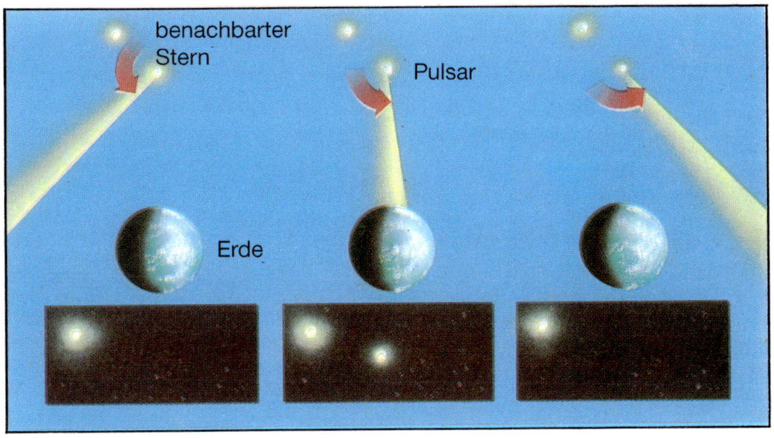

◁ Wir können die Pulsare mit Leuchtfeuern vergleichen. Sie drehen sich sehr schnell um eine Achse, und das Radiowellenbündel, das sie aussenden, dreht sich mit. Bei jeder Umdrehung gelangt das Signal auf die Erde. Uns erscheint es dann, als würde sich diese Radioquelle dauernd ein- und ausschalten.

Pulsar

Pulsare sind Stellen am Himmel, die in kurzen Abständen Radiowellen aussenden. Die Astronomen erklären sich dieses merkwürdige Verhalten folgendermaßen: Pulsare sind →Neutronensterne, also die Überreste von explodierten →Supernovä. Sie stoßen →Protonen und →Elektronen aus. Dabei entsteht →elektromagnetische Strahlung, die durch das starke Magnetfeld zu einem Bündel zusammengedrückt wird. Da sich der Neutronenstern schnell um eine Achse dreht, dreht sich auch das Strahlenbündel mit. Die Erde wird nun davon immer wieder getroffen. Die Radiowellen treffen in sehr regelmäßigen Abständen von einer tausendstel Sekunde bis zu einigen wenigen Sekunden, je nach Stern, ein.

Pumpe

Pumpen fördern Flüssigkeiten oder Gase. Dazu müssen sie einen →Druck erzeugen. Es gibt mehrere Arten von Pumpen. Die Kolbenpumpen arbeiten mit Zylinder und Kolben. Wenn sich der Kolben im Zylinder zurückbewegt, saugt er über ein Saugventil Flüssigkeit an. Bewegt er sich in der entgegengesetzten Richtung, so drückt er die Flüssigkeit über ein Druckventil weiter in die Förderleitung. Solche Kolbenpumpen saugen Wasser bis in eine Höhe von rund neun Metern an. Auch die Fahrradpumpe ist eine Kolbenpumpe – daher die Vor- und Rückwärtsbewegung beim Aufpumpen des Reifens.

Kreiselpumpen fördern die Flüssigkeit stetig. In ihrem Innern dreht sich ein Pumpenrad, eine Art Propeller. Auch manche Aquarienpumpen sind Kreiselpumpen, genauso wie die größten existierenden Pumpen. Sie werden beispielsweise in Pumpspeicherwerken eingesetzt: Das sind Wasserkraftwerke, die überschüssige elektrische Energie dazu verwenden, um Wasser in ein höhergelegenes Becken zu pumpen. Mit dem Speicherwasser treibt man dann die →Turbinen an.

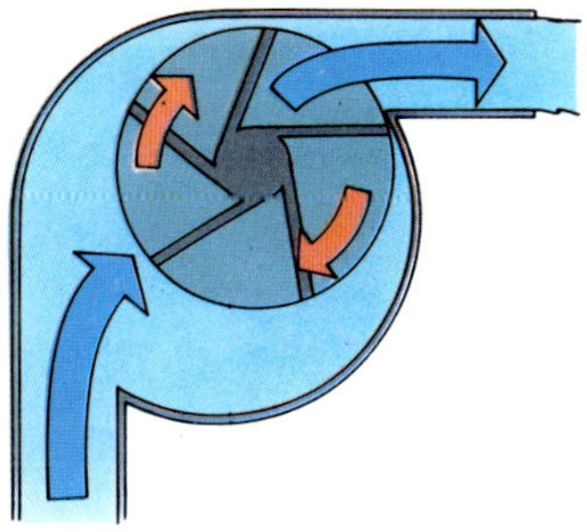
Kreiselpumpe

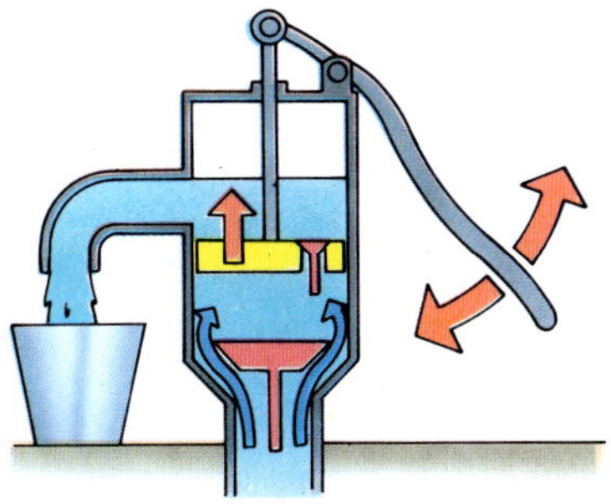
Kolbenpumpe

△ Zwei der häufigsten Pumpenarten. Jede Kolbenpumpe braucht unbedingt ein Saug- und ein Druckventil, damit die Flüssigkeit nur in einer Richtung fließt.

Psychologie und Psychiatrie

Die Psychologie untersucht, wie wir uns verhalten, wie wir uns fühlen und was wir denken. Psychologen studieren zum Beispiel, in welchen Farben Fabriken oder Verkaufsräume bemalt sein sollten, damit sich die Menschen darin wohlfühlen. Die Psychologen führen auch Experimente durch, um zu erfahren, wie die Menschen auf ihre Umwelt reagieren. Die Psychiatrie ist mit der Psychologie nahe verwandt, und oft ist eine scharfe Grenzlinie nicht zu ziehen. Psychiater helfen Menschen mit seelischen Problemen; früher hießen sie auch Seelenärzte. Sie beschäftigen sich zum Beispiel mit verhaltensgestörten Kindern, die in der Schule nicht zurechtkommen, oder sie behandeln Menschen, die unter Ängsten, den Phobien, leiden.
Die Psychiatrie ist ein Teilgebiet der Medizin und handelt von den Erkrankungen der Seele. Eine häufige seelische Erkrankung ist die Depression. Jeder von uns war schon einmal deprimiert, besonders wenn wir einen Grund dazu hatten. Nach kurzer Zeit geht dies vorüber. Doch manche Menschen leiden monatelang unter Depressionen, ohne daß sie selbst dafür einen Grund angeben können. Der Psychiater versucht, mit Gesprächen und verschiedenen Therapien oder mit Heilmitteln solche seelischen Probleme zu lösen.

Phobien

Wer unter einer Phobie (sprich: fobíe) leidet, hat eine unerklärliche Angst vor bestimmten Dingen. Diese Angst ist so stark, daß der Patient sich nicht mehr normal verhalten kann. Die Angst wird übermächtig und verhindert ein normales Denken und Fühlen. Verbreitet ist zum Beispiel die Klaustrophobie. Der Patient hat Angst, in einem Raum eingeschlossen zu bleiben. Das wird schon in kleinen Zimmern, stärker noch im Aufzug deutlich, wo der Patient zu ersticken glaubt. Die umgekehrte Angst heißt Agoraphobie. Es ist die Scheu, das Haus, die eigenen vier Wände zu verlassen und sich auf weite, große Plätze zu begeben. Sehr viele Menschen haben Angst vor Spinnen. Wenn dies ungewöhnliche Ausmaße annimmt, spricht der Arzt von einer Arachnophobie.

△ Bevor die Psychiatrie zu einem anerkannten Zweig der Medizin wurde, schloß man Menschen mit seelischen Störungen einfach in Heime ein und sonderte sie von der Allgemeinheit ab. Dieser alte Stich zeigt uns ein solches Hospital für Geisteskranke, wie sie damals hießen.

▽ Eine moderne Form der psychologischen Behandlung ist die Gruppentherapie. Die Patienten treffen sich in Gruppen zusammen mit ihrem Psychiater oder ihrem Psychologen und diskutieren über ihre Probleme.

Siehe auch →Gehirn; →Krankheit; →Medizin; →Nervensystem; →Tranquilizer und Aufputschmittel; →Umwelt; →Verhalten.

Q q

Quant

Ein Quantum ist in der Umgangssprache eine bestimmte Menge. Eine ähnliche Bedeutung hat das Wort „Quant" in der Physik. Gemeint ist jedoch die kleinste unteilbare Menge einer physikalischen Größe. Jedes →Atom setzt sich aus einem positiv geladenen Atomkern und negativ geladenen →Elektronen zusammen. Diese Elektronen bewegen sich in wolken- oder schalenartigen Bahnen um den Atomkern herum. Die Schalen sind festen Bahnen vergleichbar, die nicht beliebig verändert werden können. Ein Atom kann nun Energie auf verschiedene Weise aufnehmen und dadurch „angeregt" werden, etwa durch Bestrahlung mit Licht. Dabei springt ein Elektron von einer Bahn auf die nächste, wiederum festgelegte Bahn. Dazu ist eine ganz bestimmte Energiemenge notwendig, ein Quant. Ein halbes Energiequant kann es nicht geben. Deutlich wird dies, wenn das Atom die aufgenommene Energie wieder abgeben will. Das Elektron kehrt dann auf die frühere Bahn zurück, und das Atom gibt ein ganz bestimmtes Energiequantum in Form von Licht oder Lichtteilchen (→Photonen) ab. Lichtenergie existiert also nicht in Form eines kontinuierlichen Flusses, den man in beliebig kleine Teilchen unterteilen kann. Wir müssen uns die Lichtenergie vielmehr als Strom winziger Energiepakete, der Quanten, vorstellen. Im Lauf der Zeit zeigte sich, daß alle Formen der Energie gequantelt sind. Es gibt also immer nur eine ganz bestimmte kleinste Energiemenge, die sich nicht mehr weiter unterteilen läßt. Das Elektron beispielsweise trägt eine sogenannte elektrische Elementarladung. Eine Hälfte oder gar ein Viertel davon ist nicht denkbar. Die Physiker sind sogar auf der Suche nach dem Zeitquant, der kleinsten möglichen Zeitmenge.

Werner Heisenberg (1901–1976)

Der deutsche Physiker Werner Heisenberg untersuchte den Aufbau des Atomkerns und das Verhalten der Elementarteilchen. Er gehört zu den Begründern der Quantentheorie. 1927 entdeckte er ein Naturgesetz, das wir heute Unschärferelation nennen. Es besagt, daß wir niemals die genaue Lage eines Elektrons und gleichzeitig auch seinen Impuls kennen können.

▽ Die Quantentheorie behauptet, elektromagnetische Strahlung, so auch das Licht, werde in einzelnen Energiepaketen ausgesandt. Wir bezeichnen sie als Quanten. Wenn es sich um Licht oder Röntgenstrahlung handelt, sprechen wir von Photonen. Elektronen bewegen sich in festgelegten schalenförmigen Bahnen um die Atomkerne herum. Wenn ein Atom Energie absorbiert, zum Beispiel bei Zusammenstößen mit anderen Atomen oder bei Bestrahlung mit Licht, macht eines seiner Elektronen einen sogenannten Quantensprung und bewegt sich von diesem Augenblick an auf einer energiereicheren äußeren Bahn (1). Gibt das Atom die aufgenommene Energie wieder ab, so kehrt auch das Elektron auf die frühere Bahn zurück (2). Dabei gibt das Atom ein Lichtquant ab, ein Photon.

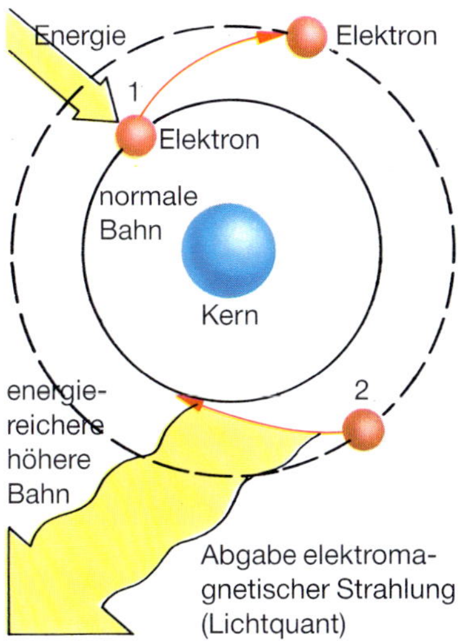

▷ Der Quasar mit der Bezeichnung 3C 273 ist ein sehr starker Röntgenstrahler. Diese Röntgenaufnahme in Falschfarben zeigt den Quasar.

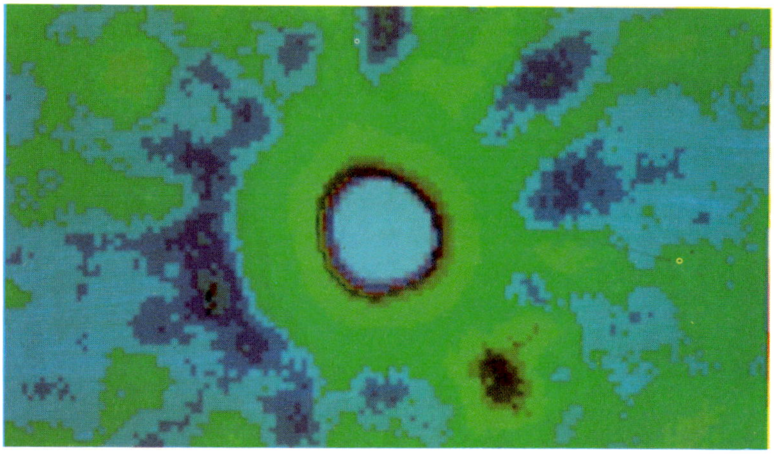

Metallisches Quecksilber und viele Quecksilberverbindungen sind giftig und auch sehr umweltschädlich. Wenn wir ein Quecksilberthermometer zerbrechen, sollten wir sofort ein Fenster öffnen, alle Bruchstücke und die Quecksilberkügelchen mit einem Plastiklöffel einsammeln und in ein verschließbares Glas geben. Der Apotheker entsorgt das Quecksilber. Wir müssen unbedingt alles Quecksilber einsammeln, denn es verdunstet sehr leicht und schädigt den Körper in beträchtlichem Maße. Notfalls binden wir übrige, winzige Quecksilberkügelchen in Ritzen mit Schwefelpulver aus der Apotheke und geben die Reste dann in den Sondermüll. Auch verbrauchte Batterien und Knopfzellen, die meistens Quecksilber enthalten, geben wir dem Händler zurück. Leuchtstoffröhren enthalten ebenfalls Quecksilber und gehören auf den Sondermüll. Leider ist zum Beispiel durch Müllverbrennungsanlagen ziemlich viel Quecksilber in die Natur und in die Nahrungsketten gelangt. Um mit der Nahrung nicht zuviel Quecksilber aufzunehmen, vermeiden wir eine einseitige Ernährung mit Wildpilzen, Innereien, Thunfisch und anderem Fisch.

Quasar

„Quasar“ ist das Kurzwort für quasistellare, also sternähnliche Objekte. Sie senden Radiowellen aus. Die ersten Quasare entdeckten Radioastronomen vor über 30 Jahren. Sie fingen derart starke Signale auf, daß sie glaubten, die entsprechenden Himmelskörper befänden sich in der →Milchstraße. Doch dann maßen die Forscher die →Rotverschiebung dieser Strahlung. Dabei erwiesen sich die Quasare als unglaublich helle →Galaxien, die noch viel weiter entfernt waren als alle bisher bekannten Galaxien. Der am weitesten entfernte Quasar, der unter der Nummer 0051-279 bekannt ist, bewegt sich mit einer Geschwindigkeit von ungefähr 280 000 Kilometern pro Sekunde von uns weg. Das entspricht neun Zehntel der Lichtgeschwindigkeit. Das Licht, das von diesem Quasar heute auf die Erde strahlt, hat ein Alter von vielen Milliarden Jahren. Quasare gehören zu den fernsten astronomischen Objekten, die wir noch erkennen können.

Quecksilber

Das Quecksilber ist das einzige metallische →chemische Element, das bei Zimmertemperatur flüssig ist. Das Quecksilber hat eine sehr große →Oberflächenspannung und bildet deswegen nahezu runde Tropfen aus. Gewonnen wird es durch Erhitzen des Minerals Zinnober, einer →chemischen Verbindung zwischen Quecksilber und →Schwefel. Reines Quecksilber dehnt sich beim Erwärmen gleichmäßig aus und verringert seinen Rauminhalt wieder beim Abkühlen. Deswegen wird es seit langem in →Thermometern verwendet. Es leitet elektrischen Strom sehr gut und wird in Batterien und Schaltern verwendet. Wenn Strom durch Quecksilberdampf fließt, entsteht ultraviolettes und sichtbares Licht. Eine Anwendung davon sind die Quecksilberdampflampen.

Radar

Mit einem Radar kann man weit entfernte Flugzeuge und Schiffe orten. Der deutsche Physiker Christian Hülsmeyer schlug bereits im Jahr 1904 vor, man solle die →Echos von Radiowellen verwenden, um Schiffskollisionen zu verhindern. Er konstruierte ein Gerät und erhielt darauf auch ein Patent. Doch erst 30 Jahre später entwickelten englische Forscher ein funktionierendes Radarsystem. Es half mit, den Luftkrieg gegen Deutschland zu gewinnen. Der Name ist zusammengesetzt aus den Anfangsbuchstaben der englischen Bezeichnung „Radio Detecting and Ranging", übersetzt „Ortung und Entfernungsmessung mit Funkwellen".

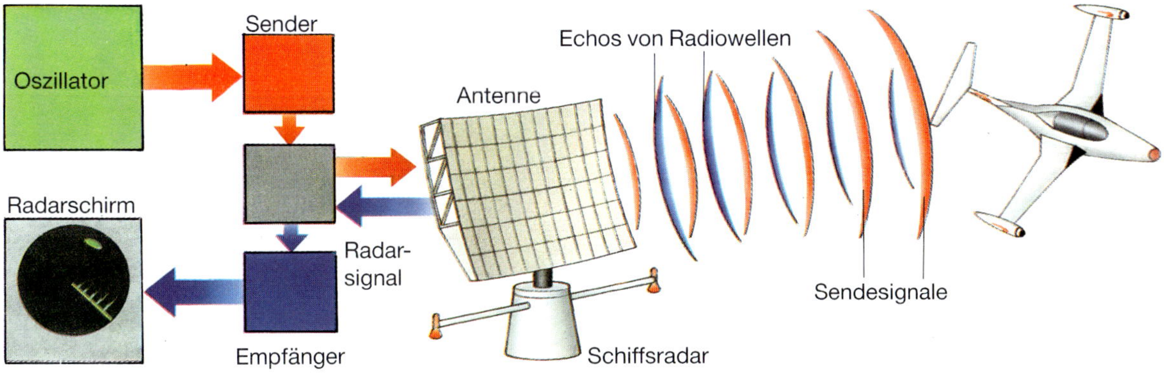

△ Mit Radargeräten kann man Entfernung und Richtung weit entfernter Gegenstände feststellen. Die Radarantenne sendet hochfrequente Radarimpulse aus und empfängt deren Echos. Eine Kathodenstrahlröhre wandelt sie dann auf dem Radarschirm in sichtbare Punkte um.

Beim Radar sendet eine drehbare Antenne →Radiowellen mit hoher →Frequenz aus. Treffen sie auf ein Hindernis, so werden sie zurückgeworfen. Die Echos werden von derselben Antenne wieder aufgefangen und auf einem Radarschirm in sichtbare Punkte umgewandelt. Gegenstände aus Metall reflektieren Radiowellen besonders gut. Aber auch nichtmetallische Gegenstände werfen die Wellen zurück. Meteorologen können zum Beispiel auf Radarschirmen Gewitterfronten, Regen- und Schneegebiete und Sturmzentren erkennen.

Radioaktivität

Gewisse →Atomkerne zerfallen von sich aus (spontan) in andere Atomkerne und geben dabei Strahlung ab. Solche Atome oder Isotope nennen wir radioaktiv. Es gibt mindestens drei Arten radioaktiver Strahlung, die wir nach den drei ersten Buchstaben des griechischen Alphabets Alpha-, Beta- und Gammastrahlen nennen. Alphastrahlen bestehen aus Teilchen mit je zwei Protonen und zwei Neutronen, also aus Heliumkernen. Betastrahlen setzen sich aus Teilchen wie →Elektronen zusammen. Wenn Atome Alpha- oder Betastrahlen aussenden, verändert sich dabei ihre →Ordnungszahl, das heißt, die Anzahl der Protonen im Kern. Damit ent-

Es gibt zahlreiche Maßeinheiten für die radioaktive Strahlung. Eine der bekanntesten ist das Becquerel (Bq). Ein Becquerel bedeutet, daß pro Sekunde genau ein Atomkern zerfällt. Als Maßeinheit für die Strahlenbelastung verwenden wir das Rem (rem) oder ein tausendstel davon, das Millirem (mrem). Wir sind jedes Jahr einer natürlichen Strahlenbelastung von rund 0,2 rem ausgesetzt.

▷ Die drei Arten radioaktiver Strahlung. Alpha- und Betastrahlen bestehen aus Teilchen. Die Alphateilchen sind mit Heliumkernen identisch, enthalten wenig Energie und können bereits von einem Blatt Papier zurückgehalten werden. Dennoch ist die Alphastrahlung für den Menschen am gefährlichsten, wenn sie etwa durch ein eingeatmetes Teilchen im Körperinneren wirksam wird. Bei der Betastrahlung sind Elektronen oder Positronen wirksam. Sie durchdringen ein Blatt Papier, werden aber von Aluminium gestoppt. Gammateilchen lassen sich nur von einer dicken Stahl- oder Bleischicht zurückhalten.

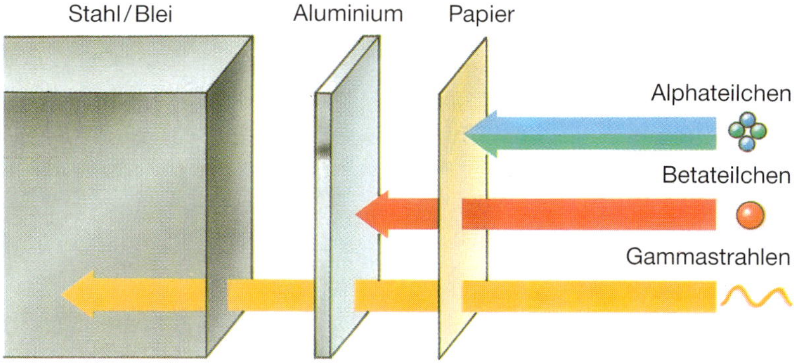

steht ein anderes →chemisches Element. Die Gammastrahlung ist die energiereichste →elektromagnetische Strahlung. Durch Abgabe von Gammastrahlen ändert sich nichts am Atomkern.
Die Radioaktivität ist völlig vom Zufall bestimmt: Man kann nicht voraussagen, wann ein bestimmter Atomkern zerfallen und radioaktive Strahlen abgeben wird. Man kann aber sagen, welche Zeit verstreichen muß, bis die Hälfte aller vorhandenen Atomkerne zerfallen ist. Diese Zeit nennen wir →Halbwertszeit. Siehe auch →Isotop, →Radioisotop.

Radioastronomie

Lichtwellen und Radiowellen sind beides Formen →elektromagnetischer Strahlung. Gewöhnliche Sterne produzieren sehr viel mehr Licht- als Radiowellen, während →Nebel dem Auge zwar ziemlich dunkel erscheinen, aber viele Radiowellen aussenden können. Die Radioastronomie beschäftigt sich mit solchen Radiostrahlern. In den fünfziger Jahren entdeckten die Forscher, daß sie mit Radioteleskopen Objekte am Himmel ausfindig machen konnten, die mit gewöhnlichen Lichtteleskopen nicht zu sehen sind, weil sie zu wenig Licht aussenden oder zu weit entfernt sind.

▷ Wenn man viele Radioteleskope hintereinanderschaltet („Array"), kann man damit viel kleinere Objekte im All ausfindig machen. Wir sagen: Das Auflösungsvermögen wird gesteigert. Diese Teleskope sind beweglich auf Schienen montiert und können dem Lauf der Gestirne nachgeführt werden. Die häufigste Wellenlänge in der Radioastronomie beträgt 210 Millimeter. Sie entspricht der Wellenlänge des →Wasserstoffs, des bei weitem häufigsten chemischen Elements im Weltall.

Radioisotop

Die Atomkerne eines →chemischen Elements enthalten immer dieselbe Anzahl von →Protonen. Die Zahl der →Neutronen hingegen kann schwanken. Dadurch ergeben sich mehrere Atomsorten, die wir →Isotope nennen. Ein Radioisotop nun ist ein →radioaktives Isotop, dessen Kern irgendwann zerfällt. Dabei gibt es Strahlung in Form von Alpha- und Betateilchen ab. Eine ganze Reihe stabiler chemischer Elemente haben einzelne radioaktive Isotope. Strontium besteht aus sechs stabilen Isotopen. Durch künstlichen Beschuß kann man weitere, nun radioaktive Isotope des Strontiums herstellen. Das langlebigste darunter ist das Strontium 90 mit einer →Halbwertszeit von 28 Jahren.

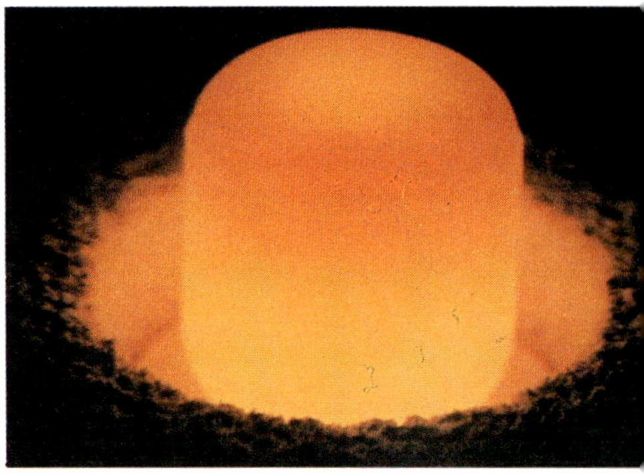

△ Radioaktive Stoffe geben Energie ab. Deswegen glüht das Radioisotop Plutonium 238 im Dunkeln. Es wurde schon als Energiequelle für Batterien in Raumfahrzeugen verwendet.

Radiokarbondatierung

Mit der Radiokarbondatierung kann man bestimmen, wie alt Reste von Pflanzen, Tieren und Menschen früherer Zeiten sind. Dazu verwendet man Kohlenstoffatome („Karbon"). Deren Kerne (C 12) enthalten normalerweise 6 →Protonen und 6 →Neutronen. Es gibt aber auch Kohlenstoffatome mit 6 Protonen und 8 Neutronen. Diese Atomsorte bezeichnen

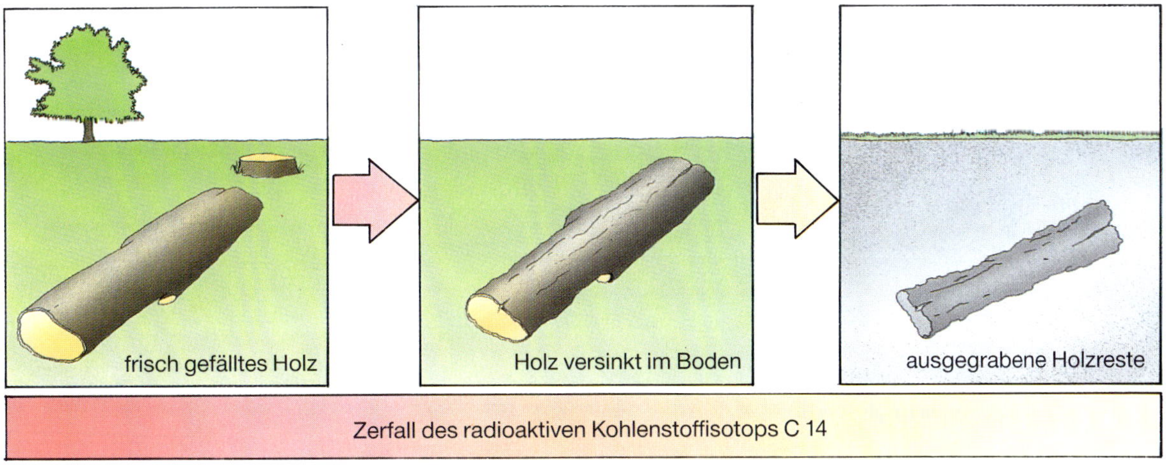

wir als das Kohlenstoffisotop C 14. Es ist →radioaktiv, zerfällt also mit der Zeit und heißt deswegen auch Radiokarbon. Die Halbwertszeit dieses →Isotops liegt bei 5730 Jahren. Pflanzen nehmen während ihres Lebens aus der Atmosphäre das C 14 mit dem Kohlendioxid auf. Entsprechendes gilt sinngemäß auch für die Tiere, die von Pflanzen leben. Wenn diese Lebewesen jedoch sterben, wird die Aufnahme von C 14 gestoppt, und das im Körper vorhandene Radiokarbon beginnt zu zerfallen. Man bestimmt nun im Labor den Anteil an C 14, der in den Resten solcher Pflanzen und Tiere zurückgeblieben ist, und kann daraus ihr Alter berechnen.

△ Besonders das Alter archäologischer Funde kann man mit Hilfe der Radiokarbonmethode bestimmen. Man muß dabei mit ziemlich komplizierten Verfahren die Menge des Kohlenstoffisotops 14 bestimmen, das in der Probe enthalten ist. Dazu wird ein Teil des Fundstücks verbrannt und in Gas umgewandelt. Ist das Fundstück älter als 70 000 Jahre, so läßt sich das C 14 nicht mehr nachweisen (Nachweisgrenze).

Rakete

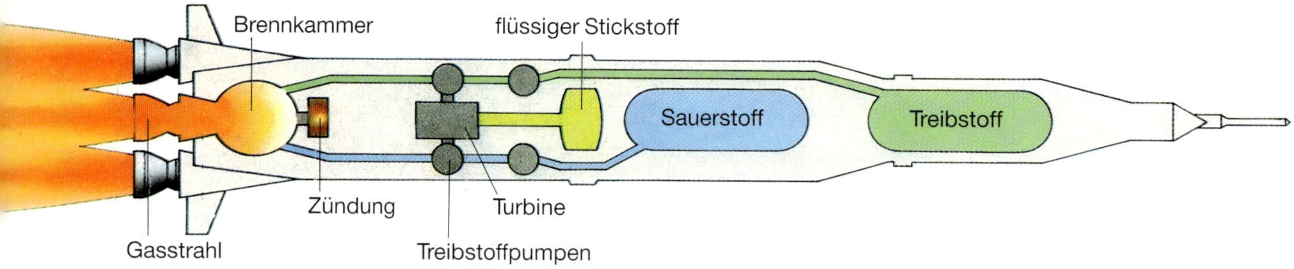

△ Eine typische Flüssigkeitsrakete hat getrennte Behälter für den Treibstoff und den Sauerstoff. Als Treibstoff kommen zum Beispiel flüssiger Wasserstoff, Benzin oder Hydrazin in Frage. Ein weiterer Tank enthält flüssigen Stickstoff, mit dem man die Treibstoffpumpen betreibt. Der Brennstoff und der Sauerstoff vermischen sich in der Brennkammer und verbrennen dort. Die heißen Verbrennungsgase werden nach hinten ausgestoßen und erteilen der Rakete einen Schub nach vorne.

Rakete

Raketen sind die weitaus schnellsten Fahrzeuge, die der Mensch je gebaut hat. Die Raketen, mit denen die Amerikaner zum Mond flogen, erreichten Geschwindigkeiten von 15 Kilometern pro Sekunde oder 54 000 Kilometern pro Stunde. Raketen haben meistens einen chemischen Antrieb. Sie enthalten einen Treibstoff sowie flüssigen →Sauerstoff oder eine andere sauerstoffhaltige Verbindung. In der Brennkammer des Triebwerkes werden die beiden Stoffe zusammengeführt und miteinander verbrannt. Die heißen Verbrennungsgase dehnen sich explosionsartig aus und werden durch Düsen nach hinten ausgestoßen. Dadurch erfährt die Rakete einen gleichstarken, nach vorne gerichteten →Impuls und fliegt mit zunehmender Geschwindigkeit davon. Weil Raketen ihren Sauerstoff mit sich transportieren, können sie auch im luftleeren →Weltraum fliegen.

Ohne Raketen wäre die →Raumfahrt nicht denkbar gewesen, denn nur mit ihnen kann man Raumfahrzeuge und →Satelliten ins Weltall befördern.

▷ Der Körper von Astronauten wird ungewöhnlichen Belastungen ausgesetzt. Bei der hohen Beschleunigung während des Startes haben die Astronauten Schwierigkeiten beim Atmen und mit der Blutzirkulation. Durch Training auf der Erde können sie sich aber ziemlich gut darauf vorbereiten. Durch einen längeren Aufenthalt in der Schwerelosigkeit wird der Körper jedoch geschwächt. Muskeln werden abgebaut, und auch die Knochen bilden sich langsam zurück. Um dieser gefährlichen Entwicklung entgegenzuwirken, müssen die Astronauten im Weltraum viel trainieren. Ferner leiden die Männer und Frauen im Weltraum oft unter Übelkeit oder sehen ständig Lichtblitze. Solche Erscheinungen kann man verhüten, wenn sich die Raumstation langsam dreht und dadurch eine Zentrifugalkraft als Ersatz für die fehlende Schwerkraft erzeugt.

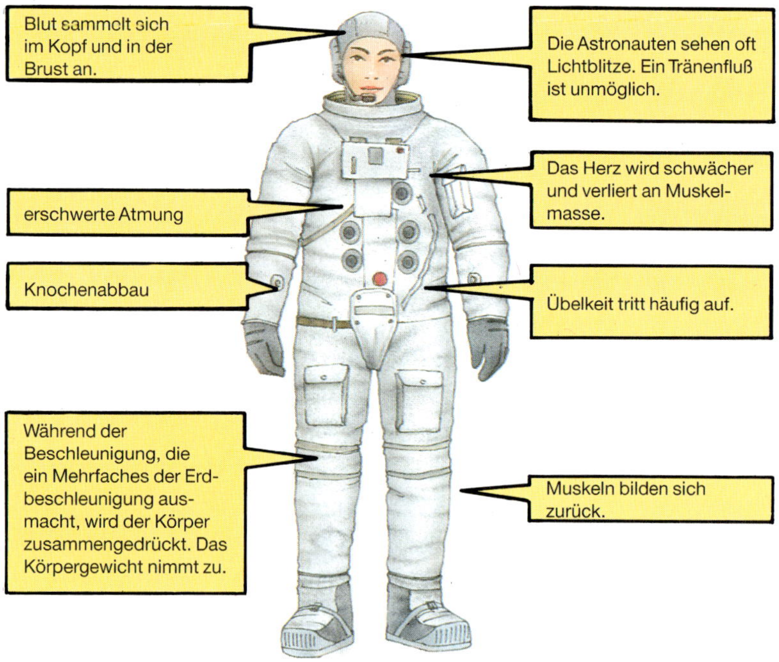

Raumfahrt

Die Raumfahrt begann 1957 mit dem Start von Sputnik 1, dem ersten →Satelliten. Seit jener Zeit wurden Tausende von Raumflugkörpern mit Hilfe von →Raketen in den Weltraum geschossen. Weiteres dazu auf den Seiten 426 und 427.

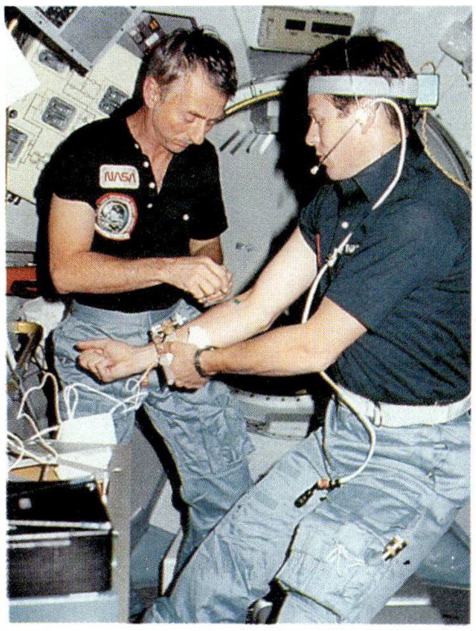

△ Ein Arzt entnimmt einem Astronauten an Bord des Spaceshuttle eine Blutprobe. Er will damit die Auswirkungen der Schwerelosigkeit auf den Körper erforschen.

Raumfahrtmedizin

Eine Reise in den Weltraum ist eine völlig unnatürliche Sache. So ist der Körper an die hohen Beschleunigungen beim Start, an die Verzögerungen beim Wiedereintritt in die Atmosphäre und an die fast völlige Schwerelosigkeit (Mikrogravitation) nicht angepaßt. Astronauten können dabei große gesundheitliche Probleme bekommen, zum Beispiel durch ständige Übelkeit. An die Beschleunigungen und Verzögerungen dagegen gewöhnen sie sich durch hartes Training noch am leichtesten. In Weltraumstationen wirkt sich vor allem die Schwerelosigkeit sehr ungünstig aus. Knochen und Muskeln bilden sich zurück, auch der Herzmuskel. Russische Astronauten, die sich lange im Weltraum aufgehalten hatten, konnten nach ihrer Rückkehr zunächst nicht mehr gehen.

räumliches Sehen

Die meisten Tiere haben zwei Augen und sehen deswegen einen Gegenstand aus zwei Richtungen, die sich leicht voneinander unterscheiden. Wenn wir den Kopf leicht hin- und herbewegen, scheint sich ein Gegenstand vor dem Hintergrund mitzubewegen (→Parallaxe). Die beiden Augen sehen also etwas unterschiedliche Bilder. Das Gehirn leitet aus diesen Informationen der beiden Augen eine räumliche Vorstellung ab. Sie erlaubt es, Entfernungen gut abzuschätzen. Diese Erscheinung nennen wir räumliches Sehen.

▷ Wenn sich beide Augen vorne am Kopf befinden, können Tiere und auch der Mensch in einem weiten Bereich räumlich sehen.

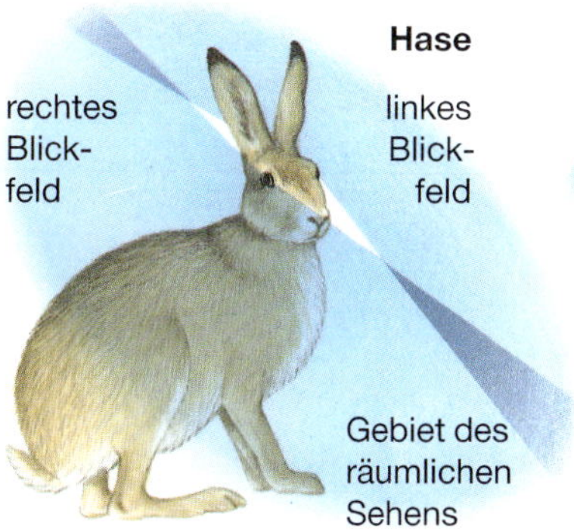

◁ Stehen die Augen an den beiden Seiten des Kopfes, so haben die Tiere zwar ein weites Blickfeld, sehen aber nur in einem kleinen Bereich räumlich.

Raumfahrt

Die meisten Raumfahrzeuge sind künstliche Satelliten, weil sie wie der natürliche Satellit der Erde, der Mond, um die Erde kreisen. Sie untersuchen die Erdoberfläche, für die Wettervorhersage etwa oder um Erze zu suchen, oder sie blicken in den Himmel und können dabei ohne den störenden Einfluß der Erdatmosphäre Aufnahmen von den Sternen machen.

Manche Raumfahrzeuge, die Sonden, verlassen den Anziehungsbereich der Erde völlig und kreisen im Sonnensystem. Mit Sonden wurden alle Planeten mit Ausnahme des Plutos untersucht. Die Sonden umkreisen diese Himmelskörper, nehmen Bilder von ihnen auf und funken sie anschließend auf die Erde. Sonden landeten sogar auf dem Mars und der Venus und konnten deren Gesteine direkt untersuchen.

Im Weltraum waren schon viele Frauen und Männer. Die bemannte russische Raumstation Mir wurde 1986 gestartet. Sie kann noch viele Jahre lang verwendet werden. Zwischen 1969 und 1972 flogen die Amerikaner sechsmal zum Mond. Bemannte russische Raumfahrzeuge landeten nicht auf dem Mond, wohl aber unbemannte, die mit Gesteinsproben wieder auf die Erde zurückkehrten.

Wie die Raumfahrt weitergehen wird, wissen wir heute nicht genau. Die bemannte Raumfahrt ist ins Kreuzfeuer der Kritik geraten, weil sie viel zu teuer ist und im Vergleich zur billigeren unbemannten Raumfahrt kaum neue Erkenntnisse bringt. Auch die Zukunft der Raumstation Freedom ist ungesichert.

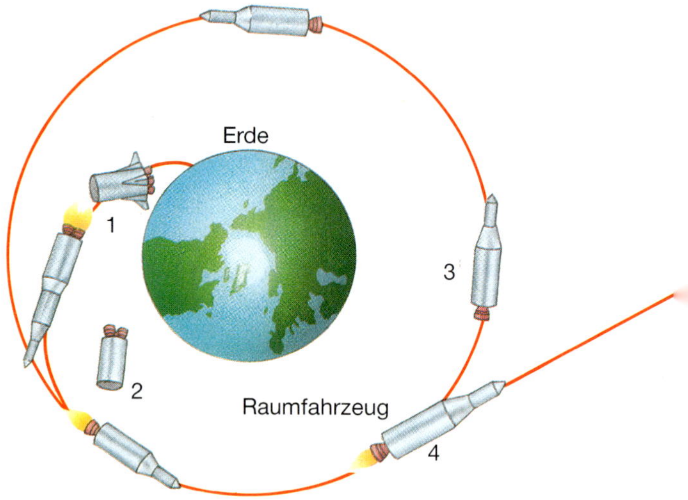

△ Das Apollo-Projekt: Die dreiköpfige Besatzung wurde in der Spitze einer dreistufigen Rakete in eine Erdumlaufbahn geschossen **(1)**. Die erste und die zweite Stufe wurden abgesprengt, nachdem sie leergebrannt waren **(2)**. Nach einer Erdumkreisung **(3)** schoß die dritte Stufe der Rakete den Apollo-Komplex zum Mond **(4)**. Während dieses Fluges drehte sich die Kommandoeinheit **(5)** und dockte an das Mondlandegerät an **(6)**. Die dritte Raketenstufe trennte sich dann ab **(7)**. Dann schwenkte der Apollo-Komplex in die Mondumlaufbahn ein **(8)**. Zwei Astronauten begaben sich ins Mondlandegerät (rechts außen); es trennte sich schließlich ab **(9)**, stieg auf den Mond hinab **(10)** und landete dort **(11)**. Ein Astronaut blieb also in der Kommandoeinheit zurück und umkreiste in der Zwischenzeit den Mond **(12)**. Dann stiegen die beiden mit einem Teil des Mondlandegeräts **(13)** wieder auf und dockten an die Kommandoeinheit an **(14)**. Die Astronauten stiegen um, und die Kommandoeinheit flog schließlich zur Erde zurück **(15)**.

△ Venera 4 war eine sowjetische Sonde, die die ersten Bilder von der Venus auf die Erde sandte. Spätere Venera-Sonden landeten sogar auf diesem Planeten. Unbemannte Raumsonden haben in der Zwischenzeit alle Planeten mit Ausnahme des Pluto besucht, sei es, daß sie nahe daran vorbeiflogen oder sogar auf dem Himmelskörper landeten. Voyager-Sonden besuchten sogar in einer großen Tour alle äußeren Planeten und deren Monde.

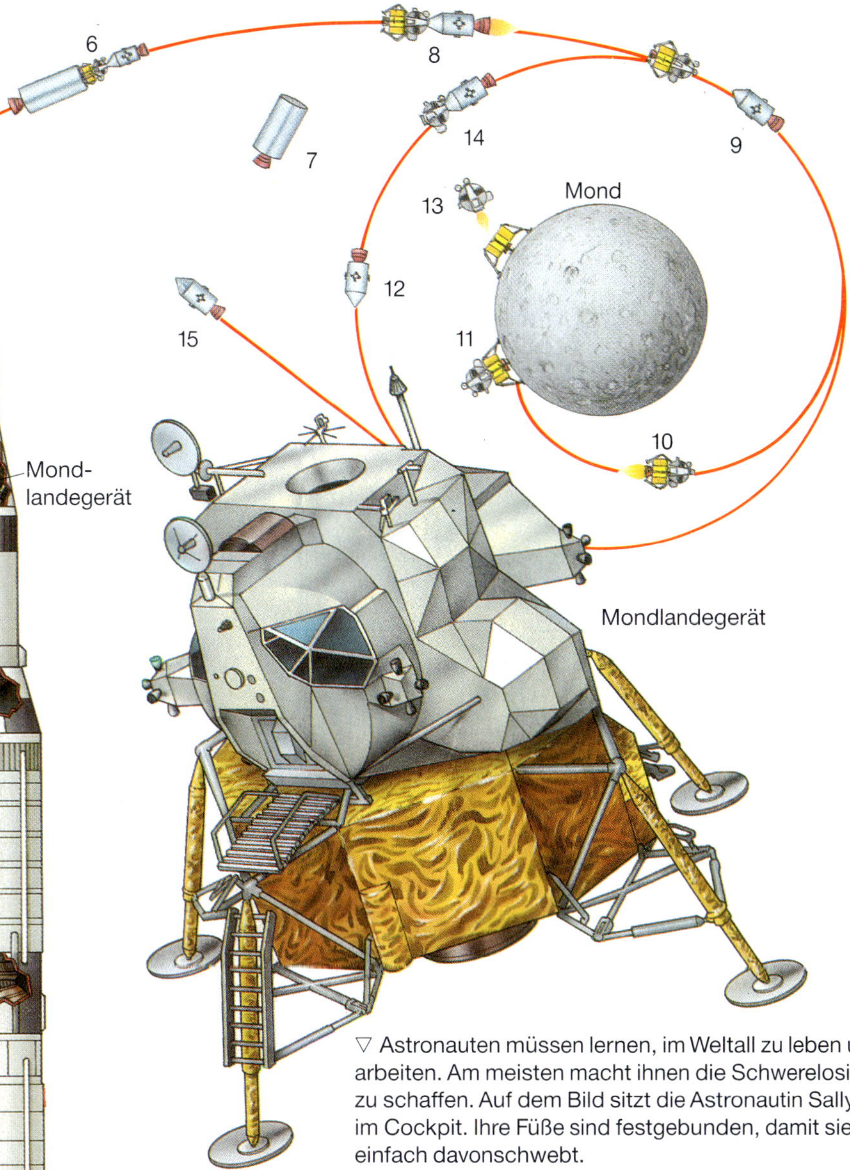

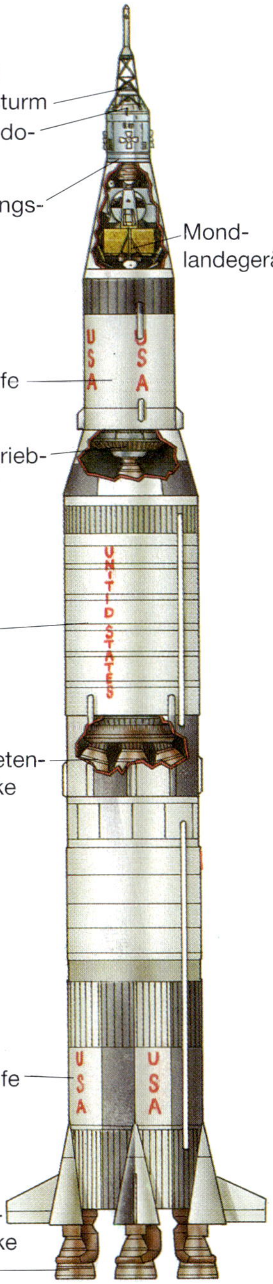

△ Die dreistufige, 110 Meter hohe Saturn-5-Rakete transportierte Astronauten auf den Mond. Nur die Kommandoeinheit kehrte schließlich auf die Erde zurück.

▽ Astronauten müssen lernen, im Weltall zu leben und zu arbeiten. Am meisten macht ihnen die Schwerelosigkeit zu schaffen. Auf dem Bild sitzt die Astronautin Sally Ride im Cockpit. Ihre Füße sind festgebunden, damit sie nicht einfach davonschwebt.

Siehe auch →Astronaut; →Mond; →Planeten; →Rakete; →Satellit, →Sonnensystem; →Spaceshuttle.

Noch besser als Recycling ist das Vermeiden von Müll. Müll, der gar nicht erst entsteht, muß auch nicht beseitigt werden. Einige Tips zur Müllvermeidung:
– Wir gehen möglichst zu Mehrwegsystemen über, zum Beispiel Pfandflaschen, die immer wieder verwendet werden.
– Lassen sich Einwegverpackungen nicht vermeiden, so wählen wir jene, die man am besten rezyklieren („recyceln“) kann. Wir achten dabei besonders auf Verbundmaterialien, also auf Verpackungen aus unterschiedlichen Stoffen, zum Beispiel aus Papier und Metallfolie. Diese Verbundmaterialien können nicht dem Recycling zugeführt werden und gehören zum nichtverwertbaren Müll.

Recycling

Recycling (sprich: rißaikling) bedeutet, daß Abfälle wiederverwertet werden. Sie gelangen dadurch neuerlich in den Kreislauf (englisch: cycle) der Rohstoffe. Wenn wir die Wertstoffe aus dem Hausmüll getrennt sammeln und abgeben, leisten wir einen Beitrag zum Recycling. So werden zurückgewonnen: Papier, Karton, Aluminium, Weißblech und andere Metalle, Glas, Textilien, in manchen Gemeinden auch schon Kunststoffe. Erfolgreiches Recycling ist nur möglich, wenn der Wertstoff sauber ist und keine anderen Stoffe mehr mit ihm verbunden sind. Wir müssen deswegen die Metallverschlüsse von Glasflaschen entfernen und getrennt einsammeln. Durch Recycling verringern sich die →Abfallmengen und damit auch die Abgase von Müllverbrennungsanlagen. Insgesamt wird durch Recycling unsere Umwelt geschont. Auch das Kompostieren der organischen Abfälle ist eine Form des Recyclings. Es entsteht dabei Humus.

Reflex

Wenn wir durch Zufall eine heiße Herdplatte berühren, ziehen wir die Hand sofort zurück. Der →Schmerz durch die Verbrennung kommt erst einige Augenblicke später. Die Sinnesorgane, die in unserer →Haut liegen und den Reiz wahrnehmen, leiten ihre Informationen nämlich an das Rückenmark weiter. Dort wird die Information verarbeitet: Das Rückenmark sendet eine Botschaft an die Armmuskeln mit dem Auftrag, die Hand sofort zurückzuziehen. Diese automatische Antwort auf einen Reiz, an der das →Gehirn nicht beteiligt ist, nennen wir einen Reflex. Einige Augenblicke nach der Reflexantwort hat die erste Botschaft das Gehirn erreicht, und nun spüren wir den Schmerz. Ein konditionierter oder bedingter Reflex ist erlernt: Wenn man Hunden immer nach dem Läuten einer Glocke zu fressen gibt, werden sie nach einiger Zeit Speichel absondern, wenn sie nur die Glocke hören, ohne sofort Futter zu bekommen.

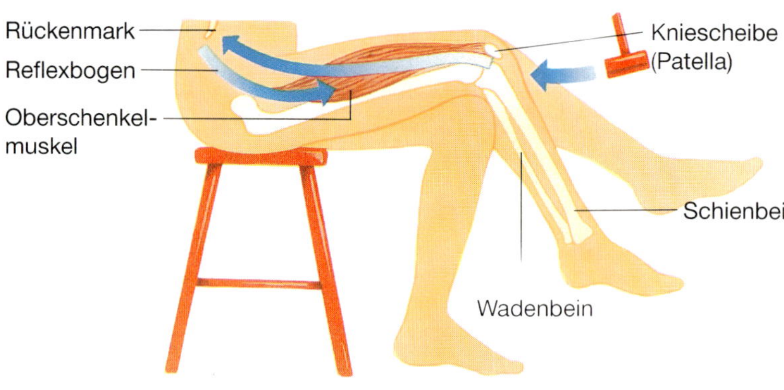

▷ Wenn jemand mit übereinandergeschlagenen Beinen dasitzt, kann man leicht den Patellarsehnenreflex auslösen. Mit einem Gummihämmerchen wird ein leichter Schlag auf das Band unterhalb der Kniescheibe geführt. Eine Botschaft, ausgelöst durch den Reiz, wandert ins Rückenmark und von dort direkt zum Oberschenkelmuskel: Er zieht sich schnell zusammen. Dabei wird der Unterschenkel nach vorne geschleudert. Der Arzt überprüft damit, ob die Nervenbahnen in der Lendengegend gut funktionieren.

Mach es selbst

Wir stellen einen Spiegel genau senkrecht am Ende einer Korkplatte auf. Dann stecken wir in die linke Seite der Platte eine Reihe von Nadeln in einem schrägen Winkel zum Spiegel. Von der rechten Seite visieren wir die Nadeln an, bis sie im Spiegelbild in einer Linie liegen, und stecken dann weitere Nadeln in die Korkplatte. Eine Taschenlampe leuchtet den Strahlenverlauf aus.

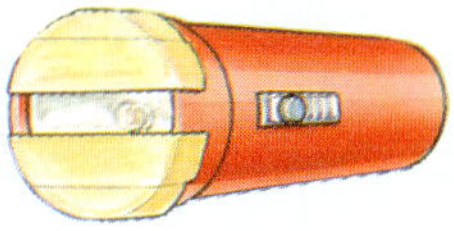

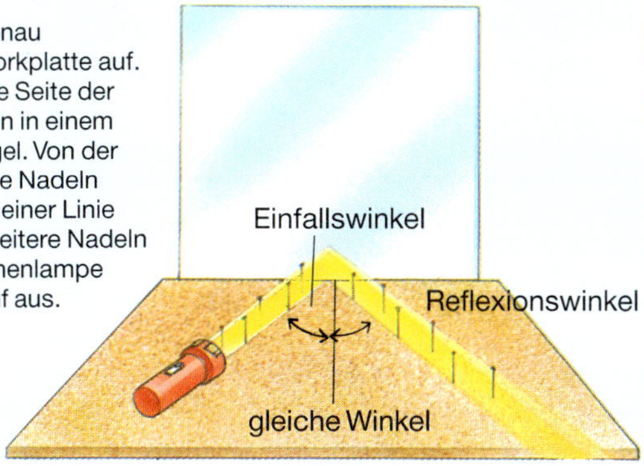

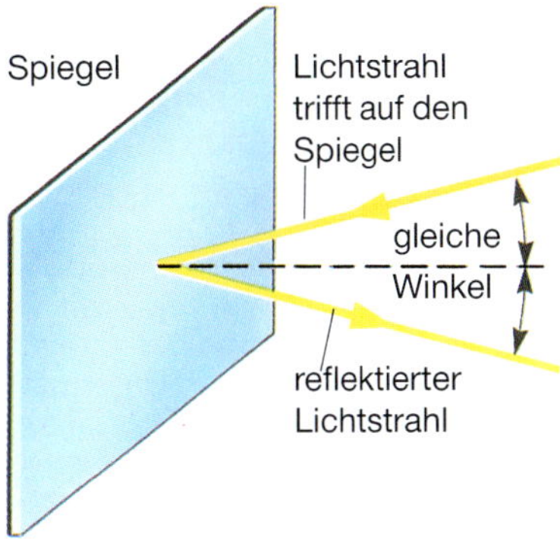

△ Wenn Licht in einem bestimmten Winkel auf einen flachen Spiegel trifft, wird es mit demselben Winkel zurückgeworfen. Wir sagen kurz: Der Einfallswinkel ist gleich dem Reflexionswinkel.

Reflexion

Wenn Schall, Wärme, Licht oder andere Wellen von Oberflächen zurückgeworfen (reflektiert) werden, spricht man von einer Reflexion. Alle Gegenstände, die nicht selbst leuchten, sehen wir nur deswegen, weil sie auftreffendes Licht reflektieren. Werfen sie alle Wellenlängen gleichmäßig zurück, so sehen wir eine weiße Farbe. Grüne Pflanzen sind deswegen grün, weil sie die grüne Farbe des weißen Lichts reflektieren und alle anderen Farben verschlucken (absorbieren). Schwarze Gegenstände reflektieren kein Licht, sondern absorbieren alles. Glatte Flächen reflektieren am besten, vor allem →Spiegel oder polierte Metalle. Rauhe Oberflächen werfen die Strahlen hingegen in alle Richtungen zurück.

Regenbogen

Damit wir einen Regenbogen sehen, muß die Sonne hinter uns und tief am Himmel, nicht höher als 42°, stehen. Vor uns muß es regnen. Das Sonnenlicht wird durch die Regentropfen gebrochen und reflektiert. Sie spalten das weiße Sonnenlicht wie ein →Prisma in die Farben des →Spektrums auf. Von außen nach innen sind es Rot, Orange, Gelb, Grün, Blau, Indigo und Violett. Unter guten Bedingungen ist außerhalb des Hauptregenbogens noch ein Nebenregenbogen ausgebildet. Er zeigt die Farben in der umgekehrten Reihenfolge. Kleine Regenbogen kann man oft auch an Springbrunnen und Wasserfällen beobachten.

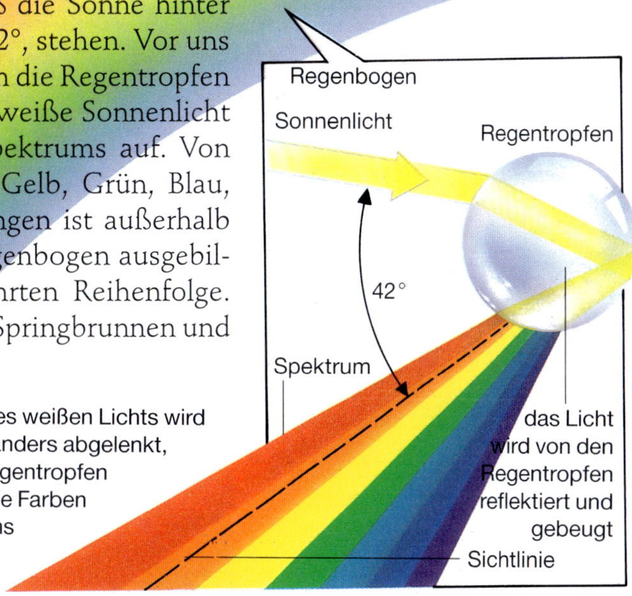

▷ Ein Regenbogen entsteht durch Brechung von Reflexion von Sonnenstrahlen an Regentröpfchen. Das Licht wird beim Eindringen in die Tropfen gebrochen, an der Rückseite des Tropfens reflektiert und beim Austritt noch einmal gebrochen. Jede Farbe des weißen Lichts wird dabei etwas anders abgelenkt, so daß die Regentropfen das Licht in die Farben des Spektrums zerlegen.

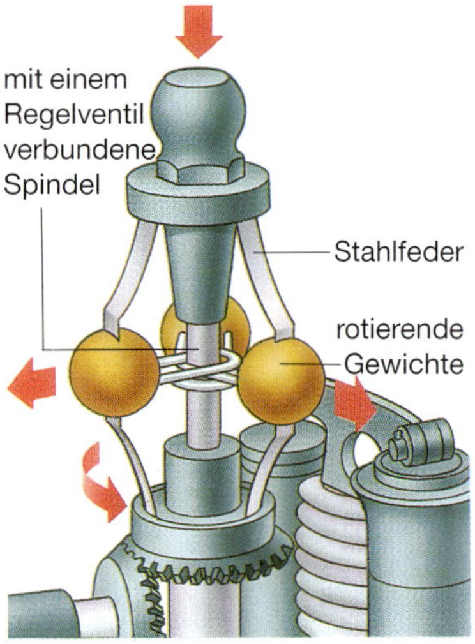

△ Der Drehzahlregler, den James Watt erfand, funktioniert mit Hilfe der Flieh- oder Zentrifugalkraft rotierender Gewichte. Wenn sie sich schneller drehen, werden sie gegen den Widerstand einer Feder stärker nach außen gelenkt. Dabei bewegen sie eine Spindel, die wiederum ein Regelventil öffnet. In der Dampfmaschine sorgt das Regelventil dafür, daß Druck abgelassen wird. Drehen sich die Kugeln dadurch wieder langsamer, so bewegt sich die Spindel nach oben, das Regelventil schließt sich, und der Dampfdruck steigt.

Regler

Die meisten Maschinen, die automatisch laufen, müssen einen oder mehrere Regler enthalten. Ein Regler sorgt zum Beispiel dafür, daß eine Maschine immer mit derselben Drehzahl läuft. Er vergleicht die tatsächlich vorhandene Drehzahl (Ist-Wert) mit der gewünschten Drehzahl (Soll-Wert) und nimmt bei Abweichungen Korrekturen vor. Die Grundlage für einen solchen Regelkreis bildet somit das →Feedback oder die Rückkopplung. Ein einfacher Regelkreis ist im Wasserkasten der Toilettenspülung eingebaut. Wenn der Schwimmer die gewünschte Höhe erreicht, weil genügend Wasser eingelaufen ist, stoppt er mit einem Schieber den Zulauf weiteren Wassers. Dies geschieht über einen Hebel, mit dem sich auch der Sollwert einstellen läßt. Wird Wasser für die Toilettenspülung benötigt, so sinkt der Schwimmer ab und öffnet über den Hebel den Schieber. Damit kann wieder Wasser einlaufen bis zur gewünschten Höhe. Jede zentralbeheizte Wohnung besitzt einen Regler, der die Raumtemperatur konstant hält (→Thermostat).

Reibung

Überall, wo Oberflächen aufeinander rollen oder gleiten, tritt Reibung auf. Sie wirkt der Bewegung entgegen und hat somit einen Energieverlust zur Folge. Wenn wir zum Beispiel eine schwere Bücherkiste auf dem Boden verschieben wollen, kostet uns das viel Kraft. Um wieviel leichter gelänge dies ohne Reibung: Ein leichtes Antippen würde genügen. Doch in einer Welt ohne Reibung zu leben, wäre unmöglich: Wir könnten nicht gehen, denn wir würden überall wie auf Glatteis ausrutschen. Das Butterbrot würde uns aus der Hand flutschen, und keine Schraube würde im Holz halten.

▷ Die Bremsen der Personenautos funktionieren mit Reibung. Bei der Scheibenbremse wirkt ein Bremsbelag auf eine umlaufende Scheibe ein. Durch die Reibung heizen sich beide unter Umständen so weit auf, bis die Scheibe rotglühend (Bild) wird. Deswegen muß der Bremsbelag aus hitzefestem Material bestehen.

Es geht also vor allem darum, die Reibung dem jeweiligen Zweck anzupassen. Die Reibung im Kugellager verringert man zum Beispiel durch einen Schmierstoff. In vielen Fällen muß die Berührungsfläche jedoch trocken bleiben, zum Beispiel bei Rad und Schiene. Eine 80 Tonnen schwere Lokomotive berührt die Schiene nur auf einer Fläche von zwei Briefmarken. Auf dieser Fläche müssen die Kräfte übertragen werden, um den ganzen schweren Güterzug zu ziehen. Durch den hohen Druck entstehen winzige Verschweißungen zwischen Rad und Schiene. Rollt der Zug weiter, so müssen sie wieder gelöst werden. Dies entspricht der Reibung. Dennoch ist die Rollreibung viel geringer als die Gleitreibung, denn ein Zug auf Kufen könnte überhaupt nicht fahren. An stark befahrenen Hauptstrecken muß die Bundesbahn die Gleise alle zehn Jahre auswechseln, weil sie dann bis um acht Millimeter abgefahren sind.

Reibung und Verschleiß richten ungeheure Schäden an. In Deutschland werden sie auf mindestens 25 Milliarden Mark pro Jahr beziffert. Manches Haushaltsgerät wandert viel zu früh in den Sperrmüll, nur weil ein Zahnrad abgerieben, ein Lager festgefressen oder ein Schalter ausgeleiert ist.

Relativitätstheorie

Wenn wir in einem Zug, der geradeaus fährt, eine Münze fallen lassen, so bewegt sie sich senkrecht nach unten wie in einem ruhenden Zimmer. Ein Beobachter neben den Gleisen sieht den Fall der Münze aber ganz anders: Für ihn beschreibt sie eine Kurve (Parabel), wie wenn sie mit der Geschwindigkeit des Zuges waagrecht abgeschossen würde. Wir sagen: Bewegungen sind relativ und erfolgen immer relativ zueinander. Im fahrenden Zug gelten die physikalischen Gesetze genauso wie im „ruhigen" Labor. Dies behauptete unter anderem der große Physiker Albert Einstein mit seiner Relativitätstheorie.

Obwohl sich offensichtlich alles bewegt, gibt es doch eine absolute Höchstgeschwindigkeit, die Lichtgeschwindigkeit. Schneller kann sich eine Welle oder ein Körper nicht bewegen. Auch dies behauptete Albert Einstein. Vorstellen können wir uns dies nicht so richtig. Auch einige Folgerungen daraus sind uns schwer verständlich. Nahe der Lichtgeschwindigkeit wird man schwerer und gleichzeitig kürzer. Auch die Zeit verzögert sich. Eine Taschenuhr, die wir bei uns tragen, wenn wir nahezu mit Lichtgeschwindigkeit fliegen, geht im Vergleich zur Erde nach; gleichzeitig altern wir auch nicht so schnell. Wir selbst merken aber nichts davon. Nur im Vergleich („relativ") mit anderen Uhren, zum Beispiel auf der Erde, ergeben sich diese Unterschiede. Damit ist auch die Zeit nichts Absolutes, sondern etwas Relatives. Am besten kann man dies bei kurzlebigen →Elementarteilchen beobachten. Sie leben länger, wenn sie sich sehr schnell bewegen. Solche Dinge können wir mit genauen Uhren messen. Auf diese Weise gelang es, die

▽ Ein starkes Schwerefeld wie das einer Galaxie kann Licht ablenken, das sich sonst geradlinig fortbewegen würde. So ist es möglich, daß sich ein Stern in Wirklichkeit an einer anderen Stelle befindet, also wo wir ihn sehen.

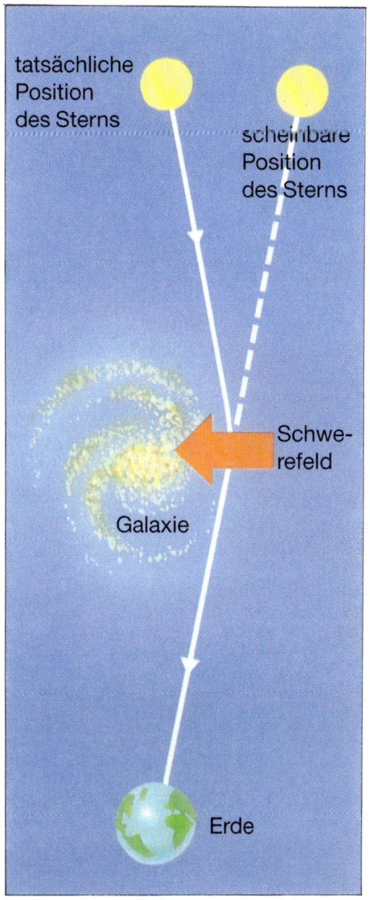

Relativitätstheorie

▷ Von der Erde aus gesehen, scheint die Zeit auf einem Körper, der sich nahezu mit Lichtgeschwindigkeit bewegt, langsamer zu vergehen als auf ihr selbst. Die Relativitätstheorie beweist es. Gleichzeitig nimmt auch die Länge des Körpers mit zunehmender Geschwindigkeit ab: Je schneller er sich bewegt, desto kürzer erscheint er dem irdischen Beobachter.

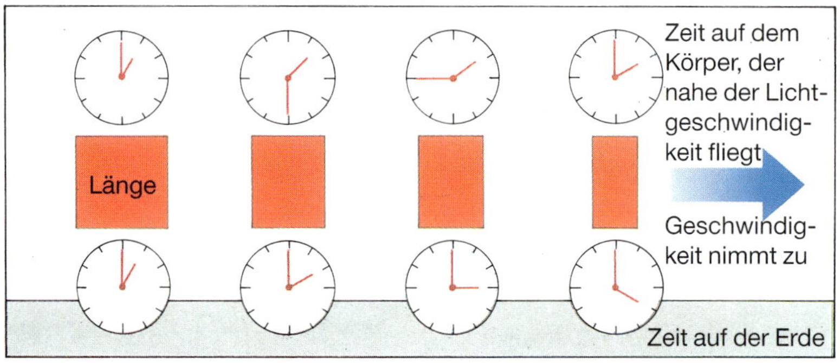

Relativitätstheorie zu beweisen. Für jedermann erkennbar würden die Erscheinungen wie die Verzögerung der Uhren aber erst bei halber Lichtgeschwindigkeit.
Wenn wir uns nahe der Lichtgeschwindigkeit bewegen, nimmt die Masse unseres Körpers zu. Die Energie, die wir durch die hohe Geschwindigkeit gewonnen haben, zeigt sich somit als Masse. Einstein behauptete nun, Masse und Energie entsprächen einander und man könne beide ineinander verwandeln. Dies sagt seine berühmte Formel $E = mc^2$: Die Energie ist gleich der Masse mal der Lichtgeschwindigkeit im Quadrat. Tatsächlich wird im →Kernreaktor Masse in Energie verwandelt.
In einem weiteren Teil der Relativitätstheorie behauptet Albert Einstein, große Massen wie Sterne könnten Licht ablenken. Dies müssen wir uns so vorstellen, daß große Massen ein Schwerefeld haben, in dem Raum und Zeit verändert, gekrümmt werden. Das könnte zum Beispiel bedeuten, daß das Licht eines weit entfernten Sterns gar nicht aus der Richtung kommt, in der wir die Strahlen sehen. Vielleicht wird das Licht unterwegs von den Schwerefeldern eines oder mehrerer Sterne stark abgelenkt.

▷ Albert Einstein wurde 1879 in Ulm geboren, ging mit 15 Jahren in die Schweiz und wanderte schließlich nach Amerika aus, wo er 1955 starb. Im Jahr 1905, also im Alter von 26 Jahren, stellte er den ersten Teil seiner Relativitätstheorie auf und behauptete gleichzeitig, Lichtenergie werde in Form von Quanten (Photonen) absorbiert. Dafür erhielt er den Nobelpreis. Zehn Jahre später veröffentlichte er den zweiten Teil seiner Relativitätstheorie. Er legte damit die Grundlagen für ein neues Weltbild.

Resonanz

Wenn eine Sache auf Resonanz trifft, so meinen wir, daß sie aktives Interesse oder Zustimmung erweckt. Der Musiker kennt den Resonanzboden: Wenn der Geiger einen Ton spielt, schwingt der gesamte hölzerne Schallboden seines Instruments mit und verstärkt den Ton. Resonanz bedeutet dann also mitschwingen oder mittönen. Der Physiker spricht von Resonanz, wenn die Eigenfrequenz eines Systems mit der Erregerfrequenz übereinstimmt. Nehmen wir als Beispiel eine Schaukel: Wir stoßen sie an. Sie schwingt vor und dann zurück. Stoßen wir sie in dem Augenblick an, in dem sie wieder nach vorne schwingt, so vergrößert sich ihre Schwingungsweite. Die Eigenfrequenz der Schaukel und die Erregerfrequenz (Anstoßen) stimmen dann überein. Wir sagen auch: Die Schwingungen schaukeln sich auf. Bei der Schaukel führen sie nicht zur Zerstörung, wohl aber zum Beispiel bei Stahlfedern, die durch Resonanz überdehnt werden. Zu den außergewöhnlichen Zerstörungen der Erdbebenkatastrophe in Mexiko im Jahr 1985 kam es, weil die Eigenschwingungen der Gebäude auf dem weichen Boden mit der →Frequenz der Erdbebenwellen übereinstimmten. Resonanzerscheinungen gibt es auch in vielen elektronischen Geräten.

△ Der Frosch verstärkt seine Quakrufe durch eine Schallblase. Sie dient als Resonanzboden und verstärkt die Rufe, so daß sie weithin zu hören sind.

Richter-Skala

Die Zahlen der Richter-Skala sind ein Maß für die Stärke eines →Erdbebens. Als Grundlage dafür nimmt man die Schwingungsweite (Amplitude) der Erdbebenwellen. Jeder Schritt auf der Richter-Skala entspricht einer Verzehnfachung der

▽ Die Mercalli-Skala beurteilt die Stärke eines Erdbebens nach seinen Wirkungen an der Erdoberfläche. Sie ist in zwölf Stufen unterteilt.

1. **Unmerklich** Nur von Seismographen wahrgenommen

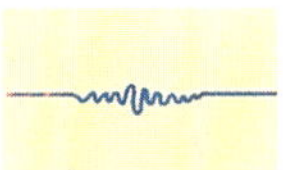

2. **Sehr leicht** Nur von vereinzelten Menschen wahrgenommen

3. **Leicht** Ähnlich den Erschütterungen durch große Lastwagen

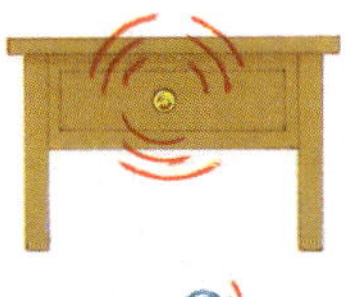

4. **Mäßig** Fenster klirren, einzelne Gegenstände wackeln

5. **Ziemlich stark** Von den meisten Menschen wahrgenommen, auch im Schlaf

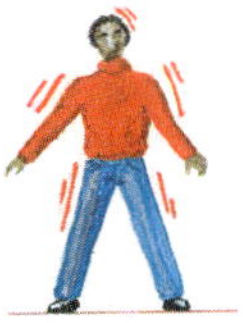

6. **Stark** Mit Schrecken wahrgenommen, Bäume bewegen sich, Gebäudeschäden

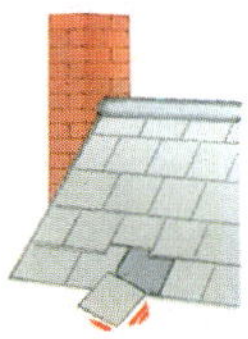

7. **Sehr stark** Stehen fällt schwer, erhebliche Gebäudeschäden

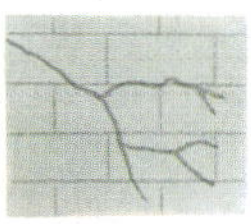

8. **Zerstörend** Schwächere Gebäude stürzen ein

9. **Verwüstend** Viele Häuser stürzen ein, Erdleitungen reißen

10. **Vernichtend** Erdrutsche, große Erdspalten, die meisten Gebäude werden zerstört

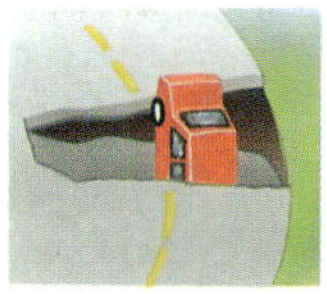

11. **Katastrophe** Gleise verbiegen sich, nur wenige Gebäude bleiben

12. **Große Katastrophe** Nichts hält stand, große Verwerfungen

△ Dieser Roboter zur Feuerbekämpfung verspritzt Löschschaum.

▽ Mit einem Flaschenzug aus vier Rollen müssen wir nur ein Viertel der Kraft aufwenden, um eine Last zu heben. Mit einer Kraft von 250 Newton (N) heben wir also eine Last von 1000 N. Wollen wir die Last um 1 Meter heben, so brauchen wir allerdings viermal soviel Seil, nämlich 4 Meter.

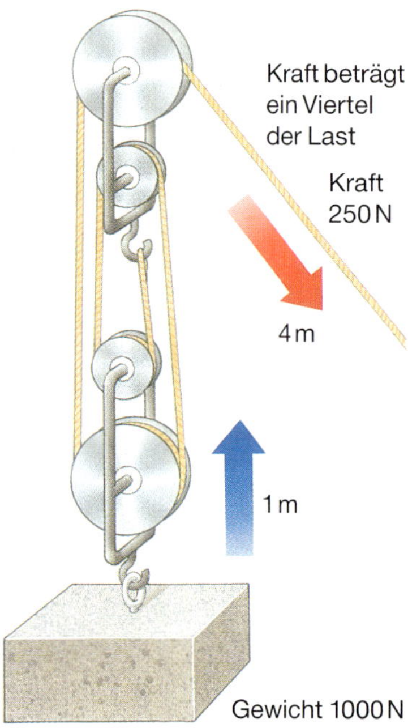

Schwingungsweite. Bei einem Erdbeben der Stärke (Magnitude) 4 ist die Schwingungsweite zehnmal so groß wie bei einem Erdbeben der Stärke 3. Die Stärke 5 entspricht dem Zehnfachen der Stärke 4 und dem Hundertfachen der Stärke 3. Eine solche Skala nennen wir logarithmisch. Jedem Schritt auf dieser Richter-Skala entspricht eine Verdreißigfachung der freigewordenen Energie. Das bisher schwerste Erdbeben erreichte auf der Richter-Skala eine Stärke von 8,6. Zur Charakterisierung von Erdbeben verwendet man häufig auch die zwölfteilige Mercalli-Skala.

Roboter

Im Jahr 1920 schrieb der Tscheche Karel Čapek ein Drama, in dem erstmals „künstliche Menschen" auftraten, die drahtlos übertragene Befehle selbständig ausführten. Čapek nannte sie Roboter nach dem tschechischen Wort „robota", das „Arbeit" bedeutet. Noch heute stellen wir uns Roboter meistens in Menschengestalt vor. In der Industrie arbeiten aber bereits Tausende von Robotern, die kaum noch an menschliche Gestalten erinnern. Sie arbeiten selbständig, können lernen und verfügen somit über eine →künstliche Intelligenz. Industrieroboter montieren Fernsehapparate zusammen, handhaben giftige oder radioaktive Stoffe, lackieren Karosserien und schweißen Autoteile zusammen. Sie arbeiten nicht „blind", sondern orientieren sich anhand von Sensoren. Sie können auch Folgen von Bildern analysieren und sogar kompliziertere Formen erkennen. Industrieroboter arbeiten sehr zuverlässig – oft zuverlässiger als Menschen, die dieselbe Arbeit verrichten.

Rolle

Rollen sind drehbare kreisrunde Scheiben mit einer Rille in der Lauffläche. Sie gehören zu den →einfachen Maschinen. Die feste Rolle dient nur zur Umlenkung einer Kraft. Wenn sie von der Decke hängt, kann man mit ihrer Hilfe eine Last heben, muß aber dieselbe Kraft aufwenden, mit der die Last nach unten zieht. Eine lose Rolle in Verbindung mit einer festen Rolle kann die Kraft verringern, die wir aufwenden müssen, um eine Last zu heben. Das ist das Prinzip des Flaschenzugs: Bei einem einfachen Flaschenzug mit einer festen und einer losen Rolle halbiert sich die Kraft. Mit der halben Kraft heben wir also die Last, müssen aber doppelt soviel Seil zu uns heranziehen. Die →Arbeit bleibt somit dieselbe, denn sie ergibt sich aus der Formel Kraft mal Weg. Enthält ein Flaschenzug vier Rollen, so müssen wir nur ein Viertel der Kraft aufwenden, doch brauchen wir dazu viermal soviel Seil.

Röntgenastronomie

Himmelskörper senden nicht nur →Licht, sondern auch andere →elektromagnetische Strahlen aus. So geben die meisten Sterne auch →Röntgenstrahlen ab. Die →Atmosphäre der Erde läßt solche Strahlen aber nicht durch. Von der Erde aus können wir Röntgenquellen im All nicht feststellen. Erst als →Raketen Höhen von 100 Kilometern und mehr erreichten, konnte man darangehen, nach Röntgenstrahlen aus dem Weltall Ausschau zu halten. 1946 entdeckten Wissenschaftler, daß die Sonne Röntgenstrahlen aussendet. 1962 wurde die erste Röntgenquelle im Weltall entdeckt. Acht Jahre später starteten die Amerikaner den ersten Röntgensatelliten. Zur Zeit durchforscht gerade der Röntgensatellit ROSAT das Weltall. Er entdeckte bereits viele tausend neue Röntgenquellen.

Damit Röntgenstrahlen in einem Stern entstehen, muß dieser eine Temperatur von mindestens einer Million °C erreichen. Das Zentrum der Sonne hat eine Temperatur von 15 Millionen °C. Es sendet Röntgenstrahlen aus, die die Zellen unseres Körpers zerstören würden, wenn uns die Atmosphäre nicht schützte. Zu den stärksten Röntgenquellen des Weltalls gehören →Neutronensterne, →Quasare, →Pulsare, →Schwarze Löcher, →Supernovä und →Weiße Zwerge.

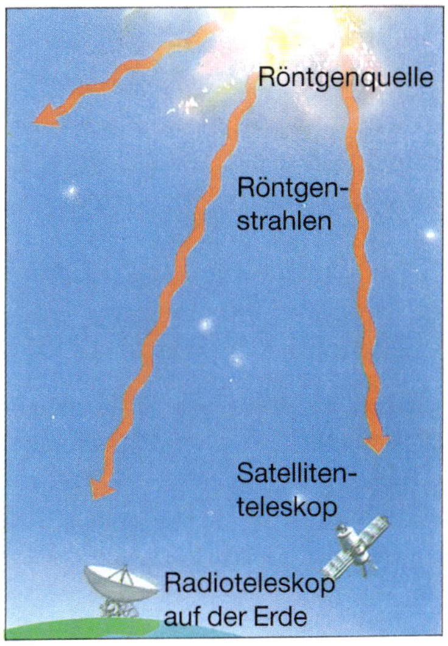

△ Teleskope auf der Erde können Röntgenstrahlen aus dem Weltall nicht wahrnehmen, denn die Atmosphäre verschluckt sie. Eine Erforschung der Röntgenquellen im All ist nur mit Satelliten möglich.

Röntgenstrahlen

Röntgenstrahlen sind sehr energiereiche →elektromagnetische Strahlen. Sie haben eine sehr hohe →Frequenz von ungefähr einer Trillion Hertz ($3 \cdot 10^{16}$ bis $3 \cdot 10^{20}$ Schwingungen pro Sekunde). Ihre →Wellenlängen sind entsprechend kurz und liegen bei rund einem milliardstel Millimeter (10^{-8} bis 10^{-12} Meter). Der Entdecker dieser Strahlen war der deutsche Physiker Wilhelm Conrad Röntgen (1845–1923). Er selbst bezeichnete die neuen Strahlen, die er erstmals 1895 erzeugte, als X-Strahlen. Diese Bezeichnung wurde in den meisten Sprachen beibehalten (zum Beispiel englisch: x-rays). Röntgen hatte bemerkt, daß die nach ihm benannten Strahlen weiches Material, etwa lebendiges Gewebe, durchdringen und von schwererem Material wie Knochen zurückgehalten und absorbiert werden. Er selbst sah auf einem Leuchtschirm das Skelett seiner Hand. Schon ein Jahr später setzten Ärzte Röntgenstrahlen ein, um die Körper ihrer Patienten zu durchleuchten. Die berühmte Physikerin Marie Curie (1867–1934), die unter anderem das Radium entdeckte, arbeitete von 1914 bis 1919, während des Ersten Weltkriegs, freiwillig in Röntgenlazaretten, in denen vor allem Granatsplitter im Körper verwundeter Soldaten ausfindig gemacht wurden. Bald ent-

▽ Wenn der Arzt den Darm eines Patienten röntgen will, läßt er diesen ein Kontrastmittel schlucken, meistens Bariumsulfat. Dieses unlösliche Salz absorbiert Röntgenstrahlen. Deutlich ist auf dem Bild der Blinddarm mit dem Wurmfortsatz zu erkennen.

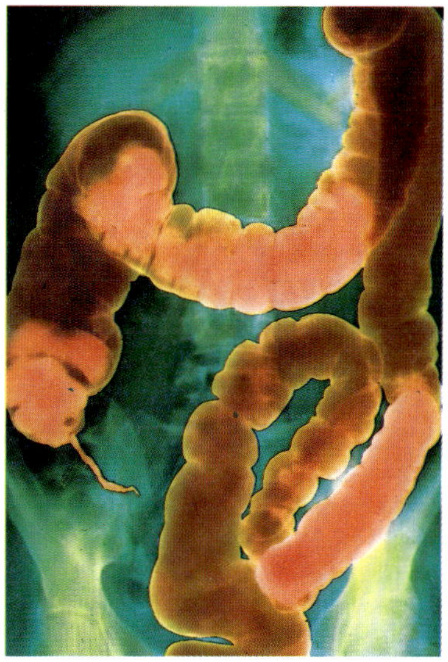

△ Solche Muster auf fotografischen Filmen ergeben sich, wenn Kristalle Röntgenstrahlen beugen. Das Muster oben geht auf die DNS zurück, deren Struktur ebenfalls mit Hilfe der Röntgenbeugung aufgeklärt wurde.

deckte man allerdings auch, daß Röntgenstrahlen Hautrötungen und sogar Haarausfall verursachen. Heute verwendet man die Röntgenstrahlen wegen dieser schädlichen Wirkungen nur mit größter Vorsicht. Das fortschrittlichste Röntgenverfahren ist die →Computertomographie.

Röntgenstrahlen werden in Röntgenröhren erzeugt. Zwischen einer Glühkathode und einer Anode herrscht eine große Spannung. Aus der Glühkathode treten →Elektronen aus, werden sehr stark beschleunigt und prallen auf eine schräggestellte Anode. Die Bewegungsenergie der Elektronen wird dabei auf zwei Arten in Röntgenstrahlung umgewandelt: Einen Teil der Elektronen bremsen die Atome der Anode einfach ab; dabei entsteht die sogenannte Bremsstrahlung. Ein anderer Teil der Elektronen dringt bis zur innersten Elektronenschale der Atome vor und schießt eines der beiden Elektronen weg. Nun rücken Elektronen von äußeren Elektronenschalen nach, wobei eine charakteristische Eigenstrahlung der Atome auftritt. Röntgenstrahlung entsteht auch in →Teilchenbeschleunigern, wenn schnelle Teilchen abgebremst werden oder eine Richtungsänderung erfahren.

Im Jahr 1912 entdeckte der deutsche Physiker Max von Laue (1879–1960), daß Kristalle Röntgenstrahlen beugen können (→Beugung). Maßgebend dafür sind die Atome, die in Kristallen in einem regelmäßigen Gitter angeordnet sind. Auf fotografischen Filmen ergeben sich durch diese Beugung charakteristische Muster intensiv geschwärzter Stellen. Aus ihnen lassen sich Informationen über die Lage der Atome in den Kristallen gewinnen. Anhand solcher Röntgenbeugungsbilder gelingt es, Kristallstrukturen zu erforschen. Man konnte damit zum Beispiel den Aufbau der →DNS entschlüsseln.

Rotation

Jede Drehbewegung um einen Drehpunkt oder eine Drehachse heißt Rotation. Die Erde dreht sich in 24 Stunden einmal um die Erdachse. Räder drehen sich um ihre Achse, auch Nabe genannt. Bei den →Generatoren und →Elektromotoren gibt es immer einen Teil, der sich in Drehung befindet, den Rotor. Auch der Hubschrauber hat Rotoren oder bewegte Flächen, meistens einen großen Rotor über der Kabine und einen kleineren am Heck.

Wenn wir einen Kreis längs einem Durchmesser drehen (rotieren) lassen, entsteht ein Rotationskörper. Bei einem Kreis ergibt sich eine Kugel. Man kann auch eine Ellipse sich um eine ihrer Achsen drehen lassen und bekommt dann ein Rotationsellipsoid. Die Erde ist ein solches Ellipsoid, weil sie an den Polen stärker abgeplattet ist.

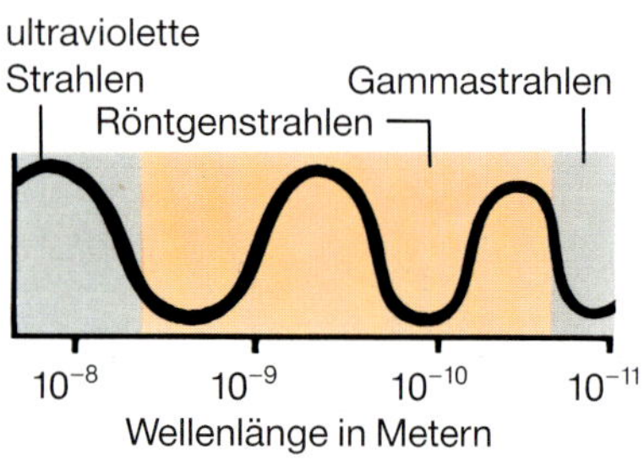

△ Die Röntgenstrahlen liegen im elektromagnetischen Spektrum zwischen den ultravioletten Strahlen und den Gammastrahlen, wobei sich die Bereiche mehr oder minder stark überlappen.

Rote Riesen

Rote Riesen sind altgewordene →Sterne. Wenn ein Stern altert, wird er zunächst heißer. Die→Strahlung aus dem Inneren droht ihn aufzublähen und zur Explosion zu bringen. Schließlich werden die äußeren Schichten nach außen geblasen, kühlen sich dabei ab und zeigen in der Folge eine dunklere Farbe, die stärker ins Rot geht. Der Stern Aldebaran im Sternbild Stier hat den rund vierzigfachen Durchmesser der Sonne, doch ist das Gas in den äußeren Schichten so dünn, daß man fast von einem →Vakuum sprechen könnte. In ungefähr fünf Milliarden Jahren wird auch die Sonne sich zu einem Roten Riesen entwickelt und dabei den Mars, den Merkur und die Venus in sich aufgenommen haben. Die Erde wird dann infolge der Hitze völlig unbewohnbar sein. Einige Rote Riesen entwickeln sich weiter zu →Weißen Zwergen.

△ Der Aldebaran im Sternbild Stier ist ein Roter Riese und hat rund den vierzigfachen Durchmesser der Sonne.

Rotverschiebung

Licht pflanzt sich in Form von →Wellen fort. Die →Wellenlänge bestimmt dabei über die Farbe des Lichts. In einem Millimeter haben ungefähr 2500 Wellenlängen des blauen Lichtes Platz. Bei rotem Licht sind es nur ungefähr 1500 Wellenlängen, weil dessen Wellenlänge größer ist. Nehmen wir nun an, daß sich ein Himmelskörper, der Licht aussendet, mit großer Geschwindigkeit von uns wegbewegt. Dann verschiebt sich dessen Wellenlänge zum roten Bereich hin und wird damit größer. Bewegt sich der Himmelskörper auf uns zu, so verschiebt sich seine Farbe stärker zum Blau hin. Diese und ähnliche Erscheinungen gehen auf den →Dopplereffekt zurück. Meßbar wird er beim Licht erst bei Geschwindigkeiten von vielen Kilometern pro Sekunde. Die Rotverschiebung weit entfernter →Quasare zeigt, daß sich diese mit Geschwindigkeiten bis zu 200000 Kilometern pro Sekunde von uns entfernen. Der amerikanische Astronom Edwin Hubble (1889–1953) bewies anhand der Rotverschiebung als erster, daß sich das →Weltall ausdehnt. Dies ist die Folge des →Urknalls.

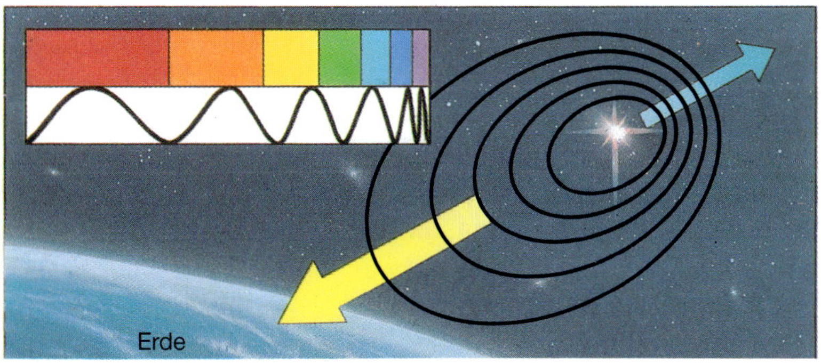

◁ Die Farbe des Lichts aus weit entfernten Galaxien ist gegenüber den Erwartungen zum roten Ende des Farbspektrums hin verschoben. Wir nennen diese Erscheinung Rotverschiebung. Sie beruht auf dem Dopplereffekt: Die Wellenlänge des Lichtes und anderer Wellen nimmt zu, wenn sich die Lichtquelle und der Beobachter voneinander entfernen.

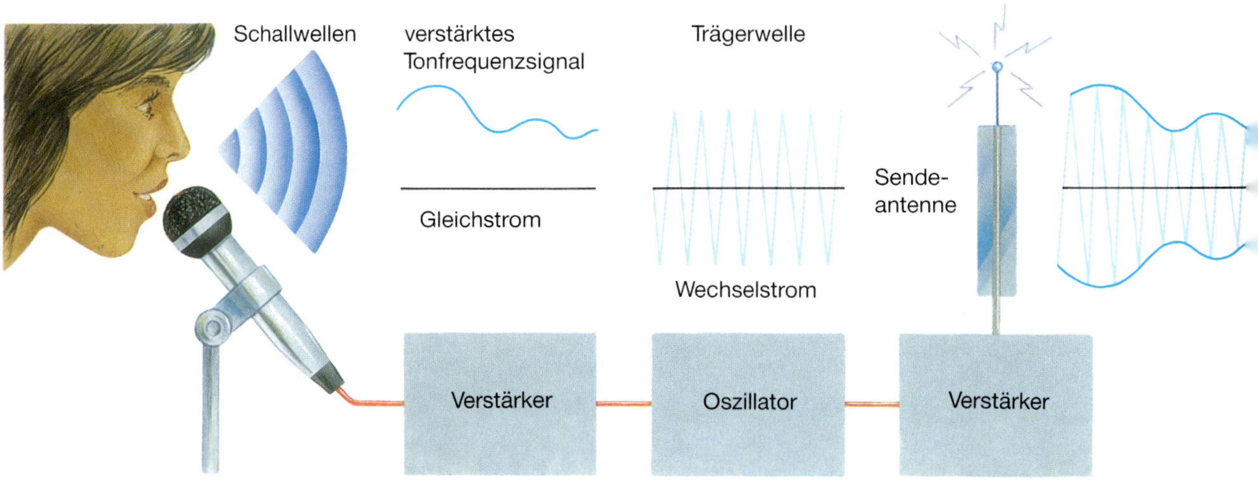

△ Die Grafik zeigt, wie Sprache mit Hilfe von Radiowellen und der Amplitudenmodulation (AM) übertragen und vom Sender wieder in Schallwellen zurückverwandelt wird. Bei der Amplitudenmodulation verändert sich die Schwingungsweite (Amplitude der Trägerwelle).

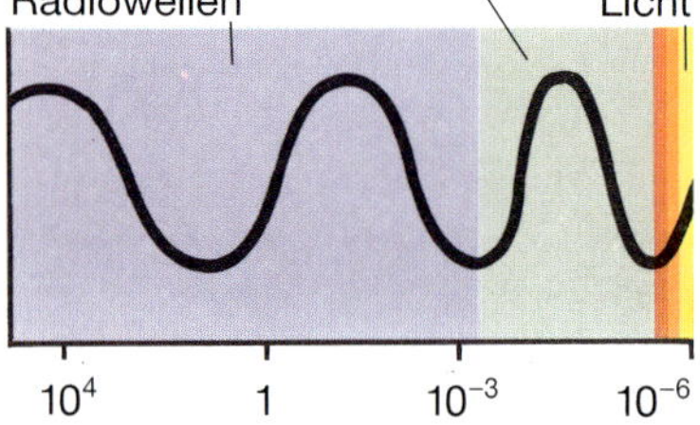

△ Die Radiowellen haben größere Wellenlängen und geringere Frequenzen als die Infrarotstrahlen und das sichtbare Licht.

Rundfunk

Über den Rundfunk übertragen und empfangen wir Musik, Nachrichten und Bilder. Dazu verwenden wir Radiowellen. Die →Wellenlängen reichen von knapp einem Zentimeter bis zu zwei Kilometern. Innerhalb dieses riesigen Bereichs unterscheiden wir verschiedene Arten von Radiowellen: Beim →Radar sind es Zentimeterwellen (0,75 bis 60 cm). Das →Fernsehen verwendet Wellenlängen von 0,38 bis 7 Meter. Das ist ungefähr der Bereich der sogenannten Ultrakurzwellen (UKW, englisch VHF, 1 bis 10 m), in dem auch der Stereohörfunk (2,77 bis 3,43 m) liegt. Schließlich kommen noch die Kurz-, Mittel- und Langwellenbereiche zwischen etwa 50 und 2000 Metern. Radiowellen mit größeren Wellenlängen werden von der →Ionosphäre zurück auf die Erde geworfen. Deswegen kann man sie über weiteste Entfernungen hin senden. Durch die →Reflexion an der Ionosphäre überwinden sie sogar die Krümmung der Erdoberfläche.

Als erster entwickelte der Italiener Guglielmo Marconi (1874–1937) eine praktische Funkausrüstung und sendete drahtlos die ersten →Morsezeichen. 1902 konnte er den Atlantik mit drahtlosen Signalen überbrücken. Nach dem Ersten Weltkrieg entstand der allgemeine Rundfunk, den wir auch einfach Radio nennen. Heute funktioniert die Technik folgendermaßen: →Mikrofone im Studio des Funkhauses verwandeln die Schallschwingungen der Sprache und der Musik in Spannungsschwankungen. Diese überträgt man mit Hilfe einer Trägerwelle zum Empfänger. Sie hat die Aufgabe, die Spannungsschwankung des Mikrofons wie ein Pferd seinen Reiter zu tragen und zu transportieren. Wir sagen: Die Trägerwelle wird moduliert. Es gibt zwei Arten der Modulation: Bei der Amplitudenmodulation wird die Schwingungsweite (Amplitude) verändert, bei der Frequenzmodulation hingegen

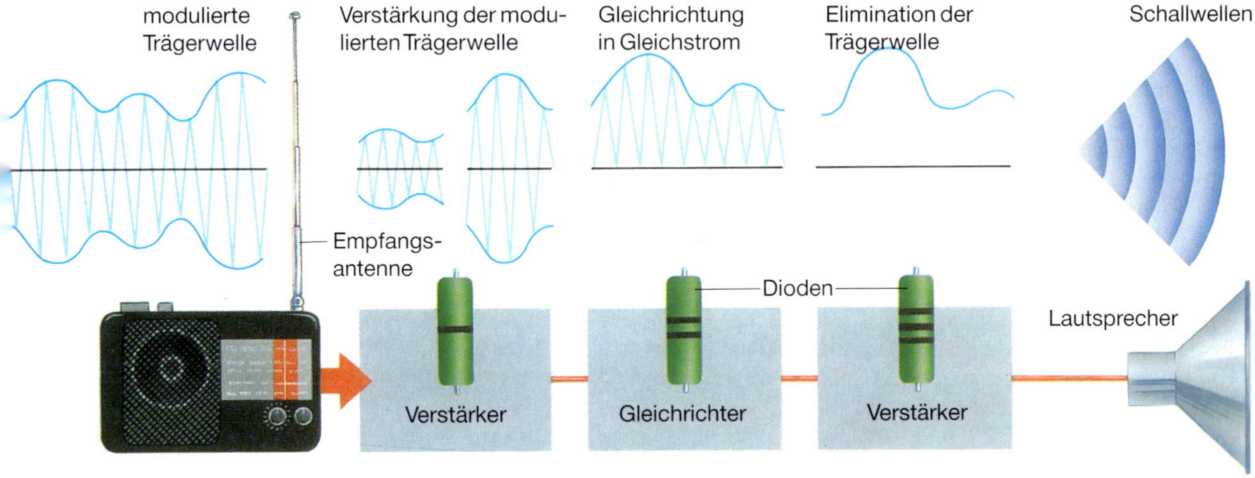

die Frequenz der Wellen. Dieses zuletzt genannte Verfahren ist nur bei UKW möglich. Die modulierte Trägerwelle wird nun von der Sendeantenne ausgestrahlt und erreicht die →Antenne des Empfängers. Eine besondere Vorrichtung im Gerät siebt sozusagen die gewünschte Welle aus den Wellen anderer Sender heraus, die gleichzeitig aufgenommen wurden. Nun findet der bisher geschilderte Vorgang in umgekehrter Richtung statt. Die modulierte Welle wird verstärkt, von einem →Gleichrichter in Gleichstromschwankungen verwandelt und dann demoduliert. Dabei trennt man die Trägerfrequenz von der Tonfrequenz. Diese wird schließlich einem →Lautsprecher zugeführt, der die elektrischen Spannungsschwankungen wieder in Schallwellen verwandelt.
Den Kurz- und Ultrakurzwellenbereich dürfen auch Amateurfunker nutzen. Zuvor müssen sie allerdings eine Prüfung ablegen und eine Lizenz erwerben. Der CB-Funk ist jedermann zugänglich, hat allerdings nur eine beschränkte Reichweite von höchstens 30 Kilometern.

▽ Die Grafik zeigt ein einfaches Rundfunkgerät zusammen mit seinem Schaltdiagramm. Die Radiosignale gelangen von der Antenne zu einem Schwingkreis, bestehend aus einer Spule und einem Kondensator. Dessen Kapazität kann man verändern und auf die Wellenlänge der gewünschten Rundfunkstation einstellen. Die Diode läßt nur gleichgerichtete Spannungsschwankungen durch, die der Kristallohrhörer in Schallwellen verwandelt.

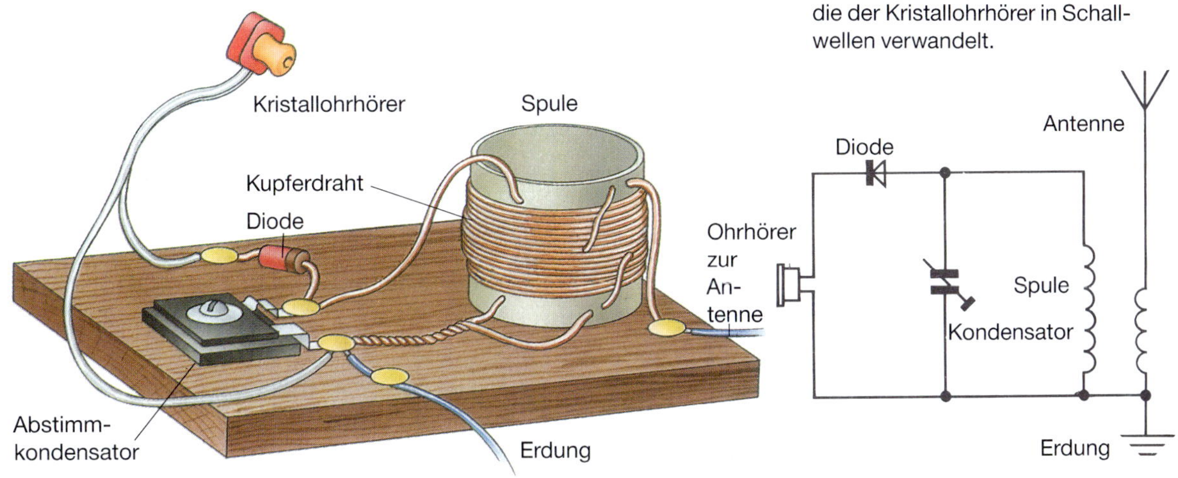

Salpetersäure

Reine Salpetersäure ist eine rauchende, farblose, sehr starke →Säure, die bei 87 °C siedet. Im Licht zersetzt sie sich teilweise in Stickstoffoxide, die der Säure ein braunes Aussehen verleihen. Die Salpetersäure kommt in der Natur nur in Form ihrer →Salze vor, der →Nitrate. Diese setzen sich aus Stickstoff, Sauerstoff und einem Metall zusammen.
Heute verwendet man Salpetersäure zur Herstellung von →Düngemitteln, von Sprengstoffen wie →TNT, von →Farbstoffen und von Arzneimitteln. Die Salpetersäure hieß früher auch Scheidewasser, weil man mit ihr Gold und Silber leicht unterscheiden und trennen kann. Die Salpetersäure greift nämlich das Silber an und löst es auf, Gold dagegen nicht. Gold und Platin werden nur von Königswasser gelöst, einem Gemisch aus einem Teil konzentrierter Salpetersäure und drei Teilen Salzsäure.

HNO_3

△ Die Salpetersäure (HNO_3) spielt bei der Herstellung von Düngemitteln und Sprengstoffen eine wichtige Rolle.

Salze

Salze entstehen, wenn eine →Säure mit einer Base reagiert. Wenn wir Salzsäure mit Natriumhydroxid (→Natronlauge) zusammenbringen, entsteht daraus Natriumchlorid, das wir als Koch- oder Steinsalz kennen. Es löst sich in großen Mengen in Wasser. Kochsalz macht vier Fünftel der im Meerwasser gelösten Stoffe aus. Bei uns baut man das Kochsalz in Salzbergwerken ab. In warmen Ländern wie im Mittelmeergebiet wird es in Salinen aus dem Meerwasser gewonnen: Man läßt Meerwasser in flache Becken einlaufen und schließt deren Zulauf ab. Unter der heißen Sonne verdunstet das Meerwasser, und zurück bleibt kristallisiertes weißes Meersalz, das man einsammeln kann.
Salze sind durch eine besondere →chemische Bindung gekennzeichnet, die Ionenbindung. Dabei ziehen sich positive Ionen (Kationen) und negative Ionen (Anionen) stark an und führen zur Bildung eines Kristalls. Beim Kochsalz oder Natriumchlorid ist das positiv geladene Natriumatom das Kation, das negativ geladene Chloratom das Anion. Salze haben fast immer einen hohen →Schmelz- und →Siedepunkt. Meistens lösen sie sich in Wasser, wenn auch oft nur in geringen Mengen.
Salze entstehen auch durch andere chemische Reaktionen, zum Beispiel, wenn eine Säure ein Metall oder ein Metalloxid auflöst. Wenn wir verdünnte Schwefelsäure mit Kupferoxid zusammenbringen, gehen daraus das Salz Kupfersulfat sowie Wasser hervor. Das Kupfersulfat ist zuerst im Wasser gelöst. Wenn dieses verdunstet, bleiben blaue Kupfersulfatkristalle übrig. Wenn wir ein →Metall direkt mit einem Nichtmetall

▽ Dies ist die chemische Formel für das Natriumchlorid, das jedermann als Kochsalz kennt.

$NaCl$

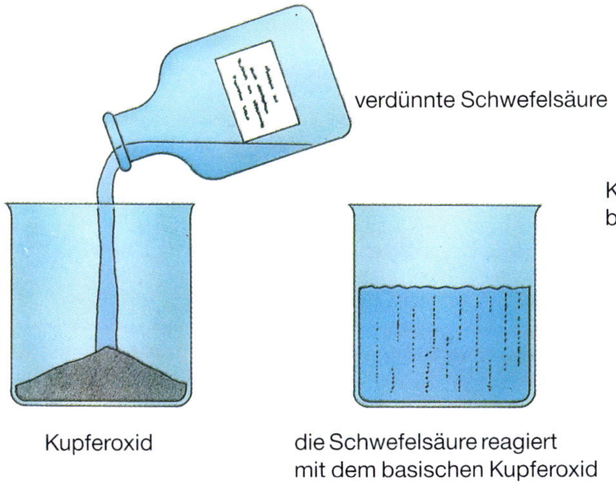

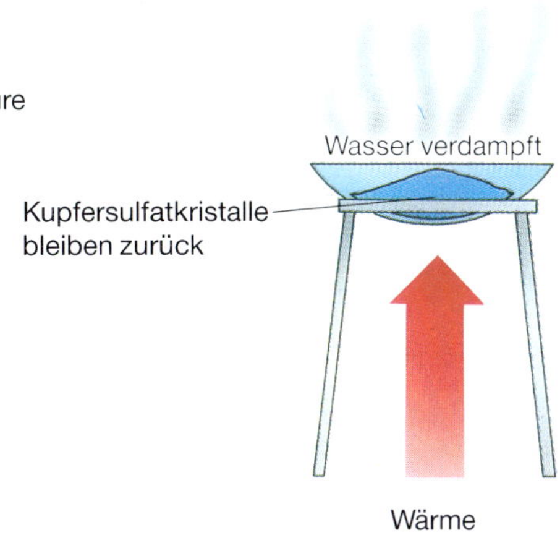

△ Das Salz Kupfersulfat entsteht, wenn wir Kupferoxid in verdünnter Schwefelsäure auflösen. Dabei bildet sich eine tiefblaue Lösung. Kupfersulfatkristalle erhalten wir, wenn wir das Wasser verdampfen lassen.

reagieren lassen, kann daraus ebenfalls ein Salz hervorgehen. Metallisches Natrium oder Kalium reagiert sehr heftig mit den →Halogenen, den salzbildenden Elementen wie Fluor, Chlor, Brom und Iod. Im Fall des Kochsalzes geht ein →Elektron des Natriumatoms auf das Chloratom über; dadurch erhält das erste seine positive, das zweite seine negative Ladung.

Salzsäure

Wenn Chlorgas (Cl_2) mit Wasserstoffgas (H_2) reagiert, entsteht Chlorwasserstoff (HCl). Dieses Gas riecht stechend und ist farblos. In Wasser gelöst, entsteht Salzsäure. Konzentrierte Salzsäure raucht, ist sehr gefährlich und besteht aus drei Teilen Chlorwasserstoff und sieben Teilen Wasser.
Salzsäure reagiert mit Basen oder Metallen und bildet dabei →Salze, die Chloride. Sie enthalten das negativ geladene Chloridion. Das häufigste Chlorid in der Natur ist das Natriumchlorid, das Koch- oder Steinsalz. Drüsen in der menschlichen Magenwand produzieren eine schwache, 0,5prozentige Salzsäurelösung. Der Nahrungsbrei ist im Magen deswegen stark sauer. Das spüren wir selbst, wenn uns einmal Sodbrennen plagt. Nur in der sauren Umgebung des Magens kann das →Enzym Pepsin die →Proteine der Nahrung aufspalten.
Siehe auch →Säuren und Basen.

HCl

△ Salzsäure ist die wäßrige Lösung des Gases Chlorwasserstoff (HCl).

▽ Für eine Radierung verwendet der Künstler Salzsäure, um seine Zeichnung in die Kupferplatte einzuätzen. Die Platte erhält einen dünnen Überzug aus Wachs. Mit der Radiernadel wird die Zeichnung eingeritzt. Die Säure frißt sich dann nur an jenen Stellen in das Metall ein, wo die Nadel die Schutzschicht durchstoßen hat. Danach kann man mit dieser Ätzplatte drucken.

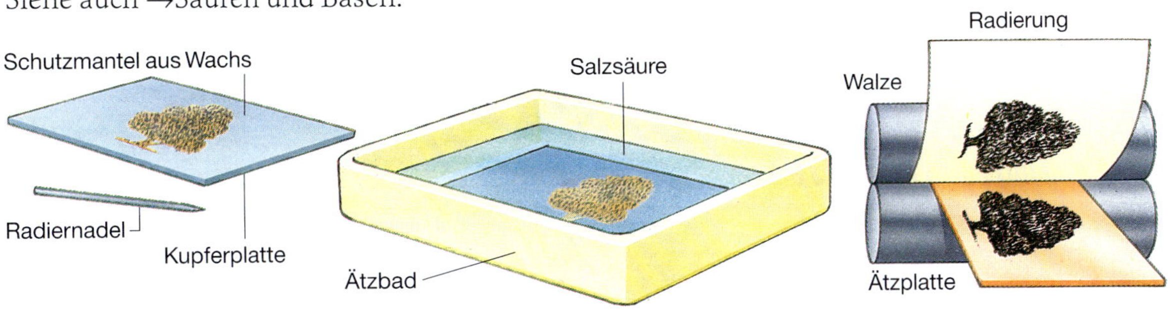

Samen

Alle Blütenpflanzen entwickeln Samen und pflanzen sich mit ihnen fort. Die Samen entstehen nach der Befruchtung der Eizelle durch männliche Kerne im Pollenkorn. Samen entwickeln sich also aus den Samenanlagen der Blüte. Samen haben eine widerstandsfähige Hülle. Im Innern jedes Samens befindet sich ein Keimling oder Embryo. Meistens sind auch Nahrungsvorräte für den heranwachsenden Keimling vorhanden; bei Bohnen und Erbsen befinden sie sich in den dicken Keimblättern.
Wenn ein Same mit Feuchtigkeit, Wärme und Sauerstoff in Berührung kommt, so beginnt er zu keimen. Zunächst nimmt der Samen Wasser auf und quillt. Während der Keimung wächst der Embryo heran und durchbricht mit der Samenwurzel zuerst die Samenschale. Dann befreien sich auch die Keimblätter mit dem Sproß. Viele Samen können jahrelang im Ruhezustand verharren, wenn keine günstigen Bedingungen für die Keimung gegeben sind. Man hat zum Beispiel schon Samen aus Pharaonengräbern zum Keimen gebracht.
Als Samen bezeichnen wir bei den Tieren und bei den Menschen auch die Samenflüssigkeit, welche die männlichen Samenzellen enthält.

△ Einige Früchte haben eine Art Fallschirm für die Verbreitung mit dem Wind. Andere werden von Tieren weiterverbreitet.

Mach es selbst

Einige Früchte sind wie Propeller gebaut, zum Beispiel die des Ahorns. Wenn sie vom Baum herunterfallen, drehen sie sich im Wind und entfernen sich dabei weit von der Mutterpflanze. Wir bauen uns ein Modell der Ahornfrucht aus Papier und beschweren es mit einer Büroklammer.

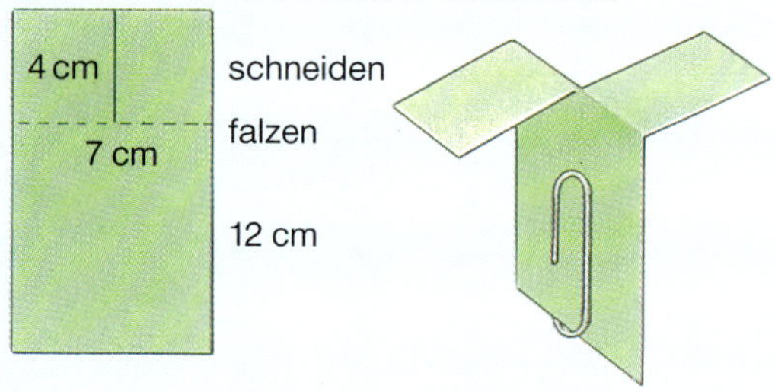

▷ Diese Samen oder Früchte werden vom Wind oder von Tieren verbreitet. Erst dann keimen sie aus. Viele Früchte werden von Tieren gefressen und verlassen deren Darm wieder mit dem Kot. Der Mohn hat eine Kapsel, die wie ein Salzstreuer wirkt: Die reife Frucht entwickelt unter dem Deckel der Samenkapsel Löcher, aus denen die winzigen Samen herausfallen, wenn der Wind die Pflanzen bewegt. Die Klettenfrucht hat Haken, mit denen sie sich am Fell oder am Gefieder von Tieren festheftet.

Siehe auch →Befruchtung; →Bestäubung; →Blüte; →Botanik; →Embryo; →Fortpflanzung; →Frucht; →Keimung; →Pollen; →Wachstum; →Zelle.

Satellit

Satelliten kreisen auf geschlossenen Bahnen um →Planeten. Man kann den Mond als den natürlichen Satelliten der Erde bezeichnen. Meistens sprechen wir jedoch nur von künstlichen Satelliten. Der erste war der sowjetische Sputnik 1, der am 4. Oktober 1957 gestartet wurde. Heute ist der Himmel buchstäblich voller Satelliten. Bisher wurden rund 3700 Raumflugkörper ins All geschossen. Viele brachen auseinander, so daß der erdnahe Weltraum heute einem Trümmerfeld gleicht.

Satelliten übernehmen die unterschiedlichsten Aufgaben: Geostationäre Satelliten sorgen zum Beispiel für Fernmeldeverbindungen und Fernsehübertragungen. Sie stehen immer an derselben Stelle der Erdoberfläche und dienen als Relaisstation für Funkverbindungen. Wettersatelliten nehmen in regelmäßigen Abständen die Wolkenbedeckung auf und senden Informationen darüber zur Erde. Weitere Erderkundungssatelliten machen Infrarotaufnahmen, vermessen die Länder der Erde und suchen nach Erzen oder Erdöl.

Satelliten brauchen elektrische Energie, um ihre Daten auf die Erde funken zu können. Sie gewinnen sie meistens mit Hilfe von →Solarzellen. Sonnenferne Satelliten bekommen dazu nicht genügend Strahlung. Sie beziehen ihre Energie aus kleinen Atombatterien. Alle Satelliten geraten mit der Zeit ins Trudeln. Sie müssen dann ihre Lage mit Hilfe von Düsen neu regeln. Wenn diesen Düsen der Treibstoff ausgeht, werden die Satelliten meistens unbrauchbar und sind verloren.

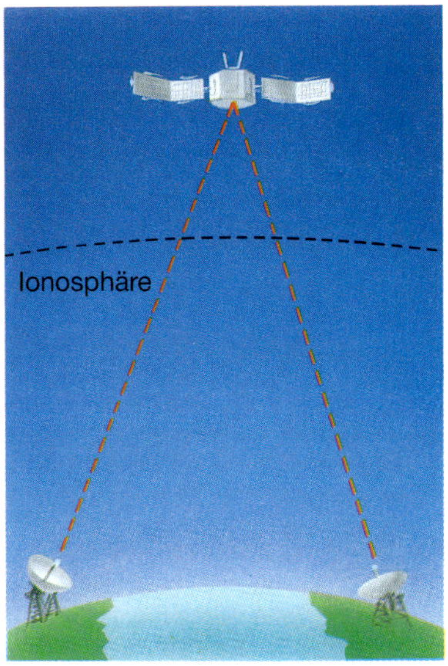

△ Geostationäre Fernmeldesatelliten übertragen Telefongespräche, Fernsehbilder und Computerdaten zwischen verschiedenen Kontinenten.

◁ Tiros I war der erste Satellit, der detaillierte Bilder vom Wettergeschehen an der Erdoberfläche aufnahm. Er wurde im April 1960 gestartet. Die Außenseite von Tiros war rundum mit Solarzellen bedeckt. Der Satellit wog 122,5 Kilogramm.

Zahlen und Daten
Durchmesser am Äquator
120 000 km
Durchmesser an den Polen
108 000 km
Entfernungen von der Sonne
1,507 Milliarden km (Maximum)
1,347 Milliarden km (Minimum)
Umlaufzeit 29,5 Jahre
Tageslänge 10 Stunden und 40 Minuten
Masse 95 Erdenmassen
Dichte 13 Prozent der Erddichte
Oberflächentemperatur
–170 °C

Saturn

Den Saturn kennen wir als den →Planeten mit den Ringen. Ringsysteme wurden zwar kürzlich auch bei den benachbarten drei Riesenplaneten entdeckt, doch beim Saturn sind sie bei weitem am besten zu sehen. Durch seine schnelle Drehung – ein Tag auf ihm dauert nicht einmal 11 Stunden – ist der Saturn an den Polen stark abgeplattet und um den Äquator herum ausgeweitet.
Der Saturn selbst ist eine kalte Welt. Im Gegensatz zur Erde hat der Saturn keine feste Oberfläche. Seine Atmosphäre be-

▷ Das auffälligste Merkmal des Saturns ist sein Ringsystem. Die Ringe sehen wie Rillen einer Schallplatte aus.

steht vor allem aus Wasserstoff und Helium. Dazu kommen kleine Anteile von →Methan und →Ammoniak.
Das Ringsystem des Saturns ist sehr ausgedehnt und 21mal so groß wie der Durchmesser der Erde, aber nur wenige Kilometer dick. Es ist ungefähr so dünn wie – vergleichsweise – ein flacher Ring aus Zeitungspapier mit einem Durchmesser von 5 Metern. Das hört sich an, als sei es viel zuwenig, um über längere Zeit bestehen zu können. Dennoch hat dieses Ringsystem wohl ein beträchtliches Alter. Die Ringe scheinen hauptsächlich aus mikroskopisch kleinen bis sandkorngroßen festen Stoffen und Eiskristallen zu bestehen. Größere Brocken sind darin eingebettet. Von Ferne sehen die Ringe aus wie die Rillen auf einer Schallplatte. Die breiteren Lücken in diesem Ringsystem gehen auf die →Schwerkraft der Monde zurück.
Der Saturn hat 24 Monde. Der größte und wichtigste ist der Titan, der einzige Mond im →Sonnensystem mit einer →Atmosphäre. Der kleinste Saturnmond hat hingegen einen Durchmesser von nur 30 Kilometern.

▽ Neben den Ringen gibt es um den Saturn auch größere „Schäfermonde“ mit einem Durchmesser von 100 bis 200 km.

Mach es selbst

Wir können selber nachweisen, daß Pflanzen während der Photosynthese Sauerstoff abgeben. Dazu legen wir eine Wasserpflanze auf den Boden einer wassergefüllten Schüssel, decken sie mit einem Trichter zu und stülpen darüber ein kleines Glas. Wenn die Pflanze im Licht steht, gibt sie winzige Sauerstoffbläschen ab. Durch unsere Versuchsvorrichtung werden sie gesammelt. Wenn genügend Gas im Glas ist, drehen wir es um und stecken ein glimmendes langes Streichholz hinein. Beginnt es stark zu brennen, handelt es sich bei dem Gas um Sauerstoff.

Der Sauerstoff heißt wissenschaftlich Oxygenium. Fast immer, wenn der Wortbestandteil Oxy- oder Oxi- auftaucht, können wir auf eine Verbindung mit Sauerstoff schließen. Sauerstoffverbindungen heißen allgemein Oxide, die Sauerstoffaufnahme ist eine Oxidation. Wenn sich der Blutfarbstoff Hämoglobin mit Sauerstoff verbunden hat, heißt er Oxihämoglobin. Hat er den Sauerstoff wieder abgegeben, so nennen wir ihn Desoxihämoglobin.

Sauerstoff

Sauerstoff brauchen beinahe alle Lebewesen, um zu überleben. Sie nehmen ihn mit der Luft oder in Wasser gelöst auf und verwenden ihn zur „Verbrennung“ von Nährstoffen. Daraus gewinnen sie die benötigte Energie (→Atmung). Auch die grünen Pflanzen brauchen Sauerstoff, doch produzieren sie tagsüber während der →Photosynthese mehr Sauerstoff, als sie für ihre Atmung verbrauchen. Deswegen herrscht zwischen den Lebewesen ein Kreislauf: Die Tiere und wir Menschen nehmen Sauerstoff auf und geben →Kohlendioxid ab, während die Pflanzen Kohlendioxid brauchen und Sauerstoff abgeben.

Der Sauerstoff ist ein gasförmiges, farbloses →chemisches Element. In der →Atmosphäre ist er mit einem Fünftel vertreten. Dort existiert er in Form von →Molekülen, wobei jedes Sauerstoffmolekül (O_2) aus zwei Sauerstoffatomen besteht. In der oberen Atmosphäre entsteht durch die →ultraviolette Strahlung der Sonne noch ein anderes Sauerstoffmolekül, das →Ozon. Sauerstoff reagiert leicht mit den meisten Elementen und bildet dabei →Oxide, etwa Eisenoxid oder Kupferoxid. Siehe auch →Chemie; →Kohlendioxid; →Kohlenmonoxid.

Säuren und Basen

Die weitaus meisten Säuren schmecken wirklich sauer. In hoher →Konzentration verursachen viele von ihnen schwerste Verätzungen, zum Beispiel die →Salpetersäure, die →Salzsäure und die →Schwefelsäure. Andere Säuren hingegen sind

Mach es selbst

Wir legen einen Teelöffel des Salzes Natriumhydrogenkarbonat (Apotheke) auf einen Teller. Darauf tropfen wir etwas Essig. Sofort beginnt das Salz zu schäumen und gibt Kohlendioxid ab. Der saure Essig reagiert nämlich mit dem basischen Natriumhydrogenkarbonat. Dabei entsteht Kohlendioxid.

Abgase von Industrieanlagen, Heizungen und Verbrennungsmotoren verschmutzen die Luft. Die Schadstoffe werden oft über weite Strecken verfrachtet und reagieren mit Wasser in der Luft, zum Beispiel zu Schwefelsäure und Salpetersäure. Der saure Regen fällt dann oft in weiter Entfernung von den Gebieten, in denen die schädlichen Abgase entstanden sind. Besonders geschädigt ist in Mitteleuropa zum Beispiel Graubünden, obwohl es dort fast keine Industrie gibt.

ziemlich harmlos, ja sie verleihen Früchten (Zitronensäure, Apfelsäure) oder Milchprodukten wie Joghurt (Milchsäure) ihren Wohlgeschmack. Mit einer Säure, dem Essig, würzen wir auch unseren Salat.
Der Chemiker kennt mehrere Definitionen für die Säure. Säuren spalten sich in Wasser ganz oder teilweise (Dissoziation). Dabei entstehen positiv geladene Wasserstoffionen (H^+), die die Stärke der Säure bestimmen. Bei der Salzsäure sieht diese Reaktion folgendermaßen aus:

$$HCl + H_2O \rightarrow H^+ + Cl^- + H_2O.$$

Wenn viel von diesen Wasserstoffionen (H^+) vorhanden ist, handelt es sich um eine starke Säure. Über die Menge der Wasserstoffionen gibt der →pH-Wert Auskunft.
Basen sind das Gegenteil von Säuren. Ein Beispiel für eine Base ist das Natriumhydroxid, das in Wasser gelöst →Natronlauge heißt. Auch sie verursacht auf der Haut schwerste Verätzungen. Daran ist das Hydroxidion (OH^-) schuld. Wenn wir nun eine Base mit einer Säure in gleichen Mengen zusammenbringen, so neutralisieren sie sich gegenseitig und bilden ein →Salz. Die Wasserstoffionen der Säure und die Hydroxidionen der Base verbinden sich nämlich zu harmlosem Wasser:

$$H^+ + OH^- \rightarrow H_2O.$$

Wenn wir zum Beispiel Salzsäure und Natronlauge miteinander reagieren lassen, entstehen Kochsalz und Wasser.

saurer Regen

Bei der Verbrennung →fossiler Brennstoffe entsteht eine Vielzahl von Gasen, an erster Stelle das →Kohlendioxid. Abgesehen davon, daß es den →Treibhauseffekt verstärkt, ist es ungiftig und harmlos. Ist in den fossilen Brennstoffen →Schwefel enthalten, was besonders bei der Braunkohle der Fall ist, so entsteht bei der Verbrennung das stechend riechende Gas →Schwefeldioxid. Bei der Verbrennung besonders in den Automotoren reagieren der Sauerstoff und der Stickstoff der Luft zusammen zu unterschiedlichen Stickstoffoxiden. Schwefeldioxid und die Stickoxide, von denen zusammen jedes Jahr in Deutschland über zehn Millionen Tonnen in die Luft geblasen werden, reagieren nun mit dem Wasser, das immer in der Luft enthalten ist, beispielsweise in Form von Nebel oder Wolken. Dabei entstehen vor allem schweflige Säure, →Schwefelsäure und →Salpetersäure. Sie machen den Regen deutlich sauer. Pro Jahr regnet es rund 6 Millionen Tonnen Schwefelsäure und 3,5 Millionen Tonnen Salpetersäure auf Deutschland herab! Der sauerste Regen in Deutschland hatte einen →pH-Wert von 3,5. Solcher Regen ist schon fast so sauer wie Essig.

▽ Dieser Baum ist ein Opfer des sauren Regens. Der saure Regen entsteht durch die Abgase von Heizungen, Industrieanlagen und Verbrennungsmotoren. Der Katalysator im Auto trägt etwas dazu bei, daß weniger schädliche Abgase entstehen.

Der saure Regen hat katastrophale Auswirkungen auf die Natur. Die Seen beispielsweise werden immer saurer; das können die Fische und viele andere Tiere nicht überleben. In Skandinavien, das besonders unter dem sauren Regen leidet, sind Tausende von Seen bereits biologisch tot. Auch am Waldsterben ist der saure Regen der Hauptschuldige. Er bewirkt eine Übersäuerung der Böden. Wichtige Mineralsalze werden dabei ausgewaschen und verschwinden, giftige hingegen werden gelöst, zum Beispiel Aluminium und Schwermetalle. Diese schädigen die Pflanzenwurzeln. Die feinen Wurzeln der Bäume bilden sich zurück und können somit nicht mehr genügend Wasser aufnehmen. Dazu kommt, daß die Schadstoffe in der Luft das Blattgrün zerstören und damit die →Photosynthese unmöglich machen. Die Folge ist der langsame, unaufhaltsame Tod des Baumes. Bereits über 50 Prozent der Bäume sind durch sauren Regen geschädigt.
Einige wenige Wissenschaftler behaupten, der saure Regen sei nicht schuld am Waldsterben, sondern eine übermäßige landwirtschaftliche →Düngung mit Ammoniumstickstoff.

Schall

Schall pflanzt sich in Form von →Wellen fort. Dazu muß ein übertragender Stoff (Medium) vorhanden sein. Das ist meistens die →Luft. Im →Vakuum gibt es keine Schallübertragung. Schallwellen entstehen, wenn die unterschiedlichsten Körper schwingen und vibrieren. Bei fast allem, was wir tun, entstehen Schallwellen. Wenn wir beispielsweise mit einer Feder schreiben, hören wir die kratzenden Schallwellen, die sie erzeugt. Weiteres auf den Seiten 448 und 449.

Schallmauer

Wenn ein Flugzeug genau mit Schallgeschwindigkeit fliegt, so geschieht etwas Merkwürdiges: Der Schall, den es jeden Augenblick erzeugt, addiert sich zum Schall, den es früher erzeugt hat, weil sich dieser mit gleicher Geschwindigkeit wie das Flugzeug fortpflanzt. Dadurch entsteht vor dem Flugzeug eine verstärkte Druckwelle, die Schallmauer. Bei der Annäherung an die Schallgeschwindigkeit nimmt der Luftwiderstand stark zu. Der →Auftrieb geht zurück und mit ihm die Steuerbarkeit. Dennoch gelang es, Überschallflugzeuge zu bauen. Überschreitet ein solches Flugzeug die Schallgeschwindigkeit, so bildet sich ein Schallkegel, der Machsche Kegel. Im Inneren dieses Kegels löschen sich die Schallwellen gegenseitig aus. Doch auf dem Mantel entsteht eine sehr starke Stoßwelle. Auf der Erde hören wir sie als Überschallknall. Dann sagen wir: Das Flugzeug hat die Schallmauer durchbrochen.

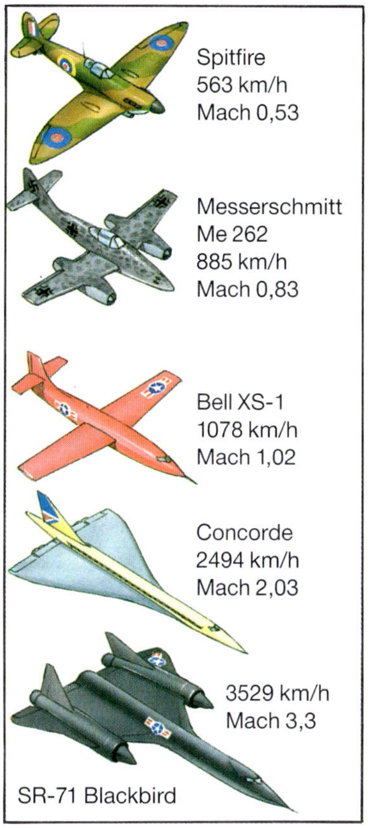

△ Spitzengeschwindigkeiten verschiedener Flugzeuge von 1940 bis 1990

Die Schallgeschwindigkeit (Mach 1) beträgt bei 0 °C 331,3 Meter pro Sekunde oder 1193 Kilometer pro Stunde. Sie ist stark von der Temperatur abhängig: In kälteren höheren Luftschichten ist sie geringer.

Schall

Wir wissen alle, daß sich Schallwellen in der Luft ausbreiten. Sie pflanzen sich aber auch im Wasser, in Metallen oder in anderen Stoffen fort. Doch im Gegensatz zur elektromagnetischen Strahlung, beispielsweise Licht, können sich Schallwellen nicht im Vakuum ausbreiten. Schallwellen sind Verdichtungen und Verdünnungen der Luft oder eines anderen Stoffes. Wir sprechen auch von Schwingungen. Unterschiedlich hohe Töne haben auch verschiedene Frequenzen und Wellenlängen. Die Frequenz ist die Anzahl der Schwingungen pro Sekunde (ausgedrückt in Hertz, Hz). Tiefe Töne haben eine niedere Frequenz, hohe Töne eine hohe. Zwei gleich hohe, aber unterschiedlich laute Töne unterscheiden sich in ihrer Schwingungsweite oder Amplitude. Je größer die Amplitude, desto lauter auch der Ton.

Der Schall pflanzt sich in verschiedenen Stoffen (Medien) auch unterschiedlich schnell fort. Je dichter das Medium, desto größer die Ausbreitungsgeschwindigkeit. Schall pflanzt sich zum Beispiel in Wasser schneller fort als in der Luft. Die Machzahl vergleicht die Geschwindigkeit eines Körpers mit der Schallgeschwindigkeit in demselben Medium. Mach 1 entspricht der Schallgeschwindigkeit. Mach 2 bedeutet doppelte Schallgeschwindigkeit.

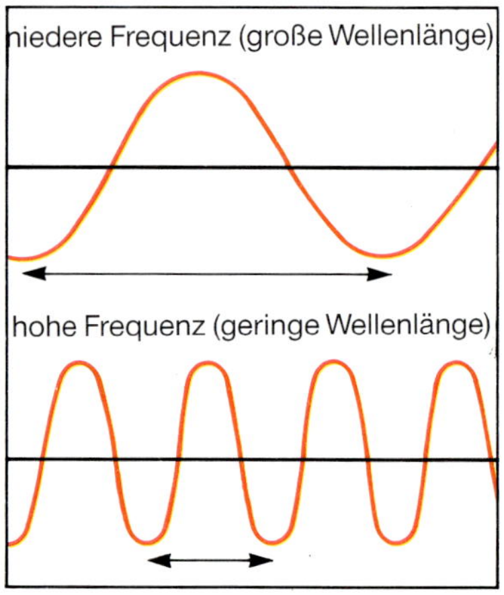

△ Die Tonhöhe hängt von der Frequenz und damit auch von der Wellenlänge ab. Tiefe Töne haben eine geringere Frequenz und eine größere Wellenlänge als hohe.

▽ Die Lautstärke hängt von der Schwingungsweite oder Amplitude der Schallwellen ab. Leise Töne haben eine geringe Amplitude, laute eine größere.

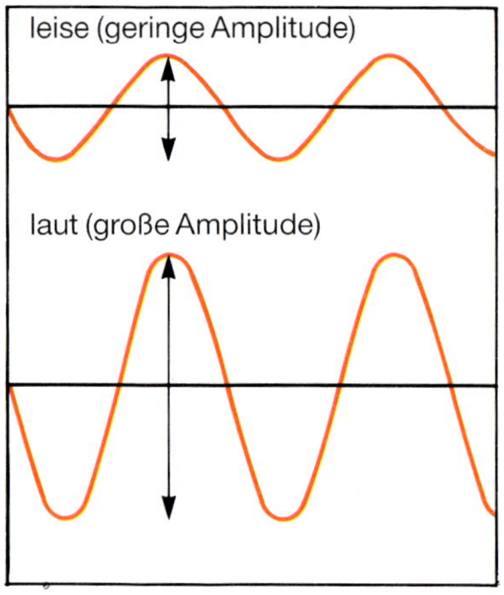

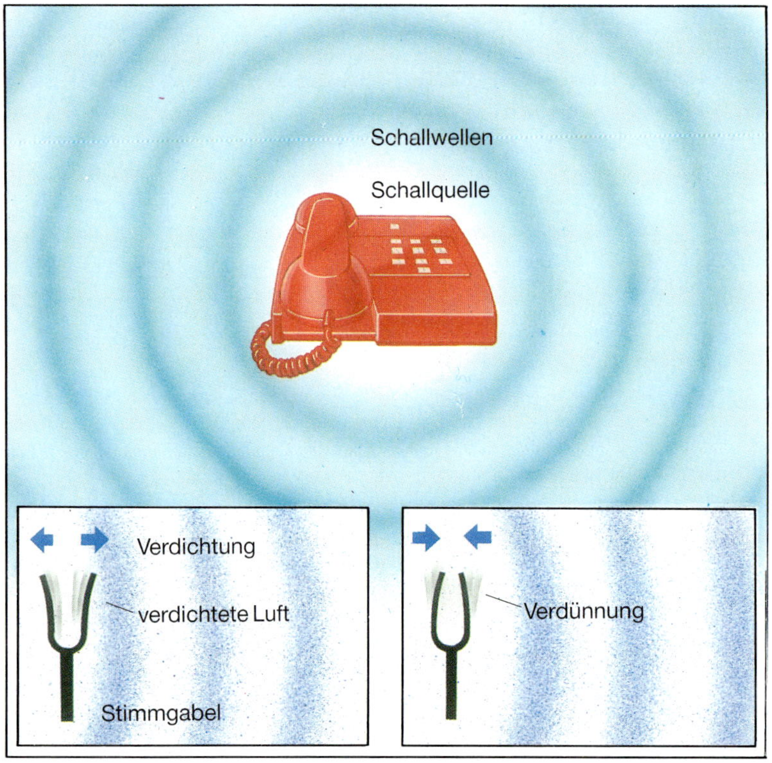

◁ Wenn die Zinken einer Stimmgabel nach außen schwingen, verdichten sie die Luft in der Umgebung und erzeugen dort einen höheren Druck. Wenn sie zurückschnellen, dehnt sich die Luft aus, und es entsteht eine Verdünnung. Solche Verdichtungen und Verdünnungen bilden die Schallwellen. Sie pflanzen sich kugelförmig von der Schallquelle aus fort.

▷ Schall ist eine Form der Energie. Wenn Treibstoffe verbrannt werden, um ein Fahrzeug voranzutreiben, so wird ein Teil der Energie in Schallwellen umgewandelt. Geräusch und Lärm bestehen aus lauten, unregelmäßigen Schallwellen in einem weiten Frequenzbereich.

△ Der Donner entsteht, wenn sich die Luft ausdehnt, die der Blitz bis auf 30 000 °C erhitzt hat.

Schallgeschwindigkeiten

Schallwellen pflanzen sich in einem dichten Medium schneller fort als in einem weniger dichten.

In der Luft
bei 0 °C 331 m/s
In Wasser 1500 m/s
In Glas 5000 m/s
In Eisen 5170 m/s

Das Hörvermögen der Tiere

Nicht alle Tiere hören gleich gut und gleich viel. Wir Menschen hören in der Jugend Frequenzen bis 20 Kilohertz. Fledermäuse bringen es auf 120 Kilohertz, Heuschrecken auf 100 Kilohertz und Frösche immerhin noch auf 50 Kilohertz.

Mach es selbst

Wir können aus einer Schachtel und einigen Gummibändern ein Musikinstrument ähnlich einer Zither bauen. Wir schneiden ein ovales Loch in den Schachteldeckel und verwenden zwei Hölzer als Stege. Wir spannen die Gummibänder über die Schachtel und zupfen sie an. Je straffer ein Band gespannt ist, desto höher ist der Ton, den es erzeugt.

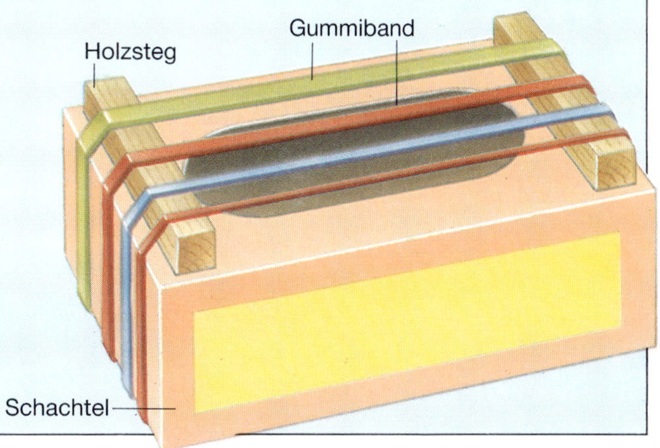

▽ Schallwellen wandern im Wasser weiter als in der Luft. Besonders weit tragen hochfrequente Töne. Wale „reden" miteinander mit hochfrequenten Gesängen. Sie können sich über Hunderte von Kilometern hinweg miteinander verständigen.

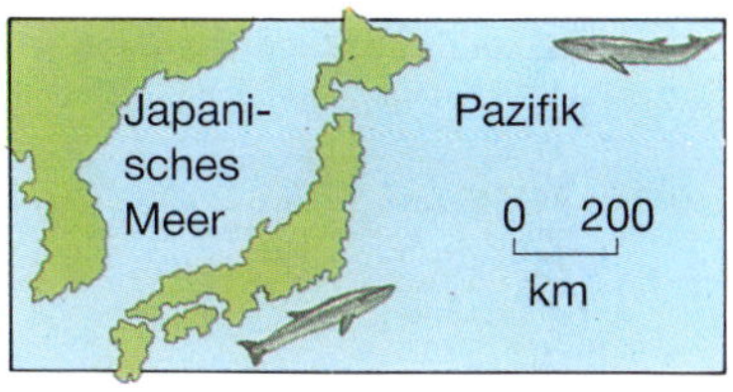

Siehe auch →Akustik; →Dezibel; →Dopplereffekt; →Echo; →Frequenz; →Hertz; →Lärm und Geräusch; →Ohr; → Schallmauer.

Mach es selbst

Wir bauen einen einfachen Schallplattenspieler, indem wir eine möglichst dünne und spitze Nadel von innen durch den Boden eines Joghurtbechers stecken. Wir beschaffen uns eine Schallplatte, die niemand mehr haben will, legen sie auf den Schallplattenteller, schalten ein und halten unseren Tonabnehmer ganz leicht auf die Rillen. Der Joghurtbecher wird zu schwingen anfangen und Töne erzeugen.

Schallplatte

Schallplatten sind schwarze Plastikscheiben, die Schallinformationen speichern. Dies geschieht mit Hilfe einer spiralförmigen feinen Rille, die von außen nach innen verläuft. Für die Herstellung einer Schallplatte sind mehrere Arbeitsgänge erforderlich: Zwei →Mikrofone nehmen die Musik von zwei verschiedenen Seiten auf (→Stereo) und verwandeln die Schallwellen in elektrische Schwingungen. Nach der Speicherung auf einem Tonband werden die Schwingungen zwei →Elektromagneten zugeführt, die mit einem Schneidstichel des Schneidkopfes verbunden sind. Der Stichel hat zwei Schneiden, die eine v-förmige Rille in eine Lackfolie schneiden. Dabei werden sie von den Elektromagneten unterschiedlich stark seitlich ausgelenkt. Die Auslenkungen auf der linken und der rechten Seite entsprechen den Aufnahmen der beiden Mikrofone. Die Lackfolie wird nun mit einer dünnen Silberschicht und einer viel dickeren Nickelschicht überzogen. Dadurch entsteht eine metallische Platte, die Vaterplatte. Anstelle von Rillen hat sie erhabene „Bergzüge". Von der einen Vaterplatte werden weitere Vaterplatten hergestellt, und diese dienen dann als Vorlagen (Preßmatrizen) für die Herstellung der eigentlichen Schallplatten.

Wenn die Schallplatte abgespielt wird, fährt die Nadel des Tonabnehmers die Rillenwände entlang. Die Auslenkungen der Rillen versetzen die Nadel in Schwingungen. Zwei Elektromagneten nehmen diese Schwingungen ab und verwandeln sie in elektromagnetische Schwingungen. Diese werden nun verstärkt und gelangen in die beiden →Lautsprecher, wel-

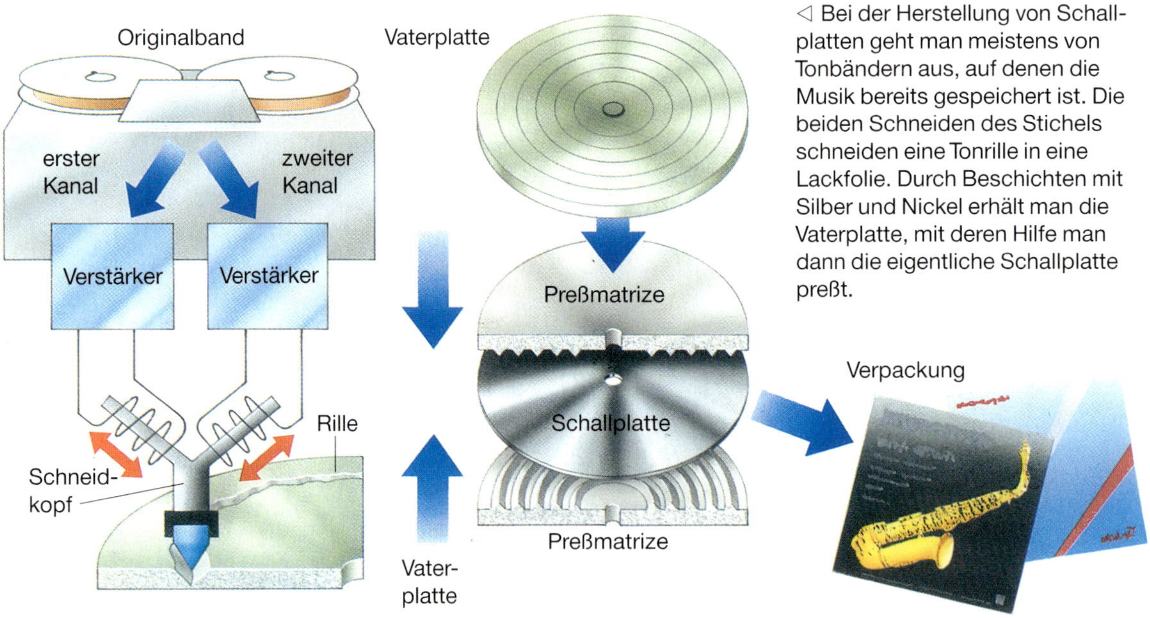

◁ Bei der Herstellung von Schallplatten geht man meistens von Tonbändern aus, auf denen die Musik bereits gespeichert ist. Die beiden Schneiden des Stichels schneiden eine Tonrille in eine Lackfolie. Durch Beschichten mit Silber und Nickel erhält man die Vaterplatte, mit deren Hilfe man dann die eigentliche Schallplatte preßt.

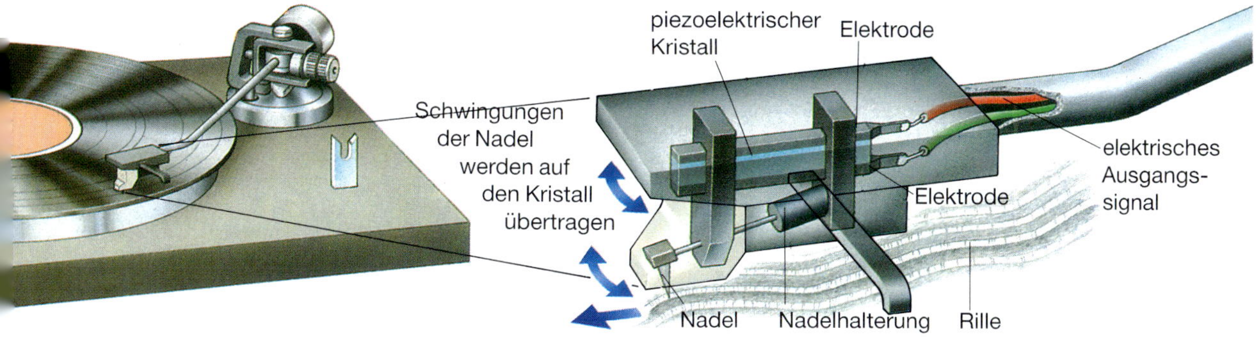

che die elektrischen Schwingungen wieder in Töne zurückverwandeln. Manche Tonabnehmer verwenden keine Elektromagneten, sondern →piezoelektrische Kristalle. Die Tage der Schallplatte sind heute gezählt. Die Produktion wurde praktisch schon eingestellt, und an die Stelle der Schallplatte ist heute die digitale →Compact Disc getreten.

△ Die Schwingungen der Nadel werden auf einen piezoelektrischen Kristall übertragen. Dieser verwandelt die mechanischen Schwingungen in elektrische Schwingungen. Sie werden verstärkt und den Lautsprechern zugeführt.

Schaum und Schaumstoffe

Schäume sind Flüssigkeiten, die viel Gas in Form feinster Bläschen enthalten. Einen typischen Schaum erhalten wir beim Schlagen von Sahne. Er ist allerdings nicht besonders langlebig. Mit Stabilisatoren kann man den Schlagrahm haltbar machen; dazu verwendet man zum Beispiel Alginate, also Extrakte aus Algen.
Schaumstoffe enthalten ebenfalls eingeschlossene Gasblasen. Sie werden entweder vor dem Verfestigen eingepreßt wie bei der Herstellung von Schaumgummi, oder sie entstehen aus festen Stoffen, die man eigens zugibt und die bei bestimmten Temperaturen in gasförmige Stoffe zerfallen. Ein natürlicher fester Schaumstoff ist der Bimsstein. Er wird von Vulkanen ausgeworfen und enthält so viele eingeschlossene Gasbläschen, daß er sogar auf Wasser schwimmt.

Mach es selbst

Wir trennen den Eidotter sorgfältig vom Eiweiß. In einer Schüssel schlagen wir das Eiweiß, bis es ganz fest geworden ist und sogar geformt werden kann. Wenn wir zum flüssigen Eiweiß hingegen ein bißchen Speiseöl zugeben, wird es kaum mehr zu schlagen sein. Das liegt am Fett. Auch der Eidotter enthält Fette und verhindert, daß aus dem Eiweiß Eischnee wird.

Schießpulver

Schießpulver ist die allgemeine Bezeichnung für die Treibmittel der Geschosse von Gewehren und Kanonen. Schießpulver explodieren nicht auf einen Schlag, sondern sie verbrennen mit regelmäßiger, aber sehr hoher Geschwindigkeit. Die Verbrennungsgase treiben die Kugel oder die Granate aus dem Lauf heraus. Bis weit ins 19. Jahrhundert gab es nur ein Schießpulver, das Schwarzpulver. Es bestand aus Kalisalpeter (Kaliumnitrat), Schwefel und Holzkohle. Das heutige Schießpulver wird vor allem auf der Grundlage der Schießbaumwolle hergestellt. Als Ausgangsmaterial dient →Zellulose, die man mit →Salpetersäure behandelt.

Schlafbedürfnis des Menschen		
Alter	Schlafbedarf in Stunden	Anteil des REM-Schlafes in Prozent
1–15 Tage	16	50
3–5 Monate	14	40
2–3 Jahre	13	25
5–9 Jahre	11	19
10–14 Jahre	9	20
33–45 Jahre	7	19
50–70 Jahre	6	15

Schlaf

Warum wir schlafen müssen, wissen wir immer noch nicht. Unser Körper könnte sich auch bei ruhigem Liegen erholen, wie jeder Sportler weiß. Dennoch reicht diese Art der Ruhe allein nicht aus. Daß wir während des Schlafs das Bewußtsein verlieren, könnte an einem besonderen Erholungsbedürfnis des Gehirns liegen. Vielleicht brauchen wir den Schlaf, um die gesehenen und erlebten Dinge des Tages zu verarbeiten, zu speichern oder zu vergessen. Vielleicht dient der Schlaf auch der Programmierung des nächsten Tages oder der Problemlösung. Jedenfalls ist der Schlaf gar nicht so ruhig, wie wir uns vorstellen. Beim „normalen" Schlaf gehen Puls, Blutdruck und Stoffwechselrate zurück. Die Muskeln und das Gehirn sind wenig aktiv. Dafür regeneriert sich der Körper in dieser Zeit selbst und produziert dazu viele →Proteine und Wachstumshormone. Nach ungefähr eineinhalb Stunden geht dieser normale Schlaf in den REM-Schlaf über. Die Hirnströme (→Elektroenzephalogramm) sind dabei ähnlich wie im Wachzustand. Auch Puls und Atem gehen schneller und oft auch unregelmäßig. Während des REM-Schlafs träumen wir oft von Schwierigkeiten des vergangenen Tages oder von kommenden Problemen. Vor allem unsere Augen bewegen sich dabei unruhig hin und her. Die englische Abkürzung REM bedeutet denn auch „schnelle Augenbewegung" („Rapid Eye Movement"). Wird man während des REM-Schlafs geweckt, kann man sich an den Traum erinnern, was sonst nur selten der Fall ist.

Der Mensch braucht regelmäßig Schlaf. Nach zwei Tagen Schlaflosigkeit können wir uns nicht mehr richtig konzentrieren, nicht einmal bei einfachen Tätigkeiten. Wer über drei Tage lang am Schlafen gehindert wird, kann nicht mehr richtig denken, klar sehen und hören und leidet oft unter Wahnbildern (Halluzinationen).

▷ Dieser Grizzlybär macht in der Nachmittagssonne ein kleines Nickerchen. Alle Tiere schlafen, aber kein Tier hat einen derart tiefen Schlaf wie der Mensch. Bei einer Störung ist dieser Grizzlybär sofort hellwach, während wir oft noch schlaftrunken sind und uns erst wieder orientieren müssen.

Alle Säugetiere schlafen, wenn auch unterschiedlich lang. Rinder schlafen nur wenige Minuten hintereinander, dies jedoch öfter am Tage. Die Katze verbringt den größten Teil des Tages im Schlaf. Einen derart tiefen Schlaf wie der Mensch hat aber kein Tier.

△ Beim Sandstrahlen bläst man harte Sandkörnchen mit Druckluft auf Mauern und reinigt sie so von Schmutz. Auch Metallgehäuse von Kameras werden oft sandgestrahlt.

Schleifen

Wenn wir mit Sandpapier über ein Stück Holz fahren, werden winzige Holzteilchen abgetragen, und seine Oberfläche wird glatter. Das ist nur möglich, weil die Sandkörner auf dem Sandpapier härter sind als das Holz (→Härte). Als Schleifmittel können wir nur solche Stoffe verwenden, die härter oder gleich hart sind wie das Material, das poliert wird. Das beste Schleifmittel wäre demnach der →Diamant, weil er den härtesten Stoff darstellt, den wir bisher kennen. Man bestückt damit zum Beispiel die Bohrer des Zahnarztes. Ähnlich hart wie Diamant ist der künstliche Karborund (Siliziumkarbid), eine Verbindung zwischen →Silizium und →Kohlenstoff. Körnchen dieses Stoffes finden sich auf den herkömmlichen Schleifpapieren.

Schloß und Schlüssel

Die alten Ägypter entwickelten die ersten Schlösser vor 4000 Jahren. Sie bestanden noch ganz aus Holz, hatten aber bereits mehrere senkrecht angebrachte Zuhaltungen. Im Jahr 1848 baute der Amerikaner Linus Yale als verbesserte Version des alten ägyptischen Schlosses das Yale-Schloß, heute einfach Sicherheitsschloß genannt. Es besteht aus einem drehbaren Zylinder mit einer Öffnung für den Schlüssel. In diese Öffnung ragen unterschiedlich lange Stifte. Wenn man den passenden Sicherheitsschlüssel hineinschiebt, hebt er mit den Vertiefungen zwischen den Zacken die Stifte so weit an, daß sie den Zylinder freigeben und sich das Schloß drehen läßt. Die meisten Schlösser funktionieren noch heute nach diesem Prinzip. Sehr viel sicherer sind elektronisch gesicherte Schlösser: Sie öffnen sich erst, wenn man die richtige Zahlen- oder Buchstabenkombination eingibt. Die Panzertüren der meisten Banken öffnen sich zusätzlich nur zu bestimmten Zeiten, damit Banküberfälle erschwert werden. Besonders

▽ Das Zylinderschloß enthält unterschiedlich lange Stifte, die in den Zylinder hineinragen **(1)**. Wird ein Schlüssel in den Zylinder hineingeschoben, so drücken Federn diese Stifte in die Vertiefungen des Schlüssels **(2)**. Das Schloß wird aber nur dann freigegeben, wenn bei jeder Zuhaltung die Vertiefung und der Stift die richtige Länge ergeben **(3)**.

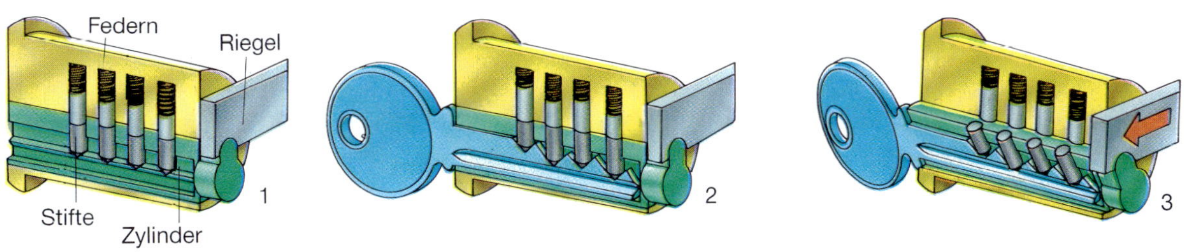

Schmelzpunkte	
Sauerstoff	−218,8 °C
Zinn	231,9 °C
Gold	1063 °C
Platin	1555 °C
Wolfram	3380 °C

raffinierte elektronische Schlösser arbeiten mit den Fingerabdrücken der autorisierten Personen oder mit anderen unveränderlichen körperlichen Merkmalen, zum Beispiel dem Muster der Adern auf dem Augenhintergrund. Ein Detektor, in den man einige Sekunden lang hineinblicken muß, nimmt dieses Adergeflecht auf, und ein Computer analysiert es nach den wichtigsten Merkmalen. Erst wenn diese mit den bereits eingegebenen Merkmalen der autorisierten Personen übereinstimmen, gibt er das Schloß frei.

Schmelzpunkt

Beim Schmelzpunkt verwandelt sich ein →Festkörper in eine →Flüssigkeit. Die →Atome oder →Moleküle bewegen sich dann so stark, daß sie ihre Stellung im →Kristallgitter aufgeben. Der Zusammenhalt zwischen den einzelnen Atomen oder Molekülen bleibt aber noch bestehen; erst beim →Siedepunkt geht er ganz verloren. Reine Stoffe schmelzen bei feststehenden Temperaturen. Zink hat seinen Schmelzpunkt zum Beispiel bei 419,6 °C, Kupfer bei 1083,4 °C. Eine →Legierung beider Metalle, das Messing, schmilzt in einem Bereich zwischen 900 und 1000 °C, je nach dem Mischungsanteil der beiden Metalle.

Der Schmelzpunkt eines festen Stoffs entspricht dem →Gefrierpunkt (Erstarrungspunkt) des flüssigen Stoffs. Reines Wasser schmilzt und gefriert bei 0 °C. Damit ein fester Stoff schmilzt, muß man Schmelzwärme (→latente Wärme) zuführen. Die Schmelzwärme bewirkt das Schmelzen, aber keine Temperaturerhöhung. Erst wenn die gesamte Flüssigkeit geschmolzen ist, kann die Temperatur weiter ansteigen. Wenn die Flüssigkeit wieder erstarrt, gibt sie die Schmelzwärme als Erstarrungswärme wieder ab.

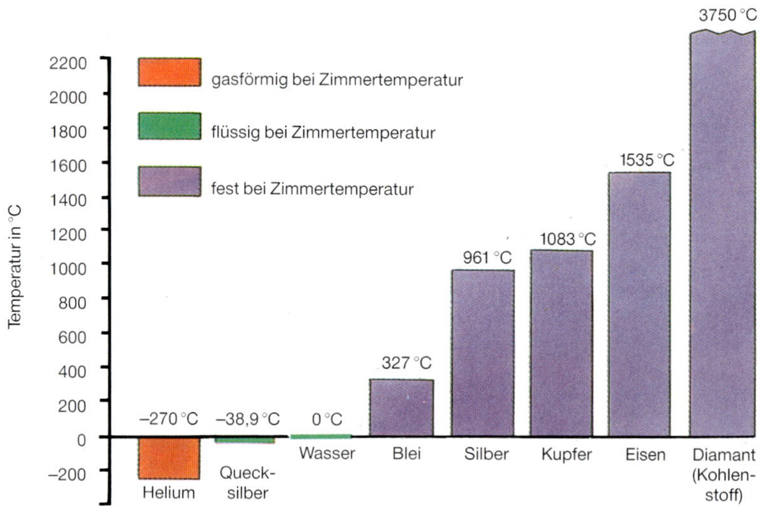

▷ Der Schmelzpunkt eines reinen Festkörpers entspricht auch seinem Gefrier- oder Erstarrungspunkt. Eis schmilzt bei 0 °C, und Wasser gefriert bei derselben Temperatur. In der Tabelle sind die Schmelzpunkte unterschiedlicher Stoffe aufgeführt. Helium ist bei Temperaturen oberhalb von −269 °C gasförmig. Quecksilber schmilzt bei −38,9 °C.

Jeder Stoff hat einen bestimmten Schmelzpunkt. Er steigt im allgemeinen mit dem Druck. Eine Ausnahme bildet hier allerdings das Wasser, dessen Schmelzpunkt mit wachsendem Druck sinkt.

Schmerz

Schmerzen teilen uns mit, daß irgend etwas im Körper nicht in Ordnung ist. Es gibt viele Ursachen für Schmerzen: Wenn wir den Finger einklemmen, verbrennen oder sonstwie verletzen, nehmen freie Nervenendigungen in der Haut den heftigen Reiz wahr und melden ihn dem Gehirn. Die Schmerzempfindung entsteht aber erst im Gehirn. Erstaunlicherweise spüren wir aber dann nicht Kopfschmerz, sondern empfinden den Schmerz an der Stelle, an der er ausgelöst wurde. Magenschmerzen melden uns, daß die Nahrung, die wir gegessen haben, ungenießbar war. Kopfschmerzen sagen uns, daß wir unter Streß stehen oder vielleicht ständig Angst haben. In den meisten Fällen können wir den Schmerz vermeiden, wenn wir die Ursache beheben. Es gibt allerdings Krankheiten, die dauernde Schmerzen verursachen. Der Patient bekommt dann vom Arzt ein Schmerzmittel verschrieben. Die stärksten unter ihnen beeinflussen das Gehirn, machen müde und wirken manchmal berauschend. Wenn der Zahnarzt einen Zahn ziehen muß, schaltet er den betreffenden Nerv durch örtliche Betäubung aus.
Auch Tiere spüren Schmerzen. Das steht für Wirbeltiere außer Zweifel, wie jeder an Hunden und Pferden beobachten kann. Wahrscheinlich kann man aber sagen, daß ein Fisch Schmerzen nicht so stark empfindet wie der Mensch. Um Schmerzen wahrzunehmen, ist auch ein gewisses Bewußtsein notwendig. Es zeigt sich zum Beispiel darin, daß Menschen, die einen Schmerz erwarten, ihn auch stärker empfinden, wenn er tatsächlich eintritt.

William Morton (1819–1868)

William Morton war ein amerikanischer Zahnarzt. Als erster verwendete er Äther (Ether), um einen Patienten zu betäuben, dem ein Zahn schmerzlos gezogen werden sollte. Nach dem erfolgreichen Versuch im Jahr 1846 konstruierte er ein Gefäß zur Inhalation des Äthers (Bild oben). Danach führte er auch größere Operationen unter Betäubung durch. Ein Jahr später verwendete der Engländer James Simpson (1811–1870) das Chloroform in der Chirurgie und der Geburtshilfe.

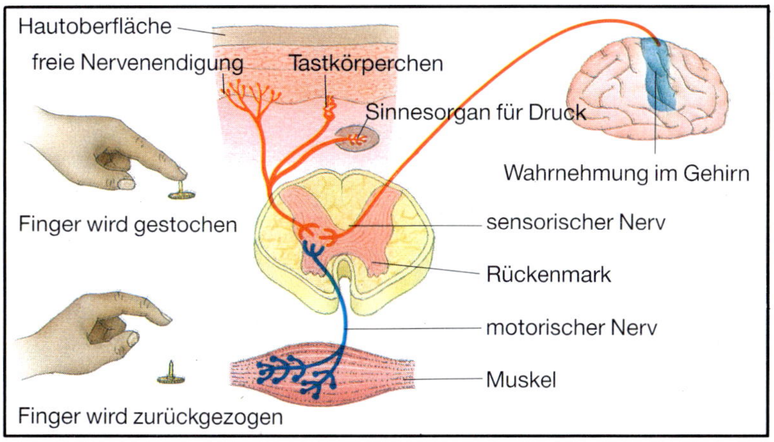

◁ Wenn wir uns stechen, nehmen freie Nervenendigungen und Sinnesorgane in der Haut den Reiz wahr und melden ihn ans Rückenmark. Dieses befiehlt sofort den betreffenden Muskeln, die Hand zurückzuziehen, um weitere Schäden zu vermeiden. Diese schnelle Antwort auf einen Reiz nennen wir einen Reflex. Reflexe finden ohne Beteiligung des Gehirns statt. Erst nach der Reflexantwort wird das Gehirn informiert, und wir beginnen den Schmerz zu spüren.

▷ Der Schmied erhitzt einen Rohling für ein Hufeisen, gibt ihm dann die endgültige Form und härtet es. Dabei kühlt er es schnell in Wasser ab.

Schmieden kann man nur Metalle, die eine Erwärmung und eine Verformung zulassen und dabei nicht zerbrechen. Normales Roh- oder Gußeisen eignet sich nicht dafür, weil es noch zuviel Kohlenstoff enthält und zu spröde ist. Erst durch eine Nachbehandlung zum Beispiel im Holzkohlenfeuer verliert es einen großen Teil seines Kohlenstoffs und wird zu einer Art Stahl, dem Schmiedeeisen.

schmieden

Wenn der Schmied Eisen bearbeitet, erhitzt er es und gibt ihm durch Hämmern eine neue Form. Meistens arbeitet er auf einem Amboß und hält das Schmiedestück mit langen Zangen fest, damit sich dessen Wärme nicht der Hand mitteilt. Die meisten Schmiedearbeiten erfolgen heute aber nicht mehr mit dem Hammer, sondern in der Gesenkschmiede. Das hellglühende Eisen- oder Stahlstück wird in eine hohle Metallform gepreßt. Dabei entstehen zwischen dem Amboß und der Presse Grate, die nachher oder noch während des Schmiedens entfernt werden.

Schmierung

Die Schmierung verringert die →Reibung zwischen zwei Flächen, die sich aufeinander bewegen. Ohne Schmierung sind Abrieb und Verschleiß sehr groß, und es besteht die Gefahr, daß Maschinenteile unbrauchbar werden. Auf dem Armaturenbrett jedes Autos leuchtet ein rotes Licht auf, wenn der Öldruck gesunken ist und die Gleitflächen der Kolben im

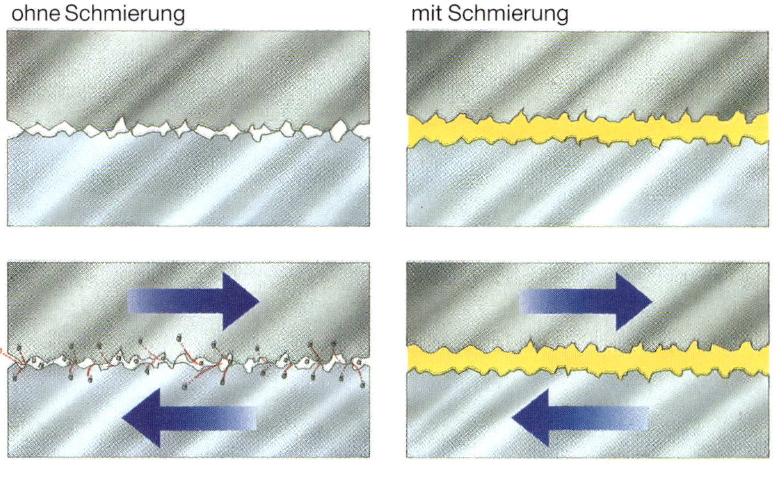

▷ Unter dem Mikroskop zeigen selbst die glattesten Oberflächen noch Unebenheiten. Das gilt auch für poliertes Metall. Wenn sich zwei Oberflächen gegeneinander bewegen (links), erzeugen diese Unebenheiten Reibung und damit Abrieb und Verschleiß. Ein Schmiermittel verhindert, daß die beiden Flächen direkt aneinanderreiben (rechts), und erleichtert somit die Bewegung. Richtige Schmierung verlängert die Lebensdauer von Maschinen.

Mach es selbst
Du kannst selbst feststellen, wie sich die Schmierung auswirkt. Gibt es in deiner Wohnung einen runden Türknauf? Reibe ihn mit etwas Butter ein und versuche dann, den Türknauf zu drehen. Ist es schwieriger oder leichter geworden? Der Schmierstoff verringert die Reibung zwischen dem Metall und der Hand, so daß du ihn nur noch mit viel Kraft drehen kannst.

Zylinder nicht mehr geschmiert werden. Dann muß der Motor sofort abgestellt werden, weil sich die Kolben sonst festfressen.
Schmieröle werden vor allem aus Erdöl, gelegentlich auch schon aus pflanzlichem Öl wie Rapsöl hergestellt. Die Silikonöle sind völlig synthetisch. Feste Schmierstoffe sind der Graphit und ein fluorhaltiger Kunststoff (PTFE), der unter dem Markennamen Teflon bekannt ist.

Schraube

Die Schraube gehört zu den →einfachen Maschinen. Es handelt sich eigentlich um eine schiefe Ebene, die spiralförmig aufgewickelt ist. Diese schiefe Ebene ist in Form eines Gewindes vorhanden. Bei der Holzschraube schneidet sich das Gewinde selbsttätig ins Holz, während man bei Metallschrauben das Gewinde vorschneiden muß. Schraubengewinde spielen in zahlreichen Geräten und Maschinen eine große Rolle, zum Beispiel beim →Mikrometer, wo jeder Schraubenumdrehung eine bestimmte zurückgelegte Strecke entspricht. Der Wagenheber, die Zwinge und die Entfernungseinstellung in →Fotoapparaten arbeiten alle mit Schraubgewinden.
Eine besondere Schraube erfand der griechische Mathematiker Archimedes (um 287 bis 212 v. Chr.), der in der sizilianischen Stadt Syrakus lebte. Seine archimedische Schraube oder Schraubenpumpe diente der Bewässerung. Man konnte mit ihr Wasser hochpumpen. In einem geteerten Zylinder aus Holzplanken dreht sich eine hölzerne Schraube. Das untere Ende der archimedischen Schraube liegt im Wasser. Durch die Drehbewegung wird es nach oben befördert. Entscheidend ist dabei, daß die hölzerne Schnecke gut an die Zylinderwand anschließt, sonst leckt die Pumpe zu sehr. Archimedische Schrauben sind heute gelegentlich in Ägypten und im Nahen Osten noch in Betrieb.

▽ Die archimedische Schraube ist schon seit über 2000 Jahren in Betrieb. Mit ihr kann man Wasser von einem niedrigeren auf ein höheres Niveau heben. Die Holzschraube (ganz unten) wirkt wie eine schiefe Ebene, die um einen Zylinder aufgewickelt wurde. Wenn man die Schraube anzieht, werden die beiden Holzstücke gegeneinander gepreßt.

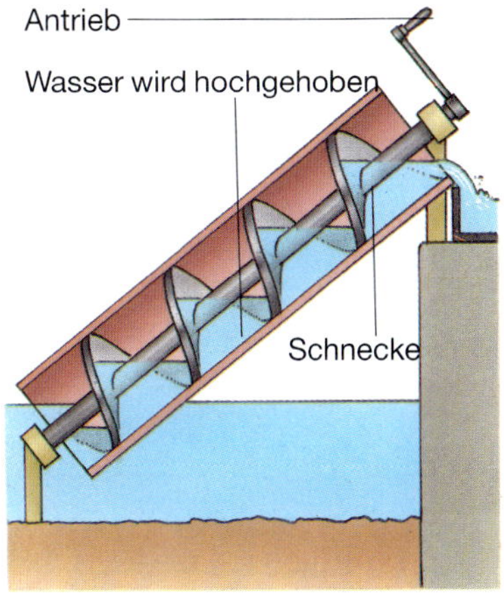

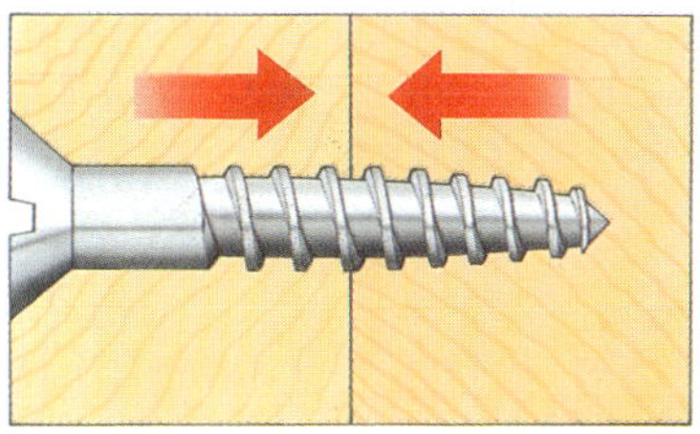

Rehe paaren sich Anfang August. Die Kitze kommen im Mai oder Juni des folgenden Jahres zur Welt. Diese äußerst lange Tragzeit von 9 Monaten beschäftigte die Zoologen lange Zeit, denn bei Tieren von der Größe eines Rehs dauert die Tragzeit gewöhnlich nur etwa 5 Monate. Schließlich fanden Forscher die Erklärung: Die Entwicklung des Keimes wird in den ersten Stadien für etwa 4 Monate unterbrochen und setzt erst dann wieder ein. Nur jene Weibchen, die während der Brunftzeit im Herbst besamt werden, haben eine normale, ununterbrochene Tragzeit von rund 5 Monaten.

Schwangerschaft

Die Schwangerschaft dauert beim Menschen neun Monate. Über den Anfangspunkt sind sich die Ärzte nicht einig. Die einen meinen, die Schwangerschaft beginne mit der →Befruchtung der →Eizelle (Empfängnis). Andere vertreten die Ansicht, die Frau werde erst dann schwanger, wenn sich der Keim ungefähr am fünften Tag nach der Befruchtung in die Gebärmutterwand einnistet. Erst damit ist die Voraussetzung gegeben, daß der Embryo zum Kind heranwachsen kann.
Während der Schwangerschaft finden im Körper der Mutter viele Veränderungen statt. Zunächst wächst die Gebärmutter mit, um das Kind aufzunehmen. Das Blutkreislaufsystem und das Herz müssen mehr leisten. Die Mutter sollte auch etwas mehr essen, vor allem →Proteine und Kalzium, weil das heranwachsende Kind diese Stoffe benötigt. Es bekommt sie über den Mutterkuchen (Plazenta) aus dem mütterlichen Kreislauf. Dabei werden allerdings auch Stoffe wie Nikotin oder Alkohol übertragen. Deswegen sollte die Mutter auf sie verzichten. Gefährlich ist auch die Einnahme bestimmter Heilmittel, vor allem während der ersten drei Monate. Es besteht die Gefahr, daß sie Mißbildungen beim Kind auslösen.

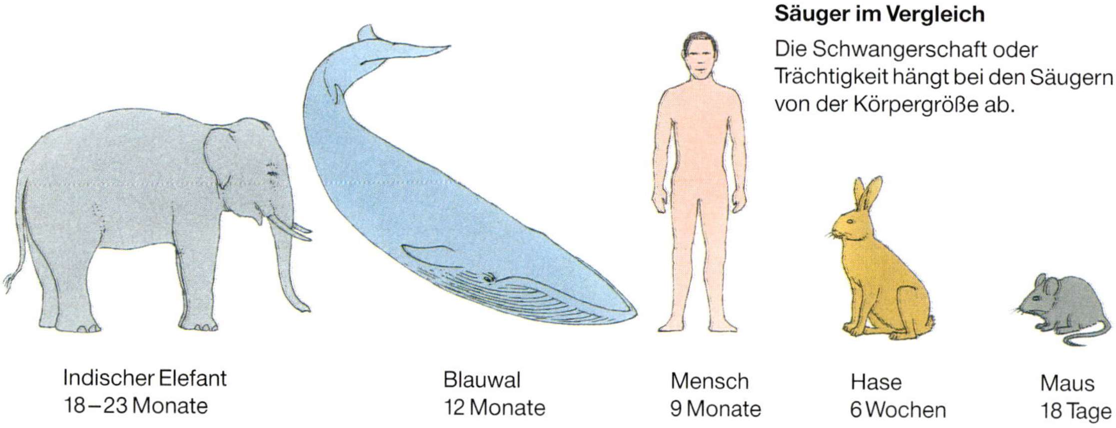

Säuger im Vergleich
Die Schwangerschaft oder Trächtigkeit hängt bei den Säugern von der Körpergröße ab.

Wenn ein Stern zu einem Schwarzen Loch wird, verringert sich sein Durchmesser. Würde die Sonne mit ihrem Durchmesser von 1,5 Millionen Kilometern zu einem Schwarzen Loch, so würde sie auf einen Durchmesser von nur 6 Kilometern zusammenschrumpfen.

Schwarzes Loch

Lichtstrahlen verlaufen im →Weltall nicht immer geradlinig, weil die →Schwerkraft den Raum so „krümmen" kann, daß das Licht oder auch ein Himmelskörper wie ein Raumfahrzeug auf seinem Weg eine Kurve beschreibt. Selbst um unsere große Sonne ist der Raum aber nur in geringem Maße gekrümmt oder deformiert. Die Schwerkraft in der Umgebung kollabierter Sterne, die in sich zusammengefallen sind (Neutronensterne), kann aber so ungeheuer groß sein, daß der benachbarte Raum zu einem vollständigen Kreis gekrümmt ist.

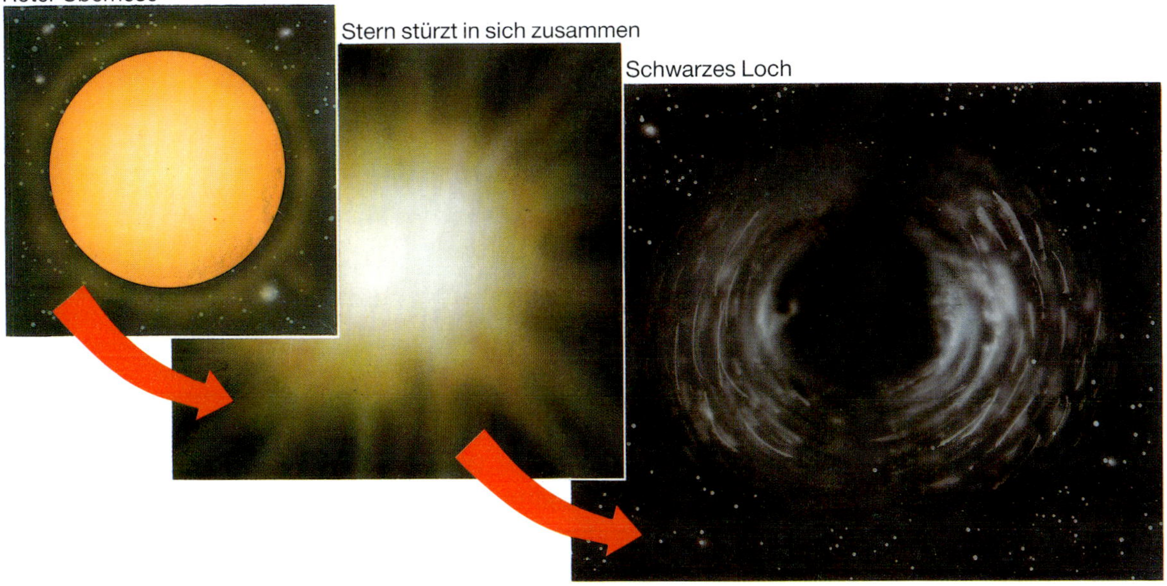

Dann können kein Licht und keine andere →elektromagnetische Strahlung mehr den Stern verlassen. Sein Gravitationsfeld schluckt alles, was in seine Nähe kommt. Diesen Zustand bezeichnen wir als Schwarzes Loch.
Die Eigenschaften Schwarzer Löcher machen eine Entdeckung schwer, weil sie eben keine Strahlung aussenden. Wenn Einzelsterne sich jedoch wie →Doppelsterne verhalten, zum Beispiel die Röntgenquelle Cygnus X-1, kann man indirekt auf ein Schwarzes Loch als Partner schließen. Vermutlich gibt es allein in der →Milchstraße Millionen von Schwarzen Löchern. Dennoch wurde bisher noch keines mit absoluter Sicherheit nachgewiesen.

△ Schwarze Löcher gelten als die Endstadien in der Entwicklung eines Sterns. Der Stern kollabiert und stürzt in einer riesigen Implosion in sich zusammen. „Schwarzes Loch" ist ein sehr anschaulicher Name, denn ein überdichter Stern erzeugt eine so starke Schwerkraft, daß alle Strahlung verschluckt wird und kein Licht den Stern verlassen kann.

Schwefel

Der Schwefel ist ein hellgelbes, nichtmetallisches →chemisches Element. Schwefellagerstätten gibt es vor allem in Vulkangebieten. In Texas findet man Schwefel auch im Boden und oft in der Nähe von Ölfeldern. Man gewinnt ihn dort mit dem hochinteressanten Frasch-Verfahren: Dabei wird unter hohem Druck heißes Wasser in den Boden gepumpt. Der Schwefel schmilzt und wird nach einiger Zeit in flüssiger Form hochgepumpt. Schwefel kommt auch als Verunreinigung im →Erdöl und in der →Kohle vor. Wenn man diese →fossilen Brennstoffe verbrennt, entsteht aus dem Schwefel das hochgiftige →Schwefeldioxid, das die Hauptursache für den →sauren Regen ist. Auch viele Erze enthalten Schwefel (Metallsulfide); er muß bei der Verhüttung entfernt werden.

▽ In einigen Vulkangebieten gewinnt man Schwefel im Tagebau. Auf dem Bild verladen javanische Arbeiter Schwefel auf Ponys.

SO_2

△ Das Gas Schwefeldioxid entsteht bei der Verbrennung von elementarem Schwefel und von schwefelhaltigen Verbindungen. Ein Molekül Schwefeldioxid setzt sich aus einem Schwefelatom (S) und zwei Sauerstoffatomen (O) zusammen. Das Schwefeldioxid (SO_2) kann noch ein weiteres Sauerstoffatom aufnehmen und wird dann zum flüssigen oder festen Schwefeltrioxid (SO_3).

Schwefeldioxid

Das Schwefeldioxid ist ein farbloses, stechend riechendes, giftiges Gas. Es setzt sich aus einem Schwefelatom und zwei Sauerstoffatomen zusammen und entsteht bei der Verbrennung von →Schwefel oder von schwefelhaltigen Verbindungen. Kohle und Erdöl beispielsweise enthalten Schwefel als Verunreinigung. Bei der Verbrennung dieser Stoffe entsteht Schwefeldioxid, das mit den Abgasen entweicht. Die Abgase werden von Winden verfrachtet und führen zum →sauren Regen. Aus Schwefeldioxid stellt man in mehreren Schritten →Schwefelsäure her.

H_2SO_4

△ Wenn sich Schwefelsäure in Wasser löst, entwickelt sich viel Wärme. Aus diesem Grund darf man konzentrierte Schwefelsäure nur durch Eingießen der Säure in Wasser und durch stetiges Umrühren verdünnen. Gießt man das Wasser in die konzentrierte Schwefelsäure, so verdampft das Wasser schlagartig durch die freiwerdende Wärme, und ein Teil der ätzenden Säure wird verspritzt.

Schwefelsäure

Die Schwefelsäure ist die wichtigste technisch verwendete chemische Verbindung (Chemikalie). Ungefähr die Hälfte davon verwendet man zur Herstellung von →Düngemitteln, die →Phosphate enthalten. Eine Liste der wichtigsten Stoffe, die mit Schwefelsäure hergestellt werden, würde ganze Seiten füllen. Dazu gehören die unterschiedlichen Metalle, Kunststoffe und auch Heilmittel. Im täglichen Gebrauch kennen wir die Schwefelsäure meist nur als Bestandteil der Autobatterie.
Schwefelsäure wird im Kontaktverfahren hergestellt: Reiner →Schwefel oder andere schwefelhaltige Verbindungen (Metallsulfide wie viele Erze) werden zunächst in einem Ofen geröstet. Sie reagieren dabei mit dem Luftsauerstoff zu →Schwefeldioxid (SO_2). Dieses Gas wird im Beisein eines Katalysators (Vanadiumoxid) bei rund 500 °C oxidiert. Es verbindet sich dabei mit einem weiteren Sauerstoffatom und wird zu Schwefeltrioxid (SO_3). Diesen Stoff löst man nun in konzentrierter Schwefelsäure; dadurch entsteht rauchende Schwefelsäure oder Oleum. Durch Verdünnen mit Wasser erhält man anschließend Schwefelsäure. Ihre →Salze heißen →Sulfate.

▽ Das Kontaktverfahren zur Herstellung von Schwefelsäure. Oleum ist eine Mischung aus konzentrierter Schwefelsäure und Schwefeltrioxid.

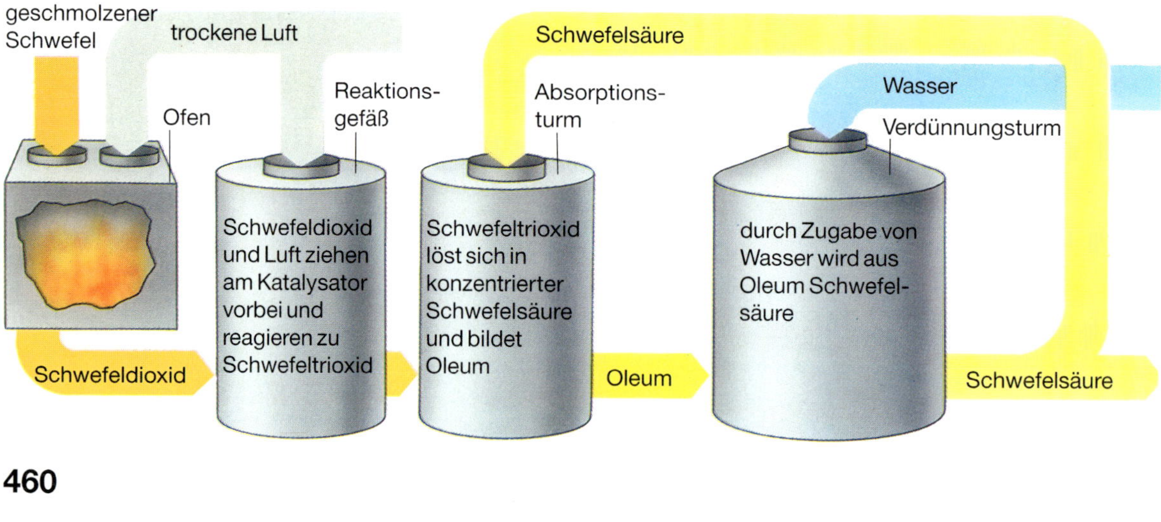

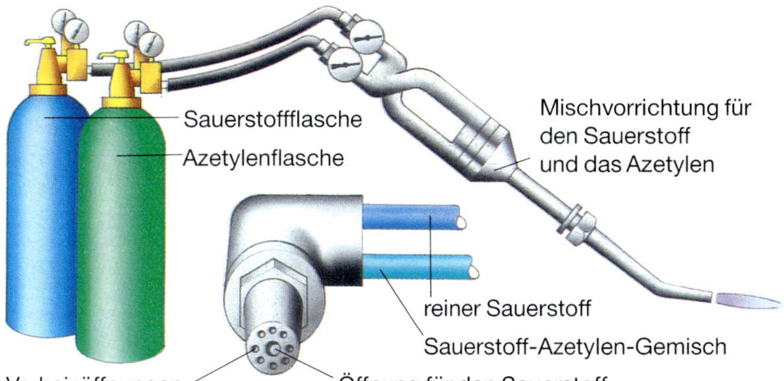

◁ Die Azetylenflamme erzeugt außergewöhnlich hohe Temperaturen. Man verwendet sie zum Schweißen und zum Schneiden von Stahl. Sie brennt sogar unter Wasser und wird von Tauchern bei Reparaturarbeiten von Pipelines und Bohrtürmen eingesetzt. Durch Vorheizflammen kann das Metall so hoch erhitzt werden, daß man es mit reinem Sauerstoff schneiden kann.

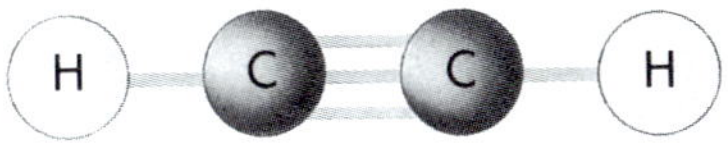

△ Das Azetylen oder Ethin ist ein sehr energiereiches Gas. Es kommt in Stahlflaschen in den Handel und hat zwischen den beiden Kohlenstoffatomen (C) eine Dreifachbindung.

Schweißen

Beim Schweißen verbindet man Metallstücke so, daß sie eine feste, unlösbare Verbindung bilden. Die Verbindungsstelle besteht aus demselben Material wie die Werkstücke. Beim weniger festen Löten dagegen werden die Stücke durch leichtschmelzendes Metall (Lot) miteinander verbunden.
Es gibt zahlreiche verschiedene Arten des Schweißens. Weitverbreitet ist das autogene Schweißen mit einer Gasflamme. Es werden darin die Gase Azetylen (Ethin) und Sauerstoff miteinander verbrannt. Die Flamme erreicht Temperaturen von rund 3300 °C. Der Schweißer hält die Flamme nahe an die Stücke, die verbunden werden sollen, und bringt sie zum Schmelzen. Dabei vereinigen sie sich zu einem Werkstück. Gleichzeitig wird ein Stab aus demselben Metall als Füllmaterial mitgeschmolzen.
Ganz anders funktioniert das Lichtbogenschweißen. Dazu braucht man elektrischen Strom. Das Werkstück ist die eine Elektrode. Zwischen ihr und der Schweißelektrode fließt starker Strom, der einen →Lichtbogen erzeugt. Das Werkstück und die Schweißelektrode werden dabei zum Schmelzen gebracht und vereinigen sich miteinander. Diese Art des Schweißens erkennen wir an den hellblauen Lichtblitzen.

▽ Beim Lichtbogenschweißen entsteht zwischen dem Werkstück und der Schweißelektrode ein Lichtbogen, der sehr hohe Temperaturen erzeugt.

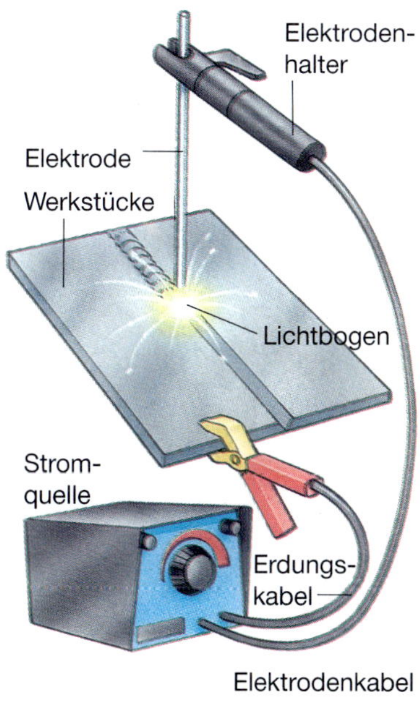

schweres Wasser

Der Kern des normalen →Wasserstoffatoms besteht aus einem einzigen →Proton. Daneben gibt es aber auch ein schwereres →Isotop des Wasserstoffs, dessen Kern aus einem Proton und einem →Neutron besteht. Dieses Deuterium (D) hat die doppelte relative Atommasse wie der normale Wasserstoff. Zwei Deuteriumatome können sich mit einem Sauerstoffatom verbinden und ergeben dann schweres Wasser (D_2O). Schweres Wasser sieht wie gewöhnliches Wasser aus, verhält sich aber etwas anders. So gefriert es zum Beispiel bei 3,7 °C und siedet bei 101,4 °C.

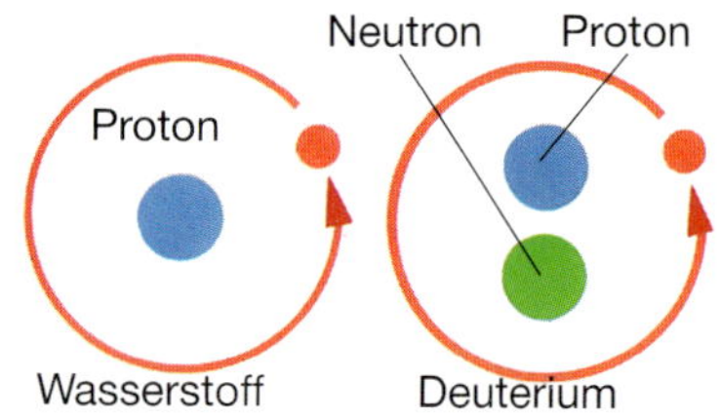

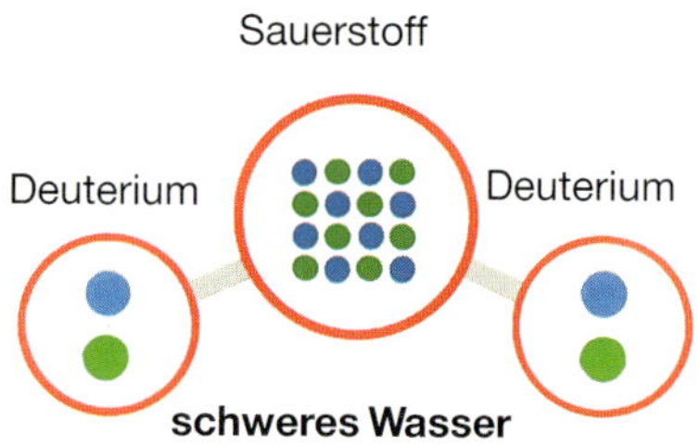

△ Der normale Wasserstoff hat nur ein Proton im Kern. Der Kern des schweren Wasserstoffs (Deuterium) besteht aus einem Proton und einem Neutron. Schweres Wasser setzt sich aus einem Sauerstoffatom und zwei Deuteriumatomen zusammen.

Das gewöhnliche Wasser enthält einen winzigen Anteil an schwerem Wasser. Man gewinnt es durch →Elektrolyse oder wiederholte →Destillation. Schweres Wasser bremst sehr gut schnelle Neutronen in →Kernreaktoren und dient dort als Moderator (Schwerwasserreaktoren).

Schwerkraft

Die Schwerkraft oder Gravitation wirkt auf alle Körper ein und zieht sie an. Diese Körper sind schwer, weil sie von der Schwerkraft angezogen werden. Die Schwerkraft ist also die Ursache für das Gewicht der Körper.
Der englische Naturwissenschaftler Isaac Newton (1643–1727) erkannte, daß die Schwerkraft nicht nur für alle Körper und Gegenstände in unserer Umwelt, sondern auch für die Planeten und Sterne entscheidend ist. Zwei oder mehrere Körper üben allein aufgrund ihrer →Masse eine Massenanziehung oder Schwerkraft aufeinander aus. Sie ziehen sich dabei gegenseitig an. Es ist also nicht nur die Erde, die den Mond

▷ Den Zustand der Schwerelosigkeit kann man auch auf der Erde durch parabelförmige Flüge für ungefähr 20 Sekunden simulieren. Im Bild sehen wir angehende Astronauten bei einem solchen Test.

anzieht, sondern auch der Mond zieht die Erde an. Je näher die →Schwerpunkte zweier Körper liegen, um so größer ist auch die gegenseitige Anziehung. Den Raum in der Umgebung eines Massekörpers nennen wir Schwerefeld oder Gravitationsfeld.
Die Schwerkraft der Erde ist so groß, daß wir die Schwerkraft anderer Körper in unserer näheren Umgebung nicht spüren, zum Beispiel eines großen Gebirges. Nur mit raffinierten Instrumenten ist sie nachzuweisen. Wir können allerdings die Auswirkungen der Schwerkraft des Mondes und sogar der Sonne täglich beobachten. Die →Gezeiten der Meere beispielsweise werden durch die Schwerkraft von Mond und Sonne hervorgerufen.

▽ Weil der Mond eine viel geringere Masse als die Erde aufweist, beträgt seine Schwerkraft an der Oberfläche ungefähr ein Sechstel der Schwerkraft auf der Erde. Astronauten wiegen deswegen auf dem Mond nur ungefähr ein Sechstel ihres Gewichts auf der Erde. Deswegen können sie auf dem Mond Riesensprünge vollführen.

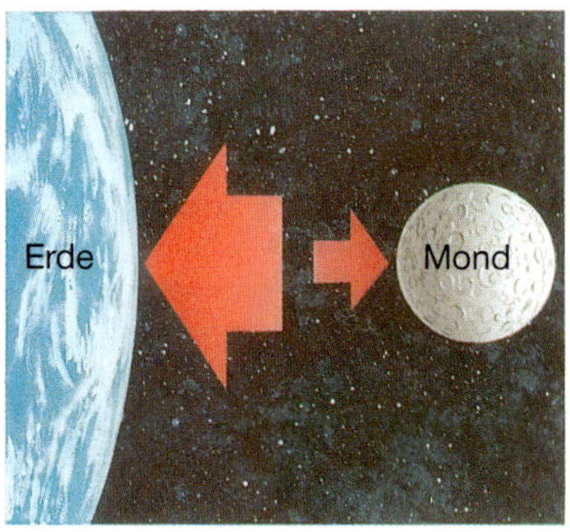

In einem Raumfahrzeug mit abgeschaltetem Antrieb haben die Körper zwar ihre normale →Masse, aber praktisch kein Gewicht mehr. Wir bezeichnen diesen Zustand als Schwerelosigkeit oder Mikrogravitation. Astronauten im Weltall schweben frei in der Kabine ihres Raumschiffes und müssen dort ihre Lebensweise völlig umstellen. Im All fällt nichts mehr auf den Boden. Man kann auch Milch nicht in einen Becher gießen. Sie bleibt einfach schweben und löst sich mit der Zeit in winzige Tröpfchen auf.

Schwerpunkt

Die →Schwerkraft wirkt auf alle Teile eines Körpers ein. Für Berechnungen ist es vorteilhaft, wenn wir uns vorstellen, daß die Schwerkraft an einem einzigen Punkt angreift. Wir nennen ihn Schwerpunkt oder Massenmittelpunkt. In ihm stellen wir uns die gesamte Masse des Körpers vereinigt vor.
Der Schwerpunkt liegt nicht immer im Inneren des Körpers. Ein Ring hat seinen Schwerpunkt in der Mitte des Kreises.
Bei Körpern, die um eine Drehachse kippen können, ist die Lage des Schwerpunkts entscheidend. Ein Auto mit einem hohen Schwerpunkt kippt bei der Kurvenfahrt viel leichter als ein niedrig gebauter Rennwagen mit tiefem Schwerpunkt.

Schwungrad

Schwungräder haben eine große Masse und damit ein sehr großes Beharrungsvermögen (→Trägheit). Sind sie einmal in Drehbewegung versetzt, so sind sie nicht leicht wieder zu bremsen. Manche Maschinen zu Beginn des Industriezeitalters arbeiteten sehr unregelmäßig. Mit einem Schwungrad konnte man dafür sorgen, daß ihre Bewegung gleichmäßiger wurde. Heutige Verbrennungsmotoren brauchen keine Schwungräder mehr. Nur Spielzeugautos enthalten oft noch Schwungräder.

Mach es selbst

Wir schneiden aus Karton eine unregelmäßige Form heraus und bringen am Rand drei Löcher an. Wir verbinden ein Stück Schnur mit einem Gewicht und erhalten so ein Lot. Nun hängen wir die ausgeschnittene Form und das Lot an einem Nagel auf und ziehen entlang dem Lot eine senkrechte Linie (Schwerelinie). Bei den zwei weiteren Löchern machen wir dasselbe. Der Schwerpunkt liegt nun dort, wo sich die drei Linien kreuzen. Wir können ihn durch angeklebte Gewichte verändern.

◁ An der Seite des Kessels dieses Dampfpflugs aus der Mitte des 18. Jahrhunderts erkennen wir deutlich das Schwungrad. Es sorgte für eine glatte Bewegung zwischen den einzelnen Arbeitstakten der Dampfmaschine.

Sedimentgesteine

Die Sedimentgesteine heißen auch Ablagerungsgesteine, und diese Bezeichnung erklärt, wie sie entstanden sind und immer noch entstehen. Durch →Verwitterung und Abtragung anderer →Gesteine bilden sich mehr oder minder große Bruchstücke. Sie werden von Wind, Wasser und Eis weitertransportiert und an geeigneten Stellen schließlich in Form von Schichten abgelagert. Mit der Zeit verfestigen sich diese Schichten und werden zu Sedimentgesteinen. Die meisten Sedimentgesteine entstehen im Meer. Je nach Größe der Bruchstücke sehen die Gesteine ganz unterschiedlich aus: Tone setzen sich aus Teilchen mit einem Durchmesser in der Größenordnung von hundertstel Millimetern zusammen. Löß und Sandsteine enthalten Teilchen bis höchstens zwei Millimeter Durchmesser. Ein grobes verfestigtes Gestein aus größeren Geröllstücken nennen wir Konglomerat oder Nagelfluh. Brekzien hingegen bestehen aus eckigen verfestigten Bruchstücken.
Die umfangreichsten Sedimente setzen sich aus den Resten von Pflanzen und Tieren zusammen. Jeden Tag sterben Billionen von einzelligen Algen und Tieren im Meer ab. Ihre winzigen Kalkskelette sinken auf den Meeresboden und verfestigen sich dort mit der Zeit. So entstand zum Beispiel die →Kreide, mit der wir auf der Wandtafel schreiben.

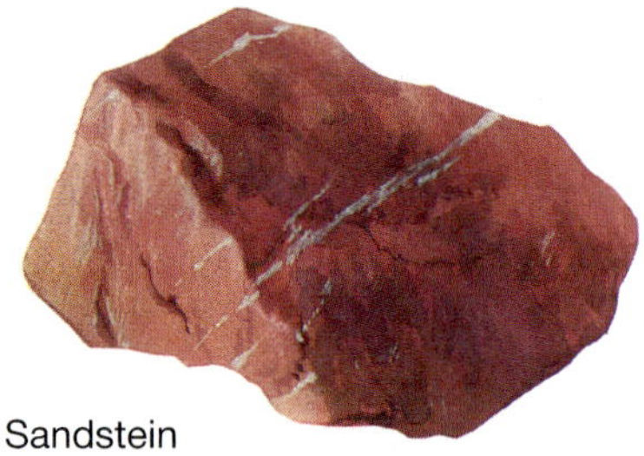
Sandstein

Kalk

Kreide

△ Sandstein, Kalk und Kreide sind typische Sediment- oder Ablagerungsgesteine. Wir bezeichen sie auch als Schichtgesteine.

▷ Die waagrechte Schichtung in diesem Nationalpark in Utah, USA, verrät, daß es sich um Sedimentgesteine handelt. Auch sie können weiter verwittern und abgetragen werden. Weichere Sedimentgesteine sind hier bereits abgetragen, und nur die härteren bleiben noch bestehen.

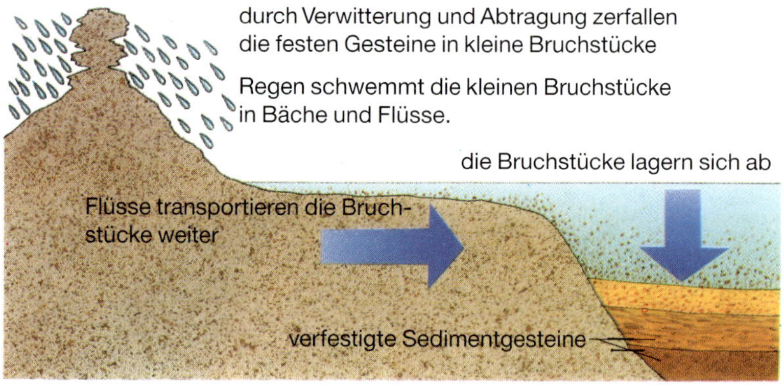

▷ Sedimentgesteine bilden sich zum Beispiel, wenn sich Gesteinsteilchen in Seen und Meeren ablagern und auf dem Boden Schichten bilden. Diese Gesteinsteilchen entstanden durch Verwitterung und Abtragung anderer Gesteine auf dem Festland. Im Lauf von Jahrmillionen verfestigen sich die anfangs noch weichen Schichten und werden zu Sedimentgesteinen.

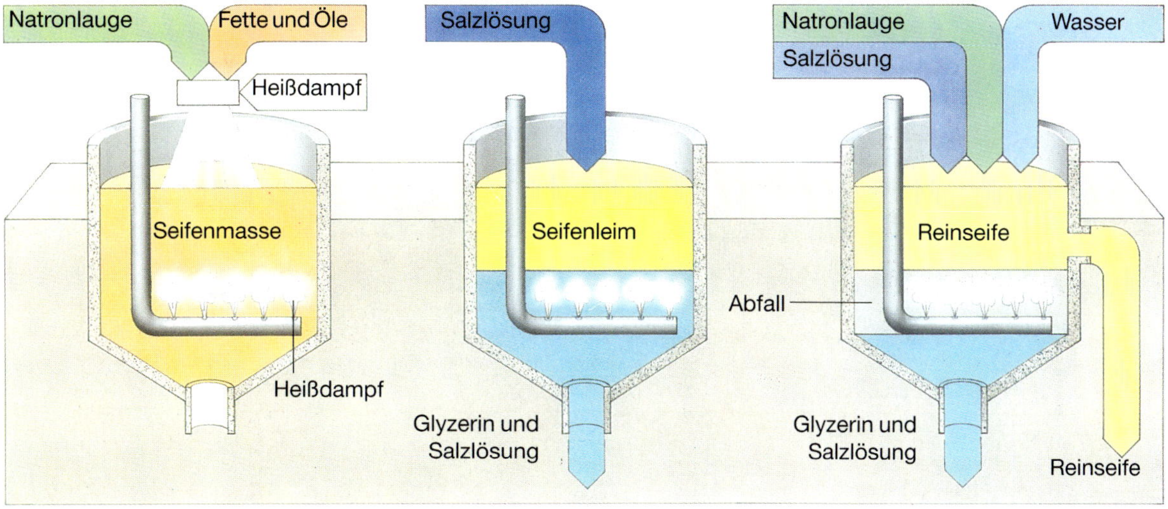

△ Wenn man Fette und Öle mit Natron- oder Kalilauge und anschließend mit einer Salzlösung behandelt, erhält man Seifen.

Seife

Wenn wir Schmutz von unserem Körper oder von Kleidern entfernen wollen, greifen wir zur Seife. Seife stellt man aus tierischen →Fetten oder pflanzlichen →Ölen her. Man erhitzt sie zusammen mit →Natronlauge oder Kalilauge und gibt anschließend eine Salzlösung zu. Dabei werden die Fette oder Öle in ihre Bestandteile aufgespalten, nämlich in die Fettsäuren und in →Glyzerin. Als Seifen bezeichnen wir nun die →Salze dieser Fettsäuren (Stearate). Die harten Kernseifen bestehen aus Natriumsalzen, die weiche Schmierseife hingegen setzt sich aus Kaliumsalzen zusammen. Feine Toilettenseifen werden anschließend noch gereinigt, gefärbt, parfümiert und mit weiteren Zusatzstoffen versehen.
Seifen können in hartem Wasser (→Wasserhärte) nicht ihre volle Wirkung entfalten, weil sie mit Salzen im Waschwasser eine unlösliche Verbindung eingehen und einen schmierigen Überzug bilden.
Seifen heißen auch die Lagerstätten von edlen Metallen oder Edelsteinen. Sie entstehen durch Ablagerungen beispielsweise an Flußschlingen.

Mach es selbst

Seifen und Tenside bewirken, daß sich Fette in Wasser lösen. Wir gießen etwas Wasser in einen Teller und fügen etwas Speiseöl hinzu. Es schwimmt obenauf und mischt sich nicht mit dem Wasser, selbst wenn wir es mit einer Gabel schlagen. Nun geben wir etwas Seife oder Spülmittel hinzu und bewegen das Wasser erneut. Nun mischt sich das Öl mit dem Wasser und bildet winzige Tröpfchen und somit eine milchige Emulsion.

Seismograph

Seismographen oder Seismometer zeichnen die Wellen von →Erdbeben auf. Es handelt sich um sehr empfindliche Geräte, die alle nach demselben Prinzip arbeiten. Es gibt drei Arten von Erdbebenwellen, und für sie braucht man auch drei getrennte Seismographen. Der erste zeichnet die waagrechten Bewegungen der Erde in Nord-Süd-Richtung auf, der zweite Bewegungen im rechten Winkel dazu, also von Ost nach West, und der dritte Seismograph registriert die senkrechten Bewegungen.

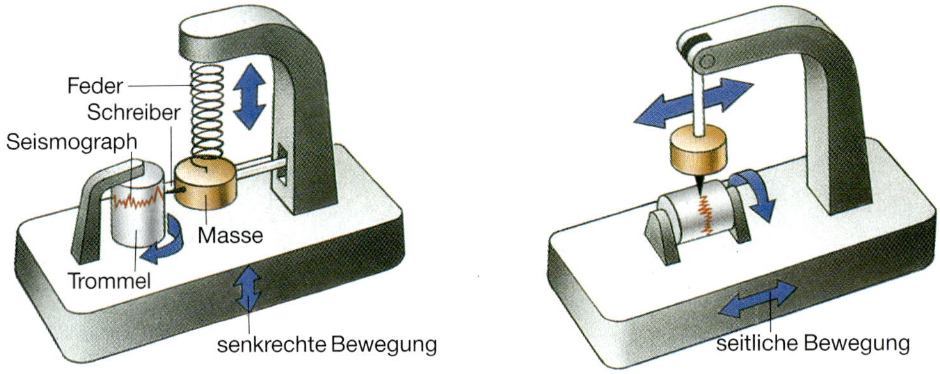

△ Seismographen machen von der Trägheit schwerer Massen Gebrauch. Sie sind so gelagert, daß sie von Bewegungen des Bodens möglichst wenig beeinflußt werden. Die Masse hängt an einer Feder oder ist wie ein Pendel aufgehängt und zeichnet die Ausschläge auf eine Trommel auf, die sich langsam dreht.

Jeder Seismograph besteht aus zwei Teilen. Der eine Teil ist fest mit dem Boden verbunden und macht bei Erdbeben auch alle seine Bewegungen mit. Der andere Teil ist eine schwere Masse, die so gelagert ist, daß die Bewegungen des Bodens sie möglichst wenig beeinflussen. Ein Spiegel an dieser ruhenden Masse lenkt einen Lichtstrahl auf einen fotografischen Film, so daß die Auslenkungen als Zacken sichtbar werden. Kleinere Instrumente zeichnen die Ausschläge mit einer Feder auf ein Stück Papier auf.

Sicherheitsglas

Sicherheitsglas bildet keine größeren, spitzen Splitter, wenn es bricht. Es gibt zwei Arten von Sicherheitsglas: Man erwärmt zum Beispiel eine Glasscheibe auf ungefähr 650 °C und kühlt sie dann mit aufgeblasener Kaltluft schnell ab. Auf diese Weise wird das Glas gehärtet, entwickelt aber große innere Spannungen. Beim Bruch zerkrümelt dieses Einscheiben-Sicherheitsglas. Verbundglas besteht aus zwei Glasscheiben, die über eine durchsichtige Kunststoffolie verklebt sind.

▷ Bei diesem Test wurde eine Gewehrkugel auf das Sicherheitsglas abgefeuert. Sie erzeugte ein zentrales Loch, und in der Umgebung entstanden viele Splitter. Natürlich kann man sich an ihnen die Haut ritzen, aber schwere Verletzungen sind praktisch ausgeschlossen. Autoscheiben müssen deswegen aus Sicherheitsglas bestehen.

Sicherung

Sicherungen schützen elektrische →Stromkreise und Stromnetze vor Überlastungen und damit vor zu großen Stromstärken. Die Sicherungen stellen die schwächste Stelle in den Stromkreisen dar. Wenn beispielsweise ein Kurzschluß auftritt, fließt plötzlich ein zu hoher Strom. Sicherungen reagieren darauf und unterbrechen den Stromkreis. Die einfachsten Sicherungen bestehen aus einem Metalldraht in einem kleinen Glasrohr. Strom mit der richtigen Stärke fließt ungehindert durch den Metalldraht in der Sicherung. Steigt die Stromstärke jedoch, so erhitzt sich der Sicherungsdraht und schmilzt schließlich. Je dicker der Draht, desto mehr Strom kann fließen. Auf diese Weise kann man die Sicherung der gewünschten →Amperezahl anpassen. Die früher üblichen Haushaltssicherungen haben einen weißlichen Porzellankörper. In vielen Haushalten gibt es aber heute Sicherungsautomaten: Bei Überlastung kippt ein Schalter um. Wenn wir die Ursache für die Überlastung beseitigen und den Schalter zurückstellen, funktioniert die Sicherung erneut.

Mach es selbst

Wir bauen einen Stromkreis, der eine 4,5-Volt-Batterie, eine 3,5-Volt-Lampe und einen Schalter umfaßt. Mit Klebeband fügen wir in den Stromkreis einen dünnen Faden Stahlwolle ein. Wir schließen den Stromkreis mit dem Schalter. Nach ein paar Sekunden brennt die Sicherung durch, und die Lampe geht aus.

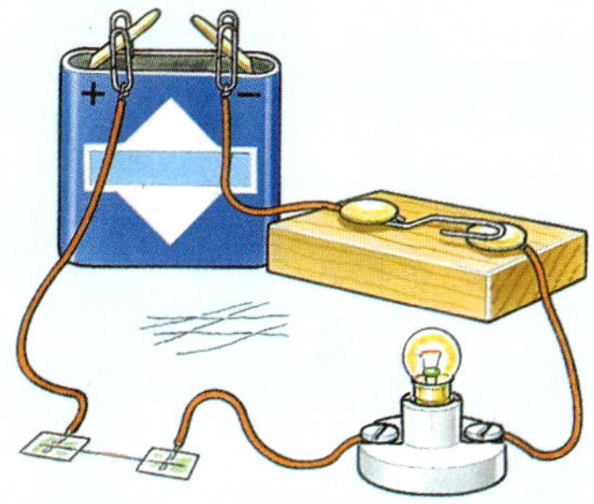

Siedepunkt

Beim Siedepunkt geht eine →Flüssigkeit in den gasförmigen Zustand über. Durch die Wärmezufuhr bewegen sich die →Atome oder →Moleküle des Stoffes so heftig, daß sie den Zusammenhalt untereinander verlieren. Leichtere Moleküle bewegen sich dabei schneller als schwere. So kommt es, daß die Siedepunkte von Stoff zu Stoff große Unterschiede zeigen.

Wie jeder weiß, der schon einmal Wasser gekocht hat, gehen Flüssigkeiten schon vor dem Siedepunkt teilweise in den gasförmigen Zustand über. Wir nennen dies →Verdunstung.

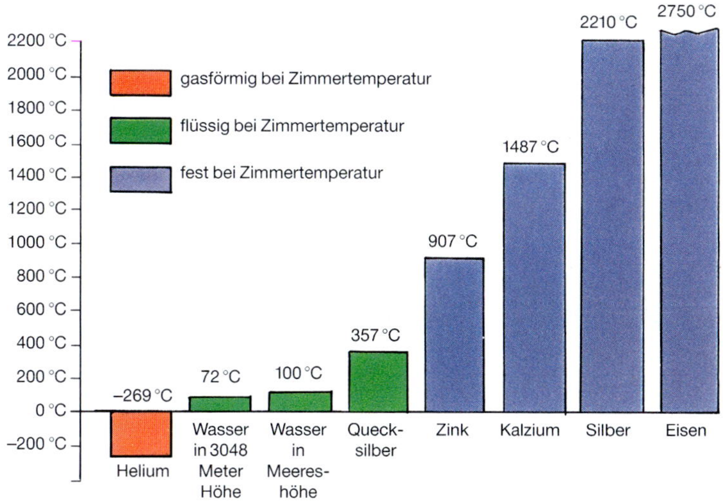

◁ Der Siedepunkt einer Flüssigkeit hängt stark vom Druck ab. Die Angaben gelten bei einem Luftdruck von 1012 Hektopascal. Wasser siedet bei diesem Normaldruck, der ungefähr dem auf Meereshöhe entspricht, bei 100 °C. In 3048 Meter Höhe siedet das Wasser hingegen bereits bei 72 °C. Deswegen braucht man im Gebirge deutlich länger, um Kartoffeln oder Teigwaren weich zu kochen.

△ Silber kommt oft zusammen mit anderen Metallen wie Kupfer, Gold, Blei und Zink vor. Das meiste Silber gewinnt man als Nebenprodukt aus Kupfer- und Bleierzen. Gelegentlich findet man auch reines, gediegenes Silber, zum Beispiel als federartige Kristalle wie auf diesem Bild.

▽ Reinstes Silizium zeigt einen ziemlich deutlichen Metallglanz, leitet aber elektrischen Strom so gut wie gar nicht.

SI-Einheiten

Im Jahr 1969 bestimmte ein Gesetz, daß in Deutschland nur noch die Maßeinheiten des internationalen Einheitensystems verwendet werden dürfen. Wir nennen sie auch SI-Einheiten. Sie werden heute auf der ganzen Welt verwendet. Weiteres dazu auf der Seite 469.

Silber

Silber ist ein metallisches →chemisches Element. Man findet es entweder in reiner, gediegener Form oder in Form von Silbererzen in Verbindung mit →Chlor oder →Schwefel. Silber kommt in Spuren auch in anderen Erzen vor, besonders zusammen mit →Blei oder →Kupfer. Silber hat sehr günstige Eigenschaften: Es läßt sich gut dehnen und verformen, und kein anderer Stoff leitet elektrischen Strom und Wärme so gut. Das ist auch der Grund, warum man sich mit einem Silberlöffel so leicht verbrennen kann. Silberbesteck läuft mit der Zeit schwarz an. Dabei findet eine chemische Reaktion statt: Das metallische Silber verbindet sich mit dem gasförmigen Schwefelwasserstoff, der in Spuren immer in der Luft vorhanden ist, und bildet das schwarze Silbersulfid, eine Schwefelverbindung. Gutes Silberbesteck enthält 925 Teile Silber auf 1000 Teile Metall. Wir nennen dies den Feingehalt des Silbers. Silber wird auch für Münzen verwendet. Ihr Silbergehalt geht allerdings immer mehr zurück, weil das Silber teurer geworden ist. Das meiste Silber wird für fotografische →Filme verwendet, denn die Salze Silberchlorid und Silberbromid sind sehr lichtempfindlich und erzeugen das Bild auf dem Film (→Fotografie).

Silizium

Silizium ist nach dem →Sauerstoff das zweithäufigste →chemische Element der Erdkruste. Es tritt aber nirgendwo rein, sondern nur in Form chemischer Verbindungen auf. Das Siliziumdioxid besteht aus Silizium und Sauerstoff. Es ist der Stoff, aus dem Bergkristalle und Sandkörner aufgebaut sind. Als Kieselsäure bildet das Silizium die Skelette vieler einzelliger Tiere. Sehr viele Gesteine enthalten Silikate, die →Salze der Kieselsäure.

Reines Silizium ist ein Nichtmetall und damit auch ein Nichtleiter. Wenn es jedoch winzige Mengen anderer chemischer Elemente enthält, wird es zu einem →Halbleiter. Aus solchen dotierten Siliziumscheiben bestehen die →Mikrochips und die →Transistoren. Unsere gesamte Elektronik ist ohne Silizium gar nicht möglich. Man hat deswegen unser Computerzeitalter auch Siliziumzeitalter genannt.

SI-Einheiten

SI-Einheiten sind Maßeinheiten, die auf der ganzen Welt verwendet werden. SI bedeutet Système Internationale d'Unités, auf deutsch „Internationales Einheitensystem". Die SI-Einheiten wurden 1960 von einer internationalen Konferenz eingeführt, um der Verwirrung ein Ende zu setzen, die sich durch den Gebrauch verschiedenster Maßeinheiten ergab. Es gibt sieben grundlegende SI-Einheiten, und noch viel mehr Einheiten, die von diesen abgeleitet wurden.
Die grundlegenden SI-Einheiten sind der Meter, das Kilogramm, die Sekunde, das Ampere, das Kelvin, die Candela und das Mol. Für jede dieser Einheiten gibt es eine Definition, die häufig nicht leicht zu verstehen ist. Der Meter wurde einst durch das Urmeter definiert, einen Metallstab, der in Paris aufbewahrt wird. Heute gibt man ihn als die Entfernung an, die das Licht im Vakuum innerhalb eines bestimmten Bruchteils einer Sekunde zurücklegt. Die Sekunde wird als die Zeit definiert, die verstreicht, wenn das chemische Element Cäsium eine bestimmte Zahl von Lichtschwingungen einer bestimmten Frequenz abgibt.

Maßeinheit und Symbol	zur Messung von
Meter (m)	Länge
Kilogramm (kg)	Masse
Sekunde (s)	Zeit
Ampere (A)	Stromstärke
Kelvin (K)	thermodynamische Temperatur
Candela (cd)	Lichtstärke
Mol (mol)	Stoffmenge

△ Die Grundlage des SI-Systems bilden sieben Maßeinheiten. Sie werden auf der ganzen Welt in Wissenschaft und Technik verwendet.

△ Das ursprüngliche Standardkilogramm bestand aus Messing. Der moderne Prototyp für das Kilogramm ist ein Zylinder aus einer Platin-Iridium-Legierung.

Einheit (Abkürzung)	gemessen wird damit	in anderen Einheiten ausgedrückt
Newton (N)	Kraft	kg m/s^2
Joule (J)	Arbeit, Energie	Nm
Watt (W)	Leistung	J/s
Coulomb (C)	elektrische Ladung	As
Hertz (Hz)	Frequenz	1/s
Pascal (Pa)	Druck	N/m^2
Volt (V)	Spannung, Potentialdifferenz	J/C
Ohm (Ω)	elektrischer Widerstand	V/A

◁ Im SI-System gibt es zahlreiche abgeleitete Einheiten. Man mißt damit Kraft, Energie, Druck usw.

Siehe auch →Ampere; →Frequenz; →Kelvin; →Masse; →metrisches System; →Temperatur; →Vakuum; →Zeit.

Sinnesorgane

▷ Vier unserer fünf wichtigsten Sinnesorgane haben ihren Sitz im Kopf. Wir sehen mit den Augen und hören mit den Ohren. Im Innenohr befindet sich auch unser Gleichgewichtsorgan. Mit seiner Hilfe nehmen wir die Stellung unseres Körpers im Raum wahr. Selbst mit geschlossenen Augen wissen wir, ob wir liegen, stehen oder an den Füßen hängen. Sinneszellen in der Nasenhöhle nehmen Gerüche wahr. Am wenigsten entwickelt ist wohl unser Geschmackssinn, denn die Geschmacksknospen auf der Zunge und der Innenseite des Mundes unterscheiden nur zwischen süß und sauer sowie bitter und salzig. Der Tastsinn hat seinen Sitz in der Haut. Dort liegen auch Sinnesorgane für Druck, Kälte und Wärme. Alle Sinnesorgane nehmen Reize wahr und leiten Informationen darüber an das Gehirn weiter.

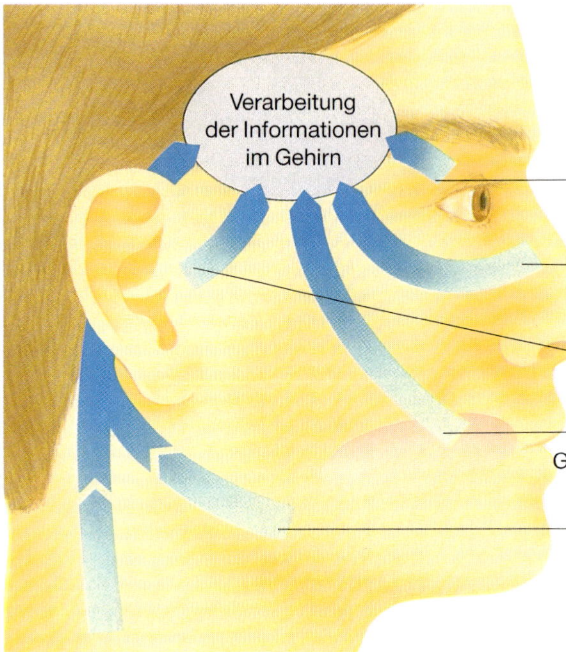

Sinnesorgane

Mit den Sinnesorganen nehmen wir vor allem unsere Umwelt wahr. Unsere wichtigsten Sinne sind Sehen, Riechen, Schmecken, Hören und Fühlen (Tasten). Wie wichtig diese Sinne sind, können wir leicht erfahren, wenn wir einzelne davon ausschalten. Träger starker Brillen können sich vorstellen, wie das Leben sein könnte, wenn die Augen nicht mehr funktionieren.

Üblicherweise sprechen wir immer von unseren fünf Sinnen. Wir besitzen aber viel mehr. Allein in der →Haut liegen mehrere Sinnesorgane für Druck, Schmerz, Wärme und Kälte. Das →Ohr ist auch der Sitz unseres Gleichgewichtsorgans. Beson-

Mach es selbst

Lege dir eine Augenbinde um, drehe dich einige Male im Kreis und versuche dann herauszufinden, aus welcher Richtung ein bestimmtes Geräusch kommt. Dabei hilft es dir, wenn du den Kopf seitwärts bewegst, weil unser Gehirn den Zeitunterschied wahrnimmt, mit dem die Schallwellen am linken und am rechten Ohr ankommen. Es geht dabei um tausendstel bis zehntausendstel Sekunden. Wir wenden unser Gesicht dann der Geräuschquelle zu, wenn die Schallwellen zu genau derselben Zeit im linken und im rechten Ohr eintreffen. Blinde Menschen können sich anhand des Gehörs ziemlich gut orientieren. Manche behaupten, sie könnten sogar reflektierte Schallwellen wahrnehmen und damit Hindernisse orten. Wenn dies zutrifft, könnten sie sich ähnlich orientieren wie die Fledermäuse.

dere Sinnesorgane haben auch die Tiere: Fische nehmen zum Beispiel elektrische Spannungen wahr, Fledermäuse hören Ultraschall, Einzeller und Tauben haben einen Sinn zur Wahrnehmung von Magnetismus, Klapperschlangen orten sogar Mäuse mit Hilfe von deren Wärmestrahlung.

Skelett

Das Skelett schützt und stützt den Körper. Beim Menschen und bei den meisten Wirbeltieren besteht es aus einzelnen →Knochen. Erst mit Hilfe des Skeletts können wir Arme und Beine bewegen. Das tragende Element unseres Skeletts ist die Wirbelsäule, die aus einzelnen, untereinander beweglich verbundenen Wirbeln besteht. Alle Wirbeltiere haben eine Wirbelsäule und ein Innenskelett. Die meisten wirbellosen Tiere haben ein Außenskelett, darunter alle Insekten, Krebse und Spinnen. Ihr Skelett besteht aus Chitin und Sklerotin und ist gleichzeitig leicht und hart. Ein solches Außenskelett hat allerdings den Nachteil, daß es nicht mitwächst. Wird das Tier

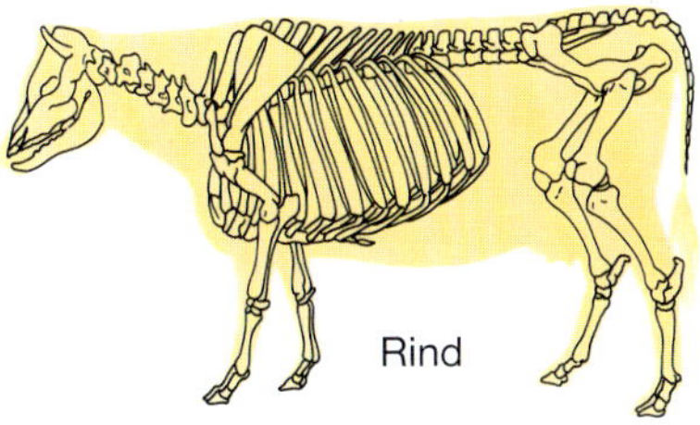

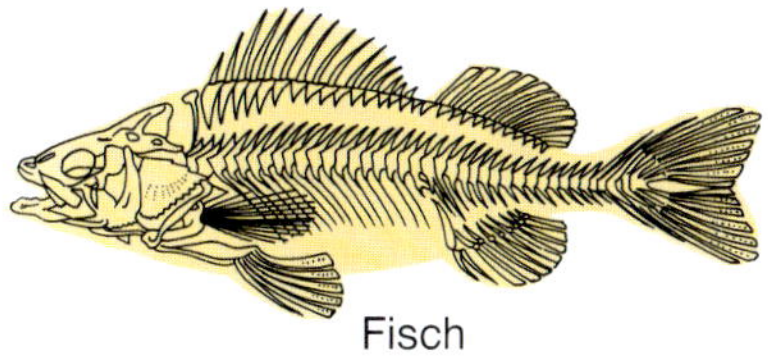

△ Vögel, Amphibien, Reptilien, Säuger und die meisten Fische haben ein Innenskelett aus Knochen. Es ist an die Lebensweise der jeweiligen Art angepaßt. Die Vogelknochen sind luftgefüllt und leicht, aber widerstandsfähig, denn das Tier muß mit ihnen fliegen. Das Rind hat große, schwere Knochen, die das hohe Körpergewicht leicht tragen. Die Wirbelsäule der Fische ist sehr beweglich; die Flossen werden von Strahlen aus Knorpel oder Knochen gestützt.

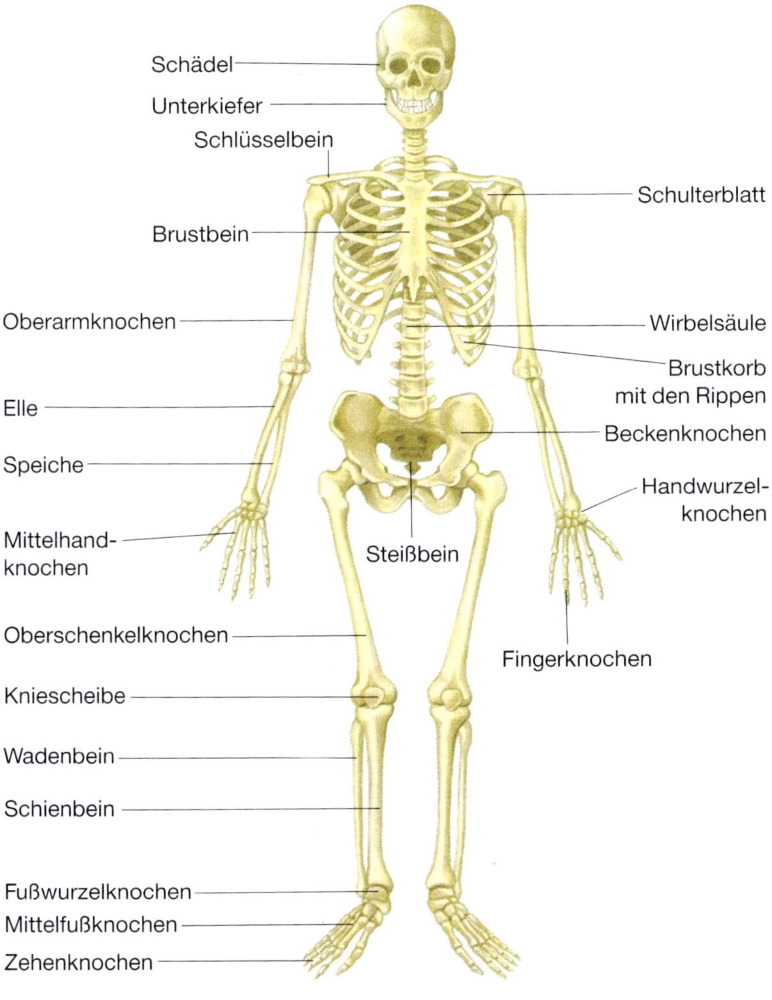

◁ Das menschliche Skelett besteht aus ungefähr 200 Knochen und Knöchelchen. In seiner Form ist es an die aufrecht gehende Lebensweise angepaßt. Beine und Becken müssen das gesamte Körpergewicht tragen. Am Becken ist die doppel-s-förmig geschwungene Wirbelsäule befestigt.

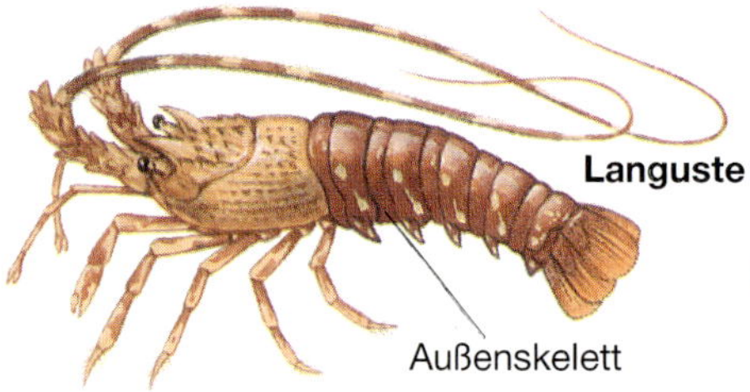

Napfschnecke

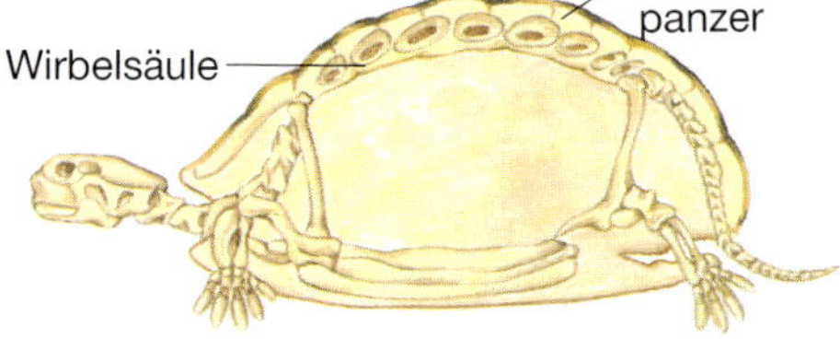

Schildkröte

△ Insekten, Spinnen und Krebse haben ein Außenskelett aus Chitin und Sklerotin. Bei manchen Tieren sind auch Mineralsalze eingelagert, so daß ein richtiger Panzer ausgebildet ist, etwa bei der Languste. Das Außenskelett der Weichtiere besteht aus einer harten Kalkschale. Bei den Muscheln ist sie zweiklappig. Die Schildkröte ist durch ein Innenskelett und durch ein äußeres Horn- und Knochenskelett geschützt.

größer, so muß es seinen Panzer abwerfen und durch ein neues, größeres Außenskelett ersetzen. Diesen Vorgang nennen wir Häutung. Die Weichtiere haben als Außenskelett eine Kalkschale, die ständig mitwächst. Bei den Schnecken hat es die Form eines einfachen Napfes oder des bekannten spiralförmigen Hauses. Bei den Muscheln ist das Außenskelett zweiklappig ausgebildet. Ein Außen- und ein Innenskelett aus Knochen finden wir bei den Schildkröten. Sie sind hervorragend geschützt, zahlen mit ihrer Unbeweglichkeit aber einen hohen Preis dafür.

Software

Ein →Computersystem setzt sich aus zwei Teilen zusammen, der →Hardware und der Software. Zur Hardware zählen die gesamte Elektronik und die Geräte, also der Computer selbst sowie Bildschirm und Drucker. Der Computer kann nur arbeiten, wenn man ihm sagt, was er tun soll. Das geschieht über die Software, die alle Programme umfaßt. Bei der Software unterscheiden wir wiederum zwei Bereiche: Die Systemprogramme sorgen für die Steuerung des Rechners; zusammen bilden sie das Betriebssystem. Unter den Betriebssystemen ist zur Zeit das MS-DOS am weitesten verbreitet. Mit den Systemprogrammen allein kann der Computer noch keine Aufgaben durchführen; er „weiß" damit nur, wie er vorzugehen hat. Die Anwendungsprogramme sind dann auf die besonderen Aufgaben jedes Benutzers zugeschnitten. Wir nennen sie meistens nur →Programme.

▽ Die Software sagt dem Computer, was er zu tun und wie er es durchzuführen hat. Außerordentlich umfangreiche Programme braucht man für Grafikanwendungen. Ingenieure können damit am Computer konstruieren.

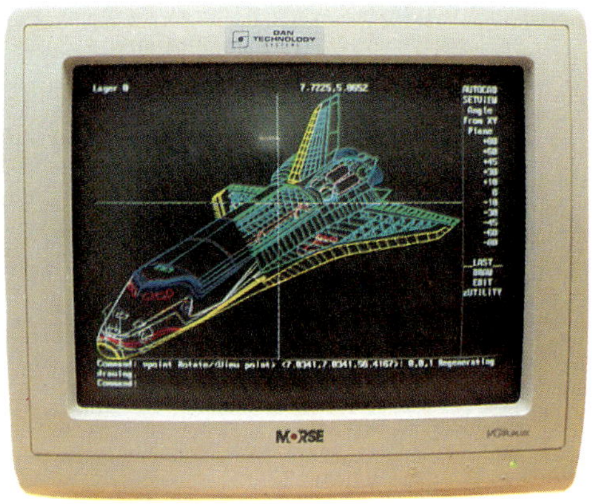

◁ Der berühmte Sonnenofen von Odeillo in den französischen Pyrenäen nutzt Sonnenstrahlen, um sehr hohe Temperaturen zu erzeugen. Mehrere hundert hier nicht sichtbare, flache Spiegel lenken das Sonnenlicht auf den hier abgebildeten Parabolspiegel, der die Strahlen auf einen Punkt im davor errichteten Turm lenkt. Dort werden beispielsweise Metalle geschmolzen.

Solarenergie

Die →Sonne ist unser größter Energiespender. Sie versorgt uns mit Wärme und Licht. Die Energie der Sonne ist →Kernenergie: In ihrem Inneren verschmelzen Wasserstoffkerne zu Heliumkernen. Dabei werden ungeheure Energiemengen frei, die an die Oberfläche der Sonne gelangen und dann abgestrahlt werden. Die Erde empfängt nur rund zwei Milliardstel der gesamten ausgestrahlten Sonnenenergie. Gelänge es, auch nur einen kleinen Bruchteil davon nutzbar zu machen, so wären wir für alle Zeiten unsere Energiesorgen los. Leider steckt die Nutzung der Sonnenenergie aber noch in den Kinderschuhen, und sie ist auch gar nicht einfach. Bis jetzt gibt es zwei Verfahren: Sonnenkollektoren fangen die Sonnenwärme ein und nutzen sie zur Heißwasserbereitung. →Solarzellen verwandeln die Energie des Sonnenlichts durch den photoelektrischen Effekt direkt in elektrische Energie.

▽ Sonnenkollektoren nutzen die Wärme der Sonnenenergie zur Heißwasserbereitung. Die Technik dafür ist ausgereift, und das Verfahren würde sich auch bei uns lohnen. Im Mittelmeergebiet hat fast jedes Hotel Sonnenkollektoren auf dem Dach.

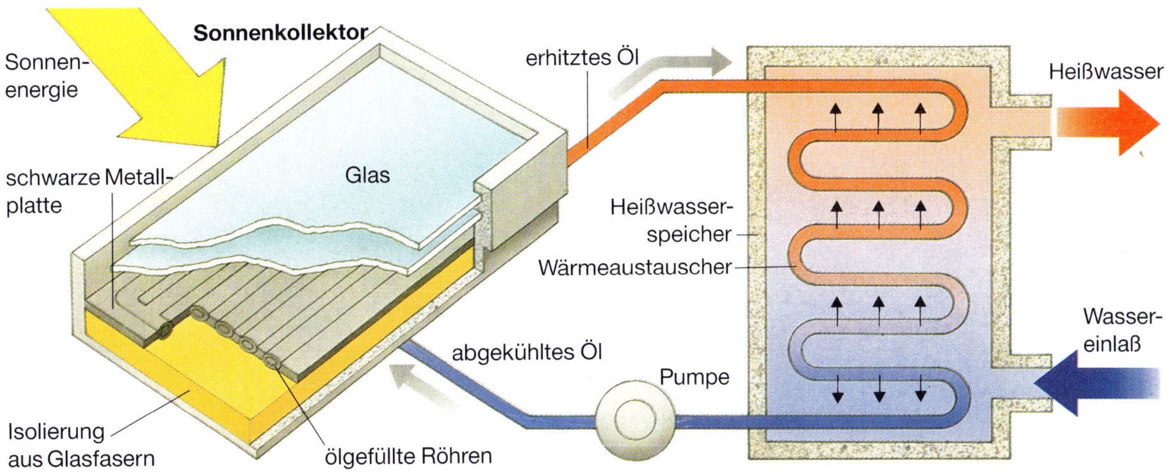

Solarzelle

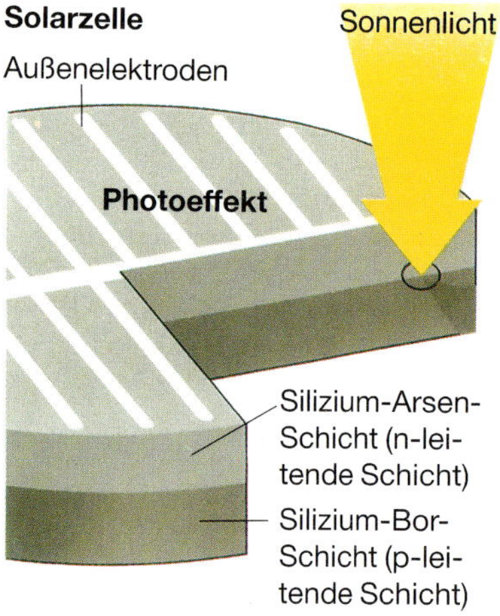

△ Solarzellen bestehen aus zwei unterschiedlich dotierten Siliziumkristallschichten. Die eine ist n-leitend, die andere p-leitend, das heißt, in der einen gibt es einen Überschuß an beweglichen negativen Elektronen, in der anderen einen entsprechenden Überschuß an verschiebbaren positiven Fehlstellen. Trifft nun Licht auf die Grenzschicht zwischen beiden Schichten, so kommt es dort zum Photoeffekt, nämlich der Trennung eines neutralen Siliziumatoms in ein Elektron und eine Fehlstelle. Raumladungen in der Nähe der Grenzschicht sorgen dafür, daß beide auf die entsprechende Seite der Grenzfläche geleitet werden. Wird über die Elektroden der Solarzelle ein Verbraucher angeschlossen, so fließt wie bei einer Batterie ein Strom.

▽ Auf dem Sonarschirm kann man solche Bilder sehen.

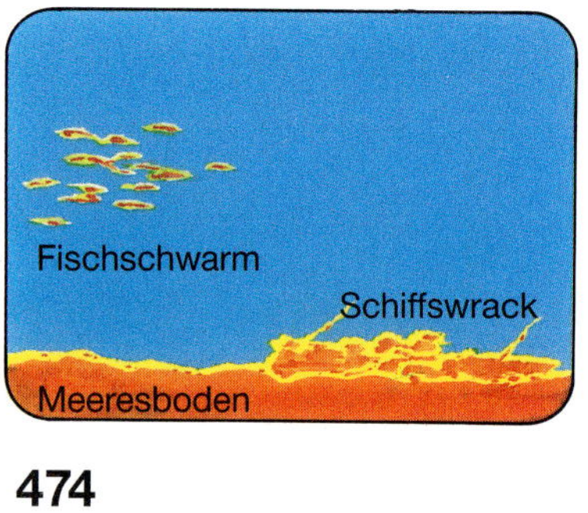

In Wasser- und Windkraftwerken nutzen wir ebenfalls die Sonnenenergie, wenn auch auf indirektem Weg. Die eingestrahlte Sonnenenergie erhält nämlich den Kreislauf des Wassers und der Winde aufrecht. Selbst in den →fossilen Brennstoffen, die heute den größten Teil unserer Energie liefern, liegt Sonnenenergie gespeichert, denn sie sind aus Pflanzen entstanden. Und diese bauten ihren Körper mit Hilfe der →Photosynthese und damit des Sonnenlichts auf.

Solarzelle

Die Solarzelle verwandelt Sonnenlicht direkt in Elektrizität. Seit Albert Einstein wissen wir, daß wir uns das Licht als Schauer sehr kleiner Teilchen, der →Photonen, vorstellen können. Treffen diese Photonen auf die Grenzschicht zwischen zwei →Siliziumkristallen, so entsteht über außen angebrachten Elektroden eine Spannung, mit der man wie mit einer Batterie Ströme erzeugen kann. Die Stärke des erzeugten Stroms hängt von der Beleuchtungsstärke ab. Die beiden Kristalle züchtete man so, daß Fremdatome eingelagert werden konnten. So entstanden eine Schicht, die negative Ladungen transportiert (n-leitend), und eine positiv-leitende (p-leitende) Schicht. Sogenannte Raumladungen zwischen den beiden Schichten verhindern, daß sich die Spannung im Innern der Solarzelle ausgleichen kann. Solarzellen können wir heute schon an vielen Stellen sehen, zum Beispiel auf den Dächern von Almhütten und auf Segeljachten. Auch viele Taschenrechner arbeiten mit Solarzellen.

Sonar

Mit dem Sonar kann man größere Körper unter Wasser orten, beispielsweise Schiffswracks oder auch Fischschwärme. Gleichzeitig mißt man mit dem Sonar auch die Wassertiefe. Das Sonar erfand 1915 der französische Physiker Paul Langevin. Er wollte damit vor allem Eisberge ausfindig machen. Der Untergang der Titanic im Jahr 1912 hatte ihn zu diesen Entwicklungsarbeiten angeregt.
Die Sonaranlage produziert kurze →Schallimpulse und fängt die von Hindernissen zurückgeworfenen →Echos wieder auf. Die Entfernung dieser Hindernisse läßt sich leicht aus der Zeitspanne zwischen Aussenden und Empfangen ermitteln. Die ausgesandten Schallimpulse sind so hoch, daß sie das menschliche Ohr nicht mehr wahrnehmen kann. Wir sprechen deswegen von →Ultraschall. Das Sonarsystem ist somit direkt mit der Echoortung der Fledermäuse vergleichbar. Statt Sonar kann man auch Echolot sagen. Fischkutter orten damit auch Fischschwärme.

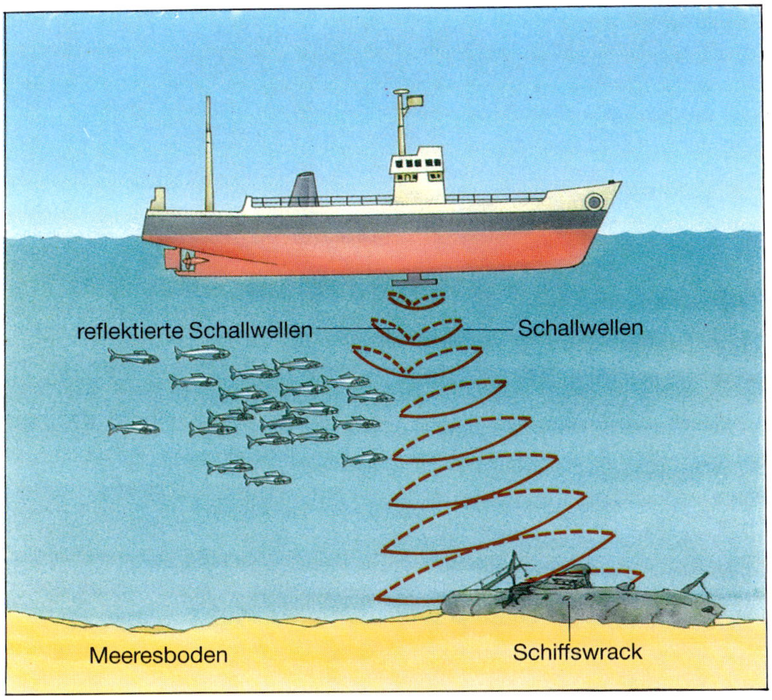

◁ Das Sonargerät gibt Ultraschallimpulse ab. Hindernisse wie Fischschwärme oder Schiffswracks werfen Echos zurück, die vom Schiff wieder aufgefangen werden. Aus der Zeitspanne zwischen Aussenden und Empfangen ermittelt das Sonargerät die Entfernung des Hindernisses. Natürlich kann man damit auch die Wassertiefe bestimmen (Echolot).

▽ Die Viking-Sonden sandten nach ihrer Landung auf dem Mars im Jahr 1976 Bilder zurück auf die Erde. Mariner 10 war die erste Raumsonde, die an zwei Planeten vorbeiflog, nämlich an der Venus (1974) und am Merkur (1974 und 1975). Die Sonde Pioneer Venus 1 umrundete die Venus und erstellte 1978 eine Radarkarte dieses Planeten.

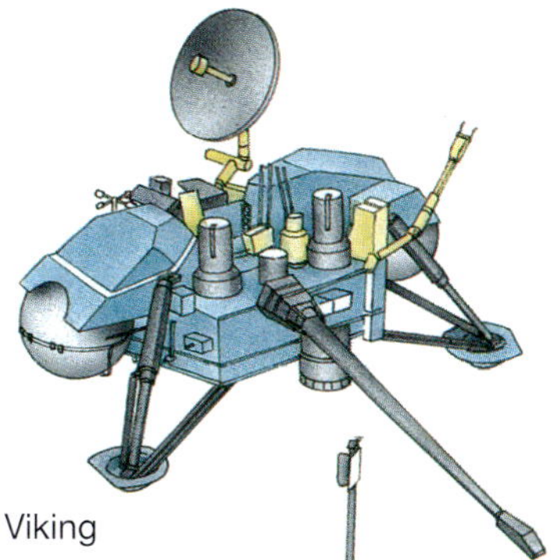
Viking

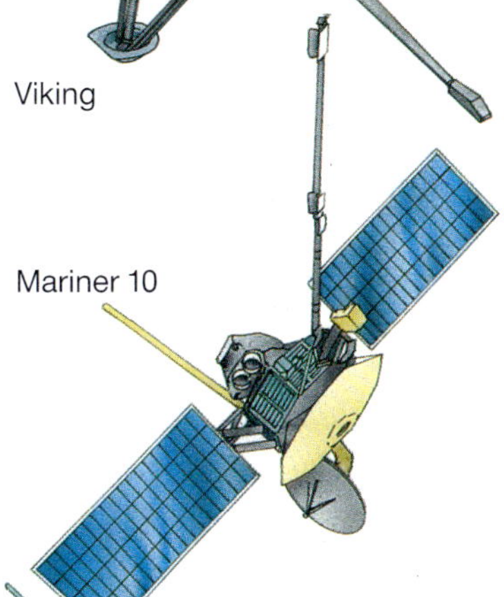
Mariner 10

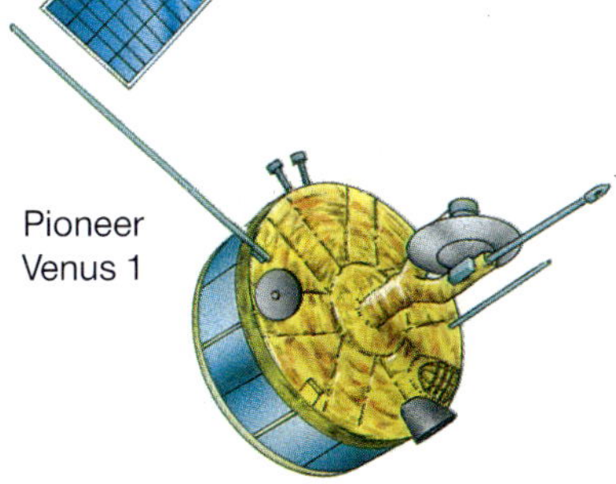
Pioneer Venus 1

Sonde

Es gibt verschiedene Arten von Sonden. Mit einer Sonde untersucht der Arzt innere Organe. Er führt zum Beispiel über den Mund einen dünnen schlauchartigen →Lichtleiter in den Magen ein, um dessen Innenwände in Augenschein zu nehmen. Mit Hilfe einer anderen Sonde pumpt der Arzt auch den Mageninhalt ab oder ernährt einen Patienten künstlich.

Mit Raumsonden erforschen die Astronomen unser →Sonnensystem und dessen nächste Umgebung. Raumsonden verlassen im Unterschied zu den →Satelliten das Schwerefeld der Erde. Bisher wurden Raumsonden zum Mond, zu allen Planeten mit Ausnahme des Plutos und zum Halleyschen →Kometen gesandt. Die erste erfolgreiche Sonde, die sowjetische Luna 2, schlug 1959 wie beabsichtigt auf der Mondoberfläche auf. Die erste Planetensonde war die amerikanische Mariner 2, die 1962 an der Venus vorbeiflog. Interplanetare Sonden müssen viele Millionen Kilometer zurücklegen, um von einem Planeten zum anderen zu gelangen, und die Reise dauert Jahre. Voyager 2, die erfolgreichste aller Sonden, wurde 1977 gestartet und flog erst zwölf Jahre darauf am Planeten Neptun vorbei, bevor sie das Sonnensystem verließ. In dieser langen Zeit mußten alle Kameras und Detektoren zuverlässig arbeiten, auch die Stromversorgung durfte auf keinen Fall zusammenbrechen. Während ihres langen Fluges war die Raumsonde Magnetfeldern, Strahlung von der →Sonne und dem Beschuß durch kleine Gesteinsbruch-

▷ Die Mission der amerikanischen Raumsonde Voyager 2 nahm zwölf Jahre in Anspruch. In dieser Zeit flog sie an vier äußeren Planeten und deren Monden vorbei.

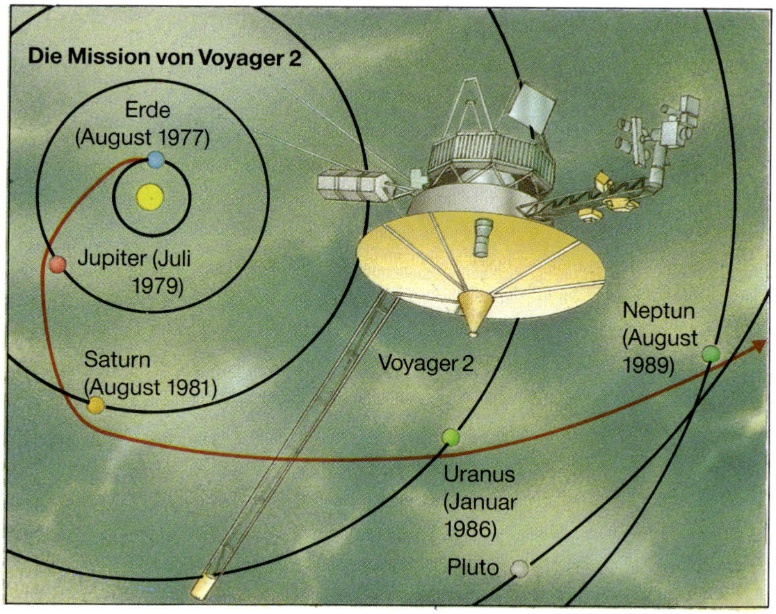

stücke ausgesetzt. Die beiden wichtigsten Raumsonden seit Voyager 2 sind Magellan, welche die Venus umrundet, und Galileo, die schließlich in einen →Orbit um den Jupiter einschwenken wird.

▽ Sonnenflecken sind dunklere und damit kühlere Stellen an der sichtbaren Oberfläche der Sonne, der Photosphäre. Sie entsenden oft sogenannte Flares in die Chromosphäre. Die umfangreiche Korona, die aus heißen, dünnen Gasen besteht, ist nur bei Sonnenfinsternissen zu erkennen.

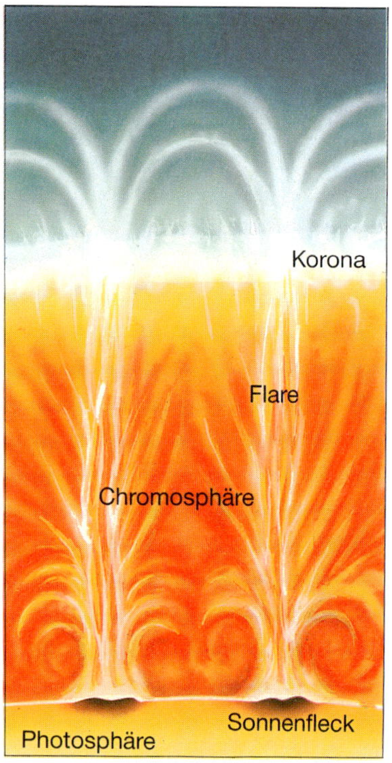

Sonne

Die Sonne ist ein →Stern und das Zentrum des →Sonnensystems. Es handelt sich um eine riesige glühende Gaskugel, die hauptsächlich aus →Wasserstoff besteht. Sie hat einen Durchmesser von 1,392 Millionen Kilometern – mehr als das Hundertfache des Erddurchmessers. Die Masse der Sonne ist 330 000mal so groß wie die der Erde. Die Sonne versorgt die Erde und alle übrigen →Planeten mit Wärme, Licht und anderer →elektromagnetischer Strahlung. Diese Energie stammt von Kernverschmelzungen. Im Inneren der Sonne herrscht eine Temperatur von 15 Millionen °C. Dort verschmelzen Wasserstoffkerne zu Heliumkernen, wobei ungeheure Energiemengen freigesetzt werden. Sie gelangen an die Oberfläche, wo immerhin noch eine Temperatur von 6000 °C herrscht. Diese Oberflächenschicht der Sonne heißt Photosphäre. Hier treten die Sonnenflecken auf, etwas dunklere Gebiete, die durch riesige Gaswirbel entstehen. Anhand der Sonnenflecken können die Astronomen mit besonderen Geräten sehen, daß sich die Sonne dreht. Am Äquator braucht sie ungefähr 25 Tage für eine Umdrehung, in der Gegend der Pole jedoch länger. Die Zahl der Sonnenflecken nimmt ungefähr alle elf Jahre stark zu; den Grund dafür kennt man nicht. Sonnenflecken sind die Ursache für verstärkt auftretende

→Nordlichter. Offenbar wirken sich die Sonnenflecken auch auf Lebewesen aus, denn Bambuspflanzen blühen beispielsweise oft in elfjährigen Abständen.
Über der Photosphäre liegt die Chromosphäre, die Atmosphäre der Sonne; sie ist einige tausend Kilometer dick. In ihr treten unzählige Flammensäulen auf, die Flares (sprich: fleas). In der Chromosphäre und in der daran anschließenden Korona zeigen sich immer wieder riesenhafte Gasexplosionen, die Protuberanzen. Gasmassen werden dabei viele zehntausend Kilometer hoch geschleudert. Die Erde würde von einer solchen Protuberanz in wenigen Sekunden eingeäschert. Die Korona setzt sich aus leuchtenden, heißen, aber sehr dünnen Gasmassen zusammen, die weit in den Weltraum hinausreichen. Sie ist nur bei →Sonnenfinsternissen zu sehen, wenn die leuchtende Scheibe der Sonne abgedeckt ist.
Die Sonne entstand wie die Planeten vor ungefähr 4,6 Milliarden Jahren aus einer dunklen Gaswolke in einem der Arme der →Milchstraße. Sie wird noch viele Millionen Jahre weiter scheinen wie bisher. Doch am Ende wird sich die Sonne in einen →Roten Riesen verwandeln und dabei die beiden nächsten Planeten verschlucken. Es wird dann zu heiß werden für ein Leben auf der Erde, und das Wasser der Ozeane wird kochen. Schließlich wird aus der Sonne ein →Weißer Zwerg.

Achtung

Du darfst auf keinen Fall mit einem Fernrohr oder Fernglas direkt in die Sonne sehen. Du könntest dabei blind werden. Verwende zur Beobachtung der Sonne immer eine Vorrichtung wie diese.

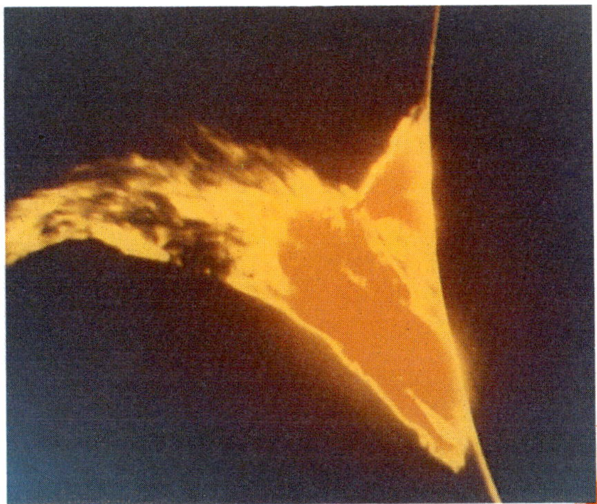

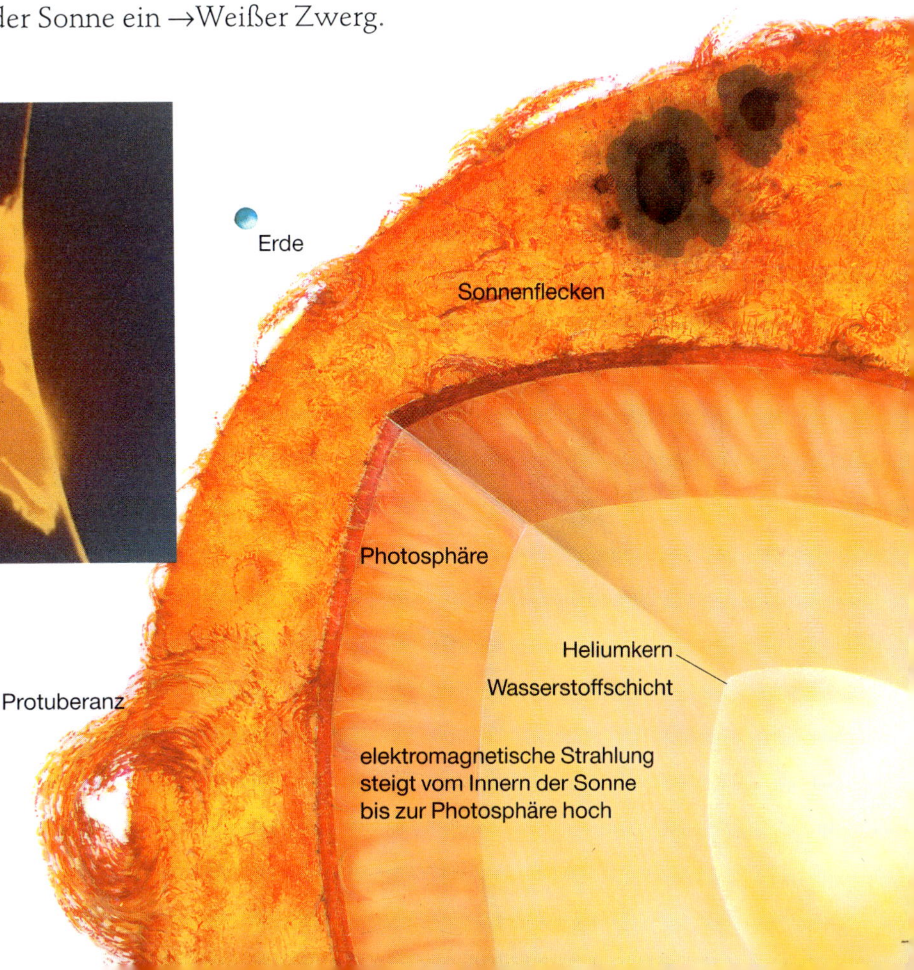

△ ▷ Unter der Photosphäre liegen umfangreiche Wasserstoffschichten. Im Inneren der Sonne verschmelzen Wasserstoffkerne zu Heliumkernen und erzeugen dabei viel Energie. Protuberanzen (Bild oben) sind riesenhafte Gaswolken, die aus der Chromosphäre und der Korona hochgeschleudert werden.

Sonnenfinsternis

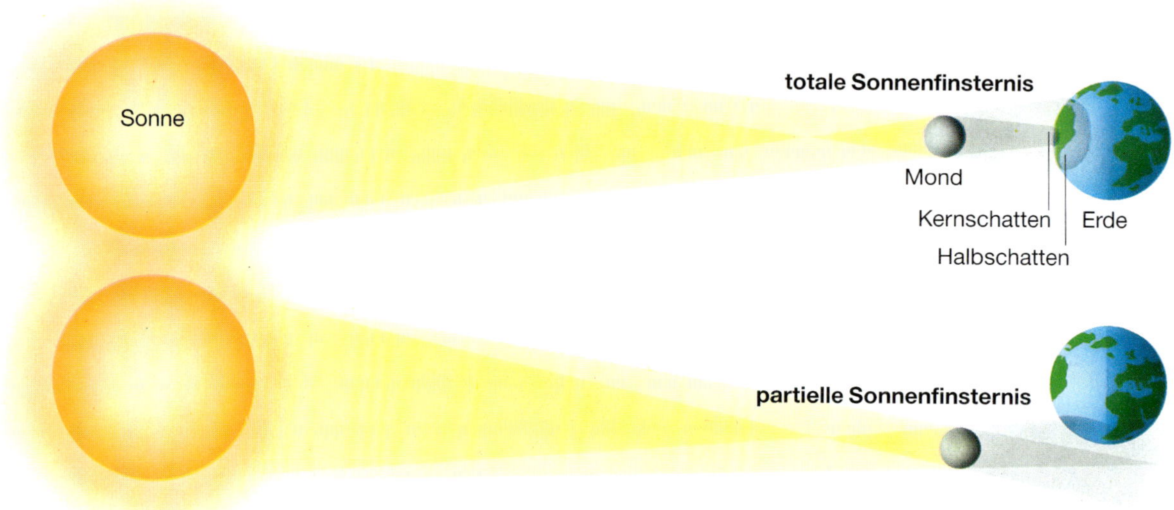

△ Während einer Sonnenfinsternis wirft der Mond einen sehr kleinen Kernschatten auf die Erde. In diesem Bereich kommt es zu einer totalen Sonnenfinsternis. Im viel größeren Gebiet des Halbschattens kann hingegen eine partielle Sonnenfinsternis beobachtet weden. Die Daten für die nächsten Sonnenfinsternisse sind: 3. November 1994 (Südamerika, Südatlantik), 24. Oktober 1995 (Südostasien), 9. März 1997 (Mongolei, Ostsibirien), 26. Februar 1998 (Mittelamerika), 11. August 1999 (Europa, mittlerer Osten, Nordatlantik).

Sonnenfinsternis

Wenn Sonne, Mond und Erde auf einer Linie liegen, kommt es zu einer Sonnen- oder Mondfinsternis. Eine Sonnenfinsternis gibt es, wenn die Erde in den Mondschatten eintritt. Eine Mondfinsternis hingegen kann nur dann stattfinden, wenn der Mond in den Schatten gelangt, den die Erde wirft.

Sonnenfinsternisse finden nur bei Neumond statt, wenn die beleuchtete Seite des Mondes von der Erde abgewandt ist. Der Mond zieht dann vor der Sonne vorbei. Aber nur in einem kleinen streifenförmigen Gebiet auf der Erdoberfläche ist eine totale Sonnenfinsternis zu beobachten. Die daran anschließenden Gebiete sehen eine partielle Sonnenfinsternis. Der Grund dafür liegt in der Größe des Mondes. Er bedeckt meistens gerade die Sonnenscheibe. Der Kernschatten, den er auf die Erde wirft, ist im Höchstfall 264 Kilometer breit. Der Bereich des Halbschattens kann mehrere tausend Kilometer umfassen. Dort sehen die Menschen, die dieses Naturschauspiel verfolgen, die Sonnenscheibe nur teilweise verdeckt. Eine totale Sonnenfinsternis ist die einzige Gelegenheit, bei der die Korona der →Sonne sichtbar wird. Das Ereignis dauert aber nur wenige Minuten. Es gibt übrigens eineinhalbmal mehr Sonnenfinsternisse als Mondfinsternisse. Dennoch können wir Mondfinsternisse viel leichter beobachten, da sie von überall auf der Erde zu sehen sind.

▷ Einige Stadien während einer Mondfinsternis. Der Mond braucht bis zu sechs Stunden, um den Schatten zu durchqueren, den die Erde wirft. Die totale Mondfinsternis kann bis zu eindreiviertel Stunden dauern.

1

2

3
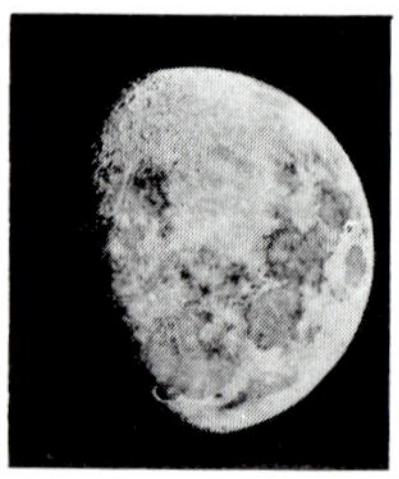

Sonnensystem

Das Sonnensystem besteht vor allem aus der →Sonne und den →Planeten, die auf ellipsenförmigen Bahnen die Sonne umkreisen. Abgesehen von den neun Planeten und ihren Monden zählen zum Sonnensystem aber auch noch die kleinen Planeten oder →Planetoiden sowie die →Kometen und die →Meteoriten. Statt Sonnensystem kann man auch Planetensystem sagen. Mehr Informationen über das Sonnensystem auf den Seiten 480 und 481.

Sonnenwind

Die →Sonne gibt in den Weltraum nicht nur Wärme, Licht und andere →elektromagnetische Strahlung ab, sondern auch →Elementarteilchen. Diese Teilchen, in der Hauptsache →Elektronen, aber auch größere wie →Protonen oder Alphateilchen, bezeichnen wir als Sonnenwind. In der Nähe der Sonnenoberfläche bildet dieser Sonnenwind die Korona. In weiterer Entfernung von der Sonne bewirkt der Sonnenwind, der mit einer Geschwindigkeit von ungefähr 700 Kilometern pro Sekunde „strömt", daß die Kometen lange Schweife entwickeln. Gleichzeitig drückt der Sonnenwind diese Schweife zur sonnenabgewandten Seite hin. Da der Sonnenwind elektrisch geladen ist, beeinflußt er auch das Magnetfeld der Erde. Wenn auf der Sonne viele Sonnenflecken auftauchen, nimmt auch die Stärke des Sonnenwindes zu. Dann werden Funkverbindungen auf der Erde gestört, und →Nordlichter können bis in die gemäßigten →Breiten hinein beobachtet werden.

△ Wenn der Sonnenwind besonders intensiv ist, können die Bewohner arktischer und benachbarter gemäßigter Gebiete besonders schöne Nordlichter beobachten.

▽ Der Sonnenwind bewirkt, daß das Magnetfeld auf der Seite, die der Sonne zugewandt ist, gestaucht wird. Auf der gegenüberliegenden Seite wird es hingegen keilförmig ausgezogen.

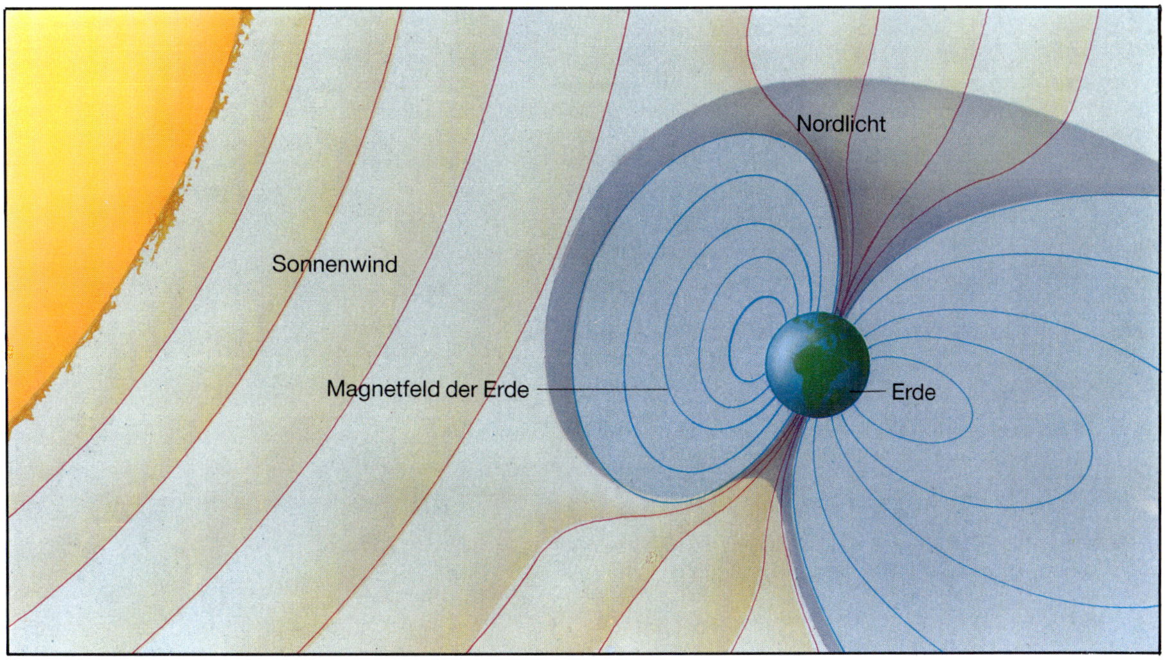

Sonnensystem

Die Sonne und ihre Planeten entstanden vor rund 4,6 Milliarden Jahren. Damals kondensierte eine Gas- und Staubwolke, die einen Durchmesser von vielen Lichtjahren hatte. Daraus gingen junge Sterne hervor. Einer davon war die Sonne. Die neun großen Planeten bildeten sich im Inneren einer flachen Scheibe aus Materie, die sich um die Sonne drehte.
Vier der neun Planeten können wir mit bloßem Auge sehen: Merkur, Venus, Mars und Jupiter. Der Merkur wird allerdings nur ein paarmal im Jahr während der Dämmerung sichtbar. Die drei erstgenannten Planeten nennen wir auch terrestrisch, weil sie in ihrem Aufbau der Erde gleichen. Die vier äußeren Riesenplaneten Jupiter, Saturn, Uranus und Neptun hingegen sind Gasmassen ohne Gesteine. Der äußerste Planet, der Pluto, ist noch weitgehend unerforscht.
Zusätzlich zu den Planeten gibt es noch viele Millionen weiterer Himmelskörper, die um die Sonne kreisen. Zwischen den Bahnen des Mars und des Jupiter wurden Tausende kleiner Planeten oder Planetoiden entdeckt. Kometen haben langgestreckte elliptische Umlaufbahnen. Sie kommen vom Gebiet der äußeren Planeten und leuchten auf, wenn sie in die Nähe der Sonne gelangen. Sandkorngroße Teilchen aus alten Kometen umkreisen die Sonne in lockeren Wolken. Sie sind die Ursache für die Lichterscheinungen der Meteore.

▷ Die Planeten unseres Sonnensystems sind hier im gleichen Maßstab gezeichnet, so daß sich ihre Größen vergleichen lassen. Mit zunehmendem Abstand von der Sonne sind dies Merkur (1), Venus (2), Erde (3), Mars (4), Jupiter (5), Saturn (6), Uranus (7), Neptun (8) und Pluto (9). Der Merkur ist also der sonnennächste, der Pluto der sonnenfernste Planet.

Name des Planeten	Durchmesser in Kilometern	Entfernung von der Sonne in Millionen Kilometern	Dauer eines Jahres (Umlaufzeit)	Tageslänge (Rotationszeit)	höchste Temperatur	Monde
Merkur	4880	70	88 Tage (d)	58 d 16 Stunden (h)	450 °C	keine
Venus	12104	109	225 Tage	117 Tage	480 °C	keine
Erde	12756	152	365 Tage	24 Stunden	58 °C	ja
Mars	6870	249	687 Tage	24 h 37 min	–30 °C	ja
Jupiter	143000	816	11,86 Jahre	9 h 50 min	–150 °C	ja
Saturn	120000	1507	29,5 Jahre	10 h 40 min	–170 °C	ja
Uranus	51000	3007	84 Jahre	17 h 18 min	–210 °C	ja
Neptun	49500	4540	164,8 Jahre	18 Stunden	–230 °C	ja
Pluto	2280	7388	248 Jahre	6 d 9 h	–230 °C	ja

△ Der Stern Beta Pictoris ist von einer Scheibe aus Gesteinsmaterial umgeben. Vielleicht entstehen daraus eines Tages Planeten und ein neues Sonnensystem.

Siehe auch →Komet; →Meteor; →Meteorit; →Planet; →Planetoiden; →Sonne; →Sterne; →Weltall.

△ Das Transportsystem Spaceshuttle beim Start. Deutlich sind der Außentank und eine der Feststoffraketen zu erkennen. Der eigentliche Raumgleiter oder Orbiter sitzt auf dem dicken Außentank.

Spaceshuttle

Der Spaceshuttle ist eine Art Raumfahrzeug. Man bezeichnet ihn auch als Raumfähre oder Raumgleiter oder Weltraumtransporter. Beim Start sitzt der Spaceshuttle auf einem großen Außentank, der flüssige Treibstoffe enthält. Die Haupttriebwerke des Spaceshuttles verbrennen während der Startphase diese Treibstoffe. Links und rechts vom Außentank ist noch je eine Feststoffrakete oder Booster befestigt, die zusätzlichen Schub bewirkt. Zwei Minuten nach dem Start werden die Booster abgesprengt und gleiten an Fallschirmen zurück auf die Erde; sie können wiederverwendet werden. Sieben Minuten darauf ist auch der Außentank des Shuttles leer und trennt sich von diesem. Beim Zurückfallen in die Atmosphäre verglüht er, und Teile von ihm fallen ins Meer. Nach ungefähr 15 Minuten hat der Spaceshuttle seine endgültige Umlaufbahn erreicht. Er kann sieben Besatzungsmitglieder aufnehmen und verfügt über eine 18,3 Meter lange und 4,6 Meter breite Ladebucht. Spaceshuttles haben darin schon Satelliten in den Weltraum gehievt. Die Besatzungsmitglieder verwenden dazu einen bis 15 Meter langen Manipulatorarm, der ähnlich aufgebaut ist wie ein menschlicher Arm. Am Ende hat der Arm einen Greifmechanismus, allerdings nicht in Form einer Hand. Vielmehr packt der Arm Gegenstände mit Hilfe von Drahtschlingen. In der Ladebucht findet auch das Weltraumlabor oder Spacelab der Europäischen Weltraumorganisation ESA Platz.

Der Spaceshuttle kann ungefähr eine Woche im All bleiben. Danach muß er zur Erde zurückkehren. Er dreht sich dazu gegen die Flugrichtung um und zündet seine Haupttriebwerke zwei Stunden vor der Landung. Damit verläßt die Raumfähre ihre Erdumlaufbahn. Dann dreht sie sich wieder in die normale Position, verliert an Höhe und tritt wieder in die Atmosphäre ein.

▽ Der Spaceshuttle kann in seiner Ladebucht Satelliten in den Weltraum transportieren und sie dort aussetzen. Die Ladebucht kann auch das Weltraumlabor Spacelab aufnehmen.

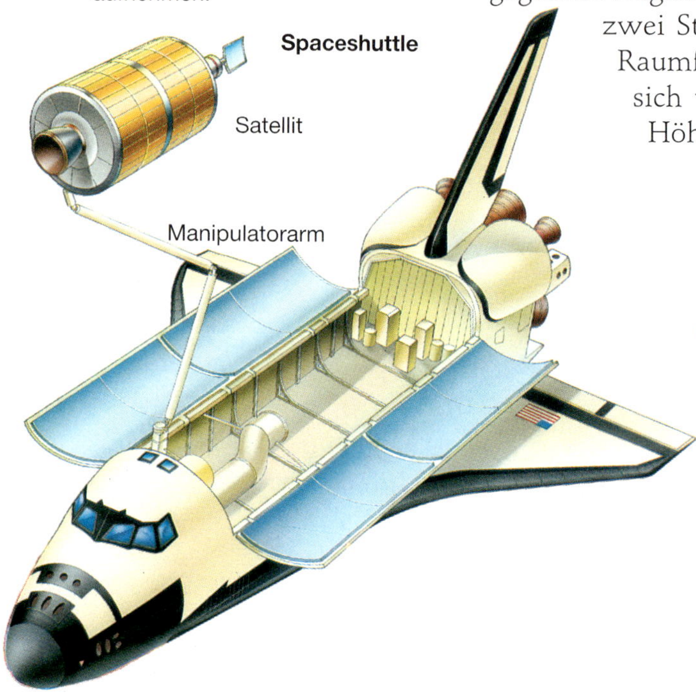

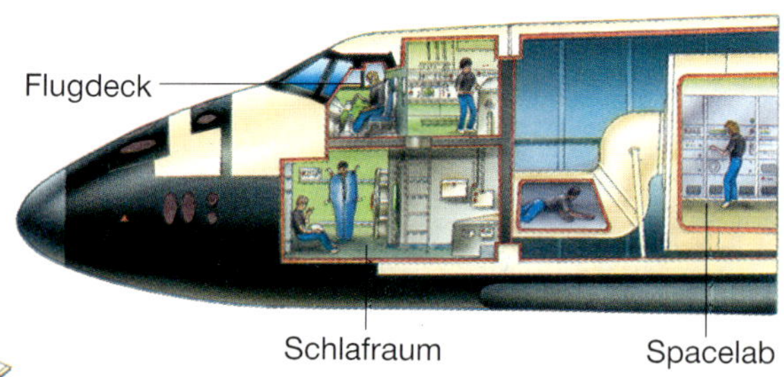

△ Nach der harten Tagesarbeit ruht sich die Crew im Schlafraum aus. Das Flugdeck enthält alle Geräte und Computer zur Steuerung des Shuttles.

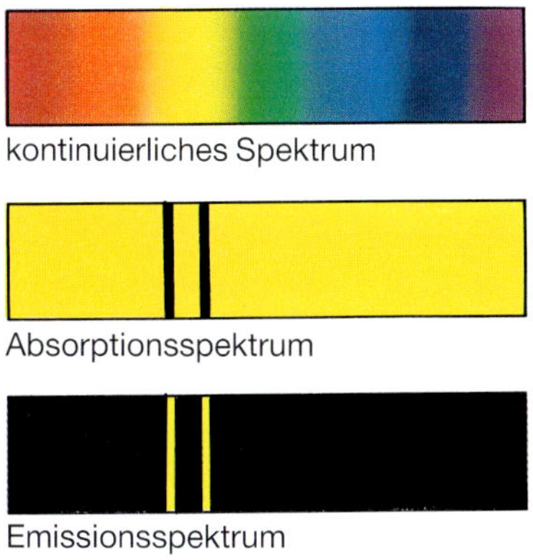

◁ Das Licht von der Sonne ergibt ein kontinuierliches Spektrum. Einzelne Stoffe geben aber nur Licht ganz bestimmter Wellenlängen ab (Emissionsspektrum), oder sie absorbieren nur Licht solcher Wellenlängen (Absorptionsspektrum). Die emittierten und die absorbierten Wellenlängen sind bei ein und demselben Stoff identisch. Man erkennt das Absorptionsspektrum an den schwarzen Linien auf hellem Grund, das Emissionsspektrum an den hellen Linien auf schwarzem Hintergrund.

Spektroskopie

Wenn ein Stoff erwärmt wird, gibt er von einer bestimmten Temperatur an →elektromagnetische Strahlung ab. Kein Stoff erzeugt aber Strahlen des gesamten →Spektrums. Wenn wir zum Beispiel Eisen erhitzen, strahlt es zuerst überwiegend rotes und gelbes Licht aus und beginnt zu glühen. Untersucht man dieses ausgestrahlte Licht genau, so erkennt man, daß nur bestimmte, scharf begrenzte Ausschnitte aus dem Lichtspektrum vertreten sind. Es ist die Aufgabe der Spektroskopie, die elektromagnetische Strahlung, besonders das Licht, zu untersuchen, das Atome und Moleküle ausstrahlen (emittieren) oder in sich aufnehmen (absorbieren). Die Analyse geschieht mit Hilfe von Spektroskopen. Diese Geräte zerlegen das eintreffende Licht beispielsweise mit einem →Prisma in die einzelnen Farben. Auf einer Skala kann man dann ablesen, welche Wellenlängen absorbiert oder emittiert werden. Hat man einen unbekannten Stoff zu identifizieren, so erhitzt man ihn so stark, daß er zu leuchten beginnt. Mit dem Spektrometer analysiert man das abgegebene Licht und findet dabei zahlreiche Spektrallinien. Aus diesen kann man dann Rückschlüsse auf die Zusammensetzung des Stoffes ziehen.
Eine besondere Rolle spielt die Spektroskopie in der Astronomie. Mit Spektroskopen können die Astronomen untersuchen, welche Stoffe auf anderen Sternen oder im Raum zwischen den Sternen (interplanetarer Raum) vorkommen.
Siehe auch →Massenspektroskopie.

Spektrum

Als Spektrum bezeichnen wir die Verteilung der verschiedenen Anteile eines Gemisches. Zunächst sind damit die Farben des Lichtspektrums gemeint. Sonnenlicht ist weiß. Wenn es durch ein →Prisma fällt, wird es in die verschiedenen Farben des Spektrums zerlegt. Bei guter Auflösung des Spektrums entdeckt man darin eine Vielzahl dunkler Linien. Es sind Ab-

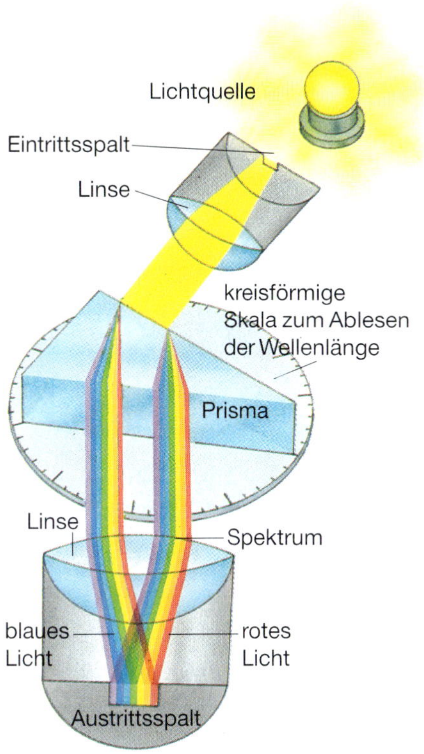

△ Das abgebildete Spektroskop zerlegt das Licht mit Hilfe eines Prismas. Dieses läßt sich drehen, so daß man hinter dem Austrittsspalt jeweils nur eine Farbe beobachten kann.

Das Wort „Spektrum“ ist nicht auf elektromagnetische Strahlung beschränkt. Man spricht zum Beispiel auch von einem Klangspektrum oder gar von einem Spektrum der Meinungen, also einer Vielfalt der Ansichten.

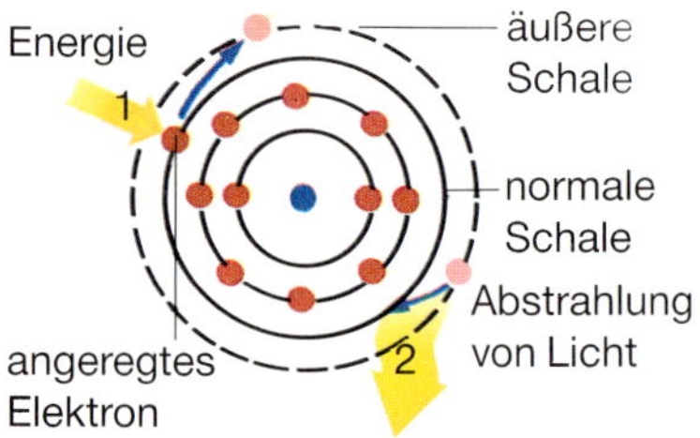

△ Wenn wir den Atomen eines Elements Energie zuführen und sie anregen, springt ein Elektron auf eine äußere Schale **(1)**. Wenn das angeregte Elektron wieder auf seine ursprüngliche Schale zurückspringt, gibt es Licht einer genau bestimmten Wellenlänge ab **(2)**. Dieses Licht ergibt ein charakteristisches Emissionsspektrum. Beim Natrium ist das Licht typisch orangegelb.

sorptionslinien (→Spektroskopie), hervorgerufen durch chemische Elemente in der Sonnenatmosphäre. Mit einfachen Mitteln sind diese Linien jedoch nicht zu sehen, und das Sonnenspektrum erscheint uns durchgehend und kontinuierlich. Das gesamte Farbspektrum des weißen Lichts sehen wir im Regenbogen oder bei den →schillernden Farben mancher Tiere oder dünner Seifen- und Ölfilme auf Wasser.
In einem weiteren Sinn sprechen wir vom gesamten Spektrum der →elektromagnetischen Strahlung, angefangen von den längsten Radiowellen bis zur kosmischen Strahlung. Im Verlauf dieses Spektrums nimmt die →Wellenlänge ab und die →Frequenz zu. Auf die Radiowellen folgen die →Mikrowellen, die →Infrarotstrahlung, das sichtbare →Licht, das nur einen winzigen Ausschnitt aus dem ganzen elektromagnetischen Spektrum einnimmt, dann die →ultravioletten Strahlen und die →Röntgenstrahlen. Zuletzt folgen die Gammastrahlen und die →kosmische Strahlung.

spezifische Wärme

Wenn wir 1 Kilogramm Wasser um 20 °C erwärmen wollen, brauchen wir dazu eine bestimmte Wärmemenge. Führen wir dieselbe Wärmemenge 1 Kilogramm Blei zu, so stellen wir fest, daß das Blei so heiß geworden ist, daß wir es nicht mehr anfassen können. Blei braucht somit viel weniger Wärme, um seine Temperatur um 20 °C zu erhöhen, als Wasser. Jedem Stoff muß eine ganz bestimmte Wärmemenge zugeführt werden, damit er um 1 °C (= 1 Kelvin) wärmer wird. Diese Wärmemenge nennen wir spezifische Wärme oder Artwärme. Die Maßeinheit dazu ist Joule pro Kilogramm und Kelvin (J/kg K). Die größte spezifische Wärme hat das Wasser (4180 J/kg K). Das hat zur Folge, daß sich Seen im Frühjahr nicht so schnell erwärmen wie die Luft, im Herbst aber auch nicht so schnell abkühlen. Deswegen wirken große Wassermassen wie die Meere ausgleichend auf das Klima der Um-

▷ Kupfer hat eine viel geringere spezifische Wärme als das Wasser. Man muß einem Stück Kupfer sehr viel weniger Wärmeenergie zuführen, um dessen Temperatur zu erhöhen, als der gleichen Masse Wasser. 1000 Joule erwärmen 1 Kilogramm Kupfer um fast 4 °C, 1 Kilogramm Wasser jedoch nur um 0,25 °C.

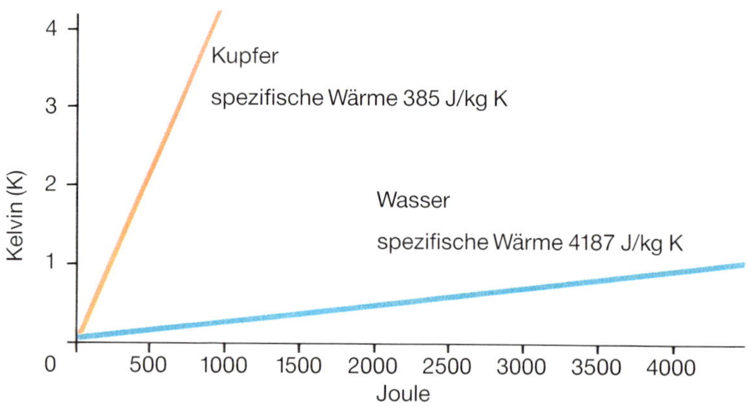

gebung: Sie brauchen lange Zeit zum Erwärmen und Abkühlen. Eine sehr niedrige spezifische Wärme haben alle Metalle, allen voran das Blei mit 130 J/kg K.
Etwas anderes ist die Wärmeleitzahl, die wir auch spezifisches Wärmeleitvermögen nennen. Auch hier kann man mit einem Versuch veranschaulichen, was gemeint ist: Wir nehmen einen Metallstab in die Hand und halten das andere Ende des Stabes in die Flamme eines →Bunsenbrenners. Nach kurzer Zeit müssen wir den Stab aus der Hand legen, weil er sich an dem Ende, das wir in der Hand halten, zu stark erwärmt hat. Einen Holzstab hingegen können wir bei demselben Versuch sehr viel länger in der Hand behalten: Metall ist ein guter, Holz ein schlechter Wärmeleiter. Der beste Wärmeleiter ist das Silber. Deswegen verbrennt man sich mit Silberlöffeln am leichtesten den Mund.

Spiegel

Spiegel werfen Lichtstrahlen zurück (→Reflexion). Die meisten Spiegel bestehen aus Glas und haben auf der Rückseite eine dünne, aufgedampfte Silberschicht. Wenn Licht auf einen Spiegel trifft, verhält es sich wie ein Ball, den wir gegen eine Mauer werfen: Er wird in demselben Winkel zurückgeworfen. Der Physiker sagt: Der Einfallswinkel ist gleich dem Reflexionswinkel. Wenn wir uns vor einen Planspiegel stellen, sehen wir unser Spiegelbild. Wenn wir unsere linke Hand heben, hebt unser Spiegelbild seine rechte. Diese Art der →Symmetrie nennen wir spiegelbildlich.
Spiegel mit gewölbten Flächen verzerren das Spiegelbild. Wir finden sie zum Beispiel in Spiegelkabinetten auf Jahrmärkten. Parabolisch geformte Hohlspiegel sammeln die Strahlen in einem Punkt, konvexe Wölbspiegel zerstreuen sie. Wie das aussieht, können wir an den Innen- und Außenflächen eines polierten Löffels selbst beobachten. Konkave Hohlspiegel werden anstelle von Linsensystemen in die meisten →Teleskope eingebaut.

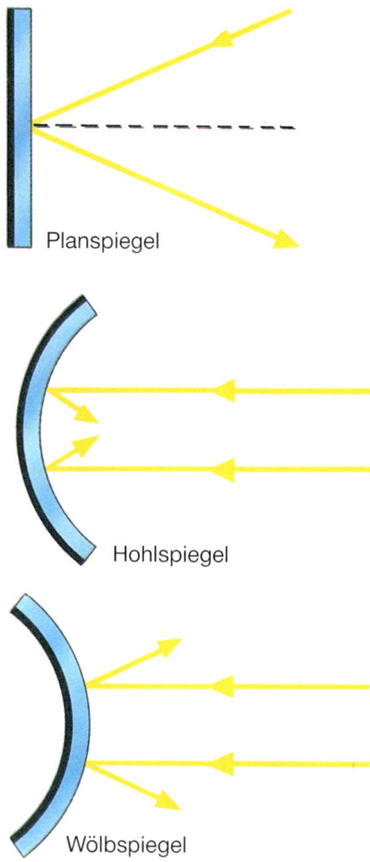

△ Ebene Planspiegel geben ein unverzerrtes Bild. Der Einfallswinkel ist bei allen Spiegeln gleich dem Reflexionswinkel. Konkave Hohlspiegel können ein vergrößertes, konvexe Wölbspiegel hingegen ein verkleinertes Bild erzeugen.

Sprache

Die Fähigkeit zu sprechen unterscheidet uns von allen Tieren. Viele Lebewesen können zwar miteinander in Verbindung treten (Kommunikation) und sich sogar mit Lauten Informationen mitteilen, vor allem die Vögel und die Säuger. Aber ihnen allen, auch den Menschenaffen, fehlt die Fähigkeit, Wörter und Sätze zu bilden und damit Gedanken auszudrücken. Nirgendwo im Tierreich gibt es etwas, das den vielfältigen Möglichkeiten der menschlichen Sprache vergleichbar wäre. Erst die Sprache machte es möglich, Kulturen, Reli-

Es gibt auf der Welt ungefähr 2000 Schriftsprachen. Dazu kommen noch sehr viele Sprachen, die nie eine Schrift entwickelt haben. Es gibt Dialekte, die sich so weit von der Hochsprache entfernt haben, daß eine gegenseitige Verständigung sehr schwierig ist. So kann sich ein Appenzeller Bauer kaum mit einem ostfriesischen Fischer unterhalten, obwohl beide Deutsch als Muttersprache haben.

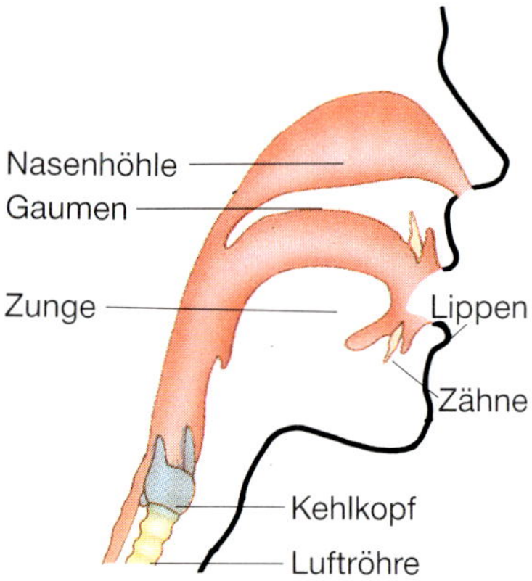

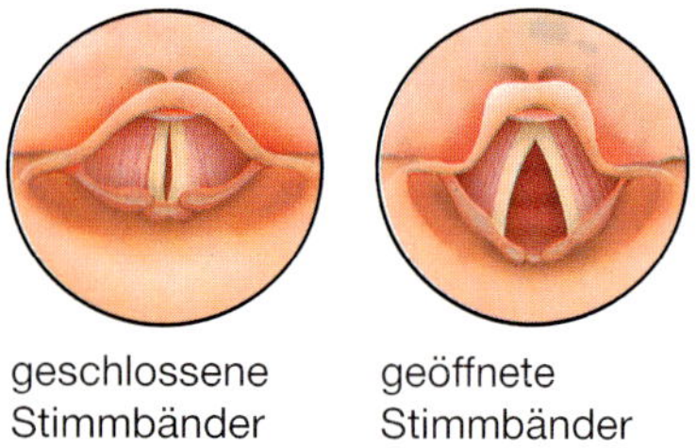

△ Töne bilden wir, wenn Luft aus den Lungen über die Stimmbänder in unserem Kehlkopf streicht. Zur Bildung der Wörter brauchen wir die Rachen- und die Mundhöhle, die Zähne, die Zunge, die Lippen und den Gaumen.

▽ Mit dem Spritzgußverfahren werden neben vielem anderem Plastikschüsseln hergestellt. Bei den meisten Formteilen kann man die Stelle, an der die flüssige Kunststoffmasse eingespritzt wurde, an einer Verdickung erkennen.

gionen und komplizierte Gesellschaften zu entwickeln und Wissenschaft zu treiben.
Wir erzeugen die Laute, Wörter und Sätze, während wir ausatmen. Die Luft streicht über die Stimmbänder und versetzt sie in Schwingungen. So erzeugen wir Töne. Die Tonhöhe ergibt sich durch die unterschiedliche Dehnung und damit Öffnung der Stimmbänder und durch die Geschwindigkeit, mit der wir ausatmen. Aus diesen Tönen bilden wir im Nasen- und Mundraum Laute und Wörter. Dabei helfen die Zunge, die Zähne, die Lippen, das Gaumendach und sogar das Halszäpfchen mit. Sprechen ist eine ungeheuer komplizierte Tätigkeit, die eine aufwendige Steuerung durch das Gehirn notwendig macht. Kinder müssen dies erst lernen und brauchen dazu einige Jahre, und selbst die Erwachsenen versprechen sich noch oft – nicht nur bei Zungenbrechern!

Spritzguß

Mit dem Spritzgußverfahren kann man viele, auch komplizierte Gegenstände (Formteile) aus →Kunststoff herstellen. Zunächst muß man eine Gußform aus zwei Hälften fertigen und in die Spritzgußmaschine einbauen. Kunststoffkörner (Granulat) werden darin erhitzt, so daß sie flüssig werden. Unter hohem Druck spritzt ein Kolben die Kunststoffmasse in die Form. Um die Produktion zu erhöhen, verbindet man mehrere verschiedene Gußformen („Nester“) untereinander durch Kanäle. Innerhalb kurzer Zeit nach dem Guß kühlt sich der flüssige Kunststoff ab und erhärtet. Dann öffnet man die Gußform und entnimmt die gegossenen Formteile. Fast immer kann man die Stelle sehen, an der der Kunststoff in die Gußform gespritzt wurde. Bei Joghurtbechern liegt er zum Beispiel als Verdickung auf der Unterseite.
Siehe auch →extrudieren.

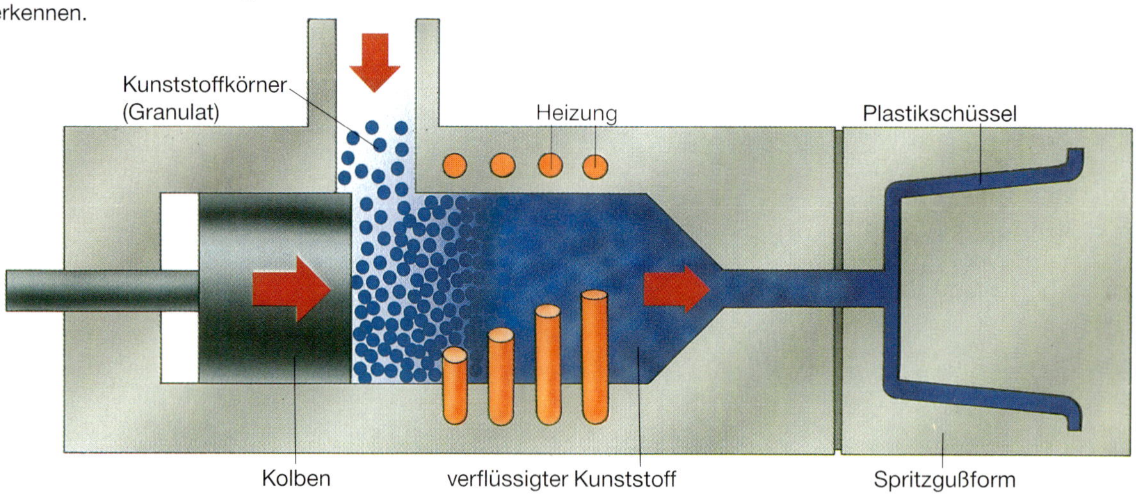

◁ Diese Kartoffelblätter haben sich verfärbt, weil sie an einem Mangel des Spurenelements Magnesium leiden.

Spurenelemente

Der Mensch muß regelmäßig Mineralsalze mit der Nahrung aufnehmen. Wir brauchen zum Beispiel Kochsalz (Natriumchlorid) für die Körperflüssigkeiten. Kaliumsalze sind unumgänglich für die Zellen. Das Knochengerüst erwachsener Menschen enthält einige Kilogramm Kalziumphosphat. In unserem Blutfarbstoff Hämoglobin sind insgesamt ungefähr 3 Gramm Eisen eingelagert. Obwohl wir nur geringe Eisenmengen brauchen, könnten wir ohne dieses →chemische Element nicht leben. Solche lebenswichtigen Elemente, die aber nur in kleinsten Mengen auftreten, nennen wir Spurenelemente. Unser Körper enthält 2 bis 3 Gramm Zink, aber es kommt in ungefähr 70 →Enzymen vor. Ohne winzige Mengen →Iod kann unsere Schilddrüse nicht arbeiten. Bei Jodmangel vergrößert sie sich und entwickelt einen Kropf. Weitere Spurenelemente sind Chrom, Mangan, Kobalt und Kupfer. Auch Pflanzen und Tiere brauchen Spurenelemente. Einige Spurenelemente kommen heute durch die Umweltverschmutzung vermehrt und in zu großen Mengen in der Nahrung vor und verursachen Vergiftungen, zum Beispiel das Cadmium.

Stahl

Das →Eisen, das frisch verhüttet aus dem Hochofen kommt, enthält zwischen 1,7 und 3 Prozent →Kohlenstoff. Er bewirkt, daß das Roheisen spröde ist und sich weder schweißen noch schmieden läßt. Solches Roheisen wird nur als Gußeisen verwendet, zum Beispiel für Rohre oder Gullydeckel. Für alle anderen Zwecke muß man das Eisen zu Stahl weiterverarbeiten. Dabei will man den Kohlenstoffgehalt senken. Beim

▽ Beim LD-Verfahren wird der Konverter mit Roheisen und Eisenschrott beschickt **(1)**. Durch ein wassergekühltes Rohr wird Sauerstoff eingeblasen **(2)**. Nach einer halben Stunde wird der Konverter gekippt und der Rohstahl abgestochen **(3)**.

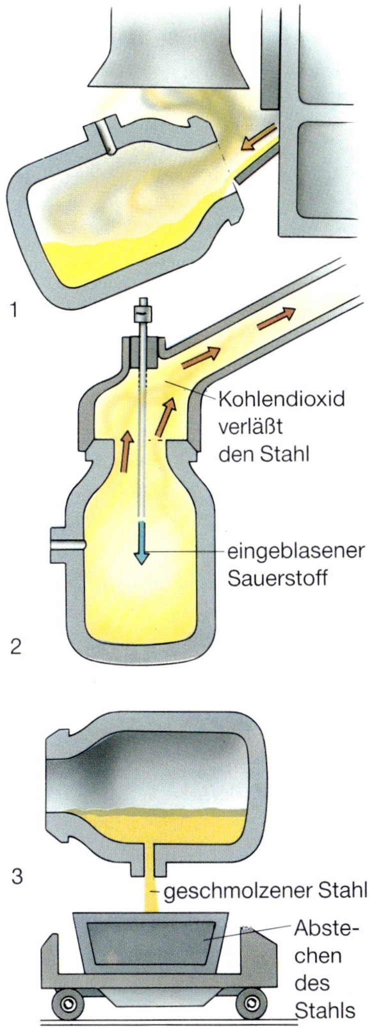

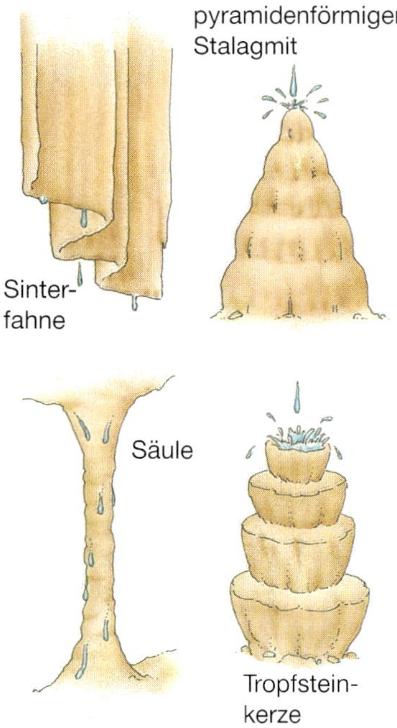

△ Die Sinterbildungen in Höhlen können die unterschiedlichsten Formen annehmen. Einige sehen wie Fahnen, andere wie Spaghetti, Orgelpfeifen oder Moospolster aus. Am häufigsten sind jedoch die Tropfsteine.

verbreiteten Linz-Donawitz-Verfahren (LD-Verfahren) bringt man das Roheisen zusammen mit Eisenschrott in ein riesengroßes birnenförmiges Gefäß, den Konverter. Ein Rohr bläst reinen Sauerstoff in das flüssige Eisen. Der Sauerstoff verbindet sich mit dem Kohlenstoff und verläßt das Eisen in Form von →Kohlendioxid. Diesen Vorgang nennt der Fachmann Frischen. Nach einer halben Stunde ist aus dem Eisen Stahl mit einem Kohlenstoffgehalt von höchstens 1,7 Prozent geworden. Der Konverter wird gekippt und der Stahl abgestochen. Mit diesem normalen Stahl baut man Brücken oder Autokarosserien. Er rostet allerdings schnell und braucht unbedingt eine Schutzschicht aus Zink oder einen schützenden Anstrich. Wenn man dem noch flüssigen Stahl →Chrom beimischt und eine →Legierung bildet, erhält man nichtrostenden Stahl.

Stalagmiten und Stalaktiten

Höhlen gibt es vor allem in Kalkgebieten. Das Regenwasser enthält immer etwas gelöstes →Kohlendioxid und wird dadurch zu einer leichten →Säure. Es löst Kalk auf, so daß mit der Zeit überall Spalten und unterirdische Höhlungen entstehen. Durch diese Spalten verschwindet das Regenwasser noch schneller: Bäche und Flüsse fließen unterirdisch ab und vergrößern gleichzeitig die Spalten und Höhlungen. Solche vielfach zerklüfteten Kalkgebiete nennen wir verkarstet. Wir finden sie in den Kalkalpen und vor allem im slowenischen Karst an der nördlichen Adria.

Wenn nun kalkreiches Regenwasser von Höhlendecken herabtropft, tritt ein Teil des gelösten Kohlendioxids in die Luft über. Gleichzeitig fällt auch ein Teil des gelösten Kalks aus und wird wieder fest. Wenn die Tropfen immer an derselben Stelle herunterfallen, lagert sich auch der Kalk immer an derselben Stelle ab. So entstehen langsam die Tropfsteine. Allgemein sprechen wir auch von Sinterbildungen. Wenn die Tropfsteine von der Decke hängen, nennen wir sie Stalaktiten. Wenn sie vom Boden nach oben wachsen, sind es Stalagmiten.

▽ Die Stalagmiten und die Stalaktiten bestehen aus Kalk und damit aus Kalziumkarbonat. Wenn Regenwasser durch Kalkgebiete fließt, löst es Kalziumkarbonat auf. Tropft dieses kalkreiche Wasser von Höhlenwänden herab, fällt der Kalk wieder aus und bildet die Tropfsteine.

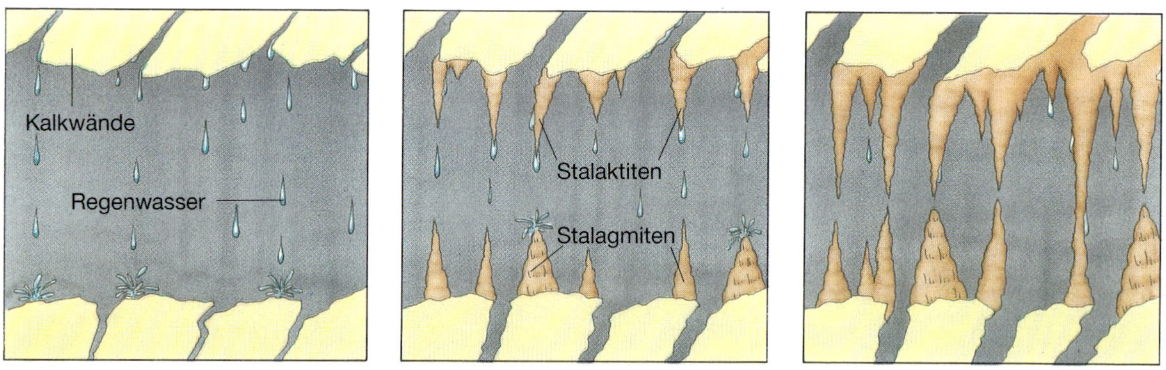

Stärke

Alle grünen Pflanzen stellen bei der →Photosynthese Stärke her und speichern diesen weißen Stoff als Energiequelle in ihren Zellen. Die Stärke ist das wichtigste →Kohlenhydrat in unserer Nahrung. Sie ist vor allem in Kartoffeln, Reis und anderem Getreide und in daraus hergestellten Nahrungsmitteln vorhanden, also in Brot und Teigwaren. Chemisch gesehen ist die Stärke ein →Polymer des Zuckers Glukose. Viele tausend Zuckermoleküle sind zu Ketten oder Schrauben angeordnet und bilden ein Stärkemolekül. Während der Verdauung spalten wir die Stärke wieder in die einzelnen Zuckermoleküle auf; unser Körper verwendet sie direkt als Energiespender.

Mach es selbst

Viele Nahrungsmittel enthalten Stärke. Die Stärke ist das wichtigste Kohlenhydrat in Brot, Teigwaren und Kartoffeln. Mit einer Iodlösung, die wir in der Apotheke bekommen, können wir Stärke leicht nachweisen. Iod und Stärke bilden nämlich eine dunkelblaue Verbindung. Gibt es Früchte, die Stärke enthalten? Wir schneiden dazu zum Beispiel Äpfel und Bananen auf. Für die Probe sind nur einige wenige Tropfen notwendig.

statische Elektrizität

Wenn elektrische Ladungen fließen, so spricht man von elektrischem Strom. Bleiben die Ladungen an Ort und Stelle, so handelt es sich um statische →Elektrizität. Wenn wir uns mit einem Kunststoffkamm kämmen, so entsteht durch die →Reibung statische Elektrizität: Der Kamm gibt →Elektronen an das Haar ab, lädt sich dadurch positiv auf und zieht zum Beispiel negativ aufgeladene Papierschnitzel an. Die Haare hingegen sind negativ geladen und haben einen Elektronenüberschuß. Weil sich nun gleichnamige Ladungen abstoßen, stehen unsere Haare zu Berge. Eine solche statische Elektrizität kann sich nur bei Stoffen aufbauen, die elektrisch nicht leiten (→Isolatoren).

Die statische Elektrizität ist die Ursache für die leichten Schläge, die man bekommt, wenn man eine Autotür anfaßt. Besonders ausgeprägt können die Entladungen auf Teppichböden sein. Oft hört man es sogar knistern, wenn sich die Spannung entlädt, und kleine Funken werden sichtbar.

Mach es selbst

Wenn du einen Luftballon an einem Wollpullover reibst, lädt er sich elektrisch auf. Wenn du den Ballon an die Zimmerdecke hängst, bewirkt er, daß sich dort eine entgegengesetzte statische Ladung entwickelt. Die beiden Ladungen ziehen sich gegenseitig an. Deswegen schwebt der Ballon an der Zimmerdecke, selbst wenn er schwerer ist als Luft.

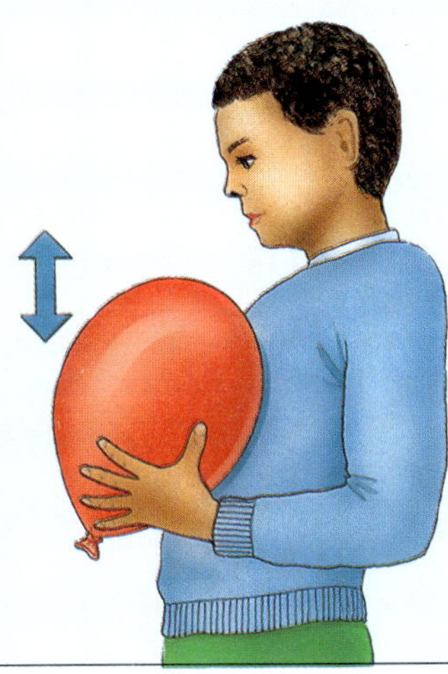

Statistik

Die Statistik beschäftigt sich mit häufig auftretenden Ereignissen und versucht sie vorherzusagen. Die Statistik ist deswegen mit der Wahrscheinlichkeitsrechnung eng verwandt. Die Statistik erlaubt uns zu entscheiden, ob bestimmte Ereignisse auf Zufall beruhen oder nicht. Wenn sie nicht auf Zufall beruhen, nennen wir sie signifikant, also bedeutsam. Statistische Methoden werden heute in allen Wissenschaften angewandt, zum Beispiel in der Landwirtschaft, im Versicherungswesen, in der Biologie, in der Chemie, der Medizin und sogar in der Sprachwissenschaft.

Eine absolute Sicherheit gibt es in der Statistik nicht. Besitzt man allerdings genügend Daten, so kann man angeben, mit welchem Grad von Wahrscheinlichkeit eine bestimmte Aussage richtig ist. Für eine Lebensversicherungsgesellschaft lautet die Frage zum Beispiel: Wird ein Kunde in 20 oder 40 Jahren sterben? Niemand kann dies natürlich für einen speziellen Kunden vorhersagen. Aber insgesamt kann man die Zahl der Kunden, die in der angegebenen Zeit sterben werden, ziemlich genau angeben. Dazu verwenden die Versicherungsgesellschaften statistische Tabellen. Sie geben an, wie groß die Wahrscheinlichkeit ist, daß jemand ein bestimmtes Alter erreicht.

Mit Hilfe der Statistik können Schuh- und Bekleidungsfabriken bestimmte Größen festlegen, so daß fast alle Menschen ihre Produkte tragen können. Bei öffentlichen Befragungen wird meistens eine kleine Stichprobe gemacht, und tausend Menschen werden nach ihrer Meinung befragt. Aus dieser Stichprobe schließt man dann, wie die Gesamtbevölkerung über ein bestimmtes Problem denkt. Es ist kein Geheimnis, daß man statistische Ergebnisse mißverständlich präsentieren kann.

Harte Fakten

Man muß statistische Angaben sehr genau ansehen, denn sie lassen sich mit Leichtigkeit bewußt oder durch Nachlässigkeit falsch interpretieren. Eine Werbung hat zum Beispiel behauptet: „Acht von zehn Menschen bevorzugen Schogobars." Dann müssen wir aber gleich fragen: „Bevorzugen im Vergleich womit?" Vielleicht mögen acht von zehn Menschen lieber Schogobars im Vergleich zu verschimmeltem Käse oder zu Rattengift. Die Werbung will uns weismachen, daß die meisten Menschen Schogobars im Vergleich zu anderen Schokoriegeln oder ähnlichen Süßigkeiten bevorzugen – doch das ist natürlich durch diese statistische Aussage nicht gedeckt.

Jedermann liebt Diagramme mit stetig ansteigenden Kurven. Das läßt sich leicht erreichen, indem man die Skala verändert. Man muß also sehr genau aufpassen, will man von „statistischen" Angaben nicht getäuscht werden. Ein englischer Staatsmann sagte: „Es gibt drei Arten von Lügen – Lügen, verdammte Lügen und Statistik."

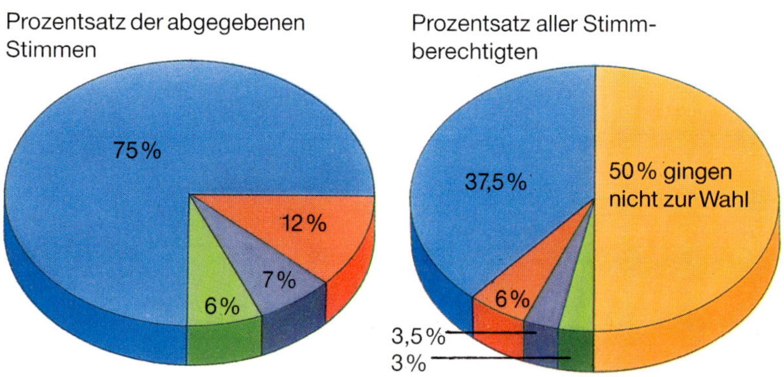

◁ Kreis- oder Tortendiagramme sind ein gutes Mittel, um statistische Aussagen miteinander zu vergleichen. Das Diagramm links außen zeigt das Ergebnis einer Wahl. Ein Kandidat erhielt 75 Prozent aller abgegebenen Stimmen – ein großer Sieg, so möchte man meinen. Die Grafik links zeigt das Stimmenverhältnis im Vergleich zu allen möglichen Stimmen. Da die Hälfte aller Stimmberechtigten aber nicht zur Wahl erschien, erhielt der Kandidat nur 37,5 Prozent aller möglichen Stimmen.

Mach es selbst

Wir schlagen in einer Tageszeitung die Kleinanzeigen für den Verkauf von Gebrauchtwagen auf. Wir fischen 50 davon heraus und notieren die Automarke, das Baujahr und den Preis. Die Ergebnisse stellen wir in einem Stabdiagramm (siehe unten) dar. An diesem Diagramm können wir sofort ablesen, wie viele Autos einer bestimmten Marke angeboten werden. Wir können auch den Durchschnittspreis der Wagen herausfinden.

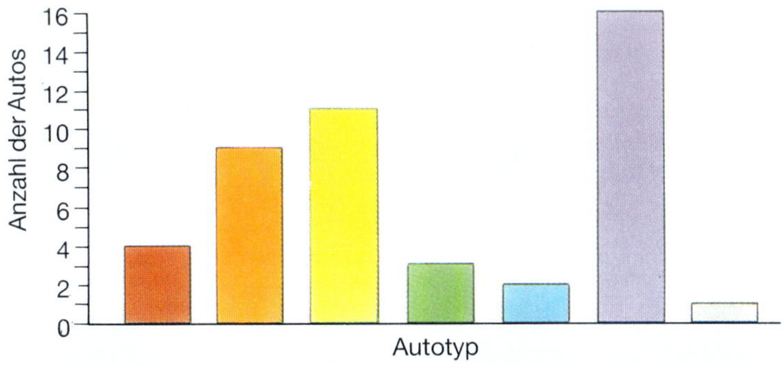

Zeichen und Symbole

Statistiker haben ihre eigene mathematische Sprache, um Ergebnisse und Ideen auszudrücken. Hier einige Symbole, die in der Statistik Verwendung finden:

$\approx$ bedeutet „ungefähr gleich"

Σ Dieses Zeichen ist das griechische Sigma. Wir nennen es auch Summenzeichen, und es bedeutet, die Summe zu bilden. Wir müssen alle Zahlen der angegebenen Zahlenfolge miteinander addieren.

Entspricht x zum Beispiel der Folge 8, 5, 13, 2, 7, so ist

$\Sigma x = 8 + 5 + 13 + 2 + 7 = 35$

: bedeutet „im Verhältnis zu"

$>$ bedeutet „größer als"

$<$ bedeutet „kleiner als"

▷ Alte Steinstufen sind in Form einer auf dem Kopf stehenden Glockenkurve abgenutzt. Die meisten Menschen gehen nämlich in der Mitte der Stufen.

Mach es selbst

Wir erhalten eine statistische Normalverteilung und damit eine Glockenkurve, wenn wir mindestens 50 mal je zwei Würfel werfen und ihre Punktzahlen jeweils addieren. Wir tragen in ein Koordinatensystem ein, wie oft wir die einzelnen Summen von 2 bis 12 würfeln. Die Zahlen in der Mitte treten am häufigsten auf. Welches ist die wahrscheinlichste Zahl?

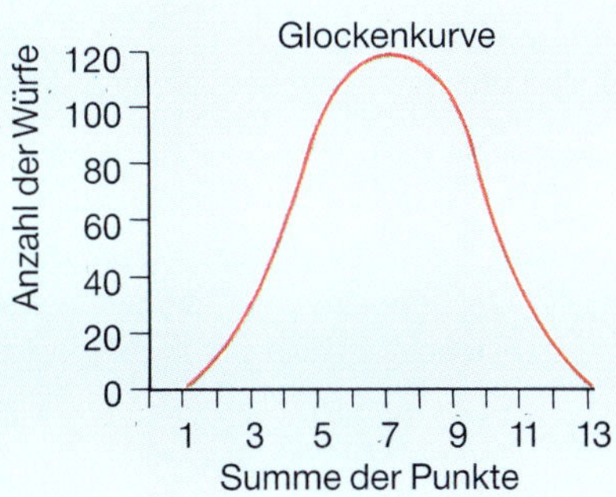

Karl Friedrich Gauß (1777–1855)

Der Deutsche Karl Friedrich Gauß war einer der größten Mathematiker aller Zeiten. Viele mathematische Sätze und Entdeckungen tragen seinen Namen. In der Statistik fand er die Häufigkeitskurve. Sie gibt an, wie sich Fehler um einen Mittelwert herum verteilen. Man spricht auch von der Normalverteilung, der Glockenkurve oder der Gaußschen Kurve.

Siehe auch →Diagramm; →Experiment; →Mathematik; →Mittelwert; →Wahrscheinlichkeit; →Zahlen.

Stengel

Mach es selbst

Wir können beobachten, wie die Leitbündel in den Stengeln einer Pflanze Flüssigkeit transportieren. Wir nehmen dazu einen Stangensellerie und stellen ihn in ein Glasgefäß mit rotgefärbtem Wasser (rote Tinte). Nach zwei Stunden sehen wir, daß die rote Farbe schon ziemlich weit hochgestiegen ist. Wir schneiden nun den Stengel unterhalb der Blätter ab und können die rote Farbe direkt in den Leitbündeln sehen.

Stengel

Der Stengel trägt die Blätter. Er leitet ihnen Wasser und darin gelöste Mineralsalze zu und besorgt auch den Transport des Zuckers in umgekehrter Richtung. Einen unverholzten Stengel haben die Krautpflanzen. Bleibt der Stengel mehrere Jahre am Leben, so verholzt er. Sind diese Stengel ganz unten verzweigt, so sprechen wir von einem Strauch. Ist jedoch ein Stamm vorhanden, so handelt es sich um einen Baum.

Stengel zeigen im Querschnitt unter dem Mikroskop einen komplizierten Aufbau. Die Leitbündel besorgen den Transport von Wasser, Salzen und Zuckern. Wir unterscheiden dabei zwischen dem Gefäßteil oder Xylem mit abgestorbenen, verholzten, wasserleitenden Zellen und dem Siebteil oder Phloem. Dieses besteht aus lebenden, zartwandigen Röhren, die Zuckersaft von den Blättern in die Wurzeln leiten. Zwischen dem Gefäßteil und dem Siebteil liegt das Wachstumsgewebe oder Kambium. Wenn mehrjährige Holzpflanzen ihren Stengel jedes Jahr verbreitern, produziert das Kambium im Frühjahr die neuen Zellen (Dickenwachstum).

▽ Der Stengel trägt die Blätter und die Blüten und leitet Wasser sowie darin gelöste Salze und Zucker. Der vergrößerte Querschnitt zeigt die Leitbündel und das Kambium, von dem jedes Jahr das Dickenwachstum der Holzpflanzen ausgeht.

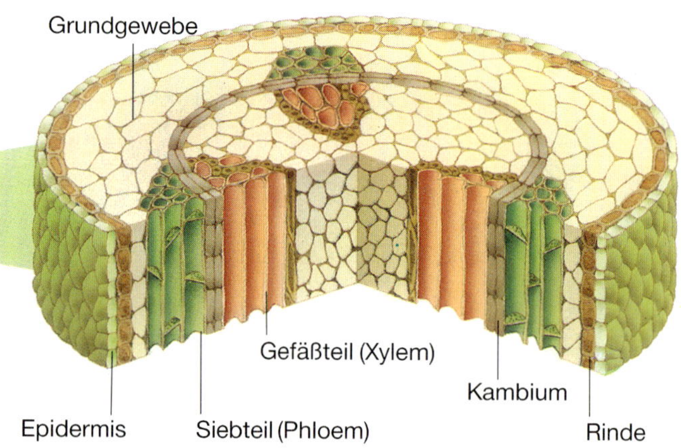

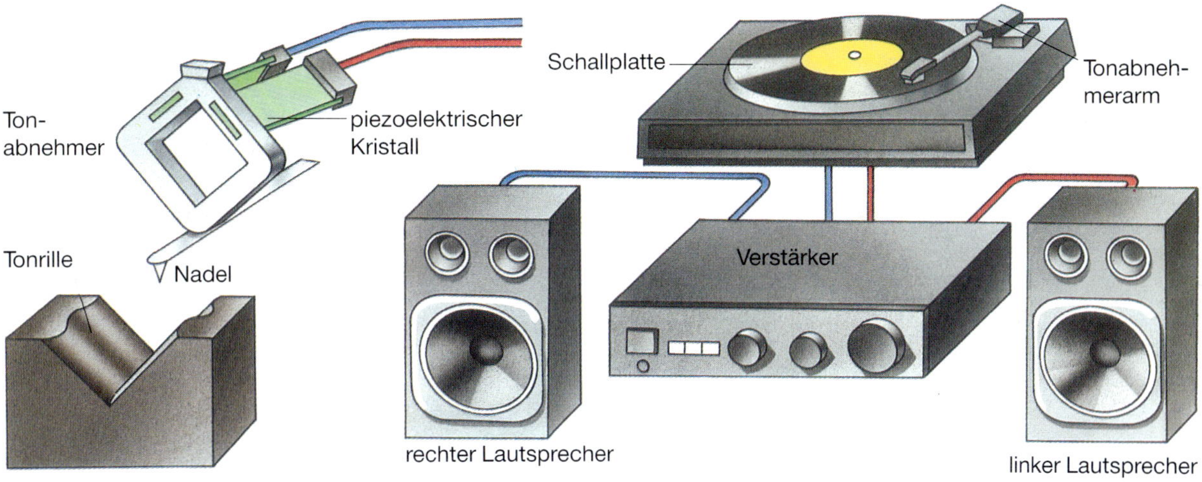

△ Der Tonabnehmer eines Schallplattenspielers erzeugt zwei Signale, die dem rechten und dem linken Kanal entsprechen. Er entnimmt sie der rechten und linken Seite der Tonrille. Diese Signale werden getrennt verstärkt und weiterhin getrennt den Lautsprechern zugeführt.

Stereo

Wenn wir im Konzertsaal sitzen, treffen Schallwellen aus verschiedenen Richtungen auf unsere Ohren. Das rechte Ohr hört den Schall etwas anders als das linke, weil die Töne nicht zur gleichen Zeit eintreffen und auch nicht gleich laut sind. Aus den beiden Wahrnehmungen schafft unser Gehirn einen räumlichen Höreindruck – ähnlich wie unsere beiden Augen beim →räumlichen Sehen. Man kann dieses räumliche Hören auch mit Tonwiedergabegeräten ermöglichen. Dies bezeichnen wir als Stereo, die Abkürzung für Stereophonie. Für die Stereoaufnahme braucht man mindestens zwei →Mikrofone, die an verschiedenen Seiten des Künstlers oder des Orchesters angebracht sind. Die beiden Kanäle müssen getrennt gehalten werden und werden auch getrennt in die →Schallplatte eingeritzt oder auf dem →Tonband aufgezeichnet. Auch zum Abspielen brauchen wir dann mindestens zwei →Lautsprecher, die wir möglichst weit voneinander plazieren, so daß der etwas unterschiedliche Schall auch von verschiedenen Richtungen kommt.

Die meisten Kinofilme haben vier Kanäle für den Ton: links, rechts, in der Mitte und hinten. Damit bekommen wir als Zuschauer den Eindruck, mitten im Geschehen zu sein. Bei Schallplatten hat sich diese Quadrophonie nicht durchgesetzt, weil sie zu teuer war und technisch nicht befriedigte.

Sternbild

Sternbilder bestehen aus größeren →Sternen (Fixsternen). Sie liegen auf der Himmelskugel nah beieinander und ergeben für unser Auge ein zusammenhängendes Bild, besonders wenn wir uns die helleren Sterne mit Linien zu einfachen Figuren verbunden denken. In Wirklichkeit haben diese Sterne aber oft nichts gemeinsam. Sie sind nicht zusammen entstanden

Mit vielen Sternbildern verbinden sich Geschichten oder Sagen. Oft gibt es auch mehrere Interpretationen. Das Sternbild Krebs (Cancer) stellt zum Beispiel den Krebs dar, den die Göttin Hera sandte, um Herakles zu behindern, während er mit der Hydra kämpfte. Es gibt aber noch eine andere, ebenfalls griechische Deutung. Der Göttervater Zeus versetzte einen Krebs an den Sternenhimmel, weil dieser eine Nymphe mit seinen Scheren festgehalten hatte, die Zeus gern küssen wollte.

▽ Von der Nordhalbkugel und von der Südhalbkugel aus sehen wir zur selben Zeit ganz unterschiedliche Sternbilder. Die zwölf Sternbilder, durch die die Sonne während eines Jahres zieht, nennen wir auch Tierkreiszeichen.

und liegen oft sehr weit voneinander entfernt. Sie erscheinen uns nur deswegen benachbart, weil sie ungefähr in derselben Richtung stehen. Dennoch brauchen die Astronomen die Sternbilder heute noch, um sich am Sternenhimmel zu orientieren. Sie sprechen dann zum Beispiel vom Stern Beteigeuze im Sternbild Orion.

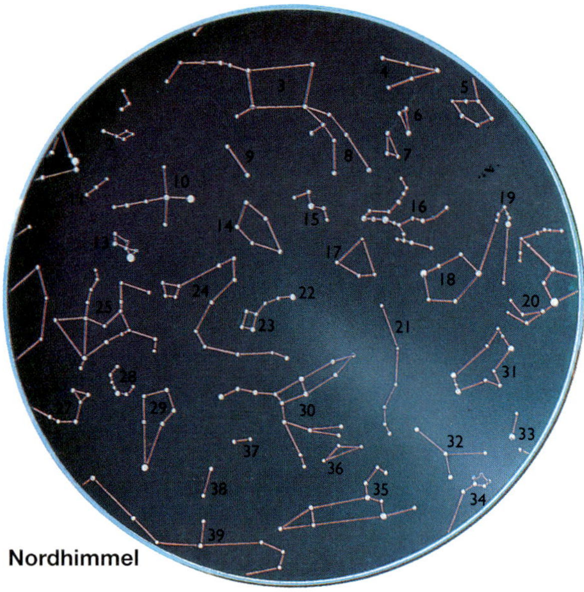

Nordhimmel

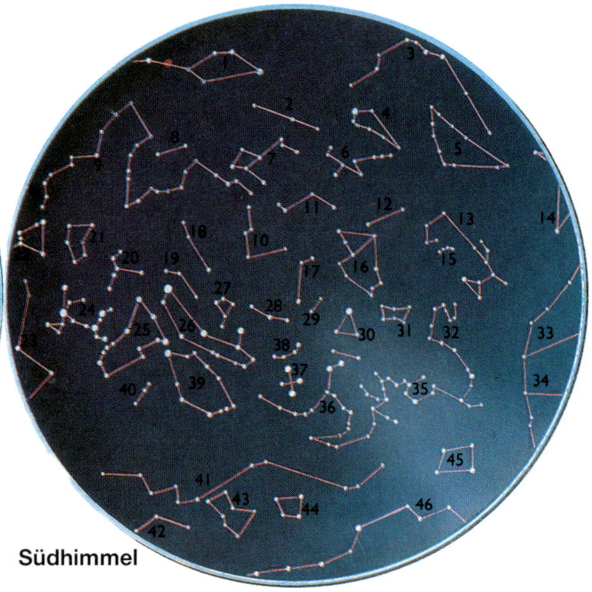

Südhimmel

Die Sternbilder des Nordhimmels

1 Füllen
2 Delphin
3 Pegasus
4 Fische
5 Walfisch
6 Widder
7 Dreieck
8 Andromeda
9 Eidechse
10 Schwan
11 Pfeil
12 Adler
13 Lyra
14 Kepheus
15 Kassiopeia
16 Perseus
17 Giraffe
18 Fuhrmann
19 Stier
20 Orion
21 Luchs
22 Polarstern
23 Kleiner Bär
24 Drache
25 Herkules
26 Schlangenträger
27 Schlange
28 Nördliche Krone
29 Ochsentreiber
30 Großer Bär
31 Zwillinge
32 Krebs
33 Kleiner Hund
34 Nördliche Wasserschlange
35 Löwe
36 Kleiner Löwe
37 Jagdhunde
38 Haar der Berenike
39 Jungfrau

Die Sternbilder des Südhimmels

1 Walfisch
2 Bildhauer
3 Wassermann
4 Südlicher Fisch
5 Steinbock
6 Kranich
7 Phoenix
8 Ofen
9 Eridanus
10 Männliche Wasserschlange
11 Tukan
12 Inder
13 Schütze
14 Adler
15 Südliche Krone
16 Pfau
17 Oktant
18 Goldfisch
19 Maler
20 Taube
21 Hase
22 Orion
23 Einhorn
24 Großer Hund
25 Achterschiff
26 Kiel des Schiffes
27 Fliegender Fisch
28 Chamäleon
29 Paradiesvogel
30 Südliches Dreieck
31 Altar
32 Skorpion
33 Schlange
34 Schlangenträger
35 Wolf
36 Zentaur
37 Kreuz des Südens
38 Fliege
39 Segel
40 Kompaß
41 Weibliche Wasserschlange
42 Sextant
43 Becher
44 Rabe
45 Waage
46 Jungfrau

Auf der Nordhalbkugel der Erde sind immer andere Sternbilder zu sehen als zur selben Zeit auf der Südhalbkugel. Der Sternenhimmel verändert sich jedoch mit den Jahreszeiten. So gibt es Sternbilder, die bei uns nur im Sommer oder nur im Winter zu sehen sind. In der übrigen Zeit erscheinen sie am Südhimmel. Die Namen der meisten Sternbilder, die wir von der Nordhalbkugel der Erde aus sehen, gehen auf griechische Bezeichnungen zurück. Sie wurden oft nach Helden der griechischen Sagen benannt. Die Sternbilder des Südhimmels sahen Seefahrer erstmals auf ihren Entdeckungsreisen. Sie benannten sie nach Gegenständen, die sie jeden Tag brauchten, zum Beispiel Segel oder Kompaß. Längst nicht alle Völker ordnen die Sterne zu denselben Sternbildern an, auch wenn die markantesten fast immer gleich gedeutet werden, zum Beispiel der Große Bär oder der Orion. Die moderne →Astronomie kennt 88 Sternbilder und hat ihre Grenzen so definiert, daß sie den Sternhimmel lückenlos bedecken.

Mit bloßem Auge können wir bereits einige tausend Sterne an einem klaren Nachthimmel entdecken. Eine Übersicht über die Vielfalt der Sterne vermitteln Sternverzeichnisse, in denen ihre Helligkeit und Lage angegeben ist. Besonders vollständige Verzeichnisse nennen wir Durchmusterungen. Die Bonner Durchmusterung enthält 324 189 Sterne des Nordhimmels. Eine Durchmusterung des Südhimmels bringt es auf fast doppelt so viele Sterne.

Sterilisation

Wenn man Kompott und Marmeladen einkocht, will man dadurch alle schädlichen Bakterien abtöten und die Konserven haltbar machen. Man nennt das Entkeimung oder Sterilisation. In der Medizin spielt sie ebenfalls eine große Rolle. Alle Geräte, die der Arzt und besonders der Chirurg im Operationssaal verwendet, müssen sterilisiert und keimfrei sein. Das geschieht im Autoklaven, einem luftdicht verschließbaren Kessel. Die Geräte werden dort in feuchter Luft 30 Minuten lang auf 120 °C erhitzt.
Das Wort Sterilisation hat noch eine ganz andere Bedeutung: Wenn Menschen und Tiere sterilisiert werden, verlieren sie ihre Fruchtbarkeit und können sich nicht mehr fortpflanzen. Der Arzt unterbindet oder durchtrennt beim Mann die Samenleiter und bei der Frau die Eileiter. Der Geschlechtstrieb bleibt erhalten. Bei der Kastration hingegen werden die Geschlechtsdrüsen, die Hoden oder die Eierstöcke, zerstört oder entfernt. Der Geschlechtstrieb geht danach zurück.

Sterne

Alle leuchtenden Himmelskörper bezeichnen wir als Sterne. Es handelt sich um glühende Gasmassen wie unsere →Sonne. Die Sterne strahlen große Energiemengen ins Weltall ab; diese stammen von Kernverschmelzungen, die im Innern stattfinden. Weiteres darüber auf der Seite 496.

Steroide

Als Steroide bezeichnet man eine große Gruppe hochwirksamer chemischer Stoffe. Sie alle besitzen dasselbe Grundgerüst, das aus drei sechseckigen und einem fünfeckigen Kohlenstoffring besteht. Zu den Steroiden gehört zum Beispiel das →Cholesterin. Von ihm leiten sich die Steroidhormone ab, also die Geschlechtshormone und die Nebennierenrindenhormone. Mit ihnen regelt der Körper den Mineralstoffhaushalt, den Blutzuckergehalt und die geschlechtlichen Funktionen. Andere hochwirksame Steroide sind das Gift der Erdkröte, das Herzmittel Digitalis und das Vitamin D.

Die Volksmedizin weiß schon seit Jahrhunderten, daß die Fingerhutpflanze giftig ist. Im Jahr 1785 fand der englische Arzt W. Withering jedoch heraus, daß das Fingerhutgift in der richtigen Menge bei Herzschwäche und „Wassersucht" hilft. Die wirksamen Stoffe nennen wir heute Digitalis-Glykoside. Es gibt davon ungefähr 200 verschiedene Verbindungen. Einige gehören noch heute zu den meistverwendeten Medikamenten zur Stärkung des Herzens.

Sterne

Sterne sind glühende Gaskugeln. Ihre Wärmeenergie stammt aus ihrem Inneren, wo durch Kernverschmelzung Wasserstoff in Helium verwandelt wird. Viele Sterne, wie unsere Sonne, leuchten Milliarden von Jahren, bevor ihnen der Brennstoff ausgeht und sie verlöschen.
Die Astronomen unterscheiden heute verschiedene Gruppen von Sternen. Einige sind sehr heiß und leuchten bläulich. Andere sind viel kühler und sehen rötlich aus. Diese Farbunterschiede können wir auch mit bloßem Auge erkennen, zum Beispiel bei den Sternen, welche die Sternbilder aufbauen. Der hellste Stern des Nachthimmels, der Sirius, ist beispielsweise viel heller und heißer als die Sonne. Der nächste bekannte Stern nach der Sonne, Proxima Centauri, ist hingegen klein, viel dunkler und leuchtet rot. Die Sonne ist ein mittelgroßer heißer Stern. Am Ende ihres Lebens wird sie jedoch zu einem Roten Riesen.

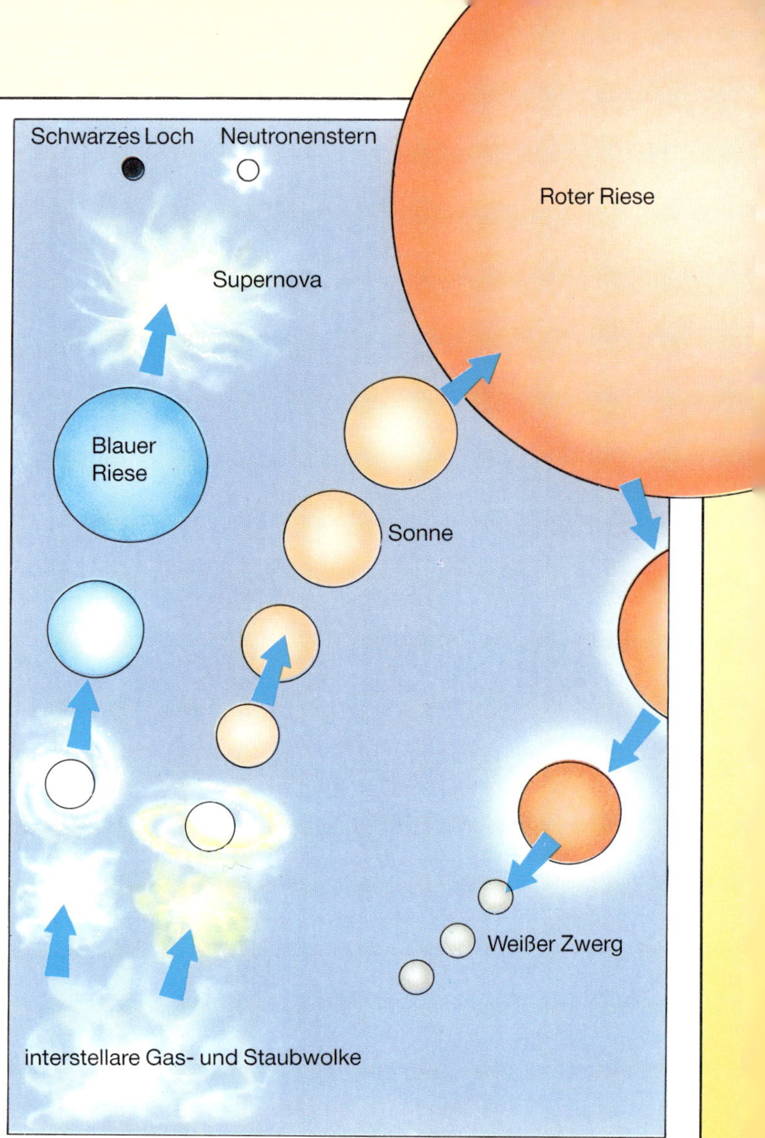

△ Sterne entstehen, leuchten Milliarden von Jahren lang und sterben dann. Einige werden zu Blauen Riesen, explodieren am Ende ihres Lebens als Supernovä und werden dann zu Schwarzen Löchern oder Neutronensternen. Kleinere Sterne entwickeln sich am Ende ihres Lebens zu Roten Riesen und schrumpfen schließlich zu Weißen Zwergen zusammen, die nur noch wenig leuchten.

Ejnar Hertzsprung (1873–1967)

Der dänische Astronom Ejnar Hertzsprung untersuchte die Leuchtkraft der Sterne und fand heraus, daß man sie in eine Reihe oder einem Stammbaum anordnen kann. Er beginnt bei den heißen hellen Sternen und endet bei den kühlen Sternen, die nur noch wenig leuchten. Wir sprechen in diesem Zusammenhang von einer Hauptreihe. Der Amerikaner Henry Russell stellte ähnliche Untersuchungen an.

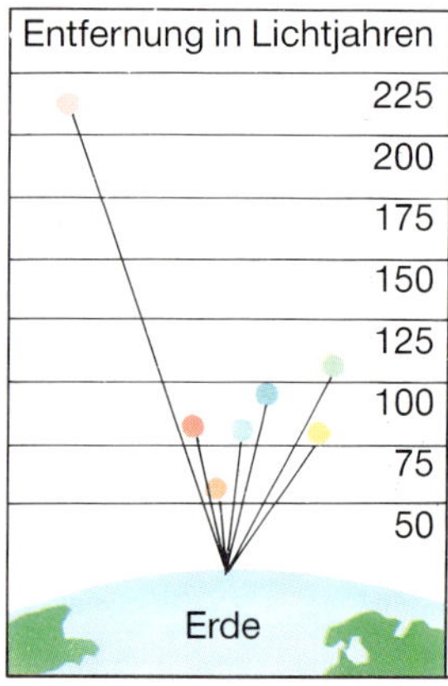

Sternbilder

Wir stellen uns vor, daß die sieben Sterne des Großen Wagens von uns gleich weit entfernt sind. Wie wir aber dem Diagramm links entnehmen können, ist der Stern am linken Rand doppelt so weit von der Erde entfernt wie die übrigen.

Siehe auch →Doppelsterne; →Lichtjahr; →Neutronenstern; →Rote Riesen; →Schwarzes Loch; →Sonne; →Sternbild; →Weiße Zwerge.

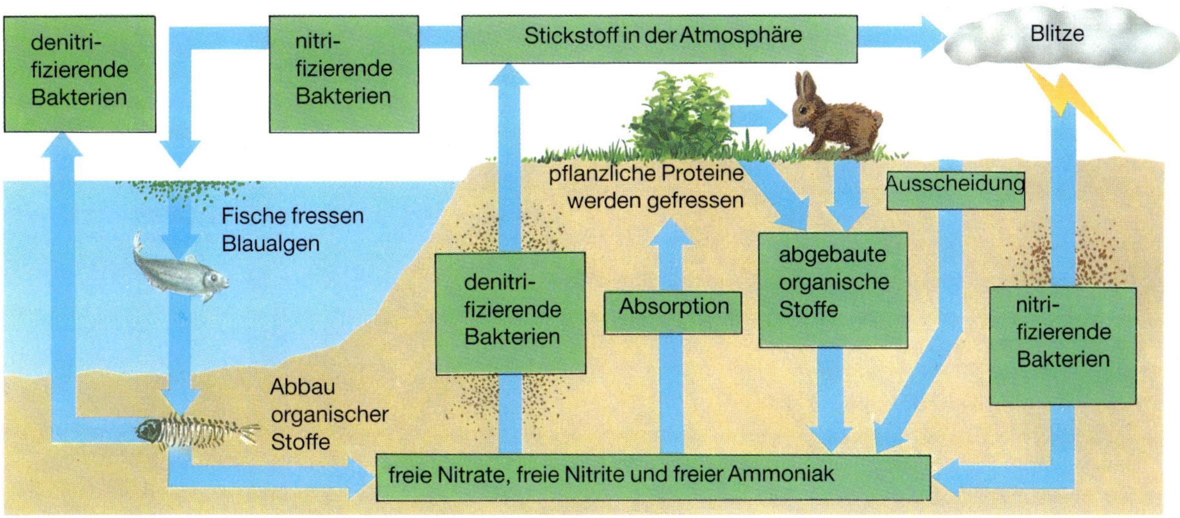

△ Der Kreislauf des Stickstoffs führt über die Luft, die Lebewesen und die Erde. Nitrifizierende Bakterien sorgen dafür, daß gasförmiger Stickstoff in Stickstoffverbindungen umgewandelt wird. Den umgekehrten chemischen Vorgang bewirken die denitrifizierenden Bakterien.

Stickstoff

Stickstoff ist ein farbloses, gasförmiges →chemisches Element ohne Geruch oder Geschmack. Über drei Viertel der →Atmosphäre bestehen aus Stickstoff. Alle Pflanzen und Tiere brauchen Stickstoff, doch können sie ihn nicht direkt aus der Luft aufnehmen. Dies ist nur wenigen Bakterien vorbehalten, die im Boden oder in den Wurzelknöllchen bestimmter Pflanzen leben. Die Pflanzen nehmen den benötigten Stickstoff in Form von →Nitraten auf, die diese Bakterien gebildet haben. Den Stickstoff der Nitrate bauen sie dann in →Proteine ein. Die Tiere decken ihren Stickstoffbedarf, indem sie Pflanzen oder andere Tiere fressen, die sich von Pflanzen ernährt haben. Wenn Pflanzen und Tiere sterben, wird ihr organisches Material abgebaut, und es entstehen Stickstoffverbindungen im Boden. Bakterien verwandeln sie in →Ammoniak, und wiederum andere Bakterien bauen den Ammoniak wieder in Stickstoffgas um.

Wurzelknöllchen

Einige Pflanzen haben wenige Millimeter große Wurzelknöllchen. Sie enthalten Bakterien, die Stickstoff fixieren, das heißt, sie verwandeln den Luftstickstoff in Stickstoffverbindungen, welche die Pflanzen verwenden können. Man spricht von nitrifizierenden Bakterien. Zu den Pflanzen mit Wurzelknöllchen zählen Klee, Erbsen, Bohnen und andere Hülsenfrüchte. Sie reichern den Boden mit Stickstoff an und dienen auch als Gründünger.

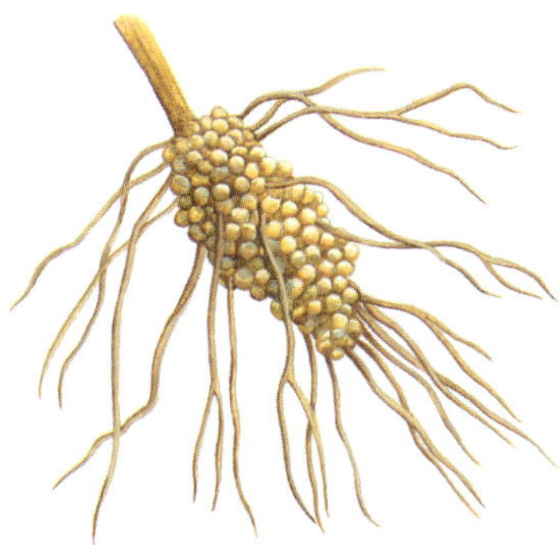

Stoffwechsel

Der Stoffwechsel ist ein Merkmal aller Lebewesen: Sie nehmen Stoffe aus der Umgebung auf, formen sie um und bauen sie in den Körper ein, bauen sie ab und entziehen ihnen Energie und geben am Ende andere Stoffe wieder ab. Die grünen Pflanzen verwenden das Sonnenlicht als Energiespender für ihren Stoffwechsel und vor allem die →Photosynthese. Sie bauen aus Wasser und Kohlendioxid Zucker und Stärke auf. Die Tiere können dies nicht, sondern hängen ganz von den Pflanzen ab. Sie gewinnen ihre Energie, indem sie Pflanzen fressen. Bei allen Stoffwechselvorgängen sind →Enzyme notwendig. Ohne sie käme das Leben zum Erliegen.
Die Geschwindigkeit, mit der Nahrung abgebaut oder umge-

Man könnte glauben, daß kleine Säugetiere wie Mäuse eine geringe Stoffwechselrate haben, im Vergleich zum Elefanten etwa. Das stimmt nicht. Die Stoffwechselrate bezogen auf das Körpergewicht ist bei kleinen Tieren viel höher als bei großen. Das hat mit dem Verhältnis zwischen Oberfläche und Körpergewicht zu tun. Kleine Tiere wie Mäuse haben eine verhältnismäßig große Oberfläche, große Tiere wie der Elefant eine verhältnismäßig kleine. Über die Körperoberfläche wird aber Wärme abgegeben.

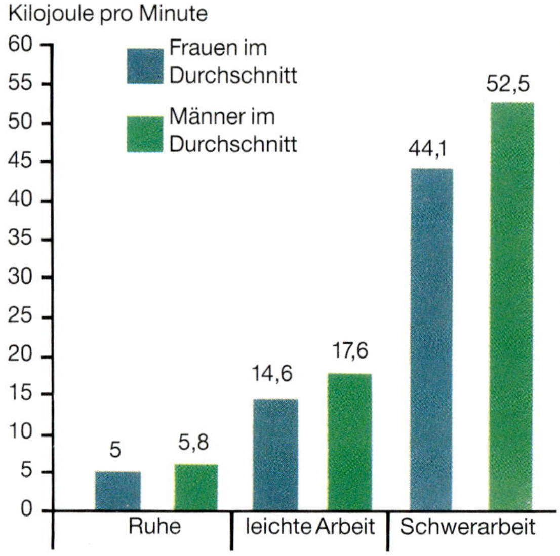

◁ Die Stoffwechselrate zeigt beim Menschen große Unterschiede, je nachdem, wieviel wir arbeiten. Frauen haben im Durchschnitt eine niedrigere Stoffwechselrate als Männer. Bei Schwerarbeit brauchen wir bis zu neunmal soviel Energie wie im Ruhezustand.

baut wird, nennen wir Stoffwechselrate. Sie schwankt stark von Mensch zu Mensch. Bei Kindern ist sie größer als bei Erwachsenen. Wer hart arbeitet, hat auch eine höhere Stoffwechselrate. Deswegen müssen wir alle unterschiedlich viel Nahrung zu uns nehmen.

Strahltriebwerk

Strahltriebwerke treiben vor allem Flugzeuge an. Es sind verhältnismäßig einfache Maschinen – viel einfacher als zum Beispiel →Verbrennungsmotoren. Strahltriebwerke enthalten auf einer gemeinsamen Achse eine →Gasturbine und, von dieser angetrieben, einen Verdichter oder Kompressor, der vorne Luft ansaugt. In der Brennkammer wird diese Luft mit Treibstoff vermischt und entzündet. Durch die Verbrennung entstehen heiße Gase, die sich stark ausdehnen und mit großer Geschwindigkeit nach hinten austreten. Durch diesen heißen Strahl entsteht nach dem →Impulssatz ein Vortrieb oder ein Schub nach vorne. Den eben beschriebenen Typ des Strahltriebwerks bezeichnen wir auch als Turbojet oder ein-

▽ Wir unterscheiden im wesentlichen vier Typen von Strahltriebwerken. Der klassische ist der Turbojet: Die Frischluft wird verdichtet, in der Brennkammer mit Treibstoff vermischt und gezündet. Die heißen Abgase treiben eine Turbine an, die über eine Welle mit dem Verdichter vorne verbunden ist. Beim Manteltriebwerk wird ein Teil der Luft um die Brennkammer herumgeleitet. Beim Turbopropantrieb wird zusätzlich ein Propeller angetrieben. Der Ramjet funktioniert nur bei sehr hohen Geschwindigkeiten, weil man bei ihm auf Turbine und Verdichter verzichtet.

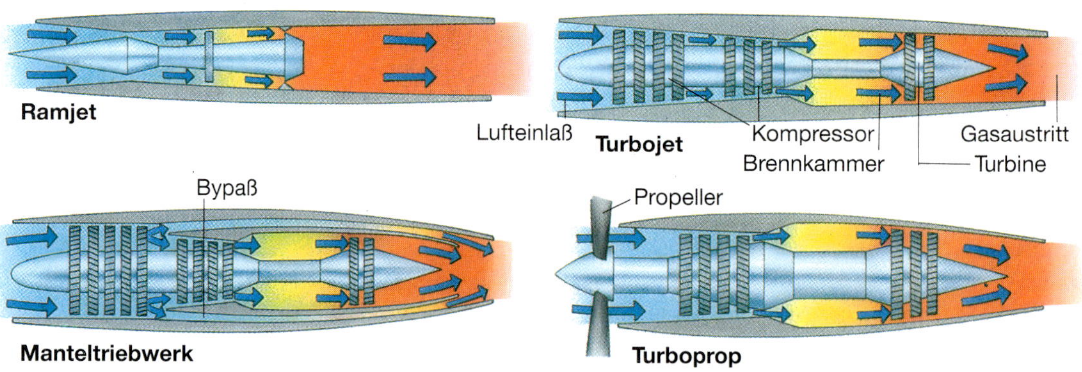

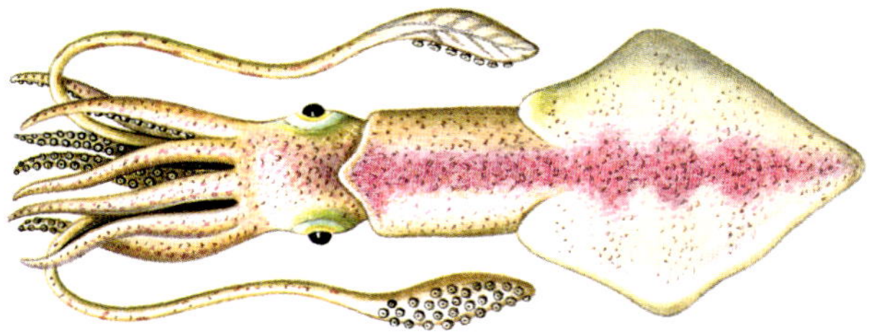

◁ Flugzeuge mit Strahltriebwerken erreichen hohe Geschwindigkeiten. Besonders in großen Höhen sind Strahltriebwerke viel wirksamer als Propellerantriebe. Nach demselben physikalischen Prinzip schwimmen die Tintenfische: mit Rückstoßantrieb. Sie nehmen Wasser in ihre Mantelhöhle auf und pressen es durch eine Trichteröffnung wieder aus. Dabei können sie allerdings nur rückwärts schwimmen. Kalmare erreichen aber Geschwindigkeiten bis zu 60 Kilometern pro Stunde.

fach als Düsentriebwerk. Es gibt aber noch andere Typen. Beim Manteltriebwerk oder Turbofan wird ein Teil der Frischluft um die Brennkammer herumgeführt und dahinter mit den heißen Gasen vermischt. Sie erhitzt sich dabei und erhöht den Schub. Turbopropmaschinen haben vorne einen Propeller, der von der Gasturbine angetrieben wird. Solche Flugzeuge fliegen im mittleren Geschwindigkeitsbereich. Ramjets oder Staustrahlrohre hingegen funktionieren nur bei Höchstgeschwindigkeiten, wie sie zum Beispiel Marschflugkörper erreichen. Sie kommen ganz ohne bewegliche Teile, also ohne Verdichter aus. Allein die hohe Geschwindigkeit sorgt für die hohe Verdichtung der Luft.

Strahlung

Strahlung ist eine Form der Energie. Sie kann aus Wellen oder aus Teilchen bestehen. Wir kennen vor allem die →elektromagnetische Strahlung. Wir bezeichnen sie je nach →Wellenlänge und →Frequenz zum Beispiel als Radiowellen, →Licht oder →Röntgenstrahlung. Allerdings können wir nicht alle Erscheinungen der elektromagnetischen Strahlung, besonders des Lichts, allein durch Wellen erklären. Gelegentlich müssen wir auch annehmen, daß Licht aus winzigen Teilchen besteht, den →Photonen. Wir sprechen dabei von einem Dualismus, einer doppelten Erklärung. Auch →Schallwellen gehören zur Wellenstrahlung.

Die Teilchen- oder Korpuskularstrahlung tritt vor allem an der Obergrenze der Atmosphäre auf. Deswegen heißt sie auch →kosmische Strahlung oder Höhenstrahlung. Sie besteht aus schnell bewegten Teilchen, zum Beispiel Atomen, Molekülen oder →Elementarteilchen. Eine Teilchenstrahlung finden wir auch bei →radioaktiven Stoffen. Sie geben Heliumkerne (Alphastrahlung) oder Elektronen (Betastrahlung) ab.

Ionisierende Strahlung enthält so viel Energie, daß sie von Atomen oder Molekülen ein oder mehrere Elektronen wegschlagen kann. Die Atome oder Moleküle sind dann positiv elektrisch geladen. Wir bezeichnen sie als ionisiert. Ionisierende Strahlung verursacht Schäden in Zellen, die sogenannten Strahlenschäden. Besonders gefährlich sind radioaktive Strahlen und Gammastrahlen. Ein Alphateilchen beispielsweise kann in einer Zelle 10 000 bis 70 000 Atome oder Moleküle ionisieren.

Stratosphäre

Die Stratosphäre ist jene Schicht der →Atmosphäre, die zwischen der →Troposphäre und der Mesosphäre liegt. Sie erstreckt sich von 10 bis in rund 50 Kilometer Höhe. Die Temperatur der Stratosphäre beträgt in den unteren Schichten

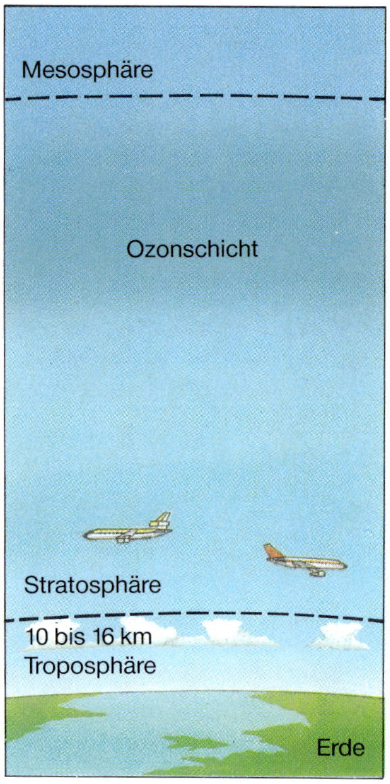

△ Die Gliederung der unteren Erdatmosphäre mit der Stratosphäre.

▽ Die meisten Lebensmittel tragen heute auf den Etiketten einen Strichkode aufgedruckt.

rund −90 °C. In den obersten Schichten steigt sie bis auf rund 0 °C an. Die →Ozonschicht befindet sich in einer Höhe von 15 bis 30 Kilometern mitten in der Stratosphäre. Das →Ozon absorbiert die →ultravioletten Strahlen der Sonne, so daß sie nicht auf die Erde gelangen, und heizt dadurch gleichzeitig die oberen Stratosphärenschichten auf.
Die Stratosphäre ist eine ziemlich stabile Luftschicht. Weil sie unten kühler ist als oben – was wir als Temperaturinversion bezeichnen –, steigen Wolken selten über die Obergrenze der Troposphäre in die Stratosphäre auf. Die Wolken bilden an dieser Grenze oft mächtige, amboßartig geformte Türme. Weil das Wettergeschehen im wesentlichen in der Troposphäre stattfindet, fliegen die Verkehrsflugzeuge heute in den untersten Schichten der Stratosphäre und reisen dort oberhalb der Wolken ziemlich ruhig. Dazu müssen sie aber einen Luftvorrat mit sich führen.

Strichkode

Wenn wir heute im Supermarkt einkaufen, tippt die Verkäuferin an der Kasse nicht mehr den Preis ein, der auf dem Etikett aufgedruckt ist. Sie hält vielmehr ein anderes Etikett mit mehreren unterschiedlich dicken, schwarzen Strichen in ein Lesegerät, das mit einem →Laser arbeitet. Das Lesegerät meldet die Informationen dieses Strichkodes einem angeschlossenen →Computer. Dieser läßt den Preis auf dem Kassenzettel ausdrucken. Gleichzeitig meldet er den Verkauf der Lagerhal-

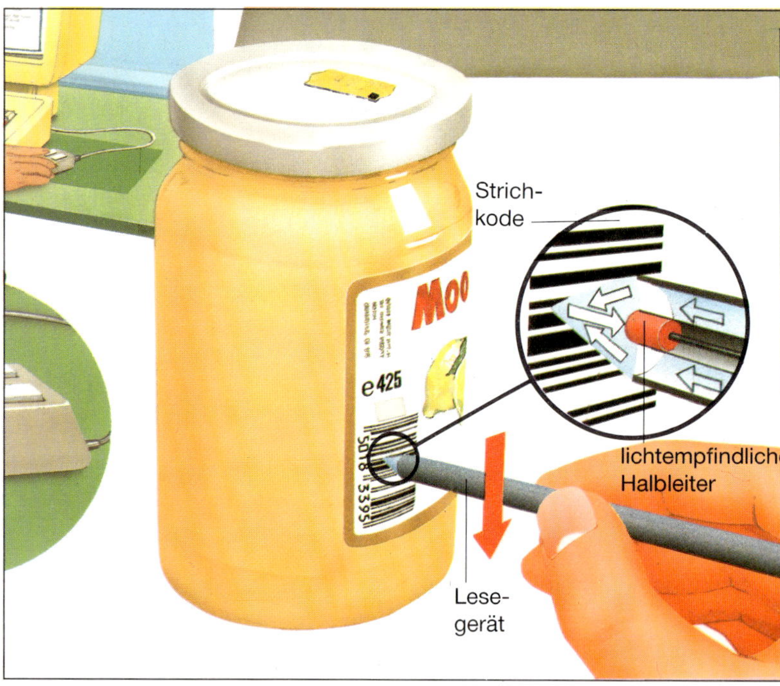

Forscher markieren Bienen mit einem winzigen Strichkode. Er besteht aus neun Streifen und wird auf dem Rücken der Bienen festgeklebt. Ein Lesegerät am Eingang jedes Bienenstocks registriert das Kommen und Gehen jeder einzelnen Biene und ermöglicht es, die fleißigsten Bienen herauszufinden.

tung, so daß diese über jeden Verkauf Bescheid weiß und zur rechten Zeit neue Ware bestellen kann.
Der Strichkode ist ein Schlüssel für die europäische Artikelnumerierung oder EAN. Es handelt sich um eine 13stellige Zahl. Sie ist unterhalb der Striche in Klarschrift ausgedruckt, in der sogenannten OCR-B-Schrift. Die 13 Zahlen kennzeichnen die nationale EAN-Zentrale, dann die Nummer des herstellenden Betriebs und schließlich die eigentliche Artikelnummer.

Stroboskop

Mit einem Stroboskop kann man Drehzahlen oder →Frequenzen messen. Stellen wir uns vor, daß ein Ventilator 10 Umdrehungen pro Sekunde vollführt. Wenn wir den Ventilator mit genau 10 Lichtblitzen pro Sekunde beleuchten, so scheint er stillzustehen. Jedes Mal, wenn ein Lichtblitz auf ihn fällt, befindet er sich nämlich in derselben Stellung. Verringern wir die Häufigkeit der Blitze geringfügig, so können wir beobachten, daß sich der Ventilator langsam vorwärtsbewegt: Der ganze Vorgang scheint verlangsamt abzulaufen. Der Propeller dreht sich nämlich bis zu jedem nächsten Blitz um ein kleines Stück weiter, und unser Auge sieht dann eine kontinuierliche Vorwärtsbewegung. Mit dem Stroboskop können wir also die Drehbewegung wie im Zeitraffer verfolgen und auf mögliche Unregelmäßigkeiten hin überprüfen. Vergrößern wir die Frequenz der Blitze, so scheint sich der Ventilator rückwärts zu drehen. Mit dem Stroboskop können wir Ereignisse überprüfen und regeln, die sich mit hoher Frequenz wiederholen. Der Zündzeitpunkt eines Automotors wird beispielsweise mit einem Stroboskop eingestellt.
Statt eines Lichtblitzes kann man auch eine Scheibe mit Schlitzen am Rand verwenden. Wenn diese stroboskopische Scheibe sich so schnell dreht wie der Ventilator, scheint wiederum das Bild festzustehen.

Es wird dir sicher schon aufgefallen sein, daß sich im Film die Räder von Autos häufig rückwärts drehen. Auch hier spielt der stroboskopische Effekt mit. Ein Film besteht aus 24 Einzelbildern pro Sekunde. Diese Frequenz ist im Fall von rückwärts laufenden Rädern etwas größer als die Radumdrehung. Zur Zeit gibt es keinen Trick, um diesen störenden Effekt auszuschalten.

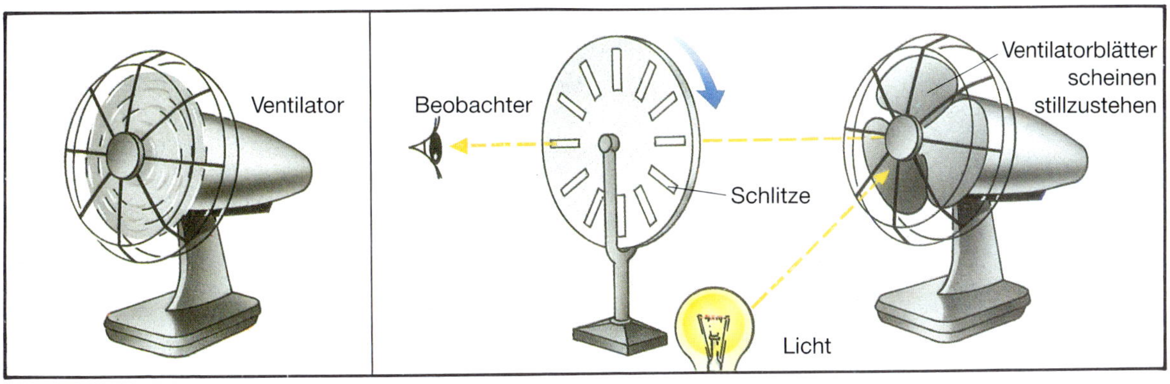

△ Den stroboskopischen Effekt kann man auch mit einer Scheibe erzeugen, die längliche Schlitze aufweist und sich so schnell dreht wie der Ventilator.

▽ Während der Verschluß der Kamera offenstand, wurde die Bewegung mehrfach von einem Blitzstroboskop beleuchtet.

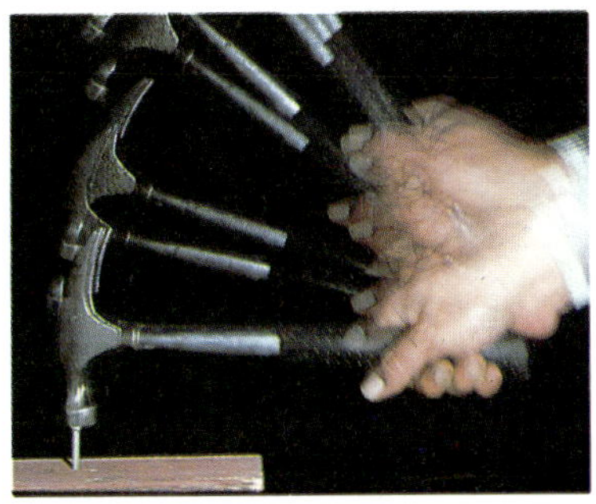

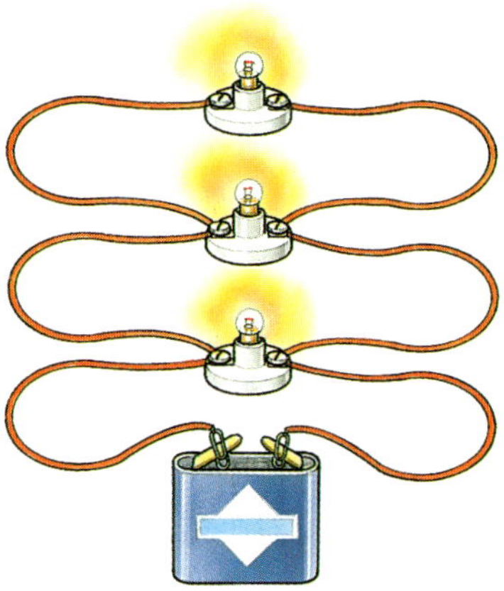

△ Wir können mehrere Widerstände wie kleine Glühbirnen auf zwei verschiedene Weisen zu einem Stromkreis verbinden. Bei der Reihen- oder Hintereinanderschaltung (oben) sind sie zu Ketten zusammengeschaltet. Wenn eine Lampe ausfällt, brennen die anderen auch nicht mehr. Bei der Parallel- oder Nebeneinanderschaltung (darunter) entstehen mehrere unabhängige Stromkreise. Wenn eine Birne ausfällt, brennen die anderen weiter.

Bei der Parallelschaltung liegt an allen Verbrauchern die gleiche Spannung, bei der Reihenschaltung hingegen nur eine Teilspannung an.

Stromkreis

Erst wenn ein Stromkreis geschlossen ist, kann darin elektrischer Strom fließen. Dieser besteht aus bewegten elektrischen Ladungen, den →Elektronen. Wir können uns den elektrischen Strom wie einen Wasserstrom vorstellen: Wasser können wir nur in einem geschlossenen Röhrensystem pumpen. Der elektrischen Spannung entspricht der Wasserdruck. Trotz des Druckes kommt es aber erst dann zu Wasserstrom, wenn ein Verbraucher angeschlossen ist. Der Verbrauch beginnt beim Wasser mit dem Aufdrehen des Hahnes, beim elektrischen Strom mit dem Betätigen eines Schalters. Der Pumpe im Wasserleitungssystem entspricht zum Beispiel die →Batterie. Sie enthält in chemischer Form gespeicherte →Energie und wandelt sie in elektrische Energie um. Die Pumpe muß, wenn sie Wasser bewegt, die →Reibung der Flüssigkeit an den Röhrenwänden und in sich selbst überwinden. Dasselbe beobachten wir beim elektrischen Strom: Jeder Leiter hat einen →Widerstand, der überwunden werden muß. Einen solchen Widerstand haben beispielsweise die Wendeln von →Glühlampen. Durch den Widerstand, den sie dem elektrischen Strom entgegensetzen, erwärmen sie sich sehr stark und beginnen zu leuchten.

Batterien erzeugen Gleichstrom. Die meisten →Generatoren erzeugen jedoch Wechselstrom, der die Fließrichtung in kurzen Abständen immer wieder wechselt. Die Steckdosen (Spannung: 230 Volt) sind über Stromleitungen mit den Generatoren im Kraftwerk verbunden.

Mach es selbst

Wir bauen eine Einbruchsicherung. Dazu schneiden wir ein längliches Kartonstück aus und falzen es in der Mitte. In die beiden Teile kleben wir zwei Streifen aus Alufolie und verbinden sie über Drähte mit einer Batterie und einer Glühlampe. Wenn jemand auf die Einbruchsicherung tritt, preßt er den Kartonschalter zusammen, so daß die Glühbirne aufleuchtet.

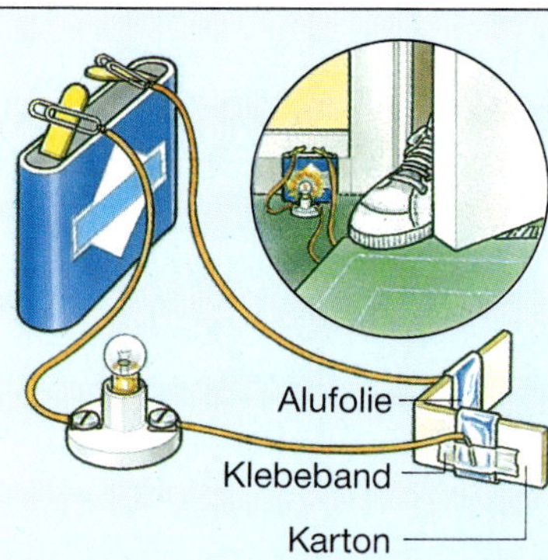

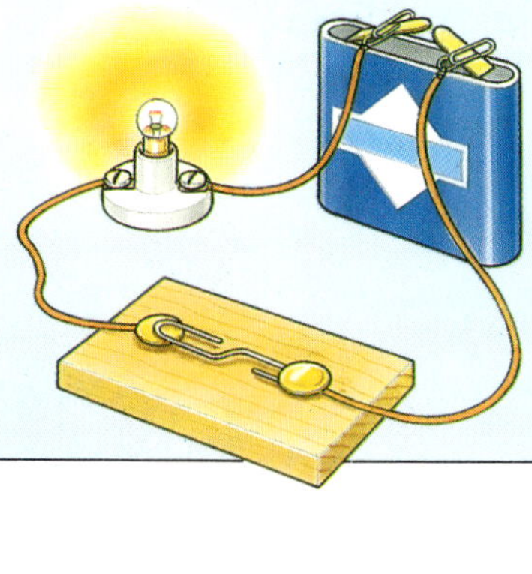

Wir bauen uns einen Schalter, indem wir zwei Reißzwecken in ein Holzbrettchen stecken und sie mit einer Batterie und einer Glühbirne verbinden. Die beiden Reißzwecken verbinden wir nun untereinander mit einer zurechtgebogenen Büroklammer. Wenn wir sie wegdrehen, können wir den Stromkreis jederzeit unterbrechen.

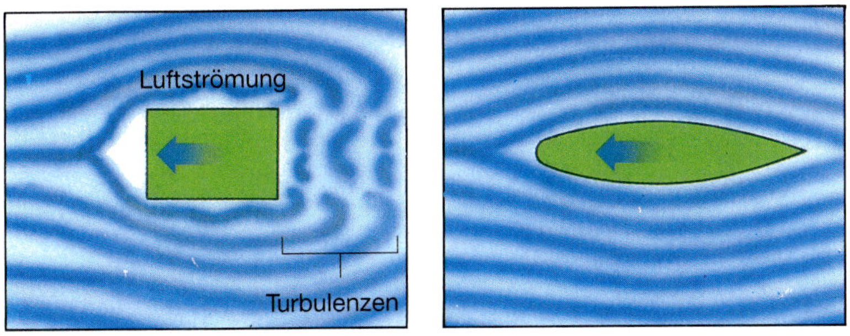

◁ Die blauen Linien zeigen, wie die Luft um unterschiedlich geformte Körper herumfließt. Ein viereckiger Querschnitt stört den Luftfluß sehr stark und erzeugt auf der Rückseite Turbulenzen. Sie bewirken den Luftwiderstand. An einem stromlinienförmig gestalteten Körper fließt die Luft vorbei, ohne Turbulenzen zu bilden.

Stromlinienform

Alle Körper, die schnell und somit möglichst ohne Widerstand durch eine Flüssigkeit oder ein Gas bewegt werden müssen, weisen eine Stromlinienform auf. Sie bewirkt, daß die Flüssigkeit oder das Gas mit möglichst geringem Widerstand an der Oberfläche vorbeifließen. Die meisten Autos haben heute eine ausgeprägte Stromlinienform. Viele weisen keine scharfen Kanten und vorspringenden Teile mehr auf, die Turbulenzen oder Verwirbelungen verursachen könnten. Sie sind nämlich die Hauptursache für den Luftwiderstand.
Ideal ist eine Tropfenform: vorne leicht verdickt und hinten spitz auslaufend. Am deutlichsten ausgeprägt ist diese Form bei den Schnellschwimmern unter den Fischen, beim Thunfisch und bei der Makrele. Aber auch Pinguine, Delphine und sogar Unterseeboote haben diese Tropfenform. Je schneller ein Flugzeug fliegen soll, desto wichtiger wird die Stromlinienform, denn der Luftwiderstand steigt bei hoher Geschwindigkeit sehr stark an. Die günstigste Stromlinienform testen Ingenieure heute in →Windkanälen.

SO_4^{2-}

△ Das Sulfation besteht aus einem Schwefelatom und vier Sauerstoffatomen. Das wichtigste Sulfat ist der Gips.

Sulfate und Sulfide

Sulfur ist die lateinische Bezeichnung für den →Schwefel (chemisches Zeichen S). Sulfate und Sulfide sind demnach Schwefelverbindungen, die sich allerdings beträchtlich voneinander unterscheiden. Das einfachste Sulfid ist der gasförmige Schwefelwasserstoff (H_2S), der nach faulen Eiern stinkt. Er stellt eine leichte →Säure dar. Seine Salze sind die Sulfide. Die Metallsulfide sind allerdings nicht mehr wasserlöslich. Sie bilden die wichtigsten →Erze. Eines der wichtigsten Sulfide ist der goldglänzende Pyrit (FeS_2).
Die Sulfate sind die →Salze der Schwefelsäure. Im Sulfation ist der Schwefel an vier Sauerstoffatome (O) gebunden. Manche Sulfate bilden ausgedehnte Lagerstätten, zum Beispiel Gips und Alabaster, die beide aus Kalziumsulfat bestehen. Das Salz Magnesiumsulfat oder das Bittersalz kennen viele aus eigener Erfahrung, weil es in abführenden Salzmischungen enthalten ist.

▽ Das Arsensulfid Auripigment hat eine auffällige goldgelbe Farbe. Dieses Mineral ist extrem giftig, wurde früher aber in Farbstoffen verwendet.

△ Eine Supernova beobachten wir, wenn der Kern eines schrumpfenden massiven Sterns plötzlich explodiert. In den ersten zehn Sekunden dieser Explosion produziert eine Supernova hundertmal soviel Energie wie die Sonne während ihrer bisherigen Lebensdauer von 4,6 Milliarden Jahren.

Im Jahr 1986 entdeckten der Schweizer Karl Alexander Müller und der Deutsche Johannes Georg Bednorz eine Stoffklasse, die keramischen Metalloxide, von denen einige schon bei rund –170 °C die Eigenschaft der Supraleitung zeigen. Bereits ein Jahr darauf erhielten sie für ihre bahnbrechenden Entdeckungen den Physiknobelpreis. Heute suchen Forscher auf der ganzen Welt nach neuen supraleitenden Stoffen. Das Traumziel wäre es, einen Kunststoff zu schaffen, der schon bei Umgebungstemperatur supraleitend ist. Damit könnte man die gesamte Elektrotechnik revolutionieren. Es gäbe dann zum Beispiel keine Verluste mehr in Fernleitungen.

Supernova

Eine Supernova entsteht, wenn ein massereicher →Stern, der größer ist als unsere Sonne, am Ende seiner Existenz plötzlich explodiert. Dabei vergrößert er seine Leuchtkraft bis um das Milliardenfache.
Ein Stern am Ende seiner Entwicklung ist ausgebrannt. Wenn sich sein Zentrum abzukühlen beginnt, schrumpft er zusammen. Durch Kernverschmelzung entstehen dann schwerere Atome, zum Beispiel von Eisen. Schließlich beschleunigt sich diese Entwicklung: Der Stern kollabiert und stürzt in sich zusammen. Dabei werden innerhalb kurzer Zeit noch einmal ungeheure Energiemengen frei. Die Supernova stößt Materiewolken in den Raum. Wir erkennen dies an einem Helligkeitsanstieg. Es gab in der Geschichte schon Supernovä – so heißt die Mehrzahl von Supernova –, die tagsüber zu sehen waren! Nach der Explosion einer Supernova bleibt ein →Neutronenstern mit einigen Kilometern Durchmesser zurück. Die erste Supernova konnten moderne Astronomen erst im Jahr 1987 beobachten, als ein Stern in der großen Magellanschen Wolke am Südhimmel ausbrach.

Supraleitung

Jeder Stoff stellt dem elektrischen Strom einen bestimmten →Widerstand entgegen. Besonders gering ist er bei den →Leitern. Doch auch der beste Leiter hat einen meßbaren Widerstand. Dieser verschwindet allerdings bei einigen Stoffen, wenn man sie bis auf wenige Grad oberhalb des →absoluten Nullpunkts abkühlt. Diese Erscheinung nennen wir Supraleitung. Sie wurde erstmals 1911 beim Quecksilber

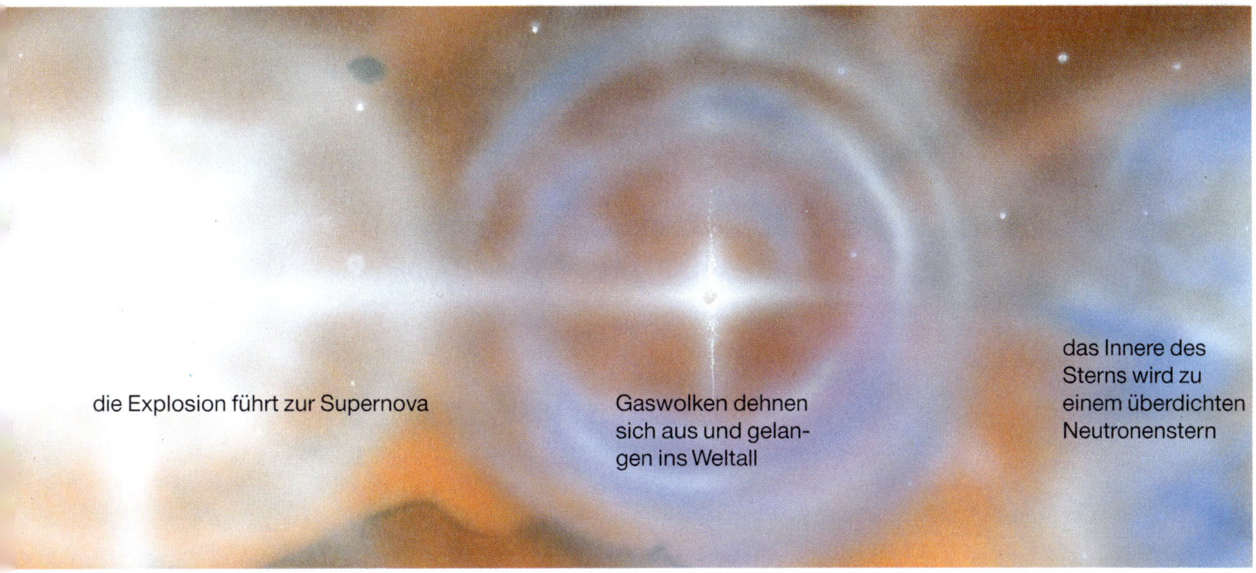

entdeckt. Leider blieb der praktische Nutzen der Supraleitung beschränkt, denn die Abkühlung auf diese tiefen Temperaturen – meistens mit flüssigem →Helium – ist sehr aufwendig und teuer. Jahrzehntelang suchten die Forscher nach Stoffen, die schon bei höheren Temperaturen supraleitend werden. Doch hatten sie keinen Erfolg. Der stellte sich erst 1986 ein, als supraleitende keramikartige Stoffe entdeckt wurden. Sie werden schon bei Temperaturen um −170 °C supraleitend. Dadurch kann man sie mit dem viel billigeren flüssigen →Stickstoff (Siedepunkt −196 °C) kühlen.

Suspension

Suspensionen sind Aufschlämmungen und damit Gemenge flüssiger oder fester Teilchen in einer Flüssigkeit. Wenn nach einem Regenguß die Bäche und Flüsse anschwellen und hellbraunes Wasser führen, so handelt es sich dabei um eine Suspension. Im Wasser sind nämlich feine Lehmteilchen verteilt. Sie setzen sich im Lauf der Zeit am Boden ab, so daß das Wasser wieder klar wird.

Symbiose

Wir können die Symbiose als eine Partnerschaft zweier verschiedener →Arten bezeichnen, wobei jeder Partner Nutzen daraus zieht. Man kann auch von einem Zusammenleben zu beiderseitigem Nutzen sprechen. Ein typisches Beispiel bilden das Nilkrokodil und der Krokodilswächter. Dieser kleine regenpfeiferartige Vogel geht im aufgeklappten Krokodilmaul ein und aus und frißt Blutegel, Parasiten und Speisereste weg, die an den Krokodilszähnen hängengeblieben sind. Sonst

▽ Die Flechten entstehen durch eine Symbiose zwischen einem Pilz und einer Alge. Es gibt viele tausend verschiedene Flechtenarten auf der Erde.

△ Die Seesterne haben fünf Arme und fünf Symmetrieebenen, die sich in der Körpermitte (Symmetriezentrum) treffen. Wir bezeichnen solche Tiere als radiärsymmetrisch. Diesen Bauplan finden wir nur noch bei Schlangensternen und den Seeigeln. Sie alle gehören zu den Stachelhäutern. Fast alle übrigen Tiere haben nur eine Symmetrieebene und sind somit bilateralsymmetrisch. Der radiärsymmetrische Aufbau ist bei den Blüten weit verbreitet.

wagt sich kein Tier in die Nähe des Krokodils, weil dieses nach allem schnappt, was sich bewegt. Der Krokodilswächter genießt also Schutz und bietet dem Krokodil dafür Putzerdienste. Ähnliche Dienste leisten auch die Putzerfische, die in Korallenriffen andere Arten, darunter auch große Raubfische, von →Parasiten befreien und diese anschließend fressen. Die großen Fische halten dabei völlig still, lassen die Putzerfische sogar in das zahnbewehrte Maul schwimmen und schnappen niemals zu. Die „Gäste" besuchen in regelmäßigen Abständen die Stellen, wo sich der Putzerfisch aufhält, ähnlich wie wir zum Friseur gehen.
Symbiose gibt es auch bei den Pflanzen. Besonders ausgeprägt ist sie bei den Flechten. Bei ihnen haben sich eine einzellige Alge und ein Pilz zu einer engen Partnerschaft zusammengetan. Der Pilz bietet Schutz und sozusagen das Haus, während die Alge für die →Photosynthese und damit für die Ernährung sorgt. Zusammen bilden sie ein völlig neues Lebewesen, eben die Flechte.

Symmetrie

Wenn wir einen Bogen Papier falten, ein Muster ausschneiden und nun das Papier wieder auseinanderfalten, so erhalten wir ein Muster, das aus zwei spiegelbildlichen Hälften besteht. Sie verhalten sich zueinander wie Bild und Spiegelbild. Wir sagen: Sie sind symmetrisch. Zweidimensionale Figuren wie die ausgeschnittene haben eine Symmetrieachse, dreidimensionale Gegenstände hingegen können eine Symmetrieebene haben, zum Beispiel die Brille. Ein Rechteck hat zwei Symmetrieachsen, die senkrecht zueinander stehen. Ihr Schnittpunkt heißt auch Symmetriezentrum. Ein Quadrat kommt auf vier, ein regelmäßiges Sechseck auf sechs Symmetrieachsen. Der Kreis hat sogar unendlich viele Symmetrieachsen. Wieviele Symmetrieebenen haben der dreidimensionale Würfel und die Kugel?

Mach es selbst

Falte ein Stück Papier und schneide eine beliebige Form aus. Öffne das Papier erneut. Du wirst sehen, daß durch die Faltachse nun eine Symmetrieachse ist. Falte nun einen Bogen Papier zweimal und schneide ein neues Muster aus. Weist es zwei Symmetrieachsen auf?

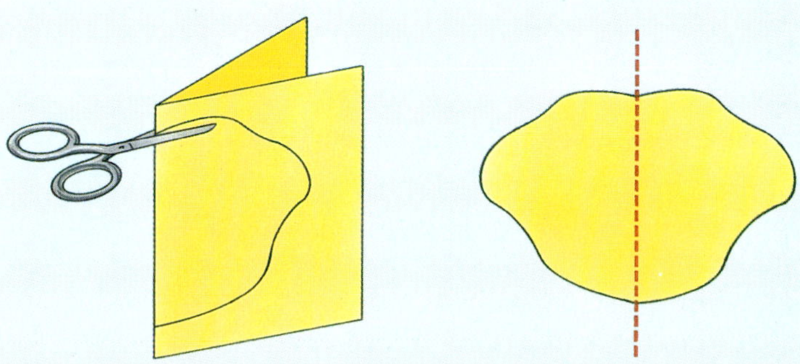

Systematik

Es gibt weit über eine Million Tierarten und rund eine halbe Million Pflanzenarten. Niemand kann alle diese Lebewesen kennen. Um sich aber in dieser Vielfalt zurechtzufinden, brauchen wir eine Anordnung in verschiedene Gruppen. Die Biologen ordnen die Pflanzen und Tiere nach ihrer Verwandtschaft und schaffen damit ein System. Weil es die Evolution oder Stammesgeschichte ähnlich wie ein Stammbaum widerspiegeln soll, spricht man auch vom natürlichen System. Die Wissenschaft, die sich mit der Einordnung und Beschreibung der vielen Pflanzen- und Tierarten beschäftigt, heißt Systematik. Die Systematik unterscheidet verschiedene Kategorien: Alle Tiere und Pflanzen, die sich untereinander fortpflanzen, bilden eine Art. Mehrere ähnliche, verwandte Arten faßt man zu einer Gattung zusammen. Mehrere nah verwandte Gattungen bilden eine Familie. Die jeweils nächsthöheren Kategorien heißen Ordnung, Klasse und Stamm (Abteilung). Die Grundlagen der modernen Systematik legte der Schwede Carl von Linné im 18. Jahrhundert. Er führte auch die eindeutige lateinische Benennung der Arten ein. Sie besteht immer aus zwei Namen, dem Gattungsnamen vorne und dem Artnamen dahinter.

Mach es selbst

Wir suchen einige Kleintiere und fertigen Zeichnungen von ihnen an. Wir schauen uns an, wie ihre Beine, Fühler und Flügel angeordnet sind. Auf diese Weise ordnen die Biologen die Arten in ihr System ein. Ähnlich aufgebaute Tiere sind auch meistens nahe miteinander verwandt.

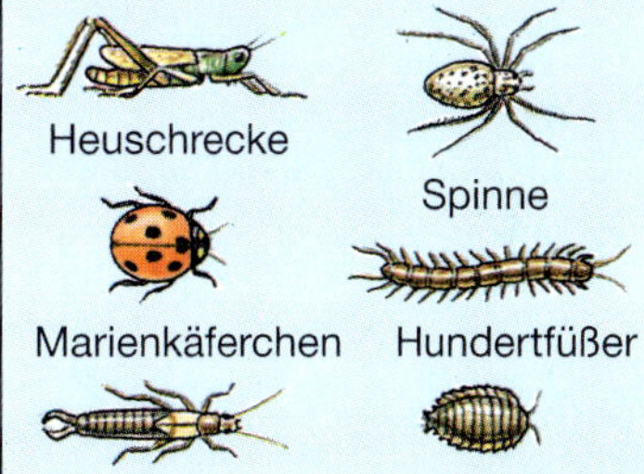

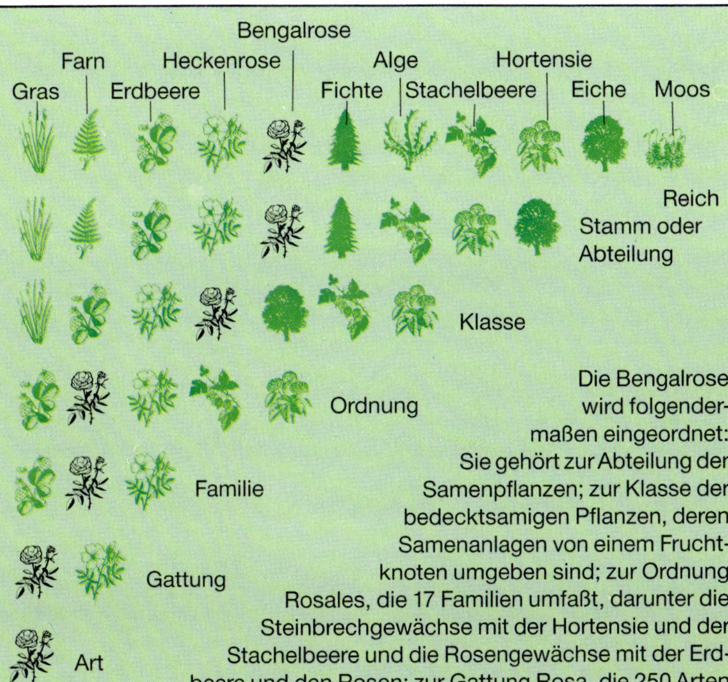

Die Bengalrose wird folgendermaßen eingeordnet: Sie gehört zur Abteilung der Samenpflanzen; zur Klasse der bedecktsamigen Pflanzen, deren Samenanlagen von einem Fruchtknoten umgeben sind; zur Ordnung Rosales, die 17 Familien umfaßt, darunter die Steinbrechgewächse mit der Hortensie und der Stachelbeere und die Rosengewächse mit der Erdbeere und den Rosen; zur Gattung Rosa, die 250 Arten umfaßt. Eine davon ist die Bengalrose (Rosa chinensis).

▷ Jedes Lebewesen hat einen zweiteiligen wissenschaftlichen Namen aus lateinischen oder griechischen Wörtern. Der erste Name ist der Gattungsname, der zweite der Artname. Unsere Stubenfliege heißt zum Beispiel Musca domestica.

◁ Die Grafik zeigt, wie verschiedene Pflanzenarten ins System eingeordnet werden.

Panthera leo, Löwe

Panthera tigris, Tiger

Die beiden Großkatzen gehören zur selben Gattung Panthera, aber zu zwei verschiedenen Arten.

Siehe auch →Art; →Biologie; →Botanik; →Mikrobiologie; →Mikroorganismen; →Zoologie.

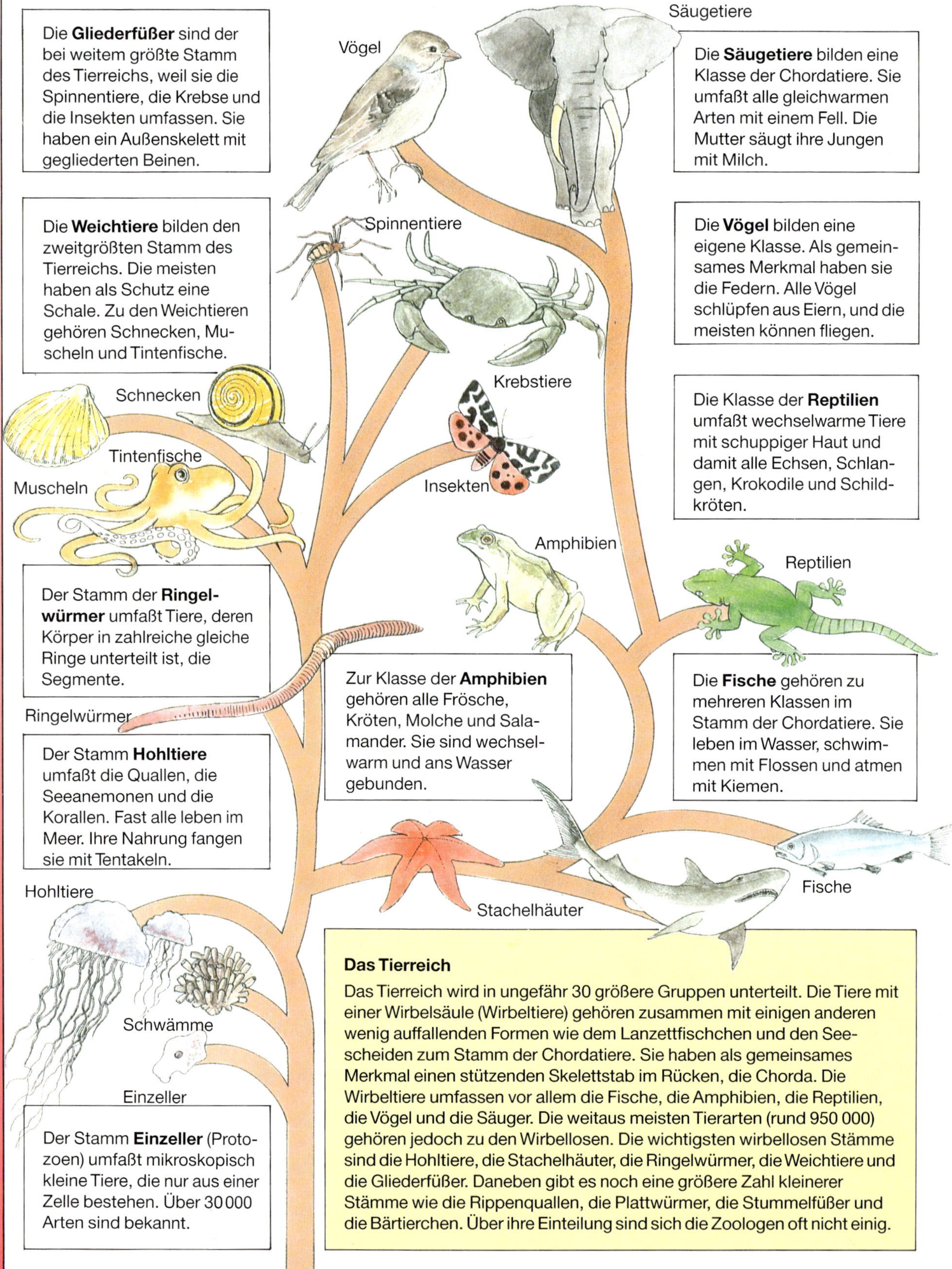

Die **Gliederfüßer** sind der bei weitem größte Stamm des Tierreichs, weil sie die Spinnentiere, die Krebse und die Insekten umfassen. Sie haben ein Außenskelett mit gegliederten Beinen.

Die **Weichtiere** bilden den zweitgrößten Stamm des Tierreichs. Die meisten haben als Schutz eine Schale. Zu den Weichtieren gehören Schnecken, Muscheln und Tintenfische.

Der Stamm der **Ringelwürmer** umfaßt Tiere, deren Körper in zahlreiche gleiche Ringe unterteilt ist, die Segmente.

Der Stamm **Hohltiere** umfaßt die Quallen, die Seeanemonen und die Korallen. Fast alle leben im Meer. Ihre Nahrung fangen sie mit Tentakeln.

Der Stamm **Einzeller** (Protozoen) umfaßt mikroskopisch kleine Tiere, die nur aus einer Zelle bestehen. Über 30 000 Arten sind bekannt.

Die **Säugetiere** bilden eine Klasse der Chordatiere. Sie umfaßt alle gleichwarmen Arten mit einem Fell. Die Mutter säugt ihre Jungen mit Milch.

Die **Vögel** bilden eine eigene Klasse. Als gemeinsames Merkmal haben sie die Federn. Alle Vögel schlüpfen aus Eiern, und die meisten können fliegen.

Die Klasse der **Reptilien** umfaßt wechselwarme Tiere mit schuppiger Haut und damit alle Echsen, Schlangen, Krokodile und Schildkröten.

Die **Fische** gehören zu mehreren Klassen im Stamm der Chordatiere. Sie leben im Wasser, schwimmen mit Flossen und atmen mit Kiemen.

Zur Klasse der **Amphibien** gehören alle Frösche, Kröten, Molche und Salamander. Sie sind wechselwarm und ans Wasser gebunden.

Das Tierreich

Das Tierreich wird in ungefähr 30 größere Gruppen unterteilt. Die Tiere mit einer Wirbelsäule (Wirbeltiere) gehören zusammen mit einigen anderen wenig auffallenden Formen wie dem Lanzettfischchen und den Seescheiden zum Stamm der Chordatiere. Sie haben als gemeinsames Merkmal einen stützenden Skelettstab im Rücken, die Chorda. Die Wirbeltiere umfassen vor allem die Fische, die Amphibien, die Reptilien, die Vögel und die Säuger. Die weitaus meisten Tierarten (rund 950 000) gehören jedoch zu den Wirbellosen. Die wichtigsten wirbellosen Stämme sind die Hohltiere, die Stachelhäuter, die Ringelwürmer, die Weichtiere und die Gliederfüßer. Daneben gibt es noch eine größere Zahl kleinerer Stämme wie die Rippenquallen, die Plattwürmer, die Stummelfüßer und die Bärtierchen. Über ihre Einteilung sind sich die Zoologen oft nicht einig.

Die **Samenpflanzen** werden in Bedecktsamer und Nacktsamer unterteilt. Die Nacktsamer umfassen die Nadelbäume.

Die **Zweikeimblättrigen** bilden die größte Gruppe unter den bedecktsamigen Pflanzen. Zu ihnen gehört z. B. die Buche.

Die **Einkeimblättrigen** bilden eine Gruppe der bedecktsamigen Pflanzen. Zu ihnen zählen die Palmen, die Gräser, die Lilien und die Orchideen.

Die **Moose** bilden niedrige Polster und können nur in feuchten Lebensräumen vorkommen. Sie pflanzen sich durch Sporen fort.

Die **Farnpflanzen** umfassen die Farne, die Bärlappe und die Schachtelhalme. Farnpflanzen werden größer als Moose, pflanzen sich aber wie diese durch Sporen fort.

Fast alle **Algen** leben im Wasser. Sehr viele sind mikroskopisch klein und einzellig, obwohl die Tange zu den größten Lebewesen überhaupt zählen.

Das Pflanzenreich

Für die Einteilung der rund 450 000 Pflanzenarten gibt es recht verschiedene Systeme. Die wichtigsten, allgemein anerkannten Abteilungen sind die Algen, die Moose, die Farnpflanzen und die Samenpflanzen. Diese bilden mit 350 000 Arten die bei weitem größte und formenreichste Gruppe. Die Samenpflanzen unterteilen wir wieder in zwei Gruppen: Die einen sind die Nacktsamer oder Gymnospermen; bei ihnen liegen die Samenanlagen offen auf den Fruchtblättern. Die Nacktsamer umfassen vor allem die Nadelbäume. Bei den Bedecktsamern oder Angiospermen sind die Samenanlagen stets von einem Fruchtknoten umschlossen. Die Bedecktsamer bilden den weitaus größten Teil der Blütenpflanzen. Wir unterscheiden bei ihnen wiederum zwei Klassen: Die Einkeimblättrigen und die Zweikeimblättrigen.

Das Reich der Pilze

Früher zählte man die Pilze zu den Pflanzen. Doch bilden sie nach der Auffassung vieler moderner Biologen ein eigenes Reich. Pilze leben fast überall im Boden, im Wasser und in der Luft. Sie enthalten kein Chlorophyll (Blattgrün), haben keine Photosynthese und können deswegen auch keine Nahrung selbst herstellen. Sie beziehen sie vielmehr von lebendigen oder toten Pflanzen oder Tieren. Die meisten Pilze bauen abgestorbenes Pflanzenmaterial ab. Die Fortpflanzung erfolgt durch Sporen.

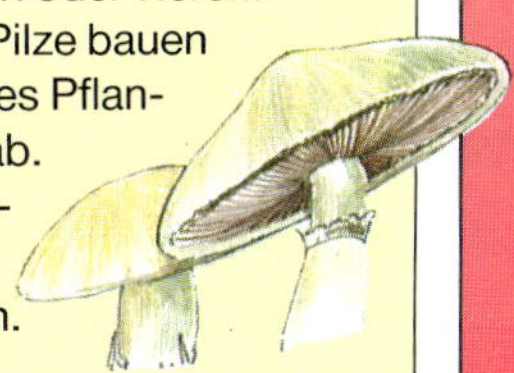

T t

Tageslänge

Abgesehen von den Gebieten am Äquator schwankt die Tageslänge überall auf der Erde ganz beträchtlich. Mitten im Sommer dauert der Tag am längsten, und mitten im Winter ist er am kürzesten. Der Grund dafür ist die schräggestellte Erdachse. Überall auf der Erde sehen die Menschen die Sonne höher am Himmel stehen, wenn bei ihnen Sommer ist. Der Tag ist dann länger als die Nacht. Unterschiede in der Tageslänge zeigen sich auch mit der geographischen Breite (→Längen- und Breitengrad). Je weiter wir auf der Nordhalbkugel nach Norden kommen, desto länger werden die Tage im Sommer. Nördlich des 67. Breitengrades im Norden (Polarkreis) und südlich des 67. Breitengrades im Süden (Südpolarkreis) geht die Sonne in der warmen Jahreszeit nicht mehr unter und scheint auch in der „Nacht". Wir nennen sie deswegen auch Mitternachtssonne. Die Tageslänge und damit die Sonnenscheindauer beeinflussen das Verhalten der Lebewesen sehr stark.

▷ Mit Ausnahme der tropischen Gebiete um den Äquator schwankt die Tageslänge überall auf der Erde in großem Maß. Zur Zeit der Tagundnachtgleichen am 21. März und 23. September sind Tag und Nacht jedoch überall auf der Erde gleich lang.

Die Jahreszeiten

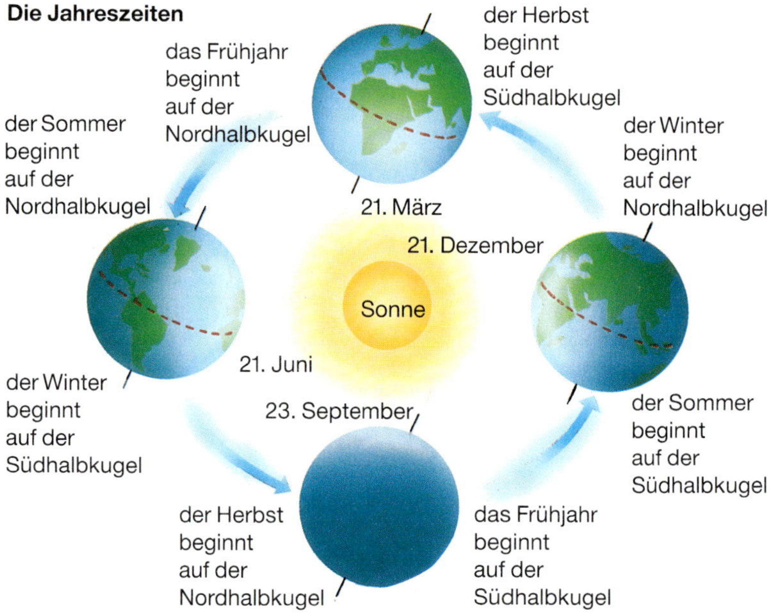

▽ Die Lichtdauer entscheidet darüber, wie manche Pflanzen wachsen und wann sie blühen. Kurztagpflanzen blühen, wenn die Tage kürzer werden, also im Spätsommer oder Herbst. Langtagpflanzen blühen, wenn der Tag eine bestimmte Länge überschritten hat.

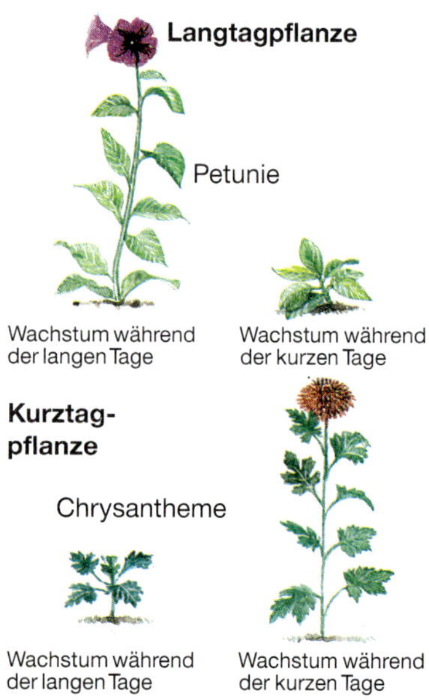

Tarnung

Die Tarnung hat den Zweck, ein Tier oder eine Pflanze unsichtbar zu machen. Bei den Tieren machen Räuber und Beutetiere gleichermaßen davon Gebrauch. Der Räuber will bis zum letzten Augenblick unerkannt bleiben, und das Beutetier will mit seiner Tarnung den Räuber überlisten. Viele Tiere sind an ihre Umgebung farblich angepaßt. In den Polargebieten leben zum Beispiel der weiße Polarfuchs und die weiße Schnee-Eule, in den Wüsten der gelbe Wüstenfuchs und die

Sandviper. Der grüne Laubfrosch und viele Heuschrecken sind in ihren engeren Lebensräumen kaum zu sehen. Besonders gut getarnt sind jene Pflanzen oder Tiere, die Gegenstände der Umgebung nachahmen (Mimese), zum Beispiel die „lebenden Steine" der peruanischen Wüste oder die Spannerraupen, die abgebrochenen trockenen Ästchen täuschend ähnlich sehen. Antilopen zeigen oft eine Gegenschattierung: Der Rücken ist dunkler, der Bauch heller: Unter Sonneneinstrahlung von oben gleichen sich Licht und Schatten aus, und die Tiere sind nicht mehr zu sehen. Die größten Meister der Tarnung sind jene, die ihre Körperfarbe der Umgebung anpassen können (Farbwechsel), etwa die Plattfische oder das Chamäleon.

△ Die Streifen des Zebras lösen die Körpergestalt auf und machen sie im Hell-Dunkel der Savanne unsichtbar. Eine solche Zebrastreifung verwendeten im Ersten Weltkrieg auch einige Kriegsschiffe zur Tarnung.

Tastsinn

Der Tastsinn erleichtert uns den direkten Kontakt zur Umwelt und schützt den Körper vor Schäden. Unser Tastsinn setzt sich aus fünf Sinnen zusammen; sie melden uns Druck, Berührung, Wärme, Kälte und Schmerz. Zusammen ergeben sie den Tasteindruck. Die verschiedenen Sinnesorgane liegen in der →Haut. Wo ein sehr guter Tastsinn notwendig ist, sind sie auch in großer Zahl anzutreffen, an den Fingerspitzen und den Lippen beispielsweise. Feine Flaumhaare verstärken den Tastsinn, denn durch die leiseste Berührung werden sie abgebogen, und das wird in der Haut sofort registriert.

Tauchen

Erst seit etwa 1950 gibt es die Taucherausrüstung, die heute jeder kennt: Druckgasflasche, Druckreduzierventil, Taucheranzug und Flossen. Sie erlaubt dem Taucher eine große Beweglichkeit und Tauchtiefen bis zu rund 50 Metern. Die Atemluft wird in der Flasche mitgeführt. Über einen Atemschlauch gelangt sie in das Mundstück. Wenn der Taucher einatmen will, öffnet sich ein Ventil und spendet ihm Luft. Atmet der Taucher aus, so gelangt die Luft über ein Rückschlagventil ins Wasser.

Jahrhundertelang wurden Helmtauchgeräte verwendet, und für größere Tiefen sind sie noch heute in Gebrauch, zum Beispiel beim Schwammtauchen im Mittelmeer. Der Taucher zieht sich dabei einen wasserdichten gummierten Anzug und einen schweren Helm an. Die benötigte Luft erhält er über eine Pumpe direkt vom Schiff und somit von der Außenluft. Wenn sich ein Taucher längere Zeit in großen Tiefen aufgehalten hat, darf er nur langsam wieder auftauchen, weil sonst der Stickstoff in seinem Blut ausperlt wie die Bläschen in einer Mineralwasserflasche. Dadurch kann es zu schweren Lähmungen kommen (Taucherkrankheit).

△ Ein Taucher in voller Ausrüstung. Er atmet die verbrauchte Luft ins Wasser aus.

Technik und Technologie

Heute sagt man statt „Technik" meistens „Technologie", wohl weil es vornehmer klingt oder weil man einfach das englische Wort „technology" (sprich: teknolodschi) übernimmt. Ursprünglich war die Technologie aber etwas anderes, nämlich die Wissenschaft von den Gesetzen technischer Herstellung. Heute verwendet man das Wort hauptsächlich für neuartige technische Entwicklungen. Man spricht zum Beispiel von Lasertechnologie.

Bis vor ungefähr 8000 Jahren war die Technik noch nicht sehr weit entwickelt. Die Menschen besaßen zwar einfache Werkzeuge, Kleider und anspruchslose Unterkünfte. Doch erst, als sie seßhaft wurden und mit der Landwirtschaft begannen, brauchten sie bessere Geräte und Häuser und entdeckten neue Werkstoffe. Die wichtigste Entwicklung war die des Rades, das schon vor 5000 Jahren genutzt wurde.

Nach und nach lernten die Menschen, durch Erhitzen aus Erzen Metalle zu gewinnen. Aus diesen konnten sie widerstandsfähige, harte Werkzeuge herstellen. Der größte Teil dieser technischen Entwicklung fand im Mittleren und Fernen Osten statt. So

▷ Die ersten technischen Verfahren wurden für die Herstellung von Kleidern, Häusern und Karren genutzt. Die wichtigsten Werkstoffe waren damals Stein, Holz und einige Metalle **(1)**. Mit der Entwicklung einfacher Maschinen, etwa von Hebeln und Rollen, gelang es, größere Gebäude zu bauen **(2)**. Eine entscheidende Bedeutung für die Entwicklung unseres ganzen Wissens hatte die Buchdruckerkunst. Sie ermöglichte es, daß sich Kenntnisse sehr schnell verbreiteten **(3)**.

◁ Die Erfindung der Dampfmaschine war der Anfangspunkt der Industriellen Revolution. Zunächst nutzte man sie zum Antrieb von Pumpen, dann für den Antrieb von Maschinen und von Lokomotiven **(4)**. Die Dampfmaschine wurde später von den Verbrennungsmotoren abgelöst, zum Beispiel von den Benzin- und Dieselmotoren und später von den Gasturbinen **(5)**. Die Elektronik mit der Computerwissenschaft und der Fernmeldetechnik löste eine zweite industrielle Revolution aus **(6)**.

stellten die Ägypter und die Inder Gefäße aus Glas, Keramik und verschiedenen Metallen her.
Während des Mittelalters waren die Araber führend auf allen Gebieten der Technik und der Naturwissenschaften. Erst im 14. Jahrhundert erwachte auch Europa, weil sich die Kirche nicht mehr so stark gegen Neuerungen und wissenschaftliche Vorstellungen stemmte. Im Zeitalter der Renaissance wurden enorme Fortschritte in allen technischen Bereichen gemacht, besonders beim Bergbau, beim Buchdruck, bei der Verarbeitung von Werkstoffen und auf dem Gebiet der Werkzeuge. So wurde Europa bald führend auf dem Gebiet der Technik.
Während der Industriellen Revolution im 19. Jahrhundert veränderte sich die gesamte Technik, denn nun standen die ersten Maschinen zur Energieerzeugung zur Verfügung. Die Dampfmaschine und später die Verbrennungsmotoren lieferten die Energie für die massenhafte Herstellung und den Transport von Waren. Sogar die Landwirtschaft wurde mechanisiert. Eine zweite industrielle Revolution erfahren wir in unserem Jahrhundert durch die Automatisierung, die Elektronik und die Möglichkeiten der Fernmeldetechnik.

Siehe auch →Bergbau; →Dampfmaschine; →Drucktechnik; →einfache Maschinen; →Elektronik; →Verbrennungsmaschinen.

Teilchenbeschleuniger

▷ Die elektrisch geladenen Teilchen durchfliegen die Strecke des Linearbeschleunigers nur einmal. Im Zirkularbeschleuniger hingegen durchlaufen sie die Kreisbahn viele Male und werden stetig beschleunigt. Schließlich trifft der Teilchenstrom auf das Ziel, das Target.

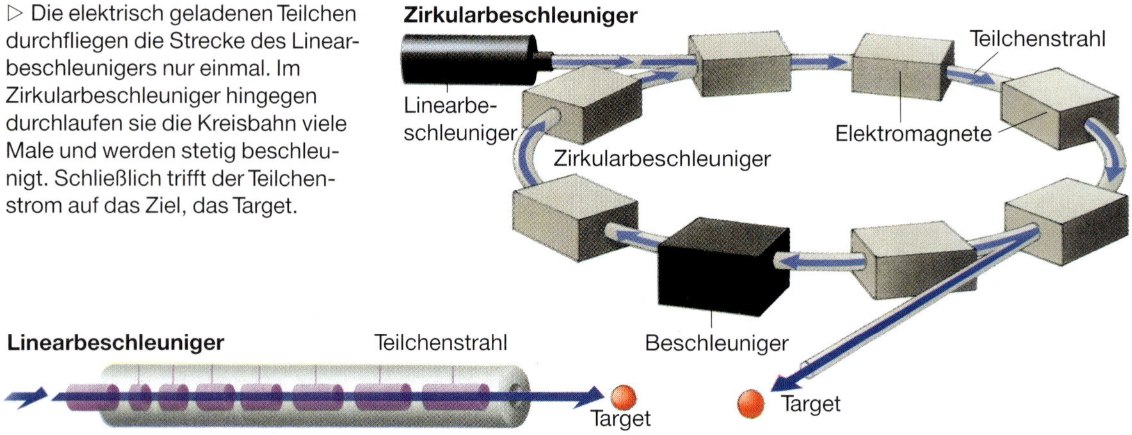

Teilchenbeschleuniger

Die →Kernphysiker untersuchen →Atomkerne und →Elementarteilchen, indem sie beide aufeinander schießen und dann beobachten, was geschieht. Dazu brauchen sie Teilchenbeschleuniger. Wollen sie zum Beispiel ein Atom spalten, so bringen sie elektrisch geladene Teilchen wie →Elektronen, →Protonen oder →Heliumkerne in Teilchenbeschleuniger. Mit elektrischen Feldern werden die Teilchen beschleunigt. Magnetische Felder führen sie auf kreisförmigen Bahnen. Wenn sie nahezu mit Lichtgeschwindigkeit fliegen, werden sie auf die Atome geschossen. Dabei kommt es zu Kollisionen, und es entstehen neue Teilchen, deren Bahnen die Forscher mit Hilfe besonderer →Detektoren verfolgen.

▷ Einer der größten Teilchenbeschleuniger ist der Large Electron-Positron Collider LEP. Er ist 27 Kilometer lang und befindet sich in einem Tunnel in 100 bis 150 Meter Tiefe bei der Stadt Genf. Auf dem Bild ist er als Kreisring eingetragen. Der LEP wird von CERN betrieben, einem gesamteuropäischen Forschungslabor für Kernphysik.

Telefax

Die beste deutsche Übersetzung für Telefax ist Fernkopieren. Man schiebt ein Schriftstück in ein Telefaxgerät, und in einem anderen Gerät kommt eine Kopie davon heraus. Dazwischen geschieht folgendes: Das Sendegerät tastet das eingeschobene

Dokument ab, zerlegt es in Bildzeilen und diese wiederum in Bildpunkte. Eine normale DIN A4-Seite hat 1144 Linien, und jede Linie hat 800 Bildpunkte. Das Faxgerät registriert von jedem Bildpunkt, ob er weiß, grau oder schwarz ist. Die Informationen darüber werden in →digitaler Form verschlüsselt und über die →Telefonleitung an das Empfangsgerät gesandt. Dieses entschlüsselt die Informationen und baut Bildpunkt für Bildpunkt und Zeile für Zeile das Bild wieder auf. Es erstellt damit eine Kopie des ursprünglichen Dokuments. Die Bildpunkte sind darauf mit einer Lupe deutlich zu erkennen. Alle Faxgeräte verschlüsseln und entschlüsseln die Daten auf dieselbe Weise und können somit untereinander in Verbindung treten. Bevor sie miteinander faxen, überprüfen sie die Qualität der Telefonlinie.

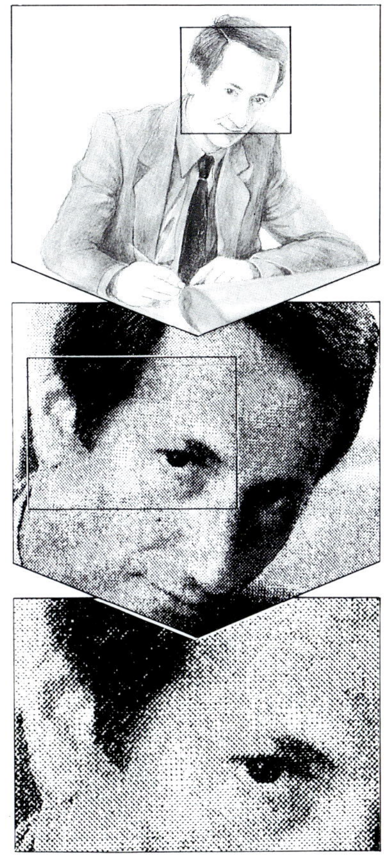

△ Beim Faxen löst das Sendegerät das Dokument in einzelne Bildpunkte auf, und das Empfangsgerät baut aus den übermittelten Informationen das Bild neu auf. Die einzelnen Bildpunkte sind bei Vergrößerung darauf deutlich zu erkennen.

Telefon

Im Jahr 1876 erfand Alexander Graham Bell das Telefon. Bereits ein Jahr darauf entstanden die ersten Telefonnetze. Gleichzeitig kamen noch weitere Telefonsysteme auf. Zu Beginn unseres Jahrhunderts einigte man sich jedoch auf ein einziges System, so daß alle Telefone miteinander verbunden werden konnten. In jener Zeit gab es auch schon die erste automatische Vermittlung. In den zwanziger Jahren begann man, für Telefongespräche über weite Entfernungen Radiowellen zu Hilfe zu nehmen. Wenn wir heute mit dem Onkel in Amerika sprechen, so wandert unser Gespräch erst bis Raisting in Oberbayern. Von dort wird es zu einem Nachrichtensatelliten hochgefunkt, von diesem nach Amerika abgelenkt und dort schließlich wieder in eine normale Telefonleitung eingespeist. Die Leitungen bestehen heute nur noch zum Teil aus Metalldrähten. Man ersetzt sie zunehmend durch →Lichtleitfasern. Das Gespräch wird →digital verschlüsselt und mit →Laserimpulsen übertragen.

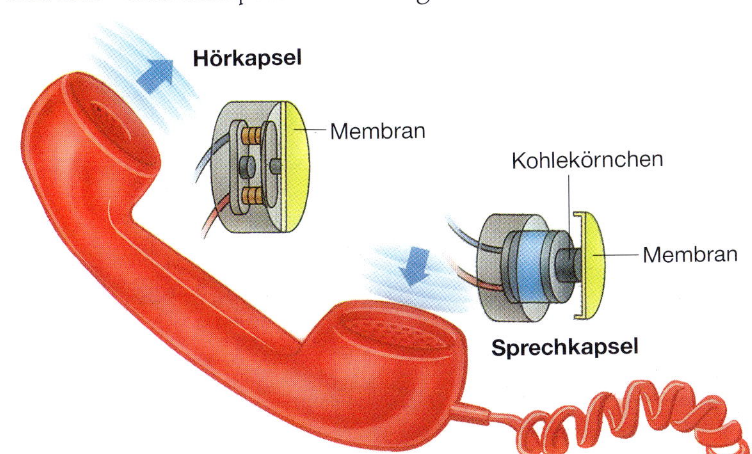

◁ Die Hörkapsel enthält einen winzigen Lautsprecher, die Sprechkapsel hingegen ein kleines Kohlemikrofon. Wenn der Anrufer spricht, preßt eine metallische Membran durch die Schallschwingungen der Stimme die Kohlekörnchen des Mikrofons unterschiedlich stark zusammen. Dadurch wird ein elektrischer Strom verändert, der in der Telefonleitung fließt. Die Stromschwankungen werden in der Hörkapsel beim Empfänger in Schwingungen einer Membran umgewandelt. Dadurch werden wieder Schallwellen erzeugt.

Mach es selbst

Wir bauen uns unseren eigenen Schreibtelegrafen und verwenden dazu kleine Glühbirnen. Mit Reißzwecken und Büroklammern stellen wir zwei Schalter her. Wir verbinden sie mit einer Batterie und zwei Lampenfassungen. Unsere beiden Telegrafenstationen verbinden wir mit langen Drähten, die durchaus von einem Zimmer ins andere reichen können. Unsere Botschaften vermitteln wir im Morsealphabet mit kurzen und langen Lichtblitzen.

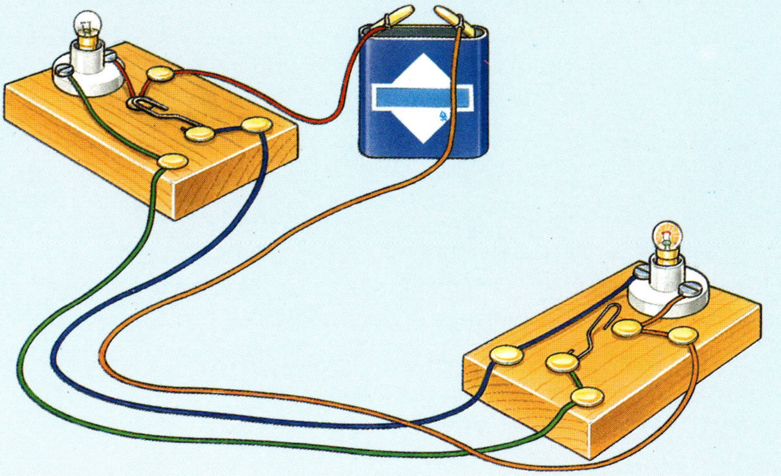

Telegrafie

Telegrafen übermitteln verschlüsselte Signale über Drähte oder mit Hilfe von Radiowellen. Den ersten elektrischen Telegrafen baute der Franzose Georges Lesanges 1774. Sende- und Empfangsgerät hatten für jeden Buchstaben des Alphabets einen eigenen Draht! Um 1835 entwickelten William F. Cooke und Charles Wheatstone den ersten wirklich brauchbaren Telegrafen. Den Durchbruch schafften dann der Schreibtelegraf von →Morse und sein Alphabet. 1857 gab es bereits das erste Überseekabel zwischen Europa und Amerika. Danach wurden überall Unterseekabel verlegt, und die Telegrafie breitete sich explosionsartig aus. In den fünfziger Jahren unseres Jahrhunderts verlor sie an Bedeutung, weil es damals schon internationale Telefonverbindungen gab. Die Telegrafie wurde vom Telex oder Fernschreiber abgelöst. Doch auch dessen Zeiten sind inzwischen abgelaufen, und an seine Stelle ist das →Telefax getreten.

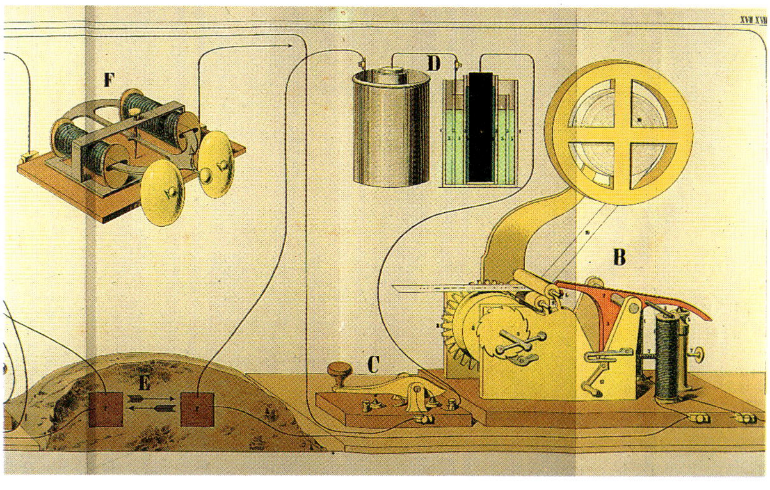

▷ Der Telegraf von Samuel Morse fand die weiteste Verbreitung. Mit einem Hebel (C) verschlüsselte man die Botschaften im Morsealphabet. Der Empfänger (B) registrierte die eintreffenden Signale in Form von Punkten und Strichen auf einem Papierband. Eine Glocke kündigte neue Nachrichten an.

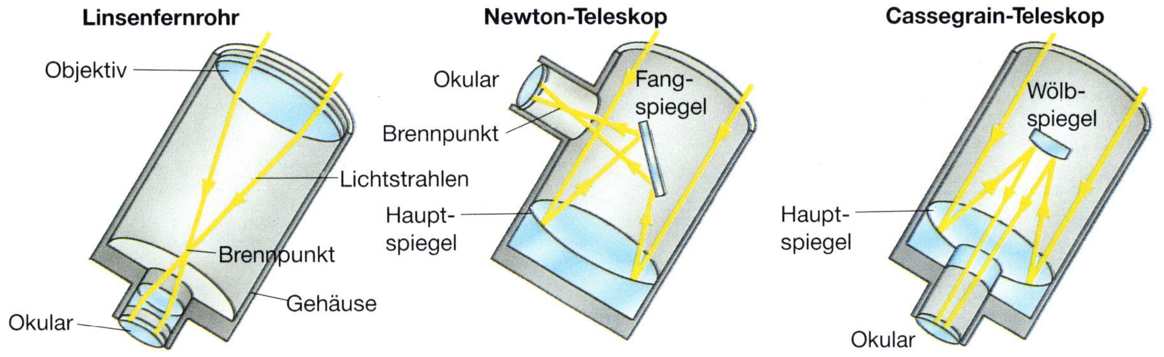

△ Bei den Fernrohren oder Teleskopen unterscheiden wir zunächst zwischen Linsenfernrohren und Spiegelteleskopen. Bei den Spiegelteleskopen gibt es wiederum zwei Arten, das Newton-Teleskop und das Cassegrain-Teleskop.

Teleskop

Teleskope erzeugen vergrößerte Bilder weit entfernter Körper oder Gegenstände. Die langen Fernrohre – eines der ersten baute Galileo Galilei 1609 – gibt es fast nicht mehr. Früher konnte man ihre Rohre ineinander stecken, und in diesem Zusammenhang ist die Bezeichnung „Teleskop“ für entsprechende Vorrichtungen erhalten geblieben. Wir sprechen zum Beispiel von einer dämpfenden Teleskopgabel beim Motorrad.

An die Stelle des herkömmlichen Fernrohrs ist das Fernglas getreten. Es ist viel handlicher, weil die eintreffenden Lichtstrahlen darin von zwei →Prismen gebrochen und umgelenkt werden. Echte Teleskope benutzen nur noch die Astronomen. Sie verwenden dabei aber keine →Linsen, sondern →Spiegel, weil diese viel leichter herzustellen und zu montieren sind. Unter den Spiegelteleskopen gibt es im wesentlichen zwei Typen: Der hohle Hauptspiegel wirft beim Newton-Teleskop die eintreffenden Lichtstrahlen auf einen flachen Fangspiegel. Dieser lenkt sie in ein seitlich angebrachtes Okular mit Vergrößerungslinsen. Beim Cassegrain-Teleskop ist der Fangspiegel ein kleiner Wölbspiegel. Er hat eine etwas längere Brennweite als der Hauptspiegel. Die Abbildung erfolgt durch ein Loch in der Mitte des Hauptspiegels und hinter diesem. Das größte Spiegelteleskop der Welt steht heute auf Hawaii. Es hat einen 10-Meter-Spiegel aus 36 Stücken und sammelt viermal soviel Licht wie das berühmte 5-Meter-Teleskop auf dem Mount Palomar in Kalifornien.

Hans Lippershey (1570–1619)

Hans Lippershey war ein holländischer Brillenmacher. 1608 baute er aus zwei Brillengläsern das vermutlich erste Fernrohr zusammen. Galileo Galilei übernahm diese Erfindung und konnte mit seinem astronomischen Fernrohr viele Entdeckungen machen.

Temperatur

Ursprünglich wurde die Temperaturskala geschaffen, um messen zu können, wie warm oder wie kalt ein Körper ist. Später fanden die Physiker heraus, daß die Temperatur auf der Bewegung der →Atome und →Moleküle beruht. Je schneller sich diese Teilchen bewegen, desto heißer ist ein Stoff. Je langsamer sie sich bewegen, desto geringer ist seine Temperatur.

Mach es selbst

In der Umgangssprache verwenden wir die Bezeichnung „warm“ und „kalt“ eher für Vergleiche als für genaue Messungen. Das können wir leicht beweisen. Wir brauchen dazu drei Schüsseln. In die rechte gießen wir heißes Wasser, dessen Temperatur gerade noch erträglich für uns ist, in die mittlere warmes Wasser und in die linke kaltes Wasser, vielleicht mit Eiswürfeln. Wir tauchen die linke Hand in das heiße, die rechte Hand in das kalte Wasser. Nach ungefähr einer Minute tauchen wir beide Hände in die mittlere Schüssel mit dem warmen Wasser. Der linken Hand kommt das warme Wasser kühl vor, der rechten hingegen sehr warm!

Diese erreicht schließlich einen tiefsten Wert, der nicht unterschritten werden kann. Die entsprechende Temperatur heißt der →absolute Nullpunkt, weil die meisten (aber nicht alle) Bewegungen zum Stillstand gekommen sind. Der absolute Nullpunkt liegt bei –273,15 °C oder bei 0 Kelvin. Die Celsius- und die Kelvinskala stimmen insofern überein, als der Temperaturunterschied von 1 °C genau 1 K entspricht. 0 °C sind dementsprechend 273,15 K.
Temperaturen mißt man mit dem →Thermometer.

Tenside

Wir legen eine Vogelfeder in ein wassergefülltes Gefäß. Sie schwimmt obenauf. Geben wir aber ein wenig Spülmittel hinzu, so sinkt die Feder nach unten. Das Spülmittel enthält bestimmte chemische Stoffe, welche die →Oberflächenspannung des Wassers herabsetzen. Wir nennen sie Tenside oder Detergenzien oder auch waschaktive Stoffe. Sie machen das Wasser „flüssiger“. Damit kann es tief in die Fasern von Kleidungsstücken eindringen. Die Tenside umschließen die meist fetten Schmutzteilchen, lösen sie los und transportieren sie weg. Sie bewirken also, daß sich Fette und ölige Stoffe in Wasser lösen.
Tenside müssen heute zu mindestens 80 Prozent biologisch abbaubar sein, das heißt, Bakterien müssen sie auffressen können. Früher war das nicht der Fall, und die heute 50jährigen können sich sicher noch an die Schaumberge erinnern, die in den sechziger Jahren auf dem Rhein und vielen anderen Flüssen schwammen, weil die Detergenzien fast „unverdaulich“ waren für Bakterien. Obwohl die Tenside heute zum größten Teil abgebaut werden können, stellen sie doch immer noch eine große Belastung für die Gewässer dar. Wir sollten deswegen Wasch- und Spülmittel sparsam gebrauchen. Das gilt auch für Weichspüler, die ebenfalls zu den Tensiden gehören; viel umweltverträglicher als alle Tenside sind die →Seifen.

▽ Die Grafik veranschaulicht, wie Tenside Fetteilchen aus Stoffen entfernen. Sie haben ein wasseranziehendes (rundes) und ein wasserabstoßendes, aber fettanziehendes (eckiges) Ende. Die Tenside umgeben den Fetttropfen mit dem wasserabstoßenden Ende **(1)** und heben ihn dabei langsam aus der Faser **(2)**. Am Ende kann das Fetttröpfchen abtransportiert werden **(3)**.

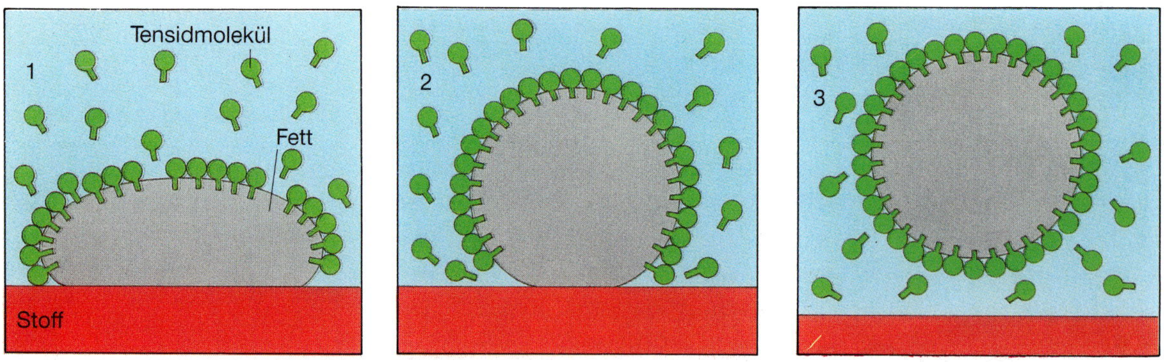

Theodolit

Mit Theodoliten messen Landvermesser oder Geometer Winkel in der Waagrechten und in der Senkrechten. Die herkömmlichen Theodoliten bestehen aus einem →Teleskop, das auf einer Grundplatte montiert ist. Mit dem Teleskop stellt man zwei Richtungen ein und liest dann den Winkelbetrag zwischen den beiden von einer Skala auf der Grundplatte ab. Kennt man die Länge der Grundlinie eines Dreiecks, so kann man die beiden anderen Seitenlängen berechnen, wenn man die zwei Winkel an der Grundlinie gemessen hat. Anhand solcher großflächiger Dreiecke wurde ursprünglich das Land vermessen. Wir sprechen in diesem Zusammenhang von Triangulation. Für die Vermessung großer Flächen verwendet man heute aber vor allem Aufnahmen von Flugzeugen (Photogrammetrie) oder von Satelliten aus. Mit dem Theodoliten vermißt man immer noch Grundstücke, künftige Straßenführungen und Baustellen. Ein moderner Lasertheodolit erleichtert die Arbeit beträchtlich.

△ Ein moderner Lasertheodolit kann Winkel und Entfernungen mit großer Genauigkeit messen.

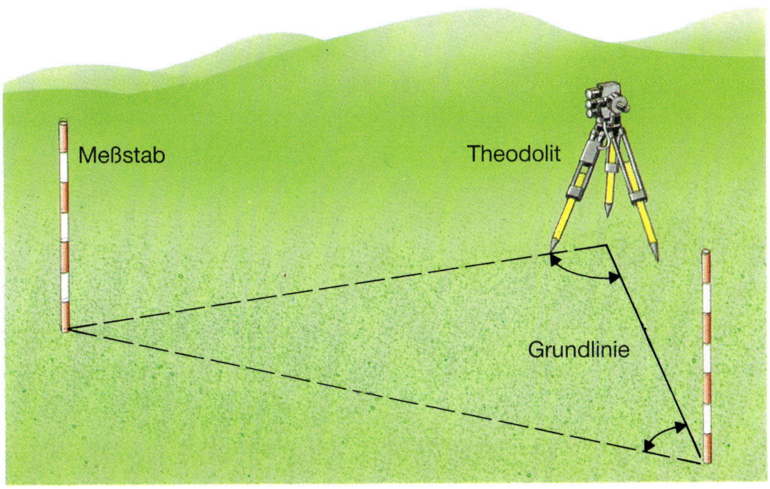

◁ Wenn wir die genaue Länge der Grundlinie eines Dreiecks kennen und die beiden Winkel an dieser Grundlinie mit dem Theodoliten messen, so können wir die Längen der beiden übrigen Seiten berechnen.

Thermodynamik

Die Thermodynamik untersucht alles, was mit →Wärme zu tun hat, vor allem, wie sie von einem Körper auf den anderen übergeht. Wärme tritt überall auf, nicht nur bei Heizungen, sondern bei allen Maschinen, zum Beispiel in →Verbrennungsmotoren oder als →Reibungswärme.

Es gibt drei Hauptsätze der Thermodynamik. Der erste sagt, daß Wärme eine Form der →Energie darstellt. Sie steckt in der Bewegung der →Atome und →Moleküle. In der Welt oder einem anderen abgeschlossenen System bleibt die Gesamtmenge der verschiedenen Energiearten stets gleich (Satz von der Erhaltung der Energie). Wärmemaschinen wie die →Gasturbine oder der →Kernreaktor verwandeln die Energie des

Als thermodynamische Temperatur bezeichnen wir die in Kelvin gemessene Temperatur. Ihr Bezugspunkt ist der absolute Nullpunkt.

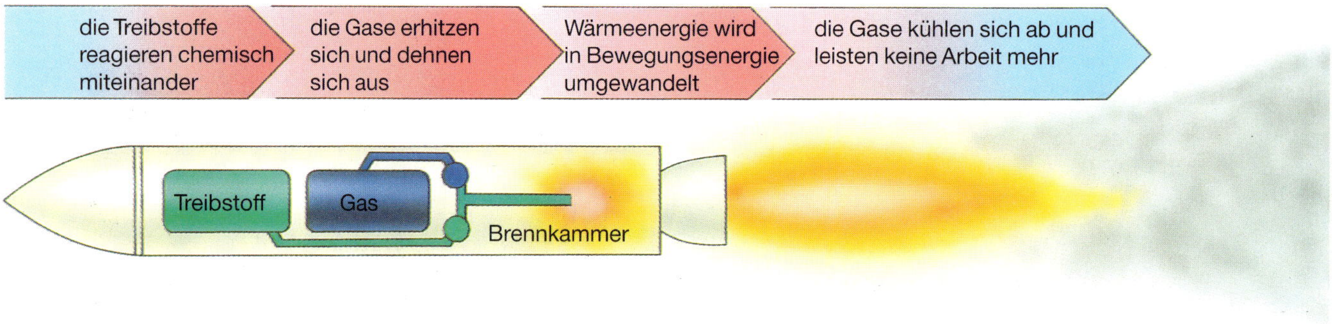

△ Jedes System, bei dem Veränderungen der Wärmeenergie auftreten, gehorcht den Hauptsätzen der Thermodynamik. Die Grafik zeigt, wie eine Rakete Wärmeenergie in Bewegungsenergie verwandelt. Energie geht dabei nicht verloren. Der zweite Hauptsatz der Thermodynamik sagt allerdings, daß eine solche Maschine nie einen Wirkungsgrad von 100 Prozent erreicht, weil ein Teil der Wärmeenergie immer von kälteren Körpern in der Umgebung absorbiert wird, anstatt auch Bewegungsenergie zu ergeben.

Treib- oder Brennstoffs in Wärmeenergie. Die Wärme, die eine Herdplatte produziert, ist genau gleich der zugeführten Menge an elektrischer Energie.
Den zweiten Hauptsatz der Thermodynamik kann man auf verschiedene Weise formulieren: Wärme geht immer von einem wärmeren Körper auf einen kälteren über. Wir werden es nie erleben, daß von einer kalten Tasse Wärme auf den heißen Kaffee übergeht und diesen noch weiter erhitzt. Man kann auch allgemeiner, aber schwerer verständlich sagen: Vorgänge laufen immer so ab, daß die →Entropie dabei zunimmt.
Der dritte Hauptsatz der Thermodynamik behauptet, daß es unmöglich ist, den →absoluten Nullpunkt zu erreichen. Die Physiker sagen auch: Die Entropie eines Körpers hat am absoluten Nullpunkt den Wert null.

Thermoelement

Mit einem Thermoelement messen wir →Temperaturen. Es besteht aus zwei an beiden Enden miteinander verbundenen Drähten aus unterschiedlichen Metallen. An beiden Verbindungsstellen entstehen Kontaktspannungen, die aber gegeneinander gepolt sind. Sie sind um so größer, je höher die Temperatur liegt. Sind beide Verbindungsstellen unterschiedlich warm, so überwiegt die Spannung der wärmeren Seite. Diese übrigbleibende Spannung steigt mit dem Temperaturunterschied. Wir nennen dies den thermoelektrischen Effekt. Die eine Verbindungsstelle bringen wir auf die Temperatur, die gemessen werden soll. Die andere Verbindungsstelle wird auf einer bekannten Temperatur gehalten. Ein Spannungsmesser mißt die Spannung und zeigt gleich die Temperatur an.

▽ Werden die beiden Verbindungsstellen eines Thermoelements bei unterschiedlichen Temperaturen gehalten, so entsteht eine Spannung, die man messen und gleich in Temperaturgraden anzeigen kann.

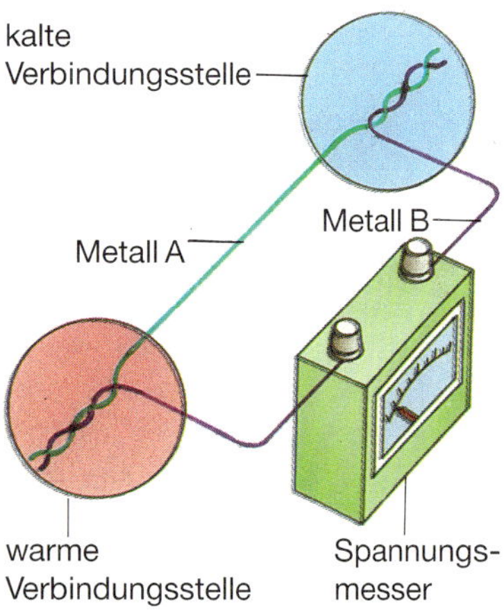

Thermometer

Mit dem Thermometer messen wir →Temperaturen. Wir verwenden dazu eine physikalische Größe, die sich mit der Temperatur ändert. Am bekanntesten ist immer noch das Ausdehnungsthermometer. Flüssiges →Quecksilber befindet sich in einem kleinen Kolben, der mit einer sehr engen Röhre

(Kapillare) verbunden ist. Wenn die Temperatur steigt, dehnt sich das Quecksilber entsprechend aus. Ein Quecksilberfaden steigt die Kapillare hoch und kommt an einer bestimmten Höhe zum Stillstand. Dort können wir an einer Skala direkt die Temperatur in °C ablesen. Statt des giftigen Quecksilbers nimmt man heute oft gefärbten Alkohol, besonders dann, wenn Temperaturen gemessen werden sollen, die unter dem Gefrierpunkt des Quecksilbers (–39 °C) liegen.
Geeignet für die Temperaturmessung sind auch →Bimetallstreifen und →Thermoelemente.

Thermosflasche

In einer Thermosflasche können wir Speisen oder Getränke warm oder kühl lagern. Die Flasche verhindert also, daß Wärme vom Gefäßinneren nach außen gelangt und umgekehrt. Die Thermosflasche wurde von dem Schotten Sir James Dewar (1842–1923) erfunden und heißt eigentlich Dewargefäß, weil „Thermosflasche" eine Warenbezeichnung ist wie etwa „Fön". Die Thermosflasche hat doppelte Glaswände. Die Luft zwischen diesen Wänden wurde herausgepumpt, so daß dort ein →Vakuum herrscht. Damit wird die Wärmeleitung in der Luft (→Konvektion) unterdrückt. Wärme kann aber auch durch Strahlung übertragen werden. Aus diesem Grund sind die beiden Glaswände im Inneren mit einer Silberschicht verspiegelt. Sie wirft die Wärmestrahlung zurück.

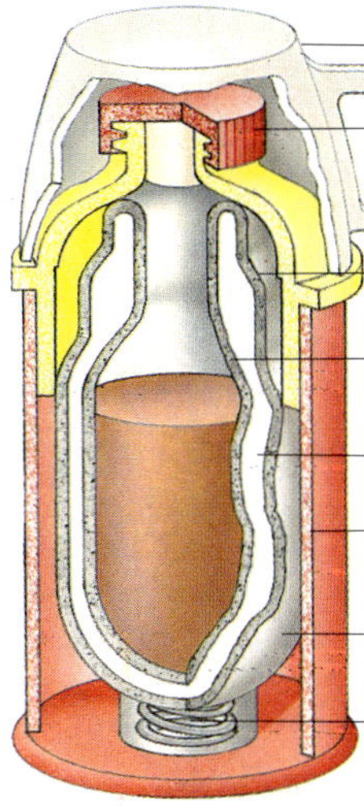

△ Eine Thermosflasche hält warme Getränke oder Speisen warm und kalte Getränke kalt. Sie verhindert den Wärmetransport zwischen dem Inhalt und der Außenluft. Sie ist so gebaut, daß ihr Inhalt und ihre Umgebung thermisch gegeneinander isoliert sind.

Thermostat

Mit Thermostaten regeln wir automatisch die Temperatur. Der temperaturempfindliche Teil des Thermostats besteht häufig aus einem →Bimetallstreifen. Er setzt sich aus zwei fest miteinander verbundenen Metallen zusammen. Bei Temperaturänderungen dehnen sich die beiden Metalle in unterschiedlichem Maße aus, oder sie ziehen sich zusammen. Die eine Seite dehnt sich also stärker aus als die andere, so daß sich der Bimetallstreifen als Ganzes krümmt. Diese Bewegung wird genutzt, um einen elektrischen →Stromkreis zu schließen oder zu unterbrechen.
Der Thermostat ist ein →Regler. Der Bimetallstreifen mißt die Temperatur (Ist-Wert) und vergleicht sie mit einem eingestellten Soll-Wert. Liegt der Ist-Wert unter dem Soll-Wert, so verbiegt sich der Bimetallstreifen, bis er den Stromkreis schließt und damit die Heizung einschaltet. Den Soll-Wert kann man von Hand innerhalb bestimmter Grenzen einstellen, indem man zum Beispiel den Abstand zwischen dem Bimetallstreifen und der Kontaktstelle verändert.
Siehe auch →Feedback.

▽ Ein einfacher Thermostat besteht aus einem aufgerollten Bimetallstreifen. Bei Temperaturänderungen kippt dieser einen Behälter, der eine kleine Quecksilbermenge enthält. Das Quecksilber schließt den Stromkreis zwischen den beiden Kontakten. Der Stromkreis ist unterbrochen, wenn der Bimetallstreifen die Quecksilberröhre wegdreht.

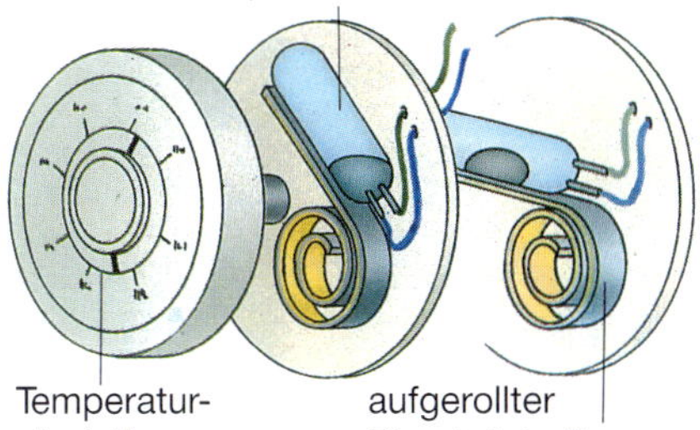

Tiermedizin

Tierärzte oder Veterinäre kümmern sich um die Krankheiten der Haustiere und deren Behandlung. Im Lauf der Zeit wurde die Tiermedizin eine hochspezialisierte Wissenschaft, die sich von der Medizin des Menschen, der Humanmedizin, weitgehend abgekoppelt hat. Die zukünftigen Tiermediziner erhalten zwar eine ähnliche Ausbildung wie die Humanmediziner, doch kämpfen sie mit besonderen Schwierigkeiten, weil sie es mit zahlreichen, völlig verschiedenen Tierarten zu tun haben. Und das Erkennen von Krankheiten ist zudem schwerer als beim Menschen, weil die betroffenen Tiere ja nicht beschreiben können, was ihnen fehlt und wo ihnen etwas weh tut.

Tierärzte spezialisieren sich meistens auf Kleintiere oder auf Großtiere. In der Stadt überwiegt die Kleintierpraxis, wo der Arzt vor allem Katzen, Hunde, Meerschweinchen, Hamster, Vögel und sogar Fische versorgt. In ländlichen Gebieten muß sich der Tierarzt vor allem mit Großtieren wie Schweinen, Rindern und Pferden beschäftigen. Zwischen den Krankheiten des Menschen und der Tiere gibt es keinen grundsätzlichen Unterschied. Infektionskrankheiten beispielsweise gibt es bei Mensch und Tier. Tiere werden auch geimpft und können immun werden. Tiere können auch unter Störungen des Stoffwechsels leiden, etwa der Zuckerkrankheit. Eine besondere Aufgabe der Tiermedizin ist die Fleischbeschau. Der Tierarzt begutachtet dabei das Fleisch geschlachteter Tiere, um zu verhindern, daß Parasiten wie Bandwürmer, Spulwürmer oder Leberegel auf den Menschen übergehen. Durch die Fleischbeschau sind diese Schmarotzer selten geworden.

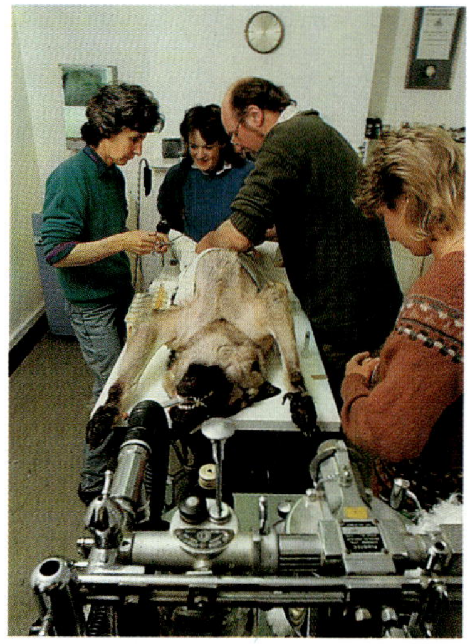

△ In Städten sind vor allem Haustiere die Patienten der Tierärzte. Bei Krankheiten verschreiben sie ihnen Medikamente, oder sie impfen die Tiere, damit sie bestimmte Infektionskrankheiten nicht bekommen. Auf diesem Bild wird gerade ein Hund operiert.

Die Tiermediziner in zoologischen Gärten müssen sich auch mit exotischen Tieren wie Gorillas, Löwen und Tigern beschäftigen. Sie brauchen in der Gefangenschaft zum Beispiel Zahnpflege. Die Fortpflanzung vom Aussterben bedrohter Arten erfolgt mit modernsten Verfahren, zum Beispiel über Leihmütter.

◁ In ländlichen Gebieten haben es die Tiermediziner vor allem mit Nutztieren zu tun. Eine große Gefahr stellen Infektions- und Parasitenkrankheiten dar, weil sie sehr schnell ganze Herden verseuchen können. Jahrhundertelang war zum Beispiel die Maul- und Klauenseuche der Rinder eine Bedrohung für die Landwirte. Durch Impfungen konnte sie stark zurückgedrängt werden. Auf dem Bild erhalten Jungrinder über eine Injektionspistole ein Heilmittel gegen innere Parasiten.

Siehe auch →Aussterben; →Biologie; →Impfung; →Krankheit; →Landwirtschaft; →Parasit; →Pathologie; →Zoologie; →Züchtung.

Tierwanderungen

Viele Tiere unternehmen im Laufe der Jahreszeiten regelmäßige Wanderungen. Schwalben und andere Zugvögel verbringen den Winter in tropischen Gebieten und fliegen im Frühjahr nach Europa. Dort pflanzen sie sich fort. In ihrem Leben nutzen sie also zwei Lebensräume und profitieren davon, daß die Sommertage in höheren Breiten viel länger sind. Deshalb können sie auch mehr Insekten für ihre Jungen fangen. Im Herbst kehren die Zugvögel wieder in die Tropen zurück, weil mit dem Einbruch der kalten Jahreszeit auch keine Insekten mehr fliegen. Auf dem Frühjahrs- und Herbstzug legen manche Vögel viele tausend Kilometer zurück.

Auch Säugetiere wandern. So halten sich Buckelwale im Sommer in arktischen Meeren auf und ziehen im Winter in tropische Ozeane, und dort pflanzen sie sich auch fort. Die kanadischen Rentiere, die Karibus, weichen vor dem strengen Winter weiter südwärts aus.

Eine der längsten Reisen unternimmt der Flußaal. Die erwachsenen Tiere verlassen unsere Seen und schwimmen bis zum Sargassomeer vor der Küste Mittelamerikas. Unterwegs werden sie geschlechtsreif. Am Zielort legen sie ihre Eier ab und sterben. Die Aallarven lassen sich drei Jahre lang mit dem Golfstrom bis an die europäischen Küsten transportieren und steigen dann die Flüsse wieder hoch.

Ganz erstaunliche Wanderer finden wir unter den zarten Schmetterlingen. Der amerikanische Monarchfalter fliegt von Nordamerika nach Mexiko, überwintert dort an eng begrenzten Stellen und fliegt dann wieder in seine Heimat zurück.

Auch einheimische Insekten wandern. Der Distelfalter überlebt den Winter bei uns nicht, sondern stirbt oder wandert weg. Im Frühsommer ziehen neue Distelfalter aus dem Mittelmeergebiet zu uns und pflanzen sich hier fort.

▽ Die Karte zeigt die Wanderungen einiger Tierarten. Die meisten davon sind Vögel.

- Kurzschwanz-Sturmtaucher
- Goldregenpfeifer
- Küstenseeschwalbe
- Blauwal
- Monarchfalter
- Wanderalbatros
- Kuckuck
- Steinschmätzer
- Karibu

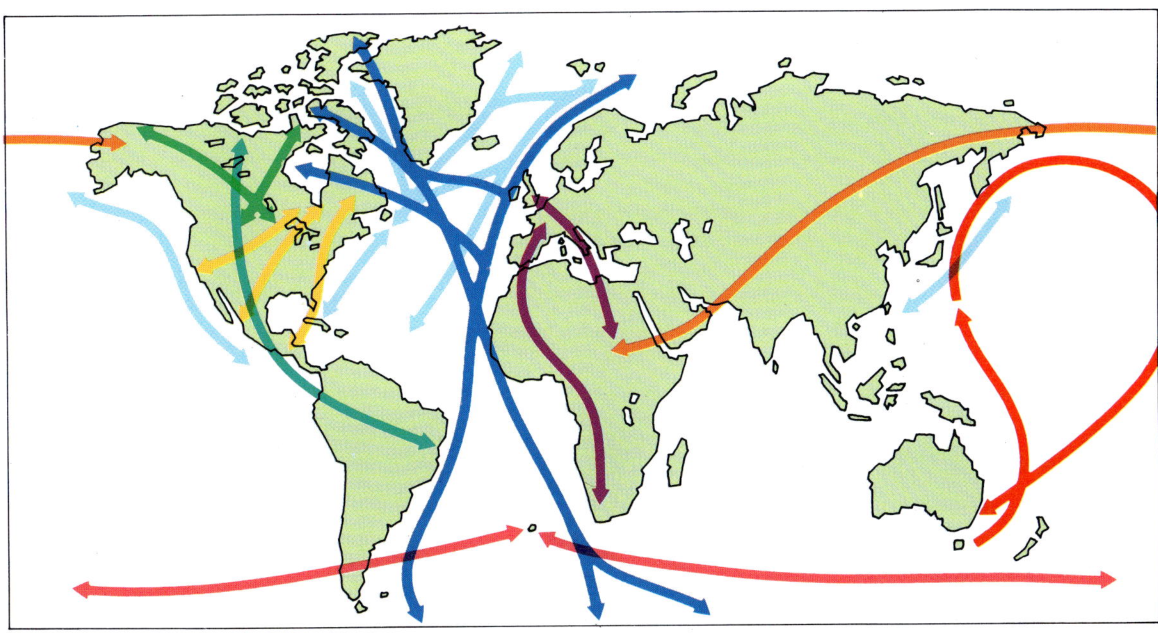

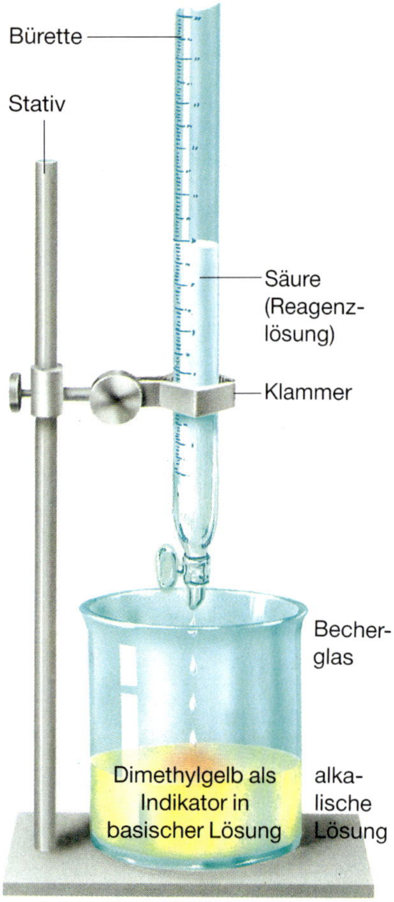

△ Die Bürette wird von einer Klammer und einem Stativ gehalten. Sie weist eine genaue Skaleneinteilung auf, an der man ablesen kann, wieviel Reagenzlösung (Säure) verbraucht wurde. Mit dem Hahn kann man die Reagenzlösung tropfenweise hinzugeben. Den Umschlagpunkt der Reaktion erkennt man am Farbwechsel des Indikators, in diesem Fall des Dimethylgelb.

Titan

Titan ist ein silberweißes →chemisches Element, ein sehr leichtes und widerstandsfähiges Metall, das kaum der →Korrosion unterliegt. Hochbeanspruchte Teile von Flugzeugen, Raumschiffen und →Raketen bestehen aus Titan. Auch teure Mountainbikes haben bereits einen Titanrahmen. Meistens tritt Titan zusammen mit Eisen im Mineral Ilmenit auf. Die Sauerstoffverbindung des Titans, das Titandioxid, dient als ungiftiges weißes →Pigment in Anstrichfarben. Auch das Papier, auf dem dieser Text gedruckt ist, enthält als Füller ziemlich viel Titandioxid.

Titrieren

Das Titrieren oder die Titration ist ein besonderes Verfahren der quantitativen →chemischen Analyse. Dazu verwendet man zwei Lösungen, die miteinander chemisch reagieren. Man gießt eine Lösung des Stoffes, der analysiert werden muß, in ein großes Becherglas. Die andere Lösung (Reagenzlösung) wird in ein Glasrohr mit Skala gefüllt. Diese Bürette hat am unteren Ende einen Hahn. Man tropft nun nach und nach so lange Reagenzlösung in die zu bestimmende Flüssigkeit, bis die Reaktion beendet ist. Wenn dieser Umschlagpunkt erreicht ist, verfärbt sich ein →Indikator, zum Beispiel Lackmus. An der Bürette liest man nun ab, wieviel Reagenzlösung verbraucht wurde und kann daraus die Menge des analysierten Stoffes berechnen.

Mach es selbst

Wir können zu Hause eine einfache Titration durchführen. Zuerst stellen wir eine Indikatorlösung her, indem wir zerkleinertes Blaukraut in Wasser kochen und dieses filtrieren. Wir gießen einen Teil der Indikatorlösung in einen weiten Becher und geben Natriumhydrogenkarbonat (Apotheke) hinzu, bis sich alles blau verfärbt. Die Lösung ist jetzt alkalisch. Dann geben wir mit einem Tropfenzähler soviel Essig (schwache Säure) hinzu, bis sich die Lösung wieder rot verfärbt. An diesem Umschlagpunkt ist die Lösung neutral, also weder basisch noch sauer.

Natriumhydrogenkarbonat (Base) mit Blaukrautsaft als Indikator — Essig — Essig wird tropfenweise der Lösung hinzugefügt

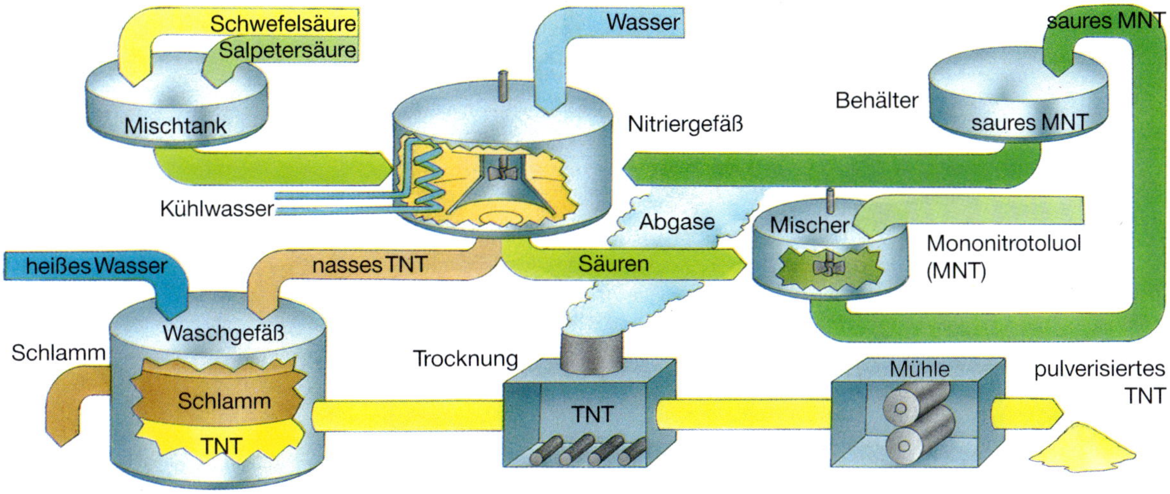

TNT

TNT ist die Abkürzung für Trinitrotoluol. Es handelt sich um einen Sprengstoff, der auch unter dem Namen Trotyl bekannt ist. Trinitrotoluol stellt man her, indem man die →Benzolverbindung Toluol mit →Salpetersäure reagieren läßt. TNT ist ein hellgelbes Pulver, das nur durch eine Zündung explodiert, wobei es in Gase zerfällt. Wenn man ein Maß für die Sprengwirkung von →Atombomben angeben will, nimmt man dazu Megatonnen TNT. Eine Megatonne entspricht einer Million Tonnen.

△ Bei der Herstellung von TNT wird das flüssige Toluol erst in Mononitrotoluol (MNT) verwandelt. Dann gibt man Säure hinzu. Das saure MNT wird im Nitriergefäß mit starken Säuren vermischt. Dabei entsteht viel Wärme; sie wird durch Wasser in Kühlschlangen abgeführt. Das trockene TNT ist leicht zu handhaben und ungefährlich.

Tonaufzeichnung

Bei der Tonaufzeichnung wird Musik so aufgenommen, daß man sie später wieder abspielen kann. Es gibt dafür drei Verfahren, nämlich mechanische, magnetische und optische. Das erste Gerät zur Tonaufzeichnung war der Phonograph, den Thomas Edison 1877 erfand. Schallwellen versetzten eine Nadel in Schwingungen. Sie ritzte eine unterschiedlich tiefe Furche in einen Wachszylinder ein, der sich drehte. Wollte man die Musik abspielen, so mußte die Nadel wieder die eingegrabene Furche entlanglaufen und wurde erneut in Schwingungen versetzt. Der Phonograph hielt sich nicht lange, sondern wurde bald von der →Schallplatte ersetzt.

Die magnetische Tonaufzeichnung wurde bereits 1898 erfunden. Eine weite Verbreitung fand sie jedoch erst in der Mitte unseres Jahrhunderts, als es die ersten →Tonbänder aus Kunststoff gab. Die Schallwellen werden in elektrische Signale verwandelt, und mit ihnen magnetisiert man winzige Eisenteilchen auf dem Tonband. Es gibt auch bereits digitale Tonbänder: Die Töne werden digital verschlüsselt und dann aufgezeichnet.

Thomas Alva Edison (1847–1931)

Thomas Alva Edison war einer der erfolgreichsten Erfinder aller Zeiten. Ihm gehörte das erste große Forschungslabor, von ihm „Erfindungsfabrik" genannt. Auf seinen Namen wurden über tausend Patente zugelassen. Er erfand die erste anwendbare Glühlampe und verbesserte das Telefon. Doch gelang ihm nur eine einzige bedeutende wissenschaftliche Entdeckung, der nach ihm benannte Edison-Effekt. Auf seiner Grundlage wurde später die Elektronenröhre entwickelt.

Seit den zwanziger Jahren gibt es für Kinofilme ein optisches Verfahren der Musikaufzeichnung. Eine Spur an der einen Seite des Films läßt nur bestimmte Lichtmengen durch. Sie werden von einer →Fotozelle registriert. Die elektrischen Schwankungen wandelt man dann in Schallwellen um. Die heutigen →Compact Discs zeichnen Musik ebenfalls optisch in Form von Vertiefungen auf.

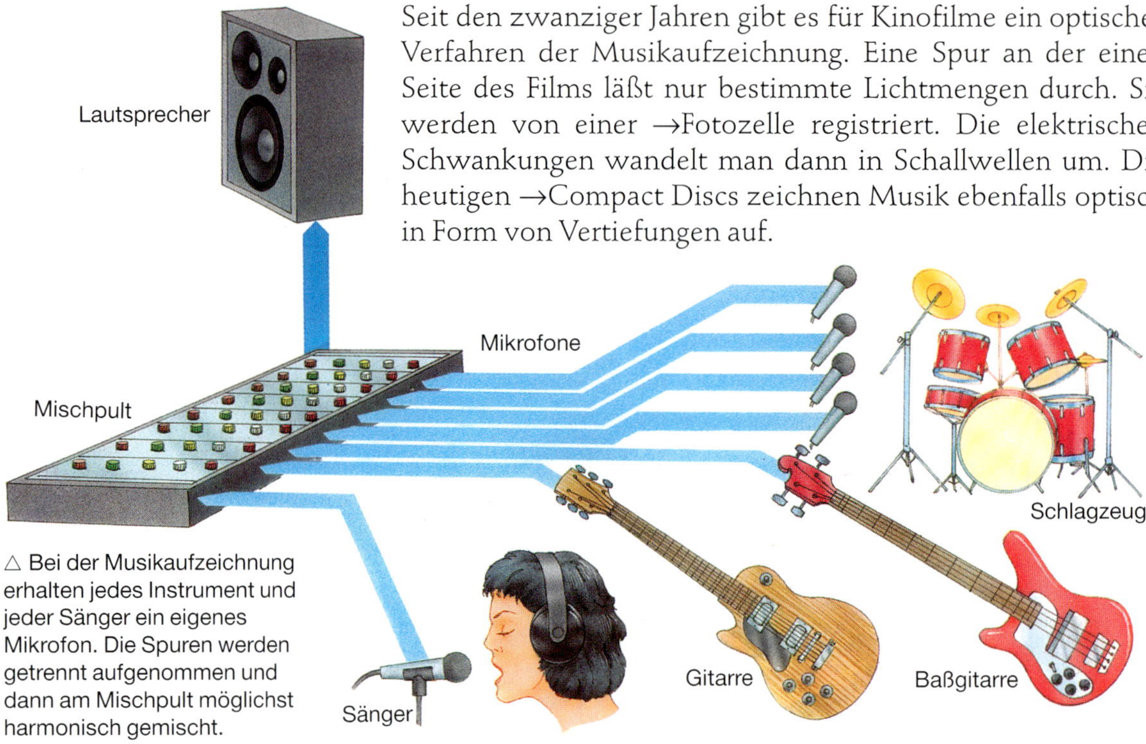

△ Bei der Musikaufzeichnung erhalten jedes Instrument und jeder Sänger ein eigenes Mikrofon. Die Spuren werden getrennt aufgenommen und dann am Mischpult möglichst harmonisch gemischt.

Tonband

Das Tonband besteht aus einer sehr dünnen, aber widerstandsfähigen Folie aus →Kunststoff. Sie ist mit feinsten Teilchen aus magnetisierbarem Eisenoxid beschichtet. Deswegen spricht man auch von einem Magnetband. Ein →Mikrofon nimmt die Schallwellen auf und verwandelt sie in elektrische Schwingungen. Diese werden verstärkt und dann dem Aufnahmekopf zugeführt, einem Elektromagneten, der dafür sorgt, daß die Eisenoxidteilchen auf dem vorbeilaufenden Band unterschiedlich stark magnetisiert und damit ausgerichtet werden. Auf diese Weise wird die Musik aufgezeichnet. Ein Wiedergabekopf kann die magnetische Information dann ablesen und zum →Lautsprecher weiterleiten. Dieser verwandelt die elektrischen Schwingungen zurück in Schallwellen.

▽ Es gibt in der Hauptsache zwei Arten von Tonbandgeräten, die Spulengeräte und die Kassettenrekorder. Die Kassette kann entweder in Stereo oder in Mono abgespielt werden, weil die beiden Spuren für den linken und rechten Lautsprecher nebeneinander liegen. Bei den Spulengeräten gibt es entweder Mono- oder Stereogeräte, weil die Spuren getrennt geführt werden.

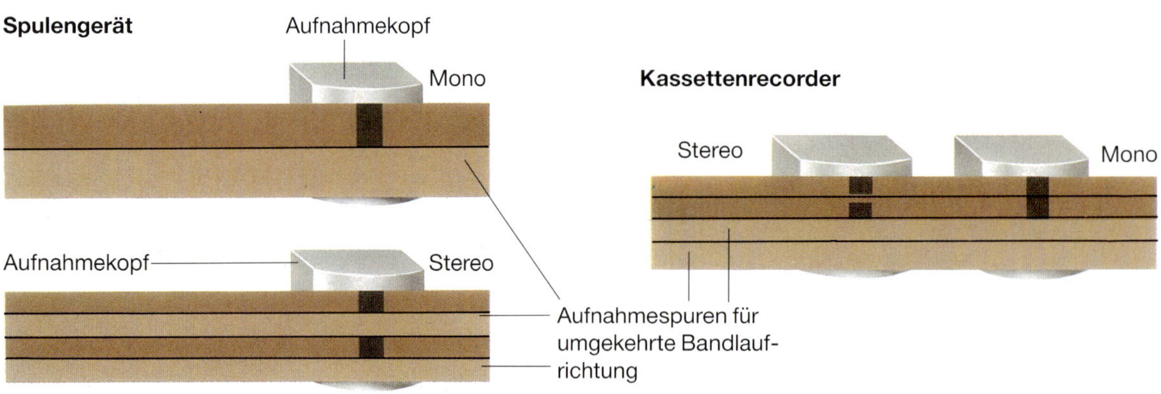

Tonstudios nehmen Musik und Sprache zunächst mit Spulengeräten auf Tonband auf (→Tonaufzeichnung) und verarbeiten sie weiter zu →Kassetten oder →Compact Discs. Die Kassetten enthalten je zwei Spuren für Vorder- und Rückseite nebeneinander, weil sie die Musik in →Stereo wiedergeben. Weil die Tonbänder eine körnige Magnetschicht tragen, erzeugen sie ein Rauschen. Besonders rauscharme Bänder heißen „low noise". Man kann das Rauschen weiterhin mit dem Dolby-System verringern. Besonders gute Tonbänder enthalten als magnetisches Material Chromdioxidteilchen.

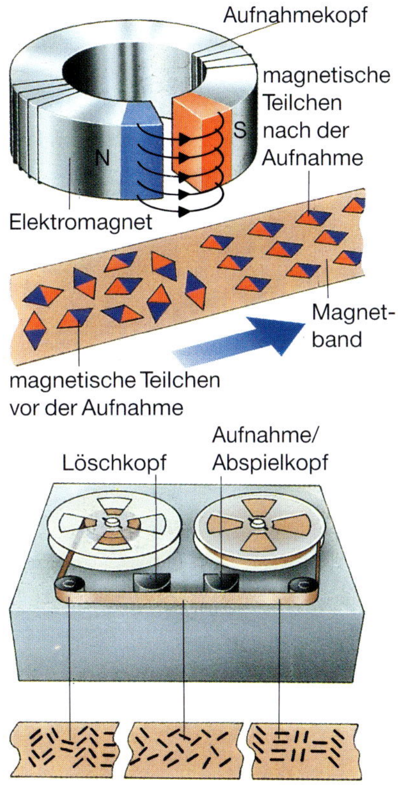

△ Magnetbänder finden in Tonbandgeräten und Videorecordern Verwendung. Sie zeichnen Bild und Ton in magnetischer Form auf.

Tornado

Als Tornado bezeichnen wir einen trichterförmigen Luftwirbel (Trombe), der sich von der Unterseite einer Gewitterwolke herabsenkt und den Boden berührt. Tornados sind also →Wirbelstürme im kleinen. Die Luft steigt in den Tornados nach oben und erreicht sagenhafte Geschwindigkeiten von 600 Kilometern pro Stunde. Damit können sie Fahrzeuge, Steine und Tiere in die Luft heben und wegtransportieren. Wenn ein Tornado über ein Haus hinwegzieht, brechen die Wände durch den Unterdruck in sich zusammen, weil der Luftdruck im Trichter geringer ist als im Haus. Am 22. Mai 1987 zog ein Tornado über das Gemeindezentrum eines texanischen Städtchens. Vierzig Menschen wurden dabei getötet, hundert verletzt.

Tornados haben nur einen Durchmesser von wenigen hundert Metern. Sie halten sich auch nur wenige Minuten und ziehen nicht über 30 Kilometer weit. Doch auf dieser Strecke hinterlassen sie eine Spur der Verwüstung. Wenn Tornados über Wasser auftreten, nennen wir sie Wasserhosen. Bei uns gibt es praktisch keine Tornados. Häufig sind sie in einem besonders gefährdeten Gebiet in den Vereinigten Staaten.

▽ Tornados entstehen meistens aus Gewitterwolken oder Wirbelstürmen. Ein Wolkengebiet beginnt sich zu drehen und bildet einen Trichter, der schließlich bis auf die Erde reicht. Dabei treten häufig schwere Niederschläge auf.

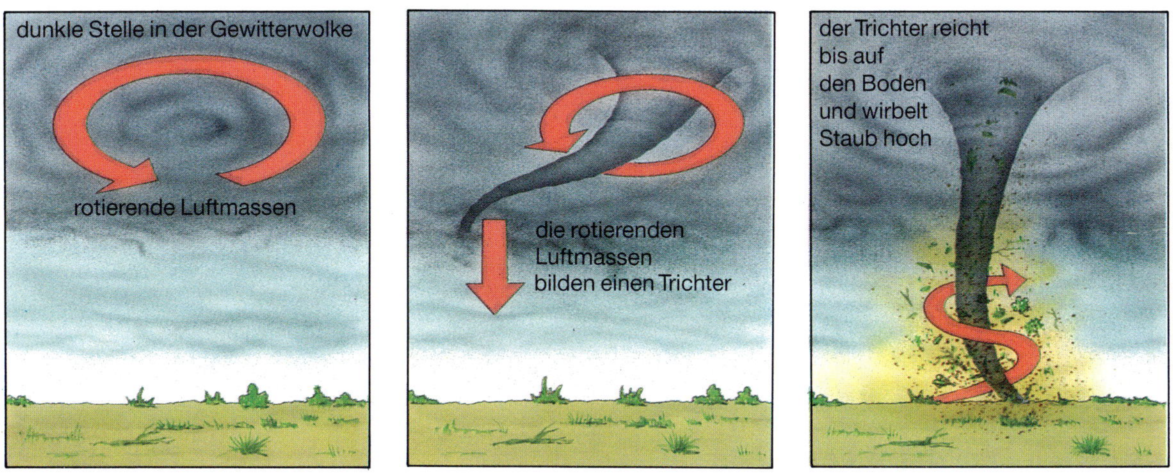

Tragflächenboot für ruhigere Gewässer

Tragflächenboot für Gebiete mit Seegang

△ Es gibt zwei unterschiedliche Typen von Tragflächenbooten. Der eine verkehrt in ruhigeren Gewässern, während der andere stärkere Wellen aushält, allerdings nur mit ständig gesteuerten Stabilisierungseinrichtungen.

Torsion

Torsion bedeutet soviel wie schraubenförmige Verdrehung, Verwindung oder Verdrillung. Sie tritt vor allem auf, wenn wir einen langen dünnen Stab an einem Ende fest einspannen und am anderen Ende um seine Längsachse verdrehen. Der Stab will seine ursprüngliche Form wieder annehmen und leistet der Torsion Widerstand. Innerhalb gewisser Grenzen verhält er sich also elastisch. Praktisch wird dies bei der Drehstabfeder in Motorrädern und Autos genutzt.

Tragflächenboot

Wenn ein Tragflächenboot im Hafen liegt oder langsam fährt, so verhält es sich wie jedes andere Schiff. Seine Besonderheit zeigt es erst, wenn es auf höhere Geschwindigkeiten beschleunigt. Das Wasser fließt dann schnell über seine Tragflächen, die im Wasser liegen. Sie sind so geformt, daß sie einen Auftrieb erzeugen. Damit hebt das Boot seinen Rumpf aus dem Wasser. Der Bootskörper kommt mit dem Wasser nicht mehr in Berührung und muß somit auch nicht mehr den Wasserwiderstand überwinden. Deswegen können Tragflächenboote hohe Geschwindigkeiten bis zu erstaunlichen 80 Kilometern pro Stunde erreichen. Tragflächenboote reagieren allerdings auf starken Seitenwind und Wellengang empfindlich.

Trägheit

Jeder Körper hat das Bestreben, seinen augenblicklichen Bewegungszustand beizubehalten. Ein stehender Zug bleibt weiterhin stehen, und ein fahrender ist kaum aufzuhalten. Beide Male müssen große Kräfte auf den Zug einwirken, damit er sich in Bewegung setzt oder zum Stillstand kommt. Das hat schon jeder erfahren, der versucht hat, ein stehendes Auto anzuschieben. Ein fahrendes Auto aufzuhalten, ist genauso schwierig. Sogar ein Spielzeugauto hat eine Trägheit: Einmal

Mach es selbst

Wir balancieren eine Münze auf der Spitze des Zeigefingers. Zwischen Münze und Finger liegt ein kleiner Karton. Mit der anderen Hand schnipsen wir den Karton weg. Die Trägheit bewirkt, daß die Münze auf die Fingerspitze fällt.

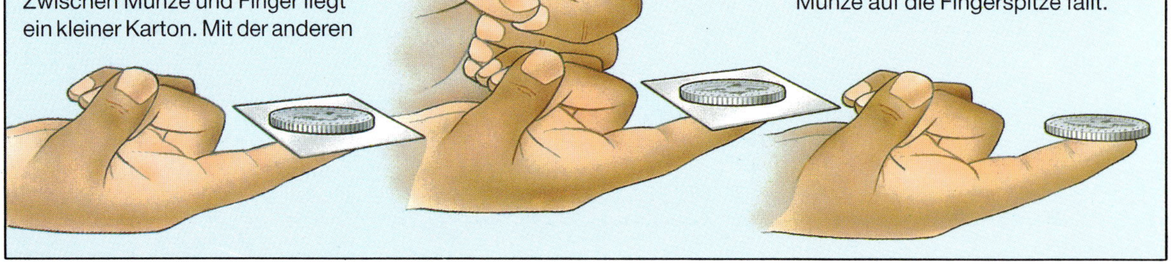

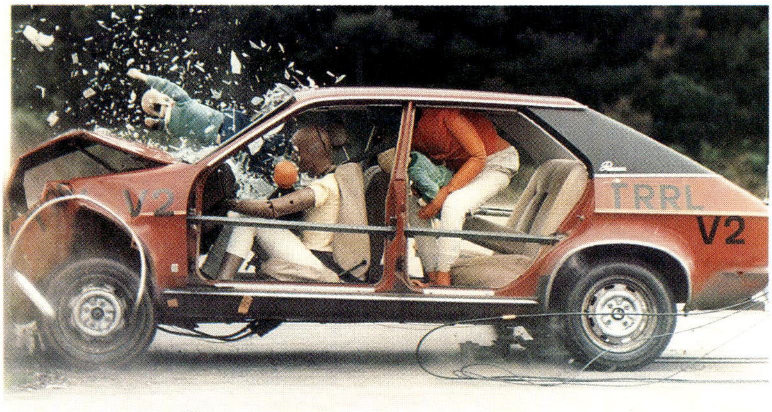

◁ Die Trägheit bewirkt, daß die Modellpuppen („Dummies“) bei diesem Crash-Versuch mit einem Auto in ihrem Bewegungszustand verharren und nach vorne fliegen. Hier zeigt sich deutlich, warum wir Sicherheitsgurte tragen müssen. Sie verhindern, daß Menschen sich durch ihre eigene Trägheit weiterbewegen und gegen die Frontscheibe prallen.

in Bewegung gesetzt, rollt es weiter. Allerdings ist es mit weniger Kraft zu stoppen und auch wieder in Bewegung zu versetzen. Das Maß für die Trägheit eines Körpers ist seine →Masse.

Tranquilizer

Manche →Heilmittel wirken auf das →Nervensystem und das →Gehirn ein. Sie können unsere Stimmungen und Gefühle verändern und heißen deswegen auch Psychopharmaka. Zu ihnen gehören die Tranquilizer (sprich: tränkwilaiser). Sie wirken beruhigend und entspannend, nehmen Aufregungen und Ängste weg und verhelfen zum Einschlafen. Ärzte verschreiben Tranquilizer oft Menschen, die sehr erregt sind, sich Sorgen machen und die nicht gut schlafen. Die meisten dieser Mittel gehören zur Gruppe der Benzodiazepine. Diese Stoffe sind dafür bekannt, daß sie nach einiger Zeit seelisch abhängig machen.

Transformator

Ein Transformator, kurz Trafo, verändert die Spannung von Wechselströmen. Deswegen nennt man ihn auch Spannungsumwandler. Er arbeitet nur mit Wechselstrom und verwendet dazu die →Induktion. Ein Transformator besteht aus zwei Spulen, die über einen Eisenkern miteinander verbunden sind. Der Strom erzeugt in der Feldspule (Primärspule) ein Magnetfeld, das sich wegen des Wechselstromes dauernd ändert. Durch Induktion erzeugt dieses wechselnde Magnetfelder in der zweiten Spule, der Sekundärspule (Induktionsspule). Enthält die Sekundärspule mehr Windungen als die Primärspule, so erhöht sich die Spannung. Wir sprechen dann von einem Aufwärtstransformator. Enthält die Sekundärspule weniger Windungen als die Primärspule, so verringert sich die Spannung (Abwärtstransformator).

▽ Bei diesen beiden Transformatoren fließt jeweils Strom durch die Feldspule und erzeugt („induziert“) in der Induktionsspule einen Strom mit anderer Spannung. Beim Aufwärtstransformator enthält die Induktionsspule mehr Windungen als die Feldspule, so daß die Spannung steigt. Beim Abwärtstransformator liegen die Dinge gerade umgekehrt: Die Induktionsspule enthält weniger Windungen als die Feldspule, und der induzierte Strom hat eine geringere Spannung.

Aufwärtstransformator

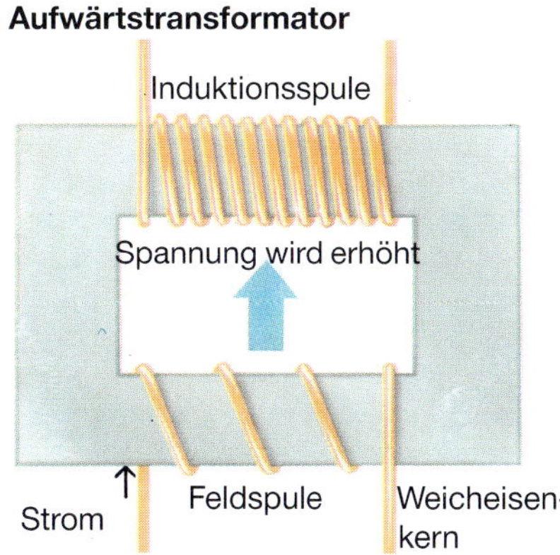

Abwärtstransformator

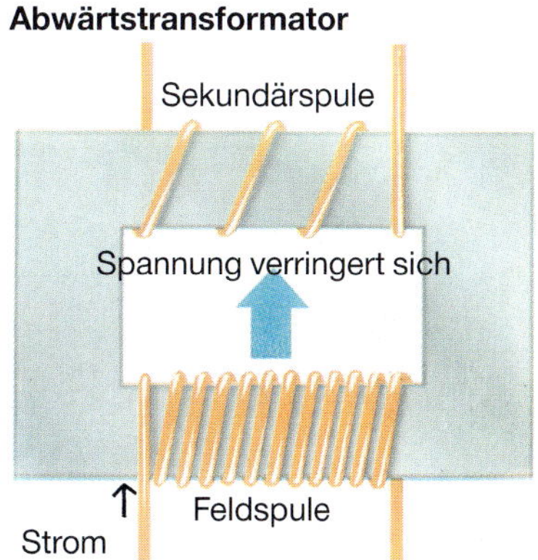

Spannungen
Niederspannung
bis 600 Volt
Normalspannung im Haus
230 Volt
Mittelspannung
bis 100 000 Volt
Hochspannung
bis 400 000 Volt
Bei Blitzen treten kurzzeitig Spannungen von 10 bis 100 Millionen Volt auf.

Wir brauchen Transformatoren, um den Strom, den →Generatoren in Kraftwerken erzeugen, auf hohe Spannungen (bis 400 000 Volt) zu bringen. Nur Ströme mit hoher Spannung lassen sich ohne übergroße Verluste in Freileitungen (Hochspannungsleitungen) transportieren. Am Ort des Verbrauchs müssen Transformatoren die Spannung wieder verringern.

Transistor

Transistoren dienen als Schalter oder als Verstärker. Sie bestehen aus drei →Halbleiterschichten. Die erste n-leitende Schicht heißt Emitter, die zweite sehr dünne Schicht (Basis) ist p-leitend, und die dritte Schicht ist wiederum n-leitend (Kollektor). Wir sprechen hier von einem npn-Transistor. Es gibt auch pnp-Transistoren, die sinngemäß arbeiten.
Ein Transistor ist einer →Elektronenröhre vergleichbar: Der Kollektor entspricht der Anode, die Basis dem Gitter und der Emitter der Kathode. Ein geringer Basisstrom steuert einen entsprechenden, aber viel größeren Strom vom Emitter zum Kollektor. In umgekehrter Richtung kann kein Strom fließen, weil zwischen der n-Schicht des Kollektors und der p-Schicht der Basis eine Sperrschicht liegt.
Den Transistor entwickelten William Shockley, John Bardeen und Walter Brattain im Jahre 1948. Der Transistor braucht viel weniger Platz als die bis dahin übliche Elektronenröhre. Er braucht auch keine Heizung für die Kathode und gibt deswegen kaum Wärme ab, und er hält praktisch unbegrenzt. So wurde es möglich, tragbare Radioempfänger zu bauen, die man mit Batterien betreiben konnte. Der Transistor war der erste Schritt auf dem Weg zur Miniaturisierung von Schaltungen: In den siebziger Jahren wurden einzelne Transistoren durch →integrierte Schaltungen ersetzt, die zahlreiche elektronische Bauteile vereinigen.

▽ In Schaltbildern hat der Transistor ein eigenes Symbol. Der Pfeil zeigt die Stromrichtung an. Der einfachste Transistor besteht aus drei Schichten von Halbleitern, die sandwichartig angeordnet sind. Die drei Schichten bezeichnen wir als Emitter, Basis und Kollektor. Ein schwacher elektrischer Strom an der Basis steuert den stärkeren Strom, der vom Emitter zum Kollektor fließt. Transistoren dienen als Verstärker oder als Schaltelemente.

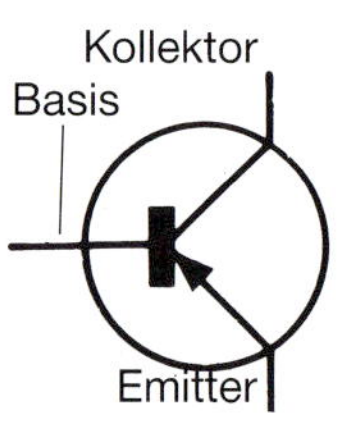

Schaltsymbol für einen Transistor

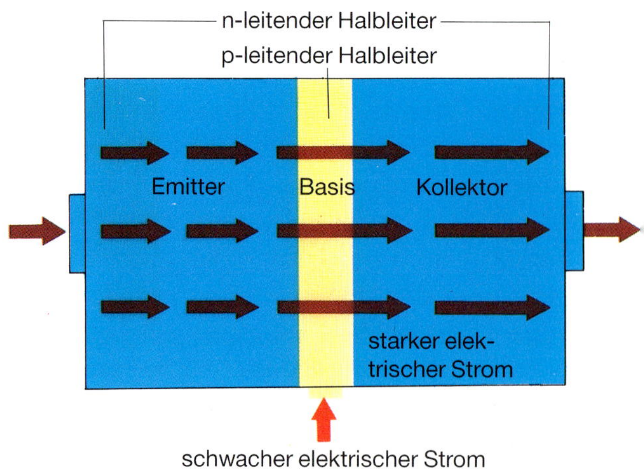

Transpiration

Kein Lebewesen kann ohne Transpiration leben. Wir verlieren jeden Tag 0,5 bis 1 Liter Wasser durch die Atemluft und über die Haut, ohne es zu merken. Deutlicher und noch viel stärker wird diese Transpiration, wenn wir schwitzen. Die Schweißdrüsen geben dann Wasser mit gelösten Salzen an die Hautoberfläche ab. Der Schweiß verdunstet dort und entzieht der Haut Wärme. Mit dem Schweiß kühlen wir also unseren Körper. Ganz ähnlich liegen die Dinge auch bei den Pflanzen. Sie transpirieren vor allem über ihre →Blätter. Die Wurzeln der Pflanzen nehmen Wasser auf und leiten sie über den Stengel bis zu den Blättern. Dort stehen Tausende winziger Spaltöffnungen, durch die das Wasser verdunstet. Die Pflanze kühlt sich dabei ab. Durch die Spaltöffnungen wird auch das Gas →Kohlendioxid aufgenommen, das für die →Photosynthese benötigt wird.

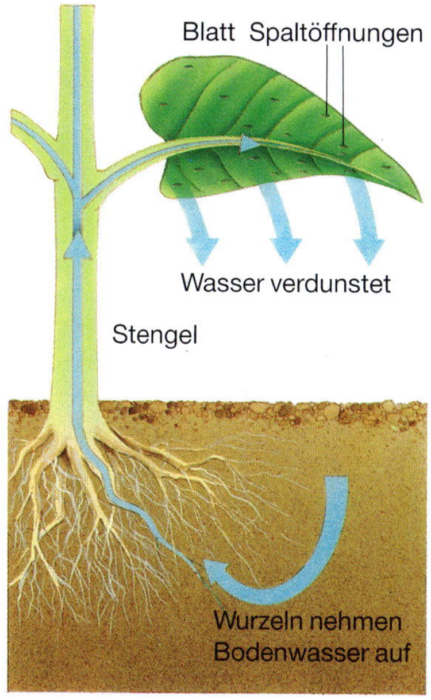

△ Das Wasser, das die Blätter durch Transpiration an die Luft abgeben, stammt ursprünglich aus dem Boden. Die Wurzeln haben es dort aufgenommen und über Leitbündel bis zu den Blättern transportiert.

Mach es selbst

Wir können leicht beweisen, daß eine Pflanze transpiriert. Dazu packen wir eine Topfpflanze in eine Tüte aus durchsichtigem Kunststoff und verschließen diese. Nach einiger Zeit wird die Luftfeuchtigkeit darin so hoch sein, daß sich Wassertröpfchen auf der Plastikfolie bilden. Nach dem Experiment sollten wir die Pflanze wieder gießen.

Transplantation

Bei einer Transplantation werden beschädigte Organe des Körpers oder Teile davon durch gesunde Organe ersetzt. Ohne Problem verläuft eine Transplantation, wenn Empfänger und Spender derselbe sind. Dies ist zum Beispiel der Fall, wenn Haut von einem Körperteil auf einen anderen übertragen wird. Ebenso leicht ist eine Transplantation zwischen eineiigen Zwillingen, weil sie dasselbe Erbgut besitzen. Bei Transplantationen zwischen zwei fremden Personen kommt aber immer das →Immunsystem des Emfängers ins Spiel. Es erkennt sofort, daß das transplantierte Organ körperfremd ist, und versucht es wie einen Krankheitserreger anzugreifen. Dabei kommt es zu einer mehr oder weniger heftigen Abstoßung. Deswegen muß der Empfänger Medikamente

Die erste erfolgreiche Herztransplantation führte der südafrikanische Arzt Christiaan Barnard 1967 durch. Damals waren solche Transplantationen unerhört teuer und schienen nur für eine kleine Minderheit in Betracht zu kommen. Heute ist die Herztransplantation fast eine Routineoperation geworden. Sie verlängert das Leben von rund 40 Prozent der Patienten um rund fünf Jahre. Spender und Empfänger werden heute mit Computerhilfe ausgewählt, so daß möglichst viele Merkmale ihrer Gewebe zueinander passen. Das Immunsystem des Empfängers reagiert dann weniger heftig.

Sigmund Freud (1856–1939)
Der österreichische Arzt und Nervenforscher Sigmund Freud begründete die Psychoanalyse. Der Analytiker befragt dabei den Patienten, und dieser erzählt völlig frei von seinen innersten Gedanken, Empfindungen und vor allem von seinen Träumen. Der Analytiker hofft dabei, Erlebnissen auf die Spur zu kommen, die der Patient ins Unbewußte verdrängt hat, weil sie vielleicht zu schrecklich für ihn waren. Durch die Psychoanalyse sollen diese Dinge bewußt gemacht und dadurch verarbeitet werden. So sei eine Heilung seelischer Krankheiten möglich.

▽ Die Säulendiagramme vergleichen die verschiedenen Schlaf- und Wachphasen beim Menschen, beim Schimpansen und bei der Katze. Wir träumen während des REM-Schlafes.

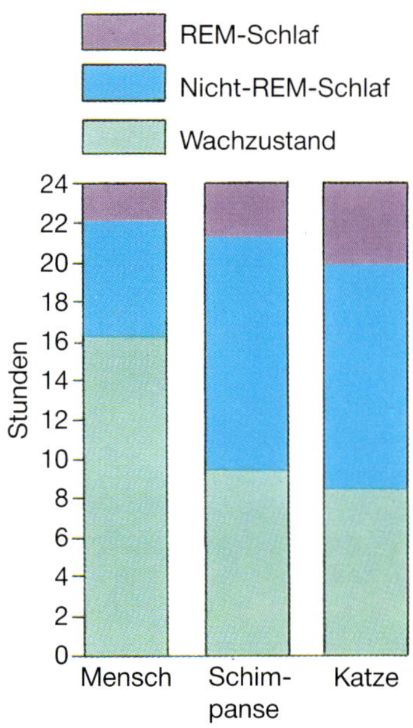

nehmen, die diese Immunabwehr verhindern. Erst durch die Entdeckung des Mittels Ciclosporin sind Transplantationen in großem Umfang möglich und zur Routine geworden.
Abgesehen von der problemlosen →Bluttransfusion ist die häufigste Organtransplantation die einer Niere. Es werden aber auch Lungen, Herz, sogar Leber und Muskeln sowie die Hornhaut des Auges übertragen. Daneben gibt es auch künstliche Ersatzteile für menschliche Organe, zum Beispiel Herzklappen und Herzschrittmacher, Blutgefäße und Gelenke, besonders für die Hüfte.

Träume

Jeder Mensch träumt, und das Nacht für Nacht. Meistens erinnern wir uns aber nicht mehr an den Inhalt der Träume. Im →Schlaf durchlaufen wir mehrere verschiedene Phasen. Wir träumen vor allem während des sogenannten REM-Schlafes. Die Muskeln sind dabei entspannt, aber die Augäpfel bewegen sich schnell unter den Augenlidern hin und her.
Wir wissen immer noch nicht, welche Aufgabe die Träume haben. Viele Wissenschaftler glauben, während des Träumens würden wir Ordnung schaffen in unserem Gehirn und zum Beispiel unerwünschte Informationen aussondern. Vielleicht programmieren wir in dieser Zeit unser Gehirn neu für den nächsten Tag. Viele →Psychologen glauben, der Inhalt von Träumen sei wichtig und gebe Aufschluß über die Persönlichkeit. So behauptete Sigmund Freud zum Beispiel, im Traum würden sich Probleme und Konflikte zeigen, die ins Unbewußte verdrängt wurden. Man müsse die Träume nur deuten können und bekomme auf diese Weise einen Schlüssel zum Unbewußten einer Person.

Treibhauseffekt

Die →Atmosphäre der Erde läßt kurzwellige Strahlen von der →Sonne hindurchtreten, so daß sie auf die Erdoberfläche gelangen. Ein großer Teil dieser Strahlung wird aber in langwellige Form verwandelt und von der Erdoberfläche wieder abgestrahlt. Die Strahlung kann die Atmosphäre jedoch nicht verlassen und wird zur Erde zurückgeworfen (→Reflexion). Damit bleibt ziemlich viel Wärme nahe der Erdoberfläche gefangen. Dies nennen wir den Treibhauseffekt. Ohne ihn hätte es wohl kein Leben auf unserer Erde gegeben. Immerhin bewirkt der normale Treibhauseffekt eine Erwärmung der Erde um rund 33 °C. Entscheidend für diesen Effekt sind bestimmte Gase in der Atmosphäre, allen voran das →Kohlendioxid, aber auch Spurengase wie →Methan, Stickstoffoxide und vor allem Wasserdampf.

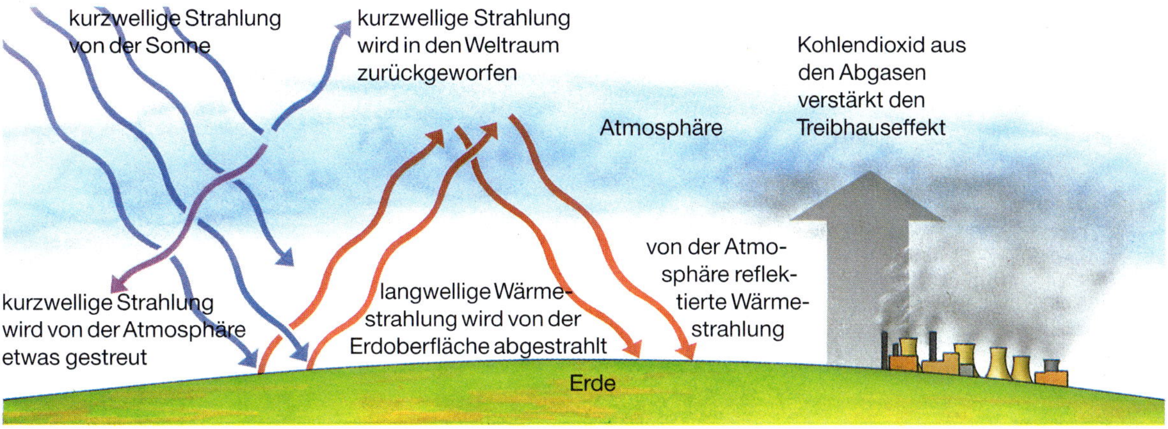

△ Überall, wo Holz und fossile Brennstoffe verbrannt werden, entsteht Kohlendioxid: Es bewirkt, daß Wärmestrahlung von der Atmosphäre reflektiert und erneut auf die Erde zurückgeworfen wird. Wenn der Kohlendioxidgehalt in der Atmosphäre steigt, wird sich also die ganze Erde stärker erwärmen.

Wenn Holz, Torf und →fossile Brennstoffe verbrannt werden, entsteht Kohlendioxid und gelangt in die Atmosphäre. Die größten Kohlendioxidproduzenten sind heute Brandrodungen, Kraftwerke, Autos und Heizungen. Weil wir so viele Stoffe verbrennen, steigt der Kohlendioxidgehalt in der Atmosphäre seit ungefähr 1950 sprunghaft an. Damit verstärkt sich auch der Treibhauseffekt. Die Forscher nehmen an, daß die Temperatur auf der ganzen Erde in den nächsten 20 Jahren um rund 1 bis 2 °C steigen wird. Das wird zur Folge haben, daß Eis in der Arktis und der Antarktis abschmilzt. Dadurch wird der Wasserspiegel der Meere steigen. Wenn größere Klimaänderungen in Zukunft verhindert werden sollen, müssen wir die Produktion von Treibhausgasen einschränken. Es darf gerade soviel Kohlendioxid entstehen, wie die grünen Pflanzen wieder durch die →Photosynthese verwerten können.

Trinkwasser

Wasser ist unser wichtigstes Lebensmittel. Dennoch vergiften und zerstören wir viel Trinkwasser durch die →Wasserverschmutzung. Heute muß deswegen in den meisten Gebieten das Trinkwasser aufbereitet werden, bevor wir es genießen können. Es wird zum Beispiel in Schichten aus Sand und Aktivkohle gefiltert. Dabei werden feste Schmutzteilchen zurückgehalten. Um Bakterien und andere Keime abzutöten, setzt man →Ozon oder →Chlor zu oder bestrahlt das Wasser mit →ultravioletten Strahlen. Gelegentlich enthält Wasser auch störende →Ionen verschiedener Metalle, zum Beispiel von →Eisen, →Kalzium oder →Magnesium. Sie werden in großen →Ionenaustauschern entfernt (→Wasserhärte).
Leider enthält scheinbar erstklassiges Trinkwasser oft zu viele →Nitrate und auch Rückstände von →Pestiziden. In Maisanbaugebieten ist zum Beispiel das Unkrautvernichtungsmittel Atrazin im Trinkwasser nachzuweisen.

Jeder kann etwas dafür tun, daß unser Trinkwasser sauber bleibt. Am wichtigsten ist das Wassersparen:
– Wer duscht, braucht nur ein Drittel soviel Wasser wie derjenige, der ein Vollbad nimmt. Sauber wird man auch beim Duschen.
– Wir schließen tropfende Hähne oder reparieren sie.
– Wir rüsten unsere Toilette mit Spartasten aus.
– Waschmaschinen und Geschirrspüler haben Wasserspartasten.
– Wir verwenden im Garten keine chemischen Mittel gegen Unkräuter und Schädlinge.
– Reste von Ölen, Lösungsmitteln und Kohlenwasserstoffen geben wir an Sammelstellen ab und kippen sie keinesfalls in die Toilette.

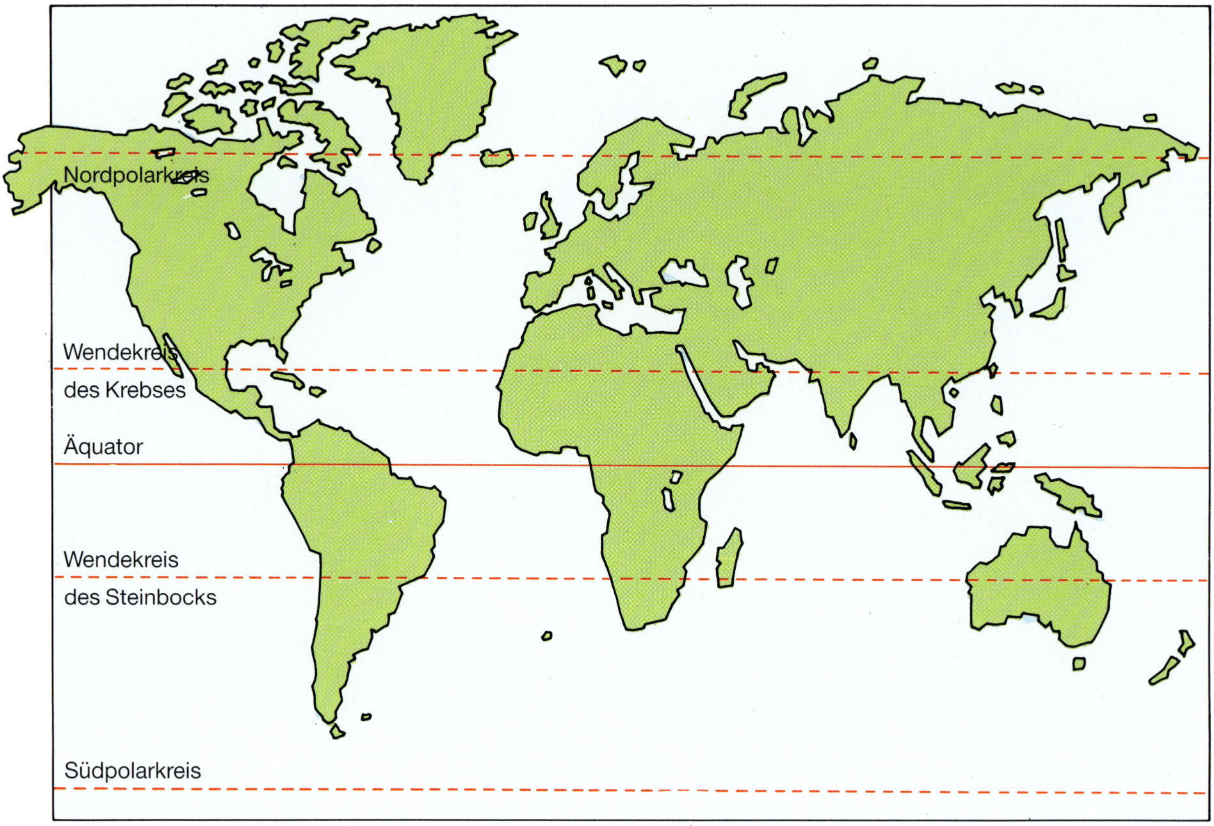

△ Die Tropen liegen zwischen dem Wendekreis des Krebses und dem Wendekreis des Steinbocks. In den Tropen liegen vor allem feuchte Regenwälder, an manchen Stellen aber auch Wüstengebiete.

In manchen tropischen Gegenden fällt außerordentlich viel Regen, zum Beispiel am Fuß des Himalaja und auf Hawaii. Überall in den Tropen herrschen hohe Temperaturen. Auf hohen Bergen kann es allerdings sehr kalt werden, denn pro 1000 Meter Höhe sinkt die Durchschnittstemperatur um rund 6,5 °C. Der Gipfel des Kilimandscharo in Tansania (5895 Meter) ist das ganze Jahr über von Schnee bedeckt.

Tropen

Das griechische Wort „tropee“ übersetzen wir mit „Wende“. Gemeint sind in der Geographie der nördliche Wendekreis des Krebses und der südliche Wendekreis des Steinbocks. Diese Wendekreise markieren die nördlichsten beziehungsweise südlichsten Stellen, wo die Sonne im Verlauf des Jahres mindestens einmal genau senkrecht am Himmel steht. Die Entfernung dieser Breitenkreise vom Äquator beträgt 23,5°. Das Gebiet zwischen den Wendekreisen heißt die Tropen. In der Mitte der Tropen liegt der Äquator, der die Erdkugel in zwei Halbkugeln teilt. Die tropischen Länder haben ständig ein warmes bis heißes Klima. Tag und Nacht sind immer ungefähr gleich lang. Die Sonne steigt am Morgen praktisch senkrecht auf und sinkt am Abend senkrecht unter den Horizont. Die Morgen- und Abenddämmerung dauert deswegen nur sehr kurze Zeit, ist aber außergewöhnlich farbenprächtig.
In den tropischen Gebieten steigt die erwärmte Luft schnell nach oben. Die Winde an der Oberfläche sind deswegen oft nur sehr leicht. Das war ungünstig in der Zeit, als es nur Segelschiffe gab, denn sie blieben oft wochenlang liegen. Die Seeleute nannten diese windarmen Gebiete in den Tropen Kalmen, Doldrums oder Roßbreiten.

Troposphäre

Die Troposphäre ist die unterste Schicht der →Atmosphäre. Sie reicht durchschnittlich bis in 11 Kilometer Höhe. Unser gesamtes Leben und auch das Wettergeschehen spielen sich in der Troposphäre ab. Wenn wir in ihr nach oben steigen, zum Beispiel im Gebirge, sinkt die Temperatur um rund 6,5 °C pro 1000 Meter Höhenunterschied. Die Temperatur an der Obergrenze der Troposphäre (Tropopause) liegt ungefähr bei −60 °C.

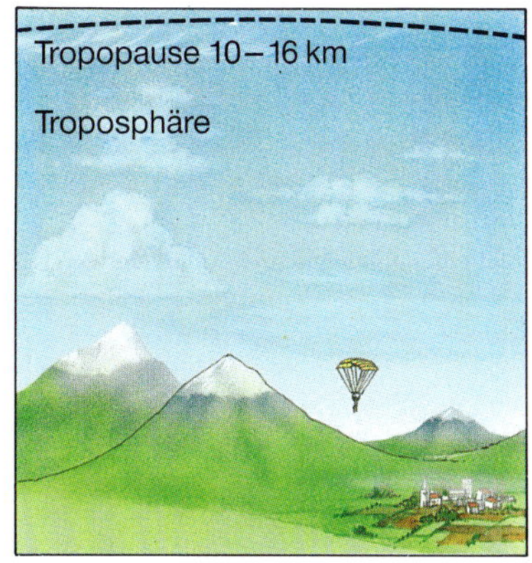

△ Die Troposphäre ist die Schicht der Atmosphäre, die der Erde am nächsten liegt. In ihr findet das gesamte Wettergeschehen statt. Ihre Obergrenze liegt in den Polargebieten in 10, in den Tropen in 16 Kilometern Höhe.

Tsunami

Am 26. August 1883 flog die kleine Insel Krakatao zwischen Java und Sumatra in Indonesien bei einer Vulkanexplosion in die Luft. Man hat später errechnet, daß dabei die Energie von 100 Atombomben mit einer Sprengkraft von je 50 Megatonnen →TNT frei wurde. Als der Vulkan in sich zusammenstürzte, löste er eine riesige, bis zu 30 Metern hohe Flutwelle aus. Sie raste auf die benachbarte Insel Java zu und tötete mindestens 36 000 Menschen.

Eine solche Meereswelle heißt mit einem japanischen Wort Tsunami. Sie wird von Erdbeben und Vulkanausbrüchen auf dem Meeresboden ausgelöst. Die Wellen pflanzen sich kreisförmig fort. Auf hoher See wandern sie mit Geschwindigkeiten von einigen hundert Kilometern pro Stunde, haben aber nur eine Schwingungsweite von rund 1 Meter. Die Entfernung zwischen zwei Wellenbergen kann bis zu 200 Kilometern betragen. Eine solche Welle bemerkt niemand, selbst wenn man sich an Bord eines Schiffes nahe dem Erdbebenherd aufhält. Gelangt die Welle aber in flachere Gewässer, so verlangsamt sie sich und türmt sich bis zu einer Höhe von 30 Metern auf. Dann rast sie bis zu einem Kilometer weit ins Landesinnere und zerstört alles, was auf ihrem Weg liegt. Im Pazifik gibt es heute einen Tsunami-Warndienst für die Küstenbewohner.

▽ Vulkanausbrüche, Erdbeben oder Bergstürze auf dem Meeresboden können Tsunami auslösen, die sich in flacheren Meeresgebieten bis 30 Meter hoch türmen. Besonders gefährdet sind küstennahe Orte im Gebiet des Pazifiks.

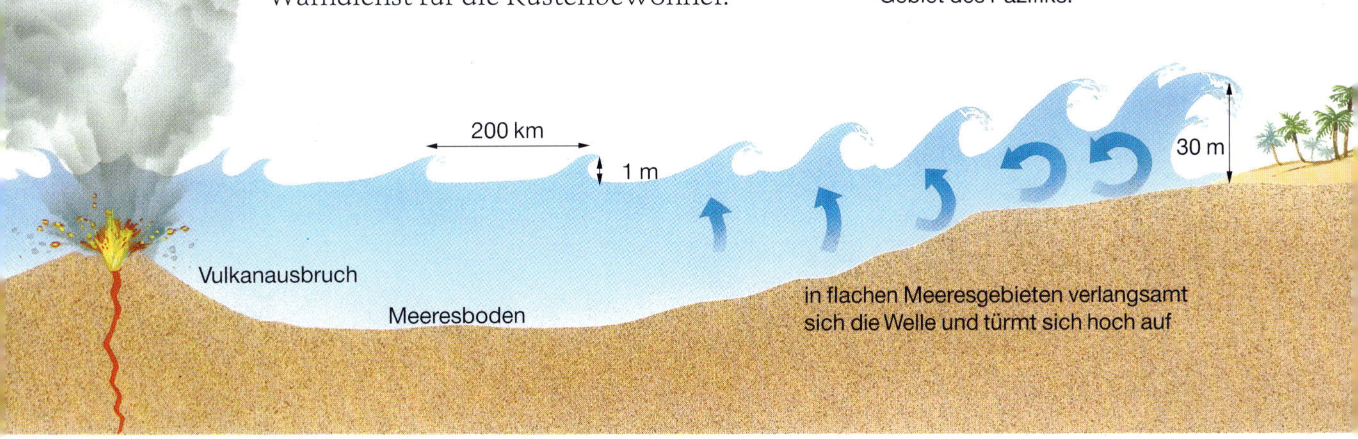

▷ Diese automatische Tunnelvortriebsmaschine frißt sich durch verhältnismäßig weiches Gestein hindurch. Mit dem Bohrkopf wird das Gestein losgebrochen und über Förderbänder gleich abtransportiert. Es gibt auch Tunnelvortriebsmaschinen mit mehreren kleineren Bohrköpfen. Sie können während des Betriebes ausgetauscht werden.

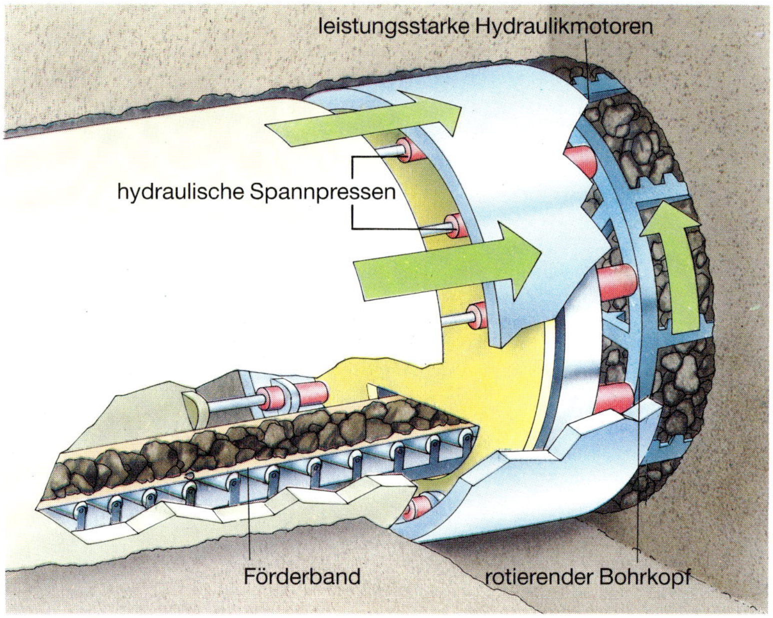

Tunnel

Bereits die alten Römer bauten Tunnels. Der längste war ein 5,6 Kilometer langer Stollen, mit dem sie einen See in Mittelitalien trockenlegten. Die Römer benutzten sogar schon kurze Straßentunnels. Sie ließen sie mit Hammer und Meißel und mit der Hacke aus dem Gestein schlagen. Aber erst als Sprengstoffe in größeren Mengen zur Verfügung standen, konnten auch längere und größere Tunnels gebaut werden. Eine besondere Leistung war der Tunnel unter der Themse in London, der von 1825 bis 1841 angelegt wurde. Noch heute fahren dort elektrische Untergrundbahnen. Beim Gotthard-Durchstich um 1880 kam erstmals Dynamit zum Einsatz. Der längste Tunnel der Welt ist mit 170 Kilometern ein Stollen, der die Stadt New York mit Wasser versorgt. Der längste befahrene Tunnel ist der Seikan-Eisenbahntunnel zwischen den beiden japanischen Inseln Honshu und Hokkaido.
Heute richtet sich die Art des Tunnelbaus nach dem Gestein. In harten Gesteinen bohren riesige Bohrmaschinen gleichzeitig ein Dutzend Sprenglöcher oder mehr. Man füllt sie mit Sprengstoff und zündet ihn. Nach dem Zünden muß erst der Abraum weggeschafft werden. Dann kann man weiterbohren. Durch weicheres Gestein fressen sich riesige Tunnelvortriebsmaschinen mit Bohrköpfen.

Mach es selbst

Wir bauen eine Gasturbine. Dazu kleben wir Schaufeln aus Karton schräg auf eine Stricknadel und stecken diese in eine leere Garnspule. Darunter zünden wir einige Teelichter an. Die aufsteigende Warmluft versetzt unsere Turbine in Drehung.

Turbine

Turbinen verwandeln die Bewegungen von Flüssigkeiten oder Gasen in eine Drehbewegung. Wir zählen sie zu den Strömungsmaschinen. Der bewegliche Teil der Turbine, der

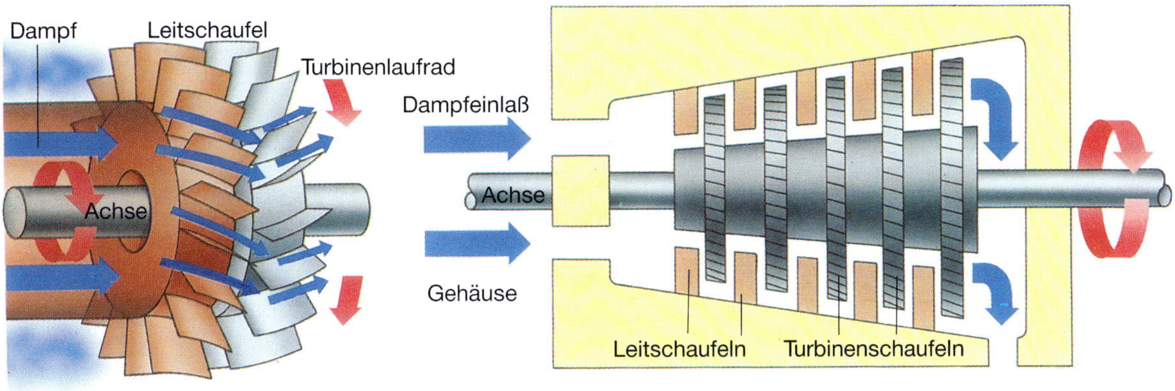

Läufer, hat unterschiedlich geformte Schaufeln, Blätter oder Propeller, auf die Wasser oder Gas auftrifft. Diese geben dort ihre Energie an die Turbine ab und versetzen den Läufer in eine schnelle Drehung. Mit Turbinen treibt man zum Beispiel →Generatoren oder Schiffe an. Die einfachsten Turbinen sind das Wasserrad und das Windrad.

In Wasserkraftwerken begegnen wir vor allem zwei Arten von Turbinen: Die Peltonturbine nutzt große Fallhöhen, zum Beispiel bei Stauseen in den Alpen. Das Wasser schießt mit hoher Geschwindigkeit in Druckleitungen vom Stausee ins Tal. Ein scharfer Wasserstrahl trifft auf die muldenförmigen Schaufeln der Turbine und versetzt diese in eine schnelle Drehung. In Flußkraftwerken arbeiten vor allem Kaplanturbinen. Sie brauchen große Wassermassen mit geringer Strömungsgeschwindigkeit. Beide Turbinenarten bringen es auf einen →Wirkungsgrad von 90 Prozent.

Die Dampfturbine hat die ehrwürdige →Dampfmaschine völlig verdrängt. Dampfturbinen werden vor allem in Kraftwerken und auf großen Schiffen eingesetzt. Durch Verbrennung von Kohle oder Erdöl wird heißer Wasserdampf erzeugt. Dieser treibt Dampfturbinen an. Sie sehen etwas anders aus als die Wasserturbinen, denn sie haben zahlreiche dünne Blätter oder Schaufeln. Der Dampf wird von feststehenden Leitschaufeln so auf die Schaufeln des Turbinenleitrades gelenkt, daß die Energie möglichst gut ausgenützt wird. Solche Dampfturbinen drehen sich mit Geschwindigkeiten bis zu 3000 Umdrehungen pro Minute. Wenn man sie in Schiffe einbaut, müssen sie mit einem Untersetzungsgetriebe verbunden werden, weil sich die Schiffsschraube nicht so schnell drehen kann.

Gasturbinen sehen ähnlich wie Dampfturbinen aus, arbeiten jedoch mit heißen Verbrennungsgasen. Solche Turbinen finden wir auch in →Strahltriebwerken. Der Turbo im Auto ist auch eine Gasturbine.

△ Dampfturbinen erreichen einen hohen Wirkungsgrad, weil feststehende Leitschaufeln, die sich nicht drehen, den Heißdampf auf die Schaufeln des Turbinenlaufrades lenken. Dampf- und Gasturbinen verfügen über mehrere Reihen von Leitschaufeln und Laufrädern (Querschnitt oben rechts). Sie sind um so größer, je geringer der Druck des Dampfes ist, der sie antreibt.

▽ Große Dampfturbinen treiben vor allem die Generatoren in Kraftwerken an.

U u

Überschallflug

Wenn ein Flugzeug mit Unterschallgeschwindigkeit fliegt, erzeugt es Schallwellen, die sich kugelförmig auch nach vorne fortpflanzen. Nähert sich das Flugzeug der Geschwindigkeit dieser Schallwellen, so verdichten sie sich vorne immer mehr. Fliegt das Flugzeug mit Schallgeschwindigkeit, so fliegt es etwa gleich schnell wie die vorderen Wellenfronten aller seiner vorher erzeugten Schallwellen. So entsteht vor ihm eine Zone mit verdichteter Luft, die sogenannte Schallmauer. Geht das Flugzeug in den Überschallflug über, so überholt es seinen früher erzeugten Schall. Wir sagen: Es durchbricht die Schallmauer. Es entsteht dabei eine kegelförmige Kopfwelle, die es wie eine Schleppe hinter sich herzieht. Auf der Erde hört man diese Kopfwelle als Überschallknall. Mit diesem Überschallknall sind heftige Erschütterungen der Luft verbunden. So können dabei Scheiben zu Bruch gehen.

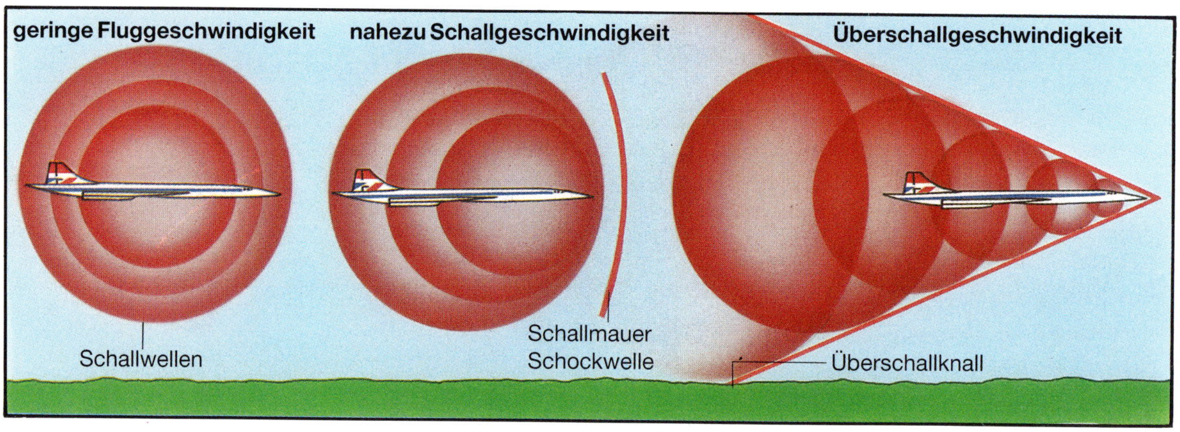

△ Wenn ein Flugzeug mit Überschallgeschwindigkeit fliegt, erzeugt es eine Kopfwelle aus stark verdichteter Luft. Am Boden hört man das als Überschallknall.

Überwinterung

Der Winter ist bei uns kalt, und Nahrung ist in dieser Zeit kaum zu finden. Wechselwarme Tiere wie Insekten, Fische, Amphibien und Reptilien ziehen sich im Winter in Verstecke zurück und verbringen die ungünstige Jahreszeit in einer Kältestarre. Steigen die Temperaturen, so werden diese Tiere wieder aktiv und kommen ins Freie.

Die meisten gleichwarmen Tiere verlassen unser Gebiet im Herbst und kehren im Frühjahr wieder zurück. Die Zugvögel beispielsweise überwintern in tropischen Gebieten. Den Winter überleben in voller Aktivität bei uns nur verhältnismäßig wenige Tiere: Mäuse, weil sie im warmen Boden geschützt sind; größere Säugetiere wie Rehe und Hirsche, weil sie noch genügend Nahrung finden. Igel, Fledermäuse, Siebenschläfer und Murmeltiere fallen in einen Winterschlaf. Dabei kühlen sie bis auf Temperaturen knapp über 0 °C aus, und auch alle sonstigen Körperfunktionen verlangsamen sich, zum Beispiel

Dauer der Überwinterung

Laubfrosch	5–6 Monate
Teichmolch	3–4 Monate
Ringelnatter	4–5 Monate
Eichhörnchen	2–3,5 Monate
Fledermäuse	5–6 Monate
Siebenschläfer	6–7 Monate

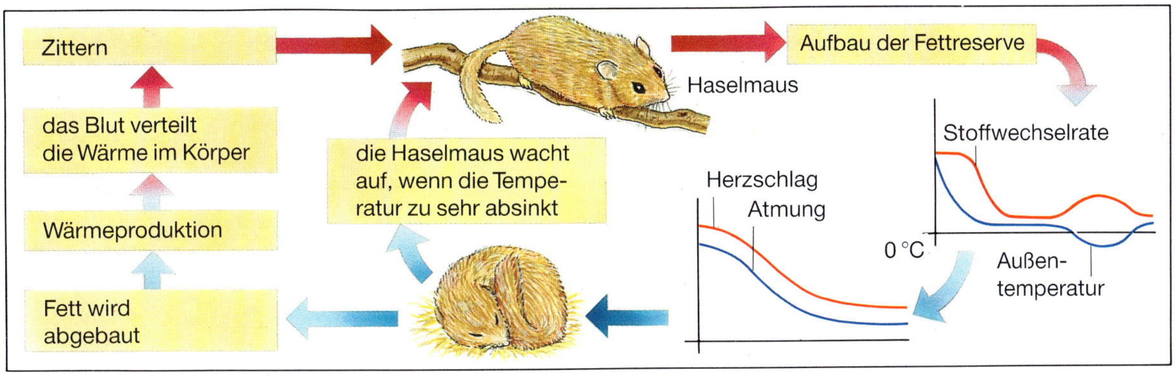

△ Während des Winterschlafs verlangsamen sich alle Vorgänge des Stoffwechsels, vor allem Herzschlag und Atmung. Die Körpertemperatur sinkt auf Werte knapp über 0 °C. Während der langen Zeit des Winterschlafs zehrt die Haselmaus von ihrem angesammelten Körperfett. Sinkt die Außentemperatur sehr stark ab, so wacht die Haselmaus auf und erzeugt dabei Wärme. In strengen Wintern sterben allerdings viele Tiere.

der Herzschlag. Einige Säuger wie Eichhörnchen und Bär schlafen tagelang durch, ohne daß ihre Körpertemperatur absinkt. Von Zeit zu Zeit wachen sie aus dieser Winterruhe auf, fressen etwas und ziehen sich dann gleich wieder zurück.

Uhren

Wer die Zeit messen will, braucht dazu einen Vorgang, der möglichst gleichmäßig abläuft: Wasser fließt aus einem Gefäß; Sand rieselt durch eine Öffnung; eine Kerze brennt ab; die Sonne zieht über den Himmel. Besonders eignet sich zur Zeitmessung das →Pendel. Wenn man es anschlägt, kommt es durch Reibung an der Luft und an den Lagern jedoch schnell zum Stillstand. Damit es seine Schwingung aufrechterhalten kann, braucht das Pendel ein besonderes Hilfsmittel; bei der Pendeluhr ist dies ein Gewicht. Das Gewicht treibt ein Ankerrad an. Der Anker verhindert, daß das Gewicht das Ankerrad zu einer schnellen Drehung veranlaßt. Schlägt das Pendel einmal hin und her, so hebt der Anker einmal auf jeder Seite für kurze Zeit vom Zahnrad ab. Dadurch kann sich das Zahn- oder Ankerrad um einen Zahn weiterdrehen. Dieser erteilt dabei dem Pendel einen kleinen Stoß, der ausreicht, um es in regelmäßiger Bewegung zu halten. Von Zeit zu Zeit muß man das Gewicht der Pendeluhr wieder hochziehen.

Die wichtigsten Teile einer mechanischen Taschenuhr

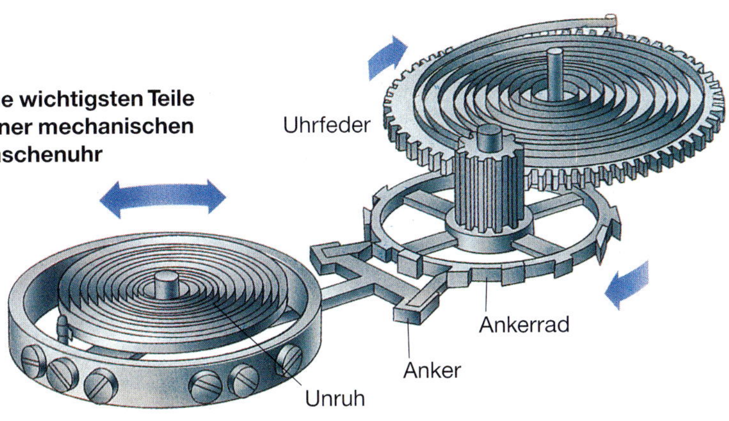

◁ Tragbare mechanische Uhren funktionieren ähnlich wie Pendeluhren. An die Stelle des Pendels tritt bei ihnen die Unruh, die durch eine Spiralfeder dauernd hin- und herbewegt wird. Bei jeder Schwingung erlaubt die Unruh über einen Anker dem Ankerrad, sich um einen Zahn weiterzudrehen. Diese regelmäßige Bewegung dient der Zeitmessung. Die Energie für die Unruh liefert die Uhrfeder; sie muß in regelmäßigen Abständen aufgezogen werden. Die Uhrfeder hat dieselbe Aufgabe wie das Gewicht bei der Pendeluhr.

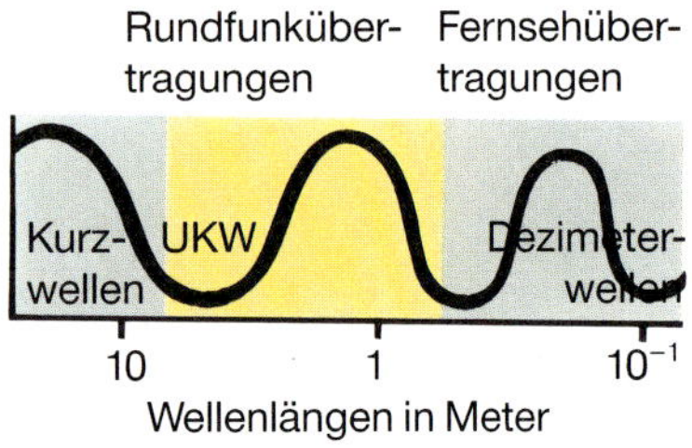

△ Lage der Ultrakurzwellen und Dezimeterwellen im Spektrum der elektromagnetischen Strahlung.

Die mechanischen Taschen- und Armbanduhren verwenden dasselbe Prinzip. An der Stelle des Pendels haben sie die Unruh, ein Rad, das von einer Spiralfeder hin- und herbewegt wird. Die Antriebsenergie liefert die Uhrfeder; sie muß immer wieder aufgezogen werden.

Ultrakurzwellen

Die Ultrakurzwellen, abgekürzt UKW, gehören zu den →elektromagnetischen Wellen. Sie haben →Wellenlängen zwischen 1 und 10 Metern. Sie werden vor allem zur Übertragung von Rundfunksendungen verwendet, im Band zwischen 87,5 und 108 Megahertz (MHz). Die Ultrakurzwellen heißen auf englisch Very High Frequency oder VHF, also Wellen „mit sehr hoher Frequenz“. Eine noch höhere Frequenz weisen die Dezimeterwellen auf, die man in Großbritannien als Ultra High Frequency (UHF) bezeichnet. Ihre Frequenzen reichen von 300 bis 3000 Megahertz. Dezimeterwellen können viel mehr Informationen pro Sekunde übertragen als Ultrakurzwellen. Man verwendet sie deswegen zur Übertragung von Fernsehsendungen. Auch der Funkverkehr mit Fernmeldesatelliten wird über Dezimeterwellen abgewickelt. Sie durchdringen mit Leichtigkeit die →Ionosphäre, die langwellige →Radiowellen reflektiert.

Ultraschall

Ultraschall ist →Schall jenseits („ultra“) der Hörgrenze. Wir können Ultraschall also nicht mehr hören. Er beginnt somit bei einer →Frequenz von 20 000 Hertz (20 Kilohertz) und reicht bis ungefähr 100 000 Hertz (100 Kilohertz). Bei noch höheren Frequenzen spricht man von Hyperschall. Viele Tiere stoßen Schreie aus, die wir nicht mehr hören können, vor allem die Fledermäuse. Sie orientieren sich sogar anhand der →Echos dieser Schreie. Dasselbe System verwenden Schiffe: Mit dem →Sonar bestimmen sie die Wassertiefe.

Mit Ultraschall kann man Gegenstände polieren, verarbeiten oder säubern. Man taucht sie in ein Wasserbad und behandelt sie mit Ultraschall. Dabei lösen sich die Schmutzteilchen von der Oberfläche. Ein ähnliches Verfahren verwendet der Arzt, um Steine in der Niere (und der Galle) zu zertrümmern. Der Lithotripter gibt Ultraschallwellen auf den Stein ab, worauf er zu Grieß zerfällt. Die kleinen Teilchen können dann aus der Niere ausgespült werden.

Die Ultraschalldiagnose wird zum Beispiel bei schwangeren Frauen angewandt. Ihr Kind bildet sich ziemlich scharf auf dem Bildschirm ab; meistens kann man schon dessen Geschlecht erkennen.

▽ Mit Ultraschall kann man Werkstücke zerstörungsfrei prüfen. Man fährt zum Beispiel mit einem Prüfgerät entlang einem Stahlträger und durchstrahlt ihn mit Schallwellen. Der Empfänger nimmt Echos wahr und zeichnet sie auf. Sie geben Hinweise auf Risse oder Verunreinigungen.

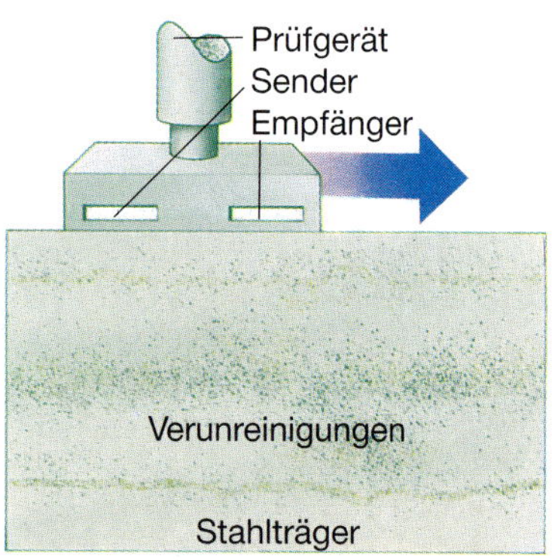

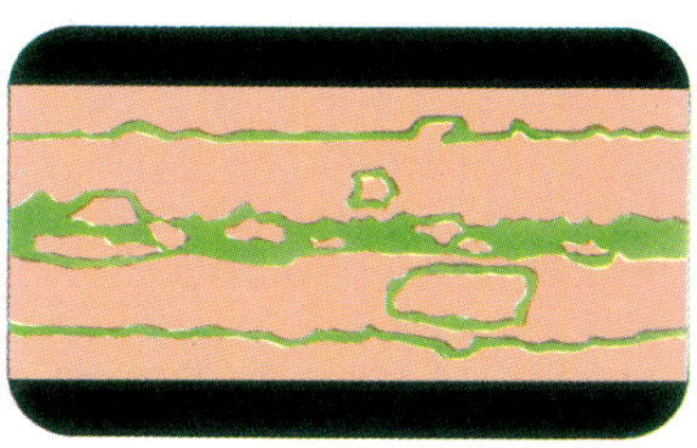

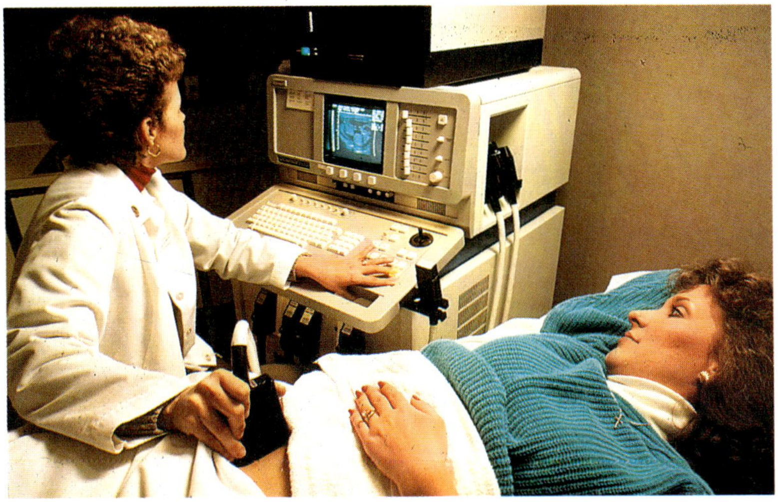

◁ Bei der Ultraschalldiagnose entsteht auf dem Monitor das Bild des noch ungeborenen Kindes. Das Verfahren ist schmerzlos für die Mutter und unschädlich für das Kind. Mit der Ultraschalldiagnose überprüft der Arzt, ob das Kind normal heranwächst.

ultraviolette Strahlung

Die ultraviolette Strahlung (UV) gehört zur →elektromagnetischen Strahlung. Wir können sie nicht mehr sehen, weil sie im →Spektrum jenseits („ultra") des kurzwelligen violetten Lichts steht. Die →Wellenlänge schwankt zwischen einem zehntausendstel und vier tausendstel Millimetern. Ultraviolette Strahlung enthält mehr Energie als sichtbares Licht. Mit ultraviolettem Licht kann man zum Beispiel Moleküle spalten und Bakterien abtöten. Der ultraviolette Anteil der Sonnenstrahlung bewirkt Hautrötungen und bei großer Dosis einen Sonnenbrand. Als Reaktion auf die UV-Strahlen lagert unsere Haut einen dunklen Farbstoff (Melanin) ein, so daß wir braun werden und uns nicht mehr so leicht einen Sonnenbrand holen. Die →Ozonschicht verschluckt den größten Teil der ultravioletten Strahlung, bevor sie auf die Erde gelangt. Wenn diese Schicht aber dünner wird, werden wir stärker ultraviolettem Licht ausgesetzt sein, und es werden immer mehr Menschen an Hautkrebs erkranken.

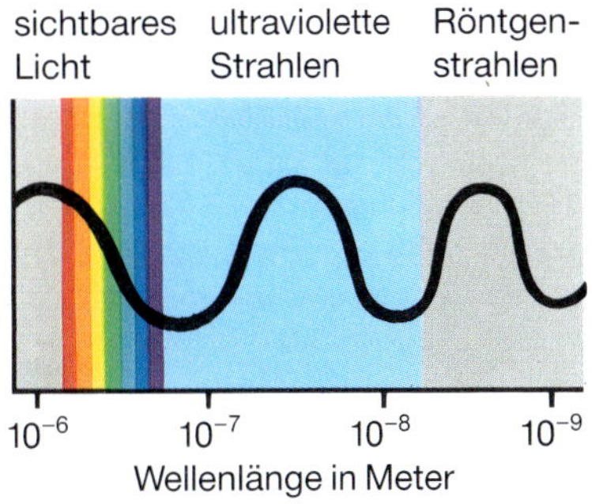

△ Die ultraviolette Strahlung hat eine geringere Wellenlänge als das sichtbare Licht.

◁ Viele Insekten können Ultraviolett sehen, besonders unsere Honigbiene. Ihr erscheinen die Lobelienblüten dunkel mit hellen, schmalen Linien in der Mitte der Blütenblätter (links außen). Diese Linien fordern die Bienen zum Besuch auf. Der Mensch kann diese Linien (links) nicht sehen, denn in sichtbarem Licht erscheinen uns die Blüten einfarbig.

△ Die meisten städtischen Lebensräume sind verschmutzt, voller Lärm und überbevölkert. Für Pflanzen und Tiere ist hier nahezu kein Platz mehr. Nur sehr widerstandsfähige Arten können sich im Inneren von Städten halten. Ungefähr 40 Prozent der gesamten Weltbevölkerung leben in größeren Städten.

Umwelt und Umweltschutz

Die Umwelt eines Lebewesens umfaßt alles, was auf dieses Lebewesen einwirkt. Man spricht in diesem Zusammenhang von Umweltfaktoren. Zu den abiotischen oder unbelebten Umweltfaktoren zählen Wärme, Licht, Feuchtigkeit, Wind, Klima, Meereshöhe, chemische Zusammensetzung des Bodens oder des Wassers und vieles andere mehr. Genauso wichtig sind die biotischen Umweltfaktoren, also die Einwirkungen von Pflanzen, Tieren und auch vom Menschen: An erster Stelle steht hier die Nahrung. Dann folgen zum Beispiel Feinde, →Parasiten, Konkurrenz und auch die Angehörigen der eigenen Art. Wenn zum Beispiel zuviele Mäuse in einem bestimmten Gebiet leben, so geraten die Tiere in Streß. Sie greifen sich vermehrt gegenseitig an, und ihre Fruchtbarkeit geht zurück. Mit der Umwelt der Lebewesen beschäftigt sich die Wissenschaft der →Ökologie.

Jedes Lebewesen ist Hunderten von Umwelteinflüssen ausgesetzt, und es tritt auch mit Hunderten anderer Arten von Lebewesen in Beziehung. Eine solche Beziehung ist die →Nahrungskette. Die meisten Lebewesen sind an ganz bestimmte Lebensräume oder →Ökosysteme gebunden. Zu den Lebensräumen gehören zum Beispiel Seen, Laubwälder, Regenwälder, Höhlen, Wiesen, Savannen, Steppen, Wüsten und Meere. Jeder Lebensraum bietet die geeignete Umwelt für zahlreiche Lebewesen. In manchen Lebensräumen sind die Umweltfaktoren ziemlich stabil und zeigen im Laufe des Jahres nur geringe Schwankungen, zum Beispiel in der Hochsee tropischer Meere. Große Schwankungen können wir in unseren Laubmischwäldern beobachten. In der kühlen Jahreszeit verkriechen sich die meisten Tiere, und die sommergrünen Bäume werfen ihr Laub ab.

Leider greift der Mensch immer stärker in die Lebensräume ein und bringt sie aus dem biologischen Gleichgewicht. Er

▷ Korallenriffe gehören zu den artenreichsten Lebensräumen der Meere. Die Umweltfaktoren sind hier sehr stabil und schwanken kaum im Laufe des Tages oder des Jahres. Die Temperatur zum Beispiel bleibt fast immer konstant. Aber gerade solche Korallengärten sind sehr empfindlich gegenüber menschlichen Eingriffen. Hobbytaucher haben im Roten Meer die Korallenriffe schon über Dutzende von Kilometern zerstört, weil sie auf den zerbrechlichen Korallengebilden herumtrampeln und die Fische mit Harpunen jagen. Korallen brauchen sehr lange, bis sie wieder nachwachsen. In vielen Fällen wird wohl nur ein geplündertes, totes Riff übrigbleiben.

stört sie nachhaltig oder zerstört sie. So mußten die meisten Laubwaldgebiete Mitteleuropas langweiligen Fichtenforsten weichen. Dazu kommt, daß der Mensch seine gesamte Umwelt durch chemische Stoffe vergiftet (→Umweltverschmutzung). Der Umweltschutz hat es sich zur Aufgabe gemacht, Luft, Wasser und Boden reinzuhalten und die Lebensräume zu erhalten. Zum Umweltschutz gehören auch der →Artenschutz und der →Naturschutz. Der Umweltschutz ist heute eine der wichtigsten Aufgaben der Menschheit. Wenn wir nämlich unseren Planeten weiter vergiften, zerstören wir die Lebensgrundlagen auch für uns selbst.

Umweltverschmutzung

Die Verschmutzung der Natur durch den Menschen hat viele Gesichter. Wir verschmutzen Luft, Wasser und Boden durch die unterschiedlichsten Stoffe, zum Beispiel durch Abgase, Abwässer, Gifte, Schwermetalle, →Pestizide, →Düngemittel, Müll, Fabrikrückstände, Öle, →Tenside und →radioaktive Stoffe. Zur Umweltverschmutzung zählen auch →Lärm und →elektromagnetische Strahlung. Weiteres dazu auf den Seiten 544 und 545.

Unendlichkeit

Sehen wir uns einmal die Zahlenfolge 1, 2, 3, 4, 5 … an. Wir können diese Folge immer weiter ausdehnen. Selbst wenn wir ein Leben lang zählen, kämen wir doch nie an ein Ende, denn immer gibt es eine Zahl, die noch um 1 größer ist als die vorhergehende. Der Mathematiker sagt: Die Folge strebt gegen den Grenzwert unendlich. Sie erreicht unendlich aber nie, und unendlich ist auch keine Zahl, sondern nur ein Ziel, das nie erreicht werden kann.

Die Frage, ob das Weltall unendlich ist, kann man nur schwer beantworten. Sicher hat es keine Grenzen aus Stein, an die wir mit dem Kopf anstoßen. Wahrscheinlich merken wir gar nicht, daß das Weltall endlich ist. Man kann das mit einem Punkt vergleichen, der auf einer Kugeloberfläche „lebt". Der Punkt stellt sich auch die Frage, ob sein Weltall unendlich ist. Er hält das für möglich, merkt aber gar nicht, daß er sich auf einer endlichen Kugeloberfläche bewegt.

Parallele Lichtstrahlen

Die Sonne ist nicht unendlich weit, sondern 150 Millionen km von der Erde entfernt. Bei Versuchen stellen wir uns allerdings vor, das Licht von der Sonne falle in genau parallelen Strahlen auf die Erde.

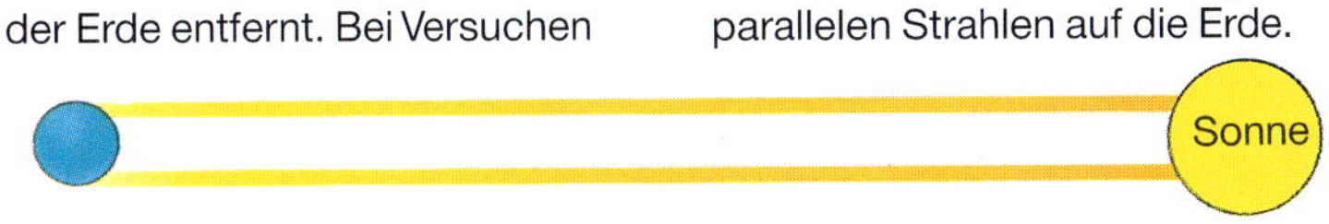

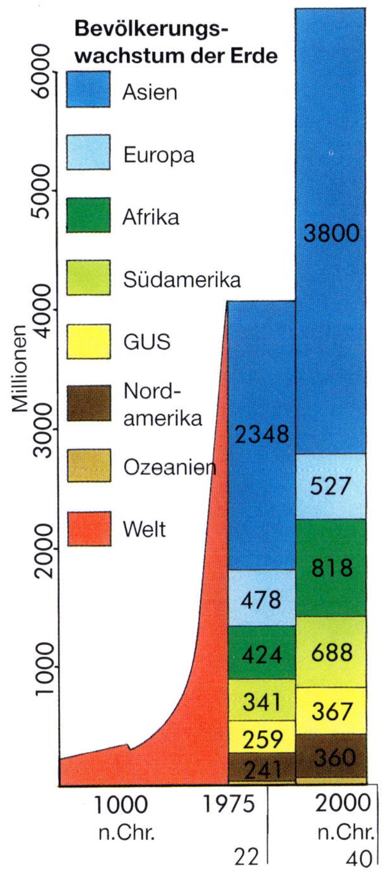

△ Niemand leugnet, daß die Umweltprobleme der Erde direkt mit der immer weiterwachsenden Bevölkerungszahl zusammenhängen. Seit dem vorigen Jahrhundert hat die Weltbevölkerung von 1 Milliarde auf 5 Milliarden zugenommen. In den nächsten 40 Jahren wird sie sich noch einmal verdoppeln.

Nicht jede Reihe, auch wenn sie unendlich ist, strebt nach unendlich. Stelle eine Vermutung an, zu welcher Zahl die folgende Zahlenreihe
1/1 + 1/2 + 1/4 + 1/8 + 1/16…
als Grenzwert strebt.
Es ist übrigens nichts Ehrenrühriges, in der Mathematik eine Vermutung zu äußern. Es gibt viele Vermutungen, die wahr sind und die sich doch nicht mathematisch beweisen lassen. Lösung auf S. 546.

Umweltverschmutzung

Luft oder Wasser oder Boden werden dann als verschmutzt bezeichnet, wenn sie naturfremde Stoffe enthalten, die den Lebewesen schädlich werden. Die Luftverschmutzung geschieht durch Abgase, zum Beispiel durch Kraftwerke oder Autos. An der Wasserverschmutzung sind nicht nur große Fabriken (Produktionsabfälle), sondern auch wir selber schuld, denn jeder Haushalt produziert große Mengen Abwasser. Eine Verschmutzung liegt auch vor, wenn zum Beispiel Kraftwerke große Mengen erwärmten Wassers, das sie zur Kühlung gebraucht haben, in Flüsse abgeben. Wenn die Wassertemperatur im Fluß steigt, sinkt die Menge des gelösten Sauerstoffs. Viele Tiere können dann nicht mehr überleben.
Die moderne Landwirtschaft verursacht einen Teil der Wasserverschmutzung. Wenn viele Nutztiere gehalten werden, entsteht sehr viel Gülle. Die Landwirte verteilen sie auf ihre Felder. Das führt zur Überdüngung der Böden und zur Belastung der Gewässer mit Nitraten.
Überall, wo fossile Brennstoffe verbrannt werden, entstehen schädliche Abgase. Das Kohlendioxid ist eigentlich harmlos, verstärkt aber den Treibhauseffekt der Erde. Das Schwefeldioxid und die Stickoxide verbinden sich mit der Luftfeuchtigkeit und fallen in Form sauren Regens wieder auf die Erde.

△ Müllplätze sehen häßlich aus und führen zu Umweltverschmutzung. Jeder Bergwanderer muß seinen Abfall wieder mit ins Tal nehmen. Selbst abbaubare Stoffe wie Papier werden im Hochgebirge nur langsam abgebaut.

▽ Die Grafik stellt anschaulich die verschiedenen Formen der Umweltverschmutzung in der heutigen Welt dar.

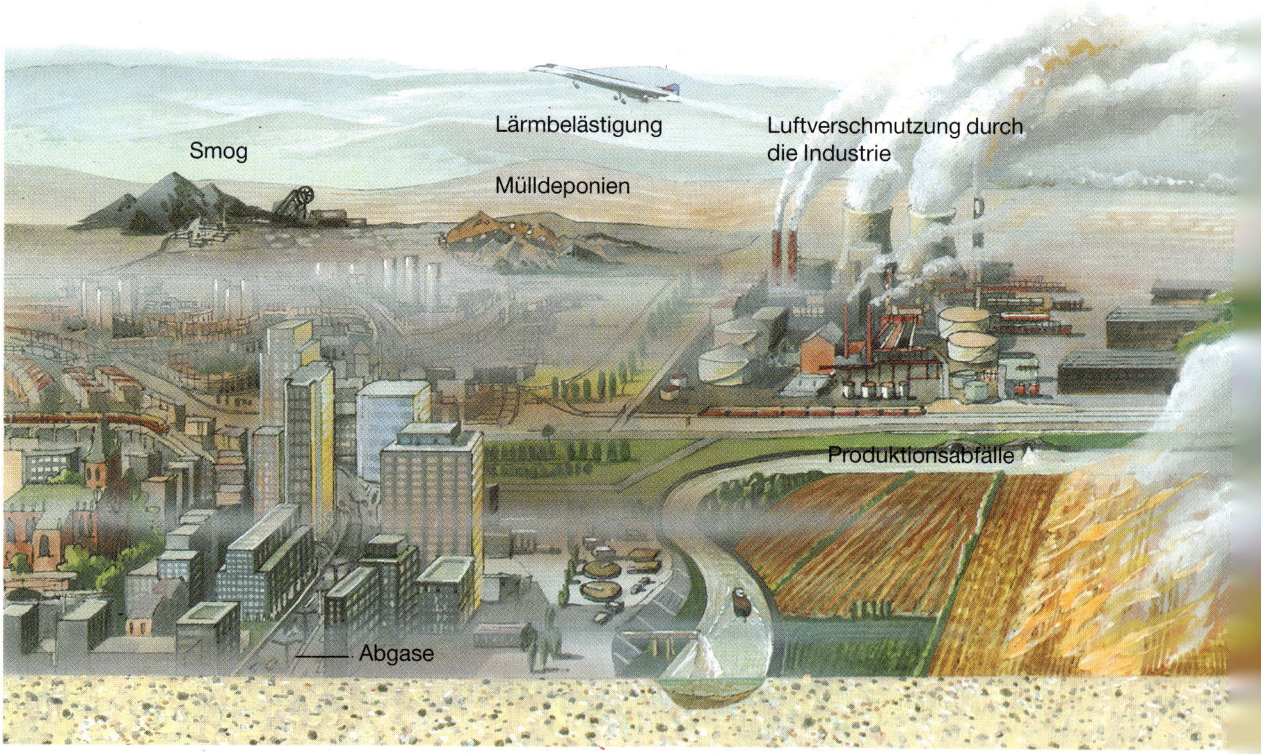

◁ Der Öltanker Exxon Valdez verlor vor der Küste Alaskas 35 000 Tonnen Rohöl. Obwohl man versuchte, das Öl wieder aufzusaugen, starben bei dieser katastrophalen Ölpest Hunderttausende von Meeresvögeln und Säugetieren.

△ Hundertfünfzig Jahre Luftverschmutzung haben das Mauerwerk dieser Kirche geschwärzt. Nach der Reinigung sieht es wieder weiß aus.

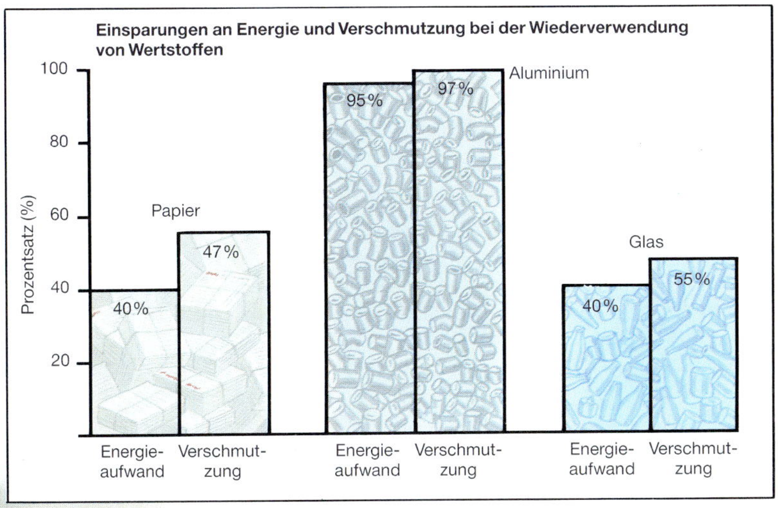

◁ Durch Recycling vermindern wir die Umweltverschmutzung und sparen Energie. Die Grafik zeigt, wieviel an Energie und Verschmutzung eingespart werden kann, wenn Wertstoffe wiedergewonnen und recycelt werden.

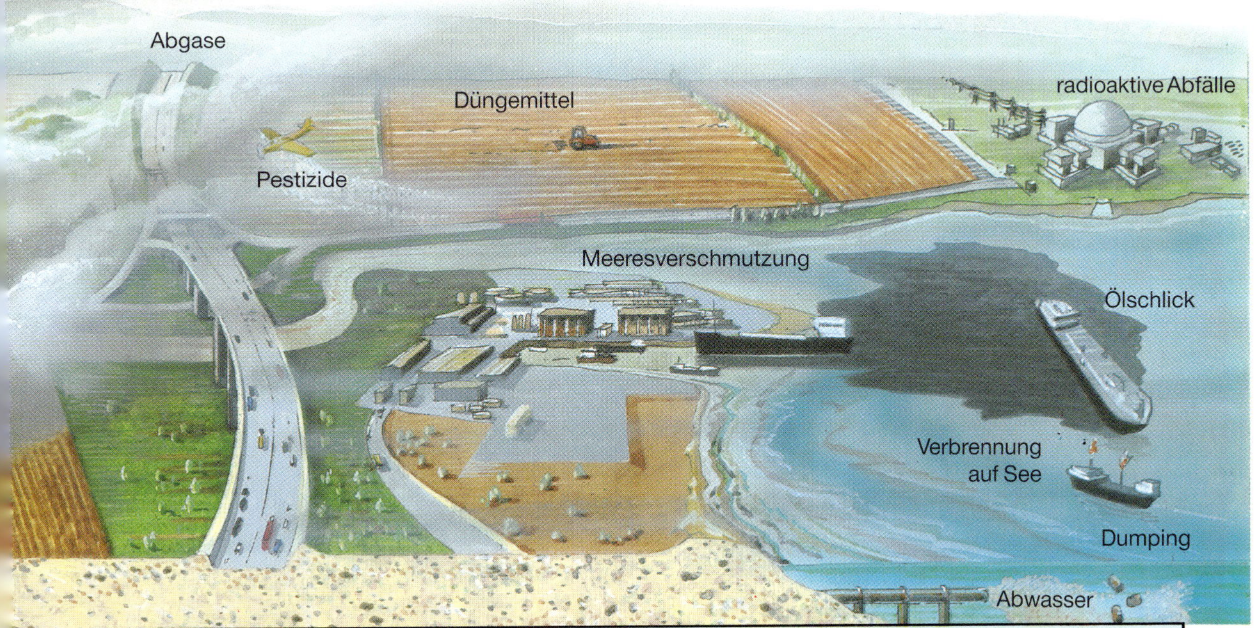

Siehe auch →Abfall; →Artenschutz; →fossile Brennstoffe; →Lärm; →Luftverschmutzung; →Naturschutz; →Nitrate; →Recycling; →Treibhauseffekt; →Umwelt; →Wasserverschmutzung.

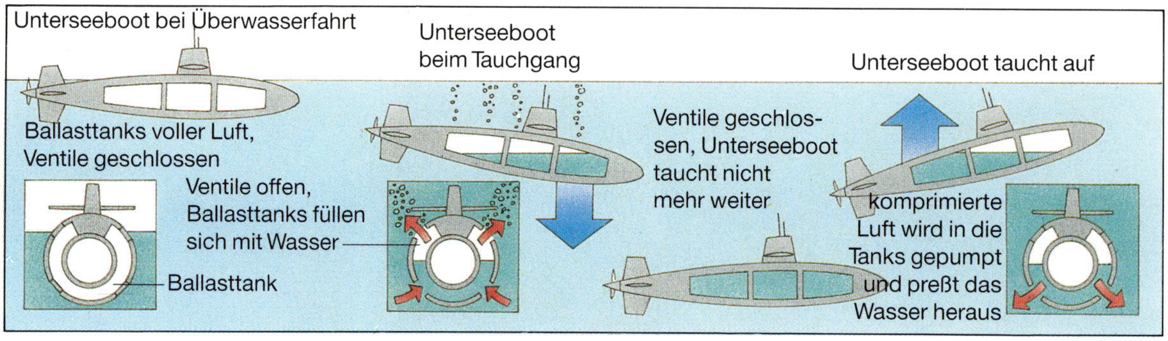

△ Je nach der Menge des Wassers oder der Luft in den Ballasttanks sinkt ein Unterseeboot ab oder steigt auf. Um aufzusteigen, wird das Wasser mit Preßluft aus den Ballasttanks hinausgedrückt.

Auflösung der Aufgabe von Seite 543

Die Reihe 1/1 + 1/2 + 1/4 + 1/8 + ... nähert sich genau der Zahl 2, ohne sie jemals zu erreichen. Wir sagen auch: Sie kommt unendlich nahe an die Zahl 2. Oder: Der Grenzwert der Reihe ist 2.

Unterseeboot

Das erste Unterseeboot baute der Holländer Cornelius Drebbel. Er fuhr 1620 damit in der Themse durch London. Im Jahr 1776, während des amerikanischen Unabhängigkeitskrieges, konstruierte der Amerikaner David Bushnell ein Unterseeboot, die „Turtle" („Schildkröte"). Außen am Rumpf war ein Bohrer angebracht. Damit sollte ein Loch in eine feindliche Fregatte gebohrt werden. Dies mißlang, doch war die „Turtle" das erste echte Unterseeboot, denn es hatte einen Tank zum Auf- und Abtauchen. Im Ersten und im Zweiten Weltkrieg spielten die Unterseeboote eine wichtige Rolle. Unterseeboote, die nicht militärischen Zwecken dienen, werden Tauchboote genannt. Man braucht sie vor allem, um Bohrgeräte zur Gewinnung von Erdöl in flachen Meeren zu montieren, zu überwachen und zu warten.

▽ Diese besonders geschützten Hände halten ein Stück angereichertes Uran; es enthält vor allem das Isotop 235, das in Kernreaktoren als Brennstoff verwendet wird. Das Uran ist eines der schwersten Metalle. Das abgebildete Stück wiegt 4,5 Kilogramm und hat einen Wert von rund 300 000 Mark.

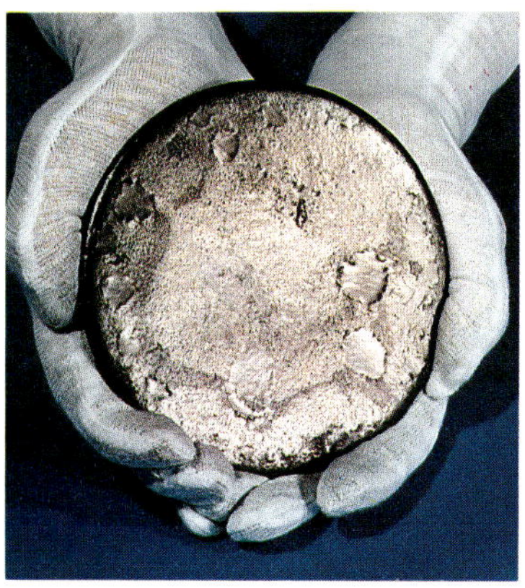

Uran

Das Uran ist ein äußerst seltenes Schwermetall und ein →chemisches Element. Es kommt in mehreren →Isotopen vor, die alle →radioaktiv sind. Heute wird das Uran in Kernreaktoren verwendet (Uranisotop 235). Dort wird es von Neutronen gespalten und liefert dabei sehr viel Energie. Sie wird mit Hilfe von →Turbinen und →Generatoren in elektrische Energie umgewandelt. Leider entstehen bei der Kernspaltung auch unzählige äußerst giftige radioaktive Stoffe.

Uranus

Der Uranus wurde 1781 als erster Planet mit einem →Teleskop entdeckt. Weil er so weit von der Erde entfernt ist, wußten die Wissenschaftler lange Zeit wenig über ihn. Das änderte sich 1986, als die Planetensonde Voyager 2 beim Vorbeiflug viele Daten über den Uranus zur Erde sandte. Der Uranus hat vermutlich einen Kern aus Eisen und Silikaten. Darüber liegt ein dicker Mantel aus Wasser-, Ammoniak- und Methaneis. Seine Atmosphäre setzt sich aus Helium, Wasserstoff und Methan zusammen.

◁ Der Uranus hat ein schwach ausgeprägtes Ringsystem sowie 15 Monde, fünf große und zehn kleine.

Zahlen und Daten
Durchmesser am Äquator 51 000 km
Durchmesser an den Polen 50 200 km
Entfernungen von der Sonne 3 Milliarden 7 Millionen km (Maximum)
2 Milliarden 737 Millionen km (Minimum)
Umlaufzeit 84 Jahre
Tageslänge 17 Stunden und 18 Minuten
Masse Das 14,6fache der Erdmasse
Dichte 22 Prozent der Erddichte
Oberflächentemperatur −200 °C

Viele Jahre lang kannte man nur fünf Monde des Uranus. Der größte ist Titania mit einem Durchmesser von 1600 Kilometern, der kleinste Miranda (480 Kilometer). Ihre Oberfläche ist teilweise stark gefurcht, mit Kratern und tiefen Tälern. Die Voyagersonde entdeckte 10 weitere Monde des Uranus, die meisten mit einem Durchmesser unter 50 Kilometern, sowie ein schwach ausgeprägtes Ringsystem.

Urknall

Die Wissenschaftler stellen sich vor, daß das →Weltall vor 15 Milliarden Jahren mit einem Urknall begann. Den Anfang machte also unvorstellbar viel →Energie. Nach kurzer Zeit gingen aus dieser Energie alle →Elementarteilchen hervor, und die verschiedenen Kräfte des Weltalls entstanden, zum Beispiel die →Schwerkraft. Die Physiker haben ausgerechnet, daß sich die Elementarteilchen nur 3 Minuten nach dem Urknall zu →Wasserstoff vereinigt hatten. Dieses Gas macht heute 90 Prozent der gesamten →Materie im Weltall aus.
Der Urknall führte dazu, daß die Wasserstoffwolken mit hoher Geschwindigkeit auseinanderflogen. Sie bildeten im Lauf der Zeit →Galaxien mit zahlreichen Sternen wie unsere →Milchstraße. Noch heute fliegen die Galaxien durch den Urknall auseinander, wie die →Rotverschiebung beweist.
Vielleicht dehnt sich das Weltall für alle Zeiten weiter aus. Vielleicht kommt es aber auch zu einem Stillstand und fällt dann wieder in sich zusammen. Das könnte in 70 Milliarden Jahren der Fall sein. Möglicherweise wird es am Ende wieder zu einem Urknall kommen. Den werden wir aber schon deswegen nicht erleben, weil sich die Sonne in ungefähr 5 Milliarden Jahren sehr stark erhitzen und die Erde verbrennen wird.

Selbst wenn die Hypothese vom Urknall zutrifft, ist damit die Frage nach dem Ursprung des Weltalls noch nicht geklärt. Woher kam die Energie des Urknalls? Was war vor dem Urknall? Wieso fand er statt? Gab es schon einmal ein Weltall? Diese Fragen sind wahrscheinlich nicht mit den Naturwissenschaften zu lösen, sondern gehören ins Gebiet der Weltanschauung, des Glaubens und der Religion.

V v

Vakuum

Als Vakuum bezeichnen wir einen Raum, der völlig leer ist und keinerlei →Materie enthält. Ein echtes Vakuum gibt es zum Beispiel im Weltall zwischen den Sternen. Pro Kubikzentimeter Raum finden wir dort rund 1 Gasteilchen. Was wir auf der Erde als leer bezeichnen, zum Beispiel ein leerer Container, ist in Wirklichkeit immer angefüllt mit den →Molekülen der →Luft. Und ein Kubikzentimeter Luft enthält hier rund 27 Trillionen Moleküle. Auf der Erde fällt es gar nicht leicht, ein Vakuum herzustellen. Wir müßten dazu nämlich alle Luft aus einem Gefäß herauspumpen. Dies gelingt aber immer nur zum Teil. Deswegen müßte man eigentlich den Begriff „Teilvakuum“ benutzen. Meistens spricht man auch einfach von einem Unterdruck: Im Innern des Gefäßes herrscht dann ein viel geringerer →Luftdruck als außen. Das Gefäß muß diesem starken Druck von außen widerstehen können. Ein dichter Verschluß verhindert, daß Luftmoleküle in das Vakuum hineinwandern.

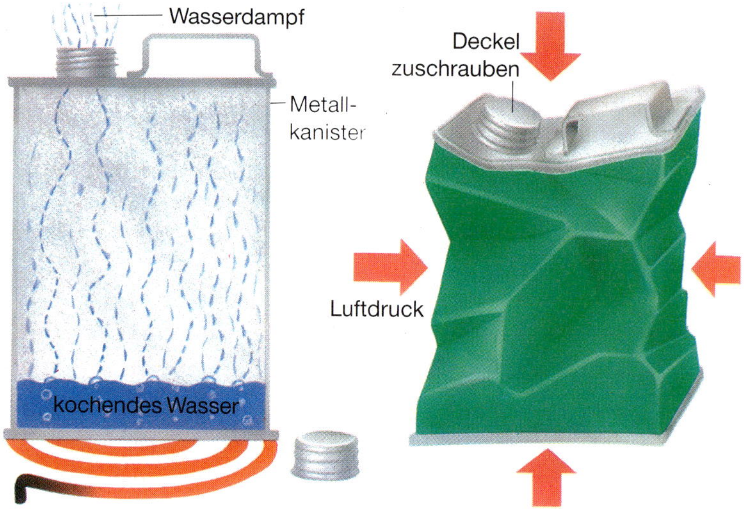

▷ Wir bringen etwas Wasser in einem Metallkanister zum Kochen. Aus der Öffnung dringt nun heißer Dampf. Wir nehmen den Kanister von der Wärmequelle weg und schrauben den Deckel fest zu. Der Dampf wird abkühlen und kondensieren. Dadurch fällt der Druck im Inneren des Kanisters. Es entsteht ein Unterdruck oder Teilvakuum. Der Luftdruck außen ist viel größer und bewirkt, daß die dünnen Wände nach innen knicken.

Valenz

Die Valenz oder Wertigkeit ist eine Zahl, die dem Chemiker sagt, wie und mit wievielen Atomen eines Elements sich ein →chemisches Element verbinden kann. Dabei entstehen →chemische Verbindungen. Die Atome werden von →chemischen Bindungen zusammengehalten, bei denen die →Elektronen eine entscheidende Rolle spielen. Die Valenz oder Wertigkeit ist die Anzahl der Elektronen, die ein Atom an sich reißen, abgeben oder gemeinsam mit einem anderen Atom haben kann. Das Wasserstoffatom hat zum Beispiel ein Elektron. Es ist einwertig. Das Sauerstoffatom ist zweiwertig. Es hat bereits sechs Elektronen, zeigt aber die starke Neigung,

▽ Der Elektromotor des Staubsaugers treibt ein Gebläse an, das über dem Teppich zu einem Teilvakuum führt. Durch den Unterdruck entsteht eine Luftströmung, die die Staubteilchen losreißt.

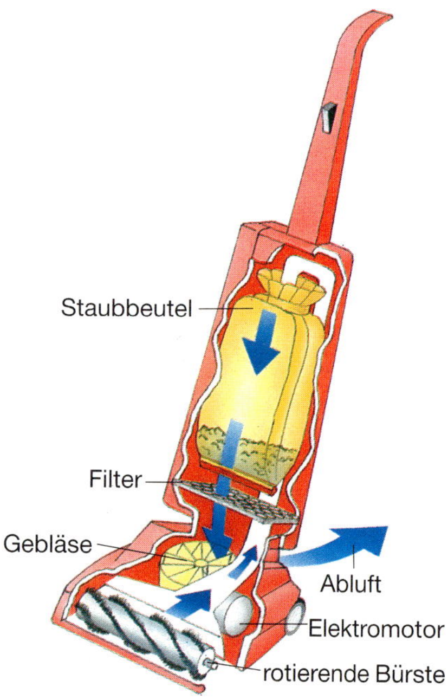

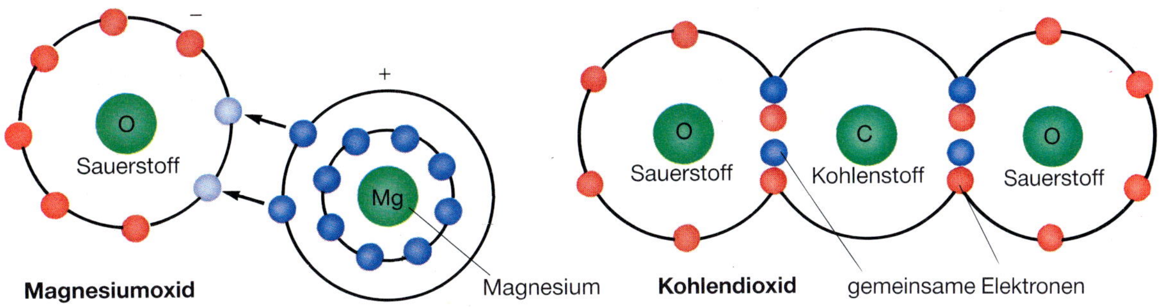

zwei weitere Elektronen an sich zu ziehen, damit seine äußerste Elektronenschale ganz aufgefüllt ist. Deswegen verbindet sich ein Sauerstoffatom mit zwei Wasserstoffatomen zu einem Wassermolekül. Wasserstoff ist immer einwertig, Sauerstoff immer zweiwertig. Eisen hingegen hat mehrere Wertigkeiten: In einigen Verbindungen ist es zweiwertig, in anderen dreiwertig.

△ Magnesium und Sauerstoff sind beide zweiwertig. Die Abbildung links zeigt, daß das Magnesium zwei äußere Elektronen abgibt, um die Elektronenschale des Sauerstoffs ganz aufzufüllen. Sie enthält dann acht Elektronen. Auf diese Weise verbinden sich Magnesium und Sauerstoff zu Magnesiumoxid. Der Kohlenstoff hat vier äußere Elektronen und ist vierwertig. Die Abbildung rechts zeigt, wie sich ein Kohlenstoffatom mit zwei Sauerstoffatomen zu Kohlendioxid verbindet.

Van-Allen-Gürtel

Die Erde weist ein starkes Magnetfeld (→Erdmagnetismus) auf. Wenn →Elementarteilchen des →Sonnenwinds in die Nähe der Erde gelangen, werden sie von ihrem Magnetfeld eingefangen und gespeichert. Vor allem handelt es sich um →Elektronen und →Protonen. Sie bilden zwei Van-Allen-Gürtel, einen inneren in ungefähr 3000 Kilometer Höhe und einen äußeren in einer Entfernung von rund 20000 Kilometern. Beide Gürtel befinden sich damit weit außerhalb der →Atmosphäre. Das Magnetfeld der Erde (Magnetosphäre) wird vom Sonnenwind stark länglich verformt. Vor kurzem wurde noch ein dritter Strahlungsgürtel gefunden.

▽ In den beiden Van-Allen-Gürteln der Erde tritt viel ionisierende Strahlung auf. Sie werden wie das gesamte Magnetfeld der Erde (Magnetosphäre) vom Sonnenwind verformt. Ihr Abstand von der Erde ist auf der Seite, die der Sonne zugewandt ist, viel geringer als auf der sonnenabgewandten Seite.

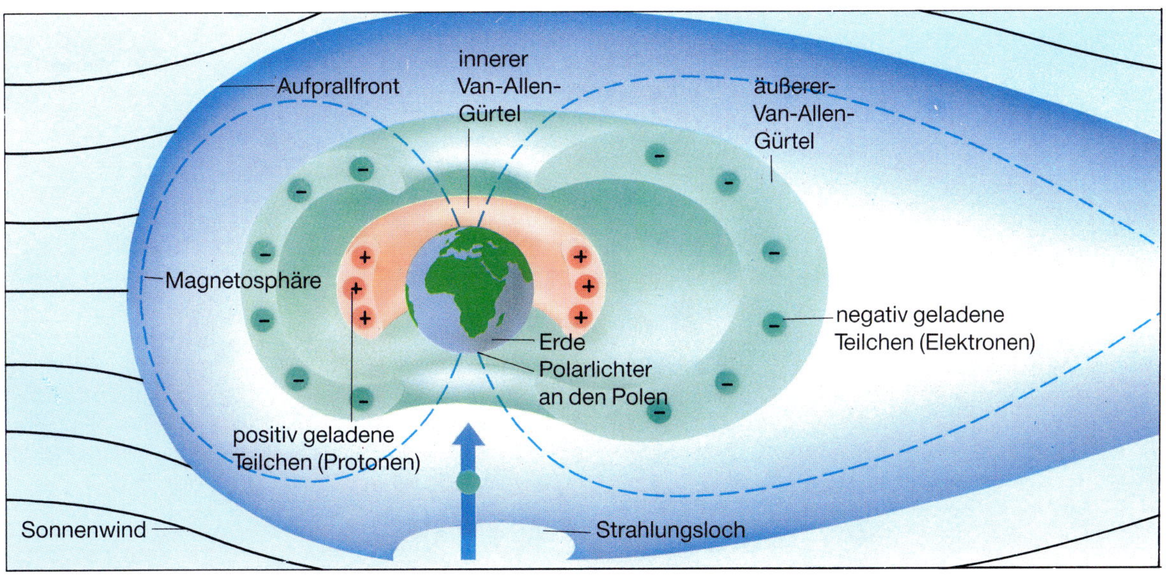

▷ Die heiße Oberfläche der Venus ist hinter den dichten Wolken ihrer dicken, giftigen Atmosphäre verborgen.

Zahlen und Daten
Durchmesser am Äquator
12 104 km
Durchmesser an den Polen
12 400 km
Entfernungen von der Sonne
109 Millionen km (Maximum)
108 Millionen km (Minimum)
Umlaufzeit 225 Erdentage
Tageslänge 117 Erdentage
Masse 82 Prozent der Erdmasse
Dichte 89 Prozent der Erddichte
Oberflächentemperatur
480 °C (Maximum)

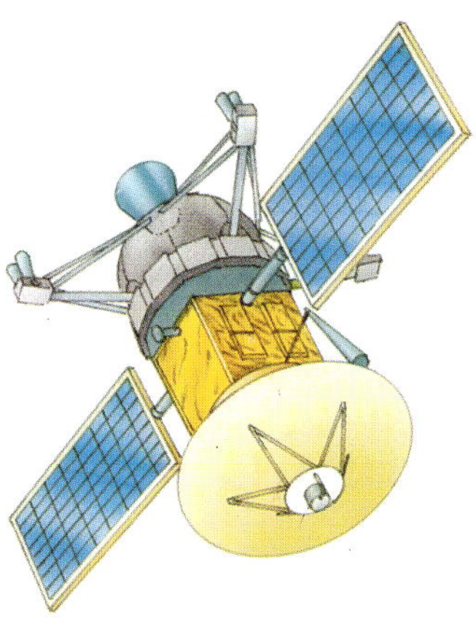

△ Die Raumsonde Magellan sandte von 1990 an die bisher besten Bilder von der Venus.

Venus

Der Planet Venus kreist zwischen der Bahn der Erde und der Bahn des Planeten →Merkur um die Sonne. Die Venus ist fast genauso groß wie die Erde und zeigt auch einen ähnlichen inneren Aufbau mit einer festen Gesteinskruste außen. Andererseits gibt es doch sehr starke Unterschiede: Mit einer Temperatur von 480 °C ist sie der heißeste Ort im Sonnensystem. In der Atmosphäre der Venus herrscht ein Druck wie bei uns im Meer in einer Tiefe von mehreren hundert Metern. Sie besteht zum größten Teil aus dem Gas →Kohlendioxid mit dicken Wolken aus schwefliger Säure. Durch diese Atmosphäre fällt verhältnismäßig wenig Sonnenlicht auf den Planeten. Dennoch wärmt die Sonne den Untergrund der Venus auf. Dieser gibt wiederum Wärmestrahlung ab. Doch der hohe Kohlendioxidgehalt verhindert, daß diese Wärmestrahlung ins Weltall entkommt. Sie bleibt vielmehr auf der Venus gefangen. Sie zeigt also einen gigantischen →Treibhauseffekt, der zu den genannten hohen Temperaturen führt.
Die Oberfläche der Venus ist normalerweise nicht zu sehen und von Wolken verdeckt. Sie wurde deswegen von der Erde und von Sonden aus mit →Radarsystemen erforscht. Die Wissenschaftler fanden bis zu 11 Kilometer hohe Berge und auch Vulkane, die ähnlich wie die auf der Erde aussehen. Aus Messungen des Schwefeldioxidgehalts der Atmosphäre geht hervor, daß einer oder mehrere Vulkane sogar noch aktiv sind und bei Eruptionen weiteres Schwefeldioxid in die Venusatmosphäre ausstoßen.

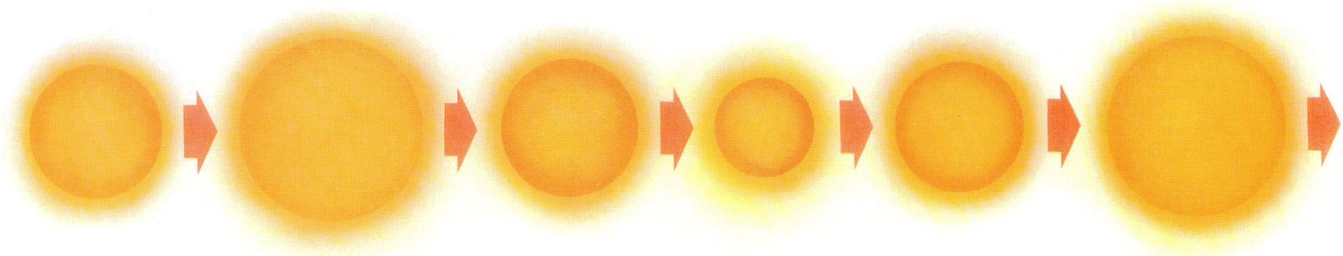

△ Die Helligkeit eines Sterns ändert sich mit der Zeit, wenn dieser in regelmäßigen Abständen schrumpft und sich dann wieder ausdehnt. Manche veränderlichen Sterne pulsieren regelmäßig in Abständen von wenigen Stunden oder Tagen.

veränderliche Sterne

Selbst wenn wir an einem völlig klaren Nachthimmel Sterne beobachten, scheinen viele unregelmäßig zu flackern. Das geht auf Trübungen und Unregelmäßigkeiten in der →Atmosphäre der Erde zurück. Die meisten Sterne leuchten stetig mit derselben Helligkeit und Lichtstärke. Allerdings gibt es veränderliche Lichtsterne, die ihre Strahlung innerhalb von Minuten, Stunden, Tagen oder höchstens Jahren verändern. Einige dieser veränderlichen Sterne sind →Doppelsterne. Wenn sie einander umkreisen, verschwindet der eine Stern zeitweise hinter dem anderen, so daß die Gesamthelligkeit der Doppelsterne abnimmt. Es findet hier also eine Sternfinsternis statt. Es gibt aber tatsächlich Sterne, deren Temperaturen und damit auch Farbe und Strahlung mit der Zeit schwankt. Solche Sterne können kurzzeitig schrumpfen und sich dann wieder ausdehnen. Auch die →Nova und die →Supernova zeigen Veränderungen der Helligkeit.

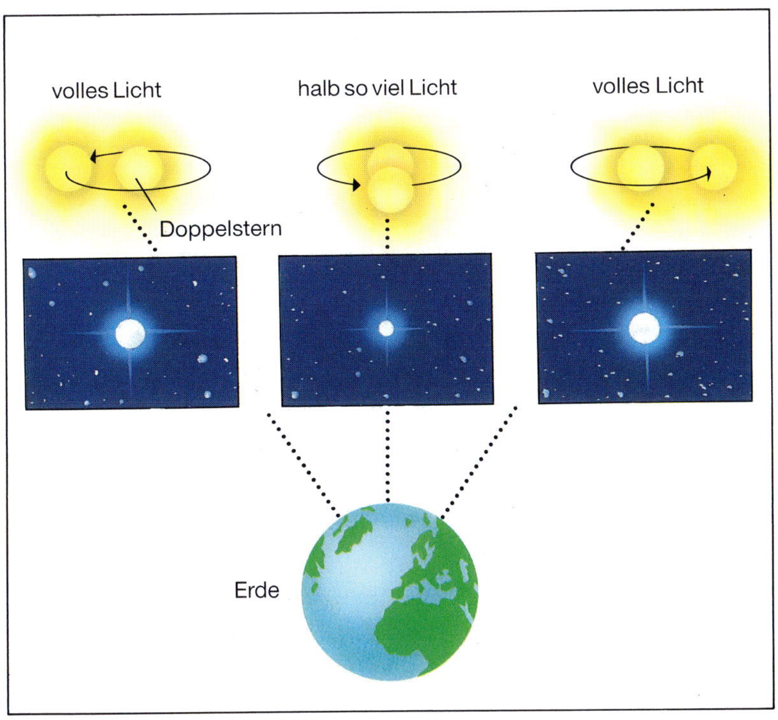

◁ Veränderliche Sterne zeigen Schwankungen ihrer Helligkeit. Bisweilen ändert sich die Leuchtkraft nur scheinbar, zum Beispiel bei Doppelsternen, die einander umkreisen. Wenn beide Sterne sichtbar sind, senden sie mehr Licht auf die Erde, als wenn sie hintereinanderstehen und somit eine Sternfinsternis herrscht. Solche Doppelsterne sind also keine echten veränderlichen Sterne.

▷ Die Temperatur in der Brennkammer der beiden Feststoffraketen neben dem Haupttank des Spaceshuttle reicht von 1600 bis 3300 °C.

Verbrennung

Wenn etwas verbrennt, findet eine schnelle →chemische Reaktion statt. Dabei entsteht viel →Wärme und Licht in Form einer Flamme. Bei der Verbrennung reagiert ein Stoff meistens mit →Sauerstoff. Eine Verbrennung ist also eine →Oxidation, die sehr heftig abläuft. Wenn zum Beispiel Steinkohle verbrennt, die aus fast reinem Kohlenstoff besteht, so geht aus der Verbrennung fast nur →Kohlendioxid hervor. Wenn Kohlenwasserstoffe, wie Benzin, verbrennen, verbindet sich der Kohlenstoff mit dem Sauerstoff zu Kohlendioxid, der Wasserstoff der Kohlenwasserstoffe reagiert mit dem Sauerstoff zu Wasser. Wasser ist also auch ein Oxidationsprodukt. In jedem Fall liefert eine solche Reaktion viel Wärme. Sie wird in Heizkraftwerken verwendet, um Wasser in Heißdampf zu verwandeln, der dann die →Turbinen und die →Generatoren antreibt. →Verbrennungsmotoren verwandeln die chemische Energie der Treibstoffe in Bewegungsenergie.

Bei Unfällen mit heißem Wasser, Öl, Dampf oder Strom können wir Verbrennungen davontragen. Wenn wir uns verbrannt haben, sollten wir sofort – möglichst in der nächsten Sekunde – den betreffenden Körperteil unter fließendes kaltes Wasser halten, und zwar so lange, bis der Schmerz nachläßt. Auf diese Weise können wir die Schäden und vor allem die Schmerzen mildern. Bei schweren Verbrennungen müssen wir unbedingt zum Arzt.

Jeder brennbare Stoff hat eine ganz bestimmte Temperatur, bei der er sich entzündet. Bevor er zu brennen beginnt, muß er auf diese Temperatur erwärmt werden. Je niedriger die Entzündungstemperatur, um so leichter brennt der Stoff. Die Entzündungstemperatur ist für jeden Stoff kennzeichnend. Beim Papier liegt sie bei 232 °C, bei der Baumwolle bei 266 °C.

Verbrennungsmotor

Verbrennungsmotoren verwandeln die chemische Energie, die in Treibstoffen steckt, in Bewegungsenergie. Die Treibstoffe werden gezündet und verbrennen mit dem Sauerstoff

der Luft innerhalb sehr kurzer Zeit. Dabei entsteht viel Wärme. Die Verbrennungsgase dehnen sich explosionsartig aus und können damit Arbeit leisten.
Es gibt zwei grundsätzlich verschiedene Arten von Verbrennungsmotoren, nämlich Kolbenmotoren und →Gasturbinen. Bei den Kolbenmotoren unterscheidet man je nach der Art der Zündung Benzinmotoren und →Dieselmotoren.
Der am weitesten verbreitete Benzinmotor heißt Viertaktmotor, weil sich immer vier Arbeitsgänge wiederholen. Beim ersten Takt saugt der Kolben frisches Gemisch aus Luft und Treibstoff an. Dabei bewegt sich der Kolben abwärts. Bei der darauffolgenden Aufwärtsbewegung (zweiter Takt) verdichtet er das Gemisch. Der dritte Takt ist der Arbeitstakt: Ein Funken entzündet das Gemisch, und der Druck der Verbrennungsgase treibt den Kolben nach unten. Beim vierten Takt werden die Verbrennungsgase aus dem Zylinder ausgestoßen. Die meisten Motoren haben vier Zylinder. Ein Motor mit weniger Zylindern würde nicht so rund und gleichmäßig laufen. Sportwagen haben sechs oder sogar acht Zylinder.
Zweitaktmotoren leisten bei jedem zweiten Takt Arbeit. Dennoch sind sie nicht leistungsfähiger als Viertaktmotoren. In Autos werden sie kaum mehr eingebaut, und man erkennt sie am eigentümlichen scheppernden Motorengeräusch und am blauen Qualm der Abgase. Eine Sonderform des Benzinmotors stellt der →Wankelmotor dar.
Der Vier- und der Zweitaktmotor heißen auch Ottomotoren nach dem deutschen Ingenieur Nikolaus Otto (1832–1891). 1866 erwarb er ein erstes Patent auf einen Viertaktmotor, der mit Gas betrieben wurde. 1885 baute Gottlieb Daimler den ersten Verbrennungsmotor für flüssige Treibstoffe.

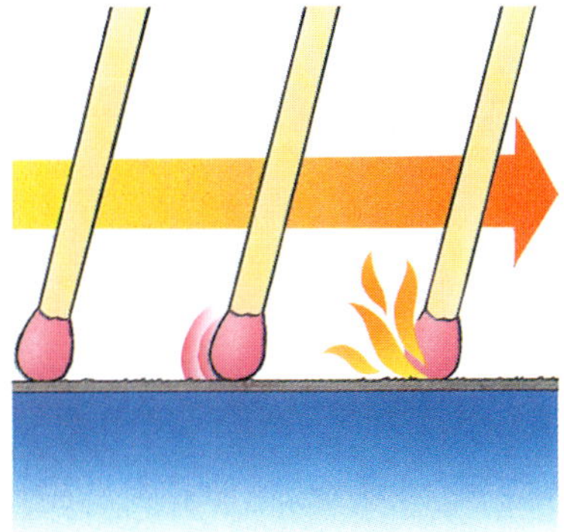

△ Wenn wir ein Zündholz gegen die Reibfläche streichen, entsteht Reibungswärme. Sie bewirkt, daß sich zunächst Phosphorteilchen und danach auch der Schwefel und andere chemische Stoffe der Zündmasse entzünden.

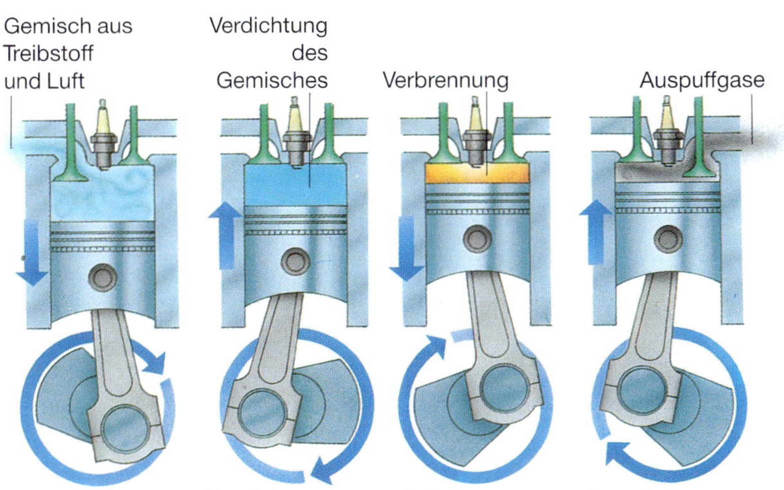

◁ Die vier Takte des Viertaktmotors. Die Ventile wechseln dabei dauernd ihre Stellung.

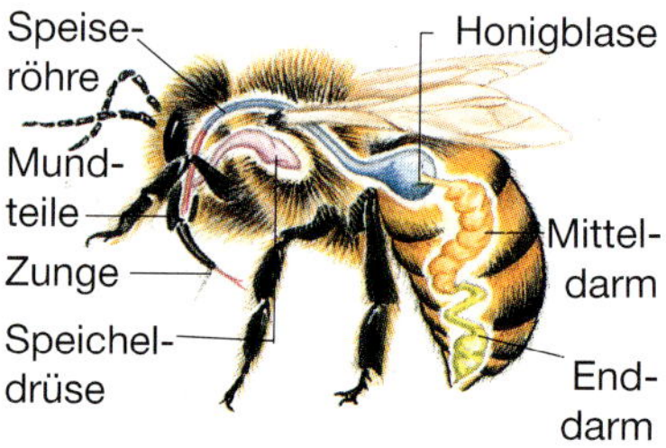

△ Das Verdauungssystem der Honigbiene. Die Tiere bewahren den gesammelten Nektar in der Honigblase auf.

Verdauung

Während der Verdauung bauen der Mensch und die Tiere die aufgenommene Nahrung in einfache chemische Stoffe ab. Diese Nährstoffe werden dann ins →Blut aufgenommen (absorbiert) und von diesem im ganzen Körper verteilt. Sie dienen als Energielieferanten und zum Aufbau neuer →Zellen. Beim Menschen beginnt die erste Verdauung im Mund. Wir zerkleinern die Nahrung mit den Zähnen und speicheln sie gründlich ein. →Enzyme im Speichel verwandeln die unlösliche →Stärke in lösliche →Zuckermoleküle. Deswegen schmeckt ein Stück Brot nach gründlichem Kauen süß. Die Nahrung wird dann hinuntergeschluckt und gelangt über die Speiseröhre in den →Magen. Dort wird sie mit weiteren Enzymen und mit →Salzsäure vermischt. Der Magen verwandelt die Nahrung in einen Brei, und der gelangt schließlich in den Dünndarm. Bauchspeichel aus der →Bauchspeicheldrüse und Galle aus der →Leber werden dem Nahrungsbrei hinzugefügt und neutralisieren ihn, denn sie sind selbst deutlich alkalisch. Diese beiden Verdauungssäfte besorgen vor allem den Abbau von →Fetten. Schließlich ist die Nahrung in so kleine Bestandteile zerlegt, daß sie durch die Wand der →Darmzotten in winzige Blutgefäße, die Kapillaren, aufgenommen und damit absorbiert werden kann. Ein Teil der Nahrung bleibt immer unverdaulich, vor allem die →Zellulose der Pflanzen. Wir sprechen hier von Ballaststoffen. Obwohl sie keinen Nährwert haben, sind sie doch für eine gesunde Verdauung unerläßlich, denn sie bringen den Darm dazu, den Nahrungsbrei gut durchzukneten und vorwärtszubewegen.

▽ Die Verdauung beginnt im Mund und im Magen, doch der größte Teil findet im Dünndarm statt.

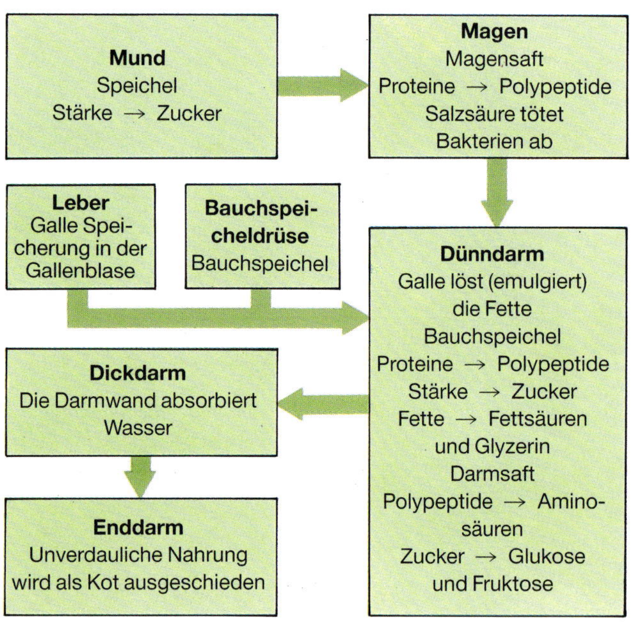

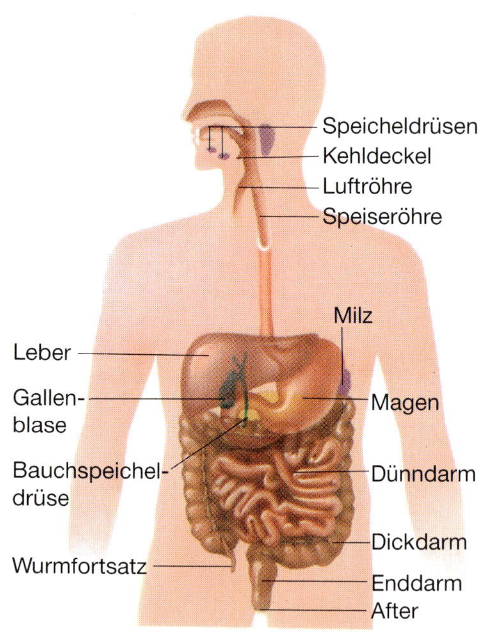

Verdunstung

Bei der Verdunstung wird eine Flüssigkeit gasförmig. Dies geschieht bei Temperaturen unterhalb des →Siedepunktes. Bei Temperaturen darüber spricht man von Verdampfen. Wärme beschleunigt die Verdunstung: Frisch gewaschene Wäsche trocknet am besten, wenn wir sie an einem warmen, sonnigen Tag draußen aufhängen.
Wenn Moleküle verdunsten, entziehen sie ihrer Umgebung Wärme. Wir spüren das beim Schwitzen: Wenn der Schweiß auf der Haut verdunstet, kühlt er uns gleichzeitig ab. Diese Verdunstungskälte nutzen wir auch beim →Kühlschrank und bei der →Klimatisierung.

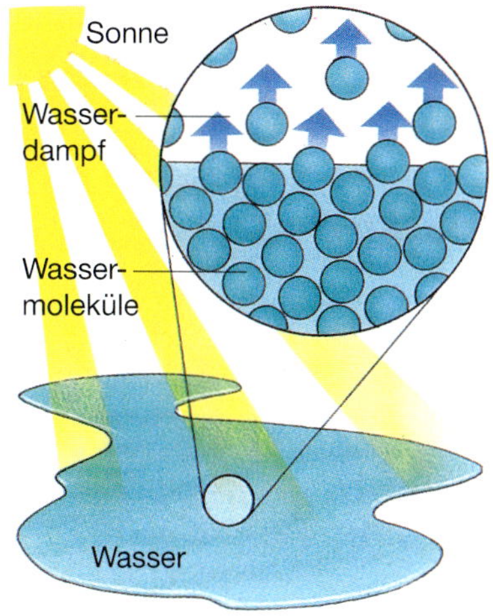

△ Wasserpfützen verschwinden nach einem Regen durch Verdunstung. Besonders schnell geschieht dies, wenn nach einem Gewitter wieder die Sonne scheint. Sie liefert den Wassermolekülen an der Oberfläche die nötige Energie, um gasförmig zu werden.
Bei der Verdunstung haben einzelne →Moleküle an der Oberfläche der Flüssigkeit so viel Energie, daß sie gasförmig werden. Durch Verdunstung entsteht in der Luft ein gewisser Dampfdruck. Wenn dieser Druck ansteigt, kann weniger Flüssigkeit verdunsten. Ist die Luft zum Beispiel schon sehr schwül und enthält folglich sehr viel Wasserdampf, so verdunsten Pfützen nach einem Regenfall deutlich langsamer.

Veredelung

Wenn ein Rohstoff oder ein Produkt veredelt wird, so bekommt es eine höhere Qualität. Der Textilveredler behandelt zum Beispiel Stoffe weiter, er färbt, bedruckt oder beschichtet sie und macht sie damit wertvoller. Ein einfaches Auto kann durch allerlei teures Zubehör veredelt werden. Hochbeanspruchte Oberflächen, von Metallen oder Gläsern beispielsweise, werden oft gehärtet und damit veredelt.
Der Gärtner veredelt Pflanzen durch Transplantation. Er verbindet etwa ein wertvolles Edelreis mit einer weniger edlen Unterlage, so daß beide miteinander verwachsen. Dieses Verfahren wird vor allem im Obstbau verwendet. Man kann zum Beispiel einem Baum die gesamte Krone abschneiden, weil sie nicht mehr richtig Frucht trägt. Auf den Stumpf pfropft man dann einige Edelreiser auf. Sie können sogar verschiedenen Sorten angehören, so daß es möglich ist, mehrere verschiedene Apfelsorten auf einer Unterlage zu ziehen. Alle Weinreben in Europa sind heute solche Pfropfbastarde. Als Unterlage haben sie eine amerikanische Rebsorte, die gegen die Reblaus unempfindlich ist. Ihr werden dann die europäischen Rebsorten aufgepfropft.

Mach es selbst

Wir können im eigenen Garten Pflanzen veredeln. Zuerst gewinnen wir ein Edelreis, indem wir einen Trieb knapp unterhalb einer Knospe schräg abschneiden **(1)**. Auf der vorgesehenen Unterlage bringen wir einen T-förmigen Einschnitt an **(2)**, stecken das Edelreis hinein **(3)** und verschnüren alles fest mit einem Plastikband **(4)**. Nach einigen Wochen wird das Edelreis anwachsen und austreiben.

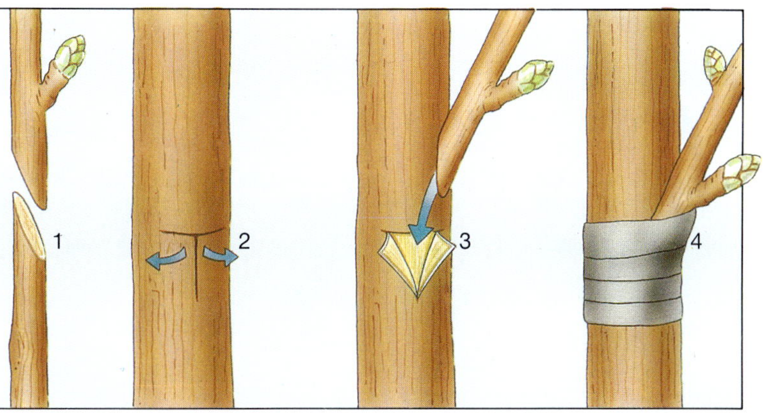

Gregor Mendel (1822–1884)

Gregor Mendel war ein Augustinermönch aus Brünn. Als erster führte er zielgerichtete Versuche zur Vererbung bei den Pflanzen durch. Er kreuzte verschiedene Erbsensorten miteinander, und schließlich stieß er auf die Vererbungsgesetze, die heute seinen Namen tragen. Mendel war seiner Zeit weit voraus. Seine Forschungen wurden nicht anerkannt, gerieten in Vergessenheit und wurden erst um die Jahrhundertwende wieder neu entdeckt.

Vererbung

Die Vererbung sorgt dafür, daß bei der Fortpflanzung Merkmale von der einen auf die darauffolgende Generation übertragen werden. Manche Kinder ähneln einem Elternteil oft auf verblüffende Weise in bestimmten Merkmalen. Damit hat es folgende Bewandtnis: Jede Samenzelle und jede →Eizelle enthält einen Satz aller →Chromosomen und somit alle Erbfaktoren (→Gene). Wenn die beiden Zellen bei der Befruchtung miteinander verschmelzen, vereinigt sich also das Erbgut des Vaters (Samenzelle) mit dem der Mutter (Eizelle). Nun stimmen die Gene des Vaters nicht überall mit den Genen der Mutter überein – sonst würden beide ja gleich aussehen wie eineiige Zwillinge. Wenn verschiedene Gene (blaue Augen – braune Augen) aufeinandertreffen, überwiegt meistens das eine Gen und kommt zur Ausprägung (braune Augen). Wir nennen ein solches Gen dominant. Das andere Gen (blaue Augen) ist zwar vorhanden, kann sich aber nicht durchsetzen und heißt deswegen rezessiv. Nur jene Kinder, in deren Erbgut zwei Gene für blaue Augen vorhanden sind, haben dann auch blaue Augen.

Siehe auch →Genetik.

▽ Das Gen, das für braune Augen zuständig ist, ist dominant, das Gen für blaue Augen hingegen rezessiv. Wenn jemand in seinem Erbgut beide Gene hat, so hat er braune Augen. Der braunäugige Vater kann also ein Gen für braune und eines für blaue Augen haben. Die blauäugige Mutter besitzt nur zwei Gene für blaue Augen. Die Kinder können dann braune und blaue Augen haben.

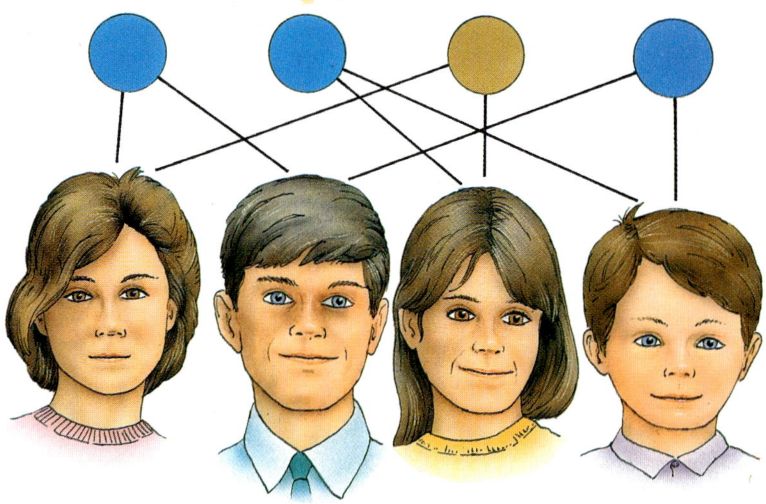

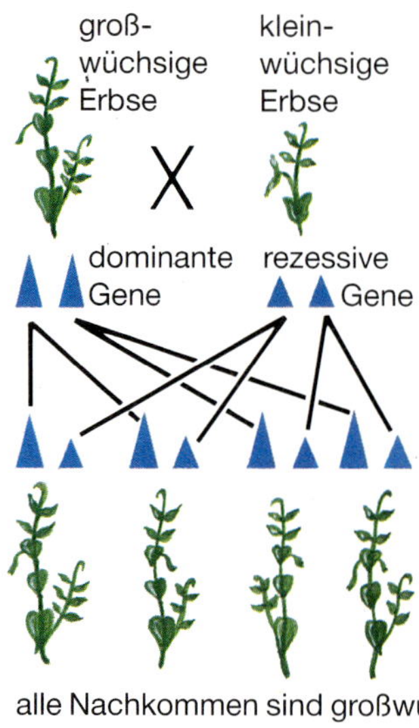

△ Gregor Mendel verwendete für seine Versuche Erbsen. Er kreuzte großwüchsige mit kleinen Pflanzen und zeigte, daß das Gen für große Pflanzen dominant ist, denn alle Nachkommen waren groß. Diese Tochterpflanzen tragen allerdings verdeckt auch das Gen für Kleinwüchsigkeit.

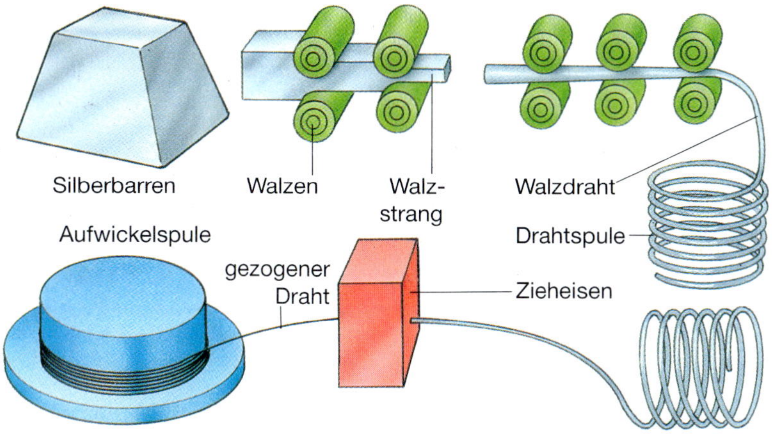

◁ Viele Metalle lassen sich leicht plastisch verformen, vor allem Gold und Silber. Man kann daraus Drähte ziehen oder unterschiedliche Formen hämmern, ohne daß es reißt.

Verformbarkeit

Gase und Flüssigkeiten lassen sich beliebig verformen: Sie nehmen die Form ihres Gefäßes an. Festkörper leisten einer Verformung Widerstand. Manche Stoffe reagieren elastisch, das heißt, sie kehren nach der Verformung wieder in ihre Ausgangslage zurück. Plastische Stoffe hingegen behalten die neue Form bei. Viele Metalle sind gut plastisch verformbar. Ihre →Atome können sich gegenseitig verschieben, ohne daß der Zusammenhalt zwischen ihnen verlorengeht und das Material bricht.

Gold gehört zu den Metallen, die sich besonders gut kaltverformen lassen. Man kann es zu ganz feinen Drähten ziehen oder in so dünne Goldplättchen (Blattgold) walzen oder hämmern, daß sogar das Licht hindurchscheinen kann. Ein Gramm Gold läßt sich zu einem Draht von zwei Kilometern Länge ziehen.

Vergrößerung

Die Lupe, auch Vergrößerungsglas genannt, besteht aus einer Glaslinse (Sammellinse) mit zwei nach außen gewölbten konvexen Flächen. Die gewöhnliche Leselupe vergrößert höchstens zweifach. Das bedeutet, daß alle Einzelheiten eines Gegenstandes doppelt so groß gesehen werden wie ohne Lupe. Die besten Lupen bringen es auf eine 25fache Vergrößerung. Für stärkere Vergrößerungen braucht man ein →Mikroskop. Dessen Vergrößerung berechnet man, indem man die Vergrößerung des Okulars mit der Vergrößerung des Objektivs multipliziert. Ein normales Lichtmikroskop erreicht eine rund 1000fache Vergrößerung. Will man noch stärker vergrößern, so muß man ein →Elektronenmikroskop verwenden. Ein Vergrößerungsgerät mit einem →Linsensystem (Objektiv) braucht auch das Fotolabor, wenn es von entwickelten Negativen Abzüge herstellt (→Film).

▽ Durch eine konkave Zerstreuungslinse sieht man einen Gegenstand verkleinert **(1)**. Die konvexe Sammellinse dagegen läßt ihn vergrößert erscheinen **(2)**. Der Grund liegt in der unterschiedlichen Brechung der Lichtstrahlen an den Oberflächen der Linsen.

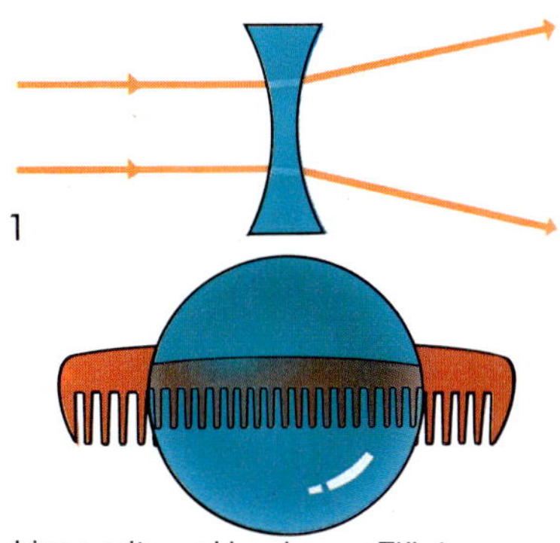
1

Linse mit zwei konkaven Flächen (Zerstreuungslinse)

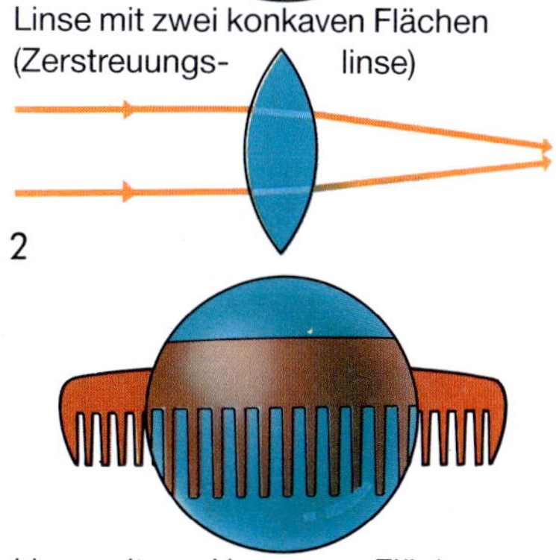
2

Linse mit zwei konvexen Flächen (Sammellinse)

▷ Zu Beginn der Paarungszeit führt der Mandschurenkranich eine auffällige Balz durch. Hier scheint ein Kampf stattzufinden. Die Gegner tun sich aber nicht weh. Kaum jemals verletzen sich die Tiere gegenseitig. Sie verhalten sich so, als stünden die Regeln des Kampfes bereits fest. Die Verhaltensforscher sprechen von ritualisiertem Verhalten.

Verhalten

Unter Verhalten versteht man alle Handlungsweisen von Tieren und Menschen. Jeder von uns hat in bestimmten Situationen typische Verhaltensweisen, und wir wissen meistens, was sie bedeuten: Wenn wir verlegen sind, kratzen wir uns hinter dem Ohr. Sind wir wütend, so zeigen wir die Zähne, atmen heftig und schauen dem Gegner fest ins Auge. Eine höhergestellte Person blicken wir nicht direkt an, sondern wir ducken uns und machen uns eher klein. Und wenn ein Mann einem Mädchen fröhlich zuzwinkert, so gehört dies zum Flirtverhalten. Wenn wir die Nase rümpfen, bringen wir damit zum Ausdruck, daß uns etwas nicht gefällt.

Die Verhaltensforschung oder Ethologie hat herausgefunden, daß jede Bewegung, jede Körperhaltung und auch jede Verfärbung bei den Tieren und auch beim Menschen eine eigene Bedeutung hat. Durch Beobachtungen und Experimente kann man herausfinden, was damit gemeint und bezweckt ist. Jede Verhaltensweise hat ihren Sinn und Zweck.

Wir unterscheiden mehrere Arten des Verhaltens. →Reflexhandlungen sind nicht geplant und auch nicht dem Willen unterworfen. Wenn wir einen heißen Gegenstand berühren, ziehen wir die Hand sofort reflexartig zurück, ohne darüber nachzudenken. →Instinktverhalten ist angeboren und kann nicht erlernt oder verändert werden. Solche Verhaltensweisen laufen immer gleich ab und werden auch von denselben Situationen (Schlüsselreiz) ausgelöst. Ein Jungvogel hat nie zuge-

▽ Wie im März auf Weihern und Seen beobachtet werden kann, hat der Haubentaucher ein sehr reiches Balzverhalten. Ein Partner steckt wiederholt den Kopf ins Wasser und taucht unter dem anderen durch. Dieser erwartet ihn dann in der „Katzenhaltung" mit ausgebreiteten Flügeln. Beide schwimmen nebeneinander, drehen den Kopf hin und her und nicken leicht. Gerne präsentieren sie sich auch gegenseitig Wasserpflanzen, die sie vom Gewässerboden heraufholen.

sehen, wie ein anderer Vogel seiner Art ein Nest baut. Aber wenn die Zeit der Fortpflanzung gekommen ist, kann er es, ohne es jemals gelernt zu haben. Durch →Lernen können intelligentere Tiere ihr Verhalten ändern. Viele Tiere lernen durch Erfahrung, was ihnen zuträglich ist und was nicht.
Besonders auffällige Verhaltensweisen zeigen die Tiere bei der Balz oder beim Liebesspiel. Sie hüpfen, tanzen, drehen sich, sträuben ihre Federn oder Haare, stellen auffällige Zeichnungsmuster zur Schau und blähen sogar Luftsäcke auf. Dabei singen sie ein wohlklingendes Lied oder stoßen Rufe aus, die über Kilometer zu hören sind. Das alles hat den Zweck, den Geschlechtspartner anzulocken. Das Liebesspiel sagt auch beiden Partnern, daß sie zur selben Art gehören, denn jede Art hat ihr eigenes Balzverhalten. Schließlich muß die Balz auch den Partner in die richtige Stimmung versetzen.

△ Plötzliche, unvermutete Verhaltensweisen können Angreifer abschrecken. Diese südamerikanische Heuschrecke ist sehr gut getarnt (oben) und sieht einem trockenen Blatt ähnlich. Bei Gefahr zeigt sie plötzlich die Unterflügel, auf denen bedrohliche Augenflecken stehen (darunter).

Verhältnis

Ein Verhältnis drückt aus, wie sich zwei oder mehr Größen zueinander verhalten. Wenn wir zum Beispiel 4 rote Bälle und 2 blaue Bälle besitzen, so stehen diese im Verhältnis 4:2 (sprich: 4 zu 2) – oder gekürzt 2:1. Man kann auch sagen: Wir haben doppelt so viele rote Bälle wie blaue. Verhältnisse kann man auch in Form von Brüchen ausdrücken: Nehmen wir an, wir haben 12 Fische gekauft, alles Makrelen und Heringe. Das Verhältnis zwischen Makrele und Hering beträgt dabei 2:1. Das bedeutet, daß 2 von 3 Fischen Makrelen sind und 1 Fisch von jeweils 3 Fischen ein Hering ist. Zwei Drittel aller Fische sind also Makrelen, ein Drittel Heringe. Wir haben somit 8 Makrelen und 4 Heringe gekauft.

Mach es selbst

Wir versuchen, die Längen- und Breitenverhältnisse einer Zeichnung zu verändern. Über eine einfache Zeichnung legen wir ein Netz von Linien, alle in gleichem Abstand voneinander. Nun zeichnen wir ein zweites Gitternetz, wobei die senkrechten Linien eineinhalb mal so weit voneinander entfernt sind. Nun übertragen wir die Zeichnung auf unser zweites Gitternetz und sehen, wie sich die Verhältnisse oder Proportionen ändern.

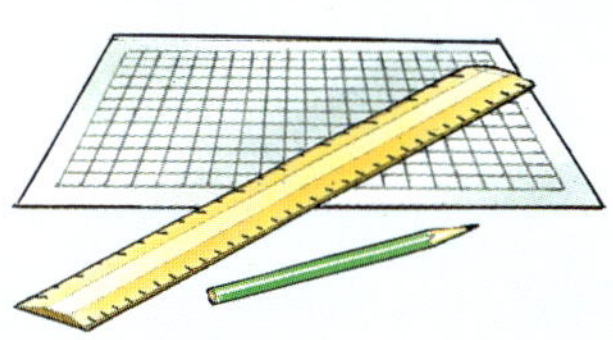

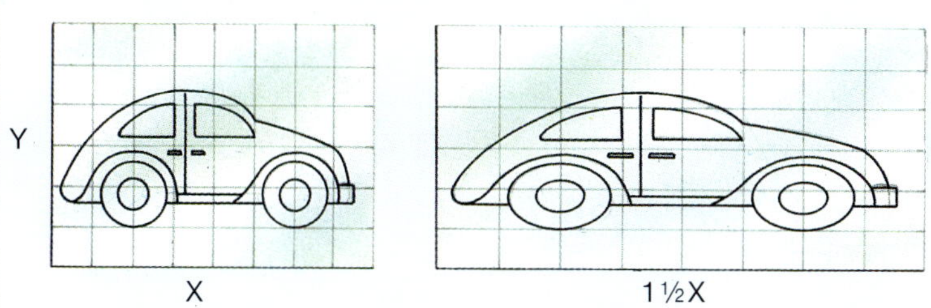

proportional Proportional sind zwei Größen, die miteinander in Zusammenhang stehen und sich gleichsinnig verändern. Beispiel: Wenn wir doppelt soviel arbeiten, bekommen wir auch den doppelten Lohn. Arbeitszeit und Lohn verhalten sich zueinander direkt proportional.
umgekehrt proportional Umgekehrt proportional sind zwei voneinander abhängige Größen, wenn sie sich nicht gleichsinnig verändern. Beispiel: Je schneller wir fahren, desto weniger Zeit brauchen wir für die Strecke. Fahrzeit und Wegstrecke verhalten sich umgekehrt proportional zueinander.

Verstärkend wirken auch die Servosysteme, besonders im Auto. Mit der Servolenkung muß der Fahrer nicht mehr soviel Kraft aufwenden, um das Lenkrad zu drehen, weil ihm dabei ein hydraulisches System hilft. Fast jedes Auto hat heute Servobremsen. Servosysteme können auch die eingesetzte Kraft begrenzen, zum Beispiel beim Antiblockiersystem (ABS). Es verhindert, daß bei einer schnellen Bremsung die Räder blockieren.

Verstärker

Wenn wir eine →Compact Disc abspielen lassen, setzt ein Wandler die digitale Information der Platte in elektrische Signale um. Diese sind sehr schwach und müssen verstärkt werden. Diese Aufgabe übernimmt eine elektronische Schaltung, der Verstärker. Die verstärkten Signale gelangen dann in den Lautsprecher, wo sie in entsprechend laute Schallsignale umgewandelt werden. Verstärker werden in vielen elektronischen Geräten benötigt, in Fernsehern, Radioempfängern, auch in Telefonleitungen. Da alle metallischen Leiter einen →Widerstand aufweisen, wird das Signal mit zunehmender Entfernung immer schwächer. Bei Kabeln und Drähten braucht man alle paar Kilometer einen Verstärker, die den Signalverlust wieder wettmachen. Glas- oder Lichtleitfasern sind in dieser Beziehung viel günstiger. Sie überbrücken Entfernungen bis zu 100 Kilometern ohne Verstärker.

▽ Kaum haben sich Gebirge gebildet, werden ihre Gesteine auch schon von der Verwitterung angegriffen und zerfallen in kleine Bruchstücke. Die Schwerkraft, fließendes Wasser und Eis sowie Wind transportieren dieses lockere Material anschließend an tiefer gelegene Stellen. Eine stark abtragende Wirkung haben Gletscher, Bäche und Flüsse. Aber auch das Meer an den Küsten trägt Gestein ab und formt die Landschaften.

Verwitterung und Abtragung

Durch Verwitterung werden feste Gesteine zerkleinert und zerfallen in einzelne Bruchstücke. Die Schwerkraft, fließendes Wasser und Eis sowie Winde verfrachten die Bruchstücke schließlich in tiefergelegene Gebiete und sorgen damit für die Abtragung. Die Abtragung hat zur Folge, daß sich im Lauf der Zeit alle Hügel und Berge einebnen.

Es gibt drei Arten der Verwitterung. Die erste hat mit dem Wetter zu tun und heißt auch physikalische oder mechanische Verwitterung. Die Temperaturunterschiede zwischen Tag und Nacht und zwischen Sommer und Winter führen dazu, daß einzelne Gesteinsteilchen abplatzen. Dies ist besonders im Gebirge und in Wüsten zu beobachten. Ähnlich

◁ Dieser weite Gesteinsbogen steht in einem Nationalpark im amerikanischen Staat Utah. Er entstand im Laufe von Jahrtausenden. In dieser Zeit trugen Wind und Wetter den größten Teil des Gesteins ab.

wirkt die Frostverwitterung: Wenn Wasser in Gesteinsspalten gefriert, dehnt es sich aus. Dieser Frostdruck kann ungeheure Werte annehmen. Durch den Wechsel von Gefrieren und Auftauen kann ein Gestein sehr schnell zerfallen.
Das Wasser spielt auch bei der chemischen Verwitterung die Hauptrolle. Wasser kann gelöste Salze, Säuren, Basen und Gase enthalten. Diese chemischen Stoffe reagieren mit Mineralien in den Gesteinen und lösen sie auf. Am deutlichsten sieht man das in Kalkgebieten, wo kohlendioxidhaltiges, leicht saures Wasser das Gestein auflöst und zur Bildung von Höhlen mit Tropfsteinen (→Stalagmiten) führt.
Für eine biologische Verwitterung sorgen vor allem Pflanzen. Flechten wachsen zum Beispiel auf nackten Felsen. Sie sondern mit ihren Würzelchen starke Säuren ab, die im Lauf der Zeit das Gestein auflösen. So bildet sich vor allem in Spalten ein bißchen →Boden, in dem andere, höhere Pflanzen wurzeln können. Die Flechten bereiten also das Gestein für eine Besiedelung vor; wir bezeichnen sie als Pionierpflanzen. Durch die biologische Verwitterung, an der auch Tiere beteiligt sind, entsteht auch fruchtbarer Boden.

▽ Eine besonders starke Form der Abtragung nennen wir Erosion. Wenn Wälder kahlgeschlagen werden, können Wind und Wasser ungehindert angreifen; sie transportieren den fruchtbaren Boden innerhalb kurzer Zeit weg. Ein solches Gebiet nennen wir erodiert. Oft tritt in Erosionsgebieten nur noch nacktes Gestein zutage. Pflanzen oder gar Bäume können darauf nicht mehr wurzeln. So geht mit der Erosion auch die gesamte Pflanzendecke zugrunde.

Die magnetische Aufzeichnung hat große Vorteile gegenüber dem Film. Die Bilder können sofort betrachtet, die Bänder fast beliebig oft gelöscht werden. Mit einem Zusatzgerät kann man die Filme auch umkopieren und dabei elektronisch schneiden. Die Bildqualität ist allerdings noch nicht so gut wie bei Filmen.

Video

Video ist lateinisch und heißt „ich sehe“. Tatsächlich gibt es beim Video etwas zu sehen. Als Video bezeichnen wir ein Verfahren zur Aufnahme und zum Abspielen von Bildsignalen. Sie werden ähnlich wie beim →Tonband auf einem magnetischen Band gespeichert. Und ähnlich wie beim →Kassettenrecorder kann man sich entweder schon bespielte Videokassetten kaufen, zum Beispiel von Filmen, die bereits erfolgreich im Kino gelaufen sind, oder man bespielt sie sich selbst. Jedenfalls braucht man dazu einen Videorecorder. Er wandelt die magnetisch gespeicherten elektrischen Signale in Bildsignale um. Das Bild erscheint auf dem Bildschirm des Fernsehapparates. Der Videorecorder macht es auch möglich, Fernsehsendungen aufzuzeichnen – man kann gleichzeitig sogar ein anderes Programm anschauen. Mit der Videokamera (Handelsbezeichnung Camcorder) kann jeder selbst Filmaufnahmen machen. Die Aufzeichnung erfolgt ähnlich wie bei der →Fernsehkamera: Das Licht fällt nicht auf einen fotografischen →Film, sondern auf eine Halbleiterplatte. Sie liefert die elektrischen Signale für die Bildpunkte, die dann auf Magnetband aufgezeichnet werden. Wie beim Fernsehen spricht man von der magnetischen Bildaufzeichnung (MAZ).

Wie ein Videorecorder funktioniert

Mit dem Videorecorder können wir Bild und Ton von Fernsehsendungen aufzeichnen und wiedergeben. Ein Tonkopf verwandelt die aufgezeichneten magnetischen Signale auf den Videobändern in elektrische Signale. Die Kopftrommel mit zwei Magnetköpfen liest die Bildspuren, die schräg auf dem Videoband angeordnet sind (Schrägspuraufzeichnung). Diese Köpfe müssen außerordentlich genau arbeiten.

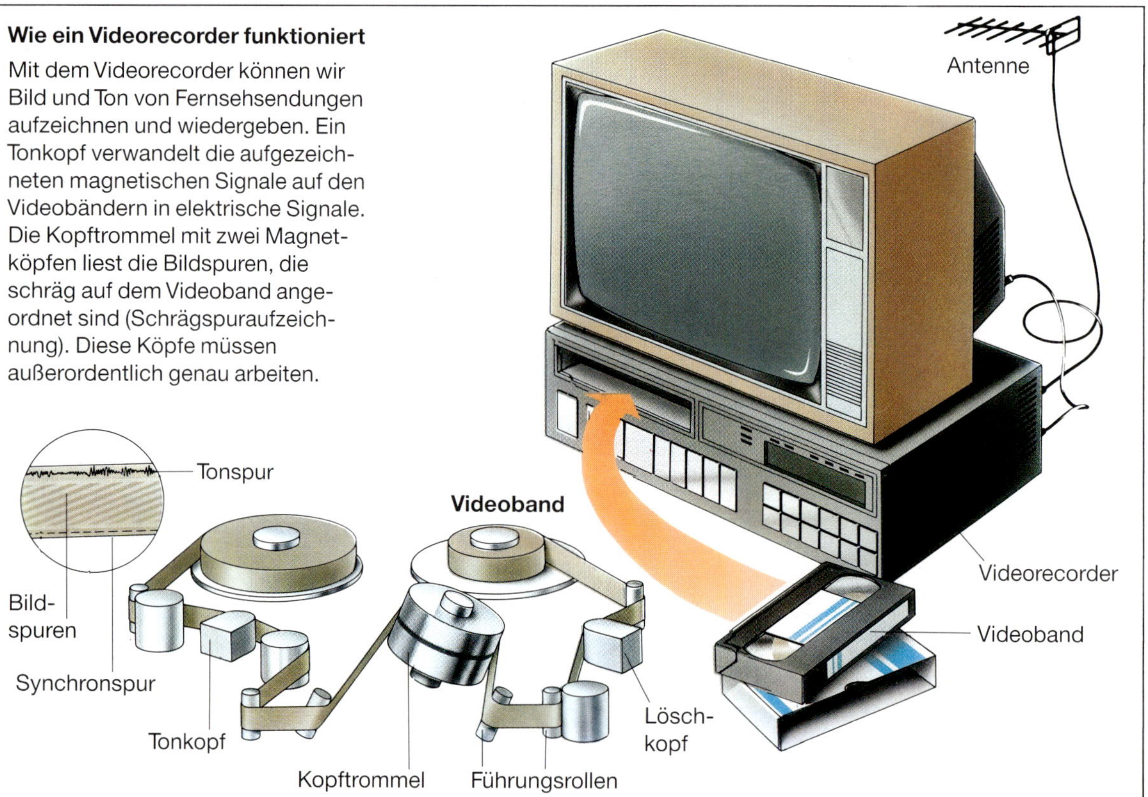

Viren

Viren sind winzige Organismen, die im Menschen, in Pflanzen und in Tieren Krankheiten auslösen. Alle Viren sind Parasiten: In einem strengen Sinn kann man sie aber nicht als Lebewesen bezeichnen, denn sie selbst haben keinen Stoffwechsel. Erst wenn sie in die Zellen eines anderen Lebewesens gelangen, können sie sich vermehren. Die Viren bemächtigen sich dann des Erbgutes (DNS und RNS) der Zelle und zwingen sie, nach ihrem eigenen Erbgut neue Viren herzustellen. Die Zelle wird damit zu einer „Virusfabrik". Schließlich platzt sie auf, stirbt und gibt dabei viele neue Viren frei.
Weil die Viren die Zellen des Körpers angreifen und zerstören, erzeugen sie fast immer eine Krankheit. Das Immunsystem des Körpers tut sich schwer, gegen die Viren vorzugehen. Es kann die Eindringlinge nämlich nicht mehr erkennen, sobald sie im Inneren einer Zelle angekommen sind. Antibiotika helfen nicht gegen Viren, das Immunsystem muß vielmehr selbst mit ihnen fertigwerden. Das HIV-Virus, das die Krankheit Aids auslöst, ist besonders gefährlich, weil es jene Zellen des Immunsystems angreift und abtötet, die normalerweise solche Infektionen bekämpfen.

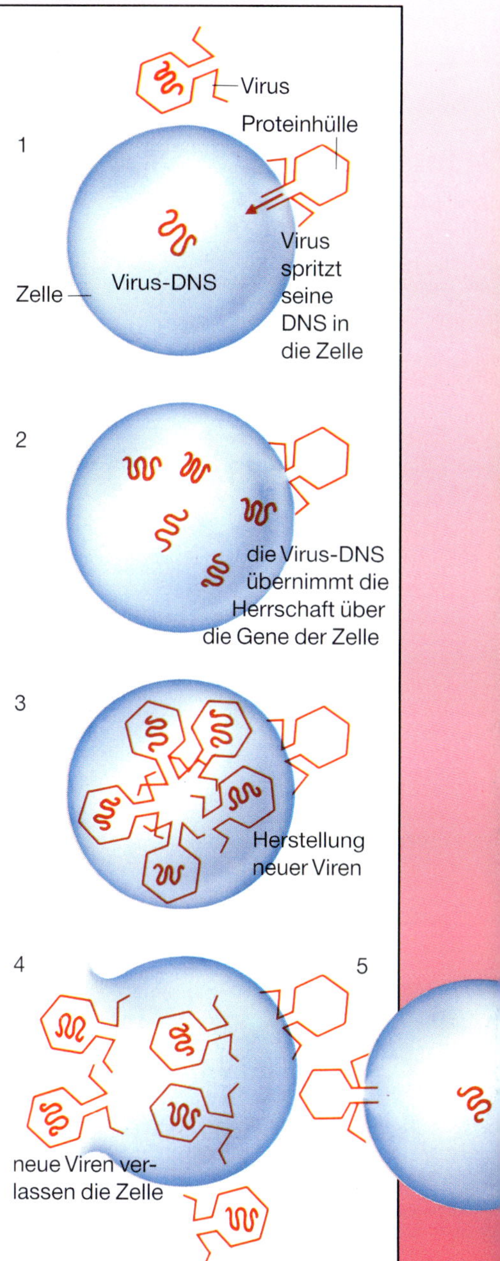

△ Ein Virus besteht aus Erbgut (DNS oder RNS) im Innern einer Proteinhülle (Kapsid). Das Virus infiziert eine Zelle, indem es sein Erbgut in sie hineinspritzt **(1)**. Die Virus-DNS übernimmt sozusagen die Leitung der Zelle **(2)** und bewirkt, daß diese viele neue Viren herstellt **(3)**. Die infizierte Zelle platzt schließlich auf **(4)**, gibt die neuen Viren frei, und diese befallen nun weitere Zellen **(5)**.

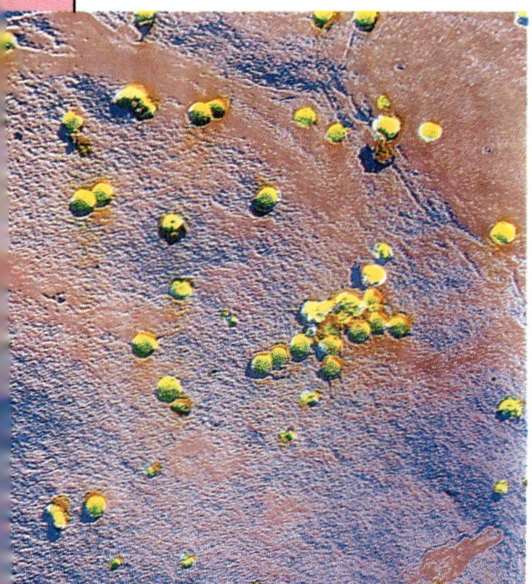

△ Die elektronenmikroskopische Aufnahme in Falschfarben zeigt Adenoviren, die leichte grippeähnliche Krankheiten hervorrufen. Das Bild wurde 25 000fach vergrößert.

Viruskrankheiten

Von Viren ausgelöste Krankheiten gehören zu den gefährlichsten und lästigsten Krankheiten. Einigen – aber längst nicht allen – kann man durch Impfung zuvorkommen. Eine ursächliche Behandlung von Viruserkrankungen gibt es nicht, da wir kein Mittel kennen, das zuverlässig Viren abtötet. Der Arzt muß sich darauf beschränken, die Krankheitsanzeichen (Symptome) zu lindern. Zu den Viruserkrankungen gehören:
Aids (erworbene Immunschwäche)
Windpocken
Grippe
Masern
Mumps
Kinderlähmung (Poliomyelitis)
Röteln

Siehe auch →Aids; →Antigene und Antikörper; →Immunsystem; →Impfung; →Infektion; →Krankheit; →Parasit; →Zelle.

Mach es selbst

Wir können mit Hilfe einer Stoppuhr die Viskosität zweier Flüssigkeiten vergleichen. Wir beschaffen uns zwei hohe Gefäße und gießen in das eine Wasser und in das andere dickflüssigen Sirup. Aus Modelliermasse formen wir eine Kugel und beobachten, wie lang sie braucht, um auf den Boden des Gefäßes zu sinken. In der Flüssigkeit mit der höheren Viskosität, in unserem Fall Sirup, braucht die Kugel dazu länger.

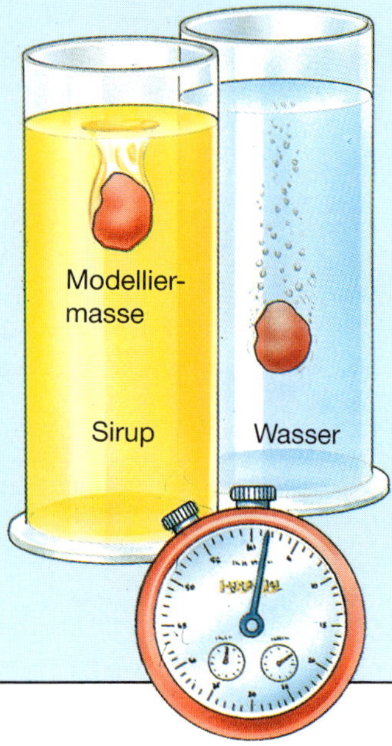

Viskosität

Wer schon einmal in hüfttiefem Wasser gegangen ist, weiß, wie anstrengend das ist. Mit einem Fußgänger, der außerhalb des Wassers geht, kann man unmöglich Schritt halten. Das Wasser hemmt unser Vorwärtskommen, denn wenn wir die Beine bewegen, entsteht eine starke Reibung zwischen den einzelnen Wasserteilchen. Wir sprechen dabei von der Viskosität oder auch Zähflüssigkeit. Auch Gase haben eine Viskosität, obwohl sie im Normalfall sehr gering ausfällt. Bei hoher Geschwindigkeit erhöht sich allerdings die Viskosität der Luft erheblich, so daß sie beim →Überschallflug fast vergleichbar ist mit der des Wassers. Eine noch höhere Viskosität als Luft und Wasser haben Öl oder Honig. Durch →Stromlinienform von Fahrzeugen gelingt es, den Luft- oder Wasserwiderstand zu verringern.

Vitamine

Vitamin ist eine allgemeine Bezeichnung für mehrere chemische Stoffe, die unser Körper unbedingt, wenn auch in geringen Mengen braucht und die er nicht selbst herstellen kann. Wir müssen also Vitamine mit der Nahrung aufnehmen. Die meisten Vitamine sind Bestandteile von →Enzymen und funktionieren somit als →Katalysatoren: Sie ermöglichen erst lebenswichtige chemische Reaktionen. Bisher sind 15 bis 20 Vitamine bekannt, aber es ist durchaus möglich, daß noch weitere entdeckt werden. Einige Vitamine lösen sich in Fett, zum Beispiel Vitamin A, D, E und K. Das Vitamin C ist che-

Vitamin	Vorkommen in	Wirkungen im Körper
Vitamin A	Leber, Fischöl, Butter und Käse, Karotten	fördert die Sehfähigkeit und schützt die Haut
Vitamin B (verschiedene Verbindungen)	Hefe, Leber, Milchprodukte, Eidotter, Vollkornmehl	fördern das Wachstum und die Bildung wichtiger Verbindungen im Körper, zum Beispiel von roten Blutkörperchen
Vitamin C (Ascorbinsäure)	Orangen, Zitronen, viele andere Früchte und Gemüse, Paprika	fördert den gesamten Stoffwechsel, besonders den Wiederaufbau von Geweben
Vitamin D	Fischöl, Milchprodukte, Eidotter	wird für das Knochenwachstum benötigt
Vitamin E	pflanzliche Öle, Weizenkeime, Vollkornmehl, Leber	zahlreiche Wirkungen
Vitamin K	Spinat, Kohl und andere Blattgemüse. Wird auch von Bakterien im Darm hergestellt	hilft bei der Blutgerinnung

Die Bezeichnung „Vitamine" ist ziemlich irreführend. Sie soll lebenswichtige („Vit-") Stickstoffverbindungen („Amine") bedeuten. Es stellte sich jedoch sehr bald heraus, daß es viele Vitamine gibt, die nicht zu den Stickstoffverbindungen zählen. Dennoch wurde der Name beibehalten.

misch gesehen die einfache Ascorbinsäure. Sie löst sich wie das Vitamin B in Wasser. Unter der Bezeichnung Vitamin B fassen wir acht verschiedene Verbindungen zusammen.
In den Ländern des Westens enthält die Nahrung meistens genügend Vitamine. Vitaminmangelkrankheiten sind bei uns selten. Am ehesten treten sie bei älteren Menschen auf, die sich nicht mehr ausgewogen ernähren. Wer unter einem Mangel an Vitamin A leidet, wird nachtblind: Tagsüber sieht er ziemlich gut, doch nachts überhaupt nichts. Jedes Jahr erblinden rund 250000 Menschen, vor allem in Südostasien, weil sie mit der Nahrung kein Vitamin A aufnehmen. Eine einseitige Ernährung mit poliertem oder geschältem Reis kann zu Beri-Beri führen, einem Mangel an Vitamin B_1 (Thiamin). Diese Avitaminose hat eine schwere Nervenentzündung zur Folge. Früher war der Skorbut weit verbreitet, besonders unter den Seeleuten. Sie bekamen auf ihren langen Fahrten zuwenig Vitamin C. Zuerst lockerten sich ihre Zähne, dann heilten Wunden nicht mehr, und schließlich starben die geschwächten Männer an harmlosen Infektionskrankheiten wie Grippe oder Durchfall. Der berühmte Captain Cook ließ auf seiner dreijährigen Südseereise auf Empfehlung eines Arztes jeden Tag frische Früchte an die Seeleute verteilen und hatte keinen einzigen Skorbutfall an Bord. Heute leidet niemand mehr an Skorbut. Doch kann schon ein geringer Mangel an Vitamin C dazu führen, daß wir uns leichter erkälten. Wer viel raucht, großem Streß ausgesetzt ist und hohe körperliche Leistungen erbringen muß, braucht mehr Vitamine, besonders mehr Vitamin C.

Volt

Das Volt ist die Maßeinheit (→SI-Einheiten) der elektrischen Spannung oder Potentialdifferenz. Die Definition ist nicht einfach: In einem elektrischen →Widerstand von einem Ohm liegt die Spannung von einem Volt genau dann an, wenn die dadurch bewirkte Stromstärke genau ein →Ampere beträgt. Aber was ist Spannung? Weil die Elektrizitätslehre etwas unanschaulich ist, verwendet man oft den Vergleich mit dem Wasser: Je höher das Wasser hinter einem Staudamm steht, desto mehr strömt pro Sekunde durch die Rohre ins Kraftwerk im Tal. Vergleichbar verhält es sich mit der elektrischen Spannung: Je höher die Spannung ist, desto mehr elektrischer Strom wird fließen.
Wird die Spannung zwischen zwei voneinander isolierten Punkten zu groß, so springt oft ein Funke durch die Luft über. Das kann aber bei unserer Netzspannung nicht passieren, die 230 Volt beträgt.

△ Bei einer ausgewogenen Ernährung ist es nicht möglich, an einem Vitaminmangel zu leiden. Dazu sollten gehören: Milchprodukte, Vollkornbrot, Fleisch und Fisch oder Hülsenfrüchte, viel frisches Obst und Gemüse, gelegentlich Eier.

▽ Diese Person leidet unter Pellagra, einem Mangel an Vitamin B_2 (Nikotinsäure). Sie tritt vor allem bei überwiegender Maisernährung auf und äußert sich durch Muskelschwund und schuppige Haut.

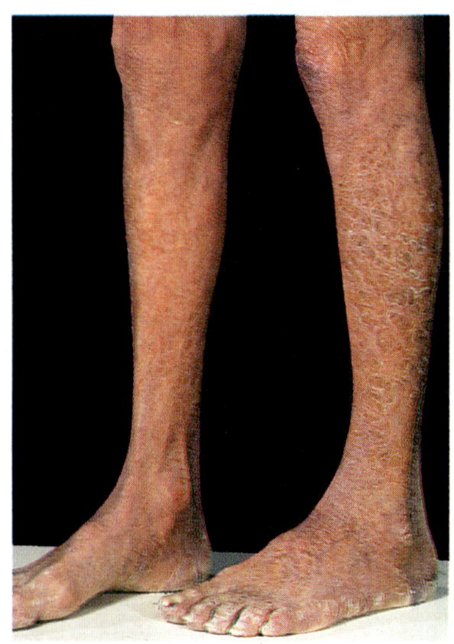

Mach es selbst

Geschmolzenes Gestein (Magma) fließt unter Druck in Spalten und Schloten durch die Erdkruste hindurch. Wir können uns eine Vorstellung davon machen, wenn wir eine fast aufgebrauchte Zahnpastatube von hinten her aufrollen. Die Zahnpasta gelangt dadurch unter Druck. Stechen wir nun ein kleines Loch in die Tube nahe der Öffnung, wird Zahnpasta ähnlich wie Lava aus einem Krater auslaufen.

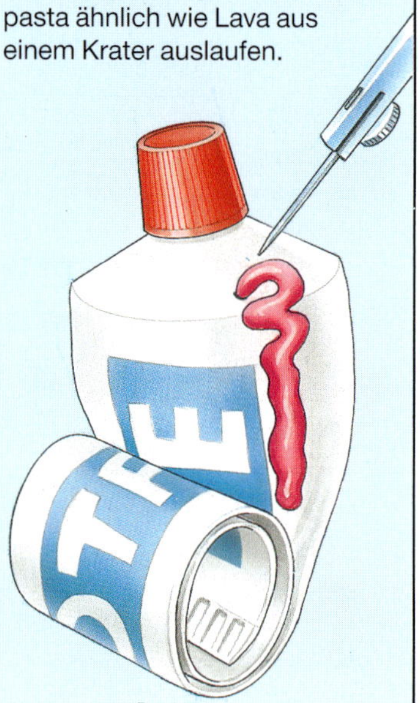

Vulkane

Es gibt auf der Erde rund 850 aktive Vulkane. Der größte Teil davon liegt in der Nähe von Plattengrenzen (→Plattentektonik). Dort stoßen die riesigen Platten der Erdkruste aufeinander und reiben aneinander. Durch den hohen Druck schmilzt viel Gestein auf. Dieses zähflüssige Magma steigt in Schloten hoch und gelangt zum Krater. Von dort ergießt es sich bei Eruptionen als Lava auf die Erdoberfläche. Ziemlich schnell entsteht dann ein Vulkankegel. Manche Krater stoßen bei ihren Ausbrüchen auch Dämpfe, feine Asche und gröbere Steinblöcke (Bomben) aus. Sie können kilometerweit durch die Luft fliegen. Zu Beginn bestehen sie aus dickflüssigem Gestein. Sie drehen sich schnell in der Luft. Dadurch erhalten sie eine regelmäßige Form, meistens die eines Ellipsoids. Während des Fluges kühlt die Lava dieser Bomben rasch ab. Die Außenschicht wird hart und bekommt Risse. So kann kalte Luft eindringen und die Schicht darunter abkühlen. Dieser Vorgang setzt sich fort bis zum Zentrum. Nach dem Auskühlen zeigt eine solche Bombe deswegen oft einen zwiebelschalenartigen Aufbau.

Es gibt ganz unterschiedliche Vulkane. Auf Hawaii zum Beispiel fließt aus den Vulkanen ziemlich dünnflüssige Lava. Sie strömt sehr weit und bedeckt große Gebiete. Dafür sind die Vulkankegel eher flach. Wenn solche Lava erstarrt, bildet sie oft eine ziemlich glatte Fläche, die fast an einen See erinnert.

Bei einigen Vulkanen wird der Schlot zwischen zwei Eruptionen durch erkaltetes Gestein verstopft. Beim nächsten Ausbruch baut sich erst ein großer Druck auf. Wenn der

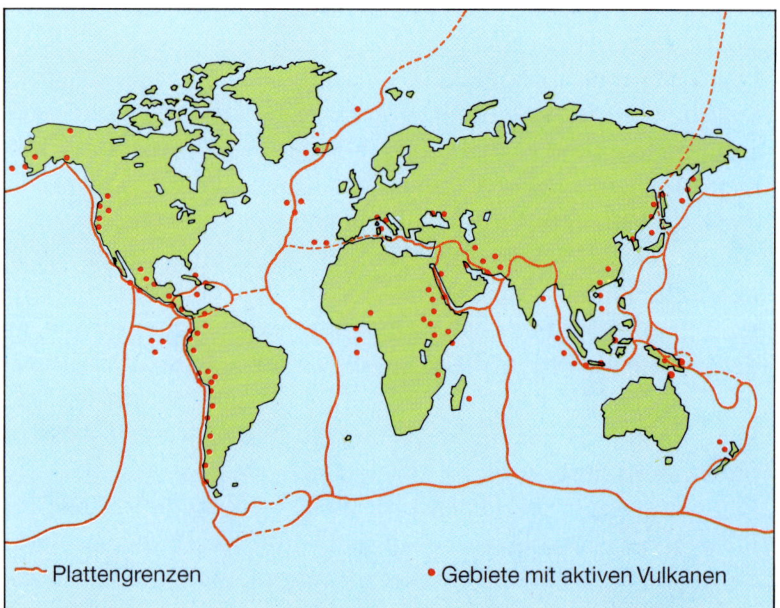

▷ Die meisten Vulkane liegen in der Umgebung von Plattengrenzen. Gemeint sind die riesenhaften Platten, welche die Erdkruste aufbauen. Die Platten schwimmen auf der rotglühenden Gesteinsschmelze des Erdinneren, dem Magma. Von dort steigt auch die Lava hoch und ergießt sich auf die Erdoberfläche.

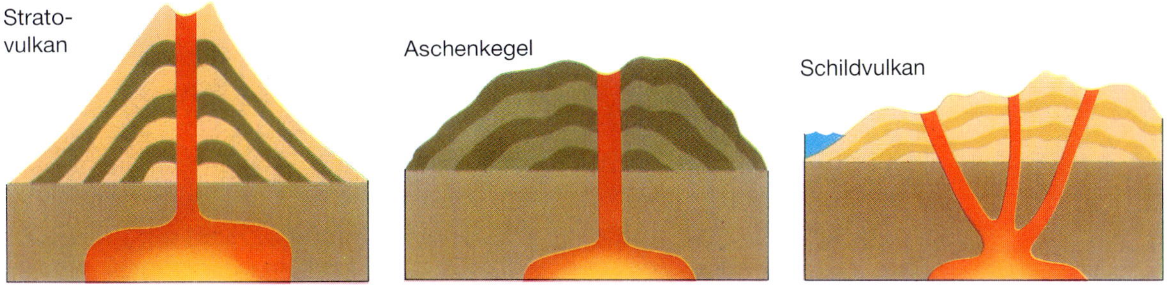

Gesteinspfropf und der Schlot dem Druck nicht mehr standhalten, fliegt der oberste Teil des Vulkankegels buchstäblich in die Luft. Dies geschah zum Beispiel im Jahr 79 nach Christus beim Ausbruch des Vesuvs südlich von Neapel. Damals wurde die römische Stadt Pompeji begraben, und viele tausend Menschen kamen damals ums Leben. Der Vesuv ist heute untätig, aber selbst Vulkane, die 500 Jahre lang ruhig waren, können unvermittelt wieder ausbrechen, wie der Pinatubo auf den Philippinen zeigt. Immer von neuem bricht auch der Ätna aus, einer der größten Vulkane der Erde. Er liegt in Sizilien und bedroht fast jedes Jahr Ortschaften und Städte.

△ Es gibt drei Typen von Vulkanen, die sich durch die Form der Kegel unterscheiden. Stratovulkane brechen regelmäßig aus und produzieren abwechselnd flüssige Lava und Asche. Sie bilden den typischen Vulkankegel. Aschenkegel bestehen nur aus feinkörnigem Material und haben deswegen nicht so steile Flanken. Schildvulkane sind noch flacher, weil sie aus mehreren unabhängigen Schloten bestehen, in denen die Lava nach oben dringt.

Vulkanisierung

Mit Staunen sahen die ersten Europäer, die nach Amerika gelangten, daß südamerikanische Indianer elastische Bälle aus →Gummi (Naturkautschuk) besaßen. Doch drei Jahrhunderte lang konnte man in Europa mit Gummi wenig anfangen. Man stellte daraus zwar wasserdichte Gummimäntel her, doch die waren im Sommer weich und klebrig, im Winter dagegen hart und spröd. Durch einen Zufall entdeckte der Amerikaner Charles Goodyear 1838, daß Gummi fest wurde, wenn man ihn zusammen mit Schwefel erhitzte. Dieser Vorgang heißt heute Vulkanisierung. Nun konnte man Gummi für alle möglichen Dinge verwenden, zum Beispiel für Schuhe und als Isoliermittel. Der große Aufschwung kam jedoch mit den luftgefüllten Gummireifen.

▽ Naturkautschuk ist bei höheren Temperaturen weich und klebrig und wird bei niederen Temperaturen hart und spröd. Wenn man Naturkautschuk mit Schwefel erhitzt, entstehen zwischen den langen Kohlenwasserstoffmolekülen des Gummis chemische Verbindungen, sogenannte Schwefelbrücken. Dieser vulkanisierte Gummi ist viel härter und widerstandsfähiger und bildet heute noch einen der Rohstoffe für Auto- und Fahrradreifen.

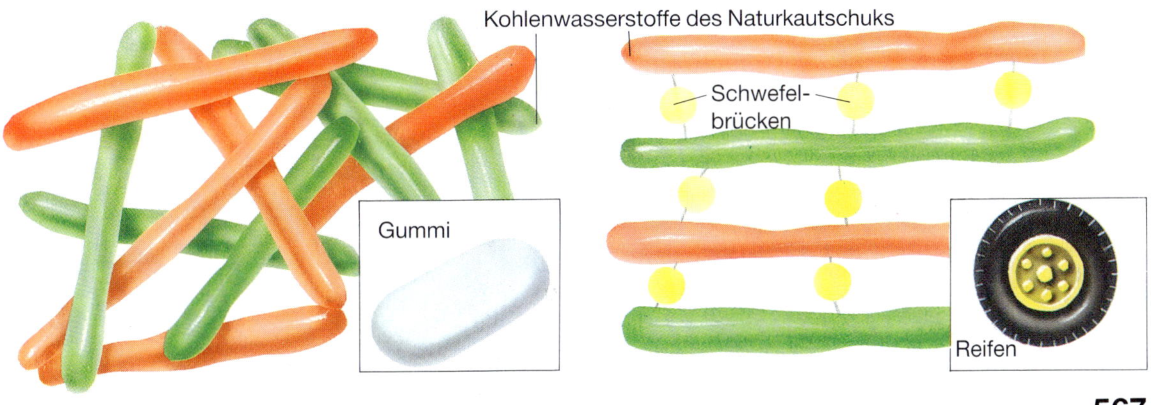

W w

Waage

Mit Waagen bestimmen wir →Massen oder →Gewichte (Gewichtskräfte). Es gibt unterschiedliche Waagentypen. Bei der Federwaage dehnt die Gewichtskraft des Körpers eine Feder. Das Maß der Dehnung kann an einer Skala abgelesen werden. Bei der gleicharmigen Balkenwaage vergleicht man Massen oder Gewichte. Man benötigt dazu einen geeichten, also amtlich überprüften Satz von Gewichten. Mit solchen Waagen kann man bereits tausendstel Gramm messen. Die meisten heutigen Waagen arbeiten mit einer elektronischen Kraftmessung: Das Gewicht verformt einen Dehnungsmeßstreifen. Dadurch ändert sich dessen elektrischer →Widerstand. Diese Änderungen werden registriert und in Gewichtseinheiten umgerechnet.

Wachstum

Alle Lebewesen wachsen. Wachstum ist ein Merkmal aller Tiere und Pflanzen. Am meisten wachsen die Lebewesen am Anfang ihres Lebens. Besonders deutlich zeigt sich dies beim Menschen. Innerhalb von neun Monaten wächst aus der befruchteten →Eizelle das Kind heran. In dieser Zeit verlängert sich der Körper etwa um das 4000fache. Nach der Geburt werden wir innerhalb von ungefähr 18 Jahren nur noch um das 3,5fache länger.

Einmal abgesehen von der Entwicklung im Körper der Mutter wächst der Mensch in den ersten sechs Monaten nach der Geburt am schnellsten. Mittelgroße Kinder verdoppeln ihr Geburtsgewicht in etwa sechs Monaten. Nach einem Jahr haben sie es verdreifacht und nach zwei Jahren vervierfacht. Bliebe die Wachstumsgeschwindigkeit des ersten Halbjahres dauernd aufrechterhalten, so hätte ein Kind mit drei Jahren ein Gewicht von über 200 Kilogramm! Das Wachstum besteht bei allen mehrzelligen Lebewesen darin, daß sich neue →Zellen bilden. Dazu ist die richtige →Ernährung notwendig.

Das Wachstum wird von →Hormonen gesteuert. Die Hirnanhangsdrüse (Hypophyse) schüttet Wachstumshormone aus. Eine Rolle für das Wachstum spielen auch die Geschlechtsorgane, die Thymusdrüse und die Schilddrüse.

> Wir geben etwas Blumenerde in einen Topf, machen ein ungefähr 5 Zentimeter tiefes Loch und legen eine Feuerbohne hinein. Wir bedecken sie mit Blumentopferde und gießen Wasser darauf. Den Topf stellen wir auf ein Fensterbrett. Nach ein paar Tagen erscheint der Keimling. Wenn die Pflanze höher wird, braucht sie eine Stütze, an der sie sich hochranken kann. Sobald die Pflanze blüht, wächst sie kaum mehr weiter. Sie ist dann vor allem damit beschäftigt, Blüten und später Samen auszubilden.

Wahrscheinlichkeit

Beim Würfelspiel kann man eine Menge über Wahrscheinlichkeit und ihre Berechnung lernen. Wir brauchen dazu einen idealen Würfel, bei dem jede Zahl die gleiche Wahrscheinlichkeit hat, oben zu liegen. Die Wahrscheinlichkeit, bei einem Wurf eine 1 zu würfeln, ist gleich 1/6. Man teilt nämlich bei der Berechnung von Wahrscheinlichkeiten die Zahl der gün-

Die Wahrscheinlichkeit, eine Zahl zu würfeln, die größer als 2 ist

mögliche Fälle

günstige Fälle

Die Wahrscheinlichkeit, eine Zahl größer als 2 zu erhalten, ist 4/6 = 2/3.

Wie man es berechnet

Wie groß ist die Wahrscheinlichkeit, eine Zahl größer als 2 zu würfeln? Vier der sechs möglichen Zahlen sind größer als 2. Die Wahrscheinlichkeit beträgt also 4/6 = 2/3. Wenn wir also genügend oft würfeln, werden im Durchschnitt 2 von 3 Würfen eine Zahl zeigen, die größer ist als 2.

stigen Ereignisse (1) durch die Zahl der möglichen Ereignisse (6). Die Wahrscheinlichkeit, eine 2 zu würfeln, ist ebenfalls gleich 1/6. Dies gilt auch für die übrigen Zahlen 3, 4, 5 und 6. Wie groß ist nun die Möglichkeit, zuerst eine 1 und dann eine 2 zu würfeln? Beim ersten Würfeln haben wir eine Wahrscheinlichkeit von 1/6. Beim zweiten Würfeln beträgt die Wahrscheinlichkeit wiederum 1/6. Wir müssen nun die beiden Wahrscheinlichkeiten miteinander multiplizieren: $1/6 \times 1/6 = 1/36$. Insgesamt sind 36 Doppelwürfe möglich, nämlich 1 1, 1 2, 1 3, 1 4, 1 5, 1 6, 2 1, 2 2, ... 6 4, 6 5, 6 6. Offenkundig hat jede dieser Zweierkombinationen die gleiche Wahrscheinlichkeit gewürfelt zu werden, nämlich 1/36.

Nehmen wir nun an, jemand habe zehnmal die 6 gewürfelt. Wie groß ist nun die Wahrscheinlichkeit, daß ihm dies auch beim elften Mal gelingt? Der „gesunde Menschenverstand" sagt uns, daß die Wahrscheinlichkeit äußerst gering ist. Doch hier täuscht er sich. Die Wahrscheinlichkeit liegt unverändert bei 1/6! Der elfte Wurf „weiß" nämlich nichts von den vorhergehenden zehn Würfen. Dazu kommt, daß jede Elferkombination genau die gleiche Chance hat, gewürfelt zu werden: 6 6 6 6 6 6 6 6 6 6 6 ist also nicht unwahrscheinlicher als etwa 1 2 4 1 6 5 3 3 2 5 6.

Die Wahrscheinlichkeitsrechnung kann niemals mit Sicherheit sagen, wie ein einzelnes Ereignis ausfällt. Sie beschäftigt sich vielmehr mit massenhaften Ereignissen. Wenn wir einen Würfel 6000mal würfeln, so sagt die Wahrscheinlichkeitsrechnung, daß jede Zahl im Idealfall 1000mal vertreten sein wird. In Wirklichkeit wird dies wohl nicht genau der Fall sein. Hier kann man nun ausrechnen, wie wahrscheinlich oder unwahrscheinlich eine Abweichung von 10, 20, 50 oder gar 100 Würfen vom Idealwert sein wird.

Siehe auch →Statistik.

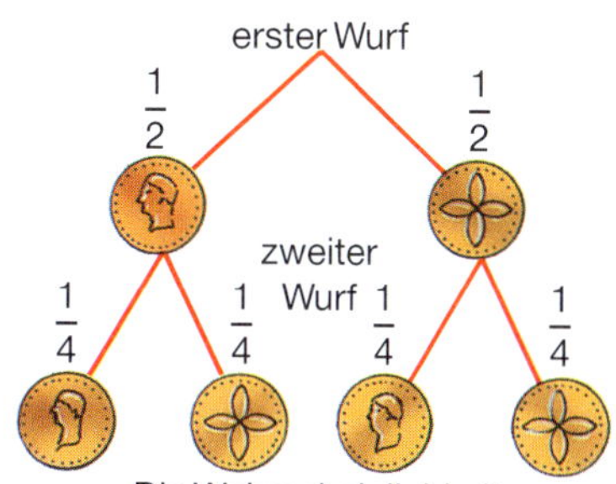

Die Wahrscheinlichkeit beträgt 1:4 oder 1/4.

△ Wir werfen eine Münze zweimal: Beim ersten Wurf bekommen wir entweder Kopf oder Zahl. Beim zweiten Wurf ist es genauso. Die Wahrscheinlichkeit, zweimal Kopf zu werfen, beträgt 1/2 x 1/2 = 1/4. Dasselbe gilt für die Doppelkombination Zahl/Kopf. Auch die Kombinationen Zahl/Kopf und Kopf/Zahl haben beide dieselbe Wahrscheinlichkeit von 1/4. Die Dinge liegen anders, wenn wir nach der Wahrscheinlichkeit einer gemischten Kombination fragen, also Kopf/Zahl oder Zahl/Kopf. Diese Wahrscheinlichkeit beträgt 1/4 + 1/4 = 1/2.

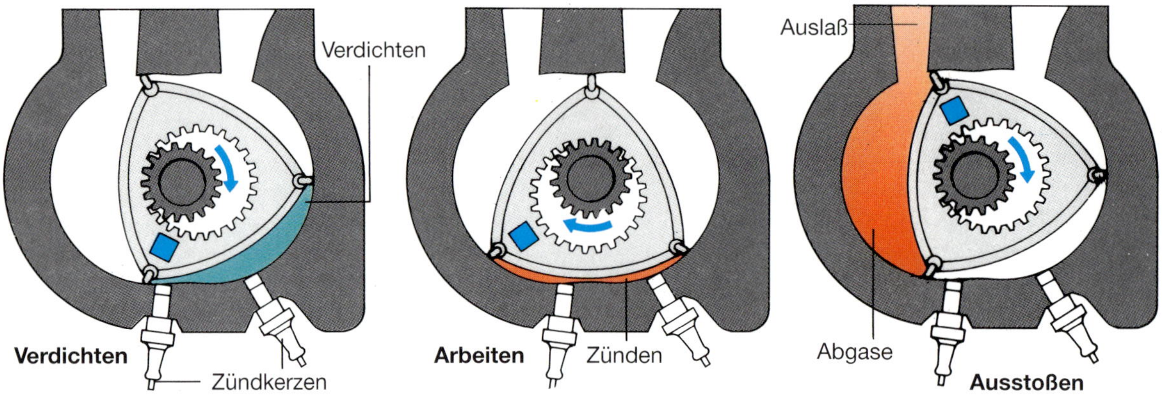

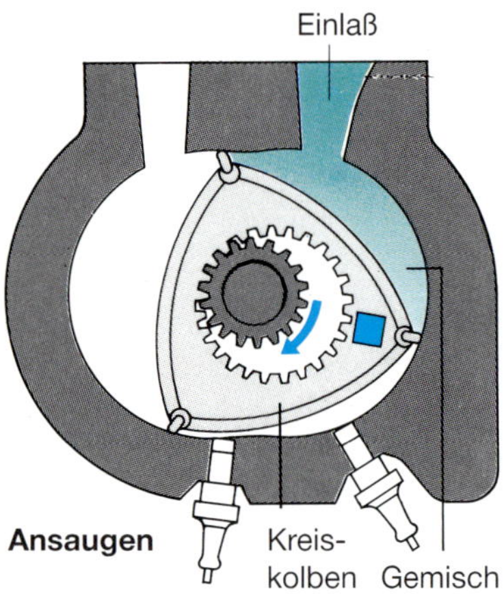

△ Auch der Wankelmotor hat vier Takte (Ansaugen, Verdichten, Arbeiten, Ausstoßen). Während einer vollständigen Umdrehung des Kolbens laufen die vier Takte dreimal ab, nämlich vor jeder Seite des dreieckigen Kolbens.

Wankelmotor

Der Wankelmotor gehört zu den →Verbrennungsmotoren. Er wurde in den fünfziger Jahren von dem deutschen Ingenieur Felix Wankel entwickelt. Bei diesem Motor bewegt sich der Kolben nicht mehr auf und ab, sondern er kreist in einem Gehäuse, das die Form einer kurzen 8 aufweist. Deswegen spricht man auch vom Kreiskolbenmotor.

Der Wankelmotor wurde zuerst in ein Automobil der Marke NSU eingebaut. Auch andere Autotypen übernahmen den Wankelmotor, weil er sehr viel Leistung bringt. Dennoch gab es bald große Probleme bei der Fertigung und auch beim Betrieb, weil die Dichtungen zwischen dem Kolben und dem Gehäuse großen Verschleiß zeigten. Schließlich gab man den Wankelmotor ganz auf. Heute bauen die Japaner mit neuen Werkstoffen wieder Autos mit Wankelmotoren.

Wärme

Wärme ist eine Form der →Energie. Wärme entsteht immer gleichzeitig, wenn eine Energieform in eine andere Energieform umgewandelt wird. Sie tritt zum Beispiel bei der →Reibung auf oder wenn ein elektrischer →Widerstand von Strom durchflossen wird. Weiteres dazu auf den Seiten 572 und 573.

▽ Die Wärmeausdehnung kann man sehr gut an elektrischen Freileitungen beobachten: Im Sommer hängen die Kabel deutlich tiefer als im Winter.

Wärmeausdehnung

Die meisten Stoffe dehnen sich aus, wenn sie sich erwärmen. Umgekehrt ziehen sie sich zusammen, wenn sie sich wieder abkühlen. Deutlich erkennen wir die Wärmeausdehnung beim →Quecksilber im →Thermometer. Eine 100 Meter lange Eisenbahnschiene dehnt sich um rund 1 Millimeter aus, wenn die Temperatur um 1 °C steigt. Zwischen einem kalten Wintertag und einem heißen Sommertag können 50 °C Unterschied bestehen. Das ergibt eine Ausdehnung von 5 Zentimetern! Eine solche Längenänderung könnte man durch äußere

Kräfte, etwa durch Ziehen, niemals erreichen. Die Schienen würden vorher zu Bruch gehen. Wenn sich eine Schiene ausdehnt, treten ungeheure Kräfte auf. Durch Schweißen oder Nieten kann man sie nicht beherrschen; solche Verbindungen würden sofort brechen. Bei Eisenbahnschienen mußte man früher immer Dehnungsfugen stehenlassen, damit sich die Schienen ungehindert ausdehnen konnten. Wenn die Räder über diese Fugen rollten, war dies im Innern der Eisenbahnwagen deutlich zu hören. Heute werden die Schienen vorgespannt und brauchen keine Dehnungsfugen mehr. Dafür müssen solche noch an Brücken vorhanden sein.

Die Wärmeausdehnung ist für jeden Stoff typisch. Bei einer Temperaturänderung von 10 °C dehnen sich 10 Meter des jeweiligen Stoffes um folgende Beträge aus:
Quarz 0,005 mm
Eisen 1 mm
Beton 1 mm
Aluminium 2 mm
PVC 15–20 mm

Mach es selbst

Wir füllen eine kleine, enghalsige Flasche bis zum Rand mit Wasser und verschließen sie mit Alufolie. Dann legen wir die Flasche ins Gefrierfach und warten, bis alles Wasser zu Eis geworden ist. Das Eis dehnt sich dabei aus und hebt die Alufolie ab. Das Wasser bildet nämlich eine seltene Ausnahme: Wenn es gefriert, dehnt es sich aus, während die meisten Stoffe dabei ihren Rauminhalt verringern.

Wärmeaustauscher

Durch die explosionsartige Verbrennung von Treibstoffen entsteht in jedem Automotor (→Verbrennungsmotor) sehr viel Wärme. Sie würde mit der Zeit dazu führen, daß sich der Motor überhitzt, durch →Wärmeausdehnung verzieht und nicht mehr funktioniert. Deswegen muß jeder Motor eine Kühlung besitzen. Wasser in Kühlrohren nimmt die überschüssige Motorwärme auf und gibt sie im Kühler an die Außenluft ab. Es findet also ein Wärmeaustausch statt: Die Wärmeenergie wird von einem Körper mit höherer Temperatur auf einen Körper mit niedrigerer Temperatur (Wasser und danach Luft) übertragen.

Bei der Kühlung im Auto wird die abgeführte Wärme nicht mehr genutzt. Wir nennen sie Abwärme. Die meisten Wärmeaustauscher sorgen aber dafür, daß die Abwärme noch einmal verwendet wird. In Industrieöfen, beispielsweise in Hochöfen, geben die abgehenden heißen Verbrennungsgase ihre Wärme an kühle, noch unverbrannte Gase ab, die anschließend in den Verbrennungsraum gelangen. Diese Gase werden also vorgewärmt. Wärmeaustauscher dienen dem Umweltschutz, weil man mit ihnen Wärme zurückgewinnt.

▽ Wie schaffen es Wasservögel, nicht zuviel Wärme über ihre Beine zu verlieren? Eine Art Wärmeaustauscher im Bein sorgt dafür, daß das warme Blut der Arterien abgekühlt wird. Das kalte Blut, das von den Füßen aufsteigt, nimmt die Wärme auf.

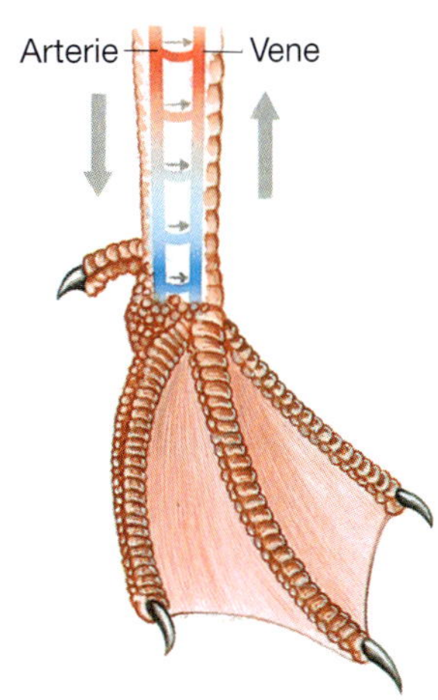

Wärme

Wärme ist eine Form der Energie. Sie steckt in der ungeordneten Bewegung von Atomen und Molekülen. Je schneller sich diese bewegen, um so wärmer ist der betreffende Körper. Große Körper enthalten mehr Wärmeenergie als kleine Körper, wenn beide gleich warm sind. Wärme geht immer von einem wärmeren auf einen kälteren Körper über. Wärmeunterschiede gleichen sich also mit der Zeit aus. Es gibt drei Arten des Wärmetransports: durch elektromagnetische Strahlung (Wärmestrahlung, Infrarot); durch Wärmeleitung, also innerhalb eines Stoffes durch direkten Kontakt von Molekül zu Molekül; und durch Konvektion oder Wärmeströmung, bei der Flüssigkeiten oder Gase als Überträger auftreten.
Wenn die Atome oder Moleküle eines Stoffes erwärmt werden, nehmen sie Wärmeenergie auf. Das äußert sich zum Beispiel darin, daß der betreffende Stoff schmilzt und flüssig wird oder verdampft und gasförmig wird. Weniger auffällig ist die Wärmeausdehnung: Fast alle Stoffe dehnen sich bei Erwärmung aus.
Bei Wärme finden die meisten chemischen Reaktionen schneller statt. Bei einer Temperaturerhöhung um 10 °C verdoppelt sich die Reaktionsgeschwindigkeit (Van't-Hoffsche Regel).

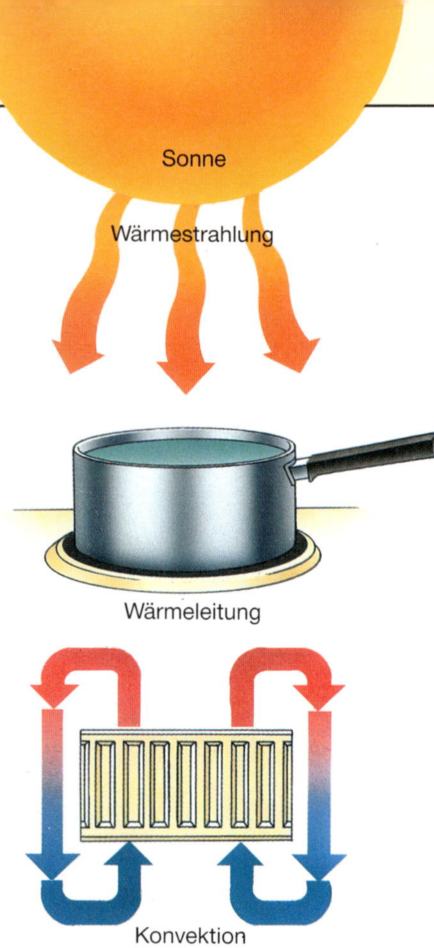

△ Die Sonne sendet Wärme in Form von Infrarotstrahlung auf die Erde. Wärmeleitung beobachten wir, wenn ein Topf auf einer Herdplatte steht. Die Metallatome geben ihre Schwingungen dabei an ihre Nachbarn weiter. Die Heizung funktioniert vor allem durch Konvektion. Wärmere Luftmassen steigen auf und transportieren die Wärmeenergie vom Heizkörper weg.

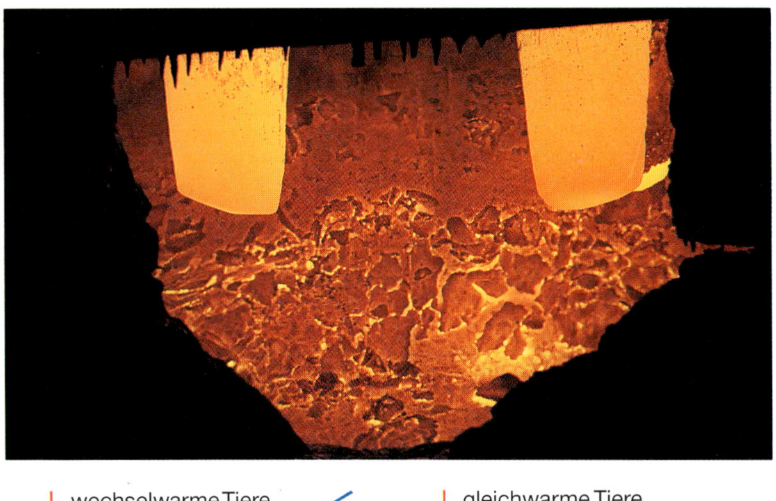

◁ Die Verhüttung der meisten Erze erfolgt bei hohen Temperaturen. Die beiden Kohleelektroden im Bild sind sehr heiß, weil viel Strom durch sie hindurchfließt.

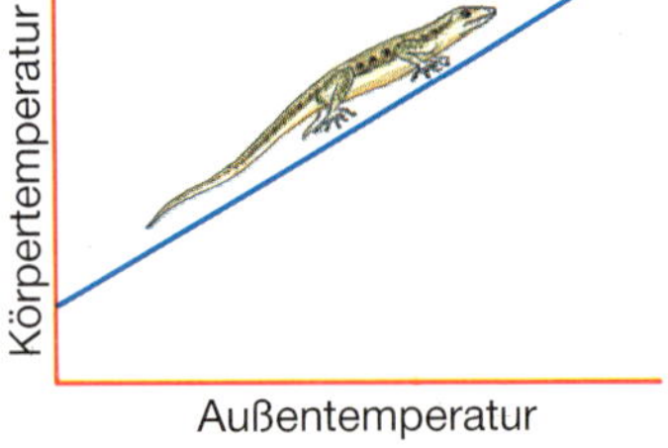

◁ Bei den wechselwarmen Tieren, zum Beispiel den Eidechsen, ist die Körpertemperatur von der Außentemperatur abhängig und schwankt mit ihr. Die gleichwarmen Tiere oder Warmblüter haben immer eine konstante Körpertemperatur, obwohl die Außentemperatur ganz erhebliche Schwankungen zeigen kann.

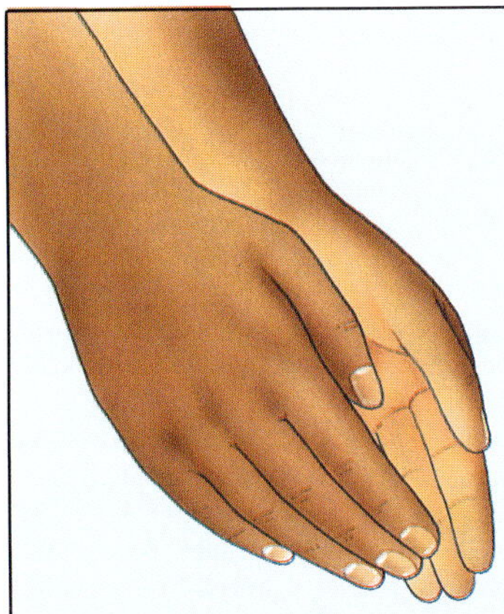

Mach es selbst

Reibe deine Hände einige Zeit aneinander. Sie werden dabei warm werden. Die Wärmeenergie stammt von der Reibung. Eine Glühlampe gibt 95 Prozent ihrer gesamten Energie als Wärme ab. Wir spüren sie sofort, wenn wir die Hände einer Glühlampe nähern. Wenn wir sie anfassen, können wir uns sogar schwer verbrennen! Vergleiche die Wärmeabgabe von Glühlampen mit 25, 40 und 60 Watt.

Heute verwendet man die SI-Einheit Joule als Maßeinheit für Arbeit, Energie und Wärme. Früher war die Kalorie weit verbreitet. Eine Kalorie entspricht 4,185 Joule. Eine Kalorie war als die Wärmemenge definiert, die 1 Gramm Wasser um 1 °C erwärmt.

▷ Der menschliche Körper erzeugt Wärmeenergie, vor allem wenn Kohlenhydrate aus der Nahrung abgebaut und verbrannt werden. Besonders viel Wärme entsteht beim Sport. Durch Schwitzen verhindert der Körper, daß er sich überhitzt.

Wärmeenergiemaschinen

Es gibt drei Arten von Maschinen, die Wärme in Bewegung verwandeln, nämlich die Dampfmaschinen, die Verbrennungsmotoren und der Stirlingmotor. Die Verbrennung erfolgt bei ihm außerhalb des Motors. Ein Arbeitsgas wird abwechselnd erhitzt und abgekühlt und von einem Arbeits- und einem Verdrängerkolben hin- und hergeschoben. Moderne Stirlingmotoren arbeiten mit einem sehr hohen Wirkungsgrad.

Mach es selbst

Wir brauchen zwei große Plastikbecher. Beide füllen wir zur Hälfte mit Essig. Einen der Becher legen wir einige Minuten lang in sehr heißes Wasser. Es darf nicht in den Plastikbecher hineinschwappen! Nun geben wir in jeden Becher einen Eßlöffel Natriumhydrogenkarbonat (Bikarbonat, Apotheke). Beide Lösungen schäumen auf, weil das Gas Kohlendioxid entsteht. Die kalte Lösung perlt langsam weiter, während die erwärmte Lösung innerhalb kurzer Zeit heftig aufschäumt und sich dann beruhigt. Wärme beschleunigt chemische Reaktionen.

Siehe auch →elektromagnetische Strahlung; →Energie; →Isolator und Isolierung; →Konvektion; →latente Wärme; →Temperatur; →Wärmeausdehnung; →Wärmeleitung.

Mach es selbst

Wir stecken vier Löffel aus verschiedenen Materialien drei Zentimeter tief in heißes Wasser. Welcher Griff wird zuerst warm? Holz- und Plastiklöffel leiten Wärme nur schlecht und erwärmen sich nur wenig.

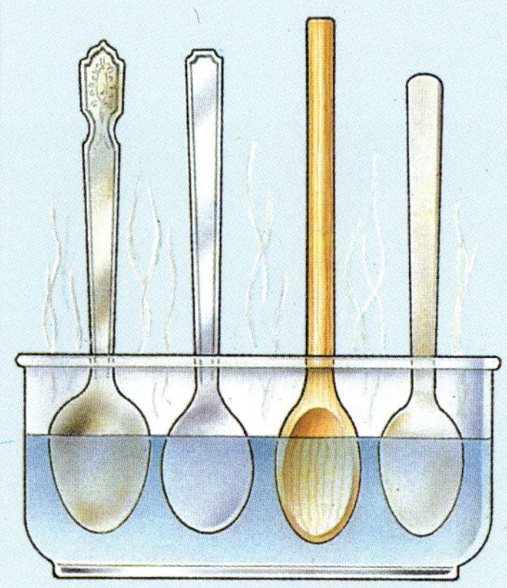

Wärmeleitung

Eines der wichtigsten Gesetze der Wärmelehre (zweiter Hauptsatz der →Thermodynamik) besagt, daß Wärme immer nur von wärmeren auf kältere Körper übertragen wird. Dies gilt auch innerhalb ein und desselben Stoffes. Wenn wir einen Grillspieß ins Feuer halten, müssen wir ihn nach einiger Zeit aus der Hand legen, weil das kühle Ende sich schnell erwärmt. Das Ende, das im Feuer liegt, nimmt Wärme auf. Die Eisenmoleküle schwingen dadurch viel schneller. Sie stoßen an andere Moleküle und übertragen ihnen einen Teil ihrer Energie. Damit wandert die Wärme von einem Ende des Grillspießes zum anderen. Wir bezeichnen dies als Wärmeleitung. Die besten Wärmeleiter sind →Metalle, weil ihre freien →Elektronen nicht nur Strom leiten, sondern auch Wärme übertragen können. Wenn der Grillspieß einen Griff aus Holz hat, können wir ihn weiterhin in der Hand behalten. Holz ist nämlich ein schlechter Wärmeleiter. Es überträgt nur rund 1/400 der Wärmemenge, die durch Eisen fließt. Ein noch schlechterer Wärmeleiter ist die Luft; dafür ist sie ein guter →Isolator. Wenn wir einen dicken Pullover anziehen, nutzen wir die schlechte Wärmeleitfähigkeit der Luft, weil die feine Wolle eine dicke Luftschicht um den Körper festhält.
Neben der Wärmeleitung gibt es noch zwei weitere Arten des Wärmetransports, nämlich die →Konvektion und die →Strahlung mit →Infrarotwellen.

Wärmepumpe

Wärmepumpen funktionieren nach demselben Prinzip wie →Kühlschränke; genutzt wird dabei allerdings die entstehende Wärme und nicht die gleichzeitig entstehende Kälte. Wärmepumpen übertragen Wärme von einem kälteren Körper auf einen wärmeren. Dies ist nur durch Energieaufwand möglich. Ein Kältemittel wird im Verdampfer gasförmig, wobei es Energie aus der Umgebung aufnimmt. Ein Verdichter

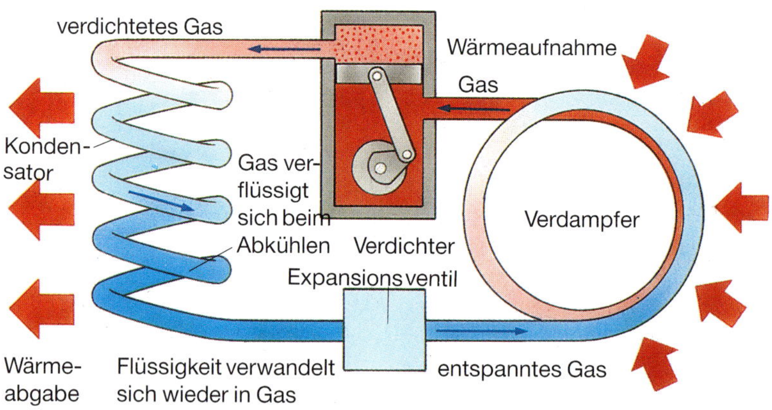

▷ Wärmepumpen übertragen Wärme von einem kälteren auf einen wärmeren Körper. Wird dabei die entstehende Kälte genutzt, so handelt es sich um einen Kühlschrank. Wird hingegen die Wärme genutzt, so sprechen wir von einer Wärmepumpe. Die entscheidenden physikalischen Vorgänge dabei sind die Verdampfung und Kondensation eines Kältemittels.

bringt das Gas auf höheren Druck; hier muß die Energie aufgewendet werden. Im Kondensator kondensiert das Gas (→Kondensation) und gibt dabei Wärme ab, die zum Beispiel für die Heizung benutzt wird. Ein Expansionsventil bewirkt, daß die kondensierte Flüssigkeit sich wieder auf Normaldruck entspannt, worauf sie verdampft und der Kreislauf von neuem beginnt.

Wärmeregelung

Vögel und Säugetiere und natürlich auch der Mensch haben eine konstante Körpertemperatur. Wir sagen: Sie sind gleichwarm oder homöotherm. Wechselwarm sind die übrigen Wirbeltiere, nämlich die Reptilien, die Amphibien und die Fische. Ihre Körpertemperatur schwankt mit der Außentemperatur. Manche wechselwarmen Tiere können ihre Körpertemperatur ein bißchen regeln, zum Beispiel Wüstenechsen: Frühmorgens legen sie sich in die pralle Sonne, um schnell warm zu werden. Mittags verkriechen sie sich, um sich nicht zu stark aufzuheizen, und gegen Abend legen sie sich wieder in die Sonne. Nachts ziehen sich diese Echsen zurück und fallen in eine Art Kältestarre, weil die Temperaturen in der Wüste stark absinken.

Die gleichwarmen Tiere regeln ihre Körpertemperatur mit Hilfe des Gehirns und des Rückenmarks. Es gibt dort Kühlzentren und Heizzentren. Sie nehmen Abweichungen von der gewünschten Körpertemperatur wahr und leiten Gegenmaßnahmen ein. Wenn wir zu warm werden, verstärkt sich die Durchblutung der Haut; damit kann viel Wärme abstrahlen. Danach beginnen wir zu schwitzen. Wenn der Schweiß auf der Haut verdunstet, wird ihr Wärme entzogen. Wenn alle diese Maßnahmen nichts nützen, besteht die Gefahr eines Hitzschlages. Sinkt hingegen die Temperatur unseres Blutes ab, so wird der →Stoffwechsel gesteigert: Wir verbrennen mehr Nährstoffe und erzeugen damit mehr Wärme. Wird uns sehr kalt, tritt ein Kältezittern oder Schlottern auf. Wir bewegen uns, um Wärme zu erzeugen. Sinkt unsere Körpertemperatur auf 33 °C, so leiden wir unter Gedächtnisstörungen. Bei 32 °C beginnt das Herz unregelmäßig zu schlagen, bei 30 °C verlieren wir das Bewußtsein, und bei 25 °C droht der Tod. Je kälter ein Tier wird, desto stärker sträubt es seine Haare oder seine Federn, um die isolierende Luftschicht zu vergrößern.

Bei Fieber steigt unsere Körpertemperatur um ungefähr 2 °C. Das ist so, als sei unser innerer →Thermostat verstellt worden. Die Temperaturerhöhung hat zur Folge, daß viele Reaktionen des Körpers schneller ablaufen, darunter auch die Bildung von →Antikörpern.

Unsere Körpertemperatur wird sehr genau geregelt, denn sie schwankt zwischen 36 und 37 °C. Selbst wenn die Körpertemperatur nur um wenige Grad fällt, vermögen wir nicht mehr klar zu denken, und es besteht bald Lebensgefahr. Unterkühlung ist eine häufige Todesursache bei Unfällen auf See oder im Gebirge. In besonderem Maße muß man neugeborene Kinder vor Unterkühlung schützen, weil ihre Wärmeregelung noch nicht richtig funktioniert.

▽ Diese Marathonläufer bekommen nach dem Ende des Rennens eine Alufolie übergeworfen. Sie reflektiert die Wärmestrahlen und verhindert, daß die Sportler zu sehr auskühlen. Bei ihrem Lauf haben sie nämlich eine Menge Energie verloren und müssen ihre Körperwärme konservieren.

Wasser

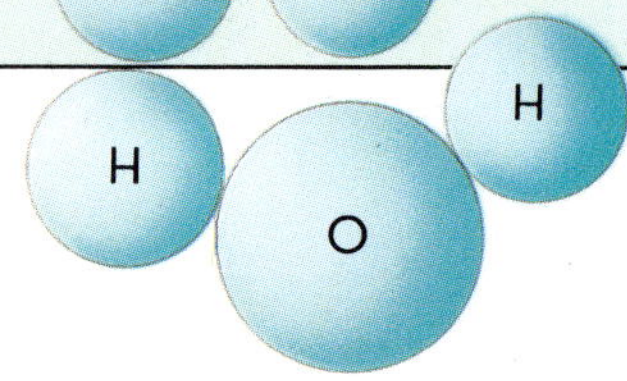

Chemisch gesehen ist das Wasser eine Verbindung zwischen den Gasen Wasserstoff und Sauerstoff. Bei einem Wassermolekül ist ein Sauerstoffatom (O) mit zwei Wasserstoffatomen (H) verbunden. Daher ergibt sich die chemische Formel H_2O. Reines Wasser ist ohne Geschmack und völlig farblos. Das Wasser, das zu Hause aus dem Hahn fließt, hat trotzdem einen bestimmten Geschmack, weil es Mineralsalze enthält. Sie lösen sich, während das Wasser als Grundwasser durch Gesteinsschichten fließt. Wasser ist ein gutes Lösungsmittel, vor allem für Salze. Mit Wasser lösen wir auch Schmutzteilchen auf; besonders gut funktioniert dies, wenn wir das Wasser erwärmen und Seife oder Tenside zugeben. Ohne Wasser hätte kein Leben entstehen können. Selbst der Mensch besteht zu rund 70 Prozent aus Wasser, die Quallen gar zu 98 Prozent.
Bei 0 °C gefriert Wasser zu Eis. Die weitaus meisten Stoffe ziehen sich beim Gefrieren zusammen. Nicht so das Wasser. Es dehnt sich aus: Eis schwimmt auf Wasser. Fließendes Wasser verwenden wir, um Turbinen und Generatoren anzutreiben. Dabei verwandeln wir Bewegungsenergie in elektrische Energie, also in Strom. Das Wasser bewegt sich auf der Erde dauernd in einem riesigen Kreislauf.

△ Die chemische Formel des Wassers kennt wohl fast jeder: H_2O. Sie bedeutet, daß ein Sauerstoffatom (O) mit zwei Wasserstoffatomen (H) verbunden ist. Wasser ist die bemerkenswerteste Flüssigkeit der Natur.

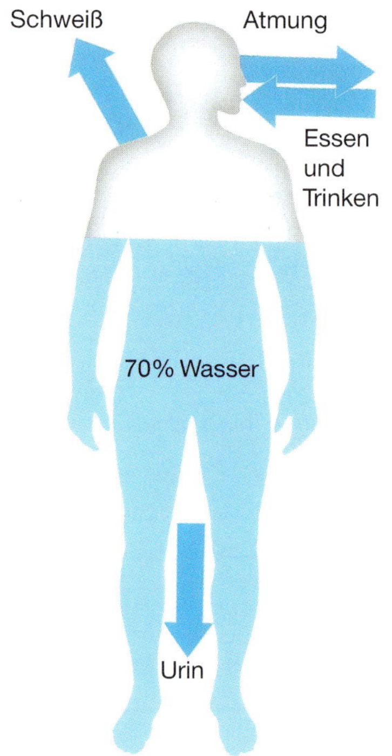

△ Ein Mensch kann mehrere Wochen ohne Nahrung überleben. Doch ohne Wasser halten wir es nur wenige Tage aus. Wir nehmen das Wasser mit der Nahrung und durch Trinken auf und verlieren es durch Ausscheidung (Urin), durch die Atmung (Wasserdampf in der Atemluft) und durch Schwitzen.

△ Wüsten haben kaum freies Wasser in Form von Flüssen oder Seen, und auch Regen fällt nur in sehr unregelmäßigen Abständen. Nur in den Oasen tritt Wasser in Quellen zutage. Hier können Palmen und andere Pflanzen gedeihen. Die Menschen treiben hier Landwirtschaft und Viehzucht. Es gibt Oasen, in denen hunderttausend Menschen leben.

◁ Im Laufe der Jahrmillionen grub sich Wasser durch die härtesten Gesteine hindurch. So entstanden tiefe Canyons und Schluchten. Im Bild fließt der Yellowstone River aus dem unteren Ende des Grand Canyon in den Vereinigten Staaten.

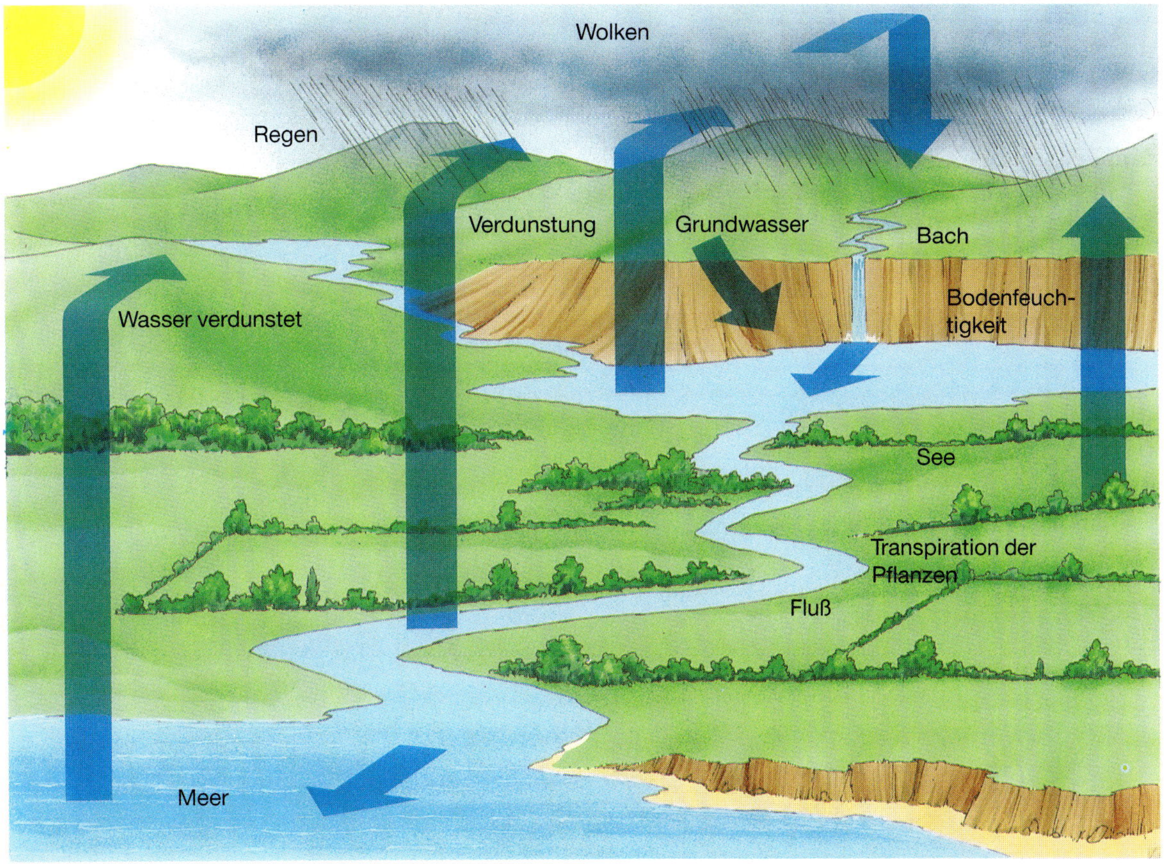

△ Es gibt auf der Welt einen gigantischen Wasserkreislauf. Wasser fällt als Niederschlag und wird entweder von Pflanzen aufgenommen oder fließt zurück ins Meer. Von der warmen Meeresoberfläche verdunstet viel Wasser. Dieser Dampf kondensiert in der Atmosphäre und bildet Wolken. Wenn sie sich abkühlen, verlieren sie die Wassertröpfchen, und es regnet.

Das Wasser ist eine ungewöhnliche Flüssigkeit. Es erreicht nämlich bei 4 °C seine größte Dichte und dehnt sich darunter wieder aus. Wenn sich Wasser auf 4 °C abkühlt, sinkt es erst einmal ab. Dadurch durchmischt sich das Wasser der Seen bei uns zweimal im Jahr, was lebenswichtig ist für alle Fische.

Mach es selbst

Mit zunehmender Tiefe steigt der Wasserdruck. Je höher die Wassersäule über einem bestimmten Punkt ist, um so größer ist auch der Druck. Das können wir selbst beobachten, indem wir an einer Seite einer Plastikflasche eine Reihe von Löchern übereinander anbringen. Wir decken sie zunächst mit Klebestreifen zu und füllen die Flasche mit Wasser. Dann entfernen wir die Klebestreifen. Der Wasserstrahl, der dem größten Druck ausgesetzt ist (unten), spritzt am weitesten weg.

Siehe auch →Eis; →Grundwasser; →Niederschlag; →schweres Wasser; →Verdunstung; →Wasserkraft; →Wasserstoffbrücken; →Wolken.

△ Wände von Höhlen in Gebieten mit hartem, kalkhaltigem Wasser sind oft von Kalkschichten und Tropfsteinen überzogen. Der gelöste Kalk schlägt sich an der Wand nieder.

Wasserhärte

In manchen Gebieten ist es gar nicht einfach, sich die Hände zu waschen: Kaum hat man Seife an den Fingern, bildet sie mit dem Wasser einen Film, der schwer abzuwaschen ist. Die Seife reinigt auch kaum mehr. Schuld daran ist das harte Wasser. Es enthält größere Mengen gelöster Kalzium- und Magnesiumsalze. Besonders wichtig ist das Kalziumkarbonat, der Kalk. Er reagiert mit der Seife zu einer unlöslichen chemischen Verbindung. Wenn wir kalkhartes Wasser kochen, schlägt sich der gelöste Kalk als weißer Kesselstein auf dem Topfboden nieder.

Mit hartem Wasser kann man nur schlecht waschen. Deswegen wurden bis vor kurzem den Waschmitteln viele →Phosphate zugesetzt. Sie machen die gelösten Salze unschädlich. Heute übernehmen andere Stoffe diese Aufgabe. Sie haben den Vorteil, daß sie die Gewässer nicht so stark belasten wie die Phosphate. Hartes Wasser kann man in →Ionenaustauschern enthärten.

▽ Das Wasser für den Antrieb der Turbinen wird meistens in der Mitte des Stauwehrs entnommen, damit die Stromproduktion selbst bei niedrigem Wasserstand weiterlaufen kann. Wenn der Stausee voll ist, fließt das Wasser zur Entlastung über einen Überlauf.

Wasserkraft

In fließendem Wasser ist Bewegungsenergie enthalten. Schon in der Antike nutzten die Babylonier, die Inder und die Chinesen diese Energieform mit Hilfe von Wasserrädern. Mit der Erfindung der →Turbine verloren die Wasserräder an Bedeutung. Fast nur noch in Museen treiben sie Mühlen, Sägewerke

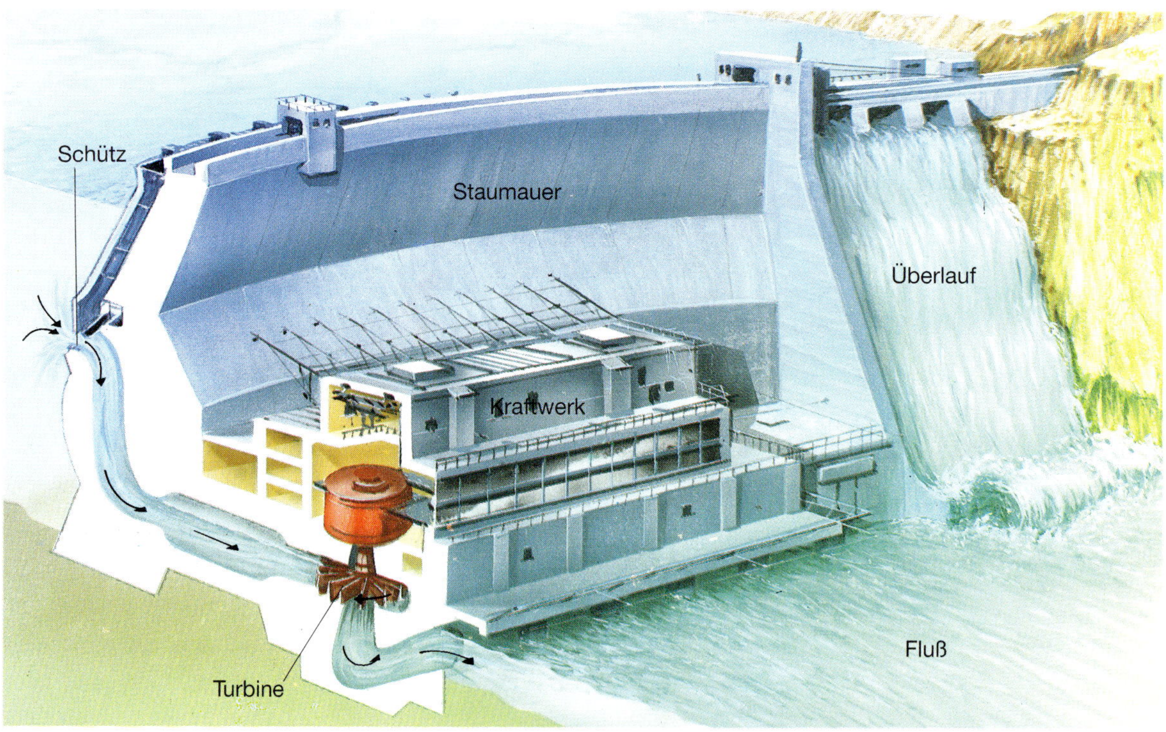

und Hämmer an. Die Turbinen versetzen heute →Generatoren in Bewegung. Sie verwandeln die Bewegungsenergie des fließenden Wassers in elektrische Energie. Es gibt die unterschiedlichsten Arten von Wasserkraftwerken, aber eines ist allen gemeinsam: Das Wasser wird hinter einer Mauer aufgestaut. Bei den Flußkraftwerken sind die Wehre nur niedrig, und die Stauhöhe beträgt wenige Meter. Hochdruckanlagen hingegen nutzen das gestaute Wasser eines hochgelegenen Stausees. Pumpspeicherwerke helfen vor allem bei Engpässen mit großem Spitzenverbrauch: Mit billigem Nachtstrom pumpt man Wasser in einen hochgelegenen Speicher. Bei Bedarf kann man dieses Wasser dann kurzfristig zur Energieerzeugung nutzen. Innerhalb von rund einer Minute kann ein solches Wasserkraftwerk nämlich seine volle Leistung erbringen. An den Küsten des Nordatlantik sind →Gezeitenkraftwerke in Bau. Die →Wellenenergie wird zur Zeit noch nicht genutzt.

△ Wasserkraftwerke erzeugen ungefähr 20 Prozent des gesamten Strombedarfs der Welt.

Wasserstoff

Der Wasserstoff ist ein farb- und geruchloses, ungiftiges →Gas. Er stellt gleichzeitig das leichteste, einfachste und häufigste →chemische Element im Weltall dar. Die Strahlung unserer Sonne entsteht, wenn Wasserstoffkerne im Inneren des Gestirns zu →Helium verschmelzen. Wasserstoff kommt in den meisten →chemischen Verbindungen vor, zum Beispiel in →Säuren, Basen, →Kohlenwasserstoffen, →Kohlenhydraten und natürlich →Wasser.

Das normale Wasserstoffatom besteht aus einem →Proton und einem →Elektron. Vom Wasserstoff gibt es aber noch zwei weitere →Isotope: Der Kern des schweren Wasserstoffs (Deuterium) besteht aus einem Proton und einem Neutron, der des überschweren Wasserstoffs (Tritium) aus einem Proton und zwei Neutronen.

Siehe auch →schweres Wasser.

Henry Cavendish (1731–1810)

Henry Cavendish war ein englischer Physiker und Chemiker. Er beschäftigte sich vor allem mit der Zusammensetzung der Luft und zeigte, daß sie aus mehr als nur einem Gas besteht. Cavendish bewies auch, daß der Wasserstoff ein chemisches Element und Wasser eine chemische Verbindung ist.

Mach es selbst

Wir gießen etwas Wasser in eine flache Schüssel und geben einige Tropfen Essig hinzu. Dann verbinden wir zwei Kabel mit den Polen einer großen Taschenlampenbatterie und legen deren metallische Enden in das Wasser. Sofort bilden sich Blasen; wir fangen sie in zwei Reagenzröhrchen auf. Wir testen diese Gase, indem wir ein glimmendes Streichholz einführen. Der Wasserstoff wird mit einem leichten Knall verbrennen, und der Sauerstoff wird die Flamme hell auflodern lassen.

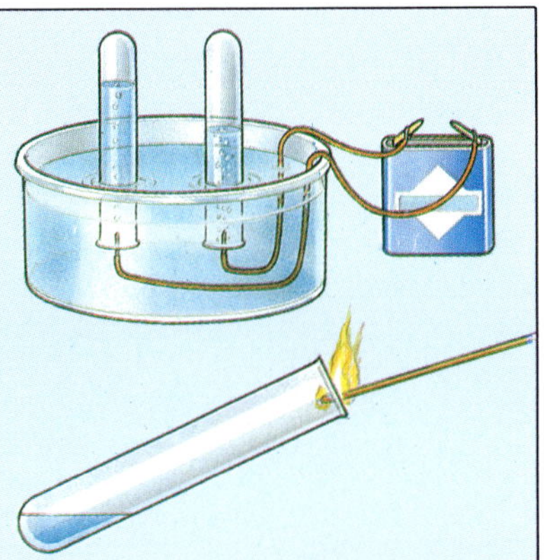

Die Wasserstoffbrücken bewirken, daß das Wasser merkwürdige Eigenschaften zeigt. Man braucht zum Beispiel viel mehr Energie, als man theoretisch erwarten würde, um Eis zu schmelzen oder Wasser zum Kochen zu bringen. Warmes Wasser zieht sich beim Abkühlen zusammen, bis es bei 4 °C seine größte Dichte erreicht hat. Wenn es sich weiterhin abkühlt, dehnt es sich wieder aus. Deswegen bringt gefrierendes Wasser oft Wasserröhren zum Platzen.

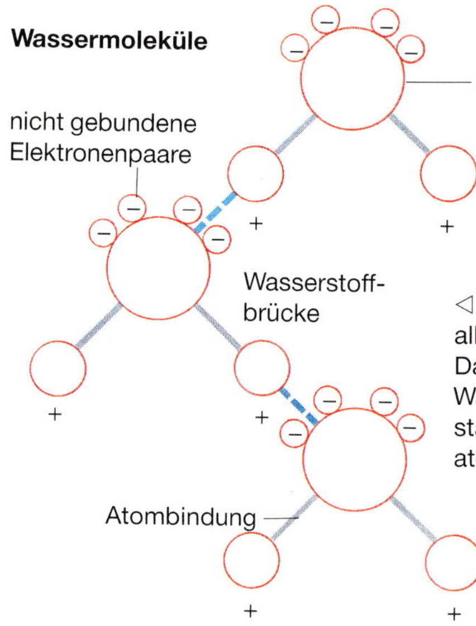

◁ Wasserstoffbrücken finden wir vor allem zwischen Wassermolekülen. Das positiv geladene Ende eines Wasserstoffatoms lagert sich an das stärker negativ geladene Sauerstoffatom an.

Wasserstoffbrücken

Wasserstoffbrücken sind Kräfte, die zwischen →Molekülen wirken. Sie führen zu einer schwachen →chemischen Bindung. Es gibt ziemlich viele →chemische Verbindungen, deren Moleküle ein positiv geladenes und ein negativ geladenes Ende aufweisen. Wir nennen sie auch Dipole. Die Ladung ist bei ihnen ungleichmäßig verteilt. Der bekannteste Dipol ist das Wasser: In der Umgebung des Sauerstoffatoms liegt das negativ geladene Ende, bei den Wasserstoffatomen hingegen das stärker positiv geladene Ende. Mehrere solche Dipolmoleküle ziehen sich mit ihren entgegengesetzt geladenen Enden an. Dabei bilden die Wasserstoffatome sozusagen die Brücken und das verbindende Element. Wir sprechen deswegen von Wasserstoffbrücken. Eine besonders große Rolle spielen die Wasserstoffbrücken bei den →Proteinen und bei den Nukleinsäuren wie der →DNS.

Wasserverschmutzung

Chemisch reines →Wasser gibt es in der Natur nicht. Wasser enthält immer gelöste Salze, Boden und Gesteinsteilchen sowie Stoffe, die vom Abbau von Pflanzen und Tieren stam-

▽ Abwässer, Gülle und Düngemittel, die in Gewässer gelangen, können dort praktisch alle Lebewesen absterben lassen. Bakterien und andere Mikroorganismen bauen organische Abfallstoffe ab und setzen somit unerwünschte Nährstoffe frei. Dadurch können Algen vermehrt wachsen. Durch Düngemittel, die ins Gewässer geschwemmt werden, wird das Wachstum der Algen noch weiter gefördert. Wenn die Algen absterben, vergrößern sie die Menge organischer Abfallstoffe im Wasser. Auch Bakterien vermehren sich und bauen die Abfallstoffe ab. Dabei verbrauchen sie den gesamten Sauerstoff im Gewässer. Für die Fische und andere Wassertiere bleibt dann nichts mehr übrig. Wir sagen: Das Gewässer kippt um. Die Folge ist ein Fischsterben.

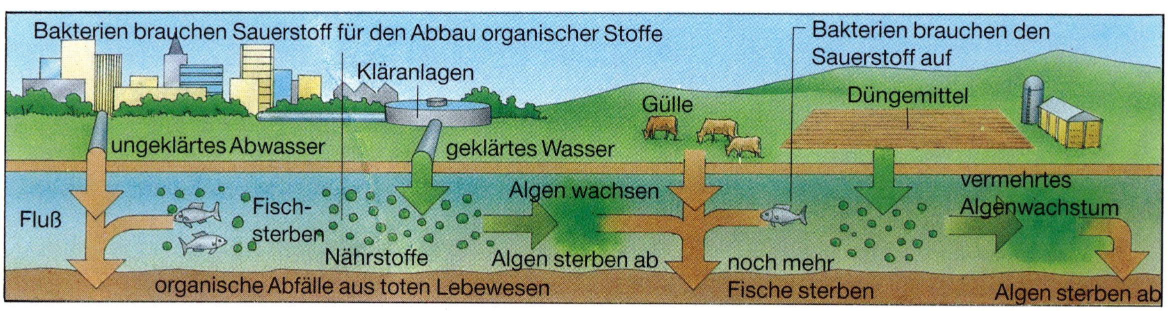

men. Es gibt zum Beispiel Seen, die klares Wasser mit wenig Nährstoffen enthalten. Wir nennen sie oligotroph. In einem solchen See leben vor allem Forellen und Renken. Eutrophe Seen hingegen haben von Natur aus trübes, nährstoffreiches Wasser. Sie sind der wichtigste Lebensraum für Karpfen, Schleien und Hechte. Eutrophe Seen sind nicht verschmutzt. Von einer Verschmutzung können wir erst reden, wenn der Mensch den Zustand eines Gewässers verändert, wenn zum Beispiel durch eingeleitete Abwässer aus einem Forellensee ein trübes eutrophes Gewässer wird.
Es gibt im wesentlichen drei Arten von Schadstoffen, die ins Wasser gelangen. Am weitesten verbreitet sind organische Stoffe, etwa das Abwasser aus unseren Toiletten. →Mikroorganismen können diese fäulnisfähigen Stoffe abbauen, brauchen dazu aber Sauerstoff. In der biologischen Stufe von Kläranlagen werden diese Stoffe entfernt. Wasserlösliche Salze aus der Industrie und vor allem aus →Düngemitteln der Landwirtschaft können nicht abgebaut werden. →Nitrate und →Phosphate fördern das Algenwachstum und führen somit dazu, daß im Gewässer schließlich zu viele Nährstoffe vorhanden sind. Wir bezeichnen diesen Zustand als Eutrophierung. Große Probleme bei der Gewässerreinigung machen auch nichtabbaubare Stoffe wie Schwermetalle und →Pestizide. Beide reichern sich in der →Nahrungskette an und wirken dadurch schädlich.
Eine immer größere Rolle spielt auch die Erwärmung von Gewässern durch Abwärme. Kernkraftwerke brauchen viel Kühlwasser und geben das erwärmte Wasser wieder in die natürlichen Gewässer ab. Eine Erwärmung des Wassers um wenige Grad verändert aber den gesamten Lebensraum. Je wärmer das Wasser wird, desto weniger Sauerstoff kann darin gelöst sein. Deswegen leiden erwärmte Gewässer oft unter Sauerstoffmangel und drohen umzukippen. Dann sterben alle Lebewesen im Gewässer.

△ Schadstoffe, die Bakterien nicht abbauen können, stammen hauptsächlich aus Bergbaubetrieben und chemischen Fabriken. Sie sind nicht nur an sich schädlich, sondern stören auch den natürlichen Abbau organischer Stoffe. Im Bild ein Abwasser von einem Verhüttungsbetrieb.

Watt

Das Watt (abgekürzt W) ist die Maßeinheit (→SI-Einheiten) der →Leistung. Ein Watt entspricht der Leistung, bei der ein →Joule pro Sekunde umgesetzt wird. Eine 100-Watt-Birne verwandelt also jede Sekunde 100 Joule elektrische Energie in Wärme und Licht. Der Motor eines Mittelklassewagens hat eine Leistung von ungefähr 50 000 Watt. Das entspricht 50 Kilowatt (kW) oder 68 →PS. Ein großes Kraftwerk bringt es auf eine Leistung von mehreren hundert Megawatt, das heißt mehreren hundert Millionen Watt.
Siehe auch →Kilowattstunde.

Das Watt an der Nordseeküste ist ein eigentümlicher Lebensraum, der zweimal am Tag durch die Gezeiten überflutet wird und dann wieder trockenfällt. Der Untergrund besteht aus Sand und Schlick. Darin leben zahlreiche Muscheln, Würmer und Schnecken sowie Krebse. Fische und Vögel finden im Watt reichlich Nahrung.

Weiße Zwerge

▷ Der Weiße Zwerg ist das letzte Stadium in der Entwicklung eines Sterns. Ein mittelgroßer Stern wie unsere Sonne wird mit zunehmendem Alter immer größer und entwikkelt sich zu einem Roten Riesen. Die Außenhülle entweicht in den Weltraum, während das Sterninnere in sich zusammenstürzt und schließlich einen Weißen Zwerg bildet.

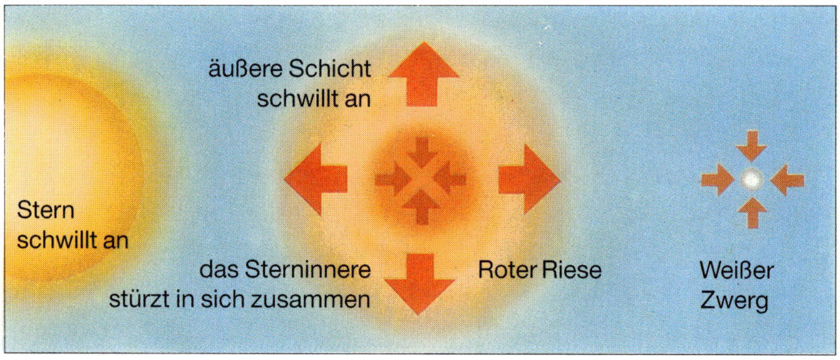

Weiße Zwerge

Am Ende seines Lebens, das allerdings viele Milliarden Jahre dauert, wird ein →Stern wie unsere →Sonne zu einem Weißen Zwerg, bevor er aufhört zu leuchten. Der Weiße Zwerg ist der Überrest des Sterninneren, in dem früher die →Kernenergie durch Verschmelzung von Wasserstoffkernen erzeugt wurde. Diese Energie sandte der Stern in Form von →Strahlung aus. Ein Weißer Zwerg entsteht, wenn das Innere eines →Roten Riesen in sich zusammenstürzt. Obwohl die Materie im Innern des Weißen Zwergs nur aus den Gasen →Wasserstoff und →Helium besteht, ist sie so stark verdichtet, daß sie hunderttausendmal schwerer ist als Blei. Die Oberfläche eines Weißen Zwergs weist eine Temperatur von ungefähr 20 000 °C auf. Die Weißen Zwerge sind jedoch so klein, daß sie nur wenig Licht aussenden und schwer am Himmel zu entdecken sind. Wenn sie sich auf rund 3000 °C abkühlen, werden sie unsichtbar.

Mach es selbst

Mit etwas Geschick können wir durch Auf- und Abbewegung der Hand bei einem Seil eine stehende Welle erzeugen. Wasserwellen untersuchen wir in einer wassergefüllten Schüssel. Leichte Korkteilchen zeigen uns, daß sich die Wasserteilchen quer zur Fortpflanzungsrichtung auf- und abbewegen. Wasserwellen sind also Quer- oder Transversalwellen.

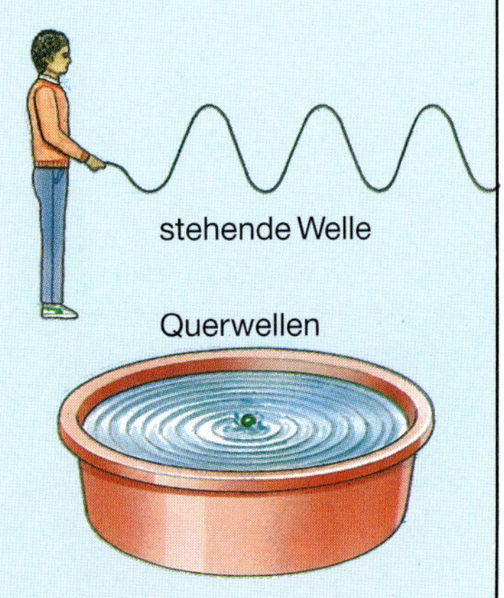

Welle

Als Welle bezeichnet der Physiker einen Vorgang, der periodisch, also immer wiederkehrend, abläuft. Wellen transportieren Energie, aber keine Masse. Wenn wir einen Stein in einen ruhigen Teich werfen, so breiten sich kreisförmige Wellen von der Stelle des Auftreffens aus. Wir erkennen deutlich Wellenberge und Wellentäler. Die Wasserteilchen werden aber nicht von der getroffenen Stelle wegtransportiert, sondern sie schwingen an Ort und Stelle auf und ab. Das können wir an einem Korken beobachten, der genau diese Bewegung durchführt. Die Schwingungen der Wasserteilchen sind zeitlich versetzt, so daß wir den Eindruck einer Welle bekommen. Es gibt noch weitere verschiedene Wellen, zum Beispiel →Schallwellen, →Erdbebenwellen und →elektromagnetische Wellen. Sie alle treten wie die Wellenzüge im Wasser in Form sogenannter Sinusschwingungen auf. Dabei ergeben sich einige grundlegende Begriffe: Als →Wellenlänge bezeichnen wir den Abstand zwischen zwei Wellenbergen. Die

→Frequenz ist die Anzahl der Wellenberge pro Sekunde; sie wird in Hertz (Hz) angegeben. Die Amplitude entspricht der Schwingungsweite. Wellen zeigen ganz unterschiedliche Fortpflanzungs- oder Ausbreitungsgeschwindigkeiten. Am höchsten ist sie bei der →elektromagnetischen Strahlung wie dem Licht. Sie beträgt rund 300 000 Kilometer pro Sekunde. Erdbebenwellen pflanzen sich mit 4 bis 13 Kilometern, Schallwellen mit rund 330 Metern pro Sekunde fort.

Schallwellen bestehen aus Verdichtungen und Verdünnungen der Luft. Die Luftteilchen schwingen dabei in derselben Richtung, in der sich die Welle als Ganzes fortpflanzt. Deswegen spricht man von einer Längs- oder Longitudinalwelle. Die Wasserwellen hingegen sind Querwellen, denn die Wasserteilchen schwingen senkrecht zur Fortpflanzungsrichtung.

Wenn gleichartige Wellen aufeinandertreffen, beeinflussen sie sich gegenseitig. Der Physiker sagt: Sie überlagern sich oder bilden Interferenzen. Treffen Wellenberge aufeinander, so addieren sie sich. Trifft hingegen ein Wellenberg auf ein Wellental, so löschen sich die beiden Wellen gegenseitig aus. Solche Interferenzen gibt es zum Beispiel nach der →Beugung von Wellen. Weitere wichtige Erscheinungen der Wellen sind →Reflexion und →Brechung.

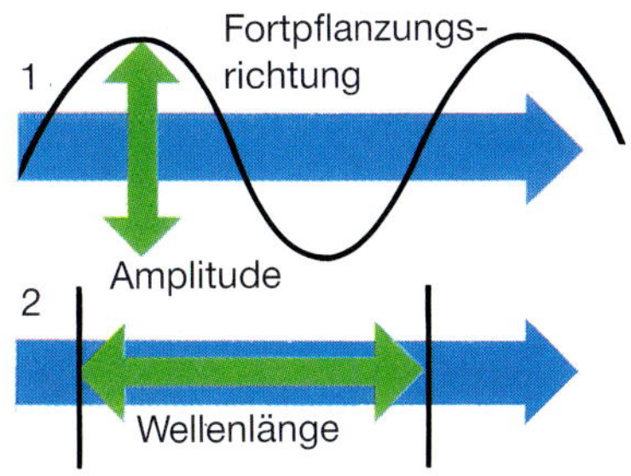

△ Die beiden wichtigsten Eigenschaften einer Welle sind die Amplitude oder Schwingungsweite und die Wellenlänge. Die Amplitude entspricht der maximalen Auslenkung zwischen dem Wellenberg und dem Wellental. Die Wellenlänge ist die Entfernung zwischen zwei aufeinanderfolgenden Wellenbergen. Die Anzahl der Wellenberge pro Sekunde bezeichnen wir als die Frequenz der Welle.

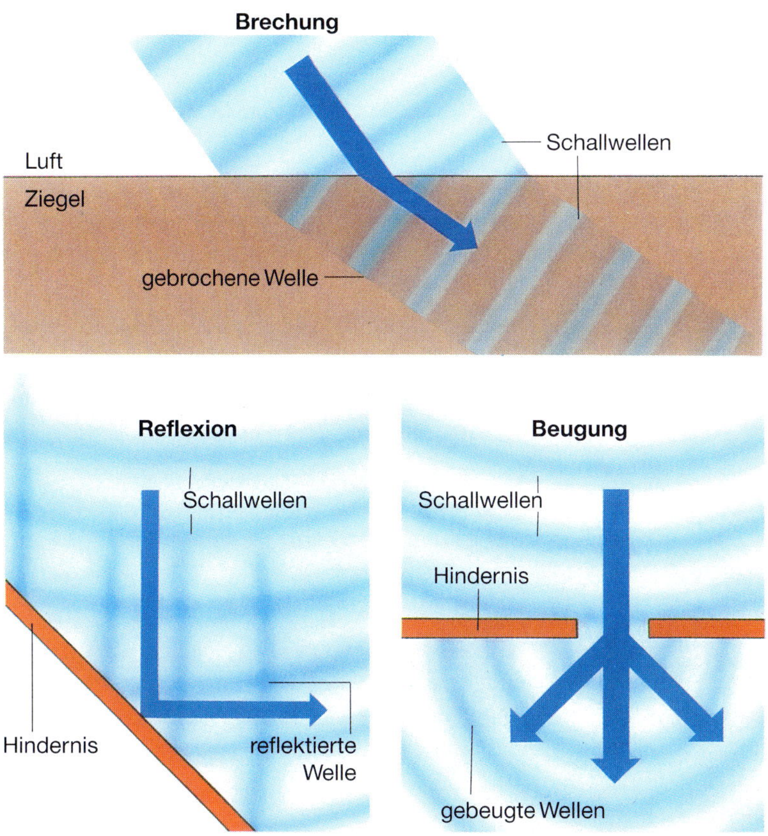

◁ Brechung, Reflexion und Beugung sind wichtige Eigenschaften von Wellen. Wellen werden gebrochen, wenn sie von einem Stoff oder Medium in ein anderes übergehen, in dem ihre Fortpflanzungsgeschwindigkeit größer oder kleiner ist. Wenn zum Beispiel Schallwellen auf eine Backsteinwand treffen, werden sie beim Eintritt gebrochen. Sie verändern dabei ihre Fortpflanzungsrichtung. Das gilt auch für die Reflexion, bei der Wellen zurückgeworfen werden. Das einfachste Beispiel ist hier der Spiegel. Wenn Schallwellen reflektiert werden, hören wir ein Echo. Damit Wellen gebeugt werden können, müssen sie durch ein schmales Hindernis hindurchtreten. Hinter dem Hindernis breitet sich die Welle erneut kugelförmig aus. Nach der Beugung kommt es oft zu Interferenzen, das heißt zu Überlagerungen.

Wenn die Teilchen in der Richtung schwingen, in der sich auch die Welle fortpflanzt, so sprechen wir von einer Längswelle (Beispiel: Schallwellen). Wasserwellen hingegen sind Querwellen (Transversalwellen).

Wellenenergie

Wellen besonders der nördlichen Meere könnten eine unerschöpfliche Energiequelle sein. Die einzelnen Wasserteilchen bewegen sich dabei nicht vorwärts, sondern auf und ab. Diese senkrechte Bewegung könnte man zur Stromerzeugung nutzen. Bisher gibt es aber nur Versuchskraftwerke. Am bekanntesten ist die „nickende Ente“. Eine Reihe von Schwimmern, die wie Tragflächen aussehen, sind am dickeren Ende mit einer Achse verbunden. Die schmalere Seite bewegt sich mit den Wellen auf und ab. Dabei wird ein →Generator, der direkt elektrischen Strom erzeugt, oder eine Wasserpumpe angetrieben. Sie pumpt Wasser durch den Schwimmer und treibt dabei eine →Turbine an, die ihrerseits mit einem Generator verbunden ist.

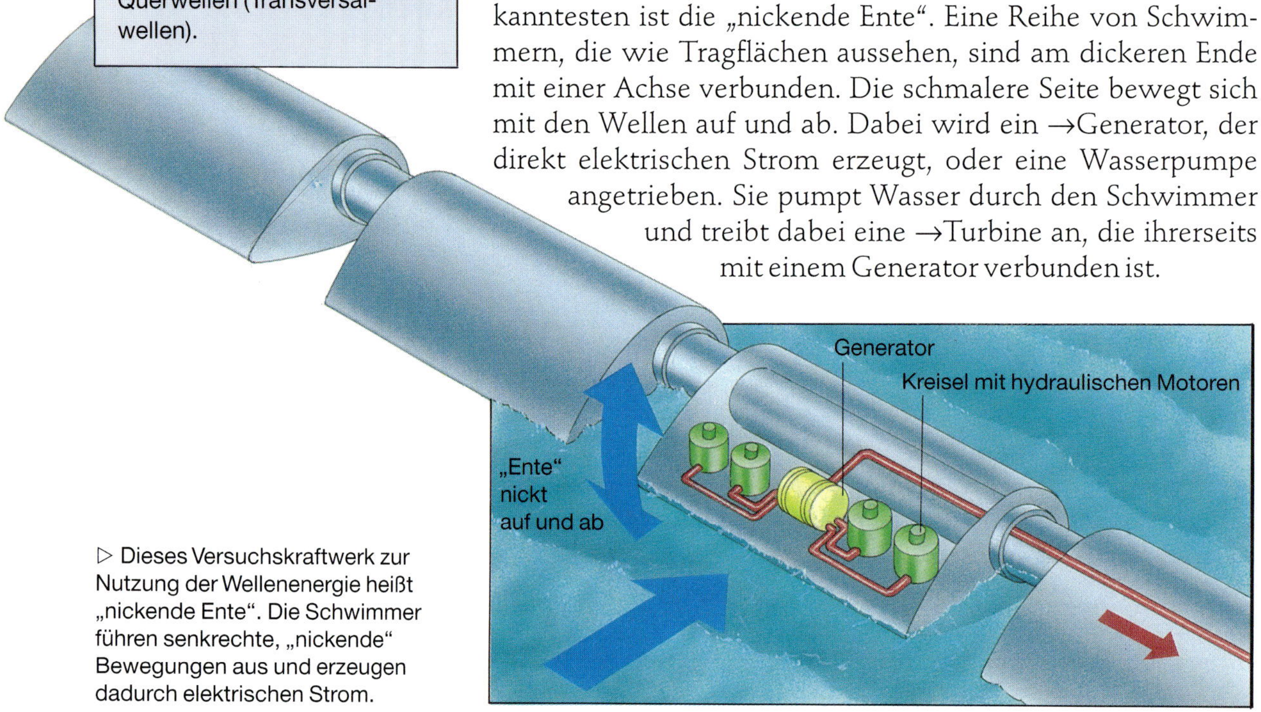

▷ Dieses Versuchskraftwerk zur Nutzung der Wellenenergie heißt „nickende Ente“. Die Schwimmer führen senkrechte, „nickende“ Bewegungen aus und erzeugen dadurch elektrischen Strom.

Wellenlänge

Wellen sind Vorgänge, die sich regelmäßig im Raum und in der Zeit wiederholen. Es gibt viele verschiedene Wellen, zum Beispiel →Erdbebenwellen, →Schallwellen oder →elektromagnetische Wellen. Ein gemeinsames Merkmal ist die Wellenlänge. Es handelt sich um den Abstand zwischen zwei einander entsprechenden Punkten einer Welle, zum Beispiel der Abstand zwischen Wellenberg und Wellenberg. Wenn wir die Wellenlänge mit der →Frequenz multiplizieren, erhalten wir die →Geschwindigkeit, mit der sich die Welle fortpflanzt. Alle elektromagnetischen Wellen breiten sich im →Vakuum mit einer Geschwindigkeit von 300000 Kilometern pro Sekunde aus. Elektromagnetische Wellen mit hoher Frequenz haben somit kürzere Wellenlängen, während Wellen mit großen Wellenlängen geringere Frequenzen aufweisen. Eine →Radiowelle mit einer Frequenz von 200000 →Hertz (200 Kilohertz, kHz) hat eine Wellenlänge von 1500 Metern. Das Licht mit einer Wellenlänge von 500 millionstel Millimetern hat eine Frequenz von 600 Billionen Hertz.

▽ Als Wellenlänge bezeichnen wir den Abstand zwischen zwei entsprechenden Punkten auf einer Welle, zum Beispiel den Abstand zwischen Wellenberg und Wellenberg.

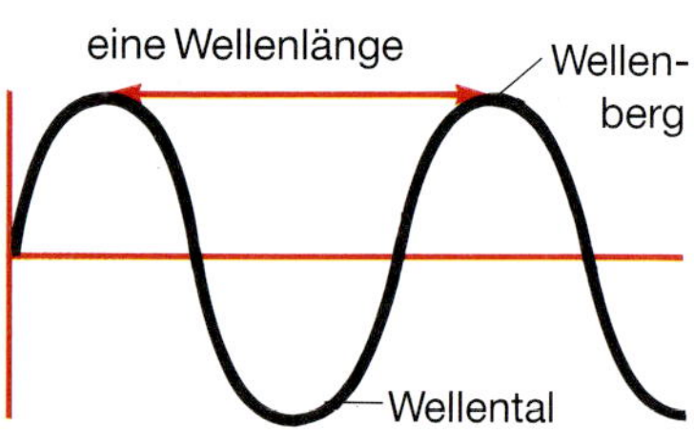

Weltall

Das Weltall oder das Universum ist der gesamte Raum, der mindestens teilweise von Materie und Strahlung ausgefüllt ist. Die →Astronomen glauben, das Weltall sei nach dem →Urknall entstanden, der vor ungefähr 15 Milliarden Jahren stattgefunden haben soll. Seit dem Urknall dehnt sich das Weltall aus: Alle →Galaxien entfernen sich voneinander, wie man mit der →Rotverschiebung beweisen kann. Obwohl sich das Weltall ausdehnt, bedeutet dies aber nicht, daß es eine Begrenzung haben muß wie etwa ein Ballon, den man aufbläst. Der Grund für diese Art der Unendlichkeit liegt in der →Schwerkraft. Der →Relativitätstheorie zufolge bewirkt sie, daß Strahlen gekrümmt werden, selbst wenn sie unserem Auge völlig gerade erscheinen. Wir können sagen, der Raum des Weltalls sei gekrümmt. Die Grenzen des Weltalls zu finden, bedeutet also etwa dasselbe, wie das Ende einer Kugeloberfläche ausfindig zu machen.
Das sichtbare Universum besteht aus Millionen von Galaxien. Diese vereinigen sich zu lokalen Gruppen, Haufen (Cluster) und schließlich Superhaufen (Supercluster). Die →Materie ist im Weltall also nicht annähernd gleichmäßig verteilt. Warum es zu unregelmäßigen Ansammlungen von Materie kommt, will die →Kosmologie herausfinden.
Überall im Weltall scheinen die gleichen physikalischen Gesetze zu gelten. Auch weit entfernte Himmelskörper bestehen aus denselben Atomen wie unsere Erde. Die Wissenschaftler sagen: Das Weltall ist homogen oder einheitlich.

Ein Galaxienhaufen (Cluster) setzt sich aus 100 bis 1000 Galaxien zusammen. Ihre Ausdehnung erstreckt sich über rund drei Millionen Lichtjahre. Und die Gesamtmasse liegt bei 1000 Billionen Sonnenmassen. Die Astronomen haben bereits Zehntausende dieser Galaxienhaufen gefunden.

◁ Das Weltall besteht aus allen Galaxien, Sternen, Planeten, Monden, Asteroiden und anderen Himmelskörpern. Sie sind im leeren Raum unregelmäßig verteilt.

△ Moderne Rennyachten stellen geradezu eine Sammlung neuartiger Werkstoffe dar. Schon lange besteht ihr Rumpf nicht mehr aus Holz, sondern aus glasfaserverstärkten Kunststoffen. Segel und Taue sind aus neuen Kunstfasern, besonders aus Kevlar, das die größte Reißfestigkeit aufweist.

Werkstoffe

Die ältesten Werkstoffe des Menschen sind Holz, Knochen, Steine, Wolle und Häute. Diese Werkstoffe lieferte ihm die Natur, er stellte daraus Werkzeuge, Bauteile, Möbel und Kleider her. Dann lernten die Menschen, neue Werkstoffe zu gewinnen und zu verarbeiten. Aus Erzen stellten sie →Metalle her, und aus Ton, den sie anschließend brannten, formten sie neue Baustoffe sowie Gefäße. Aus Sand schmolzen sie →Glas. Diese Werkstoffe wurden im Lauf der Zeit immer weiter verfeinert. Aus →Eisen stellte man zum Beispiel →Stahl her, und durch Zugabe anderer Metalle entstanden rostfreie, hochfeste Stähle. Eine ungeheure Weiterentwicklung fand in unserem Jahrhundert statt, zunächst durch die →Kunststoffe. Sie waren anfänglich nur als Ersatz gedacht für teure Naturstoffe. Doch dann zeigte sich, daß man Kunststoffe mit völlig neuen Eigenschaften maßgeschneidert herstellen kann.

Werkzeugmaschinen

Mit Werkzeugmaschinen stellt man keine Werkzeuge her, sondern es sind Maschinen, die Werkstücke bearbeiten und dafür Werkzeuge einsetzen. →Extruder und →Spritzgußmaschinen machen den Werkstoff flüssig und pressen ihn dann in Formen. Pressen und Walzen formen den Werkstoff um, ohne Teile davon abzuheben. Am häufigsten sind jedoch die spanabhebenden Werkzeugmaschinen, zum Beispiel Bohrmaschinen, Fräsmaschinen, →Drehmaschinen, Hobel und Schleifmaschinen.

Die heutigen Werkzeugmaschinen arbeiten weitgehend automatisch. Sie fertigen viele gleichartige Stücke. Doch auch Einzelstücke kann man mit elektronischen Steuerungen automatisch herstellen. Das erfolgt über eingegebene Daten oder direkt über den →Computer.

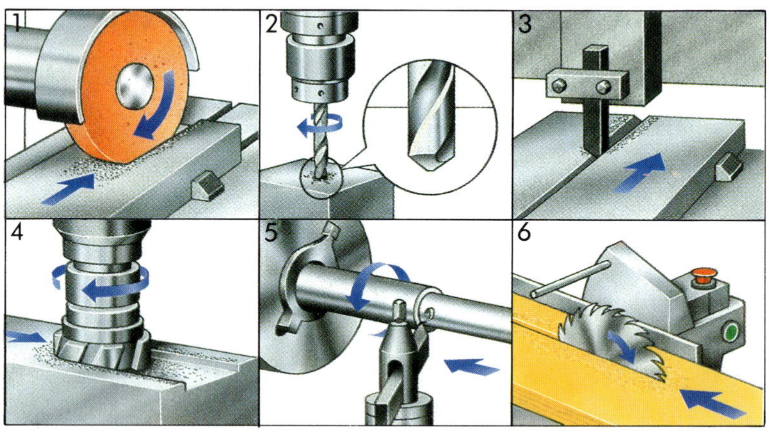

▷ Zu den spanabhebenden Werkzeugmaschinen gehören Schleifmaschinen **(1)**, Bohrmaschinen **(2)**, Metallhobelmaschinen **(3)**, Fräsmaschinen **(4)**, Drehmaschinen **(5)** und Kreissägen **(6)**.

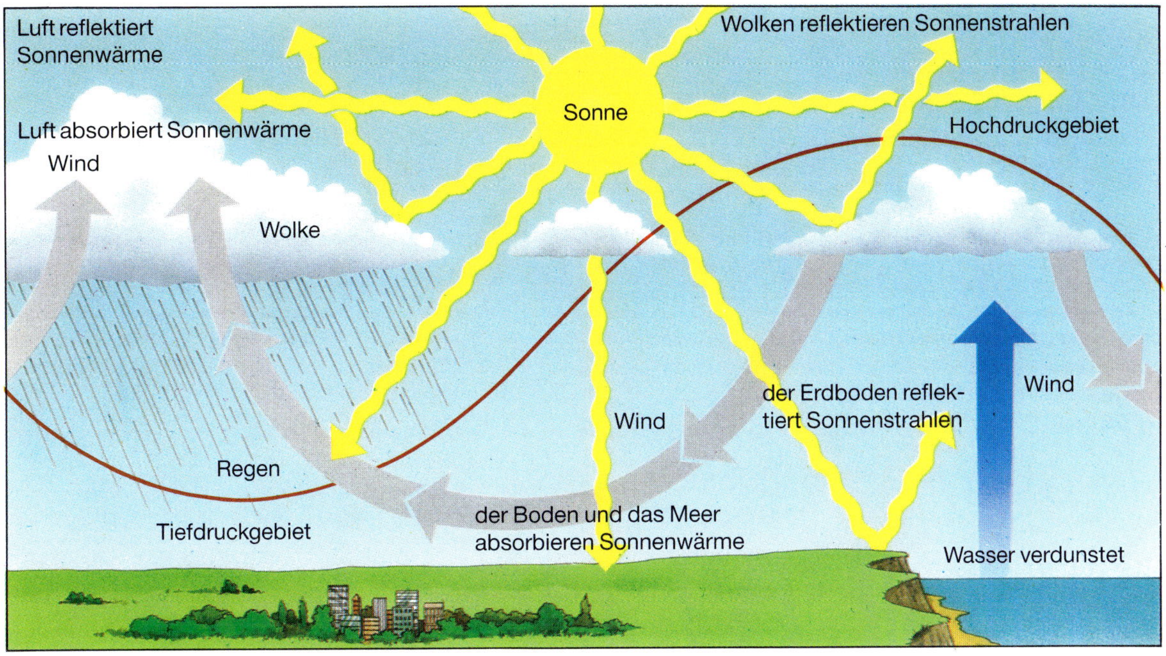

△ Der Motor für alle Wettererscheinungen ist die Sonne. Sie wärmt die Schichten der Atmosphäre und die Erdoberfläche unterschiedlich stark auf. Sie bewirkt, daß Wasser verdunstet. Der Wasserdampf bildet in der Atmosphäre Wolken. Die Sonne erwärmt bodennahe Luft, worauf diese aufsteigt und Tiefdruckgebiete bildet. Auch der Wind entsteht durch die Einstrahlung der Sonne. Es handelt sich um Luftmassen, die wirbelförmig von einem Hochdruckgebiet zu einem Tiefdruckgebiet fließen.

Wetter

Zum Wetter gehört alles, was sich in der →Atmosphäre abspielt, besonders in ihrer untersten Schicht, der →Troposphäre. Zum Wetter zählen →Temperatur, →Niederschlag, →Luftdruck, →Luftfeuchtigkeit, Sonnenscheindauer, Art der →Wolken und Grad der Bewölkung, Geschwindigkeit und Richtung der →Winde. Mit dem Wetter beschäftigt sich die →Meteorologie.

In einigen Gebieten der Erde ist das Wetter fast immer gleich, zum Beispiel in Westaustralien, wo es ständig trocken und warm ist. Mitteleuropa hingegen hat ein stark wechselndes Wetter. Regenschauer und Sonnenschein können sich in kürzester Zeit abwechseln. Auch in Gebieten, die nur wenige Kilometer auseinanderliegen, kann völlig unterschiedliches Wetter herrschen. Der Grund für dieses veränderliche Wetter liegt darin, daß wir in einem Gebiet wohnen, in dem viele unterschiedliche Luftmassen aufeinandertreffen, zum Beispiel kühle, feuchte Luft vom Atlantik und trocken-warme Luft aus dem Mittelmeer. Die Grenzen zwischen zwei verschiedenen Luftmassen nennen wir →Fronten. Wenn sie über ein Gebiet ziehen, verändern sie dessen Wetter.

Als Wetter bezeichnen wir den augenblicklichen Zustand der Atmosphäre. Wetter ist nicht dasselbe wie →Klima. Das Klima ist das durchschnittliche Wetter in einem Gebiet über viele Jahrzehnte hinweg. Das Klima ändert sich nur langfristig. Als Witterung bezeichnen wir das durchschnittliche Wetter im Lauf einiger Tage oder Wochen.

Wetterrekorde

Das heftigste Gewitter fand 1952 auf der Insel Réunion im Indischen Ozean statt. Innerhalb von 24 Stunden fielen 1870 Millimeter Regen. Die trockenste Stelle auf der Erde ist Arica in Nordchile, wo es pro Jahr im Durchschnitt nur 0,76 Millimeter regnet. Die höchste Temperatur wurde 1922 mit 58 °C in Libyen gemessen. Die niedrigste Temperatur hatte die sowjetische Antarktisstation Wostok im Jahr 1983 mit −89,2 °C.

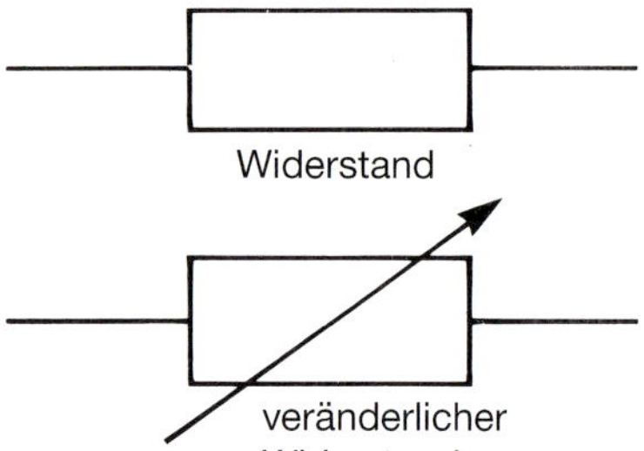

△ Widerstände werden in Schaltzeichnungen durch das Symbol oben wiedergegeben. Veränderliche Widerstände, wie sie zum Beispiel für die Regelung der Lautstärke in Radioapparaten verwendet werden, werden durch einen schrägen Pfeil gekennzeichnet.

Widerstand

Bewegte Körper treffen meistens auf einen Widerstand. Er wird zum Beispiel durch →Reibung an der Oberfläche oder an der Luft bewirkt. Auch wenn elektrischer Strom fließt, trifft er auf einen Widerstand. Die →Elektronen können nicht ungehindert fließen, sondern stoßen auf ihrem Weg ständig mit den →Atomen des →Leiters zusammen. Die Zusammenstöße ergeben den Widerstand des →Leiters. Die Energie, welche die Elektronen dabei einbüßen, wird in Wärme umgewandelt.

Die Maßeinheit (→SI-Einheiten) des elektrischen Widerstands ist das Ohm.

Wind

Wind ist bewegte →Luft, und Luft bewegt sich, weil sie von einem Gebiet mit hohem →Luftdruck zu einem Gebiet mit niedrigem Luftdruck strömt. Dieser Druckausgleich würde eigentlich geradlinig erfolgen. Doch weil sich die Erde einmal am Tag um ihre Achse dreht, wird der Wind durch den sogenannten Corioliseffekt seitlich abgelenkt. Besonders deutlich wird das bei den beiden Passatwinden. Sie wehen beständig zum Äquator hin. Weil die Luftteilchen am Äquator, um mit der Erddrehung mitzukommen, eine viel höhere Geschwindigkeit in Ostrichtung haben müßten, werden sie jeweils nach Westen abgelenkt. Die Winde werden dadurch auf der Nordhalbkugel zum Nordostpassat und auf der Südhalbkugel zum Südostpassat. Das klingt überraschend, aber Winde werden nun einmal nach der Himmelsrichtung bezeichnet, aus der sie kommen. Der Corioliseffekt ist auch dafür verantwortlich, daß die Winde spiralförmig in Tiefdruckgebiete hinein- und aus Hochdruckgebieten herauswehen. Auf der Nordhalbkugel geht es gegen den Uhrzeigersinn ins Tief hinein, mit dem Uhrzeigersinn aus dem Hoch hinaus. Auf der Südhalbkugel ist es umgekehrt.

Die Windgeschwindigkeit hängt von den Luftdruckunterschieden ab. Wenn wir eine →Wetterkarte der →Meteorologen betrachten, dann herrschen dort die stärksten Winde, wo die →Isobaren, also die Linien gleichen Luftdrucks, am nächsten beieinanderliegen. Viele Winde wehen jedoch nicht stetig, sondern unruhig. Ihre Geschwindigkeit ist großen Schwankungen unterworfen. Solche Winde nennen wir böig, die einzelnen Windstöße Böen.

In den alpennahen Gebieten gibt es warme Fallwinde, den Föhn, am Meer hingegen können wir tagsüber einen kühlenden Seewind und nachts einen kühlenden Landwind beobachten.

▽ Bäume in windreichen Gebieten stemmen sich nicht gegen den Wind, sondern passen ihre Wuchsform an, so daß sie dem Wind möglichst wenig Widerstand bieten. An den meisten Küsten weht der vorherrschende Wind vom Meer her.

Die Beaufortskala

Die Beaufortskala teilt die Windgeschwindigkeiten nach ihren Auswirkungen auf die Umwelt ein. Die Skala geht auf den englischen Admiral Sir Francis Beaufort (1805) zurück. Sie umfaßt 12 Grade.

0 Windstille (unter 0,7 km/h). Rauch steigt gerade empor.

1–3 Schwache Brise (bis 19,4 km/h). Blätter und dünne Zweige bewegen sich. Ein Wimpel streckt sich.

4–5 Mäßige bis frische Brise (bis 38,5 km/h). Kleine Laubbäume beginnen zu schwanken, Schaumköpfe auf Wellen.

6–7 Starker bis steifer Wind (bis 62 km/h). Ganze Bäume in Bewegung. Das Gehen gegen den Wind wird schwierig.

8–9 Sturm (bis 88 km/h). Dachziegel werden abgeworfen.

10–11 Schwerer bis orkanartiger Sturm (bis 117 km/h). Verbreitete Sturmschäden, entwurzelte Bäume.

12 Orkan (über 117 km/h). Schwerste Verwüstungen.

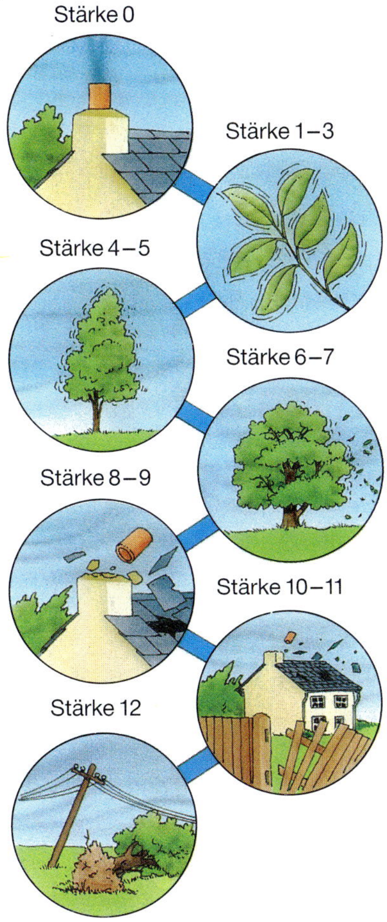

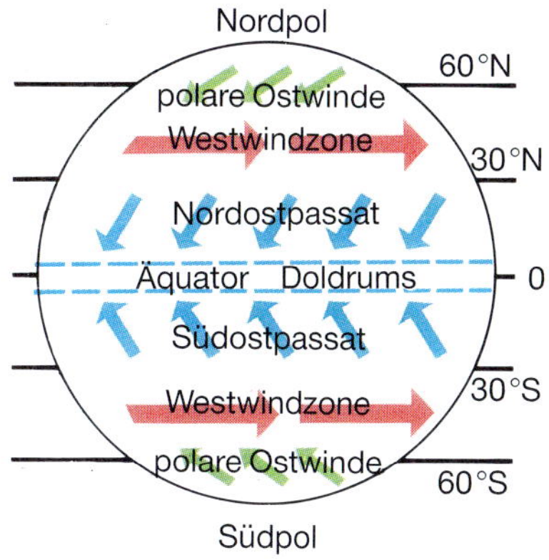

△ Es gibt auf der Erde große vorherrschende Luftströmungen. Wir sprechen auch von der allgemeinen Zirkulation. Die Passate kommen auf der Nordhalbkugel von Nordosten, auf der Südhalbkugel von Südosten. Dazwischen liegt das Gebiet der Kalmen oder Doldrums, dort herrscht oft Windstille.

▽ Eine moderne Maschine zur Nutzung der Windenergie ist der Darrieusrotor. Er besteht aus zwei gekrümmten Tragflächen, die sich um eine Achse drehen. Der Darrieusrotor dreht sich bei jeder Windrichtung und muß nicht immer neu darauf eingestellt werden.

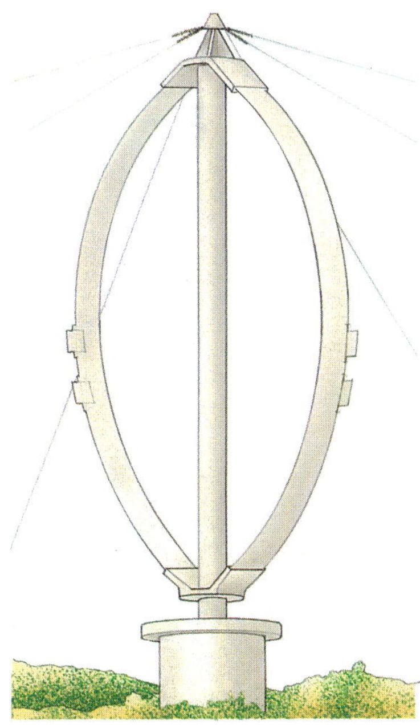

Windenergie

Durch unterschiedliche Einstrahlung der Sonne entstehen auf der Erde Gebiete mit hohem und mit niedrigem Luftdruck. Zwischen ihnen strömen Winde. Der Antrieb für die Winde ist also die Sonne. Die Windenergie nennen wir auch regenerativ, weil sie durch die Sonneneinstrahlung immer wieder erneuert wird. Manche sprechen auch von alternativer Energie, weil die herkömmlichen Kraftwerke →fossile Brennstoffe verbrennen oder die Kernenergie nutzen. Diese beiden Energieformen sind aber nicht erneuerbar.

In flachen, küstennahen Gebieten wie den Niederlanden wird schon seit Jahrhunderten die Windenergie genutzt. Große Windmühlen trieben Mühlsteine an oder pumpten Wasser aus den Entwässerungskanälen ins Meer. Heute entstehen immer mehr Windenergieanlagen. Sie haben nicht mehr die altertümliche Form der früheren Windmühlen, es sind High-Tech-Anlagen mit großen, tragflügelähnlichen Rotoren. Sie treiben →Generatoren zur Stromerzeugung an.

Der größte und modernste Windkanal für Unterschallgeschwindigkeiten befindet sich beim Ijsselmeer in den Niederlanden und wird gemeinsam von Deutschland und den Niederlanden betrieben.
In Porz steht der ETW, der European Transonic Windtunnel. Dort sollen vor allem Flugzeuge untersucht werden, die im Bereich zwischen Unter- und Überschallgeschwindigkeit („transonisch") fliegen.

Windkanal

In Windkanälen untersucht man das →aerodynamische Verhalten von Autos, Flugzeugen, Schiffen oder Gebäuden in vorbeiströmender Luft. Wir können auch sagen: Im Windkanal mißt man den Luftwiderstand. Ein Modell des Flugzeugs wird im Windkanal aufgestellt, und leistungsfähige Ventilatoren blasen Luft am Modell vorbei. Physikalisch gesehen ist dies dasselbe, als ob man das Flugzeug durch stillstehende Luft bewegte. Im Windkanal ist die Untersuchung aber einfacher. Im Idealfall strömt die Luft über das Flugzeug, ohne verwirbelt zu werden und Turbulenzen zu erzeugen. Eine solche Flugzeugform nennen wir dann →stromlinienförmig.

Wirbelsturm

Die →Meteorologen bezeichnen Tiefdruckgebiete auch als Zyklone. In ein solches Tiefdruckgebiet strömen die →Winde spiralförmig hinein. Auf der Nordhalbkugel drehen sich die Zyklone entgegen dem Uhrzeigersinn, auf der Südhalbkugel hingegen im Uhrzeigersinn. Die Spiralform der Windströme ergibt sich durch die Drehung der Erde und den dadurch wirksamen Corioliseffekt.
Solche Tiefdruckgebiete weisen einen niedrigen →Luftdruck auf. In Mitteleuropa ist damit meistens schlechtes, regnerisches Wetter verbunden. In den Tropen können sich die spiralförmigen Tiefdruckgebiete zu richtigen Wirbelstürmen entwickeln. In Australien heißen sie einfach Zyklon, im Atlantik Hurrikan und im Pazifik Taifun.

▽ Im Auge des Hurrikans steigt warme Luft auf. Zu diesem Zentrum des Wirbelsturms hin bewegt sich die umliegende Luft in Form einer großen Spiralströmung. Bei echten tropischen Wirbelstürmen erreichen die Winde hohe Geschwindigkeiten und richten verheerende Schäden an.

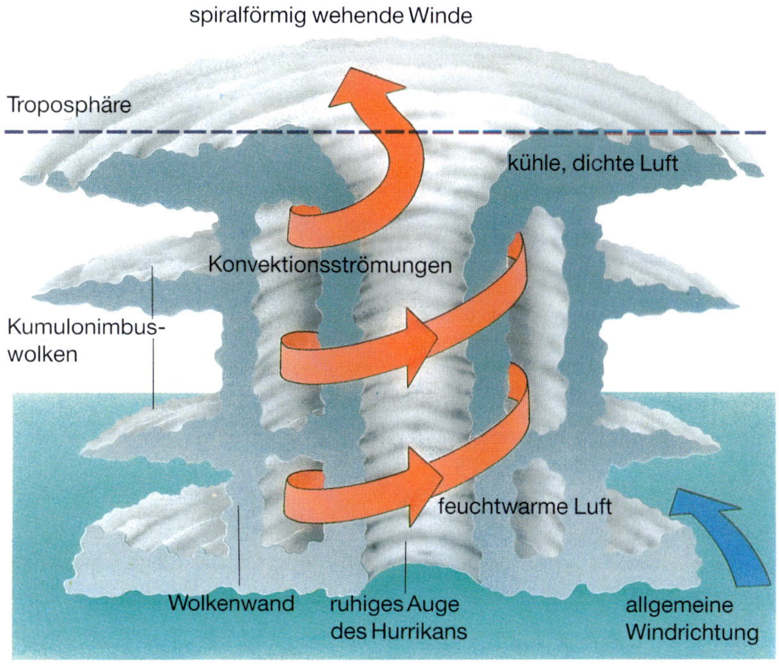

◁ Auf der Nordhalbkugel wehen die Winde in einem Wirbelsturm entgegen dem Uhrzeigersinn, auf der Südhalbkugel im Uhrzeigersinn. Die höchsten Geschwindigkeiten erreichen die Winde in der Nähe des Auges des Hurrikans. Die Grafik zeigt einen Schnitt durch einen Hurrikan, wie er in den tropischen Gebieten besonders häufig auftritt. Vor allem das südliche Nordamerika und Japan sowie die benachbarten Länder haben unter Wirbelstürmen zu leiden. Im Atlantik heißen sie Hurrikan, im Pazifik Taifun.

Die Energie für den Wirbelsturm liefert der warme Ozean: Wasser verdunstet, steigt in die Höhe und kondensiert dort in Gewitterwolken. Dabei werden ungeheure Energiemengen frei, welche die Winde antreiben. Das wolkenfreie Zentrum, auch Auge des Hurrikans genannt, ist meistens ruhig, während in der Umgebung Luftmassen mit hoher Geschwindigkeit aufsteigen und es heftig regnet.

Einer der schwersten Hurrikane aller Zeiten bekam den Namen Gilbert. Er zog 1988 durch den Golf von Mexiko und verwüstete die Insel Jamaica. Der Luftdruck im Auge von Gilbert fiel auf 885 Hektopascal (normaler Luftdruck um 1000 Hektopascal)!

Wirkungsgrad

Jede Maschine oder technische Vorrichtung arbeitet mit Verlusten: Ein Teil der Energie, die zugeführt wird, geht als nicht nutzbare Energie verloren, normalerweise als Wärme. Das Verhältnis zwischen der aufgewendeten und der daraus gewonnenen Energie nennen wir Wirkungsgrad. Man gibt ihn im allgemeinen in Prozent an. Eine Maschine mit einem Wirkungsgrad von 100 Prozent gibt es nicht. Gute Elektromotoren bringen es immerhin auf einen Wirkungsgrad von 95 Prozent. Die →Verbrennungsmotoren in Autos hingegen nutzen die Energie schlecht, denn sie erreichen höchstens einen Wirkungsgrad von 40 Prozent. Einen sehr schlechten Wirkungsgrad haben →Glühlampen. 95 bis 99 Prozent der aufgewendeten Energie werden in Wärme umgesetzt.

▽ Winde, die auf den Äquator zu wehen, werden durch den Corioliseffekt nach Westen abgelenkt. Winde, die in Richtung Norden wehen, werden nach Osten abgelenkt. Wenn sich Luft von allen Seiten auf ein Tiefdruckgebiet zubewegt, ergibt sich ein Wirbel. Er verläuft auf der Nordhalbkugel gegen, auf der Südhalbkugel im Uhrzeigersinn.

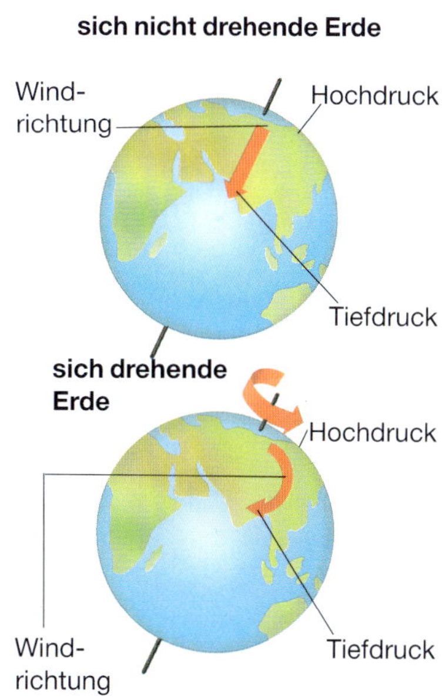

▷ Glühwendeln in Glühbirnen bestehen aus Wolfram. Das Metall hat einen hohen spezifischen elektrischen Widerstand und wird sehr heiß, wenn Strom hindurchfließt. Die Lampe muß allerdings mit einem Schutzgas gefüllt sein, weil bei derart hohen Temperaturen das Wolfram mit dem Sauerstoff zu Wolframoxid reagieren würde.

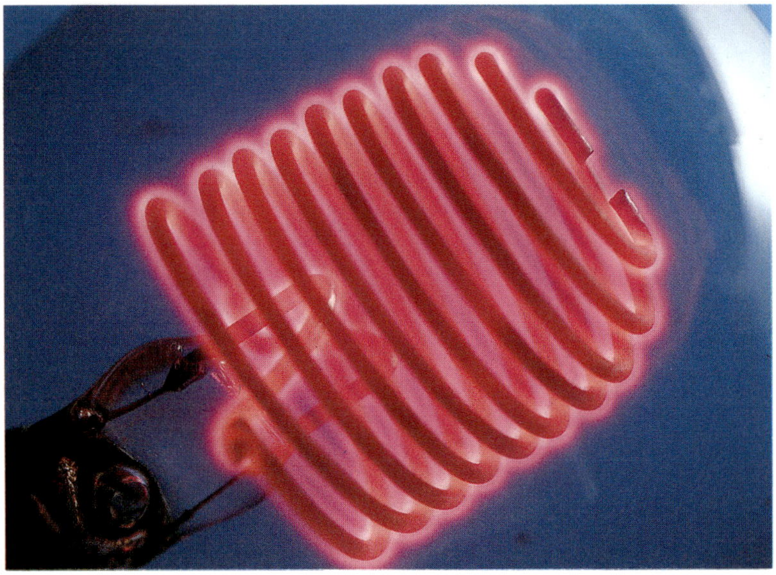

Wolfram

Wolfram ist ein schweres, silberweißes →Metall und ein →chemisches Element. Es ist sehr stabil und reagiert kaum mit anderen Elementen und Verbindungen: Wolfram →korrodiert bei niedrigen Temperaturen praktisch nicht. Außerdem hat es mit 3380 °C einen sehr hohen Schmelzpunkt. Weil es sich auch zu dünnen Drähten ausziehen läßt, eignet es sich besonders für die Herstellung von Glühwendeln in →Glühlampen. Wolframhaltige Stähle sind außerordentlich hart und widerstandsfähig. Auch aus einer Verbindung zwischen Wolfram und Kohlenstoff, dem Wolframkarbid, stellt man extrem harte Werkzeuge her, zum Beispiel Bohrer und Fräser.

▽ Wolken entstehen aus Wasserdampf, der durch Verdunstung über dem Meer und dem Festland entstanden ist. Die feuchte Luft kühlt sich beim Aufsteigen ab. Der darin enthaltene Wasserdampf kondensiert und bildet Wolken.

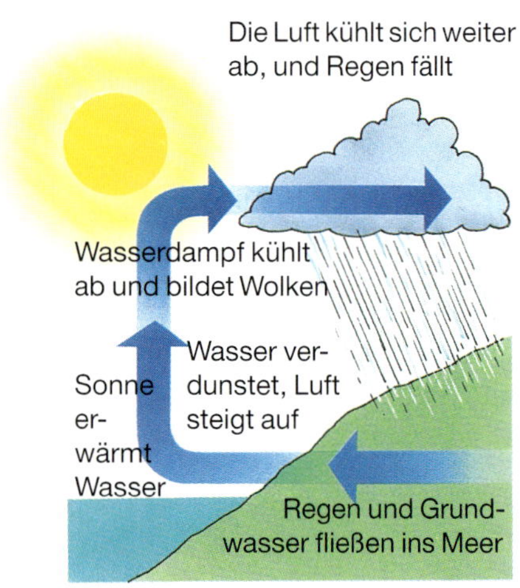

Wolken

Von der Oberfläche des Festlandes und der Meere verdunsten unaufhörlich große Wassermengen und werden zu Wasserdampf. Warme Luft kann ziemlich viel Wasserdampf aufnehmen (→Luftfeuchtigkeit). Kühlen die Luftmassen jedoch ab, beispielsweise wenn sie in die Höhe steigen, so ist bald der Sättigungspunkt erreicht. Steigt die Luft noch höher auf und kühlt sich noch mehr ab, so kann sie den Wasserdampf nicht mehr halten. Er kondensiert zu winzigen Tröpfchen. So entstehen Wolken und auch bodennahe →Nebel.

Bei weiterem Abkühlen vereinigen sich die Wolkentröpfchen mehr und mehr zu größeren Tropfen. Die Wolken können diese infolge ihres Gewichts nicht mehr festhalten, und sie fallen als Regen zu Boden. Es gibt zahlreiche verschiedene Wolkenformen. Wir benennen sie nach ihrem Aussehen und der Höhenschicht der →Atmosphäre (→Troposphäre), in der

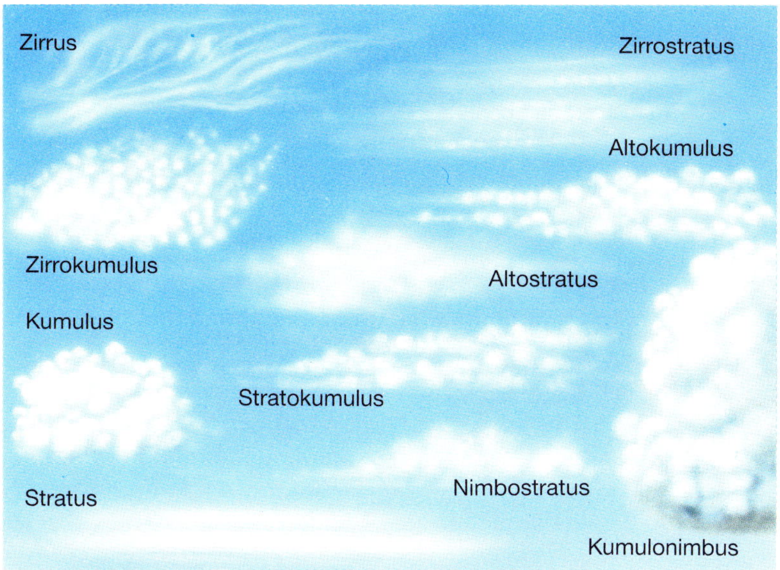

◁ Jede Höhenschicht hat ihre eigenen Wolken. Die hohen Wolken (über 7000 Meter) nennen wir auch Zirruswolken oder Federwolken. Wir erkennen sie an ihrer faserigen, büscheligen oder schleierartigen Gestalt. In Zirruswolken herrschen Temperaturen von –40 °C, und sie bestehen ganz aus Eiskristallen. Sie kündigen immer Wetterverschlechterung und Regen an. Das gilt noch mehr für die Zirrokumuluswolken, auch Kleine Schäfchenwolken genannt, und die Zirrostratus- oder Eisschleierwolken, die meist den ganzen Himmel überziehen. Die mittelhohen Wolken heißen auch Altowolken. Sie liegen im allgemeinen zwischen 2000 und 6000 Metern Höhe und bestehen aus Eis- oder Wassertröpfchen. Die Altokumuluswolken deuten auf eine Wetterverschlechterung hin; auf deutsch heißen sie auch Große Schäfchenwolken. Die tiefen Wolken sind aus Wassertröpfchen aufgebaut und heißen Stratus- oder Schichtwolken. Durch alle Luftschichten hindurch wachsen die Kumulus- oder Haufenwolken. Ihre Form erinnert an einen Blumenkohl, besonders die großen Kumulonimbuswolken. Wir nennen sie auch Schönwetterwolken. Nur wenn sie sich häufen, droht ein Gewitter.

sie auftreten. Die verschiedenen Wolkenformen können uns etwas über das künftige Wetter verraten. Zirruswolken kündigen zum Beispiel oft schlechtes Wetter an.

Wurzel

Wurzeln verankern die höheren Pflanzen im Boden und nehmen Wasser und darin gelöste Mineralsalze auf. Dies ist vor allem die Aufgabe der winzigen Wurzelhärchen. Sie leben nur wenige Tage und werden durch neue Wurzelhärchen ersetzt, die hinter der unaufhörlich wachsenden Wurzelspitze entstehen. Wurzeln sind vor allem an der Spitze ganz weiche Gebilde, entwickeln aber durch den Druck ihrer Zellsäfte doch erstaunliche Kräfte, so daß es ihnen sogar gelingt, Asphaltdecken und Felsen zu sprengen.

Es gibt viele verschiedene Wurzelformen. Wenn sich die Seitenwurzeln stark entwickeln, entsteht ein Wurzelhorst wie bei den Gräsern. Bei der Pfahlwurzel entwickelt sich die Hauptwurzel stark, und die Seitenwurzeln sind zurückgebildet. Pfahlwurzeln sind Nährstoffspeicher.

▽ Bei manchen Pflanzen dienen die Wurzeln auch als Nährstoffspeicher. Gräser haben ein weitverzweigtes Wurzelsystem.

Pfahlwurzel (Löwenzahn)

Pfahlwurzel (Karotte)

Wurzelhorst (Gräser)

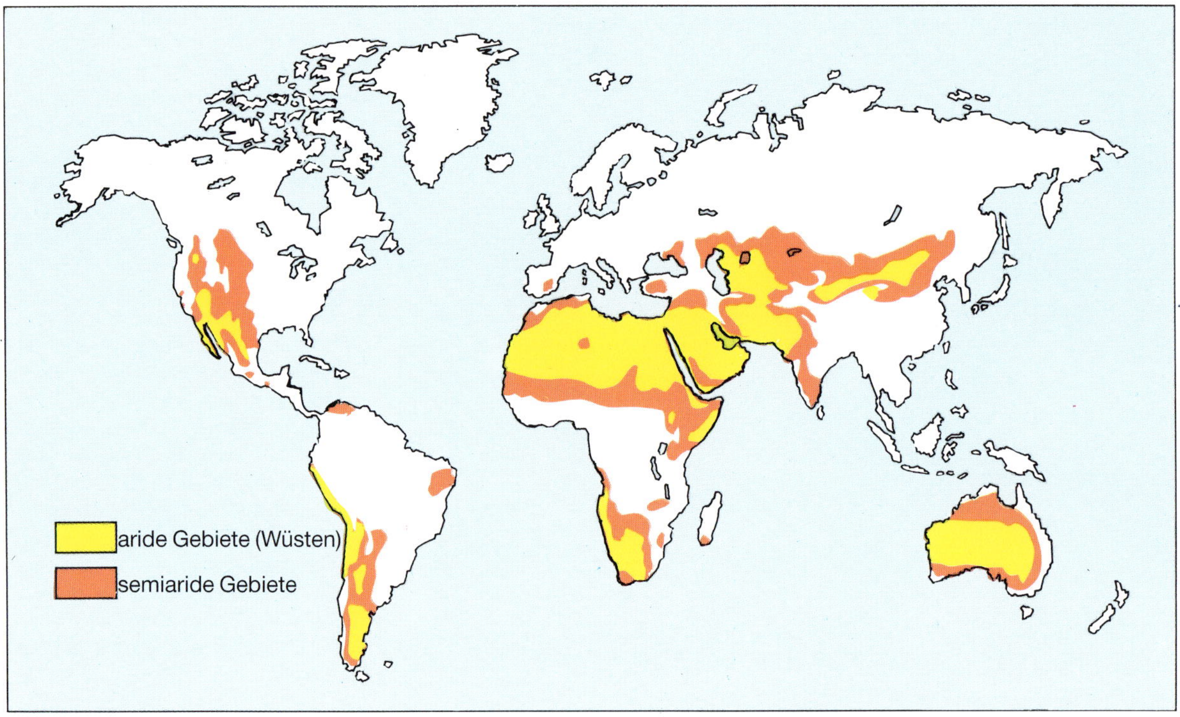

△ Ungefähr ein Siebtel der Oberfläche des Festlandes ist von Wüsten bedeckt. Wir nennen diese Gebiete auch arid („trocken"), weil dort dauernd mehr Wasser verdunsten könnte, als in Form von Niederschlägen fällt. In semiariden Gebieten, vor allem den Steppen und Wüstensteppen, fällt zu gewissen Jahreszeiten mehr Niederschlag, als Wasser verdunstet.

Wüste

Wüsten sind Gebiete, in denen kaum Pflanzen wachsen. Der Grund für diese Lebensfeindlichkeit ist in erster Linie die Wasserarmut. In den warmen Wüsten der Erde fällt pro Jahr weniger als 250 Millimeter Regen, und dieser Regen fällt noch dazu sehr unregelmäßig. Er kann jahrelang ausbleiben, dann wieder geht während eines heftigen Gewitters die Regenmenge für mehrere Jahre nieder.

Die klassische Wüste ist für uns die heiße Sahara. Wir stellen sie uns als fast unendliche Sandwüste vor, dabei ist ein großer Teil der Sahara steinig und gebirgig. Es gibt aber auch Kaltwüsten, in denen niedrige Temperaturen herrschen, zum Beispiel die Wüste Gobi in der Mongolei. Auch die Antarktis können wir als Kaltwüste bezeichnen. Es gibt dort zwar viel Wasser, aber gefroren, also in Form von Eis.

Die Pflanzen und Tiere, die in Wüsten leben, haben verschiedene Formen der Anpassung entwickelt, um mit dem Wasser-

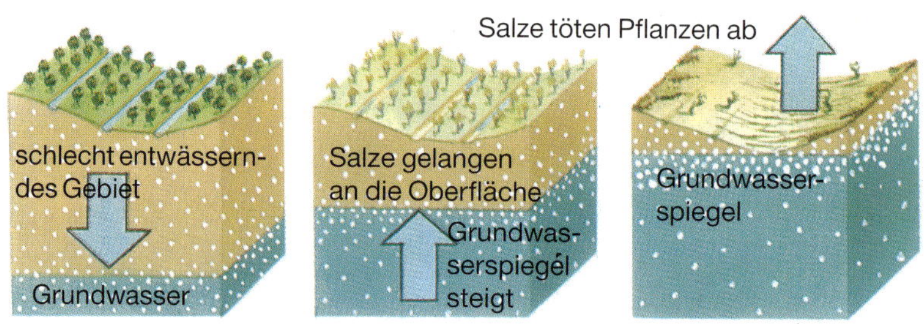

▷ Wüsten können selbst durch zu viel Wasser entstehen. In manchen Gebieten Zentralasiens, wo das Grundwasser unzureichend abfließt, gelangen mit der Bewässerung reichlich Salze nach oben. Dadurch sterben die Pflanzen ab.

mangel fertig zu werden. Wüstenpflanzen müssen zunächst verhindern, daß sie Wasser durch →Transpiration verlieren. Sie verringern deswegen ihre Blattflächen und legen sich wollige oder wächserne Schutzschichten zu. Viele bilden auch Dornen, damit sie nicht von Tieren gefressen werden. Einige Wüstenpflanzen haben viele Meter lange Wurzeln, die bis zum Grundwasser reichen. Die Kakteen dagegen verfügen über ein weitverzweigtes oberflächliches Wurzelgeflecht. Wenn es einmal regnet, so können sie damit in kürzester Zeit sehr viel Wasser aufnehmen und in ihren säulenförmigen Stengeln speichern. Die meisten Wüstentiere sind nachts aktiv, um keine Flüssigkeit durch Schwitzen zu verlieren. Ihr Urin ist sehr konzentriert. Manche Gazellen und Mäuse trinken überhaupt nicht, sondern nehmen das gesamte Wasser mit der Nahrung auf.

Zur Zeit dehnen sich viele Wüsten weiter aus. Besonders gut wurde diese Erscheinung in der Sahelzone südlich der Sahara untersucht. Schuld an der Ausdehnung der Sahara sind natürliche Klimaänderungen, vor allem aber der Mensch. Er nutzt das Land zu stark, fällt alle Bäume und Sträucher, um Brennholz zu bekommen. Und was an Pflanzen noch übrigbleibt, fressen die viel zu großen Rinder- und Ziegenherden weg. Die Folge ist oft eine →Erosion, wobei der an und für sich fruchtbare Boden abgetragen wird und verlorengeht.

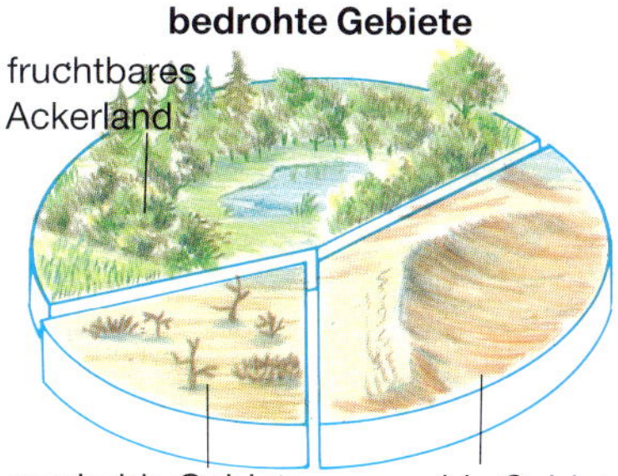

△ Falsche Bewässerung, zu starke Nutzung für Ackerbau und Viehwirtschaft und Waldrodung sind die Hauptgründe für die Vergrößerung der Wüstengebiete. Wüsten dehnen sich heute in Gegenden aus, die früher einmal fruchtbar waren und als Kornkammern galten, zum Beispiel Nordafrika.

◁ Die Niederschläge fallen in Wüstengebieten ganz unregelmäßig. Im rechnerischen Durchschnitt kommen sie auf weniger als 250 Millimeter Regen im Jahr. Es kann jedoch jahrelang nicht regnen. Dann wieder fällt bei einem heftigen Gewitter sozusagen die ganze Jahresration an Regen. Der größte Teil des Wassers wird vom Boden nicht aufgenommen und fließt oberflächlich weg. Dabei entstehen reißende Bäche und Flüsse. Daher ist die Oberfläche der Wüste weitgehend vom Wasser gestaltet, auch wenn dies auf den ersten Blick widersinnig erscheinen mag.

Zz

Zahlen

Mit Zahlen geben wir an, wie groß bestimmte Mengen sind. Unsere Zahlen schreiben wir mit dem →Dezimalsystem. Dazu verwenden wir Ziffern, also Zeichen zur schriftlichen Darstellung von Zahlen. Siehe Seite 598 und 599.

Zähne

Wenn wir Zahnschmerzen haben, erkennen wir auf ziemlich unangenehme Weise, daß unsere Zähne lebendige Gebilde sind. Ihr Aufbau ist ähnlich dem des Knochens. Die Außenschicht der Zähne besteht aus Schmelz und damit zum größten Teil aus dem Salz Kalziumphosphat. Der Schmelz ist der härteste Teil unseres Körpers. Bei Karies wird der Schmelz angegriffen, und Bakterien gelangen bis zum schmerzempfindlichen Zahnbein. Dieses umschließt die Pulpahöhle, in der Blutgefäße und Nerven verlaufen. Die Wurzeln der Zähne sind von dem viel weicheren Zement überzogen.
Die Form der Zähne steht in Zusammenhang mit der Ernährungsweise. Pflanzenfresser haben breite Kauflächen mit Höckern oder Leisten zum Zerreiben der Nahrung. Fleischfresser hingegen haben scharfe Zähne zum Schneiden; besonders deutlich wird dies bei den Reißzähnen des Hundes. Unser Gebiß weist uns als Allesfresser aus: Wir haben breite Backenzähne und scharfe Schneide- und Eckzähne. Trotz des Zahnzerfalls (Karies) haben wir bis ins Alter gute Zähne. Aus Skelettfunden wissen wir, daß im Mittelalter 35jährige Menschen oft ein völlig abgeschliffenes Gebiß hatten.

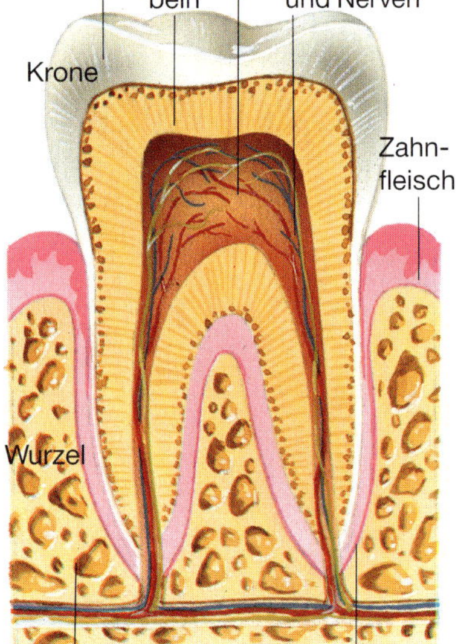

△ Schnitt durch einen Backenzahn mit den wichtigsten Schichten. Das Zahnfleisch schützt die Zahnwurzel vor Infektionen.

Milchgebiß

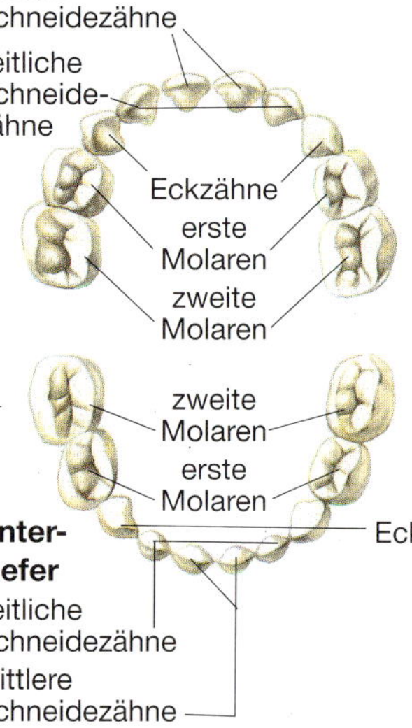

Dauergebiß

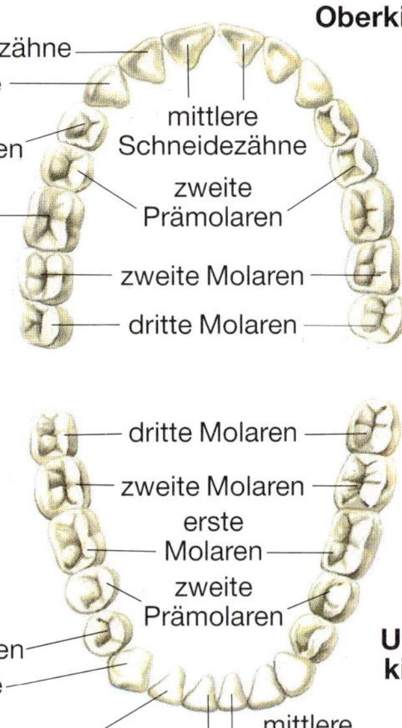

▷ Kinder haben 20 Milchzähne. Ungefähr im Alter von sechs Jahren fallen sie aus und werden durch die 32 Zähne des Dauergebisses ersetzt. Die dritten Backenzähne (Molaren) heißen Weisheitszähne und werden oft nicht mehr angelegt oder bleiben im Kiefer. Neu beim Dauergebiß sind die Vorbackenzähne oder Prämolaren.

Zelle

Die Zelle ist die kleinste Einheit des Lebens, die noch alle Kennzeichen des Lebens aufweist: Sie wächst, hat einen Stoffwechsel und kann sich fortpflanzen. Es gibt viele einfache Lebewesen, die nur aus einer einzigen Zelle bestehen (Einzeller). Die meisten Lebewesen, die wir kennen, bestehen aber aus vielen Tausenden oder gar Millionen von Zellen. Ihre Zellen haben sich dabei auf verschiedene Aufgaben spezialisiert.
Eine typische Zelle besteht aus einer Zellmembran, die die Zelle umhüllt, einem Zellkern und dem Zytoplasma. Die Zellmembran verleiht der Zelle ihre Form und läßt verschiedene Stoffe hindurchtreten, während sie andere zurückhält. Auf diese Weise gelangen Sauerstoff und Nährstoffe in die Zelle, und Abfallstoffe können die Zelle verlassen.
Der Zellkern liegt im Zytoplasma und enthält die Chromosomen und somit alle Gene des Lebewesens. Der Zellkern steuert alle chemischen und physikalischen Vorgänge im Innern der Zelle. Das Zytoplasma enthält zahlreiche Organellen. Man kann sie mit kleinen chemischen Fabriken vergleichen.

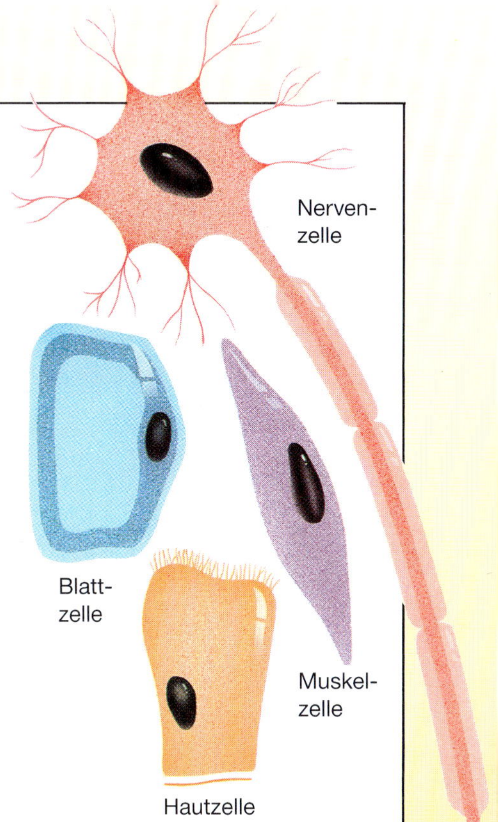

△ Der Mensch besteht aus vielen Millionen Zellen. Fast alle unsere Zellen sind spezialisiert und haben ein ganz unterschiedliches Aussehen. So gibt es Nervenzellen und Muskelzellen.

tierische Zelle

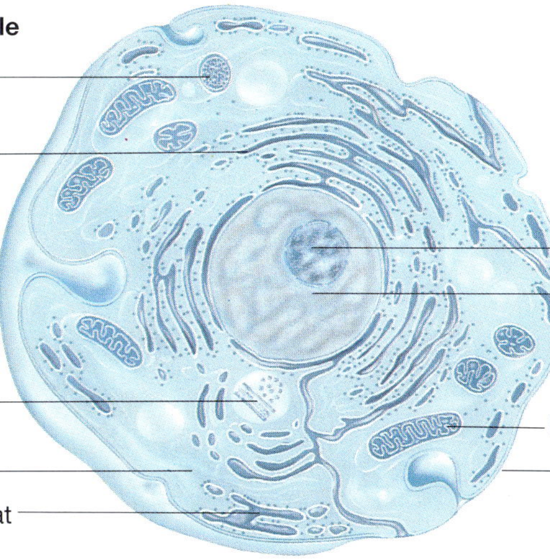

◁ Die Zellen der Tiere enthalten viele Organellen. In ihnen finden die meisten lebensnotwendigen chemischen Reaktionen statt.

▽ Pflanzenzellen erkennt man an der dicken Zellwand aus Zellulose und den flüssigkeitsgefüllten Hohlräumen, den Vakuolen.

pflanzliche Zelle

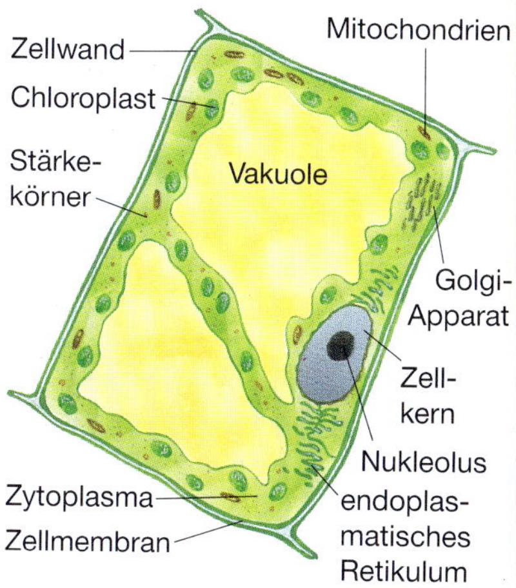

Mitochondrien Winzige Organellen mit eingefalteter Membran. In den Mitochondrien wird Zucker abgebaut und dabei Energie gewonnen. Sie sind die Kraftwerke der Zelle.

Organellen Allgemeine Bezeichnung für kleine Einschlüsse in der Zelle mit besonderen Aufgaben. Solche Zellstrukturen sind zum Beispiel Zentralkörperchen, Golgi-Apparate, Zentrosomen und Lysosomen.

Siehe auch →Biologie; →Chromosomen; →Fortpflanzung; →Gene; →Genetik; →Knochen; →Zellkern; →Zellteilung; →Zellulose; →Zytologie.

Zahlen

Mit Zahlen können wir Mengen oder Größen kennzeichnen und darstellen. Die Zahlen 1, 2, 3, 4, 5, 6 …, die wir jeden Tag und bei allen Gelegenheiten verwenden, heißen natürliche Zahlen. Die Zahlen schreiben wir heute mit arabischen Ziffern. Im Gegensatz zu den meisten frühen Zahlensystemen, zum Beispiel dem der Römer, haben wir heute eine Ziffer, die 0, um den Wert „Nichts" darzustellen. Mit den Ziffern 0 bis 9 können wir alle denkbaren Zahlen darstellen. Wir verwenden dazu das Dezimalsystem.
Große Zahlen werden sehr lang, und das Rechnen mit ihnen kann mühsam werden. Mathematiker und Wissenschaftler verwenden für große Zahlen sogenannte Potenzen der Zahl 10. Statt 1000 schreiben sie zum Beispiel 10^3 (sprich: 10 hoch 3). Gemeint ist eine 1 mit 3 Nullen. 1 000 000 schreibt man kürzer 10^6. Die Billion ist eine Million Millionen und damit 10^{12}. Die größte Zahl, die noch einen eigenen Namen hat, ist ein Googol. Sie entspricht 10^{100}. Noch viel größer ist der Googolplex, nämlich 10^{Googol}.

Mach es selbst

Zeichne mehrere Kreise. Miß den Durchmesser und den Umfang dieser Kreise. Teile nun den Umfang durch den Durchmesser jedes Kreises. Es kommt immer dieselbe Zahl heraus, die etwas über 3 liegt. Die Mathematiker nennen sie mit einem griechischen Buchstaben π (sprich: pi). Ihr Wert liegt bei 3,141592.

Chinesisch

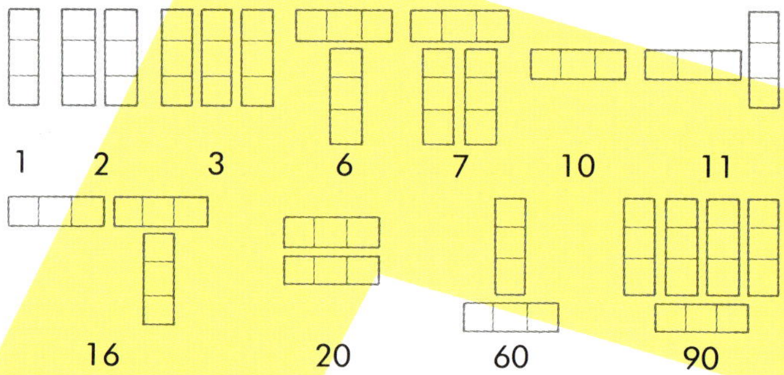

Römisch

I	II	III	IV	V	VI	VII	VIII	IX	X
1	2	3	4	5	6	7	8	9	10
XI	XV	XX	L	XC	C	CX	CL	D	M
11	15	20	50	90	100	110	150	500	1000

Maya

▷ Im Lauf der Jahrhunderte entwickelten viele Völker eigene Methoden, um Zahlen darzustellen. Unsere heutigen arabischen Ziffern wurden ursprünglich in Indien entwickelt.

Die größte Zahl

Welches ist die größte Zahl, die du kennst, eine Billion, eine Trillion, eine Quadrillion? Du merkst es schon: Es kann keine größte Zahl geben, denn zu jeder noch so großen Zahl kann man 1 dazuzählen, und man erhält eine noch größere Zahl. Wenn die Mathematiker eine Folge stetig wachsender, natürlicher Zahlen betrachten, so sagen sie: Die Folge strebt nach unendlich.

▽ Wir können uns vorstellen, Zahlen seien Punkte auf einer Linie. Die Null (0) liegt in der Mitte. Rechts davon erstrecken sich die positiven Zahlen bis unendlich (∞), links davon die negativen Zahlen (kenntlich an einem Minuszeichen) bis minus unendlich (∞). Das Diagrammm zeigt nur ganze Zahlen. Brüche nehmen die Stellen zwischen den ganzen Zahlen ein.

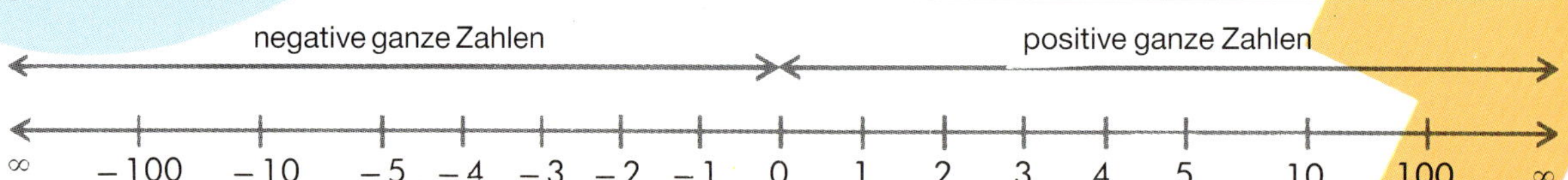

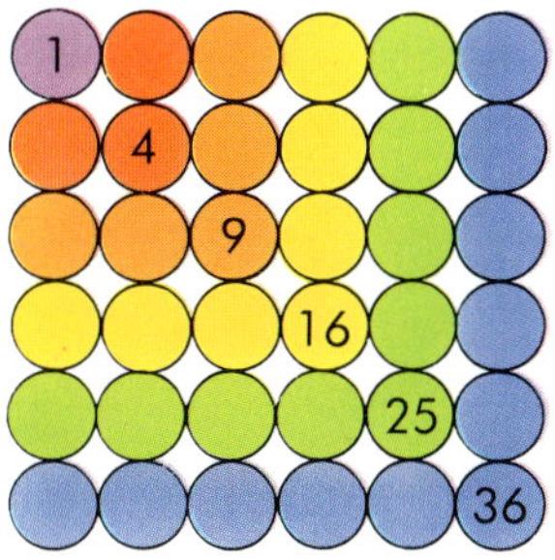

quadratische Zahlenfolge

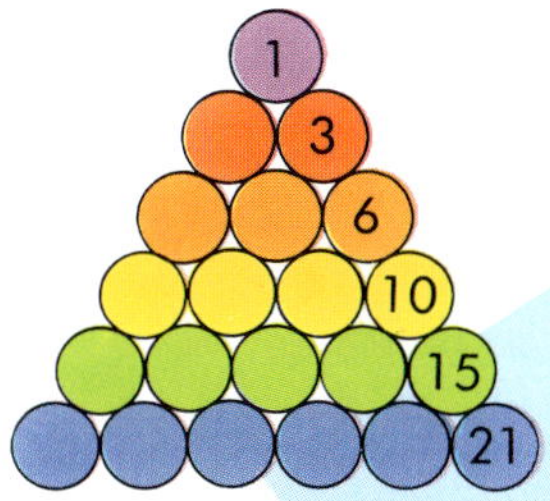

arithmetische Zahlenfolge zweiter Ordnung

◁ Einige Zahlenfolgen zeigen ein bestimmtes Muster. Wenn wir eine Zahl mit sich selbst multiplizieren, erhalten wir ihr Quadrat. Links außen ist die Zahlenfolge 1, 4, 9, 16, 25, 36 usw. dargestellt. Sie entspricht den Quadratzahlen von 1, 2, 3, 4, 5, 6 usw. Rechts davon sehen wir eine sogenannte arithmetische Folge zweiter Ordnung mit der Zahlenfolge 1, 3, 6, 10, 15, 21 usw. Im Pascalschen Dreieck (unten) ist jede Zahl die Summe der beiden darüberstehenden Zahlen.

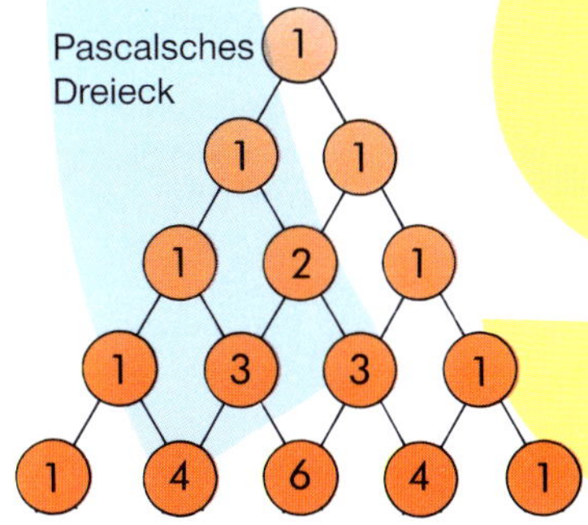

Zahlensysteme

Wir schreiben unsere Zahlen mit dem Dezimalsystem. Es beruht auf den verschiedenen Potenzen der Zahl 10. Das Dezimalsystem wurde in Europa um 1100 von dem Engländer Adelard von Bath eingeführt. Doch er hatte es von den Arabern und diese wiederum von den Indern übernommen.

In unserem Dezimalsystem verwenden wir die zehn Ziffern 0 bis 9. Welchen Wert diese Ziffern haben, hängt von ihrer Stellung ab. Nehmen wir als Beispiel 1234: die 4 steht für 4 Einer; die 3 steht für 3 Zehner (3 × 10 = 30); die 2 steht für 2 Hunderter (2 × 100 = 200); und die 1 steht für 1 Tausender. Die ganze Zahl liest sich so: eintausendzweihundertvierunddreißig.

Man kann jede Zahl als Grundlage für ein Zahlensystem verwenden, nicht nur zehn. Computer etwa verwenden die Basis 2. Wir sprechen vom binären System. Die binäre Zahl 10101 bedeutet zum Beispiel: 1 Einer, kein Zweier, 1 Vierer, kein Achter und 1 Sechzehner. Addiert ergibt sich im Dezimalsystem die Zahl 21. Computerprogrammierer verwenden oft die Zahl 16 als Basis (Hexadezimalsystem), wie es auch die alten Babylonier taten. Die Programmierer brauchen 16 Zeichen, um die Zahlen 0 bis 15 darzustellen. Nach der 9 nehmen sie die Buchstaben A bis F. Die Dezimalzahl 27 lautet im Hexadezimalsystem 1B: B steht für 11 und 1 für 16 (11 + 16 = 24).

▽ Jedes Glied einer arithmetischen Folge ist gleich dem Vorgänger plus eine bestimmte Zahl (in unserem Fall 1). Bei einer geometrischen Folge muß man die Zahl mit einem gemeinsamen Faktor multiplizieren (in unserem Fall mit 2). Bei der Fibonacci-Folge ist jede Zahl die Summe der beiden vorhergehenden Zahlen.

arithmetische Folge

1 2 3 4 5 6 7 8 9 . . . .

geometrische Folge

2 4 8 16 32 64 128 . . . .

Fibonacci-Folge

0 1 1 2 3 5 8 13 21 34

Mach es selbst

Auf die Frage, wieviele Gräser auf einem Feld wachsen, können wir leicht eine Antwort finden, die zumindest der Größenordnung nach zutrifft. Wir zählen die Anzahl der Grashalme in einem kleinen abgesteckten Gebiet. Dann rechnen wir aus, wievielmal unser kleines abgestecktes Gebiet im großen Feld enthalten ist und multiplizieren diese Zahl mit der Anzahl der Grashalme.

▽ Im täglichen Leben runden wir oft auf oder ab, vor allem bei Brüchen: 4,34 runden wir ab auf 4,3, weil wir die Zahl nicht auf ein Hundertstel genau brauchen. Wenn ein Gemüsehändler 3 Tomaten für DM 1,40 verkauft, du aber nur eine Tomate brauchst, so mußt du für sie nicht 46,6 Pfennig, sondern 47 Pfennig oder gar 50 Pfennig bezahlen.

Siehe auch →Algebra; →Arithmetik; →binäre Zahlen; →Computer; →Dezimalsystem; →Geometrie; →Mathematik; →metrisches System; →Statistik; →Unendlichkeit.

Zellteilung

Zellen pflanzen sich durch Zellteilung fort. Gleichzeitig vermehren sie sich dabei, denn bei der Zellteilung gehen aus einer Zelle zwei Tochterzellen hervor. Diese Tochterzellen müssen die gleichen Informationen und damit die gleichen →Gene enthalten. Das Erbmaterial der Zelle wird also auf die beiden Tochterzellen gleichmäßig verteilt. Dazu verdoppeln sich die →Chromosomen erst und spalten sich dann in zwei Hälften, und diese Hälften werden den Tochterzellen zugeteilt. Diese Art der Zellteilung nennt der Wissenschaftler Mitose. Sie verläuft über vier Phasen: Während der Prophase wickeln sich die langen →DNS-Stränge auf und werden zu den stäbchenförmigen Chromosomen. Bei der Metaphase bilden die Chromosomen einen Längsspalt aus und ordnen sich in der Mitte des Zellkerns an. Während der Anaphase werden die Chromosomenhälften (Chromatiden) zu entgegengesetzten Enden des Zellkerns gezogen. Erst bei der Telophase schnüren sich der Zellkern und die ganze Zelle ein, so daß zwei Zellen entstehen. Höhere Tiere kennen noch eine andere Art der Zellteilung, die Meiose. Dabei entstehen Samen- und Eizellen mit einfachem Chromosomensatz für die Fortpflanzung.

▽ Bei der Meiose oder Reifungsteilung entstehen die Geschlechtszellen, die männlichen Samenzellen und die weiblichen Eizellen. Die Meiose gewährleistet, daß diese Geschlechtszellen nur einen einfachen Chromosomensatz enthalten. Wenn nämlich bei der Befruchtung Samen und Eizellen miteinander verschmelzen, so erhält die befruchtete Eizelle wieder einen normalen doppelten Chromosomensatz. Übrigens teilen sich pflanzliche und tierische Zellen auf dieselbe Weise. **1.** Die Zentralkörperchen wandern zu entgegengesetzten Seiten des Zellkerns. Die Chromosomen erscheinen als lange Fäden. **2.** Die Zentralkörperchen bilden die sogenannte Spindel aus. **3.** Die Chromosomen verkürzen sich und legen sich paarweise aneinander. **4.** Jedes Chromosom verdoppelt sich und teilt sich in zwei Stränge (Chromatiden), die in der Mitte noch verbunden sind. **5.** Die Chromosomen ordnen sich in der Mitte des Zellkerns an. **6.** Die Chromatiden werden paarweise auseinandergezogen und wandern zu entgegengesetzten Polen der Zelle. **7.** Ruhephase vor der nächsten Teilung. **8.** Nächste Teilung. **9.** Dieses Mal wird der Chromosomensatz halbiert. Jede der beiden Zellen bekommt nur einen einfachen Chromosomensatz. **10.** Schließlich sind aus einer Zelle vier Tochterzellen mit einfachem Chromosomensatz hervorgegangen.

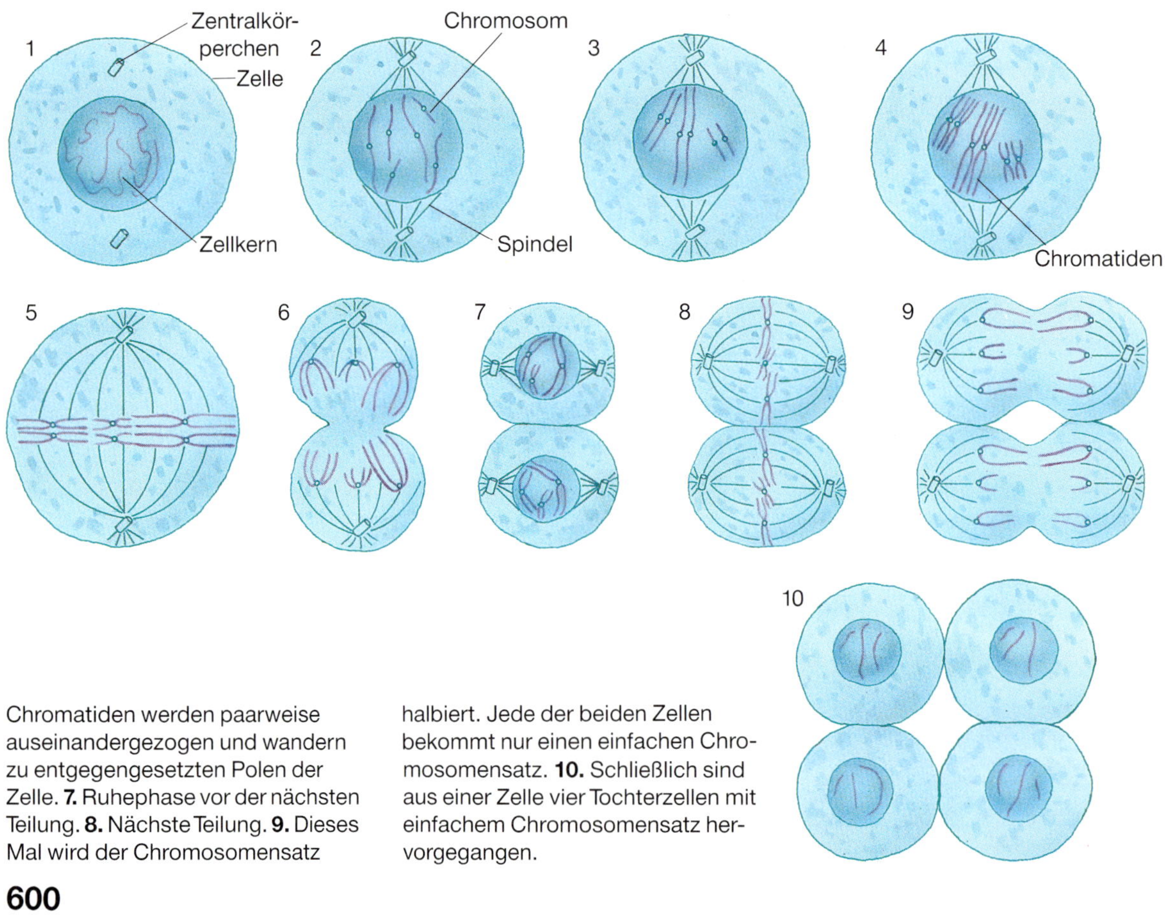

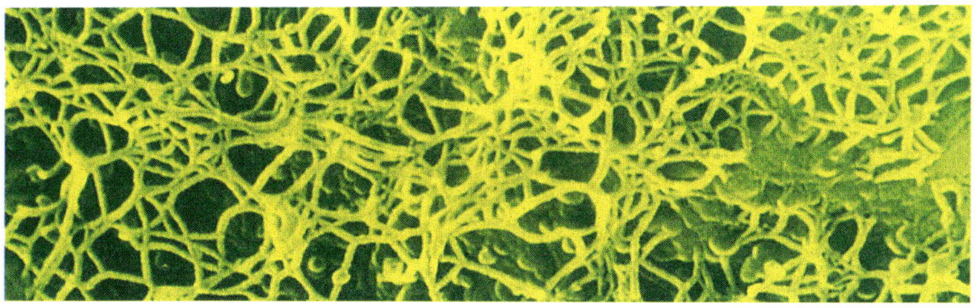

◁ Unter starker Vergrößerung erkennt man die miteinander verketteten Zellulosefasern, die den Pflanzen Festigkeit verleihen.

Zellulose

Die Zellulose gehört zu den →Kohlenhydraten. Nur die Pflanzen stellen Zellulose her und lagern sie vor allem in ihre Zellwände ein. Die Zellulose ist ein sehr widerstandsfähiger Stoff, sie besteht aus vielen →Zuckermolekülen, die zu langen →Polymeren oder →Riesenmolekülen verknüpft sind. Zellulosefasern bilden ein dichtes Geflecht, das den →Zellen Festigkeit verleiht. Unser →Verdauungssystem kann die →chemische Bindung zwischen den Zuckermolekülen der Zellulose nicht knacken. Deswegen bleibt die Zellulose für uns unverdaulich. Sie bildet den Hauptteil der Ballaststoffe in der Nahrung. Schafe, Rinder und Kaninchen können allerdings die Zellulose verdauen. Dazu brauchen sie aber die Hilfe bestimmter Bakterien, die diesen Abbau für sie vornehmen.

Manche pflanzlichen Fasern bestehen aus reiner Zellulose, vor allem Baumwolle, Leinen (Flachs) und Hanf. Das Holz der Bäume setzt sich aus Zellulose und Lignin zusammen. Die Zellulose sorgt für die Zugfestigkeit, das Lignin für die Versteifung und Druckfestigkeit. Zellulose kann man gewinnen, indem man Holz zerkleinert und dann in →Natronlauge kocht. Das Lignin wird gelöst, und die Zellulose bleibt übrig. Nach dem Bleichen und Trocknen stellt man aus Zellulose vor allem holzfreies →Papier her.

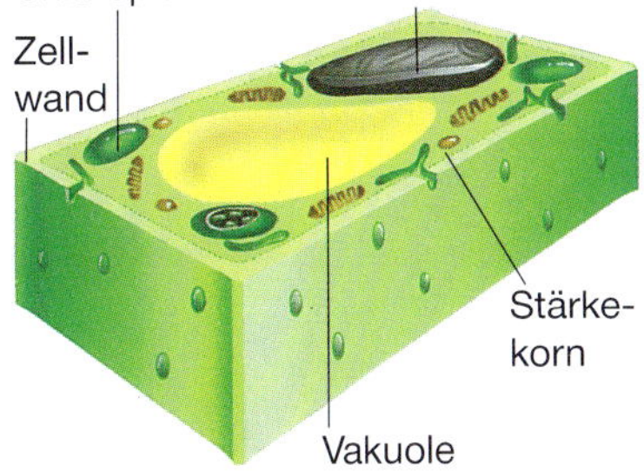

△ Die Zellwand der Pflanzen besteht größtenteils aus Zellulose.

Zentrifugalkraft

Bei jeder nicht geradlinigen Bewegung tritt die Zentrifugalkraft auf. Sie bewirkt, daß die Sitze beim Kettenkarussell schräg nach außen fliegen, und zwar um so weiter, je schneller sich das Karussell dreht. Auf dem Fahrrad müssen wir die Zentrifugalkraft ausgleichen, indem wir uns in die Kurve legen. Die Zentrifugalkraft hat mit der →Beschleunigung zu tun. Darunter verstehen wir jede Änderung der →Geschwindigkeit. Der Begriff „Geschwindigkeit" umfaßt auch die Richtung der Fortbewegung, und diese wird beim Karussell jeden Augenblick geändert. Bei jeder kreisförmigen Bewegung ist also eine Beschleunigung im Spiel, und diese wird von der Zentripetalkraft bewirkt. Sie hält den Körper nämlich bei seiner Drehbewegung fest. Der Zentripetalkraft genau entgegen-

Mach es selbst

Wir legen eine Murmel in eine Dose und beginnen, diese kreisförmig zu bewegen. Die Murmel wird unter dem Einfluß der Zentrifugalkraft an der Innenwand kreisen. Bei schneller Bewegung verläßt die Murmel den waagrechten Boden und wird nur noch von der Seitenwand festgehalten. Diese Zentrifugalkraft spüren auch wir, wenn wir mit dem Auto eine Kurve fahren, denn wir werden nach außen gedrückt.

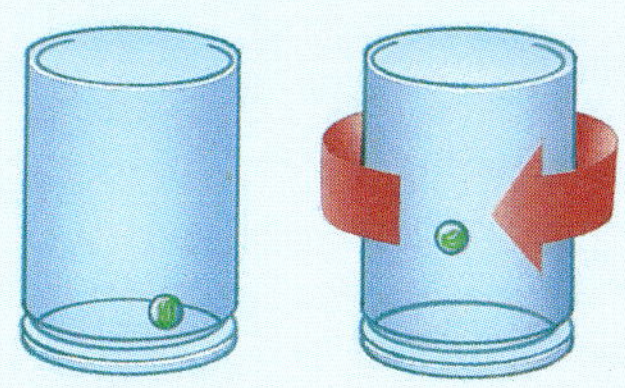

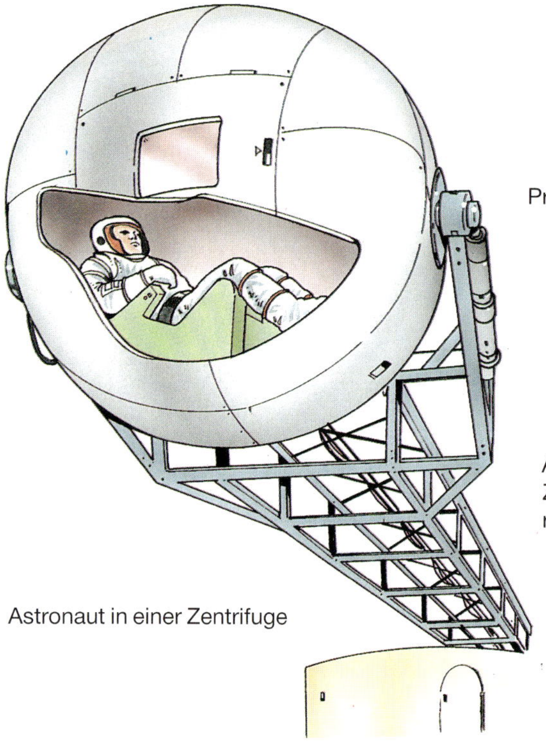

Astronaut in einer Zentrifuge

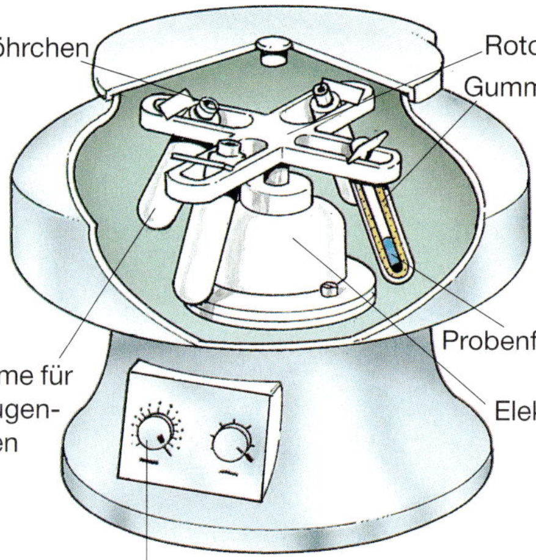

Laborzentrifuge

△ Mit Laborzentrifugen trennt man Stoffgemische. Die schnellsten darunter heißen Ultrazentrifugen; sie erreichen eine Drehzahl von 200 000 Umdrehungen pro Minute. Mit sehr großen Zentrifugen gewöhnt man Astronauten und Piloten an hohe Beschleunigungen. Während jeder Drehbewegung treten nämlich Beschleunigungskräfte auf, die mit den Belastungen beim Raketenstart vergleichbar sind.

gesetzt ist die Zentrifugalkraft oder Fliehkraft. Sie wird durch die →Trägheit der Masse hervorgerufen. Wenn wir einen Stein an einem Seil kreisen lassen, müssen wir um so stärker festhalten, je schneller wir den Stein drehen. Wenn wir ihn zu einem bestimmten Zeitpunkt loslassen, fliegt er davon. Die Zentripetalkraft ist dann nicht mehr wirksam, und die Zentrifugalkraft oder Trägheit bewirkt, daß er geradlinig genau in der Richtung wegfliegt, die er in dem betreffenden Augenblick hatte. Wir sagen: Er fliegt in der Tangente weg. Die Tangente ist die Gerade, die den Kreis berührt. Sie steht im rechten Winkel zum Seil.
Die Zentrifugalkraft nutzen die →Zentrifugen aus.

Weil sich die Erde um ihre Achse dreht, treten auch hier Zentrifugalkräfte auf. Am größten sind sie am Äquator. An den Polen ist die Zentrifugalkraft gleich null. Dies hat zur Folge, daß eine bestimmte Masse am Äquator wegen der Zentrifugalkraft etwas weniger wiegt als an den Polen. Wegen der Wirkung der Zentrifugalkraft hat die Erde am Äquator auch eine stärker bauchige Form und ist an den Polen abgeplattet. Diese Abplattung beträgt 1/297.

Zentrifuge

Zentrifugen nutzen die →Zentrifugalkraft. Man kann mit ihnen Stoffgemische trennen. Voraussetzung ist, daß die Stoffe eine unterschiedliche →Dichte aufweisen. Eine der einfachsten Zentrifugen ist die Milchschleuder. Die Milch wird von Hand oder mit einem Elektromotor in Drehung versetzt. Die schwerere Magermilch sammelt sich außen, die leichtere fettreiche Sahne innen. Durch einen Ablauf werden dann die beiden Bestandteile getrennt.
Mit Laborzentrifugen kann der Arzt das →Blut in seine Bestandteile zerlegen. Am unteren Ende des Zentrifugenröhrchens befinden sich dann die Blutkörperchen. Mit der Zentrifugalkraft arbeitet auch der Schleudergang in der Waschmaschine. Die Trommel wird in schnelle Drehung versetzt, und das Wasser wird aus dem Gewebe geschleudert.

Zink

Zink ist ein bläulichweißes →Metall und ein →chemisches Element. Es gehört zu den unedlen Metallen, die sich leicht mit anderen Stoffen verbinden. So wird es leicht von Säuren angegriffen. Im Messing, das heißt einer →Legierung mit Kupfer, ist das Zink schon seit der Zeit der Babylonier bekannt. Reines Zink läßt sich leicht zu Drähten oder Blechen verformen. Meistens verwendet man jedoch eine Zinklegierung mit ungefähr vier Prozent Aluminium und einem Prozent Kupfer. Man stellt daraus sehr präzise Gußteile her. Oberflächen aus Eisen oder Stahl werden oft verzinkt: Man taucht sie entweder in eine heiße Zinkschmelze (feuerverzinken) oder trägt das Zink durch →Galvanisierung auf.

△ Reines Zink wie hier kommt in der Natur nicht vor. Das wichtigste Zinkerz ist die Zinkblende. Eine wichtige Zinkverbindung ist das Zinkweiß oder Zinkoxid, ein sehr wetterbeständiges weißes Pigment. Es wird zur Herstellung von Farben und von medizinischen Salben verwendet.

Zinn

Zinn ist ein silbrigweißes Metall. Es gehört zu den →chemischen Elementen. Zinn ist sehr weich und dehnbar und wurde früher zu Folien gewalzt (Stanniol), in die man zum Beispiel Schokoladetafeln wickelte. Eine merkwürdige Eigenschaft des Zinns ist das sogenannte Zinngeschrei: Wenn man Zinnstangen biegt, hört man ein Knirschen. Es stammt von den Zinnkristallen, die aneinanderreiben. Unterhalb von 13 °C verwandelt sich normales Zinn in ein graues Pulver. Kühl gelagerte Zinngefäße zerbröseln buchstäblich im Lauf der Zeit. Man spricht von der Zinnpest. Durch sie sind schon viele Kunstgegenstände zugrundegegangen, etwa Zinnsärge.
Konservendosen bestehen aus Weißblech. Es handelt sich dabei um Eisenblech, das als Schutz gegen Rost mit Zinn überzogen wird. Weißblech hält der →Korrosion besser stand als →Zinkblech. Vom Zinn gibt es zwei wichtige →Legierungen: Die Bronze, eine Mischung aus Zinn und Kupfer, sowie das Lötzinn (Weichlot), das vor allem Blei enthält. Lötzinn schmilzt bereits bei 185 °C.

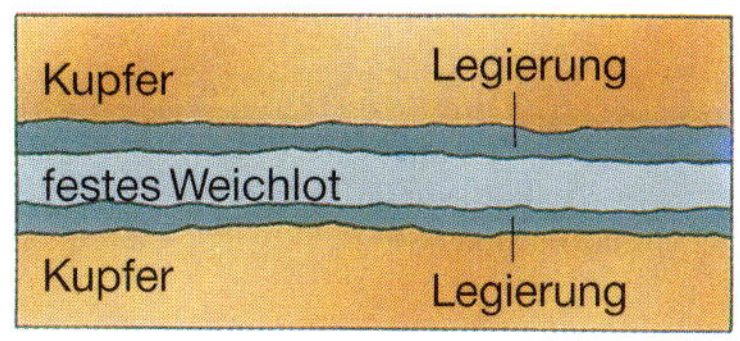

△ Beim Löten verbindet man zwei Metallstücke mit Hilfe einer leicht schmelzbaren Zinnlegierung, dem Weichlot.

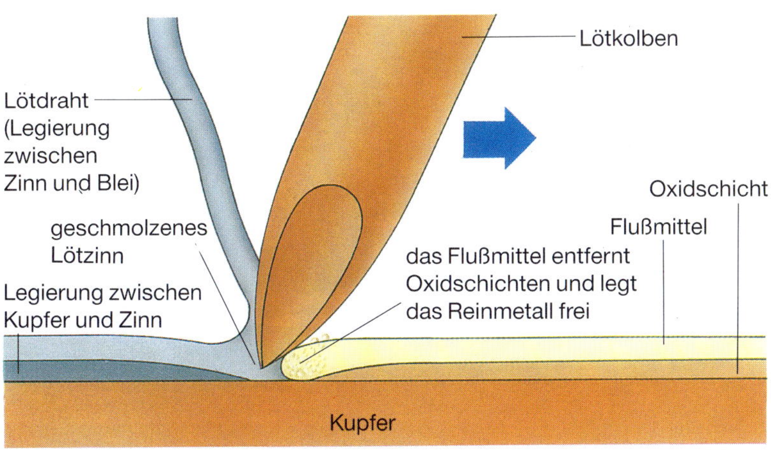

◁ Beim Löten entfernt man zunächst mit einem sogenannten Flußmittel Oxidschichten von den Metallen, die man miteinander verbinden will. Dann trägt man das flüssige Weichlot mit dem Lötkolben auf. Das Weichlot bildet eine oberflächliche Legierung mit den Metallteilen und verbindet sie. Eine Lötverbindung hält allerdings längst nicht so gut wie eine geschweißte Verbindung.

Zoologie

Die Zoologie ist eine der umfangreichsten Wissenschaften, denn es gibt mindestens eine Million verschiedener Tierarten auf der Welt. Die allermeisten von ihnen sind noch kaum untersucht. Und weil die Zoologie so umfangreich ist, müssen sich die Zoologen auf ein oder mehrere Fachgebiete spezialisieren. Da gibt es zum Beispiel die Physiologen, die sich vor allem mit dem Stoffwechsel der Tiere beschäftigen. Sie untersuchen, wie Tiere atmen, wieviel Sauerstoff sie brauchen, wie sie Abfallstoffe ausscheiden. Die Verhaltensforscher untersuchen, wie Tiere zusammenleben, wie sie sich paaren und ihre Jungen aufziehen. Andere Zoologen beschäftigen sich mit einer ganz bestimmten Tiergruppe. Die Entomologen erforschen Insekten, die Ornithologen beschäftigen sich mit den Vögeln.
Die Ökologie untersucht, wie die Tiere in ihrer Umwelt leben und wie sie an die Bedingungen dieser Umwelt angepaßt sind.

△ Die kleinsten Lebewesen treiben im Wasser. Wir bezeichnen sie allgemein als Plankton. Im Bild sind winzige Krebschen und Krebslarven zu sehen. Zum Plankton gehören auch einzellige Algen. Sie bilden überall im Wasser den Anfang der Nahrungskette. Viele kleine Fische fressen Plankton, und sogar der riesige Blauwal und der Riesenhai filtrieren Planktonkrebse aus dem Wasser heraus.

▽ Es gibt auf der Erde über 8000 Vogelarten, angefangen vom flugunfähigen Pinguin über die Geier bis zu den Wasservögeln und den Kolibris.

▽ Die Frösche gehören zu den Amphibien oder Lurchen. Sie legen ihre Eier ins Wasser ab. Daraus schlüpfen Kaulquappen, die sich später zu Landtieren entwickeln.

▽ Der Blauwal ist ein Säugetier und das größte Tier, das auf der Erde lebt. Er kommt nur im Meer vor, wird bis 30 Meter lang und über 100 Tonnen schwer.

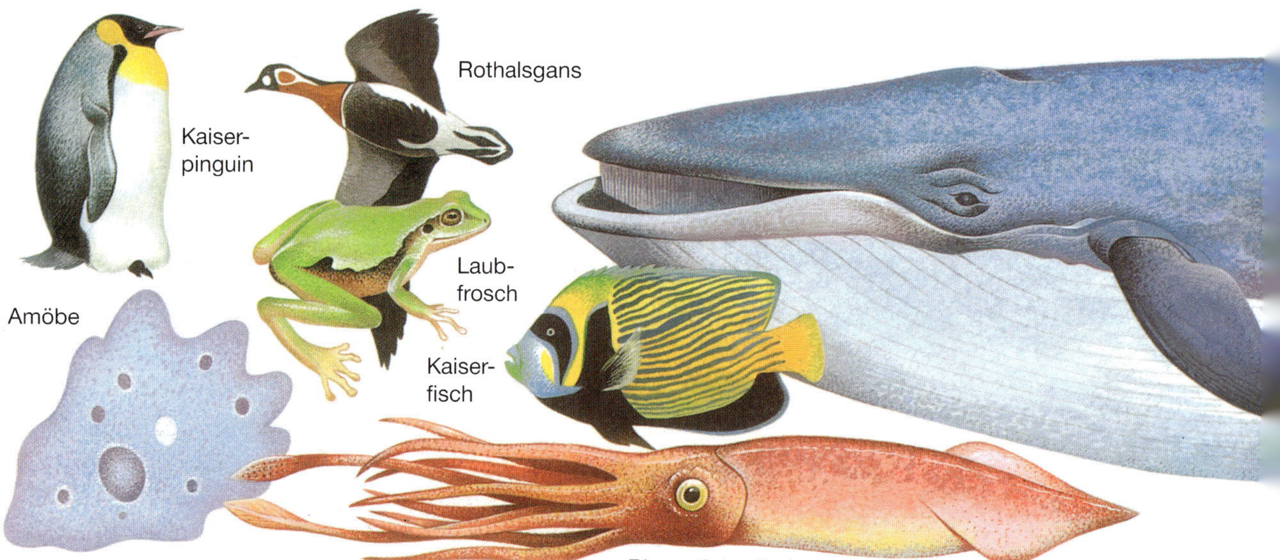

△ Die Amöbe ist ein winziger Einzeller. Sie hat keine feste Gestalt und heißt deswegen auch Wechseltierchen. Amöben nehmen winzige Nahrungsteilchen in ihren Körper auf und verdauen sie dort.

△ Die Fische sind die bei weitem artenreichste Gruppe der Wirbeltiere. Es gibt ungefähr 20 000 Fischarten. Ihre Größe schwankt von einigen Millimetern bis 12 Metern.

△ Der Riesentintenfisch ist das größte wirbellose Tier. Er kann zusammen mit seinen Fangarmen, den Tentakeln, bis zu 15 Meter lang werden. Seine Verwandten sind die Kraken und die Sepien.

▷ Die Verhaltensforscher und die Ökologen untersuchen unter anderem die Reviere (Territorien) und die Wanderungen der Vögel. Dazu beringen sie die Tiere. Im Bild bekommt ein Schilfrohrsänger einen Kunststoffring angelegt. Darauf ist die Adresse jener Organisation verzeichnet, die solche Vogelberingungen vornimmt. Für jeden beringten Vogel wird eine Karteikarte mit Namen, Geschlecht, Alter und Gewicht ausgefüllt. Wenn der Vogel später einmal gefunden wird, kann man ihn anhand des Ringes wieder zuordnen. Durch Beringungen konnten die Vogelkundler herausfinden, in welchen Gebieten die Vögel überwintern und welche Routen sie benutzen.

Mach es selbst

Wie viele Regenwürmer leben in einem Quadratmeter Boden? Viel mehr als man denkt! Um dies herauszufinden, stecken wir einen Quadratmeter Wiese ab und begießen ihn am späten Abend mit viel Wasser. Die Würmer reagieren darauf und kommen zur Bodenoberfläche. Mit einer Taschenlampe können wir sie beobachten und zählen. Nachher lassen wir sie wieder frei.

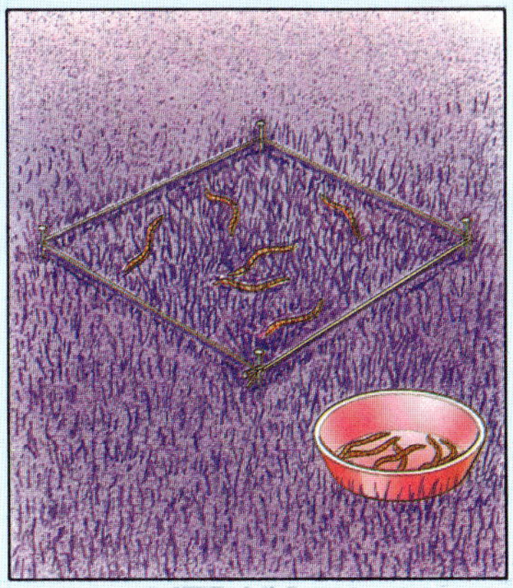

▽ Der Goliathkäfer ist faustgroß und eines der schwersten Insekten der Welt. Die meisten Insekten sind jedoch nur wenige Millimeter groß. Dafür umfaßt diese Gruppe die weitaus meisten Tierarten.

◁ Der Afrikanische Elefant ist das größte Tier, das auf dem Festland lebt. Ein Bulle wiegt 7 Tonnen – das ist aber weniger als ein Zehntel dessen, was ein Blauwal auf die Waage bringt.

△ Riesenschildkröten sind die langlebigsten Wirbeltiere. Einige solcher Schildkröten lebten in Zoologischen Gärten noch über 100 Jahre, obwohl sie schon als erwachsene Tiere in der Natur gefangen worden waren.

Siehe auch →Art; →Artenschutz; →Biologie; →Botanik; →Landwirtschaft; →Nahrungskette; →Ökologie; →Organismus; →Systematik; →Umweltschutz; →Züchtung.

Züchtung

Durch Züchtung will man die Eigenschaften von Nutzpflanzen und Haustieren verbessern. Züchtung ist eine künstliche →Auslese durch den Menschen. Der Mensch bestimmt darüber, welche Eigenschaften vererbt werden sollen. Durch gezielte Züchtung gelang es beispielsweise, die Milchproduktion von Kühen zu steigern. Das Weibchen des Auerochsen, der Wildform unseres Rindes, produzierte pro Tag 4 Liter Milch. Das reichte aus, um das Kalb zu füttern. Nach einiger Zeit ging die Milchproduktion zurück, und das Kalb begann Gras zu fressen. Heutige Hochleistungskühe bringen es auf 40 Liter Milch pro Tag, und die Milchproduktion hört auch nicht auf, wenn das Kalb erwachsen ist. Diese enorme Steigerung war nur möglich, weil die Bauern über Jahrhunderte hinweg gezielt nur jene Kühe zur Fortpflanzung zuließen, die am meisten Milch produzierten. Züchter kreuzen auch verschiedene Rassen oder sogar Arten, um günstige Merkmale zu erzielen. So entstanden die vielen tausend Sorten oder Rassen der Nutzpflanzen und der Haustiere.

Auerochse
Vorfahr des Hausrindes

Aberdeen Angus
britische Hausrindrasse

△ Die englische Rinderrasse Aberdeen Angus ist immer häufiger auch bei uns zu sehen. Sie ist auf Fleischleistung gezüchtet und erinnert noch sehr an den Auerochsen.

▷ Die Gartenerdbeere entstand durch Einkreuzen südamerikanischer Erdbeerarten.

Zucker

Die Zucker gehören zu den →Kohlenhydraten. Die meisten Zucker schmecken süß und stellen wichtige Energielieferanten für unseren Körper dar. Zucker werden im Darm leicht absorbiert und können ihre Energie sofort abgeben.

Der Zucker, den wir im Haushalt verwenden, wird aus Zuckerrüben hergestellt. Eine Schneidemaschine in der Zukkerfabrik schneidet die großen, gereinigten Zuckerrüben in Schnitzel. Diese werden in 70 °C warmem Wasser ausgelaugt. Der zuckerhaltige Saft wird nun mit Kalkmilch aus gebranntem Kalk und Kohlensäure behandelt. Diese bewirkt, daß die nicht zuckerartigen Stoffe ausgefällt und damit fest werden. Damit kann man sie aus dem Zuckersaft abtrennen. Dieser enthält nun 15 Prozent Zucker und wird eingedampft. Am Ende erhält man ein Gemisch aus Zuckerkristallen und dun-

Es gibt verschiedene Zuckerarten. Die einfachsten nennen wir **Monosaccharide**. Zu ihnen gehört die Glukose, die auch Dextrose oder Traubenzucker heißt. Die Disaccharide sind Verbindungen aus zwei Monosacchariden. Die Laktose (Milchzucker) enthält zum Beispiel als Bestandteile Glukose und Galaktose. Auch der Zucker im Zuckerrohr und in der Zuckerrübe gehört zu den **Disacchariden**. Wir nennen ihn Saccharose. Bei den **Polysacchariden** sind sehr viele Zuckermoleküle miteinander verkettet. Das bekannteste Polysaccharid ist die Stärke.

klem Sirup. Diese beiden Bestandteile trennt man mit einer →Zentrifuge. So erhält man Zuckerkristalle, die man noch mit Wasser oder Dampf waschen muß, damit sie ganz weiß aussehen (Raffinade), und einen dunklen Sirup, die Melasse.

Zugfestigkeit

Wenn man feste Materialien einem Zug aussetzt, reagieren die meisten darauf zunächst elastisch: Sie verlängern sich und kehren in die alte Form zurück, wenn die Belastung aufhört. An der →Elastizitätsgrenze kommt es aber zu Veränderungen der Form, die nicht mehr rückgängig zu machen sind. Metallstäbe beispielsweise verformen sich, indem sie an der schwächsten Stelle dünner werden oder abreißen. Eine bleibende Änderung der Gestalt nennen wir plastische Verformung.

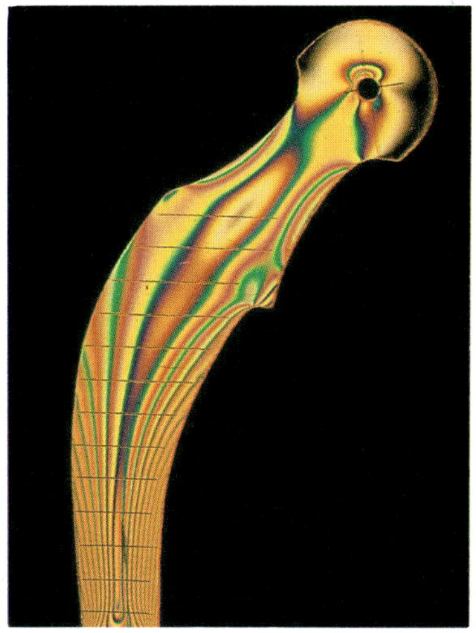

△ Wissenschaftler untersuchen die Zug- und Druckbeanspruchungen, denen der Oberschenkelknochen ausgesetzt ist, an einem Kunststoffmodell. Es wird mit polarisiertem Licht beleuchtet und zeigt deutlich, wo die größten Spannungen auftreten.

Zusatzstoffe in der Nahrung

Wir essen immer mehr Fertigprodukte, die von der Industrie hergestellt werden. Sie enthalten fast immer irgendwelche Zusatzstoffe, die eigentlich nicht in die Nahrung gehören. Sie müssen im Verzeichnis der Zutaten aufgeführt werden und tragen eine sogenannte E-Nummer. Zusatzstoffe haben die unterschiedlichsten Aufgaben. Farbstoffe (E 100 bis 180) sorgen dafür, daß die Nahrungsmittel appetitlicher aussehen. Konservierungsstoffe (E 200 bis 290) verhindern, daß sich Bakterien breitmachen und das Lebensmittel zerstören. Antioxidationsmittel (E 300 bis 320) verhindern, daß fetthaltige Nahrungsmittel ranzig werden. Dann gibt es noch Aromastoffe, Bindemittel, Verdickungsmittel, Schaumverhinderer. Insgesamt verwendet die Industrie über 200 verschiedene Zusatzstoffe. Nur wenige darunter gelten als absolut harmlos. Viele wirken nachweislich gesundheitsschädlich und haben unerwünschte Nebenwirkungen. Die Zahl der Menschen, die auf Zusatzstoffe →allergisch reagieren, wird immer größer.

◁ Was so schön künstlich aussieht, ist in den meisten Fällen auch tatsächlich künstlich gefärbt. Dazu verwendet die Nahrungsmittelindustrie Zusatzstoffe. Sie müssen in der Liste der Zutaten angegeben werden und tragen eine E-Nummer. Viele Farbstoffe lösen bei empfindlichen Menschen Allergien aus.

Zygote

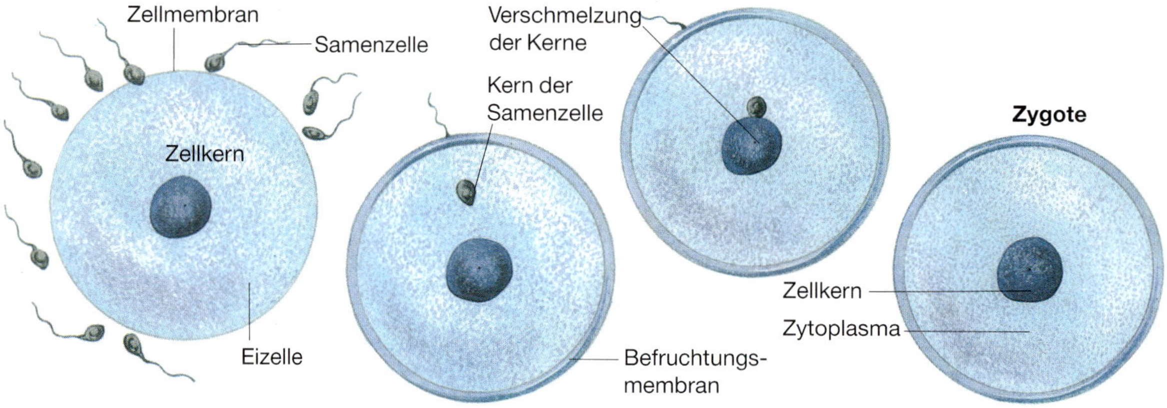

△ Eine Zygote entsteht, wenn der Kern einer Samenzelle mit dem Kern einer Eizelle verschmilzt. Diesen Augenblick nennen wir Befruchtung. Ist eine Samenzelle in die Eizelle eingedrungen, so bildet diese eine dicke Befruchtungsmembran aus, die weitere Samenzellen am Eindringen hindert.

▽ Der Zellkern ist sozusagen die Schaltstelle jeder Zelle. Er enthält die Chromosomen und damit das gesamte Erbgut des Lebewesens. Im Zytoplasma der Zelle finden sich viele kleine Organe (Organellen) mit besonderen Aufgaben.

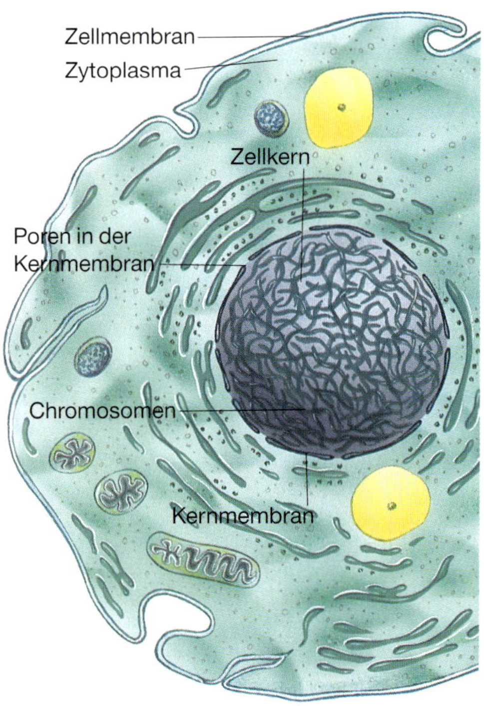

Zygote

Wenn eine Samenzelle eine →Eizelle befruchtet, geht daraus eine Zygote hervor. Die Zygote ist also die befruchtete Eizelle. Sie erhält Gene von beiden Eltern und verfügt damit über alle Informationen zum Aufbau eines neuen →Organismus.
Die Zygote bleibt nur für kurze Zeit im Einzellstadium. Kurz nach der Befruchtung beginnt sie sich zu teilen. Daraus entstehen erst 2 Zellen. Wenn sich diese teilen, entstehen 4, dann 8, dann 16 Zellen und so weiter. Nach einigen Tagen hat sich die Zygote in einen Keim verwandelt, der einer Brombeere recht ähnlich sieht. Später entwickelt er sich weiter zur Keimblase. Diese nistet sich in der Schleimhaut der Gebärmutter ein und kann nun zum Kind heranwachsen. Bei der künstlichen Befruchtung entnimmt der Arzt dem Körper der Frau eine Eizelle und befruchtet sie im Reagenzglas mit Samenzellen des Vaters. Die Zygote entwickelt sich dann außerhalb des weiblichen Körpers bis zur Keimblase und wird dann der Mutter mit einer Spritze in die Gebärmutter eingepflanzt.

Zytologie

Die Zytologie ist die Wissenschaft von den →Zellen. Oft sagt man auch Zellbiologie. Der Engländer Robert Hooke sah im Jahr 1663 als erster in einem Mikroskop pflanzliche Zellen. Er betrachtete damals dünne Schnitte aus Korken von Weinflaschen. Es vergingen jedoch noch über 150 Jahre, bis die Wissenschaftler erkannten, daß jedes Lebewesen aus Zellen aufgebaut ist. Die einfachsten Lebewesen bestehen nur aus einer einzigen Zelle. Diese muß alle Aufgaben übernehmen, zum Beispiel die Verdauung, die Ausscheidung, die Sinneswahrnehmung und die Fortpflanzung. Bei den mehrzelligen Tieren teilen sich verschiedene Zelltypen diese Aufgaben. Der menschliche Körper besteht aus Hunderten verschiedener spezialisierter Zelltypen. Heute spielt die Zytologie eine besonders große Rolle in der Krebsforschung.

Register

Hier beginnt das Verzeichnis der Fachbegriffe dieses Lexikons, das Register. Es ist nicht möglich, daß ein einbändiges Lexikon für jeden Begriff einen eigenen Lexikonartikel aufweist. Doch viele Fachbegriffe tauchen in Lexikonartikeln zu anderen Wörtern auf und werden dort erklärt. Der Aal beispielsweise taucht im Artikel »Nase« auf Seite 352 und im Artikel »Tierwanderungen« auf Seite 523 auf. Im Register ist das folgendermaßen ausgedrückt:
Aal →Nase 352, →Tierwanderungen 523. Ist eine dieser Zahlen schräg *(kursiv)* gedruckt, so bedeutet dies, daß zu diesem Fachbegriff auf der betreffenden Seite eine Abbildung steht, zum Beispiel Adlernebel →Milchstraße *341*.
Die **fett** gedruckten Wörter bedeuten, daß dieser Begriff einen eigenen Lexikonartikel hat, zum Beispiel **Elektron** 120, *120*. Daneben sind noch weitere Verweise möglich. Beim Elektron sind es insgesamt weitere neunzehn: →Antimaterie 27, →Atom 38, 39, *39*, →chemische Bindung 78, usw.
Wenn du alle diese Beiträge gelesen hast, weißt du wie ein Profi Bescheid über das Elektron…
Viel Spaß beim Nachschlagen!

A

Register

B

Register

Register

C

E

Register

F

G

Register

H

I

J

K

L

M

N

O

P

Q

R

S

T

U

V

W

X

Y

Z

Bildquellenverzeichnis

Bildquellenverzeichnis für die deutsche Ausgabe:
Die Bildquellen der Abbildungen aus der englischsprachigen Originalausgabe sind beim lizenzgebenden Verlag zu erfragen.

Zusätzliche Grafiken für die deutsche Ausgabe:
Werner Ring, Kleinfischlingen;
Allgemeiner Deutscher Nachrichtendienst, Berlin;
BAVARIA Bildagentur, Gauting bei München;
Bibliographisches Institut & F.A. Brockhaus, Mannheim;
T. Binz, Mannheim;
British Features, Bonn;
dpa Bildarchiv, Stuttgart;
Historia-Photo, Hamburg;
Keystone Pressedienst, Hamburg;
Nobelstiftelsen, The Nobel Foundation, Stockholm;
Sternwarte Göttingen;
Süddeutscher Verlag-Bilderdienst, München;
Ullstein Bilderdienst, Berlin;

Der Autor dankt Herrn Hermann Edelmann für die wissenschaftliche Beratung, besonders auf den Gebieten Physik und Technik.

Verzeichnis der Themensonderseiten